应用型本科机电类专业"十三五"规划精品教材

U0278948

数控加工编程与仿真

SHUKONG JIAGONG
BIANCHENG YU FANGZHEN

主　编　齐洪方　孙文文
副主编　包显龙　夏会芳
参　编　苏秀芝

华中科技大学出版社
http://www.hustp.com
中国·武汉

内 容 简 介

本书以 FANUC 系统为例,全面、系统地介绍数控机床的编程及其操作,并对南京斯沃数控仿真软件、南京宇航数控仿真软件和上海宇龙数控仿真软件的使用进行了全面的介绍。全书以任务为载体,将知识的系统性、完整性与实际需要相结合,将相关工艺知识、编程知识与实践相结合,让学生通过数控仿真系统在计算机屏幕上完成数控加工程序的输入和输出、数控机床操作、工件加工、虚拟测量等数控加工的全过程,浅显易懂,深入浅出。

本书可作为本科院校和高职高专院校相关课程的教材,也可供工程技术人员参考。

图书在版编目(CIP)数据

数控加工编程与仿真/齐洪方,孙文文主编. —武汉:华中科技大学出版社,2021.1
ISBN 978-7-5680-6840-6

Ⅰ.①数… Ⅱ.①齐… ②孙… Ⅲ.①数控机床-程序设计 ②数控机床-加工-计算机仿真
Ⅳ.①TG659

中国版本图书馆 CIP 数据核字(2021)第 017613 号

数控加工编程与仿真 齐洪方 孙文文 主编
Shukong Jiagong Biancheng yu Fangzhen

策划编辑:袁 冲
责任编辑:刘 静
封面设计:孢 子
责任监印:朱 玢
出版发行:华中科技大学出版社(中国·武汉) 电话:(027)81321913
　　　　　武汉市东湖新技术开发区华工科技园 邮编:430223
录　排:华中科技大学惠友文印中心
印　刷:武汉市籍缘印刷厂
开　本:787mm×1092mm　1/16
印　张:18.5
字　数:460 千字
版　次:2021 年 1 月第 1 版第 1 次印刷
定　价:49.00 元

前言

　　随着数控加工技术的飞速发展,社会对数控应用型人才的需求日益增长。许多本科院校、高职高专院校都开始开设数控相关专业课程和相关的实训课程。如何培养学生的编程能力和实际动手能力成为数控相关课程需要解决的问题。

　　本书着重介绍 FANUC 系统数控编程及其操作,以任务为载体,将知识的系统性、完整性与实际需要相结合,将相关工艺知识、编程知识与实践相结合。

　　本书还主要介绍了目前国内市场占有率较高的南京斯沃软件技术有限公司的斯沃数控仿真软件、南京宇航自动化技术研究所的宇航数控仿真软件和上海宇龙软件工程有限公司的宇龙数控仿真软件的使用,并对目前市场上安装主流数控系统——FANUC 系统的数控车床和数控铣床操作的全过程进行了详细的介绍,让学生通过数控仿真软件在计算机屏幕上完成数控加工程序的输入和输出、数控机床操作、工件加工、虚拟测量等数控加工的全过程,让学生学有所用、学以致用。

　　虽然本书经过反复推敲和校对,但因编者水平有限,书中不妥之处在所难免,敬请读者批评指正。

编　者

2020 年 8 月

目录

第 1 章 绪论

1.1 数控机床的基本知识

1.1.1 数控技术的基本概念

（1）数字控制（numerical control，NC）：一种用数字化信号对控制对象（如机床的运动和加工过程）进行自动控制的技术，简称为数控。

（2）数控技术：也称数字控制技术，是指用数字、字母和特定符号对某一工作过程进行可编程自动控制的技术。

（3）数控系统：实现数控技术相关功能的软、硬件模块的有机集成系统，是数控技术的载体。

（4）计算机数控（computer numerical control，CNC）系统：以计算机为核心的数控系统。

（5）数控机床（NC machine）：应用数控技术对加工过程进行控制的机床，或者说装备了数控系统的机床。

（6）加工中心（machining center，MC）：带有刀库和自动刀具交换装置的数控机床。它通过刀具的自动交换，可以一次装夹完成多道工序的加工，减少零件安装和定位次数、换刀时间，从而缩短了辅助加工时间，提高了机床的加工精度和效率。目前加工中心是应用最广、产量最大的一种数控机床。

1.1.2 数控技术和数控机床的发展过程

1948 年，美国帕森斯公司（Parsons Corporation）在研制加工直升机螺旋桨叶片轮廓检查用样板的机床时，该公司经理帕森斯（John T. Parsons）根据自己的设想，提出了利用全数字电子计算机对轮廓路径进行数据处理，并考虑刀具直径对加工路径的影响，以提高加工精度的新方案，由此便产生了研制数控机床的最初萌芽。1949 年，作为这一方案主要承包者的帕森斯公司，正式接受美国空军的委托，与美国麻省理工学院（MIT）伺服机构实验室合作进行研制工作。经过三年的研究，世界上第一台采用脉冲乘法器原理的直线插补三坐标数控立式铣床于 1952 年试制成功，解决了美国空军在研制新的飞机机种上设计的复杂零件的加工工艺问题,从而开始了多品种小批量加工自动化的新纪元。当时用的电子元器件是电子管,这就是第一代数控机床,电子管数控系统也是第一代数控系统。从此,电子技术、计算机技术与传统的机械加工技术融为一体,发展成为一种综合性的数控技术。

1959年,晶体管和印刷电路板在数控系统中广泛应用,数控系统从而跨入了第二代。

1959年3月,美国的克耐·杜列克公司(Keaney & Trecker Corp)发明了具有刀库、自动换刀装置和回转工作台,可以在一次装夹中对工件的多个面进行钻孔、锪孔、攻螺纹、镗削、平面铣削、轮廓铣削等多种加工的数控机床,称为加工中心。

1965年,出现了小规模集成电路。由于它的体积小、功耗低,并且使数控系统的可靠性得以进一步提高,数控系统发展到第三代。

以上三代数控系统都是采用专用控制计算机的硬逻辑数控系统,装有这类数控系统的机床为普通数控机床,也就是 NC 机床。

1967年,英国首先把几台数控机床连接成具有柔性的加工系统,这就是最初的柔性制造系统(FMS)。之后,美国、欧洲、日本也相继开发和应用柔性制造系统。

随着计算机技术的发展,小型计算机的价格急剧下降。小型计算机开始取代专用数控计算机,数控的许多功能由软件程序实现。这样组成的数控系统称为计算机数控(CNC)系统。1970年,在美国芝加哥国际机床展览会上,首次展出了这种系统。计算机数控系统被称为第四代数控系统。

1970年前后,美国英特尔公司开发和使用了微处理器。1974年,美国、日本等国首先研制出以微处理器为核心的数控系统。此后,装有微处理器数控系统的数控机床得到飞速发展和广泛的应用。微处理器数控系统就是第五代数控系统,也被称为 MNC(microcomputer numerical control)系统。

自20世纪90年代以来,计算机软硬件技术的飞速发展为数控系统的开放化奠定了技术基础,基于个人计算机的开放式数控系统已成为世界各国数控厂商开展竞争的重点领域,数控系统从此进入了第六代。

我国数控机床起步于1958年,由于各种原因,到1981年后才得以较快发展。"六五"期间(1981—1985年),主要是引进了数控系统及驱动技术,并相应开发了若干典型主机品种。"七五"期间(1986—1990年),通过攻关及"数控一条龙"项目的安排,在引进技术的基础上消化吸收、国产化并派生品种。"八五"期间(1991—1995年),组织"数控技术攻关",重点开发普及型数控系统,并对数控机床主机和相关配套件进行攻关和研究,安排了"数控机床国产化"技术改造专项,对部分数控机床主机、数控系统和相关配套件重点生产企业进行技术改造。从此后,我国数控机床的发展进入了快速发展期。"九五"期间(1996—2000年),重点提高可靠性、增加品种,普及型数控系统和数控机床实现经济规模生产。"十五"期间(2001—2005年)及2010年前我国数控机床的发展方针是:重点抓好六类主机(数控车床、加工中心、数控磨床、数控锻压机床、数控重型机床和数控精密电加工机床),集中突破数控系统;发展普及型,提高可靠性;内外结合,以我为主,实现我国数控机床产业化,以使我国的数控技术和数控机床水平赶上先进工业国家。"十一五"期间(2006—2010年),数控机床行业步入一个平稳的发展期,数控机床产业的发展重点是发展大型、精密、高速数控装备和数控系统及功能部件。"十二五"期间(2011—2015年),数控机床的主要发展重点是高档数控机床。"十三五"期间(2011—2015年),数控机床的主要发展重点是:要覆盖"中国制造

2025"中重点领域提出的急迫需求,力争兼顾近来技术和市场发展迅速的机器人等重点新兴产业需要;要凝练关键核心技术,集中力量突破高档数控系统等产品的关键共性技术,形成行业的可持续创新能力。

1.1.3　数控技术和数控机床的发展趋势

现代数控机床的技术领域已经覆盖了包括电子技术、数字技术、自动控制技术、机械制造技术等多门类学科。随着生产技术的发展,对产品的性能要求不断提高,作为现代制造业主要装备的数控机床,不断采用新技术成就,朝着高速化、高精度化、高可靠性、智能化、功能复合化、柔性化等方向发展。

1. 高速化

一方面,现代数控机床高速加工主轴转速达到 10 万转/min,进给速度达到 60 m/min,有效地节省了加工时间,提高了生产率。另一方面,新一代数控系统采用开放式体系结构,开放式体系结构可以大量采用通用微机的先进技术和数字伺服系统技术等,使得数控机床插补运算速度大幅度提升、对电机的高速伺服控制得到改善。

2. 高精度化

数控金属切削机床的加工精度已从原来的丝级(0.01 mm)提升到目前的微米级(0.001 mm),有些品种已达到 0.05 μm。超精密数控机床的微细切削和磨削加工,精度可稳定达到 0.05 μm,形状精度可达 0.01 μm。采用光、电、化学等能源的特种加工精度可达到纳米级(0.001 μm)。通过机床结构设计优化、机床零部件的超精加工和精密装配、采用高精度的全闭环控制及温度和振动等动态误差补偿技术,提高机床加工的几何精度,降低几何误差、表面粗糙度等,从而进入亚微米级、纳米级超精加工时代。

3. 高可靠性

新型数控系统通过采用专用芯片的方法提高集成度,通过使用表面封装技术等提高系统硬件质量,通过增强故障自诊断、自恢复、保持功能等提高数控机床的可靠性。

衡量可靠性的一项重要指标是平均无故障工作时间(MTBF)。一些先进数控系统的MTBF 在 80 000 小时以上,伺服系统的 MTBF 在 50 000 小时以上。

4. 智能化

数控机床的智能化技术有了新的突破,在数控系统的性能上得到了较多体现。例如,自动调整干涉防碰撞功能、断电后工件自动退出安全区断电保护功能、加工零件检测和自动补偿学习功能、高精度加工零件智能化参数选用功能、加工过程自动消除机床振动功能等进入了实用化阶段,智能化提升了数控机床的功能和品质。

5. 功能复合化

随着数控机床技术的进步,复合加工技术日趋成熟,复合加工的精度和效率大大提高。"一台机床就是一个加工厂""一次装夹,完全加工"等理念正在被更多人接受,复合加工机床发展呈现出多样化的态势。

6. 柔性化

机器人与主机的柔性化组合得到广泛应用,使得柔性线更加灵活、柔性线的功能得到进一步扩展、柔性线得到进一步缩短、柔性线的效率更高。机器人与加工中心、车铣复合机床、磨床、齿轮加工机床、工具磨床、电加工机床、锯床、冲压机床、激光加工机床、水切割机床等组成的多种形式的柔性单元和柔性生产线已经开始应用。

1.1.4 数控机床的工作流程

数控机床工作时根据所输入的数控加工程序,由数控装置控制机床部件的运动,形成零件加工轮廓,从而满足零件形状的要求。数控机床的工作流程如图 1-1 所示。

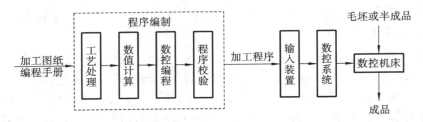

图 1-1 数控机床的工作流程

(1)熟悉图样。

通过仔细阅读图样,了解零件材料、几何形状、尺寸及精度要求。

(2)工艺处理。

工艺处理的主要工作是确定图样加工所需设备、工装夹具、刀具、加工路线、加工余量和切削用量等。

(3)数值计算。

数值计算是指借助计算器或计算机进行必要的数值计算、精度计算等。

(4)数控编程。

数控编程是指根据数控机床编程手册,由前面所确定的加工路线、基点坐标、节点坐标进行数控加工程序编制。

(5)程序校验。

程序校验是指借助相应的软件对编制的程序进行加工模拟。

(6)译码、数据处理、插补。

数控系统以程序段为单位将程序翻译成计算机内部能识别的数据格式,对编程轮廓进行刀具半径补偿,计算出刀具中心轨迹;根据程序中指定的刀具运动的起点、终点和运动轨迹,完成起点与终点间中间点的计算。

(7)位置控制和机床加工。

由数控机床依据程序把毛坯或半成品加工成合格的成品。

数控机床在加工零件前,首先根据被加工零件图样所规定的零件形状、尺寸、材料及技术要求等,确定零件的工艺过程、工艺参数、几何参数以及切削用量等,经过数值计算,根据数控机床编程手册规定的代码和程序格式编写零件加工程序单,然后将加工程序输入数控装置。经过数控装置的处理、运算,按各坐标轴的移动分量送到各轴的驱动电路,经过转换、放大,用于伺服电动机的驱动,带动各轴运动,并进行反馈控制,使刀具、工件以及其他辅助装置严格按程序规定的顺序、轨迹和参数有条不紊地动作,从而加工出合格的成品。

1.2 数控机床的基本组成特点和应用

1.2.1 数控机床简介

由于数控机床是运用数字控制技术进行控制的机床,是随着电子元器件、电子计算机、传感技术、信息技术和自动控制技术的发展而发展起来的,是涉及电子、机械、电气、液压、气动、光学等多种学科的综合技术产物,所以数控机床的结构非常复杂,各种类型的数控机床的结构各不相同。一般来说,数控机床是由计算机数控系统、伺服系统、主传动系统、强电控制装置、辅助装置和机床本体等组成。下面结合国产 TH6363 型卧式加工中心(见图 1-2)简单介绍数控机床的组成部分。

图 1-2 TH6363 型卧式加工中心实物图

图 1-3 所示为 TH6363 型卧式加工中心的组成框图。

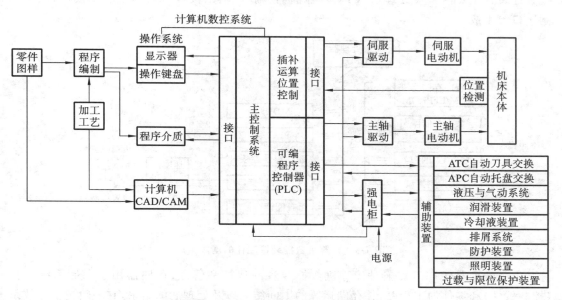

图 1-3 TH6363 型卧式加工中心的组成框图

1.2.2 计算机数控系统的基本组成和功能

计算机数控系统是机床实现自动加工的核心。它主要由计算机数控装置、数控加工程序输入/输出装置、主轴驱动系统、伺服单元及驱动装置、可编程序控制器(PLC)及电气逻辑控制装置、辅助装置、测量装置等组成。图1-4所示是计算机数控系统的组成框图。

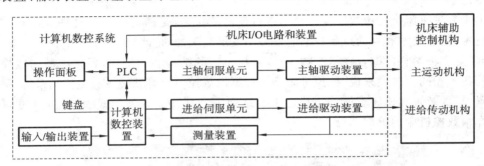

图 1-4　计算机数控系统的组成框图

计算机数控系统的核心是计算机数控装置。从外部特征看,计算机数控装置由硬件(通用硬件和专用硬件)和软件(专用)两大部分组成。通过软件和硬件的配合,合理地组合、管理数控系统的程序输入、数据处理、插补运算和信息输出,控制执行部件,使数控机床按照操作人员的要求正常地工作。

1. 计算机数控装置硬件的基本组成

图1-5所示为计算机数控装置硬件的基本组成。它既具有一般微型计算机的基本结构,又具有数控机床完成特有功能所需的功能模块和接口单元。从图1-5中可以看出,计算机数控装置主要由中央处理器(CPU)、存储器、输入/输出接口、键盘/显示器接口、位置控制接口等组成。

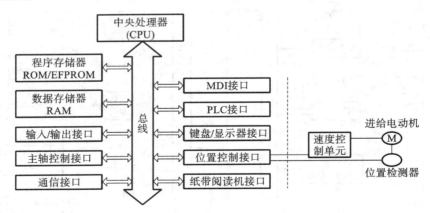

图 1-5　计算机数控装置硬件的基本组成

中央处理器(CPU)实施对计算机数控装置的运算和管理;存储器用于存储系统软件(控制软件)和零件加工程序,并存储运算的中间结果以及处理后的结果,它一般包括存放系统程序的 ROM 或 EEPROM 和存放用户程序、中间数据的 RAM 两个部分;输入/输出接口用来在计算机数控装置和外部对象之间交换信息;键盘/显示器接口实现手动数据输入和将信息显示在显示器上;位置控制接口是计算机数控装置的一个重要组成部分,实现对主轴驱动的控制和对进给坐标轴的控制,用于完成速度控制和位置控制。

2. 计算机数控装置软件的基本功能

在上述硬件基础上,必须为计算机数控装置编写相应的系统软件,用于指挥和协调硬件的工作。从本质特征来看,计算机数控装置系统软件是具有实时性和多任务性的专用操作系统;从功能特征来看,该操作系统由管理软件和控制软件两个部分组成,如图 1-6 所示。管理软件主要为某个系统建立一个软件环境,协调各软件模块之间的关系,并处理一些实时性不太强的事件,如 I/O 处理程序、显示程序和诊断程序等。控制软件主要完成系统中一些实时性要求较高的关键控制功能,包括译码程序、刀具补偿计算程序、速度控制程序、插补运算程序、位置控制程序和主轴控制程序等。

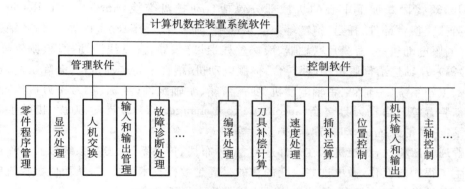

图 1-6 计算机数控装置系统软件的组成

3. 计算机数控装置硬件、软件的相互关系

计算机数控装置的系统软件在系统硬件的支持下,合理地组织、管理整个系统的各项工作,实现各种数控功能,使数控机床按照操作人员的要求有条不紊地进行加工。

计算机数控装置的硬件和软件构成了计算机数控装置的系统平台,如图 1-7 所示。

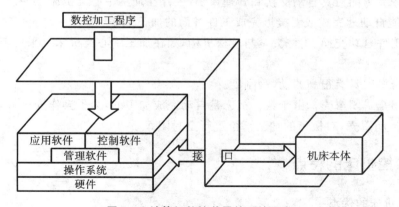

图 1-7 计算机数控装置的系统平台

该平台提供计算机数控装置的必备功能,有以下两方面的作用。

(1) 在该平台上可以根据用户的要求进行功能设计和开发。

（2）计算机数控装置系统平台的构建方式决定计算机数控装置的体系结构。体系结构为系统的分析、设计和建构提供框架。

4．计算机数控装置的功能

计算机数控装置的功能是指满足用户操作和机床控制要求的方法和手段，包括基本功能和选择功能。基本功能是数控系统必备的功能，选择功能是用户根据实际要求选择的功能。计算机数控装置的主要功能有控制功能、准备功能、固定循环加工功能、插补功能、进给功能、主轴功能、辅助功能、刀具管理功能、补偿功能、人机对话及显示功能、自诊断功能、通信功能等。

1.2.3 数控机床的机械结构和特点

TH6363 型卧式加工中心的机械部分包括自动托盘交换（automatic pallet changer，APC）装置（交换台部件，托盘、拖链等）、支承部件（前床身、后床身、立柱等）、XYZ 轴进给伺服机构（伺服电动机、精密膜片联轴器、滚珠丝杠螺母副、导轨（直线滚动导轨、镶钢导轨、贴塑导轨）等）、B 轴进给伺服机构（回转台，伺服电动机、蜗杆蜗轮传动机构、升降机构、定位鼠牙盘等）、主轴系统（主轴箱、主轴电动机、变速齿轮、主轴组件（主轴、拉刀松刀机构、清洁装置）、平衡装置等）、自动刀具交换（automatic tool changer，ATC）装置（刀库、机械手等）、液压气动系统、润滑系统、冷却装置、防护装置等。

与普通机床相比，数控机床在外部造型、整体布局、传动系统、刀具系统以及操作机构等方面发生了很大的变化，做出这些改变的目的是满足数控技术的要求，从而使数控机床的特点得以充分发挥。归纳起来，数控机床的机械结构有以下几个特点。

（1）采用高性能主传动及主轴部件，具有传递功率大、调速范围宽、精度与刚度较高、传动平稳、噪声低、抗振性好及热稳定性好等优点。

（2）进给传动采用高效传动件，具有传递链短、结构简单、传动精度高等特点，一般采用滚珠丝杠螺母副、直线滚动导轨副等。

（3）有较完善的刀具自动交换和管理系统，工件在加工中心类机床上一次装夹后，加工中心类机床能自动地完成或者接近完成工件各面的加工工序。

（4）有工件自动交换、工件夹紧与放松机构，如在加工中心类机床上采用工作台自动交换机构。

（5）床身机架具有很高的动、静刚度。

（6）采用全封闭罩壳。由于数控机床是自动完成加工的，为了操作安全等，一般采用移门结构的全封闭罩壳，对机床的加工部位进行全封闭。

1.2.4 数控机床的特点

1．数控机床的优点

与普通机床相比，数控机床具有以下优点。

1）适应性强，适合加工单件或小批量复杂工件

数控机床能够加工很多普通机床难以加工，或者根本不可能加工的具有复杂型面的

零件,如螺旋桨。这是由于数控机床具有多坐标轴联动功能,刀具能够按空间曲线轨迹运动。也因此,数控机床首先在航空航天等领域获得应用,在具有复杂曲面的模具、螺旋桨及涡轮叶片的加工中,得到了广泛的应用。在数控机床上改变加工零件时,只需要改变相应的加工程序,就可以实现对新零件的加工,而不需要制造或更换许多工具和夹具,也不需要重新调整机床等。所以,数控机床特别适合单件、小批量及试制新产品的零件加工。

2) 加工精度高,产品质量稳定

数控机床的传动件,特别是滚珠丝杠,制造精度很高,装配时消除了传动间隙,并采用了提高刚度的措施,因而传动精度很高。数控机床导轨采用滚动导轨或粘贴有摩擦系数很小且动、静摩擦系数很接近的以聚四氟乙烯为基体的合成材料,因而减小了摩擦阻力,消除了低速爬行。在闭环、半闭环伺服系统中,装有精度很高的位置检测元件,并随时把位置误差反馈给计算机,使之能够及时地进行误差校正,因而使数控机床获得很高的加工精度。另外,数控机床的加工过程完全是自动进行的,这就消除了操作人员人为产生的误差,使同一批零件尺寸的一致性好,加工质量十分稳定。

3) 生产率高

零件加工所需时间包括机动时间和辅助时间。数控机床能有效地减少这两部分时间。数控机床主轴转速和刀具进给速度的调速范围都比普通机床的大,机床刚性好,快速移动和停止采用了加速、减速措施,因而既能提高空行程运动速度,又能保证定位精度,有效地降低了机动时间。又由于数控机床定位精度高,停机检测次数减少,加工准备时间也因采用通用工夹具而缩短,因而数控机床降低了辅助时间。据统计,数控机床的生产率比普通机床高2~3倍,在加工某些复杂零件时,数控机床的生产率可提高十几倍甚至几十倍。

4) 减轻劳动强度,改善劳动条件

数控机床主要进行自动加工,能自动换刀、开/关切削液、自动变速等,大部分操作不需要人工完成,因而改善了劳动条件。由于操作失误减少,使用数控机床也降低了废品率和次品率。

5) 生产管理水平提高

在数控机床上加工,能准确地计算零件加工时间,加强了零件的计时性,便于实现生产计划调度,简化和减少了检验、工夹具准备、半成品调度等管理工作。数控机床具有通信接口,可实现与计算机的连接,组成工业局部网络(LAN),采用制造自动化协议(MAP)规范,实现生产过程的计算机管理与控制。

2. 数控机床的缺点

任何事物都有二重性,数控机床也有缺点。

1) 价格昂贵

由于数控机床装备有高性能的数控系统、伺服系统和非常复杂的辅助控制装置,数控机床的价格一般比普通机床高一倍以上,因而制约了数控机床的大量使用。

2) 对操作人员和维修人员的要求较高

数控机床操作人员不仅应具有一定的工艺知识,还应在数控机床的结构、工作原理以及程序编制方面进行过专门的技术理论培训和操作训练,掌握操作和编程技能,并能对数控加工中出现的各种应急情况做出正确的判断和处理。数控机床维修人员应有较丰富的理论知识和精湛的维修技术,并掌握相应的机、电、液专业知识,只有这样才能综合分析数控机床故障,判断故障点,实现高效维修,尽可能缩短故障停机时间。高级数控机床维修人员还应该掌握数控机床系统参数的输入和调整、机床精度的检测和补偿、可编程序控制器(programmable logic controller,PLC)程序的编写和调试等知识。

数控机床适用于多品种中小批量生产和形状比较复杂、精度要求较高的零件加工,也适用于对产品更新频繁、生产周期要求较短的零件加工。用数控机床可以组成自动化车间和自动化工厂(factory automation,FA)。目前多用数控机床组成柔性自动生产线(flexible manufacturing line,FML)、柔性制造单元(flexible manufacturing cell,FMC)和柔性制造系统(flexible manufacturing system,FMS)。

1.3　数控机床的分类及选用

1.3.1　按工艺用途分类

按工艺用途,数控机床分为以下几类。

1. 机械加工类数控机床

为了适应不同的工艺需要,与传统的通用机床一样,数控机床有数控车床、数控铣床、数控钻床、数控磨床、数控齿轮加工机床等,而且每一类又有很多品种。例如,数控铣床就又有立铣、卧铣、工具铣及龙门铣等,这类机床的工艺性能与通用机床相似,所不同的是它能自动加工精度更高、形状更复杂的零件。

2. 塑性加工类数控机床

常见的塑性加工类数控机床有数控冲床、数控压力机、数控弯管机、数控裁剪机等。

3. 特种加工类数控机床

特种加工类数控机床包括数控电火花成形机床、数控电火花线切割机床、数控等离子弧切割机床、数控激光加工机床、数控火焰切割机、数控电焊机等。

4. 非加工设备中的数控设备

近年来在非加工设备中也大量采用数控技术,如自动绘图机、装配机、多坐标测量机、工业机器人等。

5. 加工中心

数控机床中还有一种非常重要的类型——加工中心。它突破了传统机床只能进行一种工艺加工的概念,带有刀库、自动换刀装置及回转工作台,零件在一次装夹后,便可进行铣、镗、钻、扩、铰、攻螺纹等多种工艺及多道工序加工。这不仅提高了加工生产率和自动化程度,而且还避免了多次装夹造成的定位误差,提高了零件的加工质量。

1.3.2　按控制的运动轨迹分类

按控制的运动轨迹,数控机床分为以下几类。

1. 点位控制数控机床

这类机床主要有数控钻床、数控镗床、数控冲床、三坐标测量机等。点位控制数控机床用于加工平面内的孔系,它控制在加工平面内的两个坐标轴(一个坐标轴就是一个方向的进给运动),带动刀具与工件作相对运动,从一个坐标位置(坐标点)快速移动到下一个坐标位置,然后控制第三个坐标轴进行钻、镗切削加工。这类机床要求坐标位置有较高的定位精度。为了提高生产效率,先用机床设定的最高进给速度进行定位运动,在接近定位点前分级或连续降速,最后以低速趋近终点,这种运动方式能减少运动部件的惯性过冲,并减小由此引起的定位误差。由于在定位移动过程中不进行切削加工,因此,点位控制数控机床对运动轨迹没有任何要求。图 1-8 所示是点位控制加工示意图。

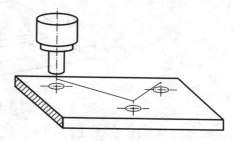

图 1-8　点位控制加工示意图

2. 点位直线控制数控机床

这类机床的特点是除了要求控制点与点之间的位置准确外,还要控制两相关点之间的移动速度和运动轨迹,且两相关点之间的运动轨迹是与机床坐标轴平行的直线。在移动过程中,刀具能以指定的进给速度进行切削,一般只能加工矩形、台阶形零件。这类机床主要有简易数控车床、数控磨床等,它的数控装置的控制功能比点位控制数控机床复杂,不仅要控制直线运动轨迹,还要控制进给速度及自动循环加工等功能。一般情况下,这类机床有 2～3 个可控轴,但同一时间只能控制一个坐标轴。图 1-9 所示是点位直线控制加工示意图。

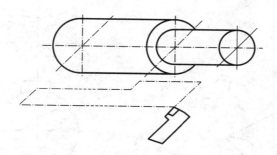

图 1-9　点位直线控制加工示意图

3. 轮廓控制数控机床

轮廓控制数控机床的特点是能够对两个或两个以上坐标轴的位移和速度同时进行连续控制,以加工出任意斜率的直线、平面圆弧或任意平面的曲线(如抛物线、阿基米德螺旋线等)或曲面。为了满足刀具沿工件轮廓的相对运动轨迹符合工件加工轮廓的表面要求,必须将各坐标轴运动的位移控制和速度控制按照规定的比例关系精确地协调起来。因此,在这类控制方式中,要求数控装置具有插补运算的功能,即根据程序输入的基本数据(如直线的终点坐标、圆弧的终点坐标和圆心坐标或半径),通过数控装置内插补运算器的数学处理,把直线或曲线的形状描述出来,并一边运算,一边根据计算结果向各坐标轴控制器分配脉冲,从而控制各坐标轴的联动位移量与所要求的轮廓相符合。这类机床主要有数控车床、数控铣床、数控电火花线切割机床、加工中心等。

按所控制的联动坐标轴数,轮廓控制数控机床又可分为以下几种。

(1)两轴联动:主要用于加工曲线螺旋面(数控车床)或加工曲线柱面(数控铣床等)。图 1-10 所示为 X、Y 轴联动加工等深的凹槽。

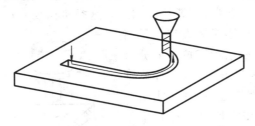

图 1-10 X、Y 轴联动加工等深的凹槽

(2)两轴半联动:以 X、Y、Z 三轴中任意两轴作插补运动,第三轴作周期性进给运动,采用球头铣刀用行切法进行加工。如图 1-11 所示,在 X 轴方向分为若干段,球头铣刀沿 YZ 平面的曲线进行插补加工,当一段加工完后进给 ΔX,再加工另一相邻曲线,如此依次用平面曲线来逼近整个曲面。

(3)三轴联动。X、Y、Z 三轴可以同时插补联动。图 1-12 所示为 X、Y、Z 三个直线坐标轴联动,用球头铣刀铣切三维空间曲面。

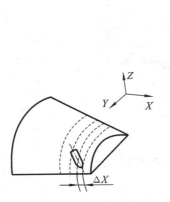

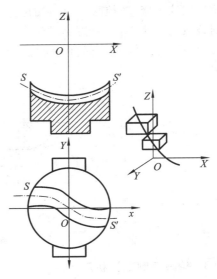

图 1-11 两轴半联动用平面曲线逼近曲面的加工　　图 1-12 三轴联动加工三维空间曲面

(4)四轴联动。同时控制 X、Y、Z 三个直线坐标轴与某一旋转坐标轴联动。图 1-13 所示为同时控制 X、Y、Z 三个直线坐标轴与一个工作台回转轴(A 轴)联动,用圆柱铣刀采用周边铣削方式加工飞机大梁的直纹扭曲面。

(5)五轴联动。除了控制 X、Y、Z 三个直线坐标轴联动外,还同时控制围绕 X、Z 直线坐标轴旋转的 A、C 坐标轴,即形成同时控制五个轴的联动。图 1-14 所示为用铣刀五轴联动加工叶片。五轴联动的数控机床是功能最全、控制最复杂的一种数控机床。

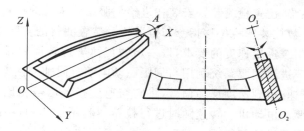

图 1-13　飞机大梁直纹扭曲面的加工

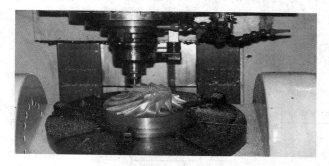

图 1-14　用铣刀五轴联动加工叶片

1.3.3　按伺服控制方式分类

按伺服控制方式,数控机床分为以下几类。

1. 开环控制数控机床

这类机床的进给伺服系统是开环的,即没有位置检测装置。这类机床的驱动电动机只能采用步进电动机,这类电动机的主要特征是控制电路每变换一次指令脉冲信号,电动机就转动一个步距角。图 1-15 所示为由功率步进电动机驱动的开环进给伺服系统。数控装置根据所要求的进给速度和进给位移,输出一定频率和数量的进给指令脉冲,经驱动电路放大后,每一个进给脉冲驱动功率步进电动机旋转一个步距角,再经减速齿轮、丝杠螺母副,转换成工作台的一个当量直线位移。对于圆周进给,一般都是通过减速齿轮、蜗杆蜗轮副带动转台进给一个当量角位移。开环控制多用于经济型数控机床或对旧机床进行改造。

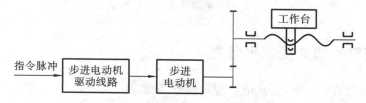

图 1-15　由功率步进电动机驱动的开环进给伺服系统

2. 闭环控制数控机床

闭环控制数控机床的进给伺服系统是按闭环反馈控制方式工作的,它的驱动电动机可采用直流和交流两种伺服电动机,并配有速度检测装置和位置检测装置。图 1-16 所示为典型的闭环进给伺服系统,位置检测装置安装在进给伺服系统末端的执行部件上,实测执行部件的位置或位移量。数控装置将位移指令与位置检测装置测得的实际位置反馈信号随时进行比较,根据差值与指令进给速度的要求,按一定的规律进行转换后,得到进给伺服系统的速度指令。另外,闭环进给伺服系统利用与伺服驱动电动机同轴刚性连接的测速部件,随时实测驱动电动机的转速,得到速度反馈信号,将它与速度指令信号相比较,根据比较的结果即速度误差信号,对驱动电动机的转速随时进行校正。利用上述的位置控制和速度控制两个回路,可以获得比开环进给伺服系统精度更高、速度更快、驱动功率更大的特性指标。但是,在整个控制环内,许多机械传动环节的摩擦、刚度和间隙均呈非线性特性,并且整个机械传动链的动态响应非常慢(与电气响应相比),给整个闭环进给伺服系统的稳定性校正带来很大的困难,使得系统的设计和调整也都相当复杂。因此,闭环控制方式主要用于精度要求很高的数控坐标镗床、数控精密磨床等。

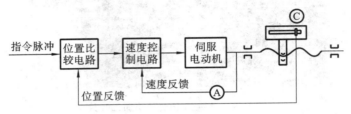

图 1-16　典型的闭环进给伺服系统

3. 半闭环控制数控机床

将位置检测装置安装在伺服电动机或丝杠的端部,如图 1-17 所示,间接测量执行部件的实际位置或位移的进给伺服系统就是半闭环进给伺服系统。它可以获得比开环进给伺服系统更高的精度,但它的位移精度比闭环进给伺服系统的要低。与闭环进给伺服系统相比,因大部分机械传动环节未包括在系统闭环环路内,故半闭环进给伺服系统易于实现系统的稳定性。现在大多数数控机床都采用半闭环控制方式。

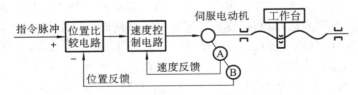

图 1-17　半闭环进给伺服系统

1.3.4　按数控系统功能水平分类

按数控系统的功能水平,通常把数控系统分为低、中、高三档。当然这种划分的界限是相对的,不同时期会有不同的划分标准。按目前的发展水平,可以根据表 1-1 列出的一些功能及指标,将各种类型的数控系统分为低、中、高三档。其中:中、高档一般称为全功能数控系统或标准型数控系统;经济型数控系统属于低档数控系统,是指由单片机和步进电动机组成的数控系统,或其他功能简单、价格低的数控系统。经济型数控系统主要用于车床、线切割机床以及旧机床改造等。

表 1-1　数控系统不同档次的功能及指标

功能＼档次	低档	中档	高档
系统分辨力	$10\ \mu m$	$1\ \mu m$	$0.1\ \mu m$
G00 速度	$3\sim 8\ m/min$	$10\sim 24\ m/min$	$24\sim 100\ m/min$
伺服类型和驱动电动机	开环,步进电动机	半闭环,直、交流伺服电动机	闭环,交流伺服电动机
联动轴数	$2\sim 3$ 轴	$2\sim 4$ 轴	5 轴或 5 轴以上
通信功能	无	RS-232C 或 DNC	RS-232C、DNC、MAP
显示功能	数码管显示	图形、人机对话	三维图形、自诊断
内装 PLC	无	有	强功能内装 PLC
主 CPU	8 位、16 位 CPU	16 位、32 位 CPU	32 位、64 位 CPU
结构	单片机或单板机	单微处理器或多微处理器	分布式多微处理器

1.3.5　数控机床的选用原则

选用数控机床需遵循以下原则。

1. 实用性

选用数控机床时总是有一定的出发点,目的是解决生产中的某一个或几个问题。因此选是为了用,这是首要的。实用性就是要使选中的数控机床最终能最佳程度地实现预定的目标。例如,选数控机床是为了加工复杂的零件? 是为了提高加工效率? 是为了提高精度? 还是为了集中工序,缩短周期? 或是为了实现柔性加工? 有了明确的目标,有针对性地选用数控机床,才能以合理的投入获得最佳效果。

2. 经济性

经济性是指所选用的数控机床在满足加工要求的条件下,所支付的代价是最经济的或者是较为合理的。经济性往往是和实用性相联系的,数控机床选得实用,那么经济上也会是合理的。在这方面要注意的是不要以高代价换来功能过多而又不合用的较复杂的数控机床,否则,不仅会造成不必要的浪费,而且会给使用、维护、保养及修理等方面带来困难,况且数控系统的更新期越来越缩短,两年不到,就会有新的数控系统和新的数控机床出现,而且到那时候所需花费的代价会比现在更低。因此,在选用数控机床时一定要量"力"而行。

3. 可操作性

用户选用的数控机床要与本企业的操作和维修水平相适应。选用了一台较复杂、功能齐全、较为先进的数控机床,如果没有适当的人去操作和使用、没有熟悉的技工去维护和修理,那么数控机床再好也不可能用好,也发挥不了应有的作用。因此,在选用数控机床时要注意对加工零件的工艺分析,考虑到零件加工工序的制定、数控编程、工装准备、机床安装与调试,以及在加工过程中进行故障排除与及时调整的可能性,这样才能保证数控机床能长时间正常运转。越是高档的、复杂的数控机床,可能在操作时越简单,而加工前的准备和使用中的调试与维修越复杂。因此,在选用数控机床时,要注意力所能及。

4. 稳定可靠性

这虽是指机床本身的质量,却与选用有关。稳定可靠性既与数控系统有关,也与机械部分,尤其是数控系统(包括伺服系统)部分有关。如果数控机床不能稳定可靠地工作,那就完全失去了意义。要保证数控机床工作时稳定可靠,在选用时,一定要选择名牌产品(包括主机、系统和配套件),因为这些产品技术上成熟、有一定的生产批量和一定的用户。

练 习 题

1.1　什么是数控机床?它一般由哪几个部分组成?

1.2　说明数控机床的工作过程。

1.3　开环控制系统与闭环控制系统有什么区别?各自适用于什么场合?

1.4　与闭环控制系统相比,半闭环控制系统有什么特点?

1.5　数控机床的发展趋势呈现出哪些特点?

1.6　加工中心同一般数控机床的区别是什么?

第2章 数控编程基础和工艺基础

■ 2.1 数控加工程序的基本知识

2.1.1 数控编程的基本概念

根据被加工零件的图样、技术要求和工艺要求等切削加工的必要信息，按照数控系统所规定的指令和格式编制的加工指令序列，就是数控加工程序，或称零件程序。制备数控加工程序的过程称为数控加工程序编制，简称数控编程（NC programming）。

2.1.2 数控编程的步骤

在编制数控加工程序之前，编程人员应该了解所用数控机床的种类、规格和性能，以及数控机床所用的数控系统的功能、编程代码和程序格式等，同时还应该清楚零件加工的类型。编制数控加工程序时，编程人员应该首先对零件图中所规定的技术要求、几何尺寸精度和工艺要求进行分析，确定合理的加工方法和加工路线，进行相应的数值计算，获得刀尖或刀具中心运动轨迹的位置数据；然后按照数控机床规定的功能代码和程序格式，将工件的尺寸、刀尖或刀具中心运动轨迹、进给量、主轴转速、切削深度、背吃刀量以及辅助功能和刀具等，按照先后顺序编制成数控加工程序；最后将数控加工程序记录在程序载体上制成控制介质，再由控制介质输入数控系统中，由数控系统控制数控机床实现工件的自动加工，完成首件试切，验证数控加工程序的正确性。

数控编程主要包括零件图样分析、加工工艺分析、数值计算、编写程序单、制作控制介质和程序校验。因此，数控编程的过程也就是指从零件图样分析到程序校验的全部过程，如图2-1所示。

1. 零件图样分析

编程人员通过对零件的材料、形状、尺寸、精度及技术要求进行分析，确定毛坯材料、形状、尺寸和热处理的方法，根据数控机床的加工精度、适应性等特点，分析零件在数控机床上进行加工的可行性，确定加工机床的种类和相关参数。批量小、形状复杂、精度要求高的零件，尤其适合在数控机床上进行加工。

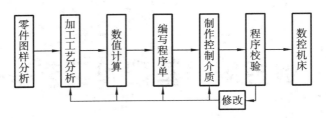

图 2-1　数控编程的步骤

2. 加工工艺分析

加工工艺分析的目的是制定工艺方案,内容包括:确定零件的定位基准,选用夹具及装夹方法,确定加工所用的刀具,选择正确的对刀点,确定合理的走刀路线,选用合理的切削用量、进给速度和主轴转速等切削参数,确定加工过程中是否需要提供冷却液、是否需要换刀、何时换刀等。在安排工序时,要根据数控加工的特点按照工序集中的原则,尽可能在一次装夹中完成所有的加工内容。

3. 数值计算

数值计算又称为数据处理,在确定了工艺方案后,就需要根据零件的几何尺寸、加工路线等计算零件轮廓数据及刀具中心运动轨迹,以获得刀具中心(或刀尖)运动轨迹的数据。数控系统一般均具有直线插补与圆弧插补的功能,当用数控机床加工由圆弧和直线组成的较简单的平面零件时,只需要计算出零件轮廓上相邻几何元素交点或切点的坐标值,得出各几何元素的起点和终点、圆弧圆心的坐标值等,就能满足数控编程要求。当零件的几何形状与数控系统的插补功能不一致时,就需要进行较复杂的数值计算,一般需要使用计算机辅助计算,否则难以完成数值计算。数值计算的最终目的是获得数控编程所需要的所有相关位置的坐标数据。

4. 编写程序单

在完成上述几个步骤后,编程人员可根据已确定的工艺方案及经数值计算获得的数据,按照数控系统要求的程序格式和代码格式编写相应的程序单。这就要求编程人员除应了解所用数控机床及数控系统的功能、熟悉程序指令外,还应具备与机械加工有关的工艺知识,以编制出正确、实用的数控加工程序。

5. 制作控制介质

程序单是制作控制介质的依据,控制介质是程序单的载体。程序单编写完成后,编程人员或操作人员可以通过键盘或数控机床的操作面板,在编辑(EDIT)方式下直接将程序信息键入数控系统程序存储器中;也可以根据数控系统输入、输出装置的不同,先将程序单中的数控加工程序制作成控制介质或转移至某种控制介质上。控制介质大多采用穿孔带,也可以是磁带、磁盘等信息载体,利用穿孔带阅读机或磁带机、磁盘驱动器等输入(输出)装置,将控制介质上的数控加工程序信息输入数控系统程序存储器中。

6. 程序校验

将编写好的数控加工程序输入数控系统,就可控制数控机床的加工工作。在正式加工之前,必须对数控加工程序进行校验;在某些情况下,需要对工件做首件试切。在一般情况下,可采用数控机床空运行的方式来检查数控机床动作和运动轨迹的正确性,以检验数控加工程序。在具有图形模拟显示功能的数控机床上,可通过显示走刀轨迹或模拟刀具对工件的切削过程,对数控加工程序进行检查。现在也可以用计算机数控加工仿真软件来模拟数控机床的加工过程,以检验数控加工程序的正确与否。以上校验方法只能确认刀具运动轨迹的正确与否,无法查出被加工工件的精度。对于形状复杂和精度要求高的零件,通过首件试切和检查试件,不仅可确认数控加工程序是否正确,还可知道加工精度是否符合要求。若能采用与被加工零件材料相同的材料进行试切,则更能反映实际加工的效果。当发现加工的零件不符合加工技术要求,产生了误差时,应分析误差产生的原因,可采用修改数控加工程序或尺寸补偿等措施加以修正,然后检验、分析、修正,进行多次反复校验,直到获得完全满足加工要求的数控加工程序为止。

2.1.3　数控编程的方法

数控编程的方法有两种:手工编程和自动编程。

1. 手工编程

用人工完成数控加工程序编制的全部工作(包括用通用计算机辅助进行数值计算)称为手工编程。

对于几何形状比较简单的零件,数值计算比较简单,程序段不多,采用手工编程较容易完成数控编程,而且经济、及时。因此,在点位加工及由直线与圆弧组成的轮廓加工中,手工编程仍广泛使用。但对于形状复杂的零件,特别是具有非圆曲线、列表曲线或曲面的零件,采用手工编程就有一定的困难,出错的可能增大,效率低,有时甚至无法编出数控加工程序,因此必须采用自动编程的方法编制数控加工程序。

2. 自动编程

自动编程也称计算机辅助编程(computer aided programming),即数控加工程序编制工作的大部分或全部由计算机完成,如由计算机完成坐标值计算、编写程序单、自动地输出打印程序单和制作控制介质等。自动编程方法减轻了编程人员的劳动强度,缩短了数控编程时间,提高了数控编程质量,同时解决了手工编程无法解决的许多复杂零件的数控编程难题。工件表面形状越复杂,工艺过程越烦琐,自动编程的优势越明显。

自动编程的方法和种类很多,发展也很迅速。根据数控编程信息的输入和计算机对信息的处理方式的不同,自动编程可以分为以自动编程语言为基础的自动编程(简称语言式自动编程,如 APT 自动编程)和以计算机绘图为基础的自动编程(简称图形交互式自动编程,如 CAD/CAM 自动编程)。

CAD/CAM 即计算机辅助设计(computer aided design)/计算机辅助制造(computer aided manufacturing)的简称,指的是以计算机以主要辅助手段,进行产品的设计和制造。CAD 解决的是设计问题。CAM 利用 CAD 中建立的零件模型信息,再给出工艺信息与参数,自动生成数控加工程序,通过数控机床加工工件,完成高难度、高精度的加工。CAD 中建立的模型是 CAM 的基础。在 PC 机上应用较多的 CAD/CAM 软件主要有 MasterCAM、Pro/ENGINEER、Unigraphics、SolidWorks 等。

2.2　数控加工程序的结构和编程指令简介

2.2.1　数控加工程序的结构

1. 程序的构成

数控加工程序就是一些数控指令的集合。一个完整的数控加工程序由程序号、若干个程序段、程序结束指令组成。

1）程序号

程序号是数控加工程序的名字,程序号必须放在数控加工程序的开头,不同的程序号对应着不同的数控加工程序。不同的数控系统,程序号地址符所用的字符不同,格式也有所不同。FANUC系统一般用地址符"O"和若干位数字组成程序号,如"O0001";SIMENS(西门子)系统和武汉华中数控系统用地址符"％"和若干位数字组成程序号,如"％0001"。编程人员编程时一定要参考说明书,否则数控加工程序将无法执行。

2）程序段格式

程序段格式是指一个程序段中字的排列顺序和表达方式。通常一个程序段由程序段序号、一个或若干个指令字和程序段结束符组成。目前广泛采用字地址程序段格式,字地址程序段格式也称可变程序段格式。这种格式的程序段的长短、字数和字长(位数)都是可变的,对字的排列顺序没有严格要求,不需要的字以及与上一程序段相同的续效指令可以不写。这种格式的优点是程序简短、直观、可读性强、易于检验和修改。

虽然标准中未对程序段中指令字的排列顺序做出规定,但为了方便检查和阅读数控加工程序,习惯上按图2-2所示顺序书写指令字。

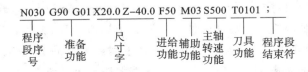

图 2-2　程序段格式

程序段序号又称程序段名,由地址符"N"和若干位数字组成。程序段序号中数字大小的顺序不表示加工或控制顺序,只是程序段的识别标记,用于程序段检索、人工查找或宏程序中的无条件转移。一个数控加工程序是按照程序段输入数控装置的顺序执行的,而不是按程序段序号的顺序执行。因此,在编程时,程序段序号中数字大小顺序的排列可以不连续,也可以颠倒,甚至可以部分或全部省略。但在写数控加工程序时,如果要写程序段序号,建议按升序的方式写。一般程序段序号可以省略,但在有些固定循环指令中必须写程序段序号。

指令字由地址符和数字符组成,表示坐标值的数字符可以带符号(正号可以省略,负号必须写)。数控装置以指令字为单元处理程序,因此,指令字是组成数控加工程序最基本的单元。现在有两种数控编程标准,即ISO 840标准(国际标准化组织标准)和EIA RS-244A

标准(美国电子工业协会标准),我国采用 ISO 标准。ISO 标准中常用的地址符及其含义如表 2-1 所示。

表 2-1　ISO 标准中常用的地址符及其含义

地址符	含义	地址符	含义
A	绕 X 坐标的角度尺寸	N	程序段序号
B	绕 Y 坐标的角度尺寸	O	程序名
C	绕 Z 坐标的角度尺寸	P	平行于 X 坐标的第三坐标
D	绕特殊坐标的角度尺寸,或第三种进给速度功能	Q	平行于 Y 坐标的第三坐标
E	绕特殊坐标的角度尺寸,或第二种进给速度功能	R	平行于 Z 坐标的第三坐标
F	进给功能	S	主轴转速功能
G	准备功能	T	刀具功能
H	刀具长度补偿值寄存器号	U	平行于 X 坐标的第二坐标
I	平行于 X 坐标的插补参数或螺纹螺距	V	平行于 Y 坐标的第二坐标
J	平行于 Y 坐标的插补参数或螺纹螺距	W	平行于 Z 坐标的第二坐标
K	平行于 Z 坐标的插补参数或螺纹螺距	X	X 坐标方向的主运动
L	子程序调用次数	Y	Y 坐标方向的主运动
M	辅助功能	Z	Z 坐标方向的主运动

程序段结束符位于每一个程序段结束之后,表示该段程序结束。FANUC 系统用";"表示程序段结束,武汉华中数控系统用"Enter"表示程序段结束。

3)程序结束指令

程序结束指令用于结束整个数控加工程序的运行。数控加工程序结束的指令为 M02 或 M30。

2. 主程序和子程序

数控加工程序可以分为主程序和子程序。主程序是零件加工的主体部分,是一个完整的零件程序。在数控加工程序中,当一个零件上有相同的或重复的加工内容时,为了简化编程,可将这些重复的程序段编成一个单独的程序,事先存到程序存储器中,再通过调用该程序进行多次或不同位置的重复加工。被调用的程序称为子程序。

1)子程序的格式

FANUC 系统子程序的格式为

　　o××××

　　……;

　　M99;

子程序的程序名与普通程序完全相同,子程序的结束与主程序不同,用 M99 指令来实现,子程序执行到 M99 指令时,将自动返回到主程序继续执行主程序下面的程序段。

2）子程序的调用

（1）格式 1：

M98 P×××× L××××

地址"P"后面的四位数字为子程序号，地址"L"后面的四位数字表示调用的次数，子程序号及调用次数的四位数字最前面的 0 可以省略不写。例如，"M98 P0010 L0002"可简写为"M98 P10 L2"，表示调用子程序 0010 两次。

（2）格式 2：

M98 P××××××××

地址"P"后面有八位数字，前四位数字表示调用次数，后四位数字表示子程序号，表示调用次数的四位数字最前面的 0 可以省略不写。例如，"M98 P00020010"可简写为"M98 P20010"，表示调用子程序 0010 两次。

在使用子程序时，不但主程序可以调用子程序，而且子程序也可以调用另外的子程序，这称为子程序的嵌套。在 FANUC 系统中，子程序最多可以嵌套 4 级。主程序与子程序的关系如图 2-3 所示。主程序与子程序的内容不同，但二者的程序格式应相同。具体编程方法参照机床编程手册。

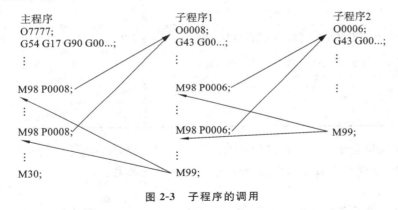

图 2-3　子程序的调用

2.2.2　编程指令简介

1. 准备功能 G（preparatory function, G-function）

准备功能是使数控装置执行某种操作的功能，如指定坐标系、指定定位方式、指定插补方式、加工螺纹、攻螺纹和执行各种固定循环以及执行刀具补偿等。G 指令由地址符"G"和后续两位或三位整数组成。各个 G 指令的具体用法见第 3 章、第 4 章和第 5 章。

2. 尺寸字（dimension word）

尺寸字给定数机床各坐标轴位移的方向和数据，由各坐标轴的地址符、"＋"/"－"符号和绝对值（或增量值）的数字组成。对于尺寸字的地址符，直线进给运动为"X""Y""Z""U""V""W""P""Q""R"，回转运动为"A""B""C""D""E"。此外，还有插补参数地址符"I""J""K"。地址符"R""D""H"还可以用来指定刀具的半径、半径补偿和长度补偿。

3. 进给功能 F（feed function, F-function）

进给功能主要是指定数控机床在加工工件时，刀具相对于工件的进给速度，单位为

mm/min 或 mm/r。它由地址符"F"和后续一组数字组成,这组数字取决于每个数控装置所采用的进给速度指定方法,现在用得较多的速度指定方法是直接指定法。直接指定法就是将实际速度的数值直接表示出来。它可以是整数,也可以是小数。

在加工螺纹时,F 功能表示螺纹的导程。

在多轴联动的插补过程中,F 功能指定的进给速度是合成进给速度,如图 2-4 所示。各轴的分速度由数控装置自动计算。

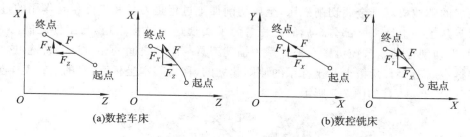

(a)数控车床　　　　　　　　　　(b)数控铣床

图 2-4　合成进给速度及各分速度

4. 主轴转速功能 S(spindle speed function,S-function)

主轴转速功能主要指定数控机床主轴的转动速度,单位为 r/min。它由地址符"S"和后续一组数字组成,这组数字直接表示主轴的实际转速。在中档以上的数控车床中,为了保证工件表面质量的一致性,有一种使切削部位保持恒定线速度的功能,即恒线速度功能。此时,S 功能表示线速度,单位为 m/min。

5. 刀具功能 T(tool function,T-function)

刀具功能主要指定数控机床在加工工件时刀具的选择。它由地址符"T"和后续一组数字组成。在数控车床和加工中心中,刀具功能的表达方式不同。

在数控车床中,刀具功能由"T××××"表示,前两位数字表示所选择的刀具号,后两位数字表示对应的刀具补偿寄存器的编号,即刀补号。数控车床的刀具功能包括选刀功能、换刀功能和调用刀具补偿功能。

在加工中心中,刀具功能由"T××"表示。加工中心的刀具功能仅指选择刀具的功能。需要换刀时,由专用的换刀指令 M06 来指定。

6. 辅助功能 M(miscellaneous function,M-function)

辅助功能主要是规定数控机床做一些与数控机床运动有关的辅助动作的功能。例如,冷却泵的开、关,主轴的正、反转,程序暂停或结束,换刀,更换工件,子程序调用和返回等动作。各个 M 指令的具体用法见第 3 章、第 4 章和第 5 章。

7. 模态指令和非模态指令

模态指令也称续效指令,表示该指令在一个程序段中被指定后,就在后面的程序段中一直有效,此时可以省略不写,直到同组的另外一个模态指令或其他指令把它取消后才失效。例如,G00、G01、G02、G03、M03、M04、M05 等。S、F 指令也是模态指令。

非模态指令也称非续效指令,表示该指令只在被指定的程序段中有效,当程序段结束后就自动失效。例如,G04、M00、M01 等。

2.3 数控机床的坐标轴和坐标系

2.3.1 数控机床坐标轴和坐标系概述

一般的数控机床是金属切削机床,金属切削加工过程是刀具和工件相互作用的过程,也就是刀具从工件上切去一部分金属的过程。为了实现这一过程,刀具与工件之间必须有相对运动,即切削运动。数控机床在坐标系中描述刀具与工件之间的相对运动轨迹,这个坐标系是根据空间右手直角笛卡儿坐标系的原则建立的,称为基本坐标系,它的三个基本坐标轴分别用 X、Y、Z 表示,如图 2-5 所示。

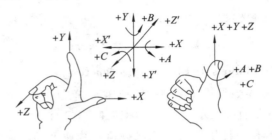

图 2-5 数控机床的基本坐标系

伸出右手的大拇指、食指和中指,并互为 $90°$,此时大拇指代表 X 坐标轴,食指代表 Y 坐标轴,中指代表 Z 坐标轴,大拇指、食指和中指的指向分别代表 X、Y 和 Z 坐标轴的正方向。X、Y 和 Z 坐标轴符合右手定则。

围绕 X、Y、Z 坐标轴旋转的旋转坐标轴分别用 A、B、C 表示,根据右手螺旋定则,大拇指的指向为 $+X$、$+Y$、$+Z$ 坐标轴的方向,则其余四指的旋转方向即为 $+A$、$+B$、$+C$ 的方向。

在数控机床上,X、Y、Z 坐标轴反映数控机床进给部件的直线进给运动,基本单位一般为 mm,有些国家用 inch。A、B、C 坐标轴反映数控机床进给部件的旋转进给运动,基本单位为°。

各种数控机床由于结构不同,实现刀具与工件之间相对运动的方式也不同。一般情况下,刀具与工件之间的相对运动有以下两种方式:一种是工件固定不动,刀具运动,即刀具相对于工件运动;另一种是刀具固定不动,工件运动,即工件相对于刀具运动。如果是刀具相对于工件运动,则运动坐标轴分别用 X、Y、Z、A、B、C 表示;如果是工件相对于刀具运动,则运动坐标轴分别用 X'、Y'、Z'、A'、B'、C' 表示。按相对运动的关系,刀具运动的正方向恰好与工件运动的正方向相反,即有

$$+X = -X', \quad +Y = -Y', \quad +Z = -Z'$$
$$+A = -A', \quad +B = -B', \quad +C = -C'$$

同样,两者运动的负方向也彼此相反。

统一规定,编写数控加工程序时一律采用刀具相对于工件运动的原则,即用"X""Y""Z""A""B""C"符号编程,编程人员不需要考虑数控机床的实际运动方式。

2.3.2　数控机床坐标轴的规定

数控机床的三个基本坐标轴 X、Y、Z(见图 2-6)在数控机床上的规定如下。

(a)斜床身后置刀架卧式数控车床及其三个基本坐标轴

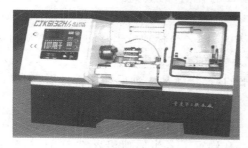
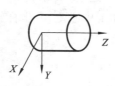

(b)平床身前置刀架卧式数控车床及其三个基本坐标轴

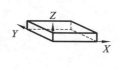

(c)床身式立式数控铣床及其三个基本坐标轴

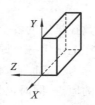

(d)卧式加工中心及其三个基本坐标轴

图 2-6　数控机床的三个基本坐标轴

1. Z 坐标轴

Z 坐标轴是平行于数控机床传递切削动力的主轴轴线,它的正方向是增大刀具和工件间距离的方向。

在数控车床上,刀架沿着机床导轨的纵向运动平行于 Z 坐标轴,刀架向机床尾部运动的方向为 +Z 方向。

在床身式立式数控铣床和立式加工中心上,主轴箱的上下运动平行于 Z 坐标轴,主轴箱向上运动的方向为 +Z 方向。

在卧式加工中心上,立柱的前后运动平行于 Z 坐标轴,立柱向前运动的方向为 +Z 方向。

2. X 坐标轴

X 坐标轴是水平的并且平行于工件装夹平面方向的运动。

在数控车床上,X 坐标轴平行于工件的径向,刀具离开工件旋转中心的方向为 +X 方向。

在床身式立式数控铣床和立式加工中心上,Z 坐标轴是垂直的,操作者从机床主轴往立柱看,刀具向右运动(实际是工作台向左运动)的方向为 +X 方向。

在卧式加工中心上,Z 坐标轴是水平的,操作者从主轴后端往工件看,刀具向右运动的方向为 +X 方向。

3. Y 坐标轴

在确定了 Z 坐标轴和 X 坐标轴后,根据右手定则就可以确定 Y 坐标轴的方向。

4. A、B、C 旋转坐标轴

在确定了 X、Y、Z 坐标轴后,根据右手螺旋定则,就可以确定 A、B、C 旋转坐标轴。

5. U、V、W 附加坐标轴

在一些复杂的数控机床上,可以平行于 X、Y、Z 坐标轴指定附加坐标轴,并分别用 U、V、W 表示,如图 2-7 所示。

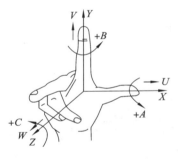

图 2-7　数控机床的附加坐标轴

2.3.3　机床坐标系、机床原点、机床参考点

在确定了数控机床的各个坐标轴及其正方向之后,还要进一步确定坐标系原点的位置。

在数控机床上选定一个固定点作为坐标系原点而建立的坐标系称为机床坐标系。选定的这个固定点称为机床原点,它在机床装配、调试时就已经确定,一般不能变动。机床原点是机床坐标系的原点,同时也是其他坐标系与坐标值的基准点。也就是说只有确定了机床坐标系,才能建立工件坐标系,才能进行其他操作。

机床坐标系是固定的,一般也是唯一的。

各种数控机床的机床原点设置的位置不一样。数控车床的机床原点一般设在机床主轴轴线与卡盘安装基准面的交点上,如图 2-8 所示;数控铣床和加工中心的机床原点一般设在

X、Y、Z 坐标轴正方向移动的最大极限位置上,数控铣床的机床坐标系如图 2-9 所示。

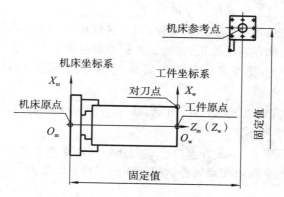

图 2-8 数控车床的机床坐标系和工件坐标系

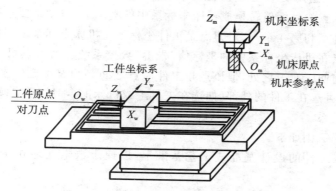

图 2-9 数控铣床的机床坐标系和工件坐标系

有些数控机床直接回到机床原点不方便,因此在每一个坐标轴的移动范围内再设置一个点,称为机床参考点。一般通过系统参数指定机床参考点与机床原点之间的距离,因此机床参考点可以与机床原点重合(如数控铣床、加工中心),也可以与机床原点不重合(如数控车床)。机床参考点用作机床坐标系的测量起点。机床参考点的位置在每个轴上都是通过减速行程开关粗定位,然后由编码器零位电脉冲(或称栅格零点)精定位的。数控机床开机时,一般要进行手动或自动返回机床参考点的操作(即回零),机床知道了机床参考点,也就知道了机床原点,从而就建立了机床坐标系。

2.3.4 工件坐标系、工件原点、对刀点、换刀点

1. 工件坐标系和工件原点

数控机床只能控制刀具在机床坐标系中加工工件,但由于工件的尺寸大小不一样,形状也不相同,工件在数控机床中的安装位置也不一致,而机床坐标系是一个固定的坐标系,如果都以机床原点作为工件数控加工程序编制的原点,则非常不方便。所以,为简化数控编程过程,降低数值计算的难度,在工件上选择一点作为坐标系原点。以该点建立的坐标系称为工件坐标系。工件坐标系的各个坐标轴必须与机床坐标系相应的坐标轴相平行,因此,工件坐标系相当于是机床坐标系的平移。工件坐标系的原点称为工件原点,选择工件原点时要

遵循以下几个原则。

（1）应使工件原点与工件的尺寸基准重合。

（2）当工件图中的尺寸容易换算成坐标值时，尽量直接使用图纸尺寸作为坐标值。

（3）工件原点应该选在容易找正、在加工过程中容易测量的位置。

（4）工件原点的选择要尽量满足数控编程简单、尺寸换算少、引起的加工误差小等条件。

在数控车床上，工件原点一般选在工件轴线与工件的前端面、工件的后端面、卡爪的前端面的交点上，如图2-9所示。

在数控铣床和加工中心上，工件原点一般选在长方体零件上表面的左下角或中心处，或者圆柱体零件轴线与上平面的交点处。数控铣床的工件原点如图2-9所示。

2．对刀点

数控机床在加工工件之前必须知道工件原点在机床坐标系中的具体位置，这样才能将工件坐标系中任意点的坐标值转换成机床坐标系中的坐标值，也就是要进行对刀操作（具体的对刀方法见第3章和第4章）。对刀点是工件坐标系与机床坐标系之间的联系点，对刀的目的是把工件原点在机床坐标系中的坐标值"告诉"数控系统。对刀点可与工件原点重合，也可选在其他任何便于对刀之处，但该点与工件原点之间必须有确定的坐标联系。对刀点可选在工件上，也可选在工件的外部（如选在夹具上或机床上），但该点必须与工件的定位基准有一定的尺寸关系。

对刀点的选择原则如下。

（1）尽量选在工件的设计基准或工艺基准上，以便于数学处理和简化数控加工程序编制。

（2）在数控机床上找正容易，加工时便于检查和测量。

（3）引起的加工误差小。

3．换刀点

加工过程中需要换刀时，应规定换刀点。所谓换刀点，是指刀架转位换刀时的位置。该点可以是某一固定点（如加工中心，它的换刀机械手的位置是固定的），也可以是任意的一点（如数控车床）。换刀点应设在工件或夹具的外部，要保证刀架转位时刀具不与工件或夹具发生碰撞。换刀点的设定值可用实际测量方法或通过计算确定。

2.3.5　编程坐标系、程序原点

编程坐标系是在工件图纸上建立的坐标系，目的是编写程序单。编程坐标系仅用于数控加工程序的编制，与机床坐标系无关。但在加工时，要通过找正安装和对刀操作，使编程坐标系与工件坐标系重合，因此有的教材把工件坐标系称为编程坐标系。编程坐标系的原点称为程序原点，程序原点一般选在尺寸标注的基准上。

2.4　数控编程中的数值计算

根据零件图的要求，按照已经确定的加工路线和允许的编程误差，计算数控系统所需的

输入数据,称为数值计算。具体来说,数值计算就是计算工件轮廓上或刀具中心轨迹上一些重要点的坐标数据。

2.4.1　基点坐标的计算

工件的轮廓曲线一般由直线、圆弧或其他二次曲线等几何元素组成。通常将各个几何元素间的连接点,如两条直线的交点、直线与圆弧的切点或交点、圆弧与圆弧的切点或交点、圆弧与其他二次曲线的切点或交点等称为基点。数控机床一般具有直线和圆弧插补功能,因此,对于由直线和圆弧组成的平面轮廓零件,基点坐标的计算比较简单。选定坐标系以后可以根据零件图形给定的尺寸,运用三角函数、代数、几何以及解析几何的有关知识,直接计算出各基点的坐标值。现在更多的是利用计算机先画出工件的轮廓,再直接查出各基点的坐标值。

2.4.2　节点坐标的计算

当零件的形状由直线和圆弧之外的其他曲线,如抛物线、渐开线和椭圆曲线等构成,而数控机床又不具备该曲线的插补功能时,数值计算就比较复杂。数控加工中把除直线与圆弧之外可以用数学方程式表达的平面轮廓曲线称为非圆曲线。可用直角坐标的形式表示非圆曲线的数学表达式,也可用极坐标形式或者参数方程的形式表示非圆曲线的数学表达式。用极坐标形式或者参数方程的形式表示非圆曲线的数学表达式时,可通过坐标变换,将非圆曲线的数学表达式转换为直角坐标表达式。非圆曲线类零件包括平面凸轮类零件、圆柱凸轮以及数控车床上加工的各种以非圆曲线为母线的回转体零件等。一般按数控系统插补功能的要求,在满足允许的编程误差的条件下,用若干小直线段或小圆弧首尾相连,来拟合组成零件轮廓的非圆曲线。这些若干小直线段或小圆弧称为拟合线段,拟合线段与非圆曲线的交点或切点称为节点。

此时数值计算就是计算各节点的坐标值。目前常用的节点坐标计算方法有等间距法、等步长法、等误差法等。

1. 等间距法

等间距法就是将某一坐标轴划分为相等的间距,如图 2-10 所示,从起始点开始,每增加一个 Δx,通过方程 $y = f(x)$ 求出 y 值,就可以得到相应节点的坐标,直到终点,得到一系列的坐标值。此种方法的重点在于 Δx 的选取应确保拟合误差在允许的范围以内。

2. 等步长法

用等步长法以直线拟合轮廓曲线时,每段拟合线的长度都相等,如图 2-11 所示。由于拟合线段长度相等,所以每段拟合线的拟合误差不相等,最大误差必定在曲率半径最小处。采用等步长法时,首先求出最小曲率半径 R_{min},然后根据最小曲率半径 R_{min} 确定允许步长 l,最后按允许步长 l 计算各节点的坐标值。

3. 等误差法

等误差是指任意相邻两节点间的拟合误差都相等,如图 2-12 所示。采用等误差法时,由于各拟合线段的拟合误差 δ 均相等,所以程序段数目最少,但计算过程比较复杂,必须由

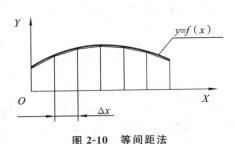

图 2-10　等间距法

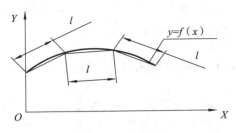

图 2-11　等步长法

计算机辅助才能完成计算。在采用直线段拟合非圆曲线的拟合方法中,等误差法是一种较好的拟合方法。

4. 列表曲线型值点坐标的计算

除了可以用直线、圆弧或非圆曲线组成之外,有些零件的轮廓形状可以通过实验或测量的方法得到。零件的轮廓数据在图样上是以坐标点的表格形式给出的,这种由列表点(又称型

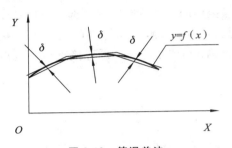

图 2-12　等误差法

值点)给出的轮廓曲线称为列表曲线。

在列表曲线的数学处理方面,常用的拟合方法有牛顿插值法、三次样条曲线拟合法、圆弧样条拟合法和双圆弧样条拟合法等。由于以上各种拟合方法在使用时往往存在着某种局限性,目前处理列表曲线时通常采用二次拟合法。

为了在给定的列表点之间得到一条光滑的曲线,对列表曲线拟合一般提出以下要求。

(1)方程式表示的零件轮廓必须通过列表点。

(2)方程式给出的零件轮廓的凹凸性与列表点表示的轮廓的凹凸性应一致,即不应在列表点的凹凸性之外再增加新的拐点。

(3)光滑性:为使数学描述不过于复杂,通常一个列表曲线要用许多参数不同的同样的方程来描述,希望在方程式的两两相连接处有连续的一阶导数或二阶导数,若不能保证一阶导数连续,则希望连接处两边一阶导数的差值应尽量小。

2.5　数控加工的工艺基础

2.5.1　数控加工工艺的特点

在数控机床上加工零件,首先遇到的问题就是工艺问题。数控机床的加工工艺与普通机床的加工工艺有许多相同之处,也有许多不同。在数控机床上加工的零件往往形状较为复杂,所以数控机床所加工零件的工艺规程通常要比普通机床所加工零件的工艺规程复杂一些。在使用数控机床进行加工前,要将数控机床的运动过程、零件的工艺过程、刀具的形状、切削用量和走刀路线等都编入数控加工程序,这就要求编程人员具备多方面的知识基础。合格的编程人员首先应是一个很好的工艺人员,对数控机床的性能、特点、切削范围和

标准刀具系统等有较全面的了解,否则无法做到全面、周到地考虑零件加工的全过程,进而无法正确、合理地确定零件的数控加工程序。

数控加工具有加工自动化程度高、精度高、质量稳定、生产效率高、设备使用费用高等特点。基于此,数控加工工艺具有以下特点。

1. 数控加工工艺内容要求具体而详细

用普通机床加工时,许多具体的工艺问题,如工艺中各工步的划分与安排、刀具的几何形状及尺寸、走刀路线、加工余量、切削用量等,在很大程度上都是由操作工人根据自己的实践经验和习惯自行考虑和决定的,一般无须工艺人员在设计工艺规程时进行过多的规定,零件的尺寸精度也可通过试切保证。而用数控机床加工时,原本在普通机床上由操作工人自行考虑和决定并可通过适时调整来处理的工艺问题,不仅成为编程人员设计数控加工工艺时必须认真考虑的内容,而且编程人员必须事先设计和安排好,并做出正确的选择,编入数控加工程序中。数控加工工艺不仅包括描述详细的切削加工步骤,而且还包括夹具型号和规格、切削用量及其他特殊要求的内容,以及标有数控加工坐标位置的工序图等。在自动编程中,更需要确定各种详细的工艺参数。

2. 数控加工工艺要求更严密而精确

数控机床虽然自动化程度高,但自适应性差。不像普通机床,用数控机床加工时,不可以根据加工过程中出现的问题自由地进行人为调整。例如,在攻螺纹时,数控机床不知道孔中是否已挤满切屑,是否需要退刀清理一下切屑再继续进行,这些情况必须事先由工艺人员精心考虑,否则可能会导致严重的后果。在普通机床上加工零件通常经过多次"试切"来满足零件的精度要求,而数控加工过程是严格按数控加工程序规定的尺寸进给的,因此在对图形进行数学处理、计算和编程时一定要确保准确无误。在实际工作中,由于一个小数点或一个逗号的差错而酿成重大机械事故和质量事故的例子屡见不鲜。

3. 数控加工工艺要进行零件图形的数学处理和编程尺寸设定值的计算

一般情况下,进行手工编程时,为了编程方便,通常在零件图样上标出程序原点,并根据标注尺寸换算出刀位点轨迹上各点的坐标值。零件图样上重要部位尺寸的标注一般包括公差,此时编程尺寸并不是零件图上基本尺寸的简单再现,应根据零件尺寸公差的要求及零件形状的几何关系重新调整计算,然后确定合理的编程尺寸。

4. 选择切削用量时要考虑进给速度对加工零件形状精度的影响

数控加工时,刀具如何从起点沿运动轨迹走向终点是由数控系统的插补装置或插补软件来控制的。由插补原理可知,在数控系统已定的条件下,进给速度越快,插补精度就越低,工件的轮廓形状误差也就越大。因此,制定数控加工工艺选择切削用量时要考虑进给速度对所加工零件形状精度的影响。高精度加工时,这种影响非常明显。

5. 制定数控加工工艺时要特别强调刀具选择的重要性

复杂型面的数控编程通常要用自动编程软件来实现,由于绝大多数三轴以上联动的数控机床都具有刀具补偿功能,在自动编程时必须先选定刀具再生成刀具中心运动轨迹。若刀具预先选择不当,数控加工程序将只能重新再编。

6. 数控加工工艺具有特殊要求

数控加工工艺的特殊要求有以下几点。

（1）由于数控机床较普通机床的刚度高,所配的刀具也较好,因而在同等情况下,数控机床所采用的切削用量通常比普通机床大,加工效率也较高。选择切削用量时要充分考虑这些特点。

（2）由于数控机床的功能复合化程度越来越高,因此,工序相对集中是现代数控加工工艺的特点,明显表现为工序数目少、工序内容多,并且由于在数控机床上尽可能安排较复杂的工序,所以数控加工的工序内容要比普通机床加工的工序内容复杂。

（3）由于数控机床加工的零件比较复杂,因此在确定装夹方式和夹具设计时,要特别注意刀具与夹具、工件的干涉问题。

7. 数控加工程序的编写、校验与修改是数控加工工艺的一项特殊内容

普通加工工艺中的划分工序、选择设备等重要内容对数控加工工艺来说属于已基本确定的内容,所以制定数控加工工艺的着重点在于对整个数控加工过程进行分析,关键在于确定进给路线及生成刀具的运动轨迹。复杂表面的刀具运动轨迹生成需借助自动编程软件,这既是编程问题,也是数控加工工艺问题。这也是数控加工工艺与普通加工工艺最大的不同之处。

2.5.2 数控加工工序和工步的划分原则

1. 工序的划分

与普通机床相比,数控机床加工工序一般比较集中,在一次装夹中尽可能完成大部分或全部工序。首先应根据零件图样,考虑被加工零件是否可以在一台数控机床上完成所有加工工作,若不能,则应决定其中哪一部分在数控机床上完成、哪一部分在普通机床上完成,即对零件的加工工序进行划分。数控机床的工序划分方法主要有刀具集中分序法、粗精加工分序法、加工部位分序法和零件装夹分序法。

1）刀具集中分序法

为了减少换刀次数,压缩空行程时间,减少不必要的定位误差,可按刀具集中工序的方法加工零件,即在工件的一次装夹中,尽可能用同一把刀具加工出可能加工的所有部位,然后换另一把刀具加工其他部位。专用的数控机床和加工中心常用这种方法。

2）粗精加工分序法

这种分序法是根据零件的形状、尺寸精度等因素,按照粗、精加工分开的原则进行分序。对单个零件或一批零件先进行粗加工、半精加工,而后进行精加工。粗、精加工之间最好隔一段时间,以使粗加工后零件的变形得到充分恢复后,再进行精加工,从而提高零件的加工精度。

3）加工部位分序法

对于加工内容较多、零件轮廓的表面结构差异较大的零件,可按它的结构特点将加工部位分成几个部分,如内形、外形、平面、曲面等,在一道工序中完成所有相同型面的加工,然后在另一道工序中加工其他型面。

4）零件装夹分序法

由于每个零件的结构、形状不同,各加工表面的技术要求也有所不同,所以加工时,零件的定位方式各有差异。一般加工外形时以内形定位,加工内形时又以外形定位,因而可根据定位方式的不同来划分工序。例如,加工图 2-13 所示的片状凸轮时,按定位方式可分为两道工序:第一道工序可在普通机床上进行,以外圆表面和端面 B 定位加工端面 A 和 $\phi22H7$ mm 的内孔,然后加工端面 B 和 $\phi4H7$ mm 的工艺孔;第二道工序根据已加工过的两个孔和一个端面定位,在数控铣床上铣削凸轮外表面曲线。

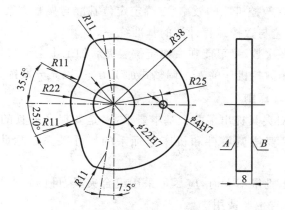

图 2-13　片状凸轮

　　总之,在数控机床上加工零件时,加工工序的划分要视所加工零件的具体情况具体分析。实际生产中,许多工序的安排综合了上述分序方法。

2. 工步的划分

　　工步的划分主要从加工精度和效率两个方面考虑。合理的加工工艺不仅能保证加工出符合图纸要求的零件,而且能使机床的功能得到充分的发挥。在一个工序内往往要采用不同的刀具和切削用量,对不同的表面进行加工。为了便于分析和描述较复杂的工序,又将工序细分为若干工步。下面以加工中心为例来说明工步的划分方法。

　　1) 按粗、精加工分

　　按粗、精加工分是指同一表面按粗加工、半精加工、精加工依次完成,或全部加工表面按粗、精加工分开进行。前者较适用于尺寸精度要求较高的零件,后者较适用于位置精度要求较高的表面。

　　2) 按先面后孔分

　　对于既铣面又镗孔的零件,可按先面后孔的原则划分工步,即先铣面后镗孔。因为铣削时铣削力较大,工件易发生变形,所以先铣面后镗孔,使工件有一段时间恢复,以减少变形对孔精度的影响,从而提高孔的加工质量。如果先镗孔后铣面,则铣削时在孔口极易产生飞边、毛刺,导致孔的精度下降。

　　3) 按所用刀具分

　　有些数控机床工作台回转时间比刀具交换时间短,可按刀具划分工步,以减少换刀次数,提高加工效率。

　　总之,工序与工步的划分要综合考虑具体零件的结构特点、工艺性、技术要求以及数控机床的功能等实际情况。

2.5.3 零件的安装与夹具的选择

1. 定位安装的基本原则

在数控机床上加工零件时,定位安装的基本原则与普通机床相同,要合理选择定位基准和夹紧方案。为了提高数控机床的效率,在确定定位基准与夹紧方案时应注意下列几点。

(1) 力求设计、工艺与数控编程计算的基准统一。

(2) 尽量减少装夹次数,尽可能在一次定位装夹后加工出全部待加工表面。

(3) 避免采用占用数控机床的人工调整式加工方案,以充分发挥数控机床的效能。

2. 选择夹具的基本原则

数控加工的特点对夹具提出了两个基本要求:一是要保证夹具的坐标方向与机床的坐标方向相对固定;二是要协调零件和机床坐标系的尺寸关系。除此之外,还要考虑以下四点:

(1) 当零件的加工批量不大时,应尽量采用组合夹具、可调式夹具或其他通用夹具,以缩短生产准备时间、节省生产费用。

(2) 在成批生产零件时才考虑采用专用夹具,并力求结构简单。

(3) 零件的装卸要快速、方便、可靠,以缩短数控机床的准备时间。

(4) 夹具上各零部件应不妨碍数控机床对零件各表面的加工,即夹具要开敞,夹具中的定位、夹紧机构元件不能影响加工中的走刀(如不能产生碰撞等)。

2.5.4 数控加工切削用量的确定

切削用量包括主轴转速(切削速度)、背吃刀量和进给量。对于不同的加工方法,需要选择不同的切削用量,并应编入程序单内。

选择切削用量的原则是:粗加工时,一般以提高生产率为主,但也应考虑经济性和加工成本;半精加工和精加工时,应在保证加工质量的前提下,兼顾切削效率、经济性和加工成本。切削用量的具体数值应根据机床说明书、切削用量手册,并结合经验而定。

1. 确定背吃刀量 a_p(mm)

背吃刀量主要根据数控机床、夹具、刀具和工件的工艺系统刚度决定。在刚度允许的情况下,a_p 相当于加工余量,应以最少的进给次数切除这一加工余量,最好一次切尽这一加工余量,以便提高生产效率。但为了保证加工精度和表面粗糙度,一般都要留一点加工余量最后精加工。数控机床的精加工余量可小于普通机床的精加工余量,一般可取 $0.2 \sim 0.5$ mm。

2. 确定主轴转速 n(r/min)

主轴转速主要根据允许的切削速度 v_c(m/min)选取:

$$n = \frac{1\,000v_c}{\pi d}$$

式中,d 为工件或刀具的直径(mm)。

切削速度快,也能提高生产效率,但应首先考虑以尽可能大的背吃刀量提高生产效率,由于切削速度与刀具的耐用度关系密切,随着切削速度的加快,刀具的耐用度将急剧降低,所以切削速度的选择主要考虑刀具的耐用度。

3. 确定进给量 f(mm/r)或进给速度 v_f(mm/min)

进给量或进给速度是数控机床切削用量中的重要参数,主要根据零件的加工精度和表面粗糙度要求以及刀具、工件的材料性质选取。当加工精度要求高、表面粗糙度数值小时,进给量应取小些,一般 f 值在 $20\sim50$ mm/min 范围内选取。最大进给量受数控机床刚度和进给系统性能的限制,并与脉冲当量有关。

2.5.5　数控加工刀具与刀位点

1. 刀具的选择

数控机床所用刀具要求切削性能好、精度高、可靠性高、耐用度高、断屑和排屑性能好、装夹调整方便等。合理选用刀具既能提高数控机床的加工效率,又能提高产品的质量。

数控机床一般优先选用标准刀具,必要时也可采用各种高生产率的复合刀具及专用刀具。此外,根据实际情况,尽可能选用各种先进刀具,如可转位刀具、整体硬质合金刀具、陶瓷刀具等,以适应耐用、稳定、易调、可换等数控加工要求。所选刀具的类型、规格和精度等级应符合加工能力要求,刀具材料应与工件材料相适应。由于数控加工工件一般较为复杂,选择刀具时还应特别注意刀具的形状,以保证在切削加工过程中刀具不与工件轮廓发生干涉。

在选择好刀具后,要把刀具的名称、规格、代号以及要加工的部位记录下来,并填入相应的工艺文件,供数控编程时使用。

2. 刀位点

在进行数控加工程序编制时,往往将刀具视为没有形状和大小的一个运动质点,这个点就是刀位点。由于刀具的运动形式是刚体平动,所以所选的这个点必须能代表刀具的运动位置。一般来说,立铣刀、端铣刀的刀位点是刀具轴线与刀具底面的交点;球头铣刀的刀位点为球心;镗刀、车刀的刀位点为刀尖或刀尖圆弧中心;钻头的刀位点是钻尖或钻头底面中心。刀位点示例如图 2-14 所示。

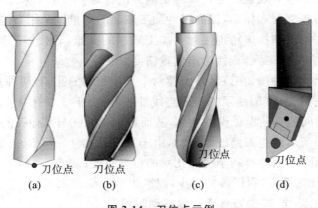

图 2-14　刀位点示例

2.5.6　走刀路线

在数控加工中,刀具的刀位点相对于工件运动的轨迹和方向称为进给路线,也称为走刀路线,它既包括切削加工的路线,又包括刀具切入、切出的空行程路线。它不但包括工步的内容,也反映出工步的顺序,是编写数控加工程序的依据之一。确定走刀路线时应注意以下事项。

(1) 粗加工的走刀路线应以提高加工效率为主,尽可能缩短粗加工时间。

例如,对于敞开平面铣削,在切削功率许可的情况下,尽可能选用较大直径的面铣刀,以减少走刀次数;对于封闭凹槽铣削,在满足铣刀半径小于或等于内槽轮廓最小曲率半径的前提下,尽量选择较大直径的铣刀。

此外,粗加工走刀路线还应使各处精加工余量均匀,以利于提高精加工质量。当铣削无岛屿封闭凹槽时,一般有三种走刀方案,如图 2-15 所示。图 2-15(a)所示为行切法;图 2-15(b)所示为环切法;图 2-15(c)所示为先用行切法切除大量余量,后沿周向环切一刀。在这三种方案中,图 2-15(a)所示方案最差;图 2-15(b)所示方案虽有利于保证加工质量,但计算较复杂,程序段较多;图 2-15(c)所示方案计算简单,又能使槽内侧面精加工余量均匀,有利于获得满意的表面粗糙度。

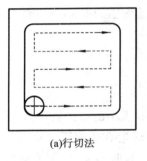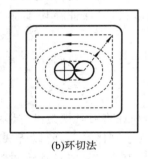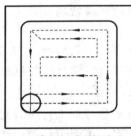

(a)行切法　　　　　　　　(b)环切法　　　　　　　(c)先行切后环切法

图 2-15　无岛屿封闭凹槽铣削走刀路线安排

(2) 精加工的走刀路线应能保证零件加工精度和表面粗糙度的要求,并兼顾加工效率。

在数控铣削加工中,有顺铣和逆铣两种铣削方法。通常精加工采用顺铣法,这样有利于切削刃切入,减少刀具磨损和振动,提高零件加工表面的质量。采用点位控制数控机床加工位置精度要求较高的孔系时,应特别注意孔加工顺序的安排,若孔加工顺序安排不当,则有可能将坐标轴的反向间隙带入,直接影响位置精度。

图 2-16(a)所示为零件图,在该零件上镗六个尺寸相同的孔,有两种走刀路线,如图2-16(b)、(c)所示。当按图 2-16(b)所示的走刀路线加工时,由于5、6孔与1、2、3、4孔定位方向相反,Y 轴方向反向间隙会使定位误差增大,从而影响5、6孔与其他孔的位置精度。

当按图 2-16(c)所示的走刀路线加工时,由于6、5孔与1、2、3、4孔定位方向相同,Y 轴方向反向间隙不起作用,因此有利于提高孔系的位置精度。

(3) 应使数值计算简单、程序段数量少,以减少数程编程工作量。

(4) 应缩短加工路线,减少刀具空行程移动时间。

对于点位控制数控机床,如果只要求定位精度较高,定位过程尽可能快,而刀具相对于工件的运动路线是无关紧要的,则应按空行程最短来安排走刀路线。零件上的孔系如图 2-17(a)所示。图 2-17(b)所示的走刀路线为先加工完外圈孔后,再加工内圈孔。若改用图 2-17(c)所示的走刀路线,则可减少空刀时间,进而可节省定位时间近一倍,提高了加工效率。

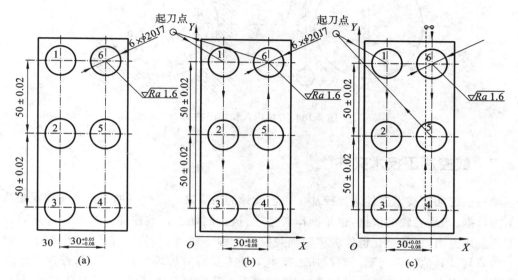

图 2-16　孔加工定位顺序

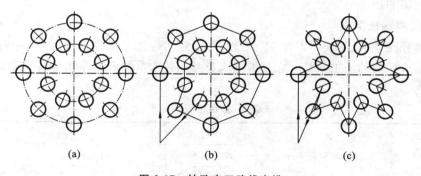

图 2-17　钻孔走刀路线安排

(5) 进、退刀位置应选在不太重要的位置上,并且使刀具尽量沿切向方向切入和切出,避免沿法向切入、切出和进给中途停顿而产生刀痕。

如图 2-18 所示,铣削零件的轮廓时,一般采用立铣刀侧刃进行。为减少接刀痕迹,保证零件表面的质量,刀具的切出或切入应沿零件轮廓的切向,即切向切入和切向切出,并将刀具的切入点、切出点选在零件轮廓两几何元素的交点处。

此外,应尽量减少刀具在轮廓加工切削过程中的暂停(避免切削力突然变化,从而造成弹性变形),以免留下刀痕。

(6) 应选择使工件在加工后变形小的走刀路线。

对横截面积小的细长零件或薄板零件应分几次走刀进行加工,直到最后尺寸,采用对称去除余量法安排走刀路线。安排工步时,应先安排对工件刚性破坏较小的工步。

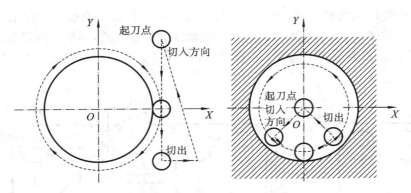

图 2-18　刀具切入和切出方式

2.5.7　数控加工技术文件

填写数控加工技术文件是数控加工工艺设计的内容之一。数控加工技术文件既是数控加工的依据、产品验收的依据,也是操作者遵守、执行的规程。数控加工技术文件是对数控加工的具体说明,目的是让操作者更明确数控加工程序的内容、装夹方式、各个加工部位所选用的刀具及其他技术问题。数控加工技术文件主要有数控编程任务书、数控加工工件安装和原点设定卡片、数控加工工序卡片、机械加工工艺过程卡片、数控加工刀具卡片、数控加工走刀路线图和程序单等。

1. 数控编程任务书

数控编程任务书(见表 2-2)阐明了工艺人员对数控加工工序的技术要求和说明,以及数控加工前应保证的加工余量。它是编程人员和工艺人员协调工作和编制数控加工程序的重要依据之一。

表 2-2　数控编程任务书

工艺处	数控编程任务书	产品零件图号		任务书编号	
		零件名称			
		使用数控设备		共　页第　页	
主要工序说明及技术要求:					
			编程收到日期	年　月　日	经手人
编制		审核	编程	审核	批准

2. 数控加工工件安装和原点设定卡片

数控加工工件安装和原点设定卡片(见表 2-3)应标示出数控加工时工件的定位方法和夹紧方法,并应注明加工原点设置位置和坐标方向、使用的夹具名称和编号等。

表 2-3 数控加工工件安装和原点设定卡片

零件图号		数控加工工件安装和原点设定卡片		工序号	
零件名称				装夹次数	
		零件图样			
编制(日期)		批准(日期)		第 页	
审核(日期)			共 页	序号	夹具名称	夹具图号

3. 数控加工工序卡片

数控加工工序卡片(见表 2-4)与普通加工工序卡片有许多相似之处,不同的是工序简图中应注明编程原点与对刀点,要进行简要编程说明(即所用机床型号、程序编号、刀具半径补偿、镜像对称加工方式等)及切削参数(即程序编入的主轴转速、进给速度、最大背吃刀量或宽度等)的选择。

表 2-4 数控加工工序卡片(一)

单位	数控加工工序卡片	产品名称或代号		零件名称		零件图号	
		车间		使用设备			
	工序简图						
		工艺序号		程序编号			
		夹具名称		夹具编号			
工步号	工步作业内容	加工面	刀具号	刀补量	主轴转速	进给速度	背吃刀量	备注
编制		审核		批准		年 月 日		共 页	第 页

4．机械加工工艺过程卡片

机械加工工艺过程卡片是针对一个零件从毛坯到成品的整个加工过程而言的，不仅包括数控加工的工序内容，也包括普通机床的加工工序内容。表 2-5 所示是一个简单的机械加工工艺过程卡片。

表 2-5　机械加工工艺过程卡片

单位		机械加工工艺过程卡片	产品名称	后桥	零件图号	8AC1		
			零件名称	突元头	共　页	第　页		
毛坯种类		锻件	材质		毛坯尺寸	90×120		
序号	工序名称	工步	工序内容	车间	设备/型号	工具		
						夹具/编号	刀具	量具/辅具
1	粗车		……		CA6140			
2	粗车	1	……		多刀半自动车床 CE7620A1			
		2	……					
		3	……					
3	热处理		……					
4	精车	1	……		数控车床 CAK6150D			
		2	……					
		3	……					
5			……					
6			……					

5．数控加工刀具卡片

数控加工对刀具的要求十分严格，一般要在机外对刀仪上预先调整刀具的直径和长度。数控加工刀具卡片（见表 2-6）反映刀具编号、刀具结构、尾柄规格、组合件名称代号、刀片型号和材料等。它是组装刀具和调整刀具的依据。

6．数控加工走刀路线图

在数控加工中，常常要注意并防止刀具在运动过程中与夹具或工件发生意外碰撞，为此必须确定编程中的刀具运动路线（如从哪里下刀、从哪里抬刀、从哪里斜下刀等）。为简化走刀路线图，一般采用统一约定的符号来表示走刀路线，如表 2-7 所示。

7．程序单

程序单是编程人员根据工艺分析情况，经过数值计算，按照数控机床特定的指令编制的。它是记录数控加工工艺过程、工艺参数、位移数据计算的清单，可帮助操作者正确理解数控加工程序的内容。数控机床不同，数控系统不同，程序单的格式也不同。表 2-8 所示为 XK5032 型立式数控铣床（配 FANUC 0i-MB 系统）铣削加工程序单。

表 2-6　数控加工刀具卡片（一）

零件图号	J30102-5		数控加工刀具卡片			使用设备	
刀具名称	镗刀					TC-30	
刀具编号	T13006	换刀方式	自动	程序编号			
刀具组成	序号	编号	名称	规格	数量	备注	
	1	T013960	拉钉		1		
	2	390.140-50 50 027	刀柄		1		
	3	391.01-50 50 100	接杆	$\phi50\sim\phi100$	1		
	4	391.68-03650 085	镗刀杆		1		
	5	R416.3-122053 25	镗刀组件	$\phi41\sim\phi53$	1		
	6	TCMM110208-52	刀片		1		
	7						

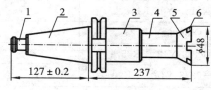

备注						
编制		审校		批准	共　页	第　页

表 2-7　数控加工走刀路线图

数控加工走刀路线图		零件图号	NC01	工序号	工步号		程序号	O100
机床型号	XK5032	程序段号	N10～N170	加工内容	铣轮廓周边		共 1 页	第 1 页

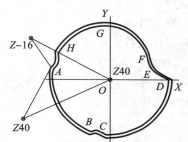

	编程
	校对
	审批

符号	⊙	⊗	◐	∘—→	—→	⤵	∘----	⌃⌄	⇄
含义	抬刀	下刀	编程原点	起刀点	走刀方向	走刀线相交	爬斜坡	铰孔	行切

表 2-8　XK5032 型立式数控铣床铣削加工程序单

零件号	NC01	零件名称	凸轮
编制		审核	
程序号	O1000	加工内容	铣轮廓周边
程序段号	程序内容		程序段解释
N10	G54 G17 G90 G00 X0. Y0. ;		快速运动到工件坐标系 X0,Y0 点
N20	Z40. M03 S600;		主轴启动
N30	X−150. Y80. ;		快速运动到 X−150,Y80 点
N40	G94 Z−16. F60;		下刀到 Z−16 点
N50	G01 G42 X−107.1 Y19.5 D01;		建立右刀补到 A 点
N60	G03 X−37.7 Y−100. R110. ;		逆圆插补到 B 点
N70	G02 X−11.5 Y−106.3 R25. ;		顺圆插补到 C 点
N80	G03 X110. Y0. R110. ;		逆圆插补到 D 点
N90	G01 X86.6 Y13.2;		直线插补到 E 点
N100	G02 X71.3 Y42.3 R35. ;		顺圆插补到 F 点
N110	G03 X−23.5 Y102.1 R90. ;		逆圆插补到 G 点
N120	X−98.1 Y49.4 R110. ;		逆圆插补到 H 点
N130	G02 X−107.1 Y19.5 R25. ;		顺圆插补到 A 点
N140	G40 G00 X−163. Y−75.8;		取消刀补快速运动到 X−163,Y−75.8 点
N150	Z40. M05;		抬刀到 Z40 点,主轴停止转动
N160	X0. Y0. ;		快速运动到 X0,Y0 点
N170	M30;		程序结束

练　习　题

2.1　数控加工程序由哪几个部分组成?

2.2　编程指令 G、M、S、T、F 的功能分别是什么?

2.3　数控编程的方法有哪些?它们各有什么特点?

2.4　如何判断 Z 坐标轴和 X 坐标轴的位置?

2.5　什么是机床坐标系?什么是工件坐标系?它们各有什么特点?

2.6　如何划分零件数控加工的工序与工步?

2.7　选择切削用量的原则是什么?

2.8　对刀点、换刀点的含义分别是什么?

2.9　什么是刀位点?试说明常用刀具的刀位点。

第₃章 数控车床加工工艺与编程

3.1 数控车床概述

数控车床是目前使用较为广泛的数控机床之一。它主要用于轴类零件或盘类零件内外圆柱面、内外圆锥面、复杂回转内外曲面、圆柱螺纹、圆锥螺纹等的切削加工,并能进行切槽、钻孔、扩孔、铰孔及镗孔等,如图 3-1 所示。

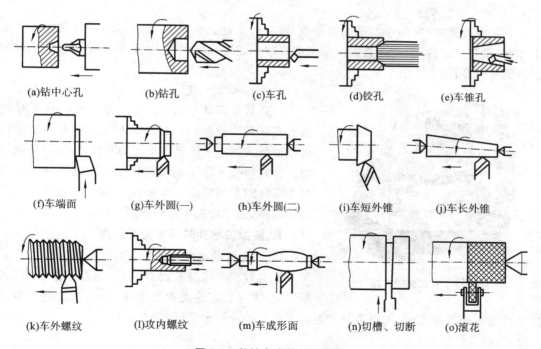

(a)钻中心孔   (b)钻孔   (c)车孔   (d)铰孔   (e)车锥孔

(f)车端面   (g)车外圆(一)   (h)车外圆(二)   (i)车短外锥   (j)车长外锥

(k)车外螺纹   (l)攻内螺纹   (m)车成形面   (n)切槽、切断   (o)滚花

图 3-1 数控车床的加工范围

与普通卧式车床相比,数控车床具有以下特点。

(1)运动传动链短。数控车床上沿纵、横两个坐标轴方向的运动是通过伺服系统完成的,传动过程为驱动电动机—进给丝杠—床鞍及中滑板,免去了原来的主轴电动机—主轴箱—挂轮箱—进给板—溜板箱—床鞍及中滑板的冗长传动过程。

(2)总体结构刚性好,抗振性好。数控车床的总体结构主要指机械结构,如床身、拖板、刀架等部件。机械结构的刚性好,才能与数控系统的高精度控制功能相匹配;否则,数控系统的优势将难以发挥。

(3)运动副的耐磨性好,摩擦损失小,润滑条件好。要实现高精度的加工,各运动部件在频繁的运动过程中,必须动作灵敏,低速运行时无爬行。因此,对数控车床运动副和螺旋副的结构、材料等均有较高的要求,且数控车床的运动副和螺旋副多采用油雾自动润滑形式润滑。

(4)冷却效果好于普通卧式车床。

(5)装有半封闭式或全封闭式的防护装置。

(6)操作者的劳动强度减轻。操作者主要负责输入程序、操作控制面板、装卸和校正工件以及观察机床运行,不需要进行繁重的重复性手工操作,劳动强度与紧张程度大为减轻,劳动条件也得到相应的改善。

3.1.1　数控车床的分类

经过了多年的发展,数控车床的规格、型号繁多,不同类型的数控车床结构和功能也各具特点。数控车床的分类方法较多,常见的有以下几种。

1. 按数控车床主轴位置分类

1)立式数控车床

立式数控车床(见图3-2)的主要特点是:主轴垂直于水平面,并有一个直径很大的圆形工作台(供装夹工件用)。这类数控车床主要用于加工径向尺寸大、轴向尺寸相对较小的大型盘类复杂零件。

2)卧式数控车床

卧式数控车床(见图3-3)又分为数控水平导轨卧式车床和数控倾斜导轨卧式车床。倾斜导轨结构可以使卧式数控车床具有更大的刚性,并易于排除切屑。卧式数控车床用于轴向尺寸较长的零件或小型盘类零件的车削加工。相对而言,卧式数控车床因结构形式多、加工功能丰富而应用广泛。

2. 按加工零件的基本类型分类

1)盘类数控车床

这类数控车床没有设置尾座,适合车削盘类(含短轴类)零件。在这类数控车床上,工件的夹紧多采用电动或液动控制方式,卡盘多具有可调卡爪或不淬火卡爪(即软卡爪)。

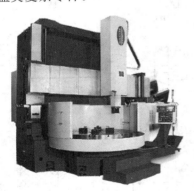

图3-2　立式数控车床

2)轴类数控车床

这类数控车床配置有普通尾座或数控尾座,适合车削较长的轴类零件及直径不太大的盘套类零件。

3. 按刀架数量分类

1)单刀架数控车床

普通数控车床一般都配置有各种形式的单刀架,如四工位卧式自动转位刀架或多工位转塔式自动转位刀架。

图 3-3 卧式数控车床

2）双刀架数控车床

这类数控车床（见图 3-4）双刀架的配置（即移动导轨分布）可以采取平行分布的方式，也可以采用相互垂直分布的方式，还可以采用同轨结构的方式。

图 3-4 双刀架数控车床

4. 按数控功能分类

1）经济型数控车床

经济型数控车床（见图 3-5）是采用步进电动机和单片机对普通车床的进给系统进行改造后形成的数控车床，成本较低，但自动化程度不高，功能不强，车削加工精度不高，适用于要求不高的回转类零件的车削加工。此类数控车床结构一般较简单，且功能简单、针对性强、加工的基本功能齐备、精度适中，且价格相对便宜，应用较广。

2）全功能型数控车床

这是指具有高精度、高刚度和高效率特点的较高档次的数控车床。这类数控车床一般具备刀尖圆弧半径自动补偿、恒线速度切削、倒角、固定循环、螺纹切削、图形显示、用户宏程序等功能。

3）车削加工中心

车削加工中心（见图 3-6）是一种集车削、镗削、铣削和钻削于一体的数控车床，配置有刀库、换刀装置、分度装置、铣削动力头和机械手等。除自动选择和使用的刀具大为增加外，卧式车削加工中心还具备以下两种功能：一是动力刀具功能，即刀架上某一刀具或所有刀具

图 3-5　经济型数控车床

可使用回转刀具,如铣刀和钻头;另一种是 C 轴位置控制功能(分度,低速回转),该功能能使主轴达到很高的角度定位分辨率(一般 0.001),还能使主轴和卡盘按进给脉冲作任意低速的回转,这样卧式车削加工中心就具有 X,Z 和 C 三坐标,可实现三坐标两联动控制。近年出现的双轴车削加工中心,在一个主轴进行加工结束后,无须停机,零件被转移至另一主轴加工另一端,加工完毕后,除了去毛刺以外,零件不需要其他的补充加工。

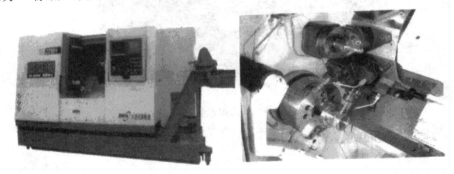

图 3-6　车削加工中心

4) 现代制造单元/系统

(1) 柔性制造单元(FMC)。柔性制造单元(FMC)可由一台或多台数控设备组成,既具有独立的自动加工功能,又部分具有自动传送和监控管理功能。所谓柔性,就是指通过编程或稍加调整就可同时加工几种不同的工件。

FMC 有两大类,一类是数控机床配上机器人,另一类是加工中心配上托盘交换系统。若干个 FMC 可组成一个 FMS。

(2) 柔性制造系统(FMS)。柔性制造系统(FMS)是一个由中央计算机控制的自动化制造系统。它是由一个传输系统联系起来的一些数控机床和加工中心。传输装置将工件放在托盘或其他连接设备上,送到加工设备,使工件加工准确、迅速和自动。

(3) 计算机集成制造系统(CIMS)。计算机集成制造系统(CIMS)利用计算机进行信息集成,实现了现代化的生产制造,从而提高了企业的总体效益。CIMS 是建立在多项先进技术基础上的高技术制造系统,是面向 21 世纪的生产制造技术。它综合利用了 CAD/CAM、FMS、FMC 及工厂自动化系统,实现了无人管理。

5. 按其他方法分类

按数控系统的控制方式分类,数控车床可以分为直线控制数控车床、两主轴控制数控车床等;按伺服驱动系统的控制方式分类,数控车床可分为开环控制数控车床、半闭环控制数控车床和闭环控制数控车床;按特殊或专门工艺性能分类,数控车床可分为螺纹数控车床、活塞数控车床、曲轴数控车床等。

3.1.2 数控车床的加工对象

数控车削是数控加工中最常见的加工方法之一。由于数控车床在加工中能实现坐标轴的联动插补,使形成的直线或圆弧等零件轮廓准确,加工精度高,同时能实现主轴旋转和进给运动的自动变速,因此数控车床比普通车床的加工范围宽得多。针对数控车床的特点,以下几种零件适合采用数控车削方法进行加工。

1. 精度要求高的回转体零件

由于数控车床刚性好、加工精度高、对刀准确,可以精确实现人工补偿和自动补偿,所以数控车床能加工尺寸精度要求较高的零件。使用切削性能好的刀具,在有些场合可以进行以车代磨的加工,如轴承内圈的加工、回转类模具内外表面的加工等。数控车削的刀具运动是通过高精度插补运算和伺服驱动实现的,再加上数控车床的刚性好和制造精度高,所以对于圆弧以及其他曲线轮廓,使用数控车床加工出的形状与图样上所要求的几何形状的接近程度比仿形车床要高得多。另外,使用数控车床加工零件,一般情况下一次装夹就可以完成零件的全部加工,所以,很容易保证零件的形状和位置精度。不少位置精度要求高的零件用普通车床车削时,因普通车床制造精度低、工件装夹次数多而达不到要求,只能车削后用磨削或其他方法弥补。例如图 3-7 所示的轴承内圈,原采用三台液压半自动车床和一台液压仿形车床进行加工,需多次装夹,因而造成较大的壁厚差,达不到图纸的要求,后改用数控车床进行加工,一次装夹即可完成滚道和内孔的车削,壁厚差大为减小,且加工质量稳定。

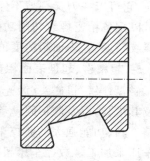

图 3-7 轴承内圈示意图

2. 表面粗糙度要求高的回转体零件

数控车床具有恒线速度切削功能。在材质、精车余量和刀具已确定的情况下,表面粗糙度取决于进给量和切削速度。在加工零件的锥面和端面时,数控车床切削的表面粗糙度小且一致,这是普通车床无法实现的。数控车床还适合车削各部位表面粗糙度要求不同的零件,表面粗糙度要求低的部位选用大的进给量,表面粗糙度要求高的部位选用小的进给量,而这是在普通车床上是做不到的。

3. 表面轮廓形状复杂的回转体零件

数控车床具有直线和圆弧插补功能,部分数控车床由于数控装置还具有某些非圆曲线插补功能,所以可以车削由任意直线和平面曲线组成的形状复杂的回转体零件和难以控制尺寸的零件。如图 3-8 所示壳体零件封闭内腔的成形面,"口小肚大",在普通车床上是无法加工的,而在数控车床上很容易加工出来。

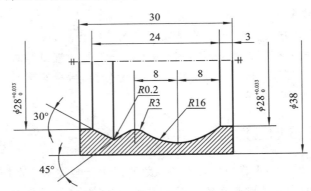

图 3-8　壳体零件封闭内腔的成形面示例

组成零件轮廓的曲线可以是用数学方程描述的曲线,也可以是列表曲线。对于由直线或圆弧组成的零件轮廓,直接利用数控车床的直线或圆弧插补功能进行加工;对于由非圆曲线组成的零件轮廓,应先用直线或圆弧去逼近,然后用直线或圆弧插补功能进行插补切削。

4. 带特殊类型螺纹的回转体零件

普通车床只能车削等导程圆柱面、圆锥面的公/英制螺纹,且一台普通车床只能限定加工若干种导程的螺纹。但数控车床能车削增导程的螺纹、减导程的螺纹以及要求在等导程和变导程之间平滑过渡的螺纹。数控车床车削螺纹时,主轴转向不必像普通车床那样交替变换,它可以一刀又一刀不停顿地循环,直到完成加工,所以车削螺纹的效率很高。数控车床可以配备精密螺纹切削功能,采用硬质合金成形刀片,并使用较高的转速,所以车削出来的螺纹精度高,表面粗糙度值小。

5. 超精密、超低表面粗糙度的零件

磁盘、录像机磁头、激光打印机的多面反射体、复印机的回转鼓、照相机等光学设备的透镜及其模具,以及隐形眼镜等,要求具有超高的轮廓精度和超低的表面粗糙度值,它们适合在精度高、功能强大的数控车床上进行加工。以往很难加工的塑料散光透镜,现在可以用数控车床来加工。数控车床超精加工的轮廓精度可达 $0.1~\mu m$,表面粗糙度可达 $0.02~\mu m$,超精车削零件的材质以前主要是金属,现在已扩展到塑料和陶瓷。

6. 带横向加工的回转体零件

带有键槽或径向孔、断面分布有孔系以及有曲面的盘套类或轴类零件,如带法兰的轴套、带有键槽或方头的轴类零件等,宜选用车削加工中心进行加工。当然端面分布有孔系和有曲面的盘类零件也可选用立式加工中心进行加工,有径向孔的盘套类或轴套类零件也常选用卧式加工中心进行加工。这类零件如果采用普通机床进行加工,则工序分散,工序数目多;如果采用加工中心进行加工,则由于有自动换刀系统,一次装夹可完成普通机床多个工序的加工,可减少装夹次数,实现工序集中的原则,保证加工质量的稳定性,提高生产效率,降低生产成本。

3.2 数控车床的加工工艺

与普通车床一样,数控车床主要用于加工轴类、盘类等回转体零件。在数控车床中通过数控加工程序的运行,可以自动完成内外圆柱面、圆锥面、成形表面、螺纹、端面等工序的切削加工,还可以进行车槽、钻孔、扩孔、铰孔等工作。车削加工中心可在一次装夹中完成更多的加工工序,提高了加工精度和生产效率,特别适合加工具有复杂形状的回转类零件。车铣复合加工中心的功能得到了进一步的完善,它能完成形状更复杂的回转类零件的加工。

3.2.1 数控车床刀具

1. 对刀具材料的基本要求

刀具材料一般是指刀具切削部分的材料。刀具切削部分在切削加工过程中,承受很大的切削力和冲击力,并且在很高的温度下工作,连续受强烈的摩擦,因此,刀具切削部分的材料必须满足以下基本要求。

1)高硬度

刀具材料的硬度必须高于被切工件的硬度,这是刀具材料应具备的最基本特征。目前,切削性能最差的刀具材料——碳素工具钢的硬度在常温下也应在 62 HRC 以上,高速钢的硬度为 63～70 HRC,硬质合金的硬度为 89～93 HRA。

2)良好的耐磨性

刀具在切削时承受着剧烈的摩擦,因此刀具材料应具备良好的耐磨性。刀具材料的耐磨性取决于刀具材料本身的硬度、化学成分和金相组织。通常情况下,刀具材料的硬度越高,刀具材料的耐磨性也越好。刀具材料组织中碳化物越多、颗粒越细、分布越均匀,刀具材料的耐磨性就越好。

3)良好的耐热性

耐热性又称为红硬性,由在高温下保持材料硬度的性能即高温硬度来衡量。高温硬度越高,表示刀具材料的耐热性越好,刀具材料在高温时抗塑性变形的能力、抗磨损的能力也越强。

4)足够的强度和韧性

刀具切削时要承受切削力、冲击和振动,所以应具有足够的强度和韧性。一般用刀具材料的抗弯强度表示它的强度大小,用刀具材料的冲击韧度表示它的韧性大小。强度和韧性反映刀具材料抵抗脆性断裂和崩刃的能力。

5)良好的导热性

刀具材料的导热性用热导率来表示。热导率大,表示导热性好,切削时产生的热量容易传导出去,从而降低刀具切削部分的温度,减轻刀具磨损。此外,导热性好的刀具材料耐热冲击和抗热龟裂的性能强。导热性对采用脆性刀具材料进行继续切削,特别是在加工导热性能差的工件时尤为重要。

6)良好的工艺性和经济性

为了便于制造,要求刀具材料的可切削性能、磨削性能、热处理性能、焊接性能等要好,且资源丰富、价格低廉。

7）良好的抗黏结性

应防止工件与刀具材料在高温高压作用下相互吸附产生黏结。

8）良好的化学稳定性

刀具材料在高温下,应不易与周围介质发生化学反应。

2. 刀具材料的种类

现今所采用的刀具材料,大体上可分为以下五大类。

1）高速钢(high speed steel)

高速钢是一种含钨(W)、钼(Mo)、铬(Cr)、钒(V)等合金元素较多的工具钢,具有较好的力学性能和良好的工艺性,可以承受较大的切削力和冲击力。它的主要特征有:合金元素含量多且结晶颗粒比其他工具钢细,淬火强度极高,淬透性极好,可使刀具整体的硬度一致;回火时有明显的二次硬化现象,甚至比淬火硬度更高,且耐回火软化性较好,在 600 ℃仍能保持较高的硬度,较之其他工具钢耐磨性好,且比硬质合金韧性好,但压延性较差,热加工困难,耐热冲击较弱。因此,高速钢刀具仅是数控机床刀具的选择对象之一。

高速钢的品种繁多。高速钢按切削性能不同可分为普通高速钢和高性能高速钢,按化学成分不同可分为钨系高速钢、钨钼系高速钢和钼系高速钢,按制造工艺不同可分为熔炼高速钢和粉末冶金高速钢。目前国内外应用比较普遍的高速钢刀具材料以 WMo、WMoAl、WMoCo 为主,其中 WMoAl 是我国特有的品种。

2）硬质合金(cemented carbide)

硬质合金是以高硬度难熔金属的碳化物(WC、TiC 和 TaC 等)微米级粉末为主要成分,以钴(Co)或镍(Ni)、钼(Mo)为黏结剂,在真空炉或氢气还原炉中烧结而成的粉末冶金制品。由于高温碳化物的含量远远高于高速钢,因此硬质合金硬度高、熔点高、化学稳定性好、热稳定性好,但韧性差、脆性大,承受冲击和抗弯的能力弱。硬质合金刀具的切削效率是高速钢刀具的 5～10 倍,硬质合金是目前数控刀具的主要材料。硬质合金是将钨钴类(WC)、钨钛钴类(WC-TiC),钨钛钽(铌)钴类(WC-TiC-TaC)等硬质碳化物以 Co 为黏结剂烧结而成的物质。钨钴类硬质合金由德国的 Krupp 公司于 1926 年进行工业生产,在铸铁、非铁金属和非金属的切削中大显身手。1929—1931 年,含 TiC 以及 TaC 等的复合碳化物类硬质合金刀具在铁系金属的切削中显示出极好的性能。于是,硬质合金得到了很大程度的普及。

按 ISO 标准以硬质合金的硬度、抗弯强度等指标为依据,将切削用硬质合金大致分为 P、M、K 三大类。

（1）K 类。

K 类即国家标准 YG 类,适于加工短切屑的黑色金属、有色金属及非金属材料。它的主要成分为碳化钨和 3%～10% 的钴,有时还含有少量的碳化钽等添加剂。

（2）P 类。

P 类即国家标准 YT 类,适于加工长切屑的黑色金属。它的主要成分为碳化钛、碳化钨和钴(或镍),有时加入碳化钽等添加剂。

（3）M 类。

M 类即国家标准 YW 类,适于加工长切屑或短切屑的黑色金属和有色金属。它的主要成分和性能介于 K 类和 P 类之间,可用来加工钢和铸铁。

以上为一般切削工具所用硬质合金的大致分类。在此之外,还有超微粒子硬质合金,可以认为它从属于 K 类。但因在烧结性能上要求黏结剂 Co 的含量较高,故它的高温性能较差,大多只使用于制造钻头、铰刀等低速切削工具。

涂层硬质合金刀片是在韧性较好的工具表面涂上一层耐磨损、耐溶着、耐反应的物质,使刀具在切削中同时具有既硬而又不易破损的性能。

涂层的方法分为两大类,一类为物理涂层(PVD),另一类为化学涂层(CVD)。一般来说,物理涂层是在 550 ℃ 以下将金属和气体离子化后喷涂在工具表面;而化学涂层是将各种化合物通过化学反应沉积在工具上形成表面膜,反应温度一般为 1 000～1 100 ℃。低温化学涂层已经实现实用化,温度一般控制在 800 ℃ 左右。

常见的涂层材料有 TiC 陶瓷、TiN 陶瓷、TiCN 陶瓷、Al_2O_3 陶瓷、$TiAlO_x$ 陶瓷等陶瓷材料。由于这些陶瓷材料都具有耐磨损(硬度高)、耐化学反应(化学稳定性好)等性能,所以就硬质合金的分类来看,涂层硬质合金既具备 K 类的功能,也能满足 P 类和 M 类的加工要求。也就是说,尽管涂层硬质合金刀具的基体是 P 类、M 类、K 类中的某一种类,而涂层之后它所能覆盖的种类变广了——既可以属于 K 类,也可以属于 P 类、M 类。因此,在实际加工中对涂层硬质合金刀具的选取不应拘泥于 P(YT)类、M(YW)类、K(YG)类等划分,而应该根据实际加工对象、条件以及各种涂层硬质合金刀具的性能进行选取。

从使用的角度来看,希望涂层越厚越好。但涂层过厚,易引起剥离而使涂层硬质合金刀具丧失本来的功效。一般情况下,用于连续高速切削的涂层厚度为 5～15 μm,且多采用 CVD 法制造。在冲击较强的切削中,特别要求涂层有较高的附着强度以及涂层对工具的韧性不产生太大的影响,涂层的厚度大多控制在 2～3 μm 范围内,且多为 PVD 涂层。

涂层硬质合金刀具的使用范围相当广,从非金属、铝合金到铸铁、钢以及高强度钢、高硬度钢和耐热合金、钛合金等,均可使用涂层硬质合金刀具进行加工。

目前,ZX 技术是一种先进的涂层技术,是利用纳米技术和薄膜涂层技术,使每层厚为 1 nm 的 TiN 和 AlN 超薄膜交互重叠约 2 000 层进行蒸着累积而形成 PVD 超级 ZX 涂层。这是继 TiC 涂层、TiN 涂层、TiCN 涂层后的第四代涂层。它的特点是:远比以往的涂层硬,硬度接近 CBN 的硬度,寿命是一般涂层的 3 倍,大幅度提高了耐磨损性,应用更加广泛。

3) 陶瓷(ceramics)

以陶瓷作为切削工具的研究始于 20 世纪 30 年代。陶瓷刀具基本上分为两大类,一类为纯氧化铝类(白色陶瓷)刀具,另一类为 TiC 添加类(黑色陶瓷)刀具。另外,还有在 Al_2O_3 中添加 SiCw(晶须)、ZrO_2(青色陶瓷)来增加韧性的陶瓷刀具,以及以 Si_3N_4 为主体的陶瓷刀具。

陶瓷材料具有高硬度、高温强度好(约 2 000 ℃ 下不会融熔)的特性,化学稳定性很好,但韧性很低。对此,热等静压技术的普及对改善陶瓷结晶的均匀细密性、提高陶瓷各向性能的均衡性乃至提高陶瓷的韧性起到了很大的作用,切削工具用陶瓷的抗弯强度已经提高到 900 MPa 以上。

一般来说,陶瓷相对硬质合金和高速钢来说仍是极脆的材料。因此,陶瓷刀具多用于高速连续切削,如铸铁的高速加工。另外,陶瓷的热传导率相对硬质合金来说非常低,陶瓷是现有工具材料中热传导率最低的一种材料。陶瓷刀具在切削加工中容易积蓄加工热,且对热冲击的变化较难承受。所以,加工中陶瓷刀具很容易因热裂纹而产生崩刀等损伤,且切削

51

温度较高。陶瓷刀具因材质的化学稳定性好、硬度高,在耐热合金等难加工材料的加工中有广泛的应用。

金属切削加工用刀具的研发,因总是在不断地追求高硬度而自然遇到了韧性问题。金属陶瓷就是为解决陶瓷刀具的脆性大而出现的,它因以 TiC(陶瓷)为基体,以 Ni、Mo(金属)为黏结剂而得名。

金属陶瓷刀具最大的优点是与被加工材料的亲和性极低,故不易产生粘刀和积屑瘤现象,使加工表面非常光洁平整,在一般刀具材料中可谓精加工刀具中的佼佼者。韧性差大大限制了金属陶瓷刀具的使用。通过添加 WC、TaC、TiN、TaN 等异种碳化物或氮化物,使金属陶瓷的抗弯强度达到了硬质合金的水平,进而使金属陶瓷得到广泛的运用。日本黛杰(DIJET)公司已经推出了通用性更为优良的 CX 系列金属陶瓷,以适应各种切削状态的加工要求。

4)立方氮化硼(cubic boron nitride,CBN)

立方氮化硼是采用超高压、高温技术人工合成的新型刀具材料。它的结构与金刚石相似,硬度略逊于金刚石,但热稳定性远高于金刚石,并且与铁族元素的亲和力小,不易产生积屑瘤。

CBN 粒子硬度高达 4 500 HV,热传导率高,在大气中加热至 1 300 ℃仍保持性能稳定,且与铁的反应性很低,是迄今为止能够加工铁系金属最硬的一种刀具材料。它的出现使无法进行正常切削加工的淬火钢、耐热钢的高速切削变成可能。硬度 60~65 HRC、70 HRC 的淬硬钢等高硬度材料均可采用 CBN 刀具来进行切削。所以,在很多场合都以用 CBN 刀具进行切削来取代迄今为止只能采用磨削来加工的工序,使加工效率得到了极大的提高。

切削加工普通灰铸铁时,一般来说线速度在 300 m/min 以下采用涂层硬质合金刀具,线速度在 300~500(含)m/min 以内采用陶瓷刀具,线速度在 500 m/min 以上采用 CBN 刀具。研究表明,用 CBN 刀具切削普通灰铸铁,当线速度超过 800 m/min 时,刀具寿命随着切削速度的增加反而更长。原因一般认为是:在切削过程中,刃口表面会形成 Si_3N_4、Al_2O_3 等保护膜替代刀刃的磨损。因此,可以说 CBN 是超高速加工的首选刀具材料。

5)聚晶金刚石(polycrystalline diamond,PCD)

1975 年,美国 GE 公司通过向人造金刚石颗粒中通过添加 Co、硬质合金、NiCr、Si-SiC 以及陶瓷黏结剂,并在高温(1 200 ℃以上)、高压下烧结,得到 PCD。

PCD 刀具与铁系金属有极强的亲和力,切削中 PCD 刀具中的碳元素极易发生扩散而导致 PCD 刀具磨损。但 PCD 刀具与其他材料的亲和力很弱,切削中不易产生粘刀现象,切削刃口可以磨得非常锋利。因此,PCD 刀具只适用于高效地加工有色金属和非金属材料,能得到高精度、高光亮的加工面,特别是 PCD 刀具消除了金刚石的性能异向性,这使得 PCD 刀具在高精加工领域中得到了普及。金刚石在大气中温度超过 600 ℃时将被碳化而无法维持原来的结构,故 PCD 刀具不宜用于可能会产生高温的切削中。

对于上述五大类刀具材料,从总体上分析,金刚石的硬度最高、耐磨性最好,高速钢的硬度最低、耐磨性最差;高速钢的韧性最好,金刚石的韧性最差;涂层硬质合金刀具材料具有较好的实用性能,也是将来能使硬度和韧性并存的刀具材料之一。在数控机床中,采用最广泛的刀具材料是硬质合金。因为目前从经济性、适应性、多样性、工艺性等各方面来看,这类材料优于陶瓷、立方氮化硼、聚晶金刚石。

3. 刀具的结构

车刀的结构分为三个面、二条刃和一个尖。三个面是指前刀面、主后刀面、副后刀面,二条刃是指主切削刃、副切削刃,一个尖是指刀尖。车刀的结构如图 3-9 所示。

4. 数控车床常用刀具

车床主要用于回转表面的加工,如内外圆柱面、圆锥面、圆弧面、螺纹等的切削加工。图 3-10 给出了常用车刀的种类、形状和用途。

数控车削常用的车刀一般分为三类,即尖形车刀、圆弧车刀和成形车刀。

1) 尖形车刀

尖形车刀是以切削刃呈直线形为特征的车刀。尖形车刀的刀尖由直线形的主、副切削刃构成,如 90° 内外圆车刀、左右端面车刀、切槽(切断)车刀及刀尖倒棱很小的各种外圆车刀和内孔车刀。

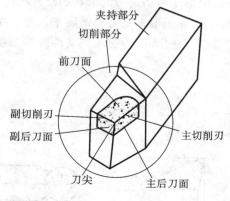

图 3-9　车刀的结构

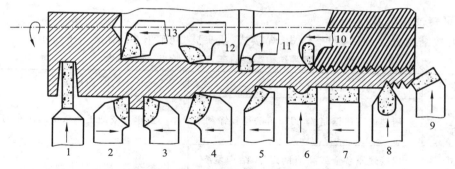

图 3-10　常用车刀的种类、形状和用途

1—切断车刀;2—90°左偏车刀;3—90°右偏车刀;4—弯头车刀;5—直头车刀;

6—成形车刀;7—宽刃精车刀;8—外螺纹车刀;9—端面车刀;

10—内螺纹车刀;11—内槽车刀;12—通孔车刀;13—盲孔车刀

用于数控车削时尖形车刀几何参数(主要是几何角度)的选择方法与普通车削时基本相同,另外应结合数控加工的特点(如加工路线、加工干涉等),进行全面的考虑,并应兼顾刀尖本身的强度。用这类车刀加工零件时,零件的轮廓形状主要由一个独立的刀尖或一条直线形主切削刃经位移后得到。用尖形车刀进行加工得到零件轮廓形状的原理与用圆弧车刀和成形车刀进行加工得到零件轮廓形状的原理是截然不同的。

2) 圆弧车刀

圆弧车刀(见图 3-11)是较为特殊的数控加工用车刀。它的特征如下:构成主切削刃的刀刃形状为一圆度误差或轮廓误差很小的圆弧;该圆弧上的每一点都是圆弧车刀的刀尖,因此,刀位点不在圆弧上,而在该圆弧的圆心上;该圆弧的半径理论上与被加工零件的形状无关,并可按需要灵活确定或经测定后确定。

圆弧车刀可以用于车削内外表面,特别适合车削各种光滑连接(凹形)的成形面。当某些尖形车刀或成形车刀(如螺纹车刀)的刀尖有一定的圆弧形状时,也可作为这类车刀使用。

3) 成形车刀

成形车刀俗称样板车刀,如图 3-12 所示。使用成形车刀进行加工时,零件的轮廓形状完全由成形车刀切削刃的形状和尺寸决定。在数控车削加工中,常见的成形车刀有小半径圆弧车刀、非矩形车槽刀和螺纹车刀等。在数控车削加工中,应尽量少用或不用成形车刀,当确有必要选用时,应在工艺文件或加工程序单上进行详细说明。

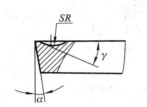 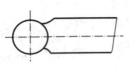
图 3-11 圆弧车刀

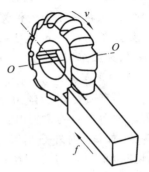
图 3-12 成形车刀

5. 可转位式车刀

车刀按结构分为四种,即整体式、焊接式、机夹式、可转位式,如表 3-1 所示。

表 3-1 各种结构类型的车刀及其特点、适用场合

名称	特点	适用场合
整体式车刀	用整体高速钢制造,刀口可磨得较锋利	小型车刀或加工非铁金属用车刀
焊接式车刀	焊接硬质合金或高速钢刀片,结构紧凑,使用灵活	各类车刀,特别是小型车刀
机夹式车刀	避免了焊接产生的应力、裂纹等缺陷,刀杆的利用率高;刀片可集中刃磨,从而获得所需参数;使用灵活、方便	外圆车刀、端面车刀、镗孔车刀、切断车刀、螺纹车刀等
可转位式车刀	避免了焊接式车刀的缺点,刀片可快换转位;生产率高;断屑稳定;可使用涂层刀片	适用于大中型车床加工外圆、端面及镗孔,特别适用于自动线、数控机床

目前数控车床用刀具的主流是可转位式车刀。下面对可转位式车刀做进一步介绍。

1) 可转位式车刀的特点

可转位式车刀的几何参数是通过刀片的结构形状和刀体上刀片槽座的方位安装组合形成的,数控车床与通用车床一般无本质的区别,二者的基本结构、功能特点是相同的,只是数控车床的加工工序是自动完成的,因此对可转位式车刀的要求又有别于通用车床所使用的车刀,如表 3-2 所示。

表 3-2　对可转位式车刀的要求

要求	特点	目的
精度高	采用 M 级或更高精度等级的刀片,多采用精密级的刀杆,用带微调装置的刀杆在机外预调好	保证刀片的重复定位精度,方便坐标设定,保证刀尖的位置精度
可靠性高	采用断屑可靠性高的切断槽形,或有断屑槽或断屑器;结构可靠,如采用复合式夹紧结构和夹紧可靠的其他结构	断屑稳定,不能有紊乱和带状切屑;适应刀架快速移动和换位,以及整个自动切削过程中夹紧不得有松动的要求
换刀迅速	采用车削工具系统;采用快换小刀夹	迅速更换不同形式的切削部件,完成多种切削加工,提高生产效率
刀具材料的综合性能好	刀片较多采用涂层刀片	满足生产节拍要求,提高加工效率
刀杆的适用性好	多采用正方形刀杆,但因刀架系统结构差异大,有的需采用专用刀杆	刀杆与刀架系统匹配

2)可转位式车刀的种类

可转位式车刀按用途可分为外圆车刀、仿形车刀、端面车刀、内圆车刀、切断车刀、螺纹车刀和切槽车刀,如表 3-3 所示。

表 3-3　可转位式车刀的种类

类型	主偏角	适用机床
外圆车刀	45°、50°、60°、75°、90°	普通车床和数控车床
仿形车刀	93°、107.5°	仿形车床和数控车床
端面车刀	45°、75°、90°	普通车床和数控车床
内圆车刀	45°、60°、75°、90°、91°、93°、95°、107.5°	普通车床和数控车床
切断车刀	—	普通车床和数控车床
螺纹车刀		普通车床和数控车床
切槽车刀	—	普通车床和数控车床

可转位式车刀按结构形式可以分为杠杆式、楔块式和楔块夹紧式等。杠杆式车刀的特点是:适合采用各种正、负前角的刀片;有效前角的变化范围为 $-6° \sim +18°$;切屑可无阻碍地流过,切削热不影响螺孔和杠杆;两面槽壁给刀片有力的支承,并确保转位精度。楔块式车刀的特点是:适合采用各种正、负前角刀片,有效前角的变化范围为 $-6° \sim +18°$;两面无槽壁,便于仿形切削或倒转操作时留有间隙。楔块夹紧式车刀的特点与楔块式车刀相似,但切屑的流畅程度不如楔块式车刀。此外,可转位式车刀的结构还有螺栓上压式、压孔氏等形式。

数控车床上应尽量使用系列化和标准化车刀。车刀使用前应进行严格的测量以获得精确的数据,并由操作者将这些数据输入数控系统,经程序调用而完成加工过程。一般根据零件的材质和硬度、毛坯的余量、工件的尺寸精度和表面粗糙度及机床的自动化程度等选择刀片的几何结构、进给量、切削速度和刀片的牌号。另外,粗车时为了满足大吃刀量、大进给量的要求,应选择高强度、高耐用度的车刀;精车时应选择精度高、耐用度好的车刀,以满足加工精度的要求。

6. 常用车刀的几何参数

刀具切削部分的几何参数对零件的表面质量及切削性能影响极大,应根据零件的形状、刀具的安装位置以及加工方法等,正确选择刀具的几何形状及有关参数。

1）尖形车刀的几何参数

尖形车刀的几何参数主要指尖形车刀的几何角度。用于数控车削时尖形车刀的选择方法与用于普通车削时基本相同,但应结合数控加工的特点(如走刀路线及加工干涉)等进行全面考虑。

例如,在加工图 3-13 所示的零件时,要使零件上的左右两个 45°锥面用一把车刀加工出来,并使车刀的切削刃在车削圆锥面时不致发生加工干涉。

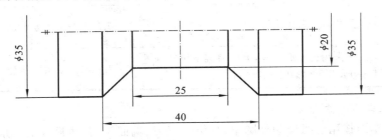

图 3-13 尖形车刀加工工件示例

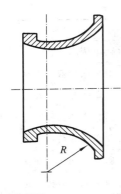

图 3-14 大圆弧面零件

又例如,车削图 3-14 所示的大圆弧内表面零件时,所选用尖形内孔车刀的形状及主要几何角度如图 3-15 所示(前角为 0°),这样刀具可将零件的内圆弧面和右端面一刀车出,从而避免了用两把车刀进行加工。

尖形车刀不发生干涉的几何角度可用作图或计算的方法确定。例如,尖形车刀的副偏角,以大于作图或计算所得不发生干涉的极限角度值 6°~8°取值即可。当确定尖形车刀的几何角度困难或无法确定尖形车刀的几何角度(如尖形车刀加工接近于半个凹圆弧的轮廓等)时,应考虑选择其他类型的车刀,并确定其几何角度。

2）圆弧车刀的几何参数

对于某些精度要求较高的凹曲面车削(见图 3-16)或大外圆弧面(见图 3-17)的批量车削,以及尖形车刀不能完成的加工,宜选用圆弧车刀进行。

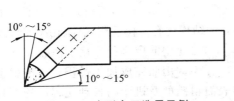

图 3-15 尖形车刀选用示例

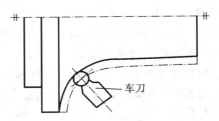

图 3-16 凹曲面车削示意图

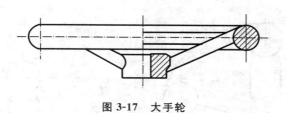

图 3-17 大手轮

圆弧车刀具有宽刃切削(修光)性质,能使精车余量保持均匀,从而改善切削性能,而且能一刀车出跨多个象限的圆弧面。

对于图 3-16 所示的零件,当曲面精度要求不高时,可以选择用尖形车刀进行加工;当曲面的形状精度和表面粗糙度均要求较高时,选择用尖形车刀进行加工就不合适了,因为尖形车刀主切削刃的实际切削深度在圆弧轮廓段总是不均匀的,如图 3-18 所示。当尖形车刀的主切削刃靠近圆弧终点时,尖形车刀的主切削刃在该位置上的切削深度(a_1)将大大超过它在圆弧起点位置上的切削深度(a),致使切削阻力增大,进而导致可能产生较大的线轮廓度误差,并增大圆弧面的表面粗糙度数值。

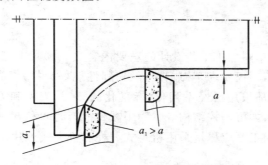

图 3-18 使用尖形车刀时切削深度不均匀示例

对于图 3-17 所示跨四个象限的外圆弧轮廓,无论采用何种形状及角度的尖形车刀,都不可能由一段圆弧加工程序一刀车出,而采用圆弧车刀能十分简便地完成加工。

圆弧车刀的主要几何参数包括前角、后角,以及圆弧切削刃的形状和半径。

确定圆弧车刀圆弧切削刃的半径时,应考虑以下两点:第一,圆弧车刀圆弧切削刃的半径应当小于或等于零件凹形轮廓上的最小曲率半径,以免发生加工干涉;第二,该半径不宜选得太小,否则不但难以制造,还会因刀尖强度太弱或刀体散热能力差,致使圆弧车刀容易受到损坏。

在圆弧车刀圆弧切削刃的半径已经选定或通过测量并予以确认之后,应特别注意圆弧切削刃的形状误差对加工精度的影响。现通过图 3-19 对圆弧车刀的加工原理进行分析。

在车削时,圆弧车刀的圆弧切削刃与被加工轮廓曲线作相对滚动运动。这时,圆弧车刀在不同的切削位置上时,刀尖在圆弧切削刃上也有不同的位置(即切削刃圆弧与零件轮廓相切的切点),也就是说,切削刃对工件的切削,是以连续变化位置的无数个"刀尖"进行的。

为了使这些不断变化位置的"刀尖"能按加工原理所要求的规律("刀尖"所在半径处等距)运动,并便于编程,规定圆弧车刀的刀位点必须在该圆弧切削刃的圆心位置上。要满足圆弧车刀圆弧切削刃的半径处处等距,必须保证该圆弧切削刃有很小的圆度误差,即近似为一条理想圆弧,因此需要通过特殊的制造工艺(如光学曲线磨削等)将圆弧切削刃做得准确。

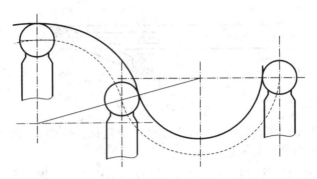

图 3-19 相对滚动原理

至于圆弧车刀前、后角的选择,原则上与普通车刀相同,只不过形成圆弧车刀前角(大于0°时)的前刀面一般都为凹球面,形成圆弧车刀后角的后刀面一般为圆锥面。圆弧车刀前、后刀面的形状特殊,是为使圆弧车刀在切削刃的每一个切削点上都具有恒定的前角和后角,以保证切削过程的稳定性及加工精度。为了方便制造圆弧车刀,精车用圆弧车刀的前角多选择为 0°(无凹球面)。

7. 刀具选择的方法

车刀的选择是数控车削加工工艺设计的重要内容之一。其中,数控车削加工对车刀的要求较普通车削加工高,不仅要求车刀刚性好、切削性能好、耐用度高,而且要求车刀安装、调整方便。数控车床大都采用已经系列化、标准化的车刀,刀柄和刀头可以进行拼装和组合。刀头包括多种结构,如可调控结构等。为了减少换刀时间和方便对刀,便于实现机械加工的标准化,数控车削加工时应尽量采用机夹式刀杆和机夹式刀片。

1)车刀刀片的选择

(1)刀片材质的选择。

车刀刀片的材料主要有高速钢、硬质合金、涂层硬质合金、陶瓷、立方氮化硼和金刚石等,其中应用最多的是高速钢、硬质合金和涂层硬质合金。高速钢刀片的韧性较硬质合金刀片好,硬度、耐磨性和热硬性较硬质合金刀片差,不适合切削硬度较高的材料,也不适合用于高速切削。高速钢刀片使用前需生产者自行刃磨,且刃磨方便,适用于各种特殊需要的非标准车刀。硬质合金刀片和涂层硬质合金刀片切削性能优异,在数控车削中广泛使用。刀片的材质主要根据被加工工件的材料、被加工表面的精度、被加工表面的质量要求、切削载荷的大小以及切削过程中有无冲击和振动等选择。

(2)刀片尺寸的选择。

刀片的尺寸取决于必要的有效切削刃长度。有效切削刃长度与背吃刀量和车刀的主偏角有关,使用时可查阅有关刀具手册选取。

(3)刀片形状的选择。

刀片的形状主要根据被加工工件的表面形状、切削方法、刀具的寿命和刀片的转位次数等因素选择。刀片是机夹式可转位车刀的一个最重要组成元件。刀片大致可分为带圆孔、带沉孔以及无孔三大类,形状有三角形、正方形、五边形、六边形、圆形以及菱形等,共 17 种。图 3-20 所示为常见车刀刀片的形状和角度。选择刀片的角度时主要考虑后角是否发生干涉,在不发生干涉的前提下,用于粗加工时尽量选用刀尖角度大的车刀。

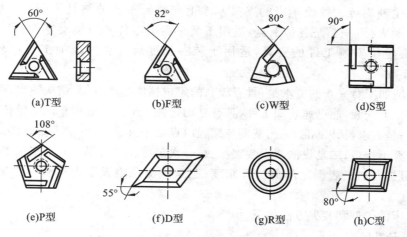

图 3-20　常见车刀刀片的形状和角度

2）根据加工种类选择刀具

（1）外圆加工，一般选用外圆左偏粗车刀、外圆左偏精车刀、外圆右偏精车刀、外圆右偏粗车刀、端面车刀等。

（2）挖槽一般选用外（内）圆车槽刀。

（3）螺纹加工选用外（内）圆螺纹车刀。

（4）孔加工主要选择麻花钻、粗镗孔刀和精镗孔刀、扩孔钻、铰刀。

3）刀具大小的选择

（1）尽可能选择大的刀具，因为刀具大，刀具的刚性好，刀具不易断，可以采用大的切削用量，提高加工效率，且加工质量有保证。

（2）根据加工的背吃刀量选择刀具，背吃刀量越大，刀具应越大。

（3）根据工件的大小选择刀具，工件大选择大刀具，反之选择小刀具。

上面所述只是一般情况下的选择，具体加工时情况千变万化，要根据工件的材料性质、硬度、要求精度及刀具的情况做出选择。此外，在使用前需对所选择刀具的尺寸进行严格的测量以获得精确的数据，并由操作者将这些数据输入控制系统，经程序调用而完成加工过程，加工出合格的工件。

8. 车刀的安装

车刀的安装应注意以下几点。

（1）车刀的刀尖应与车床主轴的轴线等高。

（2）车刀的刀杆应与车床主轴的轴线垂直。

（3）车刀不宜伸出太长，伸出长度一般以为刀杆厚度的 1.5～2 倍为宜。

（4）车刀刀杆下部的垫片应平整，且数量不宜太多，一般为 2～3 片。

（5）车刀位置装正后，应拧紧刀架螺钉。一般用两个螺钉，并交替拧紧。

3.2.2　数控车床的附件和装夹方法

车床的夹具主要是指安装在车床主轴上的夹具。这类夹具和车床主轴相连接并带动工件一起随主轴旋转。数控车床的夹具基本上与普通车床的夹具相同。数控车床的夹具主要分为两大类：一类是各种卡盘，适用于装夹盘类零件和短轴类零件；另一类是中心孔、顶尖定心定位安装工件的夹具，适用于装夹长度尺寸较大或加工工序较多的轴类零件。

数控车削加工对夹具的要求是：具有较高的定位精度和刚度，且结构简单、通用性强，便于在数控车床上安装，能迅速装卸工件，具有自动化性。工件在数控车床上定位和夹紧时应注意三点：一是力求设计基准、工艺基准与编程原点统一，以减小基准不重合误差、减少数控编程中的计算工作量；二是设法减少装夹次数，一次定位装夹后尽可能加工出工件的所有加工面，这样可提高加工表面之间的位置精度；三是避免采用人工占机调整方案，减少占机时间。

数控车床的附件和装夹方法如下。

1. 卡盘及其装夹

三爪自定心卡盘装夹是数控车床上最常用的一种装夹方式。三爪自定心卡盘的外形和结构如图 3-21 所示。用三爪自定心卡盘装夹能自动定心，装夹方便，但定心精度低（一般为 0.05～0.08 mm），夹紧力较小。三爪自定心卡盘适用于装夹截面为圆形、三角形、六边形的轴类和盘类中小型零件。

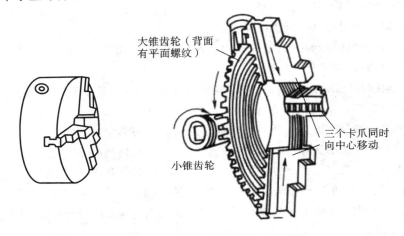

大锥齿轮（背面有平面螺纹）

三个卡爪同时向中心移动

小锥齿轮

图 3-21　三爪自定心卡盘的外形和结构

2. 顶尖及其装夹

较长的轴类工件在加工时常用两顶尖装夹，如图 3-22 所示，工件支承在前、后两顶尖之间，工件的一端用鸡心夹头夹紧，由安装在主轴上的拨盘带动旋转。这种装夹方法定位精度高，能保证轴类零件的同轴度。另外，还可用一夹一顶的方法装夹工件（将工件一端用主轴上的三爪自定心卡盘夹持，另一端用尾座上的顶尖安装）。这种装夹方法的特点是：夹紧力较大，适用于轴类零件的粗加工和半精加工，当工件掉头装夹时不能保证同轴度。精加工时应该用两顶尖装夹工件。

顶尖有两种，一种是死顶尖（又称为普通顶尖），另一种是活顶尖，如图 3-23 所示。顶尖头部带有 60°锥形尖端，用以顶在工件的中心孔内，以支承工件。顶尖莫氏锥体的尾部安装在主轴孔或尾座孔内（活顶尖的莫氏锥体只可安装于尾座孔内）。由于主轴孔或尾座孔较顶

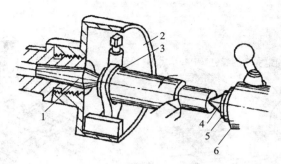

图 3-22　用顶尖装夹工件

1—前顶尖；2—拨盘；3—鸡心夹头；4—尾顶尖；5—尾座套筒；6—尾座

尖的莫氏锥体大，因此，须采用变径套将顶尖的莫氏锥体安装于主轴孔或尾座孔内。

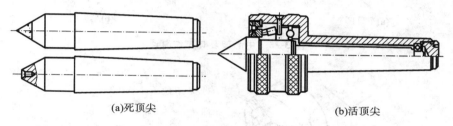

(a)死顶尖　　　　　　　　　　　(b)活顶尖

图 3-23　顶尖

　　用顶尖安装工件时，须在工件两端用中心钻加工出中心孔，如图 3-24 所示。中心孔分普通中心孔（A 型中心孔）和双锥面中心孔（B 型中心孔），中心孔要求光滑平整，在用死顶尖安装工件时，中心孔内应加入润滑脂。

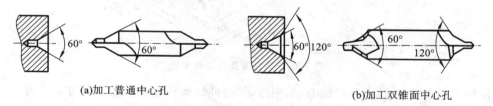

(a)加工普通中心孔　　　　　　　　　　(b)加工双锥面中心孔

图 3-24　中心孔和中心钻

3. 中心架及其装夹和跟刀架及其装夹

　　中心架及其工作原理如图 3-25 所示。中心架主要用于长径比大于 15 的细长轴类零件的加工。这种装夹方法可增加工件的刚性，使工件变形小。

　　跟刀架及其工作原理如图 3-26 所示。跟刀架主要用于长径比大于 15 的细长轴类零件的半精加工和精加工，以增加工件的刚度。跟刀架安装在床鞍上，可以随床鞍一起移动。跟刀架一般放在车刀的前面，以防止跟刀架支承爪擦伤工件的已加工表面。

4. 心轴及其装夹

　　为了提高生产率、保证产品质量，车削对同轴度要求较高的盘类工件时，常用心轴装夹工件。图 3-27 所示为锥度心轴。这种心轴靠配合面间的摩擦力来传递切削力，所以不能承受大的切削力，一般用于精加工。图 3-28 所示为带螺母压紧的实体心轴，当工件内孔的长度与内径之比小于 1 时常采用。这种心轴由于圆柱面与工件内孔常采用间隙配合，所以定

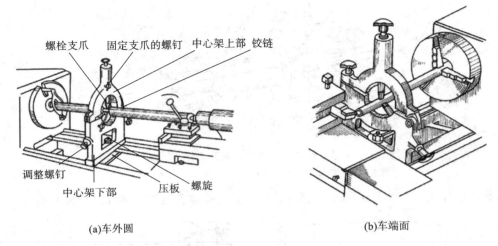

(a)车外圆　　　　　　　　　　　　(b)车端面

图 3-25　中心架及其工作原理

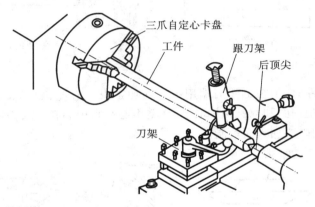

图 3-26　跟刀架及其工作原理

位精度较差。图 3-29 所示为可胀心轴,当拧紧螺杆时,螺杆带动锥度套筒向左移动,使具有开口的弹性心轴胀开,从而夹紧工件。这种夹紧方法效率较高。

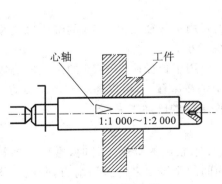

图 3-27　锥度心轴

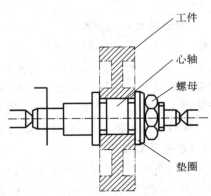

图 3-28　带螺母压紧的实体心轴

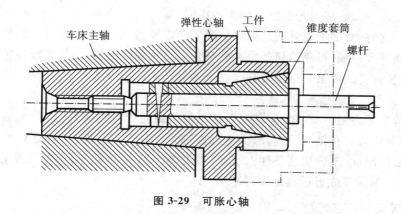

车床主轴　　弹性心轴　工件　　锥度套筒　　螺杆

图 3-29　可胀心轴

3.2.3　数控车床加工工艺分析

1. 数控车削零件的工艺性分析

1）零件图分析

零件图分析包括零件尺寸标注方法分析、零件轮廓几何要素分析、精度及技术要求分析。其中精度及技术要求分析应注意以下几点。

（1）分析精度及技术要求是否齐全、是否合理。

（2）分析本工序的数控车削加工精度能否达到图样要求，若达不到，需采取其他措施（如磨削）弥补，则应给后续工序留有余量。

（3）找出图样上有位置精度要求的表面，这些表面应在一次装夹下完成加工。

（4）对表面粗糙度要求较高的表面，应采用恒线速度切削加工。

2）结构工艺性分析

零件的结构工艺性是指零件对加工方法的适应性。所设计的零件结构应便于加工成形。

3）零件安装方式的选择

选择零件的安装方式时，应力求设计工艺与编程计算的基准统一，并且尽量减少装夹次数。

2. 工艺制定基本原则

1）先粗后精

为了提高生产效率并保证零件的精加工质量，在切削加工时，应先安排粗加工工序，在较短的时间内，将精加工前大量的加工余量（如图 3-30 中的双点画线内的部分）去掉，同时尽量满足精加工的余量均匀性要求。粗车的另一作用是及时发现毛坯材料内部的缺陷，如砂眼、裂纹等。在机床动力条件许可的情况下，粗车通常采用较大的背吃刀量和进给量，转速不应过高。

粗加工工序安排完后，应接着安排换刀后进行的半精加工和精加工。安排半精加工的意义在于：当粗加工后所留余量的均匀性满足不了精加工要求时，安排半精加工作为过渡性工序，以便使精加工余量小而均匀。

在安排可以一刀或多刀进行的精加工工序时,零件的最终轮廓应由一刀或最后一刀连续加工而成。这时,对加工刀具的进退刀位置要考虑妥当,尽量不要在连续的轮廓中安排切入和切出或换刀及停顿,以免因切削力突然变化而造成弹性变形,致使光滑连接轮廓上产生表面划伤、形状突变或滞留刀痕等疵病。

2)先近后远

在一般情况下,特别是在粗加工时,通常先加工离对刀点近的部位,后加工离对刀点远的部位,以便缩短刀具移动的距离,减少空行程时间。对于车削加工,先近后远有利于保持毛坯或半成品的刚性,改善切削条件。例如,加工图 3-31 所示的零件时,宜按直径 34 mm,36 mm,38 mm 的次序先近后远地安排车削。

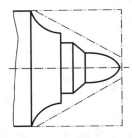

图 3-30   先粗后精示例

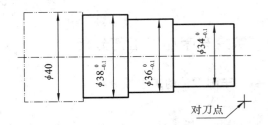

图 3-31   先近后远示例

3)内外交叉

安排既有内表面(内型腔)需加工又有外表面需加工的零件的加工顺序时,应先进行内外表面的粗加工,后进行内外表面的精加工,切不可将零件上一部分表面(外表面或内表面)加工完毕后,再加工其他表面(内表面或外表面)。

4)基面先行

用作精基准的表面应优先加工出来,因为定位基准的表面越精确,装夹误差就越小。例如,加工轴类零件时,总是先加工中心孔,再以中心孔为精基准加工外圆表面和端面。

对于某些特殊情况,需要采取灵活可变的方案。这有赖于工艺人员实际加工经验的不断积累与不断学习。

3. 进给路线的确定

对于进给路线的确定,一方面要考虑保证被加工零件的尺寸精度和表面质量,另一方面要考虑数值计算简单、进给路线尽量短、生产效率较高等。由于精加工基本上都是沿零件的轮廓进行的,因此确定进给路线的关键是确定粗加工进给路线及空行程路线。

1)进给路线与加工余量的关系

在数控车床还未普及使用的情况下,一般应把毛坯上过多的余量,特别是含有锻、铸硬皮层的余量安排在普通车床上加工。如果必须用数控车床加工,则要注意程序的灵活安排。可安排一些子程序对余量过多的部位先进行一定的切削加工。

图 3-32 所示为车削大余量工件的两种加工路线。图 3-32(a)所示是错误的加工路线;图 3-32(b)按 1~5 的顺序切削,每次切削所留余量相等,是正确的进给路线。在背吃刀量相同的条件下,按图 3-32(a)所示方式加工所剩的余量过多。

根据数控加工的特点,还可以放弃常用的阶梯车削法,改用依次从轴向和径向(双向)进刀、沿工件或毛坯轮廓走刀的进给路线(见图 3-33)。

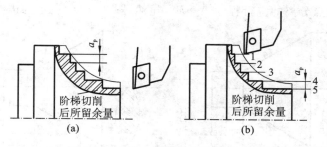

图 3-32　车削大余量工件的加工路线

当某表面的余量较多需分层多次走刀切削时,从第二刀开始就要注意防止走刀到终点时切削深度的猛增。对于图 3-34,设以 90°主偏角刀分层车削外圆,合理的安排应是每一刀的切削终点依次提前一小段距离 e(如可取 $e=0.05$ mm)。如果 $e=0$,则每一刀都终止在同一轴向位置上,主切削刃就可能受到瞬时的重负荷冲击。当刀具的主偏角大于 90°,但仍然接近 90°时,也宜做出层层递退的安排。经验表明,这对延长粗加工刀具的寿命是有利的。

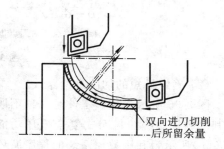

图 3-33　双向进刀、沿工件或毛坯轮廓走刀的路线

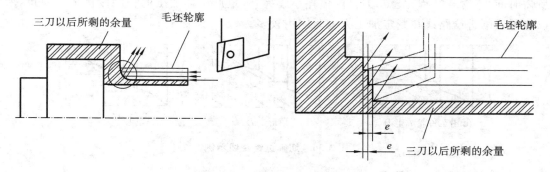

图 3-34　分层切削时刀具的终止位置

2) 确定最短的空行程路线

确定最短的进给路线,除了依靠大量的实践经验外,还应善于分析,必要时辅以一些简单计算。现将实践中的部分设计方法或思路介绍如下。

(1) 巧用对刀点。

图 3-35(a)所示为采用矩形循环方式进行粗车的一般情况示例。在图 3-35(a)中,起刀点(A)的设定是考虑到在精车等加工过程中需方便地换刀,故将起刀点设置在离工件或毛坯较远的位置处,同时将起刀点与对刀点重合在一起。按三刀粗车的进给路线安排如下:第一刀,$A \rightarrow B \rightarrow C \rightarrow D \rightarrow A$;第二刀,$A \rightarrow E \rightarrow F \rightarrow G \rightarrow A$;第三刀,$A \rightarrow H \rightarrow I \rightarrow J \rightarrow A$。

图 3-35(b)所示是巧将起刀点与对刀点分离,并将对刀点设于 B 点位置,仍按相同的切削用量进行三刀粗车,进给走刀路线安排如下:第一刀,$B \rightarrow C \rightarrow D \rightarrow E \rightarrow B$;第二刀,$B \rightarrow F \rightarrow$

$G \rightarrow H \rightarrow B$;第三刀,$B \rightarrow I \rightarrow J \rightarrow K \rightarrow B$。

起刀点与对刀点分离的空行程为 $A \rightarrow B$。显然,图 3-35(b)所示的进给路线短。

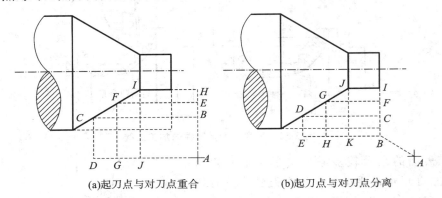

(a)起刀点与对刀点重合   (b)起刀点与对刀点分离

图 3-35   巧用起刀点

(2)确定最短的切削进给路线。

图 3-36 所示为粗车工件时几种不同切削进给路线的安排示例。其中,图 3-36(a)所示为利用数控系统的封闭式复合循环功能控制车刀沿着工件轮廓走刀的切削进给路线;图 3-36(b)所示为利用数控系统的程序循环功能安排的三角形切削进给路线;图 3-36(c)所示为利用数控系统的矩形循环功能安排的矩形切削进给路线。以上三种切削进给路线,矩形循环切削进给路线的走刀长度总和最短。因此,在同等条件下,采用这种切削进给路线切削所需时间(不含空行程)最短,刀具的损耗小。另外,矩形循环加工的程序段格式较简单,所以这种切削进给路线在制定加工方案时应用较多。

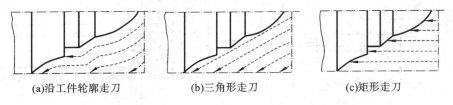

(a)沿工件轮廓走刀   (b)三角形走刀   (c)矩形走刀

图 3-36   切削进给路线示例

4. 数控加工余量的确定

为方便数控车削加工工艺的具体制定,给出轧制圆棒料毛坯、模锻毛坯用于加工轴类(外旋转面)零件的数控车削加工余量,分别如表 3-4、表 3-5 所示。

表 3-4   轧制圆棒料毛坯用于轴类(外旋转面)零件的数控车削加工余量

直径/mm	表面加工方法	直径余量(按轴长取)/mm			
		到 120	>120~260	>260~500	>500~800
30	粗车和一次车	1.1	1.3	1.7	1.7	—	—
	半精车	0.45	0.45	0.5	0.5	—	—
	精车	0.2	0.25	0.25	0.25	—	—
	细车	0.12	0.13	0.15	0.15	—	—

直径/mm	表面加工方法	直径余量（按轴长取）/mm							
		到 120		>120～260		>260～500		>500～800	
>30～50	粗车和一次车	1.1	1.3	1.8	1.8	2.2	2.2	—	
	半精车	0.45	0.45	0.45	0.45	0.5	0.5		
	精车	0.2	0.25	0.25	0.25	0.3	0.3		
	细车	0.12	0.13	0.13	0.14	0.16	0.16		
>50～80	粗车和一次车	1.1	1.5	1.8	1.9	2.2	2.3	2.3	2.6
	半精车	0.45	0.45	0.45	0.5	0.5	0.5	0.5	0.5
	精车	0.2	0.25	0.25	0.25	0.3	0.3	0.17	0.3
	细车	0.12	0.13	0.13	0.15	0.14	0.16	0.18	0.18

注：①直径小于 30 mm 的毛坯应校直，不校直时必须增大直径，以达到能够补偿弯曲所需的数值。

②阶梯轴按最大阶梯直径选取毛坯。

③表中每格前列数值是用中心孔安装时的车削加工余量，后列数值是用卡盘安装时的车削加工余量。

表 3-5　模锻毛坯用于轴类（外旋转面）零件的数控车削加工余量

直径/mm	表面加工方法	直径余量（按轴长取）/mm							
		到 120		>120～260		>260～500		>500～800	
18	粗车和一次车	1.4	1.5	1.9	1.9				
	精车	0.25	0.25	0.3	0.3				
	细车	0.14	0.14	0.15	0.15				
>18～30	粗车和一次车	1.5	1.6	1.9	2.0	2.3	2.3	—	
	精车	0.25	0.25	0.25	0.3	0.3	0.3		
	细车	0.14	0.14	0.14	0.15	0.16	0.16		
>30～50	粗车和一次车	1.7	1.8	2.0	2.3	2.7	3.0	3.5	3.5
	精车	0.25	0.25	0.25	0.3	0.3	0.3	0.35	0.35
	细车	0.15	0.15	0.15	0.16	0.17	0.19	0.21	0.21
>50～80	粗车和一次车	2.0	2.2	2.6	2.9	2.9	3.4	3.6	4.2
	精车	0.3	0.3	0.3	0.3	0.3	0.35	0.35	0.4
	细车	0.16	0.16	0.17	0.18	0.18	0.2	0.2	0.22

注：①直径小于 30 mm 的毛坯应校直，不校直时必须增大直径，以达到能够补偿弯曲所需的数值。

②阶梯轴按最大阶梯直径选取毛坯。

③表中每格前列数值是用中心孔安装时的车削加工余量，后列数值是用卡盘安装时的车削加工余量。

5. 切削用量的确定

1）背吃刀量 a_p 的确定

背吃刀量一般根据加工余量确定。

粗加工（表面粗糙度为 12.5～50 μm）时，在允许的条件下，尽量一次切除该工序的全部余量。使用中等功率机床进行加工时，背吃刀量可达 10 mm。但若加工余量大，则一次走刀会导致以下情况:第一,加工余量不均匀,引起振动;第二,刀具受冲击严重出现打刀。加工机床功率或刀具强度不够,需要采用多次走刀。如果分两次走刀,则:第一次背吃刀量尽量取大些,一般为加工余量的 2/3～3/4;第二次背吃刀量尽量取小些,一般为加工余量的 1/4～1/3。

半精加工(表面粗糙度为 3.2～6.3 μm)时,背吃刀量一般为 0.5～2 mm。

精加工(表面粗糙度为 0.8～1.6 μm)时,背吃刀量为 0.1～0.4 mm。

2)进给量 f 的确定

进给量的选取应该与背吃刀量和切削速度相适应。在保证工件加工质量的前提下,可以选择较高的进给速度。

硬质合金车刀粗车外圆及端面时,根据工件材料、车刀刀杆尺寸、工件直径和背吃刀量,可按表 3-6 确定进给量。从表 3-6 中可以看出,当背吃刀量一定时,进给量随着车刀刀杆尺寸和工件直径的增大而增大;加工铸铁时,切削力比加工钢件时小,可以选取较大的进给量。

表 3-6 硬质合金车刀粗车外圆及端面的进给量参考值

工件材料	车刀刀杆尺寸 $B \times H$ /(mm×mm)	工件直径 /mm	背吃刀量 a_p/mm				
			≤3	>3～5	>5～8	>8～12	12 以上
			进给量 f/(mm/r)				
碳素结构钢 合金结构钢 耐热钢	16×25	20	0.3～0.4	—	—	—	—
		40	0.4～0.5	0.3～0.4	—	—	—
		60	0.5～0.7	0.4～0.6	0.3～0.5	—	—
		100	0.6～0.9	0.5～0.7	0.5～0.6	0.4～0.5	—
		400	0.8～1.2	0.7～1.0	0.6～0.8	0.5～0.6	—
	20×30 25×25	20	0.3～0.4	—	—	—	—
		40	0.4～0.5	0.3～0.4	—	—	—
		60	0.6～0.7	0.5～0.7	0.4～0.6	—	—
		100	0.8～1.0	0.7～0.9	0.5～0.7	0.4～0.7	—
		600	1.2～1.4	1.0～1.2	0.8～1.0	0.6～0.9	0.4～0.6
	25×40	60	0.6～0.9	0.5～0.8	0.4～0.7		
		100	0.8～1.2	0.7～1.1	0.6～0.9	0.5～0.8	
		1 000	1.2～1.5	1.1～1.5	0.9～1.2	0.8～1.0	0.7～0.8
	30×45 40×60	500	1.1～1.4	1.1～1.4	1.0～1.2	0.8～1.2	0.7～1.1
		2 500	1.3～2.0	1.3～1.8	1.2～1.6	1.1～1.5	1.0～1.5
铸铁 钢合金	16×25	40	0.4～0.5	—	—	—	—
		60	0.6～0.8	0.5～0.8	0.4～0.6		
		100	0.8～1.2	0.7～1.0	0.6～0.8	0.5～0.7	
		400	1.0～1.4	1.0～1.2	0.8～1.8	0.6～0.8	—

续表

工件材料	车刀刀杆尺寸 $B \times H$ /(mm×mm)	工件直径 /mm	背吃刀量 a_p/mm				
			≤3	>3～5	>5～8	>8～12	12 以上
			进给量 f/(mm/r)				
铸铁钢合金	20×30 25×25	40	0.4～0.5	—	—	—	—
		60	0.6～0.9	0.5～0.8	0.4～0.7	—	—
		100	0.9～1.3	0.8～1.2	0.7～1.0	0.5～0.8	—
		600	1.2～1.8	1.2～1.6	1.0～1.3	0.9～1.1	0.7～0.9
	25×40	60	0.6～0.9	0.5～0.8	0.4～0.7	—	—
		100	1.0～1.4	0.9～1.2	0.8～1.0	0.6～0.9	—
		1 000	1.5～2.0	1.2～1.8	1.0～1.4	1.0～1.2	0.8～1.0
	30×45 40×60	500	1.4～1.8	1.2～1.6	1.0～1.4	1.0～1.3	0.9～1.2
		2 500	1.6～2.4	1.6～2.0	1.4～1.8	1.3～1.7	1.2～1.7

注：①加工断续表面及切削有冲击时，表内的进给量应乘系数 K=0.75～0.85。
　　②加工耐热钢及其合金时，不采用大于 1.0 mm/r 的进给量。
　　③加工淬硬钢时，表内进给量应乘系数 K=0.8（当材料硬度为 HRC 40～56 时）或 K=0.5（当硬度为 HRC 57～62 时）。
　　④可转位式刀片的允许最大进给量不应超过刀尖圆弧半径数值的 80%。

使用硬质合金外圆车刀进行半精加工与精加工时，可根据加工表面粗糙度要求、切削速度和刀尖圆弧半径因素确定进给量，如表 3-7 所示。

表 3-7　硬质合金外圆车刀半精车和精车时的进给量参考值

工件材料	表面粗糙度 Ra/μm	切削速度范围 v_c/(m/min)	刀尖圆弧半径 r_β/mm		
			0.5	1.0	2.0
			进给量 f/(mm/r)		
铸铁青铜铝合金	6.3	不限	0.25～0.40	0.40～0.50	0.50～0.60
	3.2	不限	0.15～0.25	0.25～0.40	0.40～0.60
	1.6	不限	0.10～0.15	0.15～0.20	0.20～0.35
碳钢合金钢	6.3	≤50	0.30～0.50	0.45～0.60	0.55～0.70
		>50	0.40～0.55	0.55～0.65	0.65～0.70
	3.2	≤50	0.18～0.25	0.25～0.30	0.3～0.40
		>50	0.25～0.30	0.30～0.35	0.35～0.50
	1.6	≤50	0.10	0.11～0.15	0.15～0.22
		>50～100	0.11～0.16	0.16～0.25	0.25～0.35
		>100	0.16～0.20	0.20～0.25	0.25～0.35

3）切削速度的确定
切削速度的选取原则如下。

（1）粗车时，因背吃刀量和进给量都较大，受机床功率限制，应选较低的切削速度；精加工时，选择较高的切削速度。

（2）工件材料强度、硬度较高时，选较低的切削速度，反之取较高切削速度。

（3）刀具材料的切削性能越好，切削速度越高。

需要注意的是，交流变频调速的数控车床低速输出力矩小，因而切削速度不能太低。

光车外圆时，切削速度应根据零件上被加工部位的直径，并按零件和刀具的材料、加工性质等条件所允许的主轴转速来确定，计算公式为

$$v_c = \frac{\pi n d}{1\,000}$$

式中：v_c——切削速度，m/min；

$\quad\quad n$——主轴转速，r/min；

$\quad\quad d$——零件上被加工部位的直径，mm。

硬质合金外圆车刀切削速度的参考值如表 3-8 所示。

表 3-8　硬质合金外圆车刀切削速度的参考值

工件材料	热处理状态	$a_p = 0.3 \sim 2$ mm $f = 0.08 \sim 0.3$ mm/r	$a_p = 2 \sim 6$ mm $f = 0.3 \sim 0.6$ mm/r	$a_p = 6 \sim 10$ mm $f = 0.6 \sim 1$ mm/r
低碳钢、易切钢	热轧	140～180	100～120	70～90
中碳钢	热轧	130～160	90～110	60～80
	调质	100～130	70～90	50～70
合金结构钢	热轧	100～130	70～90	50～70
	调质	80～110	50～70	40～60
工具钢	退火	90～120	60～80	50～70
灰铸铁	HBS＜190	90～120	60～80	50～70
	HBS＝190～250	80～110	50～70	40～60
高锰钢（$\omega(Mn) = 13\%$）		10～20		
铜及铜合金		200～250	120～180	90～120
铝及铝合金		300～600	200～400	150～200
铸铝合金（$\omega(Si) = 13\%$）		100～180	80～150	60～100

注：切削钢及灰铸铁时刀具的耐用度约为 60 min。

3.3　数控车床编程基础

3.3.1　数控车床的坐标系统

通常，数控车床上使用的坐标系有两个，一个是机床坐标系，另一个是工件坐标系。

1. 机床坐标系

机床坐标系是以机床原点为坐标原点,建立起来的 ZOX 直角坐标系。

Z 坐标轴:与传递切削动力的主轴轴线重合,平行于车床纵向导轨,正向为远离卡盘的方向,负向为走向卡盘的方向。

X 坐标轴:在工件的径向上,平行于车床横向导轨,正向为远离工件的方向,负向为走向工件的方向。

机床坐标系是机床安装、调整的基础,也是工件坐标系设定的基准。机床坐标系在机床出厂前已调整好。对于水平床身前置刀架式数控车床的机床坐标系,X 轴正向向前,指向操作者,如图 3-37 所示;对于倾斜床身后置刀架式数控车床的机床坐标系,X 轴正向向后,背离操作者,如图 3-38 所示。

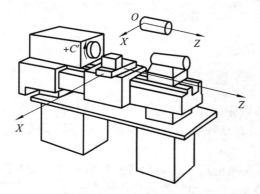

图 3-37　水平床身前置刀架式数控车床的机床坐标系

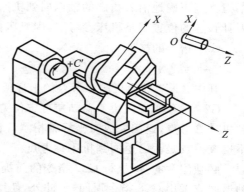

图 3-38　倾斜床身后置刀架式数控车床的机床坐标系

1) 机床原点

机床坐标系是机床固有的坐标系,机床坐标系的原点称为机床原点或机床零点,它是机床上设置的一个固定点,在机床装配、调试时就已确定下来,是机床进行加工运动的基准参考点。数控车床的机床原点一般设在主轴回转中心与卡盘后端面的交线上,如图 3-39 中的 O 点。

当出现下列情况时需确定机床坐标系的机床原点。

(1) 机床首次开机,或关机后重新接通电源时。

(2) 解除机床急停状态后。

(3) 解除机床超程报警信号后。

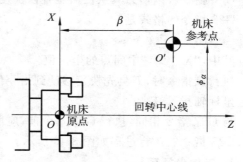

图 3-39　数控车床的机床原点和机床参考点

2) 机床参考点

数控装置上电时并不知道机床原点,为了在机床工作时正确地建立机床坐标系,通常在每个坐标轴的移动范围内设置一个机床参考点。机床参考点的位置是由机床制造厂家在每个进给轴上用限位开关精确调整好的,机床参考点的坐标值已输入数控系统中。因此,机床参考点对机床原点的坐标是已知定值。

通常数控车床的机床参考点是离机床原点最远的极限点,如图 3-39 所示。

数控机床开机时,必须先确定机床原点,而确定机床原点就是进行刀架返回机床参考点的操作,这样通过确认机床参考点,就确定了机床原点。返回机床参考点之前,不论刀架处于什么位置,此时 CRT 上显示的 Z 与 X 的坐标值均为 0。只有完成了返回机床参考点操作后,刀架运动到机床参考点,CRT 上才会显示出刀架基准点在机床坐标系中的坐标值,即建立了机床坐标系。

3)机床参考点相关指令

(1) 返回机床参考点检查指令 G27。

返回机床参考点检查指令 G27 的功能是检查刀具是否能正确地返回机床参考点。如果刀具能正确地沿着指定的轴返回到机床参考点,则该轴机床参考点返回灯亮。但是,如果刀具到达的位置不是机床参考点,则机床报警。

G27 指令的格式为

G27 X__ Z__;

其中,"X""Z"为机床参考点的坐标值。

G27 指令实现以快速移动速度定位刀具。当机床锁住接通时,即使刀具已经自动返回到机床参考点,返回完成时坐标轴指示灯也不亮。在这种情况下,即使指定了 G27 指令,也不检查刀具是否已返回到机床参考点。

必须注意的是,执行 G27 指令的前提是机床在通电后刀具返回过一次机床参考点(手动返回或者用 G28 指令返回)。此外,使用该指令时,必须预先取消刀具补偿功能。

执行 G27 指令之后,若欲使机床停止,则须加入一辅助功能指令 M00,否则,机床将继续执行下一个程序段。

(2) 自动返回机床参考点指令 G28。

G28 指令可以使刀具从任何位置以快速点定位方式经过中间点返回机床参考点。

G28 指令的格式是

G28 X__ Z__;

其中,"X""Z"是中间点的坐标值。

执行该指令时,刀具先快速移动到指令值所指定的中间点,然后自动返回机床参考点,相应坐标轴指示灯亮。

与 G27 指令相同,执行 G28 指令前,应取消刀具补偿功能。

G28 指令的执行过程如图 3-40 所示。

2. 工件坐标系

工件坐标系(见图 3-41)是编程人员在编写零件数控加工程序时使用的坐标系。工件坐标系是用来确定工件几何形体上各要素的位置而设置的坐标系,程序中的坐标值均以工件坐标系为依据。工件坐标系的原点可由编程人员根据具体情况确定,一般设在图样的设计基准或工艺基准处。根据数控车床的特点,工件坐标系原点通常设在工件左、右端面的中心或卡盘前端面的中心。

对于同一工件,由于工件原点变了,程序段中的坐标尺寸也会随之改变。因此数控编程时,应该首先确定工件原点,确定工件坐标系。工件原点一般在工件装夹完毕后,通过对刀

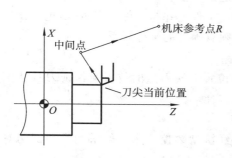

图 3-40　G28 指令的执行过程

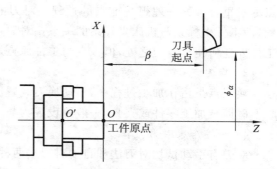

图 3-41　工件坐标系

确定。

机床坐标系是机床唯一的基准,所以必须要弄清楚工件原点在机床坐标系中的位置。通常这在接下来的对刀过程中完成。对刀的实质就是确定工件坐标系的原点在机床坐标系中的位置。对刀是数控加工中的主要操作和重要技能。对刀的准确性决定了零件的加工精度,同时,对刀效率还直接影响数控加工效率。

在数控机床上加工零件时,刀具与工件的相对运动必须在确定的坐标系中进行。编程人员必须熟悉机床坐标系统。规定数控机床的坐标轴及运动方向,是为了准确地描述数控机床的运动,简化程序的编制,并使所编程序具有互换性。

3. 数控车床的对刀

编程人员在编制程序时,只要根据零件图样就可以选定工件原点、建立工件坐标系、计算坐标数值,而不必考虑工件毛坯装夹的实际位置。但对于加工人员来说,应在装夹工件、调试程序时,确定工件原点在数控系统中的位置(即给出工件原点设定值)。设定工件坐标系后就可根据刀具的当前位置,确定刀具起始点的坐标值。在加工时,工件各尺寸的坐标值都是相对于工件原点而言的,这样数控机床才能按照准确的工件坐标系位置开始加工。

通过对刀操作确定工件原点在机床坐标系中的坐标位置后,执行 G92(G50)或 G54～G59 等工件坐标系建立指令,创建工件坐标系。

1) 刀位点

刀位点是指在数控加工程序编制中,用于表示刀具特征的点,也是对刀和加工的基准点。典型车刀的刀位点如图 3-42 所示。

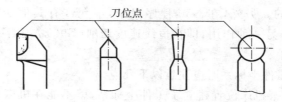

图 3-42　典型车刀的刀位点

2) 对刀点

对刀点是数控加工中刀具相对于工件运动的起点,是按数控加工程序加工的起始点,所以对刀点也称为程序起点。对刀是执行数控加工程序前,调整刀具的刀位点,使刀具的刀位点尽量重合于某一理想基准点的过程。对刀的目的是确定工件原点在机床坐标系中的位置,即工件坐标系与机床坐标系的关系。对刀点可设在工件上并与工件原点重合,也可设在工件外任何便于对刀之处,但该点与工件原点之间必须有确定的坐标联系。

3）换刀点

换刀点是指在加工过程中,自动换刀装置的换刀位置。换刀点的位置应保证刀具转位时不碰撞被加工零件或夹具,一般可设置为与对刀点重合。

4）数控车床对刀操作

对刀有手动试切对刀法和自动对刀法两种方法,经济型数控车床一般采用手动试切对刀法。下面具体介绍数控车床的手动试切对刀法。

根据工件坐标系建立指令及数控系统的不同,有不同的手动试切对刀操作过程,下面主要介绍通过刀补方式确定工件坐标系的手动试切对刀操作过程。

（1）进行手动返回机床参考点的操作。

（2）用每一把车刀分别试切工件外圆。用 MDI 方式操纵机床将工件外圆表面试切一刀,然后保持刀具 X 坐标不变,沿 Z 轴方向退刀,记下此时显示器上显示的机床坐标系中 X 坐标值的"Xt",并测量工件试切后的直径 D。

（3）用每一把车刀分别试切工件端面。用同样的方法将工件右端面试切一刀,然后保持刀具 Z 坐标不变,沿 X 轴方向退刀,记下此时显示器上显示的机床坐标系中 Z 坐标值的"Zt",并测出试切端面至预定的工件原点的距离 L。

（4）进入数控系统的 MDI 方式、刀具偏置页面,在"试切直径"和"试切长度"位置,分别输入测量值,数控系统就会自动计算出每把刀具的刀位点相对于工件原点的机床绝对坐标。

（5）在程序中调用带有刀具位置补偿号的刀具功能指令（如"T0101"）后,即建立起工件坐标系。

这种方法相当于对每一把车刀建立起相对独立的工件坐标系。由于操作简单,不需要计算,因此,该方法已成为当前数控车床应用的主要对刀方法。

5）G50 指令设定工件坐标系

G50 指令的格式为

```
G50 X__ Z__;
```

其中,"X""Z"是刀位点在工件坐标系中的坐标值。

G50 指令是一个非运动指令,只起预置寄存作用,一般作为第一条指令放在整个程序的前面。应该注意,在指定了一个 G50 指令以后,直到下一个 G50 指令到来,这个设定的工件坐标系一直是有效的。另外,在 G50 程序段中,不允许有其他功能指令,但 S 指令除外,因为 G50 指令还有另一种作用,即在恒线速度切削（G96）方式下,可以用 G50 限制最高转速。

用 G50 指令设定工件坐标系时应注意以下几点。

（1）一旦某刀具在某机床位置建立了工件坐标系,就不能在机床其他位置调用已设定的 G50 指令来建立该刀具的工件坐标系,即必须在机床的固定位置建立和撤销工件坐标系。

（2）指定的机床固定位置可为刀具的换刀点。设定此点时要注意:应离工件较近,换刀时不碰工件、尾座等,调换工件较为方便。

（3）当前刀具加工结束回到换刀点时,必须撤销所有的刀具补偿(如"T0100"),以防止在转换到其他刀具工件坐标系或回到机床坐标系时产生偏差而引起加工误差。

4. 工件坐标系建立指令

1）工件坐标系建立指令——G92

数控加工程序中所有的坐标数据都是在工件坐标系中确定的,而工件坐标系并不和机床坐标系重合。所以在将工件装夹到机床上后,必须告知机床程序数据所依赖的坐标系,这就是工件坐标系。通过对刀取得刀位点数据后,便可由程序中的 G92 指令(有的机床控制系统用 G50 指令)设定出工件坐标系。在执行到这一程序段后即在机床控制系统内建立了一个工件坐标系。

G92 指令的格式为

    G92 X __ Z __;

对于图 3-43,用 G92 指令设置工件坐标系的程序段如下。

    G92 X128.7 Z375.1;

G92 指令规定了刀具起点(执行此指令时的刀位点)在工件坐标系中的坐标值。

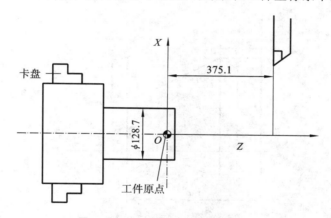

图 3-43   G92 指令设置工件坐标系

该指令声明刀具起刀点在工件坐标系中的坐标,通过声明这一机床参考点的坐标而创建工件坐标系。"X""Z"后的数值即为当前刀位点(如刀尖)在工件坐标系中的坐标,在实际加工以前通过对刀操作即可获得这一数据。换言之,对刀操作即是测定某一位置处刀具刀位点与工件原点间距离的操作。一般情况下,在整个程序中有坐标移动的程序段前,应用此指令来建立工件坐标系。

对该指令做出以下两点说明。

（1）在执行该指令之前必须先进行对刀,通过调整机床,将刀尖放在程序所要求的起刀点位置上。

（2）该指令并不会产生机械移动,只是使系统内部用新的坐标值取代旧的坐标值,从而建立新的工件坐标系。

2）预置工件坐标系指令——G54~G59

预置工件坐标系的做法是:将工件原点在机床坐标系中的坐标值输入 G54~G59 任一指令中,通过执行相应的程序代码,确定工件原点的位置,进而建立工件坐标系。

3.3.2 数控车床的编程特点

1. 绝对编程和相对编程

在数控编程中,刀具位置的坐标通常有两种表示方式,一种是绝对坐标;另一种是增量(相对)坐标。进行数控车床编程时,在一个程序段中,根据图样上标注的尺寸,可以采用绝对编程或增量(相对)编程,也可以采用混合编程。

1)绝对坐标系

所有坐标点的坐标值均从工件原点开始计算的坐标系,称为绝对坐标系,绝对坐标轴用 X、Z 表示。

2)增量(相对)坐标系

坐标系中的坐标值是相对刀具前一位置(或起点)来计算的坐标系,称为增量(相对)坐标系。增量(相对)坐标轴常用 U、W 表示,二者分别与 X、Z 平行且同向。

在图 3-44 中,如果刀具沿着直线 AB 走刀,则编程如下。

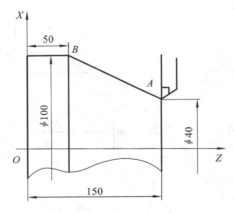

图 3-44 数控车床编程图例

(1)绝对编程:

```
G01 X100.0 Z50.0;
```

(2)增量编程:

```
G01 U60.0 W-100.0;
```

(3)混合编程:

```
G01 X100.0 W-100.0;
```

或

```
G01 U60.0 Z50.0;
```

2. 直径编程和半径编程

进行数控车床编程时,由于所加工的回转体零件的截面为圆形,所以零件的径向尺寸就有直径和半径两种表示方法,采用哪种表示方法可由数控系统的参数设置决定或由程序指令指定。

1）直径编程

在绝对编程中，"X"值为零件的直径值；在增量编程中，"X"值为刀具径向实际位移量的两倍。由于零件在图样上的标注及测量多采用直径，所以大多数数控车削系统采用直径编程。

2）半径编程

在半径编程中，"X"值为零件的半径值或刀具的实际位移量。

以 FANUC 系统为例，直径编程采用 G23 指定，半径编程采用 G22 指定。而华中数控系统用 G36 指定直径编程，G37 指定半径编程。

3.3.3　数控车床编程的基本指令

1. 主轴功能指令 S __ 和主轴转速控制指令 G96、G97、G50

（1）S 指令由地址码"S"和后面的若干数字组成。S 指令用于控制主轴转速，"S"后面的数值表示主轴速度，主轴速度的单位由 G96、G97 决定。S 指令不能启动主轴，属于模态指令。

（2）G96 S __ 表示主轴恒线速度切削，S 指令指定切削线速度，"S"后的数值单位为米/分（m/min）。G96 S __ 常与 G50 S __ 连用，以限制主轴的最高转速。G96 指令表示恒线速度有效，G97 指令表示取消恒线速度，二者属于模态指令。

（3）G97 S __ 表示主轴恒转速切削，S 指令指定主轴转速，"S"后的数值单位为转/分（r/min），且主轴转速的范围为 0～9 999 r/min。G97 S __ 属于模态指令，系统默认。

（4）G96 指令常用于车削端面或工件直径变化较大的工件，G97 指令用于镗铣加工和轴径变化较小的轴类零件车削加工。

（5）由主轴转速与切削速度之间的关系式可知，当刀具逐渐靠近工件的中心（工件的直径越来越小）时，主轴转速会越来越高，此时工件有可能因卡盘调整压力不足而从卡盘中飞出。为防止这种事故，在建立 G96 指令之前，最好使用 G50 指令来限制主轴转速。

（6）S 指令所编程的主轴转速可以借助机床控制面板上的主轴倍率开关进行修调。

G50 指令除具有工件坐标系设定功能外，还具有主轴最高转速设定功能。例如，"G50 S2000"表示把主轴最高转速设定为 2 000 r/min。用恒线速度控制进行切削加工时，为了防止出现事故，必须限定主轴转速。

例如：

```
G96 S600;        （主轴以 600 m/min 的恒线速度旋转）

G50 S1200;       （主轴的最高转速为 1 200 r/min）

G97 S600;        （主轴以 600 r/min 的转速旋转）
```

2. 进给功能（F 功能）

F 功能用于指定直线插补（G01）、圆弧插补（G02、G03）等的进给速度，它有每转进给和每分钟进给两种指令模式。

（1）每转进给指令——G95/G99。

指令格式为

```
G95 F ___;
G99 F ___;
```

其中,G95 用于华中数控系统中。

G95/G99 指令"F"后面直接指定主轴转一转刀具的进给量,如图 3-45(a)所示。G95/G99 属于模态指令,在程序中指定后,一直有效到 G94/G98(每分钟进给)被指定。

（2）每分钟进给指令——G98。

指令格式为

```
G94 F ___;
G98 F ___;
```

其中,G94 用于华中数控系统中。

G94/G98 指令"F"后面直接指定刀具每分钟的进给量,如图 3-45(b)所示。G94/G98 也属于模态指令。

每分钟进给量＝每转进给量×主轴转速

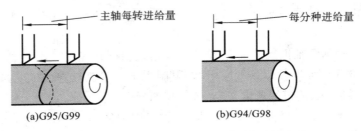

图 3-45　进给功能 G95/G98 和 G94/G99

3．M03、M04、M05——主轴正转、反转、停止指令

M03 指定主轴正转,面向 Z 轴正向观察,主轴顺时针旋转。

M04 指定主轴反转,面向 Z 轴正向观察,主轴逆时针旋转。

M05 指定主轴停止。

4．M07、M08、M09——切削液开关指令

M07 指定 2 号切削液开,M08 指定 1 号切削液开,M09 指定切削液装置关闭。

5．M02 和 M30——程序结束指令

M30 与 M02 的功能基本相同,均能指令程序结束,但不同的是机床厂家一般将 M30 设定为使环形纸带或光标返回程序头。

6．T 指令

在数控车床上进行粗、精车、车螺纹、切槽等加工时,对加工中所需要的每一把刀具分配一个号码,通过在程序中指定所需刀具的号码,使机床选择相应的刀具。

编程时,常设定刀架上各刀具在工作位时,刀尖位置是一致的。但由于各刀具的几何形状及安装不同,各刀具的刀尖位置是不一致的,各刀具与工件原点的距离也是不同的,因此需要将各刀具的刀尖位置值进行比较或设定,这称为刀具偏置补偿。刀具的补偿功能由 T 指令指定。

T 指令的格式为

```
T××××;
```

其中"T"后的前两位表示刀具号，后两位为刀具补偿号。刀具补偿号是刀具偏置补偿寄存器的地址号，该寄存器存放刀具的 X 轴和 Z 轴偏置补偿值、刀具的 X 轴和 Z 轴磨损补偿值。数控系统对刀具的补偿或取消刀具补偿都是通过拖板的移动实现的。

"T0202"刀具补偿表示选择 2 号刀具和建立 2 号刀补。

7. 快速定位指令——G00

G00 指令使刀具从当前位置以数控系统预先设定的速度移动至所指定的位置（在绝对坐标方式下），或者移动到某个距离处（在增量坐标方式下）。它只具有快速定位功能，不能实现切削加工，一般用于空行程运动。车削时，快速定位目标点不能选在工件上，一般要离开工件上表面至少 2 mm。

1）指令格式

G00 指令的格式为

```
G00X (U)__ Z(W)__；
```

其中："X""Z"表示绝对编程时目标点在工件坐标系中的坐标，在数控车床编程中，"X"通常为直径值；"U""W"表示增量编程时刀具移动的距离，"U"为直径值。

2）指令说明

（1）G00 指令中的快移速度通过机床参数"快移进给速度"对各轴分别设定，不能在地址 F 中规定。G00 指令中的快移速度可通过面板上的快速修调按钮修正。

（2）在执行 G00 指令时，由于各轴以各自的速度移动，不能保证各轴同时到达终点，因此联动直线轴的合成轨迹不一定是直线，操作者必须格外小心，以免刀具与工件发生碰撞。常见的做法是，将 X 轴移动到安全位置，再放心地执行 G00 指令。

（3）G00 指令为模态指令，可用 G01、G02、G03 等指令撤销。

（4）目标点位置坐标可以用绝对值，也可以用相对值，还可以混用。

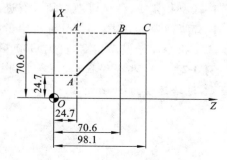

图 3-46　G00 指令绝对编程、增量编程和混合编程示例

例 3-1　G00 指令绝对编程、增量编程和混合编程示例如图 3-46 所示，需将刀具从起点 A 快速移动到目标点 C，试编写相应的程序段。

绝对编程：

```
G00 X141.2 Z98.1；
```

增量编程：

```
G00 U91.8 W73.4；
```

混合编程：

```
G00 U91.8 Z98.1；
G00 X141.2 W73.4；
```

执行上述程序段时，刀具实际的运动路线不是一条直线，而是一条折线（不同数控机床坐标轴的运动情况可能不同），首先刀具从点 A 以快速进给速度运动到点 B，然后运动到点 C。因此，在使用 G00 指令时要注意刀具是否与工件和夹具发生干涉，在不适合联动的场合，两轴可单动。如果忽略这一点，就容易发生碰撞，而在快速状态下的碰撞很危险。

图 3-46 中从 A 点到 C 点单动绝对编程如下：

```
G00 X141.2;
Z98.1;
```

从 A 点到 C 点单动增量编程如下：

```
G00 U91.8;
W73.4;
```

此时，刀具先从 A 点到 A' 点，然后从 A' 点到达 C 点。

8. 直线插补指令——G01

数控机床的刀具（或工作台）沿各坐标轴的位移是以脉冲当量为单位的（mm/脉冲）。刀具加工直线或圆弧时，数控系统按程序给定的起点和终点坐标值，在起点和终点间进行"数据点的密化"——求出一系列中间点的坐标值，然后依顺序按这些坐标轴的数值向各坐标轴驱动机构输出脉冲。数控系统进行的这种"数据点的密化"称为插补功能。

G01 指令是直线插补指令，执行该指令时，刀具以坐标轴联动的方式，从当前位置插补加工至目标点，刀具的移动路线为一直线。G01 指令属于模态指令，主要用于完成端面、内圆、外圆、槽、倒角、圆锥面等表面的加工。

指令的格式为

```
G01 X(U)__ Z(W)__ F__;
```

其中，"X""Z"为绝对编程时目标点在工件坐标系中的坐标；"U""W"为增量编程时目标点坐标的增量；"F"为进给速度，指定的进给速度一直有效，直到指定新值，因此不必对每个程序段都指定 F，程序段中必须含有进给速度 F 指令，否则机床不动作。

F 有两种表示方法，即每分钟进给量（mm/min）和每转进给量（mm/r）。

G01 指令属于模态指令，可用 G00、G02、G03 等指令撤销。

例 3-2 G01 指令编程示例（车削圆柱）如图 3-47 所示，命令刀具从当前点 A 直线插补至点 C，进给速度为 10 mm/r。

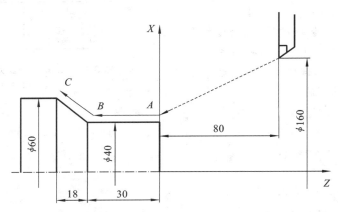

图 3-47 G01 指令编程示例（车削圆柱）

绝对编程：

```
N20 G01 Z-30 F10;(刀具由点 A 以 10 mm/r 的速度直线插补至点 B)
N30 X60 Z-48 F10;(刀具由点 B 以 10 mm/r 的速度直线插补至点 C)
```

增量编程：

  N20 G01 W-30 F10;(刀具由点 A 以 10 mm/r 的速度直线插补至点 B)

  N30 U20 W-18 F10;(刀具由点 B 以 10 mm/r 的速度直线插补至点 C)

9. 外圆弧面加工常用指令

1) 圆弧插补指令——G02、G03

(1) 指令格式。

①圆心坐标编程：

  G02 X(U)__ Z(W)__ I __ K __ F __;

  G03 X(U)__ Z(W)__ I __ K __ F __;

②半径编程：

  G02 X(U)__ Z(W)__ R __ F __;

  G03 X(U)__ Z(W)__ R __ F __;

其中,"G02"指定顺时针圆弧插补(见图3-48);"G03"指定逆时针圆弧插补(见图 3-48);"X""Z"为绝对编程时,圆弧终点在工件坐标系中的坐标;"U""W"为增量编程时,圆弧终点相对于圆弧起点的位移量;"I""K"为圆心相对于圆弧起点的增加量(等于圆心的坐标减去圆弧起点的坐标),在绝对编程、增量编程时都以增量方式指定,在直径编程、半径编程时"I"都是半径值;"R"为圆弧半径(当圆心角 $\alpha \leqslant 180°$ 时,用"+R"表示;当 $180° < \alpha \leqslant 360°$ 时,用"-R"表示);"F"为被编程的两个轴的合成进给速度。

(2) 指令说明。

①G02/G03 是从第三轴的正向往负向看,根据插补时的旋转方向为顺时针/逆时针来区分的,如图 3-48 所示。

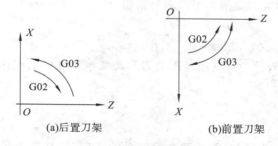

(a)后置刀架　　　　　(b)前置刀架

图 3-48　G02 和 G03 的区分

②I、K 分别为平行于 X、Z 的轴,用来表示圆心的坐标,因"I""K"后面的数值为圆弧起点到圆心矢量的分量(圆心坐标减去起点坐标),故始终为增量值。

③当已知圆弧的终点坐标和半径时,可以以半径编程的方式插补圆弧,R 为圆弧半径,圆心角小于 $180°$ 时 R 为正,大于 $180°$ 时 R 为负。此外,同时编入"R"与"I""K"时,"R"有效。

④用半径 R 指令圆心位置时,不能描述整圆。

⑤F 指令指定刀具切削圆弧的进给速度,若 F 指令缺省,则刀具切削圆弧的进给速度默认为系统设置的进给速度或前面程序段中指定的速度。

例 3-3　如图 3-49 所示,加工圆弧 AB、BC,加工路线为 $C \rightarrow B \rightarrow A$,采用圆心和终点的方式编程。

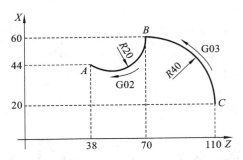

图 3-49　G02/G03 指令编程示例(加工圆弧)

绝对编程：

N10 G50 X40 Z110;	(定义起刀点的位置)
N20 G03 X120 Z70 I0 K-40;	(加工 BC)
N30 G02 X88 Z38 I0 K-20;	(加工 AB)

增量编程：

N10 G00 X-40 Z110;	(定义起刀点的位置)
N20 G03 U80 W-40 I0 K-40 F200;	(加工 BC)
N30 G02 U-32 W-32 I0 K-20;	(加工 AB)

2) 刀尖圆弧半径补偿指令

刀尖圆弧半径补偿用 G41 指令和 G42 指令来实现,它们都属于模态指令,可用 G40 指令撤销。顺着刀具运动方向看,刀具在被加工工件的左边,用 G41 指令,因此,G41 指令也称为刀尖圆弧半径左补偿指令;顺着刀具运动方向看,刀具在被加工工件的右边,用 G42 指令,因此,G42 指令也称为刀尖圆弧半径右补偿指令。

(1) 指令格式。

G41/G42/G40 G01/G00 X(U)__ Z(W)__;

其中,"X(U)""Z(W)"为建立或者取消刀具圆弧半径补偿的程序段中刀具移动的终点坐标。

(2) 指令说明。

① 刀补的判别。

G41:左偏刀尖圆弧半径补偿,即迎着第三轴的正向(即从第三轴的正向往负向看去),沿刀具运动方向看,刀具位于工件左侧时的刀具圆弧半径补偿,如图 3-50 所示。

G42:右偏刀尖圆弧半径补偿,即迎着第三轴的正向(即从第三轴的正向往负向看去),沿刀具运动方向看,刀具位于工件右侧时的刀具圆弧半径补偿,如图 3-50 所示。

G40:取消刀尖圆弧半径补偿,按程序路径进给。

② 刀尖圆弧半径补偿的建立与取消只能用 G00 指令或 G01 指令,不能用 G02 指令或 G03 指令,否则将会报警。

"X""Z"是 G00/G01 的参数,即建立刀补或取消刀补刀具移动的终点。

③ 在调用新刀具前或要更改刀具补偿方向时,为避免产生加工误差,中间必须取消刀补。

④ 在设置刀尖圆弧自动补偿值时,还要设置刀尖圆弧位置编码。刀尖圆弧位置编码

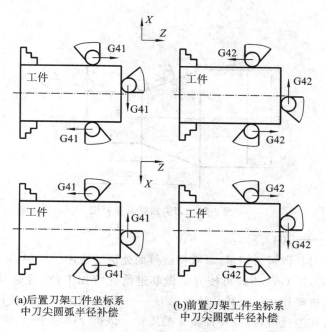

(a)后置刀架工件坐标系
中刀尖圆弧半径补偿

(b)前置刀架工件坐标系
中刀尖圆弧半径补偿

图 3-50　刀具圆弧半径补偿

(0～9)定义了刀具刀位点与刀尖圆弧中心的位置关系(有十个方向),如图 3-51 所示。

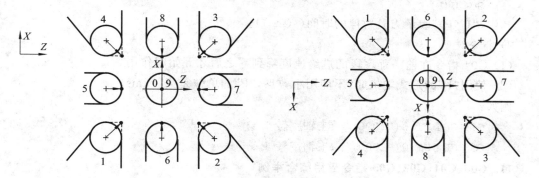

图 3-51　前置刀架与后置刀架刀尖方位定义

·代表刀具刀位点,+代表刀尖圆弧圆心

　　例 3-4　对于图 3-52 所示的工件,为保证圆锥面的加工精度,试采用刀尖圆弧半径补偿指令编写程序。

　　程序如下。

N40 G00 X20 Z2;	(快进至 A_0)
N50 G42 G01 X20 Z0;	(刀尖圆弧半径右补偿,A_0—A_1)
N60 Z-20;	(A_1—A_2)
N70 X40 Z-40;	(A_2—A_3—A_4)
N80 G40 G01 X80 Z-40;	(退刀并取消刀尖圆弧半径补偿,A_4—A_5)

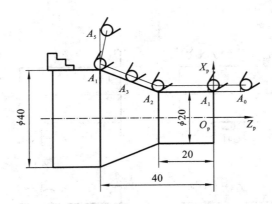

图 3-52 刀尖圆弧半径补偿

10. 暂停指令——G04

G04 指令可使刀具做短暂停留,以获得圆整而光滑的表面。例如:对不通孔做深度加工时,进到指定深度后,用 G04 指令可使刀具做非进给光整加工,然后退刀,保证孔底平整无毛刺;切沟槽时,在槽底让主轴空转几转再退刀,一般退刀槽都不需要进行精加工,采用 G04 指令有利于将槽底加工光滑,提高零件整体的质量。该指令除用于钻、镗孔、切槽、自动加工螺纹外,还可用于拐角轨迹控制。

1) 指令格式。

```
G04 U(P)__
```

其中,"U(P)"表示刀具暂停的时间(s(ms))。

2) 指令说明。

(1) G04 指令在前一程序段的进给速度降到零之后才开始起作用。

(2) 使用"P"的形式输入时,不能用小数点,"P"的单位是毫秒(ms)。

例如:

```
G99 G04 U1.0(P1000)    (主轴空转 1 s)
G98 G04 U1.0(P1000)    (主轴空转 1 s)
```

11. G00、G01、G02、G03 指令应用综合举例

例 3-5 零件图如图 3-53 所示,刀具起刀点为(70,50),编写该轴类零件的精加工程序。

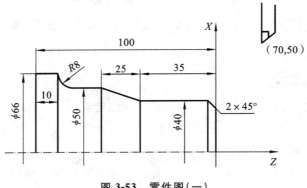

图 3-53 零件图(一)

编写的程序如下。

```
O2001
G23 G21 G97 G98;              (程序初始化)
N01 T0101;                    (1号刀,1号刀补)
N10 M03 S1200;                (主轴正转,转速为 1 200 r/min)
N20 G00 X70 Z50;              (刀具快速定位到起刀点)
N30 G00 X0 Z10;               (快移到端面处)
N40 G01 Z0 F50;               (加工右端面)
N50 X36;                      (光端面)
N60 X40 Z-2;                  (倒角)
N70 Z-35;                     (加工φ40圆柱面)
N80 X50 Z-60;                 (加工圆锥面)
N90 Z-82;                     (加工φ50圆柱面)
N100 G02 X66 Z-90 R8;         (加工圆弧面)
N110 G01 Z-100;              (加工φ66圆柱面)
N120 G00 X70;                 (退刀)
N130 Z50;                     (返回到起刀点)
N140 M05 M30;                 (主轴停止,程序结束)
```

3.4　数控车削循环指令

数控车削毛坯多为棒料,加工余量较大,需多次进给切除加工余量。数控车削循环指令编程通常是指用含 G 功能的一个程序段,完成本来需要用多个程序段的加工编程,从而使程序得以简化,节省编程时间。

3.4.1　简单循环指令

1. 外径、内径简单循环指令——G90

（1）指令格式。

加工内、外圆柱面：

G90 X(U)__ Z(W)__ F __;

加工圆锥面：

G90 X(U)__ Z(W)__ R__ F __;

（2）指令说明。

①"X(U)""Z(W)"为外径、内径切削终点坐标,"F"为切削进给量。

②"R"为圆锥半径差,"R"=圆锥起点半径-圆锥终点半径。为保证刀具切削起点与工件间的安全间隙,刀具起点的 Z 向坐标值宜取"Z1"至"Z5",而不是"Z0"。因此,实际锥度的

起点 Z 向坐标值与图样不吻合,所以应该算出锥面起点与终点处的实际直径差,否则会导致锥度错误。

G90 指令常用于当工件毛坯的轴向余量比径向余量大时的轴类零件加工(X 向切削半径小于 Z 向切削长度)。一个 G90 指令完成四个移动动作。①第一个动作:刀具从起刀点以 G00 方式沿 X 方向移动到切削深度;②第二个动作:刀具以 G01 方式切削工件外圆(Z 方向);③第三个动作:刀具以 G01 方式切削工件端面;④第四个动作:刀具以 G00 方式快速退刀回起点。四个动作路线围成一个封闭的矩形刀路,②、③移动为切削移动;①、④移动为刀具快速移动,从而简化程序。用 G90 指令加工圆柱面和圆锥面示意图如图 3-54 所示,加工顺序为:循环起点→①→②→③→④→循环终点。

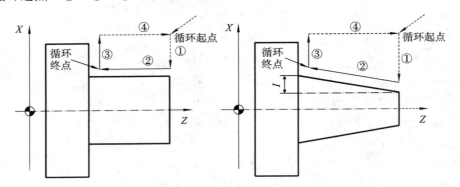

图 3-54 用 G90 指令加工圆柱面和圆锥面示意图

——→为切削加工,------→为快速移动

2. 端面简单循环指令

(1)指令格式。

加工直端面:

```
G94 X(U)__ Z(W)__ F __;
```

加工圆锥端面:

```
G94 X(U)__ Z(W)__ R __ F __;
```

(2)指令说明。

①"X(U)""Z(W)"为端面切削终点坐标,"F"为切削进给量。

②"R"为圆锥半径差,"R"=圆锥起点 Z 坐标-圆锥终点 Z 坐标。

G94 指令常用于材料的径向余量比轴向余量多时(盘类)的零件加工(X 向切削半径大于 Z 向切削长度)。一个 G94 指令同样要完成四个移动动作。用 G94 指令加工圆柱面和圆锥面示意图如图 3-55 所示,加工顺序为:循环起点→①→②→③→④→循环终点。

3. 简单循环指令应用举例

例 3-6 用 G90 指令加工图 3-56 所示工件的 $\phi30$ 外圆,设刀具的起点为与工件具有安全间隙的 S 点(55,2)。

编写的程序如下。

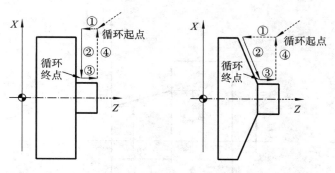

图 3-55 用 G94 指令加工圆柱面和圆锥面示意图

——为切削加工,------为快速移动

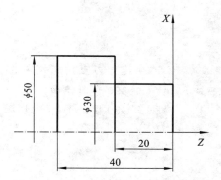

图 3-56 用 G90 指令车削台阶轴举例

```
O2002
T0101;
M03 S800;
G00 X55 Z2;              (快速运动至循环起点)
G90 X46 Z-20 F150;      (X 向单边切深量 2 mm)
X42;                     (G90 模态有效,X 向切深至 42 mm)
X38;
X34;
X32;
X30;
G00 X100 Z100;          (退刀)
M05 M30;
```

例 3-7 用 G90 指令加工图 3-57 所示工件的外圆锥面,设刀具的起点为与工件具有安全间隙的"S"点(61,2)。

编写的程序如下。

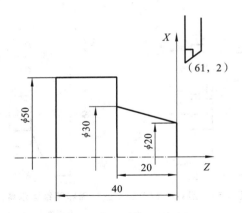

图 3-57　用 G90 指令车削外圆锥举例

```
O2003;
T0101;
M03 S800;
G00 X61 Z2;                    (快速走刀至循环起点 S)
G90 X57 Z-20 R5.5 F150;        (用 G90 车圆锥面)
X53;                           (在 G90 模态下,X 向切深至 X53)
X49;
X45;
X41;
X37;
X33;
X30;
G00 X100 Z100;
M05 M30;
```

3.4.2　复合循环指令

在数控车床上对圆柱面、端面、螺纹等表面进行加工时,刀具往往要多次反复地执行相同的动作,直至将零件切削到所需尺寸。为了简化编程,数控系统可以用一个程序段来设置刀具反复切削,这就是循环功能。

复合循环指令 G70~G76 就是为简化编程而提供的固定循环指令。使用复合循环指令时,只需依指令格式设定粗车时每次的切削深度、精车余量、进给量等参数,在接下来的程序段中给出精车时的加工路径,CNC 控制器即可自动计算出粗车的刀具路径,自动进行粗加工,因此在编制程序时可节省很多时间。

1. 外圆粗车复合循环指令——G71

外圆粗车复合循环指令 G71 适用于外圆柱面需多次走刀才能完成的粗加工,刀具循环路线如图 3-58 所示。

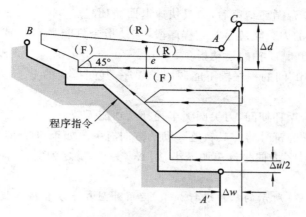

图 3-58 外圆粗车复合循环

(F)表示切削进给,(R)表示快速移动

1) 指令格式

G71 U(Δd) R(e);

G71 P(ns) Q(nf) U(Δu) W(Δw) F(f) S(s) T(t);

华中数控系统:

G71 U(Δd) R(r) P(ns) Q(nf) U(Δu) W(Δw) F(f) S(s) T(t);

其中:"Δd"为切削深度(由半径给定),没有正、负号,切削方向取决于 AA' 方向,该值是模态的,在指定其他值以前不改变;"e"为退刀量(由半径给定),由参数设定,该值是模态的,在指定其他值以前不改变;"ns"为精加工程序中第一个程序段的顺序号;"nf"为精加工程序中最后一个程序段的顺序号;"Δu"为 X 轴方向的精车余量(采用直径编程方式时);"Δw"为 Z 轴方向的精车余量;"f"为刀具粗车复合循环时的进给量。

运用复合循环指令编程时,首先要确定换刀点、循环起点 A、切削始点 A' 和切削终点 B 的坐标位置。切削时,刀具先由 A 点退至 C 点,径向进刀一个背吃刀量后,沿轴向对毛坯进行切削,切削终点的位置由精加工程序及 Z 方向的精加工余量确定。45°方向退刀后,Z 轴正方向退刀,随即进行下一次循环加工。切削至最后一次径向进刀量小于程序中设定的每一次的背吃刀量时,刀具沿与精加工路线相同,但与精加工路线的距离为精加工余量的路线完成最后一次粗车复合循环加工,回到 A 点。

图 3-58 中 A 点是粗车复合循环起点,也是粗车完成后的终点,一般选择在 X 坐标略大于毛坯外径、Z 坐标稍长于端面的位置上。C 点与 A 点的距离在 X 轴和 Z 轴方向均为各自的精加工余量。其中,X 轴方向的精加工余量为直径直。

在复合循环指令中有两个地址符"U",前一个表示背吃刀量,后一个表示 X 方向的精加工余量。在程序中,只要给出 $A \rightarrow A' \rightarrow B$ 间的精加工路线及径向精车余量 $\Delta u/2$、轴向精车余量 Δw、每次循环的背吃刀量 Δd 和退刀量 e,即可完成 $AA'BA$ 区域的精车加工。粗车后的零件形状及粗加工的刀具路径,由数控系统根据精加工尺寸及相关参数自行设定。

2) 指令说明

(1) 用 G71 指令加工零件轮廓(从 $A' \rightarrow B$)时在 X、Z 轴方向上必须符合单调递增或单调递减的形式。

（2）外圆粗车复合循环结束后，刀具快速退回循环起点。

（3）从 A 到 A' 的刀具轨迹是"ns"程序段，移动指令只能是 G00 或 G01，运动轨迹必须垂直于 Z 轴且不能出现 Z 轴的运动指令。

（4）在"ns"至"nf"间的程序段不能调用子程序，其间指定的 F、S、T 功能对粗车复合循环无效。

（5）在粗车复合循环期间，刀尖圆弧半径补偿功能无效。

（6）精加工余量的符号与刀具轨迹移动的方向有关。如果 X 方向坐标单调递增，则 Δu 为正，反之为负；如果 Z 方向坐标单调减小，则 Δw 为正，反之为负（即向左切削为正，向右切削为负）。

例 3-8　对图 3-59 所示的零件进行加工，运用外圆粗车复合循环指令编程。

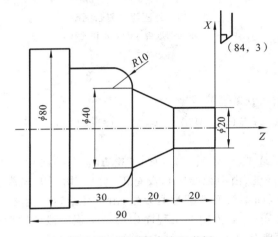

图 3-59　G71 指令应用举例

```
O2001                              （程序名）
N10 G97 G99;                       （程序初始化）
N20 T0101;                         （换 1 号车刀，建立 1 号刀补）
N30 M03 S120;                      （启动主轴）
N40 G00 X84.0 Z3.0;                （快速定位至循环起点）
N50 G71 U2.0 R1.0;                 （粗车复合循环）
N60 G71 P70 Q140 U0.2 W0.05 F0.2;  （精加工余量 0.2 mm，0.05 mm）
N70 G00 X20.0;                     （快速定位，开始精车程序，不能有 Z 向移动）
N80 G01 Z-20.0 F0.07;              （按图纸轮廓精车开始）
N90 X40.0 W-20.0;
N100 G03 X60.0 W-10.0 R10.0;
N110 G01 W-20.0;
N120 X80.0;
N130 Z-90.0;
N140 G00 X84.0;                    （完成精车程序段）
……
```

2．端面粗车复合循环指令——G72

端面粗车复合循环指令 G72 适用于 Z 向余量小、X 向余量大的工件，即所谓的盘类零件的加工。使用 G72 指令时，在切削循环过程中，刀具沿 Z 方向进刀，平行于轴切削，如图 3-60 所示。

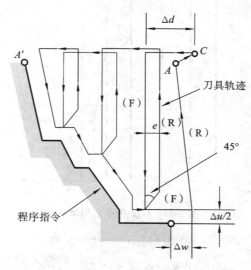

图 3-60　端面粗车复合循环

1）指令格式

> G72 W(Δd) R(e);
>
> G72 P(ns) Q(nf) U(Δu) W(Δw) F(f) S(s) T(t);

华中数控系统：

> G72 W(Δd) R(r) P(ns) Q(nf) U(Δu) W(Δw) F(f) S(s) T(t);

程序段中各字母的含义和 G71 程序段相同。

2）指令说明

（1）G72 与 G71 类似，不同之处在于刀具路径是按径向方向循环的。

（2）各参数说明见 G71 指令。

（3）G72 指令不能用于加工端面内凹的形体。

（4）精加工首刀进刀必须有 G00 或 G01 指令，且不可有 X 轴方向移动指令。

例 3-9　对图 3-61 所示的零件进行加工，运用端面粗车复合循环指令编程。

编写的程序如下。

O2001	(程序名)
N10 G97 G99;	(程序初始化)
N20 T0101;	(换 1 号车刀，建立 1 号刀补)
N30 M03 S120;	(启动主轴)
N40 G00 X175.0 Z3.0;	(快速定位至循环起点)
N50 G72 W2.0 R1.0;	(粗车复合循环)

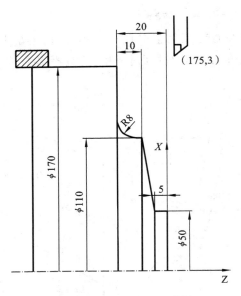

图 3-61　G72 指令应用举例

```
N60 G72 P70 Q120 U0.2 W0.1 F120;    (精加工余量 0.2 mm,0.1 mm)
N70 G00 Z-20.0;                     (快速定位,开始精车程序)
N80 G01 X126.0 F80;                 (按图纸轮廓精车开始)
N90 G03 X110.0 Z-12.0 R8.0;
N100 G01 Z-10.0;
N110 X50.0 Z-5.0;
N120 Z3.0;                          (完成精车程序段)
......
```

3. 仿形粗车复合循环指令——G73

如图 3-62 所示,仿形粗车复合循环是按照一定的切削形状,逐渐地接近最终形状的循环切削方式。仿形粗车复合循环指令 G73 一般用于毛坯已用锻造或铸造方法成形的零件的粗车,加工效率很高。

1）指令格式

```
G73 U(Δi) W(Δk) R(d);
G73 P(ns) Q(nf) U(Δu) W(Δw) F(f) S(s) T(t);
```

华中数控系统:

```
G73 U(Δi) W(Δk) R(r) P(ns) Q(nf) U(Δu) W(Δw) F(f) S(s) T(t);
```

其中,A 和 B 间的运动指令指定在从顺序号"ns"到"nf"的程序段中;"Δi"为 X 轴方向退刀距离(毛坯余量,由半径指定);"Δk"为 Z 轴方向退刀距离(毛坯余量);"d"为分割次数,这个值与粗加工重复次数相同;"ns"为精加工程序中第一个程序段的顺序号;"nf"为精加工程序中最后一个程序段的顺序号;"Δu"为 X 方向精加工余量的距离及方向(直径/半径);"Δw"为 Z 方向精加工余量的距离及方向。

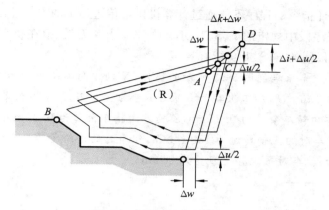

图 3-62　仿形粗车复合循环

2) 指令说明

(1) "ns"至"nf"程序段中的 F、S 或 T 功能在循环时无效,而使用 G70 指令时,程序段中的 F、S 或 T 功能有效。

(2) 加工余量的计算:$\dfrac{\text{毛坯直径}-\text{工件最小直径}}{2}-1$(减 1 是为了少走一空刀)。

(3) 该指令能对经铸造、锻造等粗加工已初步形成的工件进行高效率切削。

G73 指令与 G71 指令的主要区别:虽然 G71 指令与 G73 指令均为粗车复合循环指令,但 G71 指令主要用于加工棒料毛坯,G73 指令主要用于加工毛坯余量均匀的铸造、锻造成形工件。G71 指令和 G73 指令的选择主要看加工余量的大小及分布情况。使用 G71 指令,精加工轨迹必须符合 X 轴、Z 轴方向的共同单调增大或减小的模式,也就是说 G71 指令不能完成对产品凹凸处的加工,而 G73 指令能够进行这样的加工,G73 指令对 X 轴、Z 轴方向单调增大或减小无影响。

4. 精车复合循环指令——G70

使用 G71、G72、G73 指令后,再使用 G70 指令进行精车,使工件达到所要求的尺寸精度和表面粗糙度。精车时的加工量是粗车复合循环时留下的精车余量,加工轨迹是工件的轮廓线。在 G70 程序段内,要指明精加工程序中第一个程序段的顺序号和精加工程序最后一个程序段的顺序号。

1) 指令格式

```
G70 P(ns) Q(nf);
```

华中数控系统无需 G70 指令。

其中,"ns"为精加工程序中开始程序段的顺序号;"nf"为精加工程序中结束程序段的顺序号。

2) 指令说明

(1) 必须在 G71、G72 等指令后,使用 G70 指令。

(2) 精车复合循环一旦结束,刀具快速进给返回起始点,并开始读入精车复合循环的下一个程序段。

(3) 在 G70 指令被使用的顺序号"ns"到"nf"间的程序段中,不能调用子程序。

（4）有复合循环指令的程序不能通过计算机以边传边加工的方式控制 CNC 车床。

（5）在 G71 程序段中规定的 F、S、T 功能对 G70 指令无效，但在执行 G70 指令时顺序号"ns"至"nf"程序段间的 F、S、T 功能有效。

例 3-10　用数控车床车削图 3-63 所示的铸件，X 轴方向加工余量为 6 mm（半径值），Z 轴方向加工余量为 6 mm，粗加工次数为 3 次。1 号为粗车刀，2 号为精车刀，刀尖圆弧半径为 0.4 mm，X 轴方向精车余量为 0.2 mm，Z 轴方向精车余量为 0.05 mm，粗车时的主轴转速为 120 r/min，精车时的主轴转速为 180 r/min，粗车时的进给量为 0.2 mm/r，精车时的进给量为 0.07 mm/r，粗车时每次背吃刀量为 2 mm。

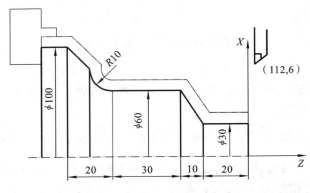

图 3-63　G73、G70 指令应用举例

O2001	（程序名）
N10 G97 G99;	（程序初始化）
N20 T0101;	（换 1 号车刀，建立 1 号刀补）
N30 M03 S120;	（启动主轴）
N40 G00 X112.0 Z6.0;	（快速定位至循环起点）
N50 G73 U6.0 W6.0 R3.0;	（粗切削 3 次）
N60 G73 P70 Q130 U0.2 W0.05 F0.2;	（精加工进给量 0.2 mm/r）
N70 G00 X30.0;	（快速定位，开始精车程序）
N80 G42 G01 Z-20.0 F0.07;	（建立刀尖圆弧半径右补偿，设定精车进给量）
N90 X60.0 W-10.0;	
N100 W-30.0;	
N110 G02 X80.0 W-10.0 R10.0;	
N120 G01 X100.0 W-10.0;	
N130 G40 G00 X106.0;	（完成精车程序段，取消刀尖圆弧半径补偿）
N140 G00 X150.0 Z200.0 T0100;	（快速移动到换刀点，取消 1 号刀补）
N150 T0202;	（换 2 号车刀，调用 2 号刀偏）
N160 M03 S180;	（设置精车主轴转速）
N170 G00 X112.0 Z6.0;	（快速定位至循环起点）

N180 G70 P70 Q130；(精车循环)

N190 G00 X150.0 Z200.0 T0200；(快速移动到换刀点,取消 2 号刀补)

N200 M05 M30；(程序结束)

3.5　螺纹加工

螺纹加工一般是指在圆柱上加工出特殊形状螺旋槽的过程。螺纹常见的用途是连接紧固、传递运动等。螺纹车削加工是在车床上控制进给运动与主轴旋转,使二者同步,加工特殊形状螺旋槽的过程。螺纹的形状主要由切削刀具的形状和安装位置决定,螺纹的导程由刀具进给量决定。

CNC 编程加工最多的螺纹是普通螺纹。普通螺纹的牙型为三角形,牙型角为 60°。普通螺纹分为粗牙普通螺纹和细牙普通螺纹。粗牙普通螺纹的螺距是标准螺距。粗牙普通螺纹代号用字母"M"及公称直径表示,如 M12、M16 等。细牙普通螺纹代号用字母"M"及公称直径×螺距表示,如 M24×1.5、M27×2 等。

一个螺纹需要多次车削而成,每次车削逐渐增加螺纹深度。为了实现多次车削的目的,机床主轴必须以恒定转速旋转,且必须与进给运动保持同步,保证每次刀具车削开始位置相同,保证每次车削深度都在螺纹圆柱的同一位置上,最后一次走刀加工出适当的螺纹尺寸、形状、表面质量和公差,得到合格的螺纹。

3.5.1　螺纹加工工艺知识

1. 螺纹的切削方法

由于螺纹加工属于成形加工,为了保证螺纹的导程,加工时主轴旋转一周,车刀的进给量必须等于螺纹的导程,进给量较大;另外,螺纹车刀的强度一般较差,故螺纹牙型往往不是一次加工而成的,需要进行多次车削,故欲提高螺纹的表面质量,可增加几次光整加工。在数控车床上加工螺纹的方法有直进法、斜进法两种,如图 3-64 所示。直进法适合加工导程较小的螺纹,斜进法适合加工导程较大的螺纹。常用公制螺纹车削的进给次数与吃刀量如表 3-9 所示。

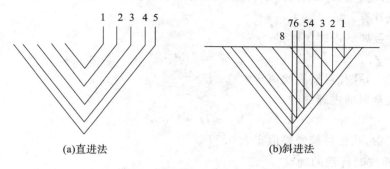

(a)直进法　　　　　　　　(b)斜进法

图 3-64　螺纹进刀车削方法

表 3-9　常用公制螺纹车削的进给次数与吃刀量

螺距/mm		1.0	1.5	2	2.5	3	3.5	4
牙深（半径值）/mm		0.649	0.974	1.299	1.624	1.949	2.273	2.598
切削次数及吃刀量（直径值）/mm	1 次	0.7	0.8	0.9	1.0	1.2	1.5	1.5
	2 次	0.4	0.6	0.6	0.7	0.7	0.7	0.8
	3 次	0.2	0.4	0.6	0.6	0.6	0.6	0.6
	4 次		0.16	0.4	0.4	0.4	0.6	0.6
	5 次			0.1	0.4	0.4	0.4	0.4
	6 次				0.15	0.4	0.4	0.4
	7 次					0.2	0.2	0.4
	8 次						0.15	0.3
	9 次							0.2

2. 螺纹加工尺寸的确定

（1）普通螺纹各基本尺寸的计算。

螺纹大径：

$$d = D$$

螺纹中径：

$$d_2 = D_2 = d - 0.649\,5P$$

螺纹小径：

$$d_1 = D_1 = d - 1.082\,5P$$

式中，P 为螺纹的螺距。螺纹大径的基本尺寸与公称直径相同。

（2）高速车削三角形外螺纹时，受车刀挤压螺纹大径尺寸胀大，因此车外螺纹前的外圆直径应比外螺纹大径小。当螺距为 1.5～3.5 mm 时，外螺纹的外圆直径一般可以小 0.2～0.4 mm。

（3）车削三角形内螺纹时，因为车刀切削时的挤压作用，内孔直径会缩小（车削塑性材料较明显），所以车削内螺纹前的孔径应比内螺纹小径（D_1）略大些。又由于内螺纹加工后的实际顶径允许大于 D_2 的基本尺寸，所以实际生产中，车削内螺纹前的孔径尺寸，可以用下列近似公式计算。

车削塑性金属的内螺纹时：

$$D_孔 \approx D - P$$

实际加工中，孔径可按经验值车大 0.1P。

车削脆性金属的内螺纹时：

$$D_孔 \approx D - 1.05P$$

实际加工中，孔径可按经验值车大 0.1P。

3. 车削螺纹时行程的确定

在数控车床上加工螺纹时，由于机床伺服系统本身具有滞后特性，会在螺纹的起始段和停止段发生螺距不规则现象，所以实际加工螺纹的长度 W 应包括切入和切出的刀具空行程,如图 3-65 所示。

$$W = L + \delta_1 + \delta_2$$

式中:L——有效螺纹长度;

　　δ_1——切入空行程量,又称引入距离,一般取 2~5 mm;

　　δ_2——切出空行程量,又称超越距离,一般取 $0.5\delta_1$。

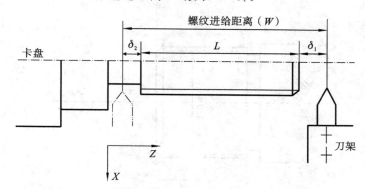

图 3-65　车削螺纹时的引入距离和超越距离

3.5.2　螺纹加工常用编程指令

1. 螺纹切削指令——G32

G32 指令可以切削相等导程的圆柱螺纹、圆锥螺纹和端面螺纹。

1)指令格式

加工端面螺纹:

　　G32 X(U)__ F__;

加工圆柱螺纹:

　　G32 Z(W)__ F__;

加工圆锥螺纹:

　　G32 X(U)__ Z(W)__ F__;

华中数控系统:

　　G32 X(U)__ Z(W)__ R__ E__ P__ F__;

其中,"X""Z"为采用绝对编程方式时有效螺纹终点在工件坐标系中的坐标;"U""W"为采用增量编程方式时有效螺纹终点相对于螺纹切削起点的位移量;"F"为螺纹的导程,即主轴每转一圈,刀具相对于工件的进给值。

在华中数控系统的 G32 程序段中,"R""E"为螺纹切削的退尾量,"R"表示 Z 向退尾量,"E"为 X 向退尾量,"R""E"在绝对编程、增量编程时都以增量方式指定,为正表示沿 Z、X 正向回退,为负表示沿 Z、X 负向回退。使用"R""E"可免去退刀槽。"R""E"可以省略,表示不用回退功能;根据螺纹标准,"R"一般取 2 倍的螺距,"E"取螺纹的牙型高。"P"为主轴基准脉冲处距离螺纹切削起点的主轴转角。

2)指令说明

切削螺纹时主轴转速不应过高,尤其是大导程螺纹,过高的转速使进给速度太快而引起不正常,一些资料推荐的最高主轴转速(r/min)为≤1 200/导程-80。

例 3-11 车削图 3-66 所示的圆柱螺纹,螺纹的导程为 1.0 mm,编写螺纹加工程序。

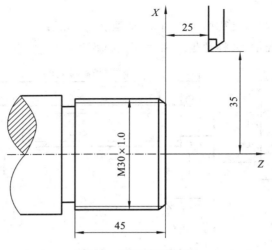

图 3-66 圆柱螺纹车削

编写的程序如下。

```
O2006
G92 X70.0 Z25.0;
M03 S500;
G90 G00 X40.0 Z4.0 M08;
G32 Z-46.0 F1.0;          (螺纹第一刀车削)
G00 X40.0;
Z4.0;
X28.9;
G32 Z-46.0;              (螺纹第二刀车削)
G00 X40.0;
Z4.0;
X28.7;
G32 Z-46.0;              (螺纹第三刀车削)
G00 X40.0;
Z4.0;
X70.0 Z25.0 M09;
M05 M30;
```

2. 螺纹车削简单循环指令——G92

由例 3-11 可见,用 G32 指令编写螺纹多次分层车削程序是比较烦琐的,每一层车削有多个程序段,多次分层车削程序中包含大量重复的信息。FANUC 系统可用 G92 指令的一个程序段代替每一层螺纹车削的多个程序段,可避免重复信息的书写,方便编程。

在 G92 程序段里,需要给出每一层车削动作的相关参数,确定螺纹车刀的循环起点位置和螺纹车削的终点位置。

1）加工圆柱螺纹

指令格式为

```
G92 X(U)__ Z(W)__ F__;
```

华中数控系统：

```
G92 X(U)__ Z(W)__ R__ E__ C__ P__ F__;
```

其中，"X""Z"取值为螺纹终点坐标值；"U""W"取值为螺纹终点相对循环起点的坐标分量；"F"为螺纹的导程。

在华中数控系统的 G92 程序段中，"R""E""P"含义同 G32 指令；"C"为螺纹头数，为 0 或 1 时车削单头螺纹。

2）加工圆锥螺纹

指令格式为

```
G92 X(U)__ Z(W)__ R__ F__;
```

华中数控系统：

```
G92 X(U)__ Z(W)__ I__ R__ E__ C__ P__ F__;
```

其中，"X""Z"表示螺纹终点坐标值；"U""W"表示螺纹终点相对循环起点的坐标分量；"R"为螺纹车削起点和车削终点的半径差。

圆柱螺纹加工循环如图 3-67 所示，圆锥螺纹加工循环如图 3-68 所示。图 3-67 和图 3-68 中刀具从循环起点开始，按 1→2→3→4 进行自动循环，最后又回到循环起点，虚线表示快速移动，实现表示按 F 指令指定的进给速度移动。

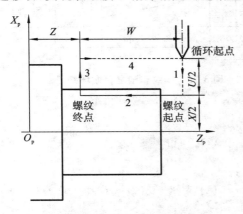

图 3-67　圆柱螺纹加工循环

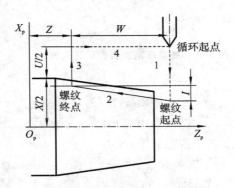

图 3-68　圆锥螺纹加工循环

例 3-12　加工图 3-66 所示的螺纹，用 G92 编写螺纹加工指令。

编写的程序如下。

```
……
G00 X40.0 Z2.0
G92 X29.3 Z-46.0 F1.0;        (加工螺纹第 1 刀)
X28.9;                        (加工螺纹第 2 刀)
X28.7;                        (加工螺纹第 3 刀)
G00 X70.0 Z5.0;               (退刀)
……
```

3. 螺纹车削复合循环指令——G76

在 CNC 发展的早期,螺纹车削简单循环指令 G92 方便了螺纹编程。随着计算机技术的迅速发展,CNC 系统提供了更多重要的新功能,这些新功能进一步简化了程序编写。螺纹车削复合循环指令 G76 是螺纹车削循环的新功能,它具有很多功能强大的内部特征。

使用 G32 指令的程序中,每刀螺纹加工需要 4 个甚至 5 个程序段;使用 G92 指令,每刀螺纹加工需要 1 个程序段;而 G76 指令能在 1 个程序段或 2 个程序段中加工任何单头螺纹,在机床上修改程序也变得更快、更容易。使用 G76 指令,螺纹车刀以斜进的方式进行螺纹切削,如图 3-69 所示。总的螺纹切削深度(牙高)一般以递减的方式进行分配,螺纹车刀单刃进入切削,每次的切削深度由数控系统计算给出。

图 3-70 表明了 G76 指令的加工动作。使用 G76 指令进行螺纹加工循环需要输入初始数据。

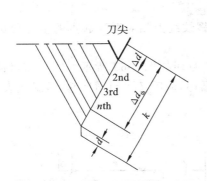

图 3-69　螺纹车削复合循环进刀方式

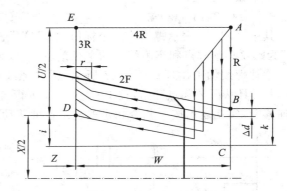

图 3-70　螺纹车削复合循环路线

1) 指令格式

G76 P(m)(r)(a) Q(Δdmin) R(d);

G76 X(U) Z(W) R(i) P(k) Q(Δd) F(f);

华中数控系统:

G76 C(c) R(r) E(e) A(a) X(x) Z(z) I(i) K(k) U(d) V(Δdmin) Q(d) P(p) F(f);

其中:"m"为精加工重复次数(1 至 99)(用两位数表示,如"02");"r"为螺纹尾端倒角值(以"0.1F"为一单位,用 0~99 两位数字指定,如"1.2F"为 12("F"为导程));"a"为螺纹牙型角,可选择 80°、60°、55°、30°、29°、0°,用两位数指定;"Δdmin"为最小一次吃刀量(最小切削深度),单位是微米,数字后不准加小数点;"d"为最后一次吃刀量,单位是微米,数字后不准加小数点;"X""Z"在采用绝对编程方式时为有效螺纹终点的坐标,在采用增量编程方式时为有效螺纹终点相对于循环起点的有向距离;"i"为螺纹部分的半径差,如果 i=0,可做一般直线螺纹车削;"k"为螺纹牙型角的高度,等于 0.5413 F,单位是微米;这个值在 X 轴方向用半径值指定。"Δd"为第一次的切削深度或叫吃刀量,单位是微米;"F"为螺距。

m、r 和 a 用地址 P 同时指定。

例如,当 m＝2,r＝1.2F,a＝60°时,指定如下。

> P 02 12 60

在华中数控系统的 G76 程序段中,"c"为精加工重复次数(1 至 99);"r"为螺纹 Z 向退尾长度;"e"为螺纹 X 向退尾长度;"a"为刀尖角度,取值大于 10°且小于 80°;"x""z"在采用绝对编程方式时为有效螺纹终点的坐标,在采用增量编程方式时为有效螺纹终点相对于循环起点的有向距离;"i"为螺纹两端的半径差;"k"为螺纹高度,该值由 X 方向上的半径值指定;"Δdmin"为最小一次吃刀量(最小车削深度),单位是微米;"d"为最后一次吃刀量,单位是微米;"F"为螺距。

2) 指令说明

(1) G76 指令为非模态指令。

(2) 使用 G76 指令之前应用 G00 指令定位。

(3) 有别于 G92 指令采用直进式进刀方式,G76 指令采用斜进式进刀方式。

螺纹车削复合循环路线如图 3-70 所示。以锥螺纹为例,刀具从循环起点 A 点处,以 G00 方式沿 X 向进给至螺纹牙顶 X 坐标处 B 点,该点的坐标值＝牙底直径＋2k,然后沿牙型角方向进给,X 向切深为 Δd,再以螺纹车削方式车削至离 Z 向终点距离为 r 处,倒角退刀至 Z 向终点,再 X 向退刀至 E 点,并返回 A 点,准备第二刀车削循环。如此分层车削循环,直至循环结束。

执行 G76 指令的背吃刀量是逐步递减的。切削深度递减公式为

$$d_2 = \sqrt{2}\Delta d$$
$$d_3 = \sqrt{3}\Delta d$$
$$d_n = \sqrt{n}\Delta d$$

每次粗切深为

$$\Delta d_n = \sqrt{n}\Delta d - \sqrt{n-1}\Delta d$$

在螺纹深度方向是沿牙型角方向进刀的,从而保证了螺纹车削过程中始终用一个刀刃进行车削,提高了螺纹车削过程中机床、刀具、工件的安全性。

例 3-13　加工图 3-71 中的 M24×1.5 螺纹。

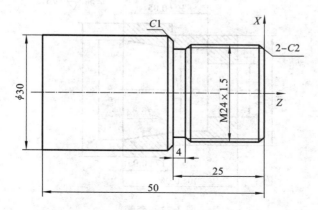

图 3-71　螺纹加工工件

编写的程序如下。

```
......
T0404;                              (调用第 4 号螺纹车刀)
G97 M03 S500;
N20 G00 X30 Z6 M08;                 (螺纹车刀到达车削起始点,导入距离为 6 mm)
N30 G76 P011060 Q100 R0.1;          (螺纹参数设定)
N40 G76 X22.01 Z-23.0 P920 Q320 F1.5;
G00 X100 Z100 M09;
M05 M30;                            (程序结束)
```

显然,用 G76 指令编写的程序比用 G32 指令和 G92 指令编写的程序简洁。

对 G76 指令程序段中 N30 和 N40 的说明如下。

(1) 程序段"N30 G76 P011060 Q100 R0.1;"中:"P011060"表示精加工次数是一次,倒角量为一个导程,刀尖角度为 60°;"Q100"表示最小切深控制为半径值 100 μm;"R0.1"表示精加工余量为 0.1 mm。

(2) 程序段"N40 G76 X22.01 Z−23.0 P920 Q320 F1.5;"中:"X22.01 Z−23.0"表示牙底深度 X 值为 22.01 mm,螺纹切削 Z 值终点为 −23.0 mm;"P920"表示牙高为半径值 920 μm;"Q320"表示第一刀切深为半径值 320 μm;"F1.5"表示螺距为 1.5 mm。

3.6 孔加工

3.6.1 任务:套管的加工

套管如图 3-72 所示,按单件生产安排它的数控加工工艺,编写出数控加工程序。毛坯为 ϕ52 mm 棒料,材料为 45 钢。

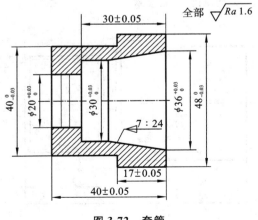

图 3-72 套管

3.6.2　孔加工工艺知识

1. 孔加工方法

孔加工在金属切削中占有很大的比重,应用广泛。孔加工的方法比较多,在数控车床上常用的孔加工方法有钻孔、扩孔、铰孔、镗孔等。

2. 孔加工刀具

孔加工刀具按用途可以分为两大类。

一类是钻头。它主要用于在实心材料上钻孔(有时也用于扩孔)。根据构造及用途不同,钻头又可分为麻花钻、扁钻、中心钻及深孔钻等。

另一类是对已有孔进行再加工的刀具,如扩孔钻、铰刀及镗刀等。

1) 麻花钻

麻花钻是一种形状复杂的孔加工刀具,应用广泛,常用来钻削精度较低和表面较粗糙的孔。用高速钻头加工的孔精度为 IT11～IT13 级,表面粗糙度为 Ra 6.3～25 um;用硬质合金钻头加工的孔精度为 IT10～IT11 级,表面粗糙度为 Ra 3.2～12.5 um。

2) 中心钻

中心钻用于加工中心孔。中心钻有三种:中心钻、无护锥 60°复合中心钻和带护锥 60°复合中心钻。为了节约刀具材料,复合中心钻常制成双端的,钻沟一般制成直的。复合中心钻的工作部分由钻孔部分和锪孔部分组成。钻孔部分与麻花钻相同,有倒锥度及钻尖几何参数。锪孔部分制成 60°锥度,保护锥制成 120°锥度。

复合中心钻工作部分的外圆需经斜向铲磨,才能保证锪孔部分及锪孔部分与钻孔部分的过渡部分具有后角。

3) 深孔钻

一般深径比(孔深与孔径之比)在 5～10 范围内的孔为深孔,加工深孔可用深孔钻。深孔钻有多种,常用的深孔钻主要有外排屑深孔钻、内排屑深孔钻和喷吸钻等。

4) 扩孔钻

扩孔钻用于将现有的孔扩大,一般加工精度为 IT10～IT11 级,表面粗糙度为 Ra 3.2～12.5 um。扩孔钻通常作为孔的半精加工刀具。

扩孔钻主要有两种,即整体锥柄扩孔钻和套式扩孔钻。

5) 锪钻

锪钻用于加工各种埋头螺钉沉头座、锥孔和凸台面等。

6) 镗刀

镗刀用来扩孔及用于孔的粗、精加工。镗刀能修正钻孔、扩孔等工序所造成的孔轴线歪曲、偏斜等缺陷,故特别适用于要求孔距很精确的孔系加工。镗刀可加工不同直径的孔。

根据结构特点及使用方式不同,镗刀可分为单刃镗刀、多刃镗刀和浮动镗刀等。为了保证加工质量,镗刀应满足下列要求。

(1) 镗刀和镗刀杆要有足够的刚度。

(2) 镗刀在镗刀杆上既要夹持牢固,又要装卸方便,便于调整。

(3) 要有可靠的断屑和排屑措施。

7）铰刀

铰刀用于中小型孔的半精加工和精加工,也常用于磨孔或研孔的预加工。铰刀的齿数多、导向性好、刚性好、加工余量小、工作平稳,一般加工精度为 IT6~IT8 级,表面粗糙度为 Ra 0.4~1.6 um。

3. 孔的加工方案

孔的加工方案及其所能达到的经济精度与表面粗糙度及适用范围如表 3-10 所示。

表 3-10　孔的加工方案及其所能达到的经济精度与表面粗糙度及适用范围

序号	加工方案	经济精度 （公差等级表示）	经济表面粗糙度值 $Ra/\mu m$	适用范围
1	钻	IT11~IT13	12.5	加工未淬火钢及铸铁的实心毛坯,也可用于加工有色金属
2	钻—铰	IT8~IT10	1.6~6.3	
3	钻—粗铰—精铰	IT7~IT8	0.8~1.6	
4	钻—扩	IT10~IT11	6.3~12.5	
5	钻—扩—铰	IT8~IT9	1.6~3.2	
6	钻—扩—粗铰—精铰	IT7	0.8~1.6	
7	钻—扩—机铰—手铰	IT6~IT7	0.2~0.4	
8	钻—扩—拉	IT7~IT9	0.1~1.6	大批大量生产（精度由拉刀的精度而定）
9	粗镗（或扩孔）	IT11~IT13	6.3~12.5	加工除淬火钢外的各种材料,毛坯有铸出孔或锻出孔
10	粗镗（粗扩）—半精镗（精扩）	IT9~IT10	1.6~3.2	
11	粗镗（粗扩）—半精镗（精扩）—精镗（铰）	IT7~IT8	0.8~1.6	
12	粗镗（粗扩）—半精镗（精扩）—精镗—浮动镗刀精镗	IT6~IT7	0.4~0.8	
13	粗镗（扩）—半精镗—磨孔	IT7~IT8	0.2~0.8	主要用于加工淬火钢,也可用于加工未淬火钢,但不宜用于加工有色金属
14	粗镗（扩）—半精镗—粗磨—精磨	IT6~IT7	0.1~0.2	
15	粗镗—半精镗—精镗—精细镗（金刚镗）	IT6~IT7	0.05~0.4	主要用于精度要求高的有色金属加工
16	钻—（扩）—粗铰—精铰—珩磨；钻—（扩）—拉—珩磨；粗镗—半精镗—精镗—珩磨	IT6~IT7	0.025~0.2	加工精度要求很高的孔
17	以研磨代替 16 中的珩磨	IT5~IT6	0.006~0.1	

4. 钻孔加工知识

1）钻头的装夹方法

在车床上安装钻头的方法一般有以下四种。

（1）用钻夹头装夹。

这种装夹方法适用于安装直柄钻头。由于它是利用钻夹头的锥柄插入车床尾座套筒内，在钻头插入钻夹头的三个爪中后用钥匙夹紧来进行安装的，所以一般只能安装 $\phi13$ mm 以下的直柄钻头。

（2）用钻套装夹。

当锥柄钻头的锥柄号码与车床尾座的锥孔号码相符时，锥柄钻头可以直接插入车床尾座套筒内；但是，如果二者的号码不同，就得使用钻套过渡。例如，钻头锥柄是 2 号，而车床尾座套筒锥孔是 4 号，那么就要用内 2 外 3 和内 3 外 4 两只钻套，先将两只钻套套在钻头上，然后装进车床尾座上。从钻套中取出钻头时，一般必须使用专用的斜铁，将斜铁从钻套尾端的腰形孔中插入，轻轻敲击斜铁，钻头就会被挤出。

（3）用开缝套夹装夹。

这种装夹方法是利用开缝套夹将钻头（直柄钻头）安装在刀架上（见图 3-73(a)），不使用车床尾座安装。

（4）用专用工具装夹。

如图 3-73(b)所示，锥柄钻头可以插在专用工具锥孔中，专用工具方块部分夹在刀架中。调整好高度后，就可通过自动进给钻孔。

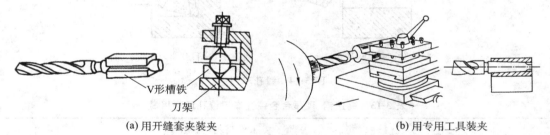

V形槽铁
刀架

(a) 用开缝套夹装夹   (b) 用专用工具装夹

图 3-73   钻头在刀架上的装夹

2）钻孔时切削用量的选用

高速钢钻头加工铸铁和钢件时的切削用量分别表 3-11 和表 3-12 所示。

表 3-11   高速钢钻头加工铸铁时的切削用量

钻头直径/mm	材料硬度					
	160～200 HBS		200～400 HBS		300～400 HBS	
	v /(m/min)	f /(mm/r)	v /(m/min)	f /(mm/r)	v /(m/min)	f /(mm/r)
1～6	16～24	0.07～0.12	10～18	0.05～0.1	5～12	0.03～0.08
6～12	16～24	0.12～0.2	10～18	0.1～0.18	5～12	0.08～0.15
12～22	16～24	0.2～0.4	10～18	0.18～0.25	5～12	0.15～0.2
22～50	16～24	0.4～0.8	10～18	0.25～0.4	5～12	0.2～0.3

注：采用硬质合金钻头加工铸铁时，取 $v=20\sim30$ m/min。

表 3-12　高速钢钻头加工钢件时的切削用量

钻头直径/mm	工件材料					
	σ_b＝520～700 MPa （35、45 钢）		σ_b＝700～900 MPa （15Cr、20Cr）		σ_b＝1 000～1 100 MPa （合金钢）	
	v /(m/min)	f /(mm/r)	v /(m/min)	f /(mm/r)	v /(m/min)	f /(mm/r)
1～6	8～25	0.05～0.1	12～30	0.05～0.1	8～15	0.03～0.08
6～12	8～25	0.1～0.2	12～30	0.1～0.2	8～15	0.08～0.15
12～22	8～25	0.2～0.3	12～30	0.2～0.3	8～15	0.15～0.25
22～50	8～25	0.3～0.45	12～30	0.3～0.45	8～15	0.25～0.35

5. 镗孔加工知识

镗孔车刀可分为通孔车刀和盲孔车刀,如图 3-74 所示。在车削盲孔和台阶孔时,镗孔车刀要先纵向进给,当车到孔的底部时再横向进给,从外向中心进给车孔底端面。用镗孔车刀镗孔时切削用量可参照表 3-13 选用。

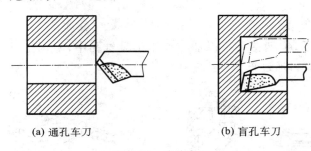

(a) 通孔车刀　　　　　　　　(b) 盲孔车刀

图 3-74　镗孔车刀

表 3-13　高速钢、硬质合金镗孔车刀镗孔切削用量

工序	工件材料					
	铸铁		钢及其合金		铝铜及其合金	
	v /(m/min)	f /(mm/r)	v /(m/min)	f /(mm/r)	v /(m/min)	f /(mm/r)
粗镗	20～25 35～50	0.4～1.5	15～30 50～70	0.35～0.7	100～150 100～250	0.5～1.5
半精镗	20～35 50～70	0.15～0.45	15～50 95～135	0.15～0.45	100～200	0.2～0.5
精镗	70～90	D1 级,＜0.08 D 级,0.12～0.15	100～135	0.12～0.15	150～400	0.06～0.1

注:当采用高精度的镗孔车刀镗孔时,由于余量较小(直径余量不大于 0.2 mm),切削速度可提高一些——铸铁件为 100～150 m/min、钢件为 150～250 m/min,铝合金为 200～400 m/min,巴氏合金为 250～500 m/min,进给量可在 0.03～ 0.1 mm/r 范围内选取。

3.6.3　孔加工指令

1. G71、G72、G73 指令

指令格式同外圆车削,但应注意精加工余量"U"地址后的数值为负值。

2. 深孔钻削循环指令——G74

G74 指令用于实现径向(X 轴)进刀循环复合轴向断续切削循环:从起点轴向(Z 轴)进给、回退、再进给……直至切削到与切削终点 Z 轴坐标相同的位置,然后径向退刀、轴向回退至与起点 Z 轴坐标相同的位置,完成一次轴向切削循环;径向再次进刀后,进行下一次轴向切削循环;切削到切削终点后,返回起点(G74 指令的起点和终点相同),轴向切槽复合循环完成。G74 指令的径向进刀和轴向进刀方向由切削终点"X(U)""Z(W)"与起点的相对位置决定。此指令用于在工件端面加工环形槽或中心深孔,轴向断续切削起到断屑、及时排屑的作用。深孔钻削循环如图 3-75 所示。

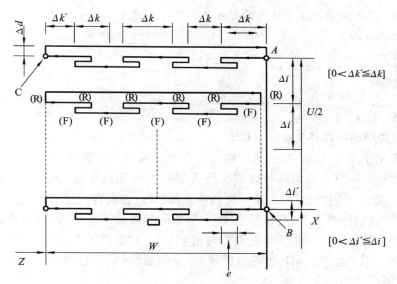

图 3-75　深孔钻削循环

1)指令格式

```
G74 R(e);
G74 X(U) Z(W) P(Δi) Q(Δk) R(Δd) F(f);
```

华中数控系统:

```
G74 Z(W) R(e) Q(Δk) F(f);
```

其中:"e"为退刀量;"X"为 B 点的 X 坐标;"U"为从 A 点至 B 点的增量;"Z"为 C 点的 Z 坐标;"W"为从 A 点至 C 点的增量;"Δi"为 X 方向的移动量(无符号,直径值,单位为 0.001 mm);"Δk"为 Z 方向的移动量(无符号,单位为 0.001 mm);"Δd"为刀具在切削底部的退刀量,它的符号一定是"+",但是如果"X(U)"及"Δi"省略,可以指定为希望的符号;"f"为进给率。

2）指令说明

如果把"X（U）"和"P"、"R"值省略，则该指令可用于切槽加工。

例 3-14 采用深孔钻削循环功能加工图 3-76 所示的底孔。

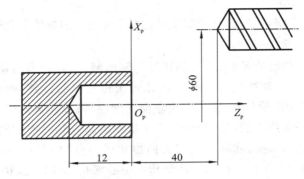

图 3-76 深孔钻削循环举例

参考程序（以工件右端面与轴线的交点为工件原点建立工件坐标系）如下。

```
G50 X60 Z40;
G00 X0 Z2;
G74 R1;
G74 Z-12 Q5 F30 S250;
G00 X60 Z40;
```

3．外径/内径钻削循环指令——G75

G75 指令用于实现轴向（Z 轴）进刀循环复合径向断续切削循环：从起点径向（X 轴）进给、回退、再进给……直至切削到与切削终点 X 轴坐标相同的位置，然后轴向退刀、径向回退至与起点 X 坐标相同的位置，完成一次径向切削循环；轴向再次进刀后，进行下一次径向切削循环；切削到切削终点后，返回起点（G75 指令的起点和终点相同），径向切槽复合循环完成。G75 指令的轴向进刀和径向进刀方向由切削终点"X（U）""Z（W）"与起点的相对位置决定。此指令用于加工径向环形槽或圆柱面，径向断续切削起到断屑、及时排屑的作用。外径/内径钻削循环如图 3-77 所示。

1）指令格式

```
G75 R(e);
G75 X(U) Z(W) P(Δi) Q(Δk) R(Δd) F(f);
```

华中数控系统：

```
G75 X(U) R(e) Q(Δk) F(f);
```

其中："e"为退刀量；"X"为 B 点的 X 坐标；"U"为从 A 点至 B 点的增量；"Z"为 C 点的 Z 坐标；"W"为从 A 点至 C 点的增量；"Δi"为 X 方向的移动量（无符号，直径值，单位为 0.001 mm）；"Δk"为 Z 方向的移动量（无符号，单位为 0.001 mm）；"Δd"为刀具在切削底部的退刀量，它的符号一定是"＋"，但是如果"X（U）"及"Δi"省略，可以指定为希望的符号；"f"为进给率。

2）指令说明

如果把"Z（W）"和"P"、"R"值省略，则该指令可用于钻孔加工。

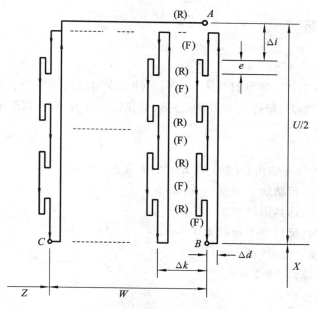

图 3-77　外径/内径钻削循环

例 3-15　采用外径/内径钻削循环功能加工图 3-78 所示的底孔。

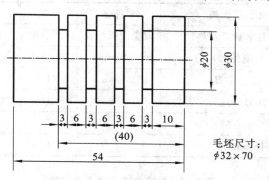

毛坯尺寸：
$\phi 32 \times 70$

图 3-78　外径/内径钻削循环举例

参考程序（以工件右端面与轴线的交点为工件原点建立工件坐标系）如下。

```
N10 T0101;
N20 M03 S650;
N30 G00 X32. Z-13.;
N40 G75 R1.;                          (退刀量 1 mm)
N50 G75 X20. Z-40. P5000 Q9000 F0.5;  (X 向吃刀量 5 mm，Z 向每次增量移动
                                          9 mm)

N60 G00 X50.;
N70 Z100.;
N80 M05;
N90 M30;
```

3.6.4 任务实施

1. 工艺分析

根据图样(见图3-72),零件材料为45钢,零件主要包括内圆柱面、内圆锥面,选用95°右偏外圆车刀、粗镗孔车刀、精镗孔车刀、中心钻、麻花钻(ϕ18 mm)和切断车刀各一把。

(1) 车端面。

(2) 钻中心孔。

(3) 用ϕ18 mm钻头钻出长度为41 mm的内孔。

(4) 粗车外轮廓,留精加工余量0.6 mm。

(5) 精车外轮廓,达到图纸要求。

(6) 粗镗内表面,留精加工余量0.4 mm。

(7) 精镗内表面,达到图纸要求。

(8) 切断,保证总长40.2 mm。

2. 刀具与工艺参数

数控加工刀具卡片和工序卡片分别如表3-14、表3-15所示。

表3-14 数控加工刀具卡片(二)

加工题目		孔加工训练	零件名		零件图号	
序号	刀具号	刀具名称及规格	刀尖圆弧半径	数量/把	加工表面	备注
1	T0101	95°右偏外圆车刀	0.8 mm	1	外表面、端面	80°菱形刀片
2	T0202	镗孔车刀	0.4 mm	1	内孔	
3	T0303	切断车刀(刀位点为左刀尖)	0.4 mm	1	切槽、切断	$B=4$ mm
4	T0404	中心钻		1	中心孔	
5	T0505	ϕ18 mm钻头		1	内孔	

表3-15 数控加工工序卡片(二)

材料	45钢	零件图号		系统	FANUC	工序号	
操作序号	工步内容(走刀路线)	G功能	T刀具	切削用量			
				转速 /(r/min)	进给速度 /(mm/r)	切削深度 /mm	
程序	夹住棒料一头,留出长度大约65 mm(手动操作),车端面,对刀,调用程序						
(1)	手工操作钻中心孔		T0404	1 000			
(2)	手工操作钻ϕ18 mm孔		T0505	300			
(3)	粗车外轮廓	G01	T0101	300	0.2	0.7	
(4)	精车外轮廓	G01	T0101	650	0.1	0.3	
(5)	粗镗内表面	G71	T0202	350	0.2	1	
(6)	精镗内表面	G01	T0202	1000	0.08	0.2	

续表

材料	45 钢	零件图号			系统	FANUC	工序号	
操作序号	工步内容（走刀路线）	G 功能	T 刀具	切削用量				
				转速 /(r/min)	进给速度 /(mm/r)		切削深度 /mm	
（7）	切断	G01	T0303	200	0.1		4	
（8）	掉头，平端面、倒角，达到图纸要求。							

3. 装夹方案

用三爪自定心卡盘夹紧定位。

4. 程序编制

参考程序如下。

```
O0001                                        (内孔加工程序)
N10 T0202 G40 G95;                           (调用 2 号刀,建立刀补)
N20 M03 S350;                                (主轴正转 350 r/min)
N30 G00 X18 Z10;
N40 Z0;                                      (快速定位至 (X18,Z0)点)
N50 G71 U1 R1 P60 Q110 X-0.6 Z0 F0.2 S350;   (复合循环指令,粗加工内孔,留
                                              余量 0.6 mm)
N60 G01 X36 Z0 F0.5;                         (精加工轮廓)
N70 X30 Z-20.57 F0.1;
N80 Z-30;
N90 X20;
N100 Z-42;
N110 X18;
N120 G00 Z100;
N130 X100;
N140 T0200;                                  (取消刀补)
N150 M05;                                    (主轴停)
N160 M30;                                    (程序结束)
```

3.7 数控车床加工编程工程案例

3.7.1 数控车削实例一

编制图 3-79 所示零件的数控加工程序。毛坯为直径为 50 mm 的圆棒料,材料为 45 钢。

1. 编程要点分析

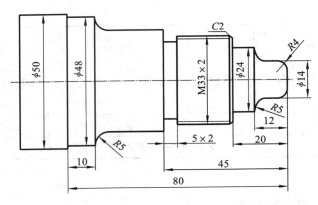

图 3-79 零件图(二)

1)加工内容分析以及加工工艺顺序的确定

已知毛坯为直径为 50 mm 的圆棒料,经分析零件图可知要加工的内容有外轮廓、5×2 的槽(螺纹退刀槽)和 M33×2 的螺纹;加工工艺顺序为先加工外轮廓,再加工 5×2 的螺纹退刀槽,最后加工 M33×2 的螺纹。

2)刀具的选用

(1)外轮廓加工:选用 55°的机夹式外圆车刀(硬质合金可转位式刀片),安装在 1 号刀位置。

(2)5×2 的螺纹退刀槽加工:选用宽 4 mm 的硬质合金焊接式切槽车刀,安装在 2 号刀位置。

(3)M33×2 螺纹加工:选用 60°的硬质合金机夹式螺纹车刀,安装在 3 号刀位置。

3)加工指令的选用

(1)外轮廓加工:经分析该轮廓 Z 方向单向递减,且无凹槽,要加工部分长径比大,从加工效率角度出发,优先选用 G71 指令进行粗加工,粗加工后用 G70 指令进行精加工。

(2)5×2 螺纹退刀槽加工:用 G01 指令向 X 向切入,因切槽车刀宽 4 mm,需要切削两次。

(3)M33×2 螺纹循环加工:螺距≤2 mm,因此选用 G92 指令进行加工(G76 指令适用于大螺距条件下的加工,G32 指令编程效率低)。

4)工件坐标系的确定

工件坐标系选择在毛坯右端面中心。

5)相关计算

(1)如图 3-80 所示,外轮廓精加工走到轨迹为 $a-b-c-d-e-f-g-h-i-j-k-B$,各基点坐标的计算略。

(2)螺纹单边总切削深度:$h=0.6495$ mm,$P=0.6495$ mm$\times2\approx1.299$ mm。

2. 编写数控加工程序

O2002	(程序名)
N010 G99 G21;	(初始化)
N020 M03 S800 F0.2;	

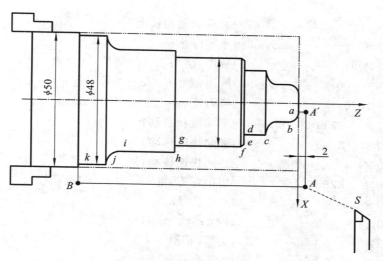

图 3-80　外轮廓粗、精加工工序见图

```
N030 T0101;                          (调用刀具)
N040 G00 X52 Z2;                     (快速靠近工件)
N050 G71 U1.5 R1;                    (调用粗车复合循环)
N060 G71 P070 Q200 U0.2 W0 F0.2;
N070 G01 X6;
N080 G01 Z0;                         (直线插补移动到 R4 圆弧的起点)
N090 G03 X14 Z-4 R4;                 (逆圆进给加工 R4 圆弧)
N100 G01 Z-7;                        (直线插补加工到 R5 圆弧起点的一段柱面)
N110 G02 X24 Z-12 R5;                (顺圆加工 R5 圆弧)
N120 G01 Z-20;                       (直线插补加工 φ24 的圆柱面)
N130 X29;                            (车削端面,到达倒角起点)
N140 X32.8 Z-22;                     (加工倒角)
N150 Z-45;                           (车削螺纹部分的圆柱面)
N160 X38;                            (车削槽处的台阶端面)
N170 Z-65;                           (加工 φ38 的圆柱面,到达圆弧起点)
N180 G02 X48 Z-70 R5;                (顺圆加工圆弧)
N190 G01 Z-80;                       (加工 φ48 的圆柱面)
N200 X54;                            (径向退出毛坯)
N210 G00 X100 Z100;                  (刀具快速退刀)
N220 M05;                            (主轴停止)
N230 M00;                            (程序停止,对粗加工后的轮廓进行测量)
N240 M03 S1000 F0.05;                (主轴重新启动)
N250 T0101;                          (重新调用 1 号刀,建立 1 号刀补,引入刀具偏移量或磨
                                      损量)
N260 G70 P070 Q200;                  (对轮廓进行精加工)
N270 G00 X100;                       (刀具沿 X 向快退)
```

```
N280 Z100;              (刀具沿轴向快退)
N290 M05;               (主轴停止)
N300 M00;               (暂停,精加工后的测量)
N305 T0100;             (取消 1 号刀,取消 1 号刀补)
N310 T0202;             (换刀宽为 4 mm 的切槽车刀)
N320 M03 S200 F0.05;    (主轴重新启动)
N330 G00 Z-45;          (轴向快速移动)
N340 X40;               (径向快速移动,到达切槽起点)
N350 G01 X29;           (切第 1 刀,加工了 4 mm 的槽)
N360 X40;               (X 向退刀)
N370 Z-44;              (Z 向移动 1 mm)
N380 X29;               (切槽,切第 2 刀)
N390 X40;               (X 向退刀)
N400 G00 X100;          (刀具沿 X 向快退)
N410 Z100;              (刀具沿 Z 向快退)
N415 T0200;             (取消 2 号刀,取消 2 号刀补)
N420 T0303;             (换上 3 号螺纹车刀)
N430 M03 S600 F0.1;     (主轴转动,改变转速)
N440 G00 X34 Z-17;      (快速到达螺纹起点)
N450 G92 X32.1 Z-22 F2; (调用螺纹循环,第 1 刀切深 0.9 mm)
N460 X31.5;             (第 2 刀切深 0.6 mm)
N470 X30.9;             (第 3 刀切深 0.6 mm)
N480 X30.5;             (第 4 刀切深 0.4 mm)
N490 X30.4;             (第 5 刀切深 0.1 mm)
N500 G00 X100;          (退刀)
N510 Z100;
N515 T0300;
N520 M30;               (程序结束)
```

3.7.2 数控车削实例二

加工图 3-81 所示的零件。该零件的毛坯为 ϕ38 的棒料,材质为 45 钢,确定该零件的加工工艺,编写该零件的数控加工程序。

1)工艺分析

审核零件图,明确加工要求,该零件的加工表面有螺纹外圆面、圆锥面、曲面、槽,对带有公差值的尺寸,取中间值加工。设工件左端外圆为安装基准,取右端面中心为工件坐标系的原点。

2)工艺路线

(1)夹左端外圆,棒料伸出离卡爪端面 90 mm 长。

(2)粗车右端面—螺纹外圆面—锥面—ϕ26 mm 外圆—R30 mm 外圆弧—R4 mm 外圆

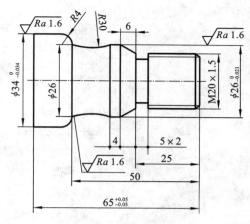

图 3-81　零件图（三）

弧—ϕ34 mm 外圆。

（3）精车上述各外表面（先后次序同上）。

（4）车 ϕ16 mm 退刀槽。

（5）车 M20×1.5 螺纹。

（6）按图纸要求长度切断零件。

3）刀具的选择

根据加工要求需要选用以下刀具各一把。

（1）1 号刀：T0101，55°外圆车刀，用于粗加工。

（2）2 号刀：T0202，35°外圆车刀，用于精加工。

（3）3 号刀：T0303，宽 5 mm 切断车刀，用于切槽、切断加工。

（4）4 号刀：T0404，60°螺纹车刀，用于车螺纹。

4）切削参数的选择

切削参数的选择如表 3-16 所示。

表 3-16　数控车削实例切削参数的选择

工序	主轴转速 n/(r/min)	进给量 f/(mm/r)
粗车	600	0.2
精车	1 000	0.1
切槽、切断	500	0.1
车螺纹	500	1.5

5）加工程序

O2007	（程序名）
G21 G97 G99；	（程序初始化）
T0101；	（换 1 号外圆车刀，建立 1 号刀补）
M03 S600；	（主轴以 600 r/min 正转）
G00 X40.0 Z5.0；	（到达循环起点位置）
G71 U2.0 R1.0；	（外圆粗加工）

```
        G71 P10 Q20 U0.5 W0.1 F0.2;
        N10 G00 X0;                          (快速靠近工件)
        G01 Z0 F0.1;
        X18.5;
        X20.0 Z-1.5;
        Z-25.0;                              (Z方向到达-25 mm的位置)
        X26.0 W-6.0;                         (加工外圆的锥面)
        W-4.0;                               (加工φ26 mm的外圆相对移动4 mm)
        G02 X26.0 Z-50.0 R30.0;              (加工外圆弧R30)
        G03 X34.0 W-4.0 R4.0;                (加工外圆弧R4)
        G01 Z-65.0;                          (加工外圆φ34 mm)
        N20 G00 X40.0;                       (退刀)
        G00 X100.0;                          (X方向快速退刀至换刀点)
        Z200.0;                              (Z方向快速退刀至换刀点)
        M05;                                 (主轴停止)
        M00;                                 (程序暂停)
        T0202;                               (换2号外圆车刀,建立2号刀补,精加工)
        M03 S1000;                           (主轴以1 000 r/min正转)
        G00 X40.0 Z5.0;                      (刀具到达循环起点位置)
        G70 P10 Q20;                         (精加工循环)
        G00 X100.0;                          (X方向快速退刀至换刀点)
        Z200.0;                              (Z方向快速退刀至换刀点)
        M05;                                 (主轴停止)
        M00;                                 (程序暂停)
        M03 S500;                            (车槽,主轴以500 r/min正转)
        T0303;                               (换3号切断车刀,建立3号刀补,刀宽5 mm)
        G00 X22.0;                           (快速到达外圆φ22 mm)
        Z-25.0;                              (Z方向到达-25 mm的位置)
        G01 X16.0 F0.1;                      (切到外圆φ16 mm,走刀量0.1 mm)
        X22.0 F0.2;                          (退回φ22 mm,走刀量0.2 mm)
        G00 X100.0;                          (X方向快速退刀至换刀点)
        Z200.0;                              (Z方向快速退刀至换刀点)
        M05;                                 (主轴停止)
        M00;                                 (程序暂停)
        M03 S500;                            (车螺纹,主轴以500 r/min正转)
        T0404;                               (换4号螺纹车刀,建立4号刀补)
        G00 X22.0 Z5.0;                      (快速定位到螺纹循环起点)
        G92 X19.2 Z-22.0 F1.5;               (吃刀深0.8 mm,走刀量1.5 mm/r)
        X18.6;                               (吃刀深0.6 mm)
```

X18.2；	(吃刀深 0.4 mm)
X18.04；	(吃刀深 0.16 mm)
X18.04；	(加工光整螺纹)
G00 X100.0；	(X 方向快速退刀至换刀点)
Z200.0；	(Z 方向快速退刀至换刀点)
M05；	(主轴停止)
M00；	(程序暂停)
M03 S500；	(切断零件,主轴以 500 r/min 正转)
T0303；	(换 3 号切断车刀,建立 3 号刀补)
G00 X40.0；	(快速到达外圆 φ40 mm)
Z-70.0；	(Z 方向到达 -70 mm 的位置)
G01 X2.0 F0.1；	(切到外圆 φ2 mm,走刀量 0.1 mm)
X40.0 F0.2；	(退回 φ40 mm,走刀量 0.1 mm)
G00 X100.0；	(X 方向快速退刀至换刀点)
Z200.0；	(Z 方向快速退刀至换刀点)
M05；	(主轴停止)
M30；	(程序停止并返回程序头)

3.7.3　数控车削实例三

典型轴类零件如图 3-82 所示,零件材料为 45 钢,无热处理和硬度要求。

要求:对工件进行工艺分析;确定工件装夹方案;确定加工顺序及走刀路线;选择切削刀具;选择切削用量。

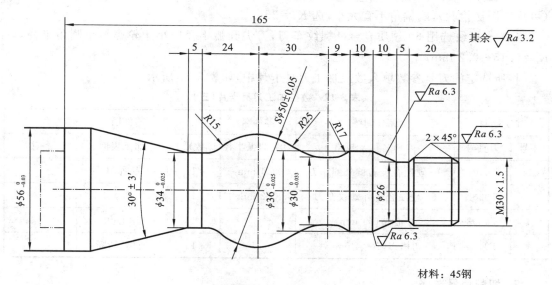

材料:45 钢

图 3-82　典型轴类零件(一)

1. 零件图工艺分析

该零件表面由圆柱面、圆锥面、顺圆弧面、逆圆弧面及螺纹面等表面组成。其中,多个直径尺寸有较严的尺寸精度和表面粗糙度等要求,球面 $S\phi50$ mm 的尺寸公差还兼有控制该球面形状(线轮廓)误差的作用。尺寸标注完整,轮廓描述清楚。零件材料为 45 钢,无热处理和硬度要求。通过上述分析,可采用以下几点工艺措施。

(1)对于图样上给定的几个精度要求较高的尺寸,因公差数值较小,故编程时不必取平均值,而全部取公称尺寸即可。

(2)在轮廓曲线上,有 3 处圆弧,其中 2 处为既过象限又改变进给方向的轮廓曲线,因此在加工时应进行机械间隙补偿,以保证轮廓曲线的准确性。

(3)本例中有 4 处基点坐标需要计算,也可以在绘图软件中直接查出,即 1(30,−54)、2(40,−69)、3(40,−99)和 4(56,−154.053)。

(4)为便于装夹,毛坯左端应预先车出夹持部分(双点画线部分),右端面应先粗车并钻好中心孔。毛坯选用 $\phi60$ mm 棒料。

2. 确定零件的定位基准和装夹方式

(1)定位基准:确定毛坯轴线和左端大端面(设计基准)为定位基准。

(2)装夹方法:左端采用三爪自定心卡盘定心夹紧,右端采用活动顶尖支承。

3. 确定加工顺序及进给路线

加工顺序按由粗到精、由近到远(由右到左)的原则确定,即先从右到左进行粗车(留 0.5 mm 精车余量),然后从右到左进行精车,最后车螺纹。

4. 刀具选择

(1)选用 $\phi5$ mm 中心钻钻中心孔。

(2)粗精车及平端面选用 90°硬质合金右偏外圆车刀,为防止副后刀面与工件轮廓干涉(可用作图法检验),副偏角不宜太小,选 $K_r = 35°$。

(3)车螺纹选用 60°硬质合金外螺纹车刀,刀尖圆弧半径应小于轮廓最小圆角半径,取 $R_\varepsilon = 0.15 \sim 0.2$ mm。

将所选定的刀具参数填入数控加工刀具卡片中,如表 3-17 所示。

表 3-17　数控加工刀具卡片(三)

加工题目		综合训练	零件名		零件图号	
序号	刀具号	刀具名称及规格	刀尖圆弧半径	数量	加工表面	备注
1	T0101	90°硬质合金右偏外圆车刀	0.4 mm	1	外表面、端面	
2	T0202	60°硬质合金外螺纹车刀	0.2 mm	1	螺纹	
3	T0303	中心钻($\phi5$ mm)		1	中心孔	
4	T0404	切槽刀($B = 4$ mm)		1	断槽、切断	

5. 切削用量选择

(1)背吃刀量的选择:轮廓粗车循环时选 $a_p = 3$ mm,精车时选 $a_p = 0.2$ mm;螺纹粗车时选 $a_p = 0.4$ mm,逐刀减少,精车时选 $a_p = 0.1$ mm。

（2）主轴转速的选择：车直线和圆弧时，选粗车切削速度 $v_c = 90$ m/min，精车切削速度 $v_c = 120$ m/min，然后利用公式 $v_c = \pi n d / 1\,000$ 计算主轴转速 n（粗车直径 $d = 60$ mm，精车工件直径取平均值），粗车时为 500 r/min，精车时为 1 200 r/min。车螺纹时，计算主轴转速（$n = 320$ r/min）。

（3）进给速度的选择：根据加工的实际情况确定粗车进给量为 0.4 mm/r、精车进给量为 0.15 mm/r，最后根据公式 $v_f = nf$ 计算粗车、精车进给速度分别为 200 mm/min、180 mm/min。

综合前面分析的各项内容，填写数控加工工序卡片，如表 3-18 所示。

表 3-18　数控加工工序卡片（三）

材料	45 钢	零件图号		系统	FANUC	工序号	
操作序号	工步内容（走刀路线）	G 功能	T 刀具	切削用量			
				转速 /(r/min)	进给速度 /(mm/min)	切削深度 /mm	
程序	夹住棒料一头，留出长度大约 190 mm（手动操作），车端面，对刀，调用程序						
（1）	平端面	G01	T0101	500	200	1	
（2）	手工操作钻中心孔		T0303	950			
（3）	粗车外轮廓	G01	T0101	500	200	3	
（4）	精车外轮廓	G01	T0101	1 200	150	0.2	
（5）	车螺纹	G92	T0202	320		0.4	
（6）	精车内表面	G01	T0101	1 000	0.08	0.2	
（7）	切断	G01	T0404	200	0.1	4	
（8）	掉头，平端面、倒角，达到图纸要求。						

6．编写加工程序

主要加工内容参考程序如下。

```
O3007
T0101;                           （调 1 号刀具，用刀补建立坐标系）
G00 X60 Z100;                    （建立换刀点）
M03 S500;                        （启动主轴）
G73 U3 R1 R12;                   （带凹槽的粗加工循环）
G73 P10 Q90 U0.5 W0.1 F200;
N10 G00 X26 S1200;               （精车开始）
G42 G01 Z0 F150;
X30 Z-2;
Z-18;
X26 W-2;
W-5;
X36 W-10;
```

```
W-10；
G02 X30 Z-54 R15；
G02 X40 Z-69 R25；
G03 X40 Z-99 R25；
G02 X34 Z-108 R15；
G01 W-5；
X56 Z-154.053；
N90 Z-165；              (精车结束)
G70 P10 Q90；            (精车循环)
G00 G40 X60 Z100；       (返回换刀点)
S320；                   (主轴降速)
T0202；                  (换螺纹车刀)
G00 X30 Z5；             (定位螺纹循环起点)
G92 X29 Z-23 F1.5；      (加工螺纹)
X28.6；
X28.3；
X28.1；
X28.05；
G00 X60 Z100；           (返回换刀点)
M05；                    (主轴停止)
M30；                    (程序结束)
```

3.7.4　数控车削实例四

典型轴类零件如图 3-83 所示，零件材料为 45 钢，无热处理和硬度要求。

要求：对工件进行工艺分析；确定工件装夹方案；确定加工顺序及走刀路线；选择切削刀具；选择切削用量。

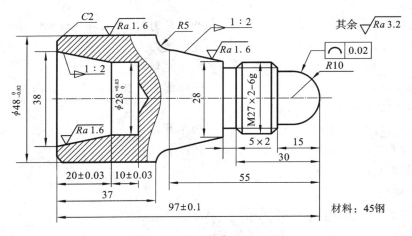

图 3-83　典型轴类零件(二)

1. 零件图工艺分析

该零件工件右端有圆弧、锥度和螺纹。其中,多个直径尺寸有较严的尺寸精度和表面粗糙度等要求。尺寸标注完整,轮廓描述清楚。零件材料为 45 钢,无热处理和硬度要求。通过上述分析,可采用以下几点工艺措施。

（1）对于图样上给定的几个精度要求较高的尺寸,因公差数值较小,故编程时不必取平均值,而全部取公称尺寸即可。

（2）对弧度和锥度都有相应的要求,在加工锥度和圆弧时,一定要进行刀尖圆弧半径补偿才能保证相应的要求。

（3）毛坯选用 $\phi50$ mm 棒料。

2. 确定零件的定位基准和装夹方式

（1）定位基准:确定毛坯的轴线和左端大端面(设计基准)为定位基准。

（2）装夹方法:左端采用三爪自定心卡盘定心夹紧,右端采用活动顶尖支承。

3. 确定加工顺序及进给路线

该零件工件右端有圆弧、锥度和螺纹,难以装夹,所以先加工好左端内孔和外圆再加工右端。加工左端时,先完成内孔各项尺寸的加工,再精加工外圆尺寸。掉头装夹时要找正左右端同轴度。右端加工时,先完成圆弧和锥度的加工,在进行螺纹加工。

具体工艺过程如下。

（1）粗车左端端面和外圆,留精加工余量 0.3 mm。

（2）手工钻出 $\phi24$ mm 底孔,预切除内孔余量。

（3）粗镗内孔,留精加工余量 0.2～0.5 mm。

（4）精镗内孔,到达图纸各项要求。

（5）精车左端各表面,达到图纸要求,重点保证 $\phi48$ mm 外圆尺寸。

（6）掉头装夹,找正夹紧,粗车右端面锥度和圆弧表面,留精加工余量 0.3 mm。

（7）精车右端面锥度和圆弧表面,螺纹大径车小 0.2 mm,其余加工达到图纸尺寸和几何公差要求。

（8）车螺纹退刀槽并完成槽口倒角。

（9）螺纹粗、精加工,达到图纸要求。

（10）去毛刺,检测工件各项尺寸要求。

4. 刀具选择

1）加工左端

（1）选用 $\phi5$ mm 中心钻钻削中心孔。

（2）粗精车及平端面选用 93°硬质合金右偏外圆车刀,为防止副后刀面与工件轮廓干涉(可用作图法检验),副偏角不宜太小,选 55°菱形刀片。

（3）镗孔车刀,刀尖圆弧半径为 0.4 mm。

（4）$\phi24$ mm 钻头。

2）加工右端

（1）粗精车及平端面选用 95°硬质合金右偏外圆车刀,为防止副后刀面与工件轮廓干涉(可用作图法检验),副偏角不宜太小,选 80°菱形刀片。

（2）切断车刀 $B=4$ mm。

（3）车螺纹选用60°硬质合金外螺纹车刀,刀尖圆弧半径应小于轮廓最小圆角半径,取 $R_\varepsilon=0.15\sim0.2$ mm。

将所选定的刀具参数填入数控加工刀具卡片中,如表3-19、表3-20所示。

表3-19 数控加工刀具卡片（加工左端）

加工题目		综合训练	零件名		零件图号	
序号	刀具号	刀具名称及规格	刀尖圆弧半径	数量	加工表面	备注
1	T0101	93°硬质合金右偏外圆车刀	0.4 mm	1	外表面、端面	55°菱形刀片
2	T0202	镗孔车刀	0.4 mm	1	内表面	
3	T0303	$\phi24$ mm 钻头		1	内孔	
4	T0404	中心钻	$\phi5$ mm	1	中心孔	

表3-20 数控加工刀具卡片（加工右端）

加工题目		综合训练	零件名		零件图号	
序号	刀具号	刀具名称及规格	刀尖圆弧半径	数量	加工表面	备注
1	T0101	95°硬质合金右偏外圆车刀	0.4 mm	1	外表面、端面	80°菱形刀片
2	T0202	切断车刀（$B=4$ mm）		1	切断、切槽	
3	T0303	60°硬质合金外螺纹车刀	0.2 mm	1	螺纹	

5. 切削用量选择

选择背吃刀量、主轴转速和进给速度,并将填入数控加工工序卡片,如表3-21、表3-22所示。

表3-21 数控加工工序卡片（加工左端）

材料	45 钢	零件图号		系统	FANUC	工序号	
操作序号	工步内容（走刀路线）	G 功能	T 刀具	切削用量			
				转速 /(r/min)	进给速度 /(mm/min)	切削深度 /mm	
程序	夹住棒料一头,留出长度大约 45 mm(手动操作),车端面(保证总长 101 mm),对刀,调用程序						
（1）	平端面	G01	T0101	500	200	1	
（2）	手工操作钻中心孔		T0404	950			
（3）	粗车外轮廓	G71	T0101	300	0.2	0.7	
（4）	钻 $\phi24$ mm 底孔		T0303				
（5）	粗镗内表面	G71	T0202	350	0.2	1	
（6）	精镗内表面	G01	T0202	1000	0.08	0.3	
（7）	精车外轮廓	G71	T0101	650	0.1	0.3	
（8）	检测、校核						

表3-22 数控加工工序卡片(加工右端)

材料	45钢	零件图号		系统	FANUC	工序号	
操作序号	工步内容(走刀路线)	G功能	T刀具	切削用量			
				转速/(r/min)	进给速度/(mm/min)		切削深度/mm
程序	夹住棒料一头,留出长度大约70 mm(手动操作),车端面保证总长,对刀,调用程序						
(1)	粗车外轮廓	G71	T0101	300	0.2		1.5
(2)	精车外轮廓	G01	T0101	800	0.1		0.3
(3)	切退刀槽	G01	T0202	300	0.08		5
(4)	车螺纹	G92	T0303	800	螺距:2		
(5)	检测、校核						

6. 编写加工程序

参考程序如下。

```
O3008                                  (右端程序)
N10 T0101 G40 G95;                     (调用1号刀,建立1号刀补)
N20 M03 S300;                          (主轴正转300 r/min)
N30 G00 X60 Z10;
N40 X51 Z0;                            (快速定位至(X51,Z0)点)
N50 G71 U1R1;
N55 G71 P60 Q150 X0.6 Z0 F0.2 S300;    (复合循环加工,留精加工余量0.6 mm)
N60 G01 X0 Z0 F0.5 S800;               (精加工轮廓)
N70 G03 X20 Z-10 R10 F0.1;
N80 G01 Z-15;
N90 X23;
N100 X26.8 Z-17;
N110 Z-35;
N120 X28;
N130 X38 Z-55;
N140 G02 X48 Z-60 R5;
N150 G01 X51;
N160 G00 X100 Z100;
N170 T0100;                            (取消刀补)
N180 T0202 S300;                       (调用2号刀,建立2号刀补)
N190 G00 X50 Z10;
N200 X30 Z-35;                         (切螺纹退刀槽)
N210 G01 X23 F0.1;
```

```
N220 X27;
N230 Z-33;
N240 X23 Z-35;
N250 G00 X100;
N260 Z100;
N270 T0200;                          (取消刀补)
N280 T0303 S800;                     (调用 3 号刀,建立 3 号刀补)
N290 G00 X50 Z10;
N300 X30 Z-13;                       (快速定位至(X30,Z-13)点)
N310 G92 X26.3 Z-33 F2;              (螺纹加工)
N320 X25.6 Z-33;                     (螺纹加工)
N330 X25 Z-33;                       (螺纹加工)
N340 X24.6 Z-33;                     (螺纹加工)
N350 X24.4 Z-33;                     (螺纹加工)
N360 G00 X100 Z100;
N370 T0300;                          (取消刀补)
N380 M05;                            (主轴停)
N390 M30;                            (程序结束)
```

练 习 题

3.1 简述数控车床机床原点和机床参考点的区别与联系。

3.2 数控车床的补偿功能有哪些?

3.3 数控车床的编程特点有哪些?

3.4 数控编程的步骤什么?

3.5 简述 G00 程序段与 G01 程序段的主要区别。

3.6 用 G02 指令、G03 指令编程时,什么时候用"R+",什么时候用"R-"?

3.7 简述辅助功能 M00 与 M01 的区别。

3.8 说明循环指令 G71、G72、G73 的区别。

3.9 说明螺纹车削复合循环指令 G76 的使用格式。

3.10 车刀刀尖圆弧半径补偿的意义何在?

3.11 加工如习图 3-1 所示的零件,毛坯直径为 40 mm,长度 $L=130$ mm,材料为 45 钢,试编写数控加工程序。

3.12 加工如习图 3-2 所示的零件,毛坯直径为 52 mm,割刀宽度为 5 mm,材料为 45 钢,试编写数控加工程序。

3.13 加工如习图 3-3 所示的零件,毛坯直径为 45 mm,割刀宽度为 5 mm,材料为 45 钢,试编写数控加工程序,螺纹部分用 G76 指令编写。

3.14 加工如习图 3-4 所示的零件,毛坯直径为 40 mm,长度 $L=70$ mm,材料为 45 钢,试编写数控加工程序。

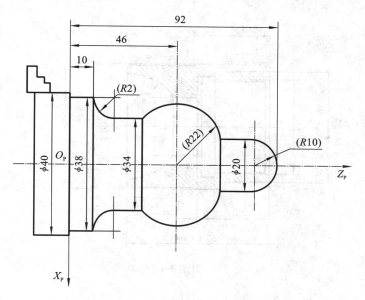

习图 3-1

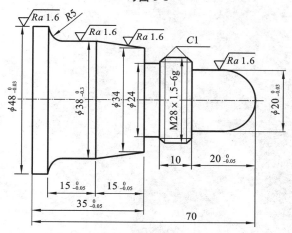

习图 3-2

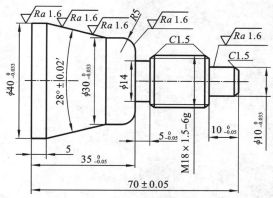

习图 3-3

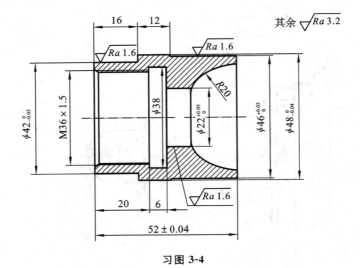

习图 3-4

第 *4* 章　数控铣床操作与编程

4.1　数控铣床概述

数控铣床是一种自动化程度高、结构复杂且又昂贵的先进加工设备。数控铣床一般都能完成铣平面、铣斜面、铣槽、铣曲面、钻孔、镗孔、攻螺纹等加工,如图 4-1 所示。

与普通铣床相比,数控铣床具有加工精度高、加工灵活、通用性强、生产效率高、加工质量稳定等优点,特别适合加工多品种、小批量、形状复杂的零件。

4.1.1　数控铣床的分类

1. 按主轴的位置分类

1) 立式数控铣床

立式数控铣床(见图 4-2)的主轴轴线垂直于水平面。主轴轴线垂直于水平面是数控铣床中常见的一种布局形式。目前,立式数控铣床应用范围广泛。从机床数控系统控制的坐标数量来看:目前三坐标立式数控铣床仍占大多数;一般可进行三坐标联动加工,但也有部分机床只能进行 3 个坐标中的任意 2 个坐标联动加工(常称为两轴半坐标加工)。此外,还有机床主轴可以绕 X、Y、Z 坐标轴中的其中 1 个或 2 个轴作数控摆角运动的四坐标立式数控铣床和五坐标立式数控铣床。

2) 龙门式数控铣床

龙门式数控铣床(见图 4-3)的主轴可以在龙门架的横向导轨与垂直导轨上运动,龙门架沿床身作纵向运动。大型数控铣床,考虑到扩大行程、缩小占地面积及保证刚度等技术上的问题,往往采用龙门式。

3) 卧式数控铣床

与普通卧式铣床相同,卧式数控铣床(见图 4-4)的主轴轴线平行于水平面。卧式数控铣床主要用于加工箱体类零件。为了扩大加工范围和扩充功能,卧式数控铣床通常采用增加数控转盘来实现四、五坐标加工。这样,不但工件侧面上的连续回转轮廓可以加工出来,而且可以实现在一次安装中,通过数控转盘改变工位,进行"四面加工"。

4) 立卧两用数控铣床

立卧两用数控铣床(见图 4-5)的主轴方向可以改变。立卧两用数控铣床既可以进行立

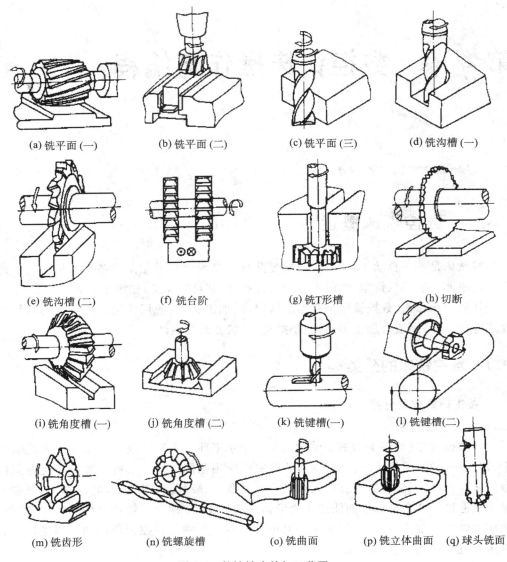

(a) 铣平面(一)　　(b) 铣平面(二)　　(c) 铣平面(三)　　(d) 铣沟槽(一)

(e) 铣沟槽(二)　　(f) 铣台阶　　(g) 铣T形槽　　(h) 切断

(i) 铣角度槽(一)　　(j) 铣角度槽(二)　　(k) 铣键槽(一)　　(l) 铣键槽(二)

(m) 铣齿形　　(n) 铣螺旋槽　　(o) 铣曲面　　(p) 铣立体曲面　　(q) 球头铣面

图 4-1　数控铣床的加工范围

式加工,又可以进行卧式加工,具备立式数控铣床和卧式数控铣床的功能,使用范围更广,功能更全,选择加工对象的余地更大,给用户带来不少方便。

立卧两用数控铣床靠手动或自动两种方式更换主轴方向。有些立卧两用数控铣床采用可以任意转换方向的万能数控主轴头,可以加工出与水平面成不同角度的工件表面。还可以在这类数控铣床的工作台上增设数控转盘,以实现对零件的"五面加工"。

2. 按数控系统的功能分类

1) 经济型数控铣床

经济型数控铣床(见图 4-6)一般是在普通立式铣床或普通卧式铣床的基础上改造而来的,采用经济型数控系统,成本低,机床功能较少,主轴转速和进给速度不高,主要用于加工精度要求不高的简单平面或曲面零件。

图 4-2　立式数控铣床

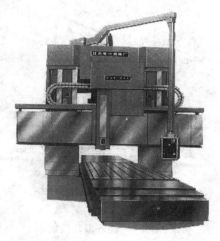

图 4-3　龙门式数控铣床

图 4-4　卧式数控铣床

图 4-5　立卧两用数控铣床

2）全功能型数控铣床

全功能型数控铣床（见图 4-7）一般采用半闭环控制方式或闭环控制方式，控制系统功能较强，数控系统功能丰富，一般可实现四坐标及以上的联动，加工适应性强，应用较为广泛。

4.1.2　数控铣床的主要加工对象

数控铣削是机械加工中最常用和最主要的数控加工方法之一，它除了能铣削普通铣床所能铣削的各种零件表面外，还能铣削普通铣床不能铣削的需要二至五坐标联动的各种平面轮廓和立体轮廓。根据数控铣床的特点，从铣削加工角度考虑，适合数控铣削的加工对象主要有以下几类。

1．平面类零件

加工面平行于或垂直于定位面，或加工面与水平面的夹角为定角的零件称为平面类零

129

图 4-6　经济型数控铣床

图 4-7　全功能型数控铣床

件。目前在数控铣床上加工的大多数零件属于平面类零件。平面类零件的特点是各个加工面是平面，或可以展开成平面。图 4-8 所示的三类零件均为平面类零件。

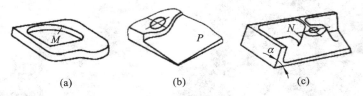

(a)　　　　　　(b)　　　　　　(c)

图 4-8　典型的平面类零件

图 4-8 中的曲线轮廓面 M 和圆台侧面 N 展开后均为平面，P 为斜平面。这类零件是数控铣削加工中最简单的一类零件，一般只需用三坐标数控铣床的两坐标联动（即两轴半坐标联动）就可以加工出来。

2. 变斜角类零件

加工面与水平面的夹角呈连续变化的零件称为变斜角零件，如图 4-9 所示的飞机上的变斜角梁缘条。该零件的斜角 α 从第②肋至第⑤肋从 $3°10'$ 均匀变化为 $2°32'$，从第⑤肋至第⑨肋从 $2°32'$ 均匀变化为 $1°20'$。

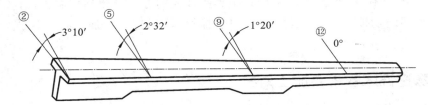

图 4-9　飞机上的变斜角梁缘条

变斜角类零件的变斜角加工面不能展开为平面，但在加工中，加工面与铣刀圆周的瞬时接触为一条线。最好采用四坐标或五坐标数控铣床采用摆角加工方式加工变斜角类零件。若没有上述机床，也可采用三坐标数控铣床进行两轴半联动，用鼓形铣刀近似分层加工变斜角类零件，但精度稍差。

3. 曲面类零件

加工面为空间曲面的零件称为曲面类零件,如图 4-10 所示的模具零件、叶片零件等。曲面类零件不能展开为平面。加工时,铣刀与加工面始终为点接触。一般采用球头铣刀在三坐标数控铣床上加工曲面类零件。当曲面较复杂、通道较狭窄、会伤及相邻表面及需要刀具摆动时,要采用四坐标或五坐标数控铣床加工。

(a) 模具零件　　　　　　　　　　　　　　　(b) 叶片零件

图 4-10　曲面类零件

4. 箱体类零件

箱体类零件一般是指具有一个以上孔系,内部有一定型腔或空腔,在长、宽、高方向有一定比例的零件。

箱体类零件一般都需要进行多工位孔系、轮廓及平面加工,公差要求较高,特别是几何公差要求较为严格,通常要经过铣、钻、扩、镗、铰、锪、攻螺纹等工序,需要刀具较多,在普通机床上加工难度大,工装套数多,费用高,加工周期长,需多次装夹、找正、手工测量,加工时必须频繁地更换刀具,工艺难以制定,更重要的是精度难以保证。这类零件在加工中心上加工,一次装夹可完成普通机床 60%～95% 的工序内容,零件各项精度的一致性好,质量稳定,同时节省费用,缩短生产周期。

4.1.3　数控铣床坐标系统

1. 数控铣床的机床坐标系及机床原点与机床参考点

1)立式数控铣床的坐标系

如图 4-11 所示,Z 坐标轴与立式数控铣床主轴同轴,取刀具向上远离工件的方向为正方向。站在机床前,面对立柱,右手方向为 X 轴正方向,由右手笛卡儿坐标系知 Y 轴正方向为远离操作者、指向主轴的方向。

2)卧式数控铣床的坐标系

如图 4-12 所示,Z 坐标轴与卧式数控铣床主轴同轴,取刀具远离工件的方向为正方向。从刀具主轴后向工件看,右手方向为 X 轴正方向,由右手笛卡儿坐标系知 Y 轴正方向为竖直向上的方向。

3)机床原点与机床参考点

(1)机床原点。

通常立式数控铣床的机床原点位置因生产厂家不同而异,有的设置在机床工作台中心,有的设置在进给行程范围的正极限点,可从机床操作手册中查到。

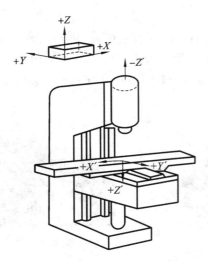

图 4-11　立式数控铣床的机床坐标系

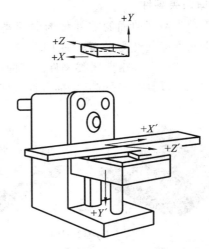

图 4-12　卧式数控铣床的机床坐标系

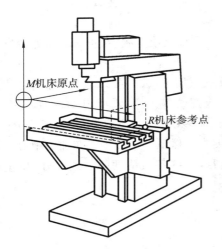

图 4-13　立式数控铣床的机床
原点和机床参考点

（2）机床参考点及机床参考点返回。

通常立式数控铣床指定 X 轴正向、Y 轴正向和 Z 轴正向的极限点为机床参考点。机床启动后，首先将机床位置"回零"，即执行手动返回机床参考点操作，使各轴都移至机床参考点，建立机床坐标系。

一般立式数控铣床的机床原点和机床参考点如图 4-13 所示。

机床参考点返回以及机床参考点返回检查见本书第 3 章中的相关内容。

2．工件坐标系

由编程人员设定的在编程和加工时使用的坐标系，基本上不和机床坐标系重合，为了便于编程可任意指定。立式数控铣床机床坐标系和工件坐标系之间的关系如图 4-14 所示。

工件坐标系原点的选择原则如下。

（1）工件坐标系原点应尽量选择在零件的设计基准或工艺基准上。

（2）工件坐标系原点应尽量选择在精度较高的工件表面，以提高加工零件的加工精度。

（3）对于对称的零件，工件坐标系原点应选择在对称中心上。

（4）对于一般零件，工件坐标系原点可选择在工件外轮廓的某一角上。

（5）Z 坐标的零点，一般设置在工件上表面。

3．刀位点

刀位点是指用于表示刀具特征的点，编程时通常用这一点来代替刀具，而不需要考虑刀具的实际大小和形状。铣削加工中的刀具在 UG 软件中有统一规定，不管是端铣刀、圆角铣刀（也称圆鼻刀）或者球头铣刀都以刀具下表面的中心作为刀位点，如图 4-15 所示；而在

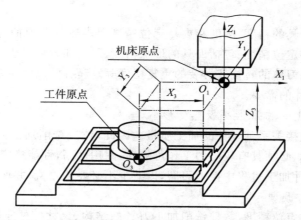

图 4-14　立式数控铣床机床坐标系与工件坐标系之间的关系

MasterCAM 软件中,球头铣刀的刀位点可以选择性地设为球心或者下表面的中心。

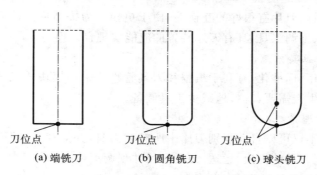

(a) 端铣刀　　　　(b) 圆角铣刀　　　　(c) 球头铣刀

图 4-15　常见刀具的刀位点

4.1.4　数控铣床刀具系统及选用原则

数控铣削机床的出现和发展满足了多品种、单件小批量、高精度、高效率的自动化生产需求。为了满足零件高精度的加工要求,同时使数控铣削机床能尽可能地满负荷连续工作以提高效益,选择一套优良的刀具是必不可少的任务。这就要求数控铣削加工工艺技术人员对铣削刀具的种类、特点、刀具系统、刀具材料、刀具切削参数、刀具的发展趋势等有较全面的认识,在完成工艺设计和编程的同时合理地选择刀具的种类和切削参数。

1. 数控铣削加工刀具的特点

数控铣削加工刀具主要是指数控铣床和加工中心上使用的刀具。与普通铣削加工方法相比,数控铣削加工对刀具提出了更高的要求,不仅要求刀具刚性好、精度高,而且要求刀具尺寸稳定、耐用度高、断屑和排屑性能好、安装和调整方便、切削效率高等。与普通铣削机床上所用的刀具相比较,数控铣削加工刀具主要有以下特点。

1) 刀具刚性好(尤其是粗加工刀具)、切削效率高

数控加工刀具要适应数控机床高速度、高效率、高刚度和大功率的发展趋势,因此,数控铣削加工刀具必须优质高效,具有承受高速切削和强力切削的性能,且金属去除率高、单刃成本低。

2）刀具精度高

数控铣削加工刀具的精度、刚度和重复定位精度要求较高。刀柄与刀具、快换夹头、机床主轴锥孔间的连接定位精度（包括刀具的形状精度、刀片和刀柄对机床主轴的相对位置精度、刀片的形状精度、刀体的转位及拆装的重复精度等）应较高，以满足精密零件的加工要求和快速更换刀具、刀片的需要。

3）刀具的可靠性高、抗振性强及热变形小

刀具的可靠性直接关系到零件的加工质量。因此，数控铣削加工刀具不能因切削条件有所变化而出现故障，必须具有较高的工作可靠性，耐用度高，性能稳定，有较长的刀具使用寿命，避免在同一零件加工过程中换刀刃磨，以减少不必要的停机，并保证加工精度。

4）刀具尺寸能够预调

为了达到较高的定位精度，数控铣削加工刀具的结构、尺寸应便于调整，使刀具能预调尺寸以减少换刀调整时间。

5）互换性好，换刀速度快

刀柄、刀夹、刀具、刀片有很好的互换性，便于更换。为提高换刀速度，人工换刀时应采用快换夹头或预装、预调工具，具有刀库装置的应能实现自动换刀。

6）具有完善的工具系统

实现刀具系列化、标准化，有利于编程和刀具管理。采用模块式工具系统，可以较好地适应多品种零件的生产需要，有效地减少工具储备。

7）具有刀具管理系统

刀具管理系统不仅可以自动识别刀库中所有的刀具，并储存刀具尺寸、位置、切削时间等信息，还可以实现刀具的更换、运送、刃磨和尺寸预调等功能。

2. 数控铣床用刀具的种类

数控铣床用刀具的种类很多，如图4-16所示。它的分类也有多种方法。

图4-16　数控铣床用刀具的种类

常用数控刀具的材料有高速钢、硬质合金、涂层硬质合金、陶瓷、立方氮化硼、金刚石等。其中，高速钢、硬质合金和涂层硬质合金在数控铣削加工刀具中应用较广（这部分内容在第3章中已详细介绍）。

根据刀具的切削工艺,数控铣床用刀具可分为轮廓类加工刀具和孔类加工刀具等几种类型。

　　1) 轮廓类加工刀具

　　(1) 面铣刀。

　　面铣刀(见图 4-17(a))也称飞刀,用于加工较大的平面。面铣刀的圆周表面和端面上都有切削刃,端面上的切削刃为主切削刃。面铣刀多制成套式镶齿结构,刀齿采用高速钢或硬质合金,刀体一般采用 40Cr。

　　(2) 立铣刀。

　　立铣刀(见图 4-17(b)、(c))是数控机床上用得最多的一种铣刀,主要用于立式数控铣床上,用来加工凹槽、台阶面、成形面(利用靠模)等。立铣刀的主切削刃分布在立铣刀的圆柱面上,副切削刃分布在立铣刀的端面上,且端面中心有顶尖孔,因此,铣削时一般不能沿立铣刀轴向作进给运动,只能沿立铣刀径向作进给运动。立铣刀有粗齿和细齿之分:粗齿齿数有 3~6 个,适用于粗加工;细齿齿数有 5~10 个,适用于半精加工。立铣刀的直径范围是 2~80 mm。立铣刀的柄部有直柄、莫氏锥柄、7:24 锥柄等多种形式。立铣刀应用较广,但切削效率较低。

　　　　(a) 面铣刀　　　　(b) 直柄立铣刀　　　　(c) 锥柄立铣刀

图 4-17　面铣刀和立铣刀

　　(3) 键槽铣刀。

　　键槽铣刀主要用于立式数控铣床上,用来加工圆头封闭键槽等,如图 4-18 所示。该铣刀外形似立铣刀,仅有两个刀瓣,端面无顶尖孔,端面刀齿从外围开至轴心,且螺旋角较小,增强了端面刀齿的强度。加工键槽时,每次先沿键槽铣刀轴向进给较小的量,此时,端面刀齿上的切削刃为主切削刃,圆柱面上的切削刃为副切削刃。然后沿键槽铣刀径向进给,此时端面刀齿上的切削刃为副切削刃,圆柱面上的切削刃为主切削刃。这样反复多次,就可完成键槽的加工。由于该铣刀的磨损发生在端面和靠近端面的外圆部分,所以修磨时只修磨端面刀齿上的切削刃即可。这样,键槽铣刀直径可保持不变,使加工键槽的精度较高、铣刀寿命较长。

　　直柄键槽铣刀直径一般为 2~22 mm,锥柄键槽铣刀直径一般为 14~50 mm。

　　(4) 模具铣刀。

　　模具铣刀主要用于立式数控铣床上加工模具型腔、三维成形表面等。

　　按工作部分形状不同,模具铣刀可分为以下三种。

　　① 平头铣刀。

　　平头铣刀也称平头锣刀、端铣刀,主要用于粗加工、平面精加工(精加工)、外形精加工和清角(清根)。圆锥形平头铣刀如图 4-19(a)所示。

　　② 圆角铣刀。

　　圆角铣刀也称圆鼻刀、牛鼻刀、牛头刀、刀把,主要用于模坯粗加工、平面精加工,适合加

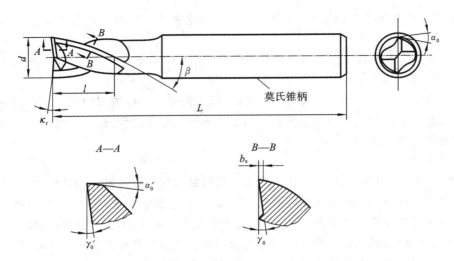

图 4-18　键槽铣刀

工硬度较高的材料。常用圆角铣刀的圆角半径 R 为 $0.2\sim6$ mm。此类铣刀的刚性好、耐磨性好,常用于粗加工场合。

③球头铣刀。

球头铣刀,简称球刀,也称球头锣刀、R 刀,如图 4-19(b)、(c)所示,主要用于曲面精加工(精加工),用于平面粗加工及精加工时粗糙度大、效率低。

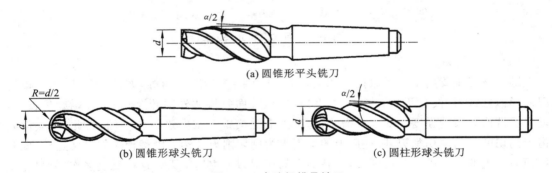

(a) 圆锥形平头铣刀

(b) 圆锥形球头铣刀　　　　　(c) 圆柱形球头铣刀

图 4-19　高速钢模具铣刀

2)孔类加工刀具

孔类加工刀具主要有钻头、扩孔钻、铰刀、镗刀等。

(1)钻头。

数控铣床上常用的钻头有中心钻、标准麻花钻、深孔钻等,如图 4-20 所示。

中心钻主要用于孔的定位。由于切削部分的直径较小,所以中心钻钻孔时应选取较高的转速。

标准麻花钻的切削部分由 2 条主切削刃、2 条副切削刃、1 条横刃和 2 个螺旋槽组成。

(2)扩孔钻。

扩孔钻是用来扩大孔径,提高孔加工精度的刀具。它可用于孔的半精加工或最终加工。用扩孔钻加工时,孔的公差等级为 IT10~IT11 级,表面粗糙度为 Ra $3.2\sim6.3$ μm。扩孔钻与麻花钻相似,但齿数较多(一般为 $3\sim4$ 个齿),因而工作时导向性好。扩孔余量小,切削刃

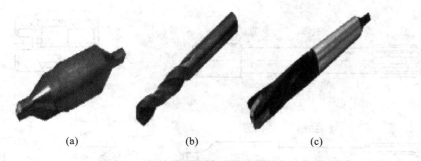

图 4-20 数控铣床上常用的几种钻头

无须延伸到中心,所以扩孔钻无横刃,切削过程平稳,可选择较大的切削用量。总之,扩孔钻的加工质量和效率均比麻花钻高。

扩孔钻有高速钢整体式(见图 4-21(a))、镶齿套式(见图 4-21(b))及硬质合金可转位式(见图 4-21(c))等。扩孔直径较小或中等时,选用高速钢整体式扩孔钻;扩孔直径较大时,选用镶齿套式扩孔钻。扩孔直径在 20～60 mm 范围内,且机床刚性好、功率大时,可选用硬质合金可转位式扩孔钻。

标准扩孔钻一般有 3～4 条主切削刃,切削部分的材料为高速钢或硬质合金,结构形式有直柄式、锥柄式和套式等。在小批量生产时,常用麻花钻改制成标准扩孔钻。

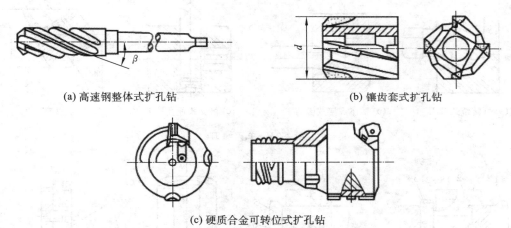

(a) 高速钢整体式扩孔钻　　　　　　　　(b) 镶齿套式扩孔钻

(c) 硬质合金可转位式扩孔钻

图 4-21 扩孔钻

(3) 铰刀。

铣床大多采用通用标准铰刀进行铰孔。此外,还使用采用硬质合金机夹式刀片的单刃铰刀和浮动铰刀等。铰孔的加工精度为 IT6～IT9 级,表面粗糙度为 $Ra\ 0.8～1.6\ \mu m$。

标准铰刀有 4～12 齿,由工作部分、颈部和锥柄三个部分组成。铰刀工作部分包括切削部分与校准部分。

机用铰刀如图 4-22 所示。

(4) 镗刀。

镗刀多用于加工箱体孔。当孔径大于 80 mm 时,一般用镗刀加工。用镗刀进行加工,精度为 IT6～IT7 级,表面粗糙度为 $Ra\ 0.8～6.3\ \mu m$,精镗时可达 $Ra\ 0.4\ \mu m$。镗刀种类很

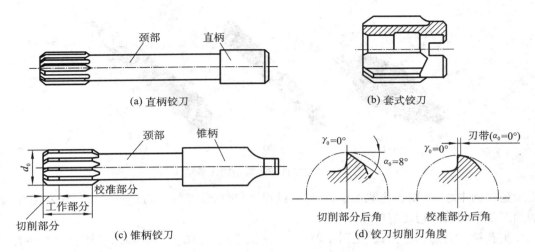

(a) 直柄铰刀

(b) 套式铰刀

(c) 锥柄铰刀

(d) 铰刀切削刃角度

图 4-22　机用铰刀

多,按切削刃数量可分为单刃镗刀(见图 4-23)和双刃镗刀(见图 4-24)。单刃镗刀可镗削通孔、阶梯孔和盲孔,单刃镗刀刚性差,切削时易引起振动,所以单刃镗刀的主偏角选得较大,以减小径向。

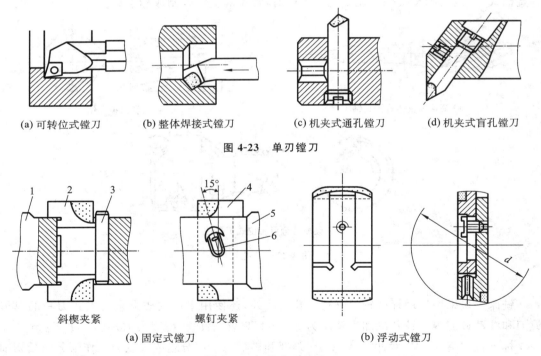

(a) 可转位式镗刀　　(b) 整体焊接式镗刀　　(c) 机夹式通孔镗刀　　(d) 机夹式盲孔镗刀

图 4-23　单刃镗刀

斜楔夹紧　　　　螺钉夹紧

(a) 固定式镗刀

(b) 浮动式镗刀

图 4-24　机夹式双刃镗刀

1—刀杆;2,4—刀块;3—斜楔;5—刀体;6—螺钉

镗铸铁孔或精镗时,一般取主偏角 $\kappa_r = 90°$;粗镗钢件孔时,取主偏角 $\kappa_r = 60° \sim 75°$,以提高刀具的耐用度。单刃镗刀一般均有调整装置,效率低,只能用于单件小批生产。单刃镗刀结构简单,适应性较广,粗、精加工都适用。

在精镗孔中,目前较多地选用精镗微调镗刀。这种镗刀的径向尺寸可以在一定范围内进行微调,调节方便,且精度高,它的结构如图 4-25 所示。调整尺寸时,先松开紧固螺钉 4,然后转动带刻度盘的锥形精调螺母 5,等调至所需尺寸,再拧紧紧固螺钉 4。使用时应保证锥面靠近大端接触,且与直孔部分同心。螺纹尾部的两个导向块 3 用来防止刀块转动,键与键槽配合间隙不能太大,否则微调时就不能达到较高的精度。

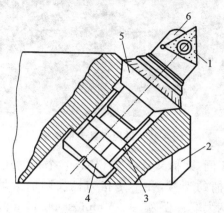

图 4-25　精镗微调镗刀

1—刀片;2—镗刀杆;3—导向块;4—紧固螺钉;5—锥形精调螺母;6—刀块

（5）螺纹孔加工刀具。

数控铣床大多采用攻螺纹的加工方法来加工内螺纹。此外,还用螺纹铣削刀具来加工螺纹孔。

丝锥是常用的螺纹孔加工刀具,如图 4-26 所示。它由工作部分和柄部组成。工作部分包括切削部分和校准部分。切削部分的前角为 $6°\sim8°$。前端磨出切削锥角,切削负荷分布在几个刀齿上,切削省力。

图 4-26　机用丝锥

3. 数控刀具刀柄系统

数控铣床、加工中心用刀柄系统由三个部分组成,即刀柄、拉钉、夹头或中间模块,如图 4-27 所示。

1）刀柄

切削刀具通过刀柄与数控铣床主轴连接,刀柄的强度、刚性、耐磨性、制造精度以及夹紧力等对加工有直接的影响。数控铣床刀柄一般用 7：24 锥面与主轴锥孔配合定位,刀柄和固定在刀柄尾部且与主轴内拉紧机构相适应的拉钉已实现标准化,因此,数控铣床刀柄系统应根据所选用的数控铣床要求进行配备。

图 4-27 数控刀具刀柄系统

根据刀柄大端直径的不同，刀柄又分成 40、45、50（个别的还有 30 和 35）等几种不同的锥度号。40、45、50 是指刀柄的型号，并不是指刀柄实际的大端直径，如 BT/JT/ST50 和 BT/JT/ST40 分别代表刀柄大端直径为 69.85 mm 和 44.45 mm 的 7∶24 刀柄。数控铣床常用刀柄的类型及其使用场合如表 4-1 所示。

表 4-1　数控铣床常用刀柄的类型及其使用场合

刀柄类型	刀柄实物图	夹头或中间模块	夹持刀具	备注及型号举例
削平型工具刀柄		无	直柄立铣刀、球头铣刀、削平型浅孔钻等	JT40-XP20-70
弹簧夹头刀柄		ER 弹簧夹头	直柄立铣刀、球头铣刀、中心钻等	BT30-ER20-60
强力夹头刀柄		KM 弹簧夹头	直柄立铣刀、球头铣刀、中心钻等	BT40-C22-95

续表

刀柄类型	刀柄实物图	夹头或中间模块	夹持刀具	备注及型号举例
面铣刀 刀柄		无	各种面铣刀	BT40-XM32-75
三面刃 铣刀刀柄		无	三面刃铣刀	BT40-XS32-90
侧固式 刀柄		粗、精镗及 丝锥夹头等	丝锥及粗、精 镗刀	21A.BT40.32-58
莫氏锥度 刀柄		莫氏变径套	锥柄钻头、铰刀	有扁尾 ST40-M1-45
		莫氏变径套	锥柄立铣刀和 锥柄带内螺纹立 铣刀等	无扁尾 ST40-MW2-50
钻夹头 刀柄		钻夹头	直柄钻头、铰刀	ST50-Z16-45
丝锥夹头 刀柄		无	机用丝锥	ST50-TPG875

续表

刀柄类型	刀柄实物图	夹头或中间模块	夹持刀具	备注及型号举例
整体式刀柄		 粗、精镗刀头	整体式粗、精镗刀	BT40-BCA30-160

2）拉钉

数控铣床拉钉（见图 4-28）的尺寸也已标准化，ISO、GB 规定了 A 型和 B 型两种形式的拉钉。其中 A 型拉钉用于不带钢球的拉紧装置，而 B 型拉钉用于带钢球的拉紧装置。刀柄及拉钉的具体尺寸可查阅有关标准的规定。

3）弹簧夹头及中间模块

弹簧夹头有两种，即 ER 弹簧夹头（见图 4-29(a)）和 KM 弹簧夹头（见图 4-29(b)）。其中：ER 弹簧夹头夹紧力较小，适用于切削力较小的场合；KM 弹簧夹头夹紧力较大，适用于强力铣削的场合。

图 4-28　拉钉

(a) ER弹簧夹头　　　　(b) KM弹簧夹头

图 4-29　弹簧夹头

中间模块（见图 4-30）是刀柄和刀具之间的连接装置。通过中间模块的使用，可以提高刀柄的通用性能。例如，镗刀、丝锥与刀柄的连接就经常使用中间模块。

(a) 精镗刀中间模块　　　(b) 攻丝夹套　　　(c) 钻夹头接柄

图 4-30　中间模块

4. 数控铣床用刀具的选用

1）铣刀类型的选用

铣刀的类型应与被加工工件的尺寸和表面形状相适应。加工较大的平面应选用面铣刀；加工凸台、凹槽及平面零件轮廓应选用立铣刀；加工毛坯表面或粗加工孔可选用镶硬质合金的玉米铣刀；加工曲面常选用球头铣刀，但加工曲面较平坦的部位应选用环形铣刀；加工空间曲面、模具型腔或凸模成形表面等多选用模具铣刀;加工封闭的键槽选用键槽铣刀;选用鼓形铣刀、锥形铣刀可加工类似飞机上的变斜角零件的变斜角面。数控铣床铣刀的选用方法如表 4-2 所示。

表 4-2　数控铣床铣刀的选用方法

序号	名称	刀具选择	加工内容
1	平面铣		
2	轮廓铣削		
3	台阶铣削		
4	倒角铣削		

续表

序号	名称	刀具选择	加工内容
5	槽铣削		
6	型腔铣削		
7	沉孔铣削		

2) 铣刀参数的选择

数控铣床上使用最多的是可转位式面铣刀和立铣刀,因此,这里重点介绍面铣刀和立铣刀参数的选择。

(1) 面铣刀主要参数的选择。

标准可转位式面铣刀直径为 16～630 mm。粗铣时,面铣刀直径要小些,因为粗铣时的切削力大,选小直径面铣刀可减小切削扭矩。精铣时,面铣刀直径要大些,尽量包容工件整个加工宽度,以提高加工精度和效率,并减小相邻两次进给之间的接刀痕迹。

一般根据工件材料、刀具材料及加工性质的不同来确定面铣刀的几何参数。由于铣削时有冲击,故面铣刀前角的数值一般比车刀略小,尤其是硬质合金面铣刀,前角要更小些。铣削强度和硬度高的材料时,可选用具有负前角的面铣刀。面铣刀前角的选择可参考表 4-3。面铣刀的磨损主要发生在后刀面上,因此适当加大后角可减少面铣刀的磨损。常取 $\alpha_o = 5° \sim 12°$,工件材料软取大值,工件材料硬取小值;粗齿面铣刀取小值,细齿面铣刀取大值。铣削时冲击力大,为了保护刀尖,硬质合金面铣刀的刃倾角 λ_s 常取 $-5° \sim -15°$。只有在铣削强度低的材料时,取 $\lambda_s = 5°$。主偏角 κ_r 在 $45° \sim 90°$ 范围内选取,铣削铸铁常用 $45°$,铣削一般钢材常用 $75°$,铣削带凸肩的平面或薄壁零件时要用 $90°$。

表 4-3   面铣刀前角的选择

刀具材料	工件材料			
	钢	铸铁	黄铜、青铜	铝合金
	前角			
高速钢	$10° \sim 20°$	$5° \sim 15°$	$10°$	$25° \sim 30°$
硬质合金	$-15° \sim 15°$	$-5° \sim 5°$	$4° \sim 6°$	$15°$

(2) 立铣刀主要参数的选择。

根据工件材料和立铣刀直径选取前、后角都为正值,具体数值可参考表 4-4。为了使端面切削刃有足够的强度,在端面切削刃附近的前刀面上一般磨有棱边,棱边的宽度为 0.4～1.2 mm,前角为 6°。

表 4-4   立铣刀前角、后角的选择

工件材料	前角	立铣刀直径	后角
钢	$10° \sim 20°$	<10 mm	$25°$
铸铁	$10° \sim 15°$	>10～20 mm	$20°$
铸铁	$10° \sim 15°$	>20 mm	$16°$

立铣刀的有关尺寸参数(见图 4-31)推荐按下述经验数据选取。

①刀具半径 r 应小于零件内轮廓面的最小曲率半径 ρ,一般取 $r = (0.8 \sim 0.9)\rho$。

②零件的加工高度 $H \leqslant \left(\dfrac{1}{4} \sim \dfrac{1}{6} \right) r$,以保证刀具有足够的刚度。

③对于不通孔(深槽),选取 $l = H + (5 \sim 10)$ mm(l 为刀具切削部分长度,H 为零件高度)。

④加工外形及通槽时,选取 $l = H + r_\varepsilon + (5 \sim 10)$ mm(r_ε 为端刃底圆角半径)。

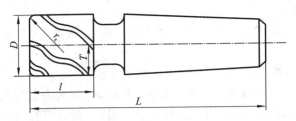

图 4-31 立铣刀的有关尺寸参数

⑤加工肋时,刀具直径为 $D=(5-10)b$(b 为肋的厚度)。

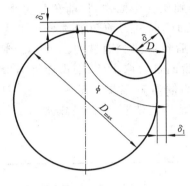

图 4-32 铣刀最大直径

⑥粗加工内轮廓面时,立铣刀最大直径 D_{max}(见图 4-32)可按下式计算。

$$D_{max} = \frac{2\left(\delta\sin\frac{\phi}{2} - \delta_1\right)}{1 - \sin\frac{\phi}{2}} + D \qquad (2-4)$$

式中:D——轮廓的最小凹圆角直径;

δ——圆角邻边夹角等分线上的精加工余量;

δ_1——精加工余量;

ϕ——圆角两邻边的最小夹角。

3) 孔加工刀具的选择

(1) 钻孔刀具的选择。

钻削加工直径为 20～60 mm、深径比小于或等于 3 的中等浅孔时,可选用图 4-33 所示的可转位直柄浅孔钻。它的特点是:在带排屑槽及内冷却通道钻体的头部装有两个刀片(多为凸多边形、菱形或四边形),且刀片交错排列,切屑排除流畅,钻头定心稳定;多采用具有中间定心双刃切削的对称结构的深孔刀片;靠近钻心的刀片用韧性较好的材料,靠近钻头外径的刀片选用较为耐磨的材料;刀片可集中刃磨,刀杆刚度高,允许切削速度高,切削效率高及加工精度高,适用于箱体零件的钻孔加工。为提高刀具的使用寿命,可以在刀片上涂镀 TiC 涂层。使用这种钻头钻箱体孔,效率比使用普通麻花钻高 4～6 倍。

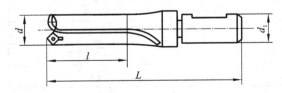

图 4-33 可转位直柄浅孔钻

对于深径比大于 5 且小于 100 的深孔,由于加工中散热差,排屑困难,钻杆刚性差,易使刀具损坏和引起孔的轴线偏斜,影响加工精度和生产率,故应选用深孔刀具进行加工。

喷吸钻是一种效率高、加工质量好的新型内排屑深孔钻,适用于加工深径比不超过 100,直径一般为 65～180 mm 的深孔。使用喷吸钻进行加工,孔的精度为 IT7～IT10 级,表面粗糙度为 Ra 0.8～3.2 μm,孔的直线度为 0.1 mm/1 000 mm。喷吸钻的工作原理如图 4-34 所示。

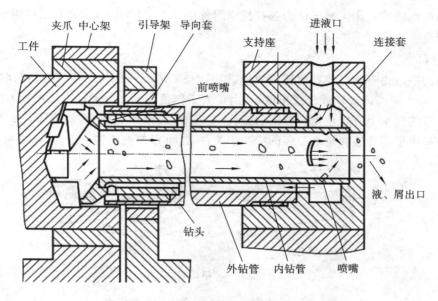

图 4-34　喷吸钻的工作原理

钻削大直径孔时,可采用刚性较好的硬质合金扁钻。扁钻的切削部分磨成一个扁平体,主切削刃磨出顶角、后角,并形成横刃,副切削刃磨出后角与副偏角并且控制钻孔的直径。扁钻前角小,没有螺旋槽,制造简单、成本低。

（2）扩孔刀具的选择。

扩孔直径较小或中等时,选用高速钢整体式扩孔钻;扩孔直径较大,选用镶齿套式扩孔钻。扩孔直径为 20～60 mm,且机床刚性好、功率大时,可选用硬质合金可转位式扩孔钻。

（3）镗孔刀具的选择。

镗孔刀具的选择主要应考虑镗刀杆的刚性,要尽可能地防止或消除振动。镗孔刀具的选择要点如下。

①尽可能选择大的镗刀杆直径(以接近镗孔直径为宜)。

②尽可能选择短的镗刀杆臂(工作长度)。当工作长度小于 4 倍的镗刀杆直径时可用钢制镗刀杆,加工要求高的孔时最好采用硬质合金镗刀杆。当工作长度为 4～7 倍的镗刀杆直径时,小孔用硬质合金镗刀杆,大孔用减振镗刀杆。当工作长度为 7～10 倍的镗刀杆直径时,要采用减振镗刀杆。

③主偏角(切入角 κ_r)接近 $90°$或大于 $75°$。

④选择有涂层的刀片品种(刀刃圆弧小)和小的刀尖圆弧半径(0.2 mm)。

⑤精加工时选择采用正切削刃(正前角)刀片的刀具,粗加工时选择采用负切削刃刀片的刀具。

⑥镗深盲孔时,采用压缩空气或冷却液来排屑和冷却。

⑦选择正确、快速的镗刀柄夹具。

4.1.5　数控铣床的装夹和铣床附件

为了方便地把工件安装在数控铣床上和扩大数控铣床的加工范围,常常通过夹具安装

147

工件。通用的数控铣床夹具已作为数控铣床附件由专门工厂生产,主要有平口钳、回转工作台和万能分度头等。

1. 平口钳

常用的平口钳有固定式和回转式两种,如图 4-35 所示。回转式平口钳能够绕底座旋转360°,可以在水平面内扳转成任意角度,从而扩大工作范围。这种平口钳应用较为广泛。

平口钳的底座上有定位键,它与工作台上中间的 T 形槽相配合,提高了平口钳的定位精度。平口钳多用于装夹矩形截面的中小型工件,也可以装夹圆柱形工件,应用很普遍。

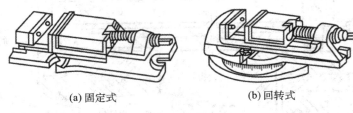

(a) 固定式　　　　　(b) 回转式

图 4-35　平口钳

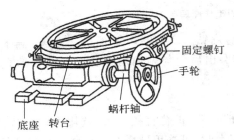

固定螺钉

手轮

蜗杆轴

底座　转台

图 4-36　回转工作台

2. 回转工作台

回转工作台(见图 4-36)又称圆转台,内部有一套蜗杆机构,摇动手轮,通过蜗杆轴带动蜗轮转动。转台周围有刻度,用以确定转台的转动角度。转台中央有一个 4 号莫氏锥孔,用以确定工件的回转中心。使用回转工作台装夹工件可以实现圆周进给和分度。

3. 万能分度头

万能分度头是数控铣床的主要附件,许多机械零件,如花键、离合器等在铣削时,需要利用万能分度头进行圆周等分,才能铣出等分的齿槽。万能分度头安装在数控铣床的工作台上,被加工工件支承在万能分度头主轴顶尖与尾架顶尖之间或安装于卡盘上,如图 4-37 所示。利用万能分度头可进行以下工作。

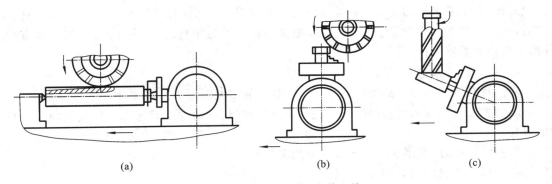

(a)　　　　　(b)　　　　　(c)

图 4-37　用万能分度头安装工件

(1) 使工件绕自身轴线回转一定的角度,以完成等分或不等分的圆周分度工作,如加工方头、六角头、齿轮以及刀具刀齿等。

（2）通过配换齿轮，可使万能分度头的主轴随纵向工作台的进给运动作连续旋转，并与纵向工作台保持一定的运动关系，以铣削螺旋槽、螺旋齿轮等。

（3）用卡盘夹持工件，使工件轴线相对数控铣床的工作台倾斜一定的角度．以加工与工件的轴线相交成一定角度的平面、沟槽等。

4.2 平面铣削

4.2.1 任务：板状零件的面铣削

加工图 4-38 所示的工件，毛坯尺寸为 100 mm×100 mm×34 mm、材料为 45 钢，试编写数控加工程序。

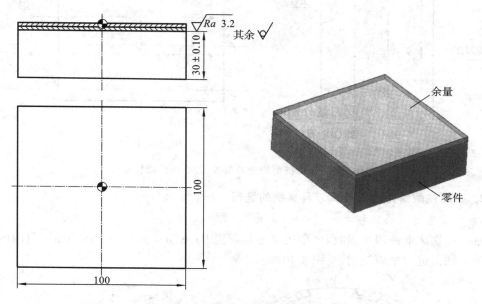

图 4-38 板状零件的面铣削

4.2.2 平面铣削的工艺知识

平面铣削一般是指用数控铣床将被加工工件的表面铣削成符合工件图样上精度和表面质量要求的平面。平面铣削是数控铣床最基本的加工性能之一，也是数控铣床最常见的加工任务之一。平面铣削一般利用刀具中心（简称刀心）轨迹编程，方法比较简单，工艺路线也不复杂。随着工件的厚度变薄、面积变大，工件的加工难度大大提高，因为薄板类工件在加工过程中很容易变形。

1. 平面铣削的走刀路线

铣削大面积平面时，铣刀不能一次切除所有的材料，因此在同一深度需要多次走刀。分多次铣削的方法有多种，每一种方法在特定环境下具有各自的优点。在同一深度分多次铣削最常见的两种方法为单向多次铣削和双向多次铣削。

单向多次铣削的走刀路线如图 4-39(a)所示,走刀方向不变,始终朝着一个方向,每完成一次铣削后,刀具从工件上方回到铣削起点的一侧。这样安排走刀路线能够保证铣刀切削刃在铣削过程中始终顺铣或逆铣,有利于铣削,平面加工质量较好,但需要增加快速退刀路线,使得走刀路线变得较长,从而导致效率很低。

双向多次铣削也称为 Z 形铣削,走刀路线如图 4-39(b)所示。它的应用也很广泛,效率比单向多次铣削高,但铣削中顺铣、逆铣交替,从而在精铣平面时影响加工质量,因此平面质量要求高的平面精铣通常并不使用这种走刀路线。

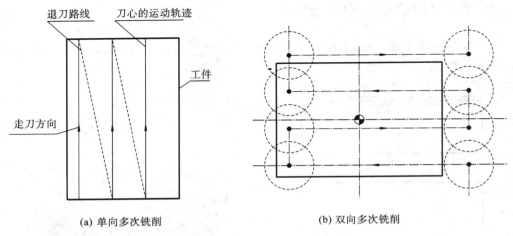

(a) 单向多次铣削　　　　　　(b) 双向多次铣削

图 4-39　平面铣削的走刀路线(刀心的运动轨迹)

2. 平面铣削常用的刀具及刀具参数的选择

1) 平面铣削刀具的种类

在数控铣床上铣削平面时,使用较多的是面铣刀(见图 4-40(a))。在小面积范围内有时也使用立铣刀进行平面铣削(见图 4-40(b))。

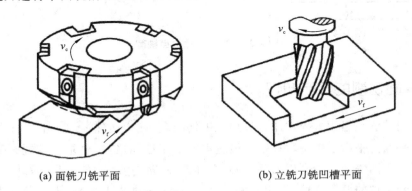

(a) 面铣刀铣平面　　　　　　(b) 立铣刀铣凹槽平面

图 4-40　平面铣削加工

在铣削大尺寸的凸出平面和台阶平面时通常使用面铣刀。面铣刀直径较大,其中采用可转位机械夹固式不重磨刀片的面铣刀切削性能好,并可方便地更换各种不同切削性能的刀片,切削效率高,加工表面质量好。封闭的内凹平面又称型腔底面,受型腔尺寸和型腔内圆角尺寸的限制,内凹平面通常使用立铣刀进行加工,而且型腔底面加工与型腔侧壁加工一般使用同一把刀具。

面铣刀分为普通面铣刀和方肩面铣刀两种,如图 4-41 所示。普通面铣刀主要用于铣削凸出平面,方肩面铣刀主要用于铣削 90°的台阶平面。

平面铣削需要根据不同的加工要求选择不同牌号的刀片。

可转位机械夹固式不重磨刀片的材质是硬质合金。

硬质合金刀片根据加工材质的不同被分为四组,分别用于加工钢(P 组)、不锈钢(M 组)、铸铁(K 组)、铝及有色金属(N 组),同一组中又分为轻度铣削、中度铣削和重度铣削三种。

面铣刀的刀体根据所装刀片数量的不同分为疏齿刀体、密齿刀体和特密齿刀体。从理论上讲,与疏齿刀具相比,密齿刀具具有更高的加工效率和更持久的耐用度。

另外,可转位机械夹固式不重磨刀片在面铣刀刀体上的安装形式有平装和立装两种,在刀体上的夹紧形式有螺钉夹紧和楔块夹紧等。

根据被加工对象选择适合的刀具,对提高加工效率、保证加工质量来说是至关重要的。

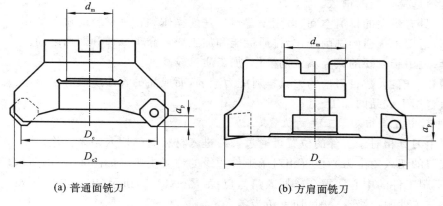

(a) 普通面铣刀　　　　　　　　　(b) 方肩面铣刀

图 4-41　面铣刀

2) 平面铣削刀具主要参数的选择

(1) 面铣刀主要参数的选择。

①直径。

标准可转位式面铣刀的直径为 16～630 mm。对于单次平面铣削,面铣刀的直径为平面宽度的 1.3～1.6 倍为宜。1.3～1.6 倍的尺寸关系可以保证切屑较好地形成和排出。

对于面积太大的平面,由于受到多种因素的限制,如考虑到机床功率等级、刀具和可转位式刀片的几何尺寸、安装刚度、每次铣削的深度和宽度以及其他加工因素,面铣刀的直径不可能比平面的宽度更大时,宜采用多次铣削的方法。

应尽量避免面铣刀的全部刀齿参与铣削,即应该避免对宽度等于或稍微大于面铣刀直径的工件进行平面铣削。面铣刀的整个宽度全部参与铣削(全齿铣削)会迅速磨损刀片的切削刃,并容易使切屑黏结在刀齿上。此外,工件表面质量也会受到影响。

②齿数。

可转位式面铣刀有粗齿、细齿和密齿三种。粗齿可转位式面铣刀容屑空间较大,常用于粗铣钢件。粗铣带断续表面的铸件和在平稳条件下铣削钢件时,可选用细齿可转位式面铣刀。密齿可转位式面铣刀的每齿进给量较小,主要用于加工薄壁铸件。

③几何角度。

面铣刀前角的选择原则与车刀基本相同,只是由于铣削时有冲击,故前角数值一般比车刀略小,尤其是硬质合金面铣刀,前角数值减小得更多些。铣削强度和硬度都高的材料可选用负前角。

(2) 立铣刀主要参数的选择。

①前角、后角。

立铣刀的前角和后角都为正值,分别根据工件材料和立铣刀直径选取:加工钢等韧性材料前角比较大,加铸铁等脆性材料前角比较小,前角一般为 $10°\sim25°$;立铣刀直径小时后角大,立铣刀直径大时后角小,后角一般为 $15°\sim25°$。

②刀槽的数目。

刀具刀槽数目的增多会使切屑不易排出,但能在进给速度不变的情况下提高加工表面的质量。二槽刀具和四槽刀具较为常见。加工不同的材料所适用的槽数是不同的,应针对加工的材料选择适当的槽数。

二槽:具有最大的排屑空间,多用于普通的铣削操作和较软材料的铣削操作。

三槽:适用于普通的铣削操作,排屑性能和加工质量介于二槽和四槽之间。

四槽:适用于较硬的铁金属铣削操作,加工质量较高。

六槽和八槽:大数目刀槽的刀具排屑能力减弱,而成品的表面质量有了提高。这样的刀具特别适合用于成品的加工。

3) 铣削中刀具相对于工件的位置

铣削中刀具相对于工件的位置可通过铣刀进入材料时的切入角来讨论。

面铣刀的切入角由刀心位置相对于工件边缘的位置决定。如图 4-42(a)所示,刀心在工件内(但不跟工件的中心线重合),切入角为负;如图 4-42(b)所示,刀心在工件外,切入角为正。刀心与工件的边缘重合时,切入角为零。

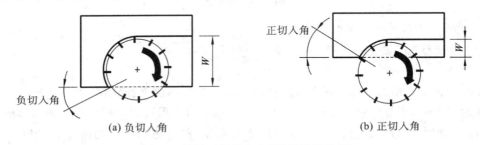

(a) 负切入角   (b) 正切入角

图 4-42 面铣刀的切入角(W 为铣削宽度)

(1) 如果工件只需一次铣削,应该避免刀心的运动轨迹与工件的中心线重合。刀心处于工件中间位置时容易引起颤振,从而导致加工质量较差,因此,刀心的运动轨迹应偏离工件的中心线。

(2) 当刀心的运动轨迹与工件的边缘线重合时,参与切削的刀片进入工件材料时的冲击力最大,是最不利于刀具加工的情况。因此,应该避免刀心的运动轨迹与工件的边缘线重合。

(3) 如果切入角为正,刚刚切入工件时,刀片相对于工件材料的冲击速度大,引起的碰撞力也较大,所以正切入角容易使刀具破损或产生缺口。拟定刀心的运动轨迹时,应避免正切入角。

（4）使用负切入角时,已切入工件材料的刀片承受最大铣削力,而刚切入（撞入）工件的刀片受力较小,引起的碰撞力也较小,从而可延长刀片的寿命,且引起的振动也小一些。

因此,负切入角是首选。通常应该尽量让面铣刀的中心在工件区域内,这样就可确保切入角为负,且工件只需一次铣削时避免刀具的中心线与工件的中心线重合。

比较图 4-43 所示的两个走刀路线,虽然都使用负切入角,但图 4-43（a）中的面铣刀整个宽度全部参与铣削,刀具容易磨损;图 4-43（b）所示的走刀路线是正确的。

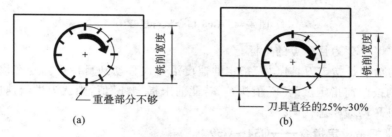

图 4-43　使用负切入角时两种走刀路线的比较

4.2.3　平面铣削常用编程指令

1. 相关编程指令

数控编程时有两种方式可以指令刀具的移动,即绝对坐标方式和相对坐标方式（注:不论是刀具移动的数控机床还是工作台移动的数控机床,编程时都假设刀具相对运动,工件相对静止）。

G90 指定绝对坐标方式编程,G91 指定相对坐标方式编程。G90 为开机默认指令。

2. 快速定位指令——G00

指令格式为

```
G00 X __ Y __ Z __ ;
```

其中,"X""Y""Z"为目标点的坐标,坐标值为整数时是否需要小数点可由系统设定。

该指令的功能是指定刀具以点位控制方式,从当前位置以数控系统设定的最快速度移动到目标点。该指令属于模态指令。

快速定位移动速度不能在程序指令中设定,而由机床制造厂家在数控系统中预先设定,但用户可在参数中修改。即使 G00 中指定了快速定位移动速度,也是无效的。

G00 指令通常用于快速接近或远离工件,需要注意的是在快速接近工件时绝不能触碰工件。

G00 指令的定位方式是快速点定位,对刀具的运动轨迹没有严格的要求,该指令的执行过程可通过数控系统设定为图 4-44 中的一种。

3. 直线插补指令——G01

指令格式为

```
G01 X __ Y __ Z __ ;
```

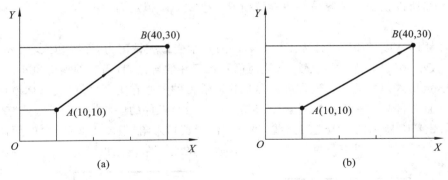

图 4-44　G00 指令执行过程

其中"X""Y""Z"为目标点的坐标。

该指令的功能是指定刀具以"F"指定的速度沿直线移动到目标点。若在该程序段中未指定"F"值,则按此前指定过的"F"值执行;若此前未指定"F"值,则认为进给速度为零,系统报警。G01 和 F 均为模态代码。

4. 工件坐标系设定指令——G54~G59

G54~G59 指令的功能是通过 MDI 面板设置工件坐标系,一般是操作者在加工零件前通过对刀设置的,G54 指令所指定的工件坐标系为开机默认工件坐标系。

G54~G59 指令通过机床坐标轴的移动测量工件原点相对机床原点的偏移量,并自动记录在系统的工件坐标偏移量存储器中,以确定工件在机床工作台上的确切位置。图 4-45 所示为 G54~G59 指令与机床坐标系之间的关系。

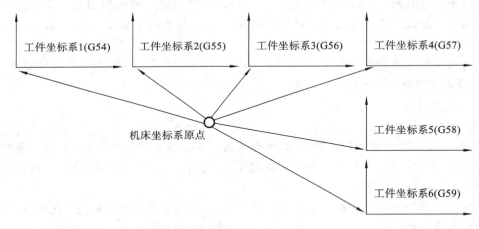

图 4-45　工件坐标系设定

5. 平面选择指令——G17、G18 和 G19

G17、G18、G19 指令用于指定坐标平面,都是模态指令。

G17 指令的功能是指定 XY 平面,G18 指令的功能是指定 ZX 平面,G19 指令的功能是指定 YZ 平面,如图 4-46 所示。这三个指令的作用是让机床在指定坐标面上进行圆弧插补加工和刀具半径补偿。G17 指令所指定的坐标平面为开机默认坐标平面。

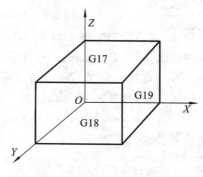

图 4-46　平面选择指令

4.2.4　任务实施

1. 加工准备

1）分析零件图样

本任务加工内容较为简单，主要为大平面的铣削，加工后零件的尺寸精度为 ±0.10 mm，表面粗糙度达 Ra 3.2 μm。

2）选择数控机床

本任务选用的机床为 XK713 型 FANUC 0i 系统数控铣床。

3）选择刀具、切削用量及夹具

对于本任务中的工件，选择 φ60 mm 面铣刀（刀片材料为硬质合金）进行加工，采用平口钳进行装夹。切削用量推荐值如下：切削速度为 600 r/min；进给量为 100 mm/min；背吃刀量为 1～3 mm。

2. 编写数控加工程序

1）选择编程原点

如图 4-47 所示，选择工件上表面的对称中心作为编程原点。

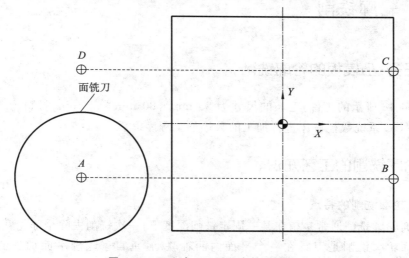

图 4-47　刀心在 XY 平面中的运动轨迹

2）设计加工路线

加工本任务中的工件时,刀心的运动轨迹如图 4-47 所示(A—B—C—D,再 Z 向切深,然后 D—C—B—A)。由于零件 Z 向总切深为 4 mm,所以,采用分两层铣削的方式进行加工,背吃刀量分别取 3 mm 和 1 mm。刀具在加工过程中经过的各基点坐标分别为 $A(-90.0,$ $-25.0)$、$B(50.0,-25.0)$、$C(50.0,25.0)$、$D(-90.0,25.0)$。

3）编制数控加工程序

采用基本编程指令编写的数控铣削加工程序如下。

```
O4201                          (程序名)
N10 G90 G54 G00 X-90 Y-25;
N20 G43 G00 Z50 H1;
N30 M03 S600 M08;              (主轴正转,切削液开)
N40 G90 G00 X-90.0 Y-25.0;     (刀具在 XY 平面中快速定位)
N50 Z20.0;                     (刀具 Z 向快速定位)
N60 G01 Z-3.0 F100;            (第一层铣削深度位置)
N70 X50.0;                     (A—B)
N80 Y25.0;                     (B—C)
N90 X-90.0;                    (C—D)
N100 Z-4.0;                    (第二层铣削深度位置)
N110 X50.0;                    (D—C)
N120 Y-25.0;                   (C—B)
N130 X-90.0;                   (B—A)
N140 G00 Z100.0 M09;           (刀具 Z 向快速抬刀)
N150 M05;                      (主轴停转)
N160 M30;                      (程序结束)
```

4.3　轮廓铣削

4.3.1　任务:凸模板的轮廓铣削

加工图 4-48 所示的工件,毛坯的尺寸为 80 mm×80 mm×20 mm、材料为 45 钢,试编写使用 FANUC 系统数控铣床进行加工的数控加工程序。

4.3.2　轮廓铣削的工艺知识

1. 平面轮廓铣削的特点

（1）平面轮廓铣削通常是指在某一固定铣削深度下,一次铣削去除全部轮廓余量。

（2）平面轮廓铣削是刀具在一个平面内两轴联动,垂直于轮廓平面加工的轴不参与联动。

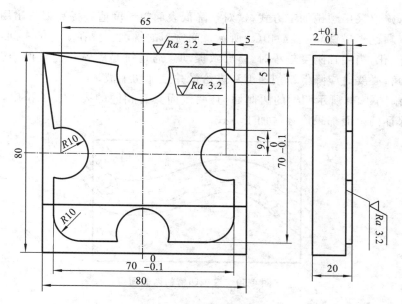

图 4-48　凸模板的轮廓铣削

（3）使用具有刀具半径补偿功能的数控系统铣削平面轮廓时，可按图样尺寸直接编程，不需计算刀心的运动轨迹。平面轮廓铣削时数控系统根据程序的刀具半径补偿命令及刀具半径补偿值自动偏置一个刀具半径补偿值，保证刀具侧刃始终与工件的轮廓相切，此时刀心的运动轨迹是工件轮廓的等距线，距离为一个刀具半径补偿值。数控系统自动生成该等距线程序。计算机数控系统的刀具半径补偿功能使得平面轮廓铣削编程变得简单、方便。

2. 轮廓铣削的加工路线

1）铣削方向

确定加工路线时应首先保证工件平面轮廓的加工精度及表面粗糙度要求。用圆柱铣刀铣削平面，根据铣刀运动方向不同有逆铣、顺铣和通道铣三种方式，如图 4-49 所示。

(a) 逆铣　　　　　　　(b) 顺铣　　　　　　　(c) 通道铣

图 4-49　用圆柱铣刀铣削平面时的铣削方向

逆铣如图 4-49（a）所示。工件进给方向与铣刀旋转方向相反，铣削厚度开始由零逐渐增大，至铣削终了达到最大。逆铣时，由于刀齿切入时将与铣削表面发生挤压，刀片和铣削层之间的强烈摩擦和高温使刀片磨损加剧。但当零件毛坯为黑色金属锻件或铸件，表皮硬而且余量较大或刀具长径比较大时，采用逆铣较为有利。

顺铣（也称爬行铣）如图 4-49（b）所示。顺铣时，工件进给方向与铣刀旋转方向相同，铣削厚度开始由大变小，至铣削终了为零。在数控铣床和加工中心上铣削时多数采用顺铣。顺铣在提高加工表面质量和刀具耐用度方面有突出的优点。对于铝镁合金、钛合金和耐热合金等材料,建议采用顺铣加工方式,这对于降低表面粗糙度值和提高刀具耐用度都有利。

通道铣(顺铣+逆铣)如图 4-49(c)所示。面铣刀的铣削位置在工件的中间,铣削力在径向位置交替变化,当主轴刚度较小时,将导致振动。通道铣是顺铣与逆铣的结合,一般要求刀具有正前角,必要时应降低铣削速度和进给量并且加切削液。

若要铣削图 4-50 所示凹槽的两侧面,且两侧面具有相同的表面加工精度,则应来回进给两次,以保证两侧面都采用顺铣加工方式。

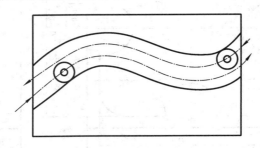

图 4-50 铣削凹槽的两侧面

2) 曲线轮廓铣削路线

连续铣削轮廓,特别是铣削圆弧时,要注意安排好刀具的切入与切出位置,尽量避免在交接处重复加工,否则会出现明显的界限痕迹。如图 4-51 所示,用圆弧插补方式铣削外整圆时,要安排刀具从切向进入圆周进行铣削加工,外整圆加工完毕后,不要在切入点处直接退刀,而要让刀具多运动一段距离,最好沿切线方向退出。铣削内整圆时,也要遵守从切向切入的原则,安排切入、切出过渡圆弧,如图 4-52 所示。若刀具从工件原点出发,则加工路线为 1→2→3→4→5,这样可提高内孔表面的加工精度和质量。

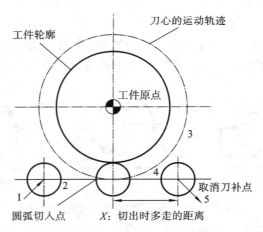

图 4-51 铣削外整圆时刀具的切入与切出位置

采用立铣刀侧刃铣削零件的外轮廓时,在铣削过程中立铣刀应沿零件外轮廓延长线的方向切入、切出,如图 4-53(a)所示,避免立铣刀从零件外轮廓的法线方向切入、切出而产生刀痕。同样,在用立铣刀铣削封闭的内表面时,也应从轮廓的延长线切入、切出;如果轮廓线无法外延,则刀具应尽量在轮廓曲线上两几何元素交点处沿轮廓法向切入、切出,如图 4-53(b)所示。

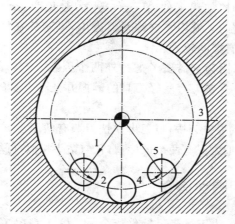

图 4-52　铣削内整圆时刀具的路径

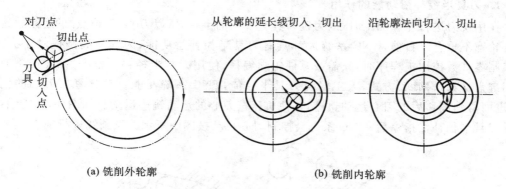

（a）铣削外轮廓　　　　　　　　　（b）铣削内轮廓

图 4-53　立铣刀的切入与切出方式

3.　刀具的选择

轮廓铣削最常用的刀具为立铣刀,下面主要对立铣刀尺寸和刀齿数量的选择进行说明。

1）立铣刀的尺寸

轮廓铣削中,需要考虑的立铣刀尺寸因素包括立铣刀的直径、立铣刀的长度、立铣刀螺旋槽的长度。

尽量选用直径大的立铣刀,因为直径大的立铣刀抗弯强度大,加工中不容易引起受力弯曲和振动,但要注意立铣刀的半径一定要小于零件内轮廓的最小曲率半径,一般取零件内轮廓最小曲率半径的 $80\%\sim90\%$。另外,立铣刀的伸出长度应尽可能短,立铣刀的伸出长度长,抗弯强度减小,受力弯曲程度大,会影响加工的质量,并容易产生振动,加速切削刃的磨损。

不管立铣刀的总长如何,螺旋槽的长度决定铣削的最大深度。实际应用中,一般让 Z 方向的吃刀深度不超过立铣刀的半径;对于直径较小的立铣刀,一般可选择立铣刀直径的 $1/3$ 作为铣削深度。

2）刀齿数量

小直径或中等直径的立铣刀,通常有 2 个、3 个或 4 个刀齿(或更多的刀齿)。被加工工件的材料类型和加工性质往往是选择立铣刀刀齿数量的决定性因素。

在加工塑性大的工件时,如铝工件、镁工件等,为避免产生积屑瘤,常用刀齿少的立铣刀,如两刀齿(两个螺旋槽)的立铣刀。立铣刀刀齿少,可避免在切削量较大时产生积屑瘤,这是因为螺旋槽之间的容屑空间较大。

较硬的材料刚好相反,因为它需要考虑另外两个因素——刀具颤振和刀具偏移。在加工脆性材料时,选择多刀齿立铣刀会减轻刀具的颤振并减小刀具的偏移,因为刀齿越多铣削越平稳。

在小直径或中等直径的立铣刀中,三刀齿立铣刀兼有两刀齿立铣刀与四刀齿立铣刀的优点,加工性能好。键槽铣刀通常只有两个螺旋槽,它与钻头相似,可垂直下刀切入实心材料。

4.3.3 轮廓铣削常用编程指令

轮廓铣削常用编程指令为刀具半径补偿指令——G41、G42、G40。

1. 刀具半径补偿功能的作用

在用铣刀进行轮廓加工时,因为铣刀具有一定的半径,所以刀心(刀位点)的运动轨迹和工件轮廓不重合。目前,CNC 系统大都具有刀具半径补偿功能,为程序编制提供了方便。当编制零件数控加工程序时,只需按零件轮廓编程,使用刀具半径补偿指令,并在控制面板上用键盘(CRT/MDI)方式,人工输入刀具半径值,CNC 系统便能自动计算出刀心的偏移量,进而得到偏移后的刀心运动轨迹,并使机床按刀心的运动轨迹运动。如图 4-54 所示,使用了刀具半径补偿指令后,CNC 系统会控制刀心自动按图中所示的点画线进行加工。

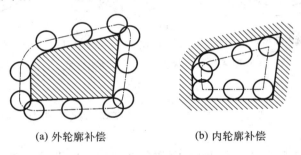

(a) 外轮廓补偿　　　　　　(b) 内轮廓补偿

图 4-54　刀具半径补偿

2. 功能

(1) G41 指令是刀具半径左补偿(简称左刀补)指令,即假定工件不动,顺着刀具前进方向看,刀具位于工件轮廓的左边,如图 4-55(a)所示。

(2) G42 指令是刀具半径右补偿(简称右刀补)指令,即假定工件不动,顺着刀具前进方向看,刀具位于工件轮廓的右边,如图 4-55(b)所示。

(3) G40 指令是取消刀具半径补偿指令。使用该指令后,G41、G42 指令无效。

3. 指令格式

```
G17 G41(或 G42)X __ Y __ D __;
G18 G41(或 G42)X __ Z __ D __;
G19 G41(或 G42)Y __ Z __ D __;
G40(X __ Y __ (或 X __ Z __ ,或 Y __ Z __ ));
```

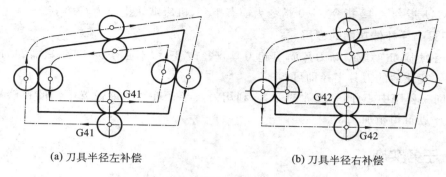

(a) 刀具半径左补偿　　　　　　　(b) 刀具半径右补偿

图 4-55　刀具半径的左右补偿

4. 说明

（1）建立和取消刀具半径补偿必须在指定的平面（G17/G18/G19）中进行。

（2）建立和取消刀具半径补偿必须与 G01 指令或 G00 指令组合完成。建立刀具半径补偿的过程如图 4-56 所示。建立刀具半径补偿就是使刀具从无刀具半径补偿状态（图中 P_0 点）运动到刀具半径补偿开始点（图中 P_1 点），其间为 G01 运动。加工完轮廓后，还有一个取消刀具半径补偿的过程，即从刀具半径补偿结束点（图中 P_2 点）以 G01 或 G00 运动到无刀具半径补偿状态（图中 P_0 点）。

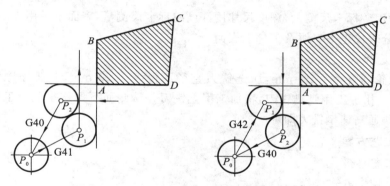

图 4-56　刀补的应用过程

（3）"X""Y"是 G01、G00 运动的目标坐标值。

（4）"D"为刀具半径补偿号（或称刀具偏置代号的地址字），后面常用两位数字表示。"D"代码中存放刀具半径值作为偏置量，用于 CNC 系统计算刀心的运动轨迹，一般有 D00～D99，偏置量可以 CRT/MDI 方式置入。

5. 编程注意事项

（1）建立补偿的程序段，必须是实现在补偿平面内不为零的直线移动的程序段。

（2）建立补偿的程序段一般应在切入工件之前执行。为了保证安全，在刀补建立完成之后应使刀具处于待切表面的延长线上。

（3）撤销补偿的程序段，一般应在切出工件之后执行，否则会发生碰撞。

（4）建立起正确的补偿后，机床就将按程序要求实现刀心的运动。在补偿状态中不得变换补偿平面，否则将出现系统报警。

（5）G41 指令或 G42 指令必须与 G40 指令成对使用。

(6) G41 指令、G42 指令、G40 指令为模态指令，机床默认指令为 G40 指令。

6. 刀具半径补偿功能的应用

(1) 因磨损、重磨或换新刀片而引起刀具直径改变后，不必修改程序，只需在刀具参数设置时输入变化后的刀具半径即可。

(2) 同一程序中，对同一尺寸的刀具，利用刀具半径补偿功能设置不同的补偿量，可利用同一程序进行粗精加工。

4.3.4 任务实施

1. 工艺准备

1) 工序安排

台阶面表面粗糙度值要达到 $Ra\ 3.2\ \mu m$，所以加工方案是先粗铣再精铣。选用 $\phi 16\ mm$ 立铣刀进行粗、精加工，剩余材料可手动铣削去除。精加工余量用刀具半径补偿控制。

2) 工、量、刃具选择

(1) 工具选择。

工件采用平口钳装夹，采用试切法对刀。

(2) 量具选择。

轮廓尺寸用游标卡尺测量，深度尺寸用深度游标卡尺测量，表面质量用表面粗糙度样板检测，另用百分表校正平口钳及工件上表面。

(3) 刃具选择。

四个圆弧轮廓直径为 20 mm，所选铣刀直径不得大于 20 mm，本任务选用直径为 16 mm 的立铣刀。粗加工用键槽铣刀，精加工用立铣刀并从侧面下刀铣平面。工件材料为 45 钢，铣刀选用普通高速钢铣刀即可。

2. 加工工艺方案

1) 加工工艺路线

(1) 切入、切出方式选择。

对于零件平面外轮廓，一般采用立铣刀侧刃进行铣削。由于主轴系统和刀具的刚性变化，当立铣刀沿工件轮廓切向切入工件时，会在切入处产生刀痕。为了减少刀痕，立铣刀可沿零件外轮廓延长线的切线方向切入、切出工件。

(2) 铣削路线。

如图 4-57 所示，铣刀由 1 点运行至 2 点(轨迹的延长线上)建立刀具半径补偿，然后按 3 →4→5→…→16→17 的顺序进行铣削加工。铣刀切出时由 17 点插补到 18 点取消刀具半径补偿。

加工中，用键槽铣刀进行粗加工→用立铣刀进行精加工→手动铣削剩余岛屿材料或编程铣削剩余岛屿材料。精加工(轮廓)余量用刀具半径补偿控制，精加工尺寸精度由调试参数值控制。

2) 刀具铣削参数选择

轮廓铣削刀具铣削参数如表 4-5 所示。

表 4-5　轮廓铣削刀具铣削参数

加工项目	刀具号	刀具规格	主轴转速 /(r/min)	进给速度 /(mm/min)		背吃刀量 /mm	刀补号	
				Z 向	轮廓方向		长度	半径
外轮廓粗加工	T01	$\phi16$ mm	600	60	80	7.5	H01	D01(＝8.5 mm)
外轮廓精加工	T01	$\phi16$ mm	800	80	80	8	H02	D02(＝8 mm)

3. 基点坐标计算

加工中采用了刀具半径补偿功能,因此只需计算工件轮廓上基点坐标即可,不需要计算刀心的运动轨迹及坐标。基点如图 4-57 所示,各基点坐标如表 4-6 所示。

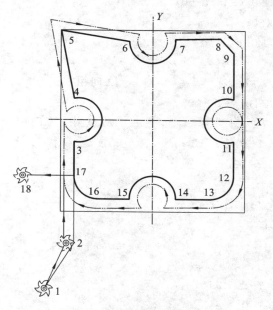

图 4-57　轮廓铣削路线

表 4-6　轮廓铣削各基点坐标

(单位:mm)

基点	坐标(X,Y)	基点	坐标(X,Y)
1	$(-45,-60)$	10	$(35,9.7)$
2	$(-35,-50)$	11	$(35,-9.7)$
3	$(-35,-9.7)$	12	$(35,-25)$
4	$(-35,9.7)$	13	$(25,-35)$
5	$(-40,40)$	14	$(10,-35)$
6	$(-10,35)$	15	$(-10,-35)$
7	$(10,35)$	16	$(-25,-35)$
8	$(30,35)$	17	$(-35,-25)$
9	$(35,30)$	18	$(-50,-25)$

4. 装夹方案

该零件 6 个面已进行过预加工,较平整,所以用平口钳装夹即可。将平口钳装夹在数控铣床的工作台上,用百分表校正。将工件装夹在平口钳上,底部用等高垫块垫起,工件的上表面高出钳口 5～10 mm。

5. 编程坐标系

工件中心为 XY 零点,Z 轴零点位于工件上表面。

6. 参考程序

外轮廓粗加工参考程序如下。

```
O4301                           (程序名)
N10 G90 G54 G00 X-45 Y-60;
N20 G43 H01 Z50;
N30 M03 S600 M08;
N40 G00 Z10;
N50 G01 Z-1.7 F60;              (Z 向粗加工)
N60 G00 G41 X-35 Y-50 D01;
N70 G01 Y-9.7 F60;              (从左侧 y 方向切入工件)
N80 G03 X-35 Y-9.7 R-10;
N90 G01 X-40 Y-40;
N100 X-10 Y35;
N110 G03 X10 Y35 R10;
N120 G01 X30;
N130 X35 Y30;
N140 X35 Y9.7;
N150 G03 X35 Y-9.7 R10;
N160 G01 X35 Y-25;
N170 G02 X25 Y-35 R10;
N180 G01 X10 Y-35;
N190 G03 X10 Y-35 R10;
N200 G01 X-25;
N210 G02 X-35 Y-25 R10;
N220 G01 G40 X-50 Y-25;
N230 G00 Z100;
N240 M30;
```

7. 外轮廓精加工

(1) 使用 ϕ16 mm 立铣刀。

(2) 刀具半径补偿改为 8 mm。

(3) Z 向下刀深度为 -2 mm。

(4) 加工程序不变。

4.4 型腔铣削

4.4.1 任务：内型腔零件的铣削

完成图 4-58 所示的内型腔零件的铣削加工，零件材料为硬铝 2A12，毛坯尺寸为120 mm×100 mm×20 mm，试编写使用 FANUC 系统数控铣床进行铣削的数控加工程序。

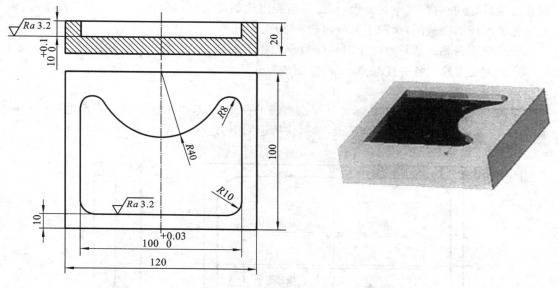

图 4-58 内型腔零件的铣削

4.4.2 型腔零件铣削加工的工艺知识

1. 内型腔余量的去除方法

铣削型腔内的残余材料时所选择的吃刀量又被称为铣削的行距和层降深度。行距是指立铣刀的侧吃刀量，层降深度即立铣刀的背吃刀量，如图 4-59 所示。

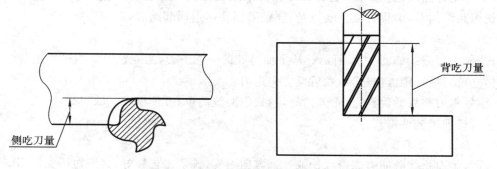

图 4-59 立铣刀的侧吃刀量与背吃刀量

一般情况下,立铣刀的最大侧吃刀量应小于或等于立铣刀直径的85%,行距应均匀;层降深度根据刀具材料和被加工材料的具体情况选择。

铣削的切屑体积等于立铣刀背吃刀量与侧吃刀量的乘积,铣削力的大小与切屑体积的大小成正比,所以在选择立铣刀的铣削量时应首先选择尽可能大的背吃刀量(切削深度)和相对较小的侧吃刀量,这样有利于提高刀具的耐用度。

型腔内轮廓铣削有两种方式:一种是先去除残余部分材料,后铣削加工平面内轮廓;另一种是先铣削加工平面内轮廓,后去除残余部分材料。

比较型腔内轮廓的两种铣削方式,一般前一种比后一种效果要好一些,因为型腔内残余材料去除后,型腔内容屑空间变大,在铣削型腔内轮廓时就可以避免切屑被立铣刀卷入,从而避免了形成二次铣削,保护了型腔内轮廓表面。

型腔铣削去除残余材料的走刀路线有单向走刀路线、往复走刀路线和环形走刀路线3种。这3种走刀路线各有优缺点,下面分别进行介绍。

1) 单向走刀路线

单向走刀路线如图4-60所示。从平面型腔的一端下刀,当立铣刀铣至平面型腔的另一端时,立铣刀Z向快速抬至安全平面,然后快速返回下刀点。

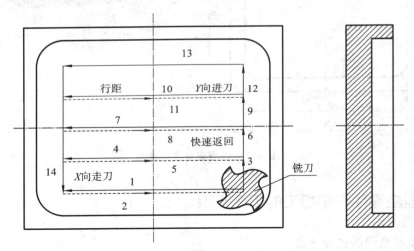

图4-60 型腔铣削去除残余材料的单向走刀路线

单向走刀路线的优点是:能够始终保持沿顺铣方向或逆铣方向进行铣削,铣削工艺性好,铣削路线简单,编程方便。缺点是:立铣刀要快速返回起始点,走刀路线长。

2) 往复走刀路线

往复走刀路线如图4-61所示。从平面型腔的一端下刀,当立铣刀铣至平面型腔的另一端时,立铣刀沿行距方向进刀,然后反方向走刀。

往复走刀路线的优点是:走刀路线短,铣削路线简单,方便编程。缺点是:顺铣和逆铣交替进行,铣削工艺性差。

3) 环形走刀路线

环形走刀路线既能够保持顺铣或逆铣方向不变,铣削工艺性好,又缩短了立铣刀的走刀路线,避免走空刀,提高了加工效率,但编程较麻烦。

环形走刀路线有两种方式,一种是由内向外,另一种是由外向内。

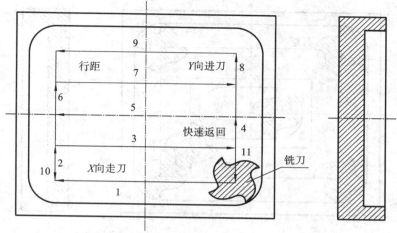

图 4-61　型腔铣削去除残余材料的往复走刀路线

(1)环形内向外走刀路线。

矩形型腔环形内向外走刀路线的下刀点在矩形型腔的几何中心,当矩形型腔的长度与宽度不相等时,为使铣削余量(行距)在 X 方向和 Y 方向上相等,铣削应从矩形型腔的长向开始,铣削长度 B 等于矩形型腔的长度与宽度之差,此时矩形型腔各个方向的铣削余量 A 相同。根据铣削工艺的需要,环形内向外走刀路线可以设计为顺铣方式(见图 4-62),也可以设计为逆铣方式。

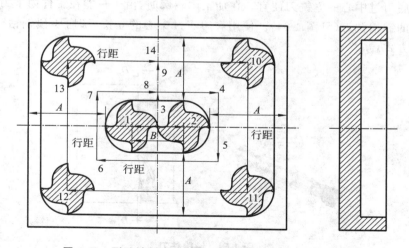

图 4-62　型腔铣削去除残余材料的环形内向外走刀路线

(2)环形外向内走刀路线。

矩形型腔环形外向内走刀路线的下刀点在矩形型腔的任意一外角,铣削一周后斜向进刀至下一环切起点,由外向内进行铣削,如图 4-63 所示。采用环形外向内走刀路线时,矩形型腔各个方向的铣削余量也应保持一致。环形外向内走刀路线根据铣削工艺需要,也可以设计为顺铣方式或逆铣方式。

一般来说,环形内向外走刀路线的效果要好于环形外向内走刀路线。

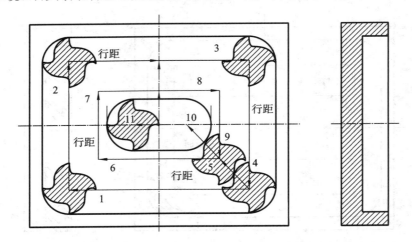

图 4-63　型腔铣削去除残余材料的环形外向内走刀路线

对于其他平面型腔铣削的走刀路线,在自动编程 CAM(计算机辅助加工)软件的平面区域加工中有更多的选择。手工编程一般采用以上 3 种走刀路线,其他形状的平面型腔根据平面型腔的几何形状选用 3 种走刀路线中的 1 种。

2. 内轮廓铣削加工用的刀具

铣削内轮廓的刀具与铣削外轮廓的刀具相同,不同的是在铣削外轮廓时可以选择在工件外下刀,在工件外下刀可以选择使用底刃不过中心的立铣刀。底刃不过中心的立铣刀在价格上要比底刃过中心的立铣刀便宜。在加工内轮廓时,由于只能在工件内下刀,所以要用底刃过中心的键槽铣刀(见图 4-64)。使用底刃不过中心的立铣刀时,要预先钻下刀孔或采用螺旋下刀方式。

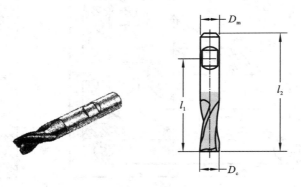

图 4-64　键槽铣刀

3. 型腔铣削的下刀方法

在型腔的铣削中,合理地选择铣削加工方向、刀具切入方式是很重要的,因为二者直接影响零件的加工精度和加工效率。

1)预先钻孔法

预先钻孔法是指先用钻头在下刀位置预钻一个孔,铣刀在预钻孔处下刀进行铣削。这种方法的优点是:对铣刀的种类没有要求,下刀速度不用降低。缺点是:多用一把钻头,增加了生产时间。预先钻孔法适用于大面积铣削和零件表面粗糙度要求较高的情况。

2）直接下刀法

直接下刀法是指用键槽铣刀直接垂直下刀并进行铣削。因为键槽铣刀的切削刃通过铣刀中心，所以可以直接进行铣削，但由于键槽铣刀只有两刃进行铣削，所以加工时的平稳性较差，下刀不能过快。直接下刀法通常只用于小面积铣削和被加工零件表面粗糙度要求不高的情况。

3）螺旋下刀法

螺旋下刀方式是现代数控加工应用较为广泛的下刀方式，轴向力比较小。通过刀片侧刃和底刃的切削，避开刀心无切削刃部分与工件的干涉，使刀具螺旋朝深度方向渐进，从而达到进刀的目的，这样可以在铣削的平稳性与铣削效率之间取得一个较好的平衡点。螺旋下刀法在模具制造行业中应用较广泛。

4）斜线下刀法

斜线下刀法是指刀具快速下至加工表面上方一定距离后，改为以一个与工件表面成一角度的方向，以斜线的方式切入工件来达到 Z 向进刀的目的。斜线下刀方式更适用于顺铣加工。斜线下刀法通常用于加工宽度较小的长条形的型腔。

斜线下刀主要的参数有斜线下刀的起始高度、切入斜线的长度、进刀切入角度和反向进刀切入角度。起始高度一般设为在加工面上方 0.5～1 mm。切入斜线的长度要视型腔空间大小及背吃刀量来确定，一般是斜线越长，进刀的铣削路程就越长。进刀切入角度选取得太小，斜线数增多，铣削路程加长；进刀切入角度太大，又会产生不好的端刃铣削情况，进刀切入角度一般选为 5°～20°为宜。通常进刀切入角度和反向进刀切入角度取相同的值。

立铣刀常用的轴向下刀方法如图 4-65 所示。

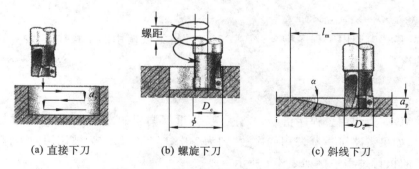

(a) 直接下刀　　　　(b) 螺旋下刀　　　　(c) 斜线下刀

图 4-65　立铣刀常用的轴向下刀方法

4.4.3　子程序

1. 子程序概述

在一个数控加工程序的若干位置上，如果包含有一连串在写法上完全相同的内容，为了简化程序，可以把这些重复的内容抽出来，按一定格式编成子程序，然后像主程序一样将它们输入程序存储器中。如果在主程序的执行过程中需要某一子程序，则可以通过调用指令来调用子程序，执行完子程序再返回到主程序，继续执行后面的程序段。

为了进一步简化程序，子程序还可以调用另一子程序，如图 4-66 所示，这称为子程序的嵌套。编程中使用较多的是二重嵌套。

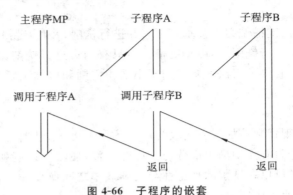

图 4-66　子程序的嵌套

2. 子程序的格式

```
O××××;
   ⋮
M99;
```

在子程序的开头,在地址"O"后规定子程序号(由四位数字组成,前面的 O 可以省略)。"M99"为子程序结束指令,它不一定要单独使用一个程序段,如"G00 X ＿ Y ＿ M99;"也是允许的。

3. 子程序的调用

调用子程序使用以下格式。

格式1:

```
M98 P×××× L××××
```

说明:"M98"为调用子程序指令;"P××××"指定被调用的子程序;"L××××"指定重复调用的次数。

格式2:

```
M98 P△△△ ××××;
```

说明:"M98"为调用子程序指令;"△△△"为重复调用的次数,系统允许重复调用的次数为 999 次,如果省略了重复调用的次数,则为 1 次;"××××"为被调用的子程序名。

子程序的执行过程举例如表 4-7 所示。

表 4-7　子程序的执行过程举例

主程序	子程序
O2000;	O2010;
⋮	⋮
N0020 M98 P2010;	⋮
N0030…	⋮
N0070 M98 P2010 L2;	⋮
N0080…	⋮
⋮	M99;

主程序 O2000 执行到 N0020 时转去执行子程序 O2010,子程序执行结束后继续执行主程序的 N0030 程序段,在主程序执行 N0070 时又转去执行子程序 O2010 两次,返回时又继续执行主程序的 N0080 及其后面的程序。

4. 使用子程序的注意事项

(1) 主程序中的模态 G 代码可被子程序中同一组的其他 G 代码更改。例如下例中,主程序中的 G90 被子程序中的 G91 更改,从子程序返回时主程序也变为 G91 状态了。

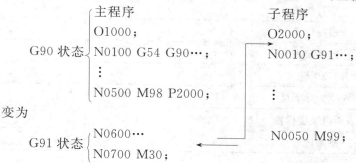

(2) 最好不要在刀具补偿状态下的主程序中调用子程序。因为当子程序中连续出现两段以上非移动指令或非刀补平面轴运动指令时很容易出现过切等错误,如下例:

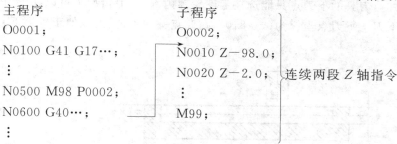

4.4.4　任务实施

1. 工艺准备

1) 工具选择

本任务中工件毛坯的外形为长方体,为使定位和装夹准确可靠,选择用平口钳进行装夹,并且夹紧力方向与 120 mm 尺寸方向垂直。其他所需工具如表 4-8 所示。

2) 量具选择

内轮廓尺寸中有尺寸 $100^{+0.03}_{0}$ mm,精度要求较高,需选用内径千分尺进行测量;深度尺寸 $10^{+0.1}_{0}$ mm 用深度游标卡尺进行测量可满足要求;表面质量用表面粗糙度样板进行检测。另用百分表校正平口钳及工件上表面。

3) 刃具选择

该工件的材料为硬铝,切削性能较好,选用高速钢铣刀即可满足要求。选择刀具时,刀具半径 R 不得大于内轮廓最小曲率半径 $R_{\min}$,一般取 $R=(0.8\sim0.9)R_{\min}$。

本任务内轮廓最小圆弧半径为 8 mm,故在精加工时所选铣刀的直径不得大于 16 mm,

为保证轮廓的加工精度和生产率,同时考虑下刀方便,粗、精加工都选用直径为 14 mm 的键槽铣刀。

表 4-8　型腔铣削用工、量、刃具

种类	序号	名称	规格	精度/mm	数量
工具	1	平口钳	QH135		1
	2	扳手			1
	3	平行垫铁			1
	4	塑胶锤子			1
量具	1	百分表(及表座)	0～10 mm	0.01	1
	2	内径千分尺	50～150 mm	0.01	1
	3	深度游标卡尺	0～200 mm	0.02	1
	4	表面粗糙度样板	N0～N1	12 级	1
刃具	1	键槽铣刀	$\phi 14$ mm		1

2. 加工工艺方案

1) 下刀方式

加工型腔类零件时,刀具的下刀点只能选在零件轮廓内部,一般情况下可以在下刀之前钻一工艺孔,以便于下刀。下刀点坐标为(-18,0),在此点钻一工艺孔,以便于垂直下刀,如图 4-67 所示。

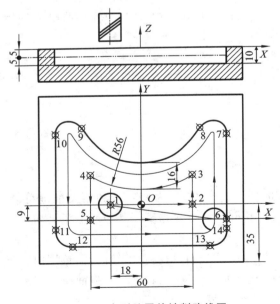

图 4-67　内型腔零件铣削路线图

2) 走刀路线

一般尽可能采用顺铣加工方式,即在铣内轮廓时选择沿内轮廓逆时针方向进行。本任务采用了顺铣加工方式。结合行切法和环切法的优点,先用行切法去除中间部分的余量,然后用环切法加工内轮廓表面。这种方法称为综合切削法。这种方法既可缩短走刀路线,又能获得较好的表面质量。在本任务中,由于深度方向上尺寸较大,不能一次性加工完成,因此在深度方向上采用层切法,粗加工分两层铣削,底面留 0.5 mm 用于精加工。每层的铣削采用环切法,侧面留 0.5 mm 的精加工余量。

刀具由 1→2→3→4→5→6→7→8→9→10→11→12→13→14→6→1 的顺序按环切方式进行加工。刀具从点 5 运行至点 6 时建立刀具半径补偿,加工结束时刀具从点 6 行至点 1 过程中取消刀具半径补偿。

3) 铣削用量参数表

加工材料为硬铝,硬度低,铣削力小。内轮廓和深度都有精度要求,需分粗、精铣。铣削用量的具体选择如表 4-9 所示。

表 4-9　内型腔零件型腔粗、精铣铣削用量参数表

刀具	加工内容	进给速度 f/(mm/min)	转速 n/(r/min)
ϕ14 mm 高速钢键槽铣刀	垂直进给,深度留 0.5 mm 余量	40	1 000
	粗铣内轮廓,侧面留 0.5 mm 余量	80	1 000
	精铣内轮廓	80	1 200

4) 基点坐标的计算

本任务需要计算图 4-66 所示各基点的坐标。各基点坐标值如表 4-10 所示。

表 4-10　内型腔零件型腔铣削基点坐标

基点	坐标	基点	坐标
1	(−18,0)	8	(35,45.635)
2	(30,0)	9	(−35,45.635)
3	(30,17.714)	10	(−50,41.762)
4	(−30,17.714)	11	(−50,−15)
5	(−30,−9)	12	(−40,−25)
6	(50,−9)	13	(40,−25)
7	(50,41.762)	14	(50,−15)

3. 装夹方案

本任务采用平口钳装夹工件,由于加工内型腔,所以不存在刀具干涉问题,只要保证对刀面高于钳口即可。

4. 参考程序(FANUC 系统)

粗加工内轮廓参考程序如下。

```
O4401                          (主程序)
N10 G00 G90 G54 X-18 Y0 M03 S1000;
N20 G43 H01 Z50;
N30 Z5;
N40 G01 Z-5 F40;
N50 M98 P0001;
```

```
N60 G01 Z5 F200;
N70 G01 Z-9.5 F40;
N80 M98 P0001;
N90 G01 Z5 F200;
N100 Z-10 F40;
N110 M98 P0001;           (精加工时 D01=7)
N120 G00 Z100;
N130 M30;

O0001                     (子程序)
N10 G01 X30 Y0 F80;
N20 G01 X30 Y17.714;
N30 G01 X-30 Y17.714 R56;
N40 G01 X-30 Y-9;
N50 G41 G01 X50 Y-9 D01;  (D01=7.5)
N60 G01 X41.762;
N70 G03 X35 Y45.635 R8;
N80 G02 X-35 R40;
N90 G03 X-50 Y41.762 R8;
N100 G01 X-50 Y-15;
N110 G03 X-40 Y-25 R10;
N120 G01 X40;
N130 G03 X50 Y-15 R10;
N140 G01 X-9;
N150 G01 G40 X-18 Y0 F200;
N160 G01 Z5 F200;
N170 M99;
```

5．精加工内轮廓型腔

（1）使用 ϕ14 mm 高速钢键槽铣刀。

（2）刀具半径补偿改为 7 mm。

（3）Z 向下刀深度为 -10 mm。

（4）子程序只需调用一次。

■ 4.5　孔加工

4.5.1　任务 1：动模板零件的钻、锪与铰孔加工

动模板零件如图 4-68 所示，底平面、侧面已在前面工序加工完成。本工序加工动模板

的两个沉头螺钉孔和两个销孔,试编写数控加工程序。零件材料为 45 钢。方孔采用电火花线切割加工。

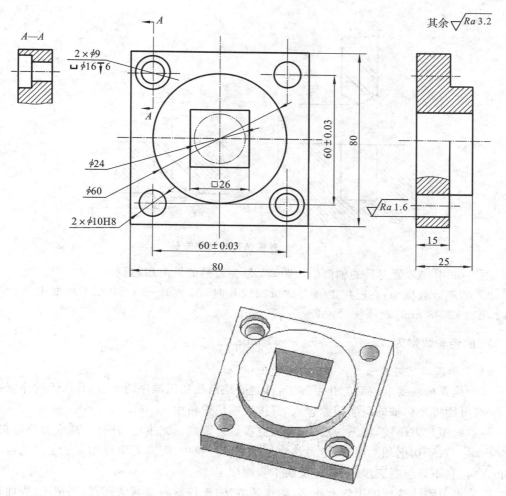

图 4-68 动模板零件的钻、锪与铰孔加工

4.5.2 孔的加工工艺知识

1. 孔类加工工艺

1) 数控钻孔的尺寸关系

数控铣床特别适合加工多孔类零件,尤其是孔数比较多而且每个孔需经几道工序加工方可完成的零件,如多孔板零件、分度头孔盘零件等。如果零件上孔的分布排列具有一定的规则,则使用加工中心的固定循环功能,会给编程工作带来很大的方便。

对于点位控制数控机床,只要求定位精度较高,定位过程尽可能快,而刀具相对于工件的运动路线是无关紧要的,因此这类数控机床应按空行程最短来安排走刀路线。除此之外,还要确定刀具轴向的运动尺寸。刀具轴向运动尺寸的大小主要由被加工零件的孔深决定,但也应考虑一些辅助尺寸,如刀具的轴向引入距离和轴向超越量。数控钻孔的尺寸关系如图 4-69 所示。

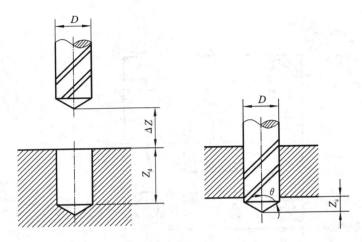

图 4-69 数控钻孔的尺寸关系

图 4-69 中,ΔZ 为刀具的轴向引入距离,Z_c 为刀具的轴向超越量。

ΔZ 的经验数据为:在已加工面上钻、镗、铰孔时,$\Delta Z = 1 \sim 3$ mm;在毛坯面上钻、镗、铰孔时,$\Delta Z = 5 \sim 8$ mm;攻螺纹时,$\Delta Z = 5 \sim 10$ mm。

Z_c 的经验数据为:$Z_c = \dfrac{D\cot\theta}{2} + (1 \sim 3)$ mm。

2)孔加工工艺路线安排

对于位置精度要求较高的孔系加工,特别要注意孔加工顺序的安排:孔加工顺序安排不当,就有可能将坐标轴的反向间隙带入,直接影响位置精度。

尽量缩短走刀路线,可缩短加工距离、空程运行距离。减少空刀时间,减少刀具磨损,提高生产率。对于切削加工而言,走刀路线是指加工过程中,刀具刀位点相对于工件的运动轨迹和方向,它不但包括工步内容,还反映工步顺序。

影响走刀路线选择的因素有很多,如工艺方法、工件材料及其状态、加工精度、表面粗糙度、工件刚度、加工余量、刀具的刚度与耐用度及状态、机床的类型与性能等。

2. 孔加工典型方法及所用刀具

孔加工在金属切削中占有很大的比重,应用广泛。在数控铣床上加工孔的方法很多,根据孔的尺寸精度、位置精度及表面粗糙度等要求,孔加工方法一般有点孔、钻孔、扩孔、锪孔、铰孔、镗孔及铣孔等。应根据孔的技术要求,合理地选择加工方法和加工步骤。部分孔加工工具及相关知识在第 3 章有所提及,此处做出回顾及补充和扩展。

1)点孔

点孔用于钻孔加工之前,由中心钻完成。由于麻花钻的横刃具有一定的长度,引钻时不易定心,加工时麻花钻的旋转轴线不稳定,因此利用中心钻在平面上先预钻一个凹坑,便于麻花钻钻入时定心。由于中心钻的直径较小,所以加工时主轴转速不得低于 1 000 r/min。

2)钻孔

钻孔是用钻头在工件实体材料上加工孔。麻花钻是钻孔最常用的刀具,一般用高速钢制造。钻孔精度一般为 IT10～IT11 级,表面粗糙度为 Ra 3.2～25 μm。钻孔直径范围为 10～100 mm,钻孔深度变化范围较大。钻孔广泛应用于孔的粗加工,也可作为不重要孔的最终加工。

3）扩孔

扩孔是用扩孔钻对工件上已有的孔进行扩大加工。扩孔钻有 3～4 个主切削刃,没有横刃,它的刚性及导向性较好。扩孔加工精度一般为 IT10～IT11 级,表面粗糙度为 Ra 3.2～12.5 μm。扩孔常用于已铸出、锻出或钻出孔的扩大,可作为精度要求不高孔的最终加工或铰孔、磨孔前的预加工,常用于直径在 10～100 mm 范围内的孔加工。一般工件的扩孔可使用麻花钻,精度要求较高或生产批量较大时应用扩孔钻进行扩孔,扩孔加工余量为 0.4～0.5 mm。

4）锪孔

锪孔(见图 4-70)是指用锪钻切出沉孔或刮平孔的端面,通常用于加工沉头螺钉的沉头孔、锥孔、小凸台面等。锪孔时切削速度不宜过高,以免产生径向振纹或出现多棱形等质量问题。

5）铰孔

铰孔是利用铰刀从工件孔壁上切除微量金属层,以提高孔的尺寸精度和表面粗糙度。铰孔精度等级为 IT6～IT8 级,表面粗糙度为 Ra 0.4～1.6 μm。铰孔适用于孔的半精加工及精加工。铰刀是定值刀具,有 6～12 个切削刃,刚性和导向性比扩孔钻好,适合精加工中小直径孔。铰孔之前,工件应经过钻孔、扩孔等加工,铰孔的加工余量参考表 4-11。

表 4-11　铰孔的加工余量(直径值)

孔的直径/mm	<8	9～20	21～32	33～50	51～70
铰孔的加工余量/mm	0.1～0.2	0.15～0.25	0.2～0.3	0.25～0.35	0.3～0.4

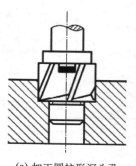

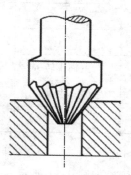

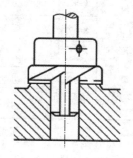

(a) 加工圆柱形沉头孔　　　　(b) 加工锥形沉头孔　　　　(c) 加工凸台表面

图 4-70　锪孔

6）镗孔

镗孔是利用镗刀对工件上已有尺寸较大的孔的加工,特别适合加工孔距和位置精度要求较高的孔系。镗孔加工精度等级可达到 IT7 级,表面粗糙度为 Ra 0.8～1.6 μm。镗孔应用于高精度加工场合。

7）铣孔

加工单件产品或模具上孔径不常见的某些孔时，为了节约定值刀具的成本，利用铣刀进行铣削加工。铣孔适合加工尺寸较大的孔。在高精度机床，铣削可以代替铰削或镗削。

3. 孔加工固定循环指令

在数控加工中，某些加工动作已经典型化，如钻孔、镗孔的动作顺序是孔位平面定位—快速引进—切削进给—快速退回等，对这一系列动作已经预先编好程序，并存储在内存中，可用包含 G 指令的一个程序调用，从而简化编程工作。这种包含了典型动作循环的 G 指令称为循环指令。

孔加工固定循环指令为模态指令，一旦某个孔的加工固定循环指令有效，在接着的所有 (X,Y) 位置均采用该孔加工固定循环指令进行孔加工，直到用 G80 指令取消孔加工固定循环为止。在孔加工固定循环指令有效时，XY 平面内的运动即孔位之间的刀具移动为快速运动（G00）。FANUC $0i$ 系统的孔加工固定循环指令如表 4-12 所示。

表 4-12　FANUC $0i$ 系统的孔加工固定循环指令

G 指令		加工运动（Z 轴运动）	孔底动作	返回运动（Z 轴运动）	应用
钻孔 指令	G81	切削进给	—	快速定位进给	普通钻孔循环
	G82	切削进给	暂停	快速定位进给	钻孔或锪孔
	G73	间歇切削进给	—	快速定位进给	高速深孔钻削
	G83	间歇切削进给	—	快速定位进给	深孔钻削循环
攻螺纹 指令	G84	切削进给	暂停—主轴反转	切削进给	攻右旋螺纹
	G74	切削进给	暂停—主轴反转	切削进给	攻左旋螺纹
镗孔 指令	G76	切削进给	主轴定向，让刀	快速定位进给	镗削循环
	G85	切削进给		切削进给	镗削循环
	G86	切削进给	主轴停	快速定位进给	镗削循环
	G87	切削进给	主轴正转	快速定位进给	反镗削循环
	G88	切削进给	暂停—主轴停	手动	镗削循环
	G89	切削进给	暂停	切削进给	镗削循环

1）孔加工固定循环执行动作组成

孔加工通常由下述 6 个动作组成，如图 4-71 所示。

（1）动作 1：X 轴和 Y 轴定位，使刀具快速定位到孔加工的位置。

（2）动作 2：使刀具快进到 R 点，即刀具自初始点快速进给到 R 点。

（3）动作 3：孔加工，刀具以切削进给的方式执行孔加工的动作。

（4）动作 4：在孔底的动作，包括暂停、主轴准停、刀具移位等动作。

（5）动作 5：刀具返回 R 点。继续孔的加工而又可以安全移动刀具时选择返回 R 点。

（6）动作 6：刀具快速返回到初始点。孔加工完成后一般应选择回到初始点。

孔加工固定循环平面如图 4-72 所示。

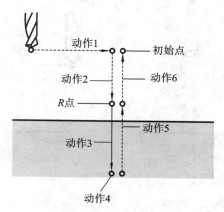

图 4-71　孔加工固定循环执行动作组成

‑‑‑‑‑▶表示快速移动,──▶表示切削进给

初始平面:为安全下降刀具规定的一个平面。初始平面到零件表面的距离可以任意设定在一个安全的高度上。

R 点平面:又叫作 R 参考平面,是刀具下刀时由快速进给转为切削进给的高度平面,与工件表面之间的距离主要通过考虑工件表面尺寸的变化来确定,一般可取 2～5 mm。

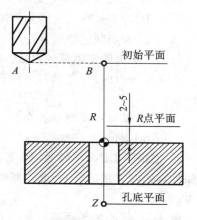

图 4-72　孔加工固定循环平面

孔底平面:加工盲孔的孔底平面就是孔底的 Z 轴高度;加工通孔时一般刀具还要伸出工件孔底平面一段距离,这主要是为了保证全部孔深都加工到尺寸;钻削加工时还应考虑钻头对孔深的影响。

钻孔定位平面由平面选择指令 G17、G18 或 G19 决定。必须记住,只有在取消固定循环以后才能切换钻孔轴。

孔加工固定循环的坐标数值可以采用以绝对坐标(G90)或增量坐标(G91)表示。采用绝对坐标编程和采用增量坐标编程的区别是孔加工固定循环指令中的值有所不同。

2) 孔加工固定循环编程格式

孔加工固定循环的通用编程格式如下。

　　G98～G99 G73～G89 X＿ Y＿ Z＿ R＿ Q＿ P＿ F＿ L＿;

说明如下。

(1) G98 指令用于返回初始平面,为默认指令。

(2) G99 指令用于返回 R 点平面。

G98 指令与 G99 指令的区别如图 4-73 所示。

(3) G73～G89 指令为孔加工指令。

(4) "X""Y"为加工起点到孔位的距离(G91)或孔位坐标(G90)。

(5) "Z"为加工起点到孔底的增量距离(G91)或孔底坐标(G90)。

(6) "R"为初始点到 R 点的增量距离(G91)或 R 点的坐标(G90)。

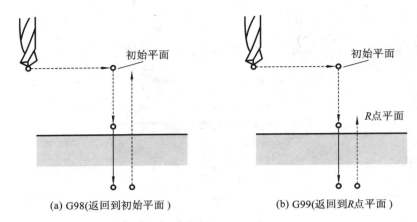

(a) G98(返回到初始平面)　　　　　(b) G99(返回到R点平面)

图 4-73　G98 指令与 G99 指令的区别

（7）"Q"为每次进给深度（G73/G83）或刀具在轴上的反向位移增量（G76/G87）。

（8）"P"为刀具在孔底的暂停时间。

（9）"F"为切削进给速度。

（10）"L"为固定循环的次数。

在实际编程时,并不是每一种孔加工固定循环的编程都要用到以上格式中的所有代码,举例如下。

例 4-1　钻孔固定循环指令格式为

```
G81 X100 Y50 Z-25 R5 F100;
```

在孔加工固定循环的通用编程格式中,除 L 指令外,其他所有指令都是模态指令,只有在循环取消时才被清除,因此这些指令一经指定,在后面的重复加工中不必重新指定,举例如下。

例 4-2　锪孔固定循环指令格式为

```
G82 X100 Y50 Z-25 R5 P1000 F100;

X80;

G80;
```

执行以上指令时,将在(100,50)和(80,50)处加工出相同深度的孔。

孔加工固定循环由 G80 指令取消。另外,遇到 01 组的 G 指令（如 G00、G01）,孔加工固定循环也会自动取消。

孔加工指令以及 Z,R,Q,P 等指令都是模态指令,只是在取消孔加工方式时方被清除,因此只需在开始时指定这些指令,在后面连续的加工中重复的功能可不必重新指定。如果仅仅是某个孔的加工数据发生变化（如孔深有变化）,仅修改要变化的数据即可。

4.5.3　钻孔、锪孔及铰孔固定循环指令

1. 钻孔固定循环指令 G81 与锪孔固定循环指令 G82

1）指令格式

```
G81 X__ Y__ Z__ R__ F__;
G82 X__ Y__ Z__ R__ P__ F__;
```

华中数控系统：

```
G81 X __ Y __ Z __ R __ F __ L __ P __ ;
G82 X __ Y __ Z __ R __ P __ F __ L __ ;
```

2）指令说明

（1）在华中数控系统的指令格式中，"P"为在 R 点的暂停时间，单位为秒。

（2）G81 指令用于正常的钻孔，切削进给执行到孔底后，刀具从孔底快速移动退回。

（3）G82 指令的执行动作类似于 G81 指令，只是在孔底增加了进给后的暂停动作。因此，在盲孔加工中，使用 G82 指令可提高孔底精度。该指令常用于锪孔或台阶孔的加工。

G81 与 G82 指令动作图如图 4-74 所示。

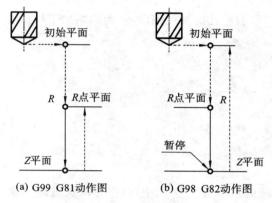

图 4-74　G81 与 G82 指令动作图

——→表示工进，------→表示快进

例 4-3　加工图 4-75 所示的孔，试用 G81 指令进行编程。

编写的程序如下。

```
N10 G92 X0 Y0 Z80;
N20 M03 S800;
N30 G98 G81 X20 Y15 R20 Z-3 F200;
N40 X40 Y30;
N50 G00 X0 Y0 Z80;
N60 M30;
```

例 4-4　加工图 4-76 所示的孔，试用 G82 指令进行编程。

编写的程序如下。

```
N10 G92 X0 Y0 Z80;
N20 M03 S800;
N30 G98 G82 X25 Y30 R40 P2 Z25 F200;
N40 G00 X0 Y0 Z80;
N50 M30;
```

2. 高速深孔钻固定循环指令 G73 与深孔钻固定循环指令 G83

所谓深孔，通常是指孔深和孔直径之比大于 5 的孔。加工深孔时，散热差，排屑困难，钻

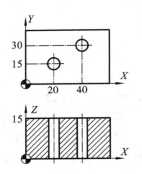

图 4-75　用 G81 指令编程加工孔举例

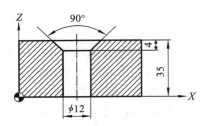

图 4-76　用 G82 指令编程加工孔举例

杆刚性差,易使刀具损坏和引起孔的轴线偏斜,从而影响加工精度和生产率。

1) 指令格式

```
G73 X __ Y __ Z __ R __ Q __ F __;
G83 X __ Y __ Z __ R __ Q __ F __;
```

华中数控系统:

```
G73 X __ Y __ Z __ R __ Q __ P __ K __ F __ L __;
G83 X __ Y __ Z __ R __ Q __ P __ K __ F __ L __;
```

2) 指令说明

(1) 在华中数控系统的 G73 指令格式中,"Q"为每次进给深度,"K"为每次退刀距离。在华中数控系统的 G83 指令格式中,"Q"为每次进给深度,"K"为每次退刀后再次进给时,由快速进给转换为切削进给时距上次加工面的距离。

(2) G73 指令通过 Z 轴方向的间歇进给实现断屑动作。

(3) G83 指令通过 Z 轴方向的间歇进给实现断屑与排屑动作。该指令与 G73 指令的不同之处在于:刀具间歇进给后快速回退到 R 点,再快速进给到 Z 向距上次切削孔底平面 d 处,从该点处,快进变成工进,工进距离为 $Q+d$。

G73 与 G83 指令动作图如图 4-77 所示。

例 4-5　加工图 4-78 所示的孔,试用 G73 指令进行编程。

编写的程序如下。

```
N10 G92 X0 Y0 Z80;
N20 M03 S700;
N30 G00 Y25;
N40 G98 G73 X20 R40 Q-10 Z-3 F80;
N50 X40;
N60 G00 X0 Y0 Z80;
N70 M30;
```

3. 镗孔固定循环指令 G85

(1) 指令格式。

```
G85 X __ Y __ Z __ R __ F __;
```

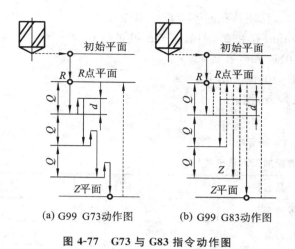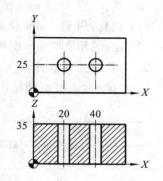

(a) G99 G73动作图　　　(b) G99 G83动作图

图 4-77　G73 与 G83 指令动作图

——表示工进，------表示快进

图 4-78　用 G73 指令加工孔举例

华中数控系统：

G85 X＿ Y＿ Z＿ R＿ P＿ F＿ L＿；

（2）指令动作。如图 4-79 所示，执行 G85 指令时，刀具以切削进给方式加工到孔底，然后以切削进给方式返回到 R 点平面。该指令常用于铰孔和扩孔加工，也可用于粗镗孔加工。

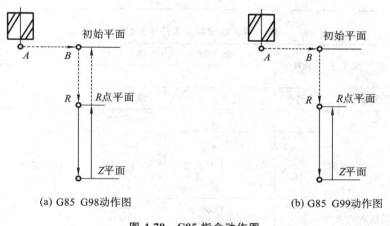

(a) G85 G98动作图　　　(b) G85 G99动作图

图 4-79　G85 指令动作图

——表示工进，------表示快进

4.5.4　任务实施

1. 工艺分析

根据图样需加工：$2 \times \phi 10$H8 mm 孔，尺寸精度为 IT8 级，表面粗糙度为 Ra 1.6 μm；$2 \times \phi 9$ mm 通孔和 $2 \times \phi 16$ mm 沉孔，沉孔深 6 mm。$2 \times \phi 10$H8 mm 孔尺寸精度和表面质量要求较高，可采用钻孔→扩孔→铰孔方式完成；$2 \times \phi 9$ mm 通孔用 $\phi 9$ mm 钻头直接钻出即可；$2 \times \phi 16$ mm 沉孔先钻孔后再锪孔。本零件所有刀具 Z 向以圆台上表面为基准，工艺过程如下。

（1）钻中心孔：所有孔都先打中心孔，以保证钻孔时不会产生斜歪现象。

（2）钻孔：用 $\phi 9$ mm 钻头钻出 $2 \times \phi 9$ mm 孔和 $2 \times \phi 10$H8 mm 孔的底孔。

（3）扩孔：用 $\phi 9.8$ mm 钻头扩 $2 \times \phi 10$H8 mm 孔。

（4）铰孔：用 $\phi 10$ mm 铰刀加工出 $2 \times \phi 10$H8 mm 孔。

（5）锪孔：用 $\phi 16$ mm 键槽铣刀锪 $\phi 16$ mm 沉孔。

2. 刀具与工艺参数

工艺和刀具参数分别如表 4-13、表 4-14 所示。

表 4-13　数控加工刀具卡片（四）

单位		数控加工刀具卡片	产品名称		零件图号	
			零件名称		程序编号	
序号	刀具号	刀具名称	刀具		补偿值		刀补号	
			直径	长度	半径	长度	半径	长度
1	T01	中心钻	3 mm					
2	T02	麻花钻	9 mm					
3	T03	麻花钻	9.8 mm					
4	T04	键槽铣刀	16 mm					
5	T05	铰刀	10 mm					

表 4-14　数控加工工序卡片（四）

单位		数控加工工序卡片	产品名称	零件名称	材料	零件图号
工序号	程序编号	夹具名称	夹具编号	设备名称	编制	审核
				XK713		
工步号	工步内容	刀具号	刀具名称	切削用量		
				转速 /(r/min)	进给速度 /(mm/r)	切削深度 /mm
1	钻所有孔中心孔	T01	$\phi 3$ mm 中心钻	1 800	60	0.5D
2	钻 $2 \times \phi 9$ mm 和 $2 \times \phi 10$H8 mm 的底孔	T02	$\phi 9$ mm 麻花钻	800	80	0.5D
3	扩 $2 \times \phi 10$H8 mm 孔	T03	$\phi 9.8$ mm 麻花钻	600	80	0.5D
4	锪 $2 \times \phi 16$ mm 沉孔	T04	$\phi 16$ mm 键槽铣刀	500	60	0.10
5	铰 $2 \times \phi 10$H8 mm 孔	T05	$\phi 10$ mm 铰刀	200	50	3.5

3. 装夹方案

本工序采用平口钳装夹工件,由于加工内腔,所以不存在刀具干涉问题,只要保证对刀面高于钳口即可。

4. 参考加工程序

```
O4501                                    (程序名)
N10 T01;                                 (手动换刀(中心钻))
N20 M03 S1800;
N30 G90 G54 G00 X-30 Y-30;
N40 G90 G43 G00 Z50 H01;
N50 Z5 M08;
N60 G99 G81 X-30 Y-30 Z-13 R5 F60;
N70 X30;
N80 Y30;
N90 G99 X-30;
N100 G80;
N110 G00 Z100 M09;
N120 M05;
N130 M00;
N140 T02;                                (换 ϕ9 mm 钻头)
N150 G90 G43 G00 Z50 H02;                (刀具定位,换转速)
N160 S800 M03 M08;
N170 G99 G81 X-30 Y-30 Z-30 R5 F50;      (钻孔)
N180 X30;
N190 Y30;
N200 G99 X-30;
N210 G80 M09 M05;                        (取消固定循环)
N220 G00 Z100 M09;
N230 M05;
N240 M00;
N250 T03;                                (手动换 ϕ9.8 mm 钻头,扩孔)
N260 G90 G43 G00 Z50 H03;
N270 S600 M03 M08;
N280 G99 G81 X-30 Y-30 Z-30 R5 F60;
N290 G99 X30 Y30;
N300 G80;
N310 G00 Z500 M09
N320 T04;                                (手动换 ϕ16 mm 键槽铣刀,锪孔)
N330 G90 G43 G00 Z50 H04;
```

```
N340 S500 M03 M08;
N350 G99 G82 X-30 Y30 Z-16 R5 P300 F30;
N360 G99 X30 Y-30;
N370 G80;
N380 G00 Z100 M09;
N390 M05;
N400 M00;
N410 T05;                                        (手动换ϕ10 mm铰刀,铰孔)
N420 M03 S200 M08;                               (铰孔取较小转速)
N430 G99 G85 X-30 Y-30 Z-30 R3 F40;              (铰孔超越量为5 mm)
N440 G99 X30 Y30;
N450 G80 M09 M05;                                (取消固定循环)
N460 G00 Z100;
N470 M30;
```

4.5.5 任务2:端盖零件上孔的加工

端盖零件如图4-80所示,上下表面、外轮廓已由前面工序加工完成。本工序完成零件上所有孔的加工,试编写数控加工程序。

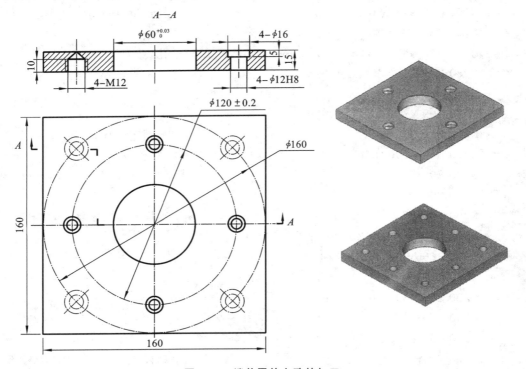

图4-80 端盖零件上孔的加工

4.5.6　攻螺纹和镗孔的加工工艺知识

有关攻螺纹和镗孔的知识,前文有所描述,此处进行回顾和补充。

1. 攻螺纹的加工工艺

1) 普通螺纹简介

普通螺纹是我国应用最为广泛的一种三角形螺纹,牙型角为 60°。普通螺纹的代号用字母"M"和公称直径×螺距表示,如 M24×1.5、M27×2 等。

普通螺纹有左旋螺纹和右旋螺纹之分,左旋螺纹应在螺纹标记的末尾处加注字母"LH",如 M20×1.5LH 等,未注明的是右旋螺纹。

2) 螺纹底孔直径的确定

攻螺纹时,丝锥在切削金属的同时,伴随着较强的挤压作用。因此,金属产生塑性变形,形成凸起并挤向牙尖,使攻出的螺纹的小径小于底孔直径。螺纹底孔直径应稍大于螺纹小径,否则攻螺纹时因挤压作用,螺纹牙顶与丝锥牙底之间没有足够的容屑空间,容易将丝锥箍住,甚至折断丝锥。这种现象在攻塑性较大的材料时更为严重。但螺纹底孔直径不宜过大,否则会使螺纹牙型高度不够,降低螺纹的强度。

螺纹底孔直径的大小可根据螺纹的螺距查阅手册或按下面经验公式确定。

加工钢件等塑性材料时:

$$D_{底} \approx D - P$$

加工铸铁等脆性材料时:

$$D_{底} \approx D - 1.05P$$

式中:$D_{底}$——螺纹底孔直径,mm;

　　　D——螺纹公称直径,mm;

　　　P——螺距,mm。

对于细牙螺纹,螺距已在螺纹代号中做了标记。而对于粗牙螺纹,每一种尺寸规格的螺距也是固定的,如 M8 的螺距为 1.25 mm、M10 的螺距为 1.5 mm、M12 的螺距为 1.75 mm 等,具体可查阅有关螺纹尺寸参数表。

3) 盲孔螺纹底孔深度的确定

攻盲孔螺纹时,由于丝锥的切削部分有锥角,端部不能切出完整的牙型,所以钻孔深度要大于螺纹的有效深度,如图 4-81 所示,一般取

$$H_{钻} = h_{有效} + 0.7D$$

式中:$H_{钻}$——盲孔螺纹底孔深度,mm;

　　　$h_{有效}$——盲孔螺纹有效深度,mm;

　　　D——盲孔螺纹公称直径,mm;

4) 螺纹轴向起点和轴向终点尺寸的确定

在数控机床上攻螺纹时,沿螺距方向的 Z 向进给应和机床主轴的旋转保持严格的速比关系,但实际开始攻螺纹时,伺服系统不可避免地有一个加速的过程;而在攻螺纹结束前,伺服系统有一个减速的过程。在这两段时间内,螺距得不到有效的保证。为了避免这种情况的出现,在安排攻螺纹工艺时要尽可能考虑留出图 4-82 所示的导入(引入)距离 d_1 和导出

距离 d_2（即超越量）。

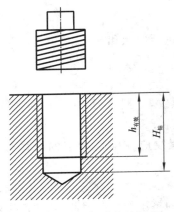

图 4-81　盲孔螺纹底孔深度

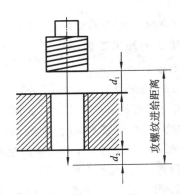

图 4-82　攻螺纹轴向起点与轴向终点

d_1 和 d_2 的数值不仅与机床拖动系统的动态特性有关，还与螺纹的螺距和精度有关。一般 d_1 取 $(2\sim3)P$，大螺距和高精度的螺纹取较大值；d_2 一般取 $(1\sim2)P$。此外，在加工通孔螺纹时，导出量还要考虑丝锥前端切削锥角部位的长度。

5）攻螺纹刀具与刀柄

（1）丝锥。

丝锥是攻螺纹并能直接获得螺纹尺寸的刀具，一般由合金工具钢或高速钢制成。丝锥如图 4-83 所示：前端切削部分制成圆锥，有锋利的切削刃；中间为导向和校正部分，起修光和引导丝锥轴向运动的作用；柄部有方头，用于连接。

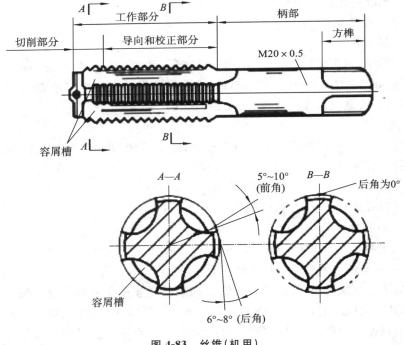

图 4-83　丝锥（机用）

（2）攻螺纹刀柄。

刚性攻螺纹时通常使用浮动攻螺纹刀柄（见图 4-84）。这种攻螺纹刀柄以棘轮机构带动丝锥，当攻螺纹的扭矩超过棘轮机构的扭矩时，丝锥在棘轮机构中打滑，从而防止丝锥折断。

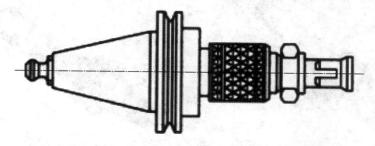

图 4-84　浮动攻螺纹刀柄

2. 镗孔加工的关键技术

镗孔加工的关键在于解决镗刀杆的刚性问题和排屑问题。

1）刚性问题的解决方案

（1）选择截面积大的镗刀杆。

因此，为了增加镗刀杆的刚性，应根据所加工孔的直径，尽可能选择截面积大的镗刀杆。通常情况下，孔径在 30～120 mm 范围内，镗刀杆直径一般为孔径的 10%～80%。孔径小于 30 mm 时，镗刀杆直径取孔径的 80%～90%。

（2）镗刀杆的长度尽可能短。

镗刀杆伸得太长，会降低镗刀杆的刚性，容易引起振动。因此，为了增加镗刀杆的刚性，选择镗刀杆的长度时，只需使镗刀杆的伸出长度略大于孔深即可。

（3）选择合适的切削角度。

为了避免切削过程中由于受径向力作用而产生振动，镗刀的主偏角一般选得较大。镗铸铁孔或精镗时一般取 $\kappa_r=90°$，粗镗钢件孔时取 $\kappa_r=60°～90°$，以提高镗刀的寿命。

2）排屑问题的解决方案

排屑问题主要通过控制切屑流出方向来解决。精镗孔时，要求切屑流向待加工表面（即前排屑），此时，选择正刃倾角的镗刀。加工盲孔时，通常向镗刀杆方向排屑，此时，选择负刃倾角的镗刀。

3. 镗孔刀具

镗孔所用刀具为镗刀。镗刀种类很多，按加工精度可分为粗镗刀和精镗刀，按切削刃数量可分为单刃镗刀和双刃镗刀。

1）粗镗刀

粗镗刀结构简单，用螺钉将镗刀刀头装夹在镗刀杆上。镗刀杆顶部和侧部有两只锁紧螺钉，分别起调整尺寸和锁紧作用。根据粗镗刀刀头在镗刀杆上的安装形式，粗镗刀又分成倾斜型粗镗刀和直角型粗镗刀。镗孔时，所镗孔径的大小要通过调整刀头的悬伸长度来保证。粗镗刀由于调整刀头的悬伸长度较麻烦且效率低，大多用于单件小批量生产。倾斜型单刃粗镗刀如图 4-85 所示。

2）精镗刀

精镗刀目前较多地选用精镗可调镗刀（见图 4-86）和精镗微调镗刀（见图 4-87）。粗镗刀的径向尺寸可以在一定范围内进行微调,调节方便,且精度高。调整尺寸的做法是:先松开锁紧螺钉,然后转动带刻度盘的调整螺母,等调至所需尺寸,拧紧锁紧螺钉。

图 4-85　倾斜型单刃粗镗刀

图 4-86　精镗可调镗刀

3) 双刃镗刀

双刃镗刀(见图 4-88)有一对对称的切削刃同时参与切削。与单刃镗刀相比,双刃镗刀每转进给量可提高 1 倍左右,生产效率高。同时,双刃镗刀可以消除切削力对镗刀杆的影响。

图 4-87　精镗微调镗刀

图 4-88　双刃镗刀

镗刀刀头有粗镗刀刀头(见图 4-89)和精镗刀刀头(见图 4-90)之分,粗镗刀刀头与普通焊接式车刀类似;精镗刀刀头上带刻度盘,每转一格表示刀头调整 0.01 mm(半径值)。

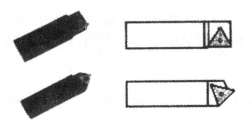

图 4-89　粗镗刀刀头

图 4-90　精镗刀刀头

4.5.7　攻螺纹与镗孔固定循环指令

1. 刚性攻右旋螺纹固定循环指令 G84 与刚性攻左旋螺纹固定循环指令 G74

1) 指令功能

螺纹攻丝。

2）指令格式

```
G84 X__ Y__ Z__ R__ P__ F__;
G74 X__ Y__ Z__ R__ P__ F__;
```

华中数控系统：

```
G84 X__ Y__ Z__ R__ P__ F__ L__;
G74 X__ Y__ Z__ R__ P__ F__ L__;
```

3）指令说明

（1）指令参数的意义。

①"R"在绝对编程时是参照 R 点的坐标值，在增量编程时是参照 R 点相对于起始点的增量值，R 点应选距工件表面 7～8 mm。

②"P"为刀具在孔底停顿的时间。

③"F"为螺纹导程。

注意："Z"的移动量为零时，该指令不执行。

（2）指令动作。

图 4-91 所示为 G74 与 G84 指令动作图。

G84 指令：从 R 点到 Z 点攻螺纹时，刀具正向进给，主轴正转；到孔底时，主轴反转，刀具以反向进给速度退出。这里：进给速度（mm/min）＝主轴转速（r/min）×螺距（mm），R 点应选在距工件表面 7 mm 以上的地方。G98 指令使刀具快速返回起始点。G84 指令中进给倍率不起作用，进给保持只能在返回动作结束后执行。使用进给保持时，在全部动作结束前不取消。

G74 指令动作与 G84 指令动作基本类似，只是 G74 指令用于加工左旋螺纹。执行该指令时，主轴反转，刀具在初始平面快速定位后快速移动到 R 点，执行攻螺纹，刀具到达孔底后，主轴正转，刀具退回到 R 点，然后主轴恢复反转，完成攻螺纹动作。

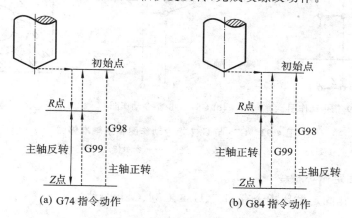

图 4-91　G74 与 G84 指令动作图

2. 精镗孔固定循环指令 G76 与反镗孔固定循环指令 G87

1）指令格式

```
G76 X__ Y__ Z__ R__ Q__ P__ F__;
G87 X__ Y__ Z__ R__ Q__ F__;
```

华中数控系统：

```
G76 X__Y__Z__R__P__I__J__F__L__;
G87 X__Y__Z__R__P__I__J__F__L__;
```

2）指令说明

（1）指令参数的意义。

①"R"为从初始位置到 R 点的距离。

②"Q"为刀具在孔底的偏移量（正值）。

③"P"为刀具在孔底暂停的时间（ms）。

④"F"为切削进给速度。

⑤"I"为 X 轴刀尖反向位移量。

⑥"J"为 Y 轴刀尖反向位移量。

注意："Z""Q"的移动量为零时，该指令不执行。

（2）指令动作。

精镗时，主轴在孔底定向停止后，向刀尖反方向移动，然后快速退刀，退刀位置由 G98 或 G99 指令决定。这种带有让刀的退刀不会划伤已加工表面，保证了镗孔精度。刀尖反向位移量用地址"Q"指定，"Q"值只能为正值。"Q"值是模态的，位移方向由 MDI 设定，可为 $\pm X$、$\pm Y$ 中的任一个。图 4-92 给出了 G76 与 G87 指令的动作循环次序。主轴准停图如图 4-92(c)所示。

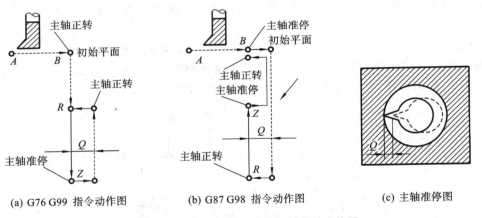

(a) G76 G99 指令动作图   (b) G87 G98 指令动作图   (c) 主轴准停图

图 4-92　G76 与 G87 指令动作图和主轴准停图

——▶表示工进，------▶表示快进

3. 粗镗孔固定循环指令

常用的粗镗孔固定循环指令有 G85、G86、G88、G89 四种。

1）指令格式

```
G85 X__Y__Z__R__F__;
G86 X__Y__Z__R__P__F__;
G88 X__Y__Z__R__P__F__L__;
G89 X__Y__Z__R__P__F__;
```

2）指令动作

G85、G86、G88 与 G89 指令动作图如图 4-93 所示。

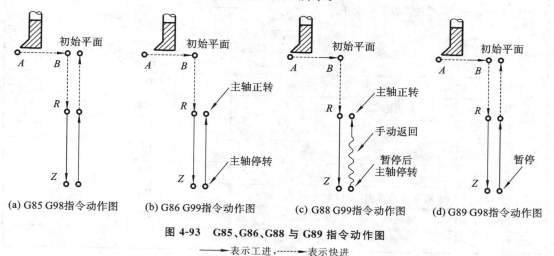

(a) G85 G98指令动作图　　(b) G86 G99指令动作图　　(c) G88 G99指令动作图　　(d) G89 G98指令动作图

图 4-93　G85、G86、G88 与 G89 指令动作图

——→表示工进，------→表示快进

执行 G85 指令，刀具以切削进给方式加工到孔底，然后以切削进给方式返回到 R 点平面。

因此，该指令除可用于较精密的镗孔外，还可用于铰孔和扩孔。

执行 G86 指令，刀具以切削进给方式加工到孔底，然后主轴停转，刀具快速退到 R 点平面后，主轴正转。由于刀具在退回过程中容易在工件表面划出条痕，所以该指令常用于对精度或粗糙度要求不高的镗孔加工。

执行 G88 指令，刀具以切削进给方式加工到孔底，刀具在孔底暂停后主轴停转，这时可通过手动方式从孔中安全退出刀具，再开始自动加工，Z 轴快速返回 R 点平面或初始平面，主轴恢复正转。此种固定循环方式虽能相应提高孔的加工精度，但加工效率较低。

G89 指令动作与 G85 指令动作基本类似，不同的是 G89 动作在孔底增加了暂停，因此该指令常用于阶梯孔的加工。

4.5.8　任务实施

1. 工艺分析

根据图样：需加工 4-ϕ12H8 mm 孔，孔的尺寸精度为 IT8 级，表面粗糙度为 Ra 1.6 μm；攻 4-M12 螺纹孔。本次加工，以外形轮廓为对刀基准，并将 XY 坐标原点设在 $\phi60^{+0.03}_{0}$ mm 中心。

4-ϕ12 mm 孔可以中心钻定位→钻孔→铰孔方式完成，铰孔的底孔直径取 ϕ11.8 mm；$\phi60^{+0.03}_{0}$ mm孔以钻孔→扩孔→粗镗孔→精镗孔方式完成，精镗孔余量取 0.2 mm（双边）；4-M12 螺纹孔以中心钻定位→钻孔→攻螺纹方式完成。M12 螺距为 1.5 mm，攻螺纹的底孔直径取 10.3 mm。机床的定位精度完全能保证孔的位置精度要求，所有孔加工进给路线均按最短路线确定。

2. 刀具与工艺参数

刀具与工艺参数如表 4-15、表 4-16 所示。

表 4-15 数控加工刀具卡片（五）

单位	数控加工刀具卡片		产品名称			零件图号		
			零件名称			程序编号		
序号	刀具号	刀具名称	刀具		补偿值		刀补号	
			直径	长度	半径	长度	半径	长度
1	T01	中心钻	10 mm			H1		
2	T02	麻花钻	11.8 mm			H2		
3	T03	铰刀	12 mm			H3		
4	T04	键槽铣刀	16 mm			H4		
5	T05	扩孔钻	59 mm			H5		
6	T06	精镗微调镗刀	60 mm			H6		
7	T07	麻花钻	10.3 mm			H7		
8	T08	丝锥	M12 mm			H8		

表 4-16 数控加工工序卡片（五）

单位	数控加工工序卡片		产品名称		零件名称	材料	零件图号
工序号	程序编号	夹具名称	夹具编号		设备名称	编制	审核
					XK713		
工步号	工步内容	刀具号	刀具名称	切削用量			
				转速 /(r/min)	进给速度 /(mm/r)	切削深度 /mm	
1	钻中心孔	T01	φ10 mm 中心钻	1 200	50		
2	钻 φ12 mm 底孔	T02	φ11.8 mm 麻花钻	800	80		
3	铰 4-φ12 mm 孔	T03	φ12 mm 铰刀	300	60		
4	铣 4-φ16 mm 沉孔	T04	φ16 mm 键槽铣刀	800	60		
5	扩孔	T05	φ59 mm 扩孔钻	400	40		
6	镗孔	T06	φ60 mm 精镗微调镗刀	500	30		
7	钻中心孔（工件反面）	T01	φ10 mm 麻花钻	1 200	50		
8	钻 M12 螺纹底孔	T07	φ10.3 mm 麻花钻	800	80		

工步号	工步内容	刀具号	刀具名称	切削用量		
				转速 /(r/min)	进给速度 /(mm/r)	切削深度 /mm
9	攻 4-M12 螺纹	T08	M12 丝锥	200	350	

3. 装夹方案

本工序采用平口钳装夹,由于加工内腔,所以不存在刀具干涉问题,只要保证对刀面高于钳口即可。

4. 参考加工程序

```
04501；                        (程序名)
N10 T01；                      (手动换刀,用 A2 中心钻)
N20 G90 G54 G00 X0 Y0；
N30 M03 S1200；
N40 G00 G43 H1 Z50 M08；
N50 Z10；
N60 G99 G81 X0 Y0 Z-3 R5 F50；
N70 X60 Y0；
N80 X0 Y60；
N90 X-60 Y0；
N100 X0 Y-60；
N110 G80；
N120 G00 Z100；
N130 X0 Y0；
N140 M05；
N150 M00；
N160 T02                      (换 φ11.8 麻花钻)
N170 M03 S800；
N180 G43 H02 Z50 M08；
N190 Z10；
N200 G99 G81 X0 Y0 Z-20 R5 F80；
N210 X60 Y0；
N220 X0 Y60；
N230 X-60 Y0；
N240 X0 Y-60；
N250 G80；
N260 G00 Z100；
N270 X0 Y0；
N280 M05；
```

```
N290 M00;
N300 T03;                           (换 φ12 mm 铰刀,铰 4-φ12 mm 孔到尺寸)
N310 M03 S300;
N320 G43 H3 Z50 M08;
N330 Z10;
N340 G99 G81 X60 Y0 Z-20 R5 F60;
N350 X0 Y60;
N360 X-60 Y0;
N370 X0 Y-60;
N380 G80;
N390 G00 Z100;
N400 X0 Y0;
N410 M05;
N420 M00;
N430 T04;                           (换 φ16 mm 键槽铣刀,加工 φ16 mm 沉孔)
N440 Y-20 M03 S800;
N450 G43 H04 Z50 M08;
N460 Z10;
N470 G99 G82 X60 Y0 Z-5 R5 P100 F60;
N480 X0 Y60;
N490 X-60 Y0;
N500 X0 Y-60;
N510 G80;
N520 G00 Z100;
N530 X0 Y0;
N540 M05;
N550 M00;
N560 T05;                           (换 φ59 扩孔钻)
N570 M03 S400;
N580 G43 H05 Z50 M08;
N590 Z10;
N600 G98 G81 X0 Y0 Z-30;
N610 G80;
N620 G00 Z100;
N630 M05;
N640 M00;
N650 T06;                           (换 φ60 精镗微调镗刀,镗 φ60 孔到尺寸)
N660 M03 S500;
N670 G43 H06 Z50 M08;
N680 Z10;
```

```
N690 G99 G76 X0 Y0 Z-18 R005 F30;
N700 G80;
N710 G00 Z000;
N720 M05;
N730 M00;
N740 T01;                            (换中心钻,加工工件反面 4 个螺纹孔)
N750 M03 S1200;
N760 G43 H01 Z50;
N770 Z10;
N780 G99 G81 X56.56 Y56.56 Z-3 RG F60;
N790 X-56.56;
N800 Y-56.56;
N810 X56.56 Y-56.56;
N820 G80;
N830 G00 Z000;
N840 M05;
N850 M00;
N860 T07;                            (换 φ10.3 mm 麻花钻,钻 M12 螺纹底孔)
N870 M03 S800;
N880 G43 H07 Z50 M08;
N890 Z10;
N900 G99 G81 X56.56 Y56.56 Z-14 R5 F80;
N910 X-56.56;
N920 Y-56.56;
N930 X56.56 Y-56.56;
N940 G80;
N950 G00 Z100;
N960 M05;
N970 M00;
N980 T08;                            (换 M12 丝锥,攻螺纹)
N990 M03 S200;
N1000 G43 H08 Z50 M08;
N1010 Z10;
N1020 G99 G84 X56.56 Y56.56 Z-10 R5 F350;
N1030 X-56.56;
N1040 Y-56.56;
N1050 X56.56 Y-56.56;
N1060 G80;
N1070 G00 Z100;
N1080 X0 Y0;
N1090 M30;
```

4.6 综合铣削加工实例

综合铣削加工实例如图 4-94 所示。零件材料为铝，毛坯尺寸为 100 mm×80 mm×25 mm，六面为已加工表面。按图样要求完成零件基点计算，设定工件坐标系，制定正确的工艺方案（包括定位、夹紧方案和工艺路线），选择合理的刀具和切削参数，编写数控加工程序。

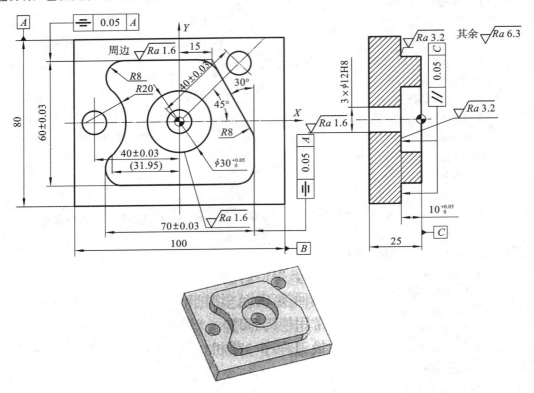

图 4-94　综合铣削加工实例

1. 零件图分析

零件加工部位由轮廓、腔槽、孔等组成，大部分几何形状特征点的坐标从图形中能直接求出，不必进行计算，但两个圆弧形凹槽的中心点需进行相关的计算才能获得。

2. 工艺分析

（1）由于在宽度方向有对称度 0.05 mm 的要求，且凸台主要尺寸对称标注，因此在宽度方向上，以对称轴为设计基准。由于在高度方向上有对称度 0.05 mm 的要求，高度尺寸对称标注，因此在高度方向上，也以对称轴为设计基准。

（2）对凸台周边的轮廓尺寸均有精度要求，因此需采用粗、精加工，以确保加工精度；对于 2×φ10H8 mm 的孔，因需达到 H8 级精度，故需采用钻—铰的加工工艺方案；因毛坯厚度和工件厚度尺寸相等，即工件顶面不允许加工，为了保证对工件顶面 C 的平行度 0.05 mm，在装夹工件时需对工件进行细致的调整。

3. 制定加工工艺

将工件坐标系设在 X、Y 向对称中心，将 Z 向零点设置在零件的顶面。

（1）用 φ16 mm 键槽铣刀粗、精铣外轮廓,刀具运动路线如图 4-95 所示。

（2）用 φ16 mm 键槽铣刀粗、精铣内轮廓及孔,刀具运动路线如图 4-96 所示。

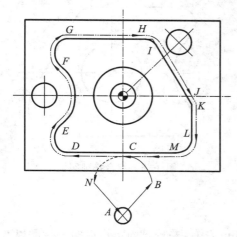

图 4-95　综合铣削加工实训粗、精铣
外轮廓刀具运动路线

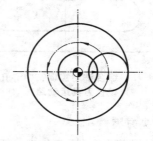

图 4-96　综合铣削实训粗、精铣内
轮廓及孔刀具运动路线

（3）用 B3 中心钻钻中心孔,然后钻孔、铰孔,刀具运动路线如图 4-97 所示。

4. 填写工艺卡片

填写工艺卡片,内容如表 4-17 所示。

表 4-17　数控加工工艺内容

工序号	作业内容	刀号	刀具名称	主轴转速 /(r/min)	进给速度 /(mm/min)	备注
1	粗精铣外轮廓	T01	φ16 mm 键槽铣刀	1 000	150	
2	粗精铣内轮廓	T01	φ16 mm 键槽铣刀	1 000	100	
3	钻中心孔	T02	B3 中心钻	1 500	50	
4	钻孔	T03	φ11.8 mm 麻花钻	600	80	
5	铰孔	T04	φ12H8 mm 铰刀	300	50	

5. 基点坐标计算

基点如图 4-98 所示,各基点坐标如表 4-18 所示。

表 4-18　综合铣削实训基点坐标

基点	坐标	基点	坐标
1	(28,−30)	6	(10.38,30)
2	(−28,−30)	7	(17.31,26)
3	(−31.95,−15.71)	8	(33.96,−2.78)
4	(−31.95,15.71)	9	(35,−6.78)
5	(−28,30)	10	(35,−22)

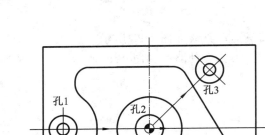

图 4-97　综合铣削实训钻中心孔、钻孔、
铰孔刀具运动路线

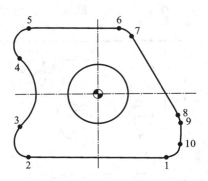

图 4-98　综合铣削实训基点

6. 装夹方案

用平口钳装夹工件,工件上表面高出钳口 8 mm 左右,并校正固定钳口的平行度以及工件上表面的平行度,确保精度要求。

7. 参考程序

O4601;	(主程序)
N10 T01;	(换刀(ϕ16 mm 键槽铣刀),粗、精加工外轮廓)
N20 G90 G54 G00 X0 Y-65 M03 S1000;	
N30 G43 H01 Z50;	
N40 Z5;	
N50 G01 Z-5 F300;	
N60 M98 P4602;	
N70 M98 P4603;	
N80 G01 Z-10 F300;	
N90 M98 P4602;	
N100 M98 P4603;	
N110 M98 P4602;	(将 D01 改为 8,精加工外轮廓)
N120 G00 Z100;	
N130 X0 Y0;	
N140 G00 Z5;	(下刀铣 ϕ30 内轮廓)
N150 G01 Z-5;	
N160 G4 X15 Y0 D01;	(D01=8.3,粗铣内轮廓)
N170 G02 X15 Y0 I-15 J0 F100;	
N180 G01 G40 X0 Y0;	
N190 G01 Z-10;	
N200 G01 G41 X15 Y0 D01;	
N210 G02 X15 Y0 I-15 J0 F100;	
N220 G01 G40 X0 Y0;	

```
N230 G01 G41 X15 Y0 D01;            (D01=8,精铣内轮廓)
N240 G01 G40 X0 Y0;
N250 G00 Z100;
N260 M05;
N270 M00;
N280 T02;                           (换中心钻)
N290 G90 G54 G00 X0 Y0 M03 S1500;
N300 G43 H02 Z50;
N310 Z5;
N320 G98 G54 X-40 Y0 Z-13 R5 F50;
N330 X0 Y0;
N340 X28.284 Y28.284;
N350 G80;
N360 G00 Z100;
N370 M05;
N380 M00;
N390 T03;                           (换 φ11.8 麻花钻)
N400 M03 S600;
N410 G00 G43 H03 Z50;
N420 G00 Z5;
N430 G98 G81 X-40 Y0 Z-30 R5 F80;
N430 X0 Y0;
N440 X28.284 Y28.284;
N450 G80;
N460 G00 Z100;
N470 T04;                           (换 φ12 mm 铰刀)
N480 M03 S300;
N490 G00 G43 Z50 H04;
N500 G98 G82 X-40 Y0 Z-30 R5 P500 F50;
N510 X0 Y0;
N520 X28.284 Y28.284;
N530 G80;
N540 G00 Z100;
N550 X0 Y0;
N560 M30;

O4602;                              (子程序)
N10 G01 G41 X15 Y-45 D01 F120;      (D01=8.5,粗加工外轮廓)
N20 G03 X0 Y-30 R15;
N30 G01 X-28 Y-30;
```

```
N40 G02 X-31.95 Y-15.71 R8;
N50 G03 X-31.95 Y15.71 R20;
N60 G02 X-28 Y30 R8;
N70 G01 X10.38 Y30;
N80 G02 X17.31 Y26 R8;
N90 G01 X33.93 Y-2.78;
N100 G02 X35 Y-6.78 R8;
N110 G01 X35 Y-22;
N120 G02 X28 Y-30 R8;
N130 G01 X0;
N140 G03 X-15 Y-40 R15;
N150 G00 G40 X0 Y-65;
N160 M99;


O4603;                              (子程序 (加工余料))
N10 G00 X-35;
N20 G00 Y-40;
N30 G01 Y40 F150;
N40 G00X28.42 Y50.8;
N50 G01 X61 Y-5.65;
N60 G01 X50 Y13.38;
N70 G01 Y29.38;
N80 G01 X43.86 Y40;
N90 G00 Z5;
N100 G00 X61.22 Y-26.9;
N110 G01 X42.87 Y-40;
N120 G00 Z5;
N130 G00 X0 Y-65;
N140 M99;
```

练 习 题

4.1 数控铣床的编程特点有哪些?

4.2 简述数控铣床机床原点和机床参考点的区别与联系。

4.3 数控铣床的补偿功能有哪些?

4.4 设定工件坐标系的意义如何? 说明 G50 指令与 G54~G59 指令的区别。

4.5 说明基本指令 G00、G01、G02、G03、G04 的意义。

4.6 孔加工循环有哪些指令? 如何使用?

4.7 什么时候应用子程序调用功能?

4.8 刀具半径补偿功能有什么作用?

4.9　孔类零件加工的工艺安排原则是什么？

4.10　G73 指令与 G83 指令有什么区别？

4.11　刀具长度补偿有什么作用？

4.12　简述子程序的使用格式，并说明其中参数的含义。

4.13　数控铣床的结构特点有哪些？

4.14　名词解释：顺铣、逆铣、周铣、端铣。

4.15　铣削加工时切入点、切出点的选择原则是什么？

4.16　铣削加工确定走刀路线时应考虑哪些问题？

4.17　加工内型腔时行切或环切的行距如何确定？

4.18　镗孔指令 G87 的功能是什么？写出它的编程格式。

4.19　加工习图 4-1 所示零件的十字形型腔及宽度为 10 mm 的方形凹槽，试编写数控加工程序。

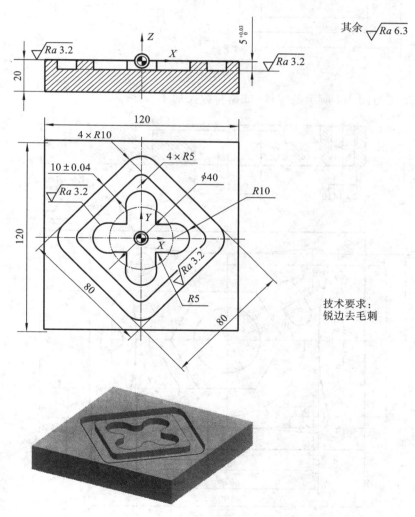

习图 4-1

4.20　加工习图 4-2 所示的零件,试编写数控加工程序。

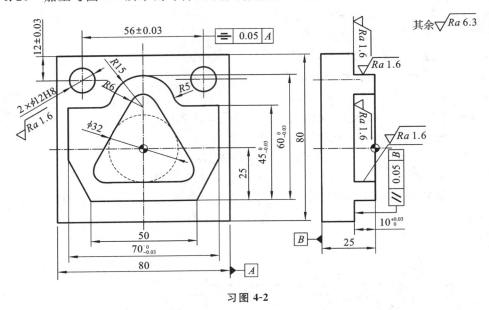

习图 4-2

4.21　加工习图 4-3 所示的零件,试编写数控加工程序。

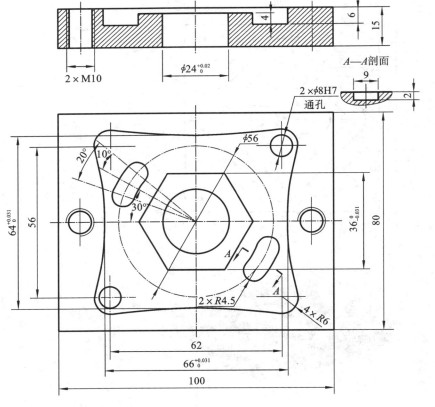

习图 4-3

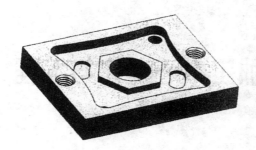

续习图 4-3

4.22　加工习图 4-4 所示的零件，试编写程序。

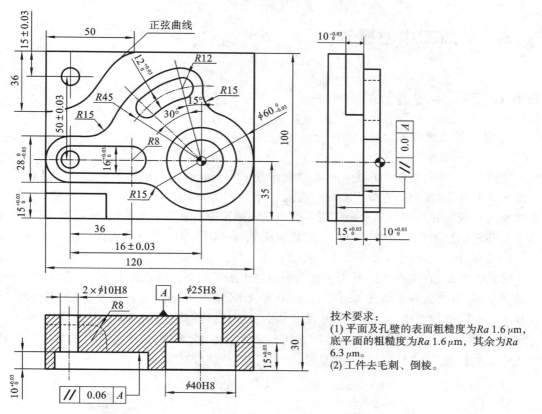

习图 4-4

技术要求：
(1) 平面及孔壁的表面粗糙度为 $Ra\,1.6\,\mu m$，底平面的粗糙度为 $Ra\,1.6\,\mu m$，其余为 $Ra\,6.3\,\mu m$。
(2) 工件去毛刺、倒棱。

第 5 章　加工中心操作与编程

5.1　加工中心概述

5.1.1　加工中心的分类

1. 按主轴空间位置分类

1）立式加工中心

立式加工中心(见图 5-1)的主轴在空间中处于垂直状态。立式加工中心一般具有 3 个直线运动坐标,工作台具有分度和旋转功能。可在立式加工中心的工作台上安装 1 个沿水平轴旋转的数控转台用以加工螺旋线零件。立式加工中心多用于简单箱体、箱盖、板类零件和平面凸轮的加工。立式加工中心具有结构简单、占地面积小、价格低的优点。

2）卧式加工中心

卧式加工中心(见图 5-2)的主轴在空间中处于水平状态。卧式加工中心一般具有 3～5 个运动坐标,常见的有 3 个直线运动坐标(沿 X、Y、Z 轴方向)加 1 个回转坐标(工作台)。卧式加工中心能够使工件一次装夹完成除安装面和顶面以外其余四个面的加工。卧式加工中心比立式加工中心的应用范围广,适用于复杂箱体类零件、泵体、阀体等零件的加工。卧式加工中心的缺点是:占地面积大,质量重,结构复杂,价格较高。

图 5-1　立式加工中心

图 5-2　卧式加工中心

2. 按功能特征分类

1）钻削加工中心

钻削加工中心以钻削为主，主要适用于加工板类、盘类、模具及小型壳体类复杂零件。

2）镗铣加工中心

镗铣加工中心以镗铣为主，一般具有分度转台或数控转台，可加工工件的各个侧面，也可作多个坐标联合运动，以便加工复杂的空间曲面，主要适用于加工箱体类零件。

3）万能加工中心

万能加工中心也称复合加工中心，主轴头可自动回转，进行立卧加工，能完成复杂空间曲面的加工，适用于加工具有复杂空间曲面的叶轮转子、模具、刀具等零件。

3. 按所用换刀装置分类

1）转塔头加工中心

转塔头加工中心有立式和卧式两种，主轴数一般为 6～12 个，换刀时间短，数量少，主轴转塔头刚性和承载能力较弱，定位精度要求高，因此，多为小型加工中心，以孔加工为主。

2）带刀库的加工中心

这种加工中心的换刀方式有无机械手式主轴换刀、机械手式主轴换刀和机械手式双主轴转塔头换刀。无机械手式主轴换刀是指利用工作台运动及刀库相对转动，由主轴箱上下运动进行换刀。图 5-1 中的立式加工中心便属于此类。采用机械手式主轴换刀方式的加工中心结构多种多样，由于机械手卡爪可同时分别抓住刀库上所选的刀和主轴上的刀，换刀时间短，并且选刀时间可与机械加工时间重合，因此这种带刀库的加工中心得到广泛的应用。机械手卡爪如图 5-3 所示。采用机械手式双主轴转塔头换刀方式的加工中心，刀具在主轴上进行铣削时，通过机械手将下一步所用的刀具换在转塔头的非切削主轴上，当主轴上的刀具切削完毕后，转塔头即回转，完成换刀工作，因此能节省换刀时间。

图 5-3　机械手卡爪

4. 按工作台分类

按工作台分类，加工中心可分为单工作台加工中心、双工作台加工中心和多工作台加工中心。设置 2 个或 2 个以上工作台的目的是缩短零件的辅助准备时间，提高生产效率和机床的自动化程度。工作台可自动分度或回转，便于加工和工件的装卸。常见的加工中心是单工作台加工中心和双工作台加工中心。

5. 按主轴分类

按主轴分类，加工中心可分为单轴加工中心、双轴加工中心、三轴加工中心和可换主轴加工中心。

5.1.2　加工中心的主要加工对象

1. 既有平面又有孔系的零件

1）箱体类零件

箱体类零件一般是指具有一个以上孔系，内部有一定的型腔或空腔，在长、宽、高方向有一定比例的零件,如汽车发电机缸体、齿轮泵壳体等。箱体类零件一般都需要进行多工位孔系及平面加工,几何公差要求较为严格,通常要经过钻、扩、铰、锪、镗、攻螺纹、铣等工序,不仅需要的刀具多,而且需多次装夹和找正,手工测量次数多,因此工艺复杂、加工周期长、成本高,更重要的是难以保证精度。在加工中心上加工这类零件,一次装夹可以完成普通机床上 60%～95% 的工序内容,零件各项精度一致性好、质量稳定,同时可缩短生产周期、降低成本。

对于加工工位较多、工作台需多次旋转角度才能完成的零件,一般选用卧式加工中心;当加工的工位较少,且跨度不大时,可选立式加工中心从一端进行加工。

2) 盘、套、板类零件

盘、套、板类零件是指带有键槽或径向孔,或端面分布有孔系以及有曲面的套盘或轴类零件。端面分布有孔系或有曲面的盘、套、板类零件宜选用立式加工中心进行加工,有径向孔的可选用卧式加工中心进行加工。

2. 复杂曲面类零件

复杂曲面是由复杂的空间曲线构成的,复杂曲面类零件采用普通加工一般很难完成,甚至是无法完成。复杂曲面类零件通常采用精密铸造,但由于材料、铸造技术等原因,产品精度通常极低。常见的复杂曲面类零件有叶轮、螺旋桨等。复杂曲面类零件均可用加工中心进行加工。复杂曲面用加工中心加工时由于编程工作量较大,所以大多采用自动编程技术。

3. 异形零件

异形零件是指外形不规则的零件,大多数需要进行点、线、面多工位混合加工,如支架、基座、靠模架等。在加工中心上加工此类零件可充分发挥加工中心工序集中,多工位点、线、面混合加工的特点。可在加工中心上采用合理的工艺措施,一次或二次装夹,完成此类零件的大部分甚至全部加工内容。

4. 特殊加工零件

利用加工中心可以完成一些特殊的工艺工作。例如:可在金属表面刻字、刻线、刻图案;在加工中心的主轴上装上高频电火花电源,可对金属表面进行线扫描表面淬火;在加工中心上装上高速磨头,可实现小模数渐开线圆锥齿轮磨削及各种曲线、曲面的磨削等。

5.2 加工中心加工工艺基础

5.2.1 加工中心的工艺特点

1. 加工精度高

数控机床是按以数字形式给出的指令进行加工的,由于目前数控装置的脉冲当量普遍达到了 0.001 mm,而且进给传动链的反向间隙与丝杠螺距误差等均可由数控装置进行补偿,因此数控机床能达到较高的加工精度。在加工中心上加工工件,采用工序集中的原则,一次安装即可加工出工件上大部分待加工表面,避免了工件多次装夹所产生的装夹误差,在保证高的工件尺寸精度的同时可以获得各加工表面之间高的相对位置精度。加工中心整个加工过程由程序控制自动进行,避免了人为操作所产生的偶然误差。另外,加工中心省去了齿轮、凸轮、靠模等传动部件,最大限度地减小了由于制造及使用磨损所造成的误差,结合加工中心完善的位置补偿功能及高的定位精度和重复定位精度,使工件加工精度有很好的稳定性。

2. 表面质量好

加工中心主轴转速极高,最低转速一般都在 5 000 r/min 以上,部分高档加工中心主轴转速可达 60 000 r/min,甚至更高,而且加工中心主轴转速和各轴进给量均能实现无级调节。有些加工中心具有自适应控制功能,能随刀具和工件材质及刀具参数的变化,把切削参数调整至最佳,从而最大限度地优化各加工表面的质量。

3. 加工生产率高

零件加工所需要的时间包括机动时间和辅助时间两个部分,加工中心能够有效地减少这两部分时间。加工中心主轴转速和进给量的调节范围大,每一道工序都能选用最有利的切削用量,良好的结构刚性允许加工中心进行大切削量的强力切削,有效地节省了机动时间。加工中心移动部件的快速移动和定位均采用了加速和减速措施,选用了很高的空行程运动速度,消耗在快进、快退和定位上的时间要比一般机床少得多。同时加工中心更换待加工工件时几乎不需要重新调整机床,工件安装在简单的定位夹紧装置中,用于停机进行工件安装调整的时间可以大大节省。加工中心加工工件时,工序高度集中,减少了大量半成品的周转时间,进一步提高了加工生产率。

4. 工艺适应性强

加工中心加工工件由一些外部设备提供信息,如穿孔纸袋、软盘、光盘、USB 接口介质等,或者由计算机直接在线控制。使用加工中心加工工件,当加工对象改变时,除了更换相应的刀具和解决装夹问题外,只需要调整控制程序,修改程序中的路径及工艺参数即可,缩短了生产准备周期,而且节约了大量工艺装备费用,这给新产品试制、实行新的工艺流程和试验提供了方便。

5. 劳动轻度低、条件好

加工中心加工工件只要按图样要求编制程序,然后输入系统进行调试,安装工件进行加工即可,不需要进行繁重的重复性手工操作,劳动强度较低。另外,加工中心的结构均采用全封闭设计,操作者在外部进行监控,切屑、冷却液等对工作环境的影响微乎其微,劳动条件较好。

6. 经济效益良好

使用加工中心加工工件时,分摊在每个工件上的设备费用是较昂贵的,但在单件、小批量生产的情况下,可以节省许多其他的费用,因此能够获得良好的经济效益。

7. 有利于生产管理的现代化

利用加工中心进行生产,能准确地计算出工件的加工工时,并能有效地简化检验、工夹具和半成品的管理工作。当前较为流行的 FMS、CIMS 和 MRP Ⅱ、ERP Ⅱ 等,都离不开加工中心的应用。

当然,加工中心的应用也还存在一定的局限性。例如:加工工序高度集中,无实效处理,工件加工后有一定的残余内应力；价格昂贵，初期投入大；使用与维护费用高，对管理及操作人员专业素质的要求较高等。因此，应科学地选择和使用加工中心，使企业获得最大的经济效益。

5.2.2　加工中心刀具的特点

在数控加工中，刀具的选择是在数控编程的人机交互状态下进行的。应根据机床的加工能力、工件材料的性能、加工工序、切削用量以及其他相关因素正确选用刀具及刀柄。刀具选择总的原则是：安装调整方便，刚性好，耐用度和精度高。在满足加工要求的前提下，尽量选择较短的刀柄，以提高刀具的刚性。

选择刀具时，应使刀具的尺寸与被加工工件的表面尺寸相适应。在生产中，平面零件周边轮廓的加工时常采用立铣刀；铣削平面时，可选择镶硬质合金刀片的铣刀；加工凸台、凹槽时，可选择高速钢立铣刀；加工毛坯表面或粗加工孔时，可选择镶硬质合金刀片的玉米铣刀；对一些立体型面和变斜角轮廓外形进行加工时，常采用球头铣刀、环形铣刀、锥形铣刀和盘形铣刀。在进行自由曲面的加工时，由于球头刀具的端部切削速度为零，因此，为保证加工精度，切削行距取得很小，故球头刀具常用于曲面的精加工。平头刀具在表面加工质量和切削效率方面都优于球头刀具，因此，只要在保证不过切的前提下，无论是曲面的粗加工还是曲面的精加工，都应优先选择平头刀具。另外，刀具的耐用度和精度与刀具的价格关系极大。必须引起注意的是，在大多数情况下，虽然选择好的刀具增加了刀具成本，但由此可以带来加工质量和加工效率的提高，从而使整个加工成本大大降低。

在加工中心中，作为刀具的重要组成部分，刀柄有其自身的特点。刀柄的结构形式分为整体式和模块式两种。整体式刀柄装夹刀具的工作部分与它在机床上安装定位用的柄部是一体的。这种刀柄对机床与零件的变换适应能力较差。为适应零件与机床的变换，用户必须储备各种规格的刀柄，因此刀柄的利用率较低。模块式刀具系统是一种较先进的刀具系统，每把刀柄都可通过各种系列化的模块组装而成。针对不同的零件和使用的机床，采取不同的组装方案，可获得多种刀柄系列，从而提高刀柄的适应能力和利用率。刀柄结构形式的选择应兼顾技术先进与经济合理：对一些长期反复使用的简单刀具，宜采用整体式刀柄；在加工孔径、孔深经常变化的多品种、小批量零件时，宜选用模块式刀柄。

在加工中心上，各种刀具都装在刀库中，以便按程序规定随时进行选刀和换刀动作。因此，加工中心必须采用标准刀柄，以便使钻、镗、扩、铣等工序用的标准刀具迅速、准确地装到机床主轴或刀库中去。编程人员应了解机床上所使用刀柄的结构尺寸、调整方法以及调整范围，以便在编程时确定刀具的径向和轴向尺寸。目前我国的加工中心采用 TSG 工具系统。在 TSG 工具系统中，刀柄有直柄刀柄（见图 5-4）和锥柄刀柄（见图 5-5）两种，共包括 20 种不同用途的刀柄。因装夹等原因，数控刀具刀柄多数采用 7：24 圆锥工具刀柄，并采用相应形式的拉钉拉紧结构与机床主轴相配合。但在高速铣削中，常采用 1：10 的锥度，这是因为在该锥度下锥柄较短，刀柄有较强的抗扭能力，能抑制因高速铣削而带来的振动所产生的微量位移。

图 5-4　直柄刀柄

图 5-5　锥柄刀柄

5.3　加工中心的编程特点和编程指令

5.3.1　加工中心的编程特点

加工中心的编程有如下特点。

（1）进行合理的工艺分析，进而安排加工工序。由于零件加工工序多，使用的刀具种类多，甚至在一次装夹下要完成粗、半精、精加工，周密合理地安排各工序加工的顺序，有利于提高精度和生产率。

（2）根据批量等情况决定是采用自动换刀方式还是采用手动换刀方式。一般批量在十件以上且刀具更换较频繁时，以采用自动换刀方式为宜。但当加工批量很小且使用的刀具种类又不多时，把自动换刀安排到程序中，反而会增加机床的调整时间，当然，这时就相对于把加工中心当普通数控机床使用了。

（3）采用自动换刀方式时，要留出足够的换刀空间。有些刀具直径较大或尺寸较长，自动换刀时要注意避免发生撞刀事故。为安全起见，有的机床要求换刀前必须在回到机床参考点（或 Z 轴回到机床参考点高度）后进行换刀。

（4）为了提高机床的利用率，尽量采用刀具机外预调，并将测量尺寸填写到刀具卡片中，以便操作者在运行程序前及时修改刀具补偿参数。

（5）应认真检查编好的程序，并在加工前进行试运行。从编程的出错率来看，手工编程出错率高，特别是在生产现场，为临时加工而编程时，出错率更高，认真检查程序并进行试运行就更为必要。

（6）尽量把不同工序内容的程序分别安排到不同的子程序中，或按工序顺序添加程序段号标记。当零件加工程序较多时，为了便于程序调试，一般将各工序内容分别安排到不同的子程序中。主程序内容主要是完成换刀及子程序调用的指令。这样安排便于按每一工序独立地调试程序，也便于因加工顺序不合理而做出重新调整。对需要多次重复调用的子程序，可考虑采用 G91 增量编程方式处理其中的关键程序段，以便于在主程序中用"M98 P __ L __"方式调用。

（7）尽可能地利用机床数控系统本身所提供的镜像、旋转、固定循环和宏指令编程处理的功能。

（8）可以把加工时所要使用的第一把刀具直接安装在主轴上，并将这把刀的刀号设置到某地址号中。这样，在加工程序的开头可以不进行换刀操作。但在程序结束前必须有换刀程序段，以便将加工最后用的刀具换为加工开始时用的刀具，使这个程序还能继续进行下一个零件的加工。若在调整时，主轴上先不装刀，所要用的几把刀具全装在刀库中，则在程序的开头是换刀的程序段，以使主轴装上刀具。当然，在这次换刀前，主轴上是空的，这次换刀是把刀库中的刀具装上主轴，后面的程序则与前述相同。

5.3.2　换刀指令 M06 和选刀指令 T 的用法

加工中心和数控铣床的最大区别就在于加工中心能够实现自动换刀功能。加工中心使用 T 指令，然后使用 M06 指令，实现自动换刀功能。

常见的换刀指令有以下几种。

1. 在程序中先出现 T 指令，后出现 M06 指令

编程格式为

```
    N__ G28 Z__ T M06;
```

采用这种方式编程时，在 Z 轴返回机床参考点的同时，刀库开始运动，进行刀具交换，所选刀具"T"换到主轴上。

2. 在一个程序中先出现 M06，后出现 T 指令

编程格式为

```
    N__ G28 Z__ M06 T;
```

执行程序时，首先 Z 轴返回机床参考点，然后执行 M06 进行主轴换刀，换刀完成后执行 T 指令，因此这种换刀程序完成时，主轴上的刀具并不是"T"，而是前段换刀程序执行换刀刀位上的刀具，即"T"要在下个换刀程序出现后被安装在主轴上。

3. T 指令和 M06 不在同一程序段

编程格式为

```
    N__ T;
      ⋮
    N__ G28 Z__ M06;
```

采用这种编程格式时，在执行 T 功能的同时，也开始执行下面的加工程序，选刀时间与加工时间重合，所换刀具为"T"。

5.4　加工中心编程举例

5.4.1　带单一孔类零件编程举例

例 5-1　带单一孔类零件如图 5-6 所示，毛坯为 $\phi100\ \text{mm} \times 40\ \text{mm}$ 的圆料，材料为铝，试编写数控加工程序。

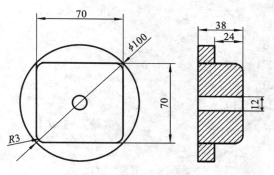

图 5-6　带单一孔类零件

使用刀具：T01，ϕ16 mm 立铣刀；T02，ϕ10 mm 立铣刀；T03，ϕ3 mm 中心钻；T04，ϕ11.8 mm 麻花钻；T05，ϕ12 mm 铰刀。

手工编程如下。

```
O0001;
G91 G28 Z0;                          (返回机床参考点)
T01 M06;                             (换 1 号刀)
G90 G54 G00 X0 Y0 S500 M03;          (建立工件坐标系)
G43 Z100 H01;                        (建立 1 号刀长度补偿)
X-65 Y0;
Z5.0;                                (1 号刀快速进给到 R 点平面)
G01 Z-8 F50;                         (刀具直线插补到 Z=-8 mm 位置)
M98 P100 D01(D=8.2);                 (调用粗加工台阶子程序)
G01 Z-16 F50;
M98 P100 D01(D=8.2);
G01 Z-24 F50;
M98 P100 D01(D=8.2);
G49 G00 Z100;                        (取消 1 号刀长度补偿)
M05;
G91 G28 Z0;
T02 M06;                             (换 2 号刀)
G90 G54 G00 X0 Y0 S1000 M03;
G43 Z100 H02;
X-65 Y0;
Z5.0;
G01 Z-5 F50;
M98 P100 D02(D=5);                   (调用精加工台阶子程序)
G01 Z-10 F50;
M98 P100 D2(D=5);
```

```
G01 Z-15 F50;
M98 P100 D02(D=5);
G01 Z-20 F50;
M98 P100 D02(D=5);
G01 Z-24 F50;
M98 P100 D02(D=5);
G49 G00 Z100;                        (取消 2 号刀长度补偿)
M05;
G91 G28 Z0;
T03 M06;                             (换 3 号刀)
G90 G54 G0 X0 Y0 S1500 M03;
G43 Z100 H03;
G98 G81 R5 Z-5 F80;                  (钻中心孔)
G80;                                 (取消钻孔循环)
M05;
G91 G28 Z0;
T04 M06;                             (换 4 号刀)
G90 G54 G0 X0 Y0 S1500 M03;
G43 Z100 H04;                        (建立 4 号刀长度补偿)
G98 G83 R5 Z-42 Q2 F70;              (深孔排屑加工循环)
G80;
M05;
G91 G28 Z0;
T05 M06;                             (换 5 号刀)
G90 G54 G0 X0 Y0 S180 M03;
G43 Z100 H05;
G98 G81 R5 Z-45 F40;
G80;
M05;
G91 G28 Z0;
M30;
O100;                                (铣台阶子程序名)
G41 G01 X-65 Y-30 F100;              (建立刀具半径补偿)
G03 X-35 Y0 R30;                     (圆弧加工切入)
G01 Y32;
G02 X-32 Y35 R3;                     (加工圆角)
G01 X32;
G02 X35 Y32 R3;
G01 Y-32;
```

```
G02 X32 Y-35 R3;
G01 X-32;
G02 X-35 Y-32 R3;
G01 Y45;
G40 G01 X-65;
M99;
```

5.4.2　多孔类零件编程举例

例 5-2　多孔类零件如图 5-7 所示,用 $\phi 20$ mm 的刀具加工周边轮廓,用 $\phi 16$ mm 的刀具加工凹台,用 $\phi 8$ mm 的钻头加工孔。

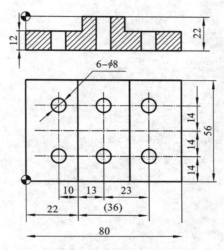

图 5-7　多孔类零件

编写的程序如下。

```
O0002;
G92 X-20 Y-20 Z100;
M03 S500;
N1 T01 M06;
G00 G43 Z-23 H01;
G01 G41 X0 Y-8 D01 F100;
Y56;
X80;
Y0;
X-10;
G00 G40 X-20 Y-20;
G49 Z100;
N2 M06 T02;
G00 G43 Z-10 H02;
```

```
X5 Y-10;
G01 Y70 F100;
X13;
Y-10;
X14;
Y70;
G00 X75;
G01 Y-10 F100;
X67;
Y70;
X66;
Y-10;
G49 Z100;
G00 X-20 Y-20;
N3 M06 T03;
G00 G43 Z10 H03;
G98 G73 X12 Y14 Z-23 R-6 Q-5 F50;
G98 G73 G91 X23 G90 Z-23 R4 Q-5 F50;
G98 G73 X58 Y42 Z-23 R-6 Q-5 F50;
G98 G73 G91 X-23 G90 Z-23 R4 Q-5 L2 F50;
G90 G49 Z100;
X-20 Y-20;
M05;
M30;
G98 G73 X12 Y14 Z-23 R-6 Q-5 F50;
```

5.4.3 复合编程举例

例 5-3 加工图 5-8 所示的零件,毛坯为 100 mm×80 mm×33 mm 的铝合金,试编写该零件的数控加工程序。

数控加工工艺卡片内容如表 5-1 所示。

表 5-1 数控加工工序卡片内容

加工工序		刀号	刀具名称	主轴转速 $n/(r/min)$	进给速度 $v(mm/min)$	背吃刀量 /mm
1	平面加工	T01	φ50 mm 立铣刀	764	183	1
2	外轮廓粗加工	T02	φ16 mm 立铣刀	400	40	5
	外轮廓精加工	T02	φ16 mm 立铣刀	400	40	5

续表

	加工工序	刀号	刀具名称	主轴转速 $n/(r/min)$	进给速度 $v(mm/min)$	背吃刀量 /mm
3	内轮廓粗加工	T02	ϕ16 mm 立铣刀	400	40	5
4	内轮廓精加工	T02	ϕ16 mm 立铣刀	400	40	5
5	字母加工	T03	ϕ6 mm 立铣刀	1 062	42	2
6		T04	ϕ3 mm 中心钻	1 100	55	1.5
7	孔加工	T05	ϕ9.8 mm 钻头	650	32.5	4.9
8		T06	ϕ10 mm 铰刀	637	80	0.1

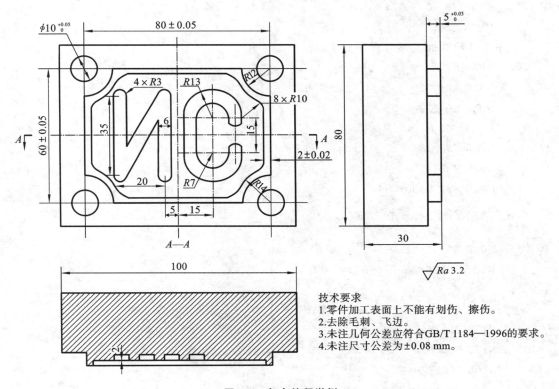

图 5-8　复合编程举例

编写的程序如下。

工序 1 平面加工参考程序如下。

```
O0100
N010 G00 G17 G21 G40 G49 G80 G90 G54;
N020 G91 G28 Z0;
N030 T01 M06;
N040 G90 G43 Z20.0 H01;
N050 M08;
```

```
N060 X-75.0 Y-20.0;
N070 M03 S764;
N080 Z5.0;
N090 G01 Z-1.0 F183;
N100 X75.0;
N110 Y20.0;
N120 X-75.0;
N130 G00 Z20;
N140 M09;
N150 M05;
N160 G91 G49 G28 Z0;
N170 M30;
```

工序 2 外轮廓加工参考程序如下。

```
O0200
N010 G00 G17 G21 G40 G49 G80 G90 G54;
N020 G91 G28 Z0;
N030 T02 M06;
N040 G90 G43 Z20.0 H02;
N050 M08;
N060 M03 S400;
N070 X-53.0 Y-55.0;
N080 Z5.0;
N090 G01 Z-5.0 F40;
N100 G41 X-28.0 Y-50.0 D02;
N110 Y-30.0;
N120 G03 X-40.0 Y-18.0 R12.0;
N130 G01 Y18.0;
N140 G03 X-28.0 Y30.0 R12.0;
N150 G01 X28.0;
N160 G03 X40.0 Y18.0 R12.0;
N170 G01 Y-18.0;
N180 G03 X28.0 Y-30.0 R12.0;
N190 G01 Y-48.0;
N200 G40 X-53.0 Y-55.0;
N210 G00 Z20.0;
N220 M09;
N230 M05;
N240 G91 G49 G28 Z0;
N250 M30;
```

工序 3 内轮廓粗加工参考程序如下。

```
O0300
N010 G00 G17 G21 G40 G49 G80 G90 G54；
N020 G91 G28 Z0；
N030 T02 M06；
N040 G90 G43 Z20.0 H02；
N050 M08；
N060 M03 S400；
N070 X-19.0 Y-19.5；
N080 Z5.0；
N090 G01 Z-2.0 F40；
N100 X19.0；
N110 X29.5 Y-6.5；
N120 X-29.5；
N130 Y6.5；
N140 X29.5；
N150 X19.0 Y19.5；
N160 X-19.0；
N170 G00 Z20.0；
N180 G91 G49 G28 Z0；
N190 M09；
N200 M05；
N210 M30；
```

工序 4 内轮廓精加工参考程序如下。

```
O0400
N010 G00 G17 G21 G40 G49 G80 G90 G54；
N020 G91 G28 Z0；
N030 T02 M06；
N040 G90 G43 Z20.0 H02；
N050 M08；
N060 M03 S400；
N070 X0 Y-13.0；
N080 Z5.0；
N090 G01 Z-2.0 F40；
N100 G41 X-10.0 Y-18.0 D02；
N110 G03 X0 Y-28.0 R10.0；
N120 G01 X19.215；
N130 G03 X27.876 Y-23.0 R10.0；
```

```
N140 G02 X33.0 Y-17.876 R14.0;
N150 G03 X38 Y-9.215 R10.0;
N160 G01Y9.215;
N170 G03 X33.0 Y17.876 R10.0;
N180 G02 X27.876 Y23.0 R14.0;
N190 G03 X19.215 Y28.0 R10.0;
N200 G01 X-19.215;
N210 G03 X27.876 Y23.0 R10.0;
N220 G02 X33.0 Y17.876 R140;
N230 G03 X38.0 Y9.215 R10.0;
N240 G01 Y-9.215;
N250 G03 X-33.0Y-17.876 R10.0;
N260 G02 X-27.876 Y-23.0 R14.0;
N270 G03 X-19.215 Y-28.0 R10.0;
N280 G01 X0;
N290 G03 X10.0 Y-18.0 R10.0;
N300 G40 G01 X0 Y-13.0;
N310 G00 Z20.0;
N320 G91 G49 G28 Z0;
N330 M09;
N340 M05;
N350 M30;
```

工序 5 字母加工参考程序如下。

```
O0500
N010 G00 G17 G21 G40 G49 G80 G90 G54;
N020 G91 G28 Z0;
N030 T03 M06;
N040 G90 G43 Z20.0 H03;
N050 M08;
N060 M03 S1062;
N070 X-25.0 Y17.5;
N080 Z5.0;
N090 G01 Z-4.0 F42;
N100 Y-17.5;
N110 X-5.0 Y17.5;
N120 Y-17.5;
N130 G00 Z5.0;
N140 X25.0 Y-7.5;
```

```
N150 G01 Z-4.0 F42;

N160 G02 X5.0 R10.0;

N170 G01 Y7.5;

N180 G02 X25.0 R10.0;

N190 G00 Z20.0;

N200 G91 G49 G28 Z0;

N210 M09;

N220 M05;

N230 M30;
```

工序 6 孔加工（定位孔）参考程序如下。

```
O0600

N010 G00 G17 G21 G40 G49 G80 G90 G54;

N020 G91 G28 Z0;

N030 T04 M06;

N040 G90 G43 Z20.0 H04;

N050 X-40.0 Y-30.0;

N060 M03 S1100;

N070 G81 X-40.0 Y-30.0 Z-5.0 R5.0 F55;

N080 X40.0;

N090 Y30.0;

N100 X-40.0;

N110 G80;

N120 G00 Z20;

N130 G91 G49 G28 Z0;

N140 M09;

N150 M05;

N160 M30;
```

工序 7 孔加工（钻孔）参考程序如下。

```
O0700

N010 G00 G17 G21 G40 G49 G80 G90 G54;

N020 G91 G28 Z0;

N030 T05 M06;

N040 G90 G43 Z20.0 H05;

N050 X-40.0 Y-30.0;

N060 M03 S650;

N070 G73 X-40.0 Y-30.0 Z-35.0 R5.0 F32.5;

N080 X40.0;

N090 Y30.0;
```

```
N100 X-40.0;

N110 G80;

N120 G00 Z20;

N130 G91 G49 G28 Z0;

N140 M09;

N150 M05;

N160 M30;
```

工序 8 孔加工(铰孔)参考程序如下。

```
O0800

N010 G00 G17 G21 G40 G49 G80 G90 G54;

N020 G91 G28 Z0;

N030 T06 M06;

N040 G90 G43 Z20.0 H06;

N050 X-40.0 Y-30.0;

N060 M03 S637;

N070 G85 X-40.0 Y-30.0 Z-35.0 R5.0 F50;

N080 X40.0;

N090 Y30.0;

N100 X-40.0;

N110 G80;

N120 G00 Z20;

N130 G91 G49 G28 Z0;

N140 M09;

N150 M05;

N160 M30;
```

练 习 题

5.1　完成习图 5-1 所示的零件加工,毛坯外形尺寸为 180 mm×150 mm×25 mm,表面已加工,材料为 45 钢。按图样要求完成数控加工程序的编制,图中切点坐标为 $A(-8.507, 28.768)$, $B(94.328, 59.179)$, $C(109.162, 22.222)$。

5.2　完成习图 5-2 所示的零件加工,毛坯外形尺寸为 96 mm×96 mm×50 mm,表面已加工,材料为 45 钢,按图样要求完成数控加工程序的编制。

5.3　完成习图 5-3 所示的零件加工,毛坯外形尺寸为 100 mm×100 mm×20 mm,表面均已加工,并符合尺寸与表面粗糙度要求,材料为 45 钢,按图样要求完成数控加工程序的编制。

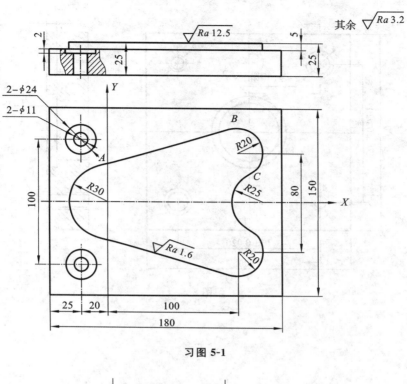

习图 5-1

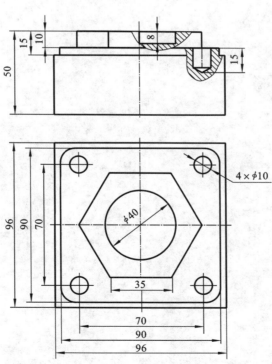

习图 5-2

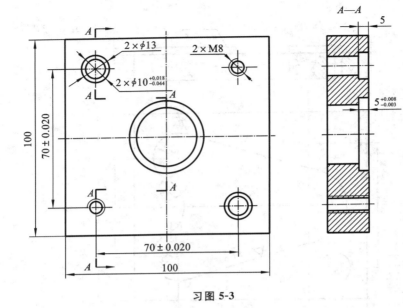

习图 5-3

第6章 常用数控系统与仿真软件介绍

6.1 FANUC 0*i* 数控系统简介与基本操作

6.1.1 FANUC 0*i* 系统数控机床的操作面板

FANUC 0*i* 系统数控机床的操作面板位于窗口的右下侧,如图 6-1、图 6-2 所示,主要用于控制机床的运行状态,由模式选择部分、程序运行控制部分等多个部分组成,每一部分的详细说明如下。

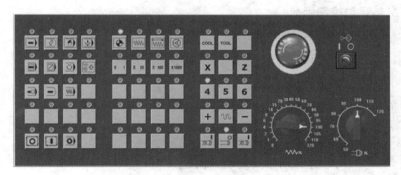

图 6-1　FANUC 0*i* 系统数控车床的操作面板

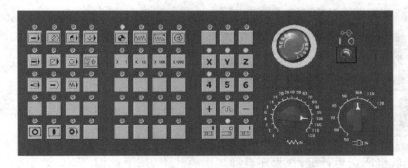

图 6-2　FANUC 0*i* 系统数控铣床的操作面板

1．模式选择部分

（1） ：程序编辑（EDIT）模式键。

（2） ：手动数据、程序输入（MDI）模式键。

2．程序运行控制部分

（1） ：程序自动加工（AUTO）模式键。

（2） ：程序运行开始键，在手动数据、程序输入模式和程序自动加工模式下按下有效，其余时间按下无效。

（3） ：程序运行停止键，在程序运行中，按下此键，停止程序运行。

（4） ：程序停止键，在程序自动加工模式下，遇到 M00 程序停止。

（5） ：程序单步执行键，每按一次此键，程序启动并执行一条程序指令。

（6） ：程序段跳读键，在程序自动加工模式下按下此键，跳过程序段开头带有"/"的程序。

（7） ：程序编辑锁定开关，置于" "位置，可编辑或修改程序。

（8） ：程序重启动键，由于刀具破损等原因自动停止后，按下此键，程序可以从指定的程序段处重新启动。

（9） ：M00 程序停止键，在程序运行中，M00 停止。

3．机床主轴运动控制部分

（1） ：回机床参考点（REF）键。

（2） ：手动（JOG）模式键，按下此键，可手动连续移动机床。

（3） ：手动使主轴正转键。

（4） ：手动使主轴反转键。

（5） ：手动使主轴停止键。

（6） ：选择移动轴及运动方向键。

（7） ：在手动模式下，使各轴快速移动键。

（8） ：增量进给（INC）键。

（9） ：在增量进给模式下，选择进给倍率键。每一步的距离："×1"为 0.001 mm，"×10"为 0.01 mm，"×100"为 0.1 mm，"×1000"为 1 mm。

（10） ：在手轮（HND）模式下移动机床。

（11） ：手轮，把光标置于手轮上，选择轴向，按鼠标左键，移动鼠标，手轮顺时针转动，相应轴往正方向移动；手轮逆时针转动，相应轴往负方向移动。

（12） ：机床空运行键，在程序自动加工模式下，按下此键，CNC 处于空运行状态，程序中编制的进给率被忽略，坐标轴以最大的快移速度移动。机床空运行时不做实际切削，目的在于确定切削路径及程序。

（13）■：机床锁定键，在程序自动加工模式下，按下此键，再按循环启动键，系统继续执行程序，显示屏上的坐标轴位置信息变化，但不输出伺服轴的移动指令，因此机床停止不动，用于校验程序。

（14）◎：紧急停止旋钮，机床运行时，在危险或紧急情况下按下此旋钮，CNC 进入急停状态，进给及主轴运动立即停止。

4. 其他

（1）◉：主轴转速倍率调节旋钮，用于调节主轴转速，调节范围为 0～120％。

（2）◉：进给率调节旋钮，用于调节进给速度，调节范围为 0～120％。

（3）COOL：冷却液键，按下此键，冷却液开；再按一下此键，冷却液关。

（4）TOOL：在刀库中选刀键，按下此键，从刀库中选刀，在手动进给模式下，更换加工刀具。

（5）⬇：用 232 电缆线连接 PC 和数控机床，进行程序文件传输。

6.1.2 FANUC 0*i* 数控系统的操作面板

FANUC 0*i* 数控系统的操作键盘在视窗的右上角。FANUC 0*i* 数控系统操作面板的左侧为显示屏，右侧是编程面板。FANUC 0*i*-T 数控系统 CRT-MDI 操作面板如图 6-3 所示，FANUC 0*i*-M 数控系统 CRT-MDI 操作面板如图 6-4 所示。

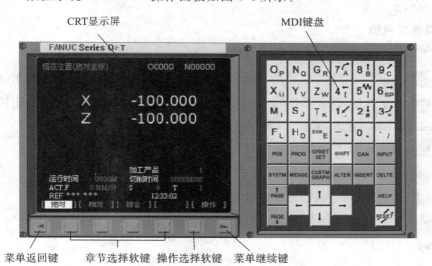

图 6-3 **FANUC 0*i*-T 数控系统 CRT-MDI 操作面板**

各按键的功能如下。

1. 数字/字母键

Oₚ Nq Gᵣ 7⌐ 8↑ 9⌐
Xᵤ Yᵥ Zw 4↑ 5W 6SP
Mᵢ Sⱼ Tₖ 1⌐ 2↓ 3⌐
Fₗ Hₒ ᴱᴼᴰ. -+ 0. ./
：用于将数据输入输入区域，系统自动判别是取字母还是取数字。字母和数字通过"SHIFT"键切换输入。

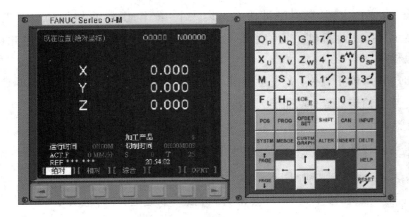

图 6-4   **FANUC 0*i*-M 数控系统 CRT-MDI 操作面板**

2．程序编辑键

(1) ALTER：替换键，用输入的数据替换光标所在的数据。

(2) DELTE：删除键，删除光标所在的数据，或者删除一个程序或者删除全部程序。

(3) INSERT：插入键，把输入区域之中的数据插入当前光标之后的位置。

(4) CAN：取消键，消除输入区域内的数据。

(5) EOB E：回车换行键，结束一行程序的输入并且换行。

(6) SHIFT：上挡键。

3．页面切换键

(1) PROG：按下此键，进入程序显示与编辑页面。

(2) POS：按下此键，进入位置显示页面。位置显示有三种方式，用 PAGE 键选择。

(3) OFFSET SETTING：按下此键，进入参数输入页面。按第一次进入坐标系设置页面，按第二次进入刀具补偿参数页面。进入不同的页面以后，用 PAGE 键切换。

(4) SYSTM：按下此键，进入系统参数页面。

(5) MESGE：按下此键，进入信息页面，如"报警"。

(6) CUSTM GRAPH：按下此键，进入图形参数设置页面。

(7) HELP：按下此键，进入系统帮助页面。

(8) RESET：复位键。

(9) PAGE：向上翻页键。

(10) PAGE：向下翻页键。

4．其他

(1) ↑：向上移动光标。

(2) ←：向左移动光标。

(3) ↓：向下移动光标。

（4）　→：向右移动光标。

（5）　INPUT：输入键，把输入区域内的数据输入系统参数页面。

6.1.3　手动操作机床

1. 回机床参考点

（1）按 ⊙ 键。

（2）选择各轴（ **X** **Y** **Z** ），按住按键，各轴即回到机床参考点。

2. 移动

手动移动机床轴的方法有以下三种。

（1）快速移动。这种方法用于较长距离的工作台移动。

① 按 ∿ 键。

② 选择各轴，按方向键 ＋ －，机床各轴移动，松开后停止移动。

③ 按 ∿ 键，各轴快速移动。

（2）增量移动。这种方法用于微量调整，如用在对基准操作中。

① 按 ∿ 键，使增量进给模式有效，选择步进量。

② 选择各轴，每按一次按键，机床各轴移动一步。

（3）操纵"手脉" ⊙。这种方法用于微量调整。在实际生产中，使用"手脉"可以让操作者容易控制和观察机床移动。"手脉"在软件界面的右上角 ，单击即出现。

3. 开、关主轴

（1）按 ∿ 键，使手动模式有效。

（2）按 、 键，使机床主轴正反转；按 键，使主轴停转。

4. 启动程序，加工零件

（1）按 ⇥ 键，使程序自动加工模式有效。

（2）选择一个程序（参照下面介绍的选择程序方法）。

（3）按 ▣ 键。

5. 试运行程序

试运行程序时，机床和刀具不切削零件，仅运行程序。

（1）按 ⇥ 键，使程序自动加工模式有效。

（2）选择一个程序，如 O0001 后，按 ↓ 键，调出程序。

（3）按 ▣ 键。

6. 单步运行

（1）按 ⇥ 键，开启程序单步执行功能。

（2）在程序运行过程中，每按一次 ▣ 键，执行一条指令。

7．选择一个程序

选择一个程序,有以下两种方法。

（1）按程序号搜索。

①按 ◇ 键,使程序编辑模式有效。

②按 PROG 键,输入字母"O"。

③按 7A 键,输入数字"7",输入搜索的号码"O7"。

④按光标移动键 ↓ 键开始搜索;找到后,"O7"显示在屏幕右上角程序号位置,"O7"NC程序显示在屏幕上。

（2）按 → 键,使程序自动加工模式有效,然后进行搜索。

①按 PROG 键,输入字母"O"。

②按 7A 键,输入数字"7",键入搜索的号码"O7"。

③单击 操作 ,然后单击  中的 O检索 ,"O7"显示在屏幕上。

④可输入程序段号"N30",单击 N检索 搜索程序段。

8．删除一个程序

（1）按 ◇ 键,使程序编辑模式有效。

（2）按 PROG 键,输入字母"O"。

（3）按 7A 键,输入数字"7",输入要删除的程序的号码"O7"。

（4）按 DELTE 键,"O7"程序被删除。

9．删除全部程序

（1）按 ◇ 键,使程序编辑模式有效。

（2）按 PROG 键,输入字母"O"。

（3）输入"−9999"。

（4）按 DELTE 键,全部程序被删除。

10．搜索一个指定的代码

一个指定的代码可以是一个字母或一个完整的代码,如"N0010""M""F""G03"等。搜索一个指定的代码应在当前程序内进行。操作步骤如下。

（1）设置程序自动加工模式或程序编辑模式有效。

（2）按 PROG 键。

（3）选择一个数控加工程序。

（4）输入需要搜索的字母或代码,如"M""F""G03"。

（5）单击 [BG-EDT] [O检索] [检索↓] [检索↑] [REWIND] 中的 [检索↓],开始在当前程序中搜索。

11. 编辑程序

（1）设置程序编辑模式有效。

（2）按 PROG 键。

（3）输入要编辑的程序名，如"O7"，按 INSERT 键即可进行编辑。

①按 DELTE 键，删除光标所在的代码。

②按 INSERT 键，把输入区域内的内容插入光标所在代码后面。

③按 ALTER 键，用输入区域内的内容替代光标所在的代码。

（4）移动光标。

①方法 1：按 PAGE 键或 PAGE 键翻页，按光标移动键 ↓ 键或光标移动键 ↑ 键移动光标。

②方法 2：用搜索一个指定的代码的方法移动光标。

（5）输入数据：用鼠标单击数字/字母键，数据被输入输入区域。 CAN 键用于删除输入区域内的数据。

（6）程序段号自动生成设置方法：按 OFFSET SETTING 键，然后单击 【【SETING】】，在参数设置页面"顺序号"中输入"1"，如图 6-5 所示，所编程序自动生成程序段号。

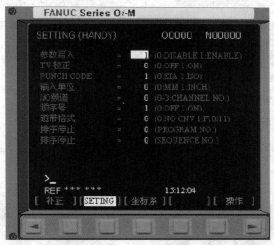

图 6-5　程序段号自动生成设置

12. 通过操作面板手工输入程序

（1）设置程序编辑模式有效。

（2）按 PROG 键，再单击 DIR ，进入程序编辑页面。

（3）输入程序名"O7"（输入的程序名不可以与已有程序名重复）。

（4）按 EOB E 键，然后按 INSERT 键，开始输入程序。

（5）按 EOB E 键，然后按 INSERT 键，换行后再继续输入程序。

13. 从计算机中输入一个程序

程序可在计算机上通过文本文件编写，文本文件（＊.txt）后缀名必须改为".nc"或".cnc"。

（1）设置程序编辑模式有效，按 PROG 键，切换到程序编辑页面。

（2）新建程序名"O×××××",按^{INSERT}键,进入编程页面。

（3）单击 📂,打开计算机目录下的文本文件,程序显示在当前屏幕上。

14. 输入零件原点参数

（1）按^{OFFSET SETTING}键,进入参数设置页面,单击"坐标系",进入工件坐标系页面,如图 6-6、图 6-7 所示。

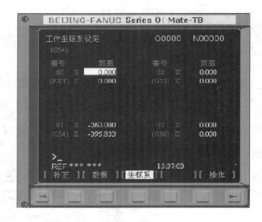

图 6-6　FANUC 0i-M 系统数控铣床工件坐标系页面　图 6-7　FANUC 0i-T 系统数控车床工件坐标系页面

（2）用 ^{PAGE↓}键、^{PAGE↑}或光标移动键 ↓ 键、光标移动键 ↑ 选择工件坐标系。

输入地址字和数值到输入区域,方法参考"输入数据"操作。

（3）按^{INPUT}键,把输入区域中的内容输入所指定的位置。

15. 输入刀具补偿参数

（1）按^{OFFSET SETTING}键,进入参数设置页面,单击 **补正**,进入刀具补偿页面,如图 6-8、图 6-9 所示。

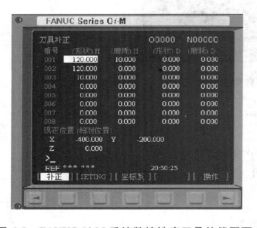
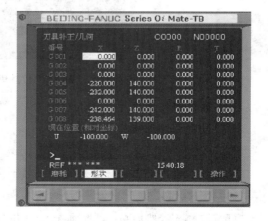

图 6-8　FANUC 0i-M 系统数控铣床刀具补偿页面　　图 6-9　FANUC 0i-T 系统数控车床刀具补偿页面

（2）用 ^{PAGE↓}键、^{PAGE↑}键选择长度补偿、半径补偿。

（3）用光标移动键 ↓ 键和光标移动键 ↑ 键选择刀具补偿参数编号。

（4）输入补偿值。

（5）按 INPUT 键，把输入的补偿值输入所指定的位置。

16. 位置显示

按 POS 键，切换到位置显示页面。用 PAGE 键和 PAGE 键或者软键切换页面。

17. 手动输入数据

（1）按 键，切换到手动数据、程序输入模式。

（2）按 PROG 键，单击 MDI ，单击分程序段号"N10"，输入程序号，如"G0X50"。

（3）按 INSERT 键，"N10G0X50"程序被输入。

（4）按 键。

18. 镜像功能

按 OFFSET SETING 键，单击 SETING ，进入镜像功能设置页面，如图 6-10 所示。

在该页面中，"MIRROR IMAGE X""MIRROR IMAGE Y""MIRROR IMAGE Z"分别表示 X 轴、Y 轴和 Z 轴的镜像功能。

输入"1"，镜像功能启动。

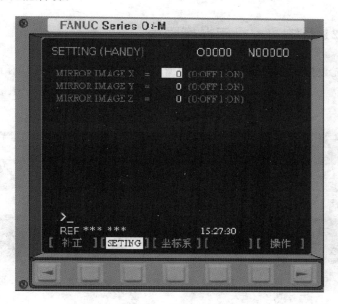

图 6-10　镜像功能设置页面

19. 机床在坐标系中的位置

机床在工件坐标系（绝对坐标系）中的位置如图 6-11 和图 6-12 所示。

绝对坐标：显示机床在当前坐标系（通常为工件坐标系）中的位置。

相对坐标：显示机床坐标相对于前一位置的坐标。

综合显示：同时显示机床在坐标系中的位置，参数包括绝对坐标、相对坐标、机械坐标和余移动量。

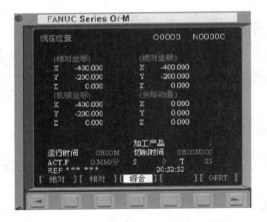

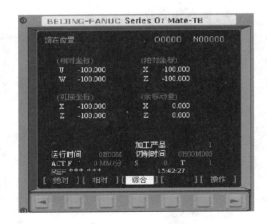

图 6-11　FANUC 0*i*-M 系统数控铣床在坐标系中的位置综合显示

图 6-12　FANUC 0*i*-T 系统数控车床在坐标系中的位置综合显示

6.2　HNC-21 数控系统简介

6.2.1　HNC-21 系统数控机床操作面板

HNC-21 系统数控机床的操作面板位于窗口的右下侧，如图 6-13、图 6-14 所示，主要用于控制机床运行状态，由模式选择部分、程序运行控制部分等多个部分组成。每一部分的详细说明如下。

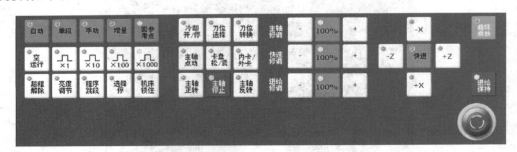

图 6-13　HNC-21T 系统数控车床的操作面板

1. 模式选择部分

（1）自动：进入自动加工模式。

（2）单段：按一下单段键，运行一程序段，机床运动轴减速停止，刀具、主轴电动机停止运行；再按一下单段键，又执行下一程序段，执行完了后又再次停止。

（3）手动：进入手动模式，可手动连续移动工作台或者刀具。

（4）增量：进入增量进给模式。

（5）回参考点：回机床参考点。

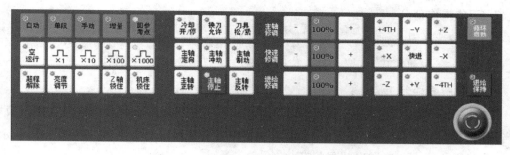

图 6-14　HNC-21M 系统数控铣床的操作面板

2. 主轴控制部分

（1）![主轴定向]：在手动模式下，当主轴制动无效时，指示灯灭，按一下主轴定向键，主轴立即执行主轴定向功能。主轴定向完成后，主轴定向键内指示灯亮，主轴准确停止在某一固定位置。

（2）![主轴冲动]：在手动模式下，当主轴制动无效时，按一下主轴冲动键，主轴以机床参数设定的转速和时间转动一定的角度。

（3）![主轴制动]：在手动模式下，在主轴停止状态下，按一下主轴制动键，主轴被锁定在当前位置。

（4）![主轴正转]：按一下主轴正转键，主轴正转键内指示灯亮，主轴以机床参数设定的转速正转。

（5）![主轴停止]：按一下主轴停止键，主轴正转键内指示灯亮，主轴停止运转。

（6）![主轴反转]：按一下主轴反转键，主轴反转键内指示灯亮，主轴以机床参数设定的转速反转。

3. 增量倍率部分

![×1 ×10 ×100 ×1000]：选择移动机床轴时每一步的距离，"×1"为移动 0.001 mm，"×10"为移动 0.01 mm，"×100"为移动 0.1 mm，"×1000"为移动 1 mm。置光标于按键上，单击鼠标左键选择。

4. 程序运行控制部分

（1）![循环启动]：程序运行开始，在程序自动加工模式和手动数据、程序输入模式下按下有效，其余时间按下此键无效。

（2）![进给保持]：程序运行停止，在数控程序运行中，按下此键，程序停止运行。

5. 卡盘操作部分

（1）![卡盘松/紧]：在手动模式下，按一下卡盘松/紧键，松开工件（默认为夹紧），可以进行更换工件操作；再按一下卡盘松/紧键，夹紧工件，可以进行加工工件操作，如此循环。

（2）![卡盘]：卡盘夹紧方式选择。

6. 空运行部分

![空运行]：按下此键，各轴以固定的速度运动。

7．刀位操作部分

（1）⬛：选择刀位。

（2）⬛：在手动模式下，按一下刀位转换键，转塔刀架转动一个刀位。

8．超程解除部分

⬛：在伺服轴行程的两端各有一个行程极限开关，作用是防止伺服机构因碰撞而损坏，每当伺服机构碰到行程极限开关时，就会出现超程。当某轴出现超程，超程解除键内指示灯亮时，系统紧急停止。要退出超程状态，必须：

①松开急停按钮，设置工作模式为手动或手摇模式；

②一直按压着超程解除键，此时控制器会暂时忽略超程的紧急情况；

③在手动（手摇）模式下使该轴向相反方向退出超程状态；

④松开超程解除键。

若显示屏上运行状态栏运行正常取代了出错，表示已经恢复正常，可以继续操作。

9．亮度调节部分

⬛：机床液晶屏幕亮度调节。

10．选择停

⬛：选择停键有效（指示灯亮）时，在程序自动加工模式下，遇到 M01 程序停止。

11．程序跳段部分

⬛：在程序自动加工模式下按下此键，跳过程序段开头带有"/"的程序。

12．机床锁住部分

⬛：禁止机床所有的运动。在程序自动加工开始前，按一下机床锁住键（指示灯亮），再按循环启动键，系统继续执行程序，显示屏上的坐标轴位置信息变化但不输出伺服轴的移动指令，所以机床停止不动。机床锁住功能用于校验程序。

13．冷却启停

⬛：在手动模式下，按一下冷却开/停键，冷却液开（默认为冷却液关）；再按一下冷却开/停键，冷却液关，如此循环。

14．急停部分

⬛：急停按钮。机床运行过程中，在危险或紧急情况下按下急停按钮，CNC 即进入急停状态，伺服进给及主轴运转立即停止工作（控制柜内的进给驱动电源被切断）。松开急停按钮，左旋此按钮，此按钮自动跳起，CNC 进入复位状态。

15．其他

（1）⬛：主轴正转及反转的速度可通过主轴修调调节，按压主轴修调右侧的 100％键，指示灯亮，主轴修调倍率被置为 100％；按一下"＋"键，主轴修调倍率递增 5％；按一下"－"键，主轴修调倍率递减 5％。机械齿轮换挡时，主轴速度不能修调。

（2）⬛：手动移动机床主轴键。

6.2.2 NHC-21 数控系统的操作面板

在"视图"下拉菜单或者浮动菜单中选择"控制面板切换"后,数控系统操作键盘会出现在视窗的右上角,操作键盘的左侧为数控系统显示屏,如图 6-15、图 6-16 所示。用操作键盘结合显示屏可以进行数控系统操作。

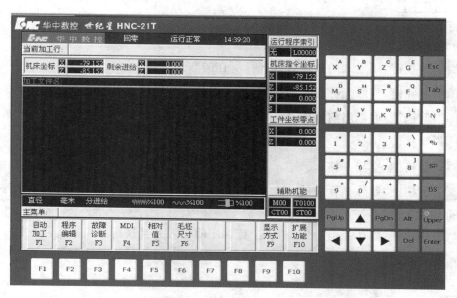

图 6-15 HNC-21T 数控系统的操作面板

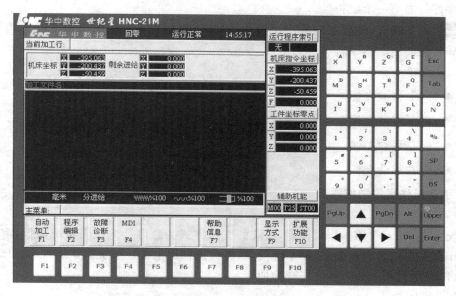

图 6-16 HNC-21M 数控系统的操作面板

1. 按键介绍

（1） F1 F2 F3 F4 F5 F6 F7 F8 F9 F10 ：功能键。

（2） ：数字键。

（3） ：字母键

数字键和字母键用于输入数据到输入区域。

（4）编辑键。

① Alt ：替换键,用输入的数据替换光标所在的数据。

② Del ：删除键,删除光标所在的数据,或者删除一个程序或者删除全部程序。

③ Esc ：取消键,取消当前操作。

④ Tab ：跳挡键。

⑤ SP ：空格键,空出一格。

⑥ BS ：退格键,删除光标前的一个字符,光标向前移动一个字符位置,余下的字符左移一个字符位置。

⑦ Enter ：确认键,确认当前操作,结束一行程序的输入并且换行。

⑧ Upper ：上挡键。

（5）翻页按键。

① PgUp ：向上翻页,使程序向程序头滚动一屏,光标位置不变。如果到了程序头,则光标移到文件首行的第一个字符处。

② PgDn ：向下翻页,使程序向程序尾滚动一屏,光标位置不变。如果到了程序尾,则光标移到文件末行的第一个字符处。

（6）光标移动。

① ▲ ：向上移动光标。

② ▼ ：向下移动光标。

③ ◄ ：向左移动光标。

④ ► ：向右移动光标。

2. 手动操作虚拟数控铣床

（1）复位。

系统上电,进入软件操作页面后,系统的工作方式为急停。为控制系统运行,需左旋并拔起操作台右上角的急停按钮,使系统复位,并接通伺服电源。系统默认进入回机床参考点模式,软件操作页面上的工作方式变为回零。

（2）回机床参考点。

控制机床运动的前提是建立机床坐标系,为此,在系统接通电源、复位后,首先应进行机床各轴回机床参考点操作。方法如下。

①如果系统显示的当前工作模式不是回零模式,按一下机床操作面板上面的回参考点

键,确保系统的当前工作模式处于回零模式。

②根据 X 轴机床参数"回参考点方向",按一下 ^{+x} 键("回参考点方向"为"＋")。

③用同样的方法使用 ^{+y} 键、^{+z} 键、^{+4TH} 键,可以使 Y 轴、Z 轴、4TH 轴回机床参考点。所有轴回机床参考点后,即建立了机床坐标系。

（3）坐标轴移动。

手动移动机床坐标轴的操作由手持单元和机床操作面板上的按键共同完成。

①点动进给。

按一下手动键(指示灯亮),系统处于点动运行模式下,按压 ^{+x} 键或 ^{-x} 键(指示灯亮),X 轴将产生正向或负向的连续移动,松开 ^{+x} 键或 ^{-x} 键(指示灯灭),X 轴即减速停止。

用同样的操作方法使用 ^{+y} 键、^{-y} 键、^{+z} 键、^{-z} 键、^{+4TH} 键、^{-4TH} 键,可以使 Y 轴、Z 轴、4TH 轴产生正向或负向的连续移动。

②点动快速移动。

点动进给时,若同时按压快进键,则产生相应轴正向或负向的快速运动。

③点动进给速度选择。

点动进给时,进给速率为系统参数"最高快移速度"的 1/3 乘以通过进给修调键选择的进给倍率。

点动快速移动的速率为系统参数"最高快移速度"乘以通过快速修调键选择的快移倍率。

按下进给修调键或快速修调键右侧的"100％"键(指示灯亮),进给或快速修调倍率被置为 100％;按一下"＋"键,修调倍率递增 5％;按一下"－"键,修调倍率递减 5％。

④增量进给。

当手持单元的坐标轴选择波段开关置于"Off"挡时,按一下机床操作面板上的增量键(指示灯亮),系统处于增量进给模式下,按一下 ^{+x} 键或 ^{-x} 键(指示灯亮),X 轴将向正向或负向移动一个增量值。

用同样的操作方法使用 ^{+y}、^{-y} 键、^{+z} 键、^{-z} 键、^{+4TH} 键、^{-4TH} 键,可以使 Y 轴、Z 轴、4TH 轴向正向或负向移动一个增量值。同时按一下多个方向的轴手动按键,每次能增量进给多个坐标轴。

⑤增量值选择。

增量进给的增量值由 ^{×1}、^{×10}、^{×100}、^{×1000} 四个增量倍率按键控制。

注意:这几个按键互锁,即按一下其中一个(指示灯亮),其余几个会失效(指示灯灭)。

⑥手摇进给。

当手持单元的坐标轴选择波段开关置于"X"挡、"Y"挡、"Z"挡或"4TH"挡时,按一下机床操作面板上的增量键(指示灯亮),系统处于手摇进给模式。例如,手持单元的坐标轴选择波段开关置于"X"挡,旋转手摇脉冲发生器,可控制 X 轴向正、负向运动,顺时针/逆时针旋转手摇脉冲发生器一格,X 轴将向正向或负向移动一个增量值。

用同样的操作方法使用手持单元可以使 Y 轴、Z 轴、4TH 轴正向或负向移动一个增量值。手摇进给方式每次只能增量进给 1 个坐标轴。

⑦手摇倍率选择。

手摇进给的增量值(手摇脉冲发生器每转一格的移动量)由手持单元的增量倍率波段开关控制。它有三个挡,即"×1"挡、"×10"挡、"×100"挡,表示的增量值分别为 0.001 mm、0.01 mm、0.1 mm。

(4) 手动数据输入(MDI)运行(F4～F6)。

在主操作负面下按 F4 键进入 MDI 功能子菜单。

在 MDI 功能子菜单下按 F6 键,进入 MDI 模式,命令行的底色变成了白色并且有光标在闪烁。这时,可以从 NC 键盘输入并执行一个 G 代码指令段,即实现"MDI 运行"。

①输入 MDI 指令段。

MDI 输入的最小单位是一个有效指令字。因此,输入一个 MDI 指令段可以有下述两种方法。

方法 1:一次输入,即一次输入多个指令字的信息。

方法 2:多次输入,即每次输入一个指令字的信息。

例如:要输入"G00 X100 Y1000"MDI 运行指令段,可以

a. 直接输入"G00 X100 Y1000"并按 Enter 键;

b. 先输入"G00"并按 Enter 键,再输入"X100"并按 Enter 键,然后输"Y1000"并按 Enter 键。

显示窗口内将依次显示大字符"X100","Y1000"。

在输入命令时,可以在命令行看见输入的内容,在按 Enter 键之前,发现输入错误,可用 BS 键、◀ 键、▶ 键进行编辑。按 Enter 键后,系统发现输入错误,会提示相应的错误信息。

②运行 MDI 指令段。

在输入完一个 MDI 指令段后,按一下机床操作面板上的循环启动键,系统即开始运行所输入的 MDI 指令段。如果输入的 MDI 指令段信息不完整或存在语法错误,系统会提示相应的错误信息。此时不能运行 MDI 指令段。

③修改某一字段的值。

在运行 MDI 指令段之前,如果要修改输入的某一指令字,可直接在命令行上输入相应的指令字符及数值。

例如:在输入"X100"并按 Enter 键后希望"X"值变为"109",可在命令行上输入"X109"并按 Enter 键。

④清除当前输入的所有尺寸字数据。

在输入 MDI 数据后,按 F7 键可清除当前输入的所有尺寸字数据(其他指令字依然有效),显示窗口内"X""Y""Z""I""J""K""R"等字符后面的数据全部消失,此时可重新输入新的数据。

⑤停止当前正在运行的 MDI 指令段。

在系统正在运行 MDI 指令段时,按 F7 键可停止当前 MDI 指令段运行。

(5) 自动加工程序选择。

①选择磁盘程序。

选择"自动加工"菜单中的"程序选择",按 F1 键进入图 6-17 所示的页面。

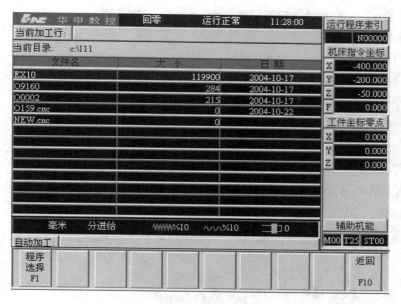

图 6-17 选择磁盘程序页面

按 ▲ 键、▼ 键选择程序,按 Enter 键,选中的程序被打开。

②选择所编辑的程序。

编辑完程序,保存好后若要进行加工,则选择"自动加工"菜单中的"程序选择",按 F2 键,所编辑的程序被调出,按循环启动键,程序即可运行。

③块操作。

打开已编辑好的程序,将光标移动到所要定义的块之前,按 F7 键,用 ▲ 键、▼ 键选择 "定义块头",用 ◄ 键、► 键、▲ 键、▼ 键选择所要定义块的部分,按 F7 键,选择"定义块 尾",按 F7 键,选择"复制"或"剪切"后,用 ◄ 键、► 键、▲ 键、▼ 键将光标移动到所要粘贴 的位置。按 F7 键,选择"粘贴",定义块的部分就被粘贴在光标处。

④选择当前正在加工的程序并进行编辑。

在调出加工程序后,按 F2 键,在选择编辑程序菜单中按 F2 键选中正在加工的程序选 项,按光标移动键即可进行编辑。

⑤选择一个新文件。

在"文件管理"菜单中用 ▲ 键、▼ 键选中"新建文件"选项,在输入新文件名栏输入新文 件的文件名,按 Enter 键,系统将自动产生一个空文件。

注意:新文件不能和当前目录中已经存在的文件同名。

⑥保存程序。

编辑好程序后,按 F4 键保存文件。

⑦更改程序名。

按"程序编辑"菜单中的"文件管理",按 F1 键,用 ▲ 键、▼ 键选择所要更改文件名的程 序,按 Enter 键,用 ◄ 键、► 键、BS 键、Del 键进行程序名修改。修改好后,按 Enter 键,如确实要更改选中的程序名,按 Y 键,否则按 N 键。

(6) 程序编辑。

①编辑当前程序。

当编辑器获得一个程序后,就可以编辑当前程序了,在编辑过程中用到的主要快捷键如下。

Del:删除光标后的一个字符,光标位置不变,余下的字符左移一个字符位置。

PgUp:使程序向程序头滚动一屏,光标位置不变,如果到了程序头,则光标移到文件首行的第一个字符处。

PgDn:使程序向程序尾滚动一屏,光标位置不变,如果到了程序尾,则光标移到文件末行的第一个字符处。

BS:删除光标前的一个字符,光标向前移动一个字符位置,余下的字符左移一个字符位置。

②删除一行。

在编辑状态下按 F8 键,将删除光标所在的程序行。

③查找。

在编辑功能子菜单下按 F6 键,在查找栏输入要查的字符串,按 Enter 键,从光标处开始向程序结尾搜索。如果当前编辑程序不存在要查找的字符串,将弹出对话框;如果当前编辑程序存在要查找的字符串,光标将停在找到的字符串后,且被查找到的字符串颜色和背景都将改变。若要继续查找,按 F8 键即可。

注意:查找总是从光标处向程序尾进行到文件尾后,再从文件头继续往下进行。

④替换。

在编辑功能子菜单下按 F6 键,在被替换的字符串栏输入被替换的字符串,按 Enter 键,在用来替换的字符串栏输入用来替换的字符串,按 Enter 键,从光标处开始向程序尾搜索。按 Y 键,替换所有字符串。按 N 键,光标停在找到的被替换字符串后,然后按 Y 键则替换当前光标处的字符串,按 N 键则取消操作。若要继续替换,按 F8 键即可。

注意:替换也是从光标处向程序结尾进行到文件尾后,再从文件头继续往下进行。

⑤删除程序。

按"程序编辑"菜单中的"文件管理",按 Enter 键,如果确实要删除选中的程序,则按 Y 键,否则按 N 键。

(7) 启动、暂停、中止、再启动。

①启动自动运行。

系统调入程序,经校验无误后可正式启动运行程序。按一下机床操作面板上的自动键(指示灯亮),进入程序自动加工模式,按一下机床操作面板上的循环启动键(指示灯亮),机床开始自动运行调入的程序。

②暂停运行。

在程序运行的过程中,在程序运行子菜单下按 F7 键,然后按 N 键,可暂停程序运行,并保留当前运行程序的模态信息。

③中止运行。

在程序运行的过程中,在程序运行子菜单下按 F7 键,然后按 Y 键,可中止程序运行,并卸载当前运行程序的模态信息。

④暂停后的再启动。

在自动运行暂停状态下,按一下机床操作面板上的循环启动键,系统将从暂停前的状态重新启动继续运行程序。

⑤重新运行。

当前程序中止运行后希望从程序头重新开始运行时,可在程序运行子菜单下按 F4 键,接着按 Y 键,此时光标将返回到程序头,按 N 键则取消重新运行,然后按机床操作面板上的循环启动键,从程序首行开始,重新运行当前程序。

⑥空运行。

在程序自动加工模式下按一下机床操作面板上的空运行键(指示灯亮),CNC 处于空运行状态,程序中编制的进给速率被忽略,坐标轴以最大的快移速度移动。空运行时,机床不做实际切削,空运行的目的在于确认切削路径及程序。在实际切削时,应关闭空运行功能,否则可能会造成危险。空运行功能对螺纹切削无效。

⑦单段运行。

按一下机床操作面板上的单段键(指示灯亮),系统处于单段自动运行模式下,程序将逐段执行。按一下循环启动键,运行一程序段,机床运动轴减速停止,刀具、主轴电机停止运行,再按一下循环启动键,又执行下一程序段,执行完了后又再次停止。

(8) 运行时干预。

①进给速度修调。

在程序自动加工模式或手动数据、程序输入模式下,当 F 代码指定的进给速度偏高或偏低时,可用进给修调键右侧的"100%"键和"+"键、"-"键,修调程序中编制的进给速度。按下"100%"键(指示灯亮),进给修调倍率被置为 100%;按一下"+"键,进给修调倍率递增 5%;按一下"-"键,进给修调倍率递减 5%。

②快移速度修调。

在程序自动加工模式或手动数据、程序输入模式下,可用快速修调键右侧的"100%"键和"+"键、"-"键,修调 G00 快速移动时系统参数最高快移速度设置的速度。按下"100%"键(指示灯亮),快速修调倍率被置为 100%;按一下"+"键,快速修调倍率递增 5%;按一下"-"键,快速修调倍率递减 5%。

③主轴修调。

在程序自动加工模式或手动数据、程序输入模式下,当 S 代码指定的主轴速度偏高或偏低时,可用主轴修调键右侧的"100%"键和"+"键、"-"键修调程序中编制的主轴速度。按压"100%"键(指示灯亮),主轴修调倍率被置为 100%,按一下"+"键,主轴修调倍率递增 5%;按一下"-"键,主轴修调倍率递减 5%。机械齿轮换挡时,主轴速度不能修调。

注意:以上操作数控车床和数控铣床相同。

(9) 数控车床操作数据设置。

①坐标系。

在 MDI 功能子菜单下按 F4 键,进入坐标系手动数据输入模式,图形显示窗口首先显示

G54 坐标系数据,按"Pgdn"键或"Pgup"键,选择要输入的数据类型:G55、G56、G57、G58、G59 坐标系,当前工件坐标系的偏置值(坐标系零点相对于机床零点的值),或当前相对值零点。在命令行输入所需数据,如输入"X200 Z300",并按 Enter 键,将设置 G54 坐标系的"X"及"Z"偏置分别为"200""300"。

②刀库表。

在 MDI 功能子菜单下按 F1 键进行刀库设置,图形显示窗口将出现刀库数据,用 ◄ 键、► 键、▲ 键、▼ 键、PgUp 键、PgDn 键移动蓝色亮条,选择要编辑的选项,按 Enter 键,蓝色亮条所指刀库数据的颜色和背景都发生变化,同时有一光标在闪烁,用 ◄ 键、► 键、BS 键、Del 键进行修改,修改完毕,按 Enter 键确认。

③刀偏表。

在 MDI 功能子菜单下按 F2 键进行刀偏设置,图形显示窗口将出现刀具数据,用 ◄ 键、► 键、▲ 键、▼ 键、PgUp 键、PgDn 键移动蓝色亮条,选择要编辑的选项,按 Enter 键,蓝色亮条所指刀具数据的颜色和背景都发生变化,同时有一光标在闪烁,用 ◄ 键、► 键、BS 键、Del 键进行修改,修改完毕,按 Enter 键确认。

④刀补表。

在 MDI 功能子菜单下按 F3 键进行刀补设置,图形显示窗口将出现刀具数据,用 ◄ 键、► 键、▲ 键、▼ 键、PgUp 键、PgDn 键移动蓝色亮条,选择要编辑的选项,按 Enter 键,蓝色亮条所指刀具数据的颜色和背景都发生变化,同时有一光标在闪烁,用 ◄ 键、► 键、BS 键、Del 键进行修改,修改完毕,按 Enter 键确认。

(10) 数控铣床操作数据设置。

①坐标系。

在 MDI 功能子菜单下按 F3 键进入坐标系手动数据输入模式,图形显示窗口首先显示 G54 坐标系数据,按"Pgdn"键或"Pgup"键,选择要输入的数据类型:G55、G56、G57、G58、G59 坐标系,当前工件坐标系的偏置值(坐标系零点相对于机床零点的值),或当前相对值零点。在命令行输入所需数据,如输入"X200 Y300",并按 Enter 键,将设置 G54 坐标系的"X"及"Y"偏置分别为"200""300"。

注意:编辑的过程中在按 Enter 键之前,按 Esc 键可退出编辑,但输入的数据将丢失,系统将保持原值不变。

②刀库表。

在 MDI 功能子菜单下按 F1 键进行刀库设置,图形显示窗口将出现刀库数据,用 ◄ 键、► 键、▲ 键、▼ 键、PgUp 键、PgDn 键移动蓝色亮条,选择要编辑的选项,按 Enter 键,蓝色亮条所指刀库数据的颜色和背景都发生变化,同时有一光标在闪烁,用 ◄ 键、► 键、BS 键、Del 键进行修改,修改完毕,按 Enter 键确认。

③刀具表。

在 MDI 功能子菜单下按 F2 键进行刀具设置,图形显示窗口将出现刀具数据,用 ◄ 键、

▶ 键、▲ 键、▼ 键、<kbd>PgUp</kbd> 键、<kbd>PgDn</kbd> 键移动蓝色亮条,选择要编辑的选项,按 Enter 键,蓝色亮条所指刀具数据的颜色和背景都发生变化,同时有一光标在闪烁,用 ◀ 键、▶ 键、<kbd>BS</kbd> 键、<kbd>Del</kbd> 键进行修改,修改完毕,按 Enter 键确认。

6.3　斯沃数控仿真软件使用介绍

6.3.1　软件界面

斯沃数控仿真软件提供与真正的数控机床类似的操作面板,如图 6-18、图 6-19 所示。

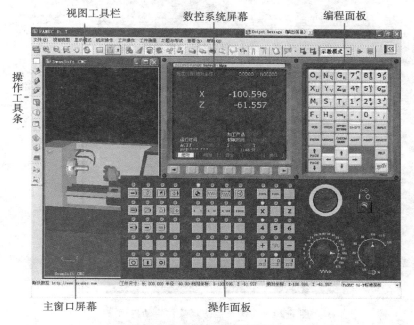

图 6-18　斯沃数控仿真软件界面(一)

6.3.2　进入和退出

1. 进入

双击计算机桌面上的斯沃数控仿真软件图标,进入斯沃数控仿真软件启动界面,如图 6-20 所示。在该界面执行以下操作。

(1) 在左边文件框内选择"网络版"。

(2) 在右边的第一个条框内选择所要使用的数控系统名称。

(3) 在"用户"的下拉菜单中里选择用户名,然后输入密码。

(4) 在"记住我的用户名"和"记住我的密码"中进行选择。

(5) 输入服务器的 IP 地址。

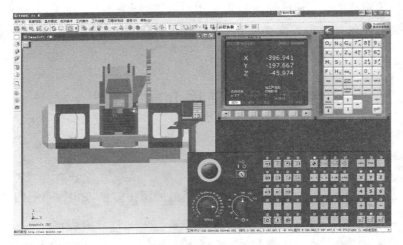

图 6-19　斯沃数控仿真软件界面(二)

图 6-20　斯沃数控仿真软件启动界面

(6) 单击"登录",进入数控系统界面。

2. 退出

按 Alt＋F4 键或单击"×"按钮可以退出数控系统。在程序被终止时,系统自动保存所选择的运行模式、操作面板上切换开关的位置、加工的位置和屏幕的尺寸等数据。

6.3.3　工具条和菜单的配置

全部命令可以从数控系统界面左侧和上方工具条上的按钮来执行。当光标指向某按钮时系统会立即提示该按钮的功能,同时在屏幕底部的状态栏里显示该功能的详细说明。

斯沃数控仿真软件数控系统界面左侧工具条中的按钮及其功能说明如表 6-1 所示,上方工具条中的常用按钮及其功能说明如表 6-2 所示。

表 6-1　斯沃数控仿真软件数控系统界面左侧工具条中的按钮及其功能说明

按钮	功能	按钮	功能
	新建 NC 代码		显示模式切换
	打开保存的文件		选择毛坯大小、工件坐标、 工件掉头、冷却液调整
	保存文件		快速模拟加工
	另存文件		舱门开关
	参数设置		工件夹紧位置正向微调（数控车床专用）
	刀具管理		工件夹紧位置负向微调（数控车床专用）

表 6-2　斯沃数控仿真软件数控系统界面上方工具条中的常用按钮及其功能说明

按钮	功能	按钮	功能
	窗口切换，变换显示界面		屏幕放大
	屏幕缩小		屏幕放大、缩小
	屏幕平移		屏幕旋转
	局部放大		二维显示（FANUC 系统数控车床专用）
	平面选择		床身显示
	工件测量		加工声效
	显示坐标		显示切屑
	显示冷却液		显示毛坯
	显示工件		零件截面显示
	透明显示		显示刀架
	显示刀位号		刀具显示
	刀具轨迹显示		

6.3.4 文件管理菜单

1. 文件管理

通过文件管理菜单,可以实现与程序文件、刀具文件和毛坯文件调入和保存有关的功能,如打开或保存 NC 代码编辑过程中的数据文件。

(1) 打开:打开相应的对话框,如图 6-21 所示,可选取所需要代码的文件。完成选取后,相应的 NC 代码显示在 NC 窗口中。在全部代码被加载后,进入程序自动加工模式;在界面底部显示代码读入进程。

(2) 新建:删除编辑窗口里正在被编辑和已加载的 NC 代码。如果代码有过更改,则系统提示要不要保存更改后的代码。

(3) 保存:保存在界面上编辑的代码。对新加载的已有文件执行这个命令时,系统对文件不加任何改变地保存,并且不论该文件是不是刚刚加载的,都请求给出一个新文件名。"保存文件选择"对话框如图 6-22 所示。

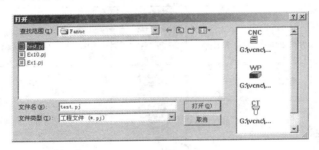

图 6-21 "打开"对话框(一)

图 6-22 "保存文件选择"对话框

(4) 另存为:把文件以与现有文件不同的新名称保存下来。

(5) 加载项目文件:把各相关的数据文件(工件文件、程序文件、刀具文件)保存到一个工程文件里(扩展名为".pj"),此文件称为项目文件。这个功能用于在新的环境里加载保存的文件。

(6) 项目文件保存:把处理过的全部数据保存到文件里。界面的各空白部分可以做修改。

2. 机床参数和显示颜色设置

1）机床参数设置

单击 → ，弹出机床参数设置对话框，在该对话框完成以下操作。

（1）拖动"机床操作"标签页中的滑块，选择合适的换刀速度，如图 6-23 所示。

（2）在"编程"标签页中设置程序的数值是否有小数点，如图 6-24 所示。

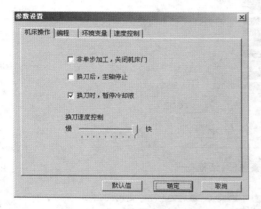

图 6-23 数控机床操作设置

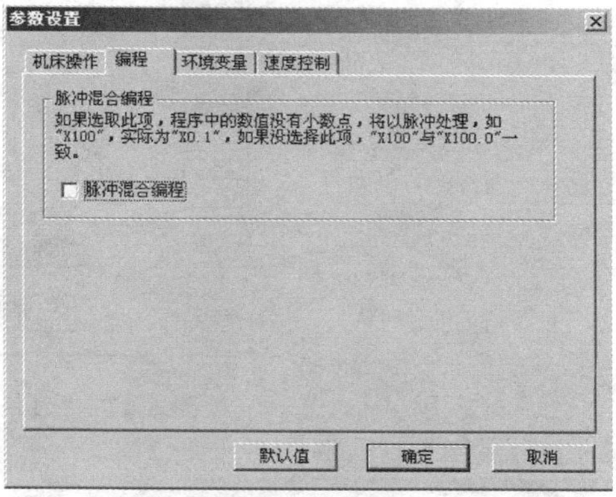

图 6-24 数控机床编程设置

（3）在"环境变量"标签页单击"选择颜色"按钮，可以改变数控机床的背景色，如图6-25 所示。

（4）在"速度控制"标签页调节"加工图形显示加速"和"显示精度"，仿真软件可以获得合适的运行速度，如图 6-26 所示。

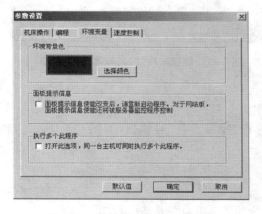
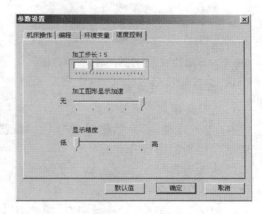

图 6-25 数控机床环境变量设置

图 6-26 数控机床速度控制设置

2）显示颜色

单击 ，在弹出的快捷菜单中选择"显示颜色"，弹出图 6-27 所示的对话框。在该对话框选择好刀路和加工颜色后，单击"确定"按钮。

3. 刀具管理

单击 ，在弹出的快捷菜单中选择"刀具库管理"，弹出"刀具库管理"对话框，如图 6-28、图 6-29 所示。

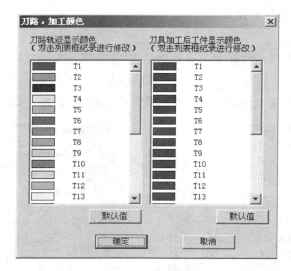

图 6-27 "刀路,加工颜色"对话框(一)

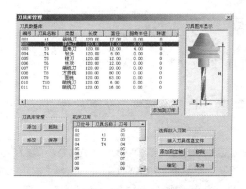

图 6-28 数控铣床"刀具库管理"对话框

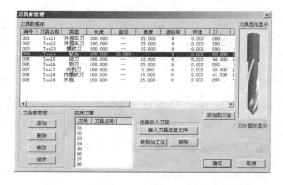

图 6-29 数控车床"刀具库管理"对话框

1)数控铣床刀具管理

(1)刀具添加。

在"刀具库管理"对话框单击"添加"按钮,弹出"添加刀具"对话框,如图 6-30 所示。在该对话框进行以下操作。

①输入刀具号。

②输入刀具名称。

③确定刀具类型,刀具类型有"端铣刀""球头刀""圆角刀""钻头""镗刀"等。

④定义直径、刀杆长度、转速、进给率。

⑤单击"确定"按钮,即可将刀具添加到刀具库。

(2)将刀具添加到主轴。

①在"刀具库管理"对话框"刀具数据库"里选择所需刀具。

②按住鼠标左键,将它拉到"机床刀库"中。

③单击"添加到主轴"按钮,然后单击"确定"按钮,即可将刀具添加到主轴。

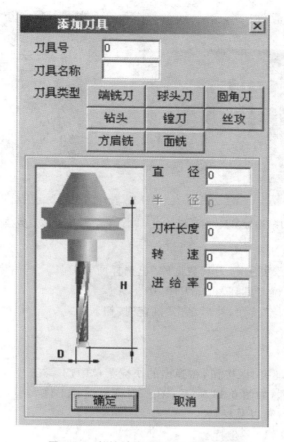

图 6-30　数控铣床"添加刀具"对话框

2）数控车床刀具管理

（1）刀具添加。

在"刀具库管理"对话框单击"添加"按钮，弹出"添加刀具"对话框，如图 6-31 所示。在该对话框进行以下操作。

①输入刀具号。

②输入刀具名称。

③确定刀具类型，如外圆车刀、割刀、内割刀、钻头、镗刀、丝攻、螺纹刀、内螺纹刀、内圆刀等。

④确定刀片类型并设置刀片参数。

⑤单击"确定"按钮，即可将刀具添加到刀具管理库。

（2）刀具添加举例——圆头刀的添加。

①在"刀具库管理"对话框单击"添加"按钮，弹出"添加刀具"对话框，如图 6-31 所示。

②选择"添加刀具"对话框中最右边的圆头刀，弹出"刀具"对话框，如图 6-32 所示。

③在"刀具"对话框中选择所需的刀具并单击"确定"按钮，返回到"添加刀具"对话框。在"添加刀具"对话框输入刀具号和刀具名称，然后单击"确定"按钮，添加圆头刀完成。

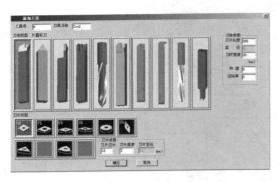

图 6-31 数控车床"添加刀具"对话框

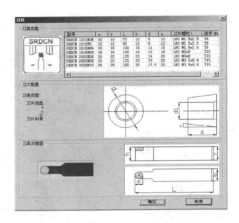

图 6-32 数控车床"刀具"对话框

（3）将刀具添加到刀架。

①在"刀具库管理"对话框"刀具数据库"里选择所需刀具。

②按住鼠标左键，拉刀具到"机床刀库"中。

③单击"转到加工位"按钮，然后单击"确定"按钮。

4．工件参数及附件

1）数控铣床

（1）单击"选择毛坯夹具"按钮，在弹出的快捷菜单中选择"工件大小、原点"，弹出"设置工件大小、原点"对话框，如图 6-33 所示。在该对话框设置工件大小、原点。

①定义工件长、宽、高以及材料。

②定义工件零点 X、Y、Z 坐标。

③勾选"更换加工原点""更换工件"。

（2）单击"选择毛坯夹具"按钮，在弹出的快捷菜单中选择"工件装夹"，弹出"装夹设置"对话框，如图 6-34 所示。在该对话框设置工件装夹方式，如直接装夹、工艺板装夹或平口钳装夹。

（3）单件"选择毛坯夹具"对话框，在弹出的快捷菜单中选择"工件放置"，弹出"工件放置"对话框，如图 6-35 所示，在该对话框进行工件放置设置。

①选择 X 方向放置位置。

②选择 Y 方向放置位置。

③选择放置角度位置。

④单击"放置"按钮和"确定"按钮。

（4）单击"选择毛坯夹具"按钮，在弹出的快捷菜单中选择"基准芯棒选择"，弹出"基准芯棒选择"对话框，如图 6-36 所示。在该对话框选择基准芯棒和塞尺规格。

（5）单击"选择毛坯夹具"按钮，在弹出的菜单中选择"寻边器选择"，弹出"寻边器选择"对话框，如图 6-37 所示。在该对话框中选择寻边器。

（6）单击"选择毛坯夹具"按钮，在弹出的快捷菜单中选择"冷却液调整"，弹出"冷却液软管调整"对话框，如图 6-38 所示。在该对话框进行对冷却液的调整。

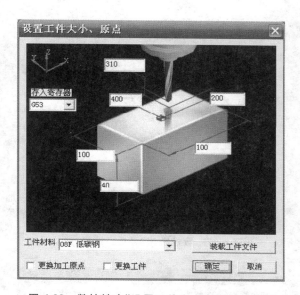

图 6-33 数控铣床"设置工件大小、原点"对话框

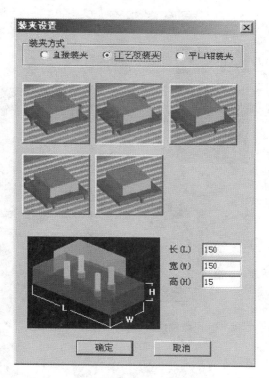

图 6-34 数控铣床工件"装夹设置"对话框

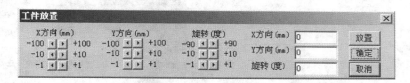

图 6-35 数控铣床"工件放置"对话框

2）数控车床

（1）"设置毛坯尺寸"对话框如图 6-39 所示。在该对话框对毛坯进行设置。

①定义毛坯的类型、长度、直径以及材料。

②定义夹具。

③勾选"尾架"。

（2）毛坯夹紧后通过 ![按钮] 对毛坯夹紧位置进行微调。

5. 快速模拟加工

（1）设置模式为程序编辑模式。

（2）选择刀具。

（3）选择毛坯，设置工件原点。

（4）设置模式为程序自动加工模式。

（5）按 ![按钮] 按钮，即可实现快速模拟加工。

数控加工编程与仿真

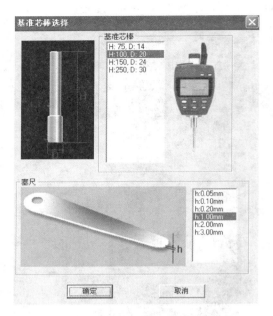

图 6-36 数控铣床"基准芯棒选择"对话框

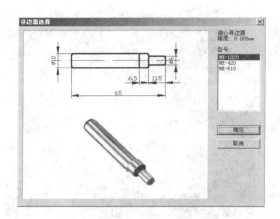

图 6-37 数控铣床"寻边器选择"对话框

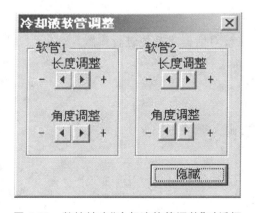

图 6-38 数控铣床"冷却液软管调整"对话框

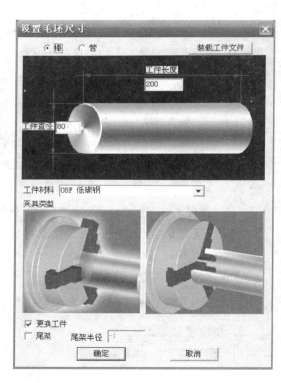

图 6-39 数控车床"设置毛坯尺寸"对话框

6. 工件测量

单击 ◢ 按钮，进行工件测量工作。

254

工件测量有三种方式:特征点、特征线、粗糙度分布。测量工件时,可利用计算机数字键盘上的向上、向下、向左和向右光标移动键,也可利用对话框。"测量定位"对话框如图6-40所示。

测量工具按钮及其功能说明如表 6-3 所示。

表 6-3　测量工具按钮及功能说明

按钮	功能	备注
	特征点测量	数控车床、数控铣床
	特征线测量	数控车床、数控铣床
	距离测量	数控车床
	表面粗糙度测量	数控车床、数控铣床
	测量退出	数控车床、数控铣床

7. 录制参数设置

"录制设置"按钮为 ，单击此按钮,弹出快捷菜单 。可见,共有固定区域、窗选区域、全屏三种录制区域选择方式。在该快捷菜单中单击"参数设置",弹出"参数设置"对话框,如图 6-41 所示。

图 6-40　"测量定位"对话框(一)

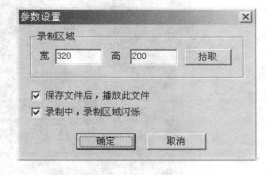

图 6-41　录制参数设置

6.4　宇航数控仿真软件使用介绍

6.4.1　软件界面

宇航数控仿真软件提供与真正的数控机床类似的操作面板,如图 6-42、图 6-43 所示。

工具条　　　　　　　　坐标和程序显示屏幕　　　　编程面板

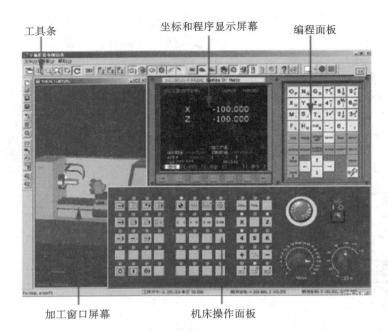

加工窗口屏幕　　　　　　机床操作面板

图 6-42　宇航数控仿真软件界面(一)

工具条　　　　　　　　坐标和程序显示屏幕　　　　编程面板

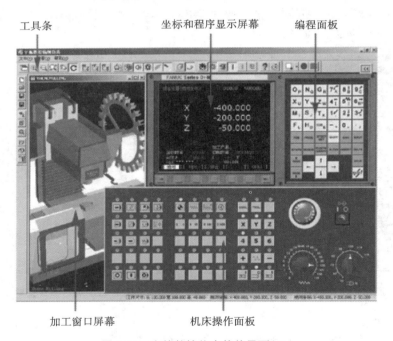

加工窗口屏幕　　　　　　机床操作面板

图 6-43　宇航数控仿真软件界面(二)

6.4.2　进入和退出

在运行 YH-CNC.exe 后,系统显示图 6-44 所示的对话框。单击要使用的机床,执行相应的操作。

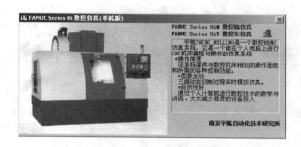

图 6-44　车、铣集成对话框

按 Alt＋F4 键或单击 ![button]，可以退出数控系统。在程序被终止时，数控系统自动保存所选择的运行模式、操作面板上切换开关的位置、加工的位置和屏幕的尺寸等数据。

6.4.3　工具条和菜单的配置

宇航数控仿真软件数控系统界面上方工具条中的按钮及其功能说明如表 6-4 所示。

表 6-4　宇航数控仿真软件数控系统界面上方工具条中的按钮及其功能说明

按钮	功能
![]	建立新文件
![]	打开保存的文件
![]	保存工程文件（如程序文件、刀具文件、毛坯文件）
![]	另存文件
![]	选择机床规格大小
![]	定义刀具
![]	显示模式切换
![]	选择毛坯大小、工件坐标、工件掉头、冷却液调整
![]	快速模拟加工
![]	对刀（FANUC 系统数控车床专用）
![]	加工中关机床门
![]	毛坯夹紧位置正向微调（FANUC 系统数控车床专用）
![]	毛坯夹紧位置负向微调（FANUC 系统数控车床专用）

全部命令可以从界面左侧工具条中的按钮(见表 6-5)来执行。当光标指向某按钮时，系统会立即提示该按钮的功能，同时在界面底部的状态栏里显示该功能的详细说明。

表 6-5　宇航数控仿真软件数控系统界面左侧工具条中的按钮及其功能说明

按钮	功能	按钮	功能
	窗口切换；变换显示界面		屏幕放大
	屏幕缩小		屏幕放大、缩小
	屏幕平移		屏幕旋转
2D	二维显示(FANUC 系统数控车床专用)		XZ 平面选择
	YZ 平面选择		YX 平面选择
	毛坯显示		零件显示
	零件截面显示		透明显示
	刀具交换装置显示		显示刀位号
	刀具显示		刀具透明
	刀具轨迹		版本说明
	在线帮助		录制参数设置
	录制开始		录制结束
	机床罩壳切换显示		工件测量
	声控		坐标显示
	铁屑显示		冷却液显示

6.4.4　文件管理菜单

通过文件管理菜单,可实现与程序文件、刀具文件和毛坯文件调入和保存有关的功能,如打开或保存 NC 代码编辑过程中的数据文件。

1. 打开

单击"打开"按钮,弹出"打开"对话框,如图 6-45 所示。在该对话框可选取所需要代码的文件。完成文件选取后,相应的 NC 代码显示在 NC 窗口里。

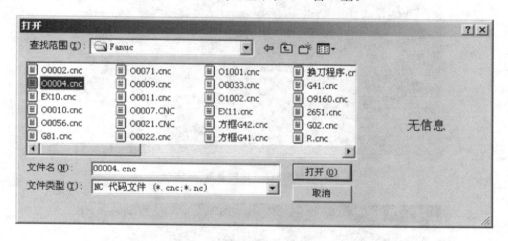

图 6-45　"打开"对话框(二)

2. 新建

通过"新建"按钮,可删除编辑窗口里正在被编辑的 NC 代码。

3. 保存

通过"保存"按钮,可保存工程文件(程序文件、刀具文件和毛坯文件)。

4. 另存为

通过"另存为"按钮,可以以新文件名称保存文件。

5. 选择机床规格大小

单击 按钮,在弹出的快捷菜单中选择"机床参数",弹出"设置参数"对话框,如图6-46所示。在该对话框进行机床参数设置。

(1)加工步长、加工图形显示加速:控制数控机床的加工速度(根据计算机显存的配置调整)。

(2)显示精度:调节显示加工零件的精度(根据计算机显存的配置调整)。

(3)脉冲混合编程:如果勾选此项,必须用小数点编程。

单击 按钮,在弹出的快捷菜单中选择"显示颜色",弹出图 6-47 所示的对话框。在该对话框选择好刀路和加工颜色后,单击"确定"按钮。

6. 刀具的定义

单击 按钮,在弹出的快捷菜单中选择"刀具库管理",弹出"刀具库管理"对话框,如图

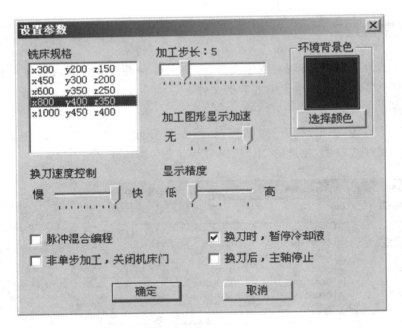

图 6-46　数控机床"设置参数"对话框

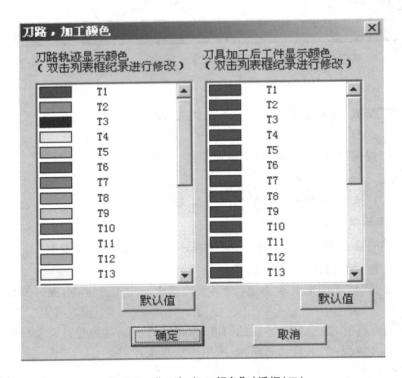

图 6-47　"刀路,加工颜色"对话框(二)

6-48、图 6-49 所示。在该对话框可对刀具进行定义。

1)添加刀具

单击"添加"按钮,弹出"添加刀具"对话框,如图 6-50、图 6-51 所示。在该对话框进行以

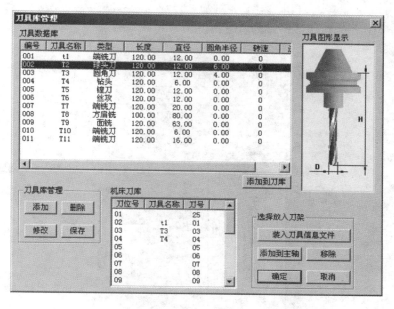

图 6-48　FANUC 系统数控铣床"刀具库管理"对话框

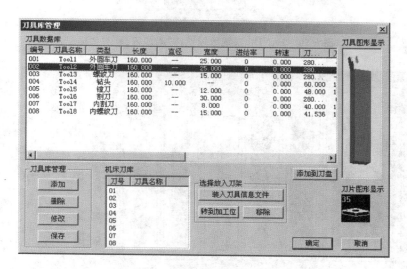

图 6-49　FANUC 系统数控车床"刀具库管理"对话框

下操作。

（1）输入刀具号。

（2）输入刀具名称。

（3）确定刀具类型，如"端铣刀""球头刀""圆角刀""钻头""镗刀"等。

（4）定义直径、刀杆长度、转速、进给率。

（5）单击"确定"按钮，即可将刀具添加到刀具管理库。

2）将刀具添加到主轴

（1）在"刀具库管理"对话框"刀具数据库"中选择所需刀具。

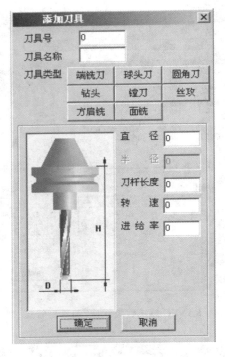

图 6-50　FANUC 系统数控铣床"添加刀具"对话框

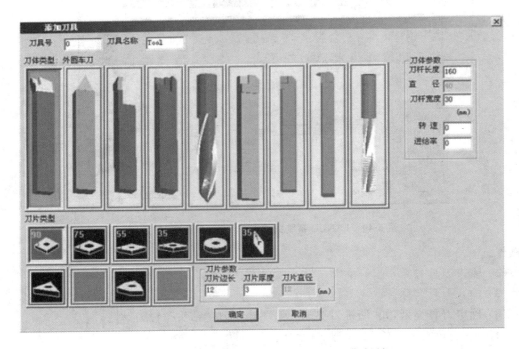

图 6-51　FANUC 系统数控车床"添加刀具"对话框

（2）按住鼠标左键，将刀具拉到"机床刀库"中。

（3）数控铣床单击"添加到主轴"按钮，数控车床单击"转到加工位"按钮，然后单击"确定"按钮。

7. 工件参数及附件

1）数控铣床

（1）单击 ⿺，在弹出的快捷菜单中选择"工件大小、原点"，弹出"设置工件大小、原点"对话框，如图 6-52 所示。在该对话框设置工件大小、原点。

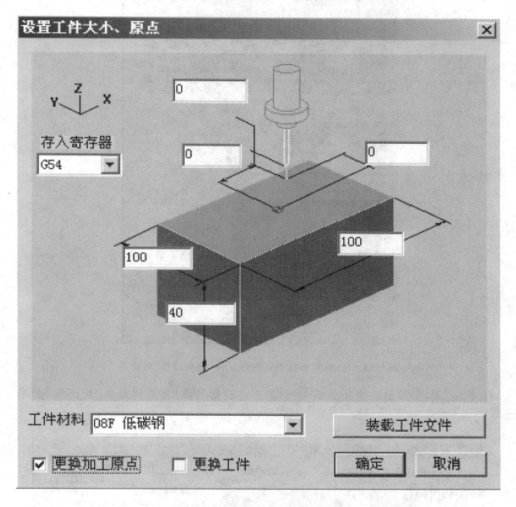

图 6-52　FANUC 系统数控铣床"设置工件大小、原点"对话框

① 定义工件长、宽、高以及材料。

② 定义工件原点 X、Y、Z 坐标。

③ 勾选"更换加工原点""更换工件"。

数控铣软件里可以用理论方法定义工件原点，例如：根据所选择的机床行程规格，如 "X800 Y400 Z350"，如果把工件坐标系原点设置到工件表面中心，就输入"X0 Y0 Z0"，这时工件坐标系就设置到工件表面中心，可以在"存入寄存器"下拉菜单中选择 G54～G59，然后单击"确定"按钮，设定的工件坐标系即存入 OFFSET G54～G59 的坐标系里。

（2）单击 ⬒ ，在弹出的快捷菜单中选择"工件装夹"，弹出"装夹设置"对话框，如图 6-53 所示。在该对话框设置工件装夹方式，如直接装夹、工艺板装夹或平口钳装夹。

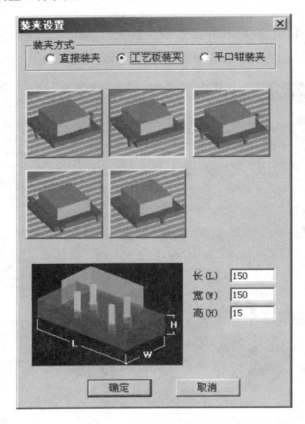

图 6-53　FANUC 系统数控铣床工件"装夹设置"对话框

（3）单击 ⬒ ，在弹出的快捷菜单中选择"工件放置"，弹出"工件放置"对话框，如图 6-54 所示。

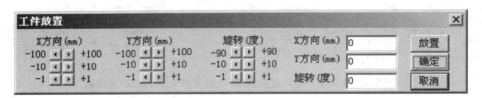

图 6-54　FANUC 系统数控铣床"工件放置"对话框

①选择 X 方向放置位置。

②选择 Y 方向放置位置。

③选择放置角度位置。

④单击"放置"按钮和"确定"按钮。

（4）单击 ⬒ ，在弹出的快捷菜单中选择"基准芯轴选择"，弹出"基准芯轴选择"对话框，如图 6-55 所示。在该对话框选择基准芯轴和塞尺规格。

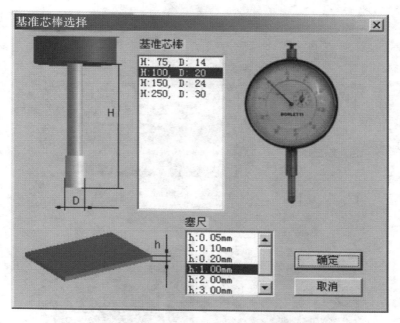

图 6-55　FANUC 系统数控铣床"基准芯棒选择"对话框

（5）单击 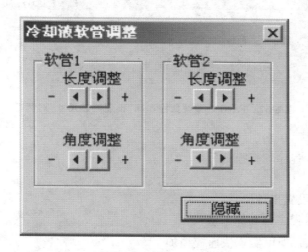，在弹出的快捷菜单中选择"冷却液调整"，弹出"冷却液软管调整"对话框，如图 6-56 所示。

图 6-56　FANUC 系统数控铣床"冷却液软管调整"对话框

2）数控车床

FANUC 系统数控车床"设置毛坯尺寸"对话框如图 6-57 所示。在该对话框可对毛坯的类型和尺寸、夹具类型等设置。

数控车床工件参数及附件的其他设置与数控铣床类似，这里不再赘述。

（1）定义毛坯尺寸和材料。

（2）选择夹具类型和尾架顶针。

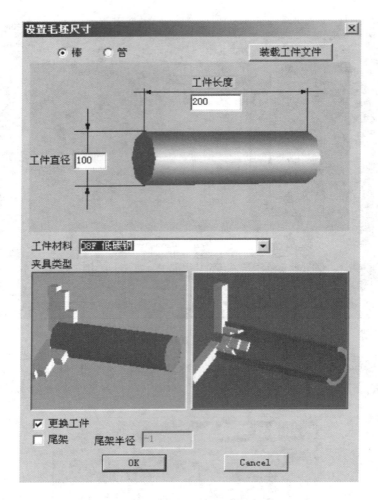

图 6-57　FANUC 系统数控车床"设置毛坯尺寸"对话框

8. 快速模拟加工

（1）设置模式为程序编辑模式。

（2）选择刀具。

（3）选择毛坯，设置工件原点。

（4）设置模式为程序自动加工模式。

（5）单击 ⊕ 按钮，即可实现快速模拟加工。

9. 工件测量

单击 ⊞ 按钮，进行工件测量工作。

FANUC 系统数控铣床的测量工具按钮为 ╫ ⊢⊣ Ra 🔧，FANUC 系统数控车床的测量工具按钮为 ╫ ⊢⊣ ═ Ra 🔧。其中：╫ 用于点和截面测量；⊢⊣ 是特征线按钮，结合计算机键盘上的光标键使用，能够变换测量不同部位的尺寸；═ 用于距离测量，Ra 用于粗糙度测量；🔧 用于退出测量。

工件测量有三种方式:特征点、特征线、粗糙度分布。

特征点可通过"测量定位"对话框(见图 6-58)测量。

FANUC 系统数控铣床测量工件尺寸如图 6-59 所示,FANUC 系统数控车床测量工件尺寸如图 6-60 所示。

图 6-58　"测量定位"对话框(二)

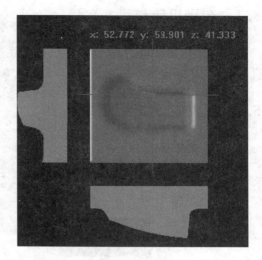

图 6-59　FANUC 系统数控铣床测量工件尺寸

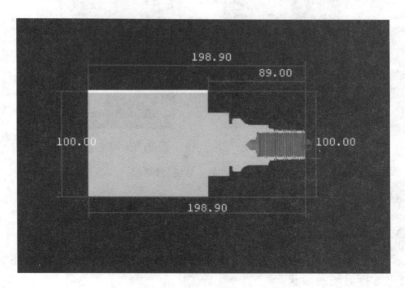

图 6-60　FANUC 系统数控车床测量工件尺寸

10. 输出信息

与输出信息有关的按钮有   。其中, 用于输出当前信息文件, 用于输出所有信息文件, 用于前一天信息, 用于后一天信息, 用于删除当前信息文件, 用于参数设置。单击 按钮,会出现"信息窗口参数"窗口。

6.5 宇龙数控仿真软件使用介绍

6.5.1 选择机床类型

在"机床"功能菜单中选择"选择机床",在选择机床对话框中选择控制系统类型和相应的机床并单击"确定"按钮。

6.5.2 工件的定义和使用

1. 定义毛坯

在"零件"功能菜单中选择"定义毛坯"或在工具条上选择 ,弹出图 6-61 所示的对话框。在该对话框进行以下操作。

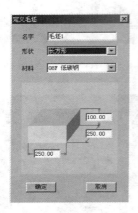
(a) 长方形毛坯定义

(b) 圆柱形毛坯定义

图 6-61 "定义毛坯"对话框

（1）名字输入。

在"名字"输入框内输入毛坯名,也可使用缺省值。

（2）选择毛坯的形状。

数控铣床、加工中心有两种形状的毛坯供选择:长方形毛坯和圆柱形毛坯。可以在"形状"下拉列表中选择毛坯的形状。

对数控车床仅提供圆柱形毛坯。

（3）选择毛坯的材料。

毛坯材料的列表框中提供了多种供加工的毛坯材料,可根据需要在"材料"下拉列表中选择毛坯的材料。

（4）参数输入。

尺寸输入框用于输入尺寸,尺寸的单位为毫米。

2. 导出零件模型

导出零件模型旨在把经过部分加工的零件作为成形毛坯予以单独保存。如图 6-62 所示，此毛坯已经过部分加工，称为零件模型，可通过导出零件模型功能予以保存。

图 6-62　零件模型

在"文件"功能菜单中选择"导出零件模型"，弹出"另存为"对话框，在该对话框中输入文件名，单击"保存"按钮，此零件模型即被保存，可在以后需要时被调用。零件模型文件的后缀为".prt"，不要更改后缀。

3. 导入零件模型

机床在加工零件时，除了可以使用原始定义的毛坯，还可以对经过部分加工的毛坯进行再加工，这个毛坯被称为零件模型，可以通过导入零件模型的功能调用零件模型。

在"文件"功能菜单中选择"导入零件模型"，若已通过导出零件模型功能保存过成形毛坯，则将弹出"打开"对话框，在此对话框中选择并且打开所需的后缀名为".prt"的零件模型文件，则选中的零件模型被放置在工作台面上。

4. 使用夹具

在"零件"功能菜单中选择"安装夹具"或者在工具条上选择![icon]，打开"选择夹具"对话框，如图 6-63 所示。

首先在该对话框"选择零件"列表框中选择毛坯，然后在"选择夹具"列表框中选择夹具。长方体零件可以使用工艺板或者平口钳，圆柱形零件可以选择工艺板或者卡盘。

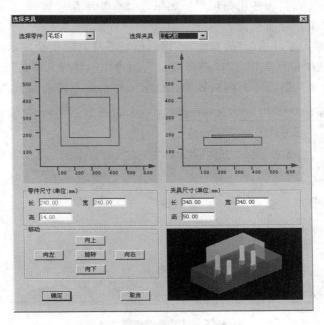

图 6-63　"选择夹具"对话框

"夹具尺寸"输入框显示的是系统提供的尺寸，用户可以修改夹具尺寸。各个方向的"移动"按钮供操作者调整毛坯在夹具上的位置。

数控车床没有这一步操作,数控铣床和加工中心也可以不使用夹具,将工件直接放在机床工作台面上。

5. 放置零件

在"零件"功能菜单中选择"放置零件",或者在工具条上选择 ,弹出"选择零件"对话框,如图 6-64 所示。

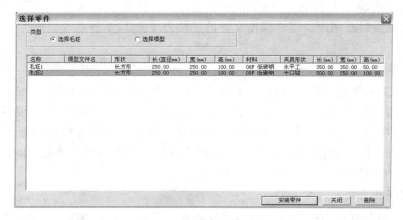

图 6-64 "选择零件"对话框

在列表中单击所需的零件,选中的零件信息加亮显示,单击"安装零件"按钮,系统自动关闭该对话框,零件和夹具(如果已经选择了夹具)将被放到机床上。对于卧式加工中心,还可以在该对话框中选择是否使用角尺板。如果选择了使用角尺板,那么在放置零件时,角尺板同时出现在机床工作台面上。

如果进行过"导入零件模型"的操作,该对话框的零件列表中会显示零件模型文件名,如图 6-65 所示。若在类型列表中选择"选择模型",则可以选择导入零件模型文件。选择的零件模型即经过部分加工的成形毛坯被放置在机床工作台面上或卡盘上,如图 6-66 所示。

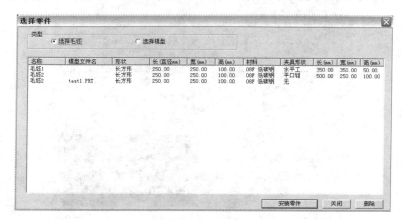

图 6-65 显示零件模型文件名

6. 调整零件位置

零件可以在工作台面上移动。毛坯放到工作台面后,系统将自动弹出一个小键盘,通过按动小键盘上的方向按钮,可实现零件的平移和旋转或数控车床零件掉头。小键盘上的"退出"按钮用于关闭小键盘。选择"零件"功能菜单中的"移动零件",也可以打开小键盘。在执行其他操作前,应关闭小键盘。

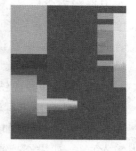

图 6-66　零件模型放置

7. 使用压板

当使用工艺板或者不使用夹具时,可以使用压板。

（1）安装压板。

在"零件"功能菜单选择"安装压板",弹出"选择压板"对话框。该对话框中列出各种安装方案,可以拉动滚动条浏览全部许可的方案,选择好所需要的安装方案,单击"确定"按钮,压板将出现在工作台面上。

在"压板尺寸"中可更改压板长、高、宽。压板范围为:长,30～100 mm;高,10～20 mm;宽,10～50 mm。

（2）移动压板。

在"零件"功能菜单选择"移动压板",弹出小键盘,操作者可以根据需要平移压板。首先用鼠标选择需移动的压板,被选中的压板变成灰色;然后按动小键盘中的方向按钮,操纵压板移动。

在"零件"功能菜单选择"拆除压板",将拆除全部压板。

6.5.3　选择刀具

在"机床"功能菜单中选择"选择刀具"或者在工具条中选择 ,弹出"刀具选择"对话框,如图 6-67 所示。

1. 数控车床选择和安装刀具

在该软件中,数控车床允许同时安装 8 把刀具(后置刀架)或者 4 把刀具(前置刀架)。

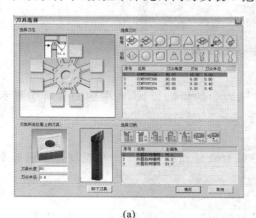
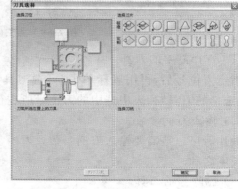

(a)　　　　　　　　　　　　　　　　(b)

图 6-67　"刀具选择"对话框(数控车床)

在"刀具选择"对话框中单击所需的刀位(对应程序中的 T01～T08(T04)),然后选择刀片类型,在刀片列表框中选择刀片,接着选择刀柄类型,在刀柄列表框中选择刀柄。

车刀选择完成后,该对话框的左下部位显示出刀架所选位置上的刀具,其中显示的"刀具长度"和"刀尖半径"均可以由操作者修改。

若要拆除刀具,则在该对话框中单击要拆除刀具的刀位,然后单击"卸下刀具"按钮。

操作完成,单击"确定"按钮。

2. 加工中心和数控铣床选刀

(1)按条件列出工具清单。

"选择铣刀"对话框如图 6-68 所示,筛选的条件是直径和类型:在"所需刀具直径"输入框内输入直径,如果不把直径作为筛选条件,则输入数字"0";在"所需刀具类型"选择列表中选择刀具类型,可供选择的刀具类型有平底刀、平底带 R 刀、球头刀、钻头、镗刀等。

操作完成,单击"确定"按钮,符合条件的刀具在"可选刀具"列表中显示。

(2)指定刀位号。

"选择铣刀"对话框中的"序号"就是刀库中的刀位号。卧式加工中心允许同时选择 20 把刀具;立式加工中心允许同时选择 24 把刀具。对于数据铣床,"选择铣刀"对话框中只有 1 号刀位可以使用。用鼠标单击"已经选择的刀具"列表中的序号,可指定刀位号。

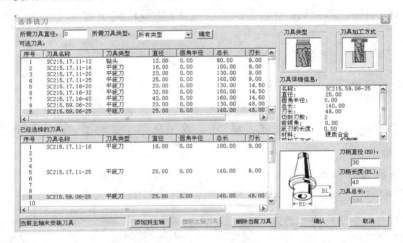

图 6-68 加工中心指定刀位号

(3)选择需要的刀具。

指定刀位号后,再用鼠标单击"可选刀具"列表中的所需刀具,选中的刀具对应显示在"已经选择的刀具"列表中选中的刀位号所在行。

(4)输入刀柄参数。

操作者可以按需要输入刀柄参数。刀柄参数有直径和长度两个。总长度是刀柄长度与刀具长度之和。

(5)删除当前刀具。

按"删除当前刀具"按钮,可删除此时"已选择的刀具"列表中光标所在行的刀具。

(6)确认选刀。

选择完全部刀具,按"确认"按钮完成选刀操作,或者按"取消"按钮退出选刀操作。

加工中心的刀具在刀库中,如果在选择刀具的操作中同时要指定将某把刀安装到主轴上,可以先用光标选中该刀具,然后单击"添加到主轴"按钮。数控铣床的刀具自动装到主轴上。

6.6 FANUC 0*i* 数控系统对刀

6.6.1 数控车床对刀

数控加工程序一般按工件坐标系编程,对刀的过程就是建立工件坐标系与机床坐标系之间关系的过程。下面具体说明数控车床对刀的方法。这里将工件右端面中心点设为工件坐标系原点,将工件上其他点设为工件坐标系原点的方法与对刀方法类似。

1. 对刀方法

1) 试切法设置刀具偏移量对刀

(1) 第一种输入法。

①T01 刀(外圆车刀)对刀。

a. 启动主轴。

按机床操作面板上的 ![img]键,使与键相对应的指示灯变亮,此时主轴转动。

在试切对刀的时候,如果出现通过机床操作面板上的主轴正反转按钮不能使得主轴启动的情况,则必须在手动数据、程序输入模式下编程,指令启动主轴,过程如下。

按 ![img]键,切换到手动数据、程序输入模式→按 ![PROG]键→单击 ![MDI]→按 ![EOB_E]键→按 ![INSERT]键→输入"M03S800"→按 ![EOB_E]键→按 ![INSERT]键→程序被输入→按 ![img]键,程序启动。

b. 试切端面,*Z* 轴对刀。

按 ![img]键,进入手动模式→按 ![X]键或 ![Z]键,![+]键或 ![−]键,按 ![img]键,使刀具快速移动到试切端面的初始位置(见图 6-69)→按下 ![X]键及 ![−]键,试削端面(见图 6-70)→*Z* 方向刀具不移动,沿 *X* 方向退刀(见图 6-71)→按 ![OFFSET SETTING]键→进入参数输入页面(见图 6-72)。

单击 ![补正]→单击 ![形状](见图 6-73)→输入"Z0"(见图 6-74)→单击 ![测量],T01 刀 *Z* 轴对刀完毕(见图 6-75)。

c. 试切外圆,*X* 轴对刀。

按 ![img]键,进入手动模式→按 ![X]键或 ![Z]键,![+]键或 ![−]键,按 ![img]键,使刀具快速移动到试切端面的初始位置(见图 6-76)→按下 ![Z]键及 ![−]键,试削外圆(见图 6-77)→*X* 方向刀具不移动,沿 *Z* 方向退刀(见图 6-78)→按 ![img]键,使主轴停转→用测量工具测量直径(宇航数控仿真软件中工件测量,工件测量 ![img]→特征线 ![img]→测量后退出测量 ![img];斯沃数控仿真软件中工件测量,工件测量 ![img]→特征线 ![img]→测量后退出测量 ![img];宇龙数控仿真软件中工件测量,单击菜单测量→坐标测量。假设测量得直径 96.17 mm)→按 ![OFFSET SETTING]键,进入参数输入页面(见图6-79)→单击 ![补正](见图 6-80)→单击 ![形状](见图 6-81)→输入测量的直径"X96.17"(见图 6-82)→单击 ![测量],T01 刀(外圆车刀)*X* 方向对刀完毕(见图6-83)。

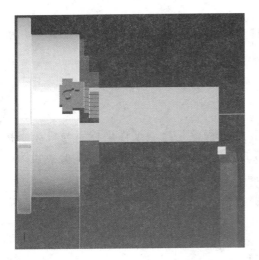

图 6-69　刀具快速移动到试切端面的初始位置(一)

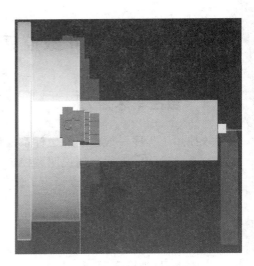

图 6-70　试切端面(一)

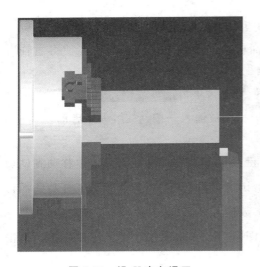

图 6-71　沿 X 方向退刀

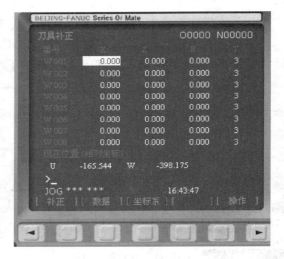

图 6-72　参数输入页面(一)

②T02 刀(割刀)对刀。

a. 按 [TOOL] 键,换 T02 刀(割刀)→碰工件端面→刀具 Z 方向不动,沿 X 方向退刀→按 [OFFSET SETTING] 键,进入参数输入页面,单击 **[补正]** →单击 **[形状]** →将光标移到 2 号刀补位置 →输入"Z0"→单击 **[测量]** →T02 刀 Z 轴对刀完毕。

b. 试切外圆→刀具在 X 方向不动,沿 Z 方向退出→按 [ ] 键,使主轴停转→用测量工具测量直径(假设测量得直径 95.67 mm)→按 [OFFSET SETTING] 键,进入参数输入页面,单击 **[补正]** →单击 **[形状]** →将光标移到 2 号刀补位置→输入测量的直径"X95.67"→单击 **[测量]** →T02 刀(割刀)X 方向对刀完毕。

说明:对于 X 方向对刀,也可以采用以下方法:移动刀具,使刀位点碰到 T01 刀试切后

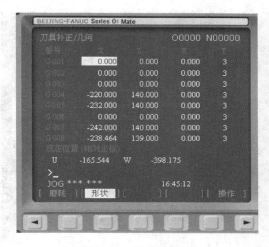

图 6-73　形状对话框

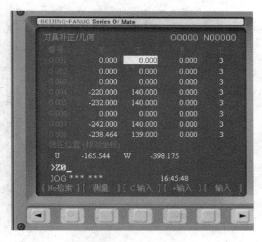

图 6-74　输入"Z0"

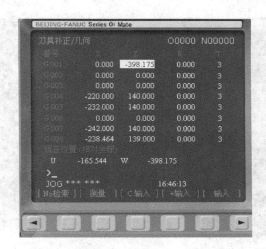

图 6-75　Z 轴对刀结果

的工件外圆→X 方向刀具不移动，沿 Z 方向退刀→按 键，进入参数输入页面，单击 【补正】→单击 【形状】→光标移到 2 号刀补位置→输入测量的工件外圆直径 "X96.17"→【测量】→T02 刀（割刀）X 方向对刀完毕。

③T03 刀（螺纹车刀）对刀。

a. 按 TOOL 键，换 T03 刀（螺纹车刀）→碰工件端面→Z 方向不移动刀具，沿 X 方向退刀→按 OFFSET SETTING 键，进入参数输入页面，单击 【补正】→单击【形状】→将光标移到 3 号刀补位置→输入"Z0"→单击 【测量】→T03 刀 Z 轴对刀完毕。

b. 试切外圆→X 方向不移动刀具，沿 Z 方向退刀→按 键，使主轴停转→用测量工具测量直径（假设测量得直径 94.67 mm）→按 OFFSET SETTING 键，进入参数输入页面，单击 【补正】→单击【形状】→将光标移到 3 号刀补位置→输入测量的直径"X94.67"→单击【测量】→T03 刀（螺纹车刀）X 方向对刀完毕。

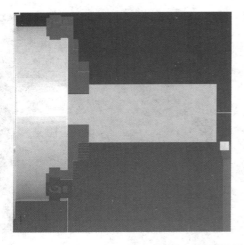

图 6-76 刀具快速移动到试切端面的初始位置(二)

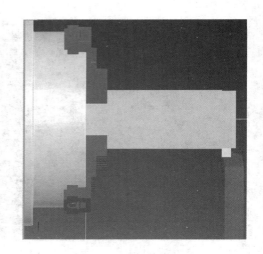

图 6-77 试切外圆(一)

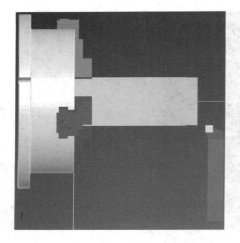

图 6-78 沿 Z 方向退刀

图 6-79 参数输入页面(二)

至此,对刀全部完成。

说明:对于 X 方向对刀,也可以采用以下方法。移动刀具,使刀位点碰到 T01 刀试切后的工件外圆→X 方向刀具不移动,沿 Z 方向退刀→按 **OFFSET SETTING** 键,进入参数输入页面,单击 **补正** →单击 **形状** →将光标移到 3 号刀补位置→输入测量的工件外圆直径"X96.17"→单击 **测量** →T03 刀(螺纹刀)X 方向对刀完毕。

(2) 第二种输入法。

①用外圆车刀先试切一外圆,测量所试切的外圆直径后,按 **OFFSET SETTING** 键→单击 **补正** →单击 **形状** ,输入"△△"(△△ 为建立的工件坐标系中 X 轴零点在机床坐标系中的 X 轴坐标)→按 **INPUT** 键或者单击功能键中的"输入"键,即找到所建立的工件坐标系的 X 轴零点(一般 Z 轴为主轴的轴线)。

②用外圆车刀再试切外圆端面,按 **OFFSET SETTING** 键→单击 **补正** →单击 **形状** ,输

图 6-80　参数输入页面操作（一）

图 6-81　参数输入页面操作（二）

图 6-82　参数输入页面操作（三）

图 6-83　X 轴对刀结果

入"△△"（△△ 为建立的工件坐标系中 Z 轴零点在机床坐标中 Z 轴坐标）→按 INPUT 键或者单击功能键中的"输入"键，即找到所建立的工件坐标系的 Z 轴零点（一般为 X 轴在工件的外端面上）。

说明：

第一，刀具几何补正寄存器中所存的 X、Z 轴刀偏值，即机床回到机床零点（开机时是进行回机床参考点操作，但通常设定机床原点与机床参考点重合，所以回机床参考点时，机床实际上也回到机床零点）时，工件原点相对于刀架工作位上各刀刀位点的有向距离。当执行刀偏补偿时，各刀以此值设定各自的加工坐标系。故此，虽然刀架在机床原点，由于各刀几何尺寸不一致，各刀刀位点相对工件坐标系原点距离不同，但各自建立的坐标系均与工件坐标系重合。机床到达机床原点时，机床坐标值显示均为零，整个刀架上的点可考虑为一理想点，故当各刀对刀时，机床原点可视为在各刀刀位点上，这样看，X、Z 轴的偏置值实际上是工件坐标系原点在机床坐标系中的坐标，以上两种方法只是输入的方式不一样，寄存器中所得的数据结果一样。

第二，各坐标系中，X轴坐标值均以直径来表示，即反映的是刀具当前点到坐标轴距离的2倍。

第三，通过功能键"输入"键输入的数据代替原来的数据。

第四，功能键"＋输入"键的作用是在原值的基础上加上一个所输入的值。

2）试切法设置 G54～G59 对刀

测量工件原点，直接输入工件坐标系 G54～G59 操作如下。

（1）切削外径：按机床操作面板上的 键，手动状态指示灯变亮（ ），机床进入手动模式，按数控系统操作面板上的 X 键，使 X 轴方向移动指示灯变亮（ x ），按 ＋ 键或 － 键，使机床在 X 轴方向移动。采用同样的方法使机床在 Z 轴方向移动。通过手动将机床移到图 6-84 所示的大致位置。

按机床操作面板上的 键，使相应的指示灯变亮，主轴转动。再按 Z 键，使 Z 轴方向指示灯变亮（ z ），按 － 键，用所选刀具来试切工件外圆，如图 6-85 所示，然后按 ＋ 键，X 方向保持不动，刀具退出。

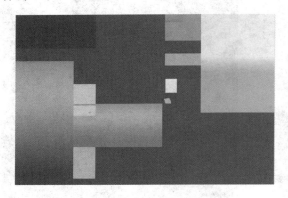

图 6-84　切削外径初始位置

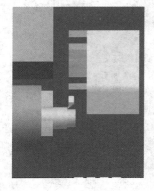

图 6-85　试切外圆（二）

（2）测量切削位置的直径：按机床操作面板上的 键，使主轴停止转动，单击菜单"测量/坐标测量"，开始工件测量，如图 6-86 所示（宇航、斯沃数控仿真软件按各自的测量步骤进行），单击试切外圆时所切线段，选中的线段由红色变为黄色，记下下半部对话框中对应的 X 值（即直径）。

（3）按下控制箱键盘上的 键→单击"坐标系"。

（4）把光标定位在需要设定的坐标系上。

（5）将光标移到"X"处。

（6）输入直径值。

（7）按菜单软键"测量"键（通过按软键"操作"键，可以进入相应的菜单）。

（8）切削端面：按机床操作面板上的 键，使相应指示灯变亮，主轴转动。将刀具移至图 6-87 所示的位置，按数控系统操作面板上的 X 键，使 X 轴方向移动指示灯变亮（ x ），按 － 键，切削工件端面，如图 6-88 所示，然后按 ＋ 键，Z 方向保持不动，刀具退出。

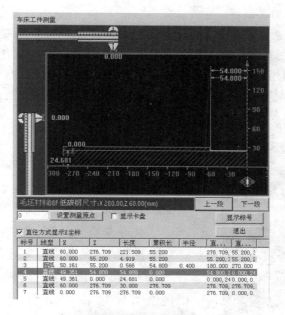

图 6-86　工件测量(宇龙数控仿真软件)

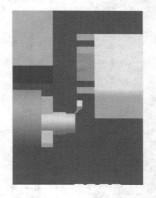

图 6-87　试切端面初始位置

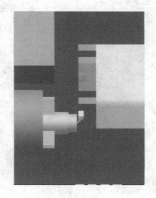

图 6-88　试切端面(二)

（9）按机床操作面板上的键，使主轴停止转动。

（10）把光标定位在需要设定的坐标系上。

（11）在 MDI 键盘面板上按下需要设定的轴的"Z"键。

（12）输入工件坐标系原点的距离(注意：距离有正负号)。

（13）按菜单软键"测量"键，自动计算出坐标值并填入。

2. 数控车床仿真加工步骤

以在 FANUC 0i 系统数控车床上利用一把刀具进行车削为例,说明宇航和斯沃数控仿真软件数控仿真加工的一般步骤。首先完成以下准备工作:分析工件,编制工艺,并选择刀具,在草稿上编辑好程序;打开数控仿真软件中 FANUC 0i 系统数控车床的数控系统。

1) 回零(回机床参考点)

按 🔘 键→按 X 键→按 Z 键,回机床参考点完毕。

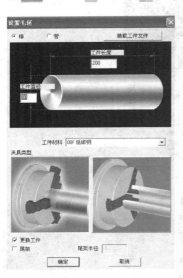

图 6-89 设置毛坯(一)

2) 选择工件毛坯

按下左侧工具条中工件大小设置按钮(宇航 🔲,斯沃 ⚫)→根据加工对象设置毛坯大小,如图 6-89 所示→单击"确定"按钮。

3) 选择并添加刀具

按下左侧工具条中刀具选择管理按钮(宇航 📄,斯沃 🔵)→根据加工需要选择刀具并将它添加到刀盘中,如图 6-90 所示→单击"确定"按钮。

4) 对刀

假定工件坐标系的原点设置在工件右端面的中心,按照前面讲到的对刀方法进行对刀。

5) 程序输入

(1) 按 ⬦ 键,进入程序编辑模式→按 PROG 键,进入程序编辑页面,如图 6-91 所示。

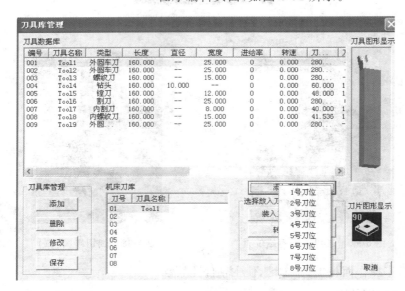

图 6-90 选择并添加刀具(一)

(2) 单击"DIR"→输入新建程序名"O1234"→按 EOB/E 键,结果如图 6-92 所示→按 INSERT 键,结果如图 6-93 所示。

图 6-91　程序编辑页面(一)

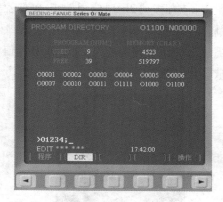

图 6-92　程序编辑页面操作(一)

（3）将编辑好的程序输入,每输完一段程序按 EOB_E → 按 INSERT 键,换行后再继续输入,如图 6-94 所示。

图 6-93　程序编辑页面操作(二)

图 6-94　程序编辑页面操作(三)

6）加工零件

按 键,进入程序自动加工模式→按 键→程序自动运行,直到完毕。

7）测量工件

宇航数控仿真软件中工件测量:工件测量 →特征线 →测量后退出测量 。

斯沃数控仿真软件中工件测量:工件测量 →特征线 →测量后退出测量 。

宇龙数控仿真软件中工件测量:单击菜单测量→坐标测量。

至此,工件模拟加工完成。

6.6.2　数控铣床对刀

1. 对刀方法

1）直接用刀具试切对刀找工件坐标系的零点

（1）第一种输入方法。

①Z 轴：移动刀具，使刀具在工件上表面相切，如图 6-95 所示→按 OFFSET SETTING 键→单击"坐标系"后，移动光标至 G54～G59 坐标系当中一处，如图 6-96 所示→输入刀具当前的刀位点在所要建立的工件坐标系中的 Z 轴坐标值，如图 6-97 所示→单击"测量"，此时即找到工件坐标系 Z 轴的零点位置，如图 6-98 所示。

图 6-95　刀具与工件上表面相切

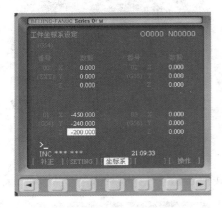

图 6-96　工件坐标系设定（一）

图 6-97　工件坐标系设定（二）

图 6-98　工件坐标系设定（三）

例如：设置工件坐标系 Z 轴的零点位置在工件上表面上方 5 mm 时输入"Z5"→单击"测量"即可；设置工件坐标系 Z 轴的零点位置在工件上表面下方 5 mm 时输入"Z－5"→单击"测量"即可；设置工件坐标系 Z 轴的零点位置在工件上表面时输入"Z0"→单击"测量"即可。

②X 轴：移动刀具，使刀具在 X 轴的方向与工件相切，如图 6-99 所示→按 OFFSET SETTING 键→单击"坐标系"后，移动光标至 G54～G59 坐标系当中一处，如图 6-100 所示→输入刀具当前的刀位点（主轴中心）在所要建立的工件坐标系中的 X 轴坐标值（需要根据刀具半径、毛坯大小进行计算），如图 6-101 所示→单击"测量"，此时即找到工件坐标系 X 轴的零点位置，如图 6-102 所示。

例如：刀具当前的刀位点（主轴中心）在所要建立的工件坐标系中的 X 轴坐标值为 56 mm 时输入"X56"→单击"测量"即可；刀具当前的刀位点（主轴中心）在所要建立的工件坐标系中的 X 轴坐标值为－56 mm 时输入"X－56"→单击"测量"即可；刀具当前的刀位点

图 6-99　刀具在 X 轴的方向与工件相切

图 6-100　工件坐标系设定(四)

图 6-101　工件坐标系设定(五)

图 6-102　工件坐标系设定(六)

(主轴中心)在所要建立的工件坐标系中的 X 轴坐标值为 0 mm 时输入"X0"→单击"测量"即可。

③Y 轴:对刀方式同 X 轴。

(2) 第二种输入方法。

①Z 轴:移动刀具,使刀具在工件上表面相切→按 OFFSET SETTING 键→单击"坐标系"后,移动光标至 G54~G59 坐标系当中一处,直接输入所要建立的工件坐标系中 Z 轴的零点在机床坐标系中的 Z 轴坐标值→按 INPUT 键或者单击功能键中的"输入"键,此时即找到工件坐标系的 Z 轴零点位置。

②X 轴:移动刀具,使刀具在 X 轴方向与工件相切→按 OFFSET SETTING 键→单击"坐标系"后,移动光标至 G54~G59 坐标系当中一处,直接输入所要建立的工件坐标系中 X 轴的零点在机床坐标系中的 X 轴坐标值(需要根据当前刀具在机床坐标系中坐标、刀具半径、毛坯大小进行计算)→按 INPUT 键或者单击功能键中的"输入",此时即找到工件坐标系 X 轴的零点位置。

③Y 轴:对刀方式同 X 轴。

注意:在输入值的时候,值前面不用加"X""Y""Z";功能键"+输入"键是在原值的基础上加上一个所输入的值。

2）用基准芯棒找工件坐标系的零点

在左边工具框，选择毛坯功能键，然后选择"基准芯棒选择"，在弹出的"基准芯棒选择"对话框中选择基准芯棒规格和塞尺厚度，如图 6-103 所示：基准芯棒，100 mm×20 mm；塞尺厚度，1 mm。

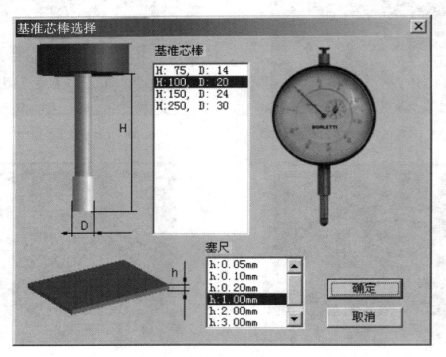

图 6-103　基准芯棒和塞尺选择

（1）第一种输入法。

①设置工件坐标系 Z 轴零点：移动基准芯棒，使基准芯棒在 Z 轴方向把塞尺压在工件的上表面上，当显示屏的左下角出现合适的字样时，Z 轴对刀完毕→按键→单击"坐标系"后，移动光标至 G54～G59 坐标系内当中一个，输入"Z××"（×× 为基准芯棒当前位置点，即基芯棒下部中间点在所要建立的工件坐标系中的 Z 轴坐标值）→单击"测量"，即找到工件坐标系的 Z 轴的零点位置。

例如：工件坐标系的 Z 轴零点设在工件的上表面时，输入"Z××"（×× 为塞尺的厚度）。

②设置工件坐标系 X 轴零点：移动基准芯棒，使基准芯棒在 X 轴方向把塞尺压在工件的端面上，当显示屏的左下角出现合适的字样时，X 轴对刀完毕→按键→单击"坐标系"后，移动光标至 G54～G59 坐标系内当中一个输入"X△△"（△△ 为基准芯棒当前位置点即基准芯棒下部中间点在所要建立的工件坐标系中的 X 轴坐标值）→单击"测量"，即找到工件坐标系 X 轴的零点位置。

③设置工件坐标系 Y 轴零点：方法与设置 X 轴的零点方法一样。

（2）第二种输入法。

①设置工件坐标系 Z 轴零点：移动基准芯棒，使基准芯棒在 Z 轴方向把塞尺压在工件

的上表面上,当显示屏的左下角出现合适的字样时,Z 轴对刀完毕→按 OFFSET SETTING 键→单击“坐标系”后,移动光标至 G54~G59 坐标系内当中一个,输入“Z××”(××为所要建立的工件坐标系 Z 轴零点在机床坐标系中的 Z 轴坐标值)→按 INPUT 键或者单击功能键中的“输入”键,即找到工件坐标系 Z 轴的零点位置。

②设置工件坐标系 X 轴零点:移动基准芯棒,使基准芯棒在 X 轴方向把塞尺压在工件的端面上,当显示屏的左下角出现合适的字样时,X 轴对刀完毕→按 OFFSET SETTING 键→单击“坐标系”后,移动光标至 G54~G59 坐标系内当中一个,输入“X××”(××为所要建立的工件坐标系 X 轴零点在机床坐标系中的 X 轴坐标值)→按 INPUT 键或者单击功能键中的“输入”键,即找到工件坐标系 X 轴的零点位置。

③设置工件坐标系 Y 轴零点:方法与设置 X 轴的零点方法一样。

说明:以上找工件坐标系零点的几种方法,实际上是在寄存器 G54~G59 中存入工件坐标系的零点在机床坐标系中的坐标,区别只是输入数据的方式路径不一样,结果是一样的。

2. 数控铣床仿真加工步骤

以在 FANUC 0i 系统数控铣床上利用一把刀具进行铣削为例,说明宇航和斯沃数控仿真软件数控仿真加工的一般步骤。首先完成以下准备工作:分析工件,编制工艺,并选择刀具,在草稿上编辑好程序;打开数控仿真软件中 FANUC 0i 系统数控铣床数控系统。

1)回零(回机床参考点)

按 键→按 Z 键→按 X 键→按 Y 键,回机床参考点完毕。

2)设置工件毛坯及装夹方式

(1)按下左侧工具条中工件大小设置按钮(宇航 ,斯沃)→选择“设置毛坯”→根据加工对象设置毛坯大小,如图 6-104 所示→单击“确定”按钮。

(2)按下左侧工具条中工件大小设置按钮(宇航 ,斯沃)→选择“工件装夹”→根据加工需要设置合理的装夹方式,如图 6-105 所示→单击“确定”按钮。

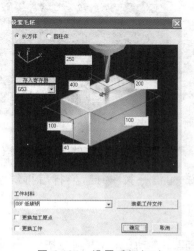

图 6-104　设置毛坯(二)

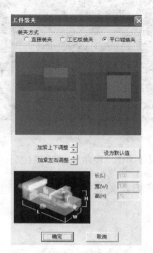

图 6-105　工件装夹方式设置

3）选择并添加刀具

按下左侧工具条中刀具选择管理按钮（宇航 🖫，斯沃 ◀️）→根据加工需要选择刀具并将刀具添加到机床刀库中，如图 6-106 所示→单击"确定"按钮。

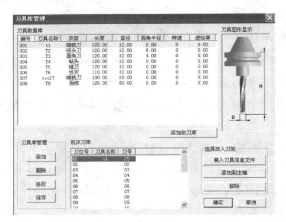

图 6-106　选择并添加刀具（二）

4）对刀

假定工件坐标系的原点设置在工件上表面的中心，按照前面讲到的对刀方法进行对刀。

5）程序输入

（1）按 ◇ 键，进入程序编辑模式→按 PROG 键，结果如图 6-107 所示。

（2）单击"DIR"→输入新建程序名"O1234"→按 EOB E 键，结果如图 6-108 所示→按 INSERT 键，结果如图 6-109 所示。

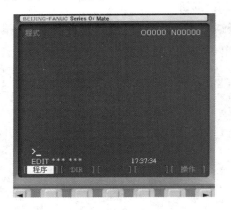

图 6-107　程序编辑页面（二）

图 6-108　程序编辑页面操作（四）

（3）将编辑好的程序输入，每输完一段程序按 EOB E 键→按 INSERT 键，换行后再继续输入，如图 6-110 所示。

6）加工零件

按 ▬ 键，进入程序自动加工模式→按 ▣ 键→程序自动运行，直到完毕。

图 6-109　程序编辑页面操作(五)

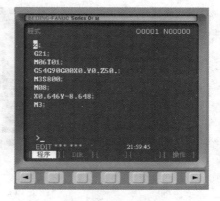

图 6-110　程序编辑页面操作(六)

7) 测量工件

宇航数控仿真软件中工件测量:工件测量 ⬛ →特征线 ⬛ →测量后退出测量 ⬛。

斯沃数控仿真软件中工件测量:工件测量 ⬛ →特征线 ⬛ →测量后退出测量 ⬛。

宇龙数控仿真软件中工件测量:单击菜单测量→坐标测量。

至此,工件模拟加工完成。

6.7　HNC-21 数控系统对刀

6.7.1　数控车床对刀

采用试切法对刀,用所选的刀具试切零件的外圆和端面,经过测量和计算得到零件右端面中心点的坐标值。

装好刀具后,按机床操作面板中的 ⬛ 键,切换到手动模式;借助"视图"菜单中的动态旋转、动态放缩、动态平移等工具,利用机床操作面板上的 ⬛ 键、⬛ 键、⬛ 键、⬛ 键,使刀具移动到可切削零件的大致位置。

按机床操作面板上的 ⬛ 键或 ⬛ 键,使主轴转动;试切工件端面,按 ⬛ 键,将刀具沿 X 方向退出(Z 方向不动),按 ⬛ 键,在弹出的下级子菜单中按 ⬛ 键,进入刀偏数据设置页面,如图 6-111(a)所示,将光标移至对应刀偏号的"试切长度"处,按 ⬛ 键,输入"0",按 ⬛ 键,Z 轴对刀完毕。

试切外圆,按 ⬛ 键,将刀具沿 Z 反向退出(X 方向不动),单击工具条中 ⬛(宇航 ⬛)测量直径(假设测量得直径 96.17 mm),按 ⬛ 键,在弹出的下级子菜单中按 ⬛ 键,进入刀偏数据设置页面,如图 6-111(b)所示,将光标移至对应刀偏号的"试切直径"处,按 ⬛ 键,输入"96.17",按 ⬛ 键,X 轴对刀完毕。

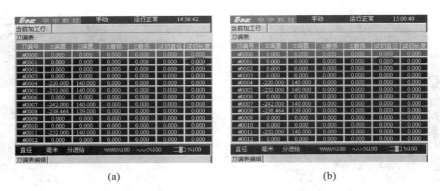

(a)　　　　　　　　　　　　　　　　(b)

图 6-111　　T01 刀偏数据设置页面

6.7.2　数控铣床对刀

这里假设工件坐标系原点在工件上端面的中心。

1. Z 轴对刀

装好刀具后,按机床操作面板中的 [手动] 键,切换到手动模式;借助"视图"菜单中的动态旋转、动态放缩、动态平移等工具,利用机床操作面板上的 [-x] 键、[+x] 键、[-z] 键、[+z] 键,使刀具移动到可切削零件的大致位置。

打开菜单"视图/选项"中"铁屑开"选项。按机床操作面板上的 [主轴正转] 键或 [主轴反转] 键,使主轴转动;按 [-z] 键,移动 Z 轴,Z 轴移动到大致位置后,可采用增量方式移动机床,使操作面板上的 [增量] 键亮起,通过 [×1] 键、[×10] 键、[×100] 键、[×1000] 键调节机床操作面板上的倍率,按 [-z] 键,使铣刀碰工件上表面,按 [MDI F4] 键,在弹出的下级子菜单中按 [坐标系 F1] 键,如图 6-112 所示。

图 6-112　　自动坐标系

输入当前 Z 坐标值,按 [Enter] 键,Z 轴对刀完毕。

2. X、Y 轴对刀

在不知道刀具半径的情况下可以按以下方法对刀。

试碰工件左端面，用纸记下坐标（假设为"－450"），试碰工件右端面，用纸记下坐标（假设为"－350"），两坐标相加的一半为"$X\alpha$"（假设为（－450＋（－350））/2＝－400），按 ⬛MDI F4 键，在弹出的下级子菜单中按 ⬛坐标 F3 键，输入当前"$X\alpha$"（假设为"－400"，则输入"X－400"），按 ⬛Enter 键，X 轴对刀完毕。

试碰工件前端面，用纸记下坐标（假设为"－250"），试碰工件后端面，用纸记下坐标（假设为"－150"），两坐标相加的一半为"$Y\alpha$"（假设为（－250＋（－150））/2＝－200），按 ⬛MDI F4 键，在弹出的下级子菜单中按 ⬛坐标 F3 键，输入当前"$Y\alpha$"值（假设为"－200"，则输入"Y－200"），按 ⬛Enter 键，Y 轴对刀完毕。

在知道刀具半径的情况下可以按以下方法对刀。

移动刀具，使刀具在 X 轴的正方向与工件相切，按 ⬛MDI F4 键，在弹出的下级子菜单中按 ⬛坐标系 F3 键，计算出所要设定的工件坐标系原点在机床坐标系中 X 轴上的坐标（假设为"－400"，则输入"X－400"），按 ⬛Enter 键，X 轴对刀完毕。

Y 轴对刀过程同 X 轴。

参考文献

[1] 来建良.数控加工技术[M].杭州:浙江大学出版社,2004.

[2] 杨有君.数控技术[M].北京:机械工业出版社,2005.

[3] 韩建海.数控技术及装备[M].武汉:华中科技大学出版社,2007.

[4] 朱晓春.数控技术[M].北京:机械工业出版社,2001.

[5] 李河水,赵晓东.数控加工编程与操作[M].长沙:国防科技大学出版社,2008.

[6] 机械工业部机械基础装备司,中国机床总公司.国产数控机床选用指南[M].北京:机
     械工业出版社,1995.

[7] 韩鸿鸾.数控加工工艺学[M].2版.北京:中国劳动社会保障出版社,2005.

[8] 刘雄伟.数控机床操作与编程培训教程[M].北京:机械工业出版社,2001.

[9] 周湛学,刘玉忠,等.数控电火花加工[M].北京:化学工业出版社,2006.

[10] 刘晋春,赵家齐,赵万生.特种加工[M].4版.北京:机械工业出版社,2004.

[11] 胡相斌.数控加工实训教程[M].西安:西安电子科技大学出版社,2007.

[12] 王金城.数控机床实训技术[M].北京:电子工业出版社,2006.

[13] 冯文杰.数控加工实训教程[M].重庆:重庆大学出版社,2008.

[14] 吴晓光,何国旗,谢剑刚.数控加工工艺与编程[M].武汉:华中科技大学出版
     社,2010.

[15] 朱明松,王翔.数控铣床编程与操作项目教程[M].北京:机械工业出版社,2008.

[16] 朱明松.数控车床编程与操作项目教程[M].北京:机械工业出版社,2008.

本书获得中国地质大学(武汉)"十二五"教材建设经费资助

工科基础化学与实验

主　　编　金继红　夏　华

参编人员　（按姓氏笔画排列）

王群英　安黛宗　金继红　高　强

夏　华　程国娥　廖桂英

U0278760

华中科技大学出版社

中国·武汉

内 容 简 介

本书内容包括物质结构基础、化学反应的方向和限度、化学动力学,溶液离子平衡,氧化还原和电化学,胶体及分散系统、单质及无机化合物、能源、环境、材料等知识,还编写了一部分基础化学实验。

本书适用于高等学校非化工类专业基础化学教学,也可供文、管类学生学习化学参考。

图书在版编目(CIP)数据

工科基础化学与实验/金继红,夏华主编. —武汉:华中科技大学出版社,2015.12 (2021.11重印)
普通高等教育"十三五"规划教材 普通高等院校化学精品教材
ISBN 978-7-5680-1488-5

Ⅰ. ①工… Ⅱ. ①金… ②夏… Ⅲ. ①化学-高等学校-教材 ②化学实验-高等学校-教材 Ⅳ. ①O6

中国版本图书馆 CIP 数据核字(2015)第 305442 号

工科基础化学与实验 金继红 夏 华 主编
Gongke Jichu Huaxue yu Shiyan

策划编辑:周芬娜
责任编辑:周芬娜
封面设计:原色设计
责任校对:李 琴
责任监印:周治超
出版发行:华中科技大学出版社(中国·武汉) 电话:(027)81321913
　　　　　武汉市东湖新技术开发区华工科技园 邮编:430223
录　　排:华中科技大学惠友文印中心
印　　刷:武汉邮科印务有限公司
开　　本:787mm×1092mm　1/16
印　　张:21.5　插页:1
字　　数:565千字
版　　次:2021 年 11 月第 1 版第 5 次印刷
定　　价:45.00 元

前　言

化学是一门在原子、分子水平上研究物质的组成、结构、性能、应用及物质相互之间转化规律的科学，是自然科学的基础学科之一。化学研究的对象包括整个物质世界，从星际空间中元素的分布、生命的进化，到地下深处矿物的生成和利用，无不是化学研究的对象。

化学是人们认识世界、改造世界的最重要的科学工具之一。与其他学科相比，化学与工业、农业、国防等的联系更直接，与人类的生活关系更密切。化学科学不断发现和创造新的化合物、新的物质，化学为人类的生活及其他学科的发展提供了必需的物质基础。随着科学技术的发展，化学已愈来愈多地与其他学科相互渗透、相互交叉，大大推动了这些学科的发展，同时也为化学自身的发展开拓了新的领域，找到了新的生长点。当今化学已成为信息、能源、环境、材料、激光、生物工程、空间技术、海洋工程等新技术的重要支柱，未来社会的进步将极大地依赖于化学以及与化学有关的交叉学科的发展，现代化学正在成为一门"满足社会需要的中心科学"，化学已成为现代高科技发展和社会进步的基础和先导。

《工科基础化学与实验》是高等工科院校工程技术专业必修的一门基础课，通过本课程的学习，学生可以比较全面、系统地了解化学的基本理论、基本知识以及一些化学实验基本操作技术，了解化学与环境、化学与材料、化学与能源等相关知识，为今后继续学习和工作打下必要的化学基础。另外，化学科学的发展，从元素论、原子-分子论到元素周期律和物质结构理论，都已成为自然科学在科学发展中运用科学抽象、科学假设的范例，工科类大学生学习化学科学不仅仅是其所学专业的需要，而且对培养科学思维、科学方法也是极为重要的。

本书是我校多年来教学实践经验的总结，内容包括物质结构基础，化学反应进行的方向和限度，溶液及水溶液中的离子平衡，氧化还原反应和电化学基础，化学动力学，胶体，单质及无机化合物，能源、环境、无机材料等知识，还编写了一部分基础化学实验。在编写过程中注意与中学化学的衔接，理论联系实际，概念阐述准确，深入浅出，循序渐进，便于教师教学和学生自学，适用于高等学校非化工类专业基础化学教学。

本书由金继红、夏华主编，参加编写工作的有金继红、夏华、王群英、廖桂英、程国娥、安黛宗、高强等。

本书编写中参考了国内外出版的一些教材和著作，从中得到许多启发，在此也向这些作者表示感谢。

本书为"中国地质大学'十二五'规划教材"，受中国地质大学（武汉）"十二五"教材建设经费资助。本书编写过程中还受到中国地质大学（武汉）教务处、中国地质大学材料与化学学院和华中科技大学出版社的大力支持，在此一并表示感谢。

由于水平有限，本书可能存在不足甚至错误，恳请读者不吝指出，深表感谢。

编　者

2015 年 10 月

目　　录

绪　　论

0.1　化学是一门中心的、实用的和创造性的科学

化学是一门在原子、分子水平上研究物质的组成、结构、性能、应用及物质相互之间转化规律的科学,是自然科学的基础学科之一。化学研究的对象包括整个物质世界,从星际空间中元素的分布、生命的进化,到地下深处矿物的生成和利用,无不是化学研究的对象。

化学是人们认识世界、改造世界的最重要的科学工具之一。人们的各种科学研究、生产活动乃至日常生活,都时时刻刻地要和化学打交道。化学为人类的生活及其他学科的发展提供了必需的物质基础,与其他学科相比,化学与工业、农业、国防等的联系更直接,与人类的生活关系更密切,开发资源、研制新材料、征服疾病、保护环境、加强国防、提高人类生活水平都离不开化学科学。

色泽鲜艳的衣料需要经过化学处理和印染,丰富多彩的合成纤维制品琳琅满目。化肥、农药、植物生长激素和除草剂等化学新产品的不断开发,促进了农业的丰收,满足了人类对食品的需求。现代建筑所用的水泥、油漆、玻璃和塑料等材料也都是化工产品。用以代步的各种现代交通工具,不仅需要汽油、柴油作动力,还需要各种汽油添加剂、防冻剂,以及机械部分的润滑剂,这些无一不是石油化工产品。人们需要的药品、洗涤剂和化妆品等日常生活用品也大都是化学制剂。可见我们的衣、食、住、行无不与化学有关,可以说我们生活在化学世界里。

在能源开发和利用方面,化学工作者为人类使用煤和石油曾做出了重大贡献,现在又在为开发新能源积极努力。化学电源将是 21 世纪的重要能源之一,如锂离子电池、镍-氢电池已被人们广泛使用,燃料电池及利用太阳能和氢能源的研究工作也正是化学科学研究的前沿课题。

全球气温变暖、臭氧层破坏和酸雨是三大环境问题,正在危及着人类的生存和发展。对污染的监测、治理,寻找净化环境的方法,这些都是化学工作者的重要任务。

材料科学是以化学、物理等为基础的科学。一种新材料的问世,如高纯硅半导体材料、纳米材料、高温超导体、非线性光学材料和功能性高分子合成材料等等,都会带来科技的飞速发展,具有划时代的意义。新材料的研究、制备离不开化学,新材料的选用也离不开化学知识。

生命过程中充满着各种生物化学反应,当今化学家和生物学家正在通力合作,探索生命现象的奥秘。在从原子、分子水平上探索生命活动基本规律的领域内,化学在理论、观点、技术、方法和材料等方面都发挥着重要作用。在已颁发的近百次诺贝尔化学奖中有 1/3 的奖项是与生物化学有关,这足以说明化学对生命科学研究的促进作用。

化学是一门极具创造性的学科,在《美国化学文摘》上登录的天然和人工合成的分子和化合物的数目已从 1900 年的 55 万种,增加到 1999 年 12 月的 2340 万种,在 20 世纪的 100 年中,平均每天增加 600 多种。没有一门其他科学能像化学那样制造出如此众多的新分子、新物质。人类对物质的需求,不论在质量和数量上总是要不断发展的,围绕这个需求的核心基础学

科是化学。

没有化学,就没有我们今天多姿多彩的生活,没有化学,也就没有当今的科学技术进步。我国著名化学家、2008 年国家最高科学技术奖获得者徐光宪院士曾著文指出:"如没有发明合成氨、合成尿素和第一、第二、第三代新农药的技术,世界粮食产量至少要减半,60 亿人口中的 30 亿就会饿死。没有发明合成各种抗生素和大量新药物的技术,人类平均寿命要缩短 25 年,没有发明合成纤维、合成橡胶、合成塑料的技术,人类生活要受到很大影响。没有合成大量新分子和新材料的化学工业技术,20 世纪的六大技术(信息、生物、核科学、航天、激光、纳米)根本无法实现"。美国化学会会长、哥伦比亚大学教授布里斯罗(R. Breslow)也明确指出:"化学是一门中心的、实用的和创造性的科学",这一论点已被人们广泛接受。

21 世纪是科学技术全面发展的世纪,也是化学科学全面发展的世纪。化学理论、实验和应用都将获得巨大的发展。化学科学不仅将在更深的层次揭示化学反应、化学结构与性能关系等的本质,而且将在揭示和解决许多自然的、社会的、精神的实际问题中发挥巨大作用和做出贡献。

0.2　化学变化的特点

世界上物质的变化多种多样,但可归结为两类,一类是物理变化,另一类是化学变化。将水加热到 100 ℃,水会变成水蒸气,当温度降到 0 ℃时,水又会凝结成冰。水的三态变化只是状态的变化,没有其他新的物质产生,我们把没有生成其他物质的变化叫做物理变化。在日常生活中,还有另外一类变化,如木柴燃烧、铁的生锈、食物的腐败等,它们都生成了新的物质,这类变化称化学变化。化学变化有以下几个特征:

1. 化学变化是质的变化

化学变化会产生新的物质,这是化学变化的重要特征。从微观上看,化学变化前后,原子的种类、个数没有变化,但是原子与原子之间的结合方式发生了改变。例如氢气在氯气中燃烧生成氯化氢气体,在燃烧过程中氢分子的 H—H 键和氯分子的 Cl—Cl 键断裂,氢原子和氯原子形成新的 H—Cl 键,重新组合生成氯化氢分子。化学变化是反应物旧化学键破坏和生成物新化学键形成而重新组合的过程。

2. 化学变化服从质量守恒定律

在化学变化过程中,只涉及原子核外电子在原子或分子中的重新排布,电子总数不改变,原子核也不发生变化(核化学除外)。因此,在化学反应前后,反应体系中元素的种类不会改变,即不会有元素的消失和新生。反应前后,各种原子的个数也不会改变,在反应前后各物质的量有着确定的计量关系,服从质量守恒定律。这条定律是组成化学反应方程式和进行化学计算时的重要依据。氢气在氯气中的燃烧反应,可用下列方程式表示

$$H_2 + Cl_2 \Longrightarrow 2HCl$$

1 mol H_2(2.016 g)与 1 mol Cl_2(70.91 g)反应就能生成 2 mol HCl(72.926 g),反应物与反应物之间、反应物与产物之间都有着确定的计量关系。

3. 化学变化伴随着能量变化

化学变化是反应物旧化学键破坏和生成物新化学键形成的过程。在化学变化中,拆散化学键需要吸收能量,形成化学键则需要放出能量,由于各种化学键的能量(键能)不同,所以当化学键改组时,必然伴随有能量变化。在化学反应中,如果放出的能量大于吸收的能量,则此

反应为放热反应,反之则为吸热反应。例如木炭的燃烧就是 C 与 O_2 的反应,放出大量的热。

通过本课程的化学热力学、物质结构等内容的学习,我们将更深刻地理解化学变化的这些特征。

0.3　化学的分支学科

化学研究的范围及其广泛,按其研究的对象或研究的目的,可将化学分为无机化学、有机化学、分析化学、物理化学和高分子化学等五大分支学科。

1. 无机化学

无机化学是研究无机化合物的组成、性质、结构和反应的科学,它是化学中最古老的分支学科。无机物质包括所有除碳以外的化学元素和它们的化合物(二氧化碳、一氧化碳、二硫化碳、碳酸盐等简单的碳化合物仍属无机物质外,其余均属于有机物质)。远古时代的制陶、炼铜都是与无机化学有关的实践活动。18 世纪末,由于冶金工业的需要,人们逐步掌握了矿物的分析、分离和提炼等工作,同时也发现了许多新元素。到 1869 年,人们已发现了 63 种元素及其化合物,并积累了大量的相关资料。俄国科学家门捷列夫通过对已发现的元素性质的内在联系进行研究,于 1871 年提出了元素周期律。周期律指出元素的性质随着元素原子量的增加呈周期性的变化。元素周期律揭示了化学元素的系统分类,对化学的发展起着重大的推动作用。20 世纪初,由于对原子结构的进一步了解,发现原子序数比原子量更能体现元素的基本性质,元素周期律被修正为化学元素的性质随着元素原子序数的增加呈周期性的变化。根据元素周期律,门捷列夫预言了一些当时尚未发现的元素的存在及它们的性质。后来发现的镓、钪、锗就是门捷列夫预言的"类铝"、"类硼"和"类硅",他对这些元素性质的预言与尔后实践的结果取得了惊人的一致。元素周期律作为描述元素及其性质的基本理论有力地促进了现代化学和物理学的发展。现在已经发现了 111 种元素,其中 18 种是人工合成的。

19 世纪末,X 射线、放射性和电子的发现,打开了原子和原子核内部结构的大门,深刻地揭露了原子的奥秘。20 世纪初,在量子力学的基础上发展起来的化学键理论,使人类进一步了解了分子结构与性质的关系,大大地促进了化学科学的发展。现代物理实验方法如 X 射线、中子衍射、电子衍射、磁共振、光谱、质谱、色谱等在化学中的广泛应用,使无机物的研究由宏观深入到微观,形成现代无机化学。现代无机化学就是应用现代物理技术及物质微观结构的观点来研究和阐述化学元素及其所有无机化合物的组成、性能、结构和反应的科学。

20 世纪以来,由于科学技术的快速发展,无机化学与其他学科相互渗透,形成了生物无机化学、无机材料化学、无机固体化学等一批新兴交叉学科,使古老的无机化学再次焕发生机。

2. 有机化学

有机化学是研究有机化合物的来源、制备、结构、性质、应用以及有关理论的科学,又称碳化合物的化学(二氧化碳、一氧化碳、二硫化碳、碳酸盐等简单的碳化合物仍属无机物质外,其余均属于有机物质)。大多数有机化合物由碳、氢、氮、氧几种元素构成,少数还含有卤素和硫、磷等元素。大多数有机化合物具有熔点较低、可以燃烧、易溶于有机溶剂等性质,与无机化合物的性质有很大不同。

19 世纪初,有机化合物与无机化合物被认为是相互对立的两类物质,有机化合物只存在于生物体内,是不能人工合成的。1828 年,德国化学家维勒(F. Wohler)由氰酸铵得到了第一个人工合成的有机物尿素,表明了有机化合物和无机化合物之间没有绝对的分界,它们在一定的条件下可以相互转换。此后,乙酸、柠檬酸等越来越多的有机化合物不断地在实验室中合成出来,开始了有机合成的新阶段。有机化学合成的进步,使人们得以用煤焦油、石油和天然气等为主要原料,合成了大量的染料、药品、橡胶、塑料和纤维等产品,大大地促进了工农业发展和改善了人们的生活。

有机化学的研究内容非常广泛,包括天然产物的研究、有机合成的研究、反应机理的研究等等。

有机化学是化学研究中最活跃的领域之一,它与医药、农药、日用化工等行业的关系特别密切。有机化学与生命现象关系更是十分密切,生物体内的蛋白质和核酸都是有机化合物。1965 年我国在世界上首次合成了具有生命活力的蛋白质——牛胰岛素,为人工合成蛋白质迈出了极为重要的一步。随后,国外又合成了核糖核酸酶、生长激素等。彻底揭开蛋白质、核酸结构的奥秘将对生命的研究有极为重要的意义。

3. 分析化学

分析化学是研究获取物质化学组成和结构信息的分析方法及相关理论的科学。分析化学的主要任务是鉴定物质的化学组成(元素、离子、官能团)、测定物质的有关组分的含量、确定物质的结构(化学结构、晶体结构、空间分布)和存在形态(价态、配位态、结晶态)等。分析化学以化学基本理论和实验技术为基础,并不断吸收数学、物理、生物、电子计算机、自动化等方面的最新理论和技术,从而解决科学、技术所提出的各种问题。

分析化学可分为化学分析和仪器分析两大分支学科。化学分析法是利用物质的化学反应及其计量关系来确定被测定物质的组分和含量的一类分析方法,主要有滴定分析法和重量分析法。仪器分析法是以物质的物理性质或物理化学性质为基础建立起来的一类分析方法,通过测量物质的物理或物理化学参数,便可确定物质的组成、结构和含量,仪器分析的方法众多,常用的有光学分析法、电化学分析法、色谱分析法、热分析法和质谱分析法等。

分析化学在近代科学研究中的作用非常重要,如地壳中元素的分布迁移,岩石矿物的组分与利用,环境问题中的污染与防治,材料科学中材料的化学组成、结构与材料性能的关系,都离不开分析化学。在生命科学、生物工程、医药等领域,分析化学在揭示生命起源、揭开遗传的奥秘、疾病的防治等方面也都有着极为重要的、不可缺少的作用。

4. 物理化学

物理化学是从研究物质运动的物理现象和化学现象入手,应用物理学的理论和方法探索化学基本变化规律的学科。物理化学的理论性较强,是其他化学分支学科的理论基础,所以物理化学也称为理论化学。

物理化学主要包括以下三方面的内容。

(1)化学热力学。主要研究化学反应的方向和限度。一个化学反应在指定的条件下能否进行,向什么方向进行,能进行到什么程度,外界条件(如温度、压力、浓度等)的变化对反应的方向和限度的影响等问题都是化学热力学研究的内容。

(2)化学动力学。主要研究化学反应的速率和机理问题。化学反应进行的快慢和实现化学反应过程的具体步骤,外界条件(如温度、压力、浓度、催化剂等)对反应速率的影响,如何控制化学反应,抑制副反应的发生,使之按我们需要的方向和适当的速率进行,这些问题都是化学动力学研究的内容。

(3)结构化学。以量子化学理论为基础,研究物质(原子、分子、晶体)的微观结构及结构与性能之间的相互关系。

物理化学的上述三方面的内容虽然各具特点,但又是相互联系和相互补充的。除以上内容外,物理化学还包括其他一些研究内容,如电化学、界面科学、胶体科学等。

随着人们科学知识的不断积累,科学认识的不断深化,以及现代科学技术如新谱学方法、分子束和激光技术、计算机和计算方法的发展与应用,使物理化学的理论与实验研究进入了一个崭新的发展阶段。现代物理化学发展的明显趋势和特点是,从宏观到微观,从定性到定量,从体相到表相,从静态到动态,从平衡态到非平衡态的研究。

5. 高分子化学

高分子化学是研究高分子化合物的合成、化学反应、应用等方面的一门新兴的综合性学科。高分子化学是当前异常活跃的研究领域,具有广泛的发展前景。

由高分子化合物组成的橡胶、纤维、塑料等高分子材料有易于加工、成本低廉、弹性好、强度高、耐腐蚀等优点,在日常工农业生产中已经得到广泛的应用。各种特殊性能的高分子材料,如半导体高分子材料、光敏高分子材料、液晶高分子材料、耐热性橡胶、耐高温高强度塑料等材料正在不断地涌现,生物高分子材料也在迅速发展,人造肾、人造血管等都已用于临床。

高分子材料也有不少弱点,比如易燃烧、易老化,必须开展研究加以克服。大量使用高分子材料时,作为废物扔掉的高分子垃圾,不易被水溶解和风化,不受细菌腐蚀,对环境造成严重污染,因此,高分子材料的回收利用、废弃高分子材料的快速降解等课题都是人们所关注的热点。

21世纪是科学技术全面发展的世纪,也是各门学科相互渗透的时代。化学科学与其他学科相互协作、交叉、融合产生了许多生气勃勃的新学科和交叉学科,如环境化学、材料化学、地球化学、生物化学、核化学、天体化学等等,化学已经成为这些学科的重要组成部分。

0.4　工科基础化学的教学目的

工科基础化学及实验课程扼要地讲授了化学基本理论、基本知识。通过学习本课程,学生可以掌握现代化学的基本知识和理论及化学实验基本技能,了解化学在社会发展和科技进步中的作用,了解化学在其发展过程中与其他学科相互渗透的特色,培养用现代化学的观点去观察和分析工程技术上可能遇到的化学问题的能力,为今后继续学习和工作打下必要的化学基础。

通过本课程的学习,学生还可以了解原子结构、分子结构、化学反应的方向和限度、化学反应的速率、氧化还原和电化学、胶体化学以及元素化学、无机化合物等基础理论知识,了解化学与环境、化学与材料、化学与能源等化学与社会相关的一些知识。

化学是一门实验科学,化学实验是本课程不可缺少的一个重要环节,本教材编写了部分化学实验。通过实验课的开设,不仅可以加深、巩固并扩大学生对所学的基本理论和基本知识的理解,还可以训练基本操作技能,培养学生观察实验现象、提出问题、分析问题和解决问题的能力,使其养成严谨认真、实事求是的科学作风,培养从事科学研究的能力,为学习后续的专业课打下必要的基础。

化学不但是地球、空间、能源、材料、环境、生命等学科的重要基础,而且化学科学的发展,从元素论、原子-分子论到元素周期律和物质结构理论,都已成为自然科学在科学发展中运用科学抽象、科学假设的范例。因此,工科大学生学习化学科学不仅仅是其所学专业的需要,而且对培养科学思维、科学方法及创新精神也是极为重要的。

第1章　物质结构基础

世界是由物质组成的。不同的物质表现出各不相同的物理和化学性质,这是和它们各自不同的微观结构密切相关的。物质的性质与其结构的关系是化学的一个基本问题。化学学科所关注的物质结构主要包括以下几个层次:电子与原子核如何组成原子;原子如何组成分子以及分子的空间构型;各种微粒组成的晶体结构和分子层次之上的超分子结构。近代物质结构理论建立在量子力学的理论基础上,涉及比较复杂的数学理论基础,因此本章只介绍近代的物质结构理论的一些概念、结论及应用,而不介绍一些具体推导过程。本章将在介绍电子在核外运动的规律、分布及其与元素周期系的关系基础上,讨论化学键的概念、分类以及相应的理论,如离子键理论、价键理论、分子轨道理论、配位化合物的结构和金属键理论,并在此基础上讨论晶体结构、分子间的作用力和氢键。

1.1　原子结构与元素的周期系

古希腊哲学家留基伯(Leucippus)和德谟克利特(Democritus)在解释世界本原的问题时,提出了原子的概念,他们认为世界是由原子组成的,原子是最小的、不可分割的物质粒子。他们提出的原子论没有任何实验依据,不是科学理论,只是一种哲学的推测。

直到18世纪,由于冶金工业和化学工业的发展,人们要了解化学变化的定量关系,发现了质量守恒定律、能量守恒定律和倍比定律等。为了说明这些定律,英国科学家道尔顿(J. Dalton)在1803年提出了著名的原子论,认为每种化合物都是由不同数量的原子所组成,原子不能再分,原子在化学反应中不会消失也不会产生。道尔顿的原子论揭示出了一切化学现象的本质都是原子运动,明确了化学的研究对象,对化学真正成为一门科学具有重要意义,因而道尔顿被称为"近代化学之父"。

1895年德国物理学家伦琴(W. K. Rontgen)发现X射线,1896年法国物理学家贝克勒尔(A. H. Becquerel)发现放射性,1897年英国物理学家汤姆生(J. J. Thomson)实验证实了电子的存在。X射线、放射性及电子的发现,打破了原子不可分的观点。

1909年,英国科学家卢瑟福(Ernest Rutherford)让一束平行的α粒子(α粒子是带有两个正电荷的氦离子)穿过极薄的金箔,发现大多数α粒子穿透金属薄片仍向前直行,没有改变方向,但也有一部分改变了原来的直线射程,发生不同程度的偏转(说明受到斥力)。还有少数α粒子(大约一万个中有一个),好像遇到某种坚实的不能穿透的东西而被折回。α粒子散射实验结果证实:原子内有很大的空间,正电荷集中在原子中心极小的体积内,这个极小的体积拥有原子质量的99%以上。于是卢瑟福提出了"有核原子模型",他认为原子是由带正电荷的原子核及带负电荷的电子组成,原子核在原子的中心,电子围绕原子核作高速运动。卢瑟福的原子模型正确地回答了原子的组成问题,并能够解释α粒子散射实验的结果。然而按照经典电磁学理论,电子绕核旋转时会发射电磁波,同时失去能量,造成了原子的不稳定。同时有核原子模型也不能解释原子光谱是线状光谱的实验事实。

　　1913 年,丹麦物理学家尼尔斯·玻尔(Niels Bohr)在经典力学的基础上引入量子化的概念,提出了氢原子的结构模型,成功地解决了有核原子模型所面临的困境,为量子力学的发展打下了良好的基础。

1.1.1　氢原子光谱和玻尔理论

1. 氢原子光谱

　　原子光谱是原子结构的信使。各个原子的光谱特征反映了原子的内部结构信息。我们知道当一束复合光通过一个分光器件(如光栅、棱镜),会形成按波长(或频率)大小依次排列的图案,这种图案就是光谱。根据光源的不同可以得到连续光谱(光源为复合光时)和线状光谱(光源为激发态原子时)。在一个连接着两个电极并抽高真空的玻璃管内,装入极少量的高纯氢气,通高压电使之放电,产生的光通过分光棱镜,得到一组有特定波长的谱线,这些谱线是一条条被暗区隔开的光亮线条,因而称为线状光谱(也称为原子光谱)。这种由氢原子产生的线状光谱(即氢光谱),在可见光区(400~700 nm)有四条比较明显的谱线,其波长分别为 410.2 nm、434.1 nm、486.1 nm、656.5 nm,称为巴尔麦(Balmar)线系,如图 1-1 所示。

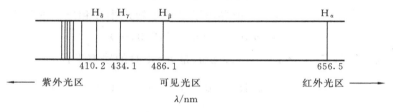

图 1-1　氢原子的巴尔麦线系

　　此外,氢光谱在紫外光区和红外光区还有几组谱线。如在红外光区的谱线有帕邢(Paschen)线系、布拉克(Brackett)线系、蒲芬德(Pfund)线系和汉弗莱(Humphreys)线系,紫外光区的谱线有莱曼(Lyman)线系。

　　瑞典物理学家里德堡(J. R. Rydbery)在前人研究的基础上,总结出了具有普遍意义的氢原子光谱线公式:

$$\tilde{\nu} = R_{\infty}\left(\frac{1}{n_1^2} - \frac{1}{n_2^2}\right) \qquad (n_1 < n_2) \tag{1-1}$$

式中,$\tilde{\nu}$ 为波数(波长 λ 的倒数);R_{∞} 为里德伯常数,其值为 1.09677576×10^7 m^{-1};n_1,n_2 为正整数,且有 $n_2 > n_1$。将 $n_1 = 2$,$n_2 = 3,4,5,6$ 分别代入式(1-1),可以计算得到氢原子在可见光区的四条谱线的波长,即 $\lambda_1 = 656.1$ nm,$\lambda_2 = 486.0$ nm,$\lambda_3 = 433.9$ nm,$\lambda_4 = 410.1$ nm。说明氢原子光谱中可见光区各谱线的波长之间有明显的规律性。但是,里德伯并没有深入研究这个公式所蕴涵的物理意义。

2. 玻尔理论

　　为了解释氢原子光谱的规律性,1913 年,玻尔在普朗克(M. Planck)的量子论、爱因斯坦(A. Einstein)光子学说和卢瑟福的有核原子模型的基础上,提出了氢原子结构模型。其要点如下:

　　(1) 量子化条件的假设。电子在核外只能沿着某些特定的,而不是任意的圆形轨道运动。

电子在这些轨道上运动的角动量必须满足量子化条件

$$M = mvr = n\frac{h}{2\pi} \qquad (n = 1, 2, 3, \cdots) \tag{1-2}$$

式中，m 是电子的质量；v 是电子的运动速率；r 是轨道半径；n 是量子数，只能取正整数；h 为普朗克常数，$h = 6.626 \times 10^{-34}$ J·s。

　　（2）定态存在的假设。电子在符合量子化条件的轨道上运动时，具有确定的能量，处于稳定状态，称为定态。电子只能处在一系列分立的定态上，处于定态的电子既不吸收能量，也不放出能量。通常把这些具有不连续能量的状态称为能级，当电子在能量最低的轨道上运动时，原子具有最低的能量状态，称为基态；原子任何能量的改变，都必须在两个定态之间以跃迁的方式进行。当电子吸收外界的能量，激发到能量较高的轨道上运动时，原子所处的状态称为激发态。

　　（3）当电子在两个定态间跃迁时，将以电磁波的形式放出或吸收能量，其频率值与两个定态轨道的能量差有关：

$$h\nu = |E_2 - E_1| \tag{1-3}$$

式中，E_1、E_2 分别是原子中两个轨道的能量；ν 是光子的频率。

　　运用经典力学和量子化条件，玻尔推导出了氢原子轨道半径和能量的计算公式：

$$r = n^2 a_0 \qquad (n = 1, 2, 3, \cdots) \tag{1-4}$$

式中，n 是量子数，只能取正整数；$a_0 = 52.9$ pm，是 $n=1$ 时的轨道半径，称为玻尔半径。

$$E_n = -\frac{1}{n^2} \times 2.18 \times 10^{-18} \text{ J} \qquad (n = 1, 2, 3, \cdots) \tag{1-5}$$

式中，n 是量子数，其值可取 1，2，3，…等任何正整数。当 $n=1$ 时，轨道离核最近，能量最低，此时的能量状态称为氢原子的基态。当 $n=2, 3, 4, \cdots$ 时，轨道依次离核渐远，能量逐渐升高，这些能量状态统称为氢原子的激发态。当 $n \to \infty$ 时，则电子在离核无穷远处的定态轨道中时能量等于零，完全不受核的吸引，即电子摆脱了原子核的束缚离核而去，这种过程叫做电离。电离过程所需要的能量称为电离能。根据玻尔理论计算，氢原子的电离能为 1312 kJ·mol^{-1}。

　　应用上述玻尔原子模型，可以定量解释氢原子光谱的不连续性。氢原子如从外界获得能量，电子将由基态跃迁到激发态，当激发态的电子自发地回到较低能量的定态时，就以光的形式释放出能量，光的频率与两个定态的能量差有关。正是这种定态的不连续性，使每一个跃迁过程产生一条分立的谱线，而上式中的 ν 是对应谱线的频率。这就是氢原子光谱是线状光谱的原因。

　　利用光谱频率的假设和定态的能级公式，很容易证明里德伯公式的正确性，由玻尔模型计算得到的里德伯常数为 $R_\infty = 1.0973731 \times 10^7$ m^{-1}，与实验值 1.0967756×10^7 m^{-1} 两者之间相差很小，玻尔理论成功地解释了氢原子光谱。

　　玻尔理论冲破了经典物理学中能量必须连续变化的束缚，提出了原子内电子能量是不连续的具有量子化特性和量子数的重要概念，成功地解释了氢原子的原子结构与氢原子光谱的关系。但是，玻尔理论只是在经典力学物理量连续性概念的基础上，加上一些量子化条件，并没有跳出经典力学的范畴，没有认识到电子运动的特殊性，即波粒二象性，致使玻尔理论在解释多电子原子光谱和氢原子的精细光谱结构时遭到失败。

1.1.2　微观粒子的波粒二象性

1. 光的波粒二象性

人类很早就开始了对于光的研究,但是对光本质的认识却是经历了一个漫长的过程,光究竟是波还是粒子? 在物理学界争论了三百多年。1905 年,物理学家爱因斯坦在普朗克量子论的基础上,用光量子的概念成功解释了光电效应,人们才开始意识到光同时具有波和粒子的双重性质。爱因斯坦认为光由具有一定能量 ε 和动量 p 的光子流组成,光子所具有的能量与光的频率有关:

$$\varepsilon = h\nu \tag{1-6}$$

光子所具有的动量 p 则与光的波长有关:

$$p = h/\lambda \tag{1-7}$$

两式中,左端能量 ε 和动量 p 代表粒子性,右端频率 ν 和波长 λ 代表波动性,通过普朗克常数 h 将这两种性质联系在一起,从而很好地揭示了光的性质,既具有波动性,又具有粒子性,即光的波粒二象性。一般来说,涉及光与实物相互作用有关的现象,如发射、吸收、光电效应等,表现出光的微粒性;而涉及与光在空间传播有关的现象,如干涉、衍射、偏振等,则表现出光的波动性。

2. 微观粒子的波粒二象性

电子是一种实物粒子,具有质量、能量和动量,这早已被实验所证实,那么电子是否和光一样也具有波粒二象性呢? 1924 年法国物理学家德布罗意(L. de Broglie)受光的波粒二象性启发,大胆地提出不仅光具有波粒二象性,而且所有静止质量不为零的实物微粒(如电子、质子、中子等)都具有波粒二象性。其波长 λ 可用下式求得:

$$\lambda = \frac{h}{p} = \frac{h}{mv} \tag{1-8}$$

式中,m 为实物粒子的静止质量;v 为实物粒子的速度;h 为普朗克常数;p 为实物粒子的动量。式(1-8)称为德布罗意关系式,它显示了具有两重性的物理量之间的内在联系,通过普朗克常数 h 将实物微粒的粒子性和波动性定量地联系起来了。它在形式上虽然和式(1-7)相似,但实际上它是一个全新的假定。实物微粒所具有的波称为德布罗意波或物质波。

利用德布罗意关系式可以计算出电子的波长。一个电子的质量为 9.11×10^{-31} kg,若电子的运动速率为 1.0×10^{6} m·s^{-1},则其波长为

$$\lambda = \frac{h}{mv} = \frac{6.626 \times 10^{-34} \text{J} \cdot \text{s}}{9.11 \times 10^{-31} \text{kg} \times 1.0 \times 10^{6} \text{m} \cdot \text{s}^{-1}} = 7.28 \times 10^{-10} \text{m} = 0.73 \text{ nm}$$

这个波长数值正好在 X 射线的波长范围内。

1927 年,美国物理学家戴维逊(C. Davisson)和革末(L. Germer)用电子衍射实验证实了德布罗意的假设。当他们用高速电子束照射镍单晶时,得到了与 X 射线衍射相同的衍射图案(见图 1-2),证明电子也能发生衍射现象,具有波动性,由实验所得的衍射图像,可以计算得到电子波的波长,该计算结果与由式(1-8)预测的波长完全一致,从而证明了德布罗意的假设和德布罗意关系式是正确的。其后,又发现中子、原子、分子等也能产生衍射图案,德布罗意波也就完全得到了实验证实。

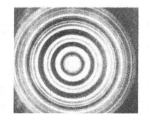

图 1-2　电子衍射图

3. 物质波的物理意义

电子衍射实验证明了像电子这样的微观粒子的运动,确实具有波动性,那么它是一种什么样的波呢? 德布罗意虽然很好地预测了微观粒子的波动性,但是没有很深刻地理解微观粒子波动性的内涵。成功说明物质波的物理意义的是英国物理学家波恩(Max Born)。

在电子衍射实验中,如果控制电子流的强度,使电子一个个地射到晶体上发生衍射,一个电子在感光屏上出现一个感光斑点,在开始阶段,这些斑点出现的位置是毫无规则的、随机的,并且无法预测每个感光斑点出现的位置,表明电子运动并没有确定的轨迹。当经过足够长的时间后,到达感光屏上的电子数足够多时,感光斑点出现了规律性的明暗相间的环形衍射条纹,其结果与强电子流在短时间内所形成的衍射条纹完全一样,显示出电子运动的波动性,这说明电子等微观粒子运动的波动性是与电子等微观粒子运动的统计性规律联系在一起的。对于大量的微观粒子的行为而言,感光屏上衍射强度大的地方,微观粒子出现的密度大,衍射强度小的地方,微观粒子出现的密度小;对于单个微观粒子的行为而言,无法预测每个微观粒子在感光屏上出现的位置,只能预测微观粒子在感光屏上的某个位置出现的概率大小,衍射强度大的地方,微观粒子出现的概率大;衍射强度小的地方,微观粒子出现的概率小,波的强度也小。微观粒子运动具有概率分布的规律。据此,波恩认为在空间任何一点,物质波的强度与微观粒子出现的概率密度成正比。电子衍射实验所揭示的电子波动性是许多相互独立的电子在完全相同的情况下运动的统计结果,或者是一个电子在许多次相同实验中的统计结果。从这个意义上讲,物质波又称为概率波。由此可见,具有波动性的微观粒子不再服从经典力学规律,其运动遵循统计规律,只有一定的空间概率分布。

4. 测不准原理

在经典物理学中,可以同时准确地确定宏观物体的位置和动量,只要知道物体的初始位置和速度,就可以确定这个物体在任意时刻的空间位置和速度,即宏观物体具有确定的运动轨迹。但对于具有波粒二象性的微观粒子来说,其运动遵循统计规律,不能用空间位置和速度描述其运动状态,不可能同时准确地确定微观粒子在某瞬间的空间位置和运动速度。

1927 年,德国物理学家海森堡(W. Heisenberg)提出了著名的测不准原理,其数学表达式为

$$\Delta x \cdot \Delta p_x \approx h \tag{1-9}$$

式中,Δx 为粒子在 x 方向上位置的不确定度;Δp_x 为粒子在 x 方向上动量的不确定度。式(1-9)称测不准原理或不确定原理。该式表明具有波动性的微观粒子与服从经典力学的宏观物体有着完全不同的特点,进一步反映了微观粒子的波粒二象性。

测不准原理表明:对于微观粒子,不可能同时准确地测出某一瞬间电子运动的速度和位置,如果动量测定得愈准确,则相应的位置就愈不准确,反之亦然。

对于质量 $m \approx 10^{-15}$ kg 的微小尘埃而言,若其所在位置的测不准量 $\Delta x \approx 10^{-8}$ m,则由式(1-9)可以得出其相应速度的测不准量 $\Delta v_x \approx 10^{-10}$ m·s^{-1},与尘埃的运动速度相比可完全忽略不计,即它的运动速度和位置可以同时准确测定。

对于原子中运动的电子,其质量 $m = 9.1 \times 10^{-31}$ kg,运动速度一般为 1.0×10^6 m·s^{-1},原子大小的数量级为 10^{-10} m,则在原子中电子位置的测不准量应小于 10^{-10} m 才有意义。由式(1-9)可得出该运动电子速度的测不准量 $\Delta v \approx 1.0 \times 10^7$ m·s^{-1},超过了电子的速度,这说明不可能同时确定电子的位置和动量(速度)。因此,玻尔固定轨道的概念是不正确的,电子没有确定的运动轨迹。测不准原理并不意味着微观粒子的运动规律是不可认知的,而是说明了具有

波粒二象性的微观粒子运动不服从经典物理学规律,而是遵循量子力学所描述的运动规律。

1.1.3 氢原子的量子力学模型

在经典物理学中,描述波动基本规律的是波动方程,量子力学从微观粒子具有波粒二象性出发,认为微观粒子的运动状态可以用波函数来描述。波函数是描述微观粒子运动状态的一个数学函数,可以通过求解薛定谔方程得到。

1. 单电子原子的薛定谔方程

1926 年,奥地利科学家薛定谔(E. Schrödinger)通过与经典波动力学的比较,建立了著名的薛定谔方程:

$$\frac{\partial^2 \psi}{\partial x^2} + \frac{\partial^2 \psi}{\partial y^2} + \frac{\partial^2 \psi}{\partial z^2} + \frac{8\pi^2 m}{h^2}(E - V)\psi = 0 \tag{1-10}$$

这是一个二阶偏微分方程,式中,E 是系统的总能量;V 是系统的势能;m 是微观粒子的质量;h 是普朗克常数。薛定谔方程的意义是:方程的每一个合理解 ψ 是描述核外电子运动状态的波函数,代表了微观粒子运动的一个稳定状态,能量值 E 即为该稳定状态所对应的能级。

对于氢原子和类氢离子(核外只有一个电子的离子称为类氢离子,如 He^+、Li^{2+} 等)来说,其势能函数为

$$V(r) = -\frac{Ze^2}{4\pi\varepsilon_0 r} \tag{1-11}$$

式中,Z 为核电荷数;r 为离核的距离;ε_0 是真空介电常数。相应的薛定谔方程为

$$\frac{\partial^2 \psi}{\partial x^2} + \frac{\partial^2 \psi}{\partial y^2} + \frac{\partial^2 \psi}{\partial z^2} + \frac{8\pi^2 m}{h^2}(E + \frac{Ze^2}{4\pi\varepsilon_0 r})\psi = 0 \tag{1-12}$$

解薛定谔方程就是要解出其中的波函数 ψ 及其总能量 E,这样就可以了解电子运动的状态和能量的高低。在解薛定谔方程时,常将直角坐标 (x, y, z) 变换为球极坐标 (r, θ, φ),它们的关系如图 1-3 所示。

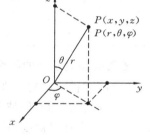

$$x = r\sin\theta\cos\varphi \tag{1-13}$$

$$y = r\sin\theta\sin\varphi \tag{1-14}$$

$$z = r\cos\theta \tag{1-15}$$

波函数 $\psi(x, y, z)$ 经变换后,成为球极坐标的函数 **图 1-3 直角坐标与球极坐标的关系** $\psi(r, \theta, \varphi)$,经变量分离法处理后,波函数 ψ 就可表示为三个独立变量 r, θ, φ 的函数。这样可以将波函数看作是由三个变量分别形成的函数 $R(r)$、$\Theta(\theta)$ 和 $\Phi(\varphi)$ 组合而成的,即

$$\psi(r, \theta, \varphi) = R(r)\Theta(\theta)\Phi(\varphi) \tag{1-16}$$

式中,$R(r)$ 只是 r 的函数,称为波函数的径向部分;$\Theta(\theta)$、$\Phi(\varphi)$ 分别是 θ、φ 的函数。$\Theta(\theta)$ 和 $\Phi(\varphi)$ 仅与角度有关,称为波函数的角度部分,通常把 $\Theta(\theta)$ 和 $\Phi(\varphi)$ 合并为 $Y(\theta, \varphi)$:

$$Y(\theta, \varphi) = \Theta(\theta)\Phi(\varphi) \tag{1-17}$$

这样就可以把二阶偏微分方程变为三个只含一个变量的常微分方程,分别求解这三个常微分方程,可以得到薛定谔方程的解,薛定谔方程的解表示为

$$\psi(r, \theta, \varphi) = R(r)Y(\theta, \varphi) \tag{1-18}$$

2. 波函数和原子轨道

在解薛定谔方程时,可以得到无数多个解,并不是每一个解在物理意义上都能合理地表示电子运动的一个稳定状态,描述微观粒子运动状态的合理波函数必须是单值的、连续的和有限的。为了使求出的解都是合理的波函数,必须引入不能取任意数值的三个参量 n、l、m 作为限制条件,n、l、m 统称为量子数,只有 n、l、m 值的允许组合得到的 $\psi_{n,l,m}(r,\theta,\varphi)$ 才是合理的,才能用来描述电子运动的状态。因此波函数也称为原子轨道。但是,这里的轨道与玻尔的轨道概念完全不同,它指的只是电子的一种空间运动状态。

一套量子数 n、l、m 确定了一个原子轨道(波函数),因此可以直接用量子数 n、l、m 表示原子轨道。光谱学上常将 $l=0,1,2,3,\cdots$ 用 s,p,d,f,$\cdots$ 等字母表示。表 1-1 列出了 n、l、m 的取值关系、轨道名称和轨道数。

表 1-1　n、l、m 的取值关系、轨道名称和轨道数

n	l	l 符号	m	轨 道 名 称	l 相同的轨道数目	n 相同的轨道数目
1	0	s	0	1s	1	1
2	0	s	0	2s	1	4
	1	p	0	$2p_z$	3	
			± 1	$2p_x,2p_y$		
3	0	s	0	3s	1	9
	1	p	0	$3p_z$	3	
			± 1	$3p_x,3p_y$		
	2	d	0	$3d_{z^2}$	5	
			± 1	$3d_{xz},3d_{yz}$		
			± 2	$3d_{xy},3d_{z^2-y^2}$		

3. 波函数和电子云的图像

从薛定谔方程解出的合理波函数,是描述电子运动的数学函数式,即一个合理的波函数表示电子的一种运动状态,但波函数本身没有明确直观的物理意义,它的物理意义是通过 $|\psi|^2$ 来表现的,$|\psi|^2$ 称为概率密度,是电子在核外空间中单位体积内出现概率的大小,电子云是概率密度 $|\psi|^2$ 分布的形象化描述。

化学上习惯用小黑点分布的疏密表示电子出现概率的相对大小。小黑点较密的地方,表示 $|\psi|^2$ 数值大,电子的概率密度较大,单位体积内电子出现的机会多。用这种方法来描述电子在核外出现的概率密度大小所得到的图像称为电子云。1s 电子云是以原子核为中心的一个圆球。愈靠近核的位置,黑点愈多,表示 $|\psi|^2$ 愈大,即电子出现的概率密度大;离核较远的位置,黑点少,表示 $|\psi|^2$ 小,电子出现的概率密度小(见图 1-4)。电子云没有明确的边界,在离核很远的地方电子仍有出现的可能,但实际上在离核 300 pm 以外的

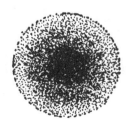

图 1-4　1s 电子云图

区域,电子出现的概率可以忽略不计。应注意的是,氢原子核外只有 1 个电子,图中黑点的数目并不代表电子的数目,而只代表 1 个电子瞬间在某位置出现的概率大小。

电子的运动状态不同，其电子云的形状也不一样。为了使问题简化，可以从角度部分和径向部分两个侧面来画出原子轨道和电子云的图形。将 $Y_{l,m}$ 的数值大小随角度 θ、φ 的变化用图形表示出来，即得到波函数的角度分布图。图 1-5 给出了 s、p、d 各种电子运动状态的原子轨道的角度分布剖面图。

从图 1-5 中可以看出，p_x、p_y 和 p_z 图形一样，都是哑铃形，只是空间取向不同。p_x、p_y 和 p_z 分别在 x 轴、y 轴和 z 轴上出现极值。而 d 轨道都呈花瓣形，其中 d_{xy}、d_{yz}、d_{xz} 分别在 x 轴和 y 轴、y 轴和 z 轴、x 轴和 z 轴之间，夹角为 45°的方向上出现极值；d_{z^2} 在 z 轴上，$d_{x^2-y^2}$ 在 x 轴上和 y 轴上出现极值。图中的正负号仅表示波函数的值在该区域是正值还是负值，并不代表电荷。

电子云的角度分布图是表示波函数的角度部分 $Y(\theta,\varphi)$ 的平方 $|Y(\theta,\varphi)^2|$ 随 θ 和 φ 变化的情况，反映了电子在核外各个方向上概率密度的分布规律。电子云的角度分布图与原子轨道角度分布图基本相似，但有两点不同，一是电子云角度分布图比轨道角度分布图略"瘦"，二是电子云角度分布图无正负之分（见图 1-6）。

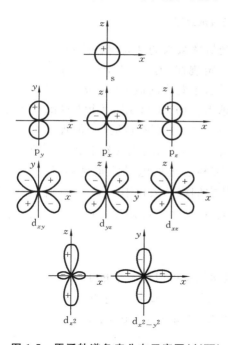

图 1-5　原子轨道角度分布示意图（剖面）

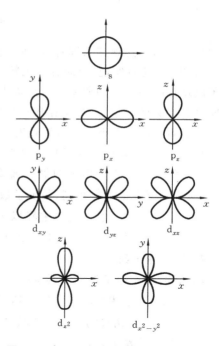

图 1-6　电子云角度分布示意图（剖面）

电子云角度分布图只能表示电子在空间不同角度出现的概率密度的大小，不能表示电子在离核多远的区域出现概率密度的大小。电子云的径向分布图反映了电子出现的概率密度与离核远近的关系，它对了解原子的结构和性质、了解原子间的成键过程具有重要的意义。波函数 $\psi(r,\theta,\varphi)$ 的径向部分是 $R(r)$。而一个离核距离为 r、厚度为 dr 的薄层球壳内电子出现的概率为 $4\pi r^2|R(r)|^2 dr$。令 $D(r)=4\pi r^2|R(r)|^2$，$D(r)$ 称为径向分布函数，它的意义是表示电子在一个以原子核为球心、r 为半径、单位厚度的球形薄壳夹层内出现的概率，反映了电子出现的概率与距离 r 的关系。

将 $D(r)$ 对 r 作图，得到电子云的径向分布图，如图 1-7 所示。从电子云的径向分布函数可知在基态氢原子中，电子出现概率的极大值在 $r=a_0(a_0=52.9\text{ pm})$ 处，这正好是玻尔半径。

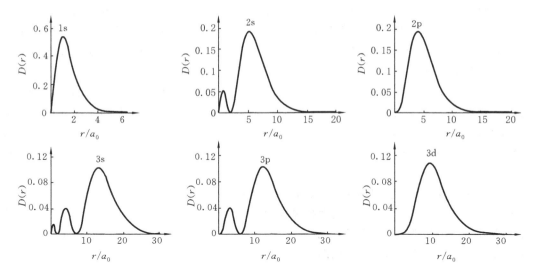

图 1-7　电子云径向分布函数示意图

因此从量子力学的观点来理解,玻尔半径就是电子出现概率最大的球壳离核的距离。

由图 1-7 还可发现,径向分布函数峰值的个数有一定规律,有 $n-l$ 个峰。每一个峰表现电子出现在距核 r 处的概率有一个极大值,主峰表现了这个概率的最大值。n 一定时,l 越小,径向分布函数的峰越多,电子在核附近出现的可能性越大。如 3s 和 3p,两个主峰的位置虽然相差不多,但 3s 在靠近核的位置还有一个峰,说明 3s 电子在离核较近的某个位置还有较大概率出现,这即是所谓的钻穿效应。钻穿效应对说明多电子原子的能级交错有重要意义。n 越大,主峰离核越远,电子出现的最大概率离核也越远,离核越远的电子能量越高,所以 $E_{3s} > E_{2s} > E_{1s}$。当主量子数相同、角量子数不相同时,虽然它们峰的数目不一样,但是概率最大的主峰却具有相似的 r 值。这些主峰以 1s 离核最近,2s、2p 次之,3s、3p、3d 更远。因此从径向分布的角度来看,核外电子是分层分布的。

4. 四个量子数

前已述及,在原子核外三维空间运动的电子,其运动状态可以由三个量子数确定的波函数 $\psi_{n,l,m}(x,y,z)$ 来描述。电子除轨道运动外,还有自旋运动,其运动状态可以由自旋磁量子数 m_s 决定。因此,要完整的描述一个核外电子的运动状态要用四个量子数 n,l,m,m_s。

(1)主量子数 n。

主量子数只能取不等于零的正整数,即 1、2、3、…等正整数,用它描述原子中电子出现概率最大区域离核的远近,或者说决定电子层数。例如,$n=1$ 时,表示原子中的电子所出现概率的最大区域离核最近,是离核平均距离最近的一层,$n=2$ 时,其离核的平均距离比第一层稍远,n 越大表示电子离核的平均距离愈远。在光谱学上,通常用大写的字母 K、L、M、N、O、P 来表示 $n=1、2、3、4、5、6$ 电子层。

解薛定谔方程得到的氢原子各个稳定态的能量为

$$E_n = -\frac{2.179 \times 10^{-18}}{n^2} \text{ J} \tag{1-19}$$

可见,主量子数的另一个重要的意义是:n 是决定电子能量高低的主要因素,对于氢原子或类氢离子(核外只有一个电子的离子)而言,n 值越大,电子的能量越高(即负值越小),电子的能量仅仅只与主量子数有关,但是对于多电子原子来说,核外电子的能量除了与主量子数有关外,还与原子轨道的形状有关。因此,n 值越大电子的能量越高,这句话只对氢原子和类氢离子才是正确的。

（2）角量子数 l。

角量子数的取值从 0 到 $n-1$,即 l 只能取小于主量子数 n 的正整数,受到主量子数的限制,如 $n=1$ 时,l 只能取 0,当 $n=2$ 时,l 可以取 0 和 1。因此当 n 一定时,l 有 n 个可能的取值。按照光谱学的习惯,当 $l=0$、1、2、3、4 时,分别用小写的字母 s、p、d、f、g 表示,如 $l=0$ 时为 s,$l=1$ 时为 p,等等。

从原子光谱和量子力学计算得知,l 决定电子运动的角动量,它决定了电子在空间的角度分布,与原子轨道和电子云的形状密切相关。

对于同一个主量子数,可能有几个不同的 l 值,将同一层中 l 相同的电子归并为同一"亚层"。例如,当 $n=1$ 时,l 只能取 0,第一电子层只存在一个亚层;当 $n=2$ 时,l 可以取 0 和 1,第二电子层有 2 个亚层,即 2s 和 2p 亚层。

在多电子原子中,电子的能量还与角量子数 l 有关,n 相同时,l 不同的电子具有不同的能量状态,存在着如下关系：

$$E_{4s} < E_{4p} < E_{4d} < E_{4f}$$

（3）磁量子数 m。

磁量子数 m 的取值为 $0, \pm 1, \pm 2, \pm 3, \cdots, \pm l$,这些取值意味着"亚层"中的电子有 $2l+1$ 个取向。磁量子数决定在外磁场作用下,电子的轨道角动量在磁场方向上的分量,它反映了原子轨道在空间的不同取向。例如,$l=0$ 时,m 可取 0,表示 s 轨道在空间只有一种取向;$l=1$ 时,m 可取 $0, \pm 1$,表示 p 轨道在空间中存在着三种不同的取向,即有三个不同伸展方向的原子轨道 $2p_z$、$2p_x$、$2p_y$。由于电子运动的能量与磁量子数无关,这三个原子轨道具有相同的能量,具有相同能量的原子轨道称为简并原子轨道或等价原子轨道。

（4）自旋磁量子数 m_s。

高分辨率的原子光谱实验发现氢原子由 1s→2p 跃迁得到的不是一条谱线,而是由两条靠得非常近的谱线组成,这实际上反映出 2p 轨道分裂成两个能量相隔很近的状态。为了解释这一现象,1925 年乌仑拜克(G. E. Uhlenbeck)和古德斯米特(S. A. Goudsmit)提出了电子具有自旋运动的假设。电子除了在核外作高速运动外,还存在着自旋运动,电子的自旋运动用自旋磁量子数 m_s 来描述。电子的自旋只有两种不同的状态,自旋磁量子数 m_s 也只能取 $+\frac{1}{2}$ 和 $-\frac{1}{2}$ 两个值,通常用↑和↓表示,分别代表电子的两种不同的自旋运动状态。

综上所述,要完整全面地描述核外电子的运动状态,需要 n、l、m、m_s 四个量子数。主量子数决定电子处在哪一个电子层上,角量子数决定电子处在该主层中的哪个亚层以及原子轨道的形状,磁量子数决定电子处在亚层的哪一个原子轨道上,自旋磁量子数决定电子在该轨道上的自旋状态。例如,若已知核外某电子的四个量子数为：$n=2, l=1, m=-1, m_s=+\frac{1}{2}$,那么,就可以知道这是指第二电子层 p 亚层 $2p_x$ 或 $2p_y$ 轨道上自旋状态以 $+\frac{1}{2}$ 为特征的一个电子。

1.1.4　多电子原子的量子力学模型

对于只含 1 个电子的氢原子和类氢离子来说,原子内仅存在原子核与这个电子的吸引作用,其薛定谔方程可以精确求解,但对于多电子原子来讲,不仅存在原子核与核外电子的相互吸引作用,还存在电子之间的相互排斥作用,由于电子不停地运动,电子间的相互排斥作用随着时间的不同随时都在发生改变,所以至今对多电子原子的薛定谔方程还无法准确求解,大多采用一些近似的方法来处理。

1. 屏蔽效应和钻穿效应

在讨论多电子原子的结构时,中心力场模型是一种有用的近似方法。它是将其余 $Z-1$ 个电子对指定电子 i 的平均排斥作用假设为集中于原子核上的负电荷,就好像是其余电子与原子核构成了一个"复合核"(即中心力场),它使得原子核作用于指定电子 i 的核电荷由 Z 减少至有效核电荷 Z^*,这种效应称为屏蔽效应。

$$Z^* = Z - \sigma \tag{1-20}$$

式中,σ 称为屏蔽常数,相当于原子核的真实电荷与有效核电荷的差值。在这一假设的基础上,解氢原子薛定谔方程所得的结果可以近似用于多电子原子体系,只要把相应的 Z 换成 Z^* 即可。

考虑了屏蔽效应以后,在多电子原子中,电子 i 的能量为

$$E_i = -\frac{(Z-\sigma)^2}{n^2} \times 2.18 \times 10^{-18} \text{ J} = -\frac{(Z^*)^2}{n^2} \times 2.18 \times 10^{-18} \text{ J} \quad (n=1,2,3,\cdots)$$

$$\tag{1-21}$$

上式说明多电子原子中原子轨道的能量取决于核电荷 Z、主量子数 n 和屏蔽常数 σ,而 σ 又与电子 i 所处的运动状态及其他电子的数目和运动状态有关。一般来讲,内层电子对外层电子的屏蔽作用较大,外层电子对较内层电子可近似看作不产生屏蔽作用。因此,电子 i 的能量与它所处轨道的量子数(n、l)及其余电子的数目和运动状态有关,当电子的主量子数相同时,其角量子数越大,受到其他电子的屏蔽作用越大,能量越高,即有 $E_{4s} < E_{4p} < E_{4d} < E_{4f}$。考虑了屏蔽效应后,就可以用类似于氢原子和类氢离子的方式描述多电子原子中的电子运动状态。

在多电子原子中,原子轨道的能级高低不仅由主量子数 n 决定,还与角量子数 l 有关,这不仅使主量子数相同,角量子数不同的原子轨道发生能级分裂的现象,而且可能会使 n、l 均不相同的原子轨道产生能级交错的现象。产生能级交错的原因可以用电子钻穿效应给予解释。

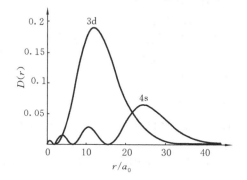

外层电子钻到原子内部空间而更靠近原子核,降低了其余电子对它的屏蔽作用,受到更大的有效核电荷的吸引,降低了相应的能量,这种现象称为电子的钻穿效应。

图 1-8　4s 和 3d 的电子云径向分布

电子的钻穿效应可以用电子云的径向分布图进行解释。图 1-8 是 4s 和 3d 的径向分布函数图,4s 的最大峰虽然比 3d 的离核远,但是它有一些小峰离核更近,也就是说 4s 电子在离核较近的位置出现的概率较大,因此 4s 电子钻到比 3d 电子离核更近的地方,有效地回避了内层电子对它的屏蔽作用,受到较大的有效核电荷的吸引,能量较低,因而发生了 $E_{4s} < E_{3d}$ 的能级交错现象。

2. 原子轨道的近似能级图

1936 年,美国化学家鲍林(L. Pauling)根据光谱实验结果,提出了多电子原子中原子轨道的近似能级图(见图 1-9)。

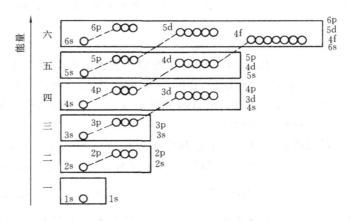

图 1-9　原子轨道近似能级图

鲍林的原子轨道近似能级图按轨道能量高低排列,将能量相近的原子轨道划为一组(每个方框中的原子轨道),称为能级组,通常分为七个能级组。能级组之间的能量差别较大,同一能级组内各原子轨道间的能量相差较小。

在近似能级图中,每一个小圆圈表示一个轨道。例如,s 亚层中只有一个圆圈,表示 s 亚层中只有一个轨道,p 亚层中有三个圆圈,表示 p 亚层中有三个原子轨道,这三个原子轨道的能量相同,只是在空间伸展方向不同,称为等价轨道。d 亚层有五个等价原子轨道,f 亚层有七个等价原子轨道。

角量子数 l 相同的原子轨道,其能量次序由主量子数 n 决定,n 越大,能量越高,例如 E_{2p} $< E_{3p} < E_{4p} < E_{5p}$;主量子数 n 相同时,原子轨道的能量随角量子数 l 的增大而加大,例如 E_{4s} $< E_{4p} < E_{4d} < E_{4f}$;存在能级交错现象,例如 $E_{4s} < E_{3d} < E_{4p}$,$E_{5s} < E_{4d} < E_{5p}$,$E_{6s} < E_{4f} <$ $E_{5d} < E_{6p}$。

我国化学家徐光宪根据光谱实验数据,提出一个十分简便的划分多电子原子能级相对高低和能级组的准则,对于原子的外层电子而言,$n+0.7l$ 的值越大,能级越高;$n+0.7l$ 的第一位数字相同的各能级合为一组,称为能级组,例如 4s、3d 和 4p 的 $n+0.7l$ 值依次等于 4.0、4.4 和 4.7,能级的高低次序为 $E_{4s} < E_{3d} < E_{4p}$,第一位数字为 4,因此 4s、3d 和 4p 原子轨道组合成第四能级组。

原子轨道近似能级图仅仅反映了多电子原子中原子轨道能量的近似高低,原子轨道能量的高低顺序不是一成不变的,它会随着原子序数的变化而发生变化。一般来讲,空轨道的能量排列符合原子轨道近似能级图。如果按照原子轨道近似能级图中各原子轨道的能量顺序来填充电子,所得的结果与光谱实验得到的原子核外电子的排布情况基本相似,所以,将原子轨道近似能级图看成是电子填充的顺序图。

3. 核外电子的分布

原子中核外电子分布要遵循以下三原则。

(1) 能量最低原理。

在自然界中,系统的能量越低,系统就越稳定。核外电子的排布也应使整个原子的能量最低。因此,多电子原子在基态时,核外电子在不违背泡利原理的前提下,总是尽可能地先占据能量最低的原子轨道,使原子处于能量最低的状态。只有当能量最低的原子轨道已占满后,电子才依次进入能量较高的轨道。电子将按照原子轨道近似能级图中各能级的顺序,由低向高填充。

(2) 泡利不相容原理。

1925年,奥地利物理学家泡利(W. Pauli)根据原子光谱实验数据并考虑到周期系中每一周期元素的数目,提出了泡利不相容原理:在同一原子中,不可能有四个量子数完全相同的电子。如果两个电子的 n、l 和 m 都相同,则第四个量子数 m_s 一定不同,即在同一个原子轨道中最多只能容纳2个自旋方向相反的电子。

应用泡利原理,可以推算出每一电子层和电子亚层所能容纳的最多电子数。例如 K 层,$n=1,l=0,m=0$,即只有一个 s 轨道,所以最多只能容纳2个电子,它们的自旋磁量子数 m_s 分别是 $+\dfrac{1}{2}$ 和 $-\dfrac{1}{2}$。又如 L 层,$n=2,l=1,0$。$l=1$ 时 m 可取 $0,\pm 1$ 三个数值,有三个原子轨道,所以 p 亚层最多只能容纳6个电子;$l=0$ 时 m 只取 0,有一个轨道,s 亚层最多只能容纳2个电子;整个 $n=2$ 的 L 层,最多能容纳8个电子。依次推算出 $n=3、4、5$ 的电子层最多可容纳的电子数分别为 18、32 和 50,即每层的电子最大容量为 $2n^2$。核外电子可能的状态列于表1-2中。

由于多电子原子中出现能级交错的现象,原子最外层电子数最多不超过8个,次外层电子数最多不超过18个。

表 1-2　核外电子可能的状态

主量子数 n	1	2		3			4			
电子层符号	K	L		M			N			
轨道角动量量子数 l	0	0	1	0	1	2	0	1	2	3
电子亚层符号	1s	2s	2p	3s	3p	3d	4s	4p	4d	4f
磁量子数 m	0	0	0 ± 1	0	0 ± 1	0 ± 1 ± 2	0	0 ± 1	0 ± 1 ± 2	0 ± 1 ± 2 ± 3
亚层轨道数 $2l+1$	1	1	3	1	3	5	1	3	5	7
电子层轨道数	1	4		9			16			
各层可能容纳的电子数	2	8		18			32			

(3) 洪特规则。

在等价原子轨道上,电子将尽可能地分占不同的原子轨道,并且保持自旋平行。这是1925年洪特(F. Hund)根据光谱实验数据,总结出的一个规律,称为洪特规则。例如碳原子核外有6个电子,根据核外电子填充的原则,有2个电子首先填入第一层的1s原子轨道上,剩下的4个电子填入第二电子层,其中有2个电子填入2s原子轨道,最后的2个电子将填入三个等价的2p轨道,但这两个电子在2p轨道上有三种可能的排布方式:

根据洪特规则,只有第一种排布才是正确的排布方式,所以碳的核外电子排布方式是第一种排布,记作 $1s^2 2s^2 2p^2$,原子轨道符号右上角的数字表示轨道中的电子数。

作为洪特规则的特例,等价轨道全充满(p^6、d^{10}、f^{14})、半充满(p^3、d^5、f^7)或全空(p^0、d^0、f^0)时是比较稳定的。

按照电子排布三原则和原子轨道近似能级图,就可以正确地写出大多数基态原子的核外电子的排布式。K 原子核外有 19 个电子,第一电子层填 2 个电子,第二电子层有 8 个电子分布在 2s、2p 轨道上,3s、3p 轨道上同样填充了 8 个电子,还有一个电子,由于能级交错,将填入 4s 轨道上,基态 K 原子的核外电子排布式是 $1s^2 2s^2 2p^6 3s^2 3p^6 4s^1$。Cr 原子核外有 24 个电子,按照洪特规则的特例,基态 Cr 原子的核外电子排布式是 $1s^2 2s^2 2p^6 3s^2 3p^6 3d^5 4s^1$,而不是 $1s^2 2s^2 2p^6 3s^2 3p^6 3d^4 4s^2$。Cu 原子核外有 29 个电子,核外电子排布式是 $1s^2 2s^2 2p^6 3s^2 3p^6 3d^{10} 4s^1$,而不是 $1s^2 2s^2 2p^6 3s^2 3p^6 3d^9 4s^2$。尽管电子在原子轨道中的填充次序是先填充 4s 能级后填充 3d 能级,但在写核外电子排布式时,一般应按主量子数 n 的数值由低到高排列整理,把同一主量子数 n 的放在一起,即按电子层从内层到外层逐层书写,先写 3d 能级后写 4s 能级。

为了避免核外电子排布式过长,常把内层已经达到稀有气体的电子层结构写为"原子实",用相应的稀有气体符号加方括号来表示。例如 K 原子的电子排布式也可以表示为$[Ar]4s^1$;而 Cr 原子和 Cu 原子核外电子排布式则可以分别表示为$[Ar]3d^5 4s^1$和$[Ar]3d^{10} 4s^1$。

应该指出的是,根据原子轨道近似能级图和电子排布三原则排布核外电子时,所得到的结果大多数与实验结果一致,但也有少量的例外。

1.1.5　原子的电子结构和元素周期系

1869 年俄国科学家门捷列夫(Д. И. Менделеев)提出了著名的元素周期律:按原子量大小排列的元素,在性质上呈现明显的周期性。但当时对元素周期律的科学内涵并不十分清楚,直到 20 世纪初原子结构理论建立后,人们最终认识到,元素周期律的实质是原子核外电子的排布呈周期性变化的必然结果,原子的核外电子排布与元素的周期表之间有着非常紧密的联系。

1. 原子的电子层结构与周期

元素周期表有长周期表和短周期表多种形式,通常使用的是长周期表,在长周期表中将元素划分为七个周期。

第一周期只有 H 和 He 两元素,电子分布在第一能级组仅有的一个 1s 轨道上,最多只能容纳 2 个电子,形成特短周期。

第二周期元素:从原子序数为 3 的 Li 到原子序数为 10 的 Ne,增加的电子依次分布在第二能级组的 2s 和 2p 轨道上。外层电子分布从 $2s^1$ 的 Li 依次分布到 $2s^2 2p^6$ 的 Ne,由于第二能级组只能填充 8 个电子,所以第二周期共有 8 种元素,形成短周期。

第三周期也只有 8 个元素,增加的电子依次分布在第三能级组 3s3p 轨道上。外层电子分布从 $3s^1$ 的 Na 到 $3s^2 3p^6$ 的 Ar,第三能级组也只能填充 8 个电子,仍属短周期。

第四周期元素:从原子序数为 19 的 K 到原子序数为 36 的 Kr,增加的电子分布在第四能级组 4s3d4p 轨道上,外层电子分布依次由 $4s^1$ 的 K 到 $4s^2 3d^{10} 4p^6$ 的 Kr,共 18 种元素,属长周期。

第五周期元素:从原子序数为 37 的 Rb 到原子序数为 54 的 Xe,增加的电子分布在第五能级组 5s4d5p 轨道上,外层电子分布依次由 $5s^1$ 的 Rb 到 $5s^2 4d^{10} 5p^6$ 的 Xe,共 18 种元素。

第六周期元素:从原子序数为 55 的 Cs 到原子序数为 86 的 Rn,增加的电子依次分布在第六能级组 6s4f5d6p 轨道上,外层电子分布依次由 $6s^1$ 的 Cs 到 $6s^2 4f^{14} 5d^{10} 6p^6$ 的 Rn,共 32 种元素,属于特长周期。

第七周期元素：从原子序数为 87 的 Fr 开始，新增加的电子分布在第七能级组 7s5f6d7p 上，由于该周期只发现 28 个元素，少于第七能级组填充电子的最大容量（32），因而是不完全周期。

据科学家预测，元素周期表可能存在的上限是第八周期，大约在 138 号元素终止。截至 2011 年，元素周期表已确定有 114 个元素，112 号元素符号为 Cn，中文名为"鎶"，114 号元素 Fl，中文名为"鈇"，116 号元素 Lv，中文名为"鉝"，暂缺 113 号与 115 号。另据报道，2010 年俄、美科学家已发现 117 号元素，2012 年再次成功合成 117 号元素。

由以上分析可知，各周期元素的原子，随着核电荷数的递增，电子将依次填入各相应能级组的轨道内。周期序数等于本周期最高能级组的序数，也等于本周期元素原子的最大电子层数或等于元素原子占有电子的原子轨道的最大主量子数；各周期所含元素的数目与本周期最外能级组所有轨道能容纳的电子数相等。因此，周期的本质是按能级组的不同对元素进行的分类。能级组与周期的关系见表 1-3。

表 1-3　周期与能级组的对应关系

周　　　期	原 子 轨 道	能级组序数	能级组轨道总数	能级组可容纳的电子总数	周期内元素数	电子层数
1（特短周期）	1s	1	1	2	2	1
2（短周期）	2s～2p	2	1＋3＝4	8	8	2
3（短周期）	3s～3p	3	1＋3＝4	8	8	3
4（长周期）	4s～3d～4p	4	1＋5＋3＝9	18	18	4
5（长周期）	5s～4d～5p	5	1＋5＋3＝9	18	18	5
6（特长周期）	6s～4f～5d～6p	6	1＋7＋5＋3＝16	32	32	6
7（未完成周期）	7s～5f～6d～7p	7	1＋7＋5＋3＝16	32	未完成	7

2. 原子的电子层结构与族

周期表中的元素共有 18 个列，划分成 16 个族：7 个主族，7 个副族，一个第Ⅷ族和一个第 0 族。族的序号使用大写的罗马数字，主族用 A 表示，副族用 B 表示。

周期表中同一族元素的电子层数虽然不同，但它们的最外层电子构型（即最外层电子层结构）相同。凡最后一个电子填充在 s 亚层或 p 亚层的元素称为主族元素。主族元素价电子数等于其族数。价电子是指原子参加化学反应时能够用于成键的电子，对主族元素来说是指最外层电子。例如元素硫，核外电子排布是 $[Ne]3s^2 3p^4$，最后一个电子填入 3p 亚层，价电子构型是 $3s^2 3p^4$，所以硫是第三周期第 6 主族的元素，或者说硫是ⅥA 族元素。

凡最后一个电子填充在 $(n-1)d$ 亚层或 $(n-2)f$ 亚层的元素称为副族元素。副族元素的价电子是指最外层的 s 电子和次外层的 d 电子。ⅢB～ⅦB 族元素价电子数等于其族数。例如元素 Cr，核外电子排布是 $[Ar]3d^5 4s^1$，价电子构型是 $3d^5 4s^1$，所以铬是第四周期第 6 副族的元素，或者说铬是ⅥB 族元素。ⅠB 和ⅡB 族元素由于 $(n-1)d$ 亚层已填满电子，所以族数等于最外层电子数。

第Ⅷ族元素有三个列，其价电子构型是 $(n-1)d^{6～10}s^{0,1,2}$，价电子数是 8～10 个。

3. 原子的电子层结构与元素的分区

元素除了按周期和族分类之外，还可以根据原子的价电子构型把周期表分为五个区（见图 1-10）。

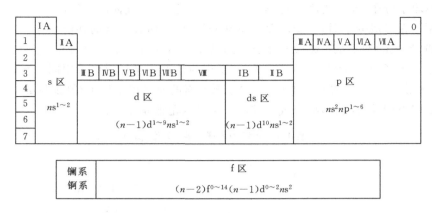

图 1-10　周期表中元素的分区

s 区元素：最后一个电子填充在 ns 原子轨道上的元素称为 s 区元素，包括 ⅠA 和 ⅡA 族元素，其结构特征是：价电子层构型为 $ns^{1\sim2}$。容易失去 1～2 个电子形成 +1 或 +2 价的离子，是活泼金属元素。

p 区元素：最后一个电子填充在 np 原子轨道上的元素称为 p 区元素。包括 ⅢA～ⅦA 族和 0 族元素，其结构特征是：价电子层构型为 $ns^2np^{1\sim6}$。

d 区元素：最后一个电子基本都填充在 $(n-1)$d 轨道上（有个别例外），位于长式周期表的中部，包括 ⅢB～ⅦB 族和Ⅷ族的元素，其结构特征是：价电子层构型为 $(n-1)d^{1\sim9}ns^{1\sim2}$。这些元素都是金属元素，有未充满的 d 轨道和多种氧化数。

ds 区元素：包括 ⅠB 和 ⅡB 族的元素，其结构特征是：价电子层构型为 $(n-1)d^{10}ns^{1\sim2}$。d 区元素和 ds 区元素通称为过渡元素。

f 区元素：最后一个电子基本都填充在 $(n-2)$f 轨道上，所以也称为内过渡元素，包括镧系和锕系元素，其结构特征是：价电子层构型为 $(n-2)f^{0\sim14}(n-1)d^{0\sim2}ns^2$。

1.1.6　元素性质与原子结构的关系

由于原子的电子层结构的周期性，与电子层结构有关的元素的基本性质如原子半径、电离能、电子亲和能、电负性等，也呈现明显的周期性变化。

1. 原子半径

原子的大小可以用"原子半径"来描述。通常人们所说的原子半径并非单个原子的真实半径，而是指原子在形成化学键或相互接触时，一个原子与另一个最邻近的同种原子核间距的一半。根据原子与原子间的作用力不同，原子半径一般分为三种：共价半径、金属半径和范德华半径。

同种元素的两个原子以共价单键相结合时，其核间距的一半称为原子的共价半径，如氢分子中两原子的核间距是 198 pm，则氢原子的共价半径为 99 pm。显然，同一元素的两个原子以共价单键、双键或三键连接时，共价半径也不同。

金属晶体中，两个邻近的金属原子的核间距的一半称为金属半径，例如，金属钠晶体中钠原子之间的核间距为 372 pm，所以钠的金属半径为 186 pm。

两个相同种类的原子，如果不是以化学键相结合，而是以范德华力相互作用，则两个原子核间最短距离的一半称为范德华半径。例如氖（Ne）的范德华半径为 160 pm。由于稀有气体只能形成单原子分子,原子之间没有形成化学键,因此,稀有气体的半径都是范德华半径。

由于原子在形成分子时,电子层总是有部分的重迭,所以元素的共价半径比它的金属半径要小。例如,Na 在形成气态双原子分子时的共价半径为 154 pm,小于其金属半径 186 pm。在这三种原子半径中,范德华半径是最大的,所以应用原子半径时应采用同一套数据。

表 1-4 列出了各元素的原子半径,其中金属元素的原子用金属半径(配位数为 12),非金属元素的原子用单键共价半径,稀有气体的原子半径为范德华半径。

表 1-4　元素的原子半径(单位:pm)

I A		II A	III B	IV B	V B	VI B	VII B		VIII		I B	II B	III A	IV A	V A	VI A	VII A	0
H																		He
37																		122
Li		Be											B	C	N	O	F	Ne
152		113											86	77	70	66	64	160
Na		Mg											Al	Si	P	S	Cl	Ar
186		160											143	118	108	106	99	191
K		Ca	Sc	Ti	V	Cr	Mn	Fe	Co	Ni	Cu	Zn	Ga	Ge	As	Se	Br	Kr
232		197	162	147	134	128	127	126	125	124	128	134	135	122	125	116	114	198
Rb		Sr	Y	Zr	Nb	Mo	Tc	Ru	Rh	Pd	Ag	Cd	In	Sn	Sb	Te	I	Xe
248		215	180	160	146	139	136	134	134	137	144	149	167	151	145	142	133	217
Cs		Ba	La	Hf	Ta	W	Re	Os	Ir	Pt	Au	Hg	Tl	Pb	Bi	Po	At	Rn
265		217	183	159	146	139	137	135	136	136	144	151	170	175	155	164		

La	Ce	Pr	Nd	Pm	Sm	Eu	Gd	Tb	Dy	Ho	Er	Tm	Yb	Lu
183	182	182	181	183	180	208	180	177	176	176	176	176	194	174

原子半径的大小主要取决于原子的有效核电荷和核外电子的层数。图 1-11 给出了原子半径的周期性变化情况。

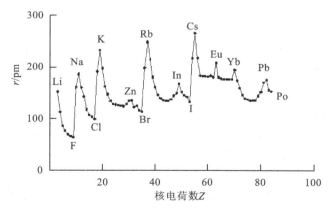

图 1-11　原子半径的周期性变化

在短周期中,从左到右随着原子序数的增加,核电荷数增加,半径逐渐缩小。但最后到稀有气体时,原子半径突然变大,这是因为稀有气体的原子半径不是共价半径,而是范德华半径。

在长周期中,从左向右,主族元素原子半径逐渐缩小;d 区过渡元素,自左向右,由于新的电子填入了次外层的$(n-1)$d 轨道上,对核的屏蔽作用较大,有效核电荷增加较少,核对外层电子的吸引力增加不多,因此,d 区过渡元素从左向右,原子半径只是略有减小,缩小程度不大;到了 ds 区元素,由于次外层的$(n-1)$d 轨道已经全充满,d 电子对核电荷的抵消作用更大,超过了核电荷数增加的影响,造成原子半径反而有所增大。同短周期一样,末尾稀有气体的原子半径又突然增大。

对于镧系和锕系两个内过渡元素来说,由于电子最后主要填充在$(n-2)$f 轨道中,原子半径的变化更小。镧系和锕系元素随着原子序数的增加,原子半径在总趋势上有所缩小的现象称为镧系收缩。从镧到镥,镧系元素的原子半径总共减小了 11 pm;镧系收缩结果,使镧系以后的铪(Hf)、钽(Ta)、钨(W)等原子半径与第五周期相应元素锆(Zr)、铌(Nb)、钼(Mo)等的原子半径非常相似,导致了 Zr 和 Hf、Nb 和 Ta、Mo 和 W 等在性质上极为相似,难以分离。

同一主族,从上到下,由于同一族中电子层构型相同,有效核电荷相差不大,因而电子层增加的因素占主导地位,原子半径逐渐增加。副族元素的原子半径,从第四周期过渡到第五周期是增大的,但第五周期和第六周期同一族中的原子半径很相近。

2. 电离能 I

基态的气态原子失去一个电子形成气态一价正离子时所需要的能量称为元素的第一电离能(I_1)。元素的气态一价正离子失去一个电子形成气态二价正离子时所需能量称为元素的第二电离能(I_2)。第三、四电离能依此类推。随着原子逐步失去电子所形成的离子正电荷越来越大,继续失去电子变得越来越困难,所以同一元素原子的各级电离能依次增大,即 $I_1 < I_2 < I_3 < \cdots$。例如:

$$Mg(g) - e^- \Longrightarrow Mg^+(g), \qquad I_1 = 738 \text{ kJ} \cdot \text{mol}^{-1}$$
$$Mg^+(g) - e^- \Longrightarrow Mg^{2+}(g), \qquad I_2 = 1451 \text{ kJ} \cdot \text{mol}^{-1}$$

由于原子失去电子必须消耗能量,克服核对外层电子的引力,所以电离能总为正值,SI 单位为 J·mol^{-1},常用 kJ·mol^{-1}。通常讲的电离能,若不注明,指的是第一电离能。表 1-5 列出了各元素原子的第一电离能。

表 1-5　元素原子的第一电离能(单位:kJ·mol^{-1})

I A													III A	IV A	V A	VI A	VII A	0
H 1312	II A																	He 2372
Li 520	Be 899												B 801	C 1086	N 1402	O 1314	F 1681	Ne 2081
Na 496	Mg 738	III B	IV B	V B	VI B	VII B		VIII		I B	II B		Al 578	Si 786	P 1012	S 1000	Cl 1251	Ar 1521
K 419	Ca 590	Sc 631	Ti 658	V 650	Cr 653	Mn 717	Fe 759	Co 758	Ni 737	Cu 745	Zn 906		Ga 579	Ge 762	As 947	Se 941	Br 1140	Kr 1351
Rb 403	Sr 549	Y 616	Zr 660	Nb 664	Mo 685	Tc 702	Ru 711	Rh 720	Pd 805	Ag 731	Cd 868		In 558	Sn 709	Sb 834	Te 869	I 1008	Xe 1170
Cs 376	Ba 503	La 538	Hf 680	Ta 761	W 770	Re 760	Os 840	Ir 880	Pt 870	Au 890	Hg 1007		Tl 589	Pb 716	Bi 703	Po 812	At 912	Rn 1037

La 538	Ce 528	Pr 523	Nd 530	Pm 535	Sm 543	Eu 547	Gd 592	Tb 564	Dy 572	Ho 581	Er 589	Tm 596	Yb 603	Lu 524

　　电离能可以定量地比较气态原子失去电子的难易,电离能越大,原子越难失去电子,其金属性越弱;反之金属性越强。所以电离能可以用于比较元素的金属性强弱。

　　电离能的大小,取决于核电荷、原子半径和原子的电子层结构。一般的来说,电子层数相同(同一周期)的元素,核电荷越多,半径越小,原子核对外层电子的吸引力越大,就不易失去电子,因此,它有较大的电离能。如果电子层数不同,最外层电子数相同(同一族)的元素,半径越大(电子层数越多),核对外层电子的吸引力越小,则越易失去电子,电离能越小。图 1-12 给出了第一电离能随原子序数的变化规律。

　　从图 1-12 中可见:每个周期的第一个元素(氢和碱金属)第一电离能最小,最后一个元素(稀有气体)的第一电离能最大;同一周期的主族元素从左到右第一电离能并非单调地增大。例如,第二周期 B 的第一电离能比 Be 的小,出现一个锯齿形变化。这是因为 B 的最后一个电子填充在能量较高的 p 轨道上,易于失去一个电子形成 $2s^2 2p^0$ 的稳定结构;而 Be 的电子层结构是较稳定的 $2s^2 2p^0$,失去电子较困难,因而电离能相对较大,随后 O 的第一电离能比 N 的小,又出现一个锯齿形。这是由于 N 离去的电子是相对稳定的半充满 np^3 能级,需要提供额外能量;而 O 的最后一个电子是填充在已有一个 p 电子的 p 轨道上,由于成对电子间的排斥作用,使这个电子易于失去,形成半充满的 p^3 稳定结构。所以氧的第一电离能较小。同样的原因,第三周期 Al 和 Mg、S 和 P 之间也出现相应的锯齿形变化。同一主族元素由上到下,由于原子半径增大,核对外层电子吸引减弱,电离能减小。

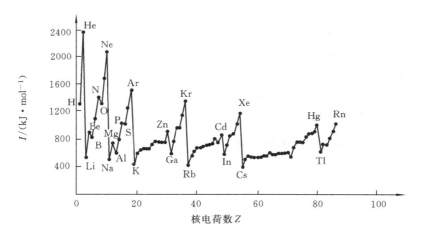

图 1-12　原子第一电离能的周期性变化

　　副族元素的电离能变化幅度较小且不规则。这是由于它们新增加的电子填入 $(n-1)d$ 轨道以及 ns 与 $(n-1)d$ 轨道的能量比较接近。副族元素中,除ⅢB 外,其他副族元素从上到下,金属性有逐渐减小的趋势。

　　根据电离能数据可以解释元素的常见化合价:若 $I_2 \gg I_1$,元素通常呈 +1 价;若 $I_3 \gg I_2$,常呈 +2 价;若 $I_4 \gg I_3$,常呈 +3 价……。如钠元素,$I_1 = 496$ kJ·mol^{-1},$I_2 = 4562$ kJ·mol^{-1},$I_2 \gg I_1$,所以,钠常为 +1 价。任何元素第三电离能之后的各级电离能数值都较大,即高于 +3 价的独立离子很少存在。

　　必须指出的是,有些原子失电子次序与核外电子填充次序不相吻合。例如,第一过渡系列元素,电子先填充 4s 轨道,后填充 3d 轨道,而在失去电子时是先电离 4s 电子,后电离 3d 电子。如 Fe 的电子构型是 [Ar]3d^{6}4s^2,而 Fe^{2+} 的电子构型是 [Ar]3d^{6}4s^0。

3. 电子亲和能 E_{ea}

原子结合电子的难易程度,可用电子亲和能来量度。基态的气态原子获得一个电子,形成为负一价气态离子时所放出的能量,叫做该元素的第一电子亲和能,常用 E_{ea} 表示。例如:

$$F(g)+e \longrightarrow F^-(g)+E_{ea}, \qquad E_{ea}=322 \text{ kJ} \cdot \text{mol}^{-1}$$

它表示 1 mol 气态氟原子得到 1 mol 电子转变为 1 mol 气态一价负离子时,放出的能量为 322 kJ。表 1-6 给出了元素的第一电子亲和能[①]。

表 1-6　元素的第一电子亲和能 E_{ea}(单位:$\text{kJ} \cdot \text{mol}^{-1}$)

I A																	0
H 72.6	IIA											IIIA	IVA	VA	VIA	VIIA	He
Li 60	Be											B 27	C 122	N	O 141	F 328	Ne
Na 53	Mg	IIIB	IVB	VB	VIB	VIIB	VIII			IB	IIB	Al 43	Si 134	P 72.0	S 200	Cl 349	Ar
K 48	Ca 1.78	Sc 18.1	Ti 7.6	V 51	Cr 64.3	Mn	Fe 15	Co 64	Ni 112	Cu 119	Zn	Ga 29	Ge 119	As 78	Se 195	Br 325	Kr
Rb 47	Sr 4.6	Y 29.6	Zr 41.1	Nb 86.2	Mo 72	Tc (53)	Ru (101)	Rh 110	Pd 54	Ag 126	Cd	In 29	Sn 107	Sb 101	Te 190	I 295	Xe
Cs 45.5	Ba (14)	La (48.2)	Hf	Ta 31	W 79	Re (14)	Os (106)	Ir 151	Pt 205	Au 223	Hg	Tl 19	Pb 35	Bi 91	Po (183)	At (270)	Rn

表中未加括号的数值为实验值,加括号的数值为理论值。正值表示放出能量。

大多数元素的第一电子亲和能为正值,而第二电子亲和能为负值,这是由于负离子带负电排斥外来电子,结合电子必须吸收能量以克服电子间的斥力。元素的电子亲和能越大,表示元素由气态原子得到电子生成负离子的倾向越大,该元素的非金属性越强。影响电子亲和能大小的因素与电离能相同,即原子半径、有效核电荷和原子的电子构型。元素的电子亲和能在周期表中的变化规律与电离能的基本相同。元素具有高电离能,则它倾向具有高的电子亲和能,但是第二周期元素的电子亲和能一般比第三周期元素的电子亲和能小,这主要是因为第二周期非金属元素的原子半径较小,电子间的斥力较大,增加一个电子形成负离子时放出的能量减小,而相应第三周期元素的原子体积相对较大,电子间的斥力较小,接收一个电子,形成负离子时放出的能量相对较大。

4. 元素的电负性

电离能和电子亲和能分别从一个侧面反映了原子失去和得到电子的难易程度。为了比较分子中原子争夺电子的能力,1932 年,鲍林(L. Pauling)引入了元素电负性的概念,他把元素的原子在化合物分子中吸引成键电子的能力定义为电负性,电负性不是一个孤立原子的性质,而是在周围原子影响下的分子中原子的性质。不同的学者从不同的角度考虑曾提出过多种电负性标度。鲍林电负性标度(χ_p)是常用的标度之一。他把 F 的电负性指定为 4.0(后又精确

---

① 习惯上元素的电子亲和能为正值,表示放出热量;亲和能为负值表示吸收热量,与热力学的规定正好相反。

为 3.98)，再根据热化学数据和分子的键能，计算出各元素的相对电负性。表 1-7 给出了元素的电负性值。

表 1-7　元素的电负性

ⅠA	ⅡA	ⅢB	ⅣB	ⅤB	ⅥB	ⅦB		Ⅷ		ⅠB	ⅡB	ⅢA	ⅣA	ⅤA	ⅥA	ⅦA	0
H 2.2																	He
Li 0.98	Be 1.57											B 2.04	C 2.55	N 3.04	O 3.44	F 3.98	Ne
Na 0.93	Mg 1.31											Al 1.61	Si 1.91	P 2.19	S 2.58	Cl 3.16	Ar
K 0.82	Ca 1.0	Sc 1.36	Ti 1.54	V 1.63	Cr 1.66	Mn 1.55	Fe 1.83	Co 1.88	Ni 1.91	Cu 1.9	Zn 1.65	Ga 1.81	Ge 2.01	As 2.18	Se 2.55	Br 2.96	Kr
Rb 0.82	Sr 0.95	Y 1.22	Zr 1.33	Nb 1.6	Mo 2.16	Tc 2.10	Ru 2.2	Rh 2.28	Pd 2.2	Ag 1.93	Cd 1.69	In 1.78	Sn 1.96	Sb 2.05	Te 2.1	I 2.66	Xe
Cs 0.79	Ba 0.89	La~Lu 1.0~1.25	Hf 1.3	Ta 1.5	W 1.7	Re 1.9	Os 2.2	Ir 2.2	Pt 2.2	Au 2.4	Hg 1.9	Tl 1.8	Pb 1.8	Bi 1.9	Po 2.0	At 2.2	Rn
Fr 0.7	Ra 0.9	Ac 1.1	Th 1.3	Pa 1.4	U 1.7	Np~No 1.3											

周期表中，同族元素自上而下电负性减小，元素的金属性减弱；同一周期元素自左向右电负性增大，元素的非金属性增强。在鲍林电负性标度中，金属元素的电负性一般在 2.0 以下，非金属元素的电负性一般在 2.0 以上。电负性差别较大的元素之间互相化合生成离子键的倾向较强。

例如，第一主族的碱金属、第二主族的碱土金属与第六主族的氧族元素、第七主族的卤素元素化合，一般形成离子型化合物，如 NaCl、MgO 等。电负性相同或相近的非金属元素一般形成共价键分子，如 H_2、Cl_2、CH_4 等。电负性相同或相近的金属元素一般以金属键结合，形成金属间化合物或合金。

除了鲍林的电负性标度外，密立根(R. S. Mulliken)在 1934 年也提出了一种电负性的计算方法。1957 年阿莱-罗周(Allred-Rochow)也提出了一种电负性的计算公式。这三套电负性数据都反映了原子在化合物中吸引电子的能力，虽然其数值不相同，但在电负性系列中，元素的相对位置大致相同。目前常用的是鲍林的电负性数据。

1.2　共价键与分子结构

到目前为止已经发现了 114 种元素，正是这些元素的原子构成了丰富多彩的物质世界。人们通常遇到的物质，大多数是以原子之间相互结合形成的分子形式存在。分子是构成物质的基本单位。物质的许多性质都是由分子的性质所决定的。分子的性质不但与分子的化学组成有关，还与分子的结构有关。分子的结构通常包括两方面的内容：一是分子中两个或多个原子间的强烈相互作用力，即化学键；二是分子中的原子在空间的排列，即空间构型。化学键主要有四种类型：离子键、共价键、配位键和金属键。不同的化学键形成不同类型的化合物，化学键的能量一般在几十到几百千焦每摩尔。

1.2.1　价键理论

1916 年,美国化学家路易斯(G. N. Lewis)提出了共价键理论。他认为原子结合成分子时,原子间可以共用一对或几对电子,以形成类似于稀有气体的稳定结构。分子中原子间通过电子的共用而形成的化学键,称为共价键。这种共价键理论成功地解释了电负性相同或相近的原子是如何组成分子的,但没有说明共价键的本质,没有解释为什么电子成对就会相互吸引,也没有指明电子成对和共用的条件。直到 1927 年,德国化学家海特勒(W. Heitler)和伦敦(F. London)首先用量子力学处理 H_2 分子结构,初步揭示了共价键的本质,在此基础上建立了价键理论。

1. 共价键的形成

海特勒和伦敦用量子力学处理氢原子形成氢分子时,得到了 H_2 分子的能量 E 与核间距离 R 的关系曲线(见图 1-13):

当各有一个未成对电子的两个氢原子互相靠近时,如果两个氢原子的未成对电子自旋方向相反,随着两个 H 原子核间距 R 的减少,A原子的电子不仅受到 A 原子核的吸引,而且也要受到 B 原子核的吸引;同理,B 原子的电子也同时受到自己的原子核和 A 原子核的吸引。使两核间出现电子密度增大的区域。形象地说,在两原子核之间构成了一个负电荷的"桥",增强了核间吸引力,系统能量大大降低,当核间距 R 达到 76 pm 时,系统的能量达到最低,此

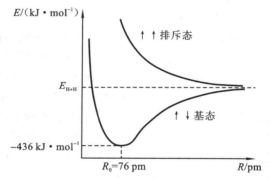

图 1-13　氢分子能量与核间距关系

时的能量低于单个氢原子的能量,两个氢原子间形成了了稳定的共价键,这种状态称为氢分子的基态(见图1-13)。但若核间距继续缩小,两核间的排斥力迅速增大,系统能量急剧上升;$R_0 = 76$ pm 就是 H—H 键的键长。436 kJ·mol^{-1} 是氢分子的离解能,也是氢分子的键能。

如果两个氢原子的未成对电子自旋方向相同且相互接近,则原子核间因电子互相排斥,两核间电子出现的概率密度大大降低,甚至电子出现的概率为零,从而核间排斥力大大增强,系统的能量曲线迅速上升,其能量高于单个氢原子的能量,不能形成稳定的分子,这种状态称为氢分子的排斥态(见图 1-13)。用量子力学原理处理氢分子的结果表明,在形成氢分子的过程中,两个氢原子的 1s 轨道发生互相间的重叠,使得两个氢原子核间的电子云密度有所增加,在两核间出现了一个概率密度较大的区域,人们把这种现象形象地称为原子轨道的重叠。原子轨道的重叠的结果是,一方面降低了两个核间的正电排斥,另一方面增大了两个核对电子云密度大的区域的吸引,这都有利于系统势能的降低,有利于形成稳定的化学键。

由上所述,共价键的本质是电性的,参加成键的两个原子都有未成对电子而且自旋方向相反,使相应的原子轨道重叠,电子云在两核间密度增大从而使系统能量降低。

2. 价键理论的基本要点

将 H_2 分子的研究结果推广到其他双原子分子和多原子分子,就形成了价键理论,其基本要点如下:

(1)成键的两个原子必须具有自旋方向相反的未成对电子。只有满足条件的两个原子相互靠近时,才能形成稳定的共价键。若成键原子没有未成对电子则不能形成共价键,如稀有气

体原子具有 ns^2np^6 的电子层结构,无未成对电子,故只能以单原子分子存在。

（2）形成共价键时,必须满足原子轨道最大重叠的条件。这样才能使电子对在两原子核之间出现的概率最大,原子轨道重叠越多,能量越低,形成的共价键越牢固。

3. 共价键的特征

1）共价键的饱和性

原子中一个未成对电子只能与另一个未成对电子配对成键,而一个原子的未成对电子数是一定的,所以形成共价单键的数目也是一定的,这就是共价键的饱和性。例如,氢原子只有一个未成对电子,它只能与另一个氢原子的未成对电子形成一个共价单键,不能再与第三个氢原子形成化学键。若参加成键的原子有两个或两个以上的自旋方向相反的未成对电子,则可以形成两个或两个以上的共价键。如氮原子的价层电子构型为 $2s^2 2p^3$,有三个未成对电子,当与另一个氮原子的三个未成对电子两两自旋方向相反时,可以相互配对形成共价三键并结合成氮分子。

2）共价键的方向性

不同类型的原子轨道,其空间伸展方向不同（s 轨道除外）,因此,在形成共价键时,除 s 轨道与 s 轨道成键没有方向限制外,p、d、f 原子轨道都只有沿一定方向才能实现最大重叠,形成稳定的共价键,所以,共价键必然具有方向性,同时也决定了分子的空间构型。

例如,Cl 原子的电子构型为 $3s^2 3p_x^1 3p_y^2 3p_z^2$,形成 HCl 分子时,H 原子的 1s 轨道与 Cl 原子的 $3p_x$ 轨道重叠成键。图 1-14 表示出两个成键轨道几种可能的重叠方式。其中图 1-14（c）为异号重叠,是无效重叠,不能形成共价键;图 1-14（d）为同号重叠与异号重叠相互抵消,没有成键作用;图 1-14（b）虽是同号重叠,但与图 1-14（a）比较,在相同核间距时,图 1-14（a）的重叠程度最大。所以 H 原子的 1s 轨道与 Cl 原子的 $3p_x$ 轨道只能沿着 x 轴方向重叠成键。

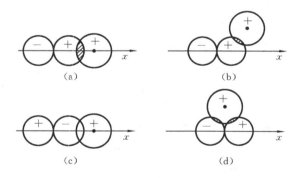

图 1-14　s 轨道与 p_x 轨道不同方向重叠示意图

由以上讨论可知,为了满足原子轨道最大重叠原理,一个原子与周围原子形成的共价键具有一定的方向,或者说共价键之间具有一定的角度（称为键角）,这就是共价键的方向性。

4. 共价键的类型

根据最大重叠原理,两原子结合成键时,总是尽可能沿着轨道重叠最大的方向成键。如果在空间互相垂直的三个 p 轨道都同时重叠成键时,三个 p 轨道不可能按同一方式达到最大重叠,因此,按照原子轨道重叠部分所具有的对称性把共价键分为 σ 键和 π 键。

1）σ 键

原子轨道沿核间连线方向以"头碰头"的方式重叠,重叠部分对键轴（两原子核间连线）呈圆柱形对称,以这种重叠方式形成的共价键称为 σ 键。这种键的特点是重叠程度大,键牢固,

s-s轨道重叠(如 H_2 分子中的键),s-p_x 轨道重叠(如 HCl 分子中的键),p_x-p_x 轨道重叠(如 Cl_2 分子中的键)都是 σ 键(见图 1-15(a))。

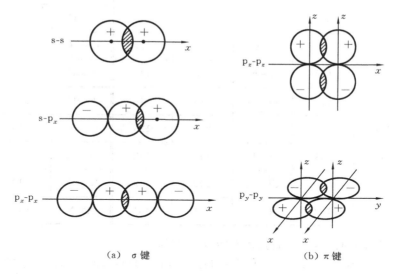

（a）σ 键　　　　　　　　（b）π 键

图 1-15　σ 键和 π 键形成示意图

2)π 键

成键原子的原子轨道若沿原子核的连线方向以"肩并肩"的方式重叠而形成的共价键,称为 π 键,其特征是原子轨道的重叠部分关于过键轴的平面呈镜面反对称,如图 1-15(b)所示。π 键的轨道重叠程度小于 σ 键,成键电子能量较高,键的活动性大,不稳定,是化学反应的积极参加者。例如,以 x 轴为键轴时,p_z-p_z 及 p_y-p_y 轨道重叠形成 π 键。

若成键原子只有一个未成对电子,在形成分子时,一般只形成 σ 键;若成键原子有多个未成对电子,则两原子间只能形成一个 σ 键,其余为 π 键。因此,共价单键一般是 σ 键,在共价双键和叁键中,除 σ 键外,还有 π 键。例如,N_2 的结构中就有一个 σ 键和两个 π 键。N 原子的电子构型为 $1s^2\,2s^2\,2p_x^1\,2p_y^1\,2p_z^1$,两个 N 原子沿 x 轴方向相互靠近时,两个原子的 p_x 轨道以"头碰头"的方式重叠形成 σ 键,两个 p_y 轨道以"肩并肩"的方式重叠形成 π 键,还有两个 p_z 轨道也以"肩并肩"的方式重叠形成与前一个 π 键相垂直的 π 键,如图 1-16 所示。

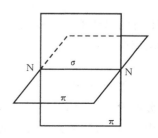

图 1-16　N_2 化学键示意图

1.2.2　键参数

用来描述价键性质的某些物理量,如键能、键长、键角、键的偶极矩等,称为键参数。键参数可以定性或半定量地解释分子的某些性质。键参数可通过实验测定,也可理论计算得到。

1. 键能

共价键的强弱可以用键断裂时所需能量的大小来衡量。在 298.15 K 和 100 kPa 下,将 1 mol基态的气态双原子分子 AB 变为气态原子 A、B 所需要的能量,称为 AB 分子的离解能,常用 $D(A—B)$ 表示,单位为 kJ·mol^{-1}。

表 1-8　部分共价键的键能与键长（键能/(kJ·mol^{-1}),键长/pm)

键种类	键 能	键 长	键种类	键 能	键 长	键种类	键 能	键 长
H—H	436	74	C—F	489	138	C—C	348	154
H—F	567	92	C—Cl	339	177	C=C	614	134
H—Cl	431	128	C—N	305	147	C≡C	839	120
H—Br	366	141	O—O	146	148	C—O	358	143
H—I	298	160	O—N	201	136	C=O	745	122
H—S	368	134	F—F	159	142	N—N	163	146
H—O	463	97	Cl—Cl	242	199	N=N	418	125
H—C	413	108	N—H	391	101	N≡N	945	110

对于双原子分子而言,离解能就是键能(E),例如:

$$H_2(g) \longrightarrow 2H(g), \quad D(H-H) = E(H-H) = 436.0 \text{ kJ·mol}^{-1}$$

$$N_2(g) \longrightarrow 2N(g), \quad D(N-N) = E(N-N) = 941.7 \text{ kJ·mol}^{-1}$$

对于多原子分子而言,键能和离解能并不完全等同,例如 CH_4 分子中有四个等价的 C—H 键,但每个键的离解能是不一样的:

$$CH_4(g) \longrightarrow CH_3(g) + H(g), \quad D_1 = 435.34 \text{ kJ·mol}^{-1}$$

$$CH_3(g) \longrightarrow CH(g) + H(g), \quad D_2 = 460.46 \text{ kJ·mol}^{-1}$$

$$CH_2(g) \longrightarrow CH(g) + H(g), \quad D_3 = 426.97 \text{ kJ·mol}^{-1}$$

$$CH(g) \longrightarrow C(g) + H(g), \quad D_4 = 339.07 \text{ kJ·mol}^{-1}$$

CH_4 总的离解能为 1661.84 kJ·mol^{-1}。因此,在 CH_4 分子中 C—H 键的键能是四个等价键的平均离解能:

$$E(C-H) = (D_1 + D_2 + D_3 + D_4)/4 = 415.46 \text{ kJ·mol}^{-1}$$

一般地,键能愈大,表示化学键愈牢固,由该键所构成的分子也就愈稳定。表 1-8 给出了部分共价键的键能和键长的数据。由于共价键所处的环境不同,同样的键在不同的多原子分子中,键能的数据会稍有不同。

2. 键长

分子中成键原子核间的平均距离称为键长(l)或核间距(d)。理论上可以用量子力学的方法得到键长的数据,但在实际中复杂分子的键长数据往往是通过分子光谱或 X 射线衍射的方法测量得到的。通常两个确定的原子之间,形成的共价键键长越短,键就越强,键能越大。

相同的成键原子之间可能会形成单键、双键和叁键,这些键并不相等。如碳原子之间可以形成单键、双键和叁键,键长依次缩短,键的强度逐渐增大。

3. 键角

在分子中,两个相邻化学键之间的夹角称为键角,键角的数据可以通过分子光谱和 X 射线衍射法得到。键角和键长都是表征分子几何构型的重要因素。知道分子中所有键的键长和键角数据,就可以推断出分子的空间形状。一些共价键的键长、键角和分子的几何构型列于表 1-9。

表 1-9　一些分子的键长、键角和几何构型

分 子 式	键长/pm	键角/(°)	分子几何构型	
H_2S	134	93.3	V 形	
CO_2	116	180	直线形	
H_2O	97	104.5	V 形	
NH_3	101	107.3	三角锥形	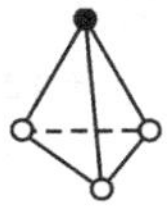
CH_4	109	109.5	正四面体形	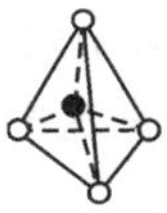

4. 键的极性

共价键的极性是指某共价键在静态下未受外来电场或试剂作用时表现出来的一种属性，主要与成键原子吸引电子的能力（电负性）有关。同核双原子分子（如 H_2、O_2、N_2 及卤素分子）中，由于成键原子的电负性相同，它们对成键电子对的吸引力相同，共价键的正、负电荷重心重合，这种共价键叫非极性共价键。当由不同元素的原子（如 HCl 等）形成化学键时，由于成键原子的电负性不同，它们对共用电子对的吸引能力有差异，使共用电子对偏向电负性较大的原子，化学键的正、负电荷重心不重合，产生偶极，这种化学键称为极性共价键。成键原子的电负性差值越大，键的极性也就越大。对于简单的双原子分子，键的极性就是分子的极性。

键的极性大小可以用键的偶极矩（简称键矩）来衡量，将极性共价键中正、负电荷重心的电量（q）与正、负电荷重心间距离（d）的乘积定义为偶极矩（μ）：

$$\mu = q \cdot d \tag{1-22}$$

偶极矩是矢量，在化学上规定其方向由正到负（物理学中规定与此正好相反），偶极矩的单位是德拜（Debye），用符号 D 表示。表 1-10 给出了部分共价键的偶极矩。

表 1-10　部分化学键的偶极矩

键 种 类	键矩/D	电负性差值	键 种 类	键矩/D	电负性差值
H—C	0.4	0.4	C—Cl	1.5	0.5
C—C	0	0	C—Br	1.38	0.2
C—N	0.22	0.5	C—I	1.19	0

续表

键　种　类	键矩/D	电负性差值	键　种　类	键矩/D	电负性差值
C=N	0.9	0.5	H—O	1.5	1.24
C≡N	3.5	0.5	H—N	1.3	0.9
C—O	0.7	1.0	N—O	0.3	0.5
C=O	2.3	1.0	Cl—O	0.7	0.5
C—F	1.4	1.5	C=S	2.6	0

1.2.3　杂化轨道理论

价键理论阐明了共价键的形成过程和本质,解释了共价键的饱和性和方向性,但也遇到了一些困难。例如:

(1) Be 原子没有未成对电子,C 原子只有 2 个未成对电子,但 $BeCl_2$、CH_4 等分子都能稳定存在。

(2) H_2O 中理论键角为 90°,实测为 104°45′。

(3) CH_4 中键角为 109°28′,且有 4 个相同强度的 C—H 键。

为了解决这些矛盾,1931 年鲍林在价键理论的基础上,提出了杂化轨道理论,成功地解释了以上事实。

1. 杂化轨道理论基本要点

杂化轨道理论的基本要点如下:

(1) 在形成共价键的过程中,由于原子所处的环境发生变化,在其他原子作用下,可能会使参加成键的原子中,原已成对的电子激发到空轨道而形成未成对电子,激发所需能量可由成键时所放出的能量予以补偿。

(2) 原子中不同类型的、能量相近的 n 个原子轨道(如 s、p、d、……)可以"混合"起来重新组合成 n 个成键能力更强的新轨道。这个过程称为原子轨道的杂化,所形成的新轨道称为杂化轨道。

(3) 杂化前后,原子轨道数目不变,即有几个原子轨道参加杂化,就形成几个新的杂化轨道。如一个 s 轨道与三个 p 轨道组合成四个 sp^3 杂化轨道。

(4) 杂化轨道具有更强的方向性和成键能力。原子轨道杂化后,电子云密集于一端(见图 1-17),使其与其他原子成键时轨道重叠部分增大,形成的共价键更牢固。

杂化轨道一般只参与形成 σ 键,而 σ 键是构成分子骨架的键,因此,原子在形成分子时,所采用的杂化轨道类型对分子的立体构型起决定作用。

2. s-p 型杂化

根据参加杂化的原子轨道种类与数目的不同,可以组成不同类型的杂化轨道。

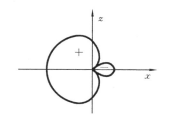

图 1-17　一个 sp 杂化轨道示意图

1)sp 杂化

原子的一个 ns 轨道和一个 np 轨道进行杂化,杂化后形成两个新的 sp 杂化轨道,每一个

杂化轨道都含有 $\frac{1}{2}$s 和 $\frac{1}{2}$p 轨道成分,两个 sp 杂化轨道的夹角为 180°,空间构型为直线形,sp 杂化轨道如图 1-18 所示。

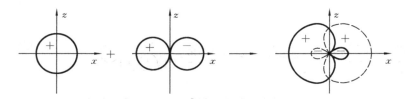

图 1-18　sp 杂化轨道

根据 sp 杂化可以解释直线型分子的形成过程和空间构型。例如:实验测定 $BeCl_2$ 分子是直线形分子,键角为 180°,两个 Be—Cl 键是完全等同的。用 sp 杂化能够说明 $BeCl_2$ 的形成过程和分子的空间构型。

Be 原子的价电子层结构为 $2s^2 2p^0$,没有未成对电子,但是当 Be 原子与两个 Cl 原子相互接近形成分子时,Be 原子的一个 2s 电子首先激发到空的 2p 轨道上,然后一个 s 轨道与一个 p 轨道杂化,形成两个 sp 杂化轨道,杂化过程如图 1-19 所示。Be 原子的两个 sp 杂化轨道分别与两个 Cl 原子的 3p 轨道沿键轴方向重叠而形成两个等同的 σ 键,$BeCl_2$ 分子呈直线形结构。

图 1-19　Be 的原子轨道杂化过程示意图

Zn、Cd、Hg 等原子的价电子层都是 ns^2 电子构型,常采用 sp 杂化形成 2 个 σ 键。如 $ZnCl_2$、$HgCl_2$、$CdCl_2$ 等都是直线形分子。

2)sp^2 杂化

一个 s 轨道和两个 p 轨道杂化可组成三个 sp^2 杂化轨道。每个 sp^2 杂化轨道含有 $\frac{1}{3}$s 轨道成分和 $\frac{2}{3}$p 轨道成分。杂化轨道间的夹角为 120°,三个 sp^2 杂化轨道呈平面三角形分布(见图 1-20)。因此,经 sp^2 杂化而形成的分子具有平面三角形的空间构型。

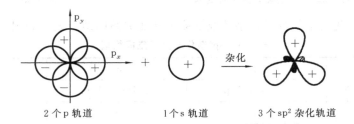

2 个 p 轨道　　　　　1 个 s 轨道　　　3 个 sp^2 杂化轨道

图 1-20　sp^2 杂化轨道

例如,BCl_3 分子的中心原子 B 的基态电子层结构为 $1s^2 2s^2 2p^1$,当形成 BCl_3 分子时,B 原子 2s 轨道的一个电子激发到空的 2p 轨道上,再进行一个 2s 轨道和两个 2p 轨道的杂化,形成三个等同的互为 120°夹角的 sp^2 杂化轨道。三个 Cl 的 3p 轨道与 B 的三个 sp^2 杂化轨道重叠形成 sp^2-p 的 σ 键,结果形成呈平面三角形构型的 BCl_3 分子,如图 1-21 所示。

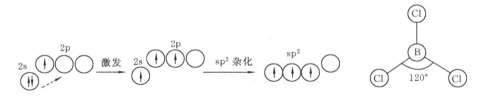

图 1-21　sp^2 杂化轨道形成过程及 BCl_3 分子的空间构型

乙烯分子中 C 原子也是采用 sp^2 杂化,每个 C 原子以两个 sp^2 杂化轨道与 H 原子的 1s 原子轨道重叠形成四个 C—H 键,各自的另一个 sp^2 杂化轨道相互重叠形成一个 C—C 单键,这些都是 σ 键。两个 C 原子未参加杂化的第三个 p 轨道上含有一个未成对电子,这两个 p 轨道在与三个 σ 键构成的平面(平面三角形构型)相垂直的方向上,以"肩并肩"的形式重叠,形成一个 π 键。碳酸根 CO_3^{2-} 的 C 原子及 NO_3^- 的 N 原子都是以 sp^2 杂化轨道与三个 O 原子结合的。

3)sp^3 杂化

一个 s 轨道和三个 p 轨道杂化形成四个 sp^3 杂化轨道。每个 sp^3 杂化轨道含有 $\frac{1}{4}$s 轨道成分和 $\frac{3}{4}$p 轨道成分。四个杂化轨道分别指向正四面体的四个顶点,轨道间的夹角均为 109°28′。

例如,在 CH_4 分子中,中心原子 C 的价电子层结构为 $2s^2 2p^2$。在形成 CH_4 分子的过程中,C 原子的 2s 轨道上的一个电子先被激发到空的 2p 轨道上,然后一个 2s 轨道和三个 2p 轨道杂化形成四个 sp^3 杂化轨道,每个杂化轨道上只有一个单电子(见图 1-22)。C 原子的四个 sp^3 杂化轨道分别与四个氢原子的 1s 轨道重叠形成四个(sp^3-s)σ 键。因此,CH_4 分子的空间构型为正四面体(见图 1-23)。

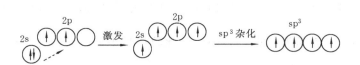

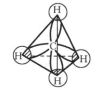

图 1-22　sp^3 杂化轨道形成过程　　　　**图 1-23　CH_4 分子的构型**

将 sp^n 型等性杂化轨道与分子构型及成键能力递变关系归纳于表 1-11 中。

表 1-11　sp^n 杂化与分子空间构型

杂化轨道类型	sp	sp^2	sp^3
参与杂化的原子轨道	1 个 s,1 个 p	1 个 s,2 个 p	1 个 s,3 个 p
杂化轨道的数目	2	3	4
杂化轨道的成分 $s=1/(1+n)$,$p=n/(1+n)$	$\frac{1}{2}$s、$\frac{1}{2}$p	$\frac{1}{3}$s、$\frac{2}{3}$p	$\frac{1}{4}$s、$\frac{3}{4}$p
杂化轨道间的夹角	180°	120°	109°28′

续表

杂化轨道类型	sp	sp^2	sp^3
空间构型	直线型	平面三角形	正四面体
成键能力	依次增强→		
实例	BeX_2、CO_2、$HgCl_2$	BX_3、CO_3^{2-}、C_2H_4	CH_4、CCl_4、$SiCl_4$

3. s-p-d 型杂化

s 轨道、p 轨道和 d 轨道共同参与的杂化称为 s-p-d 型杂化。这里只介绍两种常见类型 sp^3d 杂化和 sp^3d^2 杂化。

1）sp^3d 杂化

1 个 s 轨道、3 个 p 轨道和 1 个 d 轨道组合成 5 个 sp^3d 杂化轨道，在空间排列成三角双锥构型，杂化轨道间夹角分别为 90°和 120°。

PCl_5 分子的几何构型为三角双锥，P 原子的价层电子构型为 $3s^23p^3$，P 原子与 Cl 原子成键时，3s 轨道上的 1 个电子激发到空的 3d 轨道上，同时，1 个 s 轨道、3 个 p 轨道和 1 个 d 轨道杂化，形成 5 个 sp^3d 杂化轨道，与 5 个 Cl 原子的 p 轨道形成 5 个 σ 键，平面的 3 个 P—Cl 键键角为 120°，垂直于平面的两个 P—Cl 键与平面的夹角为 90°（见图 1-24）。

2）sp^3d^2 杂化

中心原子的 1 个 s 轨道、3 个 p 轨道和 2 个 d 轨道杂化形成 6 个 sp^3d^2 杂化轨道，相邻轨道间的夹角为 90°，6 个杂化轨道伸向正八面体的 6 个顶点，因此，6 个 sp^3d^2 杂化轨道在空间呈正八面体排列，所形成分子的空间构型为八面体。

SF_6 的几何构型为正八面体。中心原子 S 的价电子层构型为 $3s^23p^4$，成键时 S 原子的 1 个 3s 电子和 1 个 3p 电子被激发到空的 3d 轨道上，杂化后，形成 6 个 sp^3d^2 杂化轨道，分别与 6 个 F 原子的 2p 轨道重叠成键，形成正八面体的 SF_6 分子（见图 1-25）。

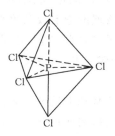

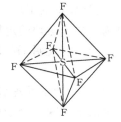

图 1-24　PCl_5 分子的空间构型　　　　图 1-25　SF_6 分子的空间构型

4. 不等性杂化

前面介绍的杂化都具有一个相同的特点：杂化过程中形成的是一组能量相同、成键能力相同的杂化轨道，每一个杂化轨道中所含 s 成分都相等，所含 p 成分也相等，这类杂化称为等性杂化。还存在着另外一类杂化，在这类杂化中不参加成键的孤电子对占据了杂化轨道，使得杂化轨道的能量和所含各类原子轨道的成分不完全相同。这种由于孤电子对的存在而造成不完全等同的杂化称为不等性杂化。例如，NH_3 中的 N 和 H_2O 中的 O 均是采用不等性杂化成键的。

在 NH_3 分子中，中心原子 N 的价层电子构型为 $2s^22p^3$，成键前，2s 轨道和 2p 轨道进行

sp³杂化形成 4 个 sp³杂化轨道,其中一个杂化轨道被已成对的孤电子对占据,3 个未成对电子占据剩余的 3 个杂化轨道,并分别与 3 个氢原子的 1s 轨道重叠形成 3 个共价键;被孤电子对占据的杂化轨道不参与成键,称为非键轨道。由于孤电子对占据的杂化轨道不参加成键,电子云较密集于 N 原子周围,使非键轨道含有较多的 s 成分($> \frac{1}{4}$s),含有较少的 p 成分($< \frac{3}{4}$p),孤电子对会对其他成键电子产生排斥作用,致使 3 个 N—H 键之间的夹角由四面体的 109°28′ 变为 107°18′,分子构型为三角锥形(见图 1-26)。

与 NH₃分子相似,H₂O 分子中 O 也采用 sp³不等性杂化,形成 4 个 sp³杂化轨道。由于 O 原子比 N 原子多一对孤电子对,使杂化的不等性更加显著,孤电子对成键电子对的排斥作用更大。所以 O—H 键之间的夹角被压缩到 104°45′,形成 V 形空间构型的 H₂O 分子,如图 1-27 所示。

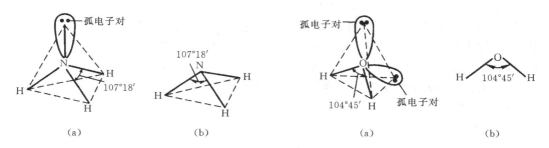

　　图 1-26　NH₃分子空间构型示意图　　　　　图 1-27　H₂O 分子空间构型示意图

除 NH₃和 H₂O 外,NF₃、PH₃、H₂S 等分子都采用 sp³不等性杂化成键。

1.2.4　分子轨道理论

价键理论用电子配对、杂化等概念成功地解释了共价键的形成、本质、特征以及分子的空间构型。长期以来在化学界得到了广泛的运用。但是该理论把形成共价键的电子对限制在两个相邻原子之间,强调了电子运动的定域化,缺乏对分子整体的认识,因此不能解释某些分子的性质。例如,价键理论不能说明 H_2^+ 的形成和相应价键结构,不能解释 O₂分子具有顺磁性的实验事实。

分子轨道理论是在量子力学处理氢分子离子 H_2^+ 的基础上发展起来的。分子轨道理论强调分子的整体性,较全面地反映了分子中电子的运动状态,因而近几十年得到迅速的发展。

1. 分子轨道理论要点

1)分子轨道的概念

分子轨道理论认为分子中的电子在整个分子范围内运动,分子中各个电子的运动状态可以用单电子波函数 Ψ 描述,单电子波函数 Ψ 称为分子轨道(简称 MO),$|\Psi|^2$ 表示分子中的电子在空间出现的概率密度或电子云。

2)分子轨道的形成

分子轨道是由原子轨道线性组合而成的,n 个原子轨道线性组合后,可以得到 n 个分子轨道。例如,原子 a 和原子 b 的两个原子轨道 ψ_a 和 ψ_b 线性组合形成两个分子轨道 Ψ_1 和 Ψ_2:

$$\Psi_1 = c_1 \psi_a + c_2 \psi_b$$
$$\Psi_2 = c_1 \psi_a - c_2 \psi_b$$

Ψ_1 是成键分子轨道，其能量低于参与形成分子轨道的原子轨道的能量；Ψ_2 是反键分子轨道，其能量高于参与形成分子轨道的原子轨道的能量；有时还有非键分子轨道，其能量等于参与形成分子轨道的原子轨道的能量。

3）分子轨道的形成条件

原子轨道线性组合形成分子轨道时，遵循能量相近原理、最大重叠原理和对称性匹配原理。

能量相近原理是指只有能量相近的原子轨道才能有效地组合成分子轨道，并且原子轨道的能量差越小越好。

最大重叠原理是指在满足对称性匹配的条件下，原子轨道的重叠程度越大，成键效应越强，形成的化学键越牢固。

对称性匹配原理是指只有具有对称性相同的原子轨道才能有效地组合成分子轨道。

4）电子在分子轨道中的分布原则

如同电子充填原子轨道一样，电子在分子轨道中的分布也遵守以下三原则：

（1）能量最低原理。电子总是尽可能地占据能量最低的分子轨道。

（2）泡利不相容原理。每个分子轨道最多只能容纳两个自旋相反的电子。

（3）洪特规则。对能量相同的分子轨道（如 π_{2p_y}，π_{2p_z}），电子将分占不同的分子轨道，并保持自旋平行。

2. 分子轨道的类型及能级次序

根据原子轨道的组合方式的不同，可以将分子轨道分为 σ 轨道和 π 轨道。σ 分子轨道具有关于键轴呈圆柱形对称性；π 分子轨道则具有关于过键轴的平面呈镜面反对称性。下面讨论几种主要的原子轨道的组合方式。

s-s 组合：一个原子的 ns 轨道与另一个原子的 ns 轨道组合形成两个 σ 分子轨道（见图 1-28(a)），其中一个分子轨道的能量低于原子轨道的能量，是成键分子轨道，用 σ_{ns} 表示，一个分子轨道的能量高于原子轨道的能量，是反键分子轨道，用 σ_{ns}^* 表示。

p_x-p_x 组合：若键轴为 x 轴，则一个原子的 $n p_x$ 轨道与另一个原子的 $n p_x$ 轨道线性组合形成两个 σ 分子轨道（见图 1-28(b)），成键分子轨道用 σ_{np} 表示，反键分子轨道用 σ_{np}^* 表示。

p_y-p_y、p_z-p_z 组合：当两个成键原子的 p_x 轨道组合形成 σ 分子轨道时，p_y-p_y（或 p_z-p_z）组合只能以"肩并肩"的方式形成 π 分子轨道，成键分子轨道用 π_{np_y}（或 π_{np_z}）表示，反键分子轨道用 $\pi_{np_y}^*$（或 $\pi_{np_z}^*$）表示（见图 1-29）。

分子轨道理论认为：每一个分子轨道都有相应的能量，分子轨道的能级顺序目前主要是以光谱实验数据来确定的。把分子中各分子轨道按能级高低排列，得到分子轨道能级图。图 1-30 是同核双原子分子能级图。

第二周期同核双原子分子的分子轨道能级有以下两种次序：

$Li_2 \sim N_2$ 分子：$\sigma_{1s} < \sigma_{1s}^* < \sigma_{2s} < \sigma_{2s}^* < \pi_{2p_y} = \pi_{2p_z} < \sigma_{2p_x} < \pi_{2p_y}^* = \pi_{2p_z}^* < \sigma_{2p_x}^*$

$O_2 \sim F_2$ 分子：$\sigma_{1s} < \sigma_{1s}^* < \sigma_{2s} < \sigma_{2s}^* < \sigma_{2p_x} < \pi_{2p_y} = \pi_{2p_z} < \pi_{2p_y}^* = \pi_{2p_z}^* < \sigma_{2p_x}^*$

分子光谱和光电子能谱的研究证明，O_2 和 F_2 分子中分子轨道的能级顺序是正常的，而第二周期中 N_2 及以前的双原子分子，由于价层的 2s 和 2p 原子轨道的能级差较小，由它们组合成分子轨道时，可能会发生 s-p 的混杂，导致了 σ_{2p} 与 π_{2p} 的能级顺序颠倒。

3. 同核双原子分子的结构

在分子轨道理论中，电子进入成键分子轨道使系统的能量降低，对成键有贡献，电子进入

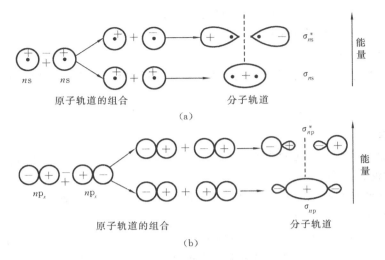

图 1-28　σ 分子轨道

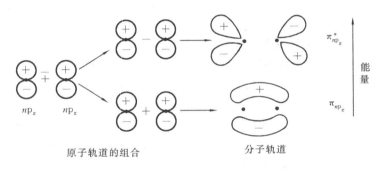

图 1-29　π 分子轨道

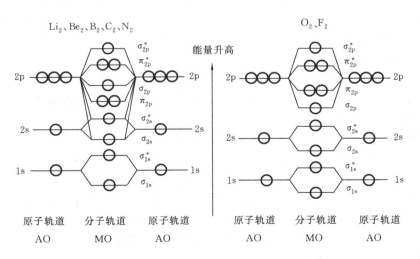

图 1-30　同核双原子分子轨道能级图

反键分子轨道使系统能量升高,对成键起削弱或抵消作用,因此成键分子轨道中的电子越多,分子越稳定。在分子轨道理论中,用键级来衡量分子的稳定性。分子轨道理论将键级定义为

$$键级 = \frac{1}{2}(成键轨道中的电子数 - 反键轨道中的电子数)$$

一般来说,同一周期同一区内的元素组成的双原子分子,键级越大,键的强度越大,分子越稳定,若键级为零,则表示不能形成稳定的分子。

下面用分子轨道理论讨论几个典型的同核双原子分子。

1) 氢分子的结构

H 原子的电子构型为 $1s^1$,两个氢原子的 1s 原子轨道可以线性组合成两个分子轨道,一个是能量较低的成键分子轨道 σ_{1s},另一个是能量较高的反键分子轨道 σ_{1s}^*,氢分子中的两个电子填充在成键分子轨道 σ_{1s} 上,反键分子轨道 σ_{1s}^* 没有填充电子。由于氢分子的两个电子均填入到成键分子轨道,使系统的能量下降,形成 σ 单键,键级 $= \frac{2}{2} = 1$,所以 H_2 能够稳定存在,其分子轨道表示式为 $(\sigma_{1s})^2$。

2) 氧分子的结构

O 原子的电子层结构为 $1s^2 2s^2 2p^4$,当两个 O 原子相互接近时,可以线性组合成 5 个成键分子轨道和 5 个反键分子轨道。氧分子共有 16 个电子,依据能量最低原理、泡利不相容原理和洪特规则,电子按能级由低到高依次分布在各分子轨道上,其分子轨道式为

$$O_2:\left[(\sigma_{1s})^2 (\sigma_{1s}^*)^2 (\sigma_{2s})^2 (\sigma_{2s}^*)^2 (\sigma_{2p_x})^2 (\pi_{2p_y})^2 (\pi_{2p_z})^2 (\pi_{2p_y}^*)^1 (\pi_{2p_z}^*)^1\right]$$

由于同核双原子分子成键分子轨道的能量降低与反键分子轨道的能量升高近似相等,O_2 分子的 $(\sigma_{1s})^2$ 与 $(\sigma_{1s}^*)^2$、$(\sigma_{2s})^2$ 与 $(\sigma_{2s}^*)^2$ 能量的降低与升高相互抵消,实际上对成键有作用的是 $(\sigma_{2p_x})^2$,构成 O_2 分子中的一个 σ 单键,$(\pi_{2p_y})^2 (\pi_{2p_y}^*)^1$ 和 $(\pi_{2p_z})^2 (\pi_{2p_z}^*)^1$ 构成两个三电子 π 键。在三电子 π 键中,有两个电子在成键分子轨道,有一个电子在反键分子轨道,键能相当于半个 π 键,2 个三电子 π 键的键能相当于 1 个 π 键,与价键理论认为 O_2 分子中有两个共价键是一致的。键级 $= \frac{10-6}{2} = 2$,所以 O_2 分子能够稳定存在。

O_2 分子中存在着 2 个未成对电子,所以 O_2 分子具有顺磁性,这已经被实验结果证明。O_2 分子具有顺磁性,这是价键理论无法解释的,但是用分子轨道理论处理 O_2 分子结构时,则是很自然地得出的结论。

3) 氮分子的结构

N_2 分子由 2 个 N 原子组成,N 原子的电子层结构为 $1s^2 2s^2 2p^3$,N_2 分子共有 14 个电子,电子填入分子轨道时也遵从能量最低原理、泡利不相容原理和洪特规则。N_2 分子的分子轨道式为

$$N_2:\left[(\sigma_{1s})^2 (\sigma_{1s}^*)^2 (\sigma_{2s})^2 (\sigma_{2s}^*)^2 (\pi_{2p})^4 (\sigma_{2p})^2\right]$$

σ_{1s} 和 σ_{1s}^* 是内层分子轨道,当它们都填满了电子时,写分子轨道式时可以用 KK 代替,写成

$$N_2:\left[KK (\sigma_{2s})^2 (\sigma_{2s}^*)^2 (\pi_{2p})^4 (\sigma_{2p})^2\right]$$

成键的 σ_{2s} 轨道与反键的 σ_{2s}^* 轨道,各填满了 2 个电子,由于能量降低和升高互相抵消,对成键没有贡献。对成键有贡献的实际只是 $(\pi_{2p_y})^2 (\pi_{2p_z})^2 (\sigma_{2p})^2$ 三对电子,即形成 2 个 π 键和 1 个 σ 键,键级 $= \frac{8-2}{2} = 3$,N_2 分子能够稳定存在。由于 N_2 分子中存在叁键,N_2 分子中电子充满了

所有的成键分子轨道,能量降低最多,故 N_2 具有特殊的稳定性。

1.2.5　分子间力与氢键

物质的性质除受化学键影响外,还与分子间的作用力有关。分子间的作用力是一种弱的作用力,其大小在几到几十千焦每摩尔,对物质的若干性质如熔点、沸点、溶解度、表面张力以及熔化热、气化热等产生影响。发生在分子之间的相互作用力称为分子间作用力,荷兰物理学家范德华(van der Waals)首先注意到这种作用力,并进行了研究,所以分子间力也叫范德华力。

1. 分子间作用力

1)键的极性与分子的极性

在任何分子中都有带正电荷的原子核和带负电荷的电子,对于每一种电荷都可以设想其集中于一点,这个点叫电荷重心。正、负电荷重心相重合的分子是非极性分子;不重合的是极性分子。

分子的极性与化学键的极性不完全一致。对于双原子分子,分子的极性与键的极性是一致的。即由非极性共价键构成的分子一定是非极性分子;由极性共价键构成的分子一定是极性分子。

多原子分子的极性不仅与键的极性有关,而且还与分子的空间构型有关。例如,CO_2、CH_4 分子中,虽然都是极性键,但前者是直线构型,后者是正四面体构型,键的极性相互抵消,它们是非极性分子。而在 V 形构型的 H_2O 分子和三角锥形构型的 NH_3 分子中,键的极性不能抵消,它们是极性分子。

分子极性的大小常用偶极矩 μ 来衡量,分子的偶极矩也是一个矢量,规定其方向从正极指向负极,其值可由实验测得,也可以由键的偶极矩计算得到,即分子的偶极矩等于分子中所以共价键偶极矩的矢量和。偶极矩的单位为库仑·米($C \cdot m$),μ 大于零的分子是极性分子,μ 值越大,分子的极性越强;$\mu = 0$ 的分子为非极性分子。偶极矩不仅可以说明分子极性的强弱,还可以作为判断分子空间构型的依据之一。如 H_2O 分子的 $\mu = 6.17 \times 10^{-30} C \cdot m$,由此可判断 H_2O 分子是极性分子,其空间构型不可能是直线形。

2)分子的极化

在外电场的作用下,分子中正、负电荷重心的位置发生相对位移,引起分子变形,分子的极性增大,这种过程称为分子的极化。在外电场的作用下所产生的偶极称为诱导偶极,诱导偶极矩的大小与外电场的强度和分子的变形性有关;当增加外电场强度时,诱导偶极矩增大;当取消外电场时,诱导偶极矩立即消失;分子变形越显著,诱导偶极矩越大。因电子云与原子核相对位移而使分子外形发生变化的性质称为分子的变形性。分子变形性的大小通常由分子的极化率来衡量,分子的极化率越大,分子越容易发生变形。

极性分子自身具有的偶极(称为固有偶极)能使其相邻的分子发生变形,产生极化,这种极化对于分子间力具有重要影响。

3)分子间的作用力

按分子间作用力产生的原因和特性,可分为取向力、诱导力和色散力三种。

(1) 取向力。

极性分子具有偶极,当两个极性分子相互接近时,异极相吸,同极相斥,使分子产生相对的转动,而成为异极相邻的定向排布,极性分子的这种运动称为取向,由永久偶极的取向而产生的分子间吸引力称为取向力。取向力只存在于极性分子和极性分子之间。

取向力的本质是静电引力，其大小决定于极性分子的固有偶极矩，μ 越大，取向力越大。此外，取向力还与热力学温度和分子间的距离有关。

（2）诱导力。

当极性分子与非极性分子相互接近时，由于极性分子的永久偶极产生的电场作用对非极性分子产生了诱导作用，使非极性分子原来重合的正、负电荷重心发生相对位移，形成偶极。极性分子的固有偶极与诱导偶极的相互作用力叫诱导力。除了极性分子与非极性分子间存在诱导力外，极性分子与极性分子间、离子与分子间、离子与离子间也存在着诱导力。诱导力的大小与极性分子的偶极矩和被诱导分子的变形性有关。一般地，极性分子的偶极矩越大，诱导力越大；被诱导分子的变形性越大，诱导力越大；分子的体积越大，电子越多，变形性越大，越易产生诱导偶极。热力学温度和分子间的距离也会对诱导力产生影响。

（3）色散力。

色散力是所有分子间都存在着的一种作用力。

由于分子中电子和原子核在不断地运动，常会发生电子云和原子核之间的相对位移，使分子中正、负电荷重心瞬时地不重合而产生瞬时偶极。虽然瞬时偶极存在的时间极短，但不断地重复出现，使分子间始终存在由瞬时偶极造成的吸引力即色散力。在极低的温度下，O_2、N_2 甚至稀有气体都可以液化，就证明了非极性分子间色散力的存在。实际上，各种不同分子间、分子与离子间、离子与原子间都存在着色散力。色散力的大小取决于分子的变形性，一般分子量越大，分子的体积越大，分子的变形性就越大，色散力也就越大。色散力存在于所有分子间，而且往往是主要的，只有当分子的极性很大，取向力才是主要的。

取向力、诱导力和色散力都是存在于分子间的一种静电引力，统称分子间力（或范德华力）。它通常表现为分子间近距离的吸引力，作用范围只有几个皮米，其作用能只有几到几十千焦每摩尔，比化学键小 1～2 个数量级，没有方向性和饱和性。在非极性分子间只有色散力存在；在极性分子和非极性分子间存在着诱导力和色散力；在极性分子间这三种力均存在，如表 1-12 所示。

表 1-12　分子间作用力的分配情况（单位：$kJ \cdot mol^{-1}$）

分　　子	色　散　力	诱　导　力	取　向　力	总　　和
H_2	0.17	0.000	0.000	0.17
Ar	8.49	0.000	0.000	8.49
CO	8.74	0.0084	0.0029	8.75
HI	25.86	0.1130	0.025	25.98
HBr	21.92	0.502	0.686	23.09
HCl	16.82	1.004	3.305	21.13
NH_3	14.94	1.548	13.31	29.58
H_2O	8.996	1.929	36.38	47.28

分子间力对物质的性质有较大影响。例如，对分子晶体而言，当物质熔化或气化时，分子间力越大，熔化热和气化热越大；物质的熔、沸点越高。对结构相似的同系物，色散力随相对分子质量的增加而增加，故熔、沸点依次增高。所以稀有气体、卤素等物质的熔点和沸点都随分子量的增大而升高。

2. 氢键

氢原子与电负性很大、半径很小的原子 X（如 F、O、N）以共价键结合形成分子时，密集于两核间的电子云强烈地偏向 X 原子，氢原子几乎变成了"裸露"的质子，能与另一个电负性大，半径较小的原子 Y（如 F、O、N）中的孤电子对产生定向的吸引作用。这种氢原子与 Y 原子间的定向吸引力叫做氢键。通常用 X—H…Y 表示氢键。其中 X 和 Y 代表 N、O、F 等原子。X 和 Y 可以是同种元素，也可是不同的元素。图 1-31 是水分子的氢键示意图。从氢键的形成可以看出形成氢键必须具备的条件是：①分子中有一个与电负性很大的原子 X 形成共价键的氢原子；②有一个电负性大，半径小，且有孤电子对的 X 或 Y 原子。容易形成氢键的元素有 F、O、N 等，这些原子的电负性很大，半径小，有孤电子对，可以形成氢键。Cl 原子虽然电负性较大，但半径也较大，形成的氢键较弱。元素的电负性愈大，半径愈小，形成的氢键也愈强。氢键强弱次序如下：

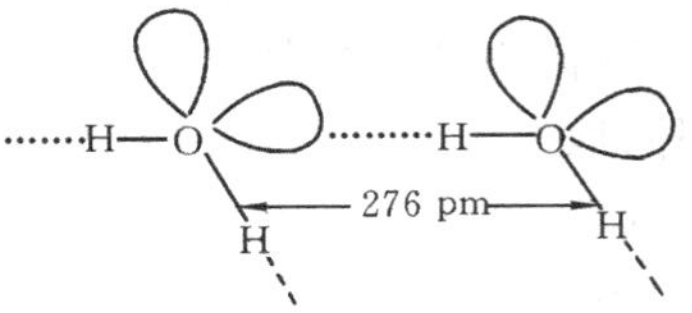

$$F—H…F > O—H…O > O—H…N > N—H…N$$

氢键与范德华力的主要区别是氢键具有饱和性和方向性。所谓饱和性是指氢原子与 X 原子结合后只能与一个 Y 原子形成氢键。这是因为 H 原子体积比 X、Y 原子小得多，当形成 X—H…Y 后，第三个电负性大的原子再靠近 H 原子时，它所受到 X 和 Y 原子电子云的排斥力大于 H 原子对它的吸引力，使得 X—H…Y 上的 H 不能再和第三个电负性大的原子形成氢键，故氢键具有饱和性。氢键的方向性是指 Y 原子与 X—H 形成氢键时，以 H 原子为中心的三个原子 X—H…Y 应尽可能在同一条直线上，这样可使 X 和 Y 原子之间距离最远，两个原子的电子云之间的斥力最小，系统最稳定。

氢键可分为分子间氢键和分子内氢键两种类型。在 X—H…Y 结构中，如果 X 和 Y 处于两个分子中，即一个分子的 X—H 与另一个分子的 Y 原子间形成的氢键叫分子间氢键，如水分子中存在的氢键。如果 X 和 Y 处于同一个分子中，即一个分子的 X—H 键与其内部的一个 Y 原子间形成的氢键叫分子内氢键。例如在邻-硝基苯酚中存在分子内氢键（见图 1-32）。

氢键的形成对物质的性质有各种不同的影响，分子间形成氢键时，使分子产生较强的结合力，当物质从固态转化为液态或由液态转化为气态时，不仅需要克服分子间作用力，还需提供足够的能量破坏氢键，因而使物质的熔、沸点升高。例如，在卤化氢中，HF 的相对分子质量最小，分子间力也最小，因此其熔、沸点应该最低。但事实上却最高，这就是由于 HF 能形成氢键，而 HCl、HBr、HI 却不能。当液态 HF 气化时，除了需克服分子间作用力外，还必须破坏氢键，需要消耗较多能量，所以沸点较高。H_2O 分子的沸点高也是这一原因。而分子内氢键使物质的熔、沸点降低。

如果溶质分子和溶剂分子间能形成氢键，将有利于溶质分子的溶解。例如，乙醇和乙醚都是有机化合物，前者能溶于水，而后者则不溶，主要是乙醇分子中的羟基和水分子形成氢键，而在乙醚分子中不具有形成分子间氢键的条件。同样，NH_3 分子易溶于 H_2O 也是形成氢键的结果。若溶质分子内部形成分子内氢键，则它在极性溶剂中溶解度降低，在非极性溶剂中溶解度增大。如邻-硝基苯酚和对-硝基苯酚，二者在水中的溶解度之比为 0.39:1，而在苯中溶解度

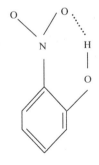

图 1-31　水分子间的氢键示意图

图 1-32　分子内氢键

的比例为 1.93：1，其主要原因是由于前者硝基中的氧与邻位的酚羟基中的氢形成了分子内氢键。

氢键在蛋白质和核酸分子结构中普遍存在，对生命过程起着重要作用，例如在蛋白质的二级结构中，由于氢键的作用，维持了主肽链与附近氨基酸残基的空间关系，因而保持一定的生物活性。

1.3　固体与晶体结构

根据物质质点间能量大小不同和质点排列情况的不同，物质的聚集状态可分为气态、液态、固态。在常温下，自然界的绝大多数物质都是固体状态。固态物质又可分为晶体和非晶体（无定形体）。

1.3.1　晶体的内部结构与分类

1. 晶体的概念与特征

人们是从观察外部形态开始认识晶体的。把具有规则几何外形的固体称为晶体，如石英、锆石英、食盐等，显然这是不严格的，它不能反映出晶体内部结构的本质。许多物质，虽然不具有规则的多面体外形，却具有晶体的性质；一些非晶体，在某些条件下也可以呈现出规则的多面体外形。因此，晶体和非晶体的本质区别并不在于外形，而是在于内部结构的规律性。1912年德国物理学家劳厄（Max Theodor Felix Von Laue）第一次成功获得晶体的 X 射线衍射图，使人们能够对晶体的内部结构进行深入的研究，迄今为止，已经对五千多种晶体进行了详细的 X 射线研究，研究表明：组成晶体的粒子（原子、离子或分子）在空间的排列都是周期性的有规则的，称之为长程有序；而非晶体内部的分布规律则是长程无序的。所谓晶体就是由原子、离子或分子在空间按一定规律、周期重复地排列所构成的固体物质。

在不同晶体之间，虽然其组分、结构和性质存在着很大的差异，但仍存在着某些共同的宏观特征，主要有以下几个方面。

1）能自发形成多面体外形

晶体在生长的过程中，能够自发地形成规则的多面体外形，虽然当晶体生长的条件不同时同一类晶体的外形可能不完全相同（见图 1-33），但晶面的夹角是固定的。

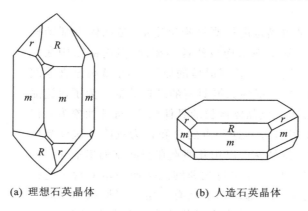

(a) 理想石英晶体　　　　　　　(b) 人造石英晶体

图 1-33　石英晶体

实验表明:对于一定类型的晶体来说,不论其外形如何,其晶面间的夹角总是保持不变,如石英晶体(无论是理想石英晶体,还是人造石英晶体)的 m 与 m 两面夹角为 $60°0'$,m 与 R 面之间的夹角为 $38°13'$,m 与 r 面的夹角为 $38°13'$。即同一种晶体在相同的温度和压力下,其对应晶面之间的夹角恒定不变。这就是晶面角守恒定律。

2)各向异性

晶体在不同的方向上,其物理性质不完全相同。这种现象称为晶体的各向异性。晶体对光、电、磁、热以及抵抗机械的作用在各个方向上是不一样的(等轴系晶体除外),例如:石墨的电导率,沿晶体不同方向测其电导率时,方向不同,石墨的电导率数值也不同。石墨在垂直方向的电导率仅为层平行方向的电导率的 $1/10^4$。

3)固定熔点

实验表明:从气态、液态转变到晶态时都要放热,反之,从晶态转变为液态或气态时都要吸热。将晶体加热到温度 T_0 时,晶体开始熔化,温度停止上升,直到晶体全部熔化后,温度才开始继续升高,如图 1-34(a)所示。当加热玻璃等非晶体时,随着温度的升高固体逐渐软化,然后变为液体,没有固定的熔点,温度随着加热时间的增加而逐渐升高,如图 1-34(b)所示。

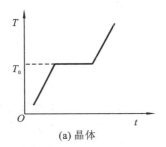 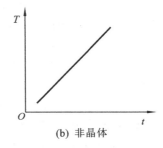

(a) 晶体　　　　　　　　　　(b) 非晶体

图 1-34　固体的加热曲线

虽然晶体与非晶体存在差异,但在一定的条件下可以相互转换。相同的热力学条件下,具有相同化学成分的晶体与非晶体相比,晶体是稳定的,非晶体是不稳定的,非晶体有自发转变为晶体的趋势。对于许多典型的非晶体物质,如橡胶、沥青、明胶等只要改变其固化条件,是可以得到相应的晶体。如玻璃经过较长时间后会变得不透明,这就是结晶化的结果。通过改变结晶的条件,如快速冷却,可以使晶体变为非晶体。

2. 晶体的内部结构

晶体的宏观性质是由晶体的微观结构决定的,是晶体内部结构的反映。不同种类晶体的微观结构虽然各不相同,但内部结构在空间排列的周期性却是共同的,即构成晶体的原子、离子或分子在空间作周期性地重复排列是所有晶体共同具有的结构特征。为了讨论晶体的周期性,通常不考虑构成晶体微粒的具体内容,将其抽象为几何点(无质量、无大小、不可区分),这些点的总和称为点阵。这样晶体中微粒在空间的周期性排列就可以用几何点在空间排列来描述。如果沿着三维空间的方向,把点阵中各相邻的点按照一定的规则连接起来,就可以得到描述晶体内部结构的具有一定几何形状的空间格子,

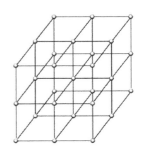

图 1-35　晶格

称为晶格(见图 1-35),每个质点在晶格中所占据的位置称为晶格结点。结点在空间的排列体现了晶体结构中原子、离子和分子在空间的分布规律。

　　每种晶体都可找出其具有代表性的最小重复单位,称为单元晶胞,简称晶胞。通常情况下,晶胞是一个平行六面体,含有一定数目的质点,这些质点可以是原子、离子和分子。很明显,晶胞在三维空间无限重复就构成晶体。故晶体的性质是由晶胞的大小、形状和质点的种类以及质点间的作用力所决定的。

　　晶胞的大小、形状由六个晶胞参数决定,这六个晶胞参数是平行六面体的三个边长 a、b、c(也称为晶轴)和它们之间的夹角 α、β 和 γ,如图 1-36 所示。

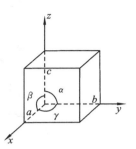

图 1-36　晶胞与晶胞参数

　　根据晶胞参数的差异,可以将晶体分为七大晶系,即立方晶系(cubic system,也称为等轴晶系)、四方晶系(tetragonal system)、正交晶系(rhombic system)、三方晶系(rhombohedral system)、六方晶系(hexagonal system)、单斜晶系(monoclinic system)和三斜晶系(triclinic system)。每一类晶系又包括一种或数种晶格。七大晶系共有 14 种晶格。将这七个晶系和它们的晶胞参数列于表 1-13 中。14 种晶格的示意图如图 1-37 所示。

表 1-13　七个晶系

晶　系	晶　轴	晶轴夹角	实　例
立方晶系	$a=b=c$	$\alpha=\beta=\gamma=90°$	$NaCl,CaF_2,Cu,ZnS,$金刚石
四方晶系	$a=b\neq c$	$\alpha=\beta=\gamma=90°$	$SnO_2,TiO_2,NiSO_4,Sn$
正交晶系	$a\neq b\neq c$	$\alpha=\beta=\gamma=90°$	$K_2SO_4,HgCl_2,BaCO_3,I_2$
三方晶系	$a=b=c$	$\alpha=\beta=\gamma\neq 90°$	$Al_2O_3,CaCO_3,As,Bi$
六方晶系	$a=b\neq c$	$\alpha=\beta=90°,\gamma=120°$	SiO_2(石英)$,CuS,AgI,Mg,$石墨
单斜晶系	$a\neq b\neq c$	$\alpha=\beta=90°,\gamma\neq 90°$	$KClO_3,CuO,K_3[Fe(CN)_6]$
三斜晶系	$a\neq b\neq c$	$\alpha\neq\beta\neq\gamma\neq 90°$	$CuSO_4\cdot 5H_2O,K_2Cr_2O_7$

1.3.2　离子键与离子晶体

1. 离子键的形成

　　19 世纪末 20 世纪初,人们发现稀有气体具有特殊的稳定性,从而认识到 8 电子构型是一种稳定的外层电子构型。德国化学家柯塞尔(W. Kossel)解释了 $NaCl$、$CaCl_2$、CaO 等化合物的形成,并建立了离子键理论。

　　当电负性较小的金属元素的原子与电负性较大的非金属元素的原子相互接近时,金属元素原子失去电子变为正离子,非金属元素原子得到电子变为负离子,正、负离子由于静电引力相互吸引形成离子型化合物。由正、负离子间的静电引力形成的化学键称离子键。例如,钠与氯形成氯化钠的过程如下:

$$n\mathrm{Na(g)}\xrightarrow[-ne]{nI_1}n\mathrm{Na^+(g)}$$
$$n\mathrm{Cl(g)}\xrightarrow[+ne]{nA_1}n\mathrm{Cl^-(g)}$$

$$\left.\begin{array}{l}\end{array}\right\}\xrightarrow[\text{电子与电子的排斥达到平衡}]{\text{核与电子的吸引、核与核的排斥}}n\left[\mathrm{Na^+Cl^-}\right](s)$$

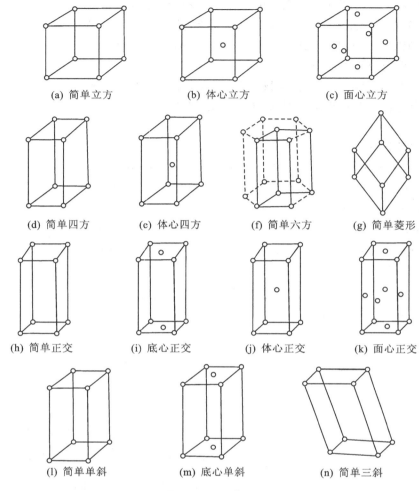

(a) 简单立方　　　　(b) 体心立方　　　　(c) 面心立方

(d) 简单四方　　(e) 体心四方　　(f) 简单六方　　(g) 简单菱形

(h) 简单正交　　(i) 底心正交　　(j) 体心正交　　(k) 面心正交

(l) 简单单斜　　(m) 底心单斜　　(n) 简单三斜

图 1-37　14 种晶格

离子型化合物大多以晶体形式存在,但在气体分子中也存在着离子键,例如在氯化钠的蒸气中存在着由一个钠离子和一个氯离子组成的独立分子。

离子键的本质是静电作用力,在离子化合物中,离子电荷的分布可看作是球形对称的,只要空间条件许可,将尽可能多的吸引带相反电荷的离子,所以,离子键无方向性与饱和性。当正负离子间的结合在三维空间继续延续下去时,就形成巨大的离子型化合物。

形成离子键的条件是成键原子的电负性相差较大,一般电负性差值在 1.7 以上才能形成典型的离子键。但是近代的实验表明,即使是电负性最低的铯与电负性最高的氟所形成的氟化铯,也不纯粹是离子键,也有部分共价键的性质。一般用离子性百分数来表示键的离子性相对于共价性的大小。在氟化铯中,离子性约占 92%。元素的电负性相差越大,在它们之间形成的化学键的离子性也越大。

2. 离子的特性

从离子键理论可知,组成离子化合物的基本微粒是正、负离子,影响离子化合物性质的因素主要是离子的电荷、离子半径和离子的电子层构型。

1)离子的电荷

元素的原子失去或得到电子后所带的电荷称为离子的电荷。离子的电荷对离子间的相互作用力的影响较大,形成离子键的离子电荷越高,离子键的强度越大,因而离子化合物的熔点和沸点也高。离子的电荷不仅影响离子化合物的物理性质如熔点、沸点、颜色等,也影响离子化合物的化学性质。

2)离子半径

离子半径数据有多种,如戈尔德施米特(V. M. Goldschmidr)离子半径、鲍林离子半径等,其中鲍林离子半径应用较普遍,正、负离子半径有如下变化规律:

(1) 同一周期从左至右,主族元素正离子的离子半径随电荷数增加而减小。例如,

$$r(Na^+) > r(Mg^{2+}) > r(Al^{3+}) > r(Si^{4+})$$

(2) 同一主族元素,相同电荷的离子,其离子半径自上而下随电子层数增加而增大。例如,

$$r(Li^+) < r(Na^+) < r(K^+) < r(Rb^+) < r(Cs^+)$$

(3) 同一元素:正离子半径<原子半径<负离子半径。一般正离子半径为 10~170 pm,负离子半径为 130~250 pm。

(4) 同一元素原子能形成几种不同电荷的正离子时,电荷数大的离子半径小于电荷数小的离子半径。如 $r(Cr^{3+})=64$ pm,而 $r(Cr^{6+})=52$ pm。

3)离子的电子层构型

离子的电子构型是指原子失去或得到电子后所形成的外层电子构型。对简单负离子,如 F^-、Cl^-、O^{2-} 等离子的最外层都有 8 个电子,都是稳定的 8 电子构型。但正离子的电子层构型有如下几种:

(1) 2 电子构型($1s^2$),最外层有 2 个电子的离子。如 Li^+ 和 Be^{2+} 离子。

(2) 8 电子构型(ns^2np^6),最外层有 8 个电子的离子。如 Na^+、K^+、Mg^{2+}、Al^{3+} 等主族元素和少数副族元素形成的离子。

(3) 18 电子构型($ns^2np^6nd^{10}$),最外层有 18 个电子的离子。如 Ag^+、Zn^{2+}、Hg^{2+} 等 ⅠB、ⅡB 族元素形成的离子和 Sn^{4+}、Pb^{4+}、Tl^{3+} 等 p 区元素形成的高价金属离子。

(4) 18+2 电子构型$[(n-1)s^2(n-1)p^6(n-1)d^{10}ns^2]$,次外层有 18 个电子、最外层有 2 个电子的离子,如 Pb^{2+}、Sn^{2+} 等 p 区元素形成的低价金属离子。

(5) 9~17 电子构型($ns^2np^6nd^{1~9}$),最外层有 9~17 个电子的离子,如 Ti^{2+}、Fe^{2+}、Co^{2+} 等 d 区元素形成的离子。这种构型也称不饱和构型。

3. 离子晶体

由正、负离子按一定比例通过离子键结合形成的晶体称为离子晶体。离子晶体中的正、负离子按一定配位数在空间排列,整齐有规律,呈现出规则的几何外形。例如,NaCl 晶体的几何外形是立方体,Na^+ 离子与 Cl^- 离子相间排列,每个 Na^+ 离子同时吸引 6 个 Cl^- 离子,每个 Cl^- 离子同时吸引 6 个 Na^+。由于离子键没有饱和性和方向性,在空间条件允许的情况下,任何一个离子都可以在空间各个方向上吸引异号离子。因此离子晶体不是单个分子,而是一个巨大的分子,NaCl 只是最简式。

离子键是作用力很强的一种化学键,要破坏离子晶体中的化学键需要提供较大的能量,所以离子晶体有较高的熔点和较大的硬度,难于挥发。但离子晶体物质延展性差,当受机械力作用时,晶体结构容易被破坏。

在固体状态,离子被限制在空间中确定的位置上振动,因而离子晶体不导电,当离子晶体处在熔融状态或溶解在水中时,离子键被削弱,正负离子可以自由移动,因此离子晶体的水溶液或熔融态都能导电。

在离子晶体中,正负离子在空间的排列方式不同,可以形成不同类型的晶体。对于最简单的,即只含有一种正离子和一种负离子且电荷数相同的 AB 型离子晶体,CsCl 型、NaCl 型和立方 ZnS 型是三种常见的晶体结构类型,如图 1-38 所示。

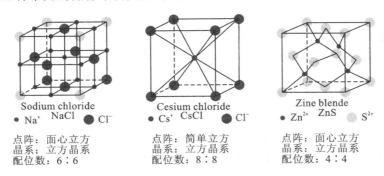

Sodium chloride NaCl • Na⁺ ● Cl⁻
点阵:面心立方
晶系:立方晶系
配位数:6∶6

Cesium chloride CsCl • Cs⁺ ● Cl⁻
点阵:简单立方
晶系:立方晶系
配位数:8∶8

Zinc blende ZnS • Zn²⁺ ● S²⁻
点阵:面心立方
晶系:立方晶系
配位数:4∶4

图 1-38　三种典型的离子晶体结构

NaCl 型晶体的晶胞形状为立方体,属于面心立方晶格。Cl^- 位于立方体的八个顶点和六个面的中心,每个离子都被 6 个相反电荷的离子包围着,配位数为 6,Na^+ 和 Cl^- 的配位比为 6∶6。KI、LiF、MgO、CaO 等晶体都属于 NaCl 型晶体。

CsCl 型晶体属于立方晶系,简单立方晶格,8 个 Cl^- 位于立方体的八个顶角,Cs^+ 位于 8 个 Cl^- 构成的立方空隙中,即位于立方体的中心。正负离子的配位数均为 8,Cs^+ 和 Cl^- 的配位比为 8∶8。TlCl、CsBr、CsI 等均属于 CsCl 型晶体。

立方 ZnS 型晶体的晶胞形状为立方体,属于面心立方晶格,S^{2-} 位于立方体的八个顶角及六个面的中心,Zn^{2+} 位于四个 S^{2-} 构成的四面体空隙中。Zn^{2+} 和 S^{2-} 的配位数均为 4,配位比为 4∶4。ZnS 本身是共价化合物,但有些 AB 型离子晶体具有与 ZnS 相似的构型,因此习惯上把这类晶体称为立方 ZnS 型晶体。

离子晶体具有不同的晶体结构,与正、负离子的相对大小有关。在离子晶体中,正离子的周围形成一个负离子配位多面体,正、负离子间的平衡距离取决于离子半径之和,而正离子的配位数则取决于正、负离子的半径比。只有当正、负离子相互接触,而负离子相互不接触时,离子晶体最稳定。所以形成离子晶体的最佳条件是正、负离子相互接触,配位数尽可能的高。由此可以计算得到离子晶体的构型与正、负离子的半径比之间的关系,如表 1-14 所示。

表 1-14　离子晶体的构型与离子的半径比关系

离子半径比 r_+/r_-	配位数	晶体构型
0.225～0.414	4	ZnS 型
0.414～0.732	6	NaCl 型
0.732～1.0	8	CsCl 型

4. 晶格能

离子晶体的稳定性与离子键的强弱有关。一般可用晶格能来衡量。在 0 K 时,标准条件下,使 1 mol 离子晶体变为相互远离的气态正离子和气态负离子时所吸收的能量,称为晶格能

（有时也称为点阵能），用符号 U 表示，单位为 $kJ \cdot mol^{-1}$。

根据静电理论，玻恩和兰德（A. Lande）推导出了离子晶体的晶格能 U 的计算公式：

$$U = 1.3894 \times 10^{-7} \, kJ \cdot mol^{-1} \cdot m^{-1} \times \frac{AZ_+ Z_-}{r_0} \left(1 - \frac{1}{n}\right) \tag{1-23}$$

式中，U 为晶格能；r_0 是正、负离子半径之和，单位是 m；Z_+、Z_- 为正、负离子电荷数的绝对值；A 为马德隆（E. Madelung）常数，它与晶体构型有关；n 为玻恩指数，由离子的电子构型决定。马德隆常数 A 与玻恩指数 n 见表 1-15、表 1-16。晶格能越大，离子晶体的正、负离子间作用力越强，形成的离子键越强，离子晶体越稳定。

表 1-15　几种典型晶体构型的马德隆常数 A

晶体构型	NaCl 型	CsCl 型	立方 ZnS 型	六方 ZnS 型	CaF_2 型	金红石（TiO_2）型
A	1.748	1.763	1.638	1.641	5.039	4.816

表 1-16　离子的电子构型与玻恩指数 n

离子的电子构型	He 型	Ne 型	Ar 或 Cu^+ 型	Kr 或 Ag^+ 型	Xe 或 Au^+ 型
n	5	7	9	10	12

晶格能的大小与离子的电荷和半径等有关。一般来说，正、负离子的电荷越多，离子半径越小，离子间的相互吸引力越强，晶格能越大，晶体越稳定，相应的物理性质也越突出。一般地，同类型离子晶体，离子电荷越高，半径越小，晶格能越大；其熔点越高，硬度越大（见表 1-17）。

表 1-17　晶格能与离子晶体的物理性质

晶　　体	NaF	NaCl	NaBr	NaI	MgO	CaO	SrO	BaO
核间距 d/pm	231	279	294	318	210	240	257	277
晶格能 U/(kJ $\cdot$ mol^{-1})	933	770	732	686	3916	3477	3205	3042
熔点/K	1261	1074	1013	935	3073	2843	2703	2196
硬度（金刚石为 10）	3.2	2.0	—	—	6.5	4.5	3.5	3.3

5. 离子的极化

一些离子化合物，其离子电荷相同、离子半径接近，但性质差别很大。如 KCl 与 AgCl，$r(K^+) = 133$ pm、$r(Ag^+) = 126$ pm 很接近，但 KCl 熔点为 1043 K，极易溶于水；AgCl 熔点为 728 K，极难溶于水。KCl 与 AgCl 在性质上存在差异的主要原因是键型的变异，导致键型变异的主要因素是离子化合物中广泛存在的离子极化作用。

在不受外界条件影响时，正、负离子中核外电荷的分布是球形对称的，但是在外加电场的作用下，离子的原子核和电子云发生相对位移，致使离子的电子云发生变形，产生偶极，这种现象称为离子的极化。

在离子化合物中，每一个离子都处在其他离子的电场中，因此离子极化现象在离子化合物中是普遍存在的现象，每个离子都具有使其他离子发生极化的能力，同时它又处在其他离子的电场中而被极化，即发生电子云的变形；把离子具有使其他离子发生极化的能力称为离子的极化力；而把离子发生电子云变形的性质称为离子的变形性。

离子极化力的强弱主要取决于：

（1）离子电荷。正离子的电荷越高，极化力越强。如极化力 $Fe^{3+}>Fe^{2+}$。

（2）离子半径。电子构型相似、电荷相等时，正离子的半径越小，极化力越强。如 $Mg^{2+}>Ca^{2+}>Sr^{2+}>Ba^{2+}$。

（3）离子的电子层结构。当正离子电荷相同、半径相近（如 Na^+ 和 Ag^+）时，离子极化力的大小取决于离子的外层电子结构；一般顺序为

　　　　18 电子构型或 18＋2 电子构型＞9～17 电子构型＞8 电子构型

如 Ag^+ 的极化力＞K^+ 的极化力。

离子的变形性也与离子的结构有关，其大小主要取决于：

（1）具有相同电子构型的离子，变形性随正电荷减少或负电荷增加而增大，如 $Si^{4+}<Al^{3+}<Mg^{2+}<Na^+<F^-<O^{2-}$。

（2）对于外层电子构型相同的离子，半径越大，变形性越大。如 $F^-<Cl^-<Br^-<I^-$。

（3）离子电荷相同、半径相近时，18 电子构型、9～17 电子构型要比 8 电子构型离子的变形性大得多，其顺序为

　　　　18 电子构型和 18＋2 电子构型＞9～17 电子构型＞8 电子构型

如 $Ag^+>K^+$，$Hg^{2+}>Ca^{2+}$ 等。

综上所述，具有较高正电荷、半径较小的非稀有气体构型的正离子具有较强的极化力，具有较高负电荷、半径较大的非稀有气体构型的负离子最容易变形。

一般情况下，负离子的极化力较小，正离子的变形性较小。因此当正、负离子相互作用时，往往只考虑正离子对负离子的极化作用，使负离子发生变形，而忽略负离子对正离子的极化作用，使正离子发生变形。但当正离子的变形性也较大时，还必须考虑到负离子对正离子的极化作用。此时，正离子在负离子的电场作用下，发生变形，产生诱导偶极矩，这样就增加了正离子的极化能力，增加了极化能力的正离子反过来对负离子产生更强的极化作用，使负离子发生更大的变形，正、负离子相互极化的结果，进一步加强了正、负离子间的相互极化作用，这种加强的极化作用称为"附加极化作用"。一般情况下，含 d 电子数越多，电子层数越多的离子，附加极化作用也越大。

在离子化合物中，如果正、负离子间不存在着相互极化作用，则它们之间的化学键就是纯粹的离子键。但是，实际上正、负离子间总是存在一定程度的极化作用，使正、负离子的原子轨道产生一定程度的重叠，即正、负离子间的化学键存在着一定成分的共价键，离子极化作用越强，正、负离子的原子轨道的重叠程度越大，共价键成分越多，这样离子键就会逐渐过渡到共价键（见图 1-39）。

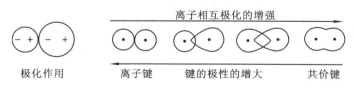

图 1-39　离子键向共价键过渡

例如 Na^+ 离子和 Ag^+ 离子电荷相同，半径相近，但由于 Na^+ 离子的极化力小于 Ag^+ 离子（Ag^+ 离子为 18 电子构型，Na^+ 离子为 8 电子构型），且 Ag^+ 离子还具有较大的变形性，故当它们与 Cl^- 离子结合生成 AgCl 和 NaCl 后，NaCl 仍以离子键为主，属离子型化合物，而 AgCl 则

由于 Ag^+ 离子与 Cl^- 离子的相互极化作用,使其带有较大部分的共价键,离子键成分只占 25%,从而造成两者性质上的差异。如 NaCl 易溶于水而 AgCl 则很难在水中溶解。

当正、负离子间存在着非常显著的极化作用时,往往会造成晶体类型的改变。一般的结果是使离子晶体的晶型先向配位数减小的趋势转化,当键型变化后可过渡到分子晶体。例如卤化银化合物,由于 Ag^+ 离子属 18 电子构型,极化力和变形性都大,随负离子 $F^- \rightarrow Cl^- \rightarrow Br^- \rightarrow I^-$ 的离子半径逐渐增大,变形性也依次增大,相互极化作用也增强,离子核间距进一步缩短。AgI 晶体中实测 Ag^+ 离子与 I^- 离子的核间距为 281 pm,比理论计算值 342 pm 缩短了 61 pm,说明卤化银由典型的离子键 AgF 逐步过渡到 AgI 的共价键,并且晶格类型也发生了变化。如 AgI 晶体,从理论上推测属于配位数为 6 的 NaCl 型离子晶体,但实测的结果它却为 ZnS 型结构,配位数为 4,这就是离子极化的结果。表 1-18 列出了离子极化对卤化银的键长、晶型和溶解度的影响。

表 1-18　卤化银的键长、晶型、溶解度和颜色

卤　　化　　银	AgF	AgCl	AgBr	AgI
离子半径之和(pm)	248	296	311	335
实测键长(pm)	246	277	289	281
键型	离子键	过渡型	过渡型	共价键
晶体构型	NaCl 型	NaCl 型	NaCl 型	ZnS 型
溶度积	易溶	1.77×10^{-10}	5.35×10^{-13}	8.52×10^{-17}
颜色	白色	白色	淡黄色	黄色

极化作用导致键型的变化,对物质的性质也产生一定的影响,最明显的是物质在水中的溶解度,水是极性分子,具有较高的介电常数,可以削弱正、负离子间的静电引力,使离子键减弱,离子型化合物都可以溶于水中。但是水却不能减弱共价键的结合力,因此,当化合物的共价成分增加时,在水中的溶解度就必然会降低。

离子极化理论是对离子键理论的重要补充,但是,这个理论本身是不完善的,存在着一定的局限性。

1.3.3　原子晶体与分子晶体

1. 原子晶体

所有原子都以共价键相结合形成的晶体称为原子晶体,也称共价晶体。如单质硅(Si)、锗(Ge)、金刚石(C)和化合物金刚砂(SiC)、石英(SiO_2)、砷化镓(GaAs)、立方氮化硼(BN)等都属原子晶体。

在原子晶体中,共价键的方向性决定了晶体结构的空间构型,通常是形成三维网络结构,不存在着单个的小分子,整个原子晶体就是一个大"分子"。由于共价键的饱和性,在原子晶体中,共价键的数目决定了原子的配位数,一般地,原子晶体的配位数较低。在金刚石晶体中,碳原子以 sp^3 杂化轨道成键,每一个碳原子都与周围的四个碳原子形成四个 σ 键,无数碳原子通过共价键连接成三维空间的骨架结构,如图 1-40 所示。由于碳原子在金刚石晶体中只能形成四个共价键,所以在金刚石晶体中碳原子配位数为 4。SiC 和 GaAs 等晶体的结构与金刚石相似。

| (a) 金刚石的晶体结构 | (b) 金刚石晶胞 |

图 1-40　金刚石的晶体结构与晶胞

原子晶体中,原子间以共价键结合,键能大,破坏这类化学键所需要的能量较大,因此,原子晶体具有很高的熔点和很大的硬度;一般是电的不良导体,即使在熔融状态时,导电能力也极弱,但某些原子晶体在一定条件下具有导电的性能,如 Si、SiC 是半导体;原子晶体难溶于绝大多数溶剂,化学性质十分稳定。例如金刚石具有最大的硬度,其熔点高达 3570 ℃。立方 BN 的硬度接近于金刚石。

在工业上,原子晶体主要用作耐磨和耐火材料。如金刚石和金刚砂是最重要的磨料;SiO_2 被广泛用作耐火材料;石英和它的变体,如水晶、紫晶、燧石和玛瑙等,是贵重工业材料和饰品材料;而 SiC、立方 BN、Si_3N_4 等是性能良好的高温结构材料。

2. 分子晶体

晶体中构成晶体的质点是中性分子,分子之间以较弱的分子间力或氢键结合形成的晶体称为分子晶体。大多数非金属单质(如卤素、氧、氮)和它们的一些化合物(如卤化氢、氨和水)以及绝大多数有机化合物在固态时均为分子晶体。

与离子晶体和原子晶体不同,在分子晶体中存在着独立的分子。在分子晶体中分子将尽可能采取紧密堆积的方式进行排列。由于分子间力或氢键很弱,分子晶体的熔点低、有较大挥发性,而且硬度小。分子晶体中不存在着可以导电的粒子,故固态和熔融态时均不导电,是性能良好的绝缘材料;但某些强极性物质的分子晶体如 HCl 溶于极性溶剂如 H_2O 后,显示出一定的导电性。

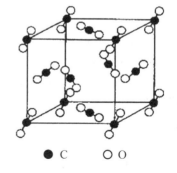

● C　　　○ O

图 1-41　干冰的晶体结构

干冰(CO_2)是分子晶体,其晶体结构如图 1-41 所示,晶格结点上排列着 CO_2 分子,CO_2 分子之间以分子间力结合,而分子内 C 原子和 O 原子之间则以共价键联系。干冰能吸收外界大量的热直接升华成气态 CO_2,因而可作为致冷剂。尤其与氯仿、乙醚、丙酮等有机物混合时,致冷效果特佳,可使温度降至 -73 ℃。

1.3.4　金属键与金属晶体

周期表中,除了 22 个非金属元素外,其余均为金属元素。常温下,除汞是液态以外,其他金属单质都是晶态固体。构成晶体的微粒是金属原子或离子,微粒间的作用力为金属键的晶体称为金属晶体。金属具有特殊的金属光泽,良好的导电、导热性和机械加工性能等。多数金属具有较高的密度、硬度、熔点和沸点。金属的通性表明金属具有相似的内部结构和相同的化学键。

1. 金属键

存在于金属原子间的化学键称为金属键,目前有两种理论说明金属键的本质。

1)自由电子模型

金属键的"自由电子"理论认为金属原子的价电子与核的联系比较松弛,容易失去电子而形成金属正离子,从金属原子脱离下来的电子不是在某一些原子或离子附近运动,而是在整个金属晶体中自由地运动,称为自由电子。由于自由电子不停地运动,把金属原子或离子联系在一起形成了金属晶体,这就是金属键的"自由电子模型"。金属晶体由金属原子、离子和自由电子构成。

金属键中共用电子属于整个金属,没有方向性和饱和性。在金属中,每个原子在空间范围允许的条件下,将与尽可能多的原子形成金属键,因此,金属的结构一般总是按最紧密的方式堆积起来,具有较大的密度。

自由电子理论可以定性地解释金属的通性。金属中的自由电子可吸收可见光被激发到较高能级,然后又以光的形式发射出来,使金属呈现银白色光泽;在外电场的作用下,金属中的自由电子作定向流动而形成电流,使金属导电。金属中的电子因受金属正离子和原子的吸引而使运动受到阻碍,使金属具有一定的电阻。温度升高,金属原子和离子的振动加快,振幅增大,电子流动受到的阻力增大,因此金属的电阻一般随温度升高而增大。温度降低,金属导电率增加。当金属的某一部分受热时,会使金属原子和离子的振动加剧,通过自由电子的运动把能量传递给邻近的原子和离子,使热扩散到金属的其他部分,金属整体温度很快升高并趋于均匀,因此,金属具有良好的导热性;金属采用紧密堆积的结构,允许在外力作用下,金属内部各层间发生相对滑动而不破坏金属键,使金属具有良好的机械加工性能。

2)能带理论

将分子轨道理论运用到金属键中,形成了金属键的能带理论。

能带理论认为:整块金属是一个巨大的分子,金属中 n 个原子的每一种能量相等的原子轨道,通过线性组合,得到 n 个分子轨道。分子轨道各能级间隔极小,形成一个能带。例如,Li 原子的电子层结构为 $1s^2 2s^1$,若金属 Li 由 n 个 Li 原子组成,则 n 个锂原子的 n 个 1s 原子轨道组合成 n 个分子轨道,形成一个 1s 能带,由于每一个能级上可以分布 2 个电子,Li 的 $2n$ 个 1s 电子恰好充满 1s 能带,这种充满电子的能带称为满带(见图 1-42);n 个锂原子的 n 个 2s 轨道也可以组合成 n 个分子轨道,形成一个 2s 能带。由于 2s 原子轨道上只有一个电子,在 2s 能带中只有一半的分子轨道充满电子,另一半是空的分子轨道,能带中各分子轨道间的能级间隔很小,电子只要吸收微小的能量就能跃迁到能带内能量稍高的空轨道上,在电场的作用下,这些电子可以定向运动,从而具有导电的能力,所以将这种能带称为导带(见图 1-42)。

正如原子中各个能级间有能量差一样,金属中各能带之间也存在着能量差,使相邻能带之间都有带隙,在带隙之中电子不能停留,是电子的禁区,称为禁带(见图 1-42)。

有些金属由于相邻分子轨道能量相差很小,使导带与满带重叠,禁带消失,从而使满带变成了导带。例如,金属镁的价电子层结构为 $1s^2 2s^2 2p^6 3s^2$,金属镁的 3s 能带是满带,由于金属镁的 3s 原子轨道与 3p 原子轨道的能量相差较小,使 3s 能带与 3p 能带发生了部分重叠,如图 1-43 所示,3s 能带上的电子很容易激发到空的 3p 能带,而形成一个新的导带。

按能带中充填电子情况和禁带宽度不同,可把物质分为导体、半导体和绝缘体(见图 1-44)。

导体一般都有导带或者满带能够与空带发生部分重叠,导带中的电子在外电场作用下定

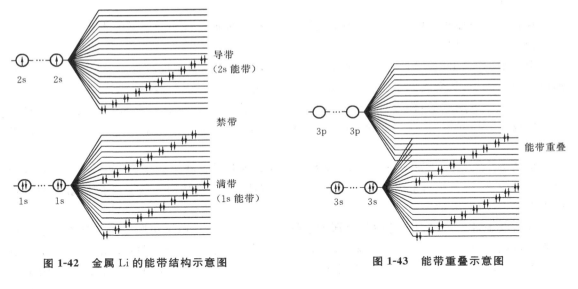

图 1-42　金属 Li 的能带结构示意图　　　　　　　图 1-43　能带重叠示意图

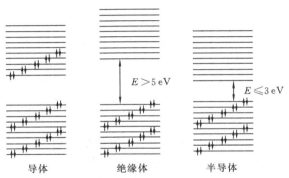

图 1-44　导体、半导体和绝缘体的能带结构示意图

向流动,这些电子在导体中担负了导电的作用,因此,金属的导电性取决于导带的结构特征。

绝缘体没有导带,只有满带和空带,并且禁带宽度 $E > 8.0 \times 10^{-19}$ J(5 eV),在满带中的电子,很难获得足够的能量越过禁带进入到相邻的空带,不能形成导带,故不能导电。

半导体的特征也是只有满带和空带,但禁带宽度很窄,小于 4.8×10^{-19} J(3 eV),在一般条件下,满带中的电子不能跃入空带,故不能导电。但在光照和加热的条件下,满带中的电子可以跃入空带,使之变为导带而导电;电子获得的能量越高,跃入空带的电子数越多,导电性就越强,所以半导体的导电性随着温度的升高而升高。

2. 金属晶体的密堆积结构

金属原子通常只有较少的价电子用于成键,使得金属原子不足以形成正常的共价键。因此,金属原子在形成晶体时,倾向于组成极为紧密的结构,使每个原子拥有尽可能多的相邻原子,金属原子的这种排列方式,使金属晶体的空间利用率达到最大,系统的势能达到最低,形成高配位数的晶体结构。

如果把金属原子或离子看成是等径的圆球,则晶体中原子的排列可视为等径圆球的堆积,经 X 射线衍射分析证明,在晶体中金属原子一般有三种堆积方式,即面心立方密堆积(ccp)、六方密堆积(hcp)和体心立方堆积(bcc)(见表 1-19)。

表 1-19　一些金属单质的晶体结构

金属原子的堆积方式	元　素	原子空间利用率/(%)
六方密堆积	La、Y、Mg、Zr、Hf、Cd、Ti、Co	74
面心立方密堆积	Sr、Ca、Pb、Ag、Au、Al、Cu、Ni	74
体心立方堆积	Li、Na、K、Rb、Cs、Cr、Mo、W、Fe	68

1)六方密堆积(A3 型密堆积)

配位数为 12 的六方密堆积的空间利用率为 74%,这种堆积方式如图 1-45 所示。

把组成金属晶体的原子看作是等径圆球,第一层球称为 A 层,只有一种堆积方式,每个球与其周围的六个球紧密接触,其配位数为 6,每个球周围有 6 个三角形空隙,每个三角形空隙由三个球围成。第二层球称为 B 层,在 B 层,是将球放置在第一层球的三角形空隙上,并且是每隔一个三角形空隙放一个球,得到 ABAB⋯⋯的堆积,这是两层为一个周期的堆积。这种堆积方式就是六方密堆积。

2)面心立方密堆积(A1 型密堆积)

放置第三层时,球放在第一层球的三角形空隙上,构成 C 层,即与第一层球错开又与第二层球错开,按照 ABCABC 方式堆积(见图 1-46),从中可以抽出立方面心晶胞,所以称为面心立方密堆积。其配位数也是 12,空间利用率为 74.05%。

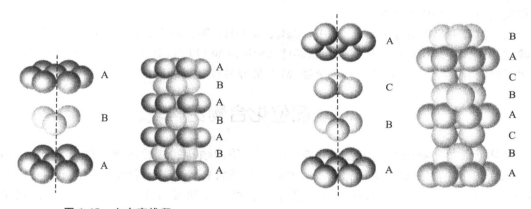

图 1-45　六方密堆积　　　　　　　　　　　图 1-46　面心立方密堆积

3)体心立方堆积(A2 型密堆积)

金属原子分别占据立方晶胞的顶点位置和体心位置。这种堆积方式的配位数为 8,空间占有率为 68.02%,低于上述两种堆积方式的空间利用率 74%,这种堆积不是密堆积。如图 1-47 所示。

图 1-47　体心立方堆积

1.3.5　过渡型晶体

除了四种基本类型的晶体外,还存在着一些过渡型晶体,在这些晶体中,微粒间存在一种以上的作用力,这种晶体也称为混合型晶体。过渡型晶体的主要类型有层状结构晶体和链状结构晶体。

石墨是一种具有层状结构的过渡型晶体(见图 1-48),在石墨中,每一层内的碳原子以 sp^2

杂化轨道分别与另外三个相邻的碳原子以 σ 键连接，键角为 120°，形成由无数个正六边形连接起来的、相互平行的蜂窝式层状结构。同层中每个碳原子还剩下一个 p 电子，其轨道与层平面垂直，这些 p 轨道可以相互重叠，形成了涉及同层所有碳原子的 π 键：这种由多个原子共同形成的 π 键叫做大 π 键（或称为离域 π 键），这些电子比较自由，可以在整个 C 原子平面内移动，相当于金属中的自由电子，所以石墨具有一些金属的性质，如良好的导电性、导热性，具有金属光泽等。在每一层内，相邻碳原子之间的距离为 142 pm，以共价键结合。在同一平面层中的碳原子结合力很强，所以石墨的熔点高，化学性质稳定。而层与层之间是靠范德华力相结合，比化学键弱得多，层间距为 335 pm。由于层间结合力弱，当石墨晶体受到石墨层相平行的力的作用时，各层较易滑动，裂成鳞状薄片，故石墨可用作铅笔芯和润滑剂。石墨是层状结构，在适当的条件下，许多分子、原子和离子能插入石墨层间，形成插层化合物，如金属钾可以插入石墨层间形成 KC_8 插层化合物，钾进入石墨层间增加了石墨导电性，石墨层间化合物通常具有超导性能。

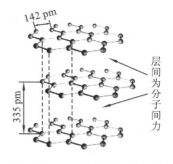

图 1-48　石墨的层状晶体结构

如果将石墨剥离成单层碳的二维结构，就得到了一种新型材料石墨烯。这种石墨晶体薄膜的厚度只有 0.335 nm，是最薄却也是最坚硬的纳米材料，具有许多优异的物理性能，是一种有很大应用前景的新型材料。

属于过渡型晶体的还有 CaI_2、CdI_2、MgI_2、$Ca(OH)_2$ 等。滑石、云母、黑磷等也都属于层状过渡型晶体。纤维状石棉属链状过渡型晶体，链中 Si 和 O 间以共价键结合，硅氧链与阳离子以离子键结合，结合力不及链内共价键强，故石棉容易被撕成纤维。

1.4　配位化合物结构

文献上最早记载的配位化合物是在 1704 年，德国颜料制造者迪斯巴赫（Diesbach）用兽皮、兽血同碳酸钠在铁锅中煮沸得到了鲜艳的蓝色颜料普鲁士蓝。后经研究确定其化学式为 $KFe[Fe(CN)_6] \cdot H_2O$。配位化学作为化学学科的一个重要分支是从 1793 年法国化学家 Tassaert 无意中发现 $CoCl \cdot 6NH_3$ 开始的。1893 年，26 岁瑞士化学家维尔纳（Alfred Werner）根据大量的实验事实，提出了配位化合物结构的基本概念，并用立体化学观点成功地阐明了配位化合物的空间构型和异构现象，奠定了配位化学的基础。由于维尔纳对配位化合物研究的杰出贡献而荣获 1913 年诺贝尔奖。

配位化学是现代无机化学研究最重要的领域之一。配位化合物（coordination compounds）简称配合物，是数量众多、结构复杂、用途广泛的一类化合物。现代配合物的研究和应用渗透到化学及相关学科的各个领域，如分析化学、有机金属化学、生物化学、结构化学、催化化学、原子能工业、医药、电镀、染料等等，由于它在化学领域的重要性及强的渗透作用，配位化学已经成为化学的重要分支学科。

1.4.1　配位化合物的基本概念

1. 配位化合物的定义

1980 年中国化学会对配合物作了如下的定义：配位化合物（简称配合物）是由可以给出孤

对电子或多个不定域电子的一定数目的离子或分子(称为配位体)和具有接收孤对电子或多个的空位的原子或离子(统称中心原子)按一定的组成和空间构型所形成的化合物。

通常将由中心原子和配位体以配位键的形式结合而成的具有一定稳定性的复杂离子(或分子)称为配位单元。凡含有配位单元的化合物都称配位化合物(或配合物)。

配位单元可以是离子,如$[Cu(NH_3)_4]^{2+}$、$[Ag(NH_3)_2]^+$、$[Fe(CN)_6]^{3-}$、$[Ag(CN)_2]^-$等都是配离子,也可以是中性分子,如$[Pt(NH_3)_2Cl_4]$、$[Co(NH_3)_3Cl_3]$等,叫做配位化合物分子。通常,对配离子和配位化合物分子并不严格区分。

配位化合物是由内界和外界两部分组成。内界是由中心原子与配位体组成,书写时通常放在方括号内,是配位物的特征部分。把配合物中与内界离子带有相反电荷的其他离子称为外界(见图1-49)。内界与外界以离子键结合,在水溶液中完全解离,并不是所有的配位化合物都有内外界之分,如$[Co(NH_3)_3Cl_3]$、$Ni(CO)_4$等就不存在外界。

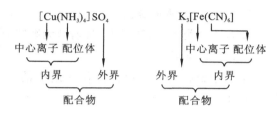

图 1-49　配合物组成示意图

1)中心原子(或中心离子)

中心原子(或形成体)是配位化合物的核心部分,其特征是:具有空的价层原子轨道,能接收孤对电子或不定域电子,与配位体形成配位键。中心原子一般是金属离子,特别是过渡金属离子。少数金属原子、阴离子及一些具有高氧化态的非金属原子也可作为配合物的中心原子。例如,$Ni(CO)_4$和$Fe(CO)_5$中的 Ni 和 Fe 都是中性金属原子;$Na[Co(CO)_4]$中的 Co 金属呈-1氧化态;SiF_6^{2-}中的 Si(IV)是高氧化态的非金属元素。

2)配位体

在配合物中,提供孤对电子或多个不定域电子的离子或分子称为配位体,如 NH_3、OH^-、CN^-、H_2O、CO、SCN^-、X^-(卤素离子)等等。配位体中,直接与中心原子键合的原子叫配位原子,如 NH_3 中的 N 原子,OH^- 中的 O 原子是配位原子。配位原子通常是含有孤对电子且电负性较大的非金属原子,如 C、N、O 元素等。有些配位体没有孤电子对,是通过提供 π 电子与中心原子形成配位键。

只能提供一个配位原子与中心离子构成一个配位键的配体叫单齿配体,如 NH_3、X^-、CN^-;含有两个或两个以上配位原子能与同一中心原子形成两个或两个以上配位键的配体叫多齿配体,如乙二胺($NH_2CH_2CH_2NH_2$,简写为 en)、$C_2O_4^{2-}$、乙二胺四乙酸(简写为 EDTA,也用 H_4Y 表示)。这类多齿配体能和中心离子(或原子)形成环状结构,像螃蟹的双蟹钳住中心离子或原子,这类配合物又称螯合物。

3)配位数

与中心离子以配位键结合的配位原子数叫做中心离子的配位数。例如,在$[Ag(NH_3)_2]^+$中,Ag^+的配位数为 2;在$[Cu(NH_3)_4]^{2+}$中,Cu^{2+}的配位数为 4;在$[Co(NH_3)_6]^{3+}$中,Co^{3+}的配位数为 6。目前已经知道,在配位化合物中,中心离子的配位数可以从 2 到 12,但较常见的配位数是 2、4 和 6。多齿配体的配位数不等于配位体的数目。如$[Cu(en)_2]^{2+}$配离子,一个 en 提供 2 个配位原子,所以它的配位数为 $2 \times 2 = 4$。

4)配离子的电荷

配离子可以带正电荷或负电荷,其电荷等于中心离子与所有配位体电荷的代数和,也与外

界离子电荷的绝对值相等,符号相反。例如:

$[Cu(NH_3)_4]^{2+}$ 的电荷为 $(+2)+(0)×4=+2$;

$[Fe(CN)_6]^{4-}$ 的电荷为 $(+2)+(-1)×6=-4$;

$[Co(NH_3)_5Cl]^{2+}$ 的电荷为 $(+3)+(0)×5+(-1)×1=+2$。

在中性配位化合物里,中心离子与配位体电荷的代数和等于零。例如:

$Pt(NH_3)_2Cl_2$ 电荷为 $(+2)+(0)×2+(-1)×2=0$;

$Co(NH_3)_3Cl_3$ 电荷为 $(+3)+(0)×3+(-1)×3=0$。

2. 配位化合物的类型

配合物种类繁多、数量大,目前尚无系统分类方法,一般可以分为以下几种类型。

1)简单配合物

由一个金属离子与单齿配位体组成的一类配合物称为简单配合物,如 $[Ag(NH_3)_2]^+$、$[Zn(NH_3)_4]^{2+}$、$[FeF_6]^{3-}$ 等。

2)螯合物

螯合物也称内配合物,它是由中心离子与多齿配位体的两个或两个以上配位原子键合而成的具有环状结构的配合物。凡具有上述环状结构的配合物不论它是中性分子还是带有电荷的离子,都称螯合物。如乙二胺双齿配体与 Cu^{2+} 形成的螯合物(见图 1-50)。

图 1-50　$[Cu(en)_2]^{2+}$ 的结构示意图

螯合物的稳定性和它的环状结构(环的大小和环的多少)有关。一般来说以五元环、六元环较稳定。螯合物的五元环数目越多,其稳定性越强。如钙离子与 EDTA 形成的螯合物中有 5 个五元环(见图 1-51),所以它很稳定。

由于形成环形结构,金属螯合物与具有相同配位原子的非螯合配合物相比,具有特殊的稳定性。把这种由于螯合物具有的特殊稳定性称为螯合效应。螯合效应主要是由熵值的增加所引起的。

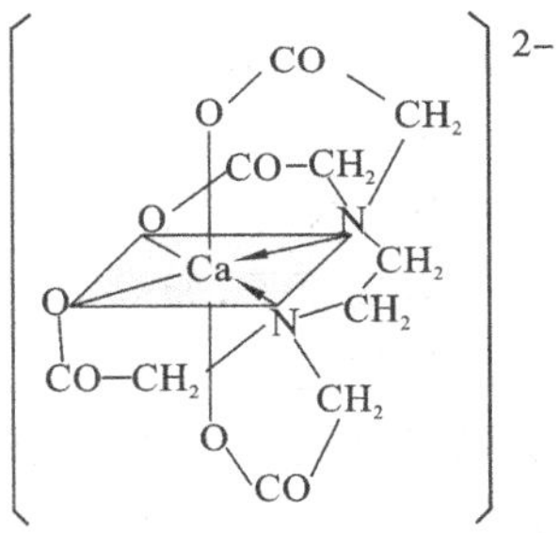

3)多核配位化合物

内界含有 2 个或 2 个以上中心原子的配位化合物,叫多核配位化合物,如图 1-52 所示。连接 2 个中心原子的配位体,叫桥联配位体。

图 1-51　$[Ca(EDTA)]^{2-}$ 的结构示意图

4)金属羰基配合物

过渡金属和一氧化碳(即羰基)形成的配合物,叫金属羰基配合物。如四羰基合镍 $(Ni(CO)_4)$,在金属羰基配合物中,中心原子一般为低价、零价,甚至负价态。

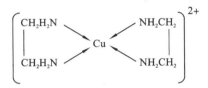

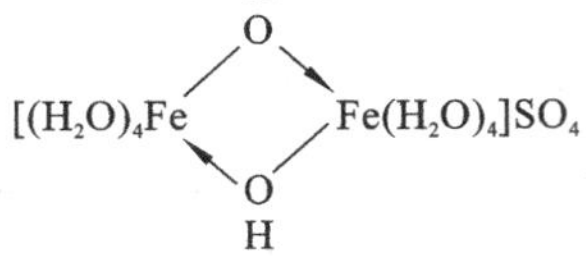

图 1-52　多核配合物的结构示意图

3. 配位化合物的命名

配合物的命名与一般无机化合物的命名原则相似,通常是按配位化合物的分子式从后向前依次读出它们的名称。

(1)配位化合物的外界是阴离子,则命名在前,如氯化…,硫酸…或氢氧化…等,如 $[Cu(NH_3)_4]SO_4$ 称硫酸四氨合铜(Ⅱ),$[Co(NH_3)_6]Cl_3$ 称三氯化六氨合钴(Ⅲ);外界是阳离子则命名在后,如…酸钾,…酸钠,…酸等,如 $H_2[PtCl_6]$ 称六氯合铂(Ⅳ)酸,$Cu_2[SiF_6]$ 称六氟合硅(Ⅳ)酸铜。

(2) 内界的命名顺序为:阴离子配位体—中性分子配体—合—中心离子(或原子)。在配体前用汉字标明其个数,中心离子后面用罗马字标明其氧化态。

(3) 有些配位体在配位化合物中有专门的名称,如 CO 称羰基,—OH 称羟基,—NO₂ 称硝基,—NH₂ 称胺基。

表 1-20 中列出了一些配位化合物命名的实例。

表 1-20 配位化合物的名称实例

类 别	化 学 式	系 统 命 名	习 惯 命 名
配离子	$[Cu(NH_3)_4]^{2+}$	四氨合铜(Ⅱ)离子	铜氨配离子
	$[FeF_6]^{4-}$	六氟合铁(Ⅱ)离子	—
配合物	$[Ag(NH_3)_2]Cl$	氯化二氨合银(Ⅰ)	银氨配位化合物
	$K_3[Fe(CN)_6]$	六氰合铁(Ⅲ)酸钾	赤血盐
	$K_4[Fe(CN)_6]$	六氰合铁(Ⅱ)酸钾	黄血盐
	$K[Ag(SCN)_2]$	二(硫氰酸根)合银(Ⅰ)酸钾	—
	$(NH_4)_3[Cr(NCS)_6]$	六(异硫氰酸根)合铬(Ⅲ)酸铵	—
	$[Pt(NH_3)_6][PtCl_4]$	四氯合铂(Ⅱ)酸六氨合铂(Ⅱ)	—
	$[Zn(NH_3)_4](OH)_2$	氢氧化四氨合锌(Ⅱ)	锌氨配位化合物
	$[Cr(H_2O)_5OH](OH)_2$	氢氧化一羟基五水合铬(Ⅲ)	—
	$H_2[SiF_6]$	六氟合硅(Ⅳ)酸	氟硅酸
	$H_2[PtCl_6]$	六氯合铂(Ⅳ)酸	氯铂酸
	$Ni(CO)_4$	四羰基合镍	—

1.4.2 配位化合物的价键理论

鲍林等人在 20 世纪 30 年代初提出了杂化轨道理论,用此理论来处理配合物的形成、配合物的几何构型、配合物的磁性等问题,建立了配合物的价键理论。

1. 价键理论的基本要点

(1) 配合物的中心离子 M 与配位体 L 之间的结合,一般是靠配体单方面提供孤对电子与中心离子 M 共用,形成配键 M ←：L,简称 σ 配键。

(2) 形成配位键的必要条件是:配体 L 至少含有一对孤电子对或多个不定域电子,而中心离子 M 必须有空的价轨道。例如,在 $[Co(NH_3)_6]^{3+}$ 中是 Co^{3+} 的空轨道接收 NH_3 分子中 N 原子提供的孤电子对形成 $Co \leftarrow NH_3$ 配位键,得到了稳定的六氨合钴配离子。

(3) 在形成配合物(或配离子)时,为了增加成键能力,中心离子(或原子)M 用能量相近的空轨道(如第一过渡系金属 3d、4s、4p、4d)杂化,配位体 L 的孤电子对填到中心离子(或原子)已杂化的空轨道中形成配离子。配离子的空间结构、配位数及稳定性等主要取决于杂化轨道的数目和类型。

(4) 中心离子利用哪些空轨道进行杂化,这既与中心离子的电子层结构有关,又与配位体中配位原子的电负性有关。

2. 杂化轨道的类型与配合物的空间构型

利用配合物的价键理论可以说明配合物的形成过程和配合物的空间构型。

1）配位数为 2 的配合物

氧化数为＋1 的中心离子易形成配位数为 2 的配合物。如$[Ag(NH_3)_2]^+$，Ag^+ 的价电子轨道为 $4d^{10}5s^05p^0$。4d 轨道已全充满，只能提供 5s 和 5p 空轨道用于成键，当与 NH_3 配合时，Ag^+ 离子的 5s 和 1 个 5p 空轨道进行 sp 杂化，形成 2 个等价的 sp 杂化轨道，各接收一个 NH_3 中配位原子 N 的一对孤电子对形成两个配位键。sp 杂化轨道呈直线型，故$[Ag(NH_3)_2]^+$ 配离子的空间构型为直线形，其电子分布为

2）配位数为 4 的配合物

配位数为 4 的配合物有四面体和平面正方形两种构型。以 $[Ni(NH_3)_4]^{2+}$ 和 $[Ni(CN)_4]^{2-}$ 为例说明配位数为 4 的配合物的形成过程。Ni^{2+} 离子的价层电子排布为

当 Ni^{2+} 离子形成配位数为 4 的配合物时，可以形成两种构型的配位化合物，即四面体形和平面正方形。当 Ni^{2+} 离子与配位能力较弱的配体（如 NH_3）配位时，Ni^{2+} 离子提供 1 个 4s 轨道和 3 个 4p 轨道杂化，形成 4 个等价的 sp^3 杂化轨道，与四个 NH_3 分子配位成键，形成正四面体构型的$[Ni(NH_3)_4]^{2+}$，其电子分布为

当 Ni^{2+} 与配位能力很强的配体（如 CN^-）配位时，由于 CN^- 中的配位原子 C 的电负性较小，易给出孤电子对，对中心离子 Ni^{2+} 的影响较大，使 3d 电子发生重排，空出一个 3d 轨道。于是 1 个 3d 轨道、1 个 4s 轨道和 2 个 4p 轨道杂化，形成 4 个等性的 dsp^2 杂化轨道，与 4 个 CN^- 离子形成 4 个配位键。由于 dsp^2 杂化轨道最大伸展方向指向平面正方形的四个顶点，故 $[Ni(CN)_4]^{2-}$ 的空间构型为平面正方形，其电子分布为

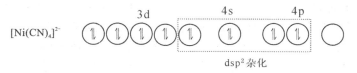

3）配位数为 6 的配合物

配位数为 6 的配合物绝大多数具有八面体构型，以$[FeF_6]^{3-}$ 和 $[Fe(CN)_6]^{3-}$ 配离子为例讨论八面体构型的配位化合物的形成过程。Fe^{3+} 的价层电子在 3d 轨道中的排布为

Fe^{3+} 在形成配位数为 6 的配合物时,可以形成两种杂化类型的配合物,当 Fe^{3+} 与 F^- 形成配离子时,Fe^{3+} 提供 1 个 4s 轨道、3 个 4p 轨道和 2 个 4d 轨道杂化,形成 6 个 sp^3d^2 杂化轨道,每个 sp^3d^2 杂化轨道各接收 F^- 提供的一对孤电子对,形成正八面体的 $[FeF_6]^{3-}$ 配离子。$[FeF_6]^{3-}$ 的电子分布为

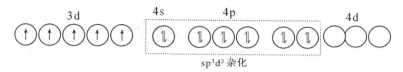

当 Fe^{3+} 与 CN^- 配合时,由于 CN^- 的作用,使 Fe^{3+} 的 5 个 3d 电子重排,空出了 2 个 3d 轨道;于是 2 个 3d 轨道、1 个 4s 轨道和 3 个 4p 轨道杂化形成 6 个等价的 d^2sp^3 杂化轨道,接收 6 个 CN^- 提供的 6 对孤电子对成键,形成正八面体构型的 $[Fe(CN)_6]^{3-}$ 配离子。$[Fe(CN)_6]^{3-}$ 的电子分布为

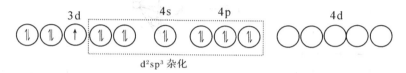

可见,在 $[FeF_6]^{3-}$ 中,Fe^{3+} 在形成配合物时,中心离子的 d 电子不发生重排,采用 ns、np、nd 轨道杂化,中心离子仅用"外层"的原子轨道,故将其称为外轨型杂化。其配合物称为外轨型配合物。

在 $[Fe(CN)_6]^{3-}$ 中 Fe^{3+} 采用 ns、np、$(n-1)d$ 轨道杂化,中心离子使用了一部分内层轨道 $(n-1)d$ 参加杂化,将其称为内轨型杂化。其配合物称为内轨型配合物。在形成配合物时,中心离子的 d 电子发生重排,未成对电子数减少,配合物的磁矩也相应减少。配合物的磁矩与未成对电子数有如下关系:

$$\mu = \sqrt{n(n+2)}\mu_B \tag{1-24}$$

μ_B 为玻尔磁子,形成配合物前,Fe^{3+} 的 $\mu = \sqrt{5(5+2)}\mu_B$,形成配合物后,其磁矩为 $\mu = \sqrt{1(1+2)}\mu_B$,磁矩减小,所以内轨型配合物的磁矩一般小于自由离子,而外轨型配合物的磁矩则不发生变化。

表 1-21 给出了中心离子常见的杂化轨道类型和配合物的空间构型。

表 1-21　中心离子的杂化轨道类型和配合物的空间构型

杂化轨道		配位数	配离子的空间构型	示　例
杂化方式	轨道数			
sp	2	2	直线　○—●—○	$[Cu(NH_3)_2]^+$ $[Ag(CN)_2]^-$ $[Ag(NH_3)_2]^+$
sp^2	3	3	平面三角形	$[HgI_3]^-$ $[CuCl_3]^{2-}$

杂 化 轨 道		配位数	配离子的空间构型	示　例
杂化方式	轨道数			
sp^3	4	4	正四面体	$[ZnCl_4]^{2-}$ $[BF_4]^-$ $[Cd(NH_3)_4]^{2+}$ $[Ni(NH_3)_4]^{2+}$
dsp^2	4		平面正方形	$[AuF_4]^-$ $[Cu(NH_3)]^{2+}$ $[Ni(CN)_4]^{2-}$
dsp^3	5	5	三角双锥	$Fe(CO)_5$ $[CuCl_5]^{3-}$
sp^3d^2	6	6	正八面体	$[Ti(H_2O)_6]^{3+}$ $[FeF_6]^{3-}$ $[Mn(H_2O)_6]^{2+}$
d^2sp^3	6			$[Fe(CN)_6]^{3-}$ $[Co(NH_3)_6]^{3+}$ $[Cr(NH_3)_6]^{3+}$

1.4.3　配位化合物的晶体场理论

1929 年汉斯·贝特(Hans Bethe)和约翰·凡扶累克(John van Vleck)提出了晶体场理论(CFT),但直到 20 世纪 50 年代成功地用晶体场理论解释金属配合物的吸收光谱后,晶体场理论才得到迅速发展。晶体场理论与价键理论不同,它不是从共价键角度考虑配合物的成键,而是一种纯粹的静电理论。

1. 晶体场理论的基本要点

(1) 在配合物中,中心离子 M 处于带电的配位体 L 形成的静电场中,二者靠静电作用结合在一起,配位体负电荷对中心离子产生的静电场称为晶体场。

(2) 中心离子的 5 个能量相同的 d 轨道受配体负电场不同程度的排斥作用,能级发生分裂,有些轨道的能量升高,有些轨道的能量降低,形成几组能量不同的轨道。

(3) 电子在分裂后的 d 轨道上重新分布,优先占据能量较低的轨道,使系统的能量降低,给配合物带来了额外的稳定化能,对配合物的性质产生影响。

2. d 轨道的能级分裂

在形成配合物时,除了中心离子与配位体之间的静电引力外,中心离子的 d 轨道还会受到配体的静电排斥作用,若配体组成的晶体场是均匀的球形电场,中心离子的 d 轨道不会发生分裂;在正八面体的配合物中,中心离子处在配位体组成的正八面体场的中心,如图 1-53 所示。

当六个配体沿着 $\pm x$、$\pm y$、$\pm z$ 轴方向与中心离子接近时,中心离子的 d_{z^2} 和 $d_{x^2-y^2}$ 轨道的伸展方向与配体正好迎头相碰,受到配体的静电斥力较大,其能量升高较多,高于 d 轨道在球形电场中的能量;而 d_{xy}、d_{yz}、d_{zx} 三个 d 轨道沿着两个坐标轴的夹角平分线上伸展,受配体的静电斥力较小,其能量相对较低,低于 d 轨道在球形电场中的能量。因此,中心离子 5 个简并的 d 轨道在正八面体场中分裂成两组,一组是能量较高的 d_{z^2} 和 $d_{x^2-y^2}$ 轨道,称为 e_g 轨道;另一组是能量较低的 d_{xy}、d_{yz}、d_{zx} 轨道,称为 t_{2g} 轨道,如图 1-54 所示。

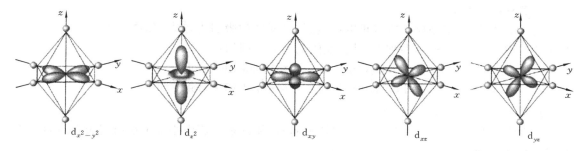

图 1-53　正八面体配合物中 d 轨道与配体的相对位置示意图

在晶体场中 d 轨道分裂以后,最高能量的 d 轨道与最低能量的 d 轨道之间的能量差称为晶体场分裂能,用"Δ"表示,正八面体场中分裂能通常以 Δ_o 表示,脚标 o 表示八面体,也可以用 $10Dq$(Dq 为场强参数)表示正八面体场的分裂能。

量子力学证明,一组简并轨道因静电作用而引起分裂,则分裂后的能级,其平均能量不变。若选取球形电场的能量作为计算的相对零点,则有

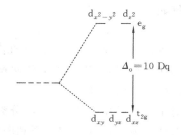

图 1-54　d 轨道在正八面体场中的分裂

$$E(e_g) - E(t_{2g}) = \Delta_o = 10Dq$$
$$2E(e_g) + 3E(t_{2g}) = 0$$

将上面两式联立求解,得

$$E(e_g) = \frac{3}{5}\Delta_o = 6Dq, \quad E(t_{2g}) = -\frac{2}{5}\Delta_o = -4Dq$$

由此可见,相对于球形电场的能量而言,e_g 轨道的能量升高了 $\frac{3}{5}\Delta_o$(6Dq),而 t_{2g} 轨道的能量降低了 $\frac{2}{5}\Delta_o$(4Dq),Δ_o 值可以通过实验的方法求得,单位常用 cm^{-1} 或 $kJ \cdot mol^{-1}$ 表示。晶体场分裂能是晶体场理论的重要参数,其值的大小直接影响配合物的性质。配合物的几何构型、中心离子的电荷、中心离子所在的周期和配体的性质都对分裂能产生影响。

1)配合物的几何构型

在中心离子和配位体相同时,若配合物的几何构型不同,将会形成不同的晶体场,使得中心离子 d 轨道能级分裂的程度和分裂后 d 轨道的能级顺序不同,表 1-22 给出了不同晶体场中 d 轨道的不同能级和相应的分裂能。从表 1-22 中可以看到,正四面体场的分裂能(Δ_t)较小,平面正方形场的分裂能(Δ_s)相对较大,它们之间有以下关系:

$$\Delta_t = \frac{4}{9}\Delta_o, \quad \Delta_s = 1.742\Delta_o$$

表 1-22　不同晶体场中 d 轨道的不同能级和分裂能（E/Dq）

晶体场类型	配位数	d_{xy}	d_{yz}	d_{zz}	$d_{x^2-y^2}$	d_{z^2}	Δ
正八面体	6	−4.00	−4.00	−4.00	6.00	6.00	10.00
正四面体	4	1.78	1.78	1.78	−2.67	−2.67	4.45
平面正方形	4	2.28	−5.14	−5.14	12.28	−4.28	17.42

2）中心离子的电荷

相同配体,同一中心离子所带正电荷越高,对配体的吸引力越大,配体与中心离子距离越近,晶体场对 d 电子的排斥力越强,其分裂能也越大。例如:

$$[\mathrm{Fe(H_2O)_6}]^{3+}, \quad \Delta_\mathrm{o}=163.9 \ \mathrm{kJ \cdot mol^{-1}}$$
$$[\mathrm{Fe(H_2O)_6}]^{2+}, \quad \Delta_\mathrm{o}=124.4 \ \mathrm{kJ \cdot mol^{-1}}$$

3）中心离子的周期

同族同价的金属离子（M^{n+}）,在配位体相同时,其 Δ 值随着中心离子在周期表中的周期数的增大而增加,即:

$$\Delta（第四周期）<\Delta（第五周期）<\Delta（第六周期）$$

例如:

$$\Delta\{[\mathrm{Co(NH_3)_6}]^{3+}\}<\Delta\{[\mathrm{Rh(NH_3)_6}]^{3+}\}<\Delta\{[\mathrm{Ir(NH_3)_6}]^{3+}\}$$

产生这种现象,主要是因为随着 d 轨道主量子数增大,d 轨道的伸展程度增大,因而受到配体的作用增强,所以分裂能依次增大。

4）配位体的性质

对于给定的中心离子而言,分裂能的大小与配体有关。从正八面体配合物的光谱实验得出的配体对分裂能的影响由强到弱的顺序如下:

CO、CN^-＞$-\mathrm{NO_2}$（硝基）＞en（乙二胺）＞$\mathrm{NH_3}$＞EDTA＞$\mathrm{H_2O}$＞$\mathrm{C_2O_4^{2-}}$＞F^-＞$\mathrm{SCN}^- \approx \mathrm{Cl}^-$＞$\mathrm{Br}^-$＞$\mathrm{I}^-$

这一顺序称光谱化学序列。从配位原子来看,一般规律是:碳＞氮＞氧＞卤素。在序列前面,如 CO、CN^-、$-\mathrm{NO_2}$ 分裂能较大,叫强场配位体,最后面的如 F^-、Cl^-、Br^-、I^- 等分裂能较小,叫弱场配位体。中间的为中强场配位体,但它们与强场和弱场配位体之间并没有明显的界限。

光谱化学序列只是从实验中总结出的一般规律,实际上有许多不符合这些规律的例子。

3. 配合物的自旋态

在正八面体场中,中心离子的 d 轨道分裂成两组（t_{2g} 和 e_g）,d 电子在这两组轨道中的分布仍要遵守能量最低原理、泡利不相容原理和洪特规则。

当中心离子有 1～3 个电子时,d 电子只能排在能量较低的 t_{2g} 轨道上,且保持平行自旋,只有一种排布方式,其电子排布方式分别为 $(t_{2g})^1(e_g)^0$、$(t_{2g})^2(e_g)^0$ 和 $(t_{2g})^3(e_g)^0$。

当中心离子有 4～7 个电子时,d 电子有两种可能的排布方式:一种是 d 电子尽可能地分占不同的 d 轨道,且保持较多的自旋平行的未成对电子,这样的配合物称为高自旋配合物;另一种排布方式是,d 电子尽可能地排布在能量较低的 d 轨道上,保持较少的自旋平行的未成对电子,这种配合物称为低自旋配合物。对于配合物而言,究竟采取何种排布方式,取决于分裂能 Δ_o 和电子成对能 P 的相对大小。电子成对能 P 是指当轨道中已排布一个电子,而另一个电子进入与前一个电子成对时所需要克服的能量。

当 $P>\Delta_\mathrm{o}$ 时,电子配对所需要的能量较高,将尽可能占据较多的 d 轨道,形成高自旋配合物；当 $P<\Delta_0$ 时，电子进入 e_g 轨道所需要的能量较高，因此保持较少的未成对电子数，形成低自旋配合物。例如，Fe^{2+} 离子的电子成对能为 17600 cm^{-1}，Fe^{2+} 可以分别与 H_2O 和 CN^- 配位，形成具有八面体构型的配离子 $[Fe(H_2O)_6]^{2+}$ 和 $[Fe(CN)_6]^{4-}$。$[Fe(H_2O)_6]^{2+}$ 的分裂能为 10400 cm^{-1}，$[Fe(CN)_6]^{4-}$ 的分裂能为 33000 cm^{-1}。对于 $[Fe(CN)_6]^{4-}$ 而言，$P<\Delta_0$，是低自旋配合物，其电子排布为 $(t_{2g})^6(e_g)^0$；而对于 $[Fe(H_2O)_6]^{2+}$ 而言，有 $P>\Delta_0$，是高自旋配合物，其电子排布为 $(t_{2g})^4(e_g)^2$。

d 电子数为 8~10 的中心离子形成的配合物，d 电子也只有一种排布方式。表 1-23 给出了正八面体配合物 d 电子的自旋态。

表 1-23　正八面体配合物 d 电子的自旋态

d 电子数	弱场 $(P>\Delta_0)$ t_{2g}	弱场 $(P>\Delta_0)$ e_g	单电子数	强场 $(P<\Delta_0)$ t_{2g}	强场 $(P<\Delta_0)$ e_g	单电子数
1	↑		1	↑		1
2	↑ ↑		2	↑ ↑		2
3	↑ ↑ ↑		3	↑ ↑ ↑		3
4	↑ ↑ ↑	↑	4	↑↓ ↑ ↑		4
5	↑ ↑ ↑	↑ ↑	5	↑↓ ↑↓ ↑		1
6	↑↓ ↑ ↑	↑ ↑	4	↑↓ ↑↓ ↑↓		0
7	↑↓ ↑↓ ↑	↑ ↑	3	↑↓ ↑↓ ↑↓	↑	1
8	↑↓ ↑↓ ↑↓	↑ ↑	2	↑↓ ↑↓ ↑↓	↑ ↑	2
9	↑↓ ↑↓ ↑↓	↑↓ ↑	1	↑↓ ↑↓ ↑↓	↑↓ ↑	1
10	↑↓ ↑↓ ↑↓	↑↓ ↑↓	0	↑↓ ↑↓ ↑↓	↑↓ ↑↓	0

（弱场 e_g 列中 d⁴~d⁷ 标注"高自旋"；强场 e_g 列中 d⁵~d⁷ 标注"低自旋"）

从表 1-23 中可以看到，只有在中心原子电子组态为 d^4~d^7 的配合物中，d 电子存在着两种不同的排布方式，配体为强场者（如 NO_2^-、CN^- 和 CO 等）形成低自旋配合物，配体为弱场者（如 X^-、H_2O 等）形成高自旋配合物。第五、六周期的过渡金属离子的 4d、5d 轨道的空间范围较 3d 大，容纳一对电子时的斥力较小，即电子成对能相对较小，且分裂能较大，所以第五、六周期的过渡金属离子较同族第三周期的金属离子更易形成低自旋配合物。

4. 晶体场稳定化能和配合物的稳定性

在晶体场的作用下，中心离子 d 轨道发生能级分裂，电子优先进入能量较低的 d 轨道，导致系统的能量降低，d 电子进入分裂后的 d 轨道所产生的配合物总能量的下降，称为晶体场稳定化能，用符号 CFSE(crystal field stabilization energy) 表示。

晶体场稳定化能与中心离子的 d 电子数目有关，也与配体所形成的晶体场的强弱有关，正八面体配合物的晶体场稳定化能可按下式计算：

$$CFSE = (-4Dq) \times n(t_{2g}) + 6Dq \times n(e_g) \tag{1-25}$$

式中，$n(t_{2g})$ 是 t_{2g} 能级上的电子数，$n(e_g)$ 是 e_g 能级上的电子数。晶体场稳定化能越负，配合物越稳定。例如，当中心离子为 d^6 组态，形成高自旋配合物，电子排布为 $(t_{2g})^4(e_g)^2$ 时，其 CFSE 的计算如下：

$$CFSE = 4 \times (-4Dq) + 2 \times (6Dq) = -4Dq$$

而当中心离子为 d^6 组态，形成低自旋配合物，电子排布为 $(t_{2g})^6(e_g)^0$ 时，其 CFSE 的计算如下：

$$CFSE = 6 \times (-4Dq) = -24Dq$$

由计算可知,后者总能量下降比前者多,表明低自旋的配位化合物更稳定。表 1-24 列出了 $d^1 \sim d^{10}$ 构型离子的正八面体配合物在弱场和强场中的稳定化能。

表 1-24　过渡金属离子在八面体场中的 CFSE

弱　　场				强　　场			
d^n	结构	未成对电子数	CFSE	d^n	结构	未成对电子数	CFSE
d^1	t_{2g}^1	1	$-4Dq$	d^1	t_{2g}^1	1	$-4Dq$
d^2	t_{2g}^2	2	$-8Dq$	d^2	t_{2g}^2	2	$-8Dq$
d^3	t_{2g}^3	3	$-12Dq$	d^3	t_{2g}^3	3	$-12Dq$
d^4	$t_{2g}^3 e_g^1$	4	$-6Dq$	d^4	t_{2g}^4	2	$-16Dq$
d^5	$t_{2g}^3 e_g^2$	5	$0Dq$	d^5	t_{2g}^5	1	$-20Dq$
d^6	$t_{2g}^4 e_g^2$	4	$-4Dq$	d^6	t_{2g}^6	0	$-24Dq$
d^7	$t_{2g}^5 e_g^2$	3	$-8Dq$	d^7	$t_{2g}^6 e_g^1$	1	$-18Dq$
d^8	$t_{2g}^6 e_g^2$	2	$-12Dq$	d^8	$t_{2g}^6 e_g^2$	2	$-12Dq$
d^9	$t_{2g}^6 e_g^3$	1	$-6Dq$	d^9	$t_{2g}^6 e_g^3$	1	$-6Dq$
d^{10}	$t_{2g}^6 e_g^4$	0	$0Dq$	d^{10}	$t_{2g}^6 e_g^4$	0	$0Dq$

从表 1-24 中可以得到以下几点:

(1) 在弱场中,构型为 d^0、d^5、d^{10} 等离子的配合物的晶体场稳定化能为零,构型为 d^3、d^8 的配合物的晶体场稳定化能最大(绝对值);强场中,晶体场稳定化能为零的是构型为 d^0、d^{10} 的配合物,最大的是构型为 d^6 的配合物。

(2) 当中心离子相同时,低自旋配合物的晶体场稳定化能较大,高自旋配合物的晶体场稳定化能较小,表明低自旋配合物较高自旋配合物稳定。

(3) 当中心离子的电荷相同,配位体相同时,晶体场稳定化能与中心离子的 d 电子数有如下关系:

弱场 $d^0 < d^1 < d^2 < d^3 > d^4 > d^5 < d^6 < d^7 < d^8 > d^9 > d^{10}$

强场 $d^0 < d^1 < d^2 < d^3 < d^4 < d^5 < d^6 > d^7 > d^8 > d^9 > d^{10}$

5. 配合物的吸收光谱与颜色

过渡金属离子的配合物大多具有颜色,例如,$[Cu(H_2O)_4]^{2+}$ 为蓝色,$[Co(H_2O)_6]^{2+}$ 为粉红色,$[V(H_2O)_6]^{3+}$ 为绿色,$[Ti(H_2O)_6]^{3+}$ 为紫红色等。

过渡金属离子具有未充满电子的 d 轨道,在形成配合物时发生能级分裂,配合物的分裂能在 $10000 \sim 30000\ cm^{-1}$,正好处于可见光的能量范围内。在低能级轨道上的 d 电子吸收与分裂能相当的可见光,跃迁到高能级 d 轨道,这种跃迁称为 d-d 跃迁。而配合物显示的颜色是吸收光的互补色。

例如,正八面体配合物 $[Ti(H_2O)_6]^{3+}$ 显紫红色,Ti^{3+} 的电子组态为 $3d^1$,形成正八面体的水合离子时,排布在能量较低的 t_{2g} 轨道上的 1 个 3d 电子,可以吸收可见光而发生 d-d 跃迁。$[Ti(H_2O)_6]^{3+}$ 在可见光区 $20300\ cm^{-1}$(波长为 492 nm)处有一最大吸收峰(见图 1-55)。这个吸收峰对应于 $[Ti(H_2O)_6]^{3+}$ 的 d 电子发生 d-d 跃迁所吸收的能量,即 $[Ti(H_2O)_6]^{3+}$ 配合物的分裂能。由于 d-d 跃迁吸收蓝绿色的光,所以配合物[Ti(H₂O)₆]³⁺呈现出吸收光的互补色紫红色。

分裂能与光频率的关系是:

$$E(e_g) - E(t_{2g}) = \Delta_0 = h\nu = h\frac{c}{\lambda}$$

式中,h 是普朗克常数;c 为真空中的光速;ν 为频率;λ 为波长。通过测量配合物的吸收光谱,可以计算配合物的分裂能。

配体的场强愈强,则分裂能愈大,d-d 跃迁时吸收光的能量就愈大,即吸收光波长愈短。根据分裂能 Δ 的大小,可以判断配合物的颜色。

电子组态为 d¹⁰的离子(如 Zn^{2+}、Ag^+ 等),d 轨道上已充满电子,没有空轨道,它们的配合物不可能产生 d-d 跃迁,因而它们的配合物没有颜

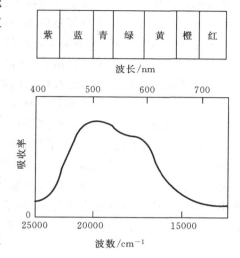

图 1-55　[Ti(H₂O)₆]³⁺的吸收光谱

色。对于 d⁰构型的中心离子来讲,由于 d 轨道中没有电子,不存在 d-d 跃迁,因此形成的配合物基本都是无色的。例如,Mg^{2+}、Ca^{2+}、Al^{3+} 等形成的配合物均无色。应该注意的是,物质具有颜色的原因是多种多样的,不能把 d-d 跃迁看成是产生颜色的唯一原因。

本 章 小 结

20 世纪初卢瑟福(Rutherford)在 α 粒子散射实验的基础上,提出了有核原子模型。玻尔(N. Bohr)建立了氢原子模型,然而旧量子论并没有认识到微观粒子的运动规律。

电子等微观粒子具有能量量子化、波粒二象性和统计性的特性,只能用波函数描述其运动规律。

波函数就是原子轨道,它是薛定谔方程的一个合理的解。波函数没有确定的物理意义,而波函数的平方则表示了电子在核外空间某单位体积内出现的概率密度。电子云是概率密度分布的图形。在氢原子中,能级的高低只与主量子数有关,而对于多电子原子,能级不仅与主量子数有关,还与角量子数有关。

根据原子轨道近似能级图,按能量最低原理、泡利不相容原理和洪特规则进行基态原子的核外电子排布,根据原子核外电子层构型,可以了解元素在周期表中的位置。元素的一些性质,如原子半径、电离能等都按周期表呈有规律的变化。

通过共用电子对而形成的化学键称为共价键。共价键理论目前主要有价键理论和分子轨道理论。价键理论要点是电子配对和原子轨道的最大重叠。杂化轨道理论是价键理论的补充,根据不同的杂化类型,可以解释分子的空间构型。成键原子的原子轨道在满足成键三原则的条件下,可以线性组合成分子轨道,这是分子轨道理论的基本要点,据此可以说明同核双原子分子的形成和氧分子具有顺磁性的实验事实。

晶体是由原子、离子或分子在空间按一定规律、周期性地重复排列所构成的固体物质。晶体具有能自发形成多面体外形、各向异性和固定的熔点等共同的宏观特征。

构成晶体的原子、离子或分子在空间作周期性地重复排列是所有晶体共同具有的结构特

征。将组成晶体的质点作为三维空间的诸点连接起来形成的空间格子称为晶格。在晶格中，能够代表晶体结构特征的最小重复单位称为晶胞。可以将晶体分为七大晶系，14 种晶格。

　　离子键是正、负离子通过静电引力形成的化学键。离子的电荷、离子半径和离子构型等离子特征对离子键的强度产生影响。由正、负离子按一定比例通过离子键结合形成的晶体称作离子晶体。离子晶体有较高的熔点和较大的硬度，难以挥发，但延展性差。对于 AB 型离子晶体，CsCl 型、NaCl 型和立方 ZnS 型是三种常见的晶体结构类型，离子晶体的稳定性与离子键的强弱可以用晶格能来衡量。由于在离子化合物中存在离子极化，使离子化合物由离子键向共价键过渡，影响到离子化合物的一系列物理化学性质。

　　以共价键相结合形成的晶体称为原子晶体，也称共价晶体。原子晶体具有很高的熔点和很大的硬度；电的不良导体，难溶于绝大多数溶剂。

　　晶体中构成晶体的质点是中性分子，分子之间以较弱的分子间力或氢键结合形成的晶体为分子晶体。在分子晶体中存在独立的分子。分子晶体的熔点低、有较大挥发性，而且硬度小。

　　构成晶体的微粒是金属原子或离子，微粒间的作用力为金属键的晶体称为金属晶体。金属具有特殊的金属光泽、良好的导电、导热性和机械加工性能等。多数金属具有较高的密度、硬度、熔点和沸点。

　　晶体中，微粒间存在一种以上的作用力的晶体称为混合型晶体(也称过渡型晶体)。过渡型晶体的主要类型有层状结构晶体和链状结构晶体。

　　配合物是由中心离子与配体之间通过配位键结合形成的一类化合物，配合物的价键理论和晶体场理论分别从不同的角度说明了配合物的形成规律以及性质。价键理论从轨道杂化出发，说明了配合物的空间构型，用不同的杂化类型，讨论了内轨型配合物和外轨型配合物，解释了配合物的磁性和稳定性。晶体场理论认为中心离子的 d 轨道在晶体场中会发生能级分裂，d 电子在分裂后的 d 轨道上重新分布，会对配合物的稳定性和磁性产生影响，并用 d-d 跃迁来说明配合物的吸收光谱和颜色。

　　分子间普遍存在着分子间力(或范德华力)，它包括取向力、诱导力和色散力，分子间力的大小会对物质的某些物理性质产生影响。某些分子之间或分子内部的某些基团之间在一定的条件下，会形成具有方向性和饱和性的氢键，它对分子的结构和性质有影响，尤其是在生物体内。

思　考　题

1. 氢光谱为什么是线状光谱？谱线的波长与能级间能量差有什么关系？
2. 简要说明玻尔理论的基本论点。讨论玻尔理论的成功与不足。
3. 微观粒子具有哪些运动特性？如何用实验证实这些特性？
4. 原子轨道、概率密度和电子云等概念有何联系和区别？
5. n、l、m 三个量子数有何物理意义？它们的组合方式有何规律？
6. 下列说法是否正确？应如何改正？
　(1) s 电子绕核旋转，其轨道为一圆圈，而 p 电子是走 ∞ 字形。
　(2) 主量子数为 1 时，有自旋相反的两条轨道。
　(3) 主量子数为 3 时，有 3s、3d、3d、3f 四条轨道。

7. 什么叫屏蔽效应？什么叫钻穿效应？如何解释多电子原子中的能级交错（如 $E_{5s} < E_{4d}$）现象？

8. 多电子原子的核外电子排布应遵循哪些原则？

9. 元素的周期与能级组之间存在着何种对应关系？简要说明核外电子层结构与周期和族的关系。

10. 长式周期表是如何分区的？各区元素的电子层结构特征是什么？

11. 简单说明电离能和电负性的含义及其在周期系的一般变化规律。

12. 结合 HCl 的形成，说明共价键形成的条件。共价键为什么有饱和性和方向性？

13. 什么叫 σ 键？什么叫 π 键？二者有何区别？

14. 简述杂化轨道理论的基本要点。有哪几种类型的杂化轨道？

15. 何为等性杂化？何为不等性杂化？

16. 简述分子轨道理论的基本论点。什么是成键分子轨道？什么是反键分子轨道？

17. 用分子轨道理论解释氧分子具有顺磁性的事实。

18. 晶体与非晶体有何区别？

19. 晶体可分为几个晶系？它们各有什么特征？

20. 解释下列名词：
    晶格、晶胞、配位数、晶格能、离子极化、离子的极化力、离子的变形性、能带

21. 晶体可分为几个晶系？它们各有什么特征？

22. 试以氯化钠为例，简要说明离子键的形成、本质和特点。

23. 金属阳离子有几种电子构型？阳离子的极化作用与电子构型有何关系？

24. 离子晶体中，正、负离子半径比与离子晶体的关系是怎样的？

25. NaCl 和 CO_2 习惯上都称为分子式，它们的含义是否相同？为什么？

26. 试用金属键的自由电子理论解释金属的光泽、导电性、导热性和延展性。

27. 试用金属键的能带理论解释导体、半导体和绝缘体。

28. 金属晶体有哪几种堆积方式？它们各有何特征？

29. 何为配合物？何为复盐？二者有何区别？

30. 晶体场理论的基本要点是什么？与价键理论相比有何优点？

31. 在正八面体场、正四面体场、正方形场中，中心离子的 d 轨道是如何分裂的？

32. 何为内轨型配合物？何为外轨型配合物？

33. 简要说明分子间作用力的类型和存在范围。

34. 简要说明氢键的形成条件、类型以及对物质性质的影响。

35. 下列说法中哪些是不正确的？请说明理由。
    （1）sp^2 杂化轨道是由某个原子的 1s 轨道和 2p 轨道混合形成的。
    （2）中心原子中的几个原子轨道杂化时必定形成数目相同的杂化轨道。
    （3）在 CCl_4、$CHCl_3$ 和 CH_2Cl_2 分子中，碳原子都采用 sp^3 杂化，因此这些分子都是正四面体形。
    （4）原子在基态时没有未成对电子，就一定不能形成共价键。

36. 举例说明下列说法是否正确？
    （1）非极性分子中只有非极性键。
    （2）同类分子，分子越大，分子间力也就越大。

（3）一般来说，分子间作用力中，色散力是主要的。

（4）所有含氢化合物的分子之间，都存在着氢键。

（5）相同原子间的叁键键能是单键键能的三倍。

习　题

一、选择题

1. 在氢原子中，其 2s 和 2p 轨道能量之间的关系为（　　）。

    A. $E_{2s} > E_{2p}$ B. $E_{2s} = E_{2p}$ C. $E_{2s} < E_{2p}$ D. 无法确定

2. 下面几种描述核外电子运动的说法中，正确的是（　　）。

    A. 电子绕原子核作圆周运动   B. 电子在离核一定距离的球面上运动

    C. 电子在核外一定的空间范围内运动   D. 现在还不可能正确描述核外电子运动

3. BCl_3 分子的空间构型是平面三角形，而 NCl_3 分子的空间构型是三角锥形，则 NCl_3 分子中 N 原子是采用下列哪种杂化成键的？（　　）

    A. sp^3 杂化   B. 不等性 sp^3 杂化   C. sp^2 杂化   D. sp 杂化

4. 关于分子间力的说法中，正确的是（　　）。

    A. 大多数含氢化合物间都存在氢键

    B. 分子型物质的沸点总是随相对分子质量增加而增大

    C. 极性分子间只存在取向力

    D. 色散力存在于所有相邻分子间

5. 下列配位化合物中高自旋的是（　　）。

    A. $[Co(NH_3)_6]^{3+}$ B. $[Co(NH_3)_6]^{2+}$ C. $[Co(NO_2)_6]^{3-}$ D. $[Co(CN)_6]^{4-}$

6. 下列配离子中无色的是（　　）。

    A. $[Cu(NH_3)_4]^{2+}$ B. $[Cu(en)_2]^{2+}$ C. $CuCl_4^{2-}$ D. $[Cd(NH_3)_4]^{2+}$

二、填空题

1. 原子序数为 25 的元素，其基态原子核外电子排布为 ＿＿＿＿＿＿＿＿＿，这是因为遵循了 ＿＿＿＿＿＿＿＿＿。基态原子中有 ＿＿＿＿＿＿＿＿＿ 个成单电子，最外层价电子的量子数为 ＿＿＿＿＿＿＿＿＿，次外层上价电子的磁量子数分别为 ＿＿＿＿＿＿＿＿＿，自旋磁量子数为 ＿＿＿＿＿＿＿＿＿。

2. 某元素的最高氧化数为＋5，原子的最外层电子数为2，原子半径是同族元素中最小的，则该元素的价电子构型为 ＿＿＿＿＿＿＿＿＿，属于 ＿＿＿＿＿＿＿＿＿ 区元素，原子序数为 ＿＿＿＿＿＿＿＿＿。该元素氧化数为＋3的阳离子的电子排布式为 ＿＿＿＿＿＿＿＿＿，属于 ＿＿＿＿＿＿＿＿＿ 电子构型的离子。

3. 与离子键不同，共价键具有 ＿＿＿＿＿＿＿＿＿ 特征。共价键按原子轨道重叠方式不同分为 ＿＿＿＿＿＿＿＿＿ 和 ＿＿＿＿＿＿＿＿＿，其中重叠程度大，键能也大的原子轨道重叠结果是对于键轴 ＿＿＿＿＿＿＿＿＿。

4. 配合物 $K_3[Fe(CN)_5(CO)]$ 中配离子的电荷为 ＿＿＿＿＿＿＿＿＿，配离子的空间构型为 ＿＿＿＿＿＿＿＿＿，配位原子为 ＿＿＿＿＿＿＿＿＿，中心离子的配位数为 ＿＿＿＿＿＿＿＿＿，d 电子在 t_{2g} 和 e_g 轨道上的排布方式为 ＿＿＿＿＿＿＿＿＿，中心离子所采取的杂化轨道方式为 ＿＿＿＿＿＿＿＿＿，该配合物属 ＿＿＿＿＿＿＿＿＿，磁性为 ＿＿＿＿＿＿＿＿＿。

三、综合题

1. 氢光谱中四条可见光谱线的波长分别为 656.5、486.1、434.1 和 410.2 nm（1 nm＝10^{-9} m）。根据 $\nu＝c/\lambda$，计算四条谱线的频率。

2. 如果电子的速度是 7×10^{5} m·s^{-1}，那么该电子束的德布罗意波长应该是多少？

3. （1）计算一个基态氢原子电离时所需要的能量；（2）计算 1 mol 基态氢原子电离时所需要的能量。

4. 下列各组量子数哪些是不合理的？ 为什么？

（1）$n＝1, l＝1, m＝0$；　　　　　　　　　（2）$n＝2, l＝2, m＝1$；

（3）$n＝3, l＝0, m＝0$；　　　　　　　　　（4）$n＝3, l＝1, m＝1$；

（5）$n＝2, l＝0, m＝1$；　　　　　　　　　（6）$n＝2, l＝3, m＝2$。

5. 下列各组量子数中哪些是许可的？ 哪些是不许可的？ 简述理由。

（1）$n＝1, l＝0, m＝0, m_s＝0$；　　　　　　（2）$n＝2, l＝2, m＝2, m_s＝1/2$；

（3）$n＝3, l＝2, m＝2, m_s＝-1/2$；　　　　（4）$n＝3, l＝0, m＝-1, m_s＝1/2$；

（5）$n＝2, l＝-1, m＝0, m_s＝1/2$；　　　　（6）$n＝2, l＝0, m＝-2, m_s＝1$。

6. 分别写出下列元素的电子排布式，并指出它们在周期表中的位置（周期、族、区）和未成对电子数。

$_{10}$Ne；　　$_{17}$Cl；　　$_{24}$Cr；　　$_{56}$Ba；　　$_{80}$Hg。

7. 写出符合下列电子结构的元素，并指出它们在周期表中的位置。

（1）3d 轨道全充满，4s 上有 2 个电子的元素；

（2）外层具有 2 个 s 电子和 1 个 p 电子的元素。

8. 下列原子的电子层结构哪些属于基态？ 哪些属于激发态？ 哪些是不正确的？

（1）$1s^2\,2s^1\,2p^2$；　　　　　　　　　　（2）$1s^2\,2s^2\,2p^6\,3s^2\,3p^3$；

（3）$1s^2\,2s^2\,2p^4\,3s^1$；　　　　　　　　（4）$1s^2\,2s^1\,2d^1$；

（5）$1s^2\,2s^2\,2p^8\,3s^1$；　　　　　　　　（6）$1s^2\,2s^2\,2p^6\,3s^2\,3p^6\,3d^5\,4s^1$。

9. 已知某原子的电子结构式是 $1s^2\,2s^2\,2p^6\,3s^2\,3p^6\,3d^{10}\,4s^2\,4p^2$。

（1）该元素的原子序数是多少？

（2）该元素属第几周期、第几族？是主族元素还是过渡元素？

10. 填充下表：

原子序数	价层电子构型	周期	族	区	金属性
15					
20					
27					
48					
58					

11. 写出下列各离子的电子层结构式及未成对电子数。

As^{3-}；　　Cr^{3+}；　　Bi^{3+}；　　Cu^{2+}；　　Fe^{2+}。

12. 试解释下列事实：

（1）氮的第一电离能大于氧的第一电离能；

（2）锆和铪的化学性质非常相似。

13. 请指出下列离子的离子构型。

Al^{3+}； Fe^{2+}； Bi^{3+}； Cd^{2+}； Mn^{2+}； Sn^{2+}。

14. 比较下列各对离子中,离子极化力的大小。

(1) K^+ 和 Ag^+； (2)K^+ 和 Li^+； (3)Cu^{2+} 和 Ca^{2+}； (4)Ti^{2+} 和 Ti^{4+}。

15. 用离子极化的观点解释下列各物质溶解度依次减小的事实。

AgF； $AgCl$； $AgBr$； AgI。

16. PCl_3 的空间构型是三角锥形,键角略小于 $109°28'$,$SiCl_4$ 是四面体形,键角为 $109°28'$,试用杂化轨道理论加以说明。

17. 试用杂化轨道理论判断下列各物质是以何种杂化轨道成键,并说明各分子的形状及是否有极性。

PH_3； CH_4； NF_3； BBr_3； SiH_4。

18. N 和 P 是同族元素,为什么 P 有 PF_3 和 PF_5,而 N 只有 NF_3?

19. 根据分子轨道理论,写出下列分子或离子的分子轨道表达式,计算其键级。

He_2^+； Cl_2； Be_2； B_2； N_2^+。

20. 写出 O_2^+、O_2、O_2^-、O_2^{2-} 各分子或离子的分子轨道电子排布式,计算其键级,比较其稳定性大小,并说明其磁性。

21. 判断下列分子哪些是极性分子? 哪些是非极性分子?

Ne； Br_2； HF； NO； H_2S； CS_2； $CHCl_3$； CCl_4； BF_3； NF_3。

22. 判断下列各组物质间存在什么形式的分子间作用力。

(1) 硫化氢； (2)甲烷； (3)氯仿； (4)氨水； (5)溴水。

23. 判断下列物质哪些存在氢键,如果有氢键形成,请说明氢键的类型。

$C_2H_5OC_2H_5$； HF； H_2O； H_3BO_3； HBr； CH_3OH； 邻-硝基苯酚。

24. 试判断下列各组物质熔点的变化顺序,并简单说明。

(1) SiF_4， $SiCl_4$， $SiBr_4$， SiI_4；

(2) PF_3， PCl_3， PBr_3， PI_3。

25. 估计下列物质分别属于哪一类晶体。

(1) BBr_3,熔点 227 K； (2) B,熔点 2573 K；

(3) KI,熔点 1153 K； (4) $SnCl_2$,熔点 519 K。

26. 已知下列离子半径:

离　　子	Ca^{2+}	O^{2-}	Rb^+	Cl^-	K^+	Br^-	Na^+
半径/pm	100	140	152	181	138	196	102

试根据离子半径比规则,判断 CaO、RbCl、NaBr、KCl 的晶格类型。

27. 填充下表:

物　　质	晶格质点的种类	质点间的连接力	晶格类型	熔点高低
KCl				
N_2				
SiC				
NH_3				
Ag				

28. 试判断在 NaCl、Si、O_2、HCl 等晶体中,哪个熔点最高？哪个熔点最低？

29. 根据结构解释下列事实:

(1) 石墨比金刚石软得多；(2) 与 SO_2 相比,SiO_2 的熔、沸点高得多。

30. Ni^{2+} 与 CN^- 生成反磁性的正方形配离子 $[Ni(CN)_4]^{2-}$,与 Cl^- 却生成顺磁性的四面体形配离子 $[NiCl_4]^{2-}$,请用价键理论解释该现象。

31. 已知配合物的磁矩,请指出中心离子的杂化类型、配离子的空间构型以及是内轨型配合物还是外轨型配合物。

(1) $[Cr(C_2O_4)_3]^{3-}$,$\mu=3.38\mu_B$；　　　　　(2) $[Co(NH_3)_6]^{2+}$,$\mu=4.26\mu_B$；

(3) $[Mn(CN)_6]^{4-}$,$\mu=2.00\mu_B$；　　　　　(4) $[Fe(EDTA)]^{2-}$,$\mu=0.00\mu_B$。

32. 已知 $[CoF_6]^{3-}$ 和 $[Co(CN)_6]^{3-}$ 的磁矩分别为 $5.3\mu_B$ 和 $0.0\mu_B$,试用晶体场理论说明中心离子 d 电子分布情况及高低自旋状况。

33. 已知：

	$[Co(NH_3)_6]^{2+}$	$[Co(NH_3)_6]^{3+}$	$[Fe(H_2O)_6]^{2+}$
$P/kJ \cdot mol^{-1}$	269.1	212.9	179.4
$\Delta_o/kJ \cdot mol^{-1}$	116.0	275.1	124.4

计算各晶体场稳定化能。

34. 试解释下列配离子颜色变化的原因。

$[Cr(H_2O)_6]^{3+}$ 紫色；$[Cr(NH_3)_3(H_2O)_3]^{3+}$ 浅红色；$[Cr(NH_3)_6]^{3+}$ 黄色。

第2章　化学反应进行的方向及限度

在生产和科学研究中,经常会遇到这样一些问题:一个化学反应能否进行,反应进行的最佳条件是什么? 化学反应是放热还是吸热,即完成一个化学反应需要提供或者能得到多少能量? 解决这些问题的理论基础就是热力学。热力学是自然科学中的一个重要分支学科,热力学在化工、冶金、地质等领域都有着重要的作用。

热力学主要包括热力学第一定律和热力学第二定律。在研究化学反应的过程中,热力学第一定律研究的是化学反应中能量如何转换的问题;在指定的条件下化学反应能朝什么方向进行以及反应进行的限度属于热力学第二定律研究的范畴。例如,能否利用高炉炼铁的化学反应进行高炉炼铝? 汽车尾气中的有害成分 NO 和 CO 能否相互反应生成无害的 N_2 和 CO_2? 在什么条件下,石墨可以转化成金刚石? ……要回答诸如此类有趣而重要的问题可求助于化学热力学。

热力学是研究宏观系统在能量相互转换过程中所遵循规律的科学。其研究的对象是大量质点(原子、分子)的集合体。它所讨论的是大量质点集体所表现出来的宏观性质(如温度 T、压力 p、体积 V 等),而不是个别或少数原子、分子的行为。用热力学处理问题,不需要了解物质的微观结构,也不需要知道过程进行的机理,只要知道起始状态和终止状态就能得到可靠的结论,这是热力学得到广泛应用的重要原因,也正是由于这点,热力学只能告诉我们在一定条件下,变化能否发生,能进行到什么程度,但不能告诉我们变化发生所需要的时间,即它不涉及过程进行的速率问题。化学反应的速率问题需用化学动力学解决。

用热力学的基本定律研究化学现象及有关的物理现象就形成了化学热力学。

2.1　基 本 概 念

2.1.1　系统与环境

在热力学中,为了明确讨论的对象,把被研究的那部分物质划分出来称为热力学系统,把系统以外但和系统密切相关的其余部分称为环境。系统和环境之间有一个实际的或想象的界面存在。应该指出,系统和环境的划分完全是人为的,只是为了研究问题的方便。但一经指定,在讨论问题的过程中就不能任意更改了。还要注意,系统和环境是共存的,缺一不可,当考虑系统时,切莫忘记环境的存在。

按照系统和环境之间物质和能量的交换关系,可把系统分成三类:

(1) 孤立系统。系统与环境之间既无物质交换又无能量交换。

(2) 封闭系统。系统与环境之间只有能量交换而无物质交换。

(3) 开放系统。系统与环境之间既有物质交换又有能量交换。

三种系统的划分完全是人为的,只是为了研究问题的方便,并非系统本身有什么区别。例如,在一个保温良好的保温瓶内盛有水,再将瓶塞塞紧,指定水为系统。如果水的温度始终保持不变,在忽略了重力场的作用后,水可看作孤立系统;如果保温效果不好,水的温度发生改变,表明系统与环境间有能量交换,水就是封闭系统;如果再把瓶塞打开,水分子可以自由出入系统和环境,此时水就是开放系统了。

实际上,自然界的一切事物都是相互关联的,系统是不可能完全与环境隔离的。所以,孤立系统只是一个理想化的系统,客观上并不存在,是为了处理一些问题而建立的一种理想模型。

2.1.2 状态与状态函数

热力学研究的系统是由大量质点构成的宏观系统,系统的各种性质如温度、压力、体积、密度、黏度、表面张力、热力学能(也称内能)等等,都被称为宏观性质,简称为性质。系统的状态是由其一系列宏观性质所确定的。当系统的宏观性质都具有确定的数值而且不随时间而变化时,系统就处在一定的状态。系统的状态一定,系统的各个性质也都有一个确定的数值。系统的宏观性质与系统的状态间有对应的关系。把确定系统状态的宏观性质称为状态函数。温度、压力、体积、密度、黏度、表面张力、热力学能等都是状态函数。

系统的状态函数(既系统的性质或热力学变量)是由系统的状态决定的,因而它有两个重要特点:

(1) 状态函数的数值只由系统当时所处状态决定,与系统过去的经历无关。

(2) 系统的状态发生了变化,状态函数的改变量只与它在终态和始态的数值有关,与系统在两个状态间变化的细节无关。

因此当一个系统由始态 1 经历一系列变化到达终态 2 时,系统中任一状态函数 Z 的改变量 ΔZ 是唯一的,仅取决于始、终态的 Z 值,并为两者之差。设始态的 Z 值为 Z_1,终态为 Z_2,则状态函数的改变量 $\Delta Z = Z_2 - Z_1$。

系统经过循环过程回到始态,系统的一切性质都未改变,因而一个循环过程结束后,状态函数的改变量皆为零。

根据系统的宏观性质(状态函数)与系统中物质数量的关系,性质可分为广度性质和强度性质。广度性质的数值与系统中物质的量成正比,在一定的条件下具有加和性,即整个系统中某种广度性质是系统中各部分该种性质之和,如质量、体积等;强度性质的数值与系统中物质的量无关,不具有加和性,如温度、压力等。

系统的各个性质间具有一定的依赖关系。只有几个性质是独立的,当这几个独立性质确定后,其余性质也随之而定了。例如,对于理想气体,压力 p、温度 T 和摩尔体积 V_m 间有 $pV_m = RT$ 的关系,只要知道 p、V_m、T 三个变量中的任意两个,就可以求出第三个。

2.1.3 过程与途径

热力学系统中发生的一切变化都称为热力学过程,简称过程。如气体的压缩与膨胀、液体的蒸发、化学反应等等都是热力学过程。

下面列出几种重要的过程:

(1) 等温过程。系统的始态和终态温度相等并且等于恒定的环境温度(在过程中系统的温度可以保持恒定,也可有所波动)。

(2) 等压过程。系统的始态和终态压力相等并且等于恒定的环境压力(在过程中系统的压力可以保持不变,也可有所波动)。

（3）等容过程。在整个过程中系统的体积保持不变。

（4）绝热过程。系统状态的改变仅仅是由于机械的或电的直接作用的结果,在整个过程中,系统与环境间无热量交换。

（5）循环过程。系统由始态出发,经历了一个过程又回到原来的状态。

一个热力学过程的实现,可通过许多不同的方式来完成,完成一个过程的具体步骤称为途径。

2.1.4　理想气体

气体是四种基本物质状态之一(其他三种分别为固体、液体、等离子体)。气体可以由单个原子(如稀有气体)、一种元素组成的单质分子(如氧气)、多种元素组成化合物分子(如二氧化碳)等组成。气体可以流动,可以变形。气体也可以被压缩和扩散,其体积不受限制。气态物质的原子或分子相互之间可以自由运动。气体状态可通过体积、温度和压强所影响。

理想气体是理论上假想的一种把实际气体性质加以简化的气体。所谓理想气体是指分子间没有作用力,分子本身没有体积的一种气体。显然,理想气体是不存在的。但对于低压、高温下的气体,分子间距离很大,相互作用极弱,分子本身体积相对于整个气体的体积可以忽略不计,因此低压、高温下的气体可近似地看作是理想气体。在压力趋于零时,所有的实际气体都可视作理想气体。

当实际气体的压力不太高时,在计算中常把它看成是理想气体。这样,可使问题大为简化而不会发生大的偏差。

理想气体是严格遵守波义耳定律和盖·吕萨克定律的,将这两个定律结合起来就得到了理想气体状态方程

$$pV = nRT \tag{2-1}$$

式中,p 是气体的压力,单位是 Pa(帕斯卡);V 是气体体积,单位是 m^3;n 是气体物质的量,单位是 mol(摩尔);T 是热力学温度,单位是 K(开尔文);$R = 8.3145$ J·mol^{-1}·K^{-1},称为摩尔气体常数。理想气体状态方程还可表示为

$$pV_m = RT \tag{2-2}$$

式中,$V_m = V/n$,称作摩尔体积,单位是 $m^3 \cdot mol^{-1}$。

实际遇到的气体,大多数是混合气体。由两种或两种以上的气体混合在一起组成的系统,称为混合气体,组成混合气体的每种气体,都称为该混合气体的组分气体。如空气就是 N_2、O_2、CO_2 等多种气体的混合物。1801 年道尔顿(J. Dalton)提出了分压定律。严格地说,分压定律只适用于理想气体。下面从理想气体状态方程出发,导出分压定律。

设在体积为 V 的容器中,充有温度为 T 的 k 个互不反应的理想气体,气体的总压力为 p,各组分的物质的量分别为 $n_1, n_2, \cdots, n_k$,混合气体总的物质的量为

$$n = n_1 + n_2 + \cdots + n_k = \sum_{B=1}^{k} n_B$$

因为理想气体分子间不存在作用力,其单独存在和与其他气体混合存在没有区别,混合气体及其中的每一组分都应遵守理想气体状态方程,所以

$$p = \frac{nRT}{V} = \frac{n_1 RT}{V} + \frac{n_2 RT}{V} + \cdots + \frac{n_k RT}{V} \tag{2-3}$$

上式右边各项正是温度为 T 的组分 B 单独占据总体积 V 时所具有的压力,定义此压力为混合气体中 B 组分的分压,用 p_B 表示,即

$$p_B = \frac{n_B RT}{V} \qquad (B = 1, 2, \cdots, k) \qquad (2\text{-}4)$$

于是,式(2-3)可改写为

$$p = p_1 + p_2 + \cdots + p_k = \sum_B p_B \qquad (2\text{-}5)$$

式中,$\sum\limits_B$ 表示对所有组分求和。式(2-5)就是道尔顿分压定律,在温度与体积一定时,混合气体的总压力 p 等于各组分气体的分压力 p_B 之和。某组分的分压力等于该气体与混合气体温度相同并单独占有总体积 V 时所表现的压力。

将式(2-4)除以(2-3),得

$$p_B = p \frac{n_B}{n}$$

令

$$x_B = \frac{n_B}{n} \qquad (2\text{-}6)$$

x_B 称为组分 B 的物质的量分数或摩尔分数,是组分 B 的物质的量与混合气体总的物质的量之比。显然所有组分的摩尔分数之和应等于 1,即 $\sum\limits_B x_B = 1$。

因此分压定律也可表示为:组分 B 的分压力等于总压 p 乘以组分 B 的摩尔分数 x_B,即

$$p_B = p x_B \qquad (2\text{-}7)$$

2.2　热力学第一定律

热力学第一定律的本质就是能量守恒及转换定律,它是能量守恒定律在热现象领域内所具有的特殊形式,反映了系统变化时热力学能与过程的热和功的关系。

2.2.1　热和功

热和功是系统在发生状态变化的过程中与环境交换的两种形式的能量,因此它们都具有能量的量纲和单位。

1. 热

在系统和环境之间由于温度差而传递的能量称为热。例如,两个不同温度的物体相接触,高温物体将能量传递至低温物体,以这种方式传递的能量即是热。热是能量传递的一种形式,与过程、途径密切相关,一旦过程停止,也就不存在热了。热不是系统的固有性质,不是状态函数。化学热力学中主要讨论三种形式的热:

(1) 在等温条件下系统发生化学变化时吸收或放出的热,称为化学反应热;

(2) 在等温等压条件下系统发生相变时吸收或放出的热,称相变热或潜热,如蒸发热、凝固热、升华热、晶型转变热等;

(3) 伴随系统本身温度变化吸收或放出的热,称为显热。

热用符号 Q 表示,规定系统从环境吸收的热量为正值,释放给环境的热量为负值。热的 SI 单位是焦耳,符号为 J。

2. 功

除热以外,系统与环境间传递的能量统称为功。功也是能量传递的一种形式,与过程、途径密切相关,功也不是系统的固有性质,不是状态函数。

功的符号用 W 表示,我国国家标准规定,环境对系统做功(系统得到能量)为正值,系统对环境做功(系统失去能量)为负值。功的 SI 单位是焦耳,符号为 J。

系统在抵抗外压的条件下因体积发生变化而引起的功,称为体积功。体积功以外的各种形式的功(如电磁功、表面功等)都称为非体积功。在恒定外压 p_e 的条件下,系统的体积由 V_1 变到 V_2 时,系统对环境所做的功可以由下式进行计算:

$$W = -p_e(V_2 - V_1) = -p_e \Delta V \tag{2-8}$$

由式(2-8)知,当系统膨胀时,$\Delta V > 0$,$W < 0$,表示系统对环境做功;当系统被压缩时,$\Delta V < 0$,$W > 0$,表示环境对系统做功。

功和热都是在系统发生变化时,系统与环境间交换的能量。从微观的角度看,功是大量质点以有序运动的方式传递的能量,热是大量质点以无序运动的方式传递的能量。

【例 2-1】 5 mol 理想气体,在外压为 1×10^5 Pa 的条件下,由 25 ℃、1×10^6 Pa 膨胀到 25 ℃、1×10^5 Pa,计算该过程的功。

解 该过程是一个恒外压过程,所以

$$W = -p_e(V_2 - V_1) = -p_e\left(\frac{nRT}{p_2} - \frac{nRT}{p_1}\right)$$

$$= -(1 \times 10^5 \text{ Pa}) \times (5 \text{ mol}) \times (8.3145 \text{ J} \cdot \text{K}^{-1} \cdot \text{mol}^{-1})$$

$$\times (298.15 \text{ K}) \times \left(\frac{1}{1 \times 10^5 \text{ Pa}} - \frac{1}{1 \times 10^6 \text{ Pa}}\right)$$

$$= -11155.36 \text{ J} = -11.155 \text{ kJ}$$

W 为负值,表示系统对环境做功。

如果在相同的始、终态条件下,气体是向真空($p_e = 0$)膨胀完成这个过程,则 $W = 0$。可见,始、终态相同,途径不同,功的数值也不同。

【例 2-2】 2 mol 水在 100 ℃、1.013×10^5 Pa 条件下,恒温恒压气化为水蒸气,计算该过程的功。(已知水在 100 ℃、1.013×10^5 Pa 时的密度为 958.3 kg · m^{-3}。)

解 这是一个恒外压的相变过程,设液态水的体积为 V_1,水蒸气的体积为 V_g。

$$W = -p_e(V_g - V_1)$$

$$= -1.013 \times 10^5 \text{ Pa} \times \left(\frac{2 \text{ mol} \times 8.3145 \text{ J} \cdot \text{K}^{-1} \cdot \text{mol}^{-1} \times 373.15 \text{ K}}{1.013 \times 10^5 \text{ Pa}}\right.$$

$$\left.- \frac{2 \text{ mol} \times 0.018 \text{ kg} \cdot \text{mol}^{-1}}{958.3 \text{ kg} \cdot \text{m}^{-3}}\right)$$

$$= -6.201 \text{ kJ}$$

因为 $V_g \gg V_1$,可以忽略液态水的体积 V_1,从而近似计算得

$$W \approx -p_e V_g = -nRT = -(2 \text{ mol}) \times (8.3145 \text{ J} \cdot \text{K}^{-1} \cdot \text{mol}^{-1}) \times (373.15 \text{K}) = -6.205 \text{ kJ}$$

2.2.2 热力学能

热力学能是系统内各种形式的能量总和,也称内能,用 U 表示。在化学热力学中,通常研究的是宏观静止的、不存在特殊外力场(如电磁场等)的系统,一般不考虑系统整体运动的动能和在外力场中的势能。因此,热力学能包括组成系统的各种质点(如分子、原子、电子、原子核

等)的动能(如分子的平动能、转动能、振动能等)以及质点间相互作用的势能(如分子的吸引能、排斥能、化学键能等),还包括现在还未被认识的其他形式的能量,所以热力学能的绝对值无法确定,但这并不影响实际问题的处理,在实际运用中只需要确定热力学能的改变量就可以了。热力学能的 SI 单位是焦耳,符号为 J。

　　热力学能的大小与系统的温度、体积、压力及物质的量有关。温度反映组成系统内各质点的运动的激烈程度,温度越高,质点运动越激烈,系统的能量就越高。体积(或压力)反映了质点间的相互距离,因而反映了质点间的相互作用势能。因为物质与能量两者是不可分割的,所以系统的能量就与所含物质的多少有关。可见,热力学能是温度、体积(或压力)及物质的量的函数,是状态函数,是系统的性质。

　　理想气体是指分子间没有作用力,分子本身没有体积的一种气体。因此,理想气体的热力学能与压力、体积无关。组成恒定的理想气体的热力学能不受压力、体积的影响,它只是温度的函数,即组成恒定的理想气体发生等温变化时,热力学能的改变量为 0。

2.2.3　热力学第一定律

　　设一个封闭系统由始态 1 变为终态 2,系统从环境吸热 Q,得到功 W,根据能量守恒及转换定律,系统的热力学能变化为

$$\Delta U = U_2 - U_1 = Q + W \tag{2-9}$$

式(2-9)就是热力学第一定律的数学表达式。它表明一个封闭系统由始态变到终态时,系统热力学能的改变量等于系统吸收的热量与环境对系统所做的功的加和。当 ΔU 为正时,表明系统状态发生变化后,系统的热力学能增加,当 ΔU 为负时,表明系统状态发生变化后,系统的热力学能减小。系统的热力学能的绝对值虽然难以确定,但可以通过热和功得到系统热力学能的改变量。热力学能是广度性质,具有加和性。

　　在孤立系统中,系统与环境间既无物质交换,又无能量交换,所以无论系统发生了怎样的变化,始终有 $Q=0$,$W=0$,$\Delta U=0$,即在孤立系统中热力学能(U)守恒。

　　历史上有不少人希望设计一种不消耗任何能量,却可以源源不断地对外做功的机器,这种机器被称为永动机。人们曾提出了很多种永动机的制作方案,虽然经过多种尝试,做了多种努力,但永动机无一例外地归于失败。人们把这种不消耗能量但可以对外做功的机器叫做第一类永动机。热力学第一定律指出,任何一部机器,只能使能量从一种形式转化为另一种形式,而不能无中生有地制造能量,因此第一类永动机是不可能造出来的。所以,"第一类永动机是不可能造成的"是热力学第一定律的另一种表述。

　　【例 2-3】　2 mol 氢气和 1 mol 氧气在 373.15 K 和 100 kPa 下反应生成水蒸气(设为理想气体),放出 483.6 kJ 的热量。求生成 1 mol 水蒸气时的 Q 和 ΔU。

　　解　2 mol 氢气和 1 mol 氧气在 373.15 K 和 100 kPa 下反应能生成 2 mol 水蒸气,反应式为 $2H_2(g)+O_2(g)\!=\!\!=\!\!2H_2O(g)$,放热 483.6 kJ。生成 1 mol 水蒸气时的反应式为 $H_2(g)+\frac{1}{2}O_2(g)\!=\!H_2O(g)$,显然,放热为 241.8 kJ,即

$$Q = -241.8 \text{ kJ}$$

反应在等压条件下进行,系统的体积功为

$$W = -p_e\Delta V = -p\Delta V = -p[V(H_2O,g) - V(H_2,g) - V(O_2,g)] = -\Delta nRT$$
$$= -(1-1-0.5) \text{ mol} \times 8.3145 \text{ J} \cdot \text{K}^{-1} \cdot \text{mol}^{-1} \times 373.15 \text{ K} = 1.55 \text{ kJ}$$

所以　　　　　　　　$\Delta U = Q + W = -241.8 \text{ kJ} + 1.55 \text{ kJ} = -240.25 \text{ kJ}$

2.3 焓

2.3.1 等容过程热效应

若封闭系统在等容变化过程中不做非体积功,则由式(2-9)可得

$$Q_V = \Delta U \tag{2-10}$$

Q_V 称为等容热,它是系统在等容、不做非体积功的过程中与环境所交换的热。式(2-10)表明在不做非体积功的条件下,系统在等容过程中所吸收的热全部用来增加热力学能。

2.3.2 等压过程热效应与焓

如果封闭系统在等压变化过程中不做非体积功,则热力学第一定律可以表示为

$$\Delta U = U_2 - U_1 = Q_p - p_e(V_2 - V_1) \tag{2-11}$$

由于是等压过程,有 $p_1 = p_2 = p_e$,整理后得

$$Q_p = (U_2 + p_2 V_2) - (U_1 + p_1 V_1) \tag{2-12}$$

式中,Q_p 称为等压热效应。由于 U、p、V 都是状态函数,它们的组合 $U + pV$ 也是状态函数,以符号 H 表示,称作焓,即

$$H = U + pV \tag{2-13}$$

因此等压过程的热量 Q_p 为

$$Q_p = H_2 - H_1 = \Delta H \tag{2-14}$$

由焓的定义可知,焓和热力学能具有相同的量纲和单位。又因 U、V 都是广度性质,所以焓也是系统的广度性质。由于系统热力学能的绝对值无法确定,所以焓的绝对值也无法确定。在不做非体积功的等压过程中,若 $\Delta H < 0$,则表示系统放热;若 $\Delta H > 0$,则表示系统吸热。

虽然我们是从等压过程引入焓的概念,但并不是说只有等压过程才有焓这个热力学函数。焓是状态函数,是系统的性质,无论什么过程,只要系统的状态改变了,系统的焓就可能有所改变。只是在不做非体积功的等压过程中,才有 $Q_p = \Delta H$,而非等压过程或有非体积功的等压过程中 $Q_p \neq \Delta H$。

【例 2-4】 在 298.15 K、100 kPa 时,反应 $H_2(g) + \frac{1}{2} O_2(g) \Longrightarrow H_2O(l)$ 放热 285.83 kJ,计算此反应的 W、ΔU、ΔH。

解 反应是在等压的条件下进行的,所以

$$Q_p = -285.83 \text{ kJ}$$

$$W = -p\Delta V = -p[V(H_2O,l) - V(H_2,g) - V(O_2,g)]$$

$$\approx -p[-V(H_2,g) - V(O_2,g)] = [n(H_2,g) + n(O_2,g)]RT$$

$$= [(1+0.5) \text{mol}](8.3145 \text{ J} \cdot \text{K}^{-1} \cdot \text{mol}^{-1})(298.15 \text{ K}) = 3.718 \times 10^3 \text{ J} = 3.718 \text{ kJ}$$

$$\Delta U = Q_p + W = -285.83 \text{ kJ} + 3.718 \text{ kJ} = -282.11 \text{ kJ}$$

$$\Delta H = Q_p = -285.83 \text{ kJ}$$

2.3.3 等容过程热效应与等压过程热效应的关系

考虑任一反应,在一定的温度下经历两种不同途径从始态变为终态,如图 2-1 所示。图中

过程(1)是等温等压,过程(2)是等温等容,过程(1)和(2)虽然生成物相同,但 p 不同,因此两个过程所达到的终态是不相同的。但可以经由过程(3),使生成物的压力回到 p_1。

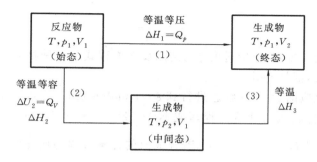

图 2-1 Q_p 与 Q_V 的关系

由于 H 是状态函数,故

$$\Delta H_1 = \Delta H_2 + \Delta H_3 = \Delta U_2 + \Delta(pV)_2 + \Delta H_3$$

式中 $\Delta(pV)_2$ 表示过程(2)的终态与始态的 pV 之差。对于凝聚态物质,反应前后的 pV 值相差不会太大,可略而不计,因此只要考虑生成物和反应物中气体组分的 pV 之差。若再假定气体为理想气体,则

$$\Delta(pV)_2 = (pV)_{生成物} - (pV)_{反应物} = (\Delta n)RT$$

式中 Δn 是生成物中气体组分的物质的量与反应物中气体组分的物质的量之差。

对理想气体来说,等温过程(3)的 $\Delta H_3 = 0$,$\Delta U_3 = 0$;对其他物质来说,ΔH_3 及 ΔU_3 虽不等于零,但与由化学反应而引起的 ΔH_2 和 ΔU_2 比较,也可忽略不计。所以

$$\Delta H_1 = \Delta U_2 + \Delta nRT \tag{2-15}$$

即

$$Q_p = Q_V + \Delta nRT \tag{2-16}$$

2.4 热化学——化学反应的热效应

化学反应热效应是指系统在不做非体积功的等温化学反应过程中放出或吸收的热量。化学反应热效应简称为反应热。

化学反应的热效应与系统中发生反应的物质的量有关,为了确切地描述化学反应过程中系统热力学量的变化,引入一个新的变量——反应进度 ξ。

2.4.1 反应进度

反应进度是描述化学反应进行程度的物理量。对于化学反应

$$d\mathrm{D} + e\mathrm{E} = g\mathrm{G} + h\mathrm{H}$$

式中,d、e、g、h 称为化学计量系数,是量纲为 1 的量。上述反应还可写为

$$0 = \sum_{\mathrm{B}} \nu_{\mathrm{B}} \mathrm{B}$$

B 表示化学反应计量方程中任一物质,ν_{B} 是物质 B 的化学计量数,B 若是反应物,ν_{B} 为负值;B 若是生成物,ν_{B} 为正值。$\sum\limits_{\mathrm{B}}$ 表示对参与反应的所有物质求和。

由化学反应计量方程可知,d mol 物质 D 与 e mol 物质 E 反应可生成 g mol 物质 G 与 h

mol 物质 H，设 Δn_B 为反应中各物质的物质的量的变化，则有

$$\frac{\Delta n_D}{-d} = \frac{\Delta n_E}{-e} = \frac{\Delta n_G}{g} = \frac{\Delta n_H}{h}$$

定义反应进度
$$\xi = \frac{\Delta n_B}{\nu_B} \tag{2-17}$$

由反应进度的定义可知，反应进度 ξ 与选用反应方程式中何种物质表示无关，ξ 与物质的量 n 具有相同的单位，都是 mol。

当化学反应由反应前 $\xi=0$ 的状态进行到 $\xi=1$ mol 的状态，称按计量方程进行了一个单位的反应。例如，若合成氨的计量方程写成 $N_2+3H_2 \longrightarrow 2NH_3$，则一单位反应指消耗了 1 mol N_2 和 3 mol H_2，生成了 2 mol NH_3；若合成氨的计量方程写成 $\frac{1}{2}N_2 + \frac{3}{2}H_2 \longrightarrow NH_3$，则一单位反应指消耗了 $\frac{1}{2}$ mol N_2 和 $\frac{3}{2}$ mol H_2，生成了 1 mol NH_3。所以，在谈到反应进度时必须指明相应的计量方程式。

反应进度 $\xi=1$ mol 时的化学反应焓变，称为反应的摩尔反应焓变 $\Delta_r H_m$，即

$$\Delta_r H_m = \frac{\Delta_r H}{\xi} \tag{2-18}$$

式中，$\Delta_r H$（下标 r 表示化学反应的意思）是化学反应的焓变，单位为 J，$\Delta_r H_m$ 表示反应进度 $\xi=1$ mol 时的焓变，单位为 $J \cdot mol^{-1}$ 或 $kJ \cdot mol^{-1}$。

摩尔反应焓变 $\Delta_r H_m$ 的数值与所代表的化学反应式的写法有关，如

$$H_2(g) + \frac{1}{2}O_2(g) = H_2O(l), \quad \Delta_r H_m(298.15\ K) = -285.83\ kJ \cdot mol^{-1}$$

$$2H_2(g) + O_2(g) = 2H_2O(l), \quad \Delta_r H_m(298.15\ K) = -571.66\ kJ \cdot mol^{-1}$$

同样，反应进度 $\xi=1$ mol 时化学反应的热力学能变为 $\Delta_r U_m$，对同一反应来说，摩尔反应焓变与摩尔反应热力学能变的关系是

$$\Delta_r H_m = \Delta_r U_m + \frac{\Delta n_B}{\xi}RT$$

即
$$\Delta_r H_m = \Delta_r U_m + \sum_B \nu_B(g)RT \tag{2-19}$$

2.4.2　标准状态

一些热力学函数（如 H、U 等）的绝对值无法测得，只能得到它们的改变量。为了比较它们的相对值，规定了一个状态作为比较的标准，称为标准状态，简称标准态，标准态的符号是"$\ominus$"。我国国家标准的规定是：标准态是在温度 T 和标准压力 $p^{\ominus}=100$ kPa 下的某物质的状态。对具体系统而言：

（1）固体的标准态：在指定温度下，压力为 $p^{\ominus}$ 的纯固体。若有不同的形态，则选最稳定的形态作为标准态（例如 C 有石墨、金刚石等多种形态，以石墨为标准态）。

（2）液体的标准态：在指定温度下，压力为 $p^{\ominus}$ 的纯液体。

（3）气体的标准态：在指定温度下，压力为 $p^{\ominus}$（在气体混合物中，各物质的分压均为 $p^{\ominus}$），且具有理想气体性质的气体。标准态时的热力学函数称标准热力学函数。例如 $\Delta_r H_{m,298.15\ K}^{\ominus}$ 或 $\Delta_r H_m^{\ominus}(298.15\ K)$ 表示 298.15 K 时的标准摩尔反应焓变，$\Delta_r H_{m,500\ K}^{\ominus}$ 或 $\Delta_r H_m^{\ominus}(500\ K)$ 表示 500 K 时的标准摩尔反应焓变。应该注意的是，在规定标准态时，没有指定温度，对应于每个

温度都有一个标准态,但一般选择 298.15 K 作为参考温度,从手册和专著中查到的热力学数据基本上都是 298.15 K 时的数据。

2.4.3 热化学方程式

表示化学反应与热效应关系的方程式称为热化学方程式。例如:

$$2H_2(g)+O_2(g) =\!\!=\!\!= 2H_2O(l), \qquad \Delta_r H_m^{\ominus}=-571.66 \ kJ \cdot mol^{-1}$$

上式表示 298.15 K 时,反应物和生成物都处于标准态时,按计量方程发生一个单位的反应,放热 571.66 kJ。

一个热化学方程式的正确表示应注意以下几点:

(1) 写出该反应的计量方程式,摩尔反应焓变与计量方程有关。

(2) 标明反应的温度和压力。标准态时的等压热效应,用 $\Delta_r H_m^{\ominus}(T)$ 表示。若温度为 298.15 K,可以省略温度。

(3) 标明物质的聚集状态,物质为气体、液体和固体时分别用 g、l 和 s 表示,固体有不同晶态时,还需将晶态注明,如 S(正交)、S(单斜)、C(石墨)、C(金刚石)等等。如果参与反应的物质是溶液,则需注明其浓度,用 aq 表示水溶液,如 NaOH(aq)表示氢氧化钠的水溶液。

2.4.4 盖斯定律

盖斯(G. H. Hess)从实验中总结出如下规律:"任一化学反应,无论是一步完成的,还是分几步完成的,其反应的热效应都是一样的"。盖斯定律的提出略早于热力学第一定律,但它实际上是第一定律的必然结论。因为化学反应通常是在等压且不做非体积功的条件下进行的,因此 $Q_p=\Delta H$,而 H 又是状态函数,故反应热仅取决于始、终态也是必然的了。利用盖斯定律可直接求算一些反应的反应热。例如,石墨在常温常压下很难转变为金刚石,其反应热无法直接从实验得到,但是,石墨和金刚石在常温常压下都可直接氧化为 $CO_2(g)$,其热化学反应方程为

$$C(石墨)+O_2(g) =\!\!=\!\!= CO_2(g), \qquad \Delta_r H_m^{\ominus}(298.15 \ K)=-393.51 \ kJ \cdot mol^{-1} \qquad (1)$$

$$C(金刚石)+O_2(g) =\!\!=\!\!= CO_2(g), \qquad \Delta_r H_m^{\ominus}(298.15 \ K)=-395.41 \ kJ \cdot mol^{-1} \qquad (2)$$

根据盖斯定律,反应(1)减去反应(2)即为石墨转变为金刚石的反应热:

$$\Delta_r H_m^{\ominus}(298.15 \ K)=\Delta_r H_{m,1}^{\ominus}-\Delta_r H_{m,2}^{\ominus}$$

$$=-393.51 \ kJ \cdot mol^{-1}+395.41 \ kJ \cdot mol^{-1}$$

$$=1.90 \ kJ \cdot mol^{-1}$$

因此,热化学方程式可以像代数方程式一样处理。如果一个化学反应可以由其他化学反应相加减而得到,则这个化学反应的热效应也可以由这些化学反应的热效应相加减而得到。但要注意,物质的聚集状态和化学计量数必须一致,才可以相消或合并。

【例 2-5】 已知 25 ℃时

(1) $2C(石墨)+O_2(g) =\!\!=\!\!= 2CO(g), \qquad \Delta_r H_{m,1}^{\ominus}=-221.06 \ kJ \cdot mol^{-1}$

(2) $3Fe(s)+2O_2(g) =\!\!=\!\!= Fe_3O_4(s), \qquad \Delta_r H_{m,2}^{\ominus}=-1118.4 \ kJ \cdot mol^{-1}$

求下列反应在 25 ℃时的反应热。

(3) $Fe_3O_4(s)+4C(石墨) =\!\!=\!\!= 3Fe(s)+4CO(g), \qquad \Delta_r H_{m,3}^{\ominus}$

解 2×反应式(1)得反应式(4):

(4) $4C(石墨)+2O_2(g) =\!\!=\!\!= 4CO(g), \qquad \Delta_r H_{m,4}^{\ominus}=-442.12 \ kJ \cdot mol^{-1}$

反应式(4)-反应式(2)得反应式(5)：

(5) $4C(石墨)-3Fe(s)\!=\!=\!=\!4CO(g)-Fe_3O_4(s)$,　$\Delta_r H_{m,5}^{\ominus}$

$$\Delta_r H_{m,5}^{\ominus}\!=\!\Delta_r H_{m,4}^{\ominus}-\Delta_r H_{m,2}^{\ominus}\!=\![-442.12-(-1118.4)]\ kJ \cdot mol^{-1}$$
$$=676.28\ kJ \cdot mol^{-1}$$

反应式(5)移项即是所求的反应式(3)，所以

$Fe_3O_4(s)+4C(石墨)\!=\!=\!=\!3Fe(s)+4CO(g)$,　$\Delta_r H_{m,3}^{\ominus}\!=\!676.28\ kJ \cdot mol^{-1}$

2.4.5　热化学基本数据与反应焓变的计算

1. 标准摩尔生成焓

在温度 T 的标准状态下，由稳定单质生成 1 mol 化合物时的热效应称为该化合物的标准摩尔生成焓，用 $\Delta_f H_m^{\ominus}(T)$ 表示，下标 f 表示生成(formation)。温度若是 298.15 K，可以省略。例如，以下反应的热效应分别是 $H_2O(l)$ 和 $CO_2(g)$ 的标准摩尔生成焓：

$$H_2(g)+\frac{1}{2}O_2(g)\!=\!=\!=\!H_2O(l),\quad \Delta_r H_m^{\ominus}(298.15\ K)\!=\!-285.83\ kJ \cdot mol^{-1}$$

即　　$\Delta_f H_m^{\ominus}(H_2O,l,298.15\ K)\!=\!-285.83\ kJ \cdot mol^{-1}$

$$C(石墨)+O_2(g)\!=\!=\!=\!CO_2(g),\quad \Delta_r H_m^{\ominus}(298.15\ K)\!=\!-393.51\ kJ \cdot mol^{-1}$$

即　　$\Delta_f H_m^{\ominus}(CO_2,g,298.15\ K)\!=\!-393.51\ kJ \cdot mol^{-1}$

由标准摩尔生成焓的定义可知，任何一种稳定单质的标准摩尔生成焓都等于零。例如 $\Delta_f H_m^{\ominus}(H_2,g,298.15\ K)\!=\!0$, $\Delta_f H_m^{\ominus}(O_2,g,298.15\ K)\!=\!0$。但对有不同晶态的固体物质来说，只有稳定态的单质的标准摩尔生成焓才等于零。例如 $\Delta_f H_m^{\ominus}(石墨)\!=\!0$，而 $\Delta_f H_m^{\ominus}(金刚石)\!=\!1897\ J \cdot mol^{-1}$。一些物质的标准摩尔生成焓的数据见附录 B。

利用标准摩尔生成焓可以计算标准摩尔反应焓变。对任一个化学反应来说，其反应物和生成物的原子种类和个数是相同的，因此，可用同样的单质来生成反应物和生成物，如图 2-2 所示。

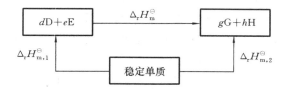

图 2-2　用标准摩尔生成焓计算标准摩尔反应焓

因为焓是状态函数，所以

$$\Delta_r H_m^{\ominus}\!=\!\Delta_r H_{m,2}^{\ominus}-\Delta_r H_{m,1}^{\ominus}$$

式中，$\Delta_r H_m^{\ominus}$ 是任一温度 T 时的标准摩尔反应焓变。$\Delta_r H_{m,1}^{\ominus}$ 是在标准态下由稳定单质生成 d mol D 和 e mol E 时的总焓变，即

$$\Delta_r H_{m,1}^{\ominus}\!=\!d\Delta_f H_m^{\ominus}(D)+e\Delta_f H_m^{\ominus}(E)$$

同理　　　　　　　　$\Delta_r H_{m,2}^{\ominus}\!=\!g\Delta_f H_m^{\ominus}(G)+h\Delta_f H_m^{\ominus}(H)$

把 $\Delta_r H_{m,1}^{\ominus}$、$\Delta_r H_{m,2}^{\ominus}$ 代入前面的公式，得

$$\Delta_r H_m^{\ominus}\!=\!\{g\Delta_f H_m^{\ominus}(G)+h\Delta_f H_m^{\ominus}(H)\}-\{d\Delta_f H_m^{\ominus}(D)+e\Delta_f H_m^{\ominus}(E)\}$$

即　　　　　　　　　　　　$\Delta_r H_m^{\ominus}\!=\!\sum_B\{\nu_B \Delta_f H_m^{\ominus}(B)\}$　　　　　　　　　　(2-20)

式中，ν_B 为化学计量数，对反应物，其取负值，对生成物，其取正值。

所以，化学反应的标准摩尔反应焓变等于生成物总的标准摩尔生成焓减去反应物总的标准摩尔生成焓。

【例 2-6】 计算下列反应在 298.15 K 时的标准摩尔反应焓变。

$$CH_4(g) + 2O_2(g) \Longrightarrow CO_2(g) + 2H_2O(l)$$

解 由附录 B 查得各物质的标准摩尔生成焓如下：

物 质	$CH_4(g)$	$CO_2(g)$	$H_2O(l)$	$O_2(g)$
$\Delta_f H_m^\ominus(298.15\ K)/(kJ \cdot mol^{-1})$	−74.4	−393.51	−285.83	0

根据式(2-20)，

$$\Delta_r H_m^\ominus = \sum_B \{\nu_B \Delta_f H_m^\ominus(B)\}$$
$$= \{2 \times (-285.83) + (-393.51) - (-74.4)\}\ kJ \cdot mol^{-1}$$
$$= -890.77\ kJ \cdot mol^{-1}$$

2. 标准摩尔燃烧焓

1 mol 物质在标准压力 $p^\ominus$ 下完全燃烧时的反应焓变称该物质的标准摩尔燃烧焓，记作 $\Delta_c H_m^\ominus(T)$，下标 c 表示燃烧(combustion)。所谓完全燃烧是指物质中的碳、氢、硫完全转变成 $CO_2(g)$、$H_2O(l)$ 和 $SO_2(g)$。一些物质的标准摩尔燃烧焓列于书末附录 C 中。

可利用燃烧焓的数据计算化学反应的焓变。对于化学反应：

$$dD + eE \Longrightarrow gG + hH$$

其标准摩尔反应焓变也可以由下式计算：

$$\Delta_r H_m^\ominus = \{d\Delta_c H_m^\ominus(D) + e\Delta_c H_m^\ominus(E)\} - \{g\Delta_c H_m^\ominus(G) + h\Delta_c H_m^\ominus(H)\}$$

即
$$\Delta_r H_m^\ominus = -\sum_B \{\nu_B \Delta_c H_m^\ominus(B)\} \tag{2-21}$$

式中，ν_B 为化学计量数，对反应物取负值，对生成物取正值。化学反应的标准摩尔反应焓变等于反应物总的标准摩尔燃烧焓减去生成物总的标准摩尔燃烧焓。

【例 2-7】 298.15 K 时，$C_2H_5OH(l)$ 和 $H_2O(l)$ 的标准摩尔生成焓为 −277.6 kJ · mol⁻¹ 和 −285.83 kJ · mol⁻¹，$CH_3OCH_3(g)$ 和 C(石墨)的标准摩尔燃烧焓为 −1460.4 kJ · mol⁻¹ 和 −393.51 kJ · mol⁻¹，求 298.15 K 时反应 $C_2H_5OH(l) \Longrightarrow CH_3OCH_3(g)$ 的 $\Delta_r H_m^\ominus$。

解 根据式(2-20)得

$$\Delta_r H_m^\ominus = \Delta_f H_m^\ominus(CH_3OCH_3, g) - \Delta_f H_m^\ominus(C_2H_5OH, l)$$

若反应为
$$CH_3OCH_3(g) + 3O_2(g) \Longrightarrow 2CO_2(g) + 3H_2O(l)$$

$$\Delta_c H_m^\ominus(CH_3OCH_3, g) = 2\Delta_f H_m^\ominus(CO_2, g) + 3\Delta_f H_m^\ominus(H_2O, l) - \Delta_f H_m^\ominus(CH_3OCH_3, g)$$

则
$$\Delta_f H_m^\ominus(CH_3OCH_3, g) = 2\Delta_f H_m^\ominus(CO_2, g) + 3\Delta_f H_m^\ominus(H_2O, l) - \Delta_c H_m^\ominus(CH_3OCH_3, g)$$
$$= 2\Delta_c H_m^\ominus(石墨) + 3\Delta_f H_m^\ominus(H_2O, l) - \Delta_c H_m^\ominus(CH_3OCH_3, g)$$

所以
$$\Delta_r H_m^\ominus = \Delta_f H_m^\ominus(CH_3OCH_3, g) - \Delta_f H_m^\ominus(C_2H_5OH, l)$$
$$= 2\Delta_c H_m^\ominus(石墨) + 3\Delta_f H_m^\ominus(H_2O, l) - \Delta_c H_m^\ominus(CH_3OCH_3, g) - \Delta_f H_m^\ominus(C_2H_5OH, l)$$
$$= [2 \times (-393.51) + 3 \times (-285.83) - (-1460.4) - (-277.6)]\ kJ \cdot mol^{-1}$$
$$= 93.5\ kJ \cdot mol^{-1}$$

2.5 熵变与过程(反应)的方向

自然界发生的一切过程都必须遵守热力学第一定律,保持能量守恒。但在不违背热力学第一定律的前提下,过程是否必然发生,若能发生,能进行到什么程度,热力学第一定律不能回答。例如,石墨和金刚石都是碳的同素异形体,能否将廉价的石墨转变成昂贵的金刚石呢? 热力学第一定律对此无能为力,但热力学第二定律可以解决这类问题。由热力学第二定律可以知道,在常温常压下石墨不可能转变为金刚石,但在压力超过 1.52×10^9 Pa 时,石墨可能会转变为金刚石。

2.5.1 自发过程的方向性

凡是不需要外力(做功)帮助,任其自然就能进行的过程称为自发过程。自然界的许多过程都是自发过程。如两个不同温度的物体相接触,热总是由高温物体自发地传向低温物体,直到两者的温度相等为止;其逆过程(热自低温物体流向高温物体)是不会自动发生的;气体可以自动地由压力高的地方流向压力低的地方,直到各处的压力相等时为止,但气体逆向的流动是不可能自动进行的;氧气和氮气放在一起就会自动扩散至完全混合均匀,混匀后的气体自动分离成纯的氧气和氮气是不可能发生的。还可以举出许多自发过程的例子,从这些例子中可以发现其间的规律:自发过程有着明显的方向性。自发过程发生后,相反的过程绝不会自动发生,也就是说自发过程都是不可逆的,只能向着一个方向进行,它们都不会自动地逆向进行。但自发过程并不意味着根本不能逆向进行,借助于外力可以使一个自发过程向着相反的方向进行。

一切自发过程都具有不可逆性,它们在进行时都具有确定的方向和限度。那么,根据什么来判断过程或化学反应自发进行的方向和限度呢? 比较自然界存在的一些自发过程,不难发现:用温度差(ΔT)可以判断热传导的方向与限度($\Delta T = 0$);用水位差(Δh)可以判断出水的流动方向与限度($\Delta h = 0$),等等。那么有没有一个判断自发过程方向的统一判据呢? 早在一百多年前,贝特罗(P. E. M. Berthelot)和汤姆逊(D. J. Thomson)就提出了化学反应方向性的判据,他们认为:系统的能量有自发变小的倾向,所有自发反应都是放热的。即可以用化学反应的热效应作为能否自发进行的判断依据,并认为放热越多,物质间的反应越可能自发进行。事实上,在等温等压下,绝大多数的放热反应也都是自发进行的。例如:

$$3Fe(s) + 2O_2(g) \Longrightarrow Fe_3O_4(s), \quad \Delta_r H_m^\ominus = -1118.4 \text{ kJ} \cdot \text{mol}^{-1}$$

$$Zn(s) + 2H^+(aq) \Longrightarrow Zn^{2+}(aq) + H_2(g), \quad \Delta_r H_m^\ominus = -153.9 \text{ kJ} \cdot \text{mol}^{-1}$$

但是,也有些过程或化学反应并不是向着系统的能量降低的方向进行,而是向着能量增大的方向进行的。例如,冰变为水是一吸热过程:

$$H_2O(s) \Longrightarrow H_2O(l), \quad \Delta H > 0$$

在 101.325 kPa 和高于 273.15 K 时,冰可以自发地变为水。又如碳酸钙的加热分解反应是一吸热反应:

$$CaCO_3(s) \Longrightarrow CaO(s) + CO_2(g), \quad \Delta H > 0$$

在 101.325 kPa 和 1183 K 时,$CaCO_3$ 能够自发地分解成 CaO 和 CO_2,因此不能只用系统的能量变化来判断过程的方向性。

　　考察上面所述的能自发进行而又吸热的过程,可以发现:这些自发过程还有一个共同的特征,即反应后系统的混乱度增大了。例如,冰中的水分子规则地排列在晶格结点上,只能在其平衡位置附近振动,是一种有序的状态,当冰熔化后,水分子的运动变得较为自由,能在液体体积范围内作无序运动。因此,冰熔化成水这一固相到液相的转化过程,是组成物质的微粒运动,发生了从有序到无序的变化,即系统的混乱度增加了。在 101.325 kPa 和 1183 K 时,$CaCO_3$ 能够自发分解,气态 CO_2 分子的运动更为自由无序,使系统的混乱度增加。由此可见,从固态到液态再到气态,这个过程之所以能够发生,是由于系统的混乱度增加的缘故。

　　因此,能量(或 ΔH)是推动过程自发进行的因素之一,但不是唯一的因素,系统由有序变为无序,混乱度增大,也是自发过程的一个重要推动力。

2.5.2　反应的熵变

　　由前面讨论知道,有两个因素影响着过程的方向,一个是能量变化,系统将趋向最低能量;一个是混乱度变化,系统将趋向最大混乱度。所以,能量降低和混乱度增加是所有自发过程的推动力,自发过程总是朝着其中一个倾向或者是同时向着两个倾向进行,自发过程的方向是这两种倾向共同作用的结果。在等温等压下,系统的能量变化一般可以用焓变 ΔH 来表示。同样,系统内微观粒子的混乱度也可以用热力学函数——熵来表示,或者说系统的熵是系统内微观粒子的混乱程度的量度,以符号 S 来表示。系统内微观粒子的混乱度越大,系统的熵值越大;系统内微观粒子的混乱度越小,系统的熵值越小。

　　熵与热力学能、焓一样,是状态函数。过程或反应的熵变 ΔS 只与系统的始、终状态有关,与变化途径无关。

　　系统内微观粒子的混乱度与物质的聚集状态有关。纯物质的完美晶体,在绝对零度(0 K)时分子排列整齐,这时系统内微观粒子处于完全整齐有序的状态。因此,在绝对零度时,任何纯物质的完美晶体的熵等于零,记作 $S_{0 K}=0$。如果将某物质从 0 K 升高到温度 T,熵变为 ΔS,则有

$$\Delta S = S_{T K} - S_{0 K} = S_{T K} \tag{2-22}$$

$S_{T K}$ 为该物质在温度 T 时的规定熵。1 mol 纯物质在标准状态时的规定熵称为该物质的标准摩尔熵,以 $S_m^{\ominus}(T)$ 表示,单位为 $J \cdot K^{-1} \cdot mol^{-1}$,298.15 K 时常见物质的标准摩尔熵见附录 B。与物质的标准摩尔生成焓 $\Delta_f H_m^{\ominus}$ 不同,稳定单质的标准摩尔熵不为零,因为它们不是绝对零度时的完美晶体。

　　根据熵的物理意义,物质的标准摩尔熵值 $S_m^{\ominus}(T)$ 一般有以下的变化规律:

　　(1) 同一物质的不同聚集态,其 $S_m^{\ominus}(T)$ 的关系为

$$S_m^{\ominus}(g, T) > S_m^{\ominus}(l, T) > S_m^{\ominus}(s, T)$$

例如:$S_m^{\ominus}(H_2O, g, 298.15 \ K) = 188.84 \ J \cdot K^{-1} \cdot mol^{-1}$,$S_m^{\ominus}(H_2O, l, 298.15 \ K) = 69.95$ $J \cdot K^{-1} \cdot mol^{-1}$。

　　(2) 同一种聚集态的同类型分子,复杂分子比简单分子的 $S_m^{\ominus}(T)$ 值大。例如:

$$S_m^{\ominus}(CH_4, g) < S_m^{\ominus}(C_2H_6, g) < S_m^{\ominus}(C_3H_8, g)$$

　　(3) 对同一种物质,温度升高,熵值加大。例如:

$S_m^{\ominus}(Fe, s, 298.15 \ K) = 27.3 \ J \cdot K^{-1} \cdot mol^{-1}$,　　$S_m^{\ominus}(Fe, s, 500 \ K) = 41.2 \ J \cdot K^{-1} \cdot mol^{-1}$。

(4)对气态物质,增加压力,熵值减小。对固态和液态物质,压力改变对它们的熵值影响不大。

根据物质的标准摩尔熵 $S_m^\ominus(T)$ 可以计算化学反应的标准摩尔熵变($\Delta_r S_m^\ominus$)。

对于给定的化学反应

$$dD(g)+eE(g)\Longrightarrow gG(g)+hH(g)$$

$$\Delta_r S_m^\ominus = gS_m^\ominus(G,g)+hS_m^\ominus(H,g)-eS_m^\ominus(E,g)-dS_m^\ominus(D,g) \tag{2-23a}$$

或

$$\Delta_r S_m^\ominus = \sum_B \nu_B S_m^\ominus(B) \tag{2-23b}$$

【例 2-8】 试求下面两个化学反应的熵变。

$$Hg(l)+\frac{1}{2}O_2(g)\Longrightarrow HgO(s) \tag{1}$$

$$Hg(g)+\frac{1}{2}O_2(g)\Longrightarrow HgO(s) \tag{2}$$

解 由附录 B,查表得：

	Hg(l)	Hg(g)	$O_2(g)$	HgO(s)
$S_m^\ominus/(J \cdot K^{-1} \cdot mol^{-1})$	76.1	175	205.2	70.2

对于反应(1)

$$\Delta_r S_m^\ominus = S_m^\ominus(HgO,s)-\frac{1}{2}S_m^\ominus(O_2,g)-S_m^\ominus(Hg,l)$$

$$=(70.2-0.5\times205.2-76.1)\ J \cdot K^{-1} \cdot mol^{-1}=-108.5\ J \cdot K^{-1} \cdot mol^{-1}$$

对于反应(2)

$$\Delta_r S_m^\ominus = S_m^\ominus(HgO,s)-\frac{1}{2}S_m^\ominus(O_2,g)-S_m^\ominus(Hg,g)$$

$$=(70.2-0.5\times205.2-175)\ J \cdot K^{-1} \cdot mol^{-1}=-207.4\ J \cdot K^{-1} \cdot mol^{-1}$$

前已经讨论,系统的能量降低和混乱度增大是推动过程自发进行的两个因素。若系统是一个孤立系统,与环境没有能量和物质的交换,则推动过程自发进行的动力就只能是熵变。所以,在孤立系统中,自发过程总是朝着系统混乱度增大的方向进行,而混乱度减少的过程是不可能实现的。当系统的混乱度达到最大时,系统就达到平衡状态,这就是自发过程的限度。因此,热力学第二定律的一种表述是:在孤立系统中,过程自发进行的方向是使熵值增大,直到系统的熵达到最大值,则系统达到平衡。这也称为熵增原理,其数学表达式为

$$\Delta S_{孤立} \geqslant 0 \tag{2-24}$$

式中,$\Delta S_{孤立}$ 表示孤立系统的熵变,$\Delta S_{孤立}>0$ 表示自发过程,$\Delta S_{孤立}=0$ 表示系统达到平衡。孤立系统中不可能发生熵减小的过程。

真正的孤立系统是不存在的,如果把与系统有物质或能量交换的那一部分环境包括进去,从而构成一个新的系统,这个新系统可以看成一个大的孤立系统,其熵变为 $\Delta S_总$。式(2-24)可改写为

$$\Delta S_总 = \Delta S_{系统} + \Delta S_{环境} \geqslant 0 \tag{2-25}$$

这样就得到了自发过程的熵判据：

$$\Delta S_总 \begin{cases} >0,自发过程 \\ =0,平衡状态 \\ <0,不可能发生 \end{cases}$$

2.6　吉布斯函数变与反应的方向

2.6.1　吉布斯函数变与反应方向的判据

利用熵增原理可以判断孤立系统中反应的方向和限度,对于非孤立系统,若要利用熵增加原理判断反应的方向和限度,就必须考虑环境的熵变,这样熵判据的实际应用就受到很大程度的限制。反应的自发性与反应的焓变和熵变有关,如果能够找到一个包含焓变和熵变的新的判据,则会使反应自发性的判断更加方便。

大多数化学反应是在等温等压条件下进行的,为了判断等温等压下反应的方向,吉布斯(Gibbs)提出了一个与系统的焓、熵和温度有关的新函数 G,称为吉布斯函数。吉布斯函数 G 的定义是

$$G = H - TS \tag{2-26}$$

吉布斯函数 G 是状态函数 H、S、T 的组合,所以也是状态函数,它的数值只与系统的状态有关,而与途径无关。吉布斯函数 G 具有能量的量纲,其绝对值无法测量。

系统发生一个等温过程,系统的吉布斯函数变

$$\Delta G = \Delta H - T\Delta S \tag{2-27}$$

上式称为吉布斯等温方程,是化学中最重要和最有用的方程之一,式中 ΔG 是吉布斯函数的改变量(简称吉布斯函数变)。

在等温等压,不做非体积功的条件下,利用吉布斯等温方程可以得到过程变化的方向和限度的判据。若封闭系统在进行一个不做非体积功的过程中,系统的能量不断降低和系统的混乱度不断增加,毫无疑问这是一个自发过程,因为系统的能量降低,所以有 $\Delta H < 0$,且由于系统的混乱度增加,有 $\Delta S > 0$,把 $\Delta H < 0$,$\Delta S > 0$ 代入吉布斯等温方程可以得到 $\Delta G < 0$,这说明系统进行自发过程时,系统的吉布斯函数是减小的。因此,可以用 ΔG 判断在等温等压条件下,过程的方向和限度。吉布斯通过热力学的推导,得出在等温等压,不做非体积功的条件下,判断过程的方向和限度的吉布斯函数判据

$$(\Delta G)_{T,p,W'=0} \begin{cases} < 0, \text{自发过程} \\ = 0, \text{平衡状态} \\ > 0, \text{不可能发生} \end{cases} \tag{2-28}$$

上式表明,在等温等压且不做非体积功的条件下,一个化学反应系统必然自发地从吉布斯函数大的状态向吉布斯函数小的状态进行,当吉布斯函数降低到最小值且不可能再减小时,系统就达到了平衡,系统不会自发地从吉布斯函数小的状态向吉布斯函数大的状态进行。

如果化学反应在等温等压的条件下,除体积功外还做非体积功 W',系统可发生 $\Delta G > 0$ 的过程,但必须满足 $\Delta G \leqslant W'$,即系统 ΔG 的增加不大于环境对系统所做的非体积功。

由热力学可导出,吉布斯函数的过程判据为

$$(\Delta G)_{T,p} \begin{cases} < W', \text{不可逆过程} \\ = W', \text{平衡状态} \\ > W', \text{不可能发生} \end{cases} \tag{2-29}$$

吉布斯等温方程把影响化学反应自发性的两个因素:能量(这里表现为 ΔH)及混乱度(即 ΔS)完美地统一起来了,并且考虑到温度 T 对反应自发性的影响,现分别讨论如下:

(1) $\Delta H < 0$，$\Delta S > 0$，即放热、熵增加的反应，按式(2-27)，在任何温度下均有 $\Delta G < 0$，即任何温度下反应都能自发进行。如硫酸与水混合就属于这类过程。

(2) $\Delta H > 0$，$\Delta S < 0$，即吸热、熵减小的反应，由于两个因素都对反应的自发进行不利，按式(2-27)，在任何温度下都有 $\Delta G > 0$，此类过程不可能自发进行。

(3) $\Delta H < 0$，$\Delta S < 0$，即放热、熵减小的反应，为了使 $\Delta G < 0$，T 必须符合下面的关系式：

$$T < \frac{\Delta H}{\Delta S} \tag{2-30}$$

低温有利于反应自发进行。

(4) $\Delta H > 0$，$\Delta S > 0$，即吸热、熵增加的反应，按式(2-27)，要使 $\Delta G < 0$，T 必须符合下式：

$$T > \frac{\Delta H}{\Delta S} \tag{2-31}$$

高温有利于反应自发进行。

从上面的分析可以看出，当 ΔH 和 ΔS 这两个影响反应自发性的因素都有利于反应自发进行，或都不利于反应的自发进行时（即(1)或(2)的情况），企图通过调节温度来改变反应自发进行的方向是不可能的。只有 ΔH 和 ΔS 这两个因素对反应进行方向的影响相反时（如(3)或(4)的情况），才可能通过改变温度，使反应自发进行的方向发生变化。反应自发进行的方向发生变化时的温度，称为转变温度 T_c。利用式(2-27)可以计算化学反应的转变温度 T_c：

$$T_c = \frac{\Delta H}{\Delta S} \tag{2-32}$$

当反应的焓变和熵变基本不随温度变化，或随温度变化较小时，即 $\Delta_r H_m^\ominus (T) \approx \Delta_r H_m^\ominus (298.15 \text{ K})$，$\Delta_r S_m^\ominus (T) \approx \Delta_r S_m^\ominus (298.15 \text{ K})$，则式(2-27)可写为

$$\Delta_r G(T) \approx \Delta_r H_m^\ominus (298.15 \text{ K}) - T\Delta_r S_m^\ominus (298.15 \text{ K}) \tag{2-33}$$

上式是计算温度 T 时，反应吉布斯函数变的近似公式，由此得到计算化学反应的转变温度 T_c 的近似公式：

$$T_c \approx \frac{\Delta_r H_m^\ominus (298.15 \text{ K})}{\Delta_r S_m^\ominus (298.15 \text{ K})} \tag{2-34}$$

【例 2-9】 试计算碳酸钙热分解反应的转变温度 T_c。

解 写出化学反应方程式，并查附录 B 得

	CaCO$_3$(s) ===	CaO(s) +	CO$_2$(g)
$\Delta_f H_m^\ominus (298.15 \text{ K})/(\text{kJ} \cdot \text{mol}^{-1})$	−1207.6	−634.92	−393.51
$S_m^\ominus (298.15 \text{ K})/(\text{J} \cdot \text{K}^{-1} \cdot \text{mol}^{-1})$	91.7	38.1	213.79

摩尔反应焓变：

$$\Delta_r H_m^\ominus (298.15 \text{ K}) = \Delta_f H_m^\ominus (\text{CaO,s}) + \Delta_f H_m^\ominus (\text{CO}_2\text{,g}) - \Delta_f H_m^\ominus (\text{CaCO}_3\text{,s})$$
$$= (-634.92 - 393.51 + 1207.6) \text{ kJ} \cdot \text{mol}^{-1}$$
$$= 179.17 \text{ kJ} \cdot \text{mol}^{-1}$$

摩尔反应熵变：

$$\Delta_r S_m^\ominus (298.15 \text{ K}) = S_m^\ominus (\text{CaO,s}) + S_m^\ominus (\text{CO}_2\text{,g}) - S_m^\ominus (\text{CaCO}_3\text{,s})$$
$$= (38.1 + 213.79 - 91.7) \text{ J} \cdot \text{K}^{-1} \cdot \text{mol}^{-1}$$
$$= 160.19 \text{ J} \cdot \text{K}^{-1} \cdot \text{mol}^{-1}$$

转变温度为

$$T_c \approx \frac{\Delta_r H_m^{\ominus}(298.15 \text{ K})}{\Delta_r S_m^{\ominus}(298.15 \text{ K})} = \frac{179.17 \times 10^3 \text{ J} \cdot \text{mol}^{-1}}{160.19 \text{ J} \cdot \text{K}^{-1} \cdot \text{mol}^{-1}} = 1118.48 \text{ K}$$

2.6.2　标准摩尔生成吉布斯函数

在实际运用中,只要知道化学反应的吉布斯函数变,就可以用来判定化学反应的方向和限度。但吉布斯函数绝对值也是不可知的,与物质的焓相类似,吉布斯函数也采用相对值。在指定温度和标准状态下,由最稳定单质生成 1 mol 化合物的吉布斯函数变称为物质的标准摩尔生成吉布斯函数,记作 $\Delta_f G_m^{\ominus}(T)$,单位是 kJ·mol^{-1}。在热力学数据表中,一般都是给出 298.15 K 的标准摩尔生成吉布斯函数。根据 $\Delta_f G_m^{\ominus}$ 的定义可知,稳定单质的标准摩尔生成吉布斯函数等于零。

由物质的标准摩尔生成吉布斯函数 $\Delta_f G_m^{\ominus}$ 计算反应的标准摩尔吉布斯函数变 $\Delta_r G_m^{\ominus}$ 的方法与由物质的标准摩尔生成焓 $\Delta_f H_m^{\ominus}$ 计算反应的标准摩尔焓变 $\Delta_r H_m^{\ominus}$ 的方法相似,即化学反应的标准摩尔吉布斯函数变等于产物的标准摩尔生成吉布斯函数减去反应物的标准摩尔生成吉布斯函数

$$\Delta_r G_m^{\ominus} = \sum_B \nu_B \Delta_f G_m^{\ominus}(B) \tag{2-35}$$

【例 2-10】　利用标准摩尔生成吉布斯函数,计算反应
$$2CH_3OH(l) + 3O_2(g) = 2CO_2(g) + 4H_2O(g)$$
在 298.15 K 时的标准摩尔吉布斯函数变。

解　查附录 B 得

$$\begin{array}{ccccc} & CH_3OH(l) & O_2(g) & CO_2(g) & H_2O(g) \end{array}$$
$$\Delta_f G_m^{\ominus}/(\text{kJ} \cdot \text{mol}^{-1}) \quad -166.6 \quad\quad 0 \quad\quad -394.4 \quad -228.6$$
$$\Delta_r G_m^{\ominus} = 2\Delta_f G_m^{\ominus}(CO_2, g) + 4\Delta_f G_m^{\ominus}(H_2O, g) - 2\Delta_f G_m^{\ominus}(CH_3OH, l) - 3\Delta_f G_m^{\ominus}(O_2, g)$$
$$= [2 \times (-394.4) + 4 \times (-228.6) - 2 \times (-166.6) - 0] \text{ kJ} \cdot \text{mol}^{-1}$$
$$= -1370.0 \text{ kJ} \cdot \text{mol}^{-1}$$

2.6.3　化学反应等温方程式

对于一般化学反应来说,多数情况下,反应物和产物都不是处于标准状态,因此化学反应的摩尔吉布斯函数变 $\Delta_r G_m$ 并不等于反应的标准摩尔吉布斯函数变 $\Delta_r G_m^{\ominus}$,显然它将随着系统中反应物和生成物的分压(对气体)或浓度(对溶液)的改变而改变。$\Delta_r G_m$ 与 $\Delta_r G_m^{\ominus}$ 之间的关系可由化学热力学推导出,称为化学反应等温方程式:

$$\Delta_r G_m = \Delta_r G_m^{\ominus} + RT \ln Q \tag{2-36}$$

式中,$\Delta_r G_m$ 是反应的摩尔吉布斯函数变;$\Delta_r G_m^{\ominus}$ 是反应的标准摩尔吉布斯函数变;R 是气体常数;T 是热力学温度;Q 称为反应商,它是各生成物相对分压(对气体)或相对浓度(对溶液)的相应次方的乘积与各反应物的相对分压(对气体)或相对浓度(对溶液)的相应次方的乘积之比。

对于气相反应 $dD(g) + eE(g) = gG(g) + hH(g)$,$Q$ 的表达式为

$$Q = \frac{[p(G)/p^{\ominus}]^g \cdot [p(H)/p^{\ominus}]^h}{[p(D)/p^{\ominus}]^d \cdot [p(E)/p^{\ominus}]^e} \tag{2-37}$$

式中,$p^{\ominus} = 100$ kPa,是标准压力。

对于溶液反应 $dD(aq) + eE(aq) = gG(aq) + hH(aq)$,$Q$ 的表达式为

$$Q = \frac{[c(\mathrm{G})/c^{\ominus}]^g \cdot [c(\mathrm{H})/c^{\ominus}]^h}{[c(\mathrm{D})/c^{\ominus}]^d \cdot [c(\mathrm{E})/c^{\ominus}]^e} \tag{2-38}$$

式中，$c^{\ominus}$ 是标准摩尔浓度，其值为 1 mol·dm^{-3}。

若反应中有纯固体及纯液体，则其浓度以 1 表示，在反应商的表达式中不出现。

2.7　化 学 平 衡

当化学反应的方向确定后，那么反应向这一方向进行的最大限度如何？有关化学反应的最大限度问题即为化学平衡问题，化学反应达到最大限度就是化学反应达到平衡。本节将讨论平衡建立的条件、平衡移动的方向等问题。

2.7.1　可逆反应和化学平衡

可逆反应是指在一定条件下，既能向右进行也能向左进行的反应。在反应物与生成物之间用"$\rightleftharpoons$"表示反应的可逆性。习惯上把从左向右进行的反应叫做正反应，把从右向左进行的反应叫做逆反应。化学反应的可逆性是化学反应的一个普遍特征。由于这类反应在正向进行的同时，也可以逆向进行，因此，这类反应不可能进行到底，只能进行到某一程度，即反应的最大限度，其最大限度就是化学平衡。

原则上讲，所有的化学反应都有可逆性，只是不同化学反应的可逆程度差别很大，有些反应表面上看起来似乎只朝着一个方向进行，例如氯离子与银离子的沉淀反应 $\mathrm{Ag}^+(\mathrm{aq}) + \mathrm{Cl}^-(\mathrm{aq}) \longrightarrow \mathrm{AgCl}(\mathrm{s})$，即是如此，但本质上看，它也是可逆反应。若将 $\mathrm{AgCl}(\mathrm{s})$ 加到水中，也可发生上述反应的逆反应 $\mathrm{AgCl}(\mathrm{s}) \longrightarrow \mathrm{Ag}^+(\mathrm{aq}) + \mathrm{Cl}^-(\mathrm{aq})$，只不过后者的倾向很小而已。

当反应开始时，反应物的浓度（或分压力）较大，产物的浓度（或分压）较小，正反应速率大于逆反应的速率。随着反应的进行，正反应速率不断减小，逆反应速率不断增大，当正、逆反应速率相等时，系统中各物质的浓度（或分压）不再随时间而变化，反应达到化学平衡。当反应达到平衡时，表面上看，反应似乎已经停止了，但从微观角度观察，正逆反应仍在进行，只是正、逆反应速率相等而已，所以化学平衡是一个动态平衡。

当条件改变时，原有的平衡状态将被打破，平衡发生移动，系统将建立新的化学平衡。因此，平衡是动态的、相对的、暂时的、有条件的，而不平衡是绝对的、永恒的。

2.7.2　标准平衡常数

化学反应一般是在等温、等压且不做非体积功的情况下进行的，由式（2-28）知，反应达平衡时，$\Delta_r G_m = 0$。因此，式（2-36）变为

$$0 = \Delta_r G_m^{\ominus} + RT\ln Q$$

此时反应物和生成物的浓度或分压不再随时间变化，宏观上反应不再继续进行，此时的反应商 Q 为一常数，用 $K^{\ominus}$ 代替，于是

$$\Delta_r G_m^{\ominus} = -RT\ln K^{\ominus} \tag{2-39}$$

由于反应达平衡，$K^{\ominus}$ 称为标准平衡常数。因此，式（2-37）、式（2-38）可分别改写为

$$K^{\ominus} = \frac{[p^{eq}(\mathrm{G})/p^{\ominus}]^g \cdot [p^{eq}(\mathrm{H})/p^{\ominus}]^h}{[p^{eq}(\mathrm{D})/p^{\ominus}]^d \cdot [p^{eq}(\mathrm{E})/p^{\ominus}]^e} \tag{2-40}$$

$$K^{\ominus} = \frac{[c^{eq}(\mathrm{G})/c^{\ominus}]^g \cdot [c^{eq}(\mathrm{H})/c^{\ominus}]^h}{[c^{eq}(\mathrm{D})/c^{\ominus}]^d \cdot [c^{eq}(\mathrm{E})/c^{\ominus}]^e} \tag{2-41}$$

式中,上标 eq 表示处于平衡时的反应物和产物的平衡分压或平衡浓度。

标准平衡常数 $K^\ominus$ 是表征化学反应进行到最大限度时产物与反应物浓度关系的一个常数,它是平衡时各生成物相对分压(对气体)或相对浓度(对溶液)的相应次方的乘积与各反应物的相对分压(对气体)或相对浓度(对溶液)的相应次方的乘积之比。对于同一类型的反应,在给定的反应条件下,$K^\ominus$ 值越大,表明正反应进行得越完全。

反应的标准平衡常数 $K^\ominus$ 是量纲为 1 的量,它仅是温度的函数,与参与反应的各物质的浓度或分压无关。

将式(2-39)代入式(2-36)得到

$$\Delta_r G_m = -RT\ln K^\ominus + RT\ln Q = RT\ln\frac{Q}{K^\ominus} \tag{2-42}$$

式(2-42)也称为化学反应等温方程式,它在讨论化学平衡时有着重要的作用。

2.7.3 书写标准平衡常数表达式的注意事项

书写标准平衡常数表达式的注意事项如下:

(1) 在标准平衡常数表达式中,各物质的浓度和分压是指反应达到平衡时的浓度和分压。

(2) 反应涉及纯固体、纯液体时,其浓度视为常数,不写进 $K^\ominus$ 表达式。例如:

$$CaCO_3(s) \stackrel{\triangle}{\Longrightarrow} CaO(s) + CO_2(g)$$

$$K^\ominus = p^{eq}(CO_2)/p^\ominus$$

$$Cr_2O_7^{2-}(aq) + H_2O(l) \Longrightarrow 2CrO_4^{2-}(aq) + 2H^+(aq)$$

$$K^\ominus = \frac{[c^{eq}(CrO_4^{2-})/c^\ominus]^2 \cdot [c^{eq}(H^+)/c^\ominus]^2}{c^{eq}(Cr_2O_7^{2-})/c^\ominus}$$

(3) 标准平衡常数表达式及数值与反应方程式的写法有关,例如:

①$2NO_2(g) \Longrightarrow N_2O_4(g)$, $\quad K_1^\ominus = \dfrac{p^{eq}(N_2O_4)/p^\ominus}{[p^{eq}(NO_2)/p^\ominus]^2}$

②$NO_2(g) \Longrightarrow \dfrac{1}{2}N_2O_4(g)$, $\quad K_2^\ominus = \dfrac{[p^{eq}(N_2O_4)/p^\ominus]^{1/2}}{p^{eq}(NO_2)/p^\ominus}$

③$N_2O_4(g) \Longrightarrow 2NO_2(g)$, $\quad K_3^\ominus = \dfrac{[p^{eq}(NO_2)/p^\ominus]^2}{p^{eq}(N_2O_4)/p^\ominus}$

显然,三个平衡常数的关系为 $\quad K_1^\ominus = (K_2^\ominus)^2 = (K_3^\ominus)^{-1}$。

(4) 若某反应是由几个反应相加而成,则该反应的标准平衡常数等于各分反应的标准平衡常数之积;若某反应是由几个反应相减而成,则该反应的标准平衡常数等于各分反应的标准平衡常数相除,这种关系称为多重平衡规则。例如:

① $SO_2(g) + \dfrac{1}{2}O_2(g) \Longrightarrow SO_3(g)$, $\quad K_1^\ominus$

② $CO_2(g) \Longrightarrow CO(g) + \dfrac{1}{2}O_2(g)$, $\quad K_2^\ominus$

③ $SO_2(g) + CO_2(g) \Longrightarrow CO(g) + SO_3(g)$, $\quad K_3^\ominus$

反应③=反应②+反应①,因而 $K_3^\ominus = K_1^\ominus \times K_2^\ominus$。

多重平衡规则在化学上很重要,一些化学反应的平衡常数较难测定时,则可利用已知的有关化学反应的平衡常数计算出来。

【例 2-11】 已知下列反应在 1123 K 时的标准平衡常数:

(1) C(石墨)+CO$_2$(g) $\Longrightarrow$ 2CO(g)，　$K_1^{\ominus}=1.3\times10^{14}$

(2) CO(g)+Cl$_2$(g) $\Longrightarrow$ COCl$_2$(g)，　$K_2^{\ominus}=6.0\times10^{-3}$

计算反应(3)C(石墨)+CO$_2$(g)+2Cl$_2$(g)$\Longrightarrow$2 COCl$_2$(g) 在 1123 K 时的 $K_3^{\ominus}$。

解　反应(3)=反应(1)+2×反应(2)

$$K_3^{\ominus}=K_1^{\ominus}\times(K_2^{\ominus})^2=1.3\times10^{14}\times(6.0\times10^{-3})^2=4.7\times10^9$$

2.7.4　平衡常数的计算与应用

1. 判断化学反应的方向

由化学反应等温方程式

$$\Delta_r G_m=-RT\ln K^{\ominus}+RT\ln Q=RT\ln\frac{Q}{K^{\ominus}}$$

可知只要知道 $K^{\ominus}$ 和 Q 的值，即可判断化学反应自发进行的方向：

如果 $Q<K^{\ominus}$，则 $\Delta_r G_m<0$，正向反应自发进行；

如果 $Q>K^{\ominus}$，则 $\Delta_r G_m>0$，逆向反应自发进行；

如果 $Q=K^{\ominus}$，则 $\Delta_r G_m=0$，化学反应达到平衡。

因此，对于化学反应，只要反应商 Q 不等于标准平衡常数 $K^{\ominus}$，就表明反应系统处于非平衡态，系统就会自动从非平衡态向平衡态变化，直至化学反应达到平衡；若 Q 与 $K^{\ominus}$ 相差越大，这种变化的趋势就越大。

通过前面的讨论可知，$\Delta_r G_m$ 的数值决定化学反应方向，平衡时 $\Delta_r G_m=0$；而 $\Delta_r G_m^{\ominus}$ 则与标准平衡常数相联系，表示的是化学反应进行的限度，平衡时不一定为零。通常不能用 $\Delta_r G_m^{\ominus}$ 来判断反应的方向。只有当反应物和生成物都处于标准状态时，有 $\Delta_r G_m=\Delta_r G_m^{\ominus}$，在这种特定条件下，才可用 $\Delta_r G_m^{\ominus}$ 判断反应方向。另外，当 $\Delta_r G_m^{\ominus}$ 的绝对值很大时，由式(2-36)可知，Q 对 $\Delta_r G_m$ 的影响比 $\Delta_r G_m^{\ominus}$ 小得多，$\Delta_r G_m$ 的正负号主要由 $\Delta_r G_m^{\ominus}$ 决定，此时可由 $\Delta_r G_m^{\ominus}$ 判断反应的方向。一般认为：

(1) 当 $\Delta_r G_m^{\ominus}>40$ kJ·mol^{-1} 时，可判断反应是不可能正向进行的。如 $T=298.15$ K 时，

$$\ln K^{\ominus}=-\frac{\Delta_r G_m^{\ominus}}{RT}=\frac{-40\times10^3\text{ J·mol}^{-1}}{8.3145\text{ J·mol}^{-1}\cdot\text{K}^{-1}\times298.15\text{ K}}=-16.14,\quad K^{\ominus}=9.8\times10^{-8}$$

$K^{\ominus}$ 的数值如此之小，即使较多地增加反应物的数量(使 Q 值减小)，也不能使 $\Delta_r G_m<0$。

(2) 当 $\Delta_r G_m^{\ominus}<-40$ kJ·mol^{-1} 时，$K^{\ominus}$ 的数值很大，反应能正向进行。

(3) 当 $\Delta_r G_m^{\ominus}$ 在 $-40\sim40$ kJ·mol^{-1} 之间时，有可能改变条件使 Q 值减小，只要达到 $Q<K^{\ominus}$ 的条件，反应即可正向进行。这时要具体问题具体分析。

2. 计算反应系统平衡时的组成和平衡转化率

许多化学过程，都需要了解平衡产率以衡量化学过程的完成程度。因此，掌握有关化学平衡的计算显得十分重要。此类计算的重点是：从标准热力学或实验数据求平衡常数；利用平衡常数求各物质的平衡组成(分压、浓度)和平衡转化率等。

平衡转化率又称为理论转化率，是指该反应物已转化了的量占其起始量的百分率，用 α 表示，即

$$\alpha=\frac{\text{某反应物已转化的量}}{\text{某反应物起始的量}}\times100\%\tag{2-43}$$

由于在实际情况下，反应常不能达到平衡，所以实际的转化率常低于平衡转化率，实际转化率

的极限就是平衡转化率。

【例 2-12】　五氯化磷分解反应

$$PCl_5(g) \Longrightarrow PCl_3(g) + Cl_2(g)$$

在 200 ℃时的 $K^\ominus = 0.312$，计算 200 ℃、200 kPa 下 PCl_5 的解离度。

解　PCl_5 的解离度即是 PCl_5 的转化率，设 PCl_5 的解离度为 α，反应系统中各组分的量为

$$PCl_5(g) \Longrightarrow PCl_3(g) + Cl_2(g)$$

反应前物质的量　　　　　　　　　n　　　　　　　0　　　　　　0

平衡时物质的量　　　　　　　$n(1-\alpha)$　　　　　$n\alpha$　　　　$n\alpha$　　　　$n_{总} = n(1+\alpha)$

平衡时摩尔分数　　　　　　　$\dfrac{1-\alpha}{1+\alpha}$　　　　　$\dfrac{\alpha}{1+\alpha}$　　　　$\dfrac{\alpha}{1+\alpha}$

$$K^\ominus = \frac{[p(Cl_2)/p^\ominus][p(PCl_3)/p^\ominus]}{p(PCl_5)/p^\ominus} = \frac{[p \cdot x(Cl_2)/p^\ominus][p \cdot x(PCl_3)/p^\ominus]}{p \cdot x(PCl_5)/p^\ominus}$$

$$= \frac{[x(Cl_2)][x(PCl_3)]}{x(PCl_5)} \cdot \frac{p}{p^\ominus}$$

即

$$0.312 = \frac{\dfrac{\alpha}{1+\alpha} \cdot \dfrac{\alpha}{1+\alpha}}{\dfrac{1-\alpha}{1+\alpha}} \times \frac{200}{100}$$

由上式解出

$$\alpha = 0.3674$$

200 ℃、200 kPa 下 PCl_5 的解离度为 36.74%。

【例 2-13】　电解水制得的氢气通常含有少量的 O_2（99.5% H_2，0.5% O_2），消除氧的方法通常可用催化剂，发生 $2H_2(g) + O_2(g) \Longrightarrow 2H_2O(g)$ 的反应而去除氧。半导体工业为了获得氧含量不大于 1×10^{-6} 的高纯氢，试问在 298.15 K、100 kPa 条件下，通过上述反应后氢气的纯度是否达到要求？

解　从附录 B 查得，水的标准摩尔生成吉布斯函数

$$\Delta_f G_m^\ominus(H_2O,g) = -228.61 \text{ kJ} \cdot \text{mol}^{-1}$$

该反应的标准摩尔吉布斯函数变

$$\Delta_r G_m^\ominus = 2\Delta_f G_m^\ominus(H_2O,g) = -457.22 \text{ kJ} \cdot \text{mol}^{-1}$$

由 $\Delta_r G_m^\ominus = -RT\ln K^\ominus$ 得

$$K^\ominus = \exp\left(-\frac{\Delta_r G_m^\ominus}{RT}\right) = \exp\left(\frac{457.22 \times 10^3}{8.3145 \times 298.15}\right) = 1.26 \times 10^{80}$$

设有 298.15 K、100 kPa 的 100 mol 含有少量 O_2 的原料气，其中含 99.5 mol H_2、0.5 mol O_2，反应后达到平衡，剩余 O_2 的物质的量为 x，系统中各组分物质的量如下：

$$2H_2(g) \quad + \quad O_2(g) \Longrightarrow 2H_2O(g)$$

起始状态 n_0/mol　　　　　　99.5　　　　　　　0.5　　　　　　　0

反应平衡时 n/mol　　　99.5 - 2(0.5 - x)　　　x　　　2(0.5 - x)　　$n_{总} = (99.5 + x)$mol

因为反应的平衡常数很大，平衡时 O_2 的量趋于零，所以各物质的平衡分压分别为

$$p(H_2O) = \frac{2(0.5 - x)}{99.5 + x}p \approx \frac{1}{99.5}p$$

$$p(H_2) = \frac{99.5 - 2(0.5 - x)}{99.5 + x}p \approx \frac{98.5}{99.5}p$$

$$p(O_2) = \frac{x}{99.5 + x}p \approx \frac{x}{99.5}p$$

由平衡常数的表达式可得

$$K^{\ominus} = \frac{[p(H_2O)/p^{\ominus}]^2}{[p(H_2)/p^{\ominus}]^2[p(O_2)/p^{\ominus}]} = \frac{(1/99.5)^2}{(98.5/99.5)^2(x/99.5)}$$

所以　　　　　　　　$x = \dfrac{99.5}{98.5K^{\ominus}} = \dfrac{99.5}{98.5 \times 1.26 \times 10^{80}}\ mol = 8.0 \times 10^{-81}\ mol$

通过上述反应后气体中残存氧为 8.0×10^{-81} mol，氢气纯度完全达到要求。

2.8　化学平衡的移动

当外界条件（如浓度、压力、温度等）发生变化时，原有的化学平衡将被破坏，并在新的条件下达到新的平衡。这种因条件的改变使化学反应由一个平衡状态转变到另一个平衡状态的过程称为化学平衡的移动。平衡移动的标志是：各物质的平衡浓度（或压力）发生变化。

下面讨论浓度、压力、温度对化学平衡移动的影响。

2.8.1　浓度对化学平衡移动的影响

在 2.7.2 节中给出了化学反应等温式

$$\Delta_r G_m = RT \ln \frac{Q}{K^{\ominus}}$$

对给定的化学反应，在一定温度下，$K^{\ominus}$ 是一常数。其他条件不变时，若增加反应物的浓度（或分压）或降低产物的浓度（或分压），都会导致 Q 变小，使 $Q < K^{\ominus}$，$\Delta_r G_m < 0$，从而使反应自动正向进行，即平衡向右移动，直到 $Q = K^{\ominus}$，新的平衡重新建立；相反，降低反应物的浓度（或分压）或增加产物的浓度（或分压），Q 将变大，使 $Q > K^{\ominus}$，平衡向左移动。

例如，石灰石地区经常发生的一个重要反应是碳酸钙与酸式碳酸钙之间的平衡移动：

$$CaCO_3(s) + CO_2(g) + H_2O(l) \Longleftrightarrow Ca(HCO_3)_2(aq)$$

CO_2 在水中溶解量的大小，对平衡起着重要的作用。当 CO_2 在水中的溶解量大时，平衡向右移动，促使 $CaCO_3$ 溶解为 $Ca(HCO_3)_2$，这种富含 $Ca(HCO_3)_2$ 的溶液在地壳空隙及裂缝中流动渗透。而当温度或压力改变导致 CO_2 在水中的溶解量减小时，则平衡向左移动，含 $Ca(HCO_3)_2$ 的溶液又会分解为 $CaCO_3$ 沉淀下来。CO_2 在水中溶解量的改变致使 $CaCO_3$ 在地壳中不断进行迁移，产生了许多奇异的地质现象，如地下溶洞、石笋、钟乳石等。

【例 2-14】　在真空的容器中放入固态的 NH_4HS，于 25 ℃ 下分解为 $NH_3(g)$ 与 $H_2S(g)$，平衡时容器内的压力为 68.0 kPa。若放入 NH_4HS 固体时容器中已有 40.0 kPa 的 $H_2S(g)$，求平衡时容器中的压力，并比较两种情况下固态 NH_4HS 的分解情况。

解　　　　　　　　$NH_4HS(s) \Longleftrightarrow H_2S(g) + NH_3(g)$

25 ℃ 下反应平衡时　$p(H_2S) = p(NH_3) = \dfrac{68.0\ kPa}{2} = 34.0\ kPa$

平衡常数　$K^{\ominus} = [p(H_2S)/p^{\ominus}][p(NH_3)/p^{\ominus}] = (34.0/100)^2 = 0.1156$

$$NH_4HS(s) \Longleftrightarrow \quad H_2S(g) \quad + \quad NH_3(g)$$

反应前各组分分压/kPa　　　　　　　　　　40.0　　　　　　　　　　0

平衡时各组分分压/kPa　　　　　　　$40.0 + p(NH_3)$　　　　　　$p(NH_3)$

$$K^{\ominus} = \left[\frac{40.0 + p(NH_3)}{100}\right]\left[\frac{p(NH_3)}{100}\right] = 0.1156$$

解出　　　　　　　　　　　　　　$p(NH_3) = 19.45$ kPa

容器压力　　　　$p = p(H_2S) + p(NH_3) = (40.0 + 2 \times 19.45)$ kPa $= 78.90$ kPa

当容器中已有 40.0 kPa 的 $H_2S(g)$ 时,固态 NH_4HS 的分解率降低,NH_3 的分压由 34.0 kPa 降低为 19.45 kPa,即增加产物浓度,平衡向反应物方向移动。

2.8.2　压力对化学平衡移动的影响

改变反应系统的压力实质上是改变反应系统中各组分的浓度。由于固、液相浓度几乎不随压力而变化。因此,当压力变化不大时,若反应系统中只有液体或固体物质参与,可近似认为压力不影响此类化学反应的平衡。

对于有气体参与的化学反应,反应系统总压力的改变则会对化学平衡产生影响。例如理想气体反应:

$$dD(g) + eE(g) \Longleftrightarrow gG(g) + hH(g)$$

在一定温度和总压为 p 时达到平衡:

$$K^{\ominus} = \frac{[p^{eq}(G)/p^{\ominus}]^g \cdot [p^{eq}(H)/p^{\ominus}]^h}{[p^{eq}(D)/p^{\ominus}]^d \cdot [p^{eq}(E)/p^{\ominus}]^e}$$

设系统的总压为 p,各气体的分压用总压及摩尔分数来表示,则有

$$p^{eq}(B) = x^{eq}(B)p$$

代入标准平衡常数表达式,得

$$K^{\ominus} = \frac{[x^{eq}(G)p/p^{\ominus}]^g[x^{eq}(H)p/p^{\ominus}]^h}{[x^{eq}(D)p/p^{\ominus}]^d[x^{eq}(E)p/p^{\ominus}]^e} = \frac{[x^{eq}(G)]^g[x^{eq}(H)]^h}{[x^{eq}(D)]^d[x^{eq}(E)]^e}(p/p^{\ominus})^{\sum \nu_B}$$

令　　　　　　　　　$K_x = \dfrac{[x^{eq}(G)]^g[x^{eq}(H)]^h}{[x^{eq}(D)]^d[x^{eq}(E)]^e}$　　　　　　　　　(2-44)

K_x 为用摩尔分数表示的经验平衡常数,所以

$$K^{\ominus} = K_x(p/p^{\ominus})^{\sum \nu_B} \tag{2-45}$$

式中,$\sum \nu_B$ 为反应方程式中气体产物的计量系数之和与气体反应物计量系数之和的差。从上式可得出以下结论:

(1) 若 $\sum \nu_B > 0$,增大 p,K_x 将减小,即产物的摩尔分数减小,反应物的摩尔分数增大,平衡向左移动;减小 p,情况刚好相反,平衡向右移动。

(2) 若 $\sum \nu_B < 0$,增大 p,K_x 将增大,即产物的摩尔分数增大,反应物的摩尔分数减小,平衡向右移动;减小 p,情况刚好相反,平衡向左移动。

(3) 若 $\sum \nu_B = 0$,$K^{\ominus} = K_x$,系统总压力的改变不会使平衡移动。

综上所述,压力对化学平衡的影响可归纳为:在等温下增大总压,平衡向气体分子数减少的方向移动;减小总压,平衡向气体分子数增加的方向移动;若反应前后气体分子数不变,改变总压力,平衡不发生移动。

【例 2-15】 在 325 K,总压力 101.3 kPa 下,反应 $N_2O_4(g) \Longleftrightarrow 2NO_2(g)$ 平衡时,N_2O_4 分解了 50.2%。试求:

(1) 反应的 $K^{\ominus}$;

(2) 相同温度下,若压力 p 变为 5×101.3 kPa,求 N_2O_4 的解离度。

解 (1) 设反应刚开始时,N_2O_4 的物质的量为 n_0,平衡时 N_2O_4 的解离度为 α。

$$N_2O_4(g) \Longleftrightarrow 2NO_2(g)$$

开始时物质的量　　　　　　　　n_0　　　　　　0

平衡时物质的量　　　　　　　$n_0(1-\alpha)$　　$2n_0\alpha$　　　　$n_{总}=n_0(1+\alpha)$

平衡时分压 p_B^{eq}　　　　　　$\dfrac{1-\alpha}{1+\alpha}p$　　$\dfrac{2\alpha}{1+\alpha}p$

因此　　　　　$K^{\ominus}=\dfrac{[p^{eq}(NO_2)/p^{\ominus}]^2}{p^{eq}(N_2O_4)/p^{\ominus}}=\dfrac{\left(\dfrac{2\alpha}{1+\alpha}\cdot\dfrac{p}{p^{\ominus}}\right)^2}{\dfrac{1-\alpha}{1+\alpha}\cdot\dfrac{p}{p^{\ominus}}}=\dfrac{4\alpha^2}{1-\alpha^2}\cdot\dfrac{p}{p^{\ominus}}$

将已知条件代入上式,得

$$K^{\ominus}=\dfrac{4\times(0.502)^2}{1-(0.502)^2}\times\dfrac{101.3\ kPa}{100\ kPa}=1.37$$

（2）$K^{\ominus}$仅为温度的函数,其数值不随压力而变化,将 $p=5\times101.3$ kPa 代入其表达式中,

有　　　　　　　$K^{\ominus}=\dfrac{4\alpha^2}{1-\alpha^2}\times\dfrac{5\times101.3\ kPa}{100\ kPa}=1.37$

解得　　　　　　　　　$\alpha=0.251=25.1\%$

结果表明,增加平衡时系统的总压力,N_2O_4的解离度减小,平衡向 N_2O_4方向即气体分子数减少的方向移动。

2.8.3　惰性气体对化学平衡移动的影响

所谓惰性气体是指系统内不参加化学反应的气体,如合成氨过程中的 CH_4、Ar 等。惰性气体虽不参加反应,但在等温等压的条件下,向反应系统中引入惰性气体时,使系统的总物质的量发生变化,从而使参加反应的气体的分压降低,导致平衡向分子数增大的方向移动。总压一定时,惰性气体的加入实际上起了稀释作用,它与降低系统总压力的效果是一样的。

【例 2-16】 丁烯脱氢制丁二烯的反应为 $C_4H_8(g) \Longleftrightarrow C_4H_6(g)+H_2(g)$,1000 K 时,$K^{\ominus}=0.1786$。试求：

（1）100 kPa 下丁烯的平衡转化率；

（2）若丁烯与水蒸气的比为 1:10,100 kPa 下丁烯的平衡转化率。

解 （1）设丁烯的起始浓度为 1 mol,平衡转化率为 α,则

$$C_4H_8(g) \Longleftrightarrow C_4H_6(g)\ +\ H_2(g)$$

开始时 $n_{B,0}/mol$　　　　　　　1　　　　　　0　　　　　　0

平衡时 n_B^{eq}/mol　　　　　　$1-\alpha$　　　　α　　　　　α　　　$n_{总}=1+\alpha$

从而　　　$p^{eq}(C_4H_8)=\dfrac{(1-\alpha)p}{1+\alpha}$,　　$p^{eq}(C_4H_6)=p^{eq}(H_2)=\dfrac{\alpha p}{1+\alpha}$

$$K^{\ominus}=\dfrac{[p^{eq}(C_4H_6)/p^{\ominus}][p^{eq}(H_2)/p^{\ominus}]}{[p^{eq}(C_4H_8)/p^{\ominus}]}=\dfrac{\left(\dfrac{\alpha}{1+\alpha}\cdot\dfrac{p}{p^{\ominus}}\right)^2}{\dfrac{1-\alpha}{1+\alpha}\cdot\dfrac{p}{p^{\ominus}}}=\dfrac{\alpha^2}{1-\alpha^2}\cdot\dfrac{p}{p^{\ominus}}=\dfrac{\alpha^2}{1-\alpha^2}=0.1786$$

解得　　　　　　　　　$\alpha=0.3893$

（2）加入水蒸气,且有 $n(C_4H_8):n(H_2O)=1:10$,则平衡时反应系统的总物质的量为 $(11+\alpha)$ mol。

$$K^{\ominus}=\frac{[p^{eq}(C_4H_6)/p^{\ominus}][p^{eq}(H_2)/p^{\ominus}]}{[p^{eq}(C_4H_8)/p^{\ominus}]}=\frac{\left(\dfrac{\alpha}{11+\alpha}\cdot\dfrac{p}{p^{\ominus}}\right)^2}{\dfrac{1-\alpha}{11+\alpha}\cdot\dfrac{p}{p^{\ominus}}}=\frac{\alpha^2}{1-\alpha}\cdot\frac{1}{11+\alpha}=0.1786$$

解得
$$\alpha=0.7393$$

加入 H_2O 后,$C_4H_8(g)$ 解离度增加。总压一定时,加入不参与反应的 $H_2O(g)$,起了稀释作用,相当于降低了系统的总压,反应向分子数增加的方向移动。

注意,在等温等容条件下,加入惰性气体将使系统的总压增大,但由于系统中各物质的分压不会改变,所以平衡不移动。

2.8.4　温度对化学平衡移动的影响

浓度、压力对化学平衡移动的影响是通过改变系统组分的浓度或分压,使反应商 Q 不等于 $K^{\ominus}$ 而引起平衡移动。在一定温度下,浓度或压力的改变并不引起标准平衡常数 $K^{\ominus}$ 的改变。温度对化学平衡移动的影响则不然,温度的改变会引起标准平衡常数 $K^{\ominus}$ 的改变,从而使化学平衡发生移动。

温度为 T 时
$$\Delta_r G_m^{\ominus}=\Delta_r H_m^{\ominus}-T\Delta_r S_m^{\ominus}$$
$$\Delta_r G_m^{\ominus}=-RT\ln K^{\ominus}$$

两式合并得
$$\ln K^{\ominus}=-\frac{\Delta_r H_m^{\ominus}}{RT}+\frac{\Delta_r S_m^{\ominus}}{R} \tag{2-46}$$

通过测定不同温度时的 $K^{\ominus}$ 值,用 $\ln K^{\ominus}$ 对 $1/T$ 作图,得到一条直线,直线的斜率为 $-\Delta_r H_m^{\ominus}/R$,截距为 $\Delta_r S_m^{\ominus}/R$。如果忽略温度对 $\Delta_r H_m^{\ominus}$、$\Delta_r S_m^{\ominus}$ 的影响,并设温度 T_1 时的平衡常数为 $K_1^{\ominus}$,温度 T_2 时的平衡常数为 $K_2^{\ominus}$,则

$$\ln K_1^{\ominus}=-\frac{\Delta_r H_m^{\ominus}}{RT_1}+\frac{\Delta_r S_m^{\ominus}}{R}$$

$$\ln K_2^{\ominus}=-\frac{\Delta_r H_m^{\ominus}}{RT_2}+\frac{\Delta_r S_m^{\ominus}}{R}$$

两式相减,得
$$\ln\frac{K_2^{\ominus}}{K_1^{\ominus}}=\frac{\Delta_r H_m^{\ominus}}{R}\left(\frac{1}{T_1}-\frac{1}{T_2}\right)=\frac{\Delta_r H_m^{\ominus}}{R}\cdot\frac{T_2-T_1}{T_1 T_2} \tag{2-47}$$

式(2-47)称为范特霍夫(van't Hoff)方程。由此可以看出温度对化学平衡的影响:

对于放热反应,$\Delta_r H_m^{\ominus}<0$,升高温度时,$T_2-T_1>0$,则 $K_2^{\ominus}<K_1^{\ominus}$,标准平衡常数随温度升高而减小,升温时平衡向逆反应方向移动,即反应向吸热方向移动;降低温度时,$T_2-T_1<0$,则 $K_2^{\ominus}>K_1^{\ominus}$,标准平衡常数随温度降低而增大,使平衡向正反应方向移动,即反应向放热方向移动。

对于吸热反应,$\Delta_r H_m^{\ominus}>0$,升高温度时,$K_2^{\ominus}>K_1^{\ominus}$,标准平衡常数随温度升高而增大,平衡向正反应方向移动,即升高温度使平衡向吸热反应方向移动。降低温度时,$K_2^{\ominus}<K_1^{\ominus}$,标准平衡常数随温度降低而减小,使平衡向逆反应方向移动,即向放热方向移动。

总之,对于平衡系统,升高温度,平衡总是向吸热反应的方向移动;降低温度,平衡总是向放热反应的方向移动。

【例 2-17】　已知 775 ℃时,$CaCO_3$ 的分解压力为 14.59 kPa,求 855 ℃时的分解压力。设

反应的 $\Delta_r H_m^{\ominus}$ 为常数,等于 109.33 kJ·mol^{-1}。

解　CaCO$_3$ 的分解反应为 CaCO$_3$(s)⇌CaO(s)+CO$_2$(g),在某温度下 CaCO$_3$(s)的分解压力是指该温度下 CO$_2$(g)的平衡压力。

将各已知数据代入式(2-47),得

$$\ln \frac{K_2^{\ominus}}{K_1^{\ominus}} = \ln \frac{p_2^{eq}(CO_2)/p^{\ominus}}{p_1^{eq}(CO_2)/p^{\ominus}} = \frac{\Delta_r H_m^{\ominus}}{R}\left(\frac{T_2-T_1}{T_1 T_2}\right)$$

$$\ln \frac{p_2^{eq}(CO_2)}{p^{\ominus}} = \ln \frac{p_1^{eq}(CO_2)}{p^{\ominus}} + \frac{\Delta_r H_m^{\ominus}}{R}\left(\frac{T_2-T_1}{T_1 T_2}\right)$$

$$= \ln \frac{14.59}{100} + \frac{109.33\times10^3 \text{ J·mol}^{-1}}{8.3145 \text{ J·mol}^{-1}\cdot\text{K}^{-1}}\left(\frac{1128.15 \text{ K}-1048.15 \text{ K}}{1048.15 \text{ K}\times1128.15 \text{ K}}\right)$$

解得
$$p_2^{eq}(CO_2) = 35.52 \text{ kPa}$$

2.8.5　平衡移动原理

前面讨论了浓度、压力和温度对平衡的影响,由此可总结出一条平衡移动的普遍规律:若改变平衡系统的条件之一,如浓度、压力或温度,平衡就向着能削弱这个改变的方向移动。这就叫勒·夏特列(Le Chatelier)原理,也称为平衡移动原理。

平衡移动原理不仅适用于化学平衡系统,也适用于相平衡系统。

例如,液态水与气态水之间的相变:

$$H_2O(l) \underset{\text{冷凝}}{\overset{\text{气化}}{\rightleftharpoons}} H_2O(g)$$

水变成水蒸气是一个吸热过程,$\Delta H > 0$,升高温度时,平衡向吸热的方向移动。因此,升高温度时,水蒸气的压力增大。降低温度时,平衡向放热方向移动,水蒸气凝结成水。

平衡移动原理只适用于已处于平衡状态的系统,不适用于未达到平衡状态的系统。

本 章 小 结

本章介绍了热力学第一定律及第一定律在化学过程中的应用——热化学;热力学第二定律中的熵函数和吉布斯函数与化学过程方向性的关系;化学反应等温方程式及标准平衡常数。

1. 对于封闭系统,热力学第一定律 $\Delta U = Q + W$

在等压或等外压条件下,若系统只做体积功,则
$$W = -p_e(V_2 - V_1) = -p_e\Delta V$$

等容时 $W = 0$,则
$$\Delta U = Q_V$$

焓的定义
$$H = U + pV$$

封闭系统不做非体积功的等压过程
$$\Delta H = Q_p$$

等容过程热效应与等压过程热效应的关系为
$$Q_p = Q_V + (\Delta n)RT$$
$$\Delta H = \Delta U + (\Delta n)RT$$

对于反应 $0 = \sum_B \nu_B B$,有
$$\Delta_r H_m^{\ominus} = \Delta_r U_m^{\ominus} + \sum_B \nu_B(g)RT$$

反应焓变可由物质的生成焓或燃烧焓计算

$$\Delta_r H_m^\ominus = \sum_B \{\nu_B \Delta_f H_m^\ominus(B)\} = -\sum_B \{\nu_B \Delta_c H_m^\ominus(B)\}$$

2. 反应过程的方向性可由熵判据和吉布斯函数判据确定

(1) 熵是系统混乱度的量度,在孤立系统中只能发生熵增加的变化。

$$\Delta S_{孤立} \geqslant 0$$

若为封闭系统,则 $\Delta S_总 = \Delta S_{系统} + \Delta S_{环境} \geqslant 0$,熵判据为

$$\Delta S_总 \begin{cases} >0, \text{自发过程} \\ <0, \text{非自发过程,其逆过程自发} \\ =0, \text{平衡} \end{cases}$$

对于反应 $0 = \sum_B \nu_B B$,有

$$\Delta_r S_m^\ominus = \sum_B \nu_B S_m^\ominus(B)$$

(2) 若为封闭系统,则在等温条件下,影响反应方向的焓和熵还可通过吉布斯等温方程统一起来。

$$\Delta G = \Delta H - T \Delta S$$

在等温等压,不做非体积功的条件下,吉布斯判据为

$$\Delta G \begin{cases} <0, \text{自发过程} \\ =0, \text{平衡状态} \\ >0, \text{不可能发生} \end{cases}$$

对于一般反应 $0 = \sum_B \nu_B B$,有

$$\Delta_r G_m^\ominus = \sum_B \nu_B \Delta_f G_m^\ominus(B)$$

或

$$\Delta_r G_m^\ominus = \Delta_r H_m^\ominus - T \Delta_r S_m^\ominus$$

3. 在等温等压且不做非体积功时,化学平衡的热力学标志 $\Delta_r G_m = 0$

对于反应 $0 = \sum_B \nu_B B$,有

$$\Delta_r G_m = -RT\ln K^\ominus + RT\ln Q = RT\ln \frac{Q}{K^\ominus}$$

标准平衡常数

$$K^\ominus = \frac{[p^{eq}(G)/p^\ominus]^g \cdot [p^{eq}(H)/p^\ominus]^h}{[p^{eq}(D)/p^\ominus]^d \cdot [p^{eq}(E)/p^\ominus]^e} = \prod_B (p_B^{eq}/p^\ominus)^{\nu_B} \overset{或}{=} \prod_B (c_B^{eq}/c^\ominus)^{\nu_B}$$

当化学平衡的条件发生变化时,平衡遵照勒·夏特列(Le Chatelier)原理发生移动。从化学反应等温方程式看,浓度或压力的改变,可能改变反应商 Q,而 $K^\ominus$ 不改变。比较 Q 和 $K^\ominus$ 的大小可判断化学平衡的移动:

当 $Q<K^\ominus$ 时,$\Delta_r G_m<0$,反应自发进行或平衡右移;

当 $Q=K^\ominus$ 时,$\Delta_r G_m=0$,平衡态或平衡不移动;

当 $Q>K^\ominus$ 时,$\Delta_r G_m>0$,反应逆向自发进行或平衡左移。

温度对化学反应平衡移动的影响由范特霍夫等压方程表示:

$$\ln \frac{K_2^\ominus}{K_1^\ominus} = \frac{\Delta_r H_m^\ominus}{R}\left(\frac{1}{T_1} - \frac{1}{T_2}\right) = \frac{\Delta_r H_m^\ominus}{R} \cdot \frac{T_2 - T_1}{T_1 T_2}$$

思 考 题

1. "根据分压定律 $p = \sum_B p_B$,压力具有加和性,因此压力是广度性质"。这一结论是否正确,为什么?

2. "系统的温度升高就一定吸热,温度不变时系统既不吸热也不放热"。这种说法对吗? 举例说明。

3. 在孤立系统中发生任何过程,都有 $\Delta U = 0, \Delta H = 0$,这一结论对吗?

4. 因为 $H = U + pV$,所以焓是热力学能与体积功 pV 之和,对吗?

5. 系统经过一循环过程后,与环境没有功和热的交换,因为系统回到了始态。这一结论是否正确,为什么?

6. 运用盖斯定律计算时,必须满足什么条件?

7. 标准状态下,反应 $CH_3OH(g) + O_2(g) \longrightarrow CO(g) + 2H_2O(g)$ 的反应热就是 $CH_3OH(g)$ 的标准燃烧焓,对吗?

8. 标准状态下,反应 $CO(g) + \frac{1}{2}O_2(g) \longrightarrow CO_2(g)$ 的反应热就是 $CO_2(g)$ 的标准生成焓,这一结论是否正确?

9. 用混乱度的概念说明同一物质固、液、气三态熵的变化情况。

10. 下列说法都是不正确的,为什么?

(1) $\Delta S < 0$ 的过程不可能发生。

(2) 不可逆过程的 ΔG 都小于零。

11. 化学平衡的标志是什么? 化学平衡有哪些特征?

12. $K^{\ominus}$ 与 Q 在表达式的形式上是一样的,具体含义有何不同?

13. 何谓化学平衡的移动? 促使化学平衡移动的因素有哪些?

14. 下述说法是否正确? 为什么?

(1) 因为 $\Delta_r G_m^{\ominus} = -RT\ln K^{\ominus}$,所以 $\Delta_r G_m^{\ominus}$ 是平衡态时反应的函数变化值。

(2) $\Delta_r G_m^{\ominus} < 0$ 的反应,就是自发进行的反应;$\Delta_r G_m^{\ominus} > 0$ 的反应,必然不能进行。

(3) 平衡常数改变,平衡一定会移动;反之,平衡发生移动,平衡常数也一定改变。

(4) 对于可逆反应,若正反应为放热反应,达到平衡后,将系统的温度由 T_1 升高到 T_2,则其相应的标准平衡常数 $K_2^{\ominus} > K_1^{\ominus}$。

15. 已知反应 $2HBr(g) \rightleftharpoons H_2(g) + Br_2(g)$ 的 $\Delta_r H_m^{\ominus} = 74.74 \text{ kJ} \cdot \text{mol}^{-1}$,在某温度下达到平衡,试讨论下列因素对平衡的影响:

(1) 将系统压缩;(2)加入 $H_2(g)$;(3)加入 $HBr(g)$;(4)升高温度;(5)加入 $He(g)$ 保持系统总压力不变;(6)恒容下,加入 $He(g)$ 使系统的总压力增大。

习 题

一、选择题

1. 下列说法正确的是( )。

　　A. $CO_2(g)$ 的生成焓等于金刚石的燃烧焓

　　B. $CO_2(g)$ 的生成焓等于石墨的燃烧焓

　　C. $CO(g)$ 的生成焓等于石墨的燃烧焓

　　D. $H_2(g)$ 的燃烧焓等于 $H_2O(g)$ 的生成焓

2. 萘燃烧的化学反应方程式为

$$C_{10}H_8(s)+12 O_2(g)=10 CO_2(g)+4 H_2O(l)$$

则 298 K 时，Q_p 和 Q_V 的差值$(kJ \cdot mol^{-1})$为（　　　）。

　　A. -4.95　　　　　　　B. 4.95　　　　　　　　　C. -2.48　　　　　　　　D. 2.48

3. 下列说法中，不正确的是（　　　）。

　　A. 焓只有在某种特定条件下，才与系统反应热相等

　　B. 焓是人为定义的一种能量量纲的热力学量

　　C. 焓是状态函数

　　D. 焓是系统能与环境进行热交换的能量

4. 气相反应 $2NO(g)+O_2(g)=2NO_2(g)$ 是放热的，当反应达到平衡时，可采用下列哪组条件使平衡向右移动？（　　　）

　　A. 降低温度和降低压力　　　　　　　　　　B. 升高温度和增大压力

　　C. 升高温度和降低压力　　　　　　　　　　D. 降低温度和增大压力

5. 下列过程中系统的熵减少的是（　　　）。

　　A. 在 900 ℃时 $CaCO_3(s)\longrightarrow CaO(s)+CO_2(g)$

　　B. 在 0 ℃常压下水结成冰

　　C. 理想气体的等温膨胀

　　D. 水在 100 ℃常压下汽化

6. 在常温下，下列反应中焓变等于 $AgBr(s)$ 的 $\Delta_f H_m^\ominus$ 的反应是（　　　）。

　　A. $Ag^+(aq)+Br^-(aq)=AgBr(s)$　　　　　　B. $2Ag(s)+Br_2(g)=2AgBr(s)$

　　C. $Ag(s)+\dfrac{1}{2}Br_2(l)=AgBr(s)$　　　　　　D. $Ag(s)+\dfrac{1}{2}Br_2(g)=AgBr(s)$

7. ΔU 可能不为零的过程是（　　　）。

　　A. 孤立系统中的各类变化　　　　　　　　　B. 等温等容过程

　　C. 理想气体等温过程　　　　　　　　　　　D. 理想气体自由膨胀过程

8. 在刚性密闭容器中，有下列理想气体反应达平衡：

$$A(g)+B(g)=C(g)$$

若在恒温下加入一定量惰性气体，则平衡将（　　　）。

　　A. 向右移动　　　　　　B. 不移动　　　　　　　C. 向左移动　　　　　　D. 无法确定

二、填空题

1. 300 K 时 0.125 mol 的正庚烷（液体）在氧弹量热计中完全燃烧，放热 602 kJ，反应 $C_7H_{10}(l)$ $+11O_2(g)=7CO_2(g)+8H_2O(l)$ 的 $\Delta_r U_m =$ _____ $kJ \cdot mol^{-1}$，$\Delta_r H_m =$ _____ $kJ \cdot mol^{-1}$。$(RT \approx 2.5\ kJ_\circ)$

2. 写出下列过程的熵变（用<、=、>表示）

　　(1) 溶解少量食盐于水中，$\Delta_r S_m^\ominus$ _____ 0；

　　(2) 纯碳和氧气反应生成 $CO(g)$，$\Delta_r S_m^\ominus$ _____ 0；

（3）$H_2O(g)$ 变成 $H_2O(l)$，$\Delta_r S_m^\ominus$ _____ 0；

（4）$CaCO_3(s)$ 加热分解 $CaO(s)$ 和 $CO_2(g)$，$\Delta_r S_m^\ominus$ _____ 0。

3. 一定温度下，反应 $PCl_5(g) \Longrightarrow PCl_3(g) + Cl_2(g)$ 达到平衡后，维持温度和体积不变，向容器中加入一定量的惰性气体，反应将 _____ 移动。

4. 循环过程的熵变为 _____；循环过程吉布斯函数变为 _____。

三、综合题

1. 一容器中装有某气体 $1.5\ dm^3$，在 $100\ kPa$ 下，气体从环境吸热 $800\ J$ 后，体积膨胀到 $2.0\ dm^3$，计算系统的热力学能改变量。

2. $10\ mol$ 理想气体由 $298.15\ K$、$10^6\ Pa$ 自由膨胀到 $298.15\ K$、$10^5\ Pa$，求该过程的 W、Q、ΔU、ΔH。

3. 已知水的蒸发热 $\Delta_f^g H_m^\ominus = 40.67\ kJ \cdot mol^{-1}$，计算 $1\ mol$ 水在 $100\ ℃$、$101.325\ kPa$ 下向真空蒸发，变成 $100\ ℃$、$101.325\ kP$ 的水蒸气时该过程的 W、Q、ΔU、ΔH。

4. 计算 $25\ ℃$ 时下列反应的等压反应热与等容反应热之差。

（1）$CH_4(g) + 2O_2(g) \Longrightarrow CO_2(g) + 2H_2O(l)$

（2）$H_2(g) + Cl_2(g) \Longrightarrow 2HCl(g)$

5. $25\ ℃$ 下，密闭恒容的容器中有 $10\ g$ 固体奈 $C_{10}H_8(s)$ 在过量的 $O_2(g)$ 中完全燃烧成 $CO_2(g)$ 和 $H_2O(l)$，过程放热 $401.73\ kJ$。求：

（1）$C_{10}H_8(s) + 12O_2(g) \Longrightarrow 10CO_2(g) + 4H_2O(l)$ 的反应进度；

（2）$C_{10}H_8(s)$ 的 $\Delta_c H_m^\ominus$。

6. 已知下列两个反应的焓变，求 $298\ K$ 时水的标准摩尔蒸发焓。

（1）$2H_2(g) + O_2(g) \Longrightarrow 2H_2O(l)$，$\Delta_r H_m^\ominus(298\ K) = -571.66\ kJ \cdot mol^{-1}$

（2）$2H_2(g) + O_2(g) \Longrightarrow 2H_2O(g)$，$\Delta_r H_m^\ominus(298\ K) = -483.65\ kJ \cdot mol^{-1}$

7. 已知反应 $A + B \longrightarrow C + D$，$\Delta_r H_m^\ominus(T) = -40.0\ kJ \cdot mol^{-1}$

$$C + D \longrightarrow E, \quad \Delta_r H_m^\ominus(T) = 60.0\ kJ \cdot mol^{-1}$$

计算反应（1）$C + D \longrightarrow A + B$；（2）$2C + 2D \longrightarrow 2A + 2B$；（3）$A + B \longrightarrow E$ 的 $\Delta_r H_m^\ominus(T)$。

8. 利用附录 B 中标准摩尔生成焓数据计算下列反应在 $298.15\ K$ 的 $\Delta_r H_m^\ominus$。假定反应中的各气体都可视作理想气体。

（1）$H_2S(g) + \dfrac{3}{2}O_2(g) \Longrightarrow H_2O(l) + SO_2(g)$

（2）$CO(g) + 2H_2(g) \Longrightarrow CH_3OH(l)$

9. $25\ ℃$ 时，石墨、甲烷及氢的 $\Delta_c H_m^\ominus$ 分别为 $-393.5\ kJ \cdot mol^{-1}$、$-890.8\ kJ \cdot mol^{-1}$ 和 $-285.8\ kJ \cdot mol^{-1}$。求 $25\ ℃$ 时在等压情况下甲烷的标准摩尔生成焓。

10. 已知反应 $WC(s) + \dfrac{5}{2}O_2(g) \Longrightarrow WO_3(s) + CO_2(g)$ 在 $300\ K$ 及恒容条件下进行时，$Q_V = -1.192 \times 10^6\ J$，请计算反应的 Q_p 和 $\Delta_f H_m^\ominus(WC, s, 300\ K)$。已知 C 和 W 在 $300\ K$ 时的标准摩尔燃烧焓分别为 -393.5 和 $-837.5\ kJ \cdot mol^{-1}$。

11. 已知化学反应 $CH_4(g) + H_2O(g) \Longrightarrow CO(g) + 3H_2(g)$ 的热力学数据如下：

	$CH_4(g)$	$H_2O(g)$	$CO(g)$	$H_2(g)$
$\Delta_f H_m^\ominus / kJ \cdot mol^{-1}$	-74.4	-241.826	-110.53	0

求该反应在 298.15 K 时的 $\Delta_r H_m^\ominus$。

12. 计算在 298.15 K 时反应$Fe_3O_4(s)+4H_2(g)\Longrightarrow3Fe(s)+4H_2O(g)$ 的 $\Delta_r S_m^\ominus$。已知：

	$Fe_3O_4(s)$	$H_2(g)$	$Fe(s)$	$H_2O(g)$
$S_m^\ominus(298.15\ K)/(J\cdot K^{-1}\cdot mol^{-1})$	146.4	130.7	27.3	188.835

13. 应用标准摩尔生成焓和标准摩尔熵数据,计算在 25 ℃时 $H_2O(l)\Longrightarrow H_2(g)+\dfrac{1}{2}O_2(g)$ 的标准摩尔吉布斯函数变 $\Delta_r G_m^\ominus$,并判断该反应在 25 ℃时、标准状态下能否自发进行。

14. 室温下暴露在空气中的金属铜,表面层因生成 CuO(黑)而失去光泽,将金属铜加热到一定温度 T_1 时,黑色的 CuO 转化为红色 Cu_2O,再继续加热至温度 T_2 时,金属表面氧化物消失,写出上述后两个反应方程式,并根据下面所给的热力学参数估计 T_1,T_2 的取值范围。

	$CuO(s)$	$Cu_2O(s)$	$Cu(s)$	$O_2(g)$
$\Delta_f H_m^\ominus(298\ K)/(kJ\cdot mol^{-1})$	-157.3	-168.6	0	0
$S_m^\ominus(298\ K)/(J\cdot K^{-1}\cdot mol^{-1})$	42.60	93.1	33.2	205.2

15. 银可能受到 $H_2S(g)$ 的腐蚀而发生反应 $2Ag(s)+H_2S(g)\Longrightarrow Ag_2S(s)+H_2(g)$,现在 298 K、$p^\ominus$ 下将银放入等体积的 H_2S 和 H_2 组成的混合气体中。问:
(1) 是否发生银的腐蚀?
(2) 混合气体中 H_2S 的体积百分数低于多少才不会发生银的腐蚀?
已知:$\Delta_f G_m^\ominus(Ag_2S)=-40.26\ kJ\cdot mol^{-1}$,$\Delta_f G_m^\ominus(H_2S)=-33.4\ kJ\cdot mol^{-1}$。

16. 写出下列反应的平衡常数表达式
(1) $CO(g)+2H_2(g)\Longrightarrow CH_3OH(l)$　　　(2) $BaCO_3(s)+C(s)\Longrightarrow BaO(s)+2CO(g)$
(3) $Ag^+(aq)+Cl^-(aq)\Longrightarrow AgCl(s)$　　　(4) $HCN(aq)\Longrightarrow H^+(aq)+CN^-(aq)$

17. 25 ℃时,已知反应 $2ICl(g)\Longrightarrow I_2(g)+Cl_2(g)$ 的平衡常数 $K^\ominus=4.84\times10^{-6}$,试计算下列反应的 $K^\ominus$。
(1) $ICl(g)\Longrightarrow\dfrac{1}{2}I_2(g)+\dfrac{1}{2}Cl_2(g)$　　　(2) $\dfrac{1}{2}I_2(g)+\dfrac{1}{2}Cl_2(g)\Longrightarrow ICl(g)$

18. 反应 $H_2O(g)+CO(g)\Longrightarrow CO_2(g)+H_2(g)$ 在 900 ℃时 $K^\ominus=0.775$,系统中的各气体均视为理想气体,问 H_2O、CO、CO_2 和 H_2 的分压分别为下列两种情况时,反应进行的方向如何?
(1) 20265 Pa、20265 Pa、20265 Pa、30398 Pa
(2) 40530 Pa、20265 Pa、30398 Pa、10135 Pa

19. 已知在 1273 K 时,反应 $FeO(s)+CO(g)\Longrightarrow Fe(s)+CO_2(g)$ 的 $K^\ominus=0.5$。若起始浓度 $c(CO)=0.05\ mol\cdot dm^{-3}$,$c(CO_2)=0.01\ mol\cdot dm^{-3}$,问:
(1) 平衡时反应物、产物的浓度各是多少?
(2) CO 的平衡转化率是多少?
(3) 增加 FeO(s) 的量对平衡有何影响?

20. 已知甲醇蒸气的标准摩尔生成吉布斯函数 $\Delta_f G_m^\ominus(298.15\ K)$ 为 $-161.92\ kJ\cdot mol^{-1}$。试求液体甲醇的标准摩尔生成吉布斯函数。(假定气体为理想气体,且已知 298.15 K 时液体甲醇饱和蒸气压为 16.343 kPa。)

21. 某温度下,Br_2 和 Cl_2 在 CCl_4 溶剂中发生 $Br_2+Cl_2\Longrightarrow2BrCl$ 的反应,平衡建立时,$c(Br_2)=$

$c(\text{Cl}_2)=0.0043 \text{ mol} \cdot \text{dm}^{-3}$, $c(\text{BrCl})=0.0114 \text{ mol} \cdot \text{dm}^{-3}$, 试求:

(1) 反应的标准平衡常数 $K^{\ominus}$;

(2) 如果平衡建立后, 再加入 $0.01 \text{ mol} \cdot \text{dm}^{-3}$ 的 Br_2 到系统中(体积变化可忽略), 计算平衡再次建立时, 系统中各组分的浓度;

(3) 用以上结果说明浓度对化学平衡的影响。

22. 已知在 298 K 时各物质的热力学数据如下:

	NO(g)	NOF(g)	F_2(g)
$\Delta_f H_m^{\ominus}$(298 K)/(kJ · mol^{-1})	91.29	−66.5	0
$S_m^{\ominus}$(298 K)/(J · K^{-1} · mol^{-1})	210.76	248	202.8

(1) 计算下述反应在 298 K 时的标准平衡常数 $K^{\ominus}$(298 K);
$$2\text{NO}(g)+\text{F}_2(g) \Longleftrightarrow 2\text{NOF}(g)$$

(2) 计算以上反应在 500 K 时的 $\Delta_r G_m^{\ominus}$(500 K) 和 $K^{\ominus}$(500 K);

(3) 根据上述结果, 说明温度对反应有何影响?

第3章 溶液及水溶液中的离子平衡

溶液作为物质存在的一种形式,广泛存在于自然界中,许多化学反应都是在溶液中进行的,参与这些反应的物质在水溶液中都存在着化学平衡。本章将在化学平衡的基础上,详细讨论物质在水溶液中的酸碱平衡、溶解沉淀平衡和配位平衡等。

3.1 溶 液

一种或几种物质以分子或离子的状态均匀地分布在另一种物质中形成均匀稳定的分散系统,称为溶液(我国国家标准 GB 3102.8—1993 中将溶液称为液体混合物,本书仍按惯例称之为溶液)。

溶液是由至少两种物质组成的均一、稳定的混合物,被分散的物质(溶质)以分子或更小的质点分散于另一物质(溶剂)中。物质有固体、液体和气体三种状态,因此,溶液也有三种状态,可按聚集态不同分为如下几种。

(1)气态溶液。气体混合物,简称气体(如空气)。

(2)液态溶液。气体或固体在液态中的溶解或液液相溶,简称溶液(如盐水)。

(3)固态溶液。彼此呈分子分散的固体混合物,简称固溶体(如合金)。

为方便起见,通常将溶液中的组分区分为溶剂和溶质。当气体或固体物质溶解于液体中形成溶液时,将液体称为溶剂,把溶解的气体或固体称为溶质。例如,糖溶于水,糖是溶质,水是溶剂。当液体溶解于液体中时,通常将量少的物质称为溶质,量多的物质称为溶剂。例如在 100 cm³ 水中加入 10 cm³ 乙醇形成溶液,乙醇是溶质,水是溶剂。若在 100 cm³ 乙醇中加入 10 cm³ 水形成溶液,乙醇则是溶剂,水是溶质。

不同的物质在形成溶液时往往有热量和体积的变化,有时还有颜色的变化。例如,浓硫酸溶于水放出大量的热,而硝酸铵溶于水则吸收热量。12.67 cm³ 的乙醇溶于 90.36 cm³ 体积的水中时,溶液的体积不是 103.03 cm³,而是 101.84 cm³。无水硫酸铜是无色的,但它的水溶液却是蓝色的。这些都表明溶解过程既不是单纯的物理变化,也不是单纯的化学变化,而是复杂的物理化学变化。

根据溶质的种类,溶液分为电解质溶液和非电解质溶液两种。所谓电解质是指在溶解或熔融状态时可以导电的物质,酸、碱、盐等离子化合物都是电解质。例如,NaCl 溶于水形成不饱和溶液时,溶液中没有 NaCl 分子,只有 Na^+ 和 Cl^-,它们在电场的作用下定向移动,因此 NaCl 溶液可以导电,NaCl 溶液是电解质溶液。共价化合物(如乙醚、丙酮)一般都是非电解质,它们在溶液中仍然以分子形式存在,非电解质溶液不能导电。

3.1.1 溶液浓度表示法

溶液的性质在很大程度上取决于溶液的组成(溶质与溶剂的相对含量),溶液的组成通常也称之为浓度。表示溶液浓度的方法主要有以下几种。

（1）物质 B 的物质的量分数（物质 B 的摩尔分数），符号为 x_B。

摩尔分数 x_B 是一个量纲为 1 的量，它的意义是：物质 B 的物质的量与溶液的物质的量之比，可用下式表示

$$x_B = \frac{n_B}{\sum\limits_B n_B} \tag{3-1}$$

式中，n_B 是物质 B 的物质的量；$\sum\limits_B n_B$ 是溶液中各组分的物质的量之总和。若某一溶液由 A 和 B 两种物质组成，其中物质 A 和 B 的物质的量分别为 n_A 和 n_B，则物质 A 和 B 的物质的量分数分别为

$$x_A = \frac{n_A}{n_A + n_B}, \quad x_B = \frac{n_B}{n_A + n_B}$$

显然，$x_A + x_B = 1$，写成一般通式为 $\sum\limits_B x_B = 1$，即溶液中各组分的物质的量分数之和等于 1。

（2）物质 B 的质量分数，符号为 w_B。

物质 B 的质量分数 w_B 也是一个量纲为 1 的量，它的意义是：物质 B 的质量与溶液的质量之比，即

$$w_B = \frac{m_B}{\sum\limits_B m_B} \tag{3-2}$$

式中，m_B 是物质 B 的质量；$\sum\limits_B m_B$ 是溶液中各组分的质量之总和。显然溶液中各组分的质量分数之和也恒等于 1，$\sum\limits_B w_B = 1$。

（3）物质 B 的质量摩尔浓度，符号为 b_B（或 m_B）。

质量摩尔浓度的意义是：溶液中物质 B 的物质的量除以溶剂 A 的质量，即

$$b_B = \frac{n_B}{m_A} \tag{3-3}$$

式中，n_B 是物质 B 的物质的量；m_A 是溶剂的质量。b_B 的单位是 $mol \cdot kg^{-1}$。用质量摩尔浓度表示溶液的组成，其优点是可用准确称量的方法来配制一定组成的溶液，且其浓度不随温度而改变。

（4）物质 B 的物质的量浓度（物质 B 的浓度），符号为 c_B。

物质 B 的浓度的定义是：物质 B 的物质的量除以溶液的体积，即

$$c_B = \frac{n_B}{V} \tag{3-4}$$

式中，n_B 是物质 B 的物质的量；V 是溶液的体积。c_B 的 SI 单位是 $mol \cdot m^{-3}$，但实验室中常用 $mol \cdot dm^{-3}$（即过去的 $mol \cdot L^{-1}$）。由于溶液的体积与温度有关，所以物质 B 的浓度值与温度有关。

【例 3-1】　将 2.50 g NaCl 溶于 497.5 g 水，若此溶液的密度为 $1.002\ g \cdot cm^{-3}$，求该溶液的质量摩尔浓度、物质的量浓度、物质的量分数及质量分数。

解　NaCl 的摩尔质量：$M(NaCl) = 58.44\ g \cdot mol^{-1}$，$H_2O$ 的摩尔质量：$M(H_2O) = 18.02\ g \cdot mol^{-1}$。

$$n(\text{NaCl}) = \frac{m(\text{NaCl})}{M(\text{NaCl})} = \frac{2.50 \text{ g}}{58.44 \text{ g} \cdot \text{mol}^{-1}} = 0.0428 \text{ mol}$$

$$n(\text{H}_2\text{O}) = \frac{m(\text{H}_2\text{O})}{M(\text{H}_2\text{O})} = \frac{497.5 \text{ g}}{18.02 \text{ g} \cdot \text{mol}^{-1}} = 27.61 \text{ mol}$$

溶液体积　　$V = \dfrac{m}{\rho} = \dfrac{(497.5 + 2.50) \text{ g}}{1.002 \text{ g} \cdot \text{cm}^{-3}} = 499 \text{ cm}^3 = 499 \times 10^{-3} \text{ dm}^3$

溶液的质量摩尔浓度

$$b(\text{NaCl}) = \frac{n(\text{NaCl})}{m(\text{H}_2\text{O})} = \frac{0.0428 \text{ mol}}{497.5 \times 10^{-3} \text{ kg}} = 0.0860 \text{ mol} \cdot \text{kg}^{-1}$$

物质的量浓度

$$c(\text{NaCl}) = \frac{n(\text{NaCl})}{V} = \frac{0.0428 \text{ mol}}{499 \times 10^{-3} \text{ dm}^3} = 0.0858 \text{ mol} \cdot \text{dm}^{-3}$$

物质的量分数

$$x(\text{NaCl}) = \frac{n(\text{NaCl})}{n(\text{NaCl}) + n(\text{H}_2\text{O})} = \frac{0.0428 \text{ mol}}{0.0428 \text{ mol} + 27.61 \text{ mol}} = 1.55 \times 10^{-3}$$

质量分数　　$w_B = \dfrac{m(\text{NaCl})}{m(\text{NaCl}) + m(\text{H}_2\text{O})} = \dfrac{2.50 \text{ g}}{2.50 \text{ g} + 497.5 \text{ g}} = 0.005$

3.1.2　拉乌尔定律与亨利定律

1887 年法国化学家拉乌尔(F. M. Raoult)从实验中发现,在溶剂中加入难挥发性的非电解质溶质后,溶剂的蒸气压会降低,由此总结出著名的拉乌尔定律:在一定温度下,稀溶液中溶剂的蒸气压等于纯溶剂的蒸气压乘以溶剂的摩尔分数,即

$$p_A = p_A^* x_A \tag{3-5}$$

式中,p_A^* 是纯溶剂 A 的蒸气压;x_A 是溶液中溶剂 A 的摩尔分数。设溶质 B 的摩尔分数为 x_B,因为 $x_A = 1 - x_B$,所以上式可改写为

$$\frac{p_A^* - p_A}{p_A^*} = x_B \tag{3-6}$$

即溶剂蒸气压的降低值与纯溶剂的蒸气压之比等于溶质的摩尔分数。

拉乌尔定律是根据稀溶液的实验结果总结出来的,对于大多数溶液来说,只有浓度很低时才适用。因为溶液很稀时,溶质分子数相对很少,溶剂分子的周围几乎都是溶剂分子,其处境与它在纯态时几乎相同,溶剂分子逸出溶液的能力与纯态时也几乎相同。只是由于溶质分子的存在,使单位体积内的溶剂分子有所减少,所以溶剂的蒸气压就按比例地减小。当溶液浓度变大时,溶剂分子的处境与它在纯态时就有显著差别,因此溶剂的蒸气压不仅与溶液的浓度有关,而且与溶质的性质也有关。至于浓度多小才能符合拉乌尔定律,要根据溶剂、溶质的性质来确定。例如由苯、甲苯这些性质相似的物质构成的溶液,由于同类分子间相互作用力与异类分子间相互作用力相似,故在所有浓度范围内都能较好地符合拉乌尔定律。而丙酮、二硫化碳所构成的溶液,当 $x(\text{CS}_2) = 0.01$ 时,就对拉乌尔定律产生明显偏差。

拉乌尔定律是溶液的基本定律之一,溶液的其他性质如沸点上升、凝固点下降、渗透压等都可以用拉乌尔定律解释。

1803 年英国化学家亨利(W. Herry)从实验中发现,在一定温度下,气体在液体里的溶解度与该气体的平衡分压力成正比,此规律称为亨利定律。后来发现对挥发性的溶质也适用,因此亨利定律可表述为:在一定温度下,稀溶液中挥发性溶质的平衡分压力与它在溶液中的浓度

成正比,即

$$p_B = k_x x_B \qquad\qquad (3\text{-}7)$$

式中,x_B 为挥发性溶质的摩尔分数;p_B 为平衡时液面上溶质的平衡分压力;k_x 是比例常数,称为亨利常数,其数值取决于温度、压力及溶质和溶剂的性质,不过压力对它的影响较小,通常可以忽略压力对 k_x 的影响。

亨利定律还可表示成

$$p_B = k_c c_B \qquad\qquad (3\text{-}8)$$

$$p_B = k_b b_B \qquad\qquad (3\text{-}9)$$

式中,c_B、b_B 分别为挥发性溶质的浓度和质量摩尔浓度,k_c、k_b 也称亨利常数,三种亨利常数 k_x、k_c、k_b 不仅数值不同,单位也不同。

应用亨利定律时,必须注意溶质在气液两相中的分子状态必须相同。例如,HCl 溶于水中,由于 HCl 在水中以 H^+ 和 Cl^- 的形式存在,而在气相中以 HCl 分子形式存在,所以不能应用亨利定律。

亨利定律在化工生产中得到广泛应用,利用溶剂对混合气体中各种气体的溶解度差异进行吸收分离,把溶解度大的气体吸收下来,达到分离的目的。同一气体在不同溶剂中,其亨利常数不同。若在相同压力下进行比较,k 值越小则溶解度越大,所以亨利常数可做为选择吸收溶剂的依据。

【例 3-2】 在 0 ℃、101.325 kPa 下,1 kg 水至多可溶解 0.0488 dm³ 的氧气,试计算暴露于空气的 1 kg 水中含氧气的最大体积(已知空气中氧的摩尔分数为 0.21)。

解 1 kg 水溶解氧气的物质的量

$$n(O_2) = \frac{pV}{RT} = \frac{101.325 \times 10^3 \text{ Pa} \times 0.0488 \times 10^{-3} \text{ m}^3}{8.3145 \text{ J} \cdot \text{mol}^{-1} \cdot \text{K}^{-1} \times 273.15 \text{ K}} = 2.177 \times 10^{-3} \text{ mol}$$

1 kg 水物质的量

$$n(H_2O) = \frac{m(H_2O)}{M(H_2O)} = \frac{1 \text{ kg}}{0.0182 \text{ kg} \cdot \text{mol}^{-1}} = 54.95 \text{ mol}$$

1 kg 水溶解氧气的摩尔分数

$$x(O_2) = \frac{n(O_2)}{n(H_2O) + n(O_2)} \approx \frac{n(O_2)}{n(H_2O)} = \frac{2.177 \times 10^{-3} \text{ mol}}{54.95 \text{ mol}} = 3.96 \times 10^{-5}$$

由亨利定律 $p_B = k_x x_B$ 求出亨利常数

$$k_x = \frac{p(O_2)}{x(O_2)} = \frac{101.325 \text{ kPa}}{3.96 \times 10^{-5}} = 2.56 \times 10^6 \text{ kPa}$$

空气中氧的分压　　$p(O_2) = p x(O_2) = 101.325 \text{ kPa} \times 0.21 = 21.273 \text{ kPa}$

1 kg 水溶解氧气最大浓度为

$$x(O_2) = \frac{p(O_2)}{k_x} = \frac{21.273 \text{ kPa}}{2.56 \times 10^6 \text{ kPa}} = 8.31 \times 10^{-6}$$

$$n(O_2) \approx x(O_2) \times n(H_2O) = 8.31 \times 10^{-6} \times 54.95 \text{ mol} = 4.57 \times 10^{-4} \text{ mol}$$

1 kg 水中溶解氧气的最大体积

$$V(O_2) = \frac{n(O_2)RT}{p} = \frac{4.57 \times 10^{-4} \text{ mol} \times 8.314 \text{ J} \cdot \text{mol}^{-1} \cdot \text{K}^{-1} \times 273.15 \text{ K}}{101.325 \times 10^3 \text{ Pa}}$$

$$= 1.024 \times 10^{-5} \text{ m}^3 = 0.01 \text{ dm}^3$$

此题另一解法为:将气体都视为理想气体,则溶解气体的物质的量正比于其体积,所以,在一定温度下,亨利定律可以表示为:$p(O_2) \propto V(O_2)$。

在 101.325 kPa 下,1 kg 水溶解 0.0488 dm³的氧气。在 0.21×101.325 kPa 下,1 kg 水溶解氧气的体积设为 V。则

$$V = \frac{0.21 \times 101.325 \times 10^3 \ Pa}{101.325 \times 10^3 \ Pa} \times 0.0488 \ dm^3 = 0.01 \ dm^3$$

3.1.3　非电解质稀溶液的依数性

非电解质稀溶液有四个重要的性质:蒸气压降低、沸点上升、凝固点下降和渗透压等。这四个性质只取决于溶液中溶质粒子的数目,与溶质的本性无关,故称为非电解质稀溶液的依数性。

1)蒸气压降低

当溶质为不挥发性物质时,溶液的蒸气压就等于溶液上面溶剂的蒸气压,由拉乌尔定律式(3-6)可以得出

$$p_A^* - p_A = p_A^* x_B$$

令 $\Delta p = p_A^* - p_A$ 表示溶液的蒸气压降低,则

$$\Delta p = p_A^* x_B \tag{3-10}$$

上式表示,一定温度下,溶液蒸气压的下降值 Δp 与溶液中溶质的摩尔分数成正比。

2)沸点升高

沸点是溶液的蒸气压等于外压时的温度。若在溶剂中加入不挥发性物质,则溶液的蒸气压(即溶液中溶剂的蒸气压)就要降低,因此只有加热到更高温度时,溶液才能沸腾,所以溶液的沸点总是比纯溶剂的沸点高。一般而言,稀溶液的浓度越大,溶液沸点升高的越多。可用图 3-1 说明这种关系。图中 AA' 和 BB' 分别是纯溶剂和溶液的饱和蒸气压曲线。图中画出的压力为外压的等压线,该线与上述二条曲线相交于点 A' 和 B',交点对应的温度就是各液体的沸点。不难看出,溶液的沸点高于纯溶剂的沸点。实验和理论都证明稀溶液的浓度越大,沸点上升越多。稀溶液的沸点升高与溶液的浓度成正比,即

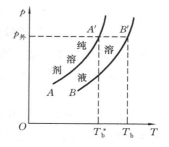

$$\Delta T_b = T_b - T_b^* = k_b b_B \tag{3-11}$$

图 3-1　稀溶液的沸点上升

式中,T_b、T_b^* 分别为稀溶液和纯溶剂的沸点;ΔT_b 为沸点的升高值;k_b 为沸点升高常数,仅与溶剂性质有关;b_B 为溶液的质量摩尔浓度。表 3-1 列出了一些溶剂的沸点升高常数。

表 3-1　一些溶剂的沸点升高常数

溶　　剂	水	醋酸	苯	四氯化碳	萘
沸点/℃	100	117.9	80.10	76.75	217.96
$k_b/(K \cdot kg \cdot mol^{-1})$	0.513	3.22	2.64	5.26	5.94

3)凝固点降低

当溶剂不与溶质生成固溶体(固态溶液)时,固态纯溶剂与液态溶液平衡时的温度就是溶液的凝固点。此时固态纯溶剂的蒸气压与溶液的蒸气压相等。由于溶液的蒸气压低于液态纯溶剂的蒸气压,因此固态纯溶剂与液态溶液平衡时的温度将低于固态纯溶剂与液态纯溶剂的

平衡温度,如图 3-2 所示,溶液的凝固点总是比纯溶剂的凝固点
低。

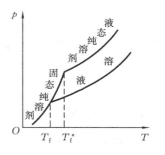

　　实验和理论都已证明稀溶液的浓度越大,凝固点降低越多。
稀溶液的凝固点降低与溶液的浓度成正比,即

$$\Delta T_f = T_f^* - T_f = k_f b_B \qquad (3\text{-}12)$$

式中,T_f^*、T_f 分别为纯溶剂和溶液的凝固点;ΔT_f 为凝固点的降
低值;k_f 为凝固点降低常数,仅与溶剂的性质有关,与溶质的种类
无关;b_B 为溶液的质量摩尔浓度。表 3-2 列出了一些溶剂的凝固
点降低常数。

图 3-2　稀溶液的凝固点降低

表 3-2　一些溶剂的凝固点降低常数

溶　　剂	水	醋酸	苯	四氯化碳	萘
凝固点/℃	0	16.66	5.53	−22.95	80.29
$k_f/(K \cdot kg \cdot mol^{-1})$	1.86	3.90	5.12	29.8	6.94

　　【例 3-3】　将 2.76 g 甘油(丙三醇 $C_3H_8O_3$)溶于 200 g 水中,测得凝固点为 -0.279 ℃,求
甘油的摩尔质量。

　　解　根据式(3-12),溶液的质量摩尔浓度为

$$b_B = \frac{\Delta T_f}{k_f} = \frac{0\ ℃ - (-0.279\ ℃)}{1.86\ K \cdot kg \cdot mol^{-1}} = 0.150\ mol \cdot kg^{-1}$$

200 g 水中含甘油　　　　$0.150\ mol \cdot kg^{-1} \times 0.2\ kg = 0.030\ mol$

所以,甘油的摩尔质量

$$M = 2.76\ g/0.030\ mol = 92.0\ g \cdot mol^{-1}$$

与甘油(丙三醇 $C_3H_8O_3$)摩尔质量的理论值 92.09 g · mol⁻¹ 比较,非常吻合。

　　凝固点降低的现象在日常生活中也是很有用的,例如,冬季在汽车水箱的用水中,加入醇
类物质(如乙二醇、甲醇)可使其凝固点降低而防止水结冰。

　　4)渗透压

　　如图 3-3 所示,在容器的左边放入纯水,右边放入蔗糖溶液,中间用一半透膜隔开。半透
膜是只允许溶剂分子通过而不允许溶质分子通过的一
种薄膜。动物膀胱、植物,细胞膜以及人工制造的羊皮
纸、火棉胶等都具有半透膜的性质。开始时,两边的液
面高度相等,经过一段时间后,左边纯水的液面会下
降,而右边蔗糖溶液的液面会上升(见图 3-3(a))。这
种溶剂分子通过半透膜的扩散现象称为渗透,渗透作
用达到平衡时,半透膜两边的静压力之差称为渗透压。
如果对蔗糖溶液施加一定的压力,则可阻止渗透进行
(见图 3-3(b)),因此渗透压就是阻止渗透作用所施加
于溶液的最小外压。如果半透膜的一边不是纯水,而
是浓度较稀的蔗糖溶液,渗透作用也会发生。

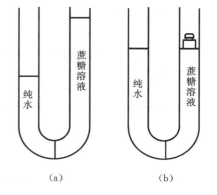

图 3-3　渗透和渗透压示意图

　　1866 年,范特霍夫(J. H. Van't Hoff)根据实验,提出形式与理想气体状态方程相似的稀
溶液渗透压公式

$$\Pi V = nRT \tag{3-13}$$

或

$$\Pi = \frac{n}{V}RT = cRT \tag{3-14}$$

式中，Π 表示溶液的渗透压；n 是溶质的物质的量；V 是溶液的体积；c 是溶液的物质的量浓度。

渗透压是溶液依数性中最灵敏的一个性质，因此常用渗透压法确定大分子的相对分子质量（对于小分子，因无合适的半透膜，无法用渗透压法测相对分子质量）。

渗透现象对生命有重大意义。例如，人的血液有一定的渗透压，当静脉输液时，如果输入溶液的渗透压大于血液的渗透压，则血球中的水分将流出；如果输入溶液的渗透压小于血液的渗透压，则输液中的水分将进入血球。两种情况下，血球都会遭到破坏，因此要求输液的渗透压与血液的渗透压相等，通常用 0.9% 的生理盐水或 5% 的葡萄糖注射液。

当施加的压力大于渗透压，则水分子将由溶液向纯水中渗透，这个过程称反渗透，工业上可利用反渗透技术进行水的净化、海水淡化和各种废水处理。

3.2　酸碱质子理论

大多数无机化学反应都是在水溶液中进行的，参加反应的物质许多是以酸碱的形式存在于溶液中。人们几乎天天都与酸碱打交道，食醋的主要成分是醋酸；肥皂、洗衣粉中离不开碱。化学实验室中酸碱更是必不可少的试剂。酸和碱是物质世界中极为普遍、又极为重要的物质。人们对酸碱的认识经历了由浅入深，由低级到高级的认识过程。现代酸碱理论有电离理论、质子理论、电子理论等。

1884 年瑞典化学家阿仑尼乌斯（S. Arrhenius）根据电解质溶液理论定义了酸和碱。阿仑尼乌斯认为：电解质在水溶液中能解离，解离时所生成的阳离子全部是 H^+ 的化合物就是酸，解离时所产生的阴离子全部是 OH^- 的化合物就是碱，酸碱反应的实质就是 H^+ 和 OH^- 作用生成水。根据阿仑尼乌斯理论，HCl、HNO_3、H_2SO_4、$HClO_4$、CH_3COOH 及 HF 等都是酸，NaOH、KOH、$Ca(OH)_2$ 等都是碱。

阿仑尼乌斯理论把酸碱仅局限在水溶液中，而科学实验中越来越多的化学反应是在非水溶液中进行的。同时阿仑尼乌斯酸碱理论把酸局限在含 H^+ 的物质，把碱局限在含 OH^- 的物质，这必然产生许多与化学事实相矛盾的现象。人们长期错误地认为氨溶于水生成 NH_4OH，解离出 OH^- 而显碱性，但经过长期实验测定，却从未分离出 NH_4OH 这个物质。所以酸碱理论还不完善，需进一步补充发展。1923 年丹麦化学家布朗斯特（J. N. Bronsted）和英国化学家劳莱（T. M. Lowry）同时提出了酸碱质子理论；1923 年美国化学家路易斯（G. N. Lewis）提出了酸碱电子理论。

酸碱质子理论既适用于水溶液系统，也适用于非水溶液系统和气体状态，且可定量处理，所以得到广泛应用。

3.2.1　质子酸、质子碱的定义

酸碱质子理论认为：凡是能释放出质子（H^+）的物质都是酸；凡是能接受质子（H^+）的物质都是碱。HCl、HSO_4^-、$[Al(H_2O)_6]^{3+}$、NH_4^+ 等能给出质子，它们都是酸；I^-、Br^-、SO_4^{2-}、OH^-、H_2O、CN^-、NH_3、CO_3^{2-}、$[Al(OH)(H_2O)_5]^{2+}$ 等能接受质子，它们都是碱。由此可见，质子理论的酸碱概念不只局限于分子，可以有分子酸、碱，也可以有离子酸、碱。HSO_4^-、H_2O

等既能给出质子,也能接受质子,所以它们既是酸也是碱。这种既能给出质子,又能接受质子的物质称两性物质。

　　由质子理论的酸碱定义可知,酸和碱不是孤立存在的,而是相互联系的,酸是质子的给予体,碱是质子的接受体,酸给出质子后生成碱,碱接授质子后变成酸。酸碱的这种对应关系称为共轭关系,相应的酸碱对称为共轭酸碱对。酸给出质子后形成的碱,叫做该酸的共轭碱;碱接受质子后形成的酸,叫做该碱的共轭酸。由此,可以用如下等式来表示酸碱的共轭关系:

$$酸 \rightleftharpoons 质子 + 碱$$
$$HF \rightleftharpoons H^+ + F^-$$
$$H_2PO_4^- \rightleftharpoons H^+ + HPO_4^{2-}$$
$$[Fe(H_2O)_6]^{3+} \rightleftharpoons H^+ + [Fe(OH)(H_2O)_5]^{2+}$$
$$NH_4^+ \rightleftharpoons H^+ + NH_3$$

这种酸及其共轭碱(或碱及其共轭酸)相互转化的反应称为酸碱半反应,在以上酸碱半反应中,F^-、HPO_4^{2-}、$[Fe(OH)(H_2O)_5]^{2+}$、NH_3 分别是 HF、$H_2PO_4^-$、$[Fe(H_2O)_6]^{3+}$、NH_4^+ 的共轭碱;HF、$H_2PO_4^-$、$[Fe(H_2O)_6]^{3+}$、NH_4^+ 分别是 F^-、HPO_4^{2-}、$[Fe(OH)(H_2O)_5]^{2+}$、NH_3 的共轭酸。

3.2.2　酸碱反应的实质

　　酸碱半反应仅仅是酸碱共轭关系的表达形式,并不是一种实际反应式。酸碱反应是两个共轭酸碱对共同作用的结果。质子(H^+)非常小,电荷密度非常大,在溶液中不能单独存在,在酸给出质子的瞬间,质子必然迅速与另一个质子碱结合。例如,在 HAc(醋酸)水溶液中,存在着 $HAc-Ac^-$ 与 $H_2O-H_3O^+$ 两个共轭酸碱对,由这两个共轭酸碱对组成的酸碱半反应的结合,构成了完整的酸碱反应:

$$HAc + H_2O \rightleftharpoons H_3O^+ + Ac^-$$

　　作为溶剂的水 H_2O 起着碱的作用,接受质子转变为它的共轭酸 H_3O^+,HAc 给出质子转为它的共轭碱 Ac^-。

　　酸碱反应无论是在水溶液中进行,还是在非水溶剂中或气相中进行,其实质都是质子传递。例如,在 NH_3 和 HCl 的酸碱反应中,HCl 是酸,将质子传递给 NH_3,然后转变成共轭碱 Cl^-,NH_3 是碱,接受质子后转变成共轭酸 NH_4^+,即

$$\overset{H^+}{HCl + NH_3} \rightleftharpoons NH_4^+ + Cl^-$$

　　所以,酸碱反应的实质是质子传递,若酸碱反应是由较强的酸(给出质子能力强)与较强的碱(接受质子能力强)作用,向着生成较弱的酸(给出质子能力弱)和较弱的碱(接受质子能力弱)方向进行,则反应正向进行的程度很大,逆向进行的程度较小。例如:

$$\overset{H^+}{H_3O^+ + OH^-} \rightleftharpoons H_2O + H_2O$$
$$\quad 酸_1 \quad 碱_2 \qquad 酸_2 \quad 碱_1$$

　　酸碱质子理论较好地解释了酸碱反应,摆脱了酸碱必须在水中才能发生反应的局限性,把酸碱在水中的电离作用、中和反应和水解反应等都系统地归纳为质子传递的酸碱反应,加深了人们对酸碱和酸碱反应的认识。

3.2.3 水的质子自递反应与水的离子积

　　水是一种两性物质,既可以给出质子起到酸的作用,又可以接受质子起碱的作用,因此在水分子之间可以发生质子的转移与传递,即

$$H_2O + H_2O \rightleftharpoons H_3O^+ + OH^-$$

这种酸碱反应称为水的质子自递(或自偶)反应,当反应达到平衡时,其平衡常数可以表示为

$$K_w^\ominus = \frac{c(H_3O^+)}{c^\ominus} \cdot \frac{c(OH^-)}{c^\ominus} \tag{3-15}$$

式中,$c(H_3O^+)$、$c(OH^-)$分别表示质子自递反应达到平衡时,H_3O^+ 和 OH^- 的平衡浓度;$c^\ominus$是标准摩尔浓度,其值为 $1.0\ mol \cdot dm^{-3}$,$K_w^\ominus$ 称为水的质子自递常数(也称水的离子积),其值与温度有关,25 ℃时为 $K_w^\ominus = 1.0 \times 10^{-14}$。由式(3-15)可计算出在 25 ℃时的纯水中

$$c(H_3O^+) = c(OH^-) = 1.0 \times 10^{-7}\ mol \cdot dm^{-3}$$

由于 $K_w^\ominus$ 和水溶液中的 $c(H_3O^+)$、$c(OH^-)$ 都较小,常用其负对数表示比较方便,即

$$pK_w^\ominus = -\lg K_w^\ominus \tag{3-16}$$

$$pH = -\lg[c(H_3O^+)/c^\ominus] \tag{3-17}$$

$$pOH = -\lg[c(OH^-)/c^\ominus] \tag{3-18}$$

$$pK_w^\ominus = pH + pOH = 14 \tag{3-19}$$

　　当水溶液的 pH=7 时,水溶液呈中性;当水溶液的 pH<7 时,水溶液呈酸性;当水溶液的 pH>7 时,水溶液呈碱性。

3.2.4 质子酸碱的相对强弱

　　根据质子酸碱理论,酸或碱的强弱取决于其给出质子或接受质子能力的大小。给出质子能力强的酸为强酸,给出质子能力弱的酸为弱酸,接受质子能力强的碱是强碱,接受质子能力弱的碱是弱碱。酸碱在溶液中所表现出来的强度,不仅与酸碱的本性有关,也与溶剂的本性有关。在水溶液中,酸或碱的强弱可以用酸或碱与水发生酸碱反应的平衡常数来衡量。若以HA 代表任意一种弱酸,则弱酸 HA 在水中有如下平衡:

$$HA + H_2O \rightleftharpoons A^- + H_3O^+ \qquad \qquad ①$$

当反应达到平衡时,其平衡常数

$$K_a^\ominus(HA) = \frac{[c(H_3O^+)/c^\ominus][c(A^-)/c^\ominus]}{[c(HA)/c^\ominus]} \tag{3-20}$$

式中,$K_a^\ominus(HA)$ 是弱酸发生酸碱反应的平衡常数,也称为酸的解离常数,$K_a^\ominus$ 越大,酸在水溶液中的酸性越强,反之就越弱。

　　类似地,弱碱 A^- 在水中也有下列平衡:

$$A^- + H_2O \rightleftharpoons HA + OH^- \qquad \qquad ②$$

平衡常数为

$$K_b^\ominus(A^-) = \frac{[c(HA)/c^\ominus][c(OH^-)/c^\ominus]}{[c(A^-)/c^\ominus]} \tag{3-21}$$

式中，$K_b^{\ominus}(A^-)$ 是弱碱发生酸碱反应的平衡常数，也称为碱的解离常数，$K_b^{\ominus}$ 越大，碱在水溶液中的碱性越强，反之就越弱。

将弱酸的解离方程①与该弱酸共轭碱的解离方程②相加就得到水的质子自递反应

$$H_2O + H_2O \Longrightarrow H_3O^+ + OH^-$$

根据多重平衡规则有

$$K_w^{\ominus} = K_a^{\ominus}(弱酸) \times K_b^{\ominus}(共轭碱) \tag{3-22}$$

上式表明：酸的强度与其共轭碱的强度成反比，即酸越强，其共轭碱越弱。若已知某弱酸在水中的解离常数，就可以计算出它的共轭碱在水中的解离常数；反之，如果已知某弱碱在水中的解离常数，就可以算出它的共轭酸在水中的解离常数。

例如：已知 NH_3 的解离常数 $K_b^{\ominus}(NH_3) = 1.74 \times 10^{-5}$，则其共轭酸的解离常数

$$K_a^{\ominus}(NH_4^+) = \frac{1.0 \times 10^{-14}}{1.74 \times 10^{-5}} = 5.7 \times 10^{-10}$$

解离常数的大小反映了弱酸弱碱在水中解离能力的大小，可以用解离常数衡量弱酸弱碱在水溶液中的相对强弱。通常 $K_a^{\ominus}$ 或 $K_b^{\ominus}$ 在 $10^{-2} \sim 10^{-3}$ 之间是中强酸或中强碱，在 $10^{-4} \sim 10^{-7}$ 之间为弱酸或弱碱，而 $K_a^{\ominus}$ 或 $K_b^{\ominus} < 10^{-7}$ 是极弱酸或极弱碱。表 3-3 给出了常见的共轭酸碱对的相对强弱。

表 3-3 一些常见的共轭酸碱对和它们的相对强弱

酸	$\Longrightarrow$	质子	+	碱
$HClO_4$	$\Longrightarrow$	H^+	+	ClO_4^-
HI	$\Longrightarrow$	H^+	+	I^-
HBr	$\Longrightarrow$	H^+	+	Br^-
H_2SO_4	$\Longrightarrow$	H^+	+	HSO_4^-
HCl	$\Longrightarrow$	H^+	+	Cl^-
HNO_3	$\Longrightarrow$	H^+	+	NO_3^-
H_3O^+	$\Longrightarrow$	H^+	+	H_2O
HSO_4^-	$\Longrightarrow$	H^+	+	SO_4^{2-}
H_3PO_4	$\Longrightarrow$	H^+	+	$H_2PO_4^-$
HNO_2	$\Longrightarrow$	H^+	+	NO_2^-
HAc	$\Longrightarrow$	H^+	+	Ac^-
H_2CO_3	$\Longrightarrow$	H^+	+	HCO_3^-
H_2S	$\Longrightarrow$	H^+	+	HS^-
NH_4^+	$\Longrightarrow$	H^+	+	NH_3
HCN	$\Longrightarrow$	H^+	+	CN^-
H_2O	$\Longrightarrow$	H^+	+	OH^-
NH_3	$\Longrightarrow$	H^+	+	NH_2^-

（左侧：酸性增强 ↓　右侧：碱性增强 ↓）

酸碱质子理论扩大了酸碱的含义及酸碱反应的范围，克服了酸碱只能存在于水中的局限性，并把在水溶液中进行酸碱的解离、中和和水解等归结为酸碱反应。但是，该理论也有它的

缺点,例如,对不含氢的一类化合物的酸碱性问题,却无能为力。1923 年美国化学家路易斯根据大量酸碱反应的化学键变化,提出了著名的酸碱电子理论。本教材不讨论该理论。

3.3　弱酸和弱碱的解离平衡

电解质可以分为非电解质、强电解质与弱电解质。强电解质在水中几乎全部解离成离子,弱电解质在水中仅部分解离成离子,大部分仍保持分子状态。本节讨论弱电解质在水溶液中的解离平衡。

3.3.1　一元弱酸、弱碱的解离平衡

一元弱酸 HA 在水溶液中存在下列质子转移反应:
$$HA(aq) + H_2O(l) \Longrightarrow A^-(aq) + H_3O^+(aq)$$
或简写成
$$HA \Longrightarrow A^- + H^+$$
解离常数为

$$K_a^{\ominus}(HA) = \frac{[c(H_3O^+)/c^{\ominus}][c(A^-)/c^{\ominus}]}{[c(HA)/c^{\ominus}]} \qquad (3\text{-}23)$$

同理有

$$NH_3 + H_2O \Longrightarrow NH_4^+ + OH^-$$

$$K_b^{\ominus}(NH_3) = \frac{[c(NH_4^+)/c^{\ominus}][c(OH^-)/c^{\ominus}]}{c(NH_3)/c^{\ominus}} \qquad (3\text{-}24)$$

$K_a^{\ominus}$ 和 $K_b^{\ominus}$ 称为弱酸和弱碱的解离常数。很明显,弱电解质的解离常数就是化学平衡常数,因而解离常数只与温度有关而与浓度无关。由于解离过程热效应较小,温度改变不大,在室温范围内,常不考虑温度对解离常数的影响。

除解离常数外,还常用解离度 α 表示分子在水溶液中的解离程度。解离度是指达到解离平衡时,已解离的分子数占解离前分子总数的百分数,实际应用时,解离度常用浓度来计算:

$$\alpha = \frac{\text{已解离的酸(碱)浓度}}{\text{酸(碱)溶液的初始浓度}} \times 100\% \qquad (3\text{-}25)$$

在温度、浓度相同的条件下,弱酸弱碱解离度的大小也可以表示酸或碱的相对强弱,α 值越大,酸性或碱性越强。以浓度为 c_0 的 HA 的解离平衡为例,α 与 $K_a^{\ominus}$ 间的定量关系推导如下:
$$HA(aq) + H_2O(l) \Longrightarrow A^-(aq) + H_3O^+(aq)$$

初始浓度	c_0	0	0
平衡浓度	$c_0(1-\alpha)$	$c_0\alpha$	$c_0\alpha$

$$K_a^{\ominus}(HA) = \frac{(c_0\alpha/c^{\ominus})^2}{c_0(1-\alpha)/c^{\ominus}} = \frac{c_0\alpha^2}{c^{\ominus}(1-\alpha)}$$

对弱酸弱碱来说,很容易满足 $(c_0/c^{\ominus})/K_a^{\ominus} \geqslant 500$,则由上式可计算出 $\alpha \leqslant 4.4\%$,所以 $(1-\alpha) \approx 1$,则

$$K_a^{\ominus} \approx c_0\alpha^2/c^{\ominus}$$

即

$$\alpha = \sqrt{\frac{K_a^{\ominus} \cdot c^{\ominus}}{c_0}} \qquad (3\text{-}26)$$

上式表明初始浓度、解离度和解离常数三者之间的关系——被称为稀释规律。其意义是:在一定的温度下,当溶液被稀释时,弱电解质的 α 将增大,溶液的解离度与其浓度的平方根成反比,

浓度越稀,解离度越大。

利用弱酸和弱碱的解离常数可以定量计算弱酸和弱碱平衡溶液中的氢离子浓度。

以 HA 代表任意一种弱酸,其初始浓度为 c_0,HA 在水溶液中的解离平衡式为:

$$HA(aq) + H_2O(l) \Longleftrightarrow A^-(aq) + H_3O^+(aq)$$

初始浓度/$(mol \cdot dm^{-3})$ c_0 0   0

平衡浓度/$(mol \cdot dm^{-3})$ $c_0 - x$ x x

设平衡时 $c(H^+) = x$ mol $\cdot$ dm^{-3},则有

$$K_a^{\ominus}(HA) = \frac{x^2}{c_0 - x} \tag{3-27}$$

当弱酸的解离度 $\alpha \leqslant 5\%$ 时,即 $c_0/K_a^{\ominus} \geqslant 500$ 时,相对于 c_0,解离出的 $c(H^+)$ 很小,可以忽略,即 $c_0 - x \approx c_0$,代入式(3-27)得

$$K_a^{\ominus}(HA) \approx \frac{x^2}{c_0}$$

有
$$c(H^+) = x \approx \sqrt{K_a^{\ominus} c_0} \tag{3-28}$$

式(3-28)是计算一元弱酸溶液中 H$^+$ 平衡浓度的最简式,用同样的方法可以推导出计算一元弱碱溶液中 OH$^-$ 平衡浓度的最简式:

$$c(OH^-) \approx \sqrt{K_b^{\ominus} c_0} \tag{3-29}$$

使用式(3-29)时,同样必须满足 $c_0/K_b^{\ominus} \geqslant 500$ 的条件,否则就必须按解离平衡关系式解一元二次方程进行计算。

【例 3-4】 计算 298.15 K 时,0.100 mol $\cdot$ dm^{-3} HAc 溶液中的氢离子浓度,HAc 的平衡浓度和它的解离度 α。已知 HAc 的 $K_a^{\ominus} = 1.75 \times 10^{-5}$。

解 设平衡时 HAc 解离了 x,则

$$HAc + H_2O \Longleftrightarrow Ac^- + H_3O^+$$

初始浓度/$(mol \cdot dm^{-3})$ 0.100   0   0

平衡浓度/$(mol \cdot dm^{-3})$ $0.100 - x$ x x

$$K_a^{\ominus}(HAc) = \frac{[c(H_3O^+)/c^{\ominus}][c(Ac^-)/c^{\ominus}]}{[c(HAc)/c^{\ominus}]} = \frac{(x/c^{\ominus})^2}{0.100 - x/c^{\ominus}} = 1.75 \times 10^{-5}$$

由于 $(c_0/c^{\ominus})/K_a^{\ominus} \geqslant 500$,0.100 mol $\cdot$ dm^{-3} $- x \approx$ 0.100 mol $\cdot$ dm^{-3},所以

$$\frac{(x/c^{\ominus})^2}{0.100} = 1.75 \times 10^{-5}$$

解方程,得 $x = 1.32 \times 10^{-3}$ mol $\cdot$ dm^{-3}

溶液中 H$^+$ 浓度是 1.32×10^{-3} mol $\cdot$ dm^{-3}。

HAc 的平衡浓度

$$c(HAc) = (0.100 - 1.32 \times 10^{-3}) \text{ mol} \cdot \text{dm}^{-3} = 0.0987 \text{ mol} \cdot \text{dm}^{-3}$$

HAc 的解离度

$$\alpha = \frac{\text{已解离的 HAc 浓度}}{\text{HAc 的初始浓度}} \times 100\% = \frac{1.32 \times 10^{-3}}{0.100} \times 100\% = 1.32\%$$

3.3.2 多元弱酸、弱碱的解离平衡

能够给出多个质子的弱酸是多元弱酸,H_2S、H_2CO_3、H_3AsO_3 和 H_3PO_4 等都是多元弱酸。能够接受多个质子的弱碱是多元弱碱,HPO_4^{2-}、PO_4^{3-} 和 CO_3^{2-} 等都是多元弱碱。多元弱酸在

水中是分步解离的,下面以氢硫酸的解离为例进行讨论。

H_2S 的解离分两步进行,第一步解离生成 HS^- 和 H^+

$$H_2S + H_2O \Longrightarrow HS^- + H_3O^+$$

其一级解离常数为

$$K_{a,1}^{\ominus} = \frac{[c(H_3O^+)/c^{\ominus}][c(HS^-)/c^{\ominus}]}{[c(H_2S)/c^{\ominus}]} = 1.07 \times 10^{-7}$$

第二步解离是 HS^- 给出 H^+ 和 S^{2-}

$$HS^- + H_2O \Longrightarrow H_3O^+ + S^{2-}$$

其二级解离常数为

$$K_{a,2}^{\ominus} = \frac{[c(H_3O^+)/c^{\ominus}][c(S^{2-})/c^{\ominus}]}{[c(HS^-)/c^{\ominus}]} = 1.26 \times 10^{-13}$$

一般而言,多元弱酸的各级解离常数之间的关系为 $K_{a,1}^{\ominus} \gg K_{a,2}^{\ominus} \gg K_{a,3}^{\ominus} \cdots$,说明多元弱酸的第二步解离比第一步解离困难,第三步解离更困难,原因是从带负电荷的离子中解离出一个带正电荷的 H^+ 要比从一个中性分子中解离出一个带正电荷的 H^+ 困难得多。在多元弱酸水溶液中第一步的解离是主要的,H^+ 主要来源于第一步解离,其他各步解离出来的 H^+ 可以忽略不计,因此多元弱酸水溶液中 H^+ 浓度的计算可以按一元弱酸来处理。

多元弱碱的解离也是分步进行的,其各级解离常数之间的关系为 $K_{b,1}^{\ominus} \gg K_{b,2}^{\ominus} \gg K_{b,3}^{\ominus} \cdots$,所以,在计算多元弱碱水溶液中的 OH^- 浓度时,也可以按一元弱碱来处理。

在常温常压下,H_2S 气体在水中的饱和浓度为 $0.1\ mol \cdot dm^{-3}$,根据 H_2S 在水溶液中解离平衡,可以计算出 H_2S 饱和水溶液中的 $c(H^+)$、$c(HS^-)$ 和 $c(S^{2-})$。

设平衡时已解离的 H_2S 的浓度为 $x\ mol \cdot dm^{-3}$,则

$$H_2S + H_2O \Longrightarrow HS^- + H_3O^+$$

| 起始浓度/$(mol \cdot dm^{-3})$ | 0.1 | 0 | 0 |
| 平衡浓度/$(mol \cdot dm^{-3})$ | $0.1 - x$ | x | x |

$$K_{a,1}^{\ominus}(H_2S) = \frac{[c(H^+)/c^{\ominus}][c(HS^-)/c^{\ominus}]}{[c(H_2S)/c^{\ominus}]} \approx \frac{x^2}{0.1} = 1.07 \times 10^{-7}$$

由于 $(c_0/c^{\ominus})/K_{a,1}^{\ominus} \geqslant 500$,故有 $0.1 - x \approx 0.1$,近似计算得 $x = c(H^+) = c(HS^-) = 1.03 \times 10^{-4}\ mol \cdot dm^{-3}$。

H_2S 的第二步解离平衡:

$$HS^- + H_2O \Longrightarrow H_3O^+ + S^{2-}$$

有　　$K_{a,2}^{\ominus}(H_2S) = \dfrac{[c(H^+)/c^{\ominus}][c(S^{2-})/c^{\ominus}]}{[c(HS^-)/c^{\ominus}]} = \dfrac{1.03 \times 10^{-4}[c(S^{2-})/c^{\ominus}]}{1.03 \times 10^{-4}} = c(S^{2-})/c^{\ominus}$

所以　　　　　　　　　　$c(S^{2-}) = 1.26 \times 10^{-13}\ mol \cdot dm^{-3}$

由于 H_2S 第一步解离出来的 H^+,抑制了 H_2S 的第二步解离,使得第二步解离出的 H^+ 浓度很小,可以忽略不计,所以在 H_2S 的解离平衡溶液中有 $c(H^+) = c(HS^-)$,这样就可以得到 $c(S^{2-}) = K_{a,2}^{\ominus}$,即对于二元弱酸而言,酸根离子的浓度等于二元弱酸的二级解离常数,与二元弱酸的初始浓度无关。

若将 H_2S 的一步解离和二步解离平衡方程式相加,得到

$$H_2S + 2H_2O \Longrightarrow 2H_3O^+ + S^{2-}$$

则由多重平衡规则,有

$$K^{\ominus}=K_{a,1}^{\ominus}K_{a,2}^{\ominus}=\frac{[c(H^+)/c^{\ominus}]^2[c(S^{2-})/c^{\ominus}]}{c(H_2S)/c^{\ominus}}$$

即得到了 H_2S 水溶液中 S^{2-} 与 H^+ 浓度的关系式：

$$[c(H^+)/c^{\ominus}]^2[c(S^{2-})/c^{\ominus}]=K_{a,1}^{\ominus}K_{a,2}^{\ominus}c(H_2S)/c^{\ominus} \tag{3-30}$$

由上式可知,调节溶液酸度,可以控制 S^{2-} 的浓度。在利用硫化物沉淀分离金属离子时常用到这一规律。

【例 3-5】 在 H_2S 和 HCl 混合溶液中, $c(H^+)=0.30\ mol \cdot dm^{-3}$。如果 $c(H_2S)=0.1\ mol \cdot dm^{-3}$,求混合溶液的 $c(S^{2-})$。

解 由式(3-30)可以得到

$$[c(H^+)/c^{\ominus}]^2[c(S^{2-})/c^{\ominus}]=K_{a,1}^{\ominus}K_{a,2}^{\ominus}c(H_2S)/c^{\ominus}=1.35\times10^{-21}$$

代入相应数据有　　　　　　　　　$0.30^2 c(S^{2-})/c^{\ominus}=1.35\times10^{-21}$

解得　　　　　　　　　　　　　$c(S^{2-})=1.5\times10^{-20}\ mol \cdot dm^{-3}$

通过计算可知,在 H_2S 水溶液中加入 HCl,由于 H^+ 的存在,抑制了 H_2S 的解离。

总之,多元弱酸的解离是分步进行的,对于二元弱酸,当 $K_{a,1}^{\ominus}\gg K_{a,2}^{\ominus}$ 时,可以只考虑第一步解离。酸根离子的浓度近似等于第二级解离常数 $K_{a,2}^{\ominus}$,与酸的初始浓度无关。

3.4　缓 冲 溶 液

3.4.1　同 离 子 效 应

弱电解质的解离平衡是一种相对的、暂时的动态平衡,当外界条件改变时,平衡将发生移动。在弱电解 HAc 溶液中,存在着如下解离平衡：

$$HAc+H_2O \Longrightarrow Ac^-+H_3O^+$$

当向 HAc 溶液中加入 NaAc 时,NaAc 在水溶液中完全解离,增加了溶液中 Ac^- 的浓度,使 HAc 的解离平衡向左移动,降低了 HAc 的解离度。这种在弱电解质的溶液中,加入具有相同离子的强电解质,使得弱电解质解离度降低的现象,叫同离子效应。在氨水中加入 NH_4Cl 时,也会产生同离子效应,使氨水的解离度下降。

【例 3-6】 298.15 K 时,$0.10\ dm^3 0.010\ mol$ HAc 溶液中,加入 $0.020\ mol$ NaAc 固体,求此溶液的 pH 值及 HAc 的解离度 α。(已知 $K_a^{\ominus}(HAc)=1.75\times10^{-5}$)

解　　　　　　　$c(Ac^-)=0.020\ mol/0.10\ dm^3=0.20\ mol \cdot dm^{-3}$

　　　　　　　　　$c(HAc)=0.010\ mol/0.10\ dm^3=0.10\ mol \cdot dm^{-3}$

$$HAc+H_2O \Longrightarrow H_3O^++Ac^-$$

$c_0/(mol \cdot dm^{-3})$　　　　　　0.100　　　　　　0　　0.20

$c/(mol \cdot dm^{-3})$　　　　　　0.10-x　　　　　x　　0.20+x

$$K_a^{\ominus}=\frac{[c(H_3O^+)/c^{\ominus}][c(Ac^-)/c^{\ominus}]}{[c(HAc)/c^{\ominus}]}=\frac{x/c^{\ominus}\times(0.20+x)/c^{\ominus}}{(0.10-x)/c^{\ominus}}$$

由于 $(c_0/c^{\ominus})/K_a^{\ominus}\geqslant500$,可近似有 $0.2+x\approx0.2,0.1-x\approx0.1$,故有

$$1.75\times10^{-5}=\frac{x/c^{\ominus}\times0.20}{0.10}$$

解得 $x=8.8\times10^{-6}\ mol \cdot dm^{-3}$,即 $c(H_3O^+)=8.8\times10^{-6}\ mol \cdot dm^{-3}$,pH=5.06

解离度 $\qquad \alpha = \dfrac{c(H_3O^+)}{c(HAc)} = \dfrac{8.8 \times 10^{-6}}{0.10} = 8.8 \times 10^{-5}$

与例 3-4 计算得出的解离度 $\alpha = 1.32\%$ 相比较,解离度下降了近 150 倍。由此可见,同离子效应对弱电解质的解离平衡产生很大的影响。

3.4.2　缓冲溶液

pH 值是保证化学反应正常进行的一个重要条件,将化学反应系统的 pH 值控制在一定的范围内,需要用到缓冲溶液。

当加入少量强酸、强碱或稍加稀释时,仍保持 pH 值基本不变的溶液称为缓冲溶液。缓冲溶液一般由弱酸和它的共轭碱(如 HAc-NaAc)、弱碱和它的共轭酸(如 $NH_3 \cdot H_2O$-NH_4Cl)组成。组成缓冲溶液的一对共轭酸碱,如 HAc-Ac$^-$,NH$_3$-NH$_4^+$,H$_3$PO$_4$-H$_2$PO$_4^-$ 称为缓冲对。此外,NaHCO$_3$ 等两性物质的溶液也可以作为缓冲溶液。

以 HAc-NaAc 组成的缓冲溶液为例,说明缓冲溶液的缓冲原理。在 HAc-NaAc 缓冲溶液中存在着 HAc 的解离平衡和 NaAc 的完全解离,

$$HAc + H_2O \Longleftrightarrow H_3O^+ + Ac^-$$
$$NaAc \longrightarrow Na^+ + Ac^-$$

因此在 HAc-NaAc 缓冲溶液中,HAc 和 Ac$^-$ 的浓度较大,H$^+$ 浓度相对较小,当向上述系统中,加入少量酸(H$^+$)时,使系统中的 H$^+$ 浓度增加,使 HAc 的解离平衡向左移动,消耗了增加的 H$^+$ 浓度,H$^+$ 浓度不会显著增加;当加入少量碱(OH$^-$)时,OH$^-$ 与系统中的 H$^+$ 结合生成 H$_2$O,HAc 的解离平衡向右移动,HAc 解离出 H$^+$,使 H$^+$ 保持稳定,pH 值改变不大;在 HAc-NaAc 缓冲溶液中,Ac$^-$ 是抗酸成分,HAc 是抗碱成分。当向 HAc-NaAc 缓冲溶液加 H$_2$O 稀释时,H$_3$O$^+$、Ac$^-$、HAc 的浓度同时减小,也不会对溶液的 pH 值产生较大的影响。显然,当加入大量的 H$^+$、OH$^-$ 时,缓冲溶液中 HAc 或 NaAc 耗尽,将失去缓冲能力,故缓冲溶液的缓冲能力是有限的。

3.4.3　缓冲溶液的 pH 值计算

对弱酸与其共轭碱组成的缓冲溶液

$$酸 \Longleftrightarrow H^+ + 共轭碱$$

根据共轭酸碱对间的平衡,可得

$$K_a^\ominus(酸) = \frac{[c(H^+)/c^\ominus][c(共轭碱)/c^\ominus]}{c(酸)/c^\ominus}$$

所以 $\qquad c(H^+)/c^\ominus = K_a^\ominus(酸) \dfrac{c(酸)}{c(共轭碱)}$ $\qquad\qquad$ (3-31)

等式两边取负对数 $\qquad -\lg \dfrac{c(H^+)}{c^\ominus} = -\lg K_a^\ominus - \lg \dfrac{c(酸)}{c(共轭碱)}$

即 $\qquad\qquad pH = pK_a^\ominus - \lg \dfrac{c(酸)}{c(共轭碱)}$ $\qquad\qquad$ (3-32)

类似可得到碱与共轭酸组成的缓冲溶液的 pOH 值:

$$pOH = pK_b^\ominus - \lg \frac{c(碱)}{c(共轭酸)} \qquad\qquad (3\text{-}33a)$$

或 $\qquad\qquad pH = pK_w^\ominus - pK_b^\ominus + \lg \dfrac{c(碱)}{c(共轭酸)}$ $\qquad\qquad$ (3-33b)

【**例 3-7**】　在 0.100 molHAc 和 0.100 molNaAc 的 1.00 dm³ 混合溶液中,试计算:

(1) 溶液的 pH 值?(已知 $K_a^\ominus(HAc)=1.75\times10^{-5}$)

(2) 向混合溶液 100 cm³ 中加入 0.10 cm³ 的 1.00 mol·dm⁻³HCl 溶液时,溶液的 pH 值?

(3) 向混合溶液 100 cm³ 中加入 0.10 cm³ 的 1.00 mol·dm⁻³NaOH 溶液时,溶液的 pH 值?

(4) 将混合溶液适当稀释,试讨论 pH 值的变化?

解　(1) 由式(3-32)可以得到

$$pH=pK_a^\ominus-\lg\frac{c(酸)}{c(共轭碱)}=-\lg(1.75\times10^{-5})-\lg\frac{0.100}{0.100}=4.76$$

(2) 加入 HCl 后,总体积是 100.10 cm³,假定加入 HCl 后,尚未起反应,则各物质的浓度是

$$c_0(HCl)=\frac{1\ mol\cdot dm^{-3}\times0.10\times10^{-3}dm^3}{100.10\times10^{-3}dm^3}=9.99\times10^{-4}\ mol\cdot dm^{-3}$$

$$c_0(NaAc)=\frac{0.1\ mol\cdot dm^{-3}\times100\times10^{-3}dm^3}{100.10\times10^{-3}dm^3}=9.99\times10^{-2}\ mol\cdot dm^{-3}$$

$$c_0(HAc)=\frac{0.1\ mol\cdot dm^{-3}\times100\times10^{-3}dm^3}{100.10\times10^{-3}dm^3}=9.99\times10^{-2}\ mol\cdot dm^{-3}$$

加入的 HCl 与 NaAc 发生酸碱反应,消耗 9.99×10^{-4} mol·dm⁻³ 的 NaAC,同时生成 9.99×10^{-4} mol·dm⁻³ 的 HAc,溶液中醋酸和其共轭碱的浓度为

$$c(HAc)=(9.99\times10^{-2}+9.99\times10^{-4})\ mol\cdot dm^{-3}=0.1009\ mol\cdot dm^{-3}$$

$$c(NaAc)=(9.99\times10^{-2}-9.99\times10^{-4})\ mol\cdot dm^{-3}=0.0989\ mol\cdot dm^{-3}$$

因此　　　　　　　　$$pH=pK_a^\ominus-\lg\frac{c(HAc)}{c(NaAc)}=4.757-\lg\frac{0.1009}{0.0989}=4.75$$

(3) 加入 NaOH 后,体积是 100.10 cm³,假定加入 NaOH 后,尚未起反应,各物质的浓度是

$$c_0(NaOH)=\frac{1\ mol\cdot dm^{-3}\times0.10\times10^{-3}\ dm^3}{100.10\times10^{-3}\ dm^3}=9.99\times10^{-4}\ mol\cdot dm^{-3}$$

加入的 NaOH 与 HAc 发生酸碱反应,消耗 9.99×10^{-4} mol·dm⁻³ 的 HAC,同时生成 9.99×10^{-4} mol·dm⁻³ 的 NaAc,所以溶液中醋酸和其共轭碱的浓度为

$$c(HAc)=(9.99\times10^{-2}-9.99\times10^{-4})mol\cdot dm^{-3}=0.0989\ mol\cdot dm^{-3}$$

$$c(NaAc)=(9.99\times10^{-2}+9.99\times10^{-4})mol\cdot dm^{-3}=0.1009\ mol\cdot dm^{-3}$$

因此　　　　　　　　　　$$pH=4.757-\lg\frac{0.0989}{0.1009}=4.77$$

(4) 若稀释或浓缩时:$c(NaAc)$ 与 $c(HAc)$ 将以同样倍数降低或增加,$\frac{c(HAc)}{c(NaAc)}$ 保持不变,所以 pH 也不变。

3.4.4　缓冲溶液的配制

当缓冲溶液中的弱酸或其共轭碱与外加碱或酸大部分作用后,溶液的 pH 值就会发生很大的变化。因此,缓冲溶液的缓冲能力是有限的,不可能无限的抵抗大量的酸或碱的加入。缓冲溶液的缓冲能力取决于缓冲溶液中的 c(弱酸)及其 c(共轭碱)或 c(弱碱)及其 c(共轭酸)的大小和比值,当 c(弱酸)=c(共轭碱)时,缓冲溶液对 H^+ 和 OH^- 具有同等程度的缓冲能力,否

则对 H^+ 和 OH^- 的缓冲能力不一样。只有当 c(弱酸)和 c(共轭碱)的浓度都较大,且 c(弱酸)/c(共轭碱)(或 c(弱碱)/c(共轭酸))接近于 1 时,缓冲溶液的缓冲能力最大,一般控制缓冲溶液的 c(弱酸)/c(共轭碱)(或 c(弱碱)/c(共轭酸))在 0.1～10 范围内变化。因此某种缓冲溶液的 pH 值变化范围应为

$$\mathrm{pH}=\mathrm{p}K_a^{\ominus}\pm 1 \quad 或 \quad \mathrm{pOH}=\mathrm{p}K_b^{\ominus}\pm 1 \tag{3-34}$$

为了保证缓冲溶液具有较大的缓冲能力,除了应该使组成缓冲溶液各组份的浓度相对较大外,所选择的弱酸的 $\mathrm{p}K_a^{\ominus}$ 尽可能与缓冲溶液的 pH 相近,最好控制在如下范围:

$$\mathrm{p}K_a^{\ominus}=\mathrm{pH}\pm 1 \quad 或 \quad \mathrm{p}K_b^{\ominus}=\mathrm{pOH}\pm 1 \tag{3-35}$$

如需 pH=5 的缓冲溶液,则应选用 $\mathrm{p}K_a^{\ominus}=4\sim 6$ 的弱酸。例如 $K_a^{\ominus}(\mathrm{HAc})=1.75\times10^{-5}$,$\mathrm{p}K_a^{\ominus}(\mathrm{HAc})=4.76$,所以选用 HAc～NaAc 即可。若需 pH=9 的缓冲溶液,可选用 $\mathrm{p}K_b^{\ominus}=4\sim 6$ 的弱碱,$K_b^{\ominus}(\mathrm{NH_3\cdot H_2O})=1.74\times10^{-5}$ 合适,所以选 $\mathrm{NH_3\cdot H_2O}\sim\mathrm{NH_4Cl}$ 即可。

【例 3-8】　用 HAc～NaAc 配制 pH=4.00 的缓冲溶液,求所需 c(HAc)/c(NaAc)的比值。

解　由式(3-32),有　　　　$\mathrm{pH}=\mathrm{p}K_a^{\ominus}(\mathrm{HAc})-\lg\dfrac{c(酸)}{c(共轭碱)}$

$$4.00=4.76-\lg\frac{c(酸)}{c(共轭碱)}$$

所以　　　　　　　　　　　　　$\dfrac{c(酸)}{c(共轭碱)}=5.7$

【例 3-9】　欲配制 pH=9.0,$c(\mathrm{NH_3\cdot H_2O})=0.5$ mol·dm^{-3} 的缓冲溶液 1.0 dm³,如何用 $c(\mathrm{NH_3\cdot H_2O})=2.0$ mol·dm^{-3} 的氨水和固体 $\mathrm{NH_4Cl}$ 配制?

解　pH=9.0,pOH=5.0,由式(3-33a)可得

$$\mathrm{pOH}=\mathrm{p}K_b^{\ominus}-\lg\frac{c(\mathrm{NH_3\cdot H_2O})}{c(\mathrm{NH_4^+})}$$

$$5.0=-\lg(1.74\times10^{-5})-\lg\frac{0.5\ \mathrm{mol\cdot dm^{-3}}}{c(\mathrm{NH_4^+})}$$

解得　　　　　　　　$c(\mathrm{NH_4^+})=1.74\times0.5\ \mathrm{mol\cdot dm^{-3}}=0.87\ \mathrm{mol\cdot dm^{-3}}$

配制 1.0 dm³ 溶液,需要固体 $\mathrm{NH_4Cl}(M_r=53.5)$ 和 $c(\mathrm{NH_3\cdot H_2O})=2.0$ mol·dm^{-3} 氨水的量分别为

$$m(\mathrm{NH_4Cl})=0.87\ \mathrm{mol\cdot dm^{-3}}\times1.0\ \mathrm{dm^3}\times53.5\ \mathrm{g\cdot mol^{-1}}=46.54\ \mathrm{g}$$

$$V(\mathrm{NH_3\cdot H_2O})=\frac{1.0\ \mathrm{dm^3}\times0.5\ \mathrm{mol\cdot dm^{-3}}}{2.0\ \mathrm{mol\cdot dm^{-3}}}=0.25\ \mathrm{dm^3}$$

配制方法:称取 46.54 g$\mathrm{NH_4Cl}$ 溶于少量水中,加入 250 cm³ 浓度为 2.0 mol·dm^{-3} 氨水,然后加水稀释到 1.0 dm³。

3.5　沉淀-溶解平衡

在一定温度下,系统达到溶解平衡时,一定量的溶剂中含有溶质的质量,叫做溶解度。通常以符号 s 表示。按照电解质溶解度的大小,可以大体上分为易溶电解质和难溶电解质,习惯上把溶解度小于 0.01 g/100 g H_2O 的电解质称为难溶电解质,但易溶电解质和难溶电解质之间并没有严格的界线。

3.5.1　标准溶度积

在一定温度下,将难溶电解质放入水中时,就会发生溶解和沉淀两个过程。例如,将 $CaCO_3$ 放在水溶液中,束缚在固体中的 Ca^{2+}、CO_3^{2-} 在水的作用下,不断地由固体表面溶于水中,这是 $CaCO_3$ 的溶解过程;已溶解的 Ca^{2+}、CO_3^{2-} 在不断的运动中,从溶液中回到固体表面而沉淀,这是 $CaCO_3$ 的沉淀过程。一定条件下,当溶解的速率与沉淀的速率相等时,溶液达饱和状态,便建立了固体和溶液之间的动态平衡,这就是沉淀-溶解平衡。$CaCO_3$ 的沉淀-溶解平衡可以表示如下:

$$CaCO_3(s) \Longrightarrow Ca^{2+} + CO_3^{2-}$$

平衡常数表达式是

$$K_{sp}^{\ominus}(CaCO_3) = [c(Ca^{2+}/c^{\ominus})][c(CO^{2-}/c^{\ominus})]$$

$K_{sp}^{\ominus}$ 是沉淀-溶解平衡的标准平衡常数,也称为溶度积常数,简称溶度积。$c(Ca^{2+})$ 和 $c(CO_3^{2-})$ 是饱和溶液中 Ca^{2+} 和 CO_3^{2-} 的浓度。

对于一般的沉淀-溶解平衡:

$$A_nB_m(s) \Longrightarrow nA^{m+} + mB^{n-}$$

其溶度积的通式为

$$K_{sp}^{\ominus}(A_nB_m) = [c(A^{m+})/c^{\ominus}]^n [c(B^{n-})/c^{\ominus}]^m \tag{3-36}$$

溶度积和其他平衡常数一样,在一定的温度下是个常数,与离子浓度无关,只与温度有关,它反映了难溶电解质的溶解能力。严格地说,溶度积应该是溶液中各离子活度的乘积,但是因为难溶电解质在水中溶解度小,其饱和溶液中的离子浓度也很小,离子的活度系数趋近于 1,故可以用浓度代替活度。

3.5.2　溶度积和溶解度之间的换算

溶度积和溶解度都表示了难溶电解质的溶解能力,因此,它们之间存在着一定的联系,可以从溶度积计算溶解度,也可以从溶解度计算溶度积,在换算中应该注意所用的浓度单位。

【例 3-10】　298.15 K 时,AgCl 的溶解度为 $1.92 \times 10^{-3} g \cdot dm^{-3}$,计算 $K_{sp}^{\ominus}(AgCl)$。已知 $M(AgCl) = 143.3 g \cdot mol^{-1}$。

解　将 AgCl 的溶解度单位换算为 $mol \cdot dm^{-3}$,则 AgCl 的溶解度 s 为

$$s(AgCl) = 1.92 \times 10^{-3} g \cdot dm^{-3}/(143.3 g \cdot mol^{-1}) = 1.34 \times 10^{-5} mol \cdot dm^{-3}$$

AgCl 在水中的沉淀-溶解平衡:

$$AgCl(s) \Longrightarrow Ag^+ + Cl^-$$

$$K_{sp}^{\ominus}(AgCl) = [c(Ag^+)/c^{\ominus}][c(Cl^-)/c^{\ominus}] = (1.34 \times 10^{-5})^2 = 1.80 \times 10^{-10}$$

【例 3-11】　298.15 K 时,$Fe(OH)_3$ 的溶度积为 2.79×10^{-39},计算 $Fe(OH)_3$ 在水中的溶解度。

解　设 $Fe(OH)_3$ 的溶解度为 s,则有

$$Fe(OH)_3(s) \Longrightarrow Fe^{3+} + 3OH^-$$

$$c(平衡浓度)/(mol \cdot dm^{-3}) \qquad\qquad s \qquad 3s$$

$$K_{sp}^{\ominus} = [c(Fe^{3+})/c^{\ominus}][c(OH^-)/c^{\ominus}]^3 = s/c^{\ominus} \times (3s/c^{\ominus})^3 = 27(s/c^{\ominus})^4$$

$$s = 1.01 \times 10^{-10} mol \cdot dm^{-3}$$

$Fe(OH)_3(s)$ 在水中的溶解度为 $1.01 \times 10^{-10} mol \cdot dm^{-3}$。

　　由 $K_{sp}^{\ominus}$ 来比较溶解度的大小必须是同类型的物质,同类型的难溶电解质 $K_{sp}^{\ominus}$ 大的,则溶解度大;对不同类型的难溶电解质,不能直接用 $K_{sp}^{\ominus}$ 来比较,必须计算说明。例如:AgCl、AgBr、AgI 都是同类型的电解质,$K_{sp}^{\ominus}$ 大的物质,溶解度也大。而 $CaCO_3$ 与 Ag_2CrO_4 是不同类型的电解质,就不能直接用 $K_{sp}^{\ominus}$ 来比较,如 298.15 K 时 $CaCO_3$ 的 $K_{sp}^{\ominus}=3.36\times10^{-9}$,$s(CaCO_3)=5.80\times10^{-5}$ mol·dm^{-3};而 Ag_2CrO_4 的 $K_{sp}^{\ominus}=1.12\times10^{-12}$,$s(Ag_2CrO_4)=6.54\times10^{-5}$ mol·dm^{-3},即 Ag_2CrO_4 的 $K_{sp}^{\ominus}$ 小于 $CaCO_3$ 的 $K_{sp}^{\ominus}$,但 Ag_2CrO_4 的溶解度大于 $CaCO_3$ 的。这是因为 $K_{sp}^{\ominus}$ 与离子浓度的方次有关。

3.5.3　溶度积规则

　　难溶电解质的沉淀-溶解平衡也与其他动态平衡一样,遵循平衡移动原理。

　　对于任意的多相平衡系统:

$$A_nB_m(s)\Longrightarrow nA^{m+}+mB^{n-}$$

其浓度积为

$$Q=[c(A^{m+})/c^{\ominus}]^n\cdot[c(B^{n-})/c^{\ominus}]^m \tag{3-37}$$

式中,$c(A^{m+})$ 和 $c(B^{n-})$ 为非平衡时的浓度,由化学反应等温式 $\Delta G=RT\ln(Q/K_{sp}^{\ominus})$ 可知:

　　(1) $Q<K_{sp}^{\ominus}$,不饱和溶液,无沉淀析出;

　　(2) $Q=K_{sp}^{\ominus}$,饱和溶液,沉淀溶解平衡;

　　(3) $Q>K_{sp}^{\ominus}$,过饱和溶液,有沉淀析出。

　　以上三点就是判断沉淀的生成和溶解的溶度积规则。

　　【例 3-12】　常温下向 $AgNO_3$ 溶液中加入 HCl,生成 AgCl 沉淀,如果溶液中 Cl^- 的最后浓度为 0.10 mol·dm^{-3},Ag^+ 的浓度应是多少?$[K_{sp}^{\ominus}(AgCl)=1.77\times10^{-10}]$

　　解　　　　　　　　　　　$AgCl(s)\Longrightarrow Ag^++Cl^-$

$c/(mol\cdot dm^{-3})$　　　　　　　　　　　　x　　　0.10

　　　　　$K_{sp}^{\ominus}(AgCl)=[c(Ag^+)/c^{\ominus}][c(Cl^-)/c^{\ominus}]=0.10x/c^{\ominus}=1.77\times10^{-10}$

　　　　　　　　　　$x=1.77\times10^{-9}$ mol·dm^{-3}

　　溶液中 Ag^+ 浓度为 1.77×10^{-9} mol·dm^{-3}。

　　【例 3-13】　常温下向浓度是 0.0010 mol·dm^{-3} 的 K_2CrO_4 溶液中加入 $AgNO_3$,溶液中 Ag^+ 浓度至少多大时,才能生成 Ag_2CrO_4 沉淀?$[K_{sp}^{\ominus}(Ag_2CrO_4)=1.1\times10^{-12}]$

　　解　　　　　　　　　　$Ag_2CrO_4(s)\Longrightarrow 2Ag^++CrO_4^{2-}$

　　　　　　　$K_{sp}^{\ominus}(Ag_2CrO_4)=[c(Ag^+)/c^{\ominus}]^2[c(CrO_4^{2-})/c^{\ominus}]$

$$c(Ag^+)=\sqrt{\frac{K_{sp}^{\ominus}(Ag_2CrO_4)}{c(CrO_4^{2-})/c^{\ominus}}}\cdot c^{\ominus}=\sqrt{\frac{1.1\times10^{-12}}{0.0010}}\cdot c^{\ominus}=3.3\times10^{-5}\ mol\cdot dm^{-3}$$

所以,当 $c(Ag^+)\geqslant3.3\times10^{-5}$ mol·dm^{-3} 时才能生成 Ag_2CrO_4 沉淀。

　　【例 3-14】　已知 $K_{sp}^{\ominus}(PbI_2)=8.8\times10^{-9}$,现将 0.01 mol·dm^{-3} $Pb(NO_3)_2$ 溶液与等体积 0.01 mol·dm^{-3} KI 溶液混合,能否生成 PbI_2 沉淀?

　　解　等体积混合时,$Pb(NO_3)_2$ 和 KI 的浓度减半。

　　　　　$c(KI)=0.005$ mol·dm^{-3},　$c[Pb(NO_3)_2]=0.005$ mol·dm^{-3}

则　　$c(I^-)=c(KI)=0.005$ mol·dm^{-3},　$c(Pb^{2+})=c[Pb(NO_3)_2]=0.005$ mol·dm^{-3}

　　　　　　　　　　$Pb^{2+}+2I^-\Longrightarrow PbI_2(s)$

　　　　　$Q=[c(Pb^{2+})/c^{\ominus}][c(I^-)/c^{\ominus}]^2=1.25\times10^{-7}>K_{sp}^{\ominus}(PbI_2)$

所以,有 PbI_2 沉淀生成。

3.5.4　沉淀-溶解平衡中的同离子效应

前面曾讨论过在弱电解质溶液里,加入含有共同离子的强电解质时,使弱电解质的解离度降低的现象。在难溶电解质的饱和溶液中,加入含有共同离子的强电解质时,也会发生使难溶电解质的溶解度降低的现象,称为多相离子平衡的同离子效应。

例如,在 AgCl 饱和溶液中存在下列平衡:

$$AgCl(s) \rightleftharpoons Ag^+ + Cl^-$$

若加入含 Cl^- 的盐,平衡就会向左移动,生成较多的 AgCl(s),使 AgCl 的溶解度减小。

【例 3-15】　求 298.15 K 时,AgCl 在 $0.010\ mol \cdot dm^{-3}$ NaCl 溶液中的溶解度,并与其在水中的溶解度相比较。

解　NaCl 是强电解质,在水中全部解离,设 AgCl(s)的溶解度为 s,当其达沉淀-溶解平衡时,有

$$AgCl(s) \rightleftharpoons Ag^+ + Cl^-$$

$$c/(mol \cdot dm^{-3}) \qquad\qquad\qquad s \qquad s+0.010$$

$$K_{sp}^{\ominus}(AgCl) = \left[\frac{c(Ag^+)}{c^{\ominus}}\right]\left[\frac{c(Cl^-)}{c^{\ominus}}\right] = \frac{s}{c^{\ominus}} \times \left(\frac{s+0.01\ mol \cdot dm^{-3}}{c^{\ominus}}\right) \approx \frac{s}{c^{\ominus}} \times 0.01$$

解得

$$s = 1.77 \times 10^{-8}\ mol \cdot dm^{-3}$$

而 AgCl 在纯水中的溶解度为

$$s(AgCl)_{水} = \sqrt{K_{sp}^{\ominus}} \cdot c^{\ominus} = 1.33 \times 10^{-5}\ mol \cdot dm^{-3}$$

由以上计算可知:AgCl 在 $0.010\ mol \cdot dm^{-3}$ NaCl 溶液中比在水溶液中的溶解度小很多。在含有 Ag^+ 的溶液中,为使 Ag^+ 沉淀得更完全,通常要加入过量的沉淀剂。但也不宜加的过多,因为 Ag^+ 与过量的 Cl^- 形成可溶性配合物,反而使沉淀溶解。

一般沉淀反应中加入的沉淀剂过量 $20\% \sim 50\%$ 时就沉淀完全了,所谓沉淀完全并非指溶液中某离子的浓度等于零,通常认为溶液中残余离子的浓度小于 $10^{-5}\ mol \cdot dm^{-3}$ 即为沉淀完全。

3.5.5　溶液的 pH 值对沉淀-溶解平衡的影响

如果难溶电解质的酸根是某弱酸的共轭碱,由于 H^+ 与该酸根(如 CO_3^{2-}、F^-)具有较强的亲和力,则它们的溶解度将随 pH 值的减小而增加。这类难溶电解质就是通常所说的难溶弱酸盐和难溶的金属氢氧化物。

例如,在 $Mg(OH)_2$ 的饱和溶液中加入 $NH_4Cl(s)$,可使得 $Mg(OH)_2$ 沉淀溶解,反应为

$$Mg(OH)_2(s) \rightleftharpoons Mg^{2+} + 2OH^-$$

$$NH_4^+ + OH^- \rightleftharpoons NH_3 + H_2O$$

总反应为　　　　$Mg(OH)_2(s) + 2NH_4^+ \rightleftharpoons Mg^{2+} + 2NH_3 + 2H_2O$

NH_4^+ 离子与 OH^- 离子反应生成 NH_3 和 H_2O,减少了溶液中 OH^- 离子的浓度,使 $c(Mg^{2+}) \cdot c^2(OH^-) < K_{sp}^{\ominus}(Mg(OH)_2)$,所以沉淀溶解。

【例 3-16】　计算 $c(Fe^{3+}) = 0.10\ mol \cdot dm^{-3}$ 时,$Fe(OH)_3$ 开始沉淀和 Fe^{3+} 沉淀完全时的 pH 值。$[K_{sp}^{\ominus}[(Fe(OH)_3] = 2.79 \times 10^{-39}]$

解　　　　　　　$Fe(OH)_3(s) \rightleftharpoons Fe^{3+} + 3OH^-$

$$K_{sp}^{\ominus}[Fe(OH)_3] = [c(Fe^{3+})/c^{\ominus}] \cdot [c(OH^-)/c^{\ominus}]^3$$

$$c(OH^-) = \sqrt[3]{\frac{K_{sp}^{\ominus}[Fe(OH)_3]}{c(Fe^{3+})/c^{\ominus}} \cdot c^{\ominus}}$$

开始沉淀时：$c(OH^-) = \sqrt[3]{2.79 \times 10^{-39}/0.10} \cdot c^{\ominus} = 3.0 \times 10^{-13} \ mol \cdot dm^{-3}$

$$pOH = -\lg(3.0 \times 10^{-13}) = 12.52, \quad pH = 1.48$$

开始沉淀时的 pH 值必须大于 1.48。

当溶液中 $c(Fe^{3+})$ 小于 $10^{-5} \ mol \cdot dm^{-3}$ 时，认为沉淀完全，则

$$c(OH^-) = \sqrt[3]{2.79 \times 10^{-39}/10^{-5}} \cdot c^{\ominus} = 6.5 \times 10^{-12} \ mol \cdot dm^{-3}$$

$$pOH = -\lg(6.5 \times 10^{-12}) = 11.2, \quad pH = 2.8$$

溶液的 pH 值大于 2.8，Fe^{3+} 沉淀完全。

所以，Fe^{3+} 开始沉淀时的 pH=1.48，沉淀完全时的 pH=2.8。

【例 3-17】　在 298.15 K，1 dm^3 溶液中，有 0.10 mol NH_3 和 Mg^{2+}，要防止生成 $Mg(OH)_2$ 沉淀，需向此溶液中加入多少 NH_4Cl？（$K_{sp}^{\ominus}[Mg(OH)_2] = 5.6 \times 10^{-12}$，$K_b^{\ominus}(NH_3) = 1.74 \times 10^{-5}$）

解　设生成沉淀时，所需离子浓度的最小值为 $c(OH^-)$，$Mg(OH)_2$ 的溶解平衡为

$$Mg(OH)_2(s) \rightleftharpoons Mg^{2+} + 2OH^-$$

$$K_{sp}^{\ominus}[Mg(OH)_2] = [c(Mg^{2+})/c^{\ominus}] \cdot [c(OH^-)/c^{\ominus}]^2$$

$$c(OH^-) = \sqrt{K_{sp}^{\ominus}[Mg(OH)_2]/[c(Mg^{2+})/c^{\ominus}]} \cdot c^{\ominus} = \sqrt{5.6 \times 10^{-12}/0.10} \ mol \cdot m^{-3}$$

$$= 7.48 \times 10^{-6} \ mol \cdot dm^{-3}$$

该系统中加入的 NH_4^+ 与 NH_3 构成缓冲系统

$$c(OH^-) = K_b^{\ominus}(NH_3) \times \frac{c(NH_3 \cdot H_2O)/c^{\ominus}}{c(NH_4^+)/c^{\ominus}} \cdot c^{\ominus} = 1.74 \times 10^{-5} \times \frac{0.10}{c(NH_4^+)}$$

$$c(NH_4^+) = (1.74 \times 10^{-5} \times 0.10/7.48 \times 10^{-6}) \ mol \cdot dm^{-3} = 0.23 \ mol \cdot dm^{-3}$$

至少要在该溶液中加入 0.23 mol(12.3 g)NH_4Cl 才不生成 $Mg(OH)_2$ 沉淀。

【例 3-18】　在 0.10 $mol \cdot dm^{-3}$ $FeCl_2$ 溶液中，不断通入 H_2S 至饱和，若要不生成沉淀 FeS，则溶液的 pH 值最高不应超过多少？

解　查表可知：

$$K_{sp}^{\ominus}(FeS) = 6.3 \times 10^{-18}, \quad K_{a,1}^{\ominus}(H_2S) = 1.07 \times 10^{-7}, K_{a,2}^{\ominus}(H_2S) = 1.26 \times 10^{-15}$$

若要不生成 FeS 沉淀，则 S^{2-} 的最高浓度为

$$c(S^{2-}) = \frac{K_{sp}^{\ominus}(FeS) \cdot (c^{\ominus})^2}{c(Fe^{2+})} = (6.3 \times 10^{-18}/0.10) \ mol \cdot dm^{-3} = 6.3 \times 10^{-17} \ mol \cdot dm^{-3}$$

$$c^2(H^+) = \frac{K_{a,1}^{\ominus} \cdot K_{a,2}^{\ominus} \cdot c(H_2S)}{c(S^{2-})} \cdot (c^{\ominus})^2 = \frac{1.07 \times 10^{-7} \times 1.26 \times 10^{-13} \times 0.10}{6.3 \times 10^{-17}}(mol \cdot dm^{-3})^2$$

$$c(H^+) = 4.63 \times 10^{-3} \ mol \cdot dm^{-3}; \quad pH = 2.33$$

当溶液的 pH<2.33 时，不会生成 FeS 沉淀。

3.5.6　分步沉淀

若一种溶液中同时存在着几种离子，而且它们又都能与同一种离子生成难溶电解质，将含该种离子的溶液逐滴加入上述溶液中，由于难溶电解质溶解度不同，可先后生成不同的沉淀，这种先后生成沉淀的现象，叫做分步沉淀。

【例 3-19】　某溶液中，Ba^{2+} 与 Sr^{2+} 离子浓度都是 0.10 $mol \cdot dm^{-3}$，逐滴加入 K_2CrO_4 溶液，先生成什么沉淀？当 $SrCrO_4$ 开始沉淀时，Ba^{2+} 离子的浓度是多少？假设滴入溶液时引起

的体积改变忽略不计，$K_{sp}^{\ominus}(\text{BaCrO}_4)=1.2\times10^{-10}$，$K_{sp}^{\ominus}(\text{SrCrO}_4)=2.2\times10^{-5}$。

解 $\text{Ba}^{2+}+\text{CrO}_4^{2-}\rightleftharpoons\text{BaCrO}_4(s)$，$\text{Sr}^{2+}+\text{CrO}_4^{2-}\rightleftharpoons\text{SrCrO}_4(s)$

BaCrO_4开始沉淀出时：

$$c(\text{CrO}_4^{2-})=\frac{K_{sp}^{\ominus}(\text{BaCrO}_4)\cdot(c^{\ominus})^2}{c(\text{Ba}^{2+})}=\left(\frac{1.2\times10^{-10}}{0.10}\right)\text{mol}\cdot\text{dm}^{-3}=1.2\times10^{-9}\text{mol}\cdot\text{dm}^{-3}$$

SrCrO_4开始沉淀出时：

$$c(\text{CrO}_4^{2-})=\frac{K_{sp}^{\ominus}(\text{SrCrO}_4)\cdot(c^{\ominus})^2}{c(\text{Sr}^{2+})}=\left(\frac{2.2\times10^{-5}}{0.10}\right)\text{mol}\cdot\text{dm}^{-3}=2.2\times10^{-4}\text{mol}\cdot\text{dm}^{-3}$$

生成BaCrO_4所需CrO_4^{2-}浓度小，所以BaCrO_4先沉淀。

当SrCrO_4开始沉淀时，溶液中CrO_4^{2-}离子的浓度是$2.2\times10^{-4}\text{mol}\cdot\text{dm}^{-3}$，故此时

$$c(\text{Ba}^{2+})=\frac{K_{sp}^{\ominus}(\text{BaCrO}_4)\cdot(c^{\ominus})^2}{c(\text{CrO}_4^{2-})}=\frac{1.2\times10^{-10}}{2.2\times10^{-4}}\text{mol}\cdot\text{dm}^{-3}$$
$$=5.5\times10^{-7}\text{mol}\cdot\text{dm}^{-3}$$

如果被沉淀的离子开始时浓度不同，各离子生成沉淀的次序不但和它们的溶解度有关，还和它们的初始浓度有关。

利用分步沉淀可解释许多地质现象，如盐湖水中主要成分为CO_3^{2-}、SO_4^{2-}、Cl^-和Ca^{2+}、Mg^{2+}、K^+、Na^+等。在气候干燥地区，湖水蒸发，湖中各种离子浓度逐渐增加，由于镁、钙、锶等的碳酸盐的溶解度较硫酸盐的小，所以，首先结晶出来的是碳酸盐，其次是硫酸盐，最后析出的是氯化物。

又如含有锶、钡离子的河水流入海里时，因为$K_{sp}^{\ominus}(\text{BaSO}_4)<K_{sp}^{\ominus}(\text{SrSO}_4)$，$\text{Ba}^{2+}$首先与海水中的$\text{SO}_4^{2-}$作用生成$\text{BaSO}_4$沉于海底，而$\text{Sr}^{2+}$可以迁移到远洋，造成远洋水中$\text{Sr}^{2+}$、$\text{Ba}^{2+}$的质量高于河水。

3.5.7 难溶电解质的转化

一种难溶电解质转变为另一种难溶电解质的过程叫做难溶电解质的转化。例如，将CaSO_4放在饱和的Na_2CO_3溶液中，它就逐渐转变为CaCO_3。一种难溶电解质能否转变为另一种难溶电解质，一方面和它们的溶解度大小有关，另一方面和溶液中的试剂浓度有关。下面用具体例子加以说明。

【例 3-20】 根据溶度积规则，试说明$\text{SrSO}_4(K_{sp}^{\ominus}=3.2\times10^{-7})$在浓$\text{Na}_2\text{CO}_3$溶液中可以转化为$\text{SrCO}_3(K_{sp}^{\ominus}=1.1\times10^{-10})$。

解 溶液中存在下列平衡：
$$\text{SrSO}_4(s)\rightleftharpoons\text{SO}_4^{2-}+\text{Sr}^{2+}$$
$$\text{Sr}^{2+}+\text{CO}_3^{2-}\rightleftharpoons\text{SrCO}_3(s)$$

以上两个方程式可以用总离子方程式表示如下：
$$\text{SrSO}_4(s)+\text{CO}_3^{2-}\rightleftharpoons\text{SO}_4^{2-}+\text{SrCO}_3(s)$$

该反应的平衡常数为
$$K^{\ominus}=\frac{c(\text{SO}_4^{2-})/c^{\ominus}}{c(\text{CO}_3^{2-})/c^{\ominus}}$$

当反应达到平衡时，溶液中CO_3^{2-}和SO_4^{2-}离子的浓度分别为
$$c(\text{SO}_4^{2-})=\frac{K_{sp}^{\ominus}(\text{SrSO}_4)\cdot(c^{\ominus})^2}{c(\text{Sr}^{2+})}$$

$$c(CO_3^{2-}) = \frac{K_{sp}^{\ominus}(SrCO_3) \cdot (c^{\ominus})^2}{c(Sr^{2+})}$$

故

$$K^{\ominus} = \frac{c(SO_4^{2-})/c^{\ominus}}{c(CO_3^{2-})/c^{\ominus}} = \frac{K_{sp}^{\ominus}(SrSO_4)}{K_{sp}^{\ominus}(SrCO_3)} = \frac{3.2 \times 10^{-7}}{1.1 \times 10^{-10}} = 2.9 \times 10^3$$

$K^{\ominus}$ 值比较大，说明 $SrSO_4$ 转变为 $SrCO_3$ 的反应易于实现。

又如可以将天青石($BaSO_4$)转化为易溶于酸的 $BaCO_3$ 化合物。其转化方程为

$$BaSO_4(s) + CO_3^{2-} \Longrightarrow BaCO_3(s) + SO_4^{2-}$$

$$K^{\ominus} = \frac{c(SO_4^{2-})/c^{\ominus}}{c(CO_3^{2-})/c^{\ominus}} = \frac{K_{sp}^{\ominus}(BaSO_4)}{K_{sp}^{\ominus}(BaCO_3)} = \frac{1.08 \times 10^{-10}}{2.58 \times 10^{-9}} = 0.0419 = \frac{0.0419}{1} = \frac{1}{24}$$

这一数值说明到达转化平衡时，溶液中的 CO_3^{2-} 浓度约为 SO_4^{2-} 的 24 倍，只有 CO_3^{2-} 的浓度大于 SO_4^{2-} 浓度的 24 倍，反应才能进行。

应当指出的是这种转化只有在两种难溶化合物的溶解度相差不大时才可实现，如果相差较大，这种转化是很困难的或者不可能的。例如，无法使 CuS 转化为 ZnS，因为 $K_{sp}^{\ominus}(CuS) = 6.3 \times 10^{-36}$，而 $K_{sp}^{\ominus}(ZnS) = 1.6 \times 10^{-24}$。相反，闪锌矿(ZnS)与地下水中的 Cu^{2+} 作用，能生成蓝铜矿(CuS)。

【例 3-21】 在 $1~dm^3~Na_2CO_3$ 溶液中，要使 0.010 mol 的 $SrSO_4$ 完全变为 $SrCO_3$，Na_2CO_3 的初始浓度至少应是多少？

解
$$SrSO_4(s) + CO_3^{2-} \Longrightarrow SrCO_3(s) + SO_4^{2-}$$

$$K^{\ominus} = \frac{c(SO_4^{2-})/c^{\ominus}}{c(CO_3^{2-})/c^{\ominus}} = \frac{K_{sp}^{\ominus}(SrSO_4)}{K_{sp}^{\ominus}(SrCO_3)} = \frac{3.2 \times 10^{-7}}{1.1 \times 10^{-10}} = 2.9 \times 10^3$$

平衡时
$$c(CO_3^{2-}) = \frac{c(SO_4^{2-})}{K^{\ominus}} = \frac{0.010}{2.9 \times 10^3}~mol \cdot dm^{-3} = 3.4 \times 10^{-6}~mol \cdot dm^{-3}$$

要使 0.010 mol 的 $SrSO_4$ 全变为 $SrCO_3$ 需要 0.010 mol Na_2CO_3，所以 Na_2CO_3 的初始浓度至少是 $(0.010 + 3.4 \times 10^{-6})~mol \cdot dm^{-3}$。

3.6 配位化合物的解离平衡

在配合物中，配离子作为稳定存在的结构单元，与弱电解质一样，在水溶液中易发生解离。本节将讨论配离子水溶液中的解离平衡及其影响因素。

3.6.1 配位化合物的标准稳定常数和标准不稳定常数

配离子在水溶液中会发生解离，如 $[Cu(NH_3)_4]^{2+}$ 的解离平衡：

$$[Cu(NH_3)_4]^{2+} \Longrightarrow Cu^{2+} + 4NH_3$$

解离平衡常数为

$$K^{\ominus} = \frac{[c(Cu^{2+})/c^{\ominus}][c(NH_3)/c^{\ominus}]^4}{c\{[Cu(NH_3)_4]^{2+}\}/c^{\ominus}} = 9.3 \times 10^{-13} \tag{3-38}$$

$K^{\ominus}$ 值的大小，表示了配离子在水溶液中的解离程度，即配离子在水中的不稳定性。所以 $K^{\ominus}$ 又称为配离子的不稳定常数，常以 $K_{不稳}^{\ominus}$ 表示。$K_{不稳}^{\ominus}$ 越大，表示配离子在水中越不稳定，配离子的不稳定常数是配离子的特征常数。

配离子解离反应的逆反应是配离子生成反应，如果在 Cu^{2+} 溶液中加入氨水，生成 $[Cu(NH_3)_4]^{2+}$，反应为

$$Cu^{2+} + 4NH_3 \Longrightarrow [Cu(NH_3)_4]^{2+}$$

当达到生成平衡时,配合物的生成平衡常数为

$$K_{稳}^{\ominus} = \frac{c\{[Cu(NH_3)_4]^{2+}\}/c^{\ominus}}{[c(Cu^{2+})/c^{\ominus}][c(NH_3)/c^{\ominus}]^4} \tag{3-39}$$

式中,$K_{稳}^{\ominus}$ 称为配合物的稳定常数,$K_{稳}^{\ominus}$ 愈大,表明配离子在水中愈稳定。显然稳定常数和不稳定常数互为倒数关系:

$$K_{稳}^{\ominus} = \frac{1}{K_{不稳}^{\ominus}} = \frac{1}{9.3 \times 10^{-13}} = 1.1 \times 10^{12} \tag{3-40}$$

配离子在水中的解离和生成实际上是分步进行的。每一步解离和生成,都有一个不稳定常数 $K_{不稳}^{\ominus}$ 和稳定常数 $K_{稳}^{\ominus}$。例如,$[Cu(NH_3)_4]^{2+}$ 的解离是按以下四步进行的:

一级解离　　　　　$[Cu(NH_3)_4]^{2+} \Longrightarrow [Cu(NH_3)_3]^{2+} + NH_3$

$$K_{不稳,1}^{\ominus} = \frac{c\{[Cu(NH_3)_3]^{2+}\}c(NH_3)}{c\{[Cu(NH_3)_4]^{2+}\}} \times \frac{1}{c^{\ominus}}$$

二级解离　　　　　$[Cu(NH_3)_3]^{2+} \Longrightarrow [Cu(NH_3)_2]^{2+} + NH_3$

$$K_{不稳,2}^{\ominus} = \frac{c\{[Cu(NH_3)_2]^{2+}\}c(NH_3)}{c\{[Cu(NH_3)_3]^{2+}\}} \times \frac{1}{c^{\ominus}}$$

三级解离　　　　　$[Cu(NH_3)_2]^{2+} \Longrightarrow [Cu(NH_3)]^{2+} + NH_3$

$$K_{不稳,3}^{\ominus} = \frac{c\{[Cu(NH_3)]^{2+}\}c(NH_3)}{c\{[Cu(NH_3)_2]^{2+}\}} \times \frac{1}{c^{\ominus}}$$

四级解离　　　　　$[Cu(NH_3)]^{2+} \Longrightarrow Cu^{2+} + NH_3$

$$K_{不稳,4}^{\ominus} = \frac{c(Cu^{2+})c(NH_3)}{c\{[Cu(NH_3)]^{2+}\}} \times \frac{1}{c^{\ominus}}$$

各级解离平衡相加,得到总的解离平衡。显然有

$$K_{不稳}^{\ominus} = K_{不稳,1}^{\ominus} \times K_{不稳,2}^{\ominus} \times K_{不稳,3}^{\ominus} \times K_{不稳,4}^{\ominus} = \frac{c(Cu^{2+})[c(NH_3)]^4}{c\{[Cu(NH_3)_4]^{2+}\}} \times \left(\frac{1}{c^{\ominus}}\right)^4 \tag{3-41}$$

$K_{不稳,1}^{\ominus}$、$K_{不稳,2}^{\ominus}$、$K_{不稳,3}^{\ominus}$、$K_{不稳,4}^{\ominus}$ 称为逐级不稳定常数。同样也有

$$K_{稳}^{\ominus} = K_{稳,1}^{\ominus} \times K_{稳,2}^{\ominus} \times K_{稳,3}^{\ominus} \times K_{稳,4}^{\ominus} \tag{3-42}$$

$K_{稳,1}^{\ominus}$、$K_{稳,2}^{\ominus}$、$K_{稳,3}^{\ominus}$、$K_{稳,4}^{\ominus}$ 称逐级稳定常数。显然,逐级不稳定常数分别与相对应的逐级稳定常数互为倒数关系:

$$K_{稳,1}^{\ominus} = \frac{1}{K_{不稳,4}^{\ominus}}, \quad K_{稳,2}^{\ominus} = \frac{1}{K_{不稳,3}^{\ominus}}, \quad K_{稳,3}^{\ominus} = \frac{1}{K_{不稳,2}^{\ominus}}, \quad K_{稳,4}^{\ominus} = \frac{1}{K_{不稳,1}^{\ominus}} \tag{3-43}$$

【例 3-22】　$0.10 \ mol \cdot dm^{-3}$ $[Ag(NH_3)_2]Cl$ 溶液中,$NH_3 \cdot H_2O$ 的浓度为 2.0 $mol \cdot dm^{-3}$,求溶液中 Ag^+ 的浓度为多少?

解　设溶液平衡时 Ag^+ 的浓度为 x,解离平衡时

$$[Ag(NH_3)_2]^+ \Longrightarrow Ag^+ + 2NH_3$$

$c_0/(mol \cdot dm^{-3})$　　　　　0.10　　　　　0　　2.0

$c/(mol \cdot dm^{-3})$　　　　　$0.10-x$　　　　x　　$2.0+2x$

$$K_{不稳}^{\ominus} = \frac{[c(Ag^+)/c^{\ominus}][c(NH_3)/c^{\ominus}]^2}{c\{[Ag(NH_3)_2]^+\}/c^{\ominus}} = \frac{(x/c^{\ominus})[(2.0+2x)/c^{\ominus}]^2}{(0.10-x)/c^{\ominus}} = 5.9 \times 10^{-8}$$

由于 $K_{不稳}^{\ominus}$ 很小,解离出的 x 也很小,故 $2.0+2x \approx 2.0$,$0.10-x \approx 0.10$。

$$K_{不稳}^{\ominus} \approx \frac{x \cdot 2.0^2}{0.10} \cdot \frac{1}{c^{\ominus}}$$

$$x = 1.5 \times 10^{-9} \text{ mol} \cdot \text{dm}^{-3}$$

溶液中 Ag^+ 离子的浓度为 1.5×10^{-9} mol·dm^{-3}。

3.6.2　配位化合物的解离平衡移动

与其他化学平衡一样,配离子的解离平衡也是一种动态的平衡,当系统的条件发生变化时,平衡也会发生移动。溶液的酸度变化,沉淀剂、氧化剂或还原剂以及其他配体的存在,均有可能导致配合物解离平衡的移动甚至转化。

配离子中很多配体,如 F^-、CN^-、SCN^-、OH^-、NH_3 等都是质子碱,可接受质子,生成难解离的共轭弱酸,若溶液中 H^+ 浓度较大时,配体与质子结合,导致配离子解离。如在 $[Cu(NH_3)_4]^{2+}$ 溶液中加入酸,加入的 H^+ 与 NH_3 结合,形成铵根离子,溶液中 NH_3 浓度减小,平衡向 $[Cu(NH_3)_4]^{2+}$ 解离的方向移动,使 $[Cu(NH_3)_4]^{2+}$ 溶液的深蓝色变浅,其反应为

$$[Cu(NH_3)_4]^{2+} + 4H_3O^+ \rightleftharpoons Cu^{2+} + 4NH_4^+ + 4H_2O$$

另一方面,配离子的中心原子大多是过渡金属离子,它在水溶液中往往发生水解,导致中心离子浓度降低,配位反应向解离方向移动。溶液的碱性愈强,愈有利于中心原子的水解反应进行。若在 $[FeF_6]^{3-}$ 溶液中加入碱,加入的 OH^- 可能与溶液中的 Fe^{3+} 反应,生成 $Fe(OH)_3$ 沉淀,而使平衡向 $[FeF_6]^{3-}$ 解离的方向移动。当溶液的 pH 值发生变化时,既会对配位体的浓度产生影响,也有可能对金属离子的浓度产生影响,因此配合物只在合适的 pH 值下稳定存在。

沉淀-溶解平衡与配离子解离平衡的关系,可以看成是沉淀剂和配位剂共同争夺中心离子的过程。在配离子的溶液中加入某种沉淀剂,该沉淀剂可以与配离子的中心离子生成难溶化合物,导致配离子的解离,从而在溶液中建立了多重平衡。例如,在 $[Cu(NH_3)_4]^{2+}$ 溶液中加入 Na_2S 溶液,就可以观察到黑色的沉淀生成。这是因为 CuS 溶度积很小,只要解离出少量的 Cu^{2+},就足以生成 CuS 沉淀而使溶液中的 Cu^{2+} 浓度减小,因此,平衡向 $[Cu(NH_3)_4]^{2+}$ 解离的方向移动。

$$[Cu(NH_3)_4]^{2+} \rightleftharpoons Cu^{2+} + 4NH_3$$
$$Cu^{2+} + S^{2-} \rightleftharpoons CuS(s)$$

总反应
$$[Cu(NH_3)_4]^{2+} + S^{2-} \rightleftharpoons CuS(s) + 4NH_3$$

$$K^\ominus = \frac{[c(NH_3)/c^\ominus]^4}{c\{[Cu(NH_3)_4]^{2+}\}/c^\ominus [c(S^{2-})/c^\ominus]} = \frac{[c(NH_3)/c^\ominus]^4}{c\{[Cu(NH_3)_4]^{2+}\}/c^\ominus [c(S^{2-})/c^\ominus]} \times \frac{c(Cu^{2+})/c^\ominus}{c(Cu^{2+})/c^\ominus}$$

$$= \frac{K^\ominus_{\text{不稳}}\{[Cu(NH_3)_4]^{2+}\}}{K^\ominus_{\text{sp}}(CuS)}$$

同样的,在沉淀中加入某种配位剂时,也可以使沉淀溶解,配合物的稳定常数越大,沉淀越容易溶解。

【**例 3-23**】　计算 AgBr 固体在 1.00 mol·dm^{-3} $Na_2S_2O_3$ 中的溶解度,并求 500 cm^3 该溶液可溶解 AgBr 固体多少克? 已知 $K^\ominus_{\text{sp}}(AgBr) = 4.9 \times 10^{-13}$,$K^\ominus_{\text{稳}}[Ag(S_2O_3)_2^{3-}] = 2.89 \times 10^{13}$。

解
$$AgBr(s) + 2S_2O_3^{2-} \rightleftharpoons [Ag(S_2O_3)_2]^{3-} + Br^-$$

初始浓度/(mol·dm^{-3})	x	1.00	0	0
平衡时的浓度/(mol·dm^{-3})	0	$1-2x$	x	x

反应的标准平衡常数为

$$K^{\ominus} = \frac{\{c[\text{Ag}(\text{S}_2\text{O}_3)_2^{3-}]/c^{\ominus}\} \cdot [c(\text{Br}^-)/c^{\ominus}]}{[c(\text{S}_2\text{O}_3)_2^{2-}/c^{\ominus}]^2}$$

$$= \frac{\{c[\text{Ag}(\text{S}_2\text{O}_3)_2^{3-}]/c^{\ominus}\} \cdot [c(\text{Br}^-)/c^{\ominus}] \cdot [c(\text{Ag}^+)/c^{\ominus}]}{[c(\text{S}_2\text{O}_3)_2^{2-}/c^{\ominus}]^2 \cdot [c(\text{Ag}^+)/c^{\ominus}]}$$

$$= K_{sp}^{\ominus}(\text{AgBr}) \cdot K_{稳}^{\ominus}[\text{Ag}(\text{S}_2\text{O}_3)_2^{3-}] = 4.9 \times 10^{-13} \times 2.89 \times 10^{13} = 14.16$$

所以
$$K^{\ominus} = \frac{x^2}{(1-2x)^2} = 14.16$$

求得溶解度
$$x = 0.44 \text{ mol} \cdot \text{dm}^{-3}$$

500 cm³ 该溶液可溶解 AgBr 固体：$0.44 \times 0.5 \times M_{\text{AgBr}} = (0.44 \times 0.5 \times 188) \text{ g} = 41.4 \text{ g}$

在自然界中，当地质条件改变时，配离子会遭到破坏，导致成矿元素析出。例如 Fe^{3+} 在一定的地质条件下，可形成配离子 $[\text{FeCl}_4]^-$，随着地下水的流动而迁移，水中 Cl^- 浓度变小或 pH 值改变时，$[\text{FeCl}_4]^-$ 被破坏，生成 Fe_2O_3 沉淀，形成赤铁矿，即

$$2[\text{FeCl}_4]^- + 3\text{H}_2\text{O} \rightleftharpoons \text{Fe}_2\text{O}_3(\text{s}) + 8\text{Cl}^- + 6\text{H}^+$$

又如，若大量的含有 Cl^- 的水在漫长的地质岁月里，不断与角银矿（AgCl）接触，将生成 $[\text{AgCl}_2]^-$，形成矿物迁移：

$$\text{AgCl}(\text{s}) + \text{Cl}^- \rightleftharpoons [\text{AgCl}_2]^-$$

若遇到不含 Cl^- 的水，或 Cl^- 含量比原来少的水，平衡向左移动，AgCl 又会沉淀出来。所以化学元素在地壳中迁移的本质就是化学平衡不断的建立，又不断破坏的过程。

本 章 小 结

1. 了解溶液的性质与表示方法

一种物质以分子或离子的状态均匀地分布在另一种物质中形成均匀的分散系统，称为溶液。表示溶液浓度的方法主要有以下几种：

（1）物质 B 的物质的量分数（物质 B 的摩尔分数）$x_B = n_B / \sum_B n_B$

（2）物质 B 的质量分数 $w_B = m_B / \sum_B m_B$

（3）物质 B 的质量摩尔浓度 $b_B = n_B / m_A$

（4）物质 B 的物质的量浓度（物质 B 的浓度）$c_B = n_B / V$

2. 拉乌尔定律与亨利定律（对非电解质稀溶液）

拉乌尔定律 $\qquad\qquad\qquad\qquad p_A = p_A^* x_A$

亨利定律 $\qquad\qquad\qquad\qquad p_B = k_x x_B$

应用亨利定律时，溶质在气液两相中的分子状态必须相同。

3. 稀溶液的依数性

（1）溶剂蒸气压下降：$\qquad \Delta p = p_A^* - p_A = p_A^* x_B$

（2）沸点升高：$\qquad\qquad \Delta T_b = T_b - T_b^* = k_b b_B$

（3）凝固点降低：$\qquad\qquad \Delta T_f = T_f^* - T_f = k_f b_B$

（4）渗透压：$\qquad\qquad \Pi V = nRT$ 或 $\Pi = \frac{n}{V}RT = cRT$

4. 掌握酸碱质子理论

凡是能给出质子的物质都是酸，凡是能结合质子的物质都是碱。既能给出质子又能结合

质子的物质是两性物质。

酸和碱的共轭关系为

$$酸 \Longrightarrow 质子 + 碱, \quad K_a^{\ominus} \times K_b^{\ominus} = K_w^{\ominus}$$

5. 酸碱解离平衡

(1) 一元弱酸：

$$HA(aq) \Longrightarrow A^-(aq) + H^+(aq)$$

解离度

$$\alpha = \frac{已解离的酸（碱）浓度}{酸（碱）溶液的初始浓度} \times 100\%$$

弱酸解离常数

$$K_a^{\ominus}(HA) = \frac{(c_0\alpha/c^{\ominus})^2}{c_0(1-\alpha)/c^{\ominus}} = \frac{c_0\alpha^2}{c^{\ominus}(1-\alpha)}$$

稀释定律

$$\alpha = \sqrt{\frac{K_a^{\ominus} \cdot c^{\ominus}}{c_0}}$$

H^+ 离子浓度的计算近似公式 $c(H^+) = c_0\alpha = \sqrt{K_a^{\ominus} \cdot c_0}$

(2) 一元弱碱：$K_b^{\ominus}(B) = \dfrac{(c_0\alpha/c^{\ominus})^2}{c_0(1-\alpha)/c^{\ominus}} = \dfrac{c_0\alpha^2}{c^{\ominus}(1-\alpha)}$

OH^- 离子浓度的计算近似公式 $c(OH^-) = c_0\alpha = \sqrt{K_b^{\ominus} \cdot c_0}$

(3) 多元弱酸：分级解离。H^+ 浓度可按一级解离近似计算。

(4) 同离子效应：在弱电解质的溶液中，加入具有相同离子的强电解质，使得弱电解质解离度降低的现象，叫同离子效应。

(5) 缓冲溶液及其 pH 值计算：弱酸与其共轭碱组成的缓冲溶液

$$c(H^+)/c^{\ominus} = K_a^{\ominus}(酸) \cdot \frac{c(酸)}{c(共轭碱)}$$

$$pH = pK_a^{\ominus} - \lg\frac{c(酸)}{c(共轭碱)}$$

弱碱与其共轭酸组成的缓冲溶液

$$pOH = pK_b^{\ominus} - \lg\frac{c(碱)}{c(共轭酸)}$$

6. 沉淀-溶解平衡

对于难溶电解质 $A_nB_m(s)$ 　　　$A_nB_m(s) \Longrightarrow nA^{m+} + mB^{n-}$

溶度积　　　　$K_{sp}^{\ominus}(A_nB_m) = [c(A^{m+})/c^{\ominus}]^n [c(B^{n-})/c^{\ominus}]^m$

溶度积规则：

(1) $Q < K_{sp}^{\ominus}$，不饱和溶液，无沉淀析出；

(2) $Q = K_{sp}^{\ominus}$，饱和溶液，沉淀溶解平衡；

(3) $Q > K_{sp}^{\ominus}$，过饱和溶液，有沉淀析出。

7. 配位化合物的解离平衡

掌握配位化合物的标准稳定常数和标准不稳定常数的关系及有关配位平衡的计算。

思　考　题

1. 溶液的定义与基本性质有哪些？

2. 物质的气、液、固三种状态各具有哪些特性？

3. 什么是理想气体？理想气体能否通过压缩变成液体？

4. 什么叫沸点？什么叫液体的饱和蒸气压？温度对液体饱和蒸气压有什么影响？外压对液体沸点有什么影响？

5. 溶液浓度的常用表示方法有哪几种？如果工作环境温度变化较大,应采用哪一种浓度表示方法为好？

6. 酸碱质子理论的基本要点是什么？

7. 写出下列物质的共轭酸或共轭碱。

酸：HAc、NH_4^+、H_2SO_4、HCN、HF、H_2O

碱：HCO_3^-、NH_3、HSO_4^-、Br^-、Cl^-、H_2O

8. 举例说出下列各常数的意义：

$K_a^{\ominus}$、$K_b^{\ominus}$、$K_w^{\ominus}$、$K_{sp}^{\ominus}$、$K_{稳}^{\ominus}$

9. 解释下列名称：

(1) 解离常数；(2) 解离度；(3) 同离子效应；(4) 缓冲溶液；(5) 缓冲对；(6) 分步沉淀；

(7) 沉淀的转化；(8) 沉淀完全。

10. 解释下列名称并说明二者意义与联系。

(1) 离子积与溶度积；

(2) 溶解度与溶度积；

(3) 溶解度与浓度；

(4) 分步沉淀与沉淀转化；

(5) pH 与 pOH。

11. 盐湖干燥后,形成岩矿,由上到下大致层次应该怎样？假定湖中的离子是：

Ca^{2+}、Mg^{2+}、Na^+、K^+、CO_3^{2-}、SO_4^{2-}、Cl^-

12. 用数学式写出下列符号的意义：pH、pOH、$pK_a^{\ominus}$和$pK_b^{\ominus}$。纯水中 pH＋pOH＝？

习　题

一、选择题

1. 下列溶液中凝固点最低的是(　　　)。

A. 0.1 mol 的糖水　　　　　　　　　　B. 0.01 mol 的糖水

C. 0.001 mol 的甲醇水溶液　　　　　　D. 0.0001 mol 的甲醇水溶液

2. 1 mol 蔗糖溶于 3 mol 水中,蔗糖水溶液的蒸气压是水蒸气压的多少？(　　　)

A. 1/4　　　　　　B. 1/3　　　　　　C. 1/2　　　　　　D. 3/4

3. 298 K 时 G 和 H 两种气体在某一溶剂中溶解的亨利系数为 k_G 和 k_H,且 $k_G＞k_H$,当 A 和 B 的压力相同时,在该溶剂中溶解的量是(　　　)。

A. G 的量大于 H 的量　　　　　　　　B. G 的量小于 H 的量

C. G 的量等于 H 的量

4. 下列溶液中,其 pH 值最大的是(　　　)。

A. 0.10 mol·dm⁻³ HCl　　　　　　　　B. 0.010 mol·dm⁻³ HNO₃

C. 0.10 mol·dm⁻³ NaOH　　　　　　　D. 0.010 mol·dm⁻³ KOH

5. 下列溶液中,其 pH 值最小的是(　　　)。

A. 0.010 mol·dm⁻³ NaOH　　　　　　　B. 0.010 mol·dm⁻³ H₂SO₄

C. $0.010\ mol \cdot dm^{-3}\ HCl$　　　　　　　　　　D. $0.010\ mol \cdot dm^{-3}\ H_2C_2O_4$

6. 将 PbI_2 固体溶于水得饱和溶液，$c(Pb^{2+}) = 1.2 \times 10^{-3}\ mol \cdot dm^{-3}$，则 PbI_2 的 $K_{sp}^{\ominus}$ 为（　　）。

A. 6.9×10^{-9}　　　　B. 1.7×10^{-9}　　　　C. 3.5×10^{-9}　　　　D. 2.9×10^{-6}

7. 25 ℃时，$[Ag(NH_3)_2]^+$ 溶液中存在下列平衡：

$[Ag(NH_3)_2]^+ \rightleftharpoons [Ag(NH_3)]^+ + NH_3$，$K_{不稳,1}^{\ominus}$；$[Ag(NH_3)]^+ \rightleftharpoons Ag^+ + NH_3$，$K_{不稳,2}^{\ominus}$

则 $[Ag(NH_3)_2]^+$ 的稳定常数为（　　）。

A. $K_{不稳,1}^{\ominus}/K_{不稳,2}^{\ominus}$　　　　　　　　　　B. $K_{不稳,2}^{\ominus}/K_{不稳,1}^{\ominus}$

C. $1/(K_{不稳,1}^{\ominus} \cdot K_{不稳,2}^{\ominus})$　　　　　　　　D. $K_{不稳,1}^{\ominus} \cdot K_{不稳,2}^{\ominus}$

8. $Fe(OH)_3(s)$ 溶于水时，可以认为其完全解离，设其 $K_{sp}^{\ominus} = A$，则其溶解度为（　　）。

A. $(A/4)^{1/3}$　　　　B. $A^{1/3}$　　　　C. $(A^{1/3})/4$　　　　D. $(A/27)^{1/4}$

9. 在 HCl 浓度为 $0.1\ mol \cdot dm^{-3}$ 的 H_2S 饱和溶液中，（　　）。

A. $c(H^+) = c(HS^-)$　　　　　　　　　　B. $c(S^{2-}) \approx K_{a,2}^{\ominus}$

C. $c(S^{2-}) < K_{a,2}^{\ominus}$　　　　　　　　　　D. $c(S^{2-}) > K_{a,2}^{\ominus}$

10. 下列哪个碱的共轭酸最弱？（　　）

A. H_2O　　　　B. Cl^-　　　　C. NH_3　　　　D. OH^-

二、填空题

1. 正常雨水的 pH $= 5.60$（因溶解了 CO_2），其 $c(H^+) = $ _____ $mol \cdot dm^{-3}$；而酸雨（溶解了 SO_2、NO_x）的 pH $= 4.00$，相应 $c(H^+) = $ _____ $mol \cdot dm^{-3}$。

2. 根据酸碱质子理论，下列物质：

HCN，H_3AsO_4，HNO_2，HF，H_3PO_4，HIO_3，$[Al(OH)(H_2O)_2]^{2+}$，$[Zn(H_2O)_6]^{2+}$，$HCOO^-$，ClO^-，S^{2-}，CO_3^{2-}，HSO_3^-，$P_2O_7^{4-}$，$C_2O_4^{2-}$。

（1）属于质子酸的有：_____

（2）属于质子碱的有：_____

（3）属于两性物质的有：_____

3. 在 Ag^+、Pb^{2+}、Ba^{2+} 混合溶液中，各离子浓度均为 $0.10\ mol \cdot dm^{-3}$，往溶液中滴加 K_2CrO_4 试剂，各离子开始沉淀的顺序为 _____ 。

三、综合题

1. 20 ℃时，乙醚的蒸气压为 $58.95\ kPa$，今在 $0.1\ kg$ 乙醚中加入某种不挥发性有机物 $0.01\ kg$，乙醚的蒸气压下降到 $56.79\ kPa$，求该有机物的相对分子质量。

2. 0 ℃及平衡压力 $810.6\ kPa$ 下，$1\ kg$ 水中溶有氧气 $0.057\ g$，问在相同温度下，当平衡压力为 $202.7\ kPa$ 时，$1\ kg$ 水中能溶解多少克氧气？

3. $101.3\ kPa$ 时，水的沸点为 100 ℃，求 $0.09\ kg$ 的水与 $0.002\ kg$ 的蔗糖（$M_r = 342$）形成的溶液在 $101.3\ kPa$ 时的沸点。已知水的沸点升高常数 $k_b = 0.513\ K \cdot kg \cdot mol^{-1}$。

4. 将 $12.2\ g$ 苯甲酸溶于 $100\ g$ 乙醇，所得乙醇溶液的沸点比纯乙醇的沸点升高了 1.20 ℃；将 $12.2\ g$ 苯甲酸溶于 $100\ g$ 苯后，所得苯溶液的沸点比纯苯的沸点升高 1.32 ℃。分别计算苯甲酸在不同溶剂中的相对分子量。（已知乙醇的沸点升高常数 $k_b = 1.23\ K \cdot mol^{-1} \cdot kg$，苯的沸点升高常数 $k_b = 2.64\ K \cdot kg^{-1} \cdot mol^{-1}$）

5. 已知在 $1.0\ mol \cdot dm^{-3}\ HCN$ 水溶液中，$c(H^+) = 2.5 \times 10^{-5}\ mol \cdot dm^{-3}$，计算 $K_a^{\ominus}(HCN)$。

6. 计算下列溶液中溶质的解离度 α。

(1) 1.00 mol $\cdot$ dm^{-3} HF 溶液,其 $c(H^+) = 2.51 \times 10^{-2}$ mol $\cdot$ dm^{-3};

(2) 0.1 mol $\cdot$ dm^{-3} NH$_3$ 水溶液。

7. 已知浓度为 1.00 mol $\cdot$ dm^{-3} 的弱酸 HA 溶液的解离度 $\alpha = 2\%$,计算它的 $K_a^\ominus$。

8. 计算 0.20 mol $\cdot$ dm^{-3} HAc 溶液中的 H$^+$ 浓度。

9. 写出 NH$_3$ 在水中的解离方程。现有 50.0 cm^3 的 0.90 mol $\cdot$ dm^{-3} 的 NH$_3$ 溶液,要使它的解离度加倍,需加水多少 cm^3?

10. 在 0.10 mol $\cdot$ dm^{-3} NH$_3$ 水中,加入固体 NH$_4$Cl 后,$c(OH^-)$ 是 2.8×10^{-6} mol $\cdot$ dm^{-3},计算溶液中 NH$_4^+$ 的浓度。

11. 计算 0.30 mol $\cdot$ dm^{-3} HCl 溶液中,通入 H$_2$S 至饱和后的 $c(S^{2-})$。(设饱和的 H$_2$S 溶液中 H$_2$S 的浓度是 0.1 mol $\cdot$ dm^{-3})

12. 向 100 cm^3 0.30 mol $\cdot$ dm^{-3} NH$_4$Cl 溶液中,加入下列溶液,计算各混合溶液的 $c(H^+)$。

(1) 100 cm^3 0.30 mol $\cdot$ dm^{-3} NaOH 溶液;

(2) 200 cm^3 0.30 mol $\cdot$ dm^{-3} NaOH 溶液。

13. 欲配制 1 dm^3 pH = 5,HAc 的浓度是 0.2 mol $\cdot$ dm^{-3} 的缓冲溶液,需用 NaAc $\cdot$ 3H$_2$O 多少克?需用 1 mol $\cdot$ dm^{-3} HAc 多少 cm^3?

14. 0.010 mol $\cdot$ dm^{-3} NaNO$_2$ 溶液中 H$^+$ 浓度为 2.1×10^{-8} mol $\cdot$ dm^{-3},计算 NaNO$_2$ 的 $K_b^\ominus$ 和 HNO$_2$ 的 $K_a^\ominus$。

15. 草酸钡 BaC$_2$O$_4$ 的溶解度是 0.078 g $\cdot$ dm^{-3},计算其 $K_{sp}^\ominus$。

16. 饱和溶液 Ni(OH)$_2$ 的 pH = 8.83,计算 Ni(OH)$_2$ 的 $K_{sp}^\ominus$。

17. 在下列溶液中是否会生成沉淀?

(1) 1.0×10^{-2} mol Ba(NO$_3$)$_2$ 和 2.0×10^{-2} mol NaF 溶于 1.0 dm^3 水中;

(2) 0.50 dm^3 的 1.4×10^{-2} mol $\cdot$ dm^{-3} CaCl$_2$ 溶液与 0.25 dm^3 的 0.25 mol $\cdot$ dm^{-3} Na$_2$SO$_4$ 溶液相混合。

18. 计算在 0.020 mol $\cdot$ dm^{-3} AlCl$_3$ 溶液中 AgCl 的溶解度。

19. 0.10 dm^3 0.20 mol $\cdot$ dm^{-3} AgNO$_3$ 溶液与 0.10 dm^3 0.10 mol $\cdot$ dm^{-3} HCl 相混合,计算混合溶液中各种离子的浓度。

20. 计算在 0.10 mol $\cdot$ dm^{-3} FeCl$_3$ 溶液中生成 Fe(OH)$_3$ 沉淀时,pH 值最低应是多少?

21. 将固体 Na$_2$CrO$_4$ 慢慢加入含有 0.010 mol $\cdot$ dm^{-3} Pb^{2+} 和 0.010 mol $\cdot$ dm^{-3} Ba^{2+} 溶液中,哪种离子先沉淀?当第二种离子开始沉淀时,已经生成沉淀的那种离子的浓度是多少?

22. 在 0.30 mol $\cdot$ dm^{-3} 的 HCl 溶液中有一定量的 Cd^{2+},当通入 H$_2$S 气体达到饱和时,Cd^{2+} 是否能沉淀完全?

23. 溶液中含有 0.10 mol $\cdot$ dm^{-3} 的 Zn^{2+} 和 0.10 mol $\cdot$ dm^{-3} 的 Fe^{2+},通入 H$_2$S 到饱和时,如何控制 $c(H^+)$ 使之只生成 ZnS 沉淀,而不生成 FeS 沉淀?如果不生成 FeS 沉淀,溶液中 Zn^{2+} 浓度最少应是多少 mol $\cdot$ dm^{-3}?

24. 溶液中 Fe^{3+} 和 Mg^{2+} 的浓度都是 0.10 mol $\cdot$ dm^{-3},要使 Fe^{3+} 完全沉淀为 Fe(OH)$_3$(s),而 Mg^{2+} 不生成 Mg(OH)$_2$ 沉淀,应如何控制溶液的 $c(OH^-)$?

25. 在 1.0 dm^3 溶液中溶解 0.10 mol Mg(OH)$_2$ 需加多少摩尔固体 NH$_4$Cl?

26. 已知 $K_稳^\ominus\{[Zn(CN)_4]^{2-}\} = 5.0 \times 10^{16}$,$K_{sp}^\ominus(ZnS) = 2.93 \times 10^{-25}$。在 0.010 mol $\cdot$ dm^{-3} 的 $[Zn(CN)_4]^{2-}$ 溶液中通入 H$_2$S 至 $c(S^{2-}) = 2.0 \times 10^{-15}$ mol $\cdot$ dm^{-3},是否有 ZnS 沉淀产生?

27. 1.00×10^{-3} mol·dm^{-3} 的 Ag$^+$ 溶液中加入少量 Na$_2$S$_2$O$_3$ 固体，搅拌使之溶解。在平衡溶液中，有一半 Ag$^+$ 生成了 [Ag(S$_2$O$_3$)$_2$]$^{3-}$。求溶液中 Na$_2$S$_2$O$_3$ 的总浓度。已知 $K_{稳}^{\ominus}\{[Ag(S_2O_3)_2]^{3-}\} = 2.88 \times 10^{13}$。

28. 在 pH=9.00 的 NH$_4$Cl-NH$_3$ 缓冲溶液中，NH$_3$ 浓度为 0.072 mol·dm^{-3}。向 100.0 cm^3 该溶液中加入 1.0×10^{-4} mol Cu(Ac)$_2$。若忽略由此引起的溶液体积变化，试问该平衡系统中：

(1) 铜离子浓度 $c(\text{Cu}^{2+})$ = ？

(2) 是否有 Cu(OH)$_2$ 沉淀生成？

(已知 $K_{稳}^{\ominus}\{[Cu(NH_3)_4]^{2+}\} = 2.1 \times 10^{13}$，$K_{sp}^{\ominus}[Cu(OH)_2] = 2.2 \times 10^{-20}$)

29. 向 1.0 dm^3 $c(\text{Y}^{4-}) = 1.1 \times 10^{-2}$ mol·dm^{-3} 的溶液中加入 1.0×10^{-3} mol CuSO$_4$，请计算该平衡溶液中的铜离子浓度 $c(\text{Cu}^{2+})$。若用 1.0 dm^3 $c(\text{en}) = 2.2 \times 10^{-2}$ mol·dm^{-3} 的溶液代替 Y^{4-} 溶液，结果又如何？已知 $K_{稳}^{\ominus}(\text{CuY}^{2-}) = 6.0 \times 10^{18}$ 和 $K_{稳}^{\ominus}\{[Cu(en)_2]^{2+}\} = 4.0 \times 10^{19}$。

30. 将 3.0×10^{-3} mol AgBr 溶于 1.0 dm^3 氨水中，计算 NH$_3$ 的最小浓度。

31. 通过计算，回答下列问题：

(1) 在 100 cm^3 0.15 mol·dm^{-3} K[Ag(CN)$_2$] 溶液中，加入 50 cm^3 0.1 mol·dm^{-3} KI 溶液，是否有 AgI 沉淀产生？

(2) 在上述混合溶液中加入 50 cm^3 0.1 mol·dm^{-3} KCN 溶液，是否有 AgI 沉淀产生？

已知 $K_{稳}^{\ominus}\{[Ag(CN)_2]^-\} = 1.0 \times 10^{21}$，$K_{sp}^{\ominus}(\text{AgI}) = 1.5 \times 10^{-16}$。

第4章 氧化还原反应与电化学基础

根据反应前后元素的氧化数是否发生变化,化学反应可分为氧化还原反应和非氧化还原反应两大类。氧化还原反应是化学中一类重要的反应。这类反应和前面讲过的电解质溶液中的反应(如酸碱反应、沉淀反应等)不同,酸碱反应和沉淀反应在反应前后,反应物中的原子或离子没有氧化数的改变;而氧化还原反应则是在反应前后反应物中的原子或离子发生了氧化数的改变。

利用自发氧化还原反应产生电流的装置叫原电池;利用电流促使非自发氧化还原反应发生的装置叫电解池。原电池和电解池统称为化学电池。研究化学电池中氧化还原反应过程以及电能和化学能相互转化的科学称为电化学。

本章首先介绍氧化还原反应的基本概念和氧化还原反应方程式的配平方法,重点讨论衡量物质氧化还原能力强弱的电极电势及其应用,初步了解能斯特方程的意义,最后介绍电化学应用包括电解、电镀及一些金属腐蚀与防护和化学电源的有关知识。

4.1 氧化还原反应的基本概念

4.1.1 氧化数

氧化还原反应的特征是反应前后元素化合价有变化。这种变化的实质是反应物存在电子转移。所谓"电子转移"即电子得失,也指电子偏移。由于利用化合价来说明氧化和还原时,对于一些结构不易确定,组成复杂、特殊的化合物,常会遇到其组成元素的化合价不易确定的困难,于是在化合价的基础上,人们引入了氧化数的概念。氧化数也称氧化值或氧化态。

1970年国际纯粹和应用化学联合会对氧化数进行了严格的定义:氧化数是某元素的一个原子的形式荷电数,荷电数可由假设把每个成键电子指定给电负性更大的原子而求得,也就是说氧化数是化合物分子中某元素的平均表观电荷数。通俗地讲,氧化数是指某元素的一个原子在特定形式下所带的电荷数。例如,在 KCl 分子中氯元素的电负性比钾元素的大,成键电子对指定给电负性大的氯原子,所以氯原子获得一个电子,氧化数为 -1,钾的氧化数为 $+1$;在 H_2O 分子中,两对成键电子都指定给电负性大的氧原子所有,因而氧的氧化数为 -2,氢的氧化数为 $+1$。氧化数的概念与化合价不同,后者只能是整数,而氧化数可以是分数。

确定氧化数的规则如下:

(1)在单质中,元素的氧化数是零,如 H_2、F_2。

(2)在化合物中,金属元素的氧化数是正值。如碱金属和碱土金属在化合物中的氧化数分别为 $+1$ 和 $+2$。

(3)氢元素的氧化数一般为 $+1$,只有与电负性比它小的原子结合时氢原子的氧化数才为 -1,如金属氢化物 LiH、NaH,H 的氧化数为 -1。

（4）氧元素的氧化数一般为 -2，但在过氧化物中 O 为 -1，如 H_2O_2、Na_2O_2，在氟化物中（如 O_2F_2）氧的氧化数为 $+1$。

（5）中性分子中各元素原子的氧化数的代数和等于零；在复杂离子中各元素的氧化数的代数和等于离子的总电荷数。

值得注意的是，在判断共价化合物元素原子的氧化数时不要与共价数（某元素原子形成的共价键的数目）混淆起来，如在 CH_4、C_2H_4、C_2H_2 分子中 C 的共价键数均为 4，而氧化数则依次为 -4、-2、-1。

4.1.2　氧化还原反应

反应前后相应元素氧化数发生改变是氧化还原反应的特征。氧化、还原以及氧化剂、还原剂的基本概念通过如下反应加以讨论：

$$Fe(s) + Cu^{2+} \Longrightarrow Fe^{2+} + Cu(s)$$

在反应中，Fe 给出电子，氧化数由 0 升到 $+2$，氧化数升高的过程叫氧化。Cu^{2+} 得到电子，氧化数由 $+2$ 降低到 0，氧化数降低的过程叫还原。在氧化还原过程中，给出电子的物质称还原剂，得到电子的物质称氧化剂。Fe 失去电子，本身被氧化，是还原剂。Cu^{2+} 得到电子，本身被还原，是氧化剂。

氧化还原反应可分解为氧化与还原两个半反应。

氧化半反应　　　　　　　　　$Fe(s) \longrightarrow Fe^{2+} + 2e^-$

还原半反应　　　　　　　　　$Cu^{2+} + 2e^- \longrightarrow Cu(s)$

在半反应中，同一种元素的不同氧化态物质构成一个氧化还原电对，其中高氧化数的物质称为氧化型，低氧化数的物质称为还原型，氧化还原电对一般表示为：氧化型/还原型。例如 Fe^{2+}/Fe、Cu^{2+}/Cu 等。

氧化还原反应实质上是两个（或两个以上）的电对共同作用的结果，可以用一个通式来表示氧化还原反应

$$氧化型 1 + 还原型 2 \Longrightarrow 氧化型 2 + 还原型 1$$

4.1.3　氧化还原反应方程式的配平

配平氧化还原方程式，首先要知道在反应条件（如温度、压力、介质的酸碱性）下氧化剂的还原产物和还原剂的氧化产物，然后再根据氧化剂和还原剂的氧化数变化相等的原则，或氧化剂和还原剂得失电子数相等的原则进行配平。前者称为氧化数法，后者称为离子-电子法。在此简单介绍离子-电子法。

配平原则：

（1）反应过程中氧化剂所夺得的电子数必须等于还原剂失去的电子数。

（2）反应前后各元素的原子总数相等。

配平步骤：将反应式改写成为两个半反应式，先将两个半反应分别配平，然后将这些反应式加合起来，消去电子而完成。

下面以高锰酸钾在酸性介质中将亚硫酸氧化成硫酸为例，说明用离子-电子法配平氧化还原反应方程式的具体步骤。

（1）写出氧化还原反应的离子式

$$MnO_4^- + SO_3^{2-} \longrightarrow Mn^{2+} + SO_4^{2-}$$

（2）将上式写成两个半反应

$$MnO_4^- \longrightarrow Mn^{2+} \quad （还原半反应）$$

$$SO_3^{2-} \longrightarrow SO_4^{2-} \quad （氧化半反应）$$

（3）分别配平两个半反应

$$MnO_4^- + 8H^+ + 5e \longrightarrow Mn^{2+} + 4H_2O$$

$$SO_3^{2-} + H_2O \longrightarrow SO_4^{2-} + 2H^+ + 2e$$

MnO_4^- 是氧化剂，还原产物是 Mn^{2+}，反应后产物氧原子的数目减少了；SO_3^{2-} 是还原剂，氧化产物是 SO_4^{2-}，反应后产物氧原子的数目增加了。在酸性介质中，氧化或还原半反应式氧原子数增减时，在方程左边或右边加上足够量的氢离子数，并在等式右边或左边加上一定数目的水分子；而在碱性介质中应加上 OH^- 和水分子。

（4）两个半反应式各自乘以相应的系数，然后相加消去电子就可得到配平的离子方程式

$$2\times \quad MnO_4^- + 8H^+ + 5e \longrightarrow Mn^{2+} + 4H_2O$$
$$+) \quad 5\times \quad SO_3^{2-} + H_2O \longrightarrow SO_4^{2-} + 2H^+ + 2e$$
$$\overline{2MnO_4^- + 16H^+ + 5SO_3^{2-} + 5H_2O \longrightarrow 2Mn^{2+} + 8H_2O + 5SO_4^{2-} + 10H^+}$$

经整理得　　　　　$2MnO_4^- + 5SO_3^{2-} + 6H^+ =\!\!=\!\!= 2Mn^{2+} + 5SO_4^{2-} + 3H_2O$

（5）写出相应的分子方程式

$$2KMnO_4 + 5K_2SO_3 + 3H_2SO_4 =\!\!=\!\!= 2MnSO_4 + 6K_2SO_4 + 3H_2O$$

【例 4-1】　配平反应：$Al + NO_3^- \longrightarrow [Al(OH)_4]^- + NH_3$

解

$$Al + 4OH^- =\!\!=\!\!= [Al(OH)_4]^- + 3e \qquad\qquad \times 8$$
$$+) \quad NO_3^- + 6H_2O + 8e =\!\!=\!\!= NH_3 + 9OH^- \qquad\qquad \times 3$$
$$\overline{8Al + 3NO_3^- + 5OH^- + 18H_2O =\!\!=\!\!= 8[Al(OH)_4]^- + 3NH_3}$$

在例 4-1 中，在配平半反应 $NO_3^- \longrightarrow NH_3$ 时，右边少 3 个氧原子应加上 6 个 OH^-，而 NH_3 有 3H 需要 3 个 OH^-，因此右边共需 9 个 OH^-，左边应加上 6 个 H_2O。

【例 4-2】　配平反应：$ClO^- + Fe(OH)_3 \longrightarrow Cl^- + FeO_4^{2-}$

解

$$Fe(OH)_3 + 5OH^- =\!\!=\!\!= FeO_4^{2-} + 4H_2O + 3e \qquad\qquad \times 2$$
$$+) \quad ClO^- + H_2O + 2e =\!\!=\!\!= Cl^- + 2OH^- \qquad\qquad \times 3$$
$$\overline{3ClO^- + 2Fe(OH)_3 + 4OH^- =\!\!=\!\!= 3Cl^- + 2FeO_4^{2-} + 5H_2O}$$

在例 4-2 中，在配平半反应 $Fe(OH)_3 \longrightarrow FeO_4^{2-}$ 时，左边少 4 个氧原子（先不考虑 OH^- 中的氧原子）应加上 8 个 OH^-，因已有 3 个 OH^-，故只需加上 5 个 OH^-，在右边加上 4 个 H_2O。

用离子-电子法配平氧化还原反应方程式的一个突出优点就是可以不必知道元素的氧化值，只需在配平半反应时确定转移电子数。离子-电子法特别适合配平水溶液中的氧化还原反应，而配平半反应对于氧化还原反应的有关计算是非常重要的。

4.2　原　电　池

4.2.1　原电池

1. 原电池的组成

在氧化还原反应中电子从还原剂向氧化剂转移,例如将一块锌片放在硫酸铜溶液中,就可以发现,锌片慢慢地溶解,而蓝色的硫酸铜溶液的颜色逐渐变浅,红色铜不断地在锌片上析出,这说明在这个系统中发生了如下氧化还原反应:

$$Zn + CuSO_4 \Longrightarrow Cu + ZnSO_4$$

在此反应系统中电子直接从锌转移给铜离子,随着氧化反应的进行,有热量放出,说明反应过程中的化学能转变为热能。这一反应也可在图 4-1 所示的装置中进行,避免了电子直接从 Zn 转移给铜离子,而是使电子沿着某一通道传递给 Cu^{2+},这样电子就会定向移动而产生电流。以这种方式来实现这一反应,必须氧化剂和还原剂分开,即氧化过程和还原过程在两处分开进行,电子沿着外电路从还原剂转移给氧化剂,这样进行的氧化还原反应就能把化学能转变成电能。这种将化学能直接转换成电能的装置叫做原电池。

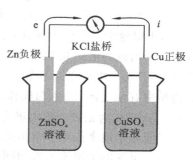

图 4-1　铜锌原电池示意图

如图 4-1 所示,在两个烧杯中分别装入 $CuSO_4$ 和 $ZnSO_4$ 溶液,并在 $CuSO_4$ 溶液中放入 Cu 片,$ZnSO_4$ 溶液中放入 Zn 片,用一根串联有检流计的导线将两块金属片连接起来,两个装满溶液的小烧杯用盐桥连接,盐桥是一个 U 形管,管内充满与琼脂冻胶凝结在一起的 KCl 或 KNO_3 的饱和溶液。这样就得到了一个 Cu-Zn 原电池,产生的电流的大小和方向可以由检流计测出。

盐桥的作用是使它连接的两个液体始终保持电中性,从而使电化学反应可以不断进行。这是因为当反应发生后,由于 Zn 不断地失去电子而被氧化成 Zn^{2+} 进入溶液,这样就使原来为电中性的 $ZnSO_4$ 溶液因有过量的 Zn^{2+} 而带正电,同时 $CuSO_4$ 溶液中 Cu^{2+} 因得到电子变为 Cu 析出,使得 SO_4^{2-} 过多使溶液带负电。溶液中带电就阻止了进一步的放电作用,因此就不产生电流了。用盐桥连接两个溶液后,K^+ 从盐桥移向 $CuSO_4$ 溶液,Cl^- 从盐桥移向 $ZnSO_4$ 溶液,分别中和过剩的电荷,从而保证这两种溶液的电中性。

在原电池中,能导电的固体称为电极,其中流出电子的电极称为负极,得到电子的电极称为正极。因此在负极上发生氧化反应,在正极上发生还原反应,例如 Cu-Zn 原电池,Cu 为正极,Zn 为负极,原电池是由两个半电池组成的,锌和锌盐组成一个半电池,铜和铜盐组成另一个半电池。半电池中能导电的固体叫做电极。在正极或负极进行的反应叫作电极反应或半电池反应,总反应叫作电池反应。

锌电极(负极)　　　　　　$Zn(s) \longrightarrow Zn^{2+} + 2e^-$

铜电极(正极)　　　　　　$Cu^{2+} + 2e^- \longrightarrow Cu(s)$

电池反应　　　　　　　　$Zn(s) + Cu^{2+} \Longrightarrow Zn^{2+} + Cu(s)$

2. 原电池的符号

理论上任何自发的氧化还原反应都可构成原电池。为了简单起见,通常用符号来表示原电池,例如 Cu-Zn 原电池的符号为

$$(-)Zn(s)|ZnSO_4(c_1) \parallel CuSO_4(c_2)|Cu(s)(+)$$

原电池符号的表示方法如下:

(1) "|"表示电极导体与电解质溶液之间的相界面,同一相中不同物质之间用","分开。

(2) "∥"表示盐桥,盐桥两边是相应电极的电解质溶液。

(3) 要注明各种离子的浓度(严格地讲要注明活度)和气体分压,并写在括号内。如不写明,一般指 298.15 K 和标准压力 $p^\ominus$。对气体要注明压力,对溶液要注明浓度,当溶液浓度为 1 mol·dm^{-3} 可以不写。

(4) (-)和(+)分别表示原电池的负极和正极。规定负极写在左边,正极写在右边。

(5) 当半电池中没有电子导体(金属)时,如 H^+/H_2、O_2/OH^-、Cl_2/Cl^- 等非金属单质及其相应的离子组成的电对和 Fe^{3+}/Fe^{2+}、Sn^{4+}/Sn^{2+} 等同一种金属离子不同的氧化态构成的电对,需要增加只起导电作用而不参加反应的惰性电极如 Pt 或 C 来协助电子转移。参加电极反应的物质中有纯气体、液体和固体,要紧靠惰性电极。例如,作为负极的氯电极为 $Pt|Cl_2(g,p)|Cl^-(aq)$,作为正极的氯电极为 $Cl^-(aq)|Cl_2(g,p)|Pt$。

盐桥对于原电池来说是非常重要的,但是并不是所有的原电池都必须有盐桥,如果组成原电池的两个半电池的电解质溶液相同的话,则不需要盐桥,如电池:

$$Pt|H_2(p)|HCl|Cl_2(p)|Pt$$

【例 4-3】 将下列化学反应设计成原电池:

(1) $6Fe^{2+}(aq)+Cr_2O_7^{2-}(aq)+14H^+(aq)\!=\!\!=\!\!=\!6Fe^{3+}(aq)+2Cr^{3+}(aq)+7H_2O$

(2) $Ag(s)+H^+(aq)+I^-(aq)\!=\!\!=\!\!=\!AgI(s)+\dfrac{1}{2}H_2(g)$

(3) $Ag^+(aq)+Cl^-(aq)\!=\!\!=\!\!=\!AgCl(s)$

解 (1) 先确定正极和负极的氧化还原电对。反应中 Fe^{2+} 失去电子被氧化成 Fe^{3+},发生氧化反应,故电对 Fe^{3+}/Fe^{2+} 是负极;$Cr_2O_7^{2-}$ 在反应中得到电子被还原成 Cr^{3+},发生还原反应,故 $Cr_2O_7^{2-}/Cr^{3+}$ 是正极。正负极反应中没有固体电极作为电子的载体,需用惰性材料制成的电极作为电子的载体,设计成的原电池为

$$(-)Pt(s)|Fe^{2+},Fe^{3+} \parallel Cr_2O_7^{2-},Cr^{3+}|Pt(s)(+)$$

(2) 电对 AgI/Ag 是负极,电对 H^+/H_2 是正极。正极反应中没有固体电极作为电子的载体,故用 Pt 作电极,设计成的原电池为

$$(-)Ag(s)|AgI|I^-(aq) \parallel H^+(aq)|H_2(g)|Pt(s)(+)$$

(3) 反应不是氧化还原反应,但在反应式两边分别加上 Ag,就能构成氧化还原电对

$$Ag(s)+Ag^+(aq)+Cl^-(aq)\!=\!\!=\!\!=\!AgCl(s)+Ag(s)$$

在该反应中 Ag 失电子被氧化成 AgCl,Ag^+ 得电子被还原成 Ag,故正极电对是 Ag^+/Ag,负极电对是 AgCl/Ag,设计成的原电池为

$$(-)Ag(s)|AgCl(s)|Cl^-(aq) \parallel Ag^+|Ag(s)(+)$$

3. 电极类型

任何一个原电池都是由两个电极构成。根据原电池组成电极各物质的特点,把电极分为三种类型。如表 4-1 所示。

表 4-1　电极类型

电 极 类 型		电极图式示例	电极反应示例
第一类电极	金属-金属离子电极	$Zn\|Zn^{2+}$ $Cu\|Cu^{2+}$	$Zn^{2+}+2e^-\Longrightarrow Zn$ $Cu^{2+}+2e^-\Longrightarrow Cu$
	气体-离子电极	$Pt\|Cl_2\|Cl^-$ $Pt\|O_2\|OH^-$	$Cl_2+2e^-\Longrightarrow Cl^-$ $O_2+2H_2O+4e^-\Longrightarrow 4OH^-$
第二类电极	金属-难溶盐电极	$Ag\|AgCl(s)\|Cl^-$ $Pt\|Hg(l)\|Hg_2Cl_2(s)\|Cl^-$	$AgCl(s)+e^-\Longrightarrow Ag(s)+Cl^-$ $Hg_2Cl_2(s)+2e^-\Longrightarrow 2Hg(s)+2Cl^-$
	金属-难溶氧化物电极	$Sb\|Sb_2O_3(s)\|H^+,H_2O$	$Sb_2O_3(s)+6H^++6e^-\Longrightarrow 2Sb+3H_2O$
第三类电极	氧化还原电极	$Pt\|Fe^{3+},Fe^{2+}$ $Pt\|Sn^{4+},Sn^{2+}$	$Fe^{3+}+e^-\Longrightarrow Fe^{2+}$ $Sn^{4+}+2e^-\Longrightarrow Sn^{2+}$

在表 4-1 中所示的气体-离子电极和氧化还原电极中,电极反应中没有固体电极,因此常用惰性材料,如铂或石墨等作为电子导体,它们仅起吸附气体或传递电子的作用,不参与电极反应。其余类型的电极,一般则以参与反应的金属本身作导体。金属-金属离子电极是将金属插入含有该金属离子的溶液中构成,金属-难溶盐电极是在金属上覆盖一层金属难溶盐,并把它浸入含有该难溶盐的负离子溶液中构成。

4.2.2　原电池的电动势与吉布斯函数变

在 Cu-Zn 原电池中,当两极由导线接通,电流便从正极(铜极)流向负极(锌极),即电子就开始从负极(锌极)流向正极(铜极)。这说明两极之间有电势差存在,而且正极的电势比负极的电势高。就象水从高水位向低水位流动一样。这种电势差是电流的推动力,称为原电池的电动势,用 E 表示,单位是 V(伏)。当外电路没有电流通过时,原电池的电动势等于两个电极的电势之差,即原电池电动势等于正极电势减去负极电势。

$$E=E_+-E_- \tag{4-1}$$

式中,E_+ 和 E_- 分别代表正负电极的电极电势,是相对于同一基准的电极电势。

原电池不同,电动势不同。同一个原电池,温度或离子浓度改变时电动势也改变。为了比较原电池电动势的大小,在电化学中也规定了标准状态。在指定温度下,当溶液中各离子的浓度为 $1\ mol\cdot dm^{-3}$ 时,纯固态或纯液态的物质在 100 kPa 下或气体的压力是 100 kPa,测得的原电池的电动势叫做它的标准电动势。标准电动势的符号是 $E^\ominus$。测定温度通常是 298.15 K。通常化学手册中所得的数值都是标准电动势。

根据原电池标准电动势的大小,可以判断氧化还原反应进行的方向和程度。因此它是一个重要的物理量。

根据热力学理论,在等温等压条件下一个电化学反应达平衡时,反应体系吉布斯函数的减少等于体系对外所做的最大非体积功,即 $dG=\delta W'$,如果将一个氧化还原反应设计成原电池,那么电池所做的最大非体积功即是电功。电功等于电动势与通过的电量的乘积。

$$\Delta_r G_m=W'=-zFE \tag{4-2}$$

式中,E 为电池的电动势;F 为法拉第常数,$F=96485\ C\cdot mol^{-1}$;z 为氧化还原反应中得失电子数。当参与电池反应的各物质均处于标准状态时,电池的电动势称为标准电池电动势,则标准摩尔吉布斯函数变化值 $\Delta_r G_m^{\ominus}(T)$ 与标准电池电动势 $E^{\ominus}$ 的关系为

$$\Delta_r G_m^{\ominus}(T) = -zFE^{\ominus} \tag{4-3}$$

式(4-3)非常重要,它把热力学和电化学联系起来了。若测定出原电池的电动势 $E^{\ominus}$,就可以根据这一关系式计算出电池中进行的氧化还原反应的标准摩尔吉布斯函数变化值 $\Delta_r G_m^{\ominus}(T)$;反之,通过计算某个氧化还原反应的标准摩尔吉布斯函数变化值 $\Delta_r G_m^{\ominus}(T)$,也可以求出原电池的 $E^{\ominus}$ 。

【例 4-4】 已测得下列原电池:

$$Pt \mid Fe^{3+}(1.0 \text{ mol} \cdot dm^{-3}), Fe^{2+}(1.0 \text{ mol} \cdot dm^{-3}) \parallel$$

$$H^+(1.0 \text{ mol} \cdot dm^{-3}), Cr^{3+}(1.0 \text{ mol} \cdot dm^{-3}), Cr_2O_7^{2-}(1.0 \text{ mol} \cdot dm^{-3}) \mid Pt$$

的 $E^{\ominus}$ 为 0.561 V,求电池反应的 $\Delta_r G_m^{\ominus}(T)$ 。

解　正极反应:$Cr_2O_7^{2-} + 14H^+ + 6e \Longrightarrow 2Cr^{3+} + 7H_2O$

负极反应:$Fe^{2+} \Longrightarrow Fe^{3+} + e$

电池反应:$Cr_2O_7^{2-} + 14H^+ + 6Fe^{2+} \Longrightarrow 2Cr^{3+} + 6Fe^{3+} + 7H_2O$

所以 $z = 6$,由式(4-3)得

$$\Delta_r G_m^{\ominus}(T) = -zFE^{\ominus} = -6 \times 96.48 \times 0.561 \text{ kJ} \cdot mol^{-1} = -325 \text{ kJ} \cdot mol^{-1}$$

4.3　电极电势

4.3.1　标准电极电势

在 Cu-Zn 原电池中电流方向从 Cu 到 Zn,电子从 Zn 到 Cu,这是因为锌电极的电势比铜电极的更低。为什么锌、铜电极的电势会不同呢?电池电动势等于正、负电极电势之差,那么电极电势是如何产生的?

1. 电极电势的产生

由于金属晶体中有金属阳离子和公共化电子,所以当一种金属放入它的溶液中时,一方面金属表面的一些离子受极性水分子作用有进入溶液中的倾向;另一方面溶液中的金属离子受金属表面的电子吸引而获得电子,有沉积在金属表面上的倾向。

例如,将金属锌插入含有该金属离子的溶液中时,由于极性很大的水分子吸引构成晶格的金属离子,从而使金属锌以水合离子的形式进入金属表面附近的溶液:

$$Zn(s) \longrightarrow Zn^{2+}(aq) + 2e^-$$

另一方面,溶液中的水合锌离子由于受其他锌离子的排斥作用和受锌片上电子的吸引作用,又有从金属锌表面获得电子而沉积在金属表面的倾向:

$$Zn^{2+}(aq) + 2e^- \longrightarrow Zn(s)$$

开始时,溶液中金属离子浓度较小,溶解趋势占上峰。但随着锌的不断溶解,溶液中锌离子浓度增加,同时锌片上的电子也不断增加,这样就阻碍了锌的继续溶解。而且随着水合锌离子浓度和锌片上电子数目的增加,沉积速度不断增大。当溶解速度和沉积速度相等时,达到了动态平衡。平衡时的电极反应式为

$$Zn(s) \Longrightarrow Zn^{2+}(aq) + 2e^-$$

这时,金属锌片表面上保留有相应数量的自由电子而带负电荷,在锌片附近的溶液中就有

较多的锌离子吸引在金属表面附近,结果形成一个双电层,
如图 4-2(a)所示。双电层之间存在电势差,这种在金属和溶
液之间产生的电势差,就叫作金属电极的电极电势。

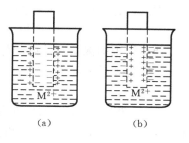

不同的电极形成的情况不同。若将金属 Cu 插于 Cu-
SO₄溶液,则溶液中 Cu^{2+} 更倾向于从 Cu 表面获得电子而沉
积,最终形成电极带正电荷而溶液带负电荷的双电层,如图
4-2(b)所示。

图 4-2　金属的电极电势

除此之外,不同的金属相接触,不同的液体接触界面或
同一种液体但浓度不同的接触界面上都会产生双电层,从而产生所谓的接触电势。

影响电极电势的因素有电极的本性、温度、介质及离子浓度等。当外界条件一定时,电极
电势的大小只取决于电极的本性。对于金属电极而言,则取决于金属活泼性的大小。金属越
活泼,溶液越稀,溶解成离子的倾向越大,离子沉积的倾向越小。达平衡时电极电势越低。相
反,金属越不活泼,溶液越浓,溶解倾向则越小,沉积倾向越大,电极电势越高。Zn 活泼,Zn 电
极的电势低,Cu 不活泼,Cu 电极的电势较高,因此,连接 Zn 电极和 Cu 电极,则有电子从 Zn
电极流向 Cu 电极。

2. 标准电极电势

当离子浓度、温度等因素一定时,电极的电势高低,主要取决于金属离子化倾向的大小。
如果能测出电极的电极电势,则通过比较电极电势的大小,可以得知金属或离子在溶液中得失
电子能力的强弱,进而来判断溶液中氧化剂、还原剂的强弱。所以,解决了电极电势的定量测
定问题,就能找到氧化还原的定量规律。

任何一个原电池都是由两个半电池构成的,因
此,原则上有了半电池的电极电势,就可以很容易地
求得原电池的电动势了,但是到目前为止还没有切
实可行的方法来测定单个电极的电极电势。因为任
何实际电势的测量,总是必须具备两个电极,测得的
值也必然是两个电极电势的总结果,所以单个电极
的绝对值是无法测到的,只能采用相对标准的比较
方法。为了建立一套系统的电极电势以便比较和查
用,需要选择某一个合适电极作为标准,规定其在一
定条件下的电极电势为零。犹如估量某处的海拔高
度以海平面作为比较标准一样。理论上通常采用的
标准参比电极是标准氢电极,其结构如图 4-3 所示。

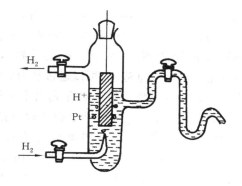

图 4-3　标准氢电极

标准氢电极是把表面镀上一层铂黑的铂片插入氢离子浓度[①]为 1 mol·dm⁻³的溶液中,
并不断地通入压力为 100 kPa 的纯氢气冲打铂片,使铂黑吸附氢气并达到饱和。规定标准氢
电极的电极电势为零,即 $E^{\ominus}(H^+/H_2) = 0.0000$ V,其书面写法为 $Pt \mid H_2(p^{\ominus}) \mid H^+$
(1 mol·dm⁻³),其电极反应为

$$\frac{1}{2}H_2(g, p(H_2)) \Longleftrightarrow H^+(c) + e^-$$

---

① 严格地说应是氢离子活度为 1 的溶液,活度可以看作是有效浓度,在本书中一般都以浓度代替活度。

据此,只要将某一待测电极与标准氢电极组成原电池,即

$$Pt\,|\,H_2(p^{\ominus})\,|\,H^+(1\ mol\cdot dm^{-3})\parallel 待测电极$$

便可以根据测量到的电动势去计算待测电极的电势了。

用电势差计测量电动势 $E^{\ominus}$,$E^{\ominus}=E^{\ominus}(待测电极)-E^{\ominus}(H^+/H_2)$,这样就可求出待测电极的电极电势。

例如,要测 Cu 电极的标准电极电势时,只要把 Cu 棒插入 $1\ mol\cdot dm^{-3}\ CuSO_4$ 溶液中组成标准铜电极,再与标准氢电极和盐桥连接在一起构成一个原电池,在 25 ℃ 时用电势差计测量该电池的电动势发现氢电极为负极,Cu 极为正极。电池符号为

$$Pt\,|\,H_2(p^{\ominus})\,|\,H^+(1\ mol\cdot dm^{-3})\parallel Cu^{2+}(1\ mol\cdot dm^{-3})\,|\,Cu(s)$$

298.15 K 时测得该电池电动势 $E^{\ominus}=0.3419\ V$,即

$$E^{\ominus}=E^{\ominus}(Cu^{2+}/Cu)-E^{\ominus}(H^+/H_2)=0.3419\ V$$

$$E^{\ominus}(Cu^{2+}/Cu)=0.3419\ V$$

如果要测定锌的标准电极电势,同样可以用盐桥把标准锌电极和标准氢电极连接组成原电池,实验发现电流是由氢电极流向锌电极,即电池符号为

$$Zn(s)\,|\,Zn^{2+}(1\ mol\cdot dm^{-3})\parallel H^+(1\ mol\cdot dm^{-3})\,|\,H_2(p^{\ominus})\,|\,Pt$$

在 298.15 K 时测得其电动势为 0.7618 V。即

$$E^{\ominus}=E^{\ominus}(H^+/H_2)-E^{\ominus}(Zn^{2+}/Zn)=0.7618\ V$$

$$E^{\ominus}(Zn^{2+}/Zn)=-0.7618\ V$$

某一电极的标准电极电势即为该电极在标准状态下与标准氢电极组成电池的电动势,在原电池中若电极为发生还原反应的正极,则 $E^{\ominus}$ 为正值,如 $E^{\ominus}(Cu^{2+}/Cu)$ 为正值,若电极为发生氧化反应的负极,则 $E^{\ominus}$ 为负值,如 $E^{\ominus}(Zn^{2+}/Zn)$ 为负值。

用类似的方法可以测得一系列电对的标准电极电势。对于某些与水剧烈反应而不能直接测定的电极(如 Na^+/Na、F_2/F^- 等电极),以及有些不能直接测出其电动势的原电池的电极,这些电极的电极电势 $E^{\ominus}$ 可以通过热力学数据用间接的方法来计算,或通过已知的电极电势来求未知的电极电势。附录 G 中列出了一些氧化还原电对的标准电极电势数据。

在实际工作中,由于氢电极比较复杂,而且十分敏感,只要外界条件稍有变化,电极电势就会波动不定,为此常用一些比较简单、稳定的电极来代替氢电极,例如,由 Hg,Hg_2Cl_2 及 KCl 溶液组成的甘汞电极,这类电极叫作参比电极,其电极电势已经准确测定并获得公认。甘汞电极的电极电势与 KCl 溶液浓度有关。当 KCl 为饱和溶液时,称为饱和甘汞电极,298.15 K 时其电极电势是 0.2415 V。甘汞电极的构造如图 4-4 所示,在一个玻璃管中放入少量纯汞,上面有一层由少量汞和甘汞制成的糊状物,外面是 KCl 溶液,汞中插入铂丝。电极反应是

$$Hg_2Cl_2(s)+2e^-\rightleftharpoons 2Hg(l)+2Cl^-(aq)$$

为了正确使用标准电极电势,应注意以下几个问题。

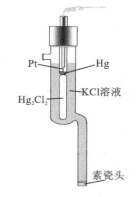

图 4-4　甘汞电极示意图

(1) 本书采用的电极电势是国际应用化学联合会(IUPAC)所规定的还原电势,所谓还原电势,就是电对相对标准氢电极为正极,该电极发生还原反应。还原电势表示元素或离子得到电子被还原的趋势,即氧化型物质得到电子的能力的大小,若得到电子的能力越大,其 $E^{\ominus}$ 就越大;反之就越小(或越负)。如:F_2/F^- 电对($F_2+2e \rightleftharpoons 2F^-$)的电极电势 $E^{\ominus}(F_2/F^-)=2.866$

V,这表明 F_2 得到电子的能力很大,有很强的氧化性。又如:Zn^{2+}/Zn 电对($Zn^{2+}+2e$ ═══Zn)的 $E^\ominus(Zn^{2+}/Zn)=-0.7618$ V,这说明 Zn^{2+} 得到电子的能力较小,而还原型物质 Zn 失去电子的能力较大,Zn^{2+} 较难被还原成 Zn。当电对中的氧化型物质的氧化能力大于氢离子时,其标准电极电势为正值;当电对中的氧化型物质的氧化能力小于氢离子时,其标准电极电势为负值。还原电势电对符号要求把氧化型物质写在上边,还原型物质写在下边,即 M^{n+}/M,而电极反应一般是把氧化型物质写在左边,还原型物质写在右边:$M^{n+}+ne$ ═══M,M^{n+} 为物质的氧化型,M 为物质的还原型,即

$$氧化型+ne ═══还原型$$

并且标准还原电势符号的正负不随电极反应的书写方式不同而改变,如锌电极的电极反应写成 Zn ═══$Zn^{2+}+2e$,其标准电极电势值依然不变,$E^\ominus(Zn^{2+}/Zn)=-0.7618$ V。

(2)某些物种随介质的酸碱不同而有不同的存在形式,其 $E^\ominus$ 值也不同。例如,Fe^{3+}/Fe^{2+} 电对,在酸性介质中,$E^\ominus(Fe^{3+}/Fe^{2+})=0.771$ V;而在碱性介质中,$E^\ominus\{Fe(OH)_3/Fe(OH)_2\}=-0.56$ V。

(3)$E^\ominus$ 表示物质得失电子的倾向,是表示物质进行电极反应的趋势,是物质的一种本性,与物质的数量无关,因此电极反应乘以任何常数时 $E^\ominus$ 值不变。

例如:
$$O_2+2H_2O+4e ═══4OH^-,\quad E_1^\ominus=0.401 \text{ V}$$
$$2O_2+4H_2O+8e ═══8OH^-,\quad E_2^\ominus=0.401 \text{ V}$$
$$\frac{1}{2}O_2+H_2O+2e ═══2OH^-,\quad E_3^\ominus=0.401 \text{ V}$$

(4)标准还原电势 $E^\ominus$ 与反应速率无关。$E^\ominus$ 是电极处于平衡态时表现出的特征值,它和平衡到达的快慢,即反应速度无关。

(5)标准还原电势是在标准态时的水溶液中测得(或通过计算得出),对非水溶液、高温和固相反应均不适用。

3. 标准电极电势计算

1)由已知电极电势计算

若某一电极反应是另几个电极反应的代数和,则此电极反应的标准电极电势可由另几个电极反应的标准电极电势求得。设:

(1) $$M_1^{n_1+}+z_1e ═══M_2$$
(2) $$M_3^{n_2+}+z_2e ═══M_2$$
(3) $$M_3^{n_2+}+z_3e ═══M_1^{n_1+}$$

电极反应式(3)为电极反应式(2)减电极反应式(1),所以
$$\Delta_r G_m^\ominus(3)=\Delta_r G_m^\ominus(2)-\Delta_r G_m^\ominus(1)$$
根据式(4-3)有
$$-z_3FE_3^\ominus=-z_2FE_2^\ominus-(-z_1FE_1^\ominus)$$
$$E_3^\ominus=\frac{z_2E_2^\ominus-z_1E_1^\ominus}{z_3} \tag{4-4}$$

【例 4-5】 已知 $E^\ominus(Cu^{2+}/Cu)=0.337$ V,$E^\ominus(Cu^{2+}/CuI)=0.86$ V,计算 $E^\ominus(CuI/Cu)$。

解　三个电对的电极反应如下:
(1) $$Cu^{2+}+2e ═══Cu$$
(2) $$Cu^{2+}+I^-+e ═══CuI$$

（3）　　　　　　　　　　　　$CuI + e \Longrightarrow Cu + I^-$

因为（3）＝（1）－（2），所以根据式（4-4）得

$$E^\ominus(CuI/Cu) = (2 \times 0.337 - 0.86) \text{ V} = -0.186 \text{ V}$$

2）由标准摩尔吉布斯函数变计算

【例 4-6】　已知反应 $CuI + e \Longrightarrow Cu + I^-$ 中各物质的标准摩尔生成吉布斯函数变，计算 $E^\ominus(CuI/Cu)$。

解　　　　　　　　　　　$CuI(s) + e \Longrightarrow Cu(s) + I^-(aq)$

$\Delta_f G_m^\ominus/(kJ \cdot mol^{-1})$ 　　　　－69.5　　　　0　　　　－51.9

$$\Delta_f G_m^\ominus = [-51.9 - (-69.5)] \text{ kJ} \cdot \text{mol}^{-1} = 17.6 \text{ kJ} \cdot \text{mol}^{-1}$$

则　　　　　　　　$E^\ominus(CuI/Cu) = -\frac{\Delta_r G_m^\ominus}{zF} = -\frac{17.6}{1 \times 96.48} \text{ V} = -0.182 \text{ V}$

计算结果与例 4-5 基本一致。

4.3.2　电极电势的能斯特方程式

影响电极电势的因素主要有电极的本性、氧化型和还原型物质的浓度和温度等。由于一般的实验是在常温时进行的，所以物质的浓度就成为影响电极电势的主要因素。1889 年，能斯特（Nernst）提出了电池的电动势或半电池中电极的电极电势与组成各组分浓度的关系式，即能斯特公式。在半电池反应中如果有酸或碱参加反应，即溶液的 pH 也影响电极电势。

1. 浓度对电极电势的影响

对于任意电极，氧化型物质（Ox）得到 z 个电子转变为还原型物质（Red）的电极反应是

$$g(Ox) + ze^- \Longrightarrow h(Red)$$

根据化学反应等温方程式，上述反应的 $\Delta_r G_m$ 为

$$\Delta_r G_m = \Delta_r G_m^\ominus + RT\ln\frac{[c(Red)/c^\ominus]^h}{[c(Ox)/c^\ominus]^g}$$

将式（4-2）和式（4-3）代入后整理得

$$E(Ox/Red) = E^\ominus(Ox/Red) - \frac{RT}{zF}\ln\frac{[c(Red)/c^\ominus]^h}{[c(Ox)/c^\ominus]^g} \tag{4-5}$$

若温度选取 298.15 K，则式（4-5）变为

$$E = E^\ominus - \frac{8.3145 \text{ J} \cdot \text{K}^{-1} \cdot \text{mol}^{-1} \times 298.15 \text{ K}}{z \times 96485 \text{ C} \cdot \text{mol}^{-1}} \times 2.303 \lg\frac{[c(Red)/c^\ominus]^h}{[c(Ox)/c^\ominus]^g} \tag{4-6}$$

$$= E^\ominus - \frac{0.05916 \text{ V}}{z}\lg\frac{[c(Red)/c^\ominus]^h}{[c(Ox)/c^\ominus]^g}$$

式（4-5）和式（4-6）称为电极电势的能斯特方程，式中 $E^\ominus$ 是所有参加反应的组分都处于标准状态时的电极电势。z 为电极反应中所转移的电子数。h 和 g 分别代表电极反应式中氧化态和还原态的化学计量数。应用能斯特方程式时，还应注意以下两点：

（1）如果电极反应中有纯固体、纯液体和水参加反应，则纯固体、纯液体和水的浓度可以不列入能斯特方程式；当涉及气体时，用分压表示。

（2）如果在电极反应中，除氧化态与还原态物质外，还有参加电极反应的其他物质，如 H^+、OH^- 等，这些物质的浓度也应出现在能斯特方程式中。

【例 4-7】　写出下列电极反应的能斯特公式并计算电极电势值：

(1) $Zn^{2+}(0.1\ mol \cdot dm^{-3}) + 2e^- \rightleftharpoons Zn(s)$

(2) $AgCl(s) + e^- \rightleftharpoons Ag(s) + Cl^-(0.1\ mol \cdot dm^{-3})$

(3) $PbO_2(s) + 4H^+(0.1\ mol \cdot dm^{-3}) + 2e^- \rightleftharpoons Pb^{2+}(0.1\ mol \cdot dm^{-3}) + 2H_2O$

解　(1) $E(Zn^{2+}/Zn) = E^{\ominus}(Zn^{2+}/Zn) - \dfrac{0.05916\ V}{2}\lg\dfrac{1}{c(Zn^{2+})/c^{\ominus}}$

$$= \left(-0.7618 - \dfrac{0.05916}{2}\lg\dfrac{1}{0.1}\right)V = -0.7914\ V$$

(2) $E(AgCl/Ag) = E^{\ominus}(AgCl/Ag) - 0.05916\ V\lg[c(Cl^-)/c^{\ominus}]$

$$= (0.2223 - 0.05916\lg 0.1)V = 0.2815\ V$$

(3) $E(PbO_2/Pb^{2+}) = E^{\ominus}(PbO_2/Pb^{2+}) - \dfrac{0.05916\ V}{2}\lg\dfrac{c(Pb^{2+})/c^{\ominus}}{[c(H^+)/c^{\ominus}]^4}$

$$= \left(1.46 - \dfrac{0.05916}{2}\lg\dfrac{0.1}{0.1^4}\right)V = 1.37\ V$$

2. pH 值对电极电势的影响

在电极反应中如果有 H^+ 或 OH^- 参加反应,溶液的 pH 值也影响电极电势。例如,对电极反应:

$$MnO_4^- + 8H^+ + 5e^- \rightleftharpoons Mn^{2+} + 4H_2O$$

根据平衡移动原理,H^+ 的浓度增大时,电极反应向右方向进行的趋势增大,电极电势值也随着增大,所以含氧酸根离子在酸性溶液中的氧化能力强;由于 H^+ 的浓度一般是高幂次的,所以其影响较为显著。

【例 4-8】 $KMnO_4$ 在酸性溶液中作氧化剂,本身被还原成 Mn^{2+},当盐酸的浓度为 10 $mol \cdot dm^{-3}$ 制备氯气时,电对 MnO_4^-/Mn^{2+} 的电极电势是多少? 假设平衡时溶液中 $c(MnO_4^-) = c(Mn^{2+}) = 1.00\ mol \cdot dm^{-3}$,溶液的温度为 298.15 K。

解　　　$MnO_4^- + 8H^+ + 5e^- \rightleftharpoons Mn^{2+} + 4H_2O$,　$E^{\ominus} = 1.507\ V$

$E(MnO_4^-/Mn^{2+}) = E^{\ominus}(MnO_4^-/Mn^{2+}) - \dfrac{0.05916\ V}{5}\lg\dfrac{c(Mn^{2+})/c^{\ominus}}{[c(MnO_4^-)/c^{\ominus}][c(H^+)/c^{\ominus}]^8}$

$$= 1.507\ V - \dfrac{0.05916\ V}{5}\lg\dfrac{1\ mol \cdot dm^{-3}/1\ mol \cdot dm^{-3}}{1\ mol \cdot dm^{-3}/1\ mol \cdot dm^{-3}\{10\ mol \cdot dm^{-3}/1\ mol \cdot dm^{-3}\}^8}$$

$$= 1.507\ V + \dfrac{0.05916\ V}{5}\lg 10^8$$

$$= 1.602\ V$$

许多电对的电极电势随溶液的 pH 值变化而改变。为了直观地看出某一物质在 pH 值介质中的氧化还原稳定性和氧化还原反应的可行性,以电极电势 E 为纵坐标,pH 值为横坐标,将某一电对的电极电势随 pH 变化的情况用图表示出来,这种图叫 E-pH 图。水是使用最多的溶剂,许多氧化还原反应在水溶液中进行,同时水本身又具有氧化还原性,因此研究水的氧化还原性,以及氧化剂或还原剂在水溶液中的稳定性等问题十分重要。E-pH 图对解决水溶液中发生的一系列反应的化学平衡问题(例如元素的分离、湿法冶金、金属防腐等)都有广泛的应用。水的氧化还原性与下列两个电极反应有关。

(1) 水被还原,放出氢气:

$$2H_2O + 2e^- \rightleftharpoons H_2(g) + 2OH^-,\quad E^{\ominus}(H_2O/H_2) = -0.828\ V$$

在 298.15 K,$p(H_2) = 100\ kPa$ 时,

$$E(H_2O/H_2) = E^{\ominus}(H_2O/H_2) + \frac{0.05916\ V}{2}\lg\frac{1}{[p(H_2)/p^{\ominus}][c(OH^-)/c^{\ominus}]^2}$$
$$= -0.828\ V + 0.05916\ V \times pOH$$
$$= -0.828\ V + 0.05916\ V \times (14 - pH)$$
$$= -0.05916pH\ V$$

（2）水被氧化，放出氧气：

$$O_2(g) + 4H^+ + 4e^- \Longrightarrow 2H_2O, \quad E^{\ominus}(O_2/H_2O) = 1.229\ V$$

在 298.15 K，$p(O_2) = 100\ kPa$ 时，

$$E(O_2/H_2O) = E^{\ominus}(O_2/H_2O) + \frac{0.05916\ V}{4}\lg([p(O_2)]/p^{\ominus}][c(H^+)/c^{\ominus}]^4)$$
$$= (1.229 - 0.05916pH)\ V$$

可见水作为氧化剂和还原剂时，其电极电势都是 pH 的函数。以电极电势为纵坐标，pH 为横坐标作图，就可得到水的 E-pH 图，如图 4-5 所示。图中的直线 B 和直线 A 分别是以上述两方程画得的直线。

由于动力学等因素的影响，实际测量的值要比理论值差 0.5 V。因此 A 线、B 线各向外推出 0.5 V，实际水的 E-pH 图为图中 a、b 虚线。

利用水的 E-pH 图可以判断氧化剂和还原剂能否在水溶液中稳定存在。当某种氧化剂的 E 值在 a 线以上时，该氧化剂就能与水反应放出氧气；当某种还原剂的 E 值在 b 线以下时，该还原剂就能与水反应放出氢气。例如，$E^{\ominus}(F_2/F^-)$ = 2.87 V，在 a 线以上，则 F_2 在水中不能稳定存在，氧化水放出氧气，反应为

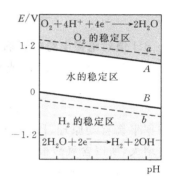

图 4-5 水的 E-pH 图

$$2F_2(g) + 2H_2O \Longrightarrow 4HF + O_2(g)$$

而 $E^{\ominus}(Na^+/Na) = -2.714$ V，在 b 线以下，则金属钠在水中不能稳定存在，还原水放出氢气，反应为

$$2Na + 2H_2O \Longrightarrow 2NaOH + H_2(g)$$

如果某一种氧化剂或还原剂的 E 值处于 a、b 线间，则它可在水中稳定存在。因此，a 线以上是 $O_2(g)$ 的稳定区，b 线以下是 $H_2(g)$ 的稳定区，a、b 线间为 H_2O 的稳定区。

3. 沉淀和配合物的生成对电极电势的影响

在电极反应中，氧化型或还原型物质生成沉淀或配合物时，会使氧化型或还原型物质浓度变小，从而使电极电势发生变化。

【例 4-9】 电极反应：$Ag^+ + e^- \Longrightarrow Ag$，$E^{\ominus}(Ag^+/Ag) = 0.7996$ V；若加入 NaCl，直到溶液中 $c(Cl^-)$ 为 1.0 mol·dm^{-3}，计算 $E(Ag^+/Ag)$。

解 加入 NaCl，溶液中发生反应 $Ag^+ + Cl^- \Longrightarrow AgCl(s)$。AgCl 的生成，降低了溶液中 Ag^+ 的浓度，当溶液中 $c(Cl^-) = 1.0$ mol·dm^{-3} 时，根据 $K_{sp}^{\ominus}(AgCl) = 1.77 \times 10^{-10}$，可以算出溶液中 Ag^+ 的浓度

$$c(Ag^+) = \frac{K_{sp}^{\ominus}(AgCl) \cdot c^{\ominus}}{c(Cl^-)/c^{\ominus}} = 1.77 \times 10^{-10}\ mol \cdot dm^{-3}$$

根据能斯特公式

$$E(Ag^+/Ag) = E^{\ominus}(Ag^+/Ag) - 0.05916 \text{ V } \lg \frac{1}{c(Ag^+)/c^{\ominus}}$$

$$= 0.7996 \text{ V} + 0.05916 \text{ V } \lg(1.77 \times 10^{-10})$$

$$= 0.223 \text{ V}$$

$c(Cl^-) = 1.0 \text{ mol} \cdot dm^{-3}$ 时银电极的电极电势为 0.223 V。

从以上计算可以看出，由于溶液中生成了 AgCl 沉淀，Ag^+ 的浓度减少，Ag^+ 的氧化能力下降，$E(Ag^+/Ag)$ 的数值变小。

当 $c(Cl^-) = 1.0 \text{ mol} \cdot dm^{-3}$ 时，Ag^+/Ag 电对的电极电势值就是 AgCl/Ag 电对的标准电极电势 $E^{\ominus}(AgCl/Ag)$，即

$$AgCl(s) + e^- \Longrightarrow Ag + Cl^-$$

$$E^{\ominus}(AgCl/Ag) = E^{\ominus}(Ag^+/Ag) + 0.05916 \text{ V } \lg K^{\ominus}_{sp}(AgCl) = 0.223 \text{ V}$$

也可根据 $\Delta_r G^{\ominus}_m = -zFE^{\ominus}$ 求出 $E^{\ominus}(AgCl/Ag)$。

(1) $AgCl(s) \Longrightarrow Ag^+ + Cl^-$，　$\Delta_r G^{\ominus}_m(1) = -RT \ln K^{\ominus}_{sp}(AgCl)$

(2) $Ag^+ + e^- \Longrightarrow Ag$，　$\Delta_r G^{\ominus}_m(2) = -1 \times FE^{\ominus}(Ag^+/Ag)$

(3) $AgCl(s) + e^- \Longrightarrow Ag + Cl^-$，　$\Delta_r G^{\ominus}_m(3) = -1 \times FE^{\ominus}(AgCl/Ag)$

因为反应(3) = (1) + (2)，所以有

$$\Delta_r G^{\ominus}_m(3) = \Delta_r G^{\ominus}_m(1) + \Delta_r G^{\ominus}_m(2)$$

即　　　$-1 \times FE^{\ominus}(AgCl/Ag) = \{-RT \ln K^{\ominus}_{sp}(AgCl)\} + [-1 \times FE^{\ominus}(Ag^+/Ag)]$

$$E^{\ominus}(AgCl/Ag) = E^{\ominus}(Ag^+/Ag) + 0.05916 \text{ V } \lg K^{\ominus}_{sp}(AgCl)$$

同样，若在金属银与硝酸银组成的电极反应中加入氨水，则 Ag^+ 形成配离子，也会使溶液中 Ag^+ 浓度下降，电极电势降低。

【例 4-10】　计算 25 ℃时 Ag(s) 与 $[Ag(NH_3)_2]^+$ 组成电极的 $E^{\ominus}\{[Ag(NH_3)_2]^+/Ag\}$。

解　电极反应：

(1) $[Ag(NH_3)_2]^+ + e^- \Longrightarrow Ag + 2NH_3$，　$\Delta_r G^{\ominus}_m(1) = -1 \times FE^{\ominus}\{[Ag(NH_3)_2]^+/Ag\}$

该反应可以看成是由下列两个反应组成：

(2) $[Ag(NH_3)_2]^+ \Longrightarrow Ag^+ + 2NH_3$，　$\Delta_r G^{\ominus}_m(2) = -RT \ln \dfrac{1}{K^{\ominus}_{稳}\{[Ag(NH_3)_2]^+\}}$

(3) $Ag^+ + e^- \Longrightarrow Ag$，　$\Delta_r G^{\ominus}_m(3) = -1 \times FE^{\ominus}(Ag^+/Ag)$

反应(1) = (2) + (3)，所以有

$$\Delta_r G^{\ominus}_m(1) = \Delta_r G^{\ominus}_m(2) + \Delta_r G^{\ominus}_m(3)$$

即　$-1 \times FE^{\ominus}\{[Ag(NH_3)_2]^+/Ag\} = -RT \ln \dfrac{1}{K^{\ominus}_{稳}\{[Ag(NH_3)_2]^+\}} - 1 \times FE^{\ominus}(Ag^+/Ag)$

有　　$E^{\ominus}\{[Ag(NH_3)_2]^+/Ag\} = 0.05916 \text{ V } \lg \dfrac{1}{K^{\ominus}_{稳}\{[Ag(NH_3)_2]^+\}} + E^{\ominus}(Ag^+/Ag)$

$$= E^{\ominus}(Ag^+/Ag) - 0.05916 \text{ V } \lg K^{\ominus}_{稳}\{[Ag(NH_3)_2]^+\}$$

$$= 0.7996 \text{ V} - 0.05916 \text{ V} \times \lg(1.12 \times 10^7)$$

$$= 0.382 \text{ V}$$

则该电极反应的 $E^{\ominus}\{[Ag(NH_3)_2]^+/Ag\}$ 为 0.382 V。

4.4　电极电势的应用

电极电势是化学中最重要的数据之一，在电化学中应用广泛，它可以计算原电池的电动势，比较氧化剂和还原剂的相对强弱，判断氧化还原反应进行的方向和限度等等。

4.4.1　判断氧化剂和还原剂的强弱

根据电极电势的大小，可以判断氧化剂或还原剂的相对强弱。电极 $E^{\ominus}$ 的代数值越大，表示在标准状态下电极反应中氧化型物质得电子的能力越大，氧化能力越强。例如，$E^{\ominus}(Cu^{2+}/Cu)=+0.3419\ V, E^{\ominus}(Zn^{2+}/Zn)=-0.7618\ V$，表明在标准状态下，$Cu^{2+}$ 得电子的能力大于 Zn^{2+}，Cu^{2+} 是比 Zn^{2+} 强的氧化剂。$E^{\ominus}$ 代数值小的电极表示还原型物质失电子的能力大，还原能力较强，上例中 Zn 的还原能力大于 Cu 的。

根据标准电极电势表可选择合适的氧化剂或还原剂。

【例 4-11】　根据下面的标准电极电势的大小判断氧化剂和还原剂的相对强弱。并用实验的方法证实在 Cl^-、Br^- 的混合溶液是否存在 I^-。

$$E^{\ominus}(I_2/I^-)=0.5355\ V, \quad E^{\ominus}(Fe^{3+}/Fe^{2+})=0.771\ V$$
$$E^{\ominus}(Br_2/Br^-)=1.066\ V, \quad E^{\ominus}(Cl_2/Cl^-)=1.358\ V$$

解　根据电极电势的大小可判断氧化剂的相对强弱为 $Cl_2>Br_2>Fe^{3+}>I_2$，还原剂的相对强弱为 $Cl^-<Br^-<Fe^{2+}<I^-$。

选择合适的氧化剂只氧化 I^-，而不氧化 Cl^- 和 Br^-。I^- 被氧化成 I_2，再用 CCl_4 将 I_2 萃取出来成紫红色即可鉴定 I^-。

因为 $E^{\ominus}(Fe^{3+}/Fe^{2+})$ 大于 $E^{\ominus}(I_2/I^-)$，小于 $E^{\ominus}(Br_2/Br^-)$ 和 $E^{\ominus}(Cl_2/Cl^-)$，因此 Fe^{3+} 可把 I^- 氧化成 I_2，而不能氧化 Br^- 和 Cl^-，该反应为

$$2Fe^{3+}+2I^- \rightleftharpoons 2Fe^{2+}+I_2$$

一般来说，对于简单的电极反应，离子浓度的变化对电极电势 E 值影响不大，因而只要两个电对的标准电极电势相差较大，通常可直接用标准电极电势来进行比较。但当两电对的标准电极电势相差较小时，应考虑离子浓度和酸度对电极电势的影响，运用能斯特方程计算后用电极电势进行比较。

4.4.2　判断氧化还原反应进行的方向

根据式(4-2)可知，对于任一氧化还原反应：

$$\Delta_r G_m<0, \quad E>0, \quad 正向反应自发$$
$$\Delta_r G_m=0, \quad E=0, \quad 反应处于平衡状态$$
$$\Delta_r G_m>0, \quad E<0, \quad 正向反应不自发，逆向反应自发$$

所以 $E>0$ 是一个氧化还原反应能自发进行的条件。氧化还原反应进行的方向与多种因素有关，例如，反应物的性质、浓度、介质的 pH 值及温度等。但当外界条件一定时，反应的方向就取决于氧化剂与还原剂的本性。氧化还原反应的方向一般是较强的氧化剂与较强的还原剂作用生成较弱的氧化剂和较弱的还原剂。氧化剂和还原剂的强弱可以用标准电极电势来判断。

氧化还原反应之所以能够进行，是由于组成氧化还原反应的两个电对中，电极电势代数值较大的电对中氧化型物质具有较强的得电子倾向，而电极电势代数值较小的电对中还原型物

质具有较强的供电子倾向,因此反应发生。如:

$$Zn + Cu^{2+} = Zn^{2+} + Cu$$

由 $E^\ominus(Zn^{2+}/Zn) < E^\ominus(Cu^{2+}/Cu)$ 可知,Cu^{2+} 是比 Zn^{2+} 强的氧化剂,Zn 是比 Cu 强的还原剂,故 Cu^{2+} 能与 Zn 作用,该反应自左向右进行。在该电池反应中,Cu^{2+} 做氧化剂,对应电池的正极,Zn 做还原剂对应电池的负极。可见,判断氧化还原反应进行的方向,只要氧化剂电对的电极电势大于还原剂电对的电极电势 $E_+ > E_-$,即电动势 $E > 0$ 时,该氧化还原反应可自发进行。

如果氧化还原反应是在标准条件下进行,且氧化剂电对的标准电极电势大于还原剂电对的标准电极电势,则该氧化还原反应可自发进行。如果氧化还原反应是在非标准情况下进行,则需根据能斯特公式计算出氧化剂和还原剂对应电对的电极电势,然后比较大小再得出正确的结论。但若两个电对的标准电极电势 $E^\ominus$ 值之差大于 0.2 V,则浓度虽能影响电极电势的大小,但一般不能改变电池电动势数值的正负,因此可直接用标准电极电势值来判断。

【例 4-12】 下述两个电极反应中的四种物质,哪个是较强的氧化剂,哪个是较强的还原剂? 写出它们组成电池时的电池反应和标准电动势。(各离子浓度均为 1 mol·dm⁻³)

$$Zn^{2+} + 2e \longrightarrow Zn, \quad E^\ominus(Zn^{2+}/Zn) = -0.7618 \text{ V}$$
$$Cr^{3+} + 3e \longrightarrow Cr, \quad E^\ominus(Cr^{3+}/Cr) = -0.744 \text{ V}$$

解 $E^\ominus(Cr^{3+}/Cr) > E^\ominus(Zn^{2+}/Zn)$,$Cr^{3+}$ 的氧化能力大于 Zn^{2+} 的氧化能力,所以 Cr^{3+} 是氧化剂,Zn 是还原剂。

组成电池时,$E^\ominus$ 小的是负极,$E^\ominus$ 大的是正极,电池是

$$Zn(s)|Zn^{2+} \parallel Cr^{3+}|Cr(s)$$

电池反应
$$3Zn + 2Cr^{3+} \rightleftharpoons 3Zn^{2+} + 2Cr$$

电池的标准电动势是

$$E^\ominus = E^\ominus(Cr^{3+}/Cr) - E^\ominus(Zn^{2+}/Zn) = 0.0188 \text{ V}$$

【例 4-13】 试判断反应 $Pb^{2+} + Sn(s) = Pb(s) + Sn^{2+}$ 分别在标准状态和 $c(Sn^{2+}) = 1$ mol·dm⁻³,$c(Pb^{2+}) = 0.1$ mol·dm⁻³ 时能否自发进行?

解 将反应设计成电池 $\quad Sn(s)|Sn^{2+} \parallel Pb^{2+}|Pb(s)$

查附录 G 知 $\quad E^\ominus(Pb^{2+}/Pb) = -0.1262$ V,$E^\ominus(Sn^{2+}/Sn) = -0.1375$ V

在标准状态下 $\quad E^\ominus = E^\ominus(Pb^{2+}/Pb) - E^\ominus(Sn^{2+}/Sn) > 0$

即标准状态下正反应可自发进行。

当 $c(Sn^{2+}) = 1$ mol·dm⁻³ 时,由能斯特公式得

$$E(Sn^{2+}/Sn) = E^\ominus(Sn^{2+}/Sn) - \frac{0.05916 \text{ V}}{2}\lg\frac{1}{c(Sn^{2+})/c^\ominus} = -0.1375 \text{ V}$$

当 $c(Pb^{2+}) = 0.1$ mol·dm⁻³ 时,由能斯特公式得

$$E(Pb^{2+}/Pb) = E^\ominus(Pb^{2+}/Pb) - \frac{0.05916 \text{ V}}{2}\lg\frac{1}{c(Pb^{2+})/c^\ominus}$$
$$= -0.1262 \text{ V} - \frac{0.05916 \text{ V}}{2}\lg\frac{1}{0.1} = -0.1558 \text{ V}$$
$$E = E(Pb^{2+}/Pb) - E(Sn^{2+}/Sn) < 0$$

所以在 $c(Sn^{2+}) = 1$ mol·dm⁻³,$c(Pb^{2+}) = 0.1$ mol·dm⁻³ 时反应不能自发向右进行。

4.4.3　判断氧化还原反应进行的程度

一个化学反应进行的程度可由反应的标准平衡常数 $K^\ominus$ 的大小来衡量,由 $\Delta_r G_m^\ominus =$

$-RT\ln K^{\ominus}$ 及 $\Delta_r G_m^{\ominus} = -zFE^{\ominus}$ 可得

$$E^{\ominus} = \frac{RT}{zF}\ln K^{\ominus} \tag{4-7}$$

当 $T = 298.15$ K 时

$$E^{\ominus} = \frac{0.05916 \text{ V}}{z}\lg K^{\ominus} \tag{4-8}$$

则

$$\lg K^{\ominus} = \frac{zE^{\ominus}}{0.05916 \text{ V}} \tag{4-9}$$

同一氧化还原反应书写不同，$E^{\ominus}$ 虽然不变，但因 z 不同，$K^{\ominus}$ 值也不同。不同氧化还原反应的 $E^{\ominus}$ 是不同的，$E^{\ominus}$ 越大，$K^{\ominus}$ 值也越大，反应进行的程度也越大。

【例 4-14】 计算 298.15 K 时反应

$$MnO_4^- + 5Fe^{2+} + 8H^+ \Longrightarrow Mn^{2+} + 5Fe^{3+} + 4H_2O$$

的标准平衡常数。

解 查附录 G 知 $\quad E^{\ominus}(MnO_4^-/Mn^{2+}) = 1.507$ V，$E^{\ominus}(Fe^{3+}/Fe^{2+}) = 0.771$ V

$$E^{\ominus} = E^{\ominus}(MnO_4^-/Mn^{2+}) - E^{\ominus}(Fe^{3+}/Fe^{2+}) = (1.507 - 0.771) \text{ V} = 0.736 \text{ V}$$

则

$$\lg K^{\ominus} = \frac{5 \times 0.736 \text{ V}}{0.05916 \text{ V}} = 62.20, \quad K^{\ominus} = 1.60 \times 10^{62}$$

$K^{\ominus}$ 很大，说明反应进行得很完全。

【例 4-15】 已知 AgCl(s) 溶解反应对应的原电池为

$$Ag(s)|Ag^+ \parallel Cl^-|AgCl(s)|Ag(s)$$

其 $E^{\ominus}$ 为 -0.5773 V，求该电池反应的平衡常数。

解 负极反应 $\qquad\qquad Ag(s) \longrightarrow Ag^+ + e^-$

正极反应 $\qquad\qquad AgCl(s) + e^- \longrightarrow Ag + Cl^-$

总反应 $\qquad\qquad AgCl(s) \Longrightarrow Ag^+ + Cl^-$

电池电动势 $\qquad E^{\ominus} = E^{\ominus}(AgCl/Ag) - E^{\ominus}(Ag^+/Ag)$

$$= 0.2223 \text{ V} - 0.7996 \text{ V} = -0.5773 \text{ V}$$

$$\lg K_{sp}^{\ominus} = \frac{zE^{\ominus}}{0.05916 \text{ V}} = \frac{1 \times (-0.5773 \text{ V})}{0.05916 \text{ V}} = -9.76$$

$$K_{sp}^{\ominus} = 1.74 \times 10^{-10}$$

用类似的方法还可求出弱酸、弱碱的解离常数，水的离子积和配合物的不稳定常数等。

应当指出的是根据电极电势的相对大小，能够判断氧化还原反应进行的方向和限度，这是从化学热力学角度进行讨论的，并未涉及反应速率问题。热力学看来可以进行完全的反应，它的反应速率不一定很快。因为反应进行的程度与反应速度是两个不同性质的问题。

4.4.4 元素的标准电极电势图及其应用

元素常具有多种氧化数，同一元素的不同氧化数物质的氧化或还原能力是不同的。为了直观比较同一元素的各不同氧化数物质的氧化还原能力，拉特默(Latimer)建议把同一元素不同氧化数的物质所对应电对的标准电极电势，从左到右按氧化数由高到低排列起来，每两者之间用一条短直线连接，并将相应电对的标准电极电势写在短线上。例如，标准状态下，锰在酸、碱介质中的标准电极电势图如下：

酸性溶液中

$$\text{MnO}_4^- \xrightarrow{0.558\text{V}} \text{MnO}_4^{2-} \xrightarrow{2.24\text{V}} \text{MnO}_2 \xrightarrow{0.907\text{V}} \text{Mn}^{3+} \xrightarrow{1.541\text{V}} \text{Mn}^{2+} \xrightarrow{-1.185\text{V}} \text{Mn}$$

$$\underbrace{}_{1.679\text{V}} \qquad \underbrace{}_{1.224\text{V}}$$

碱性溶液中

$$\text{MnO}_4^- \xrightarrow{0.558\text{V}} \text{MnO}_4^{2-} \xrightarrow{0.60\text{V}} \text{MnO}_2 \xrightarrow{-0.20\text{V}} \text{Mn(OH)}_3 \xrightarrow{0.15\text{V}} \text{Mn(OH)}_2 \xrightarrow{-1.55\text{V}} \text{Mn}$$

$$\underbrace{}_{0.595\text{V}} \qquad \underbrace{}_{-0.045\text{V}}$$

这种表明元素各氧化数物质之间标准电极电势关系的图,称为元素的标准电极电势图,简称元素电势图。它清楚地表明同一元素的各不同氧化数物质的氧化还原能力的相对大小。而且可以判断不同氧化数物质在酸性或碱性介质中能否稳定存在。元素电势图的用途如下。

1. 计算不同氧化数物质构成电对的标准电极电势

例如:已知某元素的电势图

$$\text{M}_1 \xrightarrow[z_1]{E_1^\ominus} \text{M}_2 \xrightarrow[z_2]{E_2^\ominus} \text{M}_3 \xrightarrow[z_3]{E_3^\ominus} \text{M}_4$$

$$\underbrace{}_{z_4}$$

因为　　　　$\Delta_r G_m^\ominus(1) = -z_1 F E_1^\ominus, \quad \Delta_r G_m^\ominus(2) = -z_2 F E_2^\ominus, \quad \Delta_r G_m^\ominus(3) = -z_3 F E_3^\ominus$

$$\Delta_r G_m^\ominus(4) = \Delta_r G_m^\ominus(1) + \Delta_r G_m^\ominus(2) + \Delta_r G_m^\ominus(3)$$

即　　　　　　　　　　　　　$z_4 E_4^\ominus = z_1 E_1^\ominus + z_2 E_2^\ominus + z_3 E_3^\ominus$

所以　　　　　　　　　　　　$E_4^\ominus = \dfrac{z_1 E_1^\ominus + z_2 E_2^\ominus + z_3 E_3^\ominus}{z_4}$

【例 4-16】 氯在酸性溶液中的电势图如下:

$$\text{ClO}_4^- \xrightarrow{1.19\text{ V}} \text{ClO}_3 \xrightarrow{1.21\text{ V}} \text{HClO}_2 \xrightarrow{1.64\text{ V}} \text{HClO} \xrightarrow{1.63\text{ V}} \text{Cl}_2 \xrightarrow{1.36\text{ V}} \text{Cl}^-$$

求 $\text{ClO}_4^- / \text{Cl}^-$ 的标准电极电势。

　　解　$E^\ominus(\text{ClO}_4^- / \text{Cl}^-) = \dfrac{(1.19 \times 2 + 1.21 \times 2 + 1.64 \times 2 + 1.63 \times 1 + 1.36 \times 1)\text{ V}}{2 + 2 + 2 + 1 + 1} = 1.38\text{ V}$

2. 判断歧化反应能否进行

所谓歧化反应就是自身的氧化还原反应,如 $2\text{Cu}^+ \rightleftharpoons \text{Cu} + \text{Cu}^{2+}$,在此反应中,一部分 Cu^+ 氧化成 Cu^{2+},另一部分 Cu^+ 还原成金属 Cu。当某一种元素处于中间氧化态时,一部分向高氧化数状态变化(即被氧化),一部分向低氧化数变化(即被还原)。由某一元素不同氧化数的三种物质组成两个电对,按氧化数高低顺序排列如下:

$$\text{A} \xrightarrow{E_\text{左}^\ominus} \text{B} \xrightarrow{E_\text{右}^\ominus} \text{C}$$

假设 B 能发生歧化反应,生成氧化数较高的物种 A 和氧化数较低的物种 C,若将这两个电对组成原电池,B 作氧化剂的电对为正极,即 $E_\text{右}^\ominus$,B 作还原剂的电对为负极,即 $E_\text{左}^\ominus$,要使氧化还原反应能发生,则必须 $E_\text{右}^\ominus > E_\text{左}^\ominus$。因此判断某物种能否发生歧化反应的依据为 $E_\text{右}^\ominus > E_\text{左}^\ominus$。根据锰的电极电势图可以判断,在酸性溶液中,$\text{MnO}_4^{2-}$ 会发生歧化反应:

$$3\text{MnO}_4^{2-} + 4\text{H}^+ \rightleftharpoons 2\text{MnO}_4^- + \text{MnO}_2 + 2\text{H}_2\text{O}$$

在碱性溶液中，$Mn(OH)_3$可发生歧化反应：

$$2Mn(OH)_3 \Longrightarrow Mn(OH)_2 + MnO_2 + 2H_2O$$

【**例 4-17**】　汞的元素电势图为

$$Hg^{2+} \xrightarrow{0.920\ V} Hg_2^{2+} \xrightarrow{0.7974\ V} Hg$$

试说明：(1) Hg_2^{2+} 离子在溶液中能否歧化；(2) 反应 $Hg + Hg^{2+} \Longrightarrow Hg_2^{2+}$ 能否进行。

解　(1) 因为 $E_右^\ominus < E_左^\ominus$，所以 Hg_2^{2+} 离子在溶液中不能歧化。

(2) 在反应 $Hg + Hg^{2+} \Longrightarrow Hg_2^{2+}$ 中，

Hg^{2+} 作氧化剂，　　　　　$E^\ominus(Hg^{2+}/Hg_2^{2+}) = 0.920\ V$

Hg 作还原剂，　　　　　　$E^\ominus(Hg_2^{2+}/Hg) = 0.7971\ V$

　　　　　　　　　　　　　$E^\ominus = 0.920\ V - 0.7971\ V = 0.123\ V > 0$

反应可以进行。

4.5　电化学应用简介

4.5.1　电解池、电解原理及应用

电解是在外电源作用下被迫发生氧化还原反应的过程，实现电解过程的装置称为电解池，即电解池是将电能转化为化学能的装置。图 4-6 是以铂为电极，电解 $0.1\ mol \cdot dm^{-3}$ 的 H_2SO_4 溶液的电解池示意图。

在电解池中，与直流电源正极相连的电极是阳极，与直流电源负极相连的电极是阴极。阳极发生氧化反应；阴极发生还原反应。由于阳极带正电，阴极带负电，电解液中正离子移向阴极，负离子移向阳极，离子到达电极上分别发生氧化反应和还原反应，称为离子放电。

下面以电解 H_2SO_4 为例来说明电解的原理。在 H_2SO_4 溶液中放入两个铂电极，连接到由可变电阻器和电源组成的分压器上。电解时，应逐渐升高外加电压，直至两电极上有明显的反应为止，控制电解平稳进行。需注意的是，并非一加电压，电解就会发生，只有当外加电压达到一定时，电极上才有明显的反应。若电解一开始，就加较大的电压，可使电解反应剧烈快速进行，有可能会导致析出不必要的产物和浪费能源等不良后果。电解时，需考虑电能效率、电解速率、产品质量的综合因素来确定电压。增加电压的同时记录相应的电流值，以电流对电压作图得到如图 4-7 所示的电流—电压曲线。

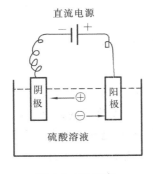

图 4-6　电解池

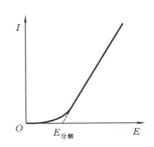

图 4-7　分解电压

刚开始加电压时,电流强度很小,电极上观察不到电解现象。当电压增加到某一数值时,电流突然直线上升,同时电极上有气泡逸出,电解开始。电流由小突然变大时的电压是电解质溶液发生电解所必须施加的最小电压,称为分解电压。电解池中通入电流后发生的反应为

阴极反应	$4H^+ + 4e^- \longrightarrow 2H_2(g)$
阳极反应	$4OH^- \longrightarrow 2H_2O + O_2(g) + 4e^-$
总反应	$2H_2O \longrightarrow 2H_2(g) + O_2(g)$

可见,以铂为电极电解 H_2SO_4 溶液,实际上是电解水,H_2SO_4 的作用只是增加溶液的导电性。

产生分解电压的原因是由于电解时,在阴极上析出的 H_2 和阳极上析出的 O_2,分别被吸附在铂片上,形成了氢电极和氧电极,组成原电池:

$$(-)Pt | H_2[g, p(H_2)] | H_2SO_4(0.1\ mol \cdot dm^{-3}) | O_2[g, p(O_2)] | Pt(+)$$

在 298.15 K, $c(H^+) = 0.1$, $p(H_2) = p(O_2) = p^\ominus$ 时,原电池的电动势 E 为

$$E_+ = E(O_2/OH^-) = E^\ominus(O_2/OH^-) + \frac{0.05916\ V}{4} \lg \frac{p(H_2)/p^\ominus}{[c(OH^-)/c^\ominus]^4}$$

$$= 0.40\ V + \frac{0.05916\ V}{4} \lg \frac{1}{(10^{-13})^4} = 1.1691\ V$$

$$E_- = E(H^+/H_2) = E^\ominus(H^+/H_2) + \frac{0.05916\ V}{2} \lg \frac{[c(H^+)/c^\ominus]^2}{p(H_2)/p^\ominus}$$

$$= 0.00\ V + \frac{0.05916\ V}{2} \lg 0.1^2 = -0.05916\ V$$

$$E = 1.1691\ V - (-0.05916\ V) = 1.228\ V$$

此电池电动势的方向和外加电压相反,显然,要使电解顺利进行,外加电压必须克服这一反向的电动势,所以将此反向电动势称为理论分解电压。

当外加电压稍大于理论分解电压时,电解似乎应能进行。但实际的分解电压为 1.70 V,比理论分解电压高很多。超出理论分解电压的原因,除了因为内阻所引起的电压降外,主要是由电极反应是不可逆的,产生了所谓的"极化"作用引起的。影响极化作用的因素很多,如电极材料、电流密度、温度等等,在此不作详细介绍。

用电解方法来实现物质的氧化或还原,在工业上常用于电解制备,如电解食盐水制备氢气、氯气和 NaOH 的氯碱工业,电解法制双氧水,有机物的电解制备如硝基苯电解制备苯胺等。电解法精炼铜,用纯铜作阴极,用粗铜作阳极,用 $CuSO_4$ 溶液作电解液。通入直流电,作为阳极的粗铜逐渐溶解,在阴极上析出纯铜,从而达到提纯铜的目的。提纯铜的理论电压为零,只需较小的电压就能完成提纯。电解制备的主要优点为:产物比较纯净,易于提纯。用电解法进行氧化与还原时不需另外加入氧化剂或还原剂,可减少污染;通过选择电极材料、电流密度和溶液组成,可以扩大电解还原法的适用范围;通过控制反应条件还可以使反应停止在某一中间步骤,或使多步骤的化学反应在电解池内一次完成,从而得到所要的产物。

电解氧化还原除了应用于电解制备外,还可以应用于塑料电镀、铝及其合金的电化学氧化和表面着色等方面。以电镀塑料为例说明:塑料广泛地应用于我们日常生活中,如建筑业和汽车制造业为减轻产品重量和降低成本,越来越多地采用塑料代替金属。但塑料具有不能导电,没有金属光泽等缺点。为改进其性能,在尼龙、聚四氟乙烯等各种塑料上进行电镀,首先将塑料表面去油、粗化及各种表面活性剂处理,然后用化学沉积法在其表面形成很薄的导电层,再把塑料镀件置于电镀槽的阴极,镀上所需的金属。电镀后的塑料制品能够导电、导磁、有金属光泽、提高了焊接性能,且其机械性能、热稳定性和防老性能都得到提高。

4.5.2　金属的电化学腐蚀与防护

金属腐蚀是普遍存在的现象,除贵金属外,许多金属暴露在大气中会发生腐蚀,如铜在大气中存放会生"铜绿",铁在大气中则会生锈。全世界每年由于腐蚀而损失的金属相当于其年产量的 20%～30%。金属腐蚀的危害不仅在于金属材料的本身,更严重的是由这些金属制成的设备,特别是严重的腐蚀发生在金属结构的个别关键部位,从而使设备毁坏,甚至出现恶性事故,如孔蚀可造成气体管道与锅炉的爆炸,应力腐蚀可造成飞机的坠毁或汽车转向系统的失灵,因此,金属腐蚀与防护是电化学研究的重要课题之一。

1. 金属的电化学腐蚀

当金属和周围介质相接触时,由于发生了化学或电化学作用而引起的破坏叫做金属的腐蚀。金属表面与气体或非电解质液体等接触而单纯发生化学反应引起的腐蚀叫做化学腐蚀。在化学腐蚀过程中无电流产生。金属表面与介质如潮湿空气、电解质溶液等接触因发生电化学作用而引起的腐蚀,叫做电化学腐蚀。

电化学腐蚀产生的原因是工业上使用的金属不可能是纯净的,总有一些杂质存在。所以,主体金属就与杂质形成许许多多自发电池,即微电池。在微电池中,负极发生氧化反应引起电化学腐蚀。例如,将 Fe 浸在无氧的酸性介质(如钢铁酸洗)中,Fe 作为阳极而腐蚀,碳或其他比铁不活泼的杂质作为阴极,为 H^+ 的还原提供反应界面,腐蚀过程为

阳极(Fe)　　　　　　　　$Fe(s) \longrightarrow Fe^{2+} + 2e^-$

阴极(杂质)　　　　　　$2H^+ + 2e^- \longrightarrow H_2(g)$

总反应　　　　　　　　$Fe(s) + 2H^+ =\!=\!= Fe^{2+} + H_2(g)$

日常遇到的大量腐蚀现象往往是在有氧、pH 接近中性条件下的电化学腐蚀。金属仍作为阳极溶解,金属中的杂质为溶于水膜中的氧获取电子提供反应界面,腐蚀反应为

阳极(Fe)　　　　　　　　$2Fe(s) \longrightarrow 2Fe^{2+} + 4e^-$

阴极(杂质)　　　　　　$O_2(g) + 2H_2O + 4e^- \longrightarrow 4OH^-$

总反应　　　　　　　　$2Fe(s) + O_2(g) + 2H_2O =\!=\!= 2Fe(OH)_2(s)$
$$\qquad\qquad\qquad\qquad\qquad\qquad\qquad\quad \Big\downarrow^{O_2}$$
$$\qquad\qquad\qquad\qquad\qquad\qquad\qquad\longrightarrow 2Fe(OH)_3(s)$$

2. 金属腐蚀的防护

根据金属腐蚀的电化学机理,对于金属腐蚀的防护,应从材料和环境两方面着手。常用的方法有以下几种。

(1)正确选用金属材料,合理设计金属结构。

选用金属材料时应选用在应用环境和条件下不易腐蚀的金属。设计金属结构时,应避免用电势差大的金属材料相互接触。

(2)非金属涂层。

将耐腐蚀的物质如油漆、涂料、搪瓷、陶瓷、玻璃、高分子材料等涂在被保护的金属表面,使金属与腐蚀介质隔开。

(3)金属镀层。

用电镀的方法将耐腐蚀性较强的金属或合金覆盖在被保护的金属表面上,这又可分为阳极保护层和阴极保护层两种。镀上去的金属比被保护的金属有较负的电极电势,例如,把锌镀在铁上(形成微电池时,锌为阳极,铁为阴极),该保护层称为阳极保护层;镀上去的金属有较正

的电极电势,例如,把锡镀在铁上(锡为阴极,铁为阳极),该保护层称为阴极保护层。就保护层把被保护的金属与外界介质隔开以达到保护金属的作用而言是相同的,但当金属保护层受到损坏而变得不完整时,阴极保护层就失去了保护作用,和被保护的金属形成原电池,此时被保护的金属是阳极,要发生氧化反应产生电化学腐蚀而失去其保护作用,加速金属的腐蚀。而阳极保护层中被保护的金属是阴极,即使保护层被破坏,受腐蚀的是保护层,而被保护的金属则不受腐蚀。

（4）保护器保护。

将电极电势较低的金属和被保护的金属连接在一起,构成原电池。电极电势较低的金属作为阳极而溶解,被保护的金属作为阴极就可以避免腐蚀。例如,海上航行的船舶,在船底四周镶嵌锌板,此时,船体是阴极受到保护,锌板是阳极代替船体而受腐蚀,所以又称牺牲阳极的阴极保护法(见图 4-8)。

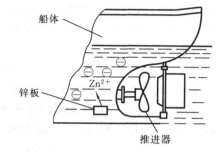

图 4-8　牺牲阳极的阴极保护法

（5）阴极电保护。

利用外加直流电,把负极接到被保护的金属上,让它成为阴极。正极接到一些废铁上成为阳极,使它受到腐蚀。所以那些废铁实际上是牺牲性阳极。在化工厂中一些装有酸性溶液的容器或管道,以及地下的水管或输油管常用这种方法防腐。

（6）缓蚀剂保护。

缓蚀剂种类很多,在腐蚀性的介质中加少量缓蚀剂就能大大降低金属腐蚀的速度。实质上就是减慢阴极过程或者阳极过程的速度。

阳极缓蚀剂起的作用之一是直接阻止阳极金属表面的金属离子进入溶液,作用之二是在金属表面上形成保护膜以使阳极的面积减小。

阴极缓蚀剂不改变阴极的面积,主要在于抑制阴极过程进行,增大阴极极化。

有机缓蚀剂可以是阴极缓蚀剂也可以是阳极缓蚀剂。这主要是它被吸附在阴极表面而增加了氢超电势,妨碍氢离子放电过程的进行,从而使金属溶解速度减慢。

（7）钝化膜。

铬是一种易于钝化的金属,铁中只需含铬 $12\%\sim18\%$,其钝化性能与铬相似。不锈钢是钢中含铬约 18% 和含镍 8% 的合金,并非不腐蚀,而是钝化膜有较好的耐腐蚀性能。铝的表面能形成很细密的氧化铝膜,因而在中性介质和空气中耐腐蚀性能良好。

4.5.3　化学电源

化学电源就是实用的原电池,即将化学反应在设计的电池中发生,使化学能转变为电能的一种装置。要把电池作为实用的化学电源,设计时必须考虑到实用上的要求,如电压比较高、电容量比较大、电极反应容易控制,体积小便于携带以及适当的价格等。电池的种类很多,按其使用的特点大体可分为:①一次性电池,如通常使用的锰锌电池等,这种电池放电之后不能再使用;②二次电池,如铅蓄电池、Fe-Ni 蓄电池等,这些电池放电后可以再充电反复使用多次;③燃料电池,此类电池又称为连续电池,只要不断地向正、负极输送反应物质,就可连续放电;④太阳能电池等。

1. 一次性电池

这类电池中的反应物质在进行电化学放电全部消耗尽后，不能再次充电式补充化学物质使其复原，故名一次电池。干电池就是一次性电池，构造如图4-9所示。以锌皮为外壳，中央是石墨棒，棒附近是细密的石墨粉和 MnO_2 的混合物。周围再装入 $ZnCl_2$、NH_4Cl 和淀粉调制成的糊状物。为了避免水的蒸发，外壳用蜡和沥青封固。干电池的图式为

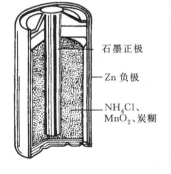

石墨正极

Zn 负极

NH_4Cl、
MnO_2、炭糊

$$(-)Zn(s)|ZnCl_2，\quad NH_4Cl(糊状)|MnO_2(s)|C(s)(+)$$

放电时的电极反应为

锌极（负极）　　　$Zn(s) \longrightarrow Zn^{2+}(aq) + 2e^-$

碳极（正极）　　$2NH_4^+(aq) + 2e^- \longrightarrow 2NH_3(aq) + H_2(g)$

图 4-9　干电池

在使用过程中，H_2 在碳棒附近不断积累，会阻碍碳棒与 NH_4^+ 接触，从而使电池的内阻增大，产生极化作用。MnO_2 能消除电极上集积的氢气，所以又叫去极剂，反应式为

$$2MnO_2(s) + H_2(g) =\!\!= 2MnO(OH)(s)$$

所以正极上总的反应为

$$2MnO_2(s) + 2NH_4^+(aq) + 2e^- =\!\!= 2MnO(OH)(s) + 2NH_3(aq)$$

锌锰电池的电动势约 1.5 V，其容量小，使用寿命不长。若将普通锌锰干电池中的填充物 $ZnCl_2$ 和 NH_4Cl 换成 KOH，就得到了碱性干电池，其使用寿命有较大的增加。

2. 二次电池

二次电池也称为蓄电池，是能多次重复使用，放电后通过充电使活性物质复原，可以重新放电的电池。蓄电池广泛地使用在各个领域：汽车、电动车、潜艇、坦克、飞机、火箭、人造卫星、宇宙飞船等。使用最广泛，技术最成熟的二次电池是铅蓄电池，它具有电动势高，可以大电流放电，适用温度范围宽，性能稳定，工作可靠，价格低廉，原材料丰富等优点。

铅酸蓄电池是当今普遍应用的蓄电池之一，具有电动势高，大电流放电，适用温度范围宽，性能稳定，价廉等优点。电池的图式为

$$(-)Pb(s)|PbSO_4(s)|H_2SO_4(aq)|PbSO_4(s)|PbO_2(s)|Pb(s)(+)$$

其电极是铅锑合金制成的栅状极片，分别填塞 $PbO_2(s)$ 和海锦状金属铅作为正极和负极。电极浸在 $w(H_2SO_4) = 0.30$ 的硫酸溶液（相对密度 $\rho = 1.2$ g·cm^{-3}）中。

负极反应　　$Pb(s) + SO_4^{2-}(aq) \longrightarrow PbSO_4(s) + 2e^-$

正极反应　　$PbO_2(s)(aq) + SO_4^{2-}(aq) + 4H^+ + 2e^- \longrightarrow PbSO_4(s) + 2H_2O(l)$

电池反应　　$Pb(s) + PbO_2(s) + 2H_2SO_4(aq) =\!\!= 2PbSO_4(s) + 2H_2O(l)$

放电时，两极表面都沉积着一层 $PbSO_4$，同时硫酸的浓度逐渐降低，当电动势由 2.2 V 降到 1.9 V 左右时，就不能继续使用了。因此，铅蓄电池应经常保持在充足电的状态下，即使不使用也应定期进行充电。铅蓄电池的发展方向主要是轻量高能化及免维护密封化。

目前市场上已投入使用的还有 Cd-Ni 蓄电池、Ag-Zn 蓄电池、锂电池、全钒流体电池等。镍镉电池是一种近年来使用广泛的碱性蓄电池。镍镉电池的负极为镉，在碱性电解质中发生氧化反应，正极由 NiO_2 组成，发生还原反应。

负极反应　　$Cd(s) + 2OH^-(aq) \longrightarrow Cd(OH)_2(s) + 2e^-$

正极反应　　$NiO_2(s) + 2H_2O(l) + 2e^- \longrightarrow Ni(OH)_2(s) + 2OH^-(aq)$

电池反应　　$Cd(s) + NiO_2(s) + 2H_2O(l) =\!\!= Cd(OH)_2(s) + Ni(OH)_2(s)$

锂电池是 20 世纪开发成功的新型高能电池。这种电池的负极是金属锂,正极用 MnO_2、$SOCl_2$、$(CFx)_n$ 等。70 年代进入实用化。因其具有能量高、电池电压高、工作温度范围宽、储存寿命长等优点,已广泛应用于军事和民用小型电器中,如移动电话、便携式计算机、摄像机、照相机等,部分代替了传统电池。锂离子电池目前有液态锂离子电池(LIB)和聚合物锂离子电池(PLB)两类,其中,液态锂离子电池是指 Li^+ 嵌入化合物为正、负极的二次电池。正极采用锂化合物 $LiCoO_2$ 或 $LiMn_2O_4$,负极采用锂-碳层间化合物。锂离子电池由于工作电压高、体积小、质量轻、能量高、无记忆效应、无污染、自放电小、循环寿命长,是 21 世纪发展的理想能源。

3. 燃料电池

燃料电池是燃料在电池中进行氧化而产生电能的装置。该装置是把化学物质(燃料及氧气)不断输送到电池内,而产物也可同时排出。前面介绍的蓄电池则是将活性物质储存在电池体内,反应物不能继续补充,其容量受到电池体积和质量的限制。另外,燃料电池的电极金属不因电化学反应而被消耗或产生,它是起接收或输送电子的作用,并可能对电化学反应起催化作用。一般热机的效率较低,蒸汽机仅为 0.1,内燃机为 0.4,而燃料电池能够把燃料燃烧的化学反应组成原电池,让化学能直接转变为电能,原则上只要反应物不断输入,反应产物不断排除,燃料电池就能连续地发电,因此能量的利用效率大大提高,可达 0.8。

燃料电池是以可燃性气体如氢、甲烷、一氧化碳、甲醇等为负极反应物质,以氧气、空气或氯气等为正极反应物质制成的电池。电解质采用 KOH 溶液或固体电解质。此外电池中还包含适当的催化剂。因而燃料电池出现了氢氧燃料电池、高温固化氧化物燃料电池、磷酸型燃料电池(甲烷裂解气)、熔融碳酸盐燃料电池(一氧化碳)、甲醇燃料电池等不同的牌号。

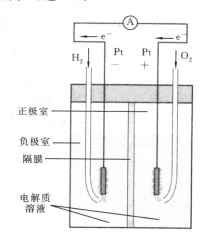

图 4-10 氢-氧燃料电池

例如,图 4-10 所示的氢氧燃料电池:

$$(-)Pt \mid H_2(g) \mid KOH(aq) \mid O_2(g) \mid Pt(+)$$

负极　　$H_2(g) + 2OH^-(aq) \longrightarrow 2H_2O(l) + 2e^-$

正极　　$O_2(g) + 2H_2O(l) + 4e^- \longrightarrow 4OH^-(aq)$

总反应　$2H_2(g) + O_2(g) \longrightarrow 2H_2O(l)$

燃料电池要求输入的反应气体相当洁净,否则会导致电极催化剂中毒,因此用于燃料电池的气体必须先分离有害物,这样燃料电池工作时不会污染环境。从 1839 年 Grove 首次把铂黑为电极催化剂制成了原始的氢氧燃料电池,并把多只电池串联点亮了伦敦讲演厅的照明灯,到 20 世纪 60 年代,美国成功地把隔膜式氢氧燃料电池应用于载人宇宙飞船,燃料电池作为一种高效且对环境友好的发电方式服务于人类。直至今日,燃料电池作为动力源广泛应用于所有航天飞行器、远端气象站、大型公园、汽车、通讯中心和某些军事应用中。

本 章 小 结

(1) 掌握氧化、还原的概念,根据元素氧化数的变化,确定氧化剂与还原剂,利用离子-电子法配平氧化还原方程式。

（2）原电池是将化学能直接转换成电能的装置。原电池由两个半电池组成，在两个半电池中分别发生氧化半反应和还原半反应，这些反应称为电极反应，总反应为电池反应。掌握原电池的表示方法，将化学反应设计成原电池，并由原电池符号写出相应的化学反应式。

（3）原电池的电动势等于当外电路没有电流通过时，正极电势减去负极电势，$E = E_+ - E_-$。电动势及电极电势均受到温度、压力、浓度的影响。当体系中各物质处于标准状态下，相应的电动势及电极电势，分别称为标准电动势和标准电极电势。

（4）掌握电极电势的能斯特方程，即

$$E(\text{Ox/Red}) = E^{\ominus}(\text{Ox/Red}) - \frac{RT}{zF}\ln\frac{[c(\text{Red})/c^{\ominus}]^h}{[c(\text{Ox})/c^{\ominus}]^g}$$

当温度为 298.15 K 时，$E = E^{\ominus} - \dfrac{0.05916 \text{ V}}{z}\lg\dfrac{[c(\text{Red})/c^{\ominus}]^h}{[c(\text{Ox})/c^{\ominus}]^g}$

应用能斯特方程计算电极电势时要注意 pH 值、沉淀及配合物生成对电极电势的影响。

（5）掌握电极电势的应用。

①利用电极电势比较氧化剂、还原剂的强弱：某电对 $E^{\ominus}$ 的代数值越大，表示在标准状态下电极反应中氧化型物质得电子的能力越大，氧化能力越强；$E^{\ominus}$ 代数值小的电极表示还原型物质失电子的能力大，还原能力较强。

②判断氧化还原反应进行的方向：只要氧化剂电对的电极电势大于还原剂电对的电极电势 $E_+ > E_-$，即电动势 $E > 0$ 时，该氧化还原反应可自发进行。

③判断氧化还原反应进行的程度：由反应的标准平衡常数 $K^{\ominus}$ 来衡量，$\lg K^{\ominus} = \dfrac{zE^{\ominus}}{0.05916 \text{ V}}$。

④根据元素的电势图计算不同氧化数物质构成电对的标准电极电势，并用来判断某物种能否发生歧化反应，当某物种的 $E^{\ominus}_{\text{右}} > E^{\ominus}_{\text{左}}$ 时，该物种可以发生歧化反应。

（6）了解电解原理、金属腐蚀原理和化学电源基本知识。

思 考 题

1. 氧化还原反应的特征是什么？什么是氧化剂和还原剂？什么是氧化反应和还原反应？

2. 如何用离子-电子法配平氧化还原方程式？

3. 什么是氧化还原电对？

4. 如何用图式表示原电池？

5. 原电池的两个电极符号是如何规定的？如何计算电池的电动势？

6. 电对的电极电势值是否与电极反应式的写法有关？

7. 原电池的电动势与离子浓度的关系是什么？从能斯特方程中可反映出影响电极电势的因素有哪些？

8. 判断氧化还原反应方向的原则是什么？试举例说明？

9. $E^{\ominus} = \dfrac{RT}{nF}\ln K^{\ominus}$，$E^{\ominus}$ 是不是电池反应达到平衡时的电动势？

10. 电极电势的应用有哪些？举例说明。

11. 什么是元素电势图？有何主要用途？

12. 原电池和电解池各有何特点？举例说明（从电极名称、电极反应、电子流方向等方面进行比较）。

13. 什么叫分解电压？为什么实际分解电压高于理论分解电压？

14. 金属电化学腐蚀的特点是什么？为什么粗锌（含杂质主要是 Cu，Fe 等）比纯锌容易在硫酸中溶解？为什么在水面附近的金属比在水中的金属更容易腐蚀？

15. 金属防腐的方法有哪些？

16. 化学电源主要有哪几类？

习　题

一、选择题

1. 非金属碘在 $0.01\ mol \cdot dm^{-3}$ 的 I^- 溶液中，加入少量的 H_2O_2，I_2/I^- 的电极电势（　　）。

　　A. 增大　　　　　　B. 减小　　　　　　　　C. 不变　　　　　　D. 不能判断

2. 为求 AgCl 的溶度积，应设计电池为（　　）。

　　A. $Ag，AgCl|HCl(aq)|Cl_2(p)，Pt$　　　　　　B. $Pt，Cl_2(p)|HCl(aq) \parallel AgNO_3(aq)|Ag$

　　C. $Ag|AgNO_3(aq) \parallel HCl(aq)|AgCl，Ag$　　D. $Ag，AgCl|HCl(aq)|AgCl，Ag$

3. 已知碱性溶液中溴的元素电势图：$BrO_3^- \xrightarrow{0.54\ V} BrO^- \xrightarrow{0.45\ V} Br_2 \xrightarrow{1.07\ V} Br^-$，则 $E^{\ominus}(BrO^-/Br^-)$ 等于（　　）。

　　A. 1.52 V　　　　　B. 0.76 V　　　　　　　C. 1.30 V　　　　　D. 0.61 V

4. 下列电池中，哪一个的电池反应为 $H^+ + OH^- =\!=\!= H_2O$？（　　）

　　A. $Pt，H_2|H^+(aq) \parallel OH^-|O_2，Pt$　　　　　B. $Pt，H_2|NaOH(aq)|O_2，Pt$

　　C. $Pt，H_2|NaOH(aq) \parallel HCl(aq)|H_2，Pt$　　D. $Pt，H_2(p_1)|H_2O(l)|H_2(p_2)，Pt$

5. 下列电对的电极电势与 pH 值无关的是（　　）。

　　A. MnO_4^{2-}/Mn^{2+}　　B. H_2O_2/H_2O　　　　C. O_2/H_2O_2　　　　D. $S_2O_8^{2-}/SO_4^{2-}$

二、填空题

1. 电池 $Zn(s) | Zn^{2+}(c_1) \parallel Zn^{2+}(c_2) | Zn(s)$，若 $c_1 > c_2$，则电池电动势 _____。若 $c_1 = c_2$，则电池电动势 _____。

2. 在 298.15 K 时，已知 $Cu^{2+} + 2e =\!=\!= Cu$ 标准电池电动势为 0.3402 V，$Cu^+ + e =\!=\!= Cu$ 标准电池电动势为 0.522 V，则 $Cu^{2+} + e =\!=\!= Cu^+$ 标准电池电动势 _____。

3. 已知 $K_{sp}^{\ominus}(AgSCN) = 1.1 \times 10^{-12}$，$K_{sp}^{\ominus}(AgI) = 1.5 \times 10^{-16}$，$K_{sp}^{\ominus}(Ag_2C_2O_4) = 1.0 \times 10^{-11}$，$E^{\ominus}(Ag^+/Ag) = 0.80\ V$。试判断下列各电极的 $E^{\ominus}$ 值高低顺序是 _____。

　　(1) $E^{\ominus}(AgSCN/Ag)$；　(2) $E^{\ominus}(AgI/Ag)$；　(3) $E^{\ominus}(Ag_2C_2O_4/Ag)$。

4. 如仅根据下列三个电对的标准电极电势值：$E^{\ominus}(O_2/H_2O_2) = 0.682\ V$，$E^{\ominus}(H_2O_2/H_2O) = 1.77\ V$，$E^{\ominus}(O_2/H_2O) = 1.23\ V$，可知其中最强的氧化剂是 _____；最强的还原剂是 _____；既可作氧化剂又可作还原剂的是 _____；只能作还原剂的是 _____。

三、综合题

1. 用离子-电子法配平下列方程式：

　　（a）酸性介质中

　　（1）$KClO_3 + FeSO_4 \longrightarrow Fe_2(SO_4)_3 + KCl$；

　　（2）$H_2O_2 + Cr_2O_7^{2-} \longrightarrow Cr^{3+} + O_2$；

　　（3）$MnO_4^{2-} \longrightarrow MnO_2 + MnO_4^-$。

　　（b）碱性介质中

(1) $Al + NO_3^- \longrightarrow Al(OH)_3 + NH_3$；

(2) $ClO_3^- + MnO_2 \longrightarrow Cl^- + MnO_4^{2-}$；

(3) $Fe(OH)_2 + H_2O_2 \longrightarrow Fe(OH)_3$。

2. 试将下列化学反应设计成电池：

(1) $Fe^{2+}[c(Fe^{2+})] + Ag^+[c(Ag^+)] =\!=\!= Fe^{3+}[c(Fe^{3+})] + Ag(s)$；

(2) $AgCl(s) =\!=\!= Ag^+[c(Ag^+)] + Cl^-[c(Cl^-)]$；

(3) $AgCl(s) + I^-[c(I^-)] =\!=\!= AgI(s) + Cl^-[c(Cl^-)]$；

(4) $H_2[p(H_2)] + \dfrac{1}{2}O_2[p(O_2)] =\!=\!= H_2O(l)$。

3. 写出下列电池中各电极上的反应和电池反应：

(1) $Ag(s)|AgI(s)|I^-[c(I^-)] \parallel Cl^-[c(Cl^-)]|AgCl(s)|Ag(s)$；

(2) $Pb(s)|PbSO_4(s)|SO_4^{2-}[c(SO_4^{2-})] \parallel Cu^{2+}[c(Cu^{2+})]|Cu(s)$；

(3) $Pt|H_2[p(H_2)]|NaOH[c(NaOH)]|HgO(s)|Hg(l)|Pt$；

(4) $Pt|Hg(l)|Hg_2Cl_2(s)|KCl(aq)|Cl_2[p(Cl_2)]|Pt$。

4. 当溶液中 $c(H^+)$ 增加时，下列氧化剂的氧化能力是增强、减弱还是不变？

(1) Cl_2；(2) $Cr_2O_7^{2-}$；(3) Fe^{3+}；(4) MnO_4^-。

5. 已知下列化学反应（298.15 K）：

$$2I^-(aq) + 2Fe^{3+}(aq) =\!=\!= I_2(s) + 2Fe^{2+}(aq)$$

(1) 用图式表示原电池；

(2) 计算原电池的 $E^\ominus$；

(3) 计算反应的 $K^\ominus$；

(4) 若 $c(I^-) = 1.0 \times 10^{-2}$ mol·dm^{-3}，$c(Fe^{3+}) = \dfrac{1}{10}c(Fe^{2+})$，计算原电池的电动势。

6. 参考附录 G 中标准电极电势 $E^\ominus$ 值，判断下列反应能否进行？

(1) I_2 能否使 Mn^{2+} 氧化为 MnO_2？

(2) 在酸性溶液中 $KMnO_4$ 能否使 Fe^{2+} 氧化为 Fe^{3+}？

(3) Sn^{2+} 能否使 Fe^{3+} 还原为 Fe^{2+}？

(4) Sn^{2+} 能否使 Fe^{2+} 还原为 Fe？

7. 计算说明在 pH = 4.0 时，下列反应能否自动进行（假定除 H^+ 之外的其他物质均处于标准条件下）：

(1) $Cr_2O_7^{2-}(aq) + H^+(aq) + Br^-(aq) \longrightarrow Br_2(l) + Cr^{3+}(aq) + H_2O(l)$；

(2) $MnO_4^-(aq) + H^+(aq) + Cl^-(aq) \longrightarrow Cl_2(g) + Mn^{2+}(aq) + H_2O(l)$。

8. 解释下列现象：

(1) 在配制 $SnCl_2$ 溶液时，需加入金属 Sn 粒后再保存待用；

(2) H_2S 水溶液放置后会变浑浊；

(3) $FeSO_4$ 溶液久放后会变黄。

9. 298.15 K 时，反应 $MnO_2 + 4HCl =\!=\!= MnCl_2 + Cl_2 + 2H_2O$ 在标准状态下能否发生？为什么实验室可以用 MnO_2 和浓 HCl（浓度为 12 mol·dm^{-3}）制取 Cl_2？能不能用 $KMnO_4$ 代替 MnO_2 与 1 mol·dm^{-3} 的 HCl 作用制备 Cl_2？（设用 12 mol·dm^{-3} 浓盐酸时，假定 $c(Mn^{2+})$ = 1.0 mol·dm^{-3}，$p(Cl_2) = 100$ kPa）。

10. 银不能置换 $1 \ mol \cdot dm^{-3}$ HCl 里的氢,但可以和 $1 \ mol \cdot dm^{-3}$ 的 HI 起置换反应产生氢气,通过计算解释此现象。

11. 计算原电池$(-)Cu|Cu^{2+}(1.0 \ mol \cdot dm^{-3}) \parallel Ag^+(1.0 \ mol \cdot dm^{-3})|Ag(+)$在下述情况下电动势的改变值:(1)$Cu^{2+}$ 浓度降至 $1.0 \times 10^{-3} \ mol \cdot dm^{-3}$;(2)加入足够量的 Cl^- 使 $AgCl$ 沉淀,设 Cl^- 浓度为 $1.56 \ mol \cdot dm^{-3}$。

12. 计算下列电池反应在 298.15 K 时的 $E^{\ominus}$、E、$\Delta_r G_m^{\ominus}$ 和 $\Delta_r G_m$,指出反应的方向:

    (1) $\frac{1}{2}Cu(s) + \frac{1}{2}Cl_2(p = 100 \ kPa) \Longrightarrow \frac{1}{2}Cu^{2+}[c(Cu^{2+}) = 1 \ mol \cdot dm^{-3}] + Cl^-[c(Cl^-) = 1 \ mol \cdot dm^{-3}]$;

    (2) $Cu(s) + 2H^+[c(H^+) = 0.01 \ mol \cdot dm^{-3}) \Longrightarrow Cu^{2+}[c(Cu^{2+}) = 0.1 \ mol \cdot dm^{-3}] + H_2$ $(p = 90 \ kPa)$。

13. 已知下列电极反应在 298.15 K 时 $E^{\ominus}$ 的值,求 AgCl 的 $K_{sp}^{\ominus}$。

    $$Ag^+ + e^- \Longrightarrow Ag(s), \quad E^{\ominus}(Ag^+/Ag) = 0.7996 \ V;$$
    $$AgCl(s) + e^- \Longrightarrow Ag(s) + Cl^-, \quad E^{\ominus}(AgCl/Ag) = 0.2223 \ V。$$

14. 已知下列电极反应在 298.15 K 时 $E^{\ominus}$ 的值,求 $K_{稳}^{\ominus}\{[Cu(CN)_2]^-\}$。

    $$[Cu(CN)_2]^- + e \Longrightarrow Cu + 2CN^-, \quad E^{\ominus} = -0.896 \ V;$$
    $$Cu^+ + e \Longrightarrow Cu, \quad E^{\ominus} = 0.521 \ V。$$

15. 已知 $K_{稳}^{\ominus}\{[Ag(NH_3)_2]^+\} = 1.12 \times 10^7$,$K_{稳}^{\ominus}\{[Ag(S_2O_3)_2]^{3-}\} = 2.88 \times 10^{13}$,试计算电对 $[Ag(NH_3)_2]^+/Ag$ 和 $[Ag(S_2O_3)_2]^{3-}/Ag$ 的标准电极电势。

16. 已知 $PbCl_2$ 的 $K_{sp}^{\ominus} = 1.7 \times 10^{-5}$,$E^{\ominus}(Pb^{2+}/Pb) = -0.1262 \ V$,计算 298.15 K 时 $E^{\ominus}(PbCl_2/Pb)$ 的值。

17. 碘在碱性介质中元素电势图为:

    求 $E^{\ominus}(IO^-/I_2)$,并判断 I_2 能否歧化成 IO^- 和 I^-。

18. 计算在 25 ℃时下列氧化还原反应的平衡常数。

    $$3CuS(s) + 2NO_3^-(aq) + 8H^+(aq) \Longrightarrow 3S(s) + 2NO(g) + 3Cu^{2+}(aq) + 4H_2O(l)$$

19. 已知某原电池的正极是氢电极,负极是一个电势恒定的电极。当氢电极插入 pH = 4 的溶液中时,电池电动势为 0.412 V;若氢电极插入某缓冲溶液时,测得电池电动势为 0.427 V,求缓冲溶液的 pH 值。

20. 用电极反应表示下列物质的主要电解产物。

    (1) 电解 $NiSO_4$ 水溶液,阳极用镍,阴极用铁;

    (2) 电解熔融 NaCl,阳极用石墨,阴极用铁。

第 5 章 化学动力学

根据热力学原理,我们能够判断某一化学反应在指定的条件下能否发生以及反应进行的程度如何。但在实践中,有些用热力学原理计算能够进行的化学反应,实际上却看不到反应的发生。

例如,对于合成氨反应 $N_2(g) + 3H_2(g) \rightleftharpoons 2NH_3(g)$,其摩尔反应吉布斯函数 $\Delta_r G_m^\ominus = -32.8 \text{ kJ} \cdot \text{mol}^{-1}$,标准平衡常数 $K^\ominus(298.15 \text{ K}) = 5.6 \times 10^6$,从化学平衡的角度来看,常温常压下这个反应的转化率是很高的,可是它的反应速率太慢,以至于毫无工业价值。至今尚未找到一种合适的催化剂,能使合成氨反应在常温常压条件下顺利进行。目前,工业上都采用铁催化剂,并加入 Al_2O_3 和 K_2O 等助催化剂,在 500 ℃、3×10^4 kPa 条件下进行。又如,汽车尾气中的 CO、NO 是有毒气体,若能通过反应 $CO(g) + NO(g) \rightleftharpoons CO_2(g) + \frac{1}{2}N_2(g)$ 使其转化为 CO_2 和 N_2,则将很大程度地减少汽车尾气对环境的污染。由计算可知反应的趋势很大,$\Delta_r G_m^\ominus = -344.8 \text{ kJ} \cdot \text{mol}^{-1}$,$K^\ominus(298.15 \text{ K}) = 2.6 \times 10^{60}$,但反应的速率很小,也无实用价值。现在,使用含铂、钯和铑等贵金属的三元催化剂,可以提高反应速率,有很高的转化率,但其价格昂贵,因此研制这个反应的催化剂仍是人们非常感兴趣的课题。

所以,对一个化学反应,需要从两个方面来研究,既要研究反应的可能性,又要研究反应的现实性。化学反应的速率千差万别,即使是同一反应,条件不同,反应速率也不相同。例如,钢铁在室温时锈蚀较慢,高温时则锈蚀得很快。所以人们在生产实践中常常需要采取措施来控制反应的速率。一些情况下要使反应加速来缩短生产周期,而另一些情况下则要使反应减缓来延长产品的使用寿命。为此,就必须研究化学反应速率的变化规律,了解影响反应速率的因素,掌握调节和改变反应速率的方法手段,只有这样才能按照人们的需要控制反应速率,为人类造福,而这一切正是化学动力学所需研究解决的内容。

化学动力学是研究化学反应速率及其机理的科学。其基本任务是研究各种因素对化学反应速率的影响,揭示化学反应进行的机理,研究物质结构与反应性能的关系。研究化学动力学就是为了能控制化学反应的进行,使反应按人们所希望的速率和方式进行,并得到人们所希望的产品。

5.1 化学反应速率及其机理

5.1.1 化学反应速率的定义及其表示方法

化学反应速率是指在一定条件下,反应物转变为产物的快慢,即参加反应的各物质的数量随时间的变化率。可以用单位时间内,反应物的浓度(或分压力)的减少,或生成物的浓度(或分压力)的增加来表示反应速率。如下述反应

$$N_2(g) + 3H_2(g) \Longrightarrow 2NH_3(g)$$

若反应速率以反应物 N_2 浓度的减少来表示,则

$$\bar{r}(N_2) = -\frac{c(N_2)_{t_2} - c(N_2)_{t_1}}{t_2 - t_1} = \frac{-\Delta c(N_2)}{\Delta t}$$

式中,t 表示时间;$c(N_2)_t$ 表示 t 时刻反应物 N_2 的物质的量浓度;$\Delta c(N_2)$ 是反应物 N_2 浓度的变化值。以此表示的反应速率是平均速率,以 $\bar{r}$ 来表示。由于反应速率恒为正值,而 $\Delta c(N_2)$ 是负值,故在 $\Delta c(N_2)/\Delta t$ 前加负号。

若以生成物浓度表示反应速率,则

$$\bar{r}(NH_3) = \frac{\Delta c(NH_3)}{\Delta t}$$

当反应方程中反应物和生成物的化学计量系数不等时,用反应物或生成物浓度(或分压力)表示的反应速率的值也不等。如上反应中,$-2\Delta c(N_2) = \Delta c(NH_3)$,则 $\bar{r}(NH_3) = 2\bar{r}(N_2)$。

在化学反应中,反应物(或产物)的浓度随时间的变化往往不是直线关系。开始时反应物的浓度较大,反应速率较快,单位时间内得到的产物也较多,而到反应后期,反应物的浓度较小,反应较慢,产物的数量也较少,反应物或产物浓度随时间变化曲线如图 5-1 所示。由于反应初期和后期反应速率不同,所以用瞬时速率更为确切。

目前,国际上普遍采用反应进度 ξ 随时间 t 的变化率来表示反应进行的快慢。对于任一化学反应

$$0 = \sum_B \nu_B B$$

定义　　　　　$J = \dfrac{d\xi}{dt}$　　　　(5-1)

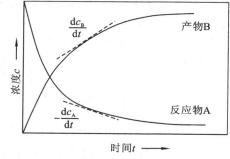

图 5-1　反应物或产物浓度随时间变化曲线

J 称为反应的转化速率。因为 $d\xi = \nu_B^{-1} \cdot dn_B$,所以

$$J = \frac{1}{\nu_B} \frac{dn_B}{dt} \qquad (5-2)$$

式中,n_B 为物质 B 的物质的量;ν_B 为物质 B 的化学计量系数,对于反应物 ν_B 为负值,对于产物 ν_B 为正值。

对于任意化学反应

$$aA + bB \longrightarrow gG + hH$$

$$J = -\frac{1}{a}\frac{dn_A}{dt} = -\frac{1}{b}\frac{dn_B}{dt} = \frac{1}{g}\frac{dn_G}{dt} = \frac{1}{h}\frac{dn_H}{dt}$$

转化速率 J 与物质 B 的选择无关,但必须指明化学反应方程式。若时间的单位采用 s,则 J 的单位为 $mol \cdot s^{-1}$。

对于体积恒定的密闭系统,人们常用单位体积的反应速率 r 表示,即

$$r = \frac{J}{V} = \frac{1}{V} \cdot \frac{d\xi}{dt} = \frac{1}{\nu_B} \cdot \frac{1}{V} \cdot \frac{dn_B}{dt} = \frac{1}{\nu_B} \cdot \frac{dc_B}{dt} \qquad (5-3)$$

式中,$c_B = n_B/V$。若时间的单位采用 s,浓度的单位用 $mol \cdot dm^{-3}$,则 r 的单位为 $mol \cdot dm^{-3} \cdot s^{-1}$。$r$ 与物质 B 的选择无关,在参加反应的物质中,选用任何一种,反应速率的值都是相同的。实际工作中,常选择浓度比较容易测量的物质来表示其反应速率。本章将主要以式(5-3)讨论恒

容系统中的反应速率。

5.1.2　反应速率的实验测定

对于恒容反应系统，实验测定某时刻的反应速率，必须求出 dc/dt。为此，要在反应的不同时刻 $t_0, t_1, t_2, \cdots$，分别测出反应系统中某物质的浓度 $c_0, c_1, c_2, \cdots$，然后以浓度 c 对时间 t 作图。图中曲线上某点的斜率 dc/dt 为该时刻的反应速率，如图 5-1 所示。

【例 5-1】 已测得反应：$2N_2O_5(g) \longrightarrow 4NO_2(g) + O_2(g)$ 系统中 N_2O_5 的浓度随时间的变化如下表所示：

t/min	0	1	2	3	4
$c(N_2O_5)/(\text{mol} \cdot \text{dm}^{-3})$	0.160	0.113	0.080	0.056	0.040

请用作图法求反应在 2 min 时的反应速率。

解　以纵坐标表示 $c(N_2O_5)$，横坐标表示时间 t，根据上表数据作出 c-t 曲线，如图 5-2 所示。在 $t = 2$ min 时作平行于纵坐标的直线，与曲线相交于 a 点，然后通过 a 点作曲线的切线，在切线上任取两点 b 和 c，画平行于纵轴和横轴的直线相交于 d 点，构成直角三角形 bcd，利用直角三角形 bcd 可得 a 点的斜率，即 $dc(N_2O_5)/dt$。则反应在 $t = 2$ min 时的反应速率为

$$r = -\frac{1}{2} \cdot \frac{dc(N_2O_5)}{dt} = -\frac{1}{2} \cdot \frac{\Delta y}{\Delta x}$$

$$= \frac{1}{2} \cdot \frac{0.056 \text{ mol} \cdot \text{dm}^{-3}}{2.0 \text{ min}}$$

$$= 0.014 \text{ mol} \cdot \text{dm}^{-3} \cdot \text{min}^{-1}$$

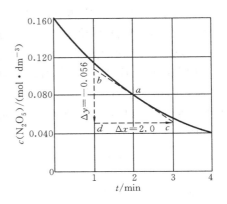

图 5-2　N_2O_5 的 c-t 图

从上例可见，反应速率的测定实际上是测定不同时刻反应物或产物的浓度。

反应系统中浓度的测定可分为物理法和化学法两类。

物理法是测定与物质浓度有关的物理性质随时间的变化关系，然后根据物理性质与浓度的关系，间接计算出物质的浓度。可采用的物理性质有压力、体积、旋光度、折光率、光谱、电导或电动势等。物理法的优点是可以不中止反应，连续测定，自动记录，迅速而且方便。缺点是，如果反应中有副反应或少量杂质对所测定物质的物理性质有影响，则将会造成较大的误差。

化学法就是定时从反应系统中取出部分样品，并立即中止反应，尽快用化学分析法测定反应物或产物的浓度。中止反应的方法有骤冷、稀释、加阻化剂或移走催化剂等。化学法的优点是可直接测定浓度。缺点是合适的中止反应的方法少，较难测得指定时刻的浓度，因而误差大，且实验操作麻烦。目前很少采用化学法。

5.2　反应历程和基元反应

5.2.1　反应历程和基元反应

在化学反应过程中从反应物变为产物的具体途径称为反应历程或反应机理。通常书写的化学反应方程式，只是化学反应的计量式，只表示一个宏观的总反应，并没有表示出反应物经

历哪些具体步骤变为产物的。例如，

$$H_2(g) + Cl_2(g) \longrightarrow 2HCl(g) \tag{1}$$

只代表反应的总结果，并不表示由一个 $H_2(g)$ 分子和一个 $Cl_2(g)$ 分子直接碰撞就能生成两个 $HCl(g)$ 分子。经研究表明，此反应是在光照条件下，由下列 4 个步骤完成的：

$$Cl_2(g) + M \longrightarrow 2Cl(g) + M \tag{a}$$
$$Cl(g) + H_2(g) \longrightarrow HCl(g) + H(g) \tag{b}$$
$$H(g) + Cl_2(g) \longrightarrow HCl(g) + Cl(g) \tag{c}$$
$$Cl(g) + Cl(g) + M \longrightarrow Cl_2(g) + M \tag{d}$$

式中，M 可以是器壁或其他不参与反应的第三种物质，只起传递能量的作用。上述 4 个反应步骤中的每一步反应都是由反应物分子直接相互作用生成产物的。

这种由反应物分子(或离子、原子以及自由基等)直接相互作用生成产物的反应，称为基元反应。上面(a)、(b)、(c)、(d)反应均为基元反应，总反应(1)是由基元反应(a)、(b)、(c)和(d)构成的。

5.2.2 简单反应与复合反应

由一个基元反应构成的总反应就称为简单反应。如下列各总反应：

$$SO_2Cl_2 \longrightarrow SO_2 + Cl_2 \tag{2}$$
$$NO_2 + CO \longrightarrow NO + CO_2 \tag{3}$$
$$2NO_2 \longrightarrow 2NO + O_2 \tag{4}$$

都是由反应物分子直接相互作用一步生成产物的，是基元反应，也是简单反应。

由两个或两个以上的基元反应构成的总反应称为复合反应。如上述由氢气和氯气合成氯化氢的反应(1)就是复合反应。再如 $H_2(g) + I_2(g) \longrightarrow 2HI(g)$ 也是复合反应，它是由以下两步基元反应完成的：

$$I_2(g) + M \longrightarrow 2I(g) + M \tag{a}$$
$$H_2(g) + 2I(g) \longrightarrow 2HI(g) \tag{b}$$

一个复合反应总是经过若干步基元反应才能完成的，这些基元反应代表了反应所经过的历程。

5.2.3 反应分子数

对于基元反应，直接相互作用所必需的反应物分子(离子、原子以及自由基等)数称为反应分子数。如上述反应(2)中，就只有一个反应物分子 SO_2Cl_2，故反应分子数为 1；而反应(3)和(4)中均有两个反应物分子，则反应分子数为 2。

依据反应分子数的不同，基元反应可分为单分子反应(反应分子数为 1)、双分子反应(反应分子数为 2)、三分子反应(反应分子数为 3)。三分子反应已不多见，而四分子及以上的反应至今尚未发现。

5.3 化学反应速率与浓度的关系

5.3.1 质量作用定律和反应速率常数

我们将反应物浓度与反应速率之间的定量关系式称为化学反应速率方程。

　　实验表明,基元反应的速率方程都比较简单,可以直接由化学反应计量方程式得出。对于任意基元反应

$$aA+bB \longrightarrow gG+hH$$

其反应速率方程可以表示为

$$r = kc_A^a c_B^b \tag{5-4}$$

上式表明:在一定温度下,基元反应的速率与反应物浓度的幂的乘积成正比,其中每种反应物浓度的指数就是反应式中各相应反应物的化学计量系数。基元反应的这个规律称为质量作用定律,式(5-4)是质量作用定律的数学表达式。

　　式(5-4)中的 k 称为反应速率常数,它在数值上等于各反应物浓度均为单位浓度(如 1.0 $\mathrm{mol \cdot dm^{-3}}$)时反应的瞬时速率。$k$ 与反应物的浓度无关,而与反应物的本性、温度、催化剂等有关。不同的反应 k 值不同,k 值的大小可反映出反应进行的快慢,因此在化学动力学中,k 是一个重要的参数。

　　质量作用定律只适用于基元反应,这是因为基元反应直接代表了反应物分子间的相互作用,而总反应则代表反应的总体计量关系,它并不代表反应的真实历程。

5.3.2　反应级数

　　质量作用定律只适用于基元反应,对于复合反应,其速率方程只能由实验来确定。对于一般复合反应:

$$aA+bB \longrightarrow gG+hH$$

通常将速率方程写作如下通式:

$$r = kc_A^{\alpha} c_B^{\beta} \tag{5-5}$$

上式表示反应速率与反应物浓度之间的关系。式中,k 仍称为速率常数,但各反应物浓度的指数 α、β 并不一定等于反应式中反应物 A、B 的化学计量系数。为此,人们提出了反应级数的概念:将 α 称为反应对物质 A 的反应级数,β 称为反应对物质 B 的反应级数,而将 $n=\alpha+\beta$ 称为反应总级数,或简称反应级数。对于基元反应,$\alpha=a$,$\beta=b$;对于复合反应,α、β、n 只能由实验确定。一旦反应级数确定,则反应速率方程的具体形式也就确定了。

　　反应级数表示了浓度对反应速率的影响程度。n 值越大,浓度对反应的速率的影响越大。$n=0$ 的反应称为零级反应,$n=1$ 的反应称为一级反应,$n=2$ 的反应称为二级反应,以此类推。

　　对于基元反应,反应级数与反应分子数一般是一致的,即单分子反应是一级反应,双分子反应是二级反应,三分子反应是三级反应。

　　需要注意的是,反应级数与反应分子数是属于不同范畴的概念,反应级数是针对宏观的总反应而言的,而反应分子数是针对微观的基元反应而言的。反应级数可以是正整数,也可以是零、负整数或分数,有时甚至无法用简单数字来表示。而反应分子数只能是不大于 3 的正整数。

5.4　速率方程的微积分形式及其特征

　　凡是反应速率只与反应物的浓度有关,反应级数只是零或正整数的反应,统称为简单级数反应。下面讨论简单级数反应的微积分形式及其特征。

5.4.1　简单级数反应的速率方程

1. 一级反应

反应速率与反应物浓度的一次方成正比的反应,称为一级反应。例如,放射性镭的蜕变反应 $^{226}_{88}\mathrm{Ra} \longrightarrow ^{222}_{86}\mathrm{Rn} + ^{4}_{2}\mathrm{He}$ 和 N_2O_5 的分解反应 $N_2O_5 \longrightarrow N_2O_4 + \frac{1}{2}O_2$ 等。

对于一级反应

$$A \xrightarrow{k_1} 产物$$

其速率方程的微分式为

$$r = -\frac{dc_A}{dt} = k_1 c_A \tag{5-6}$$

式中,k_1 为速率常数;c_A 为反应物 A 在 t 时刻的浓度。将上式改写为

$$-\frac{dc_A}{c_A} = k_1 dt$$

设 $t=0$,反应物的浓度为 c_0,对上式两边积分

$$-\int_{c_0}^{c_A} \frac{dc_A}{c_A} = \int_0^t k_1 dt$$

得

$$\ln \frac{c_0}{c_A} = k_1 t \tag{5-7}$$

或

$$\ln c_A = \ln c_0 - k_1 t \tag{5-8}$$

或

$$c_A = c_0 e^{-k_1 t} \tag{5-9}$$

式(5-7)至式(5-9)均为一级反应速率方程的积分形式。

设反应物 A 在 t 时刻的转化率为 x_A,其定义为

$$x_A = (c_0 - c_A)/c_0 \tag{5-10}$$

或

$$c_A = c_0(1 - x_A)$$

将上式代入式(5-7)中,得

$$\ln \frac{1}{1 - x_A} = k_1 t \tag{5-11}$$

式(5-11)也为一级反应速率方程的积分式。由上述积分式可以看出,一级反应有如下几个特征:

(1) 速率常数 k_1 的单位为[时间]$^{-1}$,与浓度的单位无关。

(2) 以 $\ln c_A$ 对 t 作图,应得一条直线,其斜率为 $-k_1$。因此,可用作图的方法判断反应是否为一级反应,若是,还可求得 k_1。

(3) 一级反应的半衰期与速率常数成反比,且与反应物的起始浓度无关。所谓半衰期是指反应物的起始浓度消耗一半的时间,常用 $T_{1/2}$ 表示。将 $c_A = \frac{1}{2}c_0$ 代入式(5-7),得

$$\ln \frac{c_0}{\frac{1}{2}c_0} = k_1 T_{1/2}$$

$$T_{1/2} = \frac{1}{k_1}\ln 2 = \frac{0.6932}{k_1} \tag{5-12}$$

可用 $T_{1/2}$ 值的大小来衡量反应的速率。$T_{1/2}$ 越大,反应越慢;$T_{1/2}$ 越小,反应越快。半衰期常用

于表示放射性同位素的衰变特征。

【例 5-2】 已知 $^{14}_{6}C$ 的半衰期 $T_{1/2}=5760$ 年,有一株被火山喷出的灰尘埋藏的树木,测定其中 $^{14}_{6}C$ 的质量只有活树中 $^{14}_{6}C$ 质量的 45%。假定活树中 $^{14}_{6}C$ 的质量是恒定的,反应 $^{14}_{6}C\rightarrow^{14}_{7}C+^{0}_{-1}e^{-}$ 是一级反应,求火山爆发的时间或树死的时间。

解 由式(5-12)得

$$T_{1/2}=\frac{0.6932}{k_1}=5760 \text{ 年}, \quad k_1=1.20\times10^{-4} \text{ 年}^{-1}$$

已知 $\dfrac{c(^{14}_{6}C)}{c_0(^{14}_{6}C)}=0.45$,代入式(5-7)中得

$$t=\frac{1}{k_1}\ln\frac{c_0(^{14}_{6}C)}{c(^{14}_{6}C)}=\frac{1}{1.20\times10^{-4} \text{ 年}^{-1}}\ln\frac{1}{0.45}\approx6654 \text{ 年}$$

即火山爆发或树死的时间约为 6654 年。

2. 二级反应

反应速率与反应物浓度的二次方(或两种反应物浓度的乘积)成正比的反应称为二级反应。二级反应是常见的一种反应,特别是溶液中的有机反应多数是二级反应。二级反应有两种类型:

$$A+B\xrightarrow{k_2}\text{产物} \tag{1}$$

$$2A\xrightarrow{k_2}\text{产物} \tag{2}$$

对于第(1)种类型的反应,若两个反应物起始浓度相等,则在反应到任意时刻,二者的浓度也相等。其反应速率方程的微分式为

$$r=-\frac{dc_A}{dt}=k_2c_Ac_B=k_2c_A^2 \tag{5-13}$$

式中,k_2 为二级反应的速率常数,c_A 为反应物 A 在 t 时刻的浓度。将上式改写为

$$-\frac{dc_A}{c_A^2}=k_2dt$$

设 $t=0$,反应物的浓度为 c_0,积分上式,得

$$\frac{1}{c_A}-\frac{1}{c_0}=k_2t \tag{5-14}$$

上式为起始浓度相等的二级反应速率方程积分式。对于第(2)种类型的反应,可视为等浓度二级反应的特例,其速率方程积分式与式(5-14)在形式上完全相同,即

$$\frac{1}{c_A}-\frac{1}{c_0}=k_At \tag{5-15}$$

式中,$k_A=2k_2$。

若第(1)种类型反应的两个反应物起始浓度不等,则其速率方程的微分式和积分式分别如下:

$$\frac{dx}{dt}=k_2(a-x)(b-x) \tag{5-16}$$

$$k_2t=\frac{1}{a-b}\ln\frac{b(a-x)}{a(b-x)} \tag{5-17}$$

这里就不作具体推导了。式中,a、b 分别为反应物 A、B 的起始浓度;x 为 t 时刻反应物已反应掉的浓度。

由式(5-14)和式(5-15)可知,二级反应有如下特征:

(1) 速率常数 k_2(或 k_A)的单位为[浓度]$^{-1}$·[时间]$^{-1}$。

(2) 以 $1/c_A$ 对 t 作图应得一直线,其斜率为 k_2(或 k_A)。

(3) 当反应完成一半时,$c_A = \frac{1}{2}c_0$,代入式(5-14)中,得

$$T_{1/2} = \frac{1}{k_2 c_0} \tag{5-18}$$

上式表明,二级反应的半衰期与反应物的起始浓度成反比。

对起始浓度不等的二级反应,因两个反应物反应掉一半的时间不同,就没有半衰期这一概念了。

【例 5-3】 乙酸乙酯皂化反应

$$CH_3COOC_2H_5 + NaOH \longrightarrow CH_3COONa + C_2H_5OH$$
$$\text{(A)} \qquad\qquad \text{(B)} \qquad\qquad \text{(C)} \qquad\qquad \text{(D)}$$

是二级反应。反应开始($t=0$)时,A 与 B 的浓度都是 $0.02\ \text{mol·dm}^{-3}$,在 21 ℃时,反应 $t=25$ min 后,取出样品,立即中止反应进行定量分析,测得溶液中剩余 NaOH 为 0.529×10^{-2} mol·dm^{-3}。(1)此反应转化率达 90% 需多少时间? (2)如果 A 与 B 的初始浓度都是 0.01 mol·dm^{-3},达到同样的转化率需多少时间?

解　题给反应为等浓度二级反应,将已知条件代入式(5-14)中,得

$$k_2 = \frac{1}{t}\left(\frac{1}{c_A} - \frac{1}{c_0}\right) = \frac{1}{25}\left(\frac{0.02 - 0.529 \times 10^{-2}}{0.02 \times 0.529 \times 10^{-2}}\right)\ \text{mol}^{-1}\cdot\text{dm}^3\cdot\text{min}^{-1}$$
$$= 5.57\ \text{mol}^{-1}\cdot\text{dm}^3\cdot\text{min}^{-1}$$

(1) 设转化率为 x_A,则任意时刻 $c_A = c_0(1-x_A)$,当 $c_0 = 0.02\ \text{mol·dm}^{-3}$ 时

$$t = \frac{1}{k_2}\left[\frac{1}{c_0(1-x_A)} - \frac{1}{c_0}\right] = \frac{1}{k_2 c_0}\left(\frac{1}{1-x_A} - 1\right) = \frac{x_A}{k_2 c_0(1-x_A)}$$
$$= \frac{0.9}{5.57 \times 0.02 \times (1-0.9)}\ \text{min} = 80.8\ \text{min}$$

(2) 当 $c_0 = 0.01\ \text{mol·dm}^{-3}$ 时

$$t = \frac{x_A}{k_2 c_0(1-x_A)} = \frac{0.9}{5.57 \times 0.01 \times (1-0.9)}\ \text{min} = 161.6\ \text{min}$$

即当初始浓度减半时,达到同样转化率所需时间加倍。

3. 零级反应

反应速率与反应物浓度无关的反应称为零级反应,即在整个反应过程中,反应速率为一常数。反应总级数为零的反应不多见,最常见的零级反应是在固体表面上发生的多相催化反应。对于零级反应:

$$A \xrightarrow{\ k_0\ } 产物$$

其速率方程的微分式为

$$r = -\frac{dc_A}{dt} = k_0 \tag{5-19}$$

积分上式,得

$$c_A = c_0 - k_0 t \tag{5-20}$$

上式即为零级反应速率方程的积分式。式中,k_0 为零级反应的速率常数。零级反应有如下特

征:

(1) 速率常数 k_0 的单位为[浓度]·[时间]$^{-1}$。

(2) 以 c_A 对 t 作图应得一直线,其斜率为 $-k_0$。

(3) 当反应完成一半时,$c_A = \frac{1}{2}c_0$,代入式(5-20)中,得

$$T_{1/2} = \frac{c_0}{2k_0} \tag{5-21}$$

上式表明,零级反应的半衰期与反应物的起始浓度成正比。

以上讨论了几种简单级数反应的速率方程及特征,现将它们归纳在表 5-1 中。

表 5-1　几种简单级数反应的速率方程及特征

级　　数	微　分　式	积　分　式	k 的单位	线性关系	$T_{1/2}$
0	$-\dfrac{dc_A}{dt} = k_0$	$c_A = c_0 - k_0 t$	[浓度]·[时间]$^{-1}$	c_A-t	$\dfrac{c_0}{2k_0}$
1	$-\dfrac{dc_A}{dt} = k_1 c_A$	$\ln \dfrac{c_A}{c_0} = -k_1 t$	[时间]$^{-1}$	$\ln c_A$-t	$\dfrac{\ln 2}{k_1}$
2	$-\dfrac{dc_A}{dt} = k_2 c_A^2$	$\dfrac{1}{c_A} - \dfrac{1}{c_0} = k_2 t$	[浓度]$^{-1}$·[时间]$^{-1}$	$\dfrac{1}{c_A}$-t	$\dfrac{1}{k_2 c_0}$

【例 5-4】　在某反应 $A \longrightarrow B + D$ 中,反应物的起始浓度 c_0 为 1 mol·dm^{-3},初速率 r_0 为 0.01 mol·dm^{-3}·s^{-1},如果假定该反应为(1)零级,(2)一级,(3)二级,试分别求出各不同级数的速率常数 k,标明 k 的单位,并求各不同级数的半衰期和反应物 A 浓度变为 0.1 mol·dm^{-3} 所需的时间。

解　(1) 零级反应,因 $r_0 = k_0$,所以

$$k_0 = 0.01 \text{ mol·dm}^{-3}·\text{s}^{-1}$$

由式(5-21)得

$$T_{1/2} = \frac{c_0}{2k_0} = \frac{1}{2 \times 0.01} \text{ s} = 50 \text{ s}$$

当 $c_A = 0.1$ mol·dm^{-3} 时,利用式(5-20)可得所需时间为

$$t = \frac{c_0 - c_A}{k_0} = \frac{1 - 0.1}{0.01} \text{ s} = 90 \text{ s}$$

(2) 一级反应,因 $r_0 = k_1 c_0$,所以

$$k_1 = \frac{r_0}{c_0} = \frac{0.01}{1} \text{ s}^{-1} = 0.01 \text{ s}^{-1}$$

由式(5-12)和式(5-7)可得

$$T_{1/2} = \frac{0.6932}{k_1} = \frac{0.6932}{0.01} \text{ s} = 69.32 \text{ s}$$

$$t = \frac{1}{k_1}\ln \frac{c_0}{c_A} = \frac{1}{0.01}\ln \frac{1}{0.1} \text{ s} = 230.3 \text{ s}$$

(3) 二级反应,因 $r_0 = k_2 c_0^2$,所以

$$k_2 = \frac{r_0}{c_0^2} = \frac{0.01}{1^2} \text{ mol}^{-1}·\text{dm}^3·\text{s}^{-1} = 0.01 \text{ mol}^{-1}·\text{dm}^3·\text{s}^{-1}$$

由式(5-18)和式(5-14)可得

$$T_{1/2} = \frac{1}{k_2 c_0} = \frac{1}{0.01 \times 1} \text{ s} = 100 \text{ s}$$

$$t = \frac{1}{k_2}\left(\frac{1}{c_A} - \frac{1}{c_0}\right) = \frac{1}{0.01}\left(\frac{1}{0.1} - \frac{1}{1}\right) \text{ s} = 900 \text{ s}$$

5.4.2　简单级数反应速率方程的确定

从上面的讨论可知,不同的化学反应,有不同的速率方程。如果要进行动力学计算,首先就要确定速率方程的具体形式。对于简单级数反应的速率方程,其微分式可归纳为式(5-5)的形式,即

$$r = kc_A^\alpha c_B^\beta$$

其中,动力学参数为速率常数 k 和反应级数 $n(n = \alpha + \beta)$,所以,确定速率方程就是确定 k 和 n。但积分式的形式只取决于 n 而与 k 无关。如表 5-1 所示,n 不同,则积分式大不相同,k 只不过是式中的一个常数,故确定速率方程的关键是确定反应级数。

1. 微分法

根据速率方程的微分式来确定反应级数的方法称为微分法。对一简单级数反应:

$$A \longrightarrow 产物$$

其微分式为

$$r = -\frac{dc_A}{dt} = kc_A^n$$

测定不同时间的反应物浓度,作浓度 c 对时间 t 的曲线,在曲线上任何一点切线的斜率即为该浓度下反应的瞬时速率 r。将上式取对数,得

$$\lg r = \lg k + n \lg c_A \tag{5-22}$$

以 $\lg r$ 对 $\lg c_A$ 作图,应得一条直线,其斜率就是反应级数 n,其截距即为 $\lg k$,可求得 k。

若在 c-t 曲线上任取两个点,则由上式可得

$$\lg r_1 = \lg k + n \lg c_1, \quad \lg r_2 = \lg k + n \lg c_2$$

两式相减,亦可得反应级数为

$$n = \frac{\lg r_1 - \lg r_2}{\lg c_1 - \lg c_2} \tag{5-23}$$

微分法的优点是,既适用于整数级反应,也适用于分数级反应。

2. 积分法

根据速率方程的积分式来确定反应级数的方法称为积分法。该法又可分为尝试法和作图法两种。

(1)尝试法

将不同时间测出的反应物浓度的数据分别代入各反应级数的积分式中,如果计算出不同时间的速率常数值近似相等,则该式的级数,即为反应级数。

【例 5-5】 已知下列反应:

$$N(CH_3)_3(A) + CH_3CH_2CH_2Br(B) \longrightarrow (CH_3)_3(CH_3CH_2CH_2)N^+ + Br^-$$

反应物 A 的起始浓度 $c_{A,0} = 0.1 \text{ mol} \cdot \text{dm}^{-3}$,在不同反应时间,A 的转化率 x 如下表所示:

t/s	780	2024	3540	7200
x	0.112	0.257	0.367	0.552

试用积分法确定反应的级数和速率常数。

解 因为
$$x = \frac{c_{A,0} - c_A}{c_{A,0}}$$

所以
$$c_A = c_{A,0}(1-x)$$

若代入一级反应速率方程的积分式中,得
$$k_1 = \frac{1}{t}\ln\frac{c_{A,0}}{c_A} = \frac{1}{t}\ln\frac{1}{1-x} \tag{5-24}$$

若代入二级反应速率方程的积分式中,得
$$k_2 = \frac{1}{t}\left(\frac{1}{c_A} - \frac{1}{c_{A,0}}\right) = \frac{1}{tc_{A,0}} \cdot \frac{x}{1-x} \tag{5-25}$$

将不同时间的转化率分别代入上两式,求得速率常数列于下表:

t/s	780	2024	3540	7200
$k_1 \times 10^4 / s^{-1}$	1.52	1.46	1.30	1.12
$k_2 \times 10^4 / (mol^{-1} \cdot dm^3 \cdot s^{-1})$	1.63	1.70	1.64	1.71

由表中结果可知,k_1 随时间增大而减小,没有近似于一个常数的趋势,故该反应不是一级反应。而 k_2 近似相等,故反应为二级反应。其速率常数的平均值为
$$k_2 = 1.67 \times 10^{-4} \ mol^{-1} \cdot dm^3 \cdot s^{-1}$$

（2）作图法

当各反应物的起始浓度之比等于各反应物的化学计量数之比时,可用作图法确定反应级数。将实验数据按照表 5-1 中所列的各线性关系作图,若有一种图为直线,则该图所代表的级数,就是该反应的级数。

积分法的优点是,只要一次实验的数据就能用尝试法或作图法;缺点是,不够灵敏,只能运用于简单级数反应。例如,若反应级数为 1.6～1.7,究竟是二级反应还是 1.5 级反应就无法确定。再如对于实验持续时间不太长,转化率又低的反应,实验数据按各线性关系作图,可能均为直线。

5.5 温度对反应速率的影响

实验表明,对于大多数反应来说,反应速率随温度升高而加快。1884 年,范特霍夫根据实验总结出一条近似规律:在一定温度范围内,温度每升高 10 ℃,反应速率增加 2～4 倍。此经验规则虽不精确,但当数据缺乏时,也可用它来作粗略估计。

5.5.1 温度与反应速率之间的经验关系式

大量实验表明,温度对反应速率的影响是通过改变速率常数 k 的值反映出来的。1889 年,阿仑尼乌斯(Arrhenius)总结了大量实验数据,提出了温度对反应速率常数 k 影响的经验公式:
$$k = Ae^{-\frac{E_a}{RT}} = A\exp\left(-\frac{E_a}{RT}\right) \tag{5-26}$$

上式称为阿仑尼乌斯公式。式中,A 为常数,称为指前因子,单位与速率常数相同;R 为摩尔气

体常数;T 为热力学温度;E_a 为活化能(或表观活化能),单位为 J·mol^{-1},对某一给定反应来说,E_a 为一定值。当温度变化不大时,E_a 和 A 不随温度变化而改变。E_a 和 A 在动力学中起着重要作用,称为化学动力学参量,在化学动力学的研究中,一个十分重要的任务就是求取反应的 E_a 和 A。

从式(5-26)可见,k 与 T 成指数关系,温度微小的变化,将导致 k 的较大变化;且对于同一反应,温度愈高,k 值愈大,当然反应速率也就愈大。

将式(5-26)取对数,得

$$\ln k = -\frac{E_a}{RT} + \ln A \tag{5-27}$$

由上式可知,若测出在不同温度下某反应的速率常数 k,以 $\ln k$ 对 $\frac{1}{T}$ 作图,应得一条直线,由直线的斜率($-E_a/R$)及截距($\ln A$),就可以分别求出 E_a 和 A 的值。

将式(5-27)对温度微分,得

$$\frac{\mathrm{d}\ln k}{\mathrm{d}T} = \frac{E_a}{RT^2} \tag{5-28}$$

将上式分离变量,在温度变化不大时,由 T_1 积分到 T_2,则有

$$\ln \frac{k_2}{k_1} = -\frac{E_a}{R}\left(\frac{1}{T_2} - \frac{1}{T_1}\right) \tag{5-29}$$

所以,若已知两个温度 T_1、T_2 下的速率常数 k_1、k_2,代入上式,则可求出活化能 E_a;或已知 E_a 和 T_1 下的 k_1,利用上式可求出任一温度 T_2 下的 k_2。

式(5-26)、式(5-27)、式(5-28)、式(5-29)均称为阿仑尼乌斯公式。

【例 5-6】　实验测得反应 $N_2O_5(g) \longrightarrow N_2O_4(g) + \frac{1}{2}O_2(g)$ 在 298 K 时速率常数 $k_1 = 3.4 \times 10^{-5}\,\text{s}^{-1}$,在 328 K 时速率常数 $k_2 = 1.5 \times 10^{-3}\,\text{s}^{-1}$,求反应的活化能和 298 K 时的指前因子 A。

解　由式(5-29)可得

$$E_a = \frac{RT_1T_2}{T_2 - T_1}\ln\frac{k_2}{k_1}$$

将上述数据代入式中,得

$$E_a = \frac{8.314\,\text{J·mol}^{-1}\text{·K}^{-1} \times 298\,\text{K} \times 328\,\text{K}}{328\,\text{K} - 298\,\text{K}}\ln\frac{1.5 \times 10^{-3}}{3.4 \times 10^{-5}} = 102.6\,\text{kJ·mol}^{-1}$$

由式(5-26)可得

$$A = k\mathrm{e}^{\frac{E_a}{RT}} = k\exp\left(\frac{E_a}{RT}\right)$$

代入已知数据 $T = 298\,\text{K}$,$k = 3.4 \times 10^{-5}\,\text{s}^{-1}$,$E_a = 102.6\,\text{kJ·mol}^{-1}$,得

$$A = 3.4 \times 10^{-5}\,\text{s}^{-1}\exp\left(\frac{102.6 \times 10^3\,\text{J·mol}^{-1}}{8.314\,\text{J·K}^{-1}\text{·mol}^{-1} \times 298\,\text{K}}\right) = 3.28 \times 10^{13}\,\text{s}^{-1}$$

【例 5-7】　已知溴乙烷分解反应的 $E_a = 229.3\,\text{kJ·mol}^{-1}$,在 650 K 时的速率常数 $k = 2.14 \times 10^{-4}\,\text{s}^{-1}$。现要使该反应的转化率在 10 min 时达到 90%,试问此反应的温度应控制在多少?

解　根据式(5-26)可得指前因子:

$$A = k\mathrm{e}^{\frac{E_a}{RT}} = k\exp\left(\frac{E_a}{RT}\right)$$

$$= 2.14\times10^{-4}\ \mathrm{s}^{-1}\exp\left(\frac{229300\ \mathrm{J\cdot mol}^{-1}}{8.314\ \mathrm{J\cdot K}^{-1}\cdot\mathrm{mol}^{-1}\times650\ \mathrm{K}}\right) = 5.7\times10^{14}\ \mathrm{s}^{-1}$$

由反应速率常数 k 的单位可知,溴乙烷的分解反应为一级反应;设其转化率为 x,利用式(5-24)和式(5-26)可得

$$\ln\frac{1}{1-x} = k_1 t = tA\exp\left(\frac{-E_a}{RT}\right)$$

代入 $x=0.90, t=600\ \mathrm{s}$ 和 A 的数值,算得 $T=698\ \mathrm{K}$。即欲使此反应在 10 min 时转化率达到 90%,温度应控制在 698 K。

5.5.2　活化能的物理意义

　　对于基元反应,活化能 E_a 有较明确的物理意义。阿仑尼乌斯提出:在基元反应中,并不是反应物分子之间的任何一次直接相互作用都能发生反应的,只有少数能量较高的分子直接相互作用才能发生反应。这些能量较高的分子称为活化分子。活化分子的平均能量与反应物分子平均能量的差值称为反应的活化能,也就是使普通分子变为能够发生反应的活化分子所需的能量,这就是活化能的物理意义。

　　设基元反应为

$$\mathrm{A} \longrightarrow \mathrm{P}$$

反应物 A 必须获得能量 E_a,变成活化分子 A^*,才能越过能峰变成产物 P(见图 5-3)。同理,对逆反应,P 必须获得能量 E_a' 才能越过能峰变成 A。由此可见,化学反应一般总是需要一个活化过程,也就是一个吸收足够能量以克服反应能峰的过程。在一般条件下,使普通分子活化的能量主要来源于分子间的碰撞,这种活化称为热活化,此外还有电活化及光活化等。

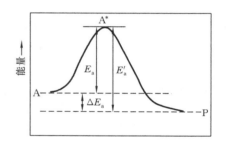

图 5-3　活化能示意图

　　对于非基元反应,E_a 就没有明确的物理意义了,它仅是构成反应历程的各个基元反应的活化能的特定组合而已,故称为表观活化能。

5.5.3　活化能对反应速率的影响

　　在阿仑尼乌斯公式中,由于 E_a 在指数上,所以 E_a 值的大小对反应速率的影响很大。例如,对 300 K 时发生的某一反应,若 E_a 降低 4 kJ·mol^{-1},则由式(5-26)可得

$$\frac{k_2}{k_1} = \mathrm{e}^{\frac{E_{a,1}-E_{a,2}}{RT}} = \mathrm{e}^{\frac{4000}{8.314\times300}} \approx 5$$

即反应速率是原来的 5 倍;若降低 8 kJ·mol^{-1},则反应速率是原来的 25 倍。通常化学反应的活化能大致在 40~400 kJ·mol^{-1} 之间,可见活化能对反应速率的影响之大。所以,当温度一定时,活化能不同的化学反应,活化能小的反应速率大。

　　一般,若 $E_a<40\ \mathrm{kJ\cdot mol}^{-1}$,则反应在室温下即可完成;若 $E_a>100\ \mathrm{kJ\cdot mol}^{-1}$,则要适当加热反应才能进行。

　　若反应系统中同时存在两个反应,反应 1 的活化能为 E_a,反应 2 的活化能为 E_a',且 $E_a> E_a'$,当系统的温度由 T_1 升高到 T_2 时,反应 1 的速率常数由 k_1 变为 k_2,反应 2 的速率常数由

k_1'变为k_2'。由式(5-29)可得：

对于反应 1 有

$$\ln \frac{k_2}{k_1} = -\frac{E_a}{R}\left(\frac{1}{T_2} - \frac{1}{T_1}\right) = \frac{E_a}{R}\left(\frac{T_2 - T_1}{T_1 T_2}\right)$$

对于反应 2 有

$$\ln \frac{k_2'}{k_1'} = \frac{E_a'}{R}\left(\frac{T_2 - T_1}{T_1 T_2}\right)$$

因为$E_a > E_a'$，$T_2 > T_1$，所以

$$\ln \frac{k_2}{k_1} > \ln \frac{k_2'}{k_1'}, \quad 即 \frac{k_2}{k_1} > \frac{k_2'}{k_1'}$$

也就是说，在相同的温度区间升高相同的温度，活化能大的反应，对温度更敏感，其速率常数 k 扩大的倍数较大，而活化能小的反应，其速率常数 k 扩大的倍数较小。在生产中，常利用这一原理来抑制副反应。

【例 5-8】 已知乙烷裂解反应的活化能 $E_a = 302.17\ \text{kJ} \cdot \text{mol}^{-1}$，丁烷裂解反应的活化能 $E_a = 233.68\ \text{kJ} \cdot \text{mol}^{-1}$，当温度由 973.15 K 升高到 1073.15 K 时，它们的反应速率常数将分别增加多少？

解　将已知数据代入式(5-29)，则

乙烷　　$\ln \dfrac{k(1073.15\ \text{K})}{k(973.15\ \text{K})} = \dfrac{302.17 \times 10^3}{8.314}\left(\dfrac{1073.15 - 973.15}{973.15 \times 1073.15}\right) = 3.48$

$$\frac{k(1073.15\text{K})}{k(973.15\text{K})} = 32.46$$

丁烷　　$\ln \dfrac{k(1073.15\ \text{K})}{k(973.15\ \text{K})} = \dfrac{233.68 \times 10^3}{8.314}\left(\dfrac{1073.15 - 973.15}{973.15 \times 1073.15}\right) = 2.69$

$$\frac{k(1073.15\ \text{K})}{k(973.15\ \text{K})} = 14.73$$

由计算可知，升高同样温度，活化能大的反应速率常数增加的倍数大。

5.6　化学反应速率理论

化学反应速率千差万别，除了外界因素如浓度、温度以及将要介绍的催化剂外，其内在规律是什么？在基元反应中，原子、分子是如何发生反应？基元反应的速率应如何从理论上计算？这就是反应速率理论的研究内容。本节简要介绍简单碰撞理论和过渡状态理论。

5.6.1　简单碰撞理论

1916—1923 年，路易斯(Lewis)等人接受阿仑尼乌斯关于"活化状态"和"活化能"的概念，在比较完善的气体分子运动论的基础上建立起简单碰撞理论。其主要假定有以下两方面。

(1) 反应物分子必须相互碰撞才能发生反应，碰撞的分子看成是无结构的刚性球体。

(2) 反应速率 r 与单位体积、单位时间内分子碰撞的次数(碰撞频率)Z 成正比。但并不是每一次碰撞都能发生反应，只有那些能量较高的活化分子的碰撞才能发生反应。这种能发生反应的碰撞称为有效碰撞。因此，单位体积、单位时间内有效碰撞的次数代表反应速率。

$$r = qZ \tag{5-30}$$

式中,q 称为有效碰撞分数,它是活化分子在整个反应物分子中所占的百分数。根据玻尔兹曼(Boltzmann)能量分布定律,有

$$q \approx e^{-\frac{E_a}{RT}} \tag{5-31}$$

所以

$$r = Ze^{-\frac{E_a}{RT}} \tag{5-32}$$

根据气体分子运动论,从理论上可求出碰撞频率 Z,进而可以计算出反应速率。

在将简单碰撞理论用于有结构较复杂的分子参与的反应时,理论计算 k 的值比实验值高,有的甚至大 10^9 倍。因此,需要在公式中加入一个校正因子 P,即

$$r = PZe^{-\frac{E_a}{RT}} \tag{5-33}$$

P 因子包含了使分子有效碰撞数降低的各种因素,P 的值可从 1 变到 10^{-9}。

在气体分子运动论的基础上建立起来的简单碰撞理论,比较成功地解释了某些事实,并对阿仑尼乌斯公式中的活化能和指前因子提出了较明确的物理意义,但它也有缺陷,主要有以下两方面。

(1)对于结构复杂分子参与的反应,计算误差太大,尽管引入了校正因子 P,但 P 的物理意义不明确,其原因是将分子看成无结构的刚性球体,模型过于简单。

(2)用简单碰撞理论计算 k 值时,还得由实验测定,因此它是一个半经验性的理论。

5.6.2　过渡状态理论

过渡状态理论又称为活化配合物理论或绝对反应速率理论,它是在 1932—1935 年由艾林(Eyring)等人在统计力学和量子力学理论基础上建立起来的。其要点如下:

(1)反应物分子变成产物分子,要经过一个中间过渡态,形成一个活化配合物,在活化配合物中,旧键未完全断裂,新键也未完全形成。

(2)活化配合物是一个高能态的"过渡区物种",很不稳定,它既能迅速与原来反应物建立热力学平衡,又能进一步分解为产物,分解为产物的一步是慢步骤。

(3)化学反应的速率是由活化配合物分解为产物的速率决定的。

根据上述假定,A 与 BC 的反应生成 AB 与 C 可表示为

$$A+B\text{—}C \rightleftharpoons [A\cdots B\cdots C]^{\neq} \longrightarrow A\text{—}B+C$$

$[A\cdots B\cdots C]^{\neq}$ 称为活化配合物。如图 5-4 所示,在反应过程—势能图上,活化配合物处于能量极大值处,它的能量与反应物分子的平均能量之差称为正反应活化能 E_a(正),它的能量与产物分子的平均能量之差称为逆反应活化能 E_a(逆)。反应热 $\Delta_r H_m = E_a$(正)$-E_a$(逆)。

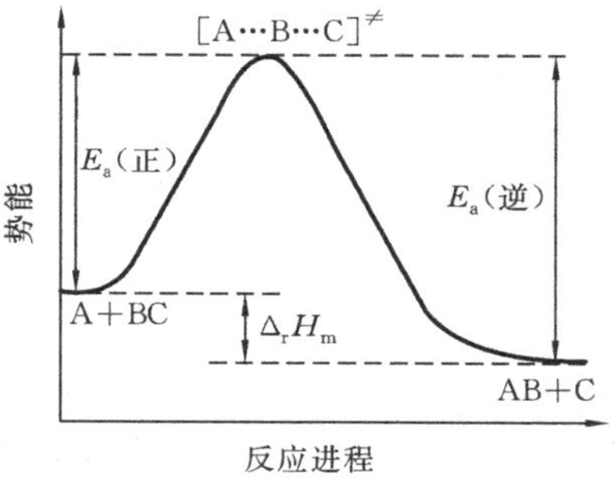

对于上述双分子基元反应,由过渡状态理论可导出

$$k = \frac{k_B T}{h} K^{\neq} \tag{5-34}$$

图 5-4　反应进程-势能图

式中,k_B 为玻尔兹曼常数;h 为普朗克(Planck)常数;$K^{\neq}$ 为反应物与活化配合物之间平衡的平衡常数。

式(5-34)即为过渡状态理论速率常数的基本公式。只要得到 $K^{\neq}$,就可求出 k 了。$K^{\neq}$ 的

值可以根据反应物和活化配合物的结构参数,利用统计热力学原理求得;也可通过测定反应物和活化配合物的热力学函数,利用热力学原理求得。因而,称过渡状态理论为绝对速率理论。从这一点看,过渡状态理论较简单碰撞理论进了一步。

在实践中,因为活化配合物很不稳定,其结构参数和热力学函数难以直接测定,故对该理论也需要进一步探讨。限于篇幅的原因,在这就不作详细讨论了。

5.7　催 化 反 应

在长期生产实践和科学实验中,人们早就认识到某些物质能够使化学反应加快。1835年,德国化学家就提出了"催化剂"的概念。近代化学工业和石油化学工业的巨大成就在很大程度上是建立在催化反应的基础上的。如氨、硝酸、硫酸的制造,石油的炼制加工,橡胶、纤维、塑料三大原料的合成,都离不开催化剂,农药、医药、染料、炸药等工业以及废水、废气的处理也要用到催化剂,维持生命的生物固氮和光合作用也依靠催化反应。据统计,化工生产和石油炼制等过程中,90%左右的反应要用到催化剂。

5.7.1　催化剂和催化反应

在化学反应系统中加入某种物质,若它能明显地改变反应速率而其本身的数量和化学性质在反应前后不发生变化,则这种外加物质就称为催化剂。因催化剂的存在而引起反应速率改变的效应称为催化作用。能加快反应速率的催化剂称为正催化剂,而减慢反应速率的催化剂则称为负催化剂或阻化剂。负催化剂有时也具有重要意义,例如橡胶和塑料的防老化,金属的防腐,副反应的抑制,燃烧反应中的防爆等。由于正催化剂应用较多,故一般不特别注明,都是指正催化剂。

有催化剂参与的反应称为催化反应。

若催化剂与反应物质处于同一相(如气相或液相),就称为均相催化反应。例如,甲醇与醋酸在 H^+ 催化作用下生成酯的反应就是均相催化反应。

$$CH_3OH + CH_3COOH \xrightarrow{H^+} CH_3COOCH_3 + H_2O$$

若催化剂与反应物质不在同一相,反应在相界面上进行,就称为多相催化反应。例如,氮气与氢气在铁表面进行催化反应生成氨就是多相催化反应。

还有一类催化反应称作酶催化反应,如馒头的发酵、酿酒过程中的发酵等。人体中的许多重要生化反应也都是通过酶催化作用实现的。酶具有很高的催化活性,比一般的催化剂效率高 $10^6 \sim 10^{10}$ 倍。酶还具有很高的催化选择性,一种酶只对某种或某类物质的反应起催化作用,对其他物质则完全没有催化作用。酶催化反应的反应条件温和(常温常压)、反应速率平稳。例如,目前已经知道有若干种生物固氮酶能在常温常压下将大气中的氮还原成氨,而工业上的催化合成氨却需要高温高压下进行。探索仿照酶催化的机理使合成氨反应能在常温常压下进行,是科学工作者极感兴趣的问题,我国科学家在这方面已取得了一些可喜的成绩。

5.7.2　催化反应的一般机理

催化剂之所以能加快反应速率,主要是因为催化剂参与了化学反应,改变了反应途径,降低了反应活化能的缘故。表 5-2 是一些催化反应和非催化反应活化能数值比较。

表 5-2　催化反应和非催化反应的活化能

反　　　应	E_a（非催化）/ $(kJ \cdot mol^{-1})$	催　化　剂	E_a（催化）/ $(kJ \cdot mol^{-1})$
$2HI \longrightarrow H_2 + I_2$	184.1	Au	104.6
		Pt	58.58
$2NH_3 \longrightarrow N_2 + 3H_2$	326.4	W	163.2
		Fe	159～176
$O_2 + 2SO_2 \longrightarrow 2SO_3$	251.04	Pt	62.7
蔗糖水解为果糖和葡萄糖	107.1	39.3	转化酶

由于催化剂本身在反应终了时组成及数量不变,因而它必须参与反应,且又在反应中复生。下面是一个简单的催化反应历程与非催化反应历程对比:

$$非催化反应历程 \qquad\qquad 催化反应历程$$

$$A + B \longrightarrow AB \qquad\qquad A + K \underset{k_{-1}}{\overset{k_1}{\rightleftharpoons}} AK$$

$$AK + B \overset{k_2}{\longrightarrow} AB + K$$

上面各式中 A、B 为反应物,AB 为产物,K 为催化剂,AK 为中间产物。

上述反应机理可用能峰示意图表示,如图 5-5 所示。图中,非催化反应要克服一个活化能为 E_0 的较高能峰(图中上面的曲线),而在催化剂的存在下,反应的途径改变了,只需要克服两个较小的能峰(E_1 和 E_2)。一般,E_1 和 E_2 要比 E_0 小得多,故催化反应的表观活能 E_a 比非催化反应的活化能 E_0 要小得多。

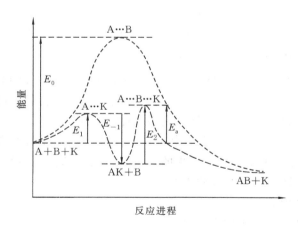

图 5-5　活化能与反应途径

活化能的降低对于反应速率的影响是很大的,如表 5-2 中 HI 的分解(530 K)在没有催化剂时的活化能为 184.1 kJ·mol^{-1},若以 Au 为催化剂,活化能降为 104.6 kJ·mol^{-1}。则

$$\frac{k（催化）}{k（非催化）} = \frac{A\exp\left(-\dfrac{104.6 \times 10^3}{RT}\right)}{A'\exp\left(-\dfrac{184.1 \times 10^3}{RT}\right)}$$

假定催化反应和非催化反应的指前因子相等,则

$$\frac{k(催化)}{k(非催化)} = 1.8 \times 10^8$$

即在其他条件相同的情况下,HI 的催化分解反应比非催化反应快 1.8×10^8 倍。

5.7.3　催化剂的特性

从上面讨论可知,催化剂有如下几个基本特征。

(1) 催化剂参与了化学反应,与反应物形成了中间体,从而改变了反应途径,降低了活化能,使反应速率加快。至于它怎样降低了活化能,机理如何,对大部分催化反应来说,了解还很有限。

(2) 反应前后催化剂的化学性质和数量不变,但其物理性质常有改变。如 $KClO_3$ 的分解反应,用 MnO_2 作催化剂,反应后 MnO_2 由块状变为粉末状。

(3) 催化剂能加快反应到达平衡的时间,但不影响化学平衡,也不能实现热力学上不能发生的反应。

化学反应在有催化剂作用下和无催化剂作用下,其总反应是相同的,即催化剂并不改变化学过程的始终态,也就不能改变反应的 $\Delta_r G_m$,就不能实现热力学上不能发生的反应了。由于催化剂不能改变 $\Delta_r G_m^\ominus$,而 $\Delta_r G_m^\ominus = -RT\ln K^\ominus$,故不能改变标准平衡常数,不影响化学平衡。因对峙反应的 $K = k_1/k_{-1}$,催化剂不改变 K,但能改变速率常数,故催化剂对正、逆反应速率常数或反应速率是同等倍数的增加的,虽然缩短了到达平衡的时间,但不能提高产物的百分比。

(4) 催化剂具有特殊的选择性。催化剂只有参与了某一反应并降低了该反应的活化能时才能加速该反应,一种催化剂只能对某些特定的反应起催化作用,并且对各个反应加速的程度也是不同的。不同类型的化学反应需要不同的催化剂;对同样的化学反应,如果选择不同的催化剂,可以得到不同的产物。例如,乙醇的分解有以下几种情况:

$$C_2H_5OH \begin{cases} \xrightarrow{Cu,200\sim250\ ℃} CHCHO + H_2 \\ \xrightarrow{Al_2O_3,\ 350\sim360\ ℃} C_2H_4 + H_2O \\ \xrightarrow{Al_2O_3,\ 140\ ℃} C_2H_5OC_2H_5 + H_2O \\ \xrightarrow{ZnO \cdot Cr_2O_3,\ 400\sim450\ ℃} CH_2CHCHCH_2 + H_2O + H_2 \end{cases}$$

本 章 小 结

(1) 对于体积恒定的封闭系统,反应速率 $r = \dfrac{1}{\nu_B} \cdot \dfrac{dc_B}{dt}$。

在反应的不同时刻分别测出参加反应的某物质的浓度,然后以时间 t 对浓度 c 作图。由图中曲线上某点的斜率 dc/dt 可求出该时刻的反应速率。

(2) 由反应物分子直接相互作用一步生成产物的,称为基元反应。基元反应中,直接相互作用所必需的反应物分子(离子、原子以及自由基等)数称为反应分子数。

(3) 质量作用定律:$r = kc_A^a c_B^b$,k 称为反应速率常数,k 值的大小可反映出反应进行的快慢。质量作用定律只适用于基元反应。a 称为反应对物质 A 的反应级数,b 称为反应对物质 B

的反应级数，$n = a + b$ 称为反应级数。对于复合反应，反应级数只能由实验确定。

（4）几种简单级数反应的速率方程及特征如下表：

级　数	微　分　式	积　分　式	k 的单位	线性关系	$T_{1/2}$
0	$-\dfrac{\mathrm{d}c_A}{\mathrm{d}t} = k_0$	$c_A = c_0 - k_0 t$	［浓度］·［时间］$^{-1}$	c_A-t	$\dfrac{c_0}{2k_0}$
1	$-\dfrac{\mathrm{d}c_A}{\mathrm{d}t} = k_1 c_A$	$\ln \dfrac{c_A}{c_0} = -k_1 t$	［时间］$^{-1}$	$\ln c_A$-t	$\dfrac{\ln 2}{k_1}$
2	$-\dfrac{\mathrm{d}c_A}{\mathrm{d}t} = k_2 c_A^2$	$\dfrac{1}{c_A} - \dfrac{1}{c_0} = k_2 t$	［浓度］$^{-1}$·［时间］$^{-1}$	$\dfrac{1}{c_A}$-t	$\dfrac{1}{k_2 c_0}$

（5）温度对反应速率常数 k 的影响——阿仑尼乌斯公式：

$$k = Ae^{-\frac{E_a}{RT}} = A\exp\left(-\frac{E_a}{RT}\right), \quad \ln k = -\frac{E_a}{RT} + \ln A$$

若测出在不同温度下某反应的速率常数 k，以 $\ln k$ 对 $1/T$ 作图，得一条直线，由直线的斜率$(-E_a/R)$及截距$(\ln A)$，就可以求出 E_a 和 A 的值。

求两个不同温度下的速率常数 k_1、k_2：

$$\ln \frac{k_2}{k_1} = -\frac{E_a}{R}\left(\frac{1}{T_2} - \frac{1}{T_1}\right)$$

温度一定时，活化能小的反应速率快。

反应热　　　　　　　$\Delta_r H_m = E_a(正) - E_a(逆)$

（6）催化反应：

在化学反应系统中加入某种物质，若它能明显地改变反应速率，而其本身的数量和化学性质在反应前后不发生变化，这种外加物质就称为催化剂。

在催化剂的存在下，反应的途径改变了，催化反应的表观活化能 E_a 比非催化反应的活化能 E_0 要小得多。催化剂能加快反应到达平衡的时间，但不影响化学平衡，也不能实现热力学上不能发生的反应。

思　考　题

1. 对于等容反应 $0 = \sum\limits_{B} \nu_B B$，如何用物质 B 的浓度表示反应速率？

2. 区别以下概念：

（1）反应速率与反应速率常数；（2）基元反应与非基元反应；（3）反应分子数与反应级数；（4）活化分子与活化能。

3. 符合质量作用定律的反应一定是基元反应吗？简单级数反应是简单反应吗？

4. 零级、一级、二级等浓度反应各自有何动力学特征？

5. 确定反应级数有哪几种处理方法？各有何优、缺点？

6. 试根据零级、一级、二级等浓度反应的半衰期与起始浓度的关系，推测 n 级等浓度反应的半衰期与起始浓度的关系。

7. 温度是如何影响反应速率的？反应速率与活化能有何关系？

8. 简述简单碰撞理论和过渡状态理论的要点？

9. 催化剂为什么能改变反应速率？催化反应有什么特征？

习　　题

一、选择题

1. 下列叙述中正确的是(　　)。

A. 溶液中的反应一定比气相中的反应速率大

B. 反应活化能越小，反应速率越大

C. 增大系统压力，反应速率一定增大

D. 加入催化剂，使正反应活化能和逆反应活化能减小相同倍数

2. 升高同样温度，一般化学反应速率增大倍数较多的是(　　)。

A. 吸热反应　　　　　B. 放热反应　　　　　C. E_a 较大的反应　　　　　D. E_a 较小的反应

3. 已知 $2NO(g)+Br_2(g)\xlongequal{}2NOBr$ 反应为基元反应，在一定温度下，当总体积扩大一倍时，正反应速率为原来的(　　)。

A. 4 倍　　　　　B. 2 倍　　　　　C. 8 倍　　　　　D. 1/8 倍

4. 一级反应的半衰期与反应物初始浓度的关系是(　　)。

A. 无关　　　　　B. 成正比　　　　　C. 成反比　　　　　D. 平方根成正比

5. 已知 $2A+B\xlongequal{}C$ 的速率方程为 $r=k\{c(A)\}^2 \cdot \{c(B)\}$，则该反应一定是(　　)。

A. 3 级反应　　　　　B. 复杂反应　　　　　C. 基元反应　　　　　D. 不能判断

6. 某基元反应 $A+B\longrightarrow D$ 的 $E_a(正)=600\ kJ \cdot mol^{-1}$，$E_a(逆)=150\ kJ \cdot mol^{-1}$，则该反应的热效应 $\Delta_r H_m^{\ominus}$ 为(　　)。

A. $450\ kJ \cdot mol^{-1}$　　B. $-450\ kJ \cdot mol^{-1}$　　C. $750\ kJ \cdot mol^{-1}$　　D. $375\ kJ \cdot mol^{-1}$

7. 对于所有零级反应，下列叙述中正确的是(　　)。

A. 活化能很低　　　　　　　　　　　　　B. 反应速率与反应物浓度无关

C. 反应速率常数为零　　　　　　　　　　D. 反应速率与时间无关

8. 某反应在温度 T_1 时的反应速率常数为 k_1，T_2 时的速率常数为 k_2，且 $T_2>T_1$，$k_1<k_2$，则必有(　　)。

A. $E_a>0$　　　　　B. $E_a<0$　　　　　C. $\Delta_r H_m>0$　　　　　D. $\Delta_r H_m<0$

9. 反应 $CO(g)+2H_2(g)\longrightarrow CH_3OH(g)$ 在恒温恒压下进行，当加入某种催化剂时，该反应速率明显加快。不存在催化剂时，反应的平衡常数为 K，活化能为 E_a，存在催化剂时为 K' 和 E_a'，则(　　)。

A. $K'=K, E_a'>E_a$　　B. $K'<K, E_a'>E_a$　　C. $K'=K, E_a'<E_a$　　D. $K'<K, E_a'<E_a$

10. 一定条件下某一反应的转化率为 38%，当有催化剂时，反应条件与前相同，达到平衡时，反应的转化率为(　　)。

A. 大于 38%　　　　B. 小于 38%　　　　C. 等于 38%　　　　D. 无法判断

二、综合题

1. 某反应 $A+2B\longrightarrow 2P$，试分别用各种物质的浓度随时间的变化率表示反应速率。

2. 根据质量作用定律，写出下列基元反应的速率方程。

(1) $A+B\xrightarrow{k}2P$；(2) $2A+B\xrightarrow{k}2P$；(3) $A+2B\xrightarrow{k}2P+2S$

3. 根据实验,在一定温度范围内,NO 和 Cl_2 反应是基元反应,反应式如下:

$$2NO + Cl_2 \longrightarrow 2NOCl$$

(1) 写出质量作用定律的数学表达式,反应级数是多少?

(2) 其他条件不变,将容积增加一倍,反应速率变化多少?

(3) 容器体积不变,将 NO 浓度增加 2 倍,反应速率变化多少?

4. 某人工放射性元素放出 α 粒子,半衰期为 15 min,试计算该试样蜕变(转化率)为 80% 时需要多少时间?

5. 某一级反应,若反应物浓度从 $1.0 \ mol \cdot dm^{-3}$ 降到 $0.20 \ mol \cdot dm^{-3}$ 需 30 min,问反应物浓度从 $0.20 \ mol \cdot dm^{-3}$ 降到 $0.040 \ mol \cdot dm^{-3}$ 需要多少分钟? 求该反应的速率常数 k。

6. 在一级反应中,消耗 99.9% 的反应物所需的时间是消耗 50% 反应物所需时间的多少倍?

7. 在 $1 \ dm^3$ 溶液中含等物质的量的 A 和 B,60 min 时 A 反应了 75%,问反应到 120 min 时,A 还剩余多少没有作用? 设反应:(1)对 A 为一级反应,对 B 为零级;(2)对 A 为一级反应,对 B 为一级;(3)对 A、B 均为零级。

8. 反应 $2NOCl \longrightarrow 2NO + Cl_2$ 在 200 ℃ 下的动力学数据如下:

t/s	0	200	300	500
$c(NOCl)/(mol \cdot dm^{-3})$	0.02	0.0159	0.0144	0.0121

　　反应开始时只有 NOCl,并认为反应能进行到底,求反应级数和速率常数。

9. 某一级反应在 340 K 时达到 20% 的转化率需时 3.2 min,而在 300 K 时达到同样的转化率用时 12.61 min,试估计该反应的活化能。

10. 65 ℃ 时 N_2O_5 气相分解的速率常数为 $0.292 \ min^{-1}$,活化能为 $103.3 \ kJ \cdot mol^{-1}$,求 80 ℃ 时的速率常数 k 和半衰期 $T_{1/2}$。

11. 在 300 K 时,下列反应

$$H_2O_2(aq) \longrightarrow H_2O(l) + \frac{1}{2}O_2(g)$$

的活化能为 $75.3 \ kJ \cdot mol^{-1}$。若用 I^- 催化,活化能降低为 $56.5 \ kJ \cdot mol^{-1}$。若用酶催化,活化能降为 $25.1 \ kJ \cdot mol^{-1}$。假定催化反应与非催化反应的指前因子相同,试计算相同温度下,该反应应用 I^- 催化及酶催化时,其反应速率常数分别是无催化剂时的多少倍?

12. 反应 $2HI \longrightarrow H_2 + I_2$ 在无催化剂存在时,其活化能 E_a(非催化)$= 184.1 \ kJ \cdot mol^{-1}$;在以 Au 作催化剂时,反应的活化能 E_a(催化)$= 104.6 \ kJ \cdot mol^{-1}$。若反应在 503 K 时进行,如果指前因子 A(催化)值比 A(非催化)值小 1×10^8 倍,试估计以 Au 为催化剂的反应速率常数将比非催化反应的反应速率常数大多少倍?

第6章 胶 体

胶体(colloid)这个名词是 1861 年英国科学家格莱姆(Graham)提出的。他在研究物质在水溶液中的扩散性质时,发现容易扩散的物质(如氯化钠、糖等)都是结晶很好的物质,而难扩散的物质(如淀粉、动物胶、蛋白质等)却是不易结晶的物质,把这类物质的水溶液浓缩时,往往得到粘稠状的沉淀物,他给这一类物质起名为胶体以区别于晶体物质,这是第一次提出胶体的概念。以后大量的实验证明,晶体和胶体并不是不同的两类物质,而是物质存在的不同状态。同一物质可以在一种介质中形成真溶液,而在另一种介质中形成胶体溶液。例如,典型的晶体物质氯化钠在水中形成真溶液,然而若用适当方法使其分散于苯或醚中,则能形成胶体溶液。同样,硫磺分散在乙醇中为真溶液,若分散在水中则为硫磺水溶胶。

胶体分散系统在自然界普遍存在,在实际生活和生产中也占有重要的地位。在石油、冶金、橡胶、塑料、造纸、肥皂等工业部门,以及生物学、土壤学、医学、气象学、地质学等学科中都广泛地接触到与胶体分散系统有关的问题。

6.1 分散系统的分类

人们经过长期实践和深入研究,逐渐认识到,胶体是物质以某种粉碎程度分散在介质中所形成的多相分散系统。将一种或数种物质分散在另一种物质中所构成系统,称为分散系统。其中被分散的物质叫做分散相(或分散质),分散相所存在的均匀、连续介质,称为分散介质。

根据分散相粒子大小的不同,分散系统可分为粗分散系统、胶体分散系统和分子分散系统。胶体分散系统分散相的粒子半径约为 $10^{-9} \sim 10^{-7}$ m。如果粒子半径大于 10^{-7} m,则称为粗分散系统;如果粒子半径小于 10^{-9} m,则称为分子分散系统,见表 6-1。

表 6-1　分散系统按粒子大小分类表

粒子大小	类　　型		分　散　相	性　　质	实　　例
$<10^{-9}$ m	分子分散系统		原子、离子或分子	均相,热力学稳定系统,扩散快,能透过半透膜,真溶液	蔗糖、氯化钠水溶液
$10^{-9} \sim 10^{-7}$ m	胶体分散系统	大分子溶液	大分子	均相,热力学稳定系统,扩散慢,不能透过半透膜,真溶液	聚乙烯醇水溶液
		溶胶	胶粒(原子或分子的聚集体)	多相,热力学不稳定系统,扩散慢,不能透过半透膜,能透过滤纸,形成胶体	氢氧化铁溶胶、金溶胶等
$>10^{-7}$ m	粗分散系统		粗颗粒	多相,热力学不稳定系统,扩散慢,不能透过半透膜及滤纸,形成悬浮体或乳状液	牛奶、豆浆、肥皂泡等

胶体化学中研究的分散系统若按分散相与分散介质的聚集状态分类,则可分为八类,见表6-2。习惯上,将分散介质为气的称为气溶胶;分散介质为液体的称为液溶胶,简称溶胶,如介质为水的则称为水溶胶;分散介质为固体的称为固溶胶。

表 6-2 按分散相和分散介质的聚集状态分类

类　别	分　散　相	分散介质	名　　称		实　　例
1	液	气	气溶胶		云、雾
2	固	气			烟、尘
3	气	液	液溶胶	泡沫	各种泡沫
4	液	液		乳状液	牛奶
5	固	液		溶胶	金溶胶、硫溶胶、As_2S_3溶胶
				悬浮液	泥水、油漆、墨汁
6	气	固	固溶胶		泡沫塑料、泡沫橡胶、泡沫陶瓷、沸石
7	固	固			熔岩、某些合金、有色玻璃
8	液	固			珍珠、某些宝石、凝胶

根据分散相与分散介质之间亲合力的大小,可将胶体溶液分为"亲液溶胶"和"憎液溶胶"两类。亲液溶胶是指分散相与分散介质之间有较强亲合力的溶胶,通常是指大分子溶液。其分子大小已经达到胶体的范围,因此具有胶体的一些特性如扩散慢、不能透过半透膜等。但是,大分子溶液实际上是分子分散的真溶液。大分子化合物在适当的介质中可以自动溶解而形成均相溶液,它是热力学上稳定、可逆的系统。将大分子溶液除去介质而沉淀后,只要重新加入溶剂,它又可以自动分散。憎液溶胶是指分散相与分散介质之间没有亲合力或只有很弱的亲合力的溶胶。这类溶胶是由难溶物质分散在分散介质中形成的分散系统。其中分散相粒子都是由许多分子构成的,每个粒子所含分子数也不相同。这种系统是不均匀多相系统,具有很大的相界面,界面能高,极易被破坏而聚沉,聚沉之后往往不能恢复原态,因而是热力学上不稳定的系统。本章主要介绍憎液胶体的性质、结构和应用,如未特别指明,文中出现的胶体溶液、溶胶等名词,都是指憎液胶体。

6.2　溶胶的特性与结构

由于胶体分散系统特有的分散程度、不均匀(多相)性和凝结不稳定性等,因此在动力学、光学和电学性质上均表现出与真溶液和粗分散体系不同的性质。

6.2.1　溶胶的光学性质——丁达尔效应

溶胶的光学性质是其高度分散性和不均匀性特点的反映。通过光学性质的研究,不仅可以帮助我们理解溶胶的一些光学现象,而且还能直接观察到胶粒的运动,对确定胶体的大小和形状具有重要意义。

在一暗室内置入一胶体溶液,用强聚光束对其照射,从与入射光垂直的方向可以观察到一发光的圆锥体,这种现象称为"丁达尔(Tyndall)效应",见图6-1。若为真溶液,则观察不到光锥的形成。因此,利用丁达尔效应,可以鉴别溶胶和真溶液。

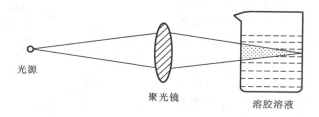

图 6-1 丁达尔效应

丁达尔现象在日常生活中也能经常见到。例如,夜晚的探照灯或电影机所射出的光线在通过含有灰尘微粒的空气时,就会产生一道明亮的光带。

丁达尔现象是溶胶的特征,当光线射入分散系统时,只有一部分光线能自由通过,另一部分光线被吸收、散射或反射。如果分散质粒子直径大于入射光波长时,光就从粒子的表面上按一定的角度反射,系统呈现浑浊。当分散质粒子直径小于入射光波长时,则发生光的散射,呈现乳光。溶胶溶液中,分散相粒子大小在 1～100 nm 范围,而可见光的波长范围为 400～700 nm,故可见光通过溶胶时将发生散射。

丁达尔效应是由胶体粒子对入射光的散射造成的。可以证明:散射光的强度与粒子浓度成正比,与单个粒子体积的平方成正比,与入射光波长的四次方成反比,随分散相与分散介质折光率的差别的增大而增大。

由于溶胶和真溶液中分散相粒子直径都比可见光的波长小,所以都可以对可见光产生散射作用,但是真溶液却观察不到丁达尔效应,原因有二:一是分散质粒子(溶质)直径太小;二是分散质粒子有较厚的溶剂化层,使分散相和分散介质的折射率变得差别不大,从而散射光相当微弱,难以观察到,所以光线通过真溶液时基本上是透射作用,溶液呈现透明。因此,有无丁达尔效应是鉴别溶胶和真溶液的有效手段。

晴朗天空的蓝色也是大气中的尘埃和小水滴对红光(波长较长)散射弱,对蓝光(波长较短)散射强所造成的。

6.2.2 溶胶的动力性质

胶粒的粒径在 1～100 nm 之间,这种特有分散程度使溶胶具有布朗运动、扩散和沉降等一系列特别的动力性质。

1. 布朗运动

1872 年植物学家布朗(Brown)在显微镜下观察到悬浮在水中的花粉颗粒在不断地作无规则"之"字运动的现象,后来又发现许多其他物质如煤、金属等的粉末也有类似现象,人们称微粒的这种运动为布朗运动。但很长一段时间中,人们不了解这种运动的本质。

普通显微镜分辨率在 200 nm 以上,看不到胶粒。1903 年发明了超显微镜,在超显微镜下可以观察到溶胶粒子像布朗观察到的花粉末一样,在不停地作不规则的"之"字运动,并且能够看清粒子运动的路径,粒子的路线示意图如图 6-2 所示。人们观察发现,粒子越小,布朗运动越激烈,随着温度升高,布朗运动加剧。

布朗运动是分子热运动的间接证明和必然结果。根据分子运动论,任何物质的分子都在不停地作不规则的热运动。由于水分子不停地热运动,撞击着悬浮粒子。如果粒子相当大,则某一瞬间液体分子从各方向对粒子的撞击可以彼此抵消;但对于虽然很小、但又远大于液体介质分子的粒子来说,此种撞击就是不均衡的。
这意味着在某一瞬间,粒子从某一方向得到
的撞击要多些,因而粒子向某一方向运动,而
在另一时刻,又从另一方向得到较多的撞击,
因而又使粒子向另一方向运动。这样就能观
察到微粒作如图 6-2 所示的连续的、不规则的
折线运动。可以预期,粒子越小则运动速度
越大。实验表明直径大于 4 μm 的粒子观察
不到其作布朗运动,而直径小于 0.1 μm,则可
观察到明显的运动轨迹。

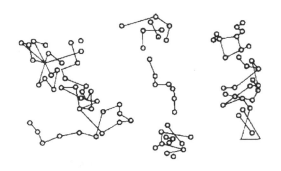

图 6-2　粒子的路线示意图

1905 年爱因斯坦根据分子运动论导出布朗运动平均位移与时间的关系:

$$\bar{x} = \sqrt{\frac{RT}{L} \cdot \frac{t}{3\pi\eta r}} \tag{6-1}$$

式中,$\bar{x}$ 是在观察时间 t 内粒子沿 x 轴方向的平均位移;L 为阿伏加德罗常数;T 为绝对温度;
R 为摩尔气体常数;η 为介质粘度;r 为球形粒子的半径。后来人们用许多实验都证实了该公
式的正确性。

超显微镜是利用光散射原理制作的,其原理
见图 6-3。在暗室内,将一束强光侧向射入观察
系统内,在入射光的垂直方向上用普通显微镜观
察,这样就避免了光直接照射物镜,也消除了光
的干涉。但是看到的是粒子散射光点,不是粒子
的像。因此在超显微镜下看整个系统,是以黑暗
为背景,闪烁着一个个亮点,尤如在黑夜太空中

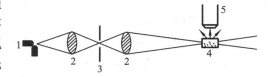

图 6-3　超显微镜光路示意图
1—电弧光源;2—聚光透镜;
3—光栏;4—溶胶;5—显微镜

的星光。超显微镜分辨率可提高到 1~5 nm,比普通显微镜提高了 50~100 倍。利用超显微
镜可观察到溶胶粒子的形态、数目及分散度等。

2. 扩散运动

一定温度下,物质都存在着自高浓度往低浓度扩散的现象。对一个粒子而言,它不停地作
不规则的布朗运动,方向是随机的,但作为一个整体来说,观察到的就是自高浓度往低浓度转
移的自发趋势。所以,布朗运动的宏观表现就是粒子的扩散运动。

物质的扩散可用菲克(Fick)第一定律描述:

$$\frac{dn}{dt} = -DA \frac{dc}{dx} \tag{6-2}$$

$$D = \frac{RT}{6\pi\eta rL} \tag{6-3}$$

式中,dn/dt 为单位时间内通过垂直于扩散方向截面积为 A 的物质的量;D 是扩散系数;dc/dx
为浓度梯度;式中的负号是表示扩散方向与浓度梯度方向相反。胶体粒子的扩散速度比真溶
液中的溶质分子的扩散速度要小得多。因为粒子愈大,运动速度愈小,扩散速度也愈小。

3. 沉降与沉降平衡

在一杯清水中放入一块泥土,不加搅拌,整杯水逐渐由下往上变混浊,这就是泥土微粒在
布朗运动作用下的扩散作用。显然扩散速率与粒子在介质中的浓差有关,浓度梯度越大,扩散

速率越快。另外,升高温度可以加剧分子热运动,也会加快扩散速率。另一方面,胶体粒子受到重力的作用将产生沉降现象,但扩散作用又使粒子分布均匀,其方向与沉降相反,两者速度相等时即达沉降平衡。沉降平衡时,从微观上看,粒子仍在不断下降、上升,而从宏观上看,粒子的浓度分布随高度呈一定的梯度,这个浓度梯度不再随时间而改变,所以沉降平衡时粒子的分布并不是均匀的。

胶体粒子浓度分布随高度的变化关系与大气层中空气密度随高度分布情况类似,即位置越高,浓度越低。贝林(Perrin)以沉降平衡为基础,导出平衡时胶体粒子的浓度与高度的关系如下:

$$\frac{n_2}{n_1} = \exp\left\{-\frac{LV(\rho - \rho_0)(h_2 - h_1)g}{RT}\right\} \tag{6-4}$$

式中,n_1、n_2 分别表示在高度为 h_1 和 h_2 处的粒子浓度;V 表示单个粒子的体积;ρ 和 ρ_0 分别表示胶体粒子和分散介质的密度;g 表示重力加速度。分布公式表示粒子密度和体积越大浓度随高度的变化也越大。例如,粒子半径为 186 nm 的粗分散的金溶胶,高度相差 2×10^{-5} cm 时,粒子浓度就可降低一半,而粒子半径为 1.86 nm 的高度分散的金溶胶,高度相差 215 cm 时,粒子浓度才降低一半。

威斯特格林(Westgren)曾用超显微镜观察金溶胶在不同高度处粒子的数目,然后利用式(6-4)计算阿伏加德罗常数,所得结果为 6.05×10^{23},与正确值 6.023×10^{23} 很接近,从而证明了式(6-4)的正确性。

6.2.3 溶胶的电学性质

实验表明,在电场作用下,分散相粒子和分散介质将分别向不同的电极作定向运动,表明分散相粒子和分散介质带有电荷且符号相反。

1. 电泳

在电场作用下,分散相粒子向某一电极区移动的现象为电泳。在图 6-4 所示的装置中,在 U 形电泳管中两活塞以上部分装入少量水,然后打开活塞自溶胶储槽中仔细地注入棕红色的 $Fe(OH)_3$ 溶胶,使在 U 形管两边都形成清晰的界面,再在水层中插入惰性电极并通以直流电。一段时间后可以发现,阴极部棕红色溶液界面上升而阳极部界面下降,表明 $Fe(OH)_3$ 溶胶粒子带正电而介质水带负电。电泳实验时,若溶胶为无色,则可用白光从侧面照射溶胶,以观察有乳光的界面的移动;也可利用紫外光照射使溶胶发出荧光来观察界面的移动。

电泳的应用相当广泛,在生物化学中常用电泳法分离和区别各种氨基酸和蛋白质。在医学中利用血清在纸上的电泳,在纸上可得到不同蛋白质的前进的次序及谱带的宽度,从而反映

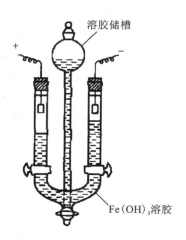

溶胶储槽

$Fe(OH)_3$ 溶胶

图 6-4 电泳装置

了不同蛋白质含量的差别,医生可利用这种图谱作为诊断的依据。毛细管电泳是 20 世纪 80 年代末发展起来的分析分离技术,因用样少、高灵敏、高分辨、快速、应用广等特点,已在化学、生命科学、环境、法医、药物等领域发挥着重要作用。电泳除尘可回收有用成分,减小对环境的污染。电泳镀漆是一种新的涂漆技术,将待处理的金属镀件作为电极,利用水溶性染料中带相反电荷的漆粒,在电场作用下移向镀件,同时在表面形成紧密镀层。

2. 电渗

在电场作用下,介质相对于多孔性固体界面作相对运动,这种现象称为电渗。电渗实验的装置如图 6-5 所示,图中 3 为多孔塞,1、2 中盛液体,当在电极 5、6 上施以适当的外加电压时,从刻度毛细管 4 中液体弯月面的移动可以观察到液体的移动。实验表明,液体移动的方向因多孔塞的性质而异。例如,当用滤纸、玻璃或棉花等构成多孔塞时,则水向负极移动,这表示此时液相带正电荷;而当用氧化铝、碳酸钡等物质构成多孔塞时,水向正极移动,显然此时液相带负电荷。

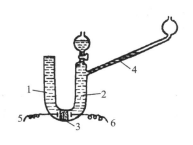

图 6-5　电渗装置
1、2—盛液管;3—多孔塞;
4—毛细管;5、6—电极

电泳与电渗都是在外加电场作用下发生的定向移动,是"因电而动"。而带电粒子本身移动也会产生电势差,胶粒在重力场中沉降时产生的电势差称为沉降电势,介质在流动时产生的电势差称为流动电势。沉降电势与流动电势是因为带电粒子移动而产生的,是"动而生电"。

电泳、电渗、沉降电势、流动电势都是与分散相和分散介质之间发生相对移动产生的与电有关的现象,故统称电动现象。这些现象说明了分散相与分散介质带有符号相反的电荷,且正负电荷数相等以保持溶胶的电中性。

6.2.4　溶胶粒子的结构

为什么胶体粒子会带电呢,这要从胶体粒子的结构说起。

下面以 AgI 溶胶为例来说明溶胶粒子的结构。将 KI 逐滴加入 $AgNO_3$ 溶液中,形成 AgI,大量 AgI 分子聚集在一起,形成 $10^{-9} \sim 10^{-7}$ m 大小直径的胶体颗粒,称为胶核,以 $(AgI)_m$ 表示。胶粒在电解质溶液中要吸附溶液中的离子以降低表面能而使系统趋于稳定。通常情况下,胶粒总是优先吸附与它组成相类似的离子。此制备方法中,因 $AgNO_3$ 过量,于是胶核优先吸附 Ag^+ 而带正电。溶液中同时还有过量 NO_3^- 会被带正电荷的颗粒吸附,一些 NO_3^- 被吸附在 $(AgI)_m$ 胶核表面,组成所谓的紧密层,还有一些 NO_3^- 则松散地分布在胶粒吸附层外,形成扩散层,其结构示意图见图 6-6。图 6-6 表示由 m 个 AgI "分子"组成胶核,胶核吸附了 n 个 Ag^+ 而带正电,带正电的粒子又吸引 $(n-x)$ 个 NO_3^- 形成胶粒,x 个 NO_3^- 分布于扩散层内。胶粒与扩散层组成胶团。胶粒带正电的称之为正溶胶。

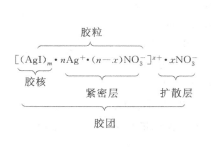

(a) 胶团化学式

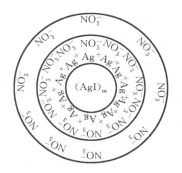

(b) 胶团结构示意图

图 6-6　AgI 胶团结构示意图

从以上结构看出,胶粒是带电的,但整个胶团则是电中性的。在外电场的作用下,胶粒向某一电极移动,而扩散层的异电离子则向另一电极移动。因此,胶团在电场作用下的行为与电解质很相似。胶粒表面带电是胶体的重要特性,电泳现象则是胶粒表面带电的直接表现。

若反应时 KI 过量,则胶核将选择吸附 I^- 而带负电,称之为负溶胶,其胶团结构为

$$\left[(AgI)_m \cdot nI^- \cdot (n-x)K^+\right]^{x-} \cdot xK^+$$

6.3 溶胶的聚沉与保护

溶胶溶液一般都相当稳定,胶粒可以保持数月、数年甚至更长的时间不会沉降。胶粒带有电荷是溶胶稳定的主要因素。由于同种胶粒带同号的电荷,因而互相排斥,阻止了它们互相接近,使胶粒很难聚集成较大的粒子而沉降。此外,吸附了离子的胶体粒子能在介质中起溶剂化作用,在它的外面形成了溶剂化膜,也阻止了胶粒互相结合。胶粒较强的布朗运动,也有一定的抗沉降的动力稳定性。

溶胶的形成有时也会给生产带来不利的影响。例如,待沉淀物如以胶体状态存在,则因胶粒较细,比表面积大,吸附能力强,因而吸附许多杂质离子,不易洗涤干净,造成分离上的困难。所以生产实际中常需破坏胶体,促使胶粒聚沉。使胶粒聚集成较大的颗粒而沉降的过程叫做聚沉。常用的聚沉方法有下列几种。

6.3.1 电解质对溶胶的聚沉作用

加入电解质是加速胶体聚沉的主要方法。适量的电解质对溶胶能起到稳定剂的作用,如果加入过多的电解质,则会使溶胶失去聚结稳定性。

电解质加入后,增加了溶液中离子的总浓度,从而给带电荷的胶粒创造了吸引带相反电荷离子的有利条件。这就减少甚至中和了胶粒所带的电荷,使它们失去保持稳定的因素。当胶粒运动时,互相碰撞,就可以聚集起来,迅速沉降,从而达到破坏胶体的目的。

电解质聚沉能力的大小,主要取决于与胶体粒子带相反电荷的离子电荷数。离子电荷数越高聚沉能力越大,同电荷离子的聚沉能力则基本上相近。当聚沉离子分别为 1、2、3 价时,电解质的聚沉能力近似地符合下列比例关系:

$$1 价 : 2 价 : 3 价 = 1^6 : 2^6 : 3^6$$

即聚沉能力与聚沉离子价数的六次方成正比。

利用电解质使胶体聚沉的实例很多,在豆浆中加入卤水做豆腐就是一例。豆浆是带负电的大豆蛋白胶体,卤水中含有 Ca^{2+}、Mg^{2+}、Na^+ 等离子,故能使带负电的胶体聚沉。

另外,一些有机离子都有很强的聚沉能力,这可能与胶粒对其有很强的吸附能力有关。有机聚沉剂主要是一些表面活性物质如脂肪酸盐、季胺盐等。

6.3.2 溶胶的相互聚沉

将两种电性相反的溶胶以适当比例相互混合时,由于电性中和而使溶胶发生了聚沉作用,这种现象称为溶胶的相互聚沉。但溶胶相互聚沉的条件非常严格,只有当两种溶胶胶粒所带电荷总量相等、恰好能使电荷全部中和时,才能引起完全聚沉。否则就不能聚沉或只能部分聚沉。例如,用明矾净水就是利用电性相反的溶胶之间的相互作用。明矾水解时生成带正电的 $Al(OH)_3$ 水溶胶,它与水中带负电的胶体污物(主要是 SiO_2 溶胶)发生相互聚沉而使水净化。又如,带正电的 $Fe(OH)_3$ 溶胶与带负电的 As_2S_3 溶胶也可以发生相互聚沉。

6.3.3　加热聚沉

一些溶胶溶液可在加热情况下发生聚沉。这是由于加热增加了胶粒的运动速度,因而增加胶粒互相碰撞的机会,同时也降低了胶核对离子的吸附作用,减少了胶粒所带的电荷,因而有利于胶粒在碰撞时聚集起来。

6.3.4　胶体的保护

为了使胶体稳定,有时可加某种物质进行保护。例如,若在溶胶中加入足够数量的某些表面活性剂或高分子化合物的溶液,则可使胶粒对分散介质的亲合力增加,从而增加溶胶对电解质作用的稳定性。这些表面活性剂如肥皂、洗涤剂等吸附在被保护的胶体粒子表面,形成网状和凝胶状结构的吸附层,这种吸附层具有一定的弹性和力学强度,能阻碍胶体粒子的结合和聚沉,因而对胶体具有保护作用。这种保护作用对悬浊液、乳浊液和泡沫也都有效。

例如,照相用底片的感光层就是用动物胶保护的。动物胶保护极细的溴化银悬浮粒子,以防止它们结合为较粗的粒子而聚沉。血液中的难溶盐,如 $CaCO_3$、$Ca_3(PO)_4$ 等也是靠血液中蛋白质的保护而以胶体状态存在的。制造墨汁时利用动物胶作保护,使碳墨稳定地悬浮在水中;石油钻井中使用的泥浆可借加入淀粉等高分子化合物进行保护,以防止聚沉。

但是,当高分子化合物溶液加入到溶胶中的量少到不足以起保护作用时,反而使溶胶更容易为电解质所聚沉,这种效应称为敏化作用。产生敏化作用的原因是由于高分子数量太少,不足以将胶粒表面全部覆盖,此时将形成与保护作用相反的结构,即胶粒被吸附在高分子化合物的表面上。这时,高分子化合物实际上起着把溶胶胶粒聚集在一起的作用,在有外加电解质时,更容易发生聚沉作用。

6.4　溶胶的制备和净化

胶体分散系统的分散程度介于粗分散系和分子分散系之间,故由粗颗粒在分散介质中降解为细颗粒或者由分子或离子在分散介质中聚结为较粗的颗粒均可制得溶胶。前一种制备方法称为"分散法",而后一种制备方法则称为"凝聚法"。制备时往往需添加适当的稳定剂以使溶胶保持一定的稳定性。

用分散法或凝聚法制备溶胶时所得胶粒大小往往是不均匀的。粒度不均匀的体系称为"多分散体系";而粒度均匀的体系则称为"单分散体系"或"均匀分散体系","均匀分散体系"的制备方法比较特殊。

6.4.1　分散法

分散法是指利用机械设备,将大块物质在稳定剂存在时分散成为胶体粒子的尺寸。目前主要的方法有机械分散法和化学分散法。

(1)胶体磨法:属机械分散法,胶体磨的主要部件是一高速转动的圆盘,圆盘转动时物料在空隙中受到强烈冲击与研磨。操作时又有干法与湿法之分,湿法操作常加入少量的表面活性剂作为稳定剂,粉碎程度和效率更高。

(2)超声波法:属机械分散法,利用超声波震荡以制备溶胶或乳胶。发生的超声波频率在 10^6 Hz 左右,对分散相产生强大的撕碎力,使颗粒分散而生成溶胶或乳胶。应用此法只是将装有分散相和分散介质的容器放入超声波场中得以分散,因此制得的溶胶或乳胶不会受到任何污染。

(3) 胶溶法:属化学分散法,在新鲜、洁净的沉淀中加入"胶溶剂"使沉淀重新分散于介质中形成溶胶。胶溶剂往往是能被吸附而使溶胶稳定的物质。胶溶法仅能使疏松并具有强烈吸水能力的沉淀(本已聚结成为胶体质点大小的粒子)分散,而不能使结构紧密的物质分散。例如,在新鲜制备并洗涤干净的 $Fe(OH)_3$ 沉淀的悬浊液中,加入 $FeCl_3$ 作为胶溶剂可制备出褐红色的氢氧化铁溶胶。

6.4.2 凝聚法

用物理或化学方法使分子或离子聚集成胶体粒子的方法叫凝聚法。由分子分散系统形成溶胶,必须在过饱和溶液中才有可能形成新相的晶核,同时必须控制晶核的生长,使之不超过胶粒的大小,故实验条件应严加控制,并加入适当的稳定剂。

1)化学反应法

可分为还原法、氧化法、水解法和复分解法等。

(1) 还原法:主要用于制备各种金属溶胶,例如:

$$Au^{3+} + 单宁(还原剂) \xrightarrow[\text{加热}]{\text{少量 } K_2CO_3} Au(溶胶)$$

(2) 氧化法:例如二氧化硫通入硫化氢溶液中可制得硫溶胶。

$$2H_2S + SO_2 \longrightarrow 3S(溶胶) + 2H_2O$$

(3) 水解法:许多难溶金属氧化物(或氢氧化物)的溶胶可用水解反应制备。例如,在沸腾的水中滴入三氯化铁溶液,可制得红褐色的氢氧化铁溶胶。

$$FeCl_3 + 3H_2O \xrightarrow{\text{煮沸}} Fe(OH)_3(溶胶) + 3HCl$$

(4) 复分解法:常用来制备盐类的溶胶,例如,利用硝酸银和卤化物在水相中反应可制得卤化银溶胶。

$$AgNO_3 + KI \longrightarrow AgI(溶胶) + KNO_3$$

一般用凝聚法所得溶胶的分散程度比分散法高,但用以上方法所得的溶胶的分散程度并不均匀,原因是新核的形成和晶核的生长同时发生。当晶核在溶胶开始形成前相当短的一段时间内生成时,所得溶胶的分散程度较为均匀,在过饱和溶液中引入粒度很细的籽晶可达到这一目的。

2)交换溶剂法

利用分散相在不同溶剂中溶解度的差异,可制备溶胶。例如松香在乙醇中的溶解度较大但难溶于水。将松香的乙醇溶液逐滴加入水中并剧烈振荡,乙醇挥发后可制得松香的水溶胶。

3)电弧法

主要用于制备金属的水溶胶。将金属制成两个端部靠得很近的电极,浸入水中,通电后电极间产生电弧,在电弧作用下,电极表面的金属气化,蒸气被水冷凝后,在适当的电解质或保护胶的保护下,可形成稳定的金属溶胶,如铂、金、银的水溶胶。电弧法实际上是分散与凝聚相结合的方法。

6.4.3 溶胶的净化

溶胶制备后,往往还残留着过量的电解质和其他杂质,它们的存在会影响溶胶的稳定性,利用渗析法可除去溶胶中多余的电解质。渗析法是用半透膜将溶胶与水隔开,半透膜只允许电解质或小分子通过而不让溶胶粒子通过,溶胶内的电解质和杂质就向水的一方迁移,溶胶则被净化。为了提高渗析速度,可加电场,电场的作用可加快离子的迁移,该法为电渗析法。

6.5　乳　状　液

乳状液是由两种液体所构成的粗分散系统。它是一种液体以极小的液滴形式分散在另一种与其不相混溶的液体中构成的。通常一种液体是水或水溶液,另一种则是与水互不相溶的有机液体,一般统称为"油"。乳状液可分成二类,一是油分散在水中,形成水包油型乳状液,记作油/水(或 O/W),另一类是水分散在油中,形成油包水型乳状液,记作水/油(W/O)。乳状液中分散相粒子的大小约为 100 nm,用显微镜可以清楚地观察到。从粒子大小来看,乳状液是粗分散系统,由于乳状液具有多相性和聚结不稳定性等特点,所以也是胶体化学研究的对象。在自然界、工业生产以及日常生活中经常会接触到乳状液。例如油井中喷出的原油、橡胶类植物的乳浆、农业杀虫用乳剂、日常生活中的牛奶、人造黄油等都是乳状液。通常把形成乳状液时被分散的相称为内相,分散介质称为外相,显然内相是不连续的,而外相是连续的。

乳状液无论是工业上还是日常生活中都有广泛的应用,有时必须设法破坏天然形成的乳状液;而有时又必须人工制备乳状液。因此对乳状液稳定条件和破坏方法的研究就具有重要的实际意义。

6.5.1　乳状液的稳定条件

当直接把水和"油"共同振摇时,虽可使其相互分散,但静置后很快又会分成两层,例如苯和水共同振摇时可得到白色的混合液体,静置不久后又会分层。如果加入少量合成洗涤剂再摇动,就可得到较为稳定的乳白色的液体,即苯以很小的液珠分散在水中,形成乳状液。为了形成稳定的乳状液所必须加的第三组分通常称为乳化剂。乳化剂种类很多,可以是蛋白质、树胶、明胶、皂素、磷脂等天然产物,也可以是人工合成的表面活性剂。乳化剂使乳状液稳定的原因如下。

(1) 形成保护膜,使液滴不相互聚结。

被吸附在液滴表面上的乳化剂分子以其亲水端朝着水,憎水端朝着油,定向、紧密地排列成一层机械保护膜,使液滴不因碰撞而聚结。但乳化剂用量必须足够,否则乳状液稳定性就会降低。

(2) 降低界面张力,减少聚结倾向。

大多数表面活性物质,能降低界面张力,减少聚结倾向而使乳状液稳定。乳化剂定向排列在油-水界面上,实际上形成了两个界面,油-乳化剂界面和乳化剂-水界面,若前者的界面张力大于后者,油-乳化剂的界面积将缩小,油成为内相;反之,水成为内相。

(3) 固体粉末的稳定作用

对于粒子较粗大的乳状液,也可以用具有亲水性的二氧化硅、蒙托石及氢氧化物的粉末等作制备 O/W 型乳状液的乳化剂,或者用憎水性的固体粉末如石墨、碳黑等作为 W/O 型的乳化剂。若乳化剂为亲水固体,则它更倾向和水结合,它大部分进入水中,易于形成 O/W 型乳状液,如图 6-7(a)所示;若乳化剂为憎水固体,则情况刚好相反,它的大部分进入油中,易于形成 W/O 型乳状液,如图 6-7(b)所示。用粉末乳化的乳状液之所以能够稳定,主要是由于粉末集结在油－水界面上形成坚固的界面膜,它保护了分散相液滴,使乳状滴得以稳定。

6.5.2　乳状液的转化与破坏

乳状液的转化是指 O/W 型乳状液变成 W/O 型乳状液或者相反的过程。这种转化通常是由于外加物质使乳化剂的性质改变而引起的,例如用钠肥皂可以形成 O/W 型的乳状液,但如加入足量的氯化钙,则可以生成钙肥皂而使乳状

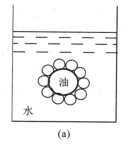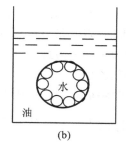

(a)　　　　　　　(b)

图 6-7　固体粉末的乳化作用示意图

液成为 W/O 型。又如当用氧化硅粉末为乳化剂时,可形成 O/W 型的乳状液,但如加入足够数量的碳黑、钙肥皂或镁肥皂,则也可以形成 W/O 型的乳状液。应该指出,在这些例子中,如果所加入的相反类型的乳化剂的量太少,则乳状液的类型不会发生转化;如果用量适中,则两种相反类型的乳化剂同时起相反的作用,乳状液会变得不稳定而被破坏。例如 15 cm³ 的煤油与 25 cm³ 的水用 0.8 g 碳粉为乳化剂,可以得到 W/O 型乳状液,加入 0.1 g 二氧化硅粉末就可以破坏乳状液,若所加二氧化硅多于 0.1 g,则可以生成 O/W 型乳状液。

如果需要使乳状液中的两相分离,就是所谓破乳。为破乳而加入的物质称为破乳剂。例如石油原油和橡胶类植物乳浆的脱水、牛奶中提取奶油、污水中除去油沫等都是破乳过程。破坏乳状液主要是破坏乳化剂的保护作用,最终使水、油两相分层。常用的有以下几种方法:①用不能生成牢固的保护膜的表面活性物质来代替原来的乳化剂。例如异戊醇的表面活性大,但其碳氢链太短,不足以形成牢固的保护膜,就能起这种作用。②用试剂破坏乳化剂。例如用皂类作乳化剂时,若加入无机酸,则皂类变成脂肪酸而析出。又如加酸破坏橡胶树浆而得到橡胶。③加入适当数量起相反效应的乳化剂,也可起破坏作用。此外还有其他方法,例如升高温度可以降低分散介质的粘度,并增加分散液滴互相碰撞的强度而降低乳化剂的吸附性能,因此也可以降低乳状液的稳定性。另外,如在离心力场下使乳状液浓缩,在外加电场下使分散的液滴聚结,在加压情况下使乳状液通过吸附剂层等等也都可以起破坏乳状液的作用。

6.6　表面活性剂及其应用

6.6.1　表面张力

物质表面层的分子与内部分子周围的环境不同。内部分子所受四周邻近相同分子的作用力是对称的,各个方向的力彼此抵消。但是表面层的分子,一方面受到本相内物质分子的作用,另一方面又受性质不同的另一相物质分子的作用,因此表面层的性质与内部的不同。例如某纯液体与其蒸气相接触,液相内的分子处于同类分子的包围中(如图 6-8 中 B 分子),该分子受周围分子作用力的合力为零;而表面层的分子由于四周受力不对称(如图 6-8 中 A 分子),液体表面分子受到的合力是将其拉向液体内部的,这种力会使液体表面自动缩小,以保持最小表面积。雨滴、油滴呈球形就是这个原因。液体表面的收缩力称为表面张力。

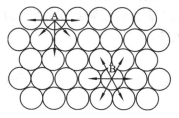

**图 6-8　液体表面分子的
受力情况示意图**

表面张力大小与物质的性质及所处的温度、压力等条件有关。不同的物质,分子间作用力不同,表面张力自然不同,分子间作用力越大,则表面张力越大。一般,金属键的物质(熔融状态)表面张力最大,离子键的物质次之,极性分子(如 H_2O)构成的液态物质、非极性分子(如液氯、乙醚等)表面张力依次变小。表面张力的大小还与表面两侧的相由什么物质构成有关,如未特别指明,表面张力是指液(或固)体与其自身的蒸气间的界面张力。

6.6.2 表面活性剂

某些物质当它们以较低浓度存在于某个系统(通常是指水为溶剂的系统)中时,能显著降低溶液表面张力,这些物质被称为表面活性剂。表面活性剂被广泛地应用于石油、纺织、医药、采矿、食品、洗涤等各个领域。由于使用广泛,效果明显,表面活性剂也被誉为"工业味精"。

表面活性剂分子结构的特点是分子中一般都含有两类基团,一类是亲水性的极性基团,称亲水基,如—OH、—COO⁻、—NH₂、—OSO₃⁻ 等。另一类是具有憎水性的非极性基团,称亲油基,它们都是饱和或不饱和的长链烃基,其中也可含有苯环等芳香烃结构。例如月桂酸钠是常见的表面活性剂,它的结构如图 6-9 所示。

亲油基　　　　　　　　　　　　　亲水基

图 6-9　月桂酸钠的结构

表面活性剂的这种结构特点使它溶于水后,亲水基受到水分子的吸引,而亲油基受到水分子的排斥。为了克服这种不稳定状态,就只有占据到溶液的表面,将亲油基伸向气相,亲水基伸入水中,结果是表面活性剂在表面富集(见图 6-10)。表面活性剂在水表面富集的结果是水表面似被一层非极性的碳氢链覆盖,从而导致水的表面张力下降。

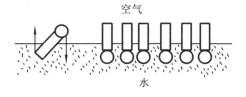

图 6-10　表面活性剂分子在气-水界面上的排列示意图

表面活性剂的分类方法有多种,常用的是根据亲水基的种类将表面活性剂分为以下四种。

1. 阴离子表面活性剂

阴离子表面活性剂在水中解离后,起活性作用的是阴离子基团。羧酸盐、磺酸盐、硫酸脂盐等表面活性剂皆属此类。例如十二烷基硫酸钠 $C_{12}H_{25}OSO_3Na$,其水溶性基团硫酸根带负电荷,见图 6-11。

图 6-11　十二烷基硫酸钠在水中解离示意图

阴离子表面活性剂大量用作去污、洗涤剂,此外,这类活性剂还有多种用途,例如石油磺酸盐可作为矿物浮选成泡剂,也可用于提高石油采收率。

2. 阳离子表面活性剂

阳离子表面活性剂在水中解离后,起活性作用的是阳离子基团。阳离子表面活性剂大多是含氮有机化合物,也就是有机胺的衍生物,常用的是季铵盐。这类表面活性剂洗涤性能差,但杀菌力强,大多数用于杀菌、缓蚀、防腐、织物柔软和抗静电等方面。由于其能强烈的吸附于固体表面,也常用作矿物浮选剂。代表性产品有十六烷基三甲基氯化铵,它在水中解离情况如图 6-12 所示。

图 6-12　十六烷基三甲基氯化铵在水中解离示意图

3. 两性表面活性剂

两性表面活性剂的分子结构中含有两种及两种以上极性基团的表面活性剂,均可称为两性活性剂。这种表面活性剂溶于水后显示出极为重要的性质:当水溶液偏碱性时,它显示出阴离子活性剂的特性;当水溶液偏酸性时,它显示出阳离子表面活性剂的特性。常见的两性表面活性剂有十二烷基氨基丙酸钠(属氨基酸型)、十八烷基二甲基甜菜碱(属甜菜碱型)。十八烷基二甲基甜菜碱在水中解离情况如图 6-13 所示。

图 6-13　十八烷基二甲基甜菜碱在水中解离示意图

这类表面活性剂具有许多独特的性质。例如,对皮肤的低刺激性,具有较好的抗盐性,且兼备阴离子型和阳离子型两类表面活性剂的特点,既可用作洗涤剂、乳化剂,也可用作杀菌剂、防霉剂和抗静电剂。因而,两性表面活性剂是近年来发展较快的一类。

4. 非离子表面活性剂

非离子型表面活性剂在溶液中不是离子状态,而是以分子或胶团状态存在于溶液中,不易受强电解质无机盐类的影响,也不易受酸、碱的影响,所以稳定性高。它的亲油基一般是烃链或聚氧丙烯链,亲水基大部分是聚氧乙烯、羟基或醚基、酰胺基等,图 6-14 是非离子型表面活性剂聚氧乙烯脂肪醇醚在水中情况示意图。

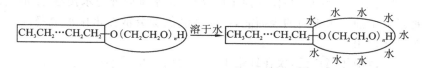

图 6-14　聚氧乙烯脂肪醇醚在水中的示意图

非离子型表面活性剂在数量上仅次于阴离子型表面活性剂。它除具有良好的洗涤力外,还有较好的乳化、增溶性及较低的泡沫,在工业助剂中占有非常重要的地位。非离子表面活性剂产品,大部分呈液态或浆状,这是与离子型表面活性剂不同之处。

6.6.3　表面活性剂的作用

不同表面活性剂具有不同的作用。概括起来,表面活性剂具有润湿、助磨、乳化、分散、增溶、发泡、去污、柔软、抗静电等多种作用,因此在生产、科研和日常生活中被广泛应用。下面简单介绍几种重要的作用和应用。

1. 润湿作用

水滴落在玻璃上,很快在玻璃上形成一层水膜,而水滴落在荷叶上则形成一个个小水珠,前者称之为润湿,后者则称为不润湿。在生产和生活中,人们常常需要改变某种液体对某种固体的润湿程度。有时需要把不润湿者变为润湿,有时则正好相反,这些都可借助于表面活性剂来完成。下面以几个例子来说明表面活性剂改变液体对固体润湿性的原理。

多数矿石在冶炼前都需要进行选矿,以得到精矿来满足冶炼的需要。选矿的方法有多种,其中有一种方法就是浮选。浮选的原理是:将粗矿石磨碎,投入水中。由于矿石中的矿物和夹带的脉石、泥沙都是亲水性的,因此被水润湿而沉入水底。若在水中加入少量表面活性剂(如黄原酸盐、黑药、油酸等),则其极性基能在有用矿物表面发生选择性吸附,非极性基则朝外,于是有用矿石粒子表面变成了憎水性表面。如果向水池底部通以气泡时,则有用矿石粒子由于表面的憎水性而附着在气泡上,上升到液面而被收集。与此同时,无用的脉石、泥沙因不能吸附所加的表面活性剂,其表面仍然亲水,不能附着在气泡上仍沉在水池底。这样,上升到液面的有用矿粉可以被收集成为可供冶炼的高品位的矿石粉。

又如喷洒农药杀灭害虫时,如农药溶液对植物茎叶表面润湿性不好,喷洒时药液易呈珠状而滚落地面造成浪费,留在植物上的也不能很好展开,杀虫效果不佳。若在药液中加入少许某种表面活性剂,提高润湿程度,喷洒时药液易在茎叶表面展开,可大大提高农药利用率和杀虫效果。

再如人们所穿的棉衣,由于纤维中有醇羟基而呈亲水性,易于被水打湿。但对于防雨布,则希望其表面不能被水润湿。如果用合适的表面活性剂处理,使其极性基与棉布纤维中的醇羟基结合,而其非极性基朝外,结果使棉布变成憎水物质,用这种方法处理过的棉布做成雨衣,既防雨又透气。实验证明,用季胺盐与氟氢化合物混合处理过的棉布经大雨冲淋 168 小时而不透湿。

2. 乳化作用

两种互不相溶的液体如油和水,在容器中自然分层。剧烈搅拌后,两种液体不一定会得到稳定的乳状液,因为液滴分散使得系统表面能增加,它们相互碰撞的结果又会自动结合在一起,使乳状液很快分层,从而降低系统的表面能。但若在上述系统中加入一些表面活性剂,则它能包围油滴(假定油分散到水中)作界面定向吸附,亲水基向外与水接触,亲油基向内与油滴接触。有效地降低了油-水界面的表面能,致使油滴能够分散在水中形成稳定的乳状液。这一过程便称为乳化作用。

乳化剂的使用范围相当广泛,仅在纤维工业方面的应用就不胜枚举。例如,纺织油剂、柔软整理剂、疏水剂等乳液制品几乎都使用乳化分散剂。在合成树脂工业中占重要地位的是乳液聚合工艺,乳化分散剂在其中占据着最重要的地位。在医药方面,为了使油溶性的药品乳化,以及进一步使不溶于水的药品增溶溶解时,就常利用乳化分散剂和增溶剂。

有时，人们希望能破坏乳状液使分散液珠聚结。例如，原油中的水分严重腐蚀石油设备，要破坏乳状液才能除去水分；又如需要破坏橡胶乳浆以制得橡胶等等。乳状液的破坏称为"去乳化"，表面活性剂亦具有去乳化作用。例如，以某种阴离子型表面活性剂乳化的 O/W 系统可加入另一种阳离子型表面活性剂，使得两种不同的表面活性剂分子的极性基相互结合，于是伸向水中的就是非极性基了，原来较稳定的系统就变成不稳定的了。

3. 增溶作用

许多有机物在水中溶解度很小。如苯在 100 g 水中只能溶解约 0.07 g，但在皂类等表面活性剂的水溶液中，溶解度却大为增加。例如，100 g、质量分数为 0.10 的油酸钠的水溶液可溶解约 7 g 的苯。其他有机物的溶解也有类似的现象。将这种溶解度增大的现象叫做增溶作用。

胶束的形成为增溶作用提供了合理的解释。表面活性剂在界面上的吸附一般为单分子层，当表面吸附达到饱和时，表面活性剂分子不能继续在表面富集，而亲油基的疏水作用仍竭力促使其背离水环境，满足这一条件的方式是表面活性剂分子在溶液内部自聚，即亲油基向里靠在一起形成内核，背离水环境，而将亲水基朝外与水接触，形成胶团（胶束）。根据"相似者相溶"原理，憎水的碳氢化合物溶于胶束内部的碳氢链所构成的"油相"中。

增溶作用的应用相当广泛。例如用肥皂或合成洗涤剂洗去大量油污时，增溶有相当重要的作用。一些生理现象也与增溶作用有关，例如脂肪类食物只有靠胆汁的增溶作用"溶解"之后才能被人体有效吸收。

总之，表面活性剂在工业生产和日常生活中均有广泛应用，除上述介绍的润湿、乳化、增溶外，还有起泡、消泡、去污、洗涤、分散、聚凝等，这里不再一一介绍了。

本 章 小 结

（1）分散系统及其分类。

一种或几种物质分散在另一种物质中所构成的系统叫分散系统。被分散的物质叫分散质或分散相，起分散作用的物质叫分散介质。

若分散质粒子大小在 $10^{-9} \sim 10^{-7}$ m，则称为胶体分散系统，若粒子大小超过 10^{-7} m，则称为粗分散系统，包括乳状液、泡沫及悬浮液等。

（2）溶胶的主要特征是：

高度分散的、不均匀的（多相的）、热力学不稳定的系统。

（3）溶胶的光学性质。

由于溶胶的光学不均匀性，当将一束光照射到溶胶系统，可发生散射现象——丁达尔现象。胶粒对波长较长的红光散射弱，对波长较短的蓝光散射强。

（4）溶胶的动力学性质。

溶胶中的分散相粒子由于受到来自四面八方的做热运动的分散介质分子的撞击而引起的无规则的运动叫布朗运动。

胶粒又可以从高浓度向低浓度扩散，还会在重力场中发生沉降，当重力作用与扩散效应趋于相等时，达到沉降平衡。沉降平衡时，胶粒浓度随高度分布呈较稳定的浓度梯度。

（5）溶胶的电学性质。

胶粒在电场作用下，或在外加压力、自身重力下流动、沉降时产生电动现象。

电泳:在外加电场作用下,带电的分散相粒子在分散介质中向相反符号电极移动。

电渗:在电场作用下,介质相对于多孔性固体界面作相对运动。

(6)胶团的结构。

胶团由胶核、紧密层和扩散层组成,胶核、紧密层组成胶粒,胶粒和扩散层组成胶团。胶粒是带电的,但整个胶团则是电中性的。

(7)电解质对溶胶的聚沉作用。

电解质聚沉能力的大小,主要取决于与胶体粒子带相反电荷的离子电荷数。离子电荷数越高聚沉能力越大,同电荷离子的聚沉能力则基本上相近。

(8)乳状液。

乳状液是由两种液体所构成的粗分散系统。它是一种液体以极小的液滴形式分散在另一种与其不相混溶的液体中构成的。乳状液可分成二类,一类是油分散在水中,形成水包油型乳状液,记作油/水(或 O/W),另一类是水分散在油中,形成油包水型乳状液,记作水/油(W/O)。为了形成稳定的乳状液必须加入乳化剂。

(9)表面活性剂的结构特征及其应用。

能显著降低溶液表面张力的物质被称为表面活性剂。表面活性剂分子结构特点是分子中含有亲水性的极性基团(亲水基)和憎水性的非极性基团(亲油基)。

习　　题

一、选择题

1. 胶体粒子的大小范围是(　　　)。

　　A. 直径为 100~10000 nm　　　　　　　　B. 直径>10000 nm

　　C. 直径>100 nm　　　　　　　　　　　　D. 直径为 1~100 nm

2. 以下说法中正确的是(　　　)。

　　A. 溶胶在热力学和动力学上都是稳定系统

　　B. 溶胶与真溶液一样是均相系统

　　C. 能产生丁达尔效应的分散系统是溶胶

　　D. 通过超显微镜能看到胶体粒子的形状和大小

3. 下列性质中哪个不属于溶胶的动力学性质?(　　　)

　　A. 布朗运动　　　　　B. 扩散　　　　　　C. 电泳　　　　　　D. 沉降平衡

4. 溶胶的电学性质由于胶粒表面带电而产生,下列不属于电学性质的是(　　　)。

　　A. 布朗运动　　　　　B. 电泳　　　　　　C. 电渗　　　　　　D. 沉降电势

5. 雾属于分散体系,其分散介质是(　　　)。

　　A. 液体　　　　　　　B. 气体　　　　　　C. 固体　　　　　　D. 气体或固体

6. 丁达尔效应是光射到粒子上发生下列哪种现象的结果?(　　　)

　　A. 散射　　　　　　　B. 反射　　　　　　C. 透射　　　　　　D. 折射

7. 下列诸分散体系中,丁达尔效应最强的是(　　　)。

　　A. 纯净空气　　　　　B. 蔗糖溶液　　　　C. NaCl 水溶液　　　D. 金溶胶

8. 外加直流电场于胶体溶液,向某一电极作定向运动的是(　　　)。

　　A. 胶核　　　　　　　B. 胶粒　　　　　　C. 胶团　　　　　　D. 紧密层

9. 对于有过量 KI 存在的 AgI 溶胶,电解质聚沉能力最强的是(　　)。
　　A. K₃[Fe(CN)₆]　　　　B. MgSO₄　　　　C. FeCl₃　　　　D. NaCl

10. 通常称为表面活性物质的就是指当其加入液体中后(　　)。
　　A. 能降低液体表面张力　　　　　　B. 能增大液体表面张力
　　C. 不影响液体表面张力　　　　　　D. 能显著降低液体表面张力

二、填空题

1. 分散体系按其分散程度可分为_____系统、_____系统和_____系统。

2. 溶胶的动力性质包括_____、_____和_____。

3. 溶胶的电动现象包括_____、_____、_____和_____。

4. 胶团由胶核、_____和_____层组成。胶核、_____组成胶粒,胶粒和_____组成胶团。

5. 电解质聚沉能力的大小,主要取决于与胶体粒子带_____的离子电荷数。

6. 表面活性剂分子结构特点是分子中含有_____和_____。

7. 表面活性剂按其在水中能否解离及解离后所带电荷而分为_____型、_____型、_____和_____型。

8. 油分散在水中形成的乳状液,记作_____,水分散在油中形成的乳状液,记作_____。

三、综合题

1. 为什么说胶体溶液是动力稳定又是聚结不稳定的体系?

2. 胶粒为何带电?何种情况下带正电?何种情况下带负电?为什么?

3. 解释如下现象:
　(1) 雾天行车为什么规定要使用黄灯?
　(2) 为什么江河入海处常会形成三角洲?
　(3) 加明矾为什么会净水?
　(4) 混用不同型号的墨水,为什么常会堵塞钢笔?
　(5) 为什么晴朗的天空是蓝色,而朝霞和晚霞是红色?

4. 试写出:
　(1) 由 FeCl₃ 溶液水解制备的 Fe(OH)₃ 溶胶的胶团结构式。
　(2) 在 H₃AsO₃ 溶液中通入 H₂S 气体制备的 As₂S₃ 溶胶的胶团结构式。
　在电场作用下,以上两种溶胶会向什么电极运动?将以上两种溶胶混合,会发生什么现象?

5. 破坏溶胶的方法有哪些?其中哪些方法最有效?为什么?

6. 表面活性剂在矿物浮选法中的作用是什么?

7. 什么是乳状液,它们有哪两种类型?

第7章 单质及无机化合物

人类在文明的形成、发展过程中，经历了对化学元素的发现、认识和利用的漫长而曲折的过程。随着科学技术的发展，人们对新材料、新能源的要求更加迫切。元素的单质及其化合物的某些物理和化学性质在现代工程技术领域受到人们更多的关注和研究。在前面已讨论过的化学热力学与平衡、物质结构的理论基础上，本章重点讨论元素的单质及其化合物的一些物理性质、化学性质及其有关的变化规律。

7.1 元素的存在状态和分布

人类对化学元素的认识和利用，经历了漫长而曲折的过程。随着化学元素不断被发现，人们对化学元素的认识不断完善。

元素是具有相同核电荷数（质子数）的原子的总称，各元素间的区别在于原子核内的质子数不同，具有确定质子数和中子数的微粒称为核素，而质子数相同中子数不同的核素互为同位素。同一元素的同位素在周期表中占有相同位置，例如氢原子和氘原子的核内都只有一个质子，氢原子(H)核内没有中子，而氘原子(D)核内有一个中子，它们互为同位素，在周期表中占有相同的位置。

大多数天然元素都是由几种同位素以一定比例组成的混合物，例如氧是由 $99.758\%^{16}_{16}O$、$0.0373\%^{17}_{16}O$ 和 $0.2039\%^{18}_{16}O$ 组成。同位素的原子核虽有差别，但它们的核外电子数和化学性质相同。因此，同位素均匀地混合在一起，存在于自然界的各种矿物资源中，并且不能用一般的化学方法将它们分离。通常所说的元素的相对原子质量实际上是同位素相对原子质量的平均值。

元素在自然界中的存在形式有两大类：单质和化合物。

元素的种类、数量和分布随着地球的演变在不断地变化。现今的地球由地壳、地幔和地核三部分组成，直径为 6470 km。地球的表面被岩石、海水（或河流）和大气所覆盖，经探明其中分布有 94 种元素。地壳是指围绕地球的大气圈、水圈及地面以下 16 km 内的岩石圈。地壳约为地球重量的 0.7%，其中大气圈重 5.1×10^{18} kg，水圈重 1.2×10^{21} kg，岩石圈重 1.6×10^{22} kg，后者占地壳总重量的 93.06%。

元素在地壳中的平均含量称为"丰度"。地壳中元素的分布表现出明显的不均匀性，分布最多的氧和分布最少的氡，其丰度之比为 1×10^{17}：1。1923 年前苏联地球化学家费尔斯曼(А. Е. Ферсман)建议用 Clarke 值来表示地壳中化学元素的平均含量，元素的 Clarke 值可以用质量百分比表示，也可以用原子百分比表示，甚至可以用元素所占的空间百分比表示。表 7-1列出了一些元素的质量 Clarke 值，氧是地壳中含量最多的元素，其质量 Clarke 值为 48.6%，其次是硅，其质量 Clarke 值为 26.3%，构成地壳的元素，氧、硅、铝、铁、钙、钠、钾、镁这 8 种元素占地壳总量的 98.04%。

表 7-1 地壳中部分元素的质量 Clarke 值

元　素	质量 Clarke 值/(%)	元　素	质量 Clarke 值/(%)	元　素	质量 Clarke 值/(%)
O	48.6	K	2.47	C	0.087
Si	26.3	Mg	2.00	As	5×10^{-4}
Al	7.73	H	0.76	Sb	1×10^{-4}
Fe	4.75	Ti	0.42	Hg	5×10^{-5}
Ca	3.45	Cl	0.14	Ag	5×10^{-5}
Na	2.74	P	0.11	Au	5×10^{-7}

元素的 Clarke 值可以表示元素在地壳中的丰度,同时也决定矿物的种数,Clarke 值非常低的元素不能形成矿物,而 Clarke 值高的元素则可以形成较多种的矿物。例如钙的 Clarke 值为 3.45,形成 397 种矿物,锶的 Clarke 值为 3.4×10^{-2},只有 27 种矿物。

按元素的丰度大小和应用的时间先后,一般将元素分为普通元素和稀有元素。通常稀有元素分为以下几类:

轻稀有金属:Li,Rb,Cs,Be;

高熔点稀有金属:Ti,Zr,Hf,V,Nb,Ta,Mo,W,Re;

分散稀有元素:Ga,In,Tl,Ge,Se,Te;

稀有气体:He,Ne,Ar,kr,Xe,Rn;

稀土金属:Sc,Y,Lu 和镧系元素;

铂系元素:Ru,Rh,Pd,Os,Ir,Pt;

放射性稀有元素:Fr,Ra,Tc,Po,At,Lr 和锕系元素。

图 7-1 是周期表中各元素在地壳中的主要存在形式。在自然界中,以氧化物形式存在的元素称为亲石元素;以硫化物形式存在的元素称为亲硫元素。

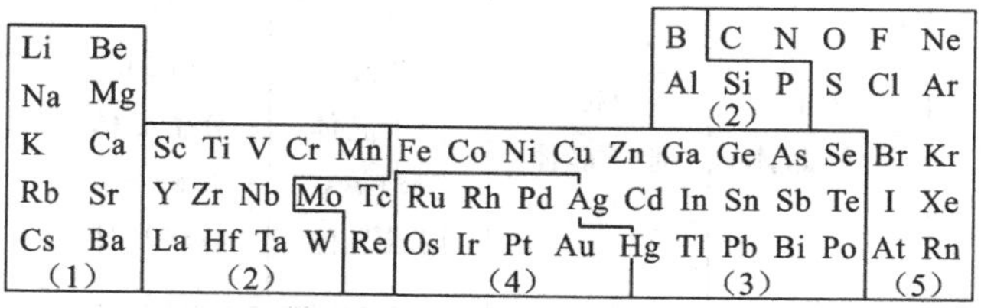

图 7-1 周期表中各元素在地壳中的主要存在形式

(1) 以卤化物、含氧酸盐存在,用电解还原法制备其单质;

(2) 以氧化物或含氧酸盐存在,用电解还原或化学还原法制备其单质;

(3) 主要以硫化物形态存在,先在空气中氧化成氧化物,而后还原成单质;

(4) 能以单质存在于自然界;

(5) 以阴离子存在,有些以单质存在于自然界。

7.2 主族元素单质的性质

主族元素是由 s 区和 p 区元素组成,共有 44 个元素,其中 22 个元素是非金属元素。在长周期表的右侧,从硼元素向下方画折线延伸到砹,这条斜线将所有的化学元素分为金属和非金属元素,而这条线两侧的硼、硅、砷、硒、碲、锗和锑等元素的物理性质介于金属与非金属之间,称为半金属或准金属。因此,主族元素在性质上差异很大,既有典型的金属元素,又有典型的非金属元素。

7.2.1　单质的晶体结构与物理性质

单质的物理性质由原子、分子和晶体结构决定。表 7-2 列出了单质的晶体类型。

表 7-2　主族及零族元素单质的晶体类型

I A	II A	III A	IV A	V A	VI A	VII A	0
H₂ 分子晶体							He 分子晶体
Li 金属晶体	Be 金属晶体	B 近原子 晶体	C 金刚石 原子晶体 石墨 层状晶体	N₂ 分子晶体	O₂ 分子晶体	F₂ 分子晶体	Ne 分子晶体
Na 金属晶体	Mg 金属晶体	Al 金属晶体	Si 原子晶体	P₄ 白磷 分子晶体 黑磷 Pₓ 层状晶体	S₈ 斜方硫 单斜硫 分子晶体 弹性硫 Sₓ 链状晶体	Cl₂ 分子晶体	Ar 分子晶体
K 金属晶体	Ca 金属晶体	Ga 金属晶体	Ge 原子晶体	As₄ 黄砷 分子晶体 灰砷 Asₓ 层状晶体	Se₈ 红硒 分子晶体 灰硒 Seₓ 链状晶体	Br₂ 分子晶体	Kr 分子晶体
Rb 金属晶体	Sr 金属晶体	In 金属晶体	Sn 灰硒 原子晶体 白硒 金属晶体	Sb₄ 黑锑 分子晶体 灰锑 Sbₓ 层状晶体	Te 灰碲 链状晶体	I₂ 分子晶体	Xe 分子晶体
Cs 金属晶体	Ba 金属晶体	Tl 金属晶体	Pb 金属晶体	Bi 层状晶体 (近于金 属晶体)	Po 金属晶体	At	Rn 分子晶体

从表 7-2 中可以看出,金属单质的晶体结构基本上都为金属晶体。对于主族金属元素而言,由于其价电子数较少,难以通过共用电子对的方式形成稳定的并具有稀有气体结构的双原子分子或多原子小分子,只能以金属键结合形成大分子。因此,主族金属元素的单质基本上是金属晶体。

非金属单质的晶体结构类型较为复杂,有的是原子晶体,有的为过渡型晶体(链状或层状),有的是分子晶体。周期系最右边的非金属和稀有气体全部都是分子晶体。导致非金属单质晶体结构类型较为复杂的原因,与非金属元素的价电子层结构有关,非金属元素的价电子数较多,倾向于得到电子,它们的单质大多数都是由 2 个或 2 个以上的原子以共价键结合成分子。仔细分析非金属单质结构,可以发现某元素在单质分子中的共价(单)键数与该元素在周期表的族数(N)有关,即在单质中的共价(单)键数等于 $8-N$,氢元素的则为 $2-N$。稀有气体的共价键数为 $8-8=0$,其结构单元为单原子分子,这些单原子分子以范德华力形成分子晶体。第ⅦA 族的卤素原子的共价键数为 $8-7=1$,以共价单键形成双原子分子,然后以范德华力形成分子晶体。第ⅣA 族原子的共价键数为 $8-4=4$,原子通过 sp^3 杂化轨道形成共价单键,而结合成巨大分子,所以,碳族元素的单质较多的是形成原子晶体。总之非金属元素的单质结构大致可以分为三类,第一类是小分子物质,如单原子的稀有气体和双原子分子(如卤素 X_2、O_2、N_2、H_2 等),在通常情况下它们是气体,其固体为分子晶体。第二类为多原子分子,如 P_4、S_8、As_4 等,在通常情况下是固体,为分子晶体。第三类为巨型分子,例如金刚石、晶体硅和硼等均为原子晶体,这一类也包括无限的"链状分子"(如 Te)和无限的"层状分子"(如石墨),但是它们的晶型属于过渡型晶体。

总的看来,在周期表中,同一周期元素的单质,从左到右,一般是由典型的金属晶体经过原子晶体最后过渡到分子晶体。同一族元素的单质则通常是由原子晶体或分子晶体过渡到金属晶体。不同类型的晶体结构,导致主族元素单质的物理性质有很大的区别,尤其单质的熔点、沸点、密度、硬度等与单质的晶体结构有很大的关系。除此以外,晶格结点上的微粒的种类不同,对单质的物理性质也有较大的影响。在周期表中,同一周期元素单质的熔点、沸点、硬度、密度等物理性质都是随着有效核电荷的增加、价电子数的增加而增大。当到达周期表的中部时,熔点、沸点、硬度、密度达到最大值,其后随着有效核电荷和价电子数的增加而降低,这种变化规律显然是与单质的晶体结构的变化规律有很大的关系。例如,第三周期最左边的三个元素钠、镁、铝都是典型的金属晶体,随着这三种元素的原子半径逐渐减小和有效核电荷及价电子数的逐渐增加,三种金属晶体的结点上微粒间的作用力将逐渐增加,因而单质的熔点、沸点、硬度、密度等也逐渐增大。非金属元素硅,其单质以 sp^3 杂化轨道相结合形成具有金刚石结构的原子晶体,整个晶体以共价键结合,晶格结合较牢固,使得硅在这一周期中具有最高的熔点、沸点、硬度和密度。但随后的元素原子以共价键结合形成原子晶体的可能性减小,只能以共价键形成多原子小分子或双原子分子,然后以分子间力结合成分子晶体,从硅到磷(以及其后的硫、氯、氩),由于单质的晶体结构从原子晶体变到分子晶体,晶体中粒子间的作用力变小,单质的熔点、沸点、硬度和密度急剧降低。

许多金属单质都是电和热的良导体,而绝大多数的非金属单质是电和热的不良导体,位于周期表 p 区对角线附近的单质元素具有半导体性质;在主族元素中,导电性最强的是金属铝。而在所有的元素中,导电性最好的是银,其次是铜。金属的导电性随着温度的降低而增加。当温度接近绝对零度时,有许多金属的电阻会变为零,成为超导体。例如,铅在 7.19 K,钒在 5.03 K 时产生超导电性。

有些金属不仅在电场的作用下可以导电,而且在光照射下也能导电。当金属的第一离解势很小时,光照就可以使电子从金属的表面逸出而产生电流,这种现象称为光电效应。钾、铷、铯等金属具有这种特性,因而它们常用作光电管的材料。

硼、硅、锗、锡、砷、硒、碲等元素的单质具有半导体的性质。半导体的导电能力介于导体和绝缘体之间。与导体不同,半导体的导电能力随着温度的升高或受光照射而变大。这是由于满带中的电子在加热或光照的条件下获得能量,跃迁到能量较高的空带,使空带有了电子而成为导带。温度越高,导带中的电子密度越大,所以半导体的导电率也越大。

绝缘体与半导体的区别也不是绝对的。绝缘体在通常的情况下不导电,但是在高温或高电压下,绝缘体也可以变为导体。零族元素单质(稀有气体)在高电压下,由于原子中电子被激发能发出各种光,并导电。在不导电的氧化物中掺入一些杂质元素,也可以使氧化物变为半导体。

7.2.2　单质的化学性质

单质的化学性质通常表现为氧化还原性。金属单质的突出特性是易失去电子而表现为还原性,而非金属单质,除了容易得到电子表现为氧化性外,有些还具有一定的还原性。下面通过单质与氧(空气)、水、酸、碱的作用,简单说明单质氧化还原性的一般规律。

1. 金属单质的还原性

s 区金属单质均为活泼的金属,它们都能与氧反应生成相应的氧化物,s 区金属与氧结合能力的变化规律与金属性的变化规律一致,金属性最强的铯和铷能在空气中自燃,钾、钠在空气中的氧化速度也比较快,而锂的氧化速度相对较慢。与同周期碱金属元素相比,碱土金属在空气中的氧化速度较慢。s 区金属在空气中燃烧除了能生成正常的氧化物(Li_2O、BeO、MgO 等)外,还可以生成过氧化物(Na_2O_2、BaO_2):

$$2Na + O_2 = Na_2O_2$$

钾、铷、铯、钙、锶、钡在过量的氧气中还能生成超氧化物:

$$K + O_2 = KO_2$$

p 区金属的还原性一般远比 s 区金属小,在常温下锡、铅、锑、铋等与空气不发生反应,只有在加热时才能与氧作用,生成相应的氧化物。铝较活泼,易与氧结合,但铝能在空气中迅速生成一层致密的氧化物保护膜,阻止铝进一步与氧反应,因此铝在空气中很稳定。

s 区金属,除了铍和镁由于表面生成一层致密的氧化物保护膜,不能与水反应外,其他的均能与水反应,放出氢气:

$$2K + 2H_2O = 2KOH + H_2 \uparrow$$

$$Ca + 2H_2O = Ca(OH)_2 + H_2 \uparrow$$

s 区金属都能够置换出酸中的氢。

p 区金属在常温下一般不与纯水作用,除铋、锑外,都能从稀 HCl 和稀 H_2SO_4 中置换出氢气。

主族大多数金属均不能与碱反应,只有两性金属元素铝、铍、锗、锡等既能与酸反应,又能与碱反应:

$$2Al + 6HCl = 2AlCl_3 + 3H_2 \uparrow$$

$$2Al + 2NaOH + 2H_2O = 2NaAlO_2 + 3H_2 \uparrow$$

2. 非金属单质的氧化还原性

F_2、Cl_2、Br_2 和 O_2 等是非常活泼的非金属单质,具有很强的氧化性,可以与绝大多数金属发生反应,生成相应的卤化物和氧化物,同时也可以与很多活泼性差一些的非金属反应,使这些非金属表现出一定的还原性。非金属单质与氧作用的差别较大,除了白磷在空气中会自燃外,硫、红磷、碳、硅、硼等在常温下均不与氧反应,只有在加热时才能与氧结合,甚至燃烧,生成相应的氧化物 SO_2、P_2O_5、CO_2、SiO_2、B_2O_3 等。高温时,氢气与氧气反应生成 H_2O,并放出大量的热,可用于焊接钢板、铝板以及不含碳的合金等。N_2 和稀有气体的化学性质较为惰性,在通常的条件下,不与氧气反应,它们可以作为防止单质或化合物与氧气反应的保护性气体。

N_2、P_4、S_8、O_2 等在高温下不与 H_2O 反应,硼、碳、硅等虽在较低温度下不与 H_2O 反应,但是在较高温度下,可以发生反应:

$$C + H_2O \mathop{=\!=\!=} CO + H_2 \uparrow$$

$$Si + 3H_2O \mathop{=\!=\!=} H_2SiO_3 + 2H_2 \uparrow$$

卤素在常温下,能够与 H_2O 反应:

$$2F_2 + 2H_2O \mathop{=\!=\!=} 4HF + O_2 \uparrow$$

Cl_2、Br_2、I_2 与 H_2O 发生歧化反应,反应的趋势和程度依次减小:

$$X_2 + H_2O \mathop{=\!=\!=} HX + HXO \quad (X = Cl, Br, I)$$

非金属单质一般不与稀 HCl 和稀 H_2SO_4 作用,但是硫、磷、碳、硼等单质能被浓热的 HNO_3 或 H_2SO_4 氧化成相应的氧化物或含氧酸:

$$C + 2H_2SO_4 (热、浓) \mathop{=\!=\!=} CO_2 \uparrow + 2SO_2 \uparrow + 2H_2O$$

$$S + 2HNO_3 (浓) \mathop{=\!=\!=} H_2SO_4 + 2NO \uparrow$$

不少的非金属单质能与浓的强碱作用。

$$Cl_2 + 2NaOH \mathop{=\!=\!=} NaCl + NaClO + H_2O$$

$$3Cl_2 + 6NaOH \mathop{=\!=\!=} 5NaCl + NaClO_3 + 3H_2O$$

$$3S + 6NaOH \mathop{=\!=\!=} 2Na_2S + Na_2SO_3 + 3H_2O$$

$$P_4 + 3NaOH + 3H_2O \mathop{=\!=\!=} 3NaH_2PO_2 + PH_3$$

$$Si + 2NaOH + H_2O \mathop{=\!=\!=} Na_2SiO_3 + 2H_2 \uparrow$$

$$2B(无定形) + 2NaOH + 2H_2O \mathop{=\!=\!=} 2NaBO_2 + 3H_2 \uparrow$$

C、N_2、O_2、F_2 无上述反应。

7.2.3　稀有气体

氦(He)、氖(Ne)、氩(Ar)、氪(Kr)、氙(Xe)、氡(Rn)这六个元素位于周期表的最右边一列,统称为稀有气体。

1868 年,法国天文学家简森(P. C. Janssen)和英国天文学家洛克耶尔(J. N. Lockyer)在观察日全蚀时,在太阳光谱中看到一条橙黄色的谱线,而当时地球上所有已发现元素的光谱中,没有这条谱线,他们发现了一个新元素,取名为氦(原意为太阳)。1894 年英国物理学家瑞利(J. M. S. Rayleigh)和雷姆赛(W. Ramsay)在比较从空气和从含氮化合物中制得的氮气的密度时,发现其密度值存在着微小的差异,他们认为这种差别可能是由于从空气中制得的氮中含有尚未被发现的比氮重的气体。于是他们精确的分离空气,得到了不活泼的元素——氩(原意为懒惰)。随后他们又从空气中发现了与氩的性质相似的三种元素:氖、氪、氙。1900 年道恩(Dorn)从镭的蜕变产物中发现了氡,它不存在于空气中,是一个放射性元素。这样,氦、氖、氩、氪、氙、氡构成了周期系中的氦族元素,即稀有气体。

除了氦原子的电子层只有 2 个电子外,其余稀有气体原子的最外电子层都有 8 个电子。

它们都具有稳定的电子层结构。其化学性质非常不活泼,不与其他元素化合,它们自身也难以结合形成双原子分子,因此,它们以单原子分子的形式存在。

氖、氩、氪、氙等稀有气体几乎全部是依靠空气的液化、精馏而提取,氦主要从含氦的天然气中获得。每 1000 m³ 干燥的空气中含氩 93.40 dm³、氖 18.18 dm³、氦 5.24 dm³、氪 1.14 dm³ 和氙 0.086 dm³。氡是一种放射性元素,其半衰期为 3.823 天。它是镭的裂变产物,镭是提取氡的唯一原料。

表 7-3　稀有气体的一些物理性质

性　　质	氦 He[①]	氖 Ne	氩 Ar	氪 Kr	氙 Xe	氡 Rn
原子序数	2	10	18	36	54	86
外层电子构型	$1s^2$	$2s^2 2p^6$	$3s^2 3p^6$	$4s^2 4p^6$	$5s^2 5p^6$	$6s^2 6p^6$
相对原子质量	4.0026	20.1797	39.948	83.80	131.29	(222)
范德华半径/pm	140	154	188	202	216	—
第一离解能/(kJ·mol^{-1})	2372	2081	1521	1351	1170	1037
正常沸点/K	4.215	27.07	87.27	119.8	165.05	211.15
$\triangle H_m$(蒸发)/(kJ·mol^{-1})	0.09	1.8	6.3	9.7	13.7	18.0
气-液-固三相点/K	无	24.55	83.76	115.95	161.30	202.1
临界温度/K	5.25	44.5	150.85	209.35	289.74	378.1
溶解度[②]/(cm³·kg^{-1}(H$_2$O))	8.61	10.5	33.6	59.4	108.1	230
封入放电管内放电时的颜色	黄	红	红或蓝	黄-绿色	蓝-绿色	—

注:①氦的熔点 1.00K(压力为 25.05×101.325 kPa)。

　　②指稀有气体的分压值为 101.325 kPa,293K 时的值。

表 7-3 列出了稀有气体的一些物理性质。在稀有气体分子间存在着微弱的色散力,并且分子间的色散力随着原子序数的增加而增加,稀有气体的熔点、沸点和临界温度都很低,并且随着原子序数的增加而呈有规律地变化。氦的沸点是所有物质中最低的,液态氦是最冷的一种液体,借助于液态氦,可以使温度达到 0.001K。在科学上常利用液态氦来研究低温时物质的行为。稀有气体都难以液化,但液化后,却非常容易固化。

稀有气体在光学、冶炼、医学、原子反应堆及飞船等领域得到广泛的应用。氦是除氢外最轻的气体,可以用来代替氢气充气球、飞船等;氦气与氧气混合配制成"人造空气"供给潜水员在深水工作时呼吸之用,又常用于医治支气管气喘和窒息等疾病;在原子能反应堆中,氦是一种理想的冷却剂。氖在电场下激发能产生美丽的红光,可用于霓虹灯和其他一些信号装置中。氩在工业上是一种防护气体,用在电焊接和不锈钢的生产中防止金属氧化,用做电灯泡的填充气体时,可延长灯泡的寿命和增加亮度。氪和氙都具有几乎是连续的光谱,适宜作电光源的充填气体,例如高压长弧灯(俗称"人造小太阳")是利用氙在电场的激发下能发出强烈白光的性质。氡在医学上用于恶性肿瘤的放射性治疗,但若人吸入含有氡的粉尘,则有可能引起肺癌。

长期以来,稀有气体被认为不与任何物质作用,化合价为零,过去把它们称为惰性气体。1962 年,在加拿大工作的英国科学家巴特列(N. Bartlett)制备出了氙的化合物,至今已合成了数百种"惰性元素"的化合物,证明了惰性气体的"惰性"仅仅是相对的。1963—1965 年,人们根据这六种元素在地壳中含量稀少,主张称之为"稀有气体",这个建议现已经被普遍采用。表 7-4 列出了氙的一些重要化合物。

表 7-4　氙的一些主要化合物

氧 化 态	II	IV	VI	VIII
化合物	XeF_2	XeF_4 $XeOF_2$	XeF_6 Na_2XeF_8 $XeOF_4$ XeO_2F_2 XeO_3 $CsXeF_7$	XeO_4 $Na_4XeO_8 \cdot 8H_2O$ $Ba_2XeO_6 \cdot 15H_2O$

7.3　过渡元素概论

周期表中的 IIIB~VIIB、VIII、I B~II B 族共 10 个竖行、31 个元素(不包括镧以外的镧系元素和锕以外的锕系元素以及 104~109 号的人造元素)称为过渡元素,它们位于周期表的中部。这些过渡元素按周期分为三个系列,即位于第四周期的第一过渡系列,第五周期的第二过渡系列和第六周期的第三过渡系列。过渡元素在原子结构上的共同特征是随着核电荷增加,电子依次填充在次外层的 d 轨道,而最外层仅有 1~2 个电子,其价电子层结构的通式为 $(n-1)d^xns^{1-2}$($x=1\sim10$)(Pd 为 $4d^{10}5s^0$)。除 I B、II B 族元素的 $(n-1)d$ 轨道充满电子外,其他过渡元素都具有未充满电子的 d 轨道,由于过渡元素具有相似的电子层结构,它们具有许多共同的性质:

(1) 它们都是金属,硬度较大,熔点、沸点较高,导热、导电性能好,易形成合金。

(2) 除少数例外,它们都有多种氧化态,例如 Mn 的氧化态可以从 −3 到 7。

(3) 除 I B、II B 族的某些离子外,它们的水合离子常呈现一定的颜色。

(4) 它们易形成配位化合物。

7.3.1　过渡元素的通性

过渡元素都是金属,都具有金属所特有的密堆积结构,表现出典型的金属性,如过渡元素单质一般都具有银白色光泽,具有良好的延展性、机械加工性和导热、导电性,在冶金或许多工业部门中有着广泛的应用。过渡元素与碱金属、碱土金属相比较,在物理性质上存在着较大的区别,在过渡金属晶体中除外层 s 电子参与成键外,还有部分 d 电子参与金属键的形成,因此,过渡金属单质一般具有较大的密度和硬度,熔、沸点较高,并且在同一周期内,从左到右,未成对价电子数增多,到 VIB 族,可以提供 6 个未成对电子参与金属键的形成,使金属核间距缩短,相互间的作用力大,结果形成较强的金属键,所以在各过渡系列中,铬族元素的单质具有最高的熔点、最大的硬度。例如铬的硬度仅次于金刚石。

各周期从左到右,随着原子序数的增加,过渡元素的原子半径缓慢减小,到铜族元素前后又出现原子半径增大的现象,产生这种变化的原因是,d 轨道未充满,对核电荷的屏蔽较差,因而从左到右有效核电荷依次增加,半径依次减小。当 $(n-1)d$ 轨道完全充满后,d^{10} 结构有较大的屏蔽作用,导致有效核电荷减小,原子半径随之增加。随着原子半径的变化,过渡金属单质的密度也发生类似的变化。

具有较多的氧化态是过渡元素显著特征之一(见表 7-5)。由于 $(n-1)d$ 轨道与 ns 轨道的能量相近,除了 ns 电子参加成键外,$(n-1)d$ 电子也可以部分或全部参加成键,所以过渡金属都有多种氧化态。一般是从 $+2$ 变到与族数相同的最高氧化态。在同一周期,过渡元素氧化态的变化具有一定的规律性,从左到右,随着价电子数的增加,氧化态先是逐渐升高,当 $(n-1)d$ 电子数超过 5 时,氧化态又逐渐降低。在同一族中,第一过渡系易形成低氧化态化合物,而第二、三过渡系元素则趋向于形成高氧化态化合物,即从上到下,高氧化态化合物趋于稳定。这一点与 p 区 ⅢA、ⅣA、ⅤA 族元素氧化态的变化趋势正好相反。

表 7-5　第一过渡系元素的氧化值[①]

元　素	价电子构型	氧　化　数					
Sc	$3d^1 4s^2$	$\underline{+3}$					
Ti	$3d^2 4s^2$	$+2$	$+3$	$\underline{+4}$			
V	$3d^3 4s^2$	$+2$	$\underline{+3}$	$+4$	$\underline{+5}$		
Cr	$3d^5 4s^1$	$+2$	$\underline{+3}$	$\underline{+6}$			
Mn	$3d^5 4s^2$	$\underline{+2}$	$+3$	$\underline{+4}$	$+5$	$+6$	$\underline{+7}$
Fe[②]	$3d^6 4s^2$	$\underline{+2}$	$\underline{+3}$	$(+6)$			
Co	$3d^7 4s^2$	$\underline{+2}$	$+3$				
Ni	$3d^8 4s^2$	$\underline{+2}$	$(+3)$				
Cu	$3d^{10} 4s^1$	$+1$	$\underline{+2}$				
Zn	$3d^{10} 4s^2$	$\underline{+2}$					

注:①表中画短线的是稳定氧化数,加括号者是不稳定的。
②据 1987 年 12 月报道,前苏联科学工作者合成了 8 价铁的化合物。

过渡元素单质的活泼性具有较大的差别,第一过渡系元素的单质比第二、第三过渡系元素的单质活泼,其活泼性可以根据标准电极电势判断。表 7-6 列出了第一过渡系金属的标准电极电势。从表 7-6 可以看到,第一过渡系金属除铜以外,其标准电极电势值均为负值,它们都可以从非氧化性酸中置换出氢气。在同一周期,从左到右,其标准电极电势值逐渐增大,其金属活泼性逐渐减弱,但由于原子半径的变化比较缓慢,因而它们在化学性质上的变化也比较缓慢,使它们的化学性质彼此相差并不大。铜的标准电极电势在第一过渡元素中是最大的,这与铜的电子层构型有关。铜的价电子层结构为 $3d^{10} 4s^1$,电离 2 个电子使稳定的 $3d^{10}$ 全充满构型变为 $3d^9$ 成为 $+2$ 离子时需要较大的能量。

表 7-6　第一过渡系金属的标准电极电势

元　素	Sc	Ti	V	Cr	Mn	Fe	Co	Ni	Cu	Zn
$E_A^{\ominus}(M^{2+}/M)/V$	—	-1.63	-1.2	-0.91	-1.03	-0.41	-0.28	-0.23	$+0.34$	-0.76

在同一族中,从上到下,金属活泼性减小(ⅢB 族除外),因此,第五、六周期的金属都不活泼,只能与氧化性酸在加热情况下才能发生反应。例如,钼只与热硝酸或热的浓硫酸反应,而铌、铬、钽、锇和铱与王水都很难发生反应,这是由于在同一族中,从上到下,原子半径增加不大,而有效核电荷却增加较多,核对电子的吸引力增强,特别是第三过渡系受镧系收缩的影响,

其原子半径几乎等于第二过渡系的同族元素的原子半径,所以其化学性质显得更不活泼。

过渡元素的离子有未充满的 $(n-1)d$ 轨道,以及能量相近的空的 ns、np 轨道,这些轨道可以接受配位体的孤对电子,形成配位键。同时,由于过渡元素的离子半径较小,核电荷较大,对配位体具有较强的吸引力,过渡元素的离子或原子具有较强的形成配合物的倾向。

过渡元素的水合离子都具有颜色,这也与过渡元素离子的 d 轨道未充满电子有关。在可见光的照射下,水合离子发生 d-d 跃迁,而导致水合离子具有颜色。由于晶体场分裂能不同,产生 d-d 跃迁所需的能量也不同,亦即吸收可见光的波长不同,因而显示不同的颜色。表 7-7 列出了部分过渡元素低氧化态离子中的成单电子及水合离子颜色。

表 7-7　过渡元素低氧化态离子中的成单电子及水合离子颜色

离　　子	Ti^{3+}	V^{2+}	V^{3+}	Cr^{3+}	Mn^{2+}	Fe^{2+}	Fe^{3+}	Co^{2+}	Ni^{2+}
成单 d 电子	1	3	2	3	5	4	5	3	2
水合离子颜色	紫红	紫	绿	蓝紫	肉色	浅蓝	棕黄	粉红	绿

过渡元素的物理、化学性质决定了它们是现代工程材料中最重要的金属。含有少量铬和锰的合金钢,具有抗张强度高、硬度大、耐腐蚀的特点;金属钛质轻,耐腐蚀,用于航空、造船工业,此外过渡元素还有一些是现代电气真空技术上不可缺少的材料,例如,钽能发射电子,在电气真空技术中用作电极材料,钛、锆、铌、钽等吸收氧气、氮气和二氧化碳的能力很强,常用作电气真空工业中的消气剂。

7.3.2　重要的过渡元素

1. 钛及其化合物

钛(Titanium,Ti)是第一过渡系ⅣB 族元素,价电子层结构为 $3d^2 4s^2$,在形成化合物时,主要的氧化数为+4,也有+3。由于钛在自然界中的分布比较分散、冶炼比较困难而被称为稀有元素,但是,钛在地壳中的丰度并不小,是仅次于铁的最丰富的过渡元素。钛的矿物主要是钛铁矿($FeTiO_3$)和金红石矿(TiO_2)。我国四川地区有极丰富的钛铁矿资源。世界上已探明的钛储量中约有一半分布在我国。

钛是银白色金属,外观似钢,具有六方紧密堆积晶格。钛具有较高的熔点、较小的密度、很强的机械强度和耐腐蚀等特点,广泛应用于飞机制造业、化学工业、国防工业上。钛或者钛合金的密度与人的骨骼相近,与体内有机物不起化学反应,且亲和力强,被称为"生物金属"。

由于单质钛的制取在很长时间内存在困难,在 20 世纪 40 年代末,钛才开始在工业上得到应用。目前,钛的制取是先将钛铁矿制备成 TiO_2,然后,将 TiO_2 在氯气流中与碳一起加热,使其转化成液态 $TiCl_4$,再用蒸馏分离法将 $TiCl_4$ 提纯;最后在氩气气氛中于镀钼的铁坩埚内用镁金属将 $TiCl_4$ 还原为金属钛:

$$TiCl_4 + 2Mg == Ti + 2MgCl_2$$

钛的重要化合物有 TiO_2、$TiCl_4$、$TiOSO_4$(硫酸氧钛)和偏钛酸盐如 $FeTiO_3$ 等。

TiO_2 俗称钛白,在自然界中有三种晶型:金红石型、锐钛型和板钛矿型。钛白是钛工业中产量最大的精细化工产品。世界钛矿的 90% 以上用于生产钛白,钛白是迄今为止公认的最好的白色颜料,具有折射率高、着色力强、遮盖力大、化学性能稳定、耐化学腐蚀性及抗紫外线作用等良好性能,因而广泛用于油漆、造纸、塑料、橡胶、陶瓷和日用化工领域。

纯的 TiO_2 为白色难熔固体,受热变黄,冷却又变白,难溶于水,可溶于热的浓硫酸:

$$TiO_2 + H_2SO_4 =\!\!=\!\!= TiOSO_4 + H_2O$$

从溶液中析出的是 $TiOSO_4$ 白色粉末而不是 $Ti(SO_4)_2$。在 $TiOSO_4 \cdot H_2O$ 晶体中不存在单个的 TiO^{2+} 离子，而是钛原子间通过氧原子而结合起来的链状聚合物（—Ti—O—Ti—O—），在晶体中这些长链彼此之间由 SO_4^{2-} 连接起来。

$TiCl_4$ 是以共价键为主的化合物，在常温下是无色液体，有刺激性气味，遇水或潮湿的空气极易与水发生酸碱反应：

$$TiCl_4 + 3H_2O =\!\!=\!\!= H_2TiO_3 + 4HCl$$

根据这一性质，$TiCl_4$ 常用作烟雾剂、空中广告等。

在酸性介质中，$Ti(Ⅳ)$ 化合物与 H_2O_2 反应生成比较稳定的桔黄色配合物：

$$TiO^{2+} + H_2O_2 =\!\!=\!\!= [TiO(H_2O_2)]^{2+}$$

利用此反应可进行钛的比色分析。加入氨水则生成黄色的过氧钛酸 H_4TiO_5 沉淀，这是定性检验钛的灵敏方法。

$TiCl_4$ 是钛的重要化合物，用途广泛，它不仅是生产海绵钛、钛白的重要中间产品，而且是制备有机钛化合物、含钛电子陶瓷、低压法聚丙烯的催化剂、石油开采压裂液、发烟剂的主要原料。

在酸性介质中，$Ti(Ⅳ)$ 可以被金属铝还原为紫红色的 Ti^{3+}：

$$3TiO^{2+} + 6H^+ + Al =\!\!=\!\!= 3Ti^{3+} + Al^{3+} + 3H_2O$$

Ti^{3+} 具有较强的还原性，可以将 Fe^{3+} 还原为 Fe^{2+}：

$$Ti^{3+} + Fe^{3+} + H_2O =\!\!=\!\!= TiO^{2+} + Fe^{2+} + 2H^+$$

这个反应是定量测定钛的基础。

2. 钒及其化合物

钒（Vanadium，V）是 ⅤB 族的第一个元素。钒的价层电子构型为 $3d^3 4s^2$，能够形成氧化数为 +2、+3、+4、+5 的化合物。钒在自然界中的分布非常分散，制备困难，也归于稀有金属。钒在自然界中的矿物有六十多种，但是具有工业开采价值的很少，主要有绿硫钒矿（V_2S_5）、铅钒矿（$Pb_5[VO_4]_3Cl$）、钒云母（$KV_2[AlSi_3O_{10}](OH)_2$）和钒酸钾铀矿（$K_2[UO_2]_2[VO_4]_2 \cdot 3H_2O$）等。

金属钒外观呈银灰色，硬度比钢大，熔点高、塑性好、有延展性，具有较高的抗冲击性能、良好的焊接性和传热性以及耐腐蚀性能。钒主要用于制造钒钢，当钒在钒钢中的含量达到 0.1%～0.2% 时，可使钢质紧密，提高钢的韧性、弹性、强度、耐腐性和抗冲击性。因此，钒钢广泛用作结构钢、弹簧钢、工具钢、装甲钢和钢轨等。

钒的主要化合物有五氧化二钒 V_2O_5、偏钒酸盐 MVO_3、正钒酸盐 M_3VO_4 和多钒酸盐。

V_2O_5 是钒的重要化合物之一，是制备其他钒化合物的主要原料，它是橙黄色至砖红色固体。由偏钒酸铵分解制备：

$$2NH_4VO_3 \xrightarrow{\triangle} V_2O_5 + 2NH_3 + H_2O$$

V_2O_5 是以酸性为主的两性氧化物，既可溶于强碱，又可溶于强酸：

$$V_2O_5 + 2NaOH =\!\!=\!\!= 2NaVO_3 + H_2O$$

$$V_2O_5 + H_2SO_4 =\!\!=\!\!= (VO_2)_2SO_4 + H_2O$$

V_2O_5 具有一定的氧化性，可以与浓盐酸反应，生成钒（Ⅳ）盐和氯气：

$$V_2O_5 + 6HCl =\!\!=\!\!= 2VOCl_2 + Cl_2 \uparrow + 3H_2O$$

在酸性介质中，V_2O_5 和钒酸盐可以与 H_2O_2 反应，生成红色的过氧化物 $[V(O_2)]^{3+}$，这个反应可以定量地测定钒。

钒形成简单阳离子的倾向随着氧化态的升高而减小,不同氧化态的钒离子在水溶液中的形式呈多样性。

钒酸盐的形式是多种多样的,简单的正钒酸根(VO_4^{3-}),只存在于强碱性溶液($pH \geqslant 13$)中,为四面体结构。向正钒酸盐溶液中逐渐加入酸,随着 pH 值的逐渐减小,单钒酸根逐渐脱水缩合为多钒酸根。pH 值越小,缩合程度越大,颜色由淡黄变为深红色。当 pH 值约为 2 时,有砖红色 V_2O_5 水合物析出;当 pH 值约为 1 时,上述水合物溶解,形成淡黄色的 VO_2^+。钒酸盐的形式与 pH 值关系如表 7-8 所示。

表 7-8　钒酸盐的形式与 pH 值的关系

pH 值	$\geqslant 13$	$\geqslant 8.4$	8～3	～2.2	～2	<1
主要离子	VO_4^{3-}	$V_2O_7^{4-}$	$V_3O_9^{3-}$	$V_{10}O_{28}^{6-}$	$V_2O_5 \cdot xH_2O$	VO_2^+
V : O	1 : 4	1 : 3.5	1 : 3	1 : 2.8	1 : 2.5	1 : 2
颜色	淡黄	淡黄	淡黄	橘红	砖红	淡黄

钒酸根离子在溶液中的缩合平衡,除了与 pH 值有关外,还与钒酸根离子的浓度有关。

3. 铬及其化合物

铬(Chromium,Cr)是第四周期ⅥB族元素,铬的价层电子构型为 $3d^5 4s^1$,6 个价电子可以全部或部分地参加成键,故铬可以呈现 +2、+3、+4、+5、+6 等多种氧化态,其中以 +3 和 +6 最为常见。铬在自然界主要以铬铁矿 $Fe(CrO_2)_2$ 形式存在。

铬是银白色金属,由于其原子价电子层中有六个电子可以参与形成金属键,其原子半径也较小,因此,铬的熔点、沸点在第四周期中最高,在所有的金属中,铬具有最大的硬度。

铬具有良好的光泽,抗蚀性强,常用于金属表面的镀层和冶炼合金。铬镀层的最大优点是耐磨、耐腐蚀又极光亮;在钢中添加铬,可增强钢的耐磨性、耐热性和耐腐蚀性能,含铬 18% 的钢称为不锈钢。

常温下,铬的表面因形成致密的氧化膜在空气中或水中都相当稳定。若失去保护膜,铬能够缓慢地溶解于稀盐酸或稀硫酸中。高温下,铬能与卤素、硫、氮、碳等直接化合。

常见的铬酸盐是 K_2CrO_4 和 Na_2CrO_4,它们都是黄色的晶体物质。当黄色铬酸溶液被酸化时,转变为橘红色的重铬酸盐:

$$CrO_4^{2-} + 2H^+ \Longrightarrow Cr_2O_7^{2-} + H_2O$$

平衡的移动与溶液的 pH 值有关,在酸性介质中,平衡右移,溶液中 $Cr_2O_7^{2-}$ 占优势,在碱性介质中,平衡左移,CrO_4^{2-} 占优势。

重铬酸钾和重铬酸钠是 Cr(Ⅵ)的最重要的化合物。它们都是橙红色晶体。$K_2Cr_2O_7$ 不含结晶水,可以用重结晶的方法得到极纯的盐,常用作基准的氧化试剂。$Cr_2O_7^{2-}$ 在酸性溶液中是强氧化剂,而在碱性溶液中 CrO_4^{2-} 是较弱的氧化剂:

$$Cr_2O_7^{2-} + 14H^+ + 6e^- \Longrightarrow 7H_2O + 2Cr^{3+}, E^{\ominus} = +1.232 \text{ V}$$

$Cr_2O_7^{2-}$ 可以将 Fe^{2+} 氧化为 Fe^{3+},是重铬酸钾法定量测定铁的基本反应:

$$Cr_2O_7^{2-} + 6Fe^{2+} + 14H^+ \Longrightarrow 2Cr^{3+} + 6Fe^{3+} + 7H_2O$$

所有碱金属铬酸盐皆溶于水。碱土金属铬酸盐的溶解度从镁到钡溶解度迅速降低,$BaCrO_4$ 不溶于水。许多金属如铅、铋、银和汞的铬酸盐实际上不溶,而这些金属的重铬酸盐溶解度要大得多。所以除了加酸或碱可使 CrO_4^{2-} 和 $Cr_2O_7^{2-}$ 相互转移外,向溶液中加入 Ba^{2+}、Pb^{2+}

或 Ag^+ 离子,也可使平衡向生成 CrO_4^{2-} 的方向移动。

$$Cr_2O_7^{2-} + 2Ba^{2+} + H_2O \Longleftrightarrow 2BaCrO_4 + 2H^+$$

$$Cr_2O_7^{2-} + 2Pb^{2+} + H_2O \Longleftrightarrow 2PbCrO_4 + 2H^+$$

$$Cr_2O_7^{2-} + 4Ag^+ + H_2O \Longleftrightarrow 2Ag_2CrO_4 + 2H^+$$

在重铬酸盐的酸性溶液中加入少量的乙醚和过氧化氢溶液,并摇荡,生成溶于乙醚的过氧化铬 $CrO(O_2)_2$,乙醚层呈现蓝色:

$$Cr_2O_7^{2-} + 4H_2O_2 + 2H^+ \Longrightarrow 2CrO(O_2)_2 + 5H_2O$$

这是检验 Cr(Ⅵ)和过氧化氢的一个灵敏反应。

4. 锰及其化合物

锰(Manganess,Mn)是第四周期ⅦB族元素,广泛分布于地壳中,最重要的矿物是软锰矿 $MnO_2 \cdot H_2O$,其次是黑锰矿 Mn_3O_4 和水锰矿。近年来在深海海底发现有一种特殊的锰矿"大洋锰结核"。

锰的物理化学性质比较像铁,是一种活泼金属,在空气中金属锰的表面生成一层氧化物保护膜,粉状锰易被氧化。把金属锰放入水中因其表面生成氢氧化锰,可阻止锰对水的置换作用。锰与强酸反应生成 Mn(Ⅱ)盐和氢气:

$$Mn + 2H^+ \Longrightarrow Mn^{2+} + H_2 \uparrow$$

锰与冷、浓 H_2SO_4 的反应很慢。

锰和卤素直接化合生成卤化锰 MX_2,加热时,锰与硫、碳、氮、硅、硼等生成相应的化合物。如

$$3Mn + N_2 \xrightarrow{\;>1200\ ℃\;} 2Mn_3N_2$$

但它不能直接与氢气反应。

锰的价电子层构型为 $3d^5 4s^2$,可形成氧化态为 $+2$、$+3$、$+4$、$+5$、$+6$、$+7$ 的多种化合物,其中较为常见的是 Mn(Ⅱ)、Mn(Ⅳ)、Mn(Ⅵ)和 Mn(Ⅶ)四种氧化态。在这些氧化态中,酸性条件下 Mn(Ⅱ)比较稳定,这和 Mn(Ⅱ)离子的 d 电子是半充满有关。锰的常见化合物列于表 7-9。

表 7-9 锰的一些重要化合物

氧化态	+2	+4	+6	+7
氧化物	MnO　灰绿色	MnO_2　棕黑色		Mn_2O_7　红棕色液体
氢氧化物	$Mn(OH)_2$　白色	$Mn(OH)_4$　棕色	H_2MnO_4　绿色	$HMnO_4$　紫红色
主要盐类	$MnCl_2$　淡红色　　$MnSO_4$　淡红色		K_2MnO_4　绿色	$KMnO_4$　紫红色

Mn(Ⅱ)是锰的最稳定的氧化态,Mn(Ⅱ)的强酸盐如卤化锰、硝酸锰、硫酸锰都是易溶盐,而碳酸锰、磷酸锰、硫化锰不溶于水,在酸性溶液中,Mn^{2+} 离子相当稳定只有强氧化剂如 $NaBiO_3$、$(NH_4)_2S_2O_8$、PbO_2 等才能将 Mn(Ⅱ)氧化:

$$2Mn^{2+} + 5NaBiO_3 + 14H^+ \xrightarrow{\;\triangle\;} 2MnO_4^- + 5Bi^{3+} + 5Na^+ + 7H_2O$$

而在碱性溶液中,Mn(Ⅱ)具有较强的还原能力。

最常见的 Mn(Ⅳ)化合物是棕黑色的 MnO_2。由于 Mn(Ⅳ)处于中间氧化态,所以 Mn(Ⅳ)既具有氧化性,又具有还原性。MnO_2 在中性介质中很稳定,在酸性介质中是一个强氧化剂,也是制取锰(Ⅱ)盐的原料。MnO_2 可以与浓盐酸反应,生成氯气,这是实验室制备氯

气的方法。

$$MnO_2 + 4HCl(浓) =\!=\!= MnCl_2 + Cl_2 \uparrow + 2H_2O$$

最重要的 Mn(Ⅵ) 化合物是锰酸钾 K_2MnO_4，它是深绿色晶体，溶于水中呈绿色。锰酸盐只能存在于强碱性溶液中，在酸性和中性溶液中，易发生歧化反应：

$$3K_2MnO_4 + 2H_2O =\!=\!= 2KMnO_4 + MnO_2 + 4KOH$$

$KMnO_4$ 是 Mn(Ⅶ) 的最重要的化合物，是紫黑色晶体，易溶于水，溶液呈高锰酸根离子的特征紫色。$KMnO_4$ 是最重要和最常用的氧化剂之一，它的氧化能力和还原产物因介质的酸碱度不同而有显著差别。例如：

酸性介质　　　$2MnO_4^- + 5SO_3^{2-} + 6H^+ =\!=\!= 2Mn^{2+} + 5SO_4^{2-} + 3H_2O$

近中性介质　　$2MnO_4^- + 3SO_3^{2-} + H_2O =\!=\!= 2MnO_2 + 3SO_4^{2-} + 2OH^-$

碱性介质　　　$2MnO_4^- + SO_3^{2-} + 2OH^- =\!=\!= 2MnO_4^{2-} + SO_4^{2-} + H_2O$

因此 $KMnO_4$ 与还原剂反应时，Mn(Ⅶ) 转变成何种氧化态，与溶液的酸碱性有着密切的关系。

在酸性溶液中，$KMnO_4$ 是很强的氧化剂，它可以氧化 Cl^-、$C_2O_4^{2-}$、H_2O_2 等。

5. 铁、钴、镍及其化合物

铁、钴、镍(Iron、Cobalt、Nickel)是第四周期第Ⅷ族元素。它们的物理性质和化学性质都比较相似，因此把它们统称为铁系元素，它们都是有光泽的银白色金属，都有强磁性，许多铁、钴、镍合金是很好的磁性材料。也可以用来做形状记忆合金。依铁、钴、镍顺序，其原子半径逐渐减小，密度依次增大，熔点和沸点比较接近。

铁、钴、镍在高温下它们分别与氧、硫、氯等非金属作用，生成相应的氧化物、硫化物和氯化物。铁能溶于盐酸和稀 H_2SO_4；而钴、镍在 HCl 和稀 H_2SO_4 中比 Fe 溶解慢。冷、浓 HNO_3 可以使铁、钴、镍表面钝化；冷、浓 H_2SO_4 可以使铁的表面钝化。

铁系元素的价电层构型为 $3d^{6\sim8}4s^2$。3d 轨道上的电子已超过 5 个，d 电子全部参加成键的可能性逐渐减小，它们的共同氧化态为 +2 和 +3。但是，在很强的氧化剂作用下，铁可以呈现 +6 氧化态的高铁酸盐，如 K_2FeO_4。它的氧化性强于 $KMnO_4$，遇水即分解。

在 Fe^{2+}、Co^{2+}、Ni^{2+} 的水溶液中，加入 NaOH 可以得到相应的 $Fe(OH)_2$（白色）、$Co(OH)_2$（粉红色）和 $Ni(OH)_2$（绿色）沉淀。这些氢氧化物在空气中的稳定性明显不同，$Fe(OH)_2$ 很容易被空气中的氧所氧化，当 $Fe(OH)_2$ 全部被氧化时，则转化为红棕色的 $Fe(OH)_3$ 沉淀，$Co(OH)_2$ 也能被空气中的氧所氧化，但速度比较慢，而 $Ni(OH)_2$ 在空气中比较稳定，只有用较强的氧化剂如 Cl_2、NaClO 等才能将 $Ni(OH)_2$ 氧化：

$$2Ni(OH)_2 + Cl_2 + 2NaOH =\!=\!= 2Ni(OH)_3 \downarrow + 2NaCl$$

$Fe(OH)_3$ 与盐酸发生一般的酸碱中和反应而溶解，而 $Co(OH)_3$ 和 $Ni(OH)_3$ 则可以将浓盐酸氧化成 Cl_2：

$$2Co(OH)_3 + 6HCl =\!=\!= 2CoCl_2 + Cl_2 \uparrow + 6H_2O$$

表明 Co^{3+} 和 Ni^{3+} 在酸性介质中有强的氧化性，而 Fe^{3+} 的氧化性相对较弱，但在酸性溶液中，它仍然是一个中等强度的氧化剂，可以将 H_2S、Sn^{2+}、I^-、Fe、Cu 等氧化，自身被还原为 Fe^{2+} 离子。工业上，在铁板上刻字和在铜板上制造印刷电路，就是应用了 Fe^{3+} 离子的氧化性：

$$2Fe^{3+} + Fe =\!=\!= 3Fe^{2+}$$

$$2Fe^{3+} + Cu =\!=\!= 2Fe^{2+} + Cu^{2+}$$

铁、钴、镍离子都具有未充满的 d 轨道，能形成众多的配合物。铁能与 F^-、CN^-、SCN^-、

Cl^- 等离子形成配合物,例如:深红色的 $[Fe(CN)_6]^{3-}$、无色的 $[FeF_6]^{3-}$、黄色的 $[Fe(CN)_6]^{4-}$、浅绿色的 $[Fe(H_2O)_6]^{2+}$、血红色的 $[Fe(SCN)_n]^{3-n}$ 等。

Fe^{3+} 与 SCN^- 反应,生成血红色的 $[Fe(SCN)_n]^{3-n}$ 配合物,这个反应非常灵敏,常用来鉴定和定量测定 Fe^{3+}。Fe^{3+} 与 $[Fe(CN)_6]^{4-}$ 反应和 Fe^{2+} 与 $[Fe(CN)_6]^{3-}$ 反应分别生成深蓝色的难溶化合物普鲁士蓝和滕士蓝,可以分别用来鉴定 Fe^{3+} 和 Fe^{2+} 离子:

$$Fe^{3+} + [Fe(CN)_6]^{4-} + K^+ \longrightarrow KFe[Fe(CN)_6] \downarrow （普鲁士蓝）$$

$$Fe^{2+} + [Fe(CN)_6]^{3-} + K^+ \longrightarrow KFe[Fe(CN)_6] \downarrow （滕士蓝）$$

普鲁士蓝和滕士蓝实际上是同一种物质 $KFe[Fe(CN)_6]$。

与水合离子在水溶液中稳定性明显不同的是,在水溶液中 Co(Ⅱ)的配合物没有 Co(Ⅲ)的配合物稳定,$[Co(NH_3)_6]^{2+}$ 容易被空气中的氧气氧化为 $[Co(NH_3)_6]^{3+}$:

$$4[Co(NH_3)_6]^{2+} + O_2 + 2H_2O \longrightarrow 4[Co(NH_3)_6]^{3+} + 4OH^-$$

这是由于形成配离子后电极电势发生了变化:

$$Co^{3+} + e^- \longrightarrow Co^{2+}, \quad E^\ominus = 1.82\ V$$

$$[Co(NH_3)_6]^{3+} + e^- \longrightarrow [Co(NH_3)_6]^{2+}, \quad E^\ominus = 0.06\ V$$

Co(Ⅱ)配合物中大都具有较强的还原性,在水溶液中稳定性较差。在丙酮和乙醚中较稳定。利用这一特点,在含 Co^{2+} 的溶液中加入 KSCN(s)及丙酮,生成蓝色的 $[Co(NCS)_4]^{2-}$:

$$Co^{2+} + 4\ NCS^- \xrightarrow{\text{丙酮}} [Co(NCS)_4]^{2-}$$

利用这一反应可以鉴定 Co^{2+} 的存在。

Ni^{2+} 可与丁二酮肟生成鲜红色的螯合物沉淀:

（鲜红色）

这个反应可以用来检测 Ni^{2+}。

在人体必需的微量元素中,铁的生物功能最重要且含量最高,约占人体总量的 0.006%。人体缺铁会患贫血症。铁也是体内某些酶和许多氧化还原体系所不可缺少的元素。钴的生物功能直到发现维生素 B_{12} 才知晓。维生素 B_{12} 是一种含 Co(Ⅲ)的复杂配合物,有多种生理功能,它参与机体红细胞中的血红蛋白的合成,它能促使血红细胞成熟,缺少维生素 B_{12},红细胞就生长不正常,即会出现"恶性贫血"。虽然维生素 B_{12} 具有十分重要的作用,但人体中过量的无机钴盐也是有毒的,它会引起红血球增多,严重时导致心力衰竭。

氯化钴(Ⅱ)所含结晶水不同时,不仅结构不同,颜色也不相同:

$$CoCl_2 \cdot 6H_2O \underset{\text{（粉红）}}{\overset{52.3\ ℃}{\Longleftrightarrow}} CoCl_2 \cdot 2H_2O \underset{\text{（紫红）}}{\overset{90\ ℃}{\Longleftrightarrow}} CoCl_2 \cdot H_2O \underset{\text{（蓝紫）}}{\overset{120\ ℃}{\Longleftrightarrow}} CoCl_2 \ \text{（蓝）}$$

根据氯化钴的这一特性,将少量 $CoCl_2$ 掺入硅胶制成干燥剂,可以指示干燥剂的吸水情况。干燥剂呈蓝色表示无水,这时吸水能力最强,变成粉红色意味着失效,这时应放在烘箱中加热到 120 ℃,可以使干燥剂再生。

6. 铜、银、锌、汞及其化合物

铜(Copper)族包括铜、银、金三种元素,是周期表中的第ⅠB族。铜、银是亲硫元素,主要以硫化物、氯化物、氧化物等存在于自然界，如黄铜矿（$CuFeS_2$）、辉铜矿（Cu_2S）、孔雀石〔$CuCO_3 \cdot Cu(OH)_2$〕、赤铜矿（Cu_2O）、闪银矿（Ag_2S）、角银矿（$AgCl$）等。

　　紫红色的铜和银白色的银都具有较大的密度，熔点和沸点较高，传热性、导电性和延展性好等共同特征。并且都易与其他金属形成合金。

　　锌（Zinc）、汞（Mercury）是第ⅡB族元素，也是亲硫元素，在自然界中主要以硫化物形式存在，其主要矿物有：闪锌矿（ZnS）、菱锌矿（$ZnCO_3$）和辰砂（HgS）。

　　纯锌是银白色金属，质软，熔点较低（419 ℃），为六方密堆积结构。锌的主要用途是作防腐镀层和制造合金。在所有金属中，汞的熔点最低，是常温下唯一为液态的金属，汞容易与其他金属形成合金，汞形成的合金称为"汞齐"，在冶金工业中，利用汞的这种性质来提取贵金属，如金、银等。

　　铜、银的化学性质均不活泼，在常温下，铜不与干燥空气中的氧作用，但在含有 CO_2 的潮湿空气中会生成一层"铜绿"$Cu(OH)_2 \cdot CuCO_3$，而银不发生此反应：

$$2Cu + O_2 + H_2O + CO_2 \longrightarrow Cu(OH)_2 \cdot CuCO_3$$

银对硫有较大的亲合作用，当银与含有 H_2S 的空气接触时，其表面因生成一层 Ag_2S 而发暗。铜、银的活泼性很差还表现在与酸作用时，不能置换出氢。但它们能与氧化性酸（如浓硫酸、硝酸）反应而溶解：

$$3Cu + 8HNO_3（稀）\longrightarrow 3Cu(NO_3)_2 + 2NO\uparrow + 4H_2O$$

$$Cu + 2H_2SO_4（浓）\stackrel{\triangle}{\longrightarrow} CuSO_4 + SO_2\uparrow + 2H_2O$$

　　在潮湿的空气中，锌表面易生成一层致密的碱式碳酸盐 $Zn(OH)_2 \cdot ZnCO_3$，起保护作用，而使锌有防腐的性能。与铝相似，锌具有两性，可溶于酸，也溶于碱。与铝不同的是，锌还能与氨水形成配离子而溶于氨水：

$$Zn + 2OH^- + 2H_2O \longrightarrow [Zn(OH)_4]^{2-} + H_2\uparrow$$

$$Zn + 4NH_3 + 2H_2O \longrightarrow [Zn(NH_3)_4](OH)_2 + H_2\uparrow$$

汞只能与氧化性酸反应：

$$3Hg + 8HNO_3（稀）\longrightarrow 3Hg(NO_3)_2 + 2NO\uparrow + 4H_2O$$

　　铜的特征氧化数是 +2，也存在着 +1 氧化态的化合物，而银的特征氧化数则是 +1。在水溶液中能以简单的水合离子稳定存在的只有 Cu^{2+}、Ag^+，大部分 Cu（Ⅱ）盐均可溶于水，在水溶液中因发生 d-d 跃迁，而呈现颜色。Ag（Ⅰ）盐除 AgF、$AgNO_3$ 外，大多数都难溶于水。Cu（Ⅰ）主要以难溶盐或配合物存在，一般为白色或无色。

　　Cu（Ⅱ）和 Ag（Ⅰ）的氢氧化物都难溶于水，性质很不稳定，AgOH 一经生成，立即脱水，生成 Ag_2O 和 H_2O；$Cu(OH)_2$ 在加热时容易脱水变为黑色的 CuO。氢氧化铜微显两性，以碱性为主，易溶于酸，也能溶于浓碱，形成四羟基合铜离子，它可以被葡萄糖还原成暗红色的氧化亚铜：

$$2Cu^{2+} + 4OH^- + C_6H_{12}O_6（葡萄糖）\longrightarrow Cu_2O\downarrow + C_6H_{12}O_7（葡萄糖酸）+ 2H_2O$$

医学上用此反应检验糖尿病。

　　Cu_2O 对热稳定，加热到熔化也不分解，而 CuO 加热至 1000 ℃ 时分解为 Cu_2O 和氧。Ag_2O 在 300 ℃ 时就分解为单质银和氧。

　　Cu（Ⅱ）一般形成配位数为 4 的配合物，在这些配合物中，中心离子 Cu^{2+} 以 dsp^2 杂化（$[Cu(NH_3)_4]^{2+}$）或 sp^3 杂化（$[CuCl_4]^{2-}$）与配体形成配位键。它们均是顺磁性物质。

在 $CuSO_4$ 溶液中，加入适量的氨水可以得到浅蓝色的碱式硫酸铜沉淀，继续加入过量的氨水时，沉淀溶解生成深蓝色 $[Cu(NH_3)_4]^{2+}$ 离子：

$$2Cu^{2+} + SO_4^{2-} + 2NH_3 \cdot H_2O \Longrightarrow Cu_2(OH)_2SO_4 \downarrow + 2NH_4^+$$

$$Cu_2(OH)_2SO_4 + 2NH_4^+ + 6NH_3 \cdot H_2O \Longrightarrow 2[Cu(NH_3)_4]^{2+} + SO_4^{2-} + 8H_2O$$

$[Cu(NH_3)_4]^{2+}$ 溶液具有溶解纤维素的能力。在溶解了纤维素的溶液中加入酸，纤维素又可以沉淀析出。此性质可以用于制造人造丝。

$Cu(I)$ 和 $Ag(I)$ 都非常容易形成配位数为 2 的配合物，在这些配合物中，中心离子均以 sp 杂化形成配位键，几何构型为直线型。由于形成稳定的配合物，如 $[Cu(CN)_2]^-$、$[Ag(CN)_2]^-$ 等，从而使铜、银的活泼性增强。例如，在含有 KCN 或 NaCN 的碱性溶液中，铜、银能被空气中的氧所氧化：

$$4Cu + O_2 + 2H_2O + 8CN^- \Longrightarrow 4[Cu(CN)_2]^- + 4OH^-$$

$$4Ag + O_2 + 2H_2O + 8CN^- \Longrightarrow 4[Ag(CN)_2]^- + 4OH^-$$

同一元素的不同氧化态之间，可以相互转化。对于 $Cu(II)$ 和 $Cu(I)$ 之间的转化问题更加复杂一些，Cu^+ 具有 d^{10} 结构，有一定程度的稳定性。在无水条件下 $Cu(I)$ 是稳定的，但是在水溶液中却不稳定，容易发生歧化反应：

$$2Cu^+ \Longrightarrow Cu + Cu^{2+}$$

在水溶液中，Cu^{2+} 较 Cu^+ 稳定。这是由于 Cu^{2+} 离子的电荷高，半径小，因而具有较大的水合能的缘故。$Cu(II)$ 和 $Cu(I)$ 的稳定条件存在着相对的关系，根据平衡移动的原理，在有还原剂存在时，设法降低 $Cu(I)$ 的浓度，可使 $Cu(II)$ 转化为 $Cu(I)$。由于 $Cu(I)$ 的化合物大部分难溶于水，且在水溶液中 $Cu(I)$ 易生成配离子，这两种途径均能使水溶液中 $Cu(I)$ 浓度大大降低，从而使 $Cu(I)$ 转化为难溶物或配离子而能够稳定存在。例如，把 Cu^{2+} 与浓盐酸和铜屑共煮，可以得到 $[CuCl_2]^-$ 配离子：

$$Cu^{2+} + 4HCl(浓) + Cu \xrightarrow{\triangle} 2[CuCl_2]^- + 4H^+$$

Cu^{2+} 也可以直接与 I^- 作用生成难溶的 CuI：

$$2Cu^{2+} + 4I^- \Longrightarrow 2CuI \downarrow + I_2$$

在水溶液中，凡能使 $Cu(I)$ 生成难溶物或稳定配离子，则可由 $Cu(II)$ 和 Cu 或其他还原剂反应，使 $Cu(II)$ 转化为 $Cu(I)$ 的化合物。它们充分反映了氧化还原反应、沉淀反应或形成配离子对平衡转化的影响。

锌和汞的特征氧化数均为 +2，汞还存在着 +1 氧化数的化合物，但以双聚离子形式存在，如 Hg_2Cl_2。在锌盐溶液中，加入适量的碱，生成白色的氢氧化锌沉淀，氢氧化锌具有两性，既可以溶于酸中，又可溶于过量的碱中。在汞盐溶液中，加入碱只能得到黄色的氧化汞沉淀，这是由于生成的氢氧化汞极不稳定，立即脱水的缘故。

$HgCl_2$ 为直线型的共价分子，熔点 280 ℃，易升华，因而俗称升汞，略溶于水，有剧毒，其稀溶液有杀菌作用，可作为外科消毒剂。Hg_2Cl_2 也是直线型分子，呈白色，难溶于水，少量的无毒，因味略甜而称为甘汞，医药上用作泻药。Hg_2Cl_2 见光分解，因此应保存在棕色瓶中。

$HgCl_2$ 和氨水反应，可以得到 $HgNH_2Cl$（氨基氯化汞）白色沉淀：

$$HgCl_2 + 2NH_3 \Longrightarrow HgNH_2Cl \downarrow （白色） + NH_4Cl$$

只有在含过量的 NH_4Cl 的氨水中，$HgCl_2$ 才能与氨水形成配合物。Hg_2Cl_2 和氨水反应，可以得到 $HgNH_2Cl$（氨基氯化汞）和 Hg：

$$Hg_2Cl_2 + 2NH_3 \rightleftharpoons HgNH_2Cl \downarrow (白色) + Hg \downarrow (黑色) + NH_4Cl$$

而锌盐与过量的氨水反应,得到的却是无色的配离子$[Zn(NH_3)_4]^{2+}$。

HgI_2可溶于过量的 KI 溶液中,形成$[HgI_4]^{2-}$:

$$HgI_2 + 2I^- \rightleftharpoons [HgI_4]^{2-}$$

$[HgI_4]^{2-}$常用来配制 Nessler 试剂,用来鉴定NH_4^+。

在Hg^{2+}的溶液中加入$SnCl_2$溶液时,首先有白色丝光状的Hg_2Cl_2沉淀生成,再加入过量的$SnCl_2$溶液时,Hg_2Cl_2可被Sn^{2+}还原为 Hg,沉淀变为黑色:

$$2Hg^{2+} + Sn^{2+} + 8Cl^- \rightleftharpoons Hg_2Cl_2(白色) + [SnCl_6]^{2-}$$

$$Hg_2Cl_2 + Sn^{2+} + 4Cl^- \rightleftharpoons 2Hg \downarrow (黑色) + [SnCl_6]^{2-}$$

此反应常用来鉴定溶液中Hg^{2+}或Sn^{2+}的存在。

7.4　镧系元素与锕系元素的简述

7.4.1　镧系元素

从原子序数 57～71 号共 15 个元素统称为镧系元素(用 Ln 表示),它们位于周期表中第 6 周期的同一格内,且其物理性质和化学性质十分相似。其电子层结构特征是随着原子序数的增加,电子依次填入外数第三层 4f 轨道,其次外层和最外层电子数基本保持不变。所以也将镧系元素称为第一内过渡元素。电子层结构为$4f^{n-1}5d^16s^2$或$4f^n6s^2$。由于 4f 电子位于内层,不易参与成键,从而使 4f 电子对镧系元素的化学性质影响不大。所以镧系元素在化学性质上非常相似。

15 个镧系元素以及与其性质相似的钪(Sc)和钇(Y)共 17 个元素总称为稀土元素(用 RE 表示)。稀土元素在地壳中的分布较分散,且性质十分相似,提取和分离比较困难,人们对它们的研究起步较晚。

镧系元素的原子半径与离子半径随着原子序数的增加而逐渐缩小的现象称为镧系收缩。镧系收缩在化学上是十分重要的现象,由于镧系收缩使它后面各族过渡元素的原子半径和离子半径,分别与相应同族上面一个元素的原子半径和离子半径极为相近。这样导致了锆和铪、铌和钽、钼和钨、锝和铼等各对元素的化学性质相似,造成了各对元素分离的困难。

在冶金工业中镧系元素常用作还原剂、脱氧剂、脱硫剂、吸氧剂、石墨球化剂以及除去钢中的有害杂质。在无线电真空技术中用作脱气剂。镧系元素也是某些新型材料中不可缺少的部分。

7.4.2　锕系元素

锕系元素是指原子序数为 89～103 号共 15 种元素的总称(用 An 表示),它们都是放射性元素。

同镧系元素一样,锕系元素的电子也是最后填入外数第三层的 f 轨道上,由于锕系元素的电子是填充在 5f 轨道上,所以锕系元素也称为第二内过渡元素,所有锕系元素都有放射性。铀以后的超铀元素,除镎 Np 和钚 Pu 在地球上有少量发现外,其他都是人造元素。钍和铀是锕系元素中发现最早和地壳中存在量较多的两种放射性元素。同镧系元素的价电子层构型相似,锕系元素新增加的电子填充在 5f 轨道上,且随着原子序数增加,原子半径和离子半径递减,即也有锕系收缩现象。

　　锕系元素单质是银白色金属,比重大,熔点也较高,化学性质活泼,易与氧、卤素、酸等反应,在空气中燃烧,形成最高氧化数的氧化物。它们能与 H_2O 反应放出氢气。在一般条件下不与碱反应。其水合离子大多数都有颜色。

　　铀的常见的化合物是 UF_6、UCl_6、$UO_2(NO_3)_2$ 和 UO_3 等。UO_3 是橙黄色的固体,常以水合物的形式存在于铀矿中。UF_6 是卤化铀中最重要的化合物之一,在室温下 UF_6 是白色的易挥发固体,在 101325 Pa,565 ℃时升华。利用$^{238}UF_6$ 和$^{235}UF_6$ 蒸气扩散速度的差异,可使^{238}U 和^{235}U 分离,达到富集核燃料^{235}U 的目的。

　　钍的化合物以 +4 氧化态为最重要,如二氧化钍(ThO_2)、硝酸钍($Th(NO_3)_4$)等。钍是白色的粉末,强烈灼烧过的 ThO_2 几乎不溶于酸,但能溶于 HNO_3 和 HF 所组成的混合酸中。ThO_2 在有机合成工业中作催化剂,制造钨丝时的添加剂。

7.5　氧化物和氢氧化物

　　氧是典型的非金属元素,位于周期表中的第三周期第ⅥA族,其价电子层结构为 $2s^2 2p^4$,有获得 2 个电子达到稀有气体稳定电子层结构的趋势,除了在 OF_2 中氧的氧化数是 +2 外,氧的常见氧化数是 -2,按照分子轨道理论,O_2 分子中有一个 σ 键和两个三电子 π 键,分子中有两个未成对电子,表现为顺磁性。

　　除了大多数稀有气体外,所有的元素都能与氧生成二元氧化物,氧化物的制备方法有以下几种:

　　(1) 单质在空气中或纯氧中直接化合,可以得到常见价态的氧化物。

　　(2) 金属或非金属单质与氧化剂作用生成相应的氧化物,如

$$3Sn + 4HNO_3 \Longrightarrow 4NO\uparrow + 3SnO_2 + 2H_2O$$

$$3P + 5HNO_3 + 2H_2O \Longrightarrow 3H_3PO_4 + 5NO\uparrow$$

　　(3) 氢氧化物或含氧酸盐的热分解,例如:

$$CaCO_3 \Longrightarrow CaO + CO_2\uparrow$$

$$2Pb(NO_3)_2 \Longrightarrow 2PbO + 4NO_2\uparrow + O_2\uparrow$$

$$2Al(OH)_3 \Longrightarrow Al_2O_3 + 3H_2O$$

7.5.1　氧化物的物理性质

　　氧化物的物理性质由它的分子结构和晶体结构决定。氧化物的晶体结构在一定程度上与氧和其他元素间的化学键性质有关,按照氧化物的键型,可以将氧化物分为离子型氧化物和共价型氧化物。

　　活泼金属(如碱金属、碱土金属)与氧形成的氧化物都是离子型氧化物,它们形成离子晶体,具有较高的熔点、沸点。如 BeO 的熔点为 2530 ℃,MgO 的熔点为 2852 ℃。由非金属元素与氧靠共价键结合,形成共价型氧化物,但共价型氧化物并不一定都是分子晶体,有些共价型氧化物如 NO、P_2O_5、As_2O_3、SO_2 等是分子晶体,具有较低的熔、沸点,有些共价型氧化物则形成原子晶体(例如 SiO_2、B_2O_3),熔点较高,SiO_2 熔点为 1986K。

　　金属活泼性不太强的金属氧化物,是离子型与共价型之间的过渡型化合物。

　　氧化物晶体结构的特征也反映在硬度上,离子型或偏离子型的氧化物大多数硬度较大,属

于原子晶体的共价型氧化物也有较大的硬度,表 7-10 列出了一些氧化物的硬度(莫尔硬度,金刚石为 10)。

表 7-10　一些氧化物的硬度

氧 化 物	MgO	TiO$_2$	Fe$_2$O$_3$	SiO$_2$	Al$_2$O$_3$	Cr$_2$O$_3$
硬度	5.5~6.5	5.5~6	5~6	6~7	7~9	9

氧化铝、二氧化二铬、氧化铁、氧化镁等熔点高,对热稳定性大,具有较大的硬度,常用作磨料。

氧化铍、氧化镁、氧化钙、氧化铝、二氧化锆等都是难熔的氧化物,它们的熔点一般在 1500 ~3000 ℃之间,常用作耐高温材料(即耐火材料)。由纯氧化物构成的耐火材料的缺点是强度较差,如果在耐火氧化物中加入一些耐高温金属(如 Al$_2$O$_3$＋Cr、ZrO$_2$＋W 等)磨细、混合后,加压成形,再烧结,就能得到既具有金属强度,又具有陶瓷的耐高温等特性的材料,即金属陶瓷。

纯净的氧化物晶体是绝缘体,但在氧化物晶体中掺入少量的其他元素就可以使该氧化物具有半导体的性质。例如 SnO$_2$ 晶体中掺入少量的 Sb,则可以使 SnO$_2$ 具有导电性。应当指出,有时同一组成的氧化物,由于晶体结构不同,可以具有不同的物理性质,甚至不同的化学性质。例如,氧化铝,常见的有两种变体 α-Al$_2$O$_3$(俗称刚玉)和 γ-Al$_2$O$_3$(活性氧化铝),它们的组成一样,都属于离子晶体,但是它们的性质却有很大的不同,前者密度大,硬度大,几乎不溶于酸、碱,表现为化学惰性,而后者密度小,质地软,易与酸、碱反应,相对而言化学性质较活泼。

7.5.2　氧化物的酸碱性及其变化规律

氧化物的分类方法有许多种,最重要的是按照氧化物的酸碱性进行的分类,根据氧化物与酸碱反应的不同,可以将氧化物分为以下四类:

(1) 酸性氧化物。主要是一些非金属氧化物和高价态的金属氧化物,与碱反应生成盐和水,与水作用生成含氧酸。例如 SO$_3$、Cl$_2$O$_7$ 等。

(2) 碱性氧化物。主要是碱金属和碱土金属(Be 除外)的氧化物,易与酸反应生成盐和水,与水作用生成氢氧化物。例如 Na$_2$O、CaO、MgO 等。

(3) 两性氧化物。既能与酸反应,又能与碱反应分别生成相应的盐和水,主要是 P 区金属的氧化物,例如 Al$_2$O$_3$、PbO$_2$、Sb$_2$O$_3$ 等。

(4) 中性氧化物。既不能与酸反应,也不能与碱反应,也难溶于 H$_2$O,例如 CO、N$_2$O、NO 等。

氧化物 R$_x$O$_y$ 的酸碱性与 R 的金属性或非金属性的强弱有关,即与 R 在周期表中的位置有关。同时也与 R 的氧化数有关。一般情况下 R 的金属性越强,其氧化物的碱性越强。R 的非金属越强,其氧化物的酸性越强。氧化物的酸碱性递变规律与元素的金属活泼性、非金属活泼性的递变规律是相对应的。

在同一族元素中,从上到下,相同氧化数氧化物的酸性逐渐减弱,碱性逐渐增强。例如第ⅤA 族元素氧化数为＋3 的氧化物,N$_2$O$_3$ 和 P$_2$O$_3$ 是酸性的,As$_2$O$_3$ 和 Sb$_2$O$_3$ 是两性的,而 Bi$_2$O$_3$ 则是碱性的。

在同一周期中,从左到右,各元素最高氧化数的氧化物的酸性逐渐增强,碱性逐渐减弱,例如第三周期各元素最高氧化数氧化物的酸碱性递变顺序如下:

碱性递增 ←──────────────────────────────────────

Na_2O	MgO	Al_2O_3	SiO_2	P_2O_5	SO_3	Cl_2O_7
碱性强	碱性中强	两性	酸性弱	酸性中强	酸性强	酸性最强

──────────────────────────────────────→ 酸性递增

如果元素有几种不同的氧化态,其氧化物的酸碱性不相同。一般说来,高氧化数氧化物的酸性比低氧化数氧化物的酸性强。

在一定条件下,酸性氧化物、碱性氧化物和两性氧化物之间,可以相互发生反应,生成相应的盐,例如在炼铁时,往往需要加入 CaO 以除去杂质 SiO_2,原因是发生了以下反应:

$$CaO + SiO_2 = CaSiO_3$$

7.5.3　氢氧化物的酸碱性

元素氧化物的水合物,无论是酸性、碱性或两性,都可以看成是氢氧化物,即可以用一个简单的通式 $R(OH)_x$ 来表示,x 是元素 R 的氧化值。当 R 的氧化值较高时,氧化物的水合物易脱去一部分水分子,变成含水较少的化合物。例如 HNO_3(由 $N(OH)_5$ 脱去两个 H_2O 分子),正磷酸 H_3PO_4(由 $P(OH)_5$ 脱一个 H_2O 分子)。氧化物的水合物 $R(OH)_x$ 是酸性、碱性还是两性,与其离解方式的不同有关。碱性氢氧化物进行碱式离解,离解出氢氧根离子,酸性氢氧化物(即含氧酸)则采取酸式离解,离解出氢离子,若为两性则既可以进行碱式离解,又可以进行酸式离解。即

$$R—O—H \longrightarrow R^+ + OH^-　　碱式离解$$

$$R—O—H \longrightarrow RO^- + H^+　　酸式离解$$

R—O—H 究竟以何种方式离解,与中心离子 R 的氧化数和半径有关。

当中心离子的氧化数高,半径小时,R 的静电引力强,它同与之相连的氧原子争夺电子的能力强,结果 O—H 键被削弱得较多,R—O—H 便以酸式离解为主;相反,若中心离子的氧化数较低,半径较大,中心离子 R 对氧原子电子的吸引力较小,O—H 键相对较强,则在水分子的作用下,易进行碱式离解。因此,可以用中心离子的离子势进行半定量的判断。离子势 φ 是指 R 阳离子的电荷数 Z 与离子半径 $r(pm)$ 的比值,即

$$\varphi = Z/r$$

用离子势 φ 判断氧化物的水合物酸碱性的半定量的经验式为

$$\sqrt{\varphi} < 0.22,　　　　R—O—H 进行碱式离解,碱性$$

$$0.22 < \sqrt{\varphi} < 0.32,　　R—O—H 为两性氢氧化物$$

$$\sqrt{\varphi} > 0.32,　　　　R—O—H 进行酸式离解,酸性$$

在中心离子 R 的电子构型相同时,$\sqrt{\varphi}$ 值越小,碱性越强,例如,Mg^{2+} 的半径为 65 pm,$\sqrt{\varphi} = \sqrt{\dfrac{2}{65}} = 0.175$;$N^{5+}$ 的半径为 10 pm,$\sqrt{\varphi} = 0.67$;Be^{2+} 的半径为 31 pm,$\sqrt{\varphi} = 0.254$。所以 $Mg(OH)_2$ 是碱性氢氧化物,HNO_3 是酸,而 $Be(OH)_2$ 则是两性氢氧化物。

由于氧化物的水合物的酸碱性主要与中心离子 R^{x+} 的电荷和离子半径有关,因此可以用 $\sqrt{\varphi}$ 的大小来说明氧化物的水合物酸碱性的递变规律。表 7-11 列出了主族元素最高氧化数氧化物的水合物的酸碱性。

表 7-11　周期系主族元素最高价态的氧化物的水合物的酸碱性

	ⅠA	ⅡA	ⅢA	ⅣA	ⅤA	ⅥA	ⅦA
				酸性增强 →			
	LiOH（中强碱）	Be(OH)$_2$（两性）	H$_3$BO$_3$（弱酸）	H$_2$CO$_3$（弱酸）	HNO$_3$（强酸）	—	—
碱性增强 ↓	NaOH（强碱）	Mg(OH)$_2$（中强碱）	Al(OH)$_3$（两性）	H$_2$SiO$_3$（弱酸）	H$_3$PO$_4$（中强酸）	H$_2$SO$_4$（强酸）	HClO$_4$（极强酸）
	KOH（强碱）	Ca(OH)$_2$（中强碱）	Ga(OH)$_3$（两性）	Ge(OH)$_4$（两性）	H$_3$AsO$_4$（中强酸）	H$_2$SeO$_4$（强酸）	HBrO$_4$（极强酸）
	RbOH（强碱）	Sr(OH)$_2$（中强碱）	In(OH)$_3$（两性）	Sn(OH)$_4$（两性）	H[Sb(OH)$_4$]（弱酸）	H$_4$TeO$_4$（弱酸）	H$_5$IO$_6$（极强酸）
	CsOH（强碱）	Ba(OH)$_2$（强碱）	Tl(OH)$_3$（强碱）	Pb(OH)$_4$（两性）	—	—	—

← 碱性增强

从表 7-11 中可以看到同一周期,从左到右,最高氧化数氧化物的水合物酸性增强,碱性减弱,这显然与 R 具有的氧化数,自左向右由 +1 增大到 +7,半径逐渐减小,离子势 $\sqrt{\varphi}$ 值依次增大的变化顺序是一致的。

副族的变化趋势与主族相似,只是要缓慢一些,例如,第四周期中第Ⅲ～Ⅶ副族元素最高氧化数氧化物的水合物酸碱性递变顺序如下:

碱性增强 ←

Sc(OH)$_3$	Ti(OH)$_4$	HVO$_3$	H$_2$CrO$_4$ 或 H$_2$Cr$_2$O$_7$	HMnO$_4$
氢氧化钪	氢氧化钛	偏钒酸	铬酸　　　重铬酸	高锰酸
碱	两性	弱酸	中强酸	强酸

→ 酸性增强

同一主族中,R^{x+} 的电荷数相同,但离子半径从上到下依次增大,因此 $\sqrt{\varphi}$ 值依次减小,其氧化物的水合物的碱性增强,酸性减弱。同一副族从上到下,相同氧化态的氧化物的水合物的酸性减弱,碱性增强。一般地,同一元素不同氧化数的氢氧化物或含氧酸的酸碱性,高氧化态的酸性较强,低氧化态的碱性较强。例如:

碱性增强 ←

Mn(OH)$_2$	Mn(OH)$_3$	Mn(OH)$_4$	H$_2$MnO$_4$	HMnO$_4$
碱性	弱碱	两性	弱酸	强酸

→ 酸性增强

随着中心离子 R^{x+} 的氧化数增加,半径依次减小,R^{x+} 吸引氧原子的电子云的能力增强。结果 O—H 键减弱较多,故酸式离解的能力增强。

综上所述,R 的电荷数(氧化态)和半径对氧化物的水合物的酸碱性起着十分重要的作用,一般地,当 R 为低氧化数(≤+3)的金属元素(主要是 s 区和 d 区金属)时,其氢氧化物多为碱性,当 R 为较高氧化态(+3～+7)的非金属或金属性较弱的元素(主要是 p 区和 d 区元素)时,其氧化物的水合物多呈酸性。当 R 为中间氧化数(+2～+4)的一般金属(p 区、d 区元素)时,其氧化物的水合物常显两性,例如 Zn^{2+}、Sn^{2+}、Al^{3+}、Cr^{3+}、Ti^{4+}、Mn^{4+} 等的氢氧化物,均是两性氢氧化物。

应用离子势来判断氧化物的水合物的酸碱性只是一个经验规则，还存在着不少例外。例如，$Zn(OH)_2$ 是两性氢氧化物，但是按照 Zn^{2+} 的电荷和半径（74 pm）得到的 $\sqrt{\varphi}$ 值为 0.16，应该是强碱性氢氧化物。

7.6　卤　化　物

氟、氯、溴、碘、砹等五个元素统称为卤素，是一类典型的非金属元素。这五个元素中除砹具有放射性外，其他元素都是普通元素，位于元素周期表的ⅦA族。

卤素元素的价电子构型是 ns^2np^5，最外层有七个电子，易得到一个电子成为 ns^2np^6 的稀有气体的稳定结构。所以卤素单质都表现出较强的氧化性，且在化合物中通常表现为 -1 氧化数，除 F 外，其他卤素还可以表现 $+1$、$+3$、$+5$、$+7$ 氧化态。在所有卤素的化合物中，卤素元素与电负性小的元素所形成的二元化合物，即卤化物最为普遍，在各类卤素的化合物中占有重要地位。

7.6.1　卤化物的物理性质

除了氦、氖、氩三个稀有气体外，其他元素都能与卤素形成卤化物，由于单质氟具有很强的氧化性，元素形成氟化物时，可以形成最高氧化态的氟化物，如 SF_6、IF_7 等。相对地单质碘的氧化性较低，元素形成碘化物时，往往表现较低的氧化态如 CuI，有些元素甚至不能生成碘化物。

卤化物可以看成是氢卤酸的盐，卤化物的种类和数量都较多，若按键型划分，则可以划分为两大类，离子型卤化物和共价型卤化物。卤化物的键型与成键元素的电负性、原子或离子半径以及金属离子的电荷有关，一般说来，易形成低氧化态的金属，如碱金属、碱土金属（铍除外）、大多数镧系元素和某些低氧化态的 d 区元素的卤化物基本上是离子型卤化物，例如 NaCl、$CaCl_2$、$LaCl_3$、$NiCl_2$ 等。离子型卤化物在固态时是离子晶体，它们具有较高的熔、沸点和低挥发性，熔融和溶于水中能够导电。

由非金属元素以及高氧化态的金属元素与卤素生成的卤化物通常都是共价型卤化物。共价型卤化物在常温下有些是气体（如 SiF_4），有些是液体（如 $TiCl_4$ 等），有些则是易升华的固体（如 $AlCl_3$）。固体状态的共价型卤化物为分子晶体，它们的熔、沸点较低，易挥发，熔融时不导电，非常容易与水发生酸碱反应。

在同一周期中，从左到右，随元素的电荷数依次增加，离子半径依次减小，正离子的极化能力增大，使卤素的变形性加大，其卤化物的共价性依次增加，卤化物的键型就从离子型逐渐过渡到共价型。同族元素，自上而下，离子半径依次增大，正离子的极化能力减弱，卤化物的共价成分依次减小，离子键成分逐渐增加，使卤化物的晶体结构由分子晶体逐渐过渡到离子晶体，使其熔、沸点增大。

同一种元素可以与卤素形成不同的卤化物，卤离子从 F^- 到 I^- 半径依次加大，阴离子的变形性逐渐加大，卤化物的共价成分逐渐变大，从氟化物到碘化物，卤化物的结构和性质呈现规律性的变化，但是对于不同键型的卤化物，其变化规律并不完全一样。对于典型的离子型卤化物，例如 NaF、NaCl、NaBr、NaI，虽然其负离子的半径依次增大，其卤化物的离子键成分依次减小，但是这四种卤化物仍属于离子型化合物，其固体属于离子晶体。因此它们的熔、沸点是随着负离子半径的增加而逐渐降低，原因是离子晶体的熔、沸点的高低取决于晶格能的大小，而晶格能与正、负离子的半径之和成反比。

对于典型的共价型卤化物而言,它们都是分子晶体,其熔点、沸点都按氟化物、氯化物、溴化物和碘化物的顺序升高,原因是卤化物的分子量按照氟化物、氯化物、溴化物和碘化物的顺序递增,其卤化物分子间力依次增大。

对于有些元素的卤化物,从氟化物到碘化物,随着阴离子的半径增加,变形性加大,其晶体结构由离子晶体变化到分子晶体(见表 7-12)。

表 7-12　卤化铝的性质和结构

卤　　化　　物	AlF_3	$AlCl_3$	$AlBr_3$	AlI_3
熔点/℃	1313	466(加压)	320.5	464
沸点/℃	1533	951(升华)	541	655
键型	离子型	过渡型	共价型	共价型

同一元素形成不同氧化态的卤化物时,高氧化态离子的电荷多,半径小,有较强的极化能力,必然使其卤化物具有更高的共价成分,同一元素高氧化态的卤化物较低氧化态的卤化物具有较低的熔、沸点。

对于不同氧化态的非金属卤化物,都是共价型卤化物,分子间力主要是色散力,其熔、沸点随分子量的增大而增加。高氧化态的卤化物的熔、沸点比低氧化态的卤化物的熔、沸点高,例如 PCl_3 的熔点为 $-93.6\ ℃$,而 PCl_5 的熔点则为 $167\ ℃$。

大多数卤化物易溶于水,只有氯、溴、碘的银盐(AgX)、铅盐(PbX_2)、亚铜盐(CuX)等是难溶的,氟化物的溶解度与其他卤化物的溶解情况不一样。例如 CuF_2 不溶于 H_2O,而其他 CuX_2 可溶于 H_2O;AgF 可溶于水,而其他 AgX 则不溶于 H_2O。卤化物在水中的溶解情况可以用极化理论解释。

7.6.2　卤化物的化学性质

1. 卤化物的热稳定性

卤化物的热稳定性是指它们受热时是否容易分解的性质,大多数卤化物是很稳定的。碱金属的卤化物在加热时很难发生分解,而有些卤化物则非常容易分解,例如:

$$ZrI_4 = Zr + 2I_2$$

$$PCl_5 = PCl_3 + Cl_2$$

$$CCl_4 = C + 2Cl_2$$

2. 卤化物与水的酸碱反应

依据酸碱质子理论,卤化物的正离子在水溶液中以水合正离子的形式存在,能够与水发生酸碱反应,而卤化物的负离子则可以作为质子碱,接受水给出的质子,卤化物在水中的这种现象,在阿仑尼乌斯酸碱理论中称为水解,这是卤化物十分重要的化学性质,在实践中,常利用卤化物的这种性质。例如,用溶胶-凝胶法制备膜、玻璃等。有时则必须避免卤化物与水发生酸碱反应,例如配制 $SnCl_2$ 水溶液。

卤化物中的负离子是氢卤酸的共轭碱,除氢氟酸外,氢卤酸都是强酸,因此由活泼金属(镁除外)组成的氯化物、溴化物和碘化物都不可能与水发生相应的酸碱反应,只有氟化物中的氟离子才能够与水发生相应的酸碱反应,使溶液呈弱碱性:

$$F^- + H_2O = HF + OH^-$$

许多活泼性较差的金属卤化物和非金属卤化物都会与水发生不同程度的酸碱反应。根据其产物的不同,可分为三种类型。

1)生成碱式盐或卤氧化物

这是最常见的一种类型,通常是由于阳离子与水发生不完全酸碱反应而产生的,例如:

$$MgCl_2 + H_2O = Mg(OH)Cl \downarrow + HCl$$

$$SnCl_2 + H_2O = Sn(OH)Cl \downarrow + HCl$$

在一般条件下,这类卤化物要达到与水完全反应比较困难。如果在分级酸碱反应的过程中,中间产物是容易脱水的碱式卤化物,则反应将生成卤氧化物沉淀,而不发生进一步的酸碱反应,例如:

$$SbCl_3 + H_2O = SbOCl \downarrow + 2HCl$$

$$BiCl_3 + H_2O = BiOCl \downarrow + 2HCl$$

对于易与水发生酸碱反应的卤化物,在配制其溶液时,应预先加入相应的酸,以防止其与水发生酸碱反应而产生沉淀。

2)生成氢氧化物

有许多金属卤化物与水发生酸碱反应的最终产物是相应的氢氧化物沉淀,但这些酸碱反应往往需要加热以促使反应进行完全。例如:

$$AlCl_3 + 3H_2O = Al(OH)_3 \downarrow + 3HCl$$

$$FeCl_3 + 3H_2O = Fe(OH)_3 \downarrow + 3HCl$$

$$ZnCl_2 + 2H_2O = Zn(OH)_2 \downarrow + 2HCl$$

3)生成两种酸

许多非金属卤化物和高氧化数的金属卤化物,与水发生的酸碱反应进行得非常完全,生成相应的含氧酸和氢卤酸,例如:

$$BCl_3 + 3H_2O = H_3BO_3 + 3HCl$$

$$PCl_5 + 4H_2O = H_3PO_4 + 5HCl$$

$$SnCl_4 + 3H_2O = H_2SnO_3 + 4HCl$$

$$TiCl_4 + 3H_2O = H_2TiO_3 + 4HCl$$

$$SiF_4 + 3H_2O = H_2SiO_3 + 4HF$$

这类卤化物遇到潮湿的空气时就会产生烟雾,这是由于它们与水具有很强的反应性。军事上制备烟幕剂就是利用这个性质。

7.7 硫 化 物

硫是氧的同族元素,具有与氧相似的价电子层结构,容易获得两个电子,形成 -2 价的离子,并能够与金属或非金属形成相应的硫化物。

7.7.1 硫化物的溶解性

许多金属离子都可以在溶液中与 H_2S 或 S^{2-} 离子反应,生成相应的硫化物。除碱金属和 NH_4^+ 的硫化物可溶于水,碱土金属的硫化物微溶于水外,其他金属的硫化物均难溶于水,且都有颜色。硫化物中 S^{2-} 具有较大的半径,容易发生变形,在与金属离子结合时,由于离子极化作用,使金属硫化物中 M—S 键含有较多的共价性,因而很多硫化物都难溶于水。金属离子的极化作用越大,其硫化物的溶解度越小。由于不同金属离子的极化作用有较大的区别,各种硫化物的溶解度之间的差别非常大。在实际应用中,常利用硫化物溶度积的差异以及硫化物的特征颜色,来分离或鉴定某些金属离子。

氢硫酸是很弱的二元酸,存在如下的离解:

$$H_2S \Longrightarrow H^+ + HS^-, \quad K_1^\ominus = 1.07 \times 10^{-7}$$

$$HS^- \Longrightarrow H^+ + S^{2-}, \quad K_2^\ominus = 1.26 \times 10^{-13}$$

在饱和硫化氢水溶液中,存在如下关系:

$$\{c(H^+)/c^\ominus\}^2 \{c(S^{2-})/c^\ominus\} = 1.35 \times 10^{-21}$$

通过调节溶液的酸度,可以达到控制溶液中 S^{2-} 浓度的目的,这样,适当地控制溶液的酸度,利用 H_2S 能将溶液中的不同金属离子分组分离。表 7-13 列出了硫化物的颜色及在不同酸中的溶解性。

表 7-13　硫化物的颜色及在不同酸中的溶解性

易 溶 于 水	难 溶 于 水			
	溶于 0.3 mol·dm^{-3} 盐酸①	难溶于稀盐酸		
		溶于浓盐酸	难溶于浓盐酸	
			溶于浓 HNO$_3$	溶于王水
$(NH_4)_2S$	$Al_2S_3$②(白色)	SnS(褐色)	CuS(黑色)	HgS(黑色)
Na_2S	$Cr_2S_3$②(黑色)	SnS_2(黄色)	Cu_2S(黑色)	Hg_2S(黑色)
K_2S	MnS(浅粉)	PbS(黑色)	Ag_2S(黑色)	
MgS	ZnS(白色)	Sb_2S_3(橙色)	As_2S_3(浅黄)	
CaS	Fe_2S_3(黑色)	Sb_2S_5(橙色)	As_2S_5(浅黄)	
SrS	FeS(黑色)	Bi_2S_3(暗棕)		
BaS	CoS(黑色)	CdS(黄色)		
(均为白色)	NiS(黑色)			

注:①表中 0.3 mol·dm^{-3}盐酸,是定性分析中的实验数据,与计算结果有一定的差别。

②Al_2S_3 和 Cr_2S_3 在水中完全水解,分别生成 $Al(OH)_3$ 和 $Cr(OH)_3$。

根据难溶于水的硫化物在酸中的溶解情况,可以将硫化物分为以下几组:

(1) 不溶于水,溶于稀盐酸的硫化物。例如,ZnS、MnS、FeS 等,此类硫化物的 $K_{sp}^\ominus$ 一般都大于 10^{-24},只需要用稀盐酸,就可以使 S^{2-} 浓度降低而使硫化物溶解。显然这些金属离子在酸性介质中通入 H_2S,将不会产生硫化物沉淀。

(2) 不溶于水和稀盐酸,可溶于浓盐酸的硫化物。属于这一类的硫化物主要是 SnS、SnS_2、PbS、Bi_2S_3、Sb_2S_3、Sb_2S_5、CdS 等。它们的 $K_{sp}^\ominus$ 一般在 $10^{-25} \sim 10^{-30}$ 之间,此类硫化物通过增加 H^+ 离子浓度,降低 S^{2-} 离子浓度,同时金属离子与大量的 Cl^- 离子生成配合物,降低了金属离子的浓度,使得金属离子浓度与硫离子浓度的乘积小于硫化物的 $K_{sp}^\ominus$,使硫化物溶解,例如

$$PbS + 4HCl(浓) \Longrightarrow [PbCl_4]^{2-} + H_2S + 2H^+$$

当将 H_2S 通入到这些金属离子的溶液中时,可以产生硫化物沉淀。

(3) 不溶于水和盐酸,可溶于氧化性酸。属于这一类硫化物的主要有 CuS、Ag_2S、Cu_2S

等,此类硫化物的 $K_{sp}^{\ominus}$ 小于 10^{-30}。由于溶解度非常小,仅通过提高溶液的 H^+ 浓度已不可能将 S^{2-} 浓度降低到使硫化物溶解的数值。若在 1 dm^3 溶液中,使 0.1 mol CuS 完全溶解,所需的 H^+ 离子浓度将高达 10^6 $mol \cdot dm^{-3}$,这是不可能达到的。必须使用氧化性酸如 HNO_3,将溶液中的 S^{2-} 氧化成单质硫,从而使硫化物溶解。例如

$$3CuS + 8HNO_3 \Longrightarrow 3Cu(NO_3)_2 + 3S + 2NO\uparrow + 4H_2O$$

（4）仅溶于王水的硫化物。属于这类硫化物的有 HgS 等。HgS 的溶解度非常小,其 $K_{sp}^{\ominus}$ 为 4.0×10^{-53},极其少量的 S^{2-} 都可产生 HgS 沉淀。单独用 HNO_3 将 S^{2-} 氧化成单质硫,还不可能使溶液中的正、负离子浓度的乘积小于其 $K_{sp}^{\ominus}$,只有同时降低阴离子浓度和阳离子浓度,才可能使 HgS 溶解。使用王水,可以将 S^{2-} 氧化为 S,大量存在的 Cl^- 可以与 Hg^{2+} 离子配合生成 $[HgCl_4]^{2-}$,使 S^{2-} 离子浓度和 Hg^{2+} 离子浓度同时降低,导致 HgS 溶解。

$$3HgS + 2HNO_3 + 12HCl \Longrightarrow 3H_2[HgCl_4] + 3S + 2NO\uparrow + 4H_2O$$

易溶于或微溶于水的硫化物,如 Na_2S,S^{2-} 在水中很容易与水发生酸碱反应,使溶液呈碱性。工业上常用价格较便宜的 Na_2S 代替 NaOH 作为碱使用,故硫化物俗称"硫化碱"。

由于 S^{2-} 的碱性比水强,易与水溶液中的 H^+ 离子结合,使得某些金属的硫化物不能存在于水溶液中。例如

$$Al_2S_3 + 6H_2O \Longrightarrow 2Al(OH)_3 + 3H_2S$$

$$Cr_2S_3 + 6H_2O \Longrightarrow 2Cr(OH)_3 + 3H_2S$$

Al_2S_3 和 Cr_2S_3 通常是用粉末状金属与硫粉直接反应来制备。

7.7.2　硫化物的还原性

硫化物很容易被氧化。这一性质对于寻找硫化物矿床很有意义。当黄铁矿(FeS_2)因地壳变动或风化剥蚀而暴露于地表时,在含氧的地下水作用下,会发生如下反应:

$$4FeS_2 + 15O_2 + 2H_2O \Longrightarrow 2Fe_2(SO_4)_3 + 2H_2SO_4$$

生成的 $Fe_2(SO_4)_3$ 在适当的条件下,可能与水中的 OH^- 作用,生成红棕色的 $Fe(OH)_3$ 沉淀,

$$Fe_2(SO_4)_3 + 6H_2O \Longrightarrow 2Fe(OH)_3\downarrow + 3H_2SO_4$$

$Fe(OH)_3$ 经过脱水,转变为红棕色的沉积物,称作"铁帽",这种"铁帽"已经成了金属硫化物矿床的一种重要标志。同理,孔雀石(碱式碳酸铜 $CuCO_3 \cdot Cu(OH)_2$)可作为寻找黄铜矿($CuFeS_2$)的标志,而铅钒矿($PbSO_4$)下面往往有方铅矿(PbS)存在。测量地下水的 pH 值,可以为寻找硫化物矿提供证据,若某处地下水的 pH 值降低许多,周围可能会存在硫化物矿,因为硫化物矿被氧化后生成的 H_2SO_4 会使周围的土壤呈显著的酸性。

7.7.3　硫化物的酸碱性

硫化物的组成、性质均和相应的氧化物类似,如

H_2S	NaHS	Na_2S	As_2S_3	As_2S_5	Na_2S_2
H_2O	NaOH	Na_2O	As_2O_3	As_2O_5	Na_2O_2
碱性	碱性		两性	酸性	碱性

其酸碱性随周期和族的变化也和氧化物的类似,但硫化物的碱性不如氧化物的强。同周期元素最高氧化态硫化物从左到右酸性增强;同族元素相同氧化态的硫化物从上到下酸性减弱;同种元素的硫化物中,高氧化态的硫化物酸性更强。因此 As_2S_5 酸性强于 Sb_2S_5,而 Sb_2S_5

的酸性则要强于 SnS_2 和 Sb_2S_3。

有些酸性硫化物可溶于 Na_2S 溶液,生成硫代酸盐:

$$SnS_2 + Na_2S \Longrightarrow Na_2SnS_3 （硫代锡酸钠）$$

$$Sb_2S_3 + 3Na_2S \Longrightarrow 2Na_3SbS_3 （硫代亚锑酸钠）$$

$$HgS + Na_2S \Longrightarrow Na_2HgS_2 （硫代汞酸钠）$$

生成的硫代酸盐可以看成是相应的含氧酸盐中的氧被硫取代的产物。所有的硫代酸盐都只能在中性或碱性介质中存在,遇酸生成不稳定的硫代酸,硫代酸立即分解为相应的硫化物沉淀和硫化氢:

$$Na_2SnS_3 + 2HCl \Longrightarrow SnS_2 + H_2S + 2NaCl$$

$$2Na_3SbS_3 + 6HCl \Longrightarrow Sb_2S_3 + 3H_2S + 6NaCl$$

$$Na_2HgS_2 + 2HCl \Longrightarrow HgS + H_2S + 2NaCl$$

7.8　含氧酸及其盐

盐类是无机化合物中极为重要的一类化合物,它们是由金属阳离子与酸根阴离子组成,可以分为含氧酸盐和非含氧酸盐两大类,前面已经对卤化物和硫化物等非含氧酸盐作了介绍,在这一节里讨论含氧酸及其盐。

7.8.1　含氧酸的酸性

为了定量或半定量说明含氧酸的酸性强度。鲍林针对中心离子对含氧酸强度的影响,提出了两条半定量的规则。

规则一:对于多元酸而言,它的逐级离解常数之间存在以下关系:

$$K_1^{\ominus} : K_2^{\ominus} : K_3^{\ominus} \approx 1 : 10^{-5} : 10^{-10}$$

例如,磷酸的三级离解常数分别为

$$K_1^{\ominus} = 7.08 \times 10^{-3}, K_2^{\ominus} = 6.3 \times 10^{-8}, K_3^{\ominus} = 4.17 \times 10^{-13}$$

规则二:无机含氧酸都可以表示为

$$RO_m(OH)_n$$

其中,m 为非羟基氧原子的数目。无机含氧酸的强度与 m 的数值有关:

m	化学式	酸性	$K_1^{\ominus}$
0	$R(OH)_n$	弱酸	$\leqslant 10^{-7}$
1	$RO(OH)_n$	中强酸	10^{-2}
2	$RO_2(OH)_n$	强酸	约 10^3
3	$RO_3(OH)_n$	极强酸	约 10^8

例如,亚硫酸可以写成 $SO(OH)_2$,根据规则二,可以推测 H_2SO_3 的 $K_1^{\ominus}$ 约为 1.0×10^{-2},运用规则一可以推算 $K_2^{\ominus}$ 为 1.0×10^{-7},而实测值分别为 1.5×10^{-2} 和 1.0×10^{-7},可见两者是相当接近的。

鲍林规则是由大量实验事实总结出来的,它指出了含氧酸强度的基本规律,但由于影响含氧酸强度的因素较多,也存在例外。

7.8.2 含氧酸及其盐的热稳定性

许多盐受热会发生分解反应,由于盐的性质不同,分解产物的类型、分解反应的难易有很大的区别。对于含氧酸盐而言,其热分解反应,可以粗略地分为非氧化还原反应和氧化还原反应,下面分别讨论。

1. 非氧化还原的热分解

含氧酸盐的这种热分解的特点是在分解过程中没有电子转移,构成含氧酸盐的元素的氧化态,在分解前后并未发生变化,这类热分解包括:含氧酸盐的脱水反应、含氧酸盐的分解反应和含氧酸盐的缩聚反应。它们的产物分别为无水含氧酸盐或碱式盐、氧化物或酸和碱缩聚多酸盐。这几类热分解的分解方式不同,反应规律相异,在这里主要讨论含氧酸盐热分解为氧化物的规律。

含氧酸盐是碱性氧化物与酸性氧化物反应或酸与碱反应的产物,加热含氧酸盐时,含氧酸盐可以分解为相应的氧化物或酸和碱。例如:

$$CaCO_3 \xrightarrow{1170\ K} CaO + CO_2 \uparrow$$

$$CuSO_4 \xrightarrow{923\ K} CuO + SO_3 \uparrow$$

$$(NH_4)_2SO_4 \xrightarrow{\triangle} NH_3 \uparrow + NH_4HSO_4$$

在无水含氧酸盐热分解反应中,这是最常见的一种类型。碱金属、碱土金属和具有单一氧化态金属的硅酸盐、硫酸盐和磷酸盐常按这种类型发生热分解反应。各种含氧酸盐的分解温度相差很大,这不仅与金属阳离子的性质有关,而且与含氧酸根有关,一般地,当含氧酸根相同时,其分解温度在同一族中随金属离子半径的增加而递增(见表7-14)。

表 7-14 一些碳酸盐的热分解温度

	$BeCO_3$	$MgCO_3$	$CaCO_3$	$SrCO_3$	$BaCO_3$
分解温度/℃	约100	402	814	1098	1277

不同金属离子与相同含氧酸根所组成的盐,其热稳定性的相对大小有如下变化顺序:

碱金属盐＞碱土金属盐＞过渡金属盐＞铵盐

表7-15列出了一些碳酸盐和硫酸盐的热分解温度。

从表7-15中还可以看到当阳离子相同时,含氧酸盐的热稳定性通常是硫酸盐高于碳酸盐。

表 7-15 某些碳酸盐和硫酸盐的热分解温度

	$NaCO_3$	$CaCO_3$	$ZnCO_3$	$(NH_4)_2CO_3$	Na_2SO_4	$CaSO_4$	$ZnSO_4$	$(NH_4)_2SO_4$
分解温度/℃	1800	899	350	58	不分解	1450	930	100

2. 氧化还原的热分解

如果组成含氧酸盐的金属离子或含氧酸根具有一定的氧化还原性,加热时,其电子的转移就能够导致含氧酸盐的分解。这类分解反应的特点不仅有电子的转移,而且电子的转移发生在含氧酸盐的内部,是自身氧化还原反应,这类自身氧化还原反应在含氧酸盐的热分解反应中比较普遍,而且也很复杂。

当具有一定的还原性的阳离子和具有一定的氧化性的含氧酸根组成的含氧酸盐发生热分解反应时,往往发生的是阴离子将阳离子氧化的反应。例如:

$$NH_4NO_2 \xrightarrow{443\ K} N_2 \uparrow + 2H_2O（实验室制备 N_2 的方法）$$

$$(NH_4)_2Cr_2O_7 \xrightarrow{423\ K} Cr_2O_3 + N_2 \uparrow + 4H_2O$$

$$2NH_4ClO_4 \xrightarrow{483\ K} N_2 \uparrow + Cl_2 \uparrow + 2O_2 \uparrow + 4H_2O$$

若阳离子具有氧化性,而阴离子有还原性,则发生如下反应:

$$2AgNO_3 \xrightarrow{431\ K} 2Ag + 2NO_2 \uparrow + O_2 \uparrow$$

$$Ag_2SO_3 \xrightarrow{红热} 2Ag + SO_3 \uparrow$$

$$HgSO_4 \xrightarrow{红热} Hg + O_2 \uparrow + SO_2 \uparrow$$

阳离子氧化阴离子的反应,在含氧酸盐的热分解反应中较为少见。主要是银和汞的含氧酸盐发生这类反应。

当加热阳离子较稳定,而阴离子不稳定的含氧酸盐时,较易发生阴离子的自身氧化还原反应,尤其是加热成酸元素为第六、七族的高氧化态的含氧酸盐时,通常采用这种分解方式。例如:

$$2NaNO_3 \xrightarrow{\triangle} 2NaNO_2 + O_2 \uparrow$$

$$2KClO_3 \xrightarrow{MnO_2,\triangle} 2KCl + 3O_2 \uparrow$$

$$2KMnO_4 \xrightarrow{燃烧} K_2MnO_4 + MnO_2 + O_2 \uparrow$$

$$4Na_2Cr_2O_7 \xrightarrow{673\ K} 4Na_2CrO_4 + 2Cr_2O_3 + 3O_2 \uparrow$$

成酸元素的氧化数处于中间氧化态的含氧酸盐,若阳离子为碱金属离子或较活泼的碱土金属离子,加热时,发生阴离子歧化反应。例如:

$$3NaClO \xrightarrow{348\ K} 2NaCl + NaClO_3$$

$$4KClO_3 \xrightarrow{673\ K} KCl + 3KClO_4$$

$$4Na_2SO_3 \xrightarrow{强热} Na_2S + 3Na_2SO_4$$

在上述反应中成酸元素 Cl 和 S 发生了歧化反应,其生成的含氧酸根离子比分解的含氧酸根离子稳定。

从以上讨论可知,同一金属离子与不同酸根所形成的盐,其稳定性取决于对应酸的稳定性。一般地,酸较不稳定,其对应的盐也较不稳定,酸较稳定,其对应的盐也较稳定,并且正盐的稳定性大于酸式盐。

7.8.3　含氧酸及其盐的氧化还原性

氧化还原性是含氧酸及其盐的一个重要性质,氧化还原性与成酸元素的性质有较大关系,由非金属性很强的元素形成的含氧酸及其盐,往往具有强的氧化性。例如,卤素的含氧酸及其盐,氮的含氧酸及其盐等。由非金属性较弱的元素形成的含氧酸及其盐则无氧化性。例如,碳酸及其盐,硼酸及其盐,硅酸及其盐等。成酸元素的氧化值对含氧酸的氧化还原性也有影响,具有中间氧化数的含氧酸及其盐,大多既具有氧化性又具有还原性。例如:

$$SO_3^{2-} + 2H_2S + 2H^+ == 3S \downarrow + 3H_2O$$

$$2MnO_4^- + 5SO_3^{2-} + 6H^+ == 2Mn^{2+} + 5SO_4^{2-} + 3H_2O$$

$$2NO_2^- + 4H^+ + 2I^- = 2NO\uparrow + I_2\downarrow + 2H_2O$$

$$2MnO_4^- + 5NO_2^- + 6H^+ = 2Mn^{2+} + 5NO_3^- + 3H_2O$$

有些具有中间氧化数的含氧酸容易发生歧化反应,例如次氯酸、氯酸等。

$$3HClO = 2HCl + HClO_3$$

$$8HClO_3 = 4HClO_4 + 2Cl_2\uparrow + 3O_2\uparrow + 2H_2O$$

过渡元素高氧化数的含氧酸及其盐也具有氧化性。例如 $H_2Cr_2O_7$、$HMnO_4$ 等是常用的氧化剂。

$$MnO_4^- + 5Fe^{2+} + 8H^+ = Mn^{2+} + 5Fe^{3+} + 4H_2O$$

$$K_2Cr_2O_7 + 14HCl(浓) = 2KCl + 2CrCl_3 + 3Cl_2\uparrow + 7H_2O$$

有些含氧酸及其盐具有很强的氧化性,例如:

$$H_5IO_6 + H^+ + 2e^- = IO_3^- + 3H_2O, \quad E^\ominus = 1.644\ V$$

$$S_2O_8^{2-} + 2e^- = 2SO_4^{2-}, \quad E^\ominus = 2.0\ V$$

可以在酸性介质中将 Mn^{2+} 氧化成 MnO_4^-:

$$5H_5IO_6 + 2Mn^{2+} = 5HIO_3 + 2MnO_4^- + 6H^+ + 7H_2O$$

$$2Mn^{2+} + 5S_2O_8^{2-} + 8H_2O \xrightarrow{Ag^+,\triangle} 2MnO_4^- + 10SO_4^{2-} + 16H^+$$

含氧酸及其盐在水溶液中的氧化还原性,可以用标准电极电势 $E^\ominus$ 来衡量,$E^\ominus$ 值越正,表明氧化型物质的氧化能力越强,$E^\ominus$ 值越负,其还原型物质的还原能力越强。各种含氧酸及其盐的氧化还原性的相对强弱的变化规律及其原因比较复杂。同一元素的不同氧化数的含氧酸及其盐,其氧化还原性各不相同。例如 HNO_3 与 HNO_2 的氧化性就有很大的差别。同一含氧酸及其盐,在不同条件下,其氧化还原性强弱也不完全相同,但含氧酸及其盐的氧化还原性仍有某些规律可循。

(1) 含氧酸及其盐的氧化能力与溶液的 pH 值有较大的关系,溶液中的 pH 值越小,含氧酸及其盐的氧化能力越强;在碱性介质中,其氧化能力较弱,有些低价态的含氧酸及其盐甚至具有还原性。

有些反应在不同 pH 值的介质中,其反应方向发生变化,在强酸性介质中,下列反应向右进行,当 pH 值增大时则向左进行。

$$H_3AsO_4 + 2H^+ + 2I^- = H_3AsO_3 + I_2 + H_2O$$

$$NaBiO_3 + 6H^+ + 2Cl^- = Na^+ + Bi^{3+} + Cl_2\uparrow + 3H_2O$$

(2) 同一周期主族元素和同一周期的过渡元素最高氧化数的含氧酸的氧化性随着原子序数的增加而增强。例如:H_2SiO_3 和 H_3PO_4 几乎没有氧化性,而 H_2SO_4 只有在高温和浓度大时,才有氧化性,而 $HClO_4$ 则为强氧化剂。同类型低氧化态的含氧酸也有这种倾向。如 $HClO_3$ 的氧化性大于 H_2SO_3。过渡元素也是如此。如 $HMnO_4$ 的氧化性强于 $H_2Cr_2O_7$。

(3) 同族主族元素最高氧化数含氧酸的氧化性从上到下呈现出锯齿状变化(见图 7-2)。

(4) 同一副族元素含氧酸及其盐的氧化性则是随着原子序数的增加而略有下降(见图 7-2),次卤酸氧化性的变化趋势与此相似。

(5) 当成酸元素具有相同的氧化数且处于同一周期时,主族元素的含氧酸的氧化性强于副族元素的含氧酸,例如,BrO_4^- 的氧化性大于 MnO_4^- 的,SeO_4^{2-} 的氧化性大于 $Cr_2O_7^{2-}$ 的。

(6) 同一元素不同氧化数的含氧酸,若浓度相同,还原的产物相同,则高氧化数含氧酸的氧化性比低氧化数的弱。例如:

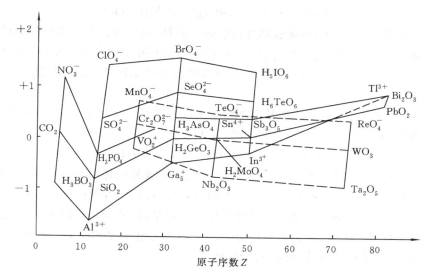

图 7-2 各元素含氧酸(包括酸酐)氧化还原性的周期性

$$HClO > HClO_3 > HClO_4$$
$$HNO_2 > HNO_3 (稀)$$

一般地,浓酸的氧化性大于稀酸的,含氧酸的氧化性大于含氧酸盐的氧化性。

7.8.4 含氧酸盐的溶解性

含氧酸盐属于离子化合物,绝大部分钠盐、钾盐、铵盐以及酸式盐均溶于水。除了碱金属(Li 除外)和 NH_4^+ 的碳酸盐溶于 H_2O 外,其他的碳酸盐均难溶于 H_2O。其中以 Ca^{2+}、Sr^{2+}、Ba^{2+}、Pb^{2+} 的碳酸盐最难溶。

大多数硫酸盐可溶于水,但 Pb^{2+}、Ba^{2+}、Sr^{2+} 的硫酸盐难溶于水,Ca^{2+}、Ag^+、Hg^{2+}、Hg_2^{2+} 的硫酸盐微溶于水。硝酸盐和氯酸盐几乎全都溶于水,且溶解度随温度的升高而迅速增大,但 $KClO_3$ 微溶于水。

磷酸盐、硅酸盐、硼酸盐、砷酸盐、铬酸盐等除 K^+、Na^+ 和 NH_4^+ 盐外,其他的均难溶于水。

盐类溶解性是一个非常复杂的问题,到目前为止,还没有一个完整的规律性,只有一些经验规律:例如,阴离子半径较大时,盐的溶解度常随金属的原子序数的增大而减小,相反,阴离子半径较小时,盐的溶解度常随金属的原子序数增大而增大。此外一般来讲,盐中正负离子半径相差较大时,其溶解度较大,盐中正负离子半径相近时,其溶解度较小。影响溶解度的因素很多,影响含氧酸盐溶解度的主要因素是分子结构、晶格能与水合能的相对大小等。

7.8.5 硅酸盐

地壳的 95% 是硅酸盐,它们在自然界中分布非常广泛。长石、云母、粘土、石棉、滑石等都是天然硅酸盐,它们的化学式非常复杂,通常把它们看成是二氧化硅和金属氧化物构成的复合氧化物。例如:

正长石 $K_2O \cdot Al_2O_3 \cdot 6SiO_2$ 或 $K_2Al_2Si_6O_{16}$

白云母 $K_2O \cdot 3Al_2O_3 \cdot 6SiO_2 \cdot H_2O$ 或 $K_2H_4Al_6(SiO_4)_6$

石棉 $CaO \cdot 3MgO \cdot 4SiO_2$ 或 $MgCa(SiO_3)_4$

石榴石　　　　　　　　　　　$3CaO \cdot Al_2O_3 \cdot 3SiO_2$ 或 $Ca_3Al_2(SiO_4)_3$

在工业上用石英砂(SiO_2)与碳酸钠在反射炉中锻烧,可以得到玻璃态的硅酸钠熔体,溶于水成粘稠溶液,俗称水玻璃,它的用途很广,在建筑工业中用作粘合剂。木材和织物经水玻璃浸泡后,可以防火、防腐。它还可以用作软水剂和洗涤剂的添加物,也是制造硅胶和分子筛的原料。

除了碱金属硅酸盐外,其余硅酸盐都不溶于水。硅酸是一个弱酸,可溶性硅酸盐的水溶液都呈碱性。当在 SiO_3^{2-} 溶液中加入 NH_4^+ 时,有 H_2SiO_3 沉淀生成和氨放出。

$$SiO_3^{2-} + 2NH_4^+ = H_2SiO_3 \downarrow + 2NH_3 \uparrow$$

用水玻璃与酸作用,生成的硅酸可以逐渐缩合形成多硅酸的胶体溶液,并逐渐生成含水量较大、软而透明,有弹性的硅酸凝胶,将硅酸凝胶脱水,可以得到一种吸附剂——硅胶。硅胶对极性物质 H_2O 等具有较强的吸附能力。其吸附作用主要是物理吸附,可以再生反复使用。

硅酸盐的结构虽然很复杂,但都是以硅氧四面体作为基本结构单元。硅位于正四面体的中心,四个氧原子处于正四面体的四个顶点(见图 7-3)。

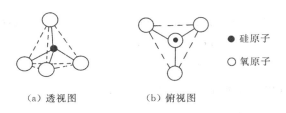

（a）透视图　　　　　　（b）俯视图

图 7-3　SiO_4^{2-} 负离子的四面体结构示意图

硅氧四面体通过不同的连接方式,构成不同结构的硅酸根阴离子,再结合某些金属阳离子,便得到不同结构的硅酸盐。硅酸盐结构的复杂性,不仅仅是由于硅氧四面体的连接方式不同,而导致了大量不同结构的硅酸盐,还由于硅酸盐中的 Si^{4+} 可以部分被半径相近的 Al^{3+} 取代,形成大量、不同结构的铝硅酸盐,例如长石、沸石、高岭石等都是结构不同的铝硅酸盐。

有些铝硅酸盐晶体,具有很空旷的硅氧骨架,在结构中有许多孔径均匀的孔道和内表面很大的孔穴,能起吸附剂的作用,直径比孔道小的分子能进入孔穴,直径比孔道大的分子被拒之门外,起着筛选分子的作用,故称为分子筛。许多天然沸石(一类铝硅酸盐)都可以用作分子筛。

人们在对天然沸石的结构进行大量研究后,现在已能够人工合成具有不同孔道半径和结构的多种分子筛。目前,分子筛在工业生产中广泛地用于气体干燥,吸收、净化气体,催化剂载体和石油产品的催化裂化。

本 章 小 结

本章简述了元素的存在状态和分布,在地壳中除了少数元素如稀有气体、氧、氮、硫、碳、金、铂系元素等可以单质存在外,其余元素均以化合态存在,然后重点叙述了单质及无机化合物的性质,主要有如下几点:

(1)简述了主族元素单质的晶体结构和性质,主族金属元素的单质基本上是金属晶体,非金属单质的晶体结构类型较为复杂,有的是原子晶体,有的是过渡型晶体(链状或层状),有的是分子晶体。不同的晶体类型决定了其具有不同的物理性质和化学性质。主族金属单质具有还原性,主族非金属单质具有氧化还原性,稀有气体的化学性质非常不活泼,一般不与其他元素化合。

（2）重点阐述了第一过渡系的 Ti、V、Cr、Mn、Fe、Co、Ni、Cu、Ag、Zn、Hg 等过渡元素的化学性质。

（3）简述了镧系和锕系元素的结构和性质。

（4）分析了氧化物和氢氧化物的酸碱性的变化规律:在同一周期中,从左到右,各元素最高氧化数的氧化物的酸性逐渐增强,碱性逐渐减弱。

（5）讨论了卤化物的物理性质和化学性质。卤化物的热稳定性为:同周期从左到右,随着金属活泼性的减弱,卤化物的热稳定性有减小的趋势。同一元素不同的卤化物的稳定性按 $F \rightarrow I$ 的顺序递减,即同一元素的氟化物热稳定性最好,碘化物最不稳定。卤化物与水的酸碱反应可分为三种类型:生成碱式盐或卤氧化物、生成氢氧化物和生成两种酸。

（6）阐述了硫化物在不同介质中具有不同的溶解度,其溶解性分为四类:不溶于水,溶于稀盐酸的硫化物,例如,ZnS、MnS、FeS 等;不溶于水和稀盐酸,可溶于浓盐酸的硫化物,主要是 SnS、SnS_2、PbS、Bi_2S_3、Sb_2S_3、Sb_2S_5、CdS 等;不溶于水和盐酸,可溶于氧化性酸,主要有 CuS、Ag_2S、Cu_2S 等;仅溶于王水的硫化物,属于这类硫化物的有 HgS。

（7）叙述了含氧酸及其盐的性质:含氧酸的强度、含氧酸及其盐的氧化还原性的变化规律和含氧酸盐的热稳定性。

思　考　题

1. 什么叫丰度? 如何表示?

2. 请指出地壳中含量最多的 10 种元素。

3. 元素在自然界有哪几种存在形式? 举例说明之。

4. 简述同一周期、同一族元素,物理性质的周期性变化规律。

5. 什么叫镧系收缩,它对第三过渡元素有何影响?

6. 镧系元素、锕系元素和稀土元素分别包括哪些元素?

7. 从原子的电子层结构比较镧系元素和锕系元素的异同。

8. 稀土元素主要有哪些用途?

9. 比较下列各组物质的物理性质,并作简要解释。
　　（1）$MgCl_2$、$BaCl_2$ 的熔点;$BeCl_2$、CCl_4 的熔点;
　　（2）SiF_4、SiI_4 热稳定性;
　　（3）AlF_3、$AlCl_3$、$AlBr_3$ 熔融态时的导电性;
　　（4）CCl_4、PCl_5、SF_6 与水的酸碱反应。

10. 指出下列氧化物酸碱性:
　　K_2O、Li_2O、BeO、BaO、B_2O_3、CO、Fe_2O_3、Mn_2O_7、FeO、ZnO。

11. 试用鲍林规则判断下列含氧酸的强弱。
　　H_2CrO_4、$HClO$、HNO_2、H_3PO_4、H_2SO_4、H_3AsO_4、H_3BO_3、$HMnO_4$。

12. 应用离子势如何判断氧化物的水合物的酸碱性。

13. 我国古代有一条找铁的经验"上有赭者,下必有铁",试说出它的科学依据。

14. 元素氯化物的晶体类型、熔点、沸点等性质的一般变化情况如何? 它们的熔点、硬度等性质与晶体类型有何联系,试举例说明。

习　题

一、选择题

1. 在下列卤化物中,共价性最强的是(　　　)。

A. 氟化锂　　　　　　B. 氯化铷　　　　　　C. 碘化锂　　　　　　D. 碘化铍

2. 金属钙在空气中燃烧生成(　　　)。

A. CaO　　　　　　　　　　　　　　B. CaO_2

C. CaO 及 CaO_2　　　　　　　　　　D. CaO 及少量 Ca_3N_2

3. 下列各组化合物中,均难溶于水的是(　　　)。

A. $BaCrO_4$,LiF　　　　　　　　　B. $Mg(OH)_2$,$Ba(OH)_2$

C. $MgSO_4$,$BaSO_4$　　　　　　　D. $SrCl_2$,$CaCl_2$

4. 下列化合物与水反应放出 HCl 的是(　　　)。

A. CCl_4　　　　　　B. NCl_3　　　　　　C. $POCl_3$　　　　　　D. Cl_2O_7

5. 在常温下,Cl_2、Br_2、I_2 与 NaOH 作用正确的是(　　　)。

A. Br_2 生成 NaBr、NaBrO　　　　　　B. Cl_2 生成 NaCl、NaClO

C. I_2 生成 NaI、NaIO　　　　　　　　D. Cl_2 生成 NaCl、$NaClO_3$

二、填空题

1. 对比 HF、H_2S、HI 和 H_2Se 的酸性,其中最强的酸是＿＿＿＿＿＿＿＿＿＿,最弱的酸是

＿＿＿＿＿＿＿＿。

2. 臭氧分子中,中心原子氧采取＿＿＿＿＿＿杂化,分子中除生成＿＿＿＿＿＿键外,还有一

个＿＿＿＿＿＿＿＿＿键。

3. 在 Sn(Ⅱ)的强碱溶液中加入硝酸铋溶液,发生变化的化学方程式为＿＿＿＿＿＿＿＿＿＿＿

＿＿＿＿＿＿＿＿＿＿＿＿＿＿＿＿＿＿＿＿＿＿＿＿＿＿＿＿＿＿＿＿。

4. 用 $NaBiO_3$ 做氧化剂,将 Mn^{2+} 氧化为 MnO_4^- 时,要用 HNO_3 酸化,而不能用 HCl,这是因为

＿＿＿＿＿＿＿＿＿＿＿＿＿＿＿＿＿＿＿＿＿＿＿＿＿＿＿＿＿＿＿＿。

5. 在 $Sn(OH)_2$、$Pb(OH)_2$、$Sb(OH)_3$、$Bi(OH)_3$、$Mn(OH)_2$ 和 $Cr(OH)_3$ 中,两性氢氧化物是

＿＿＿＿＿＿＿＿＿＿＿＿＿＿＿＿＿＿＿＿＿＿＿＿＿＿＿,碱性氢氧化物是

＿＿＿＿＿＿＿＿＿＿＿＿＿＿＿＿＿＿＿＿＿＿＿＿＿＿＿。

三、综合题

1. 解释下列现象:

(1) Mg 的外层电子结构是 $3s^2$,Ti 的外层电子结构是 $4s^2$,二者都是两个电子,Mg 只有＋2

氧化态,而 Ti 却有＋2、＋3、＋4 氧化态;

(2) K^+ 和 Ca^{2+} 离子无色,而 Fe^{2+}、Mn^{2+}、Ti^{2+} 离子都有颜色;

(3) Li 与 H_2O 的反应比 Na 与 H_2O 的反应慢得多。

2. 完成并配平下列反应方程式:

(1) $Cu + HNO_3(稀) \longrightarrow$

(2) $Cl_2 + H_2O \longrightarrow$

(3) $I_2 + NaOH \longrightarrow$

(4) $S + NaOH \longrightarrow$

　　(5) $P + NaOH \longrightarrow$

　　(6) $C + H_2SO_4(浓) \longrightarrow$

3. 用反应方程式表示 $NaCl$、$NaBr$、KI 分别和浓 H_2SO_4 的反应,指出它们的区别,并说明原因。

4. 重铬酸铵受热时,按下式分解:

$$(NH_4)_2Cr_2O_7 \Longrightarrow N_2\uparrow + Cr_2O_3 + 4H_2O$$

此分解过程与哪种铵盐相似? 说明理由。

5. 写出下列卤化物与水作用的反应方程式:

$MgCl_2$、BCl_3、$SiCl_4$、$BiCl_3$、$SnCl_2$。

6. 写出 PCl_3、SiF_4 与水反应的方程式,与 $BiCl_3$、$SnCl_4$ 同水的酸碱反应的反应方程式相比较有什么区别?

7. 指出下列各组酸的酸度强弱次序:

　　(1) $HBrO_4$、$HBrO_3$、$HBrO$;

　　(2) H_2AsO_4、H_2SeO_4、$HBrO_4$;

　　(3) $HClO_4$、H_4SiO_4、H_3PO_4。

8. 试写出 $SiCl_4$ 和 NH_3 制造烟幕弹的方程式。

9. 分别比较下列各组物质的热稳定性:

　　(1) $MgHCO_3$、$MgCO_3$、H_2CO_3;

　　(2) $(NH_4)_2CO_3$、$CaCO_3$、Ag_2CO_3、K_2CO_3、NH_4HCO_3。

10. 根据离子势判断下列氢氧化物为酸性、碱性或两性?

$Mg(OH)_2$、$Fe(OH)_2$、$Be(OH)_2$、$LiOH$、$B(OH)_3$、$Fe(OH)_3$、$Sn(OH)_4$

11. 解释下列问题:

　　(1) 为什么 AlF_3 的熔点高达 1290 ℃,而 $AlCl_3$ 的熔点却只有 190 ℃(加压下)?

　　(2) 为什么盛烧碱溶液的瓶塞不用玻璃塞,而盛浓 H_2SO_4、HNO_3 的瓶塞不用橡胶塞?

　　(3) 氢氟酸为什么不直接盛在玻璃瓶中,而要盛在内涂石蜡的玻璃瓶或塑料瓶中?

　　(4) H_2S 水溶液为什么不宜长期存放?

12. 完成并配平下列反应方程式:

　　(1) $TiO_2 + H_2SO_4(浓) \longrightarrow$

　　(2) $TiO^{2+} + Zn + H^+ \longrightarrow$

　　(3) $NH_4VO_3 \xrightarrow{\triangle}$

　　(4) $VO^{2+} + MnO_4^- + H^+ \longrightarrow$

　　(5) $V_2O_5 + HCl(浓) \longrightarrow$

　　(6) $Cr^{3+} + Br_2 + OH^- \longrightarrow$

　　(7) $K_2Cr_2O_7 + H_2S \longrightarrow$

　　(8) $Cr^{3+} + S^{2-} + H_2O \longrightarrow$

　　(9) $Mn^{2+} + NaBiO_3 + H^+ \longrightarrow$

　　(10) $MnO_4^- + H_2O_2 + H^+ \longrightarrow$

　　(11) $Fe^{3+} + H_2S \longrightarrow$

　　(12) $Co^{2+} + SCN^-(过量) \xrightarrow{丙酮}$

（13）$Ni(OH)_2 + Br_2 + OH^- \longrightarrow$

13. 写出下列有关反应式,并解释反应现象。

（1）$ZnCl_2$ 溶液中加入适量 NaOH 溶液,再加入过量 NaOH 的溶液;

（2）$CuSO_4$ 溶液中加入少量氨水,再加过量氨水;

（3）$HgCl_2$ 溶液中加入适量 $SnCl_2$ 溶液,再加过量 $SnCl_2$ 溶液;

（4）$HgCl_2$ 溶液中加入适量 KI 溶液,再加过量 KI 溶液。

14. 用适当的方法区别下列各对物质:

（1）$MgCl_2$ 和 $ZnCl_2$;　　　　　　　　　（2）$HgCl_2$ 和 Hg_2Cl_2;

（3）$ZnSO_4$ 和 $Al_2(SO_4)_3$;　　　　　　（4）CuS 和 HgS;

（5）$AgCl$ 和 $HgCl_2$;　　　　　　　　　　（6）ZnS 和 Ag_2S;

（7）Pb^{2+} 和 Cu^{2+};　　　　　　　　　　（8）Pb^{2+} 和 Zn^{2+}。

第8章 能源、环境、无机材料

经过数百年的努力,化学家们开发出许多存在于自然界中的天然化合物,并合成了大量自然界中原本不存在的化合物,这些天然和合成化合物构成了当今五彩缤纷的物质世界的物质基础。不能说化学决定了我们的社会,但化学对人类社会的重要性却毋庸置疑,它渗入到了人类社会的方方面面,存在于人类社会的各个角落。它无处不在,无时无刻不在运用着它强大的创造力丰富着我们的物质基础,推动着人类社会的进步。例如,人们生活中常用的能源物质汽油、煤油、柴油都不是最原始的存在,而是经过一定的化学方法,即将原油分馏、裂化、重整、精制加工后得到的一系列产物中的一部分。再例如,面对当今突出的环境问题,人们希望通过研究天然物质、生物物质和合成化学物质在环境介质中的存在、化学特性、行为和效应,并在此基础上研究其控制的化学原理,以寻求有效的治理办法。还例如,材料之所以有独特的性质,是由其组成结构决定的,而研究物质的组成和结构正是化学研究的主要内容。因此人们称化学是一门中心科学。本章主要就能源、环境、无机材料中与化学相关联的重要及热点问题作简要介绍。

8.1 化学与能源

能源是人类生存和发展的重要物质基础。在全球经济高速发展的今天,能源安全已上升到了国家战略的高度,各国都制定了以能源供应安全为核心的能源政策。

能源是可以直接或经转换提供给人类所需的光、热、动力等任一形式能量的载能体资源。能源种类繁多,按其来源可分为三类:第一类是来自地球以外的太阳能,"万物生长靠太阳",除太阳的辐射能之外,煤炭、石油、天然气、风能等都间接来自太阳能;第二类来自地球本身,如地热能,原子核能;第三类则是由月球、太阳等天体对地球的引力而产生的能量,如潮汐能。能源按其形成方式的不同可分为一次能源和二次能源。一次能源是指自然界现存的,可以直接取用而不必改变其基本形态的能源,如煤炭、天然气、地热、水能等;二次能源是指由一次能源经过加工或转换成另一种形态的能源产品,如电力、焦炭、汽油、柴油、煤气等。能源也可分为可再生能源和非再生能源。煤炭、石油和天然气在地壳中是经千百万年形成的,这些能源短期内不可能再生。水能、风能、太阳能、生物质能、地热能和海洋能等属于可再生能源,它们资源潜力大、环境污染低、可永续利用,是有利于人与自然和谐发展的重要能源。

表 8-1 列举了 2010 年世界一些主要国家的一次能源消费情况。结果显示,目前虽然核能、水力等能源比重在逐步加大,但石油、煤炭和天然气仍然在能源格局中处于主体地位。中国的煤炭在一次能源消费的比例高达 70.45%,远远超过 29.62% 的全球平均水平。当前,可持续发展思想逐步成为国际社会共识,可再生能源开发利用受到世界各国高度重视,许多国家将开发利用可再生能源作为能源战略的重要组成部分,提出了明确的可再生能源发展目标,制定了鼓励可再生能源发展的法律和优惠政策,可再生能源得到迅速发展,成为各类能源中增长

表 8-1 2010 年世界一些主要国家的一次能源消费结构(%)

国　　家	石油	天然气	煤炭	核能	水力	可再生能源
美国	37.19	27.17	22.95	8.41	2.57	1.71
德国	36.03	22.91	23.94	9.95	1.35	5.82
法国	33.04	16.72	4.79	39.39	5.67	1.35
日本	40.24	16.99	24.70	13.22	3.85	1.02
中国	17.62	4.03	70.45	0.69	6.71	0.50
世界平均	33.56	23.81	29.62	5.22	6.46	1.32

最快的领域。

化学在能源开发和利用方面扮演着重要的角色。第一,要研究高效洁净的转化技术和控制低品位燃料的化学反应,使之既能保护环境又能降低能源的使用成本。这不仅是化工问题,也是基础化学问题。例如,要解决煤、石油、天然气的高效洁净转化,就要研究它们的组成和结构、转化过程中的化学反应,研究高效催化剂以及如何优化反应条件以控制过程。第二,要开发和利用新能源,使其满足高效、洁净、经济、安全的要求。利用核能、氢能、太阳能,研制新型绿色化学电源和能量转换效率高的燃料电池,开发生物质能源,利用海水盐差发电,都离不开化学这一基础学科。能源的高效、洁净利用是 21 世纪化学科学研究的前沿性课题。化学学科中的一个重要分支——能源化学也应运而生,其实质就是从化学的角度出发,研究有关的理论与技术,解决能量的转化与储存,从而更好地为人类生活服务。

8.1.1 煤

煤是地球上储量最丰富的化石燃料,中国约占 12%,仅次于美国和俄罗斯,处于世界第三位。根据我国煤炭工业"十二五"发展规划,到 2015 年,全国煤炭需求量达到 39 亿吨,"十二五"期间年均增长 3.8%。可见煤炭生产消费在国民经济中的重要地位。

煤是由远古时代的植物经过复杂的生物化学、物理化学和地球化学作用转变而成的一类具有高碳氢比的有机交联聚合物与无机矿物所构成的复杂混合物。煤的主要组成部分是有机物质,所以煤的分子结构具有明显的有机化合物的结构特点。不同的煤种、不同地区的同种煤、同一地区的不同煤层,煤的结构都有很大的差别。对于煤的分子结构,通过分析和测定,表明煤的结构的基本单元是以缩合芳环为主体的周围连接很多烃类的侧链、"—O—"键和各种官能团的高分子。缩合芳环类似于石墨的结构,碳原子都处在同一个平面上,形成平面的网状结构。侧链和"—O—"键又将碳网在空间以不同的角度互相连接起来,构成煤的复杂的、不规则的空间结构。缩合芳环主要由碳构成,氧、硫、氮、氢等元素主要在侧链上。随着煤变质程度的加深,煤的基本单元结构——六碳环平面网变大,排列逐步规则化,侧链逐渐减少、变短。图 8-1 是公认的煤结构模型。

从上图给出的煤的结构式可以看出,组成煤的主要元素有碳、氢、氧、氮和硫,它们占煤炭组成的 99% 以上。按其变质程度由低到高可分为泥炭、褐煤、烟煤和无烟煤四大类。各种煤的元素组成和发热量见表 8-2。

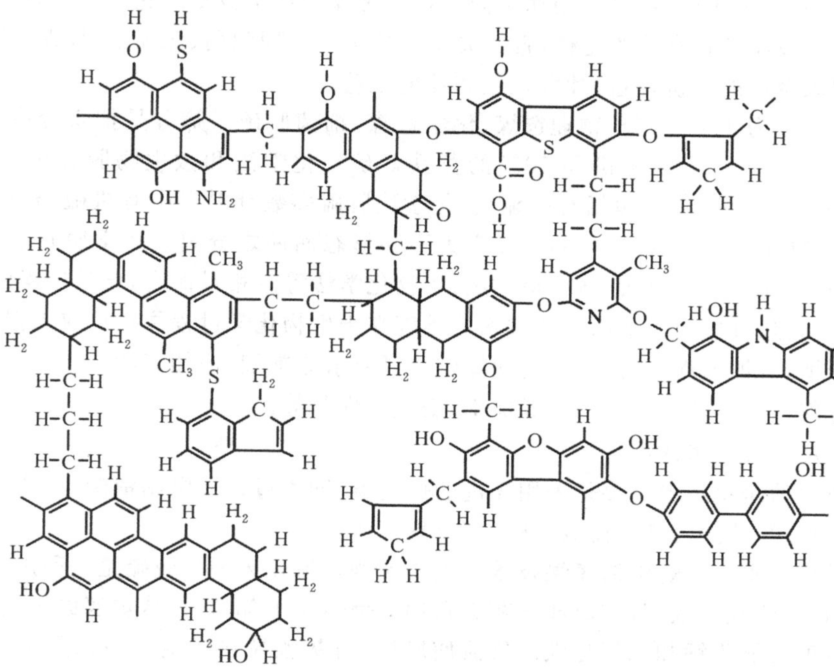

图 8-1　煤的结构示意图

表 8-2　煤的元素组成和发热量

煤　　种	C/(%)	H/(%)	O/(%)	N/(%)	S/(%)	发热量/(MJ·kg^{-1})
泥炭	约 50	5.3~6.5	27~34	1~3.5		8~10
褐煤	50~70	5~6	16~27	1~2.5	微量 ~10%	10~17
烟煤	70~85	4~5	2~15	0.7~2.2		21~29
无烟煤	85~95	1~3	1~4	0.3~1.5		21~25

　　中国是世界第一大煤炭生产与消费国。直接烧煤对环境污染相当严重,二氧化硫(SO_2),氮氧化物(NO_x)等是造成酸雨的罪魁,大量 CO_2 的产生则是全球气温变暖的祸首。2012 年《中国环境状况公报》资料显示,全国废气中 SO_2、NO_x 排放总量分别为 2117.6 万吨、2337.8 万吨,导致酸雨的覆盖面积已达国土面积的 12.2%。另据《洁净煤技术科技发展"十二五"专项规划》,到 2020 年,如不采取有效措施,即使按照污染物产生量最少的情景预计,SO_2、NO_x 年排放量将分别达到 4000 万吨和 3500 万吨。燃煤污染作为能源环境问题,将对经济和社会发展产生重大影响和制约。为了解决这些问题,合理利用和综合利用煤资源的办法不断出现和推广,发展洁净煤技术是提高煤利用效率、减少环境污染的重要途径。

　　洁净煤技术的目的是使煤作为一种能源达到最大利用水平的同时,实现最低限度地释放污染物,可分为煤炭燃烧前的净化技术、燃烧中的净化技术、燃烧后的净化技术、煤炭的转换技术等。

　　1)煤炭燃烧前的净化技术

　　煤炭燃烧前的净化技术的主要内容是"选煤"。选煤是应用物理、化学或微生物等方法将原煤脱灰、降硫并加工成质量均匀、用途不同的各品种煤的加工技术。它是工业燃煤减少烟尘和 SO_2 排放量的最经济和有效的途径,直接关系到煤炭的合理利用、深加工、环保、节能、节运,以及产煤和用煤企业的经济效益、社会效益和环境效益。

选煤技术可分为 4 类:筛分、物理选煤、化学选煤、细菌脱硫。筛分是把煤分成不同粒度。物理选煤可除去 60% 以上的灰份和 50% 的黄铁矿硫。化学法和微生物脱硫可以脱除煤中 99% 的矿物硫及 90% 的全硫(包括有机硫)。化学法脱硫多数针对煤中有机硫,利用不同的化学反应(包括生物化学反应)将煤中的硫转变为不同形态而使之分离。化学脱硫法有十几种,主要有碱熔融法、异辛烷萃取法、微波辐射法、生物化学法等。相对而言,化学选煤法脱硫效率最高,而且还能去除有机硫。细菌脱硫技术的难度在于生物化学过程往往反应太慢,微生物要求温度又过于敏感,加上煤不溶于水,迫使煤粒直径要求非常细,增加能耗。

煤炭燃烧前的洁净技术还包括型煤加工,制成水煤浆等。

2)煤炭燃烧中的净化技术

煤炭燃烧中的净化技术主要是采用先进的燃烧器,即通过改进电站锅炉、工业锅炉和炉窑的设计和燃烧技术,减少污染物排放,并提高效率。

流化床燃烧技术是燃烧中洁净煤技术的重要课题。流化床锅炉脱硫是一种炉内燃烧脱硫工艺,以石灰石为脱硫吸收剂,燃煤和石灰石自锅炉燃烧室下部送入,从炉底鼓风使床层悬浮,石灰石受热分解为氧化钙和二氧化碳。气流使燃煤、石灰颗粒在燃烧室内强烈扰动形成流化床,从而提高燃烧效率,燃煤烟气中的 SO_2 与 CaO 接触发生化学反应被脱除。为了提高吸收剂的利用率,将未反应的氧化钙、脱硫产物及飞灰送回燃烧室参与循环利用。钙硫比达到 2~2.5 左右时,脱硫率可达 90% 以上。较低的燃烧温度(830~900 ℃)使 NO_x 生成量大大减少。流化床燃烧与采用煤粉炉加烟道气净化装置的电站相比,SO_2 和 NO_x 可减少 50% 以上,无需烟气脱硫装置。

在煤的洁净燃烧技术方面,燃煤的燃气——蒸汽联合循环技术的发展最令人瞩目,它有可能较大幅度地提高燃煤电厂的热效率,并使污染问题获得解决。它是高效的联合循环和洁净的燃煤技术相结合的一种先进发电系统。

3)煤炭燃烧后的净化技术

燃煤锅炉排放的烟尘、二氧化硫、氮氧化物是空气污染的主要原因。已有的常规煤粉炉发电厂,可用烟气净化技术,减少 SO_2 和 NO_x 的排量。烟道气净化包括 SO_2、NO_x 和颗粒物控制。烟气脱硫有干式和湿式两种方法。干法是用浆状石灰石喷雾,与烟气中的 SO_2 反应,生成硫酸钙,水份被蒸发,干燥颗粒用集尘器收集。湿法是用石灰水淋洗烟气,SO_2 变成亚硫酸钙或硫酸钙的浆状物。烟气脱氮有多种方法,日本等国已采用干式氨选择性催化剂还原法,烟气通过催化剂,在 300~400 ℃下加入氨,使 NO_x 分解成无害的氮和蒸汽。烟气除尘,目前已广泛采用静电除尘器,除尘效率已达 99% 以上。

4)煤炭的转换技术

煤炭的转换技术的主要内容是煤炭气化和煤炭液化。

煤的气化就是以煤为原料,以空气或氧气和水蒸气为气化介质,在一定的高温下,与煤中的可燃物质(碳、氢等)发生反应,经过不完全的氧化过程,使煤转化成为含有一氧化碳、氢和甲烷等可燃成份的混合气体——称为煤气。其优点是在燃烧前脱除硫组份。粗煤气中的硫化氢可在气体冷却后通过化学吸收或物理吸附脱除,高温下也可用金属氧化物吸附。这些工艺可脱硫 99%。还可在气化器中加石灰石固硫,这样也可脱硫 90%。从广义上说,由煤制取煤气,一般有三种方法:煤的完全气化(产品以煤气为主),煤的温和气化(或称低温干馏,产品以半焦为主),煤的高温干馏(产品以焦炭为主)。

煤的液化是将固体煤在适宜的反应条件下转化为洁净的液体燃料。工艺上可分为直接液化和间接液化两类。煤的直接液化是把煤直接转化成液体产品。煤和石油都是由 C、H、O 等元素组成的有机物,但煤的平均表观分子量大约是石油的 10 倍,煤的含氢量比石油低得多。煤加热裂解,使大分子变小,然后在催化剂的作用下加氢(450～480 ℃,12～30 MPa)可以得到多种燃料油。实际工艺涉及裂解、缩合、加氢、脱氧、脱氮、脱硫、异构化等多种化学反应。煤直接液化技术虽已基本成熟,但直接液化的操作条件苛刻,对煤种的依赖性强,适合于大吨位生产的直接液化工艺,目前尚未商业化。煤的间接液化是先使煤气化得到 CO 和 H_2 等气体小分子,然后在一定的温度、压力和催化剂的作用下合成各种烷烃、烯烃、乙醇和乙醛等。它是德国化学家于 1923 年首先提出的。煤炭间接液化的操作条件温和,几乎不依赖于煤种。典型的煤炭间接液化的合成过程在 250 ℃、1.5～4.0 MPa 下操作,合成的产品不含硫氮等污染物,合成的汽油的辛烷值不低于 90 号,合成柴油的十六烷值高达 75,且不含芳烃。目前还有少数缺油富煤的国家采用这种方法。

综上,煤是不洁净能源,其造成的污染贯穿在开采、运输、储存和利用转化的全过程。经济发展应与环境资源相互协调发展,不能以牺牲环境为代价来发展经济,因此如何有效地治理因用煤造成的环境污染就成为紧迫的研究任务。

8.1.2　石　油

自从 1883 年发明了汽油发动机和 1893 年发明了柴油机以来,石油获得了"工业血液"的美称。自 20 世纪 50 年代开始,在世界能源消费结构中,石油跃居首位。

石油是由远古时代沉积在海底和湖泊中的动植物遗体,经千百万年的漫长转化过程而形成的碳氢化合物的混合物。直接从地下开采出来的石油称之为原油,原油及其加工所得的液体产品总称为石油。

石油是碳氢化合物的混合物,含有 1～50 个左右碳原子的化合物,按质量计,其碳和氢分别占 84%～87% 和 12%～14%,主要成分为直链烷烃、支链烷烃、环烷烃和芳香烃。石油中的固态烃类称为蜡。此外,石油中还含有少量由 C、H、O、N 和 S 组成的杂环化合物。原油中硫含量变化很大,一般在 0～7% 之间,主要以硫醚、硫酚、二硫化物、硫醇、噻吩、噻唑及其衍生物的形式存在。氮含量远低于硫,一般为 0～0.8%,以杂环系统的衍生物形式存在,如噻唑类、喹啉类等。此外,石油中还含有其他的微量元素。

石油中所含化合物种类繁多,必须经过多步炼制,才能使用,主要过程有分馏、裂化、重整、精制等。在炼油厂,原油经过蒸馏和分馏,得到不同沸点范围的油品,包括石油气、轻油及重油。将重油经过催化裂化、热裂化或加氢裂化等方法,可生产出轻质油。

(1) 分馏:烃(碳氢化合物)的沸点随碳原子数增加而升高,在加热时,沸点低的烃类先气化,经过冷凝先分离出来;温度升高时,沸点较高的烃再气化再冷凝,借此可以把沸点不同的化合物进行分离,这种方法叫分馏,所得产品叫馏分。分馏过程在一个高塔里进行,分馏塔里有精心设计的层层塔板,塔板间有一定的温差,以此得到不同的馏分。分馏先在常压下进行,获得低沸点的馏分,然后在减压状况下获得高沸点的馏分。每个馏分中还含有多种化合物,可以进一步再分馏。表 8-3 列举了石油分馏主要产品及用途。

表 8-3　石油分馏主要产品及用途

	温度范围/℃	分馏产品名称	烃分子中所含碳原子数	主 要 用 途
气体		石油气	$C_1 \sim C_4$	化工原料,气体燃料
轻油	$30 \sim 180$	溶剂油 汽油	$C_5 \sim C_6$ $C_6 \sim C_{10}$	溶剂,汽车、飞机用液体燃料
	$180 \sim 280$	煤油	$C_{10} \sim C_{16}$	液体燃料,溶剂
	$280 \sim 350$	柴油	$C_{17} \sim C_{20}$	重型卡车、拖拉机、轮船用燃料,各种柴油机用燃料
重油	$300 \sim 500$	润滑油 凡士林	$C_{18} \sim C_{30}$	机械、纺织等工业用的各种润滑油,化妆品、医药业用的凡士林
		石蜡	$C_{20} \sim C_{30}$	蜡烛,肥皂
		沥青	$C_{30} \sim C_{40}$	建筑业,铺路
	>500	渣油	$>C_{40}$	做电极,金属铸造燃料

（2）裂化：石油裂化就是在一定的条件下,将相对分子量较大、沸点较高的烃断裂为相对分子量较小、沸点较低的烃的过程。其中,单靠热的作用发生的裂化反应称为热裂化;在催化作用下进行的裂化,叫做催化裂化。

（3）重整：在一定的温度压力下,汽油中的直链烃在催化剂表面上进行结构的重新调整,转化为带支链的烷烃异构体。重整可以得到抗震性更好的汽油及价值更高的化工原料。

（4）精制：这是提高油品质量的过程。蒸馏和裂解所得的汽油、煤油、柴油中都混有少量含 N 或含 S 的杂环有机物,在燃烧过程中会生成 NO_x 及 SO_2 等酸性氧化物污染空气,当环保问题日益受关注时,对油品中 N、S 含量的限制也就更加严格。现行的办法是用催化剂在一定温度和压力下使 H_2 和这些杂环有机物起反应生成 NH_3 或 H_2S 而分离,留在油品中的只是碳氢化合物。

石油加工产品中最重要的燃料是汽油。汽油质量用"辛烷值"表示。在气缸里汽油燃烧时有爆震性,会降低汽油的使用效率。据研究,抗震性能最好的是异辛烷,定其辛烷值为100,抗震性最差的是正庚烷,定其辛烷值为零。若汽油辛烷值为85,即表示它的抗震性能与85％异辛烷、15％正庚烷的混合物相当(并非一定含 85％异辛烷),商品上称为 85 号汽油。汽油中若加入少量四乙基铅 $Pb(C_2H_5)_4$,可以提高辛烷值的标号。但四乙基铅有毒,汽油燃烧后放出的尾气中所含微量的铅化合物已成为公害,自 20 世纪 70 年代起从环境保护的角度考虑,各国纷纷提出要求使用无铅汽油,有些汽车的设计规定必须使用无铅汽油,以减少对环境的污染。

石油不仅是重要的燃料资源,还是一种宝贵的化工原料,石油化工就是以它为母体发展起来的。石油化学工业以石脑油(一部分石油轻馏分的泛称)等石油产品为原料,首先经裂解转化为乙烯、丙烯、丁烯等,然后进一步精加工成为聚烯烃及一些重要的精细化工原料。在许多国家和地区,石油化学工业的发展速度一直高于工业发展平均速度和国民经济增长速度。国际上常用乙烯及三大合成材料(即塑料、合成纤维、合成橡胶)来衡量石油化学工业的发展水平。

8.1.3　天然气

　　天然气是蕴藏在地层中的可燃性碳氢化合物气体,其成因和形成历史与石油相同,二者可能伴生,但一般埋藏部位较深。据国际经验,每吨石油大概伴有 1000 m^3 的天然气。天然气主要成分是甲烷,但也含有相对分子质量较大的烷烃,如乙烷、丙烷、丁烷、戊烷等,碳原子数超过5 的组分在地下高温环境中,以气态开采出来,但在标准态下是液体。天然气中各组分的含量常随相对分子质量的增大而下降,其中还含有 SO_2、H_2S 及微量稀有气体。

　　天然气是最“清洁”的燃料,燃烧产物 CO_2 和 H_2O 都是无毒物质,并且热值很高(56 kJ · g^{-1}),管道输送也很方便。我国最早开发使用天然气的是四川盆地,20 世纪末和 21 世纪初,在陕、甘、宁地区的长庆油田和新疆的塔里木盆地发现了特大型气田。

　　可燃冰是天然气的水合物,它是一种白色固体物质,外形像冰雪,有极强的燃烧力,可作为上等能源。可燃冰由水分子和燃气分子(主要是甲烷分子)组成,此外还有少量的硫化氢、二氧化碳、氮和其他烃类气体。在低温($-10\sim10$ ℃)和高压(10 MPa 以上)条件下,甲烷气体和水分子能够合成类冰固态物质。这种天然水合物的气体储载量可达其自身体积的 $100\sim200$ 倍,1 m^3 的固态水合物包容有约 180m^3 的甲烷气体。这意味着水合物的能量密度是煤的 10 倍,是传统天然气的 $2\sim5$ 倍。世界上绝大部分的天然气水合物分布在海洋里,储存在海底之下 500~1000 m 的水深范围以内。海洋里天然气水合物的资源量约为 1.8×10^8 m^3,是陆地资源量的 100 倍。

　　我国从 1999 年开始启动天然气水合物海上勘查。2007 年在南海北部成功钻获天然气水合物实物样品,使我国成为继美国、日本、印度之后第四个通过国家级研发计划采到水合物实物样品的国家。

8.1.4　核能

　　原子核虽然在体积上只占原子的极小部分,但却集中了几乎全部原子的质量。根据爱因斯坦质能方程 $E=mc^2$,原子核中蕴藏着巨大的能量。同等质量的物质发生核反应放出的能量要比发生化学反应放出的能量大数百万倍。

　　原子核由中子和质子组成。但是任何一个原子核的质量总是小于组成该核的全部中子和质子的质量的和。这一质量之差称为原子核的结合能。结合能是原子核结合紧密程度的度量,结合能越大(生成该核时释放出的能量越大)原子核结合越紧密。当平均结合能较小的原子核转化成平均结合能较大的原子核时,就可释放核能。中等质量核素的平均结合能最大,而轻或重核素的平均结合能较小。当把轻核素聚合成较重的核素(如把氢聚合成氦)或把重核素分裂成较轻的核素(如把铀分裂成钼和锡)时,将伴随着释放能量,这就是通常所说的聚变和裂变。

　　$^{235}_{92}$U 原子核受高能中子轰击时,分裂为质量相差不多的两种核素,同时又产生几个中子,还释放大量的能量。利用中子激发所引起的核裂变,是人类迄今为止大量释放原子能的主要形式。一公斤铀裂变放出的能量相当于 250 万 kg 煤燃烧所放出的能量。

　　$^{235}_{92}$U 裂变过程中,每消耗 1 个中子,就能产生几个中子,这些新生的中子又能使其他$^{235}_{92}$U发生裂变,同时再产生中子,再引发$^{235}_{92}$U 裂变。如此反复,就会形成一系列的爆炸式的链式反应,释放出巨大能量(见图 8-2)。

　　如果人们设法控制链式反应中中子的增长速度,使其维持在某一数值,链式反应就会连续地缓慢地放出能量,这就是核反应堆或核电站的工作原理。核电站的中心是核燃料和控制棒组成的反应堆，其关键设计是在核燃料中插入一定量的控制棒，它是用能吸收中子的材料制成的，如硼、镉、铪等材料，利用它们吸收中子的特性控制链式反应进行的程度。$_{92}^{235}$U 裂变时所释放的能量可将循环水加热至 300 ℃，产生的高温水蒸气推动发电机发电。

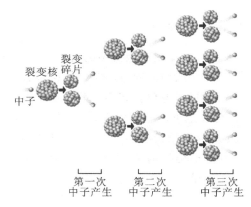

图 8-2　中子诱发的裂变形成链式反应

核电有很多优越性：单位质量的能量输出高是核能突出的优点；资源充分；废物的绝对量少，可以集中管理、处置，短期内对环境的危害也相对较小。因此，综合考虑，核能将成为今后能源开发利用的一个重要方向。

8.1.5　太阳能和氢能

1. 太阳能

地球上最根本的能源是太阳能。太阳每年辐射到地球表面的能量为 50×10^{18} kJ，相当于目前全世界能量消费的 1.3 万倍，因此利用太阳能的前景非常诱人。太阳能的利用方式是光热转化或光电转化。

太阳能的热利用是通过集热器进行光热转化的，集热器也就是太阳能热水器。它的板芯由涂了吸热材料的铜片制成，封装在玻璃钢外壳中。铜片只是导热体，进行光热转化的是吸热涂层，这是特殊的有机高分子化合物。封装材料也很有讲究，既要有高透光率，又要有良好的绝热性。随涂层、材料、封装技术和热水器的结构设计等不同，终端使用温度较低的在 100 ℃以下，可供生活热水、取暖等；中等温度在 100～300 ℃之间，可供烹调、工业用热等；高温的可达 300 ℃以上，可以供发电站使用。

太阳能也可通过光电池直接变成电能，这就是太阳能电池。它们具有安全可靠、无噪声、无污染、不需燃料、无需架设输电网、规模可大可小等优点，但需要占用较大的面积。已有使用价值的光电池种类不少，多晶硅、单晶硅（掺入少量硼、砷）、碲化镉（CdTe）、硒化铜铟（CuInSe）等都是制造光电池的半导体材料。太阳能发电作为一种高成本、高投入的产业，在技术商业化的初级阶段，发达国家一直通过各种优惠扶持政策来推动太阳能光电池的普及。

近年来，我国也对太阳能的开发利用给予了高度的重视。中国已是世界上最大的太阳能热水器生产国和消费国。北京 2008 年奥运会提出了"绿色奥运、科技奥运、人文奥运"的理念。北京奥运村使用的生活热水主要依靠太阳能，奥运会主场馆"鸟巢工程"首次采用太阳能电，其中太阳能发电系统总装机容量为 130 kW。

2. 氢能

氢能是指以氢及其同位素为主体的反应中或氢状态变化过程中所释放的能量。氢能包括氢核能和氢化学能，这里主要讨论由氢与氧化剂发生化学反应而放出的化学能。

氢作为二次能源进行开发，与其他能源相比有明显的优势：燃烧产物是水，是清洁能源；氢是地球上取之不尽、用之不竭的能量资源；1 kg 氢气燃烧能释放出 142 MJ 的热量，它的热值高，约是汽油的 3 倍，煤的 5 倍，研究中的氢—氧燃料电池还可以高效率地直接将化学能转变为电能，具有十分广泛的发展前景。

氢能源的开发应用必须解决三个关键问题：廉价氢的大批量制备、氢的储运和氢的合理有效利用。

　　大规模制取氢气,目前主要有水煤气法、天然气或裂解石油气制氢。但作为氢能系统,此非长久之计,理由很简单,因为其原料来源有限。由水的分解来制取氢气主要包括水的电解、热分解和光分解。水的电解和热分解有能耗大、热功转化效率低、热分解温度高等缺点,也不是理想的制取氢气的方法。

　　对化学家来讲,研究新的经济上合理的制氢方法是一项具有战略性的研究课题。目前,有人提出太阳—氢能系统。简单地说,太阳能转化为电,并电解水生产氢,然后用管道输送氢供燃料电池发电。这是一种最理想的清洁和可循环的系统。

　　光分解水制取氢的研究已有一段历史。目前也找到一些好的催化剂,如钙和联吡啶形成的配合物,它所吸收的阳光正好相当于水分解成氢和氧所需的能量。另外二氧化钛和含钙的化合物也是较适用的催化剂。酶催化水解制氢将是一种最有前景的方法,目前已经发现一些微生物,通过氢化酶诱发电子与水中氢离子结合起来,生成氢气。总之,光分解水制取氢气一旦成功突破,将使人类彻底解决能源危机的问题。

　　氢气的输运和储存是氢能开发利用中极为重要的技术。常用储氢的方法有高压气体储存、低压液氢储存、非金属氢化物储存及金属储氢材料的固体储存等。

8.1.6　生物质能

　　生物质是指由光合作用而产生的各种有机体,它是太阳能以化学能形式储存在生物中的一种能量形式。生物质能是一种以生物质为载体的能量,直接或间接地来源于植物的光合作用。全部绿色植物每年所吸收的二氧化碳约 $7×10^{11}$ 吨,合成有机物约 $5×10^{11}$ 吨。因此生物质能是一种极为丰富的能量资源,也是太阳能的最好储存方式。

　　目前生物质能的利用大多是直接燃烧,热量利用率很低,并且对环境有较大的污染。把生物质能作为新能源来考虑,要将它们转化为可燃性的液态或气态化合物,即把生物能转化为化学能,然后再利用燃烧放热。农牧业废料、高产作物(如甘蔗、高粱、甘薯等)、速生树木(如赤杨、刺槐、桉树等),经过发酵或高温热分解等方法可以制造甲醇、乙醇等液体燃料。乙醇是一种绿色能源,乙醇以 20% 的比例和汽油混和,不需要对汽油发动机作任何改造,可以大大减少对石油的依赖。

　　一些生物质若在密闭容器内经高温干馏也可以生成一氧化碳、氢气、甲烷等可燃性气体,这些气体可用来发电。生物质还可以在厌氧条件下生成沼气,气化的效率虽然不高,但其综合效益很好。沼气含有 60%～70% 甲烷,热值是 23000～27600 kJ/m^3,作为燃料不仅热值高并且干净,是一种很好的能源,沼渣、沼液是优质速效肥料,同时又处理了各种有机垃圾,清洁了环境。

8.2　化学与环境

　　什么是环境?《中华人民共和国环境保护法》明确指出,环境是"影响人类生存和发展的各种天然的和经过人工改造的自然因素的总和,包括大气、水、海洋、土地、矿藏、森林、草原、野生动物、自然遗迹、人文遗迹、风景游览区、自然保护区、城市和乡村等"。总之,环境是指人类本身以外的而又和人类生活密切相关的一切物质,由自然环境和社会环境两部分组成。自然环境是人类和其他生命赖以生存和发展的物质基础。人类的进化和发展与自然环境的变化密切相关,为了生存,人和其他生物都尽其最大努力去适应环境的变化。然而人与其他生物有着本质的不同,人类并不是消极的适应环境,而是通过劳动能动地控制环境,改造环境,利用环境来为人类服务。人类对环境的影响程度和改造力随着人类本身的进化和生产力的不断发展而逐渐提高。人与自然环境是相互依存,相互影响的对立统一体。因此,人类对自然的改造的能力越强,自然环境对人类的反作用也就越大。目前,所谓的环境问题就是这种反作用的必然结果。环境污染不仅干扰了人类的正常生活,更对人类的健康产生了直接或间接的不利影响。

环境污染可分为物理污染、化学污染和生活污染三类。其中化学污染是主要因素。因此,无论是预防污染还是治理污染,化学都是中流砥柱,而且化学作为环境的朋友,环境决策的参谋和污染治理的主力军,更是在污染治理中扮演着重要的角色。目前,许多化学家在积极开展污染治理的研究,寻求控制治理环境污染的方法。20 世纪 60 年代,化学吸取了许多学科的研究方法和手段,逐渐形成了一些有别于原化学学科的新观点、新方法,诞生了以化学物质(主要指污染物)引起的环境问题为研究对象,以解决环境问题为目标的多学科交叉的新兴学科——环境化学。1972 年联合国在瑞典斯德哥尔摩的"人类环境会议"上将环境污染和生态破坏提升到同一高度看待,提出"环境问题不仅表现在对水、大气、土壤等的污染,而且表现在生态的破坏和资源枯竭"。1987 年,联合国世界环境与发展委员会发表了《我们共同的未来》,提出可持续发展概念。1992 年,联合国环境与发展大会强调和正式确立了可持续发展的思想,并形成了当代的环境保护的主导意识。

本节主要介绍环境化学的一些基本概念,阐述大气、水体和土壤污染物的来源及其防治方法。

8.2.1　大气的污染与防治

1. 大气的污染物

大气污染物按来源分为自然源和人为源两大类。自然污染源如宇宙射线、海洋有机体分解、森林火灾、火山爆发、地球天然资源释放所产生的恶臭物质、颗粒物、一氧化碳、氮氧化物、二氧化硫、硫化氢、甲烷等。人为污染源如工业污染源、生活污染源、交通污染源、农业污染源,同样产生大量有害物质。引起公害的往往是人为污染物。

大气污染物与正常的空气成分相混合的过程中会发生各种物理、化学变化,按其形成过程的不同,可以分成一次污染物和二次污染物。一次污染物又称原发性污染物,指由污染源排放到环境中,物理、化学性状均未发生变化的污染物。二次污染物又称续发性污染物,指由一次污染物在环境中发生变化形成的物理、化学性状与以前不同的新污染物,其毒性通常强于一次污染物。大气中主要气体污染物如表 8-4 所示。

表 8-4　大气中气体污染物

类　　别	一次污染物	二次污染物
含硫化合物	SO_2、H_2S	SO_3、H_2SO_4、MSO_4
含氮化合物	NO、NH_3	NO_2、HNO_3、MNO_3
碳氢化合物	$C_1 \sim C_5$ 化合物	醛、酮、臭氧、过氧乙酰硝酸酯等
碳的氧化物	CO、CO_2	无
卤素化合物	HF、HCl	无

当前主要的大气污染物有 5 种：颗粒物、碳氧化物（CO、CO_2）、硫氧化物（SO_2、SO_3，以 SO_x 表示）、氮氧化物（NO、NO_2，以 NO_x 表示）、碳氢化合物等，其他还有硫化氢、氟化物及光化学剂等。一般情况下，大气污染物中，颗粒物和 SO_2 约占 40%，CO 约占 30%，CO_2、NO_2 及其他废气约占 30%。

1）颗粒物

指大气中沉降速度可以忽略的固体粒子、液体粒子或它们在气体介质中的悬浮体系。中国的环境空气质量标准中，根据颗粒物直径的大小，将其分为总悬浮颗粒物和可吸入颗粒物。前者指悬浮在空气中，空气动力学当量直径≤100 μm 的颗粒物；后者指悬浮在空气中，空气动力学当量直径≤10 μm 的颗粒物。颗粒直径大于 10 μm 者由于重力作用会很快降落，称为降尘。而直径小于 10 μm 的颗粒则可较长时间（几小时甚至几年）飘浮在大气中，称为飘尘（PM10）。联合国环境规划署 2012 年发布的《全球环境展望 5》指出，直径小于 2.5 微米的颗粒（PM2.5），对人体危害最大，因为它可以直接进入肺泡。世界卫生组织给出了 PM2.5 的最小安全值，即每立方米 10 微克。超过这个值越多，就代表空气污染越严重。近期研究表明，全球有 370 万例过早死亡是由室外人为 PM2.5 排放导致。即使在英国这样高收入的国家，虽然降低 PM2.5 浓度已经取得了重大进展，但在 2008 年，PM2.5 还是导致了 2.9 万人过早死亡。全球细颗粒物最高的地区在北非和中国的华北、华东、华中地区。我国上述地区的 PM2.5 年均浓度均高于 80 微克/立方米，比非洲的撒哈拉沙漠还要高。

相比于大的颗粒物，PM10 尤其是 PM2.5 降低能见度的能力更强，使蓝天消失，天空变成灰蒙蒙的一片，可以说 PM2.5 是造成这种雾霾天气的主要"元凶"之一。2013 年 10 月，我国东北地区遭遇了一场罕见的大规模的雾霾污染。这是由于东北地区普遍燃烧煤炭取暖，大量烟尘直接排到空中，造成了本次污染事件。在哈尔滨市，PM2.5 的日平均值一度达到每立方米 1000 微克，能见度大幅下降，机场被迫关闭，两千多所学校停课。雾霾也导致黑龙江省境内多条高速公路被迫关闭。污染开始后的第 3～4 天，东北地区仍然被雾霾覆盖，PM2.5 平均浓度保持在每立方米 200 微克以上。这次严重的大气污染被称为"东北雾霾事件"。

2）碳的氧化物

碳的氧化物即 CO 和 CO_2，是在燃烧过程中产生的，燃料燃烧不充分时产生 CO，充分燃烧时产生 CO_2。

CO 是人类向自然界排放量最大的气体污染物。据估计，全球每年人工排放（燃烧不足、汽车尾气等）的 CO 总量约为 2.7×10^{11} kg，而由天然来源（陆地、海洋）产生的 CO 总量约比人工排量大 20 倍左右。由于近代对燃烧装置、燃烧技术的改进，从固定燃烧装置排放的 CO 量较少，而由汽车等移动装置产生的 CO 占人为排放的 50% 以上。CO 气体与红细胞中血红蛋白（Hb）的结合力比氧气大 200～300 倍，能与人体血红蛋白结合而使血液丧失传送氧的能力。人处在 CO 浓度为 15 ppm 的空气中 8 小时就会受到有害影响，若 CO 体积分数达到 1%，可使人在 2 min 内窒息死亡。

随着工业发展和城市人口增加，生产生活中 CO_2 排放量逐年增加，同时伴随着植被大量被破坏，近百年来，大气中 CO_2 浓度以每年 0.7～0.8 ppm 的速率增加，现已达到 320～330 ppm。CO_2 的密度约为空气的 1.5 倍，能聚积在低洼不通风的地方，如果含量超过 6% 也能产生致命的危险。大气中的 CO_2 增多并不影响阳光通过大气层，但 CO_2 能吸收来自地球的红外辐射，引起近地面层空气温度的增高，这又使地面蒸发增强，大气中水汽增多，使大气对红外辐射的吸收进一步增强，造成近地面大气温度增高，这种增温作用称为温室效应。有人做过计算，至

2050 年,若 CO_2 排放量增加一倍,地球平均气温将上升 1.5～4.5 ℃,会导致两极冰雪融化,海平面上升,沿海低地将被淹没,使气候带发生移动,造成洪涝、干旱及生态系统的变化,对人类的生产、生活产生巨大影响。

3)硫的氧化物

硫的氧化物主要指 SO_2 和 SO_3,主要来自化石燃料(煤、石油)的燃烧,同时,化学工业和金属冶炼也排放大量的硫的氧化物。例如在生产硫酸时,

$$4FeS_2 + 11O_2 \Longrightarrow 2Fe_2O_3 + 8SO_2$$

形成的 SO_2 在空气中可转化为 SO_3:

$$2SO_2 + O_2 \Longrightarrow 2SO_3$$

人类活动排放的 SO_2 每年约 1.5×10^{11} kg,在各种污染物中,排放总量仅次于 CO,居第二位,其中 2/3 来自于煤的燃烧,1/5 来自于石油的燃烧。

SO_2 是无色、有刺激性的气体,对人体呼吸道有强烈的刺激作用。吸入 SO_2 含量为 0.2% 的空气,就会使嗓子变哑、喘息甚至失去知觉。

二氧化硫及其在空气中转化成的三氧化硫、硫酸与水气吸附于烟尘等颗粒物质形成较大的雾滴,分散在空气中就是硫酸气溶胶,即硫酸雾。当人体吸入硫酸雾时,即使其浓度只相当于 SO_2 的十分之一,其刺激和危害也将更为显著。因为其颗粒直径在 1 μm 左右,能够侵入人体肺部组织,不像 SO_2 气体那样基本在上呼吸道就被粘膜完全吸收。当 SO_2 浓度为 8 ppm 时,人尚能忍受,而硫酸雾浓度小于 0.8 ppm 时,人即无法忍受。

资料表明,二氧化硫与大气中的飘尘结合,发生协同作用,比它们各自作用之和要大得多,对人的危害更严重。历史上许多著名的大气污染事件,如伦敦烟雾,都是在不利的气象条件下由这种协同作用造成的。

我国自 1979 年首次在贵州的松桃和湖南的长沙、凤凰等地出现酸雨以来,目前已有许多城市频繁出现酸雨。统计分析结果表明,我国酸雨主要是由大气中的二氧化硫造成的,酸雨中硫酸含量是硝酸的十倍以上。酸雨造成大面积的森林毁坏、农田受灾及建筑物损坏,造成严重的经济损失。有关研究表明,我国每排放一吨 SO_2 所造成的经济损失达 2 万元以上。

4)氮的氧化物

氮的氧化物中能造成大气污染的主要是一氧化氮和二氧化氮。其中自然污染源与人为污染源排放量相当,每年各为 $6.5 \times 10^{10} \sim 1.2 \times 10^{11}$ kg。人为源中大部分来源于燃料燃烧以及汽车、内燃机排气。NO 能刺激呼吸系统,并能与血红素结合成亚硝基血红素,引起人的中毒。NO_2 对呼吸器官有强烈的刺激作用,能引起急性哮喘病,并可使血红素硝化,浓度高时可导致人的死亡。

氮的氧化物和碳氢化合物、一氧化碳混合,在日光作用下,产生光化学烟雾。光化学烟雾中的这些初级污染物再经过反应生成的次级污染物主要是臭氧和过氧乙酰硝酸酯(PAN)等。光化学反应主要有三个过程:①臭氧生成;②碳氢化合物氧化,OH 等自由基形成;③过氧乙酰基硝酸酯系列(PAN)的生成。

光化学烟雾的形成是从二氧化氮开始的,

$$NO_2 \xrightarrow{h\nu} NO + [O]$$
$$O_2 + [O] \longrightarrow O_3$$
$$NO + NO_2 + H_2O \longrightarrow 2HNO_2$$

$$HNO_2 \xrightarrow{h\nu} NO + OH$$
$$RCH_3 + O_3 \longrightarrow RCHO$$
$$RCHO + NO + NO_2 \longrightarrow CH_3COO_2NO_2 \, (PAN)$$

光化学烟雾使能见度降低,并对树木及其他植物有破坏性,此外对人的眼睛和喉头有强烈刺激性,使人眼睛红肿、呼吸困难。这种烟雾现在已经扩展到很多大城市,引起广泛的注意和研究。此外,氮氧化物也是形成酸雨的一种重要酸性物质。

5)碳氢化合物

碳氢化合物是由于燃料不完全燃烧和有机物的蒸发以及在运输、使用过程中的泄漏产生的,自然界中由生物分解作用产生的碳氢化合物是人类的排放量的 $10 \sim 20$ 倍。碳氢化合物本身并不严重污染环境,但它所参与形成的光化学烟雾则能引起严重危害。此外多环芳烃中有不少是致癌物质,如 3,4-苯并芘就是公认的强致癌物,已引起人们的高度关注。

6)其他有害物质

进入大气的污染物是很复杂的,除了上述几类之外,还有很多物质对生物构成直接或间接的伤害。如含氯氟甲烷即氟里昂-11 $(CFCl_3)$ 和氟里昂-12 (CF_2Cl_2) 在平流层内发生降解,产生 Cl 原子,Cl 原子通过以下方式与臭氧发生反应:

$$Cl \cdot + O_3 \longrightarrow ClO \cdot + O_2$$
$$ClO \cdot + O \longrightarrow Cl \cdot + O_2$$

重新生成的 Cl 原子,继续破坏臭氧层。1985 年英国科学家首先报道在南极上空发现臭氧层空洞。臭氧层的破坏导致紫外线对地球照射强度增加,会使人患白内障而失明,还会导致免疫功能衰退而滋生包括皮肤癌在内的各种疾病。植物的生长同样受到影响。有鉴于此,许多国家(包括我国)已停止在制冷设备中使用氟里昂。

其他诸如重金属类,如铅及其化合物、镉及其化合物,以及其他气体,如卤素及其氢化物等,对环境和人类健康也都构成严重威胁。

2. 大气污染的防治

防治大气污染的根本方法,是从污染源着手,通过大力削减污染物的排放量来保证大气环境的质量。但现有的经济技术条件还不足以彻底根治污染源,因此大气环境的保护就需要通过各种措施,进行综合治理。一方面搞好城市规划,合理工业布局,采用有利于污染物扩散的排放方式(如高烟囱和集合排放),另一方面改善能源结构,寻求清洁能源(如水能、风能、太阳能)及新能源,开发节能技术,采用集中供热,提高能源利用率。此外,大量植树造林,发展绿色植物的净化能力,也是重要手段。

1)粉尘治理

除尘设备根据原理大致分为机械除尘器、湿式洗涤除尘器、过滤式除尘器和静电除尘器等。机械除尘器利用机械力(重力、离心力)将粉尘从气流中分离出来,达到净化的目的。简单价廉,对 $5 \, \mu m$ 以上的尘粒去除效率可达 $50\% \sim 80\%$。湿式洗涤除尘器采用喷水法将尘粒从气体中洗涤出去。对 $10 \, \mu m$ 以上颗粒,去除率在 90% 左右。缺点是能耗较高,且存在污水处理问题。过滤式和静电式利用织物过滤袋及高压直流电除尘,效果好但费用相对较高。

2)二氧化碳治理

从长远的观点来看,将 CO_2 大量商业应用的可能性很小,短期内可以或者可能采取的人工方法有:

（1）将 CO_2 打入深海：CO_2 进入深海后溶解、扩散或沉积。在压力大于 30 MPa 时，CO_2 密度大于海水，即若把 CO_2 打入海中 3000 m 以下，CO_2 将自动沉向海底。此法尚待进一步研究。

（2）将 CO_2 打入地下含水层：一是以高密度 CO_2 封存于地质封闭区内；一是将其溶于不向周围流动的地下水中。打入地下 1000 m 后一般不再引起环境问题。

（3）将 CO_2 打入废弃的油井、气井、盐井及其他地下洞穴。此法处置最为简单，费用最低，对环境最有利。一般估计，废油、气井可容纳由它们采出的油、气燃烧产生 CO_2 的 67%。

以上方法都受限于地理地质条件，其他可以采用的方法还有将 CO_2 用于石油回采、仿照光合作用进行生物固定等。而从长远考虑，更应大力保护植被、植树造林，通过光合作用吸收二氧化碳，平衡碳元素在自然界的正常循环。

目前治理二氧化碳，最有效的方法是控制 CO_2 的排放量。1997 年 12 月，在日本京都召开的《联合国气候变化框架公约》缔约方会议通过了旨在限制发达国家温室气体排放量以抑制全球变暖的《京都议定书》。它规定：到 2010 年，发达国家二氧化碳等 6 种温室气体的排放量，总体上要比 1990 年减少 5.2%。到 2009 年 2 月，一共有 183 个国家通过了该条约（超过全球排放量的 61%），其中包括除美国之外的主要发达国家。我国于 1998 年签署并于 2002 年核准了该议定书，作为发展中国家，中国暂不承担减排义务，但在今后将面临越来越大的国际压力。

3）二氧化硫治理

二氧化硫治理包括燃料脱硫（目前主要是重油脱硫）和烟气脱硫。重油脱硫采用加氢催化脱硫法，使重油中有机硫化物中的 C—S 键断裂，硫变成简单的气体 H_2S 或固体化合物，从重油中分离出来。烟气脱硫可分为干法和湿法两种。

（1）湿法是把烟气中的二氧化硫和三氧化硫转化为液体或固体化合物，从而将其从烟气中分离出来。该法主要包括碱液吸收法、氨吸收法和石灰吸收法等。

①碱吸收法：此法用氢氧化钠、氢氧化钾或碳酸钠水溶液为吸收剂，生成亚硫酸盐。

$$2NaOH + SO_2 \rightleftharpoons Na_2SO_3 + H_2O$$

②氨吸收法：此法用氨水作吸收剂，除去烟道气或制酸尾气中的二氧化硫。

$$2NH_3 \cdot H_2O + SO_2 \rightleftharpoons (NH_4)_2SO_3 + H_2O$$

或

$$NH_3 \cdot H_2O + SO_2 \rightleftharpoons NH_4HSO_3$$

③石灰乳法：此法用石灰浆作吸收剂，同时可回收石膏。

$$Ca(OH)_2 + SO_2 + H_2O \rightleftharpoons CaSO_3 \cdot 2H_2O$$

$$2CaSO_3 \cdot 2H_2O + O_2 \rightleftharpoons 2CaSO_4 \cdot 2H_2O$$

（2）湿法脱硫后烟气温度降低，湿度加大，排出后影响烟气的上升高度而难以扩散。为克服上述缺陷，采用固体粉末或非水液体作为吸收剂或利用催化剂进行烟气脱硫，称为干法脱硫。主要有吸附法、吸收法和催化氧化法。

①吸附法：使用活性炭等吸附剂。

②吸收法：使用活性氧化锰、碱性氧化铝等作为吸收剂。

③催化氧化法：使用钒系催化剂等将 SO_2 氧化为 SO_3 以制取硫酸。

此外，还应从根源上控制 SO_2 的产生。例如，可在煤炭中适量添加石灰石，利用其在燃烧过程中分解产生的 CaO 与 SO_2 生成 $CaSO_3$ 炉渣，减少 SO_2 的排放。

4）氮氧化物治理

一般说来，对固定式燃烧装置，精制燃料（预脱氮）和改变燃烧条件仍被认为是两种有效的去污措施。对于产生的氮氧化物，有以下方法治理。

①碱吸收法:采用氢氧化钠或碳酸钠溶液,在二三个填料塔内串联吸收。

②氨吸收法:用氨水吸收氧化氮。得到的硝铵及亚硝铵可作为化肥。

$$2NO+O_2 \longrightarrow 2NO_2$$

$$NO+NO_2+2NH_3 \cdot H_2O \longrightarrow 2NH_4NO_2+H_2O$$

或

$$3NO_2+2NH_3 \cdot H_2O \longrightarrow 2NH_4NO_3+NO+H_2O$$

③催化还原法:用甲烷、氨、氢等还原性气体,在催化剂作用下,将氧化氮还原为氮气。例如,在 CuO-CrO 作用下,

$$6NO+4NH_3 \longrightarrow 5N_2+6H_2O$$

$$6NO_2+8NH_3 \longrightarrow 7N_2+12H_2O$$

由于氮氧化物在水溶液中溶解度相对较低,处理后的废气一般达不到排放标准,且投资和操作费用较高,所以目前工厂以采用干法,特别是催化还原法为多。

对汽车尾气中的 NO,目前广泛采用的是以 Pt-Rh 负载于 Al_2O_3 制成的蜂巢状载体上的整体催化剂,使汽车尾气中的烃类、CO 和 NO 同时去除。

8.2.2 水体的污染与防治

1. 水体与水体污染

在环境科学中,水和水体是两个不同的概念。水体又称水域,是指水的聚集体,如河流、湖泊和海洋,其中包括水、悬浮物、溶解物质、底质和水生生物,应把它当作完整的生态系统或综合自然体来看。研究水体污染主要是研究水污染,同时也研究底质和水生生物体污染,它们之间存在有错综复杂的关系。水质的变化及变化趋势,取决于水中物质在水、底质和水生生物之间的转化。水生生物,特别是低等生物和微生物,在其中起着主导作用。

天然水的化学成分极为复杂,在不同地区、不同的条件下差别很大。所谓水体污染是指排入水体的污染物超过了水体的自净能力而引起水质恶化,破坏了水体的原有用途的现象。

向水体排放或释放污染物的来源和场所都称为水体污染源。从不同的角度可以将其分为多种不同类型。通常从环境保护角度把水体污染源分为自然污染源和人为污染源两大类型。污染物的种类也有多种划分方法,如可分为无机污染物和有机污染物,也可分为可溶性污染物和不溶性污染物等。

(1)酸、碱、盐等无机物污染:污染水体的酸主要来自矿山排水及工业废水,如酸洗废水、人造纤维工业废水及酸法造纸废水;污染水体的碱则主要来自制碱、制革、碱法造纸、石油炼制等。水体被酸、碱、盐污染后,会改变水的 pH 值。当 pH 值小于 6.5 或大于 8.5 时,就会腐蚀水中设备,并抑制水中微生物的生长,妨碍水体的自净能力。同时还会导致生态系统的破坏,水生生物种群发生变化。

(2)有毒化学物质污染:主要是重金属和难分解的有机物的污染。如矿山废水及冶炼排放的汞、镉、铬、镍、钴、钡等,以及化学工业排放的人工合成的高分子有机化合物,如多元(环)有机化合物(如苯并芘)、有机氯化合物(如多氯联苯、六六六)、有机重金属化合物(如有机汞)等。它们不易消失,可在人体内富集并产生多种危害。

(3)需氧物质污染:生活污水、食品加工和造纸等工业废水中,含有碳水化合物、蛋白质、油脂、纤维素等有机物质,可以通过微生物的生物化学作用而分解,在其分解过程中需要消耗氧气,因而被称为需氧污染物。其污染程度一般用生化需氧量 BOD(水中有机物在被生物分解的生物化学过程中所消耗的溶解氧量)、化学需氧量 COD(一定条件下,水中有机物质被化

学氧化剂氧化过程中所消耗的氧量)、总需氧量 TOD(一定量水样中能被氧化的有机和无机物质燃烧成稳定的氧化物所需氧量)、总有机碳 TOC(一定量水样中有机碳总含量)四种指标衡量水体中有机物的耗氧量。如果水中溶解的氧耗尽,则有机物被厌氧微生物分解,使水变黑,产生恶臭物质如硫化氢、氨、甲烷等。

(4) 植物营养物质污染:生活污水和某些工业废水、农业退水及含洗涤剂的污水中,经常含有一定量的氮、磷等植物营养物质。若排入量过多,水体中的营养物质会促使藻类大量繁殖,耗去水中大量的溶解氧,影响鱼类的生存。此外还可能出现几种高度繁殖密集在一起的藻类,使水体出现粉红或红褐色的"赤潮",对水产养殖造成极大破坏。严重时,湖泊可被繁殖植物及其残骸淤塞,成为沼泽甚至干地,这种现象称为水体营养污染或水体富营养化。

(5) 病原体污染:生活污水、畜禽饲养场污水及制革、屠宰业和医院等排出的废水,常含有各种病原体,会传播疾病。

(6) 热污染:工矿企业(如电厂)向水体排放高温废水,造成水温升高,使水中的溶解氧含量下降,使鱼类和其他水生生物的生存受到威胁。

(7) 放射性污染:核动力工厂的冷却水,放射性废物等造成的污染。

水体中各种污染源排放的污染物质往往都不是单一物质,各类污染源所具有的特点也不尽相同。如生活污水中的物质组成多为无毒的无机盐类、需氧有机物类、病原微生物类及洗涤剂等。因含有氮、磷、硫等物质,在厌氧条件下分解使水变黑,产生恶臭物质硫化氢等。随着城市人口的增长及饮食结构的改变,其用水量、水质成分也会有变化。

2. 水体污染的防治

为了防止水体污染,必须对各种废水和污水进行处理,达到国家规定的排放标准后再行排放。

废水处理程度可分为一级、二级和三级处理。一级处理采用物理方法,主要是用以除去废水中大部分粒径在 0.1 mm 以上的大颗粒物质(固体悬浮物),经一级处理后的废水一般还达不到排放标准,故通常作为预处理阶段。二级处理是采用生物处理方法(又称微生物法)及某些化学法(主要是化学絮凝法或称混凝法),用以去除水中的可降解有机物和部分胶体污染物。经过二级处理后的水一般可达到农灌标准和废水排放标准。三级处理可采用化学法(化学沉淀法、氧化还原法等)、物理化学法(吸附、离子交换、萃取、电渗析、反渗透法等),这是以除去某些特定污染的一种"深度处理"方法。

化学方法处理污水,具有设备简单、操作方便的特点,常用处理废水的化学方法见表 8-5。

表 8-5　常用处理废水的化学方法

方　法	原　理	设备及材料	处　理　对　象
混凝	向胶状浑浊液中投加电解质,凝聚水中胶状物质,使之和水分开	混凝剂有硫酸铝、聚合氯化铝、聚合硫酸铁、聚硅氯化铁、高分子化合物等	含油废水、染色废水、煤气站废水、洗毛废水等
中和	酸碱中和,pH 达中性	石灰、石灰石、白云石等中和酸性废水,CO_2 中和碱性废水	硫酸厂废水(用石灰中和),印染废水等

续表

方 法	原 理	设备及材料	处 理 对 象
氧化还原	投加氧化（或还原）剂,将废水中物质氧化（或还原）为无害物质	氧化剂有空气（O_2）、漂白粉、氯气、臭氧等	含酚、氰化物、硫、铬、汞废水,印染、医院废水等
电解	在废水中插入电极板,通电后,废水中带电离子变为中性原子	电源、电极板等	含铬含氰（电镀）废水,毛纺废水
萃取	将不溶于水的溶剂投入废水中,使废水中的溶质溶于此溶剂中,然后利用溶剂与水的相对密度差,将溶剂分离出来	萃取剂:醋酸丁酯、苯、N-503 等;设备有脉冲筛板塔、离心萃取机等	含酚废水等
吸附（包含离子交换）	将废水通过固体吸附剂,使废水中溶解的有机或无机物吸附在吸附剂上,通过的废水得到处理	吸附剂:活性炭、煤渣、土壤等;吸附塔,再生装置	染色、颜料废水,还可吸附酚、汞、铬、氰以及除色、臭、味等,用于深度处理

不同的处理方法有其自身的特点和适应的处理对象,需合理地选择和采用。对成分复杂的废水,化学沉淀法往往难以达到排放或回用的要求,则需要与其他的处理方法联合使用。

8.2.3 土壤的污染与防治

1. 土壤的主要污染物

土壤污染物质的来源分为人为污染源和自然污染源。前者是由于人类活动使污染物进入土壤造成的,如工业和城市的废水和固体废物、农药化肥、牲畜排泄物等;后者如自然界中某些矿床或物质的富集中心周围,经常形成自然扩散晕,而使附近土壤中某些物质的含量超过土壤正常含量范围,造成土壤污染。

土壤污染物的种类繁多,既有化学污染也有物理污染、生物污染和放射污染等,其中以化学污染最为普遍、严重和复杂。

1)化学污染物

土壤的化学污染物主要分为无机污染物和有机污染物两大类。

（1）无机污染物:土壤中的无机污染物包括对生物有危害作用的元素和化合物,主要是重金属、放射性物质、营养物质和其他无机物质。重金属（包括类金属）如汞、镉、铬、铅、砷、铜、锌、钴、镍、硒等;放射性物质主要指铯、锶、铀等;营养物质主要指氮、磷、硫、硼等;其他物质主要指氟、酸、碱、盐等。污染土壤的重金属主要来自大气和污水,它们不能被土壤中的微生物降解,而会被矿物性固体或腐殖质吸附、沉淀或以配位化合物的形式积累在土壤中。一旦造成污染不易消除,还会向水体迁移,造成水体污染。

（2）有机污染物:土壤中主要的有机污染物是化学农药。化学农药的种类繁多,目前大量使用的农药约有 50 多种,主要有有机氯类（如赛力散）、有机磷类（如乐果）、氨基甲酸酯类、苯氧羧酸类、苯酰胺类等。酚类、多环芳烃、多氯联苯、甲烷、油类也是土壤中常见的有机污染物。

在农药的喷洒过程中,一部分粘附在植物上,通过叶片组织渗入植物体,另一部分直接进入土壤,被植物所吸收,残留于植物及其果实、种子中,通过食物链危及动物体及人体健康。此外农药还会杀死有益生物,如鸟类、青蛙等,破坏自然生态系统,使农作物减产、品质下降。

2) 病原微生物

主要来源于人畜粪便及未经处理的灌田污水,病原微生物如肠细菌、炭疽杆菌、蠕虫类等。若与被污染的土壤接触,就会受到感染。食用被污染土壤上种植的蔬菜瓜果,也会造成危害。污染的土壤经雨水冲刷,又可能污染水体和饮用水,造成恶性循环。

2. 土壤污染的防治

根据我国以预防为主的环境保护方针,要防止土壤污染,首先要控制和消除土壤污染源。同时对已经污染的土壤,要采取有效措施,消除土壤中的污染物,或控制土壤中污染物的迁移转化,使其不能进入食物链。土壤污染的防治可从以下方面入手。

(1) 控制和消除土壤污染源。一方面,在工业上,大力推广闭路工艺,减少或消除污染物质。对"三废"进行回收处理,控制污染物排放的数量和浓度,使之符合排放标准。另一方面,控制化肥、农药的使用。对残留量高、毒性大的农药,控制其使用范围和使用量,并寻求高效低毒农药和生物防治病害的新方法。对本身含有毒物质的化肥品种,要合理、经济用肥,避免使用过多造成土壤污染。

(2) 增加土壤容量和提高土壤净化能力。增加土壤有机质和粘粒数量,可增加土壤对污染物的容量。分离培育新的微生物品种,改善微生物土壤环境条件,增加生物降解作用,是提高土壤净化能力的重要环节。

(3) 防止土壤污染的其他措施还有很多,例如利用某些植物对土壤中重金属的较强吸收能力去除重金属;采用轮作法延长土壤自净过程的时间;对严重污染的土壤采用客土法(从别处取土置换)或深翻到下层;施加抑制剂与重金属结合而减少其被植物的吸收等,都是行之有效的方法。

8.2.4　环境保护与可持续发展

人类在改造自然的过程中,长期以来都是以高投入、高消耗作为发展的手段。对自然资源往往重开发、轻保护,重产品质量和产品效应,轻社会效应和长远利益,违背自然规律,忽视对污染的治理,造成了生态危机,因而遭到自然的频繁报复。如臭氧空洞的出现、全球气温上升、土地沙漠化、生物物种锐减、水资源的污染等。特别是农药和化肥的污染,其范围如此之广,以致南极的企鹅和北极苔原地带的驯鹿都受到了影响。事实迫使我们必须抛弃传统的发展思想,建立资源与人口,环境与发展的协调关系,实行可持续发展战略,以建设更为安全与繁荣、良性循环的美好未来。

可持续发展就是指社会、经济、人口、资源和环境的协调发展,这样的发展不以损害后人的发展能力为代价,也不以损害别的国家和地区的发展能力为代价,既达到发展的目的,又保证发展的可持续性。

化学及化学工业的发展为人类生活的改善提供了物质基础,但也是造成环境问题的主要原因之一,长久以来饱受争议。但我们也应该认识到污染的产生,主要还是由于人们不科学的发展观,同时,对环境污染的治理仍有赖于化学的方法与手段。1990 年前后,美国科学家提出"绿色化学"的概念。绿色化学是贯彻可持续发展战略的一个重要组成部分,绿色化学又称环境无害化学、洁净化学,即用化学技术和方法把对人类的健康和安全及对生态环境有害的原材料、产物的使用和生产减少到最低。从绿色化学的目标来看,有两个方面必须重视:一是开发以"原子经济性"为基本原则的新化学反应过程;二是改进现有的化学工业,减少和消除污染。

近代环境科学和环境保护工作,大致可分为三个阶段。自 20 世纪 60 年代中期至 60 年代末为第一阶段,当时面临着严重环境污染的现实,迫切的任务就是治理。许多国家颁布了一系列法令,采取了必要的政治及经济手段,治理取得了一定效果。但这只不过是应急措施,并不是治本之道。从 60 年代末开始进入防、治结合,以防为主的综合防治阶段。这是一项防患于未然的根本措施,使环境保护取得了较显著的效果,这一阶段目前仍在延续。从 70 年代中期起,又日益向谋求更好环境的阶段过渡。在此阶段,更加强调环境的整体性,强调人类与环境的协调发展,强调环境管理,从而强调全面规划、合理布局和资源的综合利用等,并把环境教育当作解决环境保护问题的最根本手段。

我国的环境保护决不能走其他工业发达国家走过的"先污染,后治理"的老路,也难以选择当前发达国家高投入、高技术控制环境问题的治理模式。我国已经确定了"经济建设、城乡建设、环境建设同步规划、同步实施、同步发展,实现经济效益和环境效益相统一"的环境保护战略方针,以达到协调、稳定、持续的发展。但也应看到,我国的环境保护在取得巨大成绩的同时,还有许多地区,为片面追求 GDP 的快速增长,盲目引入一些被发达国家、地区淘汰的高污染项目,为获得区区小利,付出了巨大的环境成本,有的甚至造成长久难以消除的污染。

人类也许是地球生命大家庭中一个最重要的成员,有责任与其他成员和谐相处,更有责任保护好他们共同的家园。洁净的蓝天、和谐的自然才是我们能留给子孙的最宝贵的财富。

8.3　化学与无机材料

材料发展的历史从生产力的侧面反映了人类社会发展的文明史。材料的重要性已被人们充分地认识,能源、信息和材料已被公认为当今社会发展的三大支柱。

人类对材料的认识和利用,经历了一个漫长的探索、发展的历史过程。从天然物中取得所需的材料,石器、骨器等成为人类利用的第 1 代材料。随着金属冶炼技术的发展,青铜、钢铁、各种合金材料等金属成为主导材料。20 世纪初发展起来的高分子材料,扩大了材料的品种和范围,推动了许多新技术的发展,使人类进入了合成材料的时代。近几十年来,新型无机非金属材料异军突起,发展极快,在材料世界中,和金属材料、有机高分子材料形成三足鼎立之势。在此基础上,第 4 代材料(复合材料)应运而生,在能源开发、电子技术、空间技术、国防工业和环境工程等领域中大显身手。第 5 代材料(智能化材料)也在研究和开发之中,这类材料本身具有感知、自我调节和反馈的能力,即具有敏感(能感知外界作用)和驱动(对外界作用做出反应)的双重功能。

材料可按不同的方法分类。若按材料的成分和特性分类,可分为金属材料、无机非金属材料、高分子材料和复合材料四大类。若按用途分类,可将材料分为结构材料和功能材料两大类。另外,也可把材料分为传统材料和新型材料。

本节将根据不同的性能和应用介绍几种重要的无机材料及新型无机材料。

8.3.1　金属及合金材料

1. 金属及合金材料的概述

金属及合金材料是以金属元素或以金属元素为主构成的具有金属特性的材料的统称,包括纯金属、合金、金属间化合物和特种金属材料等。人类文明的发展和社会的进步同金属及合金材料关系十分密切。继石器时代之后出现的铜器时代、铁器时代,均以金属及合金材料的应用为其时代的显著标志。现代,种类繁多的金属及合金材料已成为人类社会发展的重要物质基础。金属及合金材料具有其他材料体系所不能完全取代的独特的性质和使用性能。例如:金属及合金有比高分子材料高得多的模量,有比陶瓷高得多的韧性以及具有磁性和导电性等优异的物理性能。在可以预见的将来,金属及合金材料仍将占据材料工业的主导地位,这种情况在发展中国家尤其如此。金属及合金材料还在不断推陈出新,许多新兴金属及合金材料应运而生,涌现了许多新型高性能金属及合金材料。

　　金属及合金材料中,金属原子的结构特点是外层电子少,容易失去。当金属原子相互靠近时,其外层价电子脱离原子成为自由电子,为整个金属所共有,即电子的公有化,它们在整个金属内部运动,形成电子云。这种金属正离子和自由电子之间的相互作用而构成的键称为金属键。

　　金属键无方向性和饱和性,故金属的晶体结构大多具有高对称性,利用金属键可解释金属所具有的各种特性:金属内原子面之间相对位移,仍旧保持着金属键结合,所以金属具有良好的延展性。在一定电位差下,自由电子可在金属中定向运动,形成电流,显示出良好的导电性。随温度的升高,正离子(或原子)本身振幅增大,阻碍电子通过,使电阻升高,因此金属是具有正的电阻温度系数的物质。

2. 新型金属及合金材料

1)形状记忆合金

　　一般金属及合金材料承受作用力超过其屈服强度时,发生永久性的塑性变形。某些特殊合金在较低温度下受力发生塑性变形后,经过加热,又恢复到受力前的形状,即塑性变形因受热消失,如图 8-3 所示。在该变形过程中,合金似乎对初始形状有记忆性,故称这种特性为形状记忆效应。具有形状记忆效应的合金,就称为形状记忆合金。

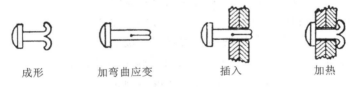

成形　　　　加弯曲应变　　　　插入　　　　加热

图 8-3　Ti-Ni 合金在紧固销上的应用

　　早在 20 世纪 30 年代,格莱宁格(A. B. Greninger)等人就在 Cu-Zn 合金中观察到形状记忆现象。作为一类重要的功能材料,形状记忆合金的广泛研究与开发工作始于 1963 年。这一年比勒(J. Buehler)等人发现 Ti-Ni 合金具有良好的形状记忆效应,进行了比较深入的研究。70 年代,人们发现了铜基形状记忆合金(Cu-Al-Ni)。80 年代,又在铁基合金(Fe-Mn-Si)中发现了 20 多个合金系,共 100 余种合金具有形状记忆效应。其中,具有比较优异的综合应用性能的合金,主要是上面提到的 Ti-Ni 合金、铜基合金和铁基合金。

　　形状记忆合金具有传统金属所没有的特异性能,它的应用很广泛。现在已提出了几千件关于形状记忆合金的专利,预计今后还要进一步增加。图 8-3 示出了一个例子,它可应用于原子能工业、真空装置、海底工程和宇宙空间工程等。

2)其他金属功能材料

(1) 生物医学材料。

生物医学材料被单独地或与药物一起用于人体内组织及器官,起替代、增强、修复等医疗作用。随着医学及医疗技术的提高,这类功能材料涉及面越来越广,用量也越来越大。金属类材料应用最早,一百多年前人们已经用耐腐蚀的金属来修复或替代人体器官;它的应用也是最多的,与聚合物类生物材料相当。今天,金属生物材料比较广泛地用于承受力的骨骼、关节和牙等硬组织的修复与替换。这类材料既要满足强度、耐磨性以及较好的疲劳性能等力学性能的要求,又要具有生物功能性和生理相容性,既满足生物学性能的具体要求,还要无毒、不引起人体组织病变,对人体内各种体液具有足够抗侵蚀能力。金属类生物医学材料主要是不锈钢、钴铬合金和钛合金。其中,不锈钢与钴铬合金的生理相容性最好。

　　(2) 梯度功能材料。

　　梯度功能材料是将两种性能截然不同的材料组合在一起时,在它们之间建立一个可控的材料微观要素(化学成分、组织等)连续变化的过渡区,从而实现性能平缓变化的材料。其发展背景是高速飞行器中承受巨大温差部位的材料。从耐热角度出发,高温侧应选用陶瓷材料;在低温侧,为了保证材料具有足够的强度、韧性,应选择金属材料。巨大的温差,以及陶瓷材料与金属材料的热膨胀差别,使两者界面上形成很大热应力,会导致剥落或龟裂。为了减小热应力,人们提出了梯度功能材料的设想,即在高温侧的陶瓷与低温侧的金属之间,制造一个陶瓷与金属的混合过渡区,并且相对含量随着位置变化,实现连续过渡。适当设计该区内组成的变化,可以将各个位置上的热应力均控制在材料的承受范围内。

　　(3) 超磁致伸缩材料。

　　许多铁磁性、反铁磁性或亚铁磁性材料都具有磁致伸缩现象。这种现象在很大程度上影响、决定磁性材料的磁性能。磁致伸缩是磁有序材料的共性。作为一类功能材料,超磁致伸缩材料的特点是,饱和磁致伸缩系数特别高,是一般材料的几十至上百倍。这类材料处于变化的外磁场中,其尺寸也不断改变,因而可实现电与机械信号的转换。

　　(4) 磁制冷及磁蓄冷材料。

　　人类环境保护意识的增强,对制冷技术提出了新的要求。磁制冷是不使用氟利昂等有害工作介质达到制冷的方法之一。它利用磁性材料的磁卡效应进行制冷。磁性材料在居里点附近由磁有序向无序态转变时,磁性熵增大,需要吸收外界热量。利用该特性,通过外磁场,控制材料的磁有序度,可以实现制冷。近期对磁制冷材料的研究集中于具有适当的居里点,磁性熵特别高,因而具有较大热容量的材料。在磁蓄冷方面,主要研究了稀土与过渡金属的金属化合物材料,它们的居里点在几开至二三十开范围内,主要用于低温蓄冷。这类材料已经开始向实用化方向发展。

8.3.2　无机建筑材料

　　建筑材料是土木工程和建筑工程中使用材料的统称,包括组成建筑物或构筑物各部分的实体材料、辅助材料及建筑器材等,其发展主要分为三大阶段:远古穴居巢处、石器、铁器阶段,凿石成洞、伐木为棚、筑土垒石阶段,以及烧砖制瓦阶段。发展到现代的建筑材料主要有木材、钢材和水泥,它们与塑料一起统称为四大建材。建筑材料传统上的基本功能是安全、适用。而发展到现在,轻质高强、抗震耐久、无毒、节能环保则成了建筑材料发展的新趋势。

　　建筑材料种类繁多,随着材料科学和材料工业的发展,新型建筑材料不断涌现。为了研究、应用和阐述的方便,可从不同角度对其进行分类。根据材料在建筑物中所起作用的不同,建筑材料可分为结构材料、装饰材料和某些专用材料。结构材料包括木材、竹材、石材、水泥、混凝土、金属、砖瓦、陶瓷、玻璃、工程塑料、复合材料等;装饰材料包括各种涂料、油漆、镀层、贴面、各色瓷砖、具有特殊效果的玻璃等;专用材料指用于防水、防潮、防腐、防火、阻燃、隔音、隔热、保温、密封等方面的相关材料。

建筑材料按化学成分可分为三大类:无机材料、有机材料和复合材料。无机材料包括金属材料、非金属材料。有机材料包括植物材料、沥青材料、合成高分子材料。复合材料包括有机-无机、金属-非金属、金属-有机复合材料。无机材料中的金属材料主要包括黑色金属(钢铁、不锈钢)和有色金属(铝、铜、铝合金),而非金属材料主要包括天然石材(花岗岩、大理石等)、烧土制品(黏土砖、瓦、陶瓷)、胶凝材料(石灰、石膏、水泥)、玻璃(平板玻璃、玻璃砖)、无机纤维材料(玻璃、碳纤维)等。有机材料中植物材料包括木材、竹材、植物纤维等,沥青材料包括煤、石油沥青、各类卷材,合成高分子材料包括塑料、涂料、胶黏剂。复合材料则分为有机-无机(树脂混凝土、纤维增强塑料等)、金属-非金属(钢筋混凝土、钢纤维混凝土)、金属-无机材料(涂覆钢板、涂覆铝合金板、塑铝管、塑钢门窗)等。

建筑材料的使用量往往巨大,一幢单体建筑需要的建筑材料一般重达几百至数千吨甚至可达数万吨、几十万吨,这决定了建筑材料在生产、运输、使用方面与其他门类材料有着显著的区别。建筑材料能否科学、合理地使用直接影响到建筑工程的造价和投资。在我国,一般建筑工程的材料费用要占到总投资的 $50\% \sim 60\%$,特殊工程的这一比例还要提高。因此,对于我国这样一个发展中国家,对建筑材料组成、构造深入了解和认识,最大限度地发挥其效能,进而达到最大的经济效益,无疑是非常重要的。

在无机建筑材料中,胶凝材料因其优异的性能,在日常生活中应用极为广泛。胶凝材料,又称胶结材料,即在物理、化学作用下,能从浆体变成坚固的石状体,并能胶结其他物料,制成有一定机械强度的复合固体的物质。胶凝材料按其化学性质不同可分为有机胶凝材料和无机胶凝材料两大类。有机胶凝材料是以天然或合成高分子化合物为基本组成的一类胶凝材料,无机胶凝材料则是以无机化合物为主要成分的一类胶凝材料。无机胶凝材料按其硬化条件的不同,又分为气硬性和水硬性无机胶凝材料两大类。

气硬性无机胶凝材料只能在空气中胶凝、硬化,产生强度,并继续发展和保持其强度,如石灰、石膏、水玻璃等;水硬性无机胶凝材料既能在空气中硬化,又能很好地在水中硬化,保持并继续发展其强度,如各种水泥。气硬性无机胶凝材料只使用于地上或干燥环境,而水硬性无机胶凝材料则不仅适用于地上,也可以用于地下潮湿环境或水中。

1. 气硬性无机胶凝材料

1)石灰

(1) 石灰的生产。

石灰是人类最早使用的建筑材料之一。由于石灰的原料分布广,生产工艺简单,使用方便,成本不高,且具有良好的技术性能,所以目前仍广泛应用于建筑工程中。

生产石灰的主要原料是石灰石,其主要成分为碳酸钙($CaCO_3$),也含少量碳酸镁($MgCO_3$),石灰石经煅烧后生成生石灰,其化学反应为

$$CaCO_3 \longrightarrow CaO + CO_2$$
$$MgCO_3 \longrightarrow MgO + CO_2$$

以上反应是可逆的。进行反应的方向取决于煅烧温度和反应体系中的 CO_2 分压。煅烧温度为 900 ℃左右,CO_2 的分解压力达到 0.1 MPa 时,通常以这个温度作为碳酸钙的分解温度。但是,实际生产中,为了加快分解反应速度,反应温度常控制在 1000~1200 ℃。

煅烧过程对石灰的质量有很大的影响,当石灰岩块尺寸过大或煅烧温度过低、煅烧时间不

足时,石灰石的分解不够彻底,得到的生石灰中残留有未分解的石灰石,称为欠火石灰。欠火石灰实际上是石灰中的废品。若煅烧温度过高、煅烧时间过长或原料中的二氧化硅和氧化铝等杂质发生熔结,则形成过火石灰。过火石灰质地密实,熟化速度缓慢,其细小的颗粒可能在石灰应用之后熟化,体积膨胀,致使已硬化的砂浆产生"崩裂"或"鼓泡"现象,影响工程质量。所以,石灰熟化时,熟化的时间要足够,要待过火石灰彻底熟化后才准用于工程。

生石灰的主要成分是氧化钙,其次是氧化镁。当生石灰中氧化镁的含量小于或等于 5% 时称为钙质石灰;氧化镁含量大于 5% 时称为镁质石灰。建筑石灰供应的品种有块状生石灰和消石灰粉两种。

(2) 石灰的熟化与硬化。

建筑施工使用石灰时,通常将生石灰加水使之消解为熟石灰 $[Ca(OH)_2]$,这个过程称为石灰的"熟化"。其化学反应式为

$$CaO + H_2O \longrightarrow Ca(OH)_2 + 64.88 \text{ kJ}$$

生石灰的熟化为放热反应,熟化时体积膨胀。煅烧良好质纯的生石灰体积增大 1.5~3.5 倍。含有杂质或煅烧不良的生石灰体积增大 1.5 倍左右。

石灰浆在空气中会逐渐硬化,通常由以下两个过程完成:

① 结晶硬化,即水分蒸发,氢氧化钙从饱和溶液中逐渐结晶出来。

② 碳化硬化,即空气中的二氧化碳与水生成碳酸,然后再与氢氧化钙反应生成碳酸钙,析出多余水分并蒸发,其反应式为

$$Ca(OH)_2 + CO_2 + nH_2O \longrightarrow CaCO_3 + (n+1)H_2O$$

碳化硬化过程不能在没有水分的干燥条件下进行,而且只限于在石灰浆体表面缓慢进行;结晶硬化则主要在石灰浆体的内部进行。可见,石灰浆体的硬化是由表里两种作用形成的。

2) 石膏

我国的石膏资源相当丰富,分布广。石膏不仅可以用于生产各种建筑制品,如石膏板、石膏装饰件等,还可以作为重要的外加剂,用于水泥、水泥制品及硅酸盐制品的生产。石膏也是一种只能在空气中硬化并在空气中保持和发展强度的气硬性无机胶凝材料。

石膏按其用途可分为建筑石膏、地板石膏、模型石膏和高强度石膏。其中,建筑石膏研究得最多,应用也最为广泛。

(1) 建筑石膏的生产。

将天然石膏(生石膏)入窑经低温煅烧(107~170 ℃),脱水后再经球磨机磨细即为建筑石膏(熟石膏),其反应式为

$$CaSO_4 \cdot 2H_2O \xrightarrow{107 \sim 170 \text{ ℃}} CaSO_4 \cdot \frac{1}{2}H_2O + \frac{3}{2}H_2O$$

建筑石膏为白色粉末,密度为 2500~2800 kg/m^3,松散表观密度为 800~1000 kg/m^3。

(2) 建筑石膏的凝结和硬化。

建筑石膏使用时,首先加水使之成为可塑的浆体,由于水分蒸发很快,浆体变稠失去塑性,逐渐形成有一定强度的固体。这一现象是由石膏浆体内部所发生的物理化学变化而引起的。

半水石膏首先溶解于水,形成饱和溶液,待半水石膏与溶液中的水化合后,则被还原成二水石膏(生石膏),其反应式为

$$CaSO_4 \cdot \frac{1}{2}H_2O + \frac{3}{2}H_2O \longrightarrow CaSO_4 \cdot 2H_2O$$

由于二水石膏在水中的溶解度(2.05 g·L^{-1})比半水石膏的溶解度(8.16 g·L^{-1})小很多,所以溶液对二水石膏来说很快达到饱和,因此很快析出胶体微粒,并且不断转变为晶体。由于二水石膏的析出破坏了原来半水石膏溶解的平衡状态,平衡向半水石膏进一步溶解的方向移动,以补偿因二水石膏析出晶体而造成的溶液中硫酸钙含量的减少。如此不断地进行半水石膏的溶解和二水石膏的析出,直到半水石膏完全溶解。由于半水石膏的溶解和二水石膏的析出,浆体中的自由水分逐渐减少,浆体变稠,失去塑性,这个过程称为硬化过程。

3)水玻璃

水玻璃又称泡花碱,也叫液体玻璃,由含不同比例的碱金属氧化物和氧化硅的化合物组成,其化学式为 $R_2O·nSiO_2$,式中 R_2O 为碱金属氧化物,n 为二氧化硅和碱金属氧化物的分子数比值,也称为水玻璃模数。

(1)水玻璃的制取。

建筑上通常使用的水玻璃是硅酸钠($Na_2O·nSiO_2$)的水溶液,又称钠水玻璃。其制取方法是将石英砂粉或石英岩粉加入 Na_2CO_3 或 Na_2SO_4,在玻璃熔炉内 1300～1400 ℃温度熔化,冷却后即形成固态水玻璃。然后在压力为 0.18～0.3 MPa 的蒸汽炉内将其溶解成为黏稠状的液体。水玻璃能溶解于水,使用时可以用水稀释。溶解的难易因水玻璃硅酸盐的模数不同而异。模数 n 值越大,水玻璃的黏度越大,越难溶于水。建筑上常用的水玻璃 n 值一般在 2.5～2.8 之间。

(2)水玻璃的硬化。

水玻璃的干燥硬化是由于硅酸钠与空气中的 CO_2 作用生成无定形硅酸凝胶,反应式为

$$Na_2O·nSiO_2+CO_2+mH_2O \longrightarrow Na_2CO_3+nSiO_2·mH_2O$$

由于空气中的 CO_2 含量较低,这个过程进行得很慢。为了加速水玻璃的硬化,可加入氟硅酸钠(Na_2SiF_6)作为促凝剂,加入量为水玻璃质量的 12%～15%。

2. 水硬性无机胶凝材料

水硬性无机胶凝材料,通常是指水泥。水泥是一种粉状材料,它与水搅合后,经水化反应由稀变稠,最终形成坚硬的水泥石。水泥水化过程中还可以将砂、石等散粒材料胶结成整体而形成各种水泥制品。水泥不仅可以在空气中硬化,并且可以在潮湿环境,甚至在水中硬化,所以水泥是一种应用极为广泛的无机胶凝材料。

水泥按其所含主要水硬性物质名称可分为硅酸盐水泥、铝酸盐水泥、硫酸盐水泥和磷酸盐水泥等。在水泥的诸品种中,适用于大多数建筑工程的是各种硅酸盐水泥。

1)硅酸盐水泥、普通硅酸盐水泥和特种水泥

(1)硅酸盐水泥。凡由硅酸盐水泥熟料、0～5%石灰石或粒化高炉矿渣、适量石膏磨细制成的水硬性胶凝材料称为硅酸盐水泥(即国外通称的波特兰水泥)。硅酸盐水泥分为两种类型,不掺入混合材料的称为Ⅰ型硅酸盐水泥,代号 P·Ⅰ;在硅酸盐水泥粉磨时掺入不超过水泥质量 5%的石灰石或粒化高炉矿渣混合材料的称为Ⅱ型硅酸盐水泥,代号 P·Ⅱ。

(2)普通硅酸盐水泥。凡由硅酸盐水泥熟料、6%～15%的混合材料、适量石膏磨细制成的水硬性胶凝材料,称为普通硅酸盐水泥(简称普通水泥),代号 P·O。掺活性混合材料时,最大掺量不得超过 15%,其中允许用不超过水泥质量 5%的窑灰或不超过水泥质量 10%的非活性混合材料来代替。非活性混合材料的最大掺量不得超过水泥质量的 10%。工程上常用的掺混合材料的硅酸盐水泥主要有矿渣硅酸盐水泥、火山灰质硅酸盐水泥和粉煤灰硅酸盐水泥三种。按照国家标准 GB 175—2007 规定,以上三种水泥的代号分别为 P·S、P·P、P·F。

　　(3) 特种水泥。随着工业技术的发展,各种不同的工程对水泥性能提出了更高更多的要求,人们根据这些特定的要求,在硅酸盐和铝酸盐水泥的基础上,适当选择熟料的矿物成分,改变细度或者调整外掺量的种类与掺量,研制出了白色硅酸盐水泥、铝酸盐水泥和明矾石膨胀水泥等新品种。以上三种特种水泥的代号分别为 P・W、CA、A・EC。

　　2) 硅酸盐水泥的生产

　　生产硅酸盐水泥的原料主要是石灰质原料和黏土质原料两类。石灰质原料(如石灰石、白垩、石灰质凝灰石等)提供 CaO,黏土质原料(如黏土、黄土等)提供 SiO_2、Al_2O_3 及少量 Fe_2O_3。此外,还常常加入少量矿化剂(如萤石等),以便改善煅烧条件。生产硅酸盐水泥时,先把几种原料按适当的比例混合后,在球磨机中磨成生料,然后将制得的生料在回转窑或立窑内经 1350～1450 ℃高温煅烧,再把烧好的熟料和适当的石膏及混合材料混合,在球磨机中磨细,就得到了水泥。由此,水泥生产过程可以概括为"两磨一烧"。烧成的水泥熟料经迅速冷却,即得到水泥块状熟料。

　　3) 硅酸盐水泥的凝结、硬化过程

　　水泥加入适量的水调成泥浆后,经过一定的时间,由于其本身发生了物理化学变化而逐渐变稠失去塑性到开始具有强度的过程称为水泥的凝结。随后变稠变硬的水泥浆产生明显的强度,并逐渐发展成坚硬的人造石——水泥石,这一过程称为水泥的硬化。水泥的凝结和硬化是一个连续的复杂的物理化学变化过程,不能截然分开。

　　水泥加水后,其熟料的表面矿物很快与水发生水化反应,形成水化物并放出一定的热量。这种反应称为水化,反应式如下:

$$2(3CaO \cdot SiO_2) + 6H_2O \longrightarrow 3CaO \cdot 2SiO_2 \cdot 3H_2O + 3Ca(OH)_2$$
　　　　硅酸三钙　　　　　　　　　　水化硅酸钙　　　　氢氧化钙

$$2(2CaO \cdot SiO_2) + 4H_2O \longrightarrow 3CaO \cdot 2SiO_2 \cdot 3H_2O + Ca(OH)_2$$
　　　　硅酸二钙　　　　　　　　　　水化硅酸钙　　　　氢氧化钙

$$3CaO \cdot Al_2O_3 + 6H_2O \longrightarrow 3CaO \cdot Al_2O_3 \cdot 6H_2O$$
　　　　铝酸三钙　　　　　　　　　水化铝酸三钙

$$4CaO \cdot Al_2O_3 \cdot Fe_2O_3 + 12H_2O \longrightarrow 3CaO \cdot Al_2O_3 \cdot 6H_2O + CaO \cdot Fe_2O_3 \cdot 6H_2O$$
　　铁铝酸四钙　　　　　　　　水化铝酸三钙　　　　　水化铁酸钙

硅酸三钙水化很快,水化硅酸钙形成后几乎不溶于水,并立即以胶体微粒形式析出,逐渐凝结成为凝胶。在溶液中经水化反应生成的氢氧化钙浓度达到过饱和后以晶体析出,铝酸三钙水化生成的水化铝酸三钙也是晶体,在氢氧化钙饱和溶液中它能与氢氧化钙进一步发生反应,生成水化铝酸四钙晶体。

　　为了调节水泥的凝结时间,常常需要往水泥中掺少量石膏,部分水化铝酸钙将与石膏反应生成水化硫铝酸钙晶体。

　　这些水化产物决定了水泥石的一系列特性。水泥的水化反应是在颗粒表面进行的。水化产物很快溶于水中,接着水泥的颗粒又暴露出一层新的表面,又继续与水反应,如此不断反应,就使水泥颗粒周围的溶液很快成为水化产物的饱和溶液。

　　在溶液已达到饱和后,水泥继续水化生成的产物就不能再溶解,就有许多细小分散状态的颗粒析出,形成凝胶体。随着水化作用继续进行,新生胶粒不断增加,游离水分逐渐减少,使凝胶体逐渐变浓,水泥浆逐渐失去塑性,即出现凝结现象。

　　此后,凝胶体中的氢氧化钙和含水铝酸钙将逐渐转变为结晶,贯穿于凝胶体中,紧密结合起来,形成具有一定强度的水泥石。随着硬化时间(龄期)的延续,水泥颗粒内部未水化部分将继续水化,使晶体逐渐增多,凝胶体逐渐密实,水泥石就具有愈来愈高的胶结力和强度。

由上述过程可以看出,水泥的水化反应是从颗粒表面逐渐深入到内层的。开始进行得较快,随后由于水泥颗粒表层生成了凝胶膜,水分渗入越来越困难,所以水化作用就越来越慢。实践证明,完成水泥的水化作用的全过程,需几年甚至几十年的时间。一般来说,在开始的3~7天内,水泥的水化速度快,所以强度增长也快,大约在28天内可完成这个过程的绝大部分,以后水化作用显著减缓,强度增长也极为缓慢。

根据水化反应速度的不同和主要物理化学变化的不同,可将水泥的凝结硬化大致分为四个阶段——初始反应期、潜伏期、凝结期和硬化期。各期的物理化学变化特性见表8-6。

表 8-6 水泥凝结硬化过程的主要特征

凝结硬化阶段	一般的放热反应速度	一般的持续时间	主要的物理化学变化
初始反应期	168 kJ/(kg·h)	5~10 min	初始溶解和水化
潜伏期	4.2 kJ/(kg·h)	1 h	凝胶体膜层围绕水泥颗粒成长
凝结期	6 h内逐渐增加到 21 kJ/(kg·h)	6 h	膜层破裂,水泥颗粒进一步水化
硬化期	24 h内逐渐降低到 4.2 kJ/(kg·h)	6 h至若干年	凝胶体填充毛细孔

在水泥浆整体内,以上物理化学变化不能按时间截然分开,但在不同的凝结硬化阶段,由不同的变化起着主导作用。

8.3.3 陶瓷材料

1. 陶瓷材料的概述

陶瓷可以分为传统陶瓷和精细陶瓷(又称为先进陶瓷)。传统陶瓷主要的原料是石英、长石、黏土等自然界中存在的矿物。精细陶瓷的制作工艺、化学组成、显微结构及特性均不同于传统陶瓷,它是采用人工精制的无机粉末原料,通过结构设计、精确的化学计量、合适的成型方法和烧结工序而达到特定的性能,经过加工处理使之符合使用要求的尺寸精度的无机非金属材料。

习惯上人们将精细陶瓷分为两大类,将具有机械功能、热功能和部分化学功能的陶瓷列为结构陶瓷,而将具有电、光、磁、化学和生物体特性,且具有相互转换功能的陶瓷列为功能陶瓷(见表8-7)。

表 8-7 精细陶瓷的性能和用途

分类	材料	性能特点	实例	主要用途
结构陶瓷	耐热材料	热稳定性高 高温强度高	MgO,ThO_2 SiC,Si_3N_4	耐火件,发动机部件 耐热结构材料
	高强度材料	高弹性模量 高硬度	SiC,Al_2O_3,C TiC,B_2C,BN	复合材料用纤维 切削工具,研磨材料

分类	材　料	性　能　特　点	实　　例	主　要　用　途
功能陶瓷	磁性材料	软磁性 硬磁性	$Zn_{1-x}Mn_xFe_2O_{14}$, $SrO \cdot 6Fe_2O_3$	磁带,变压器 铁氧体磁石
	介电材料	绝缘性 热电性 压电性 强介电性	Al_2O_3,Mg_2SiO_4 $PbTiO_3$,$BiTiO_3$ $PbTiO_3$,$LiNbO_3$ $BaTiO_3$	集成电路基板 热敏电阻 振荡器 电容器
	半导体材料	离子导电性效应 非线性阻抗效应 界面阻抗变化效应 光电效应 阻抗温度变化效应 阻抗发热效应 热电子发射效应	β-Al_2O_3,ZrO_2 ZnO-Bi_2O_3 SnO_2,ZnO CdS,CaS VO_2,NiO SiC,$LaCrO_3$,ZrO_2 BaO,$GaAs$-Cs	固体电解质,传感器 非线性电阻 气体传感 太阳能电池 温度传感器 发热体 热阴极
	光学材料	荧光,发光性 红光透过性 高透明度 电发色效应	Al_2O_3-Cr-Nd 玻璃 $GaAs$,$CdTe$ SiO_2 WO_3	荧光体,激光 红外线窗口 光导纤维 显示器

2. 结构陶瓷

结构陶瓷材料主要包括氧化物系统、非氧化物系统及氧化物与非金属氧化物的复合系统。结构陶瓷因其具有耐高温、高硬度、耐磨损、耐腐蚀、低膨胀系数、高导热性和质轻等优点,被广泛应用于能源、石油化工等领域。

1)氧化物陶瓷

氧化铝陶瓷是一种以 α-Al_2O_3 为主晶相的陶瓷材料,其 Al_2O_3 含量一般在 $75\%\sim99\%$ 之间,习惯以配料中 Al_2O_3 的质量分数来命名。随着 Al_2O_3 含量的增加,陶瓷的烧成温度较高,机械强度增加,电容率、体积电阻率及导热系数增大,介电损耗降低。Al_2O_3 陶瓷因其优越的性能而成为氧化物陶瓷中用途最广泛、产量最大的陶瓷材料,可用作磨具、刀具、轴承、喷嘴、缸套等,也可用作化工和生物陶瓷。

Al_2O_3 陶瓷根据不同类型、不同形状、大小、厚薄、性能等的要求,生产工艺也不尽相同,大体上经过"原料煅烧→磨细→配料→成型→烧结工艺"等过程。烧结的方法主要有常压烧结和热压烧结两种。

ZrO_2 陶瓷是新近发展起来的仅次于 Al_2O_3 陶瓷的一种重要的结构陶瓷。在 ZrO_2 陶瓷制造过程中,为了预防其在晶形转变中因发生体积变化而产生开裂,必须在配方中加入适量的 CaO、MgO、Y_2O_3、CeO 等金属氧化物作为稳定剂,以维持 ZrO_2 高温立方相,这种立方固熔体的 ZrO_2 称为全稳定 ZrO_2。ZrO_2 陶瓷具有密度大、硬度高、耐火度高、化学稳定性好的特点,尤其是其抗弯强度和断裂韧性等性能,在所有陶瓷中更是首屈一指,因而受到重视。在绝热内燃机中,相变增韧 ZrO_2 可用作汽缸内衬、活塞顶等零件;在转缸式发动机中用作转子,原子能反应堆工程中用作高温结构材料。

2）非氧化物陶瓷

非氧化物陶瓷是由碳化物、氮化物、硅化物和硼化物等制造的陶瓷总称。在结构材料领域中，特别是在耐热、耐高温结构材料领域中，希望能够在以往氧化物陶瓷和金属材料无法胜任的条件下使用陶瓷材料，非氧化物陶瓷为此提供了可能性。

氮化物陶瓷是非氧化物陶瓷中的一种，它的制造工艺主要有以下几种：在碳存在的条件下，用氮或氨处理金属氧化物；用氮或氨处理金属粉末或金属氧化物；气相沉积氮化物；氨基金属的热分解等。

Si_3N_4 陶瓷是共价键化合物，在 Si_3N_4 结构中，N 与 Si 原子间力很强，所以 Si_3N_4 在高温下很稳定。Si_3N_4 用作结构材料具有下列特性：硬度大、强度高、热膨胀系数小、高温蠕变小；抗氧化性能好，可耐氧化到 1400 ℃；抗腐蚀性好，能耐大多数酸的侵蚀；摩擦系数小，只有 0.1，与加油的金属表面相似。目前 Si_3N_4 已成为制作新型热机、耐热部件及柴油机的主要材料，也用在机械工业和化学工业中。

Sialon（赛隆）陶瓷是 Si_3N_4-Al_2O_3-SiO_2-AlN 系列化合物的总称，其化学式为 $Si_{6-x}Al_xN_{8-x}O_x$，x 是 O 原子置换 N 原子数。Sialon 即由 Si、Al、O、N 四种元素组成，但其基体仍为 Si_3N_4。Sialon 陶瓷因在 Si_3N_4 晶体中，溶了部分金属氧化物，使其相应的共价键被离子键取代，因而具有良好的烧结性能。常用的方法有反应烧结、等静压烧结和常压烧结等。

Sialon 陶瓷具有常温及高温强度很大、化学稳定性优异、耐磨性强、密度不大等诸多优良性能。因此用途广泛，如作磨具材料、金属压延或拉丝模具、金属切削刀具及热机或其他热能设备部件、轴承等滑动件等。

3. 功能陶瓷

功能陶瓷是指具有电、光、磁或部分化学功能的多晶无机固体材料。其功能的实现主要取决于它所具有的各种性能，如电绝缘性、半导体性、导电性、压电性、铁电性、磁性、生物适应性、化学吸附性等。

铁电陶瓷是具有铁电性的陶瓷材料，铁电性是指在一定温度范围内具有自发极化，在外电场作用下，自发极化能重新取向，而且电位移矢量与电场强度之间的关系呈电滞回线现象的特性。铁电性与力、热、光等物理效应相联系，因此铁电陶瓷广泛应用于功能材料中，如压电陶瓷、热释电陶瓷等。

压电陶瓷是具有压电效应的陶瓷材料，即能进行机械能与电能相互转变的陶瓷。压电陶瓷的种类很多，常用的有 $BaTiO_3$、$PbTiO_3$、$Pb(Ti_{1-x}Zr_x)O_3$ 等，简称 PZT 及三元系压电陶瓷。应用最广、研究最多的是 PZT 陶瓷。压电陶瓷主要应用在宇航、能源、计算机等领域。

某些晶体由于温度变化而引起自发极化强度发生变化的现象称为热释电效应。具有热释电效应的陶瓷称为热释电陶瓷，即加热该陶瓷时，陶瓷的两端会产生数量相等符号相反的电荷，如果将其冷却，电荷的极性与加热时恰好相反。热释电陶瓷对温度十分敏感。例如，有一种热释电材料，在环境温度变化 1 ℃时，则在 1 cm² 的热释电瓷片的两端即可产生 300 V 的电位差。热释电陶瓷主要用于控测红外辐射、遥测表面温度及热-电能量转换热机等方面。

敏感陶瓷是指能将各种物理的或化学的非电参量转换成电参量的功能材料，是某些传感器的关键材料之一，用于制作敏感元件。用敏感陶瓷制成的传感器具有信息感受、交换和传递的功能，可分别用于热敏、气敏、湿敏、压敏、声敏或色敏等不同的领域。敏感陶瓷是当前最活跃的无机功能材料，各种传感器的开发应用具有重要意义，对遥感技术、自动控制技术、化工检测、防爆、防火、防毒、防止缺氧以及家庭生活现代化等都有直接关系。

磁性陶瓷主要是指铁氧体陶瓷,它们是以氧化铁和其他铁族或稀土族氧化物为主要成分的复合氧化物。按铁氧体的晶体结构可分为三大类:尖晶石型 MFe_2O_4(M 为铁族元素)、石榴石型 $R_3Fe_5O_{12}$(R 为稀土元素)、磁铅石型 $MFe_{12}O_{19}$。按铁氧体的性质及用途又可分为软磁、硬磁、旋磁、矩磁、压磁、磁泡等铁氧体。铁氧体的制备方法主要有以下几种:

(1) 氧化物法。直接用各种氧化物为原料,经过配料、混合、预烧、磨细、成型、干燥和烧结,得到磁体。

(2) 盐类分解法。用硫酸盐、硝酸盐、碳酸盐或草酸盐为原料,加热分解得到氧化物,然后再粉碎、成型和烧结,得到产品。这种方法反应易于完全。

(3) 化学沉淀法。将含有各组分金属的硝酸盐、硫酸盐或氯化物溶液,按配比混合,用碱或草酸铵使之沉淀,得到混合均匀的各种金属氧化物或草酸盐的混合物。这种混合物不但混合均匀,而且粒度细,化学活性高,因而固相反应容易进行,可以在较低的温度下烧结。该方法广泛用于磁存储器的材料以及磁芯材料。

自从 1911 年 H. K. Onnes 发现了超导现象以来,超导体一直吸引着国际上众多从事物理学、化学、材料科学、电子学和电工学等领域研究工作的学者。

所谓超导电性,是指固体物质在某一温度(这个温度称为临界温度 T_c)以下,外部磁场不能穿透到材料内部,材料的电阻消失的现象。最初发现的超导体的临界温度都是接近绝对零度的液氦温度范围,到 1986 年,75 年间超导材料的临界转变温度 T_c 从水银的 4.2 K 提高到铌三锗的 23.22 K,一共提高了 19 K。1986 年以来超导领域发生了戏剧性的变化,高温超导体的研究取得了重大的突破,成功地制备了临界转变温度为 35 K 的氧化物超导体。目前已发现数十种氧化物超导体,最高临界转变温度已达到 153 K。目前,几个主要的超导陶瓷体系有:Y-Ba-Cu-O 系、La-Ba-Cu-O 系、La-Sr-Cu-O 系和 Ba-Pb-Bi-O 系等。$YBa_2Cu_3O_{7-x}$ 超导陶瓷可以用一般陶瓷工艺制造,以 Y_2O_3、$BaCO_3$、CuO 为原料,混合后在 900 ℃下煅烧合成,再粉碎,就得到超导粉,用流动氧气气氛在 950 ℃下烧结,烧结后在 500~600 ℃下氧气气氛中退火。

超导陶瓷目前仍在发展中,由于它具有完全的导电性和完全的抗磁性,所以获得了广泛的应用,在电系统方面可以用于输配电,由于电阻为零,所以完全没有能量损耗。在交通运输方面可以制造磁悬浮高速列车;利用超导陶瓷的约瑟夫逊效应可望制成超小型、超高性能的第五代计算机。所谓约瑟夫逊效应是指被一真空或绝缘介质层(厚度约为 10 nm)隔开的两个超导体之间会产生超导电子隧道效应。利用其抗磁性,在环保方面可以进行废水净化和除去毒物。

8.3.4　新型无机非金属材料

材料是人类赖以生存的物质基础,是科技进步的核心,是高新技术发展和社会现代化的先导,是一个国家科学技术和工业水平的反映和标志。20 世纪 80 年代以高技术群为代表的新技术革命,把新材料、信息技术和生物技术并列为新技术革命的重要标志,世界各先进工业国家都把新材料作为优先发展的领域。在材料领域,无机非金属材料(简称无机材料)占有举足轻重的地位。无机非金属材料是以某些元素的氧化物、碳化物、氮化物、卤素化合物、硼化物以及硅酸盐、铝酸盐、磷酸盐、硼酸盐等物质组成的材料,是除有机高分子材料和金属材料以外的所有材料的统称。无机非金属材料是与有机高分子材料和金属材料并列的三大材料之一。本部分将简要介绍无机非金属材料领域几类主要的新型材料的发展前景、类型、应用等。

1. 能源材料

1）太阳能光电转换材料

太阳能光电转换材料是指通过光电效应将太阳能转换为电能的材料。其工作原理是：将相同的材料或两种不同的半导体材料做成 PN 结电池结构，当太阳光照射到 PN 结电池结构材料表面时，通过 PN 结将太阳能转换为电能。

太阳能光电转换材料要求价廉、寿命长、转换效率高的材料。已使用的光电转换材料以单晶硅、多晶硅和非晶硅为主。用单晶硅制作的太阳能电池，转换效率达 20%，但其成本高，主要用于空间技术。多晶硅制成的太阳能电池，虽然光电转换效率不高（约 12.7%），但光吸收系数高、价格低廉，已获得大量应用。此外，化合物半导体材料，如 CdTe、GaAs 等，也得到研究和应用。

太阳能利用的主要障碍是光电池成本高。多晶硅电池采用熔化浇铸，定向凝固方法制造，有可能在现有基础上降低成本 30%，向实用化推进一步。但要使其呈数量级下降，需改变制造工艺，制造硅膜太阳能电池和发电系统，需大力加强基础研究。

2）储氢材料

氢若作为常规能源必须解决氢的储存和输送问题，储氢技术是氢能利用走向实用化、规模化的关键。

1968 年美国布鲁海文国家实验室首先发现镁-镍合金具有吸氢特性，1969 年荷兰 Philips 实验室发现钐钴（$SmCo_5$）合金能大量吸收氢，随后又发现镧-镍合金（$LaNi_5$）在常温下具有良好的可逆吸放氢性能，从此储氢材料作为一种新型储能材料引起了人们极大的关注。

储氢合金是利用金属或合金与氢形成氢化物而把氢储存起来。金属都是密堆积的结构，结构中存在许多四面体和八面体空隙，可以容纳半径较小的氢原子。在储氢合金中，一个金属原子能与 2 个、3 个甚至更多的氢原子结合，生成金属氢化物。但不是每一种储氢合金都能作为储氢材料，具有实用价值的储氢材料要求储氢量大，金属氢化物既容易形成，稍稍加热又容易分解，室温下吸、放氢的速度快，使用寿命长和成本低。目前正在研究开发的储氢合金主要有三大系列：镁系储氢合金如 MgH_2、Mg_2Ni 等；稀土系储氢合金如 $LaNi_5$，为了降低成本，用混合稀土 Mm 代替 La，推出了 MmNiMn、MmNiAl 等储氢合金；钛系储氢合金如 TiH_2、$TiMn_{1.5}$ 等。

储氢合金用于氢动力汽车的试验已获得成功。随着石油资源逐渐枯竭，氢能源终将代替汽油、柴油驱动汽车，并一劳永逸消除燃烧汽油、柴油产生的污染。储氢合金的用途不限于氢的储存和运输，它在氢的回收、分离、净化及氢的同位素的吸收和分离等其他方面也有具体的应用。

根据技术发展趋势，今后储氢研究的重点是在新型高性能规模储氢材料上。镁系合金虽有很高的储氢密度，但放氢温度高，吸放氢速度慢，因此研究镁系合金在储氢过程中的关键问题，可能是解决氢能规模储运的重要途径。

3）超导材料

自从 1911 年 H. K. Onnes 发现了超导现象以来，超导体一直吸引着国际上众多从事物理学、化学、材料科学、电子学和电工学等领域研究工作的学者。

所谓超导电性，是指固体物质在某一温度（这个温度称为临界温度 T_c）以下，外部磁场不能穿透到材料内部，材料的电阻消失的现象。最初发现低温超导材料要用液氦做致冷剂才能呈现超导态，在应用上受到很大的限制。目前已发现数十种氧化物超导体，最高临界转变温度已达到 153 K。几个主要的超导陶瓷体系有：Y-Ba-Cu-O 系、La-Ba-Cu-O 系、La-Sr-Cu-O 系和 Ba-Pb-Bi-O 系等。

高温超导体的研究方兴未艾，人们殷切地期待着室温超导材料的出现。一旦室温超导体达到实用化、工业化，将对现代文明社会中的科学技术产生深刻的影响。

2. 信息功能材料

1）信息技术与信息材料

信息技术主要指的是信息获取、信息传输、信息存储、信息显示和信息处理几个方面的技术。信息材料是指与信息获取、信息传输、信息存储、信息显示和信息处理有关的材料。目前，光和电是信息的主要传递媒介，信息材料又称光电信息材料。这类材料有半导体材料，各种记录材料，信息传输、显示、激光、非线性光学、传感和压电、铁电材料，几乎包括了现代所有的先进功能材料。

20 世纪以来，信息技术依托电子学和微电子学技术迅速发展起来，如通信从长波到微波、存储从磁芯到半导体集成、运算器从电子管到大规模集成电路等等。故目前的信息技术主要是电子信息技术。随着信息技术的发展，电子信息技术的局限性将愈来愈明显。由于光子的速度比电子的速度快得多，光的频率比无线电的频率高得多，所以为提高信息传输速度和载波密度，信息的载体必然由电子发展到光子。计算机也将由目前的电子计算机发展到光子计算机，甚至量子计算机。目前，信息的探测、传输、存储、显示、运算和处理已由光子和电子共同参与和完成，光电子学已应用到信息领域。微电子材料是最重要的信息材料，而光电子材料是发展最快的和最有前途的信息材料。

2）信息处理材料

基于大规模集成电路，以中央处理器（CPU）为核心的电子计算机技术仍是信息处理的主要技术。要求电子计算机处理信息的速度和容量越来越高，因此 CPU 的中心频率和内存的要求也愈高，随之要求芯片的集成度也更高。

以硅材料为核心的集成电路在过去 40 年里得到迅速发展，它占集成电路的 90% 以上，可以预见，进入 21 世纪它的核心地位仍不会动摇。硅集成电路自 1958 年问世以来，至今器件已缩小为原来的百万分之一，单位价格下降为原来的百万分之一。

固体量子器件研制一般采用 III ～ V 族化合物半导体材料（易获得高晶体质量和原子级平滑界面的异质结构材料和高的电子迁移率），但考虑到缺乏理想的绝缘介质和顶层表面暴露大气而导致的氧化或杂质污染等不易克服的困难，人们又把希望转向发展硅基材料体系，特别是近年来高质量 GeSi/Si 材料研制成功和走向实用化，为发展硅基固态纳米电子器件和电路提供了一个很好的机遇。

1998 年出现了绝缘层用硅材料，推动了微电子技术的进一步发展。与硅材料和器件相比较，它避免了器件与衬底间的寄生效应，具有高的开关速度、高的密度、抗辐射、无闭锁效应等优点，能使芯片的性能提高 35%。

高介电常数的动态随机存储器材料主要是一些氧化物铁电材料，如 $(Sr,Ba)TiO_3$、$Pb(Zr,Ti)O_3$ 等。非挥发性铁电存储器是一种新型非挥发性铁电随机存储器。它利用铁电材料具有的自发极化以及自发极化在电场作用下反转的特性存储信息。它的这种特性一般用电极化强度随电压变化的电滞回线特性描述。所涉及的材料有 Pt、Ti 等金属材料和 $SrRuO_3$、RuO_2、IrO_2 等，使铁电材料层具有高的自激发强度、低的极化饱和电压、高的开关速度和好的抗疲劳特性，是当前非挥发性铁电存储器研究的主要课题。

局部区域互连材料。互连材料包括金属导电材料和相配套的绝缘介质材料。传统的导电材料是铝和铝合金,绝缘介质材料是二氧化硅。绝缘介质材料仍以 SiO_2 为主,目前人们还在研究开发聚酰亚胺、氟化氧化物、干凝胶等低介电常数材料。

3)信息存储材料

数字信息存储技术的要求是高存储密度、高数据传输率、高存储寿命、高擦写次数以及设备投资低等。

(1)磁存储材料。

磁存储介质材料是应用最广泛的信息存储材料。常用的磁记录材料有 $\gamma\text{-}Fe_2O_3$、CrO_2 磁粉、金属磁粉,并由颗粒涂布型磁存储介质向连续薄膜型磁存储介质方向发展。这些材料主要用作录音、录像带、磁盘存储器等。

(2)光存储材料。

光信息存储是利用记录介质层所发生的物理和(或)化学变化,从而改变光的反射和透过强度而进行二进制信号的记录。这种已写入的信号又可以通过激光束的扫描将其"读出"。能够实现光学参数的改变,达到记录和读出信号目的的记录介质薄膜材料称为光存储材料或光存储介质。在衬盘上沉积了光存储材料的盘片,称为光盘。

光盘存储技术的优点为:存储容量大,系统可靠,与记录介质无接触,查找数据速度快,读出速率高,使用寿命长。

光盘可分为三大类型:只读型光盘(ROM);一次写多次读型光盘(WORM)和可擦除型光盘(EDRAW)。ROM、WORM 型光盘,由激光辐射后所引起的存储介质(即存储材料)的变化是不可逆的,而 EDRAW 的变化是可逆的。

只读型光盘的存储介质是通过激光等的热作用形成泡、烧蚀、坑或绒面-镜面等而进行记录的。许多硫、硒、碲、硅、锗和砷等的合金薄膜主要用作一次性记录材料。

可擦除光盘介质有磁光型、相变型和态变型几类。磁光型光盘介质主要使用非晶态稀土-过渡族元素合金(RE-TM)。相变型光盘材料主要利用在热作用下,非晶态与晶态的转变引起反射率的变化,而作为记录点与周围的反差对比,由于要求相变温度低,大都采用 Te 合金(如 Te-As、Te-Ge-As 等)和 Se 的合金(Se-Sb、Se-Te-Sn 等)。光致结构变化也可用来作为可擦写光盘存储介质。一些非化学计量比化合物,如 TeO_x、VO_x 等的光致折射率和透过率变化较明显,在激光辐射前后皆为非晶态,但在非晶态中有 TeO_2 和 Te 两个态,激光辐照加热后引起 Te 态增加而引起光学性质变化,常称为态变型光盘材料。

4)信息传递材料

20 世纪 80 年代以来信息传递技术进入了飞速发展时代。卫星通信、移动电话、无线电和光纤通信已形成一个全方位的立体通信网。宽带化、个人化、多媒体化的综合业务数字网获得很大发展。20 世纪通信技术的重大进步是把光子(不仅仅是电子)作为信息载体,即用光纤通信代替电缆和微波通信。20 世纪 70 年代低损耗的熔石英光纤和长寿命半导体激光器的研制成功,使光通信成为可能。

光纤通信由于信息容量大、重量轻、占用空间小、抗电磁干扰、串话少和保密性强,今后将逐步替代电缆和微波通信。光纤通信的基本原理是把声音变为电信号,由发光元件(如 GaP)变为光信号,由光导纤维传向远方,再由接收元件(如 GdS、ZnSe)恢复为电信号,使受话机发出声音。光导纤维是指导光的纤维,通常由折射率高的纤芯及折射率低的包层组成,这两部分对传输的光具有极高的透过率。光线进入光纤后在纤芯与包层的界面发生多次全反射,将载带的信息从一端传到另一端,从而实现光纤通信。从材质上,光导纤维可分为熔石英光纤、多组分玻璃光纤、全塑料光纤和塑料包层光纤、红外光纤四种。熔石英光纤是目前光通信应用的唯一商品化材料,它主要由 SiO_2 构成。多组分玻璃光纤的主要成分为 SiO_2,此外还含有 B_2O_3、GeO_2、P_2O_3 和 As_2O_3 等玻璃形成体及 Na_2O、K_2O、GaO、MgO、BaO 和 PbO 等改性剂,它的特点是熔点低,易生产,损耗小,但强度低,尚处于发展研制阶段。全塑料光纤主要由特制的高透明度有机玻璃、聚苯乙烯等塑料制成,已制成阶跃型和梯度型多模光纤,光纤损耗已降至数十分贝/千米,其特点是柔韧,加工方便,芯径和数值孔径大。塑料包层光纤是以石英作纤芯,塑料作包层的阶跃型多模光纤,其芯径和数值孔径大,适于短距离小容量通信系统应用。利用散射损耗与波长四次幂成反比的关系,制造出适用于长波长的光纤,即红外光纤,使损耗进一步降低,从而延长传输距离。

5)信息显示材料

自 20 世纪初阴极射线管问世以来,它一直是活动图像的主要显示手段。但其发光材料的纯度、显示亮度和色彩质量还需进一步提高。值得注意的是 ZnS:Mn 纳米发光新材料,可满足高清晰度电视的高分辨率要求,是有前途的发光材料。近年来,平板显示技术发展较快。它主要避免了阴极射线管体积庞大的缺点。它主要包括液晶显示(LCD)技术、场致发射显示(FED)技术、等离子体显示(PDP)技术和发光二极管(LED)显示技术、真空荧光显示(VFD)等。液晶显示的主要优点:功率低、工作电压低、体积小、易彩色化。缺点是:显示视觉小、对比度和亮度受环境影响较大、响应速度较慢。液晶显示材料有几十种,按中心桥键归纳主要类型有:甲亚胺类、安息香酸酯类、联苯类、联三苯类、环己烷基碳酸酯类、苯基环己烷基类、联苯基环己烷基类、嘧啶类、环己烷基乙基类、环己烯类、二苯乙炔类、二氟苯撑类、手性掺杂剂等。目前趋向开发反铁电液晶。场致发射显示是将真空微电子管应用于显示技术。优点:视角宽、功率低、响应速度快、光效率和分辨率高。缺点:显示面积有限。材料主要使用类金刚石材料做冷阴极和稀土掺杂的氧化物做发光材料。传统材料的发光亮度偏低、发光效率不高,期待开发新的 FED 发光材料。等离子体显示可做大屏幕,但其驱动电压高、功率大。气体材料:He、Ne、Ar、Kr、Xe、Hg 以及它们的混合气体。三基色荧光粉:$BaMgAl_{14}O_{23}:Eu^{2+}$,…,$YVO_4$:$Eu^{3+}$。发光二极管(LED)材料中,GaN 系列高亮度蓝光材料是目前很受人们注意的、有前途的 LED 新材料。

6)获取信息材料

(1)探测器材料。

按光电转换方式光电探测器可分为:光电导型、光生伏打型和热电偶型。光电探测器材料根据探测的光子波长分为:狭能隙材料和宽能隙材料。宽能隙材料以 SiC、金刚石、GaN、AlN、InN 以及Ⅱ～Ⅵ族的化合物和合金为主,狭能隙材料以铅盐、碲镉汞和 SbIn 等为主。近期光电探测器在两方面有重大进展:①用超晶格(量子阱)结构提高量子效率、响应时间和集成度;② 制成了探测器阵列,可用做成像探测。在Ⅲ～Ⅴ族中,GaAs 是最成熟的材料。

(2)传感器材料。

传感器材料主要有两类:半导体传感器材料和光纤传感器材料。半导体传感器主要有下面几种。力学量传感器:压力传感器、加速度传感器、角速度传感器、流量传感器等。主要用的是单晶硅和多晶硅。纳米硅、碳化硅和金刚石薄膜是正在研究的材料。温度传感器:主要用金属氧化物功能陶瓷,单晶硅、单晶锗也有应用,多晶碳化硅和金刚石薄膜是正在研究的材料。磁学量传感器:霍耳效应器件、磁阻效应器件和磁强计。主要用单晶硅、多晶 SbIn、GaAs、

InAs和金属材料。辐射传感器:光敏电阻、光敏二极管、光敏三极管、光电耦合器和光电测量器等。主要用Ⅲ～Ⅴ族和Ⅱ～Ⅵ族化合物半导体及其多元化合物,也有 Si、Ge 材料。陶瓷传感器和有机物传感器是目前传感器研究的另一个热点。

3. 纳米材料

1)纳米材料的特性——四大效应

纳米材料的颗粒尺度为纳米量级(10^{-9} m),颗粒尺寸一般在 1～100 nm 之间。这样的材料系统既非典型的微观系统亦非典型的宏观系统,是一种介观系统,具有传统材料所不具备的物理、化学性能,表现出独特的光、电、磁和化学特性。纳米材料的特殊结构主要有四大效应。

(1)体积效应。当纳米材料的尺寸与德布罗意波长相当或更小时,周期性的边界条件将被破坏,磁性、内压、光吸收、化学活性、催化性及熔点等都较普通粒子发生了很大的变化,这就是纳米材料的体积效应。体积效应为实用技术开拓了新领域。例如,2 nm 的金颗粒熔点为 600 K,块状金的熔点为 1337 K,此特性为粉末冶金工业提供了新工艺。

(2)表面效应。表面效应是指纳米粒子表面原子数与总原子数之比,随粒径的变小而急剧增大后所引起的性质上的变化。表 8-8 给出了纳米微粒尺寸与表面原子数之间的关系。

表 8-8　纳米微粒尺寸与表面原子数的关系

粒径/nm	包含的原子总数/(个)	表面原子所占比例/(%)
20	2.5×10^5	10
10	3.0×10^4	20
5	4.0×10^3	40
2	2.5×10^2	80
1	30	90

由于表面原子数的增加,原子配位的不足必然导致纳米结构表面存在许多缺陷。从化学角度来看,表面原子所处的键合状态或键合环境与内部原子有很大的差异,常常处于不饱和状态,导致纳米材料具有极高的表面活性,很容易与其他原子结合。纳米颗粒表现出高催化活性和高反应性,纳米粒子易于团聚等均与此有关。

(3)量子尺寸效应。所谓量子尺寸效应是指当粒子尺寸下降到一定程度时,费米能级附近的电子能级由准连续变为离散能级的现象。半导体纳米粒子的电子态,由体相材料的连续能带随着尺寸的减小过渡到具有分立结构的能级,表现在光学吸收光谱上,就是从没有结构的宽吸收过渡到具有结构的吸收特性。量子尺寸效应,导致纳米颗粒的光、电、磁、声、热等性质与宏观特性有着显著的差异。例如,温度为 1 K 时,直径小于 14 nm 的银纳米颗粒会变成绝缘体。

(4)宏观量子隧道效应。微观粒子具有贯穿势垒的能力称为隧道效应。近年来,人们发现一些宏观量,例如,微粒的磁化强度,量子相干器件中的磁通量等亦具有隧道效应,称为宏观的量子隧道效应。宏观量子隧道效应的研究对基础研究及应用都有着重要意义。它限定了磁带、磁盘进行信息储存的时间极限。

上述的体积效应、表面效应、量子尺寸效应和量子隧道效应是纳米材料的基本特性。必须注意的是,如果仅仅是尺度达到纳米,而没有特殊性能的材料,不能叫纳米材料。

2)纳米材料的发展历程

自 20 世纪 70 年代纳米材料问世以来,从研究内涵和特点大致可划分为三个阶段:

第一阶段(1990 年以前)　主要是在实验室探索用各种手段制备各种材料的纳米颗粒粉体,合成块体(包括薄膜),研究评估表征的方法,探索纳米材料不同于常规材料的特殊性能。

第二阶段(1990—1994 年)　人们关注的热点是如何利用纳米材料已挖掘出来的奇特物理、化学和力学性能,设计纳米复合材料。

第三阶段(1994 年到现在)　纳米组装体系、人工组装合成的纳米结构材料体系越来越受到人们的关注,正在成为纳米材料研究的新热点。国际上,把这类材料称为纳米组装材料体系或者称为纳米尺度的图案材料。

3)纳米材料的应用

经过几十年对纳米技术的研究探索,现在科学家已经能够在实验室操纵单个原子,纳米技术有了飞跃式的发展。纳米技术的应用研究正在半导体芯片、催化、医疗、陶瓷新材料等领域高速发展。

(1)纳米半导体材料。

将硅、砷化镓等半导体材料制成纳米材料,具有许多优异性能。例如,纳米半导体中的量子隧道效应使某些半导体材料的电子输运反常、导电率降低、电导热系数也随颗粒尺寸的减小而下降,甚至出现负值。这些特性在大规模集成电路器件、光电器件等领域发挥重要的作用。

利用半导体纳米粒子可以制备出光电转化效率高的、即使在阴雨天也能正常工作的新型太阳能电池。由于纳米半导体粒子受光照射时产生的电子和空穴具有较强的还原和氧化能力,因而它能氧化有毒的无机物,降解大多数有机物,最终生成无毒、无味的二氧化碳、水等,所以,可以借助半导体纳米粒子利用太阳能催化分解无机物和有机物。

(2)纳米催化材料。

纳米粒子是一种极好的催化剂,这是由于纳米粒子尺寸小、表面的体积分数较大、表面的化学键状态和电子态与颗粒内部不同、表面原子配位不全,导致表面的活性位置增加,使它具备了作为催化剂的基本条件。

镍或铜锌化合物的纳米粒子对某些有机物的氢化反应是极好的催化剂,可替代昂贵的铂或钯催化剂。纳米铂黑催化剂可以使乙烯的氧化反应的温度从 600 ℃降低到室温。

(3)纳米陶瓷材料。

传统的陶瓷材料中晶粒不易滑动,材料质脆,烧结温度高。纳米陶瓷的晶粒尺寸小,晶粒容易在其他晶粒上运动,因此,纳米陶瓷材料具有极高的强度和高韧性以及良好的延展性,这些特性使纳米陶瓷材料可在常温或次高温下进行冷加工。如果在次高温下将纳米陶瓷颗粒加工成形,然后做表面退火处理,就可以使纳米材料成为一种表面保持常规陶瓷材料的硬度和化学稳定性,而内部仍具有纳米材料的延展性的高性能陶瓷。

(4)医疗上的应用。

血液中红血球的大小为 6000~9000 nm,而纳米粒子只有几个纳米大小,实际上比红血球小得多,因此它可以在血液中自由活动。如果把各种有治疗作用的纳米粒子注入到人体各个部位,便可以检查病变和进行治疗,其作用要比传统的打针、吃药的效果好。

总的来说,纳米材料的应用目前处于开始阶段,但却显示出广阔的应用前景。人们尚需开展深入系统的研究,使之价廉又具有广泛的用途。

本 章 小 结

本章初步介绍了与化学密切相关的能源、环境、无机材料等热点问题。

（1）介绍了煤、石油、天然气、燃料电池、核能、太阳能和氢能、生物质能等能源。

煤炭是储量最丰富的化石燃料。直接烧煤对环境污染相当严重，发展洁净煤技术是提高煤利用效率、减少环境污染的重要途径。石油炼制的主要过程有分馏、裂化、重整、精制等。天然气主要成分是甲烷，是清洁燃料，且热值很高。可燃冰是天然气的水合物，其能量密度是煤的 10 倍，是传统天然气的 2～5 倍。

燃料电池由燃料、氧化剂、电极和电解质组成，利用燃料和氧化剂之间的氧化-还原反应，从化学能直接产生电能，从而大大提高能量的转换率。燃料电池在电力站开发、航天飞船、军用、驱动电力车等众多方面有很好的发展前景。核电的单位质量的能量输出高，资源充分，废物的绝对量少，短期内对环境的危害也相对较小。因此核能将成为今后能源开发利用的一个重要方向。太阳能的利用方式是光热转化或光电转化。氢能是清洁能源，热值高。氢能源的开发应用必须解决三个关键问题：廉价氢的大批量制备、氢的储运和氢的合理有效利用。生物质能是一种极为丰富的能量资源。把生物质能作为新能源来考虑，要把生物能转化为化学能，然后再利用燃烧放热。

（2）介绍了与环境化学相关的一些基本概念，并重点阐述了大气、水体和土壤污染物的来源及其防治方法。

大气污染物主要有五种：粉尘、碳氧化物、硫氧化物、氮氧化物、碳氢化合物等。其他还有硫化氢、氟化物及光化学剂等。防治大气污染的根本方法是从污染源着手，通过大力削减污染物的排放量来保证大气环境的质量。但现有的经济技术条件还不足以彻底根治污染源，因此大气环境的保护就需要通过各种措施，进行综合治理。其中，粉尘治理、二氧化碳治理、二氧化硫治理、氮氧化物治理是大气污染治理工作中的重中之重。

水体污染根据具体污染源可分为七类：酸、碱、盐等无机物污染，有毒化学物质污染，需氧物质污染，植物营养物质污染，病原体污染，热污染和放射性污染。常用处理废水的化学方法有混凝、中和、氧化还原、电解、萃取、吸附等。

土壤提供人类以资源的同时，也成了人类排放各种废弃物的场所。而土壤系统污染物质向环境的输出，又使水体、大气和生物进一步受到污染。土壤的污染物主要分为化学污染物和病原微生物两大类。防治土壤污染需要一方面控制和消除污染源，同时增加土壤容量和提高土壤净化能力，还需要实施其他高效、可行的技术和方法（如种植能够吸附重金属离子的植物）。

（3）介绍了三类重要的无机材料——金属及合金材料、无机建筑材料以及陶瓷材料，并对包括能源材料、信息功能材料、纳米材料在内的新型无机非金属材料进行简要叙述。

金属及合金材料是以金属元素为基础的材料。纯金属一般具有良好的塑性，较高的导电和导热性，但其机械性能如强度、硬度等不能满足工程技术多方面的需要，因此纯金属的直接应用很少，绝大多数金属材料是以合金的形式出现。学习纯金属与合金材料的微观结构将有利于深入地了解此类材料的性质，并可用于指导合成诸如形状记忆合金、金属基生物医学材料、梯度功能材料、超磁致伸缩材料、磁制冷及磁蓄冷材料等性能独特且应用前景广阔的新型金属及合金材料。

在无机建筑材料中,胶凝材料因其优异的性能,备受人们关注。而其中无机胶凝材料又是应用得最为广泛的一类胶凝材料。无机胶凝材料按其硬化条件的不同,又分为气硬性和水硬性胶凝材料两大类。气硬性无机胶凝材料只能在空气中凝胶、硬化,产生强度,并继续发展和保持其强度,如石灰、石膏、水玻璃等;水硬性胶凝材料既能在空气中硬化,又能很好地在水中硬化,保持并继续发展其强度,如各种水泥。

陶瓷材料的研究开发及其应用是当代最为活跃的材料领域之一。习惯上,陶瓷材料可以分为结构陶瓷和功能陶瓷。结构陶瓷包括氧化物陶瓷(如 Al_2O_3、ZrO_2 陶瓷)和非氧化物陶瓷(如 Si_3N_4 陶瓷);功能陶瓷包括铁电陶瓷、压电陶瓷、热释电陶瓷、敏感陶瓷、磁性陶瓷、超导陶瓷等。随着陶瓷材料这一概念的外延不断扩大,如今广义的陶瓷几乎可以与无机非金属材料的含义等同。

最后,根据不同的性能和应用介绍几种新型材料。能源材料包括太阳能光电转换材料、储氢材料、超导材料等;信息功能材料包括信息处理材料、信息存储材料、信息传递材料、信息显示材料和获取信息材料等;纳米材料具有传统材料所不具备的物理、化学性能,表现出独特的光、电、磁和化学特性,有体积效应、表面效应、量子尺寸效应、宏观量子隧道效应四大效应。

思 考 题

1. 我国能源消费结构与国际相比有何特点?
2. 什么是再生能源和非再生能源?举例说明。
3. 什么是洁净煤技术,具体包括哪几方面?
4. 石油炼制工业主要包括哪些过程?
5. 当前有实效而又有前景的新能源指哪些?各有何特点?
6. 什么是大气污染?请指出主要的大气污染物及其治理方法。
7. 什么是水体污染?请指出主要的水体污染物及消除水体污染的方法。
8. 什么是土壤污染?请指出主要的土壤污染物及消除土壤污染的方法。
9. 试列举几种新型金属及合金材料?
10. 无机胶凝材料主要包含哪两类?各自的特点是什么?
11. 请简要叙述硅酸盐水泥的凝结、硬化过程。
12. 陶瓷主要分为哪两大类?
13. 储氢材料应该具备哪些特性?
14. 什么是超导电性?
15. 纳米材料有哪几大效应?

第9章 化学实验

一、概述

化学是一门实践性较强的学科。实验是学习化学不可缺少的重要环节。它的目的是：

（1）使课堂中讲授的理论和概念得到验证、巩固和充实，并适当扩大知识面。

（2）培养学生正确地掌握实验操作和基本技术，正确地使用常用仪器，从而获得准确的实验数据和结果。

（3）培养学生独立思考和独立工作的能力。联系课堂讲授的知识，仔细观察和分析实验现象，从而做出科学的结论。

（4）培养学生实事求是的态度，准确、细致、整洁等良好习惯，逐步地掌握科学研究的方法。

为了保证实验的正常进行，应当搞清楚实验的目的、内容、有关原理、操作方法及注意事项等，并初步估计每一反应的预期结果，根据不同的实验做好预习报告（若有需要，某些实验内容可到实验室并在教师的指导下进行预习）。

在实验过程中应该严格遵守实验室规则和实验室安全守则，接受教师指导，细心观察现象，如实记录实验现象和数据，分析产生现象的原因，科学地处理实验数据。

实验完毕后，应及时完成实验报告。实验报告要记载清楚、结论明确、文字简练、书写整洁。

二、有效数字及其运算

实验中，所使用仪器的精确度是有限的，因而能读出数字的位数也是有限的。例如，用最小刻度为 $1\ cm^3$ 的量筒测量出液体的体积为 $24.5\ cm^3$，其中 24 直接由量筒的刻度读出，而 0.5 则是用肉眼估计的，它不太准确，称为可疑值。可疑值并非臆造，也是有效的，记录时应该保留。24.5 这三位数字就是有效数字。有效数字就是实际能测到的数字，它包括准确的几位数和最后不太准确的一位数。

在记录实验数据和有关的化学计算中要特别注意有效数字的运用，否则会使计算结果不准确。

（1）加减运算。

在进行加减运算时，所得结果的有效数字位数与各原数中小数点后的位数最少者相同。例如：

$$0.254+21.2+1.33=22.7$$

21.2 是三个数中小数点后位数最少的，该数有 ±0.1 的误差，因此运算结果只保留到小数点后第一位。这几个数相加的结果不是 22.684，而是 22.7。

（2）乘除运算。

在进行乘除运算时，所得结果的有效数字位数应与原数中最少的有效数字位数相同，而与小数点的位置无关。例如：

$$2.3 \times 0.524 = 1.2$$

其中 2.3 的有效数字位数最少，因此，结果应保留二位有效数字。

（3）对数运算。

对数值的有效数字位数仅由尾数的位数决定，首数只起定位作用，不是有效数字。对数运算时，对数尾数的位数应与相应的真数的有效数字的位数相同。例如，$c(H^+) = 1.8 \times 10^{-5}$ mol·dm^{-3}，它有二位有效数字，所以，$pH = -\lg c(H^+) = 4.74$，其中首数"4"不是有效数字，尾数 74 是二位有效数字，与 $c(H^+)$ 的有效数字位数相同。又如，由 pH 值计算 $c(H^+)$ 时，当 $pH = 2.72$，则氢离子的浓度为 1.9×10^{-3} mol·dm^{-3}，不能写成 1.91×10^{-3} mol·dm^{-3}。

在取舍有效数字位数时，应注意：

（1）化学计算中常会遇到表示分数或倍数的数字，例如，1 kg = 1000 g，其中 1000 不是测量所得，可看作是任意位有效数字。

（2）若某一数据的第一位有效数字大于或等于 8，则有效数字的位数可多取一位。例如 8.25，虽然只有三位有效数字，但可看作是四位有效数字。

（3）在计算过程中，可以暂时多保留一位有效数字，待得到最后结果时，再根据四舍五入的原则弃去多余的数字。

（4）误差一般只取一位有效数字，最多不超过二位。

实验一　标准物质的称量、配制与酸碱滴定

一、实验目的

1. 了解天平的基本构造和性能。学会正确使用天平。
2. 学习减量法称量操作。
3. 学会容量瓶、移液管、滴定管的基本操作。了解一种标准溶液的配制方法。
4. 学会酸碱滴定的基本操作。
5. 了解有效数字的应用与计算。

二、实验原理

滴定分析是将一种已知准确浓度的标准溶液滴加到被测试样溶液中，直到化学反应完全为止，然后根据标准溶液的浓度和体积，求得被测试样中组分含量的一种方法。酸碱滴定是一种利用酸碱中和反应的滴定分析法。将待测溶液由滴定管滴加到一定体积的酸或碱的标准溶液中（也可以反过来加），使它们刚好完全反应。按照化学反应方程式的计量关系，可以从所用的酸溶液和碱溶液的体积（$V_酸$ 和 $V_碱$）与酸溶液的浓度 $c_酸$ 算出碱溶液的浓度 $c_碱$。例如，酸 A 和碱 B 发生以下中和反应：

$$a\text{A} + b\text{B} = c\text{C} + d\text{D}$$

则发生反应的 A 和 B 的物质的量 n_A 和 n_B 之间有如下关系：

$$n_A = \frac{a}{b} n_B \text{ 或 } n_B = \frac{b}{a} n_A$$

所以 　　　　　　　$c_A \times V_A = \frac{a}{b} c_B V_B, \quad c_B = \frac{b}{a} \times \frac{c_A \times V_A}{V_B}$

反之,也可以从 $c_碱$、$V_碱$ 和 $V_酸$ 求出 $c_酸$。

酸碱中和反应的终点,常用指示剂的变色来确定,酸碱滴定法中常用的指示剂是甲基橙和酚酞。甲基橙的 pH 变色域是 3.1(红)～4.4(黄),pH4.0 附近为橙色;用 NaOH 滴定酸性溶液时,终点颜色变化是由橙变黄;用 HCl 溶液滴定碱性溶液时,终点颜色变化是由黄变橙。酚酞的 pH 变色域是 8.0(无)～9.6(红)。由于 NaOH、HCl 溶液不易直接配准,所以先配成近似浓度,然后用基准物质标定,常用的基准物质是无水碳酸钠和硼砂,本实验就是准确称取无水碳酸钠来标定 HCl 溶液。

三、仪器与药品

1. 仪器

台称;电子分析天平;称量瓶;干燥器;25 cm³ 酸式滴定管 1 支;250 cm³ 锥形瓶 2 个;洗瓶;滴定管夹和铁架;10 cm³ 小烧杯 2 个;100 cm³ 容量瓶;20 cm³ 刻度吸液管 1 支;多用滴管 1 支;小玻璃棒 1 支。

2. 药品

无水 Na_2CO_3(将无水 Na_2CO_3 置于烘箱内,在 180 ℃下,干燥 2～3 h,然后放到干燥器内冷却备用);HCl(0.1 mol · dm⁻³);甲基橙(0.1% 水溶液)。

四、实验内容

1. 标准物质的称量

在分析天平上,用减量法精确称取 0.5～0.7 g 无水 Na_2CO_3,装入 10 cm³ 的小烧杯中。

2. 配制 Na_2CO_3 的标准溶液

在装有无水碳酸钠的小烧杯中,加入约 10 cm³ 蒸馏水,使 Na_2CO_3 完全溶解,将此溶液定量转移到 100 cm³ 容量瓶中,用少量蒸馏水洗涤小烧杯三次,洗涤液一并加入到容量瓶中,加入蒸馏水至刻度,摇匀。计算 Na_2CO_3 标准溶液的浓度,保留四位有效数字。

3. 标定 HCl 溶液

将已经洗净的酸式滴定管用少量待装溶液洗涤 2～3 次,然后加入 HCl 溶液至零刻度以上,排除滴定管下端的气泡,调节其液面为零刻度。

移取 20.00 cm³ 标准 Na_2CO_3 溶液置于锥形瓶中,加入 2 滴甲基橙指示剂,在不断摇动锥形瓶的情况下,用滴定管逐滴滴入 HCl 溶液,刚开始滴定时,可以适当快一些,但必须成滴而不是一股水流,当溶液局部出现橙红色,并在摇动锥形瓶时,其橙红色消失较慢时,表示已接近终点,这时应控制滴加速度。每加一滴 HCl 溶液,都应摇动锥形瓶,观察颜色是否消褪,再决定是否继续加入 HCl 溶液,直到溶液由黄色变为橙色,即到达了滴定终点,记下所消耗的 HCl 体积。

另取一份 20.00 cm³ Na_2CO_3 溶液,重复以上工作,要求两次滴定所消耗的 HCl 体积之差小于 0.08 cm³,若超过 0.08 cm³,则应做第三份。

滴定过程中应注意以下几点:

（1）滴定完毕后，滴定管下端尖嘴外不应挂有液滴，尖嘴内不应留有气泡。

（2）滴定过程中，可能有 HCl 溶液溅到锥形瓶内壁的上部；最后半滴滴定液也是由锥形瓶内壁沾下来，因此，为了减少误差，快到终点时，应该用洗瓶吹取少量蒸馏水淋洗锥形瓶内壁。

4. 记录及整理

按表 9-1 的格式记录及整理实验数据。

表 9-1　酸碱滴定的数据处理表

项　　目	第一次	第二次	第三次
Na_2CO_3 /g			
Na_2CO_3 溶液的浓度/(mol · dm^{-3})			
Na_2CO_3 溶液的用量/cm^3			
HCl 溶液的用量/cm^3			
HCl 溶液的平均浓度/(mol · dm^{-3})			

五、思考题

1. 为了保护天平，操作时应注意什么？以下操作是否允许？

（1）急速地打开或关闭天平的玻璃门。

（2）将化学药品直接放在称盘上。

2. 下列情况对称量读数有无影响？

（1）用手直接拿取称量物品。

（2）未关天平门。

3. 使用称量瓶应注意什么？从称量瓶向外倒样品时应怎样操作？为什么？

4. 为什么移液管和滴定管必须用待装入的溶液洗涤？锥形瓶是否也要用待装溶液洗涤？

实验二　醋酸解离度和解离常数的测定

一、实验目的

1. 学习测定醋酸解离度和解离常数的基本原理和方法。
2. 学会正确使用酸度计。
3. 进一步掌握滴定管、移液管等定量分析的基本操作技能。

二、实验原理

醋酸是弱电解质，在水溶液中存在着解离平衡：

$$HAc + H_2O \Longrightarrow H_3O^+ + Ac^-$$

其解离平衡常数表达式为

$$K_a^\ominus = \frac{\{c(H_3O^+)/c^\ominus\}\{c(Ac^-)/c^\ominus\}}{c(HAc)/c^\ominus} \tag{9-1}$$

式中，$c(HAc)$、$c(H_3O^+)$、$c(Ac^-)$分别是HAc、H_3O^+和Ac^-的平衡浓度，$c^\ominus$为标准浓度（其值为$1.0\ mol \cdot dm^{-3}$）。在HAc的水溶液中，有$c(H_3O^+) = c(Ac^-)$；若HAc的起始浓度为c_0，则有$c(HAc) = c_0 - c(H_3O^+)$，因此式（9-1）可以改写为

$$K_a^\ominus = \frac{\{c(H_3O^+)/c^\ominus\}^2}{\{c_0 - c(H_3O^+)\}/c^\ominus} \tag{9-2}$$

醋酸的解离度α可以表示为

$$\alpha = \frac{c(H^+)}{c_0} \tag{9-3}$$

利用酸碱滴定法，可以准确测定醋酸的起始浓度；用酸度计可以测定平衡时，醋酸溶液的氢离子浓度，将这些数据代入（9-2）、（9-3）两式，计算得到醋酸的解离常数和解离度。

若将等浓度的醋酸和醋酸钠等体积混合，得到缓冲溶液，此缓冲溶液的pH值可用下式计算：

$$pH = pK_a^\ominus - \lg \frac{c(HAc)}{c(Ac^-)} \tag{9-4}$$

由于$c(HAc) = c(Ac^-)$，所以测量上述缓冲溶液的pH值就可以得到醋酸的解离常数。

三、实验用品

1. 仪器

碱式滴定管（$50\ cm^3$）1支；移液管（$20\ cm^3$）1支；吸量管（$5\ cm^3$）2支；锥形瓶（$250\ cm^3$）3个；烧杯（$10\ cm^3$）4个；比色管（$10\ cm^3$）3支；酸度计。

2. 药品

待测醋酸（约$0.1\ mol \cdot dm^{-3}$）；标准$NaOH$溶液（约$0.1\ mol \cdot dm^{-3}$）；$NaAc$溶液（$0.10\ mol \cdot dm^{-3}$）；酚酞指示剂；标准缓冲溶液（pH=4.00）。

四、实验内容

1. 醋酸溶液浓度的测定

用移液管分别吸取$20.00\ cm^3$待测醋酸溶液，分别放入3个$250\ cm^3$锥形瓶中，加入酚酞指示剂1~2滴，用标准$NaOH$溶液滴定至溶液呈微红色并半分钟不褪色为止（注意每次滴定都从$0.00\ cm^3$开始），将所用$NaOH$溶液的体积和相应数据记入表9-2。

表 9-2　醋酸溶液浓度的测定表

滴 定 序 号		1	2	3
标准 NaOH 溶液浓度/$(mol \cdot dm^{-3})$				
HAc 溶液的体积/cm^3				
标准 NaOH 溶液的体积/cm^3				
HAc 溶液的浓度/$(mol \cdot dm^{-3})$	测定值			
	平均值			

2. 配制不同浓度的醋酸溶液

用$5\ cm^3$吸量管分别取$1.00\ cm^3$、$2.50\ cm^3$和$5.00\ cm^3$待测HAc溶液，放入三支洗净干燥的$10\ cm^3$比色管中，用蒸馏水稀释至刻度，摇匀，待用。

3. 测定醋酸溶液的 pH

将上面得到的三种醋酸溶液和一种未经稀释的待测醋酸溶液,分别装入 4 个干燥的 10 cm³烧杯中,按照 pH 计的使用方法,用 pH 计由稀到浓地测定它们的 pH 值,将实验数据和室温以及计算结果一并填入表 9-3。

表 9-3 醋酸解离度的测定表 室温_____℃

编 号	$c(\mathrm{HAc})$ /(mol·dm^{-3})	pH	$c(\mathrm{H^+})$ /(mol·dm^{-3})	α	$K_a^{\ominus}$	
					测定值	平均值
1						
2						
3						
4						

4. 酸度计的使用方法(以 PB-10 标准型酸度计为例)

酸度计也称 pH 计,是测定溶液 pH 值最常用的仪器之一。它有一个指示电极(常用玻璃电极)和一个参比电极,如甘汞电极(现在常用复合电极代替这两种电极)。将电极插入待测溶液,组成一个原电池。玻璃电极的电极电势随待测溶液的 H^+ 离子浓度的改变而变化,测定原电池的电动势,即可求得溶液的 pH 值。

打开电源开关,让仪器预热 30 min。

(1)插上电极,按"Mode"转换键,选择工作模式,测定溶液 pH 值时,将仪器的工作模式置于 pH 状态下。

(2)按"SETUP"键,显示屏显示"Clear buffer",按"ENTER"键确认,清除以前的校准数据。

(3)按"SETUP"键直至显示屏显示缓冲溶液组"1.68,4.01,6.86,9.18,12.46",按"ENTER"键确认。

(4)用蒸馏水清洗电极,用滤纸吸干,将其插入到 pH=4.01 的标准缓冲溶液中,等到数值稳定并出现"S"后,按"STANDARDIZE"键,等待仪器自动校准;当显示屏出现 4.01 和"S"后,完成仪器的校准,完成仪器的校准后,不能再按仪器的任何键,否则必须重新进行校准。

(5)将电极从缓冲溶液取出,并用蒸馏水清洗电极,用滤纸吸干,插入待测溶液,等到数值稳定并出现"S"后,在显示屏上读出溶液的 pH 值。

(6)测定完成后,断开电源,清洗电极并浸入 3 mol·dm^{-3}KCl 溶液中保存。供下次使用。

5. 测定缓冲溶液的 pH

用 5 cm³ 吸量管取 5.00 cm³ 待测 HAc 溶液和 5.00 cm³ 的 0.10 mol·dm^{-3}NaAc 溶液于 10 cm³ 干燥的烧杯中,混合均匀,测量其 pH,记录实验数据,并计算醋酸解离常数。

五、思考题

1. 根据实验结果讨论 HAc 解离度和解离常数与其浓度的关系,如果改变温度,对 HAc 的解离度和解离常数有何影响?

2. 烧杯是否必须烘干? 还可以作怎样处理? 做好本试验的操作关键是什么?

3. "电离度越大,酸度就越大。"这句话正确吗? 为什么?

4. 配制不同浓度的醋酸溶液有哪些注意之处? 为什么?

实验三　氧化还原反应与电化学

一、实验目的

1. 了解测定电极电势的原理与方法。
2. 掌握用酸度计测定原电池电动势的方法。
3. 了解原电池、电解池的装置及其作用原理。
4. 了解浓度对电极电势的影响、了解介质的 pH 值对氧化还原反应的影响。
5. 判断氧化还原反应的方向,判断氧化剂、还原剂的相对强弱。

二、实验原理

测量某一电对的电极电势,是将该电对组成的电极与标准氢电极构成原电池,测量该原电池的电动势。原电池的电动势 E 与电极电势有如下关系:

$$E = E_+ - E_- \tag{9-5}$$

根据测量得到的电动势,可以求出该电对的电极电势,然后利用能斯特方程式

$$E = E^\ominus + \frac{0.0592}{n} \lg \frac{c(\text{氧化态})}{c(\text{还原态})} \tag{9-6}$$

求得该电对的标准电极电势。

本实验用酸度计测量原电池的电动势。

在实际测量电极电势时,由于标准氢电极使用不太方便,因此常用甘汞电极(当 KCl 为饱和溶液,温度为 298 K 时,其电势值为 0.2415 V)作为参比电极,以代替标准氢电极。

测定锌电极的电极电势时,可以将锌电极与甘汞电极组成原电池,测出该原电池的电动势 E,即能求出锌电极的电极电势:

$$E = E_+ - E_- = E(\text{甘汞}) - E(\text{Zn}^{2+}/\text{Zn})$$

$$E(\text{Zn}^{2+}/\text{Zn}) = E(\text{甘汞}) - E = 0.2415 \text{ V} - E \tag{9-7}$$

把两种不同金属分别浸入其盐溶液中,再用导线和盐桥依次将它们连接起来,就组成了原电池。将原电池两极上的导线插入盛有电解质溶液(如 NaCl)的容器中,就组成了电解池。与原电池负极相连的极是电解池的阴极,与原电池正极相连的极是电解池的阳极。当电流通过电解池时,除电解质的离子可能放电外,水中的 H^+ 和 OH^- 也可能放电,如电极为一般金属,阳极金属会溶解。

三、仪器与药品

1. 仪器

烧杯(10 cm³)3 个;井穴板;试管;试管架;坩埚;表面皿;盐桥;导线(带 Zn 片和 Cu 片);砂纸;温度计;酸度计;甘汞电极;烧杯(50 cm³ 3 个,150 cm³ 1 个);量筒(10 cm³ 1 个,100 cm³ 个);培养皿(9 cm)。

2. 试剂

盐酸（1.0 mol · dm⁻³）；H₂SO₄（浓）；1 mol · dm⁻³ H₂SO₄；硫酸铜（0.5、0.1 mol · dm⁻³，3%）；硫酸锌（0.5、0.1 mol · dm⁻³）；铜试剂（0.1 mol · dm⁻³）；酚酞（1%）；Pb(NO₃)₂（1.0 mol · dm⁻³）；Na₂S（0.1 mol · dm⁻³）；H₂O₂（3%、12.3%）；KI（0.1 mol · dm⁻³）；K₂Cr₂O₇（0.1 mol · dm⁻³）；KIO₃（1.0 mol · dm⁻³）；CH₂(COOH)₂-MnSO₄-淀粉混合溶液；CCl₄；Br₂水；I₂水。

四、实验内容

1. Zn²⁺/Zn 电极电势测定

取两只干燥的 10 cm³ 烧杯，在一只烧杯中加入 4 cm³ 0.1 mol · dm⁻³ ZnSO₄ 溶液，将锌电极插入到 ZnSO₄ 溶液中，另一只烧杯中加入 4 cm³ 饱和 KCl 溶液，插入饱和甘汞电极，用盐桥将两个烧杯中的溶液连通起来，组成原电池（见图 9-1）。

将准备好的待测电池的两极分别与调试好的酸度计的两极连接，然后按酸度计电极电势测定法测量待测电池的电动势。根据测得的电动势，计算锌电极在 0.10 mol · dm⁻³ ZnSO₄ 溶液中的电极电势，并利用能斯特方程式推导出锌电极的标准电极电势。

（－）Zn｜ZnSO₄（0.10 mol · dm⁻³）‖饱和 KCl, Hg₂Cl₂｜Hg, Pt（＋）

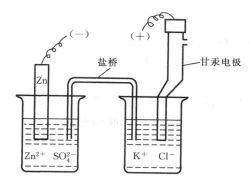

图 9-1　原电池装置图

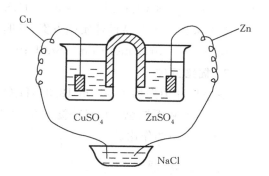

图 9-2　原电池和电解池

2. 原电池和电解池

取 2 只 10 cm³ 烧杯分别注入约 4 cm³ 0.1 mol · dm⁻³ CuSO₄ 和 0.1 mol · dm⁻³ ZnSO₄ 溶液，然后按图 9-2 连接装置。在电解池中加入约 5 cm³ 0.5 mol · dm⁻³ NaCl 及二滴酚酞指示剂，待数分钟后观察电解池中电极附近有何现象。然后滴加铜试剂，观察有何现象。

根据实验结果，试判断原电池的正负极和电解池的阴阳极。

3. 浓度对电极电势的影响

（1）在 2 只 50 cm³ 的小烧杯中分别加入 25 cm³ 0.10 mol · dm⁻³ ZnSO₄ 溶液和 0.10 mol · dm⁻³ CuSO₄ 溶液，将锌电极和铜电极分别插入 ZnSO₄ 和 CuSO₄ 溶液中，放入盐桥组成原电池，用酸度计测量原电池电动势 E。

（2）取出盐桥和铜电极，在 CuSO₄ 溶液中滴加 6 mol · dm⁻³ NH₃ · H₂O，并不断搅拌，直至生成的浅蓝色沉淀全部消失，生成深蓝色溶液，放入盐桥和铜电极，测其电动势 E。

（3）取出盐桥和锌电极，在 ZnSO₄ 溶液中滴加 6 mol · dm⁻³ NH₃ · H₂O，并不断搅拌至沉淀完全消失，形成透明溶液，放入盐桥和锌电极，测其电动势 E。从电动势的变化说明浓度对电极电势的影响。

4. 介质的 pH 值对氧化还原反应的影响

在试管中加入 5 滴 $0.10\ mol \cdot dm^{-3}$ KI 溶液和 $0.10\ mol \cdot dm^{-3}$ $K_2Cr_2O_7$ 溶液，混合均匀后，加入 $1\ cm^3$ 去离子水和 $1\ cm^3$ CCl_4，振荡，观察 CCl_4 层有何变化？再加入数滴 $1\ mol \cdot dm^{-3}$ H_2SO_4 溶液，观察 CCl_4 层有何变化？写出反应方程式，并用能斯特公式解释上述实验现象。

5. 判断氧化还原反应的方向

用电极电势判断下列反应能否进行，并用实验加以证实。

在装有少量 PbS（用 $1.0\ mol \cdot dm^{-3}$ $Pb(NO_3)_2$ 和数滴 $0.1\ mol \cdot dm^{-3}$ Na_2S 制取，注意沉淀的颜色）加入 3% 的 H_2O_2，观察不溶物质的颜色变化，写出反应方程式，说明 H_2O_2 在此反应中所起的作用。

在试管中加入 $0.1\ mol \cdot dm^{-3}$ KI 溶液 2～3 滴，再加入数滴 $1.0\ mol \cdot dm^{-3}$ H_2SO_4 溶液，摇匀后，滴加 3% H_2O_2，观察溶液颜色的变化，写出反应方程式，说明 H_2O_2 在此反应中所起的作用。

6. 判断氧化剂、还原剂的相对强弱

（1）根据下列药品设计实验方案，证明 I^- 的还原能力大于 Br^-。

$0.1\ mol \cdot dm^{-3}$ KI；$0.1\ mol \cdot dm^{-3}$ KBr；$0.1\ mol \cdot dm^{-3}$ $FeCl_3$；$0.01\ mol \cdot dm^{-3}$ $KMnO_4$；$0.1\ mol \cdot dm^{-3}$ $SnCl_2$；$0.1\ mol \cdot dm^{-3}$ H_2SO_4；CCl_4。

（2）根据下列药品设计实验方案，证明 Br_2 的氧化能力大于 I_2。

Br_2 水；I_2 水；$0.1\ mol \cdot dm^{-3}$ $SnCl_2$；$0.1\ mol \cdot dm^{-3}$ $FeSO_4$；CCl_4；$0.1\ mol \cdot dm^{-3}$ H_2SO_4。

7. 摇摆反应

在小烧杯中先加入 $10\ cm^3$ 12.3% H_2O_2 溶液，然后再同时加等体积的 $0.2\ mol \cdot dm^{-3}$ 的酸性 KIO_3 溶液和丙二酸-$MnSO_4$-淀粉混合液（调至 22～23 ℃），观察溶液颜色的变化，说明 H_2O_2 在反应中的作用。

五、思考题

1. 如何用酸度计测量原电池的电动势？
2. 如果没有电表，你将如何用简便的方法辨认原电池的正负极？
3. 介质的 pH 值、浓度对电极电势有何影响？
4. 如何根据标准电极电势判断氧化还原反应的方向及程度，氧化剂、还原剂的相对强弱？

实验四　反应级数及活化能测定

一、实验目的

1. 测定 $(NH_4)_2S_2O_8$（过二硫酸铵）与 KI 反应速率，学习用实验测定反应级数和活化能的方法与原理，加深对反应速率表达式和阿仑尼乌斯公式的理解。
2. 学习用作图法处理实验数据，求反应级数和反应的活化能。
3. 学习移液管和恒温水浴的使用。

二、实验原理

$(NH_4)_2S_2O_8$ 与 KI 在水溶液中反应为

$$(NH_4)_2S_2O_8 + 3KI \Longrightarrow (NH_4)_2SO_4 + K_2SO_4 + KI_3 \tag{1}$$

该反应平均反应速率与反应物浓度关系式表示如下：

$$\bar{r} \approx \frac{-\Delta c(S_2O_8^{2-})}{\Delta t} = k c_0^m(S_2O_8^{2-}) \cdot c_0^n(I^-) \tag{9-8}$$

式中，$\bar{r}$ 为平均反应速率；$\Delta c(S_2O_8^{2-})$ 为 $S_2O_8^{2-}$ 在 Δt 时间内浓度改变值；$c_0(S_2O_8^{2-})$ 和 $c_0(I^-)$ 分别表示 $S_2O_8^{2-}$ 和 I^- 的初始浓度；k 为反应速率常数；m 和 n 为反应级数。

为了测出 Δt 时间内 $S_2O_8^{2-}$ 浓度改变值，在$(NH_4)_2S_2O_8$ 与 KI 溶液混合的同时，加入一定体积已知浓度的 $Na_2S_2O_3$ 溶液以及作为指示剂的淀粉溶液，在发生反应(1)的同时还发生下列反应：

$$2S_2O_3^{2-} + I_3^- \Longrightarrow S_4O_6^{2-} + 3I^- \tag{2}$$

由于反应(1)的速率较慢，而反应(2)几乎瞬间完成，反应(1)生成的 I_3^- 立即与 $S_2O_3^{2-}$ 反应，生成无色 $S_4O_6^{2-}$（连四硫酸根）和 I^-。因此，反应初期看不到 I_3^- 特征的蓝色，一旦 $S_2O_3^{2-}$ 消耗完全，反应(1)所生成微量的 I_3^- 就立即与淀粉作用，使溶液呈现蓝色。Δt 是反应开始到溶液显蓝色所需时间。

由上述反应(1)和(2)的化学计量关系可以看出，$S_2O_8^{2-}$ 消耗的量等于 $S_2O_3^{2-}$ 消耗的量的一半，即

$$\Delta c(S_2O_8^{2-}) = \frac{\Delta c(S_2O_3^{2-})}{2} \tag{9-9}$$

因此，反应的平均反应速率 $\bar{r}$：

$$\bar{r} = \frac{-\Delta c(S_2O_8^{2-})}{\Delta t} = \frac{-\Delta c(S_2O_3^{2-})}{2\Delta t} = \frac{c_0(S_2O_3^{2-})}{2\Delta t} \tag{9-10}$$

若将式(9-8)两边取对数得

$$\lg\bar{r} = \lg k + m\lg c_0(S_2O_8^{2-}) + n\lg c_0(I^-) \tag{9-11}$$

可见，当 $S_2O_8^{2-}$ 浓度不变时，以 $\lg\bar{r}$ 对 $\lg c_0(I^-)$ 作图，得一直线，斜率为 n。同理 I^- 的浓度固定时，以 $\lg\bar{r}$ 对 $\lg c_0(S_2O_8^{2-})$ 作图，可求得 m。

将 $\bar{r}$、m 和 n 代入反应的速率方程可以求得反应速率常数。

温度对反应速率影响十分显著，一般有以下关系：

$$\lg k = \lg A - E_a/(2.303RT) \tag{9-12}$$

式中，E_a 为反应的活化能$(J \cdot mol^{-1})$；R 为气体常数$(8.314\ J \cdot K^{-1} \cdot mol^{-1})$；$T$ 为热力学温度(K)；A 为常数。

由实验测得不同 T 时的 k 值，再以 $\lg k$ 为纵坐标，$1/T$ 为横坐标作图，即可得一直线。由直线斜率可以得到反应的活化能。

三、仪器和药品

1. 仪器

移液管($2\ cm^3$ 5 支，$1\ cm^3$ 1 支)；小试管；玻棒；秒表；温度计；恒温水浴①；坐标纸 3 张；锥形

---

① 也可将小烧杯(内插温度计)和大试管一起放入盛有热水的 $400\ cm^3$ 烧杯中的简易水浴代替。

瓶(25 cm³ 7 个);玻璃气流烘干器。

2. 药品

KI(0. 20 mol·dm⁻³);淀粉(0. 5%);Na₂S₂O₃(0. 010 mol·dm⁻³);KNO₃(0. 20 mol·dm⁻³);(NH₄)₂S₂O₈(0. 20 mol·dm⁻³);(NH₄)₂SO₄(0. 20 mol·dm⁻³)。

四、实验内容

1. 浓度对化学反应速率的影响

用专用移液管(每种试剂所用的移液管必须作标记),按表 9-4 各试剂的用量分别准确量取 KI、淀粉、Na₂S₂O₃、KNO₃ 或(NH₄)₂SO₄ 溶液,倒入锥形瓶中,摇匀。再用移液管准确量取(NH₄)₂S₂O₈ 溶液,迅速加入到上述锥形瓶中,立即计时,并不断摇动锥形瓶,注意观察,当溶液刚呈现蓝色时,立刻停止计时,记录反应时间(Δt)。

表 9-4　试剂用量

实验编号		1	2	3	4	5
试剂用量/cm³	KI 溶液	2.0	1.0	0.5	2.0	2.0
	Na₂S₂O₃ 溶液	1.2	1.2	1.2	1.2	1.2
	淀粉溶液	0.2	0.2	0.2	0.2	0.2
	KNO₃ 溶液	0	1.0	1.5	0	0
	(NH₄)₂SO₄ 溶液	0	0	0	0.8	1.2
	(NH₄)₂S₂O₈ 溶液	1.6	1.6	1.6	0.8	0.4
	总体积/cm³			5.0		
混合液中试剂的初始浓度 c_0/(mol·dm⁻³)	(NH₄)₂S₂O₈					
	KI					
	Na₂S₂O₃					
反应时间 Δt/s						
$\Delta c(S_2O_8^{2-})$/(mol·dm⁻³)						
反应速率 $\bar{r}$/(mol·dm⁻³·s⁻¹)						
$\lg \bar{r}$						
$\lg c_0(S_2O_8^{2-})$						
$\lg c_0(I^-)$						
m						
n						
反应速率常数 k/(dm³·mol⁻¹·s⁻¹)						

注:为保持溶液中离子强度不变,需补充不同量的电解质 KNO₃ 或(NH₄)₂SO₄。

重复上述方法,按表 9-4 所示的各试剂的用量进行其他各组实验,最后计算各反应速率 $\bar{r}$ 和速率常数 k。

2. 温度对反应速率的影响

(1)记录室温 T/K,并将水浴温度调至比室温高 10 K。

（2）按表 9-4 实验编号 2 的用量，把 KI、$Na_2S_2O_3$ 和淀粉加入 100 cm^3 烧杯中，$(NH_4)_2S_2O_8$ 溶液放在大试管中，然后将小烧杯和大试管同时放在比室温高 10 K 的恒温水浴中，恒温 5～10 min。再将 $(NH_4)_2S_2O_8$ 与 KI 等溶液混合，并开始计时，不断搅拌，当溶液刚出现蓝色时，立即停止计时，记录反应时间。

再将水浴温度调至高于室温 20 K，重复上述实验，记录反应温度和时间。

五、数据处理

1. 反应级数的求算

将表 9-4 实验编号 1、2 和 3 实验数据代入式（9-11），以 $\lg \bar{r}$ 对 $\lg c_0(I^-)$ 作图，得一直线，其斜率即为 n。

将表 9-4 实验编号 1、4 和 5 实验数据代入式（9-11），以 $\lg \bar{r}$ 对 $\lg c_0(S_2O_8^{2-})$ 作图，得一直线，其斜率即为 m。由 m 和 n 求得反应总级数。

2. 计算反应速率常数

将 $\bar{r}$、m 和 n 代入式（9-8）求 k。

3. 活化能的计算

将表 9-5 的实验数据代入式（9-12），以 $\lg k$ 为纵坐标，$1/T$ 为横坐标作图，得一直线，直线的斜率等于 $-E_a/(2.303R)$。由此求得反应的活化能 E_a。

表 9-5　实验数据

实　验　编　号	2	6	7
反应温度 $t/℃$			
反应时间 $\Delta t/s$			
反应速率 $\bar{r}/(mol \cdot dm^{-3} \cdot s^{-1})$			
反应速率常数 $k/(dm^3 \cdot mol^{-1} \cdot s^{-1})$			
$\lg k$			
$1/T$			
反应活化能 $E_a/(kJ \cdot mol^{-1})$			

六、思考题

1. 测定 $(NH_4)_2S_2O_8$ 与 KI 反应速率实验中，为什么可以由溶液出现蓝色的时间长短来计算反应速率？溶液出现蓝色后，反应是否就终止？说明加 $Na_2S_2O_3$ 和淀粉各起什么作用。

2. 如何根据实验结果，求本实验反应速率、速率常数、反应级数和活化能。

3. 本实验 $Na_2S_2O_3$ 的用量过多或过少，对实验结果有何影响？

实验五　磺基水杨酸铁（Ⅲ）配离子的组成和稳定常数的测定

一、实验目的

1. 了解比色法测定配合物的组成和稳定常数测定的原理和方法。

2. 学习分光光度计的使用及有关实验数据的处理方法。

二、实验原理

磺基水杨酸与 Fe^{3+} 离子可形成稳定的配合物。形成配合物时,其组成因 pH 不同而不同,当 pH 为 2~3 时,生成紫红色螯合物(有 1 个配位体);当 pH 值为 4~9 时,生成红色螯合物(有 2 个配位体);当 pH 值为 9~11.5 时,生成黄色螯合物(有 3 个配位体);当 pH>12 时,有色螯合物被破坏而生成 $Fe(OH)_3$ 沉淀。

中心离子和配体分别以 M 和 L 表示,且在给定条件下反应,只生成一种有色配离子 ML_n(略去电荷符号),反应式如下:

$$M + nL = ML_n$$

若 M 和 L 都是无色的,而只有 ML_n 有色,则此溶液的吸光度 D 与有色配合物的浓度 c 成正比。在此前提条件下,本实验用等物质的量连续变更法(也叫浓度比递变法)测定配合物的组成,即在保持金属离子与配体总物质的量不变的前提下,改变金属离子和配体的相对量,配制一系列溶液。显然在此系列溶液中,有些溶液中的金属离子是过量的,而另一些溶液中配体是过量的。在这两部分溶液中,配合物的浓度都不可能达到最大值,只有当溶液中金属离子与配体的物质的量之比与配合物的组成一致时,配合物的浓度才能最大,因而吸光度最大,故可借测定系列溶液的吸光度,求配合物的组成和稳定常数,测定方法如下:

配制一系列含有中心离子 M 和配体 L 的溶液,M 和 L 的总物质的量相等,但各自的物质的量分数连续变更。例如,使溶液中 L 的物质的量分数依次为 0、0.1、0.2、0.3……、0.9、1.0,而 M 的物质的量依次作相应递减。然后在一定波长的单色光中,分别测定系列溶液的吸光度。显然,有色配合物的浓度越大,溶液颜色越深,其吸光度越大。当 M 和 L 恰好全部形成配合物时(不考虑配合物的离解),ML_n 的浓度最大,吸光度也最大。

以溶液的吸光度 D 为纵坐标,以配体的物质的量分数为横坐标作图,得一曲线(见图 9-3),所得曲线出现一个高峰 B 点。将曲线两边的直线部分延长,相交于 A 点,A 点即假定配合物无离解时的最大吸收处。由 A 点对应的横坐标可以计算出配合物中心离子与配体物质的量之比,从而确定配合物的组成。

配位体的物质的量分数 T_L:

$$T_L = \frac{配体物质的量}{总的物质的量}$$

若 A 点对应的 $T_L = 0.5$,则中心离子的物质的量分数为 $1.0 - 0.5 = 0.5$,所以

$$
\begin{aligned}
T_L &= \frac{配体物质的量}{中心离子物质的量} \\
&= \frac{配体物质的量分数}{中心离子物质的量分数} \\
&= \frac{0.5}{0.5} = 1
\end{aligned}
$$

由此可知,配合物的组成为 ML 型。

配合物的稳定常数也可根据图 9-3 求得。从图 9-3 可看出,对于 ML 型配合物,若它全部以 ML 形

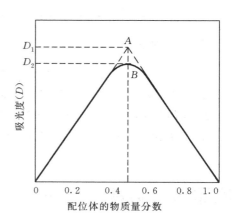

图 9-3　配体的物质的量分数-吸光度图

式存在,则其最大吸光度应在 A 点,即吸光度为 D_1,但由于配合物有一部分离解,其浓度要稍小些,所以,实测得的最大吸光度在 B 点,即吸光度为 D_2。显然配合物离解越大,则 D_1-D_2 差值越大,因此配合物的离解度 α 为

$$\alpha = \frac{D_1-D_2}{D_1}$$

配离子(或配合物)的表观稳定常数 $K'_{\text{稳}}$[①]与离解度 α 的关系如下:

$$ML \rightleftharpoons M+L$$

起始浓度/$(mol \cdot dm^{-3})$　　　　　　　　c　　　0　　0

平衡浓度/$(mol \cdot dm^{-3})$　　　　　$c-c\alpha$　　$c\alpha$　　$c\alpha$

$$K'_{\text{稳}} = \frac{[ML]}{[M][L]} = \frac{1-\alpha}{c\alpha^2}$$

式中,c 表示 B 点所对应配离子的浓度。也可看成溶液中金属离子的原始浓度。

　　本实验是在 pH 值为 2~3 的条件下,测定磺基水杨酸铁(Ⅲ)的组成和稳定常数,并用高氯酸来控制溶液的 pH 值,其优点主要是 ClO_4^- 不易与金属离子配合。

三、仪器和药品

1. 仪器

比色管($10\ cm^3\ 11$ 支);移液管($5\ cm^3\ 2$ 支);容量瓶($50\ cm^3\ 2$ 个);洗耳球;擦镜纸;滤纸;坐标纸;7220 型分光光度计;滴管。

2. 药品

高氯酸 $HClO_4$($0.01\ mol \cdot dm^{-3}$,将 $4.4\ cm^3\ 70\%\ HClO_4$ 加到 $50\ cm^3$ 水中,稀释到 5000 cm^3);硫酸高铁铵 $(NH_4)Fe(SO_4)_2$($0.0100\ mol \cdot dm^{-3}$,将称准的分析纯硫酸高铁铵 $(NH_4)Fe(SO_4)_2 \cdot 12H_2O$ 结晶溶于 $0.01\ mol \cdot dm^{-3}\ HClO_4$ 中配制而成);磺基水杨酸 0.0100 $mol \cdot dm^{-3}$(将称准的分析纯磺基水杨酸溶于 $0.01\ mol \cdot dm^{-3}$ 中配制而成)。

四、实验内容

1. 溶液的配制

　　(1) 配制 $0.00100\ mol \cdot dm^{-3}\ Fe^{3+}$ 溶液:用移液管吸取 $5.00\ cm^3\ 0.0100\ mol \cdot dm^{-3}$ $(NH_4)Fe(SO_4)_2$ 溶液,注入 $50\ cm^3$ 容量瓶中,用 $0.0100\ mol \cdot dm^{-3}\ HClO_4$ 溶液稀释至刻度,摇匀备用。

　　(2) 配制 $0.00100\ mol \cdot dm^{-3}$ 磺基水杨酸溶液:用吸液管准确吸取 $5.00\ cm^3\ 0.0100$ $mol \cdot dm^{-3}$ 磺基水杨酸溶液,注入 $50\ cm^3$ 容量瓶中,用 $0.01\ mol \cdot dm^{-3}\ HClO_4$ 溶液稀释至刻度,摇匀备用。

2. 连续变更法测定有色配离子(或配合物)的吸光度

　　(1) 用 2 支 $5\ cm^3$ 移液管按表 9-6 的数量取各溶液,分别放入已编号的洗净且干燥的 11 支 $10\ cm^3$ 比色管中,用 $0.01\ mol \cdot dm^{-3}$ 的 $HClO_4$ 稀释至刻度,使总体积为 $10\ cm^3$,摇匀。

---

　　① 表观稳定常数 $K_{\text{稳}}$ 是一个没有考虑溶液中 Fe^{3+} 离子的水解平衡和磺基水杨酸的电离平衡的常数,如果考虑磺基水杨酸的电离平衡,则对表观稳定常数要加以校正,校正公式为 $\lg K_{\text{稳}} = \lg K'_{\text{稳}} + \lg \alpha$。

表 9-6　试剂用量

溶液编号	$0.00100\ mol \cdot dm^{-3}$ Fe^{3+} 的体积 V_M/cm^3	$0.00100\ mol \cdot dm^{-3}$ 磺基水杨酸的体积 V_L/cm^3	磺基水杨酸物质的量分数 $T_i = \dfrac{V_L}{V_M + V_L}$	吸光度 D
1	5.00	0.00		
2	4.50	0.50		
3	4.00	1.00		
4	3.50	1.50		
5	3.00	2.00		
6	2.50	2.50		
7	2.00	3.00		
8	1.50	3.50		
9	1.00	4.00		
10	0.50	4.50		
11	0.00	5.00		

（2）接通分光光度计电源，并调整好仪器，选定波长为 500 nm 的光源。

（3）取 4 支厚度为 1 cm 的比色皿，往其中一支中加入约为比色皿 3/4 体积的参比溶液（用 $0.01\ mol \cdot dm^{-3}$ $HClO_4$ 溶液或表 9-6 中的 11 号溶液），放在比色架中的第一格内，其余 3 支依次分别加入各编号的待测溶液。分别测定各待测溶液的吸光度，并记录之。

五、数据处理

以配合物吸光度 D 为纵坐标，磺基水杨酸的物质的量分数或体积分数为横坐标作图（参照图 9-3）。对配体物质的量分数-吸光度图进行相关处理，获取所需数据，算出磺基水杨酸合铁（Ⅲ）配离子的组成和稳定常数。

六、思考题

1. 本实验测定配合物的组成及稳定常数的原理是什么？
2. 连续变更法的原理是什么？如何用作图法来计算配合物的组成和稳定常数。
3. 连续变更法测定配离子组成时，为什么说溶液中金属离子与配体物质的量之比恰好与配离子组成相同时，配离子的浓度最大？
4. 使用比色皿时，操作上有哪些应注意的？
5. 本实验为何选用 500 nm 波长的光源来测定溶液的吸光度，在使用分光光度计时应注意哪些事项？

实验六　水的净化与软化处理

一、实验目的

1. 了解离子交换法净化水的原理与方法。

2. 了解用配位滴定法测定水的硬度的基本原理和方法。

3. 进一步练习滴定操作及离子交换树脂和电导率仪的使用方法。

二、实验原理

1. 水的硬度和水质的分类

通常将溶有微量或不含 Ca^{2+}、Mg^{2+} 等离子的水叫做软水,而将溶有较多 Ca^{2+}、Mg^{2+} 等离子的水叫做硬水。水的硬度是指溶于水中的 Ca^{2+}、Mg^{2+} 等离子的含量。水中所含钙、镁的酸式碳酸盐经加热易分解而析出沉淀,由这类盐所形成的硬度称为暂时硬度。而由钙、镁的硫酸盐、氯化物、硝酸盐所形成的硬度称为永久硬度。暂时硬度和永久硬度的总和称为总硬度。

硬度有多种表示方法。例如,以水中所含 CaO 的浓度(以 $mmol \cdot dm^{-3}$ 为单位)表示,也有以水中含有 CaO 的量,即每立方分米水中所含 CaO 的毫克数表示。水质可按硬度的大小进行分类,如表 9-7 所示。

表 9-7　水质的分类

水　　质	水的总硬度	
	$CaO/(mg \cdot dm^{-3})$[①]	$CaO/(mmol \cdot dm^{-3})$
很软水	0～40	0～0.72
软水	40～80	0.72～1.4
中等硬水	80～160	1.4～2.9
硬水	160～300	2.9～5.4
很硬水	＞300	＞5.4

注:①也有用度($°$)表示硬度,即每 dm^3 水中含 10mg CaO 为 1 度。$1° = 10ppm$。

2. 水的硬度的测定原理

水的硬度的测定方法甚多,最常用的是 EDTA 配合滴定法。EDTA 是乙二胺四乙酸或乙二胺四乙酸二钠盐的简称,它的分子式为

$$HOOCH_2C \diagdown N-CH_2-CH_2-N \diagdown CH_2COOH \diagup$$

HOOCH₂C——N—CH₂—CH₂—N——CH₂COOH

EDTA 常用 H_4Y 表示,它在水中的溶解度较小。EDTA 二钠盐(一般也称 EDTA)用 Na_2H_2Y 表示,它在水中的溶解度较大,20 ℃时,$100\ cm^3$ 水中可溶解 11 g。

EDTA 具有广泛的配位能力,几乎能与所有的金属离子形成配合物,除极少数的高价离子外,能与大多数金属离子形成 1:1 的配合物。以 Ca^{2+} 与 EDTA 反应为例:

$$Ca^{2+} + Y^{4-} \Longrightarrow CaY^{2-}$$

在测定过程中,控制适当的 pH 值,用少量铬黑 T(EBT)作指示剂,Mg^{2+}、Ca^{2+} 能与铬黑 T 反应,分别生成紫红色的配离子 $[Mg(EBT)]^-$ 和 $[Ca(EBT)]^-$,但其稳定性不及与 EDTA 所形成的配离子 $[Mg(EDTA)]^{2-}$ 和 $[Ca(EDTA)]^{2-}$。上述配离子的 $\lg K$ 值及颜色见表 9-8。

表 9-8　一些钙、镁配离子的 $\lg K$ 值和颜色

配　离　子	$[Ca(EDTA)]^{2-}$	$[Mg(EDTA)]^{2-}$	$[Mg(EBT)]^-$	$[Ca(EBT)]^-$
$\lg K_f^{\ominus}$	11.0	8.46	7.0	5.4
颜色	无色	无色	紫红色	紫红色

滴定时，EDTA 先与溶液中未配合的 Ca^{2+}、Mg^{2+} 结合，然后与 $[Mg(EBT)]^-$、$[Ca(EBT)]^-$ 反应，从而游离出指示剂 EBT，使溶液颜色由紫红色变为蓝色，表明滴定达到终点。这一过程可用化学反应式表示(式中 Me^{2+} 表示 Ca^{2+} 或 Mg^{2+})：

$$HEBT^{2-}(aq) + Me^{2+}(aq) \xrightarrow{pH=10.0} [Me(EBT)]^- + H^+(aq)$$
$$\text{蓝色} \qquad\qquad\qquad\qquad\qquad\qquad \text{紫红色}$$

$$[Me(EBT)]^- + H_2EDTA^{2-}(aq) + OH^-(aq) = [Me(EDTA)]^{2-} + HEBT^{2-}(aq) + H_2O \quad (1)$$
$$\text{紫红色} \qquad\quad \text{无色} \qquad\qquad\qquad\qquad\qquad \text{无色} \qquad\quad \text{蓝色}$$

根据下式可算出水的总硬度：

$$\text{总硬度} = 1000c(EDTA) \cdot V(EDTA)/V(H_2O)$$

或

$$\text{总硬度} = 1000c(EDTA) \cdot V(EDTA) \cdot M(CaO)/V(H_2O)$$

式中，$c(EDTA)$ 为标准 Na_2H_2EDTA 溶液的浓度，单位是 $mol \cdot dm^{-3}$；$V(EDTA)$ 是滴定中消耗的标准 Na_2H_2EDTA 溶液的体积，单位为 cm^3；$V(H_2O)$ 为待测水样的体积，单位是 cm^3；$M(CaO)$ 是 CaO 的摩尔质量，单位为 $g \cdot mol^{-1}$。

3. 水的软化和净化处理

硬水的软化和净化的方法很多，本实验采用离子交换法，即利用离子交换树脂除去水中的阴、阳离子使硬水软化和净化的方法。离子交换树脂是人工合成的不溶性高分子聚合物，含有特定的活性基团，能选择性地与溶液中的某些离子进行交换。能与正离子进行离子交换的树脂称阳离子交换树脂，通常含有磺基、羧基等活性基团，常用 $R-SO_3H$ 表示(R 为高聚物母体)；能与负离子交换的树脂称阴离子交换树脂，一般具有胺基、季胺基等碱性基团，常用 $R-N(CH_3)_3OH$ 表示。使水中的 Ca^{2+}、Mg^{2+} 等离子与阳离子交换树脂进行阳离子交换，交换后的水即为软化水(简称软水)；若使水中的阳、阴离子与阳、阴离子交换树脂进行离子交换，可除去水中的杂质阳、阴离子而使水净化，所得的水叫做去离子水。化学反应式可表示如下(以杂质离子 Mg^{2+} 和 Cl^- 为例)：

$$2R-SO_3H(s) + Mg^{2+}(aq) = (R-SO_3)_2Mg(s) + 2H^+(aq)$$
$$2R-N(CH_3)_3OH(s) + 2Cl^-(aq) = 2R-N(CH_3)_3Cl(s) + 2OH^-(aq)$$
$$H^+(aq) + OH^-(aq) = H_2O(l)$$

4. 水的软化和净化检验

水中的微量 Ca^{2+}、Mg^{2+}，可用铬黑 T 指示剂进行检验。在 pH=8～11 的溶液中，铬黑 T 能与 Ca^{2+}、Mg^{2+} 作用生成紫红色的配离子。

纯水是一种极弱的电解质，水中所含有的可溶性电解质(杂质)常使其导电能力增大。用电导率仪测定水的电导率，可以确定去离子水的纯度。各种水的电导率值大致范围见表 9-9。

表 9-9　各种水的电导率

水　　样	电导率/$(S \cdot m^{-1})$
自来水	$5.0 \times 10^{-1} \sim 5.3 \times 10^{-2}$
一般实验室用水	$5.0 \times 10^{-3} \sim 1.0 \times 10^{-4}$

续表

水　样	电导率/$(S \cdot m^{-1})$
去离子水	$4.0 \times 10^{-4} \sim 8.0 \times 10^{-5}$
蒸馏水	$2.8 \times 10^{-4} \sim 6.3 \times 10^{-6}$
最纯水	$\sim 5.5 \times 10^{-6}$

三、仪器和药品

1. 仪器

微型离子交换柱(套);烧杯($100\ cm^3$ 2 只);锥形瓶($250\ cm^3$ 2 只);铁台;螺丝夹;滴管;移液管($100\ cm^3$);洗耳球;碱式滴定管($50\ cm^3$);滴定管夹;白瓷板;量筒($10\ cm^3$ 4 只);洗瓶($50\ cm^3$);玻璃棒;滤纸(或滤纸片);棉花;T 形管;乳胶管;6 孔井穴板;电导率仪(附铂黑电极和铂光亮电导电极)。

2. 药品

NH_3-NH_4Cl 缓冲溶液;水样(可用自来水或泉水);标准 Na_2H_2EDTA 溶液;铬黑 T 指示剂(0.5%);三乙醇胺 $N(CH_2CH_2OH)_3$(3%);强酸型阳离子交换树脂(001×7);强碱型阴离子交换树脂(201×7)。

四、实验内容

1. 水的总硬度测定

用移液管吸取 $100.00\ cm^3$ 水样,置于 $250\ cm^3$ 锥形瓶中,首先加入 $5\ cm^3$ 三乙醇胺溶液和 $5\ cm^3$ NH_3-NH_4Cl 缓冲溶液,摇匀后,加 2~3 滴铬黑 T 指示剂,摇匀。用标准 EDTA 溶液滴定至溶液颜色由紫红色变为蓝色,即达到滴定终点。记录所消耗的标准 EDTA 溶液体积。再测一份(按分析要求,两份的滴定误差不应大于 $0.15\ cm^3$)。取两次数据的平均值,计算水样的总硬度(以 $mmol \cdot dm^{-3}$ 或 $mg \cdot dm^{-3}$ 表示之)。

2. 硬水软化——离子交换法(微型离子交换柱的制作)

(1) 树脂的预处理和转型。

市售阳离子交换树脂多为钠型(R—SO_3Na),阴离子交换树脂多为氯型。新树脂在使用前必须进行预处理,一般先用水使树脂膨胀。在用于水处理前,需要将阳离子交换树脂由钠型转化为氢型,阴离子交换树脂由氯型转化为羟基型,将树脂转型是将钠型阳离子交换树脂和氯型阴离子交换树脂分别放入 $1\ mol \cdot dm^{-3}$ HCl 溶液和 $1\ mol \cdot dm^{-3}$ NaOH 溶液浸泡 24 h,然后再去离子水洗涤至中性,备用(溶胀后的树脂必须浸泡在去离子水中)。

(2) 装柱。

取一支微型离子交换柱,以铁支架和试管夹垂直固定离子交换柱。注入蒸馏水,将经过转型处理后的阳、阴离子的混合交换树脂与去离子水一起加入交换柱中。同时,打开活塞,使离子交换柱中的蒸馏水缓缓流出,树脂即沉降到交换柱的底部。尽可能使树脂填装紧密,不留气泡,树脂柱高 8~10 cm。在装柱和实验过程中柱中的水面应始终高于树脂面。

按上述方法分别装好阴离子交换树脂柱和阳离子交换树脂柱。

3. 水的净化

将上述三个微型离子交换柱按图 9-4 串联,就组成了离子交换法制去离子水的装置。柱间连接要紧密,不得有气泡。用多用滴管滴加自来水(用作原料水样),控制离子交换柱流速 12 滴/min,以干净的六孔井穴板承接流出液。当流出液充满 2 个穴后,第 3、4 个孔穴承接的流出水是 1# 水样,第 5、6 个孔穴承接的流出水是 2# 样品。

4. 树脂的再生

多次使用的树脂,由于达到了其交换容量,必须进行再生处理,使树脂完全转变为氢型树脂或氢氧型树脂,否则树脂就不能用于硬水的软化处理。

再生的操作如下:将一定量的 1 mol·dm^{-3} HCl 溶液加入到阳离子交换柱中,松开螺旋夹,控制流出液以 6～8 滴/min 的速度流出。待柱中 HCl 溶液的液面降至接近树脂层表面时(不得低于表面),滴加去离子水洗涤树脂,直到流出液呈中性(用 pH 试纸检验)。夹住螺旋夹,弃去流出液。(阴离子交换柱再生处理,是用 1 mol·dm^{-3} NaOH 溶液代替 HCl,其余操作相同。)

5. 水的电导率的测定

用电导率仪分别测定 1#～2# 净化水样(在六孔井穴板中进行,用铂光亮电极)和自来水(3# 水样,用铂黑电极)的电导率。

6. Ca^{2+}、Mg^{2+} 的检验

分别取水样(或自来水)、已经软化的水(超纯水、市售瓶装各类水)各约 5 cm^3,各加入 1 滴铬黑 T 指示剂溶液,摇匀,观察并比较颜色,判断是否含有 Ca^{2+} 和 Mg^{2+},并对它们初步排序。

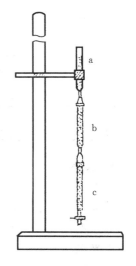

图 9-4　离子交换法制去
离子水的装置
a—阳离子交换柱;
b—阴离子交换柱;
c—阴阳离子混合交换柱

五、思考题

1. 用 EDTA 配合滴定法测定水硬度的基本原理是怎样的?使用什么指示剂?滴定终点的颜色变化如何?

2. 用离子交换法使硬水软化和净化的基本原理是怎样的?操作中有哪些应注意之处?

3. 为什么通常可用电导率值的大小来估计水质的纯度?是否可以认为电导率值越小,水质的纯度越高?

实验七　锡、铅、锑、铋

一、实验目的

(1) 掌握锡、铅、锑、铋的氢氧化物、硫化物的生成、酸碱性及其变化规律。

(2) 掌握锡、铅、锑、铋盐类的水解性。

(3) 掌握锡(Ⅱ)的还原性和铅(Ⅳ)、铋(Ⅴ)的氧化性。

(4) 学习锡、铅、锑、铋的分离和鉴定方法。

(5) 学习铅(Ⅱ)盐的生成与性质。

二、实验原理

锡、铅、锑、铋是周期表中 p 区金属元素，锡、铅是第ⅣA 族元素，其价电子层结构分别为 $5s^25p^2$ 和 $6s^26p^2$，都能形成 $+2$ 和 $+4$ 氧化数的化合物。锑、铋是 VA 族元素，其价电子层分别为 $5s^25p^2$ 和 $6s^26p^2$，都能形成 $+3$ 和 $+5$ 氧化数的化合物。从锡到铅和从锑到铋，由于"$6s^2$ 惰性电子对效应"的影响，其高氧化态化合物的稳定性减小（即铅和铋的高氧化态化合物易与弱的还原剂发生反应），低氧化态化合物的稳定性增加。

1. Sn(Ⅱ)、Pb(Ⅱ)、Sb(Ⅲ)、Bi(Ⅲ)氢氧化物的酸碱性

Sn、Pb、Sb、Bi 的低氧化态氢氧化物均是难溶于水的白色化合物。除 $Bi(OH)_3(s)$ 为碱性氢氧化物以外，其他氢氧化物都是两性氢氧化物，它们既可以溶解在相应的酸中，也可以溶解在过量的 NaOH 溶液中。在过量的 NaOH 溶液中，发生如下的反应：

$$Sn(OH)_2 + 2NaOH = Na_2[Sn(OH)_4]$$
$$Pb(OH)_2 + NaOH = Na[Pb(OH)_3]$$
$$Sb(OH)_3 + NaOH = Na[Sb(OH)_4]$$

2. Sn(Ⅱ)、Sb(Ⅲ)、Bi(Ⅲ)氯化物的水解性

Sn(Ⅱ)、Sb(Ⅲ)、Bi(Ⅲ)卤化物和它们与强酸生成的可溶性盐在水溶液中都易发生水解，生成相应的白色碱式盐沉淀：

$$SnCl_2 + H_2O = Sn(OH)Cl \downarrow （白色）+ HCl$$
$$SbCl_3 + H_2O = SbOCl \downarrow （白色）+ 2HCl$$
$$BiCl_3 + H_2O = BiOCl \downarrow （白色）+ 2HCl$$

水解使溶液呈酸性，根据平衡移动原理，加酸可以抑制水解，因此在配制这些化合物的水溶液时，为了得到澄清的溶液，必须加入相应的酸，抑制它们的水解。而 $SnCl_2$ 的水解反应是不可逆的，即生成的碱式盐沉淀不能完全溶解于相应的酸中，所以配制 $SnCl_2$ 溶液时应先将 $SnCl_2$ 溶解于少量的浓 HCl 中，然后再加水稀释。

3. Sn(Ⅱ)、Sn(Ⅳ)、Sb(Ⅱ)、Sb(Ⅲ)、Bi(Ⅲ)硫化物的生成和性质

Sn(Ⅱ)、Sn(Ⅳ)、Sb(Ⅱ)、Sb(Ⅲ)、Bi(Ⅲ)都能与适量的 Na_2S 作用，生成不溶于水和稀盐酸，但可溶于浓盐酸的有色硫化物：

SnS	SnS_2	PbS	Sb_2S_3	Bi_2S_2
暗棕	黄色	黑色	橙色	棕黑

这些硫化物的酸碱性变化规律与其氧化物的酸碱性变化规律相同。同族元素的硫化物（氧化数相同）从上到下酸性减弱，碱性增强，同种元素的硫化物，高氧化数的硫化物（如 SnS_2）的酸性比低氧化数硫化物（如 SnS）的强。

SnS_2、Sb_2S_3 能溶于 Na_2S 溶液中，生成相应的硫代酸盐：

$$SnS_2 + Na_2S = Na_2SnS_3（硫代锡酸钠）$$
$$Sb_2S_3 + 3Na_2S = 2Na_3SbS_3（硫代亚锑酸钠）$$

所有硫代酸盐只能存在于中性或碱性介质中，遇酸生成不稳定的硫代酸，继而分解，放出 H_2S 气体和折出相应的硫化物沉淀：

$$Na_2SnS_3 + 2HCl = SnS_2(s) + H_2S(g) + 2NaCl$$
$$2Na_3SbS_3 + 6HCl = Sn_2S_3(s) + 3H_2S(g) + 6NaCl$$

硫代酸盐的形成与分解,可以使 Sb_2S_3(辉锑矿)在自然界中进行迁移和富集。

4. 氧化还原性

Sn(Ⅱ)是常用的还原剂,即使是较弱的氧化剂如 Fe^{3+}、$HgCl_2$ 等也能被它还原,相应的反应式为

$$Sn^{2+} + 2Fe^{3+} =\!=\!= Sn^{4+} + 2Fe^{2+}$$

$$Sn^{2+} + 2HgCl_2 =\!=\!= Sn^{4+} + Hg_2Cl_2(s)(白色) + 2Cl^-$$

$$Sn^{2+} + Hg_2Cl_2 =\!=\!= Sn^{4+} + 2Hg(s)(黑色) + 2Cl^-$$

后两个反应是 Sn^{2+} 对 $HgCl_2$ 的分步还原反应,常用于鉴定溶液中的 Hg^{2+}(或 Sn^{2+})。由于 Sn^{2+} 的水解性和强还原性,在配制 Sn^{2+} 溶液时,不仅要防止 Sn^{2+} 的水解,而且还应加入少量的 Sn 粒,以防止溶液中的 Sn^{2+} 被空气氧化。

在碱性介质中,Sn^{2+} 的还原性更强,可以将 Bi^{3+} 还原为 Bi:

$$3SnO_2^{2-} + 2Bi(OH)_3 =\!=\!= 3SnO_3^{2-} + 2Bi + 3H_2O$$

或者

$$3SnCl_2 + 2\,Bi(NO_3)_3 + 18NaOH =\!=\!= Bi\downarrow(黑色) + 3Na_2[Sn(OH)_6] + 6NaCl + 6NaNO_3$$

这个反应可以用来鉴定溶液中的 Bi^{3+}。

Pb(Ⅳ)具有很强的氧化性,在酸性介质中,PbO_2 可以将 Mn^{2+} 氧化为 MnO_4^-:

$$5PbO_2(s) + 2Mn^{2+} + 4H^+ =\!=\!= 5Pb^{2+} + 2MnO_4^- + 2H_2O$$

这个反应可以用来鉴定溶液中的 Mn^{2+}。

5. Pb(Ⅱ)盐的溶解性

除了 $Pb(NO_3)_2$ 和 $Pb(Ac)_2$ 溶于水外,其他 Pb(Ⅱ)盐均难溶于水,例如:

$PbCl_2$	$PbSO_4$	$PbCO_3$	PbS	PbI_2	$PbCrO_4$
白色	白色	白色	黑色	黑色	黑色

$PbCl_2$ 虽然难溶于冷水,却可溶于热水,其溶解度随温度变化较大。这一点是 $PbCl_2$ 与其他难溶氯化物(如 AgCl)不同之处。在 Pb(Ⅱ)的难溶盐中,$PbCrO_4$ 的溶解度较小,又有鲜明的颜色,故常用来鉴定 Pb^{2+}。

三、仪器和药品

1. 仪器

试管;试管夹;酒精灯;离心试管;离心机。

2. 药品

H_2SO_4($2.0\ mol \cdot dm^{-3}$);HNO_3($2\ mol \cdot dm^{-3}$、$6\ mol \cdot dm^{-3}$);NaOH($2\ mol \cdot dm^{-3}$、$6\ mol \cdot dm^{-3}$);HCl(浓、$2\ mol \cdot dm^{-3}$);$BiCl_3$(s);$Bi(NO_3)_3$($0.1\ mol \cdot dm^{-3}$);K_2CrO_4($0.1\ mol \cdot dm^{-3}$);$HgCl_2$($0.1\ mol \cdot dm^{-3}$);KI($0.1\ mol \cdot dm^{-3}$);Na_2S($0.5\ mol \cdot dm^{-3}$);$MnSO_4$($0.1\ mol \cdot dm^{-3}$);PbO_2(s);$Pb(NO_3)_2$($0.1\ mol \cdot dm^{-3}$);$SnCl_2$(s、$0.1\ mol \cdot dm^{-3}$);$SnCl_4$($0.1\ mol \cdot dm^{-3}$);$SbCl_3$(s、$0.1\ mol \cdot dm^{-3}$);NH_4Ac($0.1\ mol \cdot dm^{-3}$);Na_2CO_3($0.1\ mol \cdot dm^{-3}$);pH 试纸。

四、实验内容

1. 氢氧化物的生成及其酸碱性

有浓度均为 $0.1\ mol \cdot dm^{-3}$ 的 $SnCl_2$、$Pb(NO_3)$、$SbCl_3$、$BiCl_3$ 及浓度为 $2.0\ mol \cdot dm^{-3}$ 的

$NaOH$、HCl 和 HNO_3。用试管制备少量 $M(OH)_x$。并分别试验它们的酸碱性,写出实验步骤、试剂用量及实验现象,将实验结果填入表 9-10。

表 9-10 实验结果

氢氧化物化学式	溶解情况			氢氧化物酸碱性
	颜色	NaOH	HCl(HNO₃)	
$Sn(OH)_2$				
$Pb(OH)_2$				
$Bi(OH)_3$				
$Sb(OH)_3$				

2. 氯化物的水解

(1) 取绿豆粒大的固体 $SbCl_3$ 于试管中,加 1 cm^3 蒸馏水溶解,观察实验现象,并用 pH 试纸测量溶液的 pH 值,然后逐滴加浓 HCl 到溶液澄清,再加入蒸馏水稀释,又有何现象。解释实验现象,并写出反应方程式。

(2) 用 $BiCl_3$、$SnCl_2$ 代替 $SbCl_3$ 重复上述实验。

3. $Sn(Ⅱ)$、$Sn(Ⅳ)$、$Pb(Ⅱ)$、$Sb(Ⅲ)$、$Bi(Ⅲ)$ 硫化物的生成与性质

在 3 支离心试管中加入 5 滴 0.1 $mol \cdot dm^{-3}$ $SnCl_2$ 溶液,然后滴加 0.5 $mol \cdot dm^{-3}$ Na_2S 溶液到有沉淀析出,观察沉淀的颜色,离心分离;弃去上层清液,分别加入 2 $mol \cdot dm^{-3}$ HCl、浓 HCl 和 0.5 $mol \cdot dm^{-3}$ Na_2S 溶液,记录有关现象,再在加入 0.5 $mol \cdot dm^{-3}$ Na_2S 溶液的离心试管中加入数滴 2 $mol \cdot dm^{-3}$ HCl,有何现象,写出有关的化学反应方程式。

分别用 0.1 $mol \cdot dm^{-3}$ $SnCl_4$ 溶液,0.1 $mol \cdot dm^{-3}$ $Pb(NO_3)_2$ 溶液,0.1 $mol \cdot dm^{-3}$ $SbCl_3$ 溶液和 0.1 $mol \cdot dm^{-3}$ $Bi(NO_3)_3$ 溶液代替 $SnCl_2$ 溶液,重复上述操作,记录有关现象,写出有关化学反应方程式。

4. 氧化还原性

(1) $Sn(Ⅱ)$ 的还原性——$Bi(Ⅲ)$、$Sn(Ⅱ)$(或 $Hg(Ⅱ)$)的鉴定。

① 在试管中加入 10 滴 0.1 $mol \cdot dm^{-3}$ $SnCl_2$ 溶液和 4 滴 0.1 $mol \cdot dm^{-3}$ $Bi(NO_3)_3$ 溶液,观察有何现象,再加入过量的 6 $mol \cdot dm^{-3}$ $NaOH$ 溶液,又有何现象发生,写出相应的化学反应方程式。

② 在试管中加入 5 滴 0.1 $mol \cdot dm^{-3}$ $HgCl_2$ 溶液,再逐渐加入 0.1 $mol \cdot dm^{-3}$ $SnCl_2$ 溶液,微热,观察沉淀颜色的变化,写出化学反应方程式。

(2) $Pb(Ⅳ)$ 的氧化性——$Mn(Ⅱ)$ 的鉴定。在试管中加入约 1 cm^3 6 $mol \cdot dm^{-3}$ HNO_3 和 3 滴 0.1 $mol \cdot dm^{-3}$ $MnSO_4$ 溶液,再加少量的 PbO_2(固体),微热,静置片刻,待溶液澄清后,观察溶液的颜色,写出化学反应方程式。

5. 难溶铅盐的性质

在 4 支试管中各加入 5 滴 0.1 $mol \cdot dm^{-3}$ $Pb(NO_3)_2$ 溶液,然后分别加入一定量的 2 $mol \cdot dm^{-3}$ HCl、2 $mol \cdot dm^{-3}$ H_2SO_4、0.1 $mol \cdot dm^{-3}$ KI、0.1 $mol \cdot dm^{-3}$ K_2CrO_4 溶液,观察沉淀的生成和颜色,选用合适的试剂将其溶解,写出相应的化学反应方程式。

试验 $PbCl_2$ 在冷、热水中的溶解情况,记录有关现象。

五、预习要求

1. 学习《无机化学》元素部分的有关内容。
2. 复习离心机,加热等操作。

六、思考题

1. 沉淀氢氧化物是否一定要在碱性条件下进行? 是否是加入碱的量越多,氢氧化物的沉淀就越完全?
2. 试验 $Pb(OH)_2$ 的酸碱性时,用哪一种酸较合适? 为什么?
3. 怎样配制能较长时间保存的 $SnCl_2$ 溶液?
4. 如何鉴别 $SnCl_2$ 和 $SnCl_4$?
5. 如何分离并鉴定 Sn^{2+}、Pb^{2+}?
6. 拟定分离 Pb^{2+}、Bi^{3+}、Sb^{3+} 的实验方案。
7. 在 SnS、SnS_2、PbS、Sb_2S_3 中,哪些能溶于 Na_2S 中,溶解后生成什么化合物? 加酸以后又会发生什么变化?

实验八　铬　和　锰

一、实验目的

1. 掌握铬和锰的主要价态化合物的生成和性质。
2. 掌握铬和锰化合物的氧化还原性以及介质对其氧化性质的影响。

二、实验原理

铬和锰分别为周期系 ⅥB 族、ⅦB 族元素,它们都具有副族元素的特征,即有不同氧化数的化合物,并显示不同的颜色,容易形成配位化合物。铬的价电子层结构为 $3d^5 4s^1$,铬的氧化数有 $+2$、$+3$、$+6$,主要氧化数为 $+3$、$+6$。锰的价电子层结构为 $3d^5 4s^2$,锰的氧化数有 $+2$、$+3$、$+4$、$+5$、$+6$、$+7$,主要氧化数为 $+2$、$+4$、$+7$。

1. 铬的主要化合物的生成和性质

铬的几种主要化合物的颜色见表 9-11。

表 9-11　铬的几种主要化合物的颜色

氧化数	+3			+6	
水溶液中离子存在形式	$[Cr(H_2O)_6]^{3+}$	$[Cr(H_2O)_5Cl]^{2+}-[CrCl_6]^{3+}$	$[Cr(OH)_4]^-$（或CrO_2^-）	CrO_4^{2-}	$Cr_2O_7^{2-}$
颜色	灰紫	浅绿—暗绿	亮绿	黄	橙
存在于溶液中的条件	酸性		强碱性	pH>6	pH<2

注:Cr^{2+}、Fe^{2+}、Co^{2+}、Ni^{2+}、Cu^{2+} 等的水合离子呈现颜色都是由于发生 d-d 跃迁的结果。当水合离子中的水分子被其他配位体所取代(如水分子被 Cl^- 离子取代)时,由于配位场强发生变化,d 轨道的分裂能会发生改变,从而引起吸收光波长的变化,导致离子颜色的改变。

在铬(Ⅲ)盐的水溶液中加入适量的氢氧化钠,生成灰绿色的氢氧化铬,氢氧化铬呈两性,它既能溶于酸又能溶于碱:

$$Cr(OH)_3(s) + 3HCl = CrCl_3 + 3H_2O$$
$$Cr(OH)_3(s) + NaOH = NaCrO_2 + 2H_2O$$

+3 价铬盐容易水解,在水溶液中 Cr_2S_3 因水解生成难溶的 $Cr(OH)_3$ 沉淀和 H_2S 气体,使 Cr_2S_3 不能在水溶液中存在。

$$2CrCl_3 + 3Na_2S + 6H_2O = 2Cr(OH)_3(s) + 3H_2S(g) + 6NaCl$$
或
$$Cr_2S_3(s) + 6H_2O = 2Cr(OH)_3(s) + 3H_2S(g)$$

铬酸盐和重铬酸盐在水溶液中存在着下列平衡:

$$2CrO_4^{2-} + 2H^+ \rightleftharpoons Cr_2O_7^{2-} + H_2O$$

根据平衡移动原理,向上述平衡系统加酸,平衡向生成 $Cr_2O_7^{2-}$ 方向移动,加碱平衡向生成 CrO_4^{2-} 方向移动。

铬酸盐的溶解度通常小于重铬酸盐的溶解度,在 $K_2Cr_2O_7$ 溶液中,由于存在 $Cr_2O_7^{2-}$ 与 CrO_4^{2-} 离子的平衡,当加入 Ba^{2+}、Pb^{2+}、Ag^+ 等离子时,得到的是铬酸盐沉淀,而不是重铬酸盐沉淀。

$$Cr_2O_7^{2-} + H_2O + 2Ba^{2+} = 2BaCrO_4(s)(黄色) + 2H^+$$
$$Cr_2O_7^{2-} + H_2O + 2Pb^{2+} = 2PbCrO_4(s)(黄色) + 2H^+$$
$$Cr_2O_7^{2-} + H_2O + 4Ag^+ = 2Ag_2CrO_4(s)(砖红色) + 2H^+$$

铬酸盐和重铬酸盐在酸性条件下,都是强氧化剂,易被还原为 +3 价铬离子。在酸性溶液中 $Cr_2O_7^{2-}$ 可与 H_2S、I^-、SO_3^{2-} 等还原剂发生反应:

$$Cr_2O_7^{2-} + 3H_2S + 8H^+ = 2Cr^{3+} + 3S(s) + 7H_2O$$
$$Cr_2O_7^{2-} + 6I^- + 14H^+ = 2Cr^{3+} + 3I_2 + 7H_2O$$

在酸性溶液中,$Cr_2O_7^{2-}$ 是很强的氧化剂,甚至可氧化浓 HCl 中的 Cl^- 离子。在标准条件下

$$Cr_2O_7^{2-} + 14H^+ + 6e = 2Cr^{3+} + 7H_2O, \quad E^\ominus = 1.33\ V$$
$$Cl_2(g) + 2e = 2Cl^-, \quad E^\ominus = 1.36\ V$$

$E^\ominus(Cl_2/Cl^-) > E^\ominus(Cr_2O_7^{2-}/Cr^{3+})$,在标准状态下,下述反应是不能正向进行的:

$$Cr_2O_7^{2-} + 6Cl^- + 14H^+ = 2Cr^{3+} + 3Cl_2(g) + 7H_2O$$

但加入浓 HCl($12\ mol \cdot dm^{-3}$),使 $c(H^+) = c(Cl^-) \approx 12\ mol \cdot dm^{-1}$,将 $c(H^+)$、$c(Cl^-)$ 分别代入能斯特公式,可估算出上述两电对的电极电势 E(假设 $c(Cr_2O_7^{2-}) = c(Cr^{3+}) = 1\ mol \cdot dm^{-3}$,$p(Cl_2) = 100\ kPa$),则 $E(Cr_2O_7^{2-}/Cr^{3+}) = 1.48\ V$,而 $E(Cl_2/Cl^-) = 1.296\ V$,使 $E(Cr_2O_7^{2-}/Cr^{3+}) > E(Cl_2/Cl^-)$,这样 $K_2Cr_2O_7$ 可作为氧化剂将浓 HCl 氧化放出 $Cl_2(g)$,而自身被还原为绿色的 Cr^{3+} 离子。

在碱性条件下,Cr^{3+} 离子具有较强的还原性,可以被 H_2O_2 或 Na_2O_2 等氧化剂氧化为黄色的铬酸盐。

$$Cr^{3+} + 4OH^- = CrO_2^- + 2H_2O$$
$$2CrO_2^- + 3H_2O_2 + 2OH^- \rightleftharpoons 2CrO_4^{2-} + 4H_2O$$

在重铬酸盐的酸性溶液中,加入少量乙醚和过氧化氢溶液,并摇荡,乙醚层呈蓝色:

$$Cr_2O_7^{2-} + 4H_2O_2 + 2H^+ = 2CrO_5 + 5H_2O$$

CrO_5 称为过氧化铬,常用这个反应检验溶液中是否存在铬(Ⅵ)。

2. 锰的主要化合物的生成和性质

锰的主要化合物的颜色见表 9-12。

表 9-12　锰的主要化合物的颜色

氧化数	+2	+4	+6	+7
水溶液中离子存在形式	$[Mn(H_2O)_6]^{2+}$	无	MnO_4^{2-}	MnO_4^-
颜色	浅桃红(稀释时无色)	—	绿	紫红
存在于溶液中的条件	酸性稳定		pH>11.5 时稳定	中性稳定

+2 价锰的氢氧化物 $Mn(OH)_2$ 为白色，易溶于稀酸而不溶于碱。在空气中易被氧化，逐渐变为 MnO_2 的水合物 $MnO(OH)_2$(即亚锰酸 H_2MnO_3)。亚锰酸不溶于稀酸。

$$2Mn(OH)_2(s)+O_2=2MnO(OH)_2\downarrow(棕色)$$

+2 价锰离子只能在碱性条件下与 S^{2-} 离子结合，生成肉色的 MnS。MnS 的溶解度较大，能溶于稀 HCl，甚至可溶于醋酸。空气可以将 MnS 沉淀氧化成单质 S，MnS 不宜放置。

+2 价锰离子是很弱的还原剂，在稀 HNO_3 或稀 H_2SO_4 存在下(不能用稀 HCl 作介质，为什么?)与强氧化剂 $NaBiO_3$(土黄色固体)反应，生成紫色 MnO_4^- 离子。

$$2Mn^{2+}+5NaBiO_3(s)+14H^+ =\!=\!=2MnO_4^-+5Bi^{3+}+5Na^++7H_2O$$

这个反应常用来鉴定 Mn^{2+} 离子。

+6 价锰酸盐仅在强碱性介质中稳定。从下列电势图：

$$E_A:MnO_4^- \xrightarrow{0.56\ V} MnO_4^{2-} \xrightarrow{2.26\ V} MnO_2$$

$$E_B:MnO_4^- \xrightarrow{0.56\ V} MnO_4^{2-} \xrightarrow{0.60\ V} MnO_2$$

可以看出，MnO_4^{2-} 在 1 mol·dm^{-3} 的 OH$^-$ 溶液中，就可以自发地发生歧化反应。随溶液的酸度增加，歧化反应进行得越彻底，生成紫色的 MnO_4^- 离子和棕色 MnO_2 沉淀的趋势越大，反应方程式如下：

$$3MnO_4^{2-}+4H^+ =\!=\!=2MnO_4^-+MnO_2(s)+2H_2O$$

或

$$3MnO_4^{2-}+2H_2O =\!=\!=2MnO_4^-+MnO_2(s)+4OH^-$$

上述反应是可逆反应，但逆向反应较困难，MnO_4^{2-} 和 MnO_2 只有在强碱性(pH>11.5)和加热的条件下，才能生成稳定的绿色 MnO_4^{2-} 离子。

$KMnO_4$ 是强氧化剂，它的还原产物随介质的酸碱性不同而不同。

在酸性介质中：

$$2MnO_4^-+6H^++5SO_3^{2-} =\!=\!=2Mn^{2+}+5SO_4^{2-}+3H_2O$$

在中性或弱碱性介质中：

$$2MnO_4^-+H_2O+3SO_3^{2-} =\!=\!=2MnO_2(s)+3SO_4^{2-}+2OH^-$$

在强碱性介质中(pH>11.5)：

$$2MnO_4^-+2OH^-+SO_3^{2-} =\!=\!=2MnO_4^{2-}+SO_4^{2-}+H_2O$$

三、仪器和药品

1. 仪器

常用普化实验仪器。

2. 药品

$HNO_3(2\ mol \cdot dm^{-3})$；$HCl(2\ mol \cdot dm^{-3}$、$12\ mol \cdot dm^{-3})$；$HAc(6\ mol \cdot dm^{-3})$；$H_2SO_4$ $(1\ mol \cdot dm^{-3}$、$3\ mol \cdot dm^{-3})$；氨水$(2\ mol \cdot dm^{-3})$；$NaOH(2\ mol \cdot dm^{-3}$、$6\ mol \cdot dm^{-3})$；$Cr(NO_3)_3(0.1\ mol \cdot dm^{-3})$；$Pb(NO_3)_2(0.1\ mol \cdot dm^{-3})$；$Na_2S(0.1\ mol \cdot dm^{-3})$；$AgNO_3$ $(0.1\ mol \cdot dm^{-3})$；$K_2CrO_4(0.1\ mol \cdot dm^{-3})$；$MnSO_4(0.1\ mol \cdot dm^{-3})$；$K_2Cr_2O_7(0.1$ $mol \cdot dm^{-3})$；$KMnO_4(0.01\ mol \cdot dm^{-3})$；$BaCl_2(0.1\ mol \cdot dm^{-3})$；$Na_2SO_3(1\ mol \cdot dm^{-3})$；$H_2O_2(3\%)$；$NaBiO_3(s)$；$MnO_2(s)$；$H_2S(饱和溶液)$；淀粉 KI 试纸；乙醚；酒精灯。

四、实验内容

1. 铬的化合物

（1）氢氧化铬（Ⅲ）的酸、碱性。分别往盛有 $0.1\ mol \cdot dm^{-3}Cr(NO_3)_3$ 溶液的两支试管中，逐滴加入 $2\ mol \cdot dm^{-3}NaOH$ 至沉淀完全，观察产物的颜色。离心分离，弃去清液，即得到两份沉淀。

一份沉淀上加 $2\ mol \cdot dm^{-3}$ 的 HCl，沉淀是否溶解？往另一份沉淀上加 $2\ mol \cdot dm^{-3}$ NaOH 溶液，沉淀是否溶解？写出相应的反应方程式，并解释上述现象。

（2）三价铬盐的水解作用。向装有少量 $0.1\ mol \cdot dm^{-3}Cr(NO_3)_3$ 溶液的试管中，滴加 $0.5\ mol \cdot dm^{-3}Na_2S$ 溶液，观察反应产物的颜色和状态，设法证明产物是 $Cr(OH)_3$，而不是 Cr_2S_3。写出相应的反应方程式，并解释实验现象。

（3）三价铬盐的还原性。向 $0.5\ cm^3$、$0.1\ mol \cdot dm^{-3}Cr(NO_3)_3$ 溶液中，加入过量的 2 $mol \cdot dm^{-3}NaOH$ 溶液，直到最初生成的沉淀溶解为止。往清液中逐滴加入 $3\%H_2O_2$ 溶液，微热之，观察溶液的颜色有什么变化，写出相应的反应方程式。

（4）$Cr(Ⅵ)$ 化合物的性质。

①重铬酸钾的氧化性。向 $0.5\ cm^3$、$0.1\ mol \cdot dm^{-3}K_2Cr_2O_7$ 溶液中，加入 $1\ cm^3$、1 $mol \cdot dm^{-3}H_2SO_4$，然后加入一定量的饱和 H_2S 水溶液，加热，观察溶液的颜色是否发生变化以及溶液是否出现混浊，写出相应的反应方程式。

向另一个装有少量（$1\sim2$ 滴）$0.1\ mol \cdot dm^{-3}K_2Cr_2O_7$ 溶液的试管中，加入一定量的浓 HCl，加热，观察溶液颜色的变化以及是否有氯气生成（如何检验？），写出相应的反应方程式并说明溶液的 pH 值对 $K_2Cr_2O_7$ 的氧化能力有何影响？

②CrO_4^{2-} 与 $Cr_2O_7^{2-}$ 溶液中的平衡和相互转化。向 $0.5\ cm^3$、$0.1\ mol \cdot dm^{-3}K_2Cr_2O_7$ 溶液中滴加 $2\ mol \cdot dm^{-3}NaOH$ 溶液，观察溶液的颜色有何变化？再滴加 $2\ mol \cdot dm^{-3}H_2SO_4$ 溶液，观察溶液的颜色又有何变化，写出相应的反应方程式。

再向 $0.5\ cm^3$、$0.1\ mol \cdot dm^{-3}K_2CrO_4$ 溶液中滴加 $2\ mol \cdot dm^{-3}H_2SO_4$ 溶液，溶液颜色又有什么变化？接着再滴入 $2\ mol \cdot dm^{-3}NaOH$ 溶液，观察溶液颜色又有何变化，写出相应的反应方程式。

③微溶性铬酸盐的生成和溶解。在三支试管中，各加入 $0.5\ cm^3$、$0.1\ mol \cdot dm^{-3}K_2CrO_4$ 溶液，再分别加入 $0.1\ mol \cdot dm^{-3}AgNO_3$ 溶液、$BaCl_2$ 溶液和 $Pb(NO_3)_2$ 溶液，观察产物的颜色和状态，写出相应的反应方程式，并试验这些铬酸盐沉淀能溶于什么酸中。

如果用 $0.1\ mol \cdot dm^{-3}K_2Cr_2O_7$ 溶液和 $0.1\ mol \cdot dm^{-3}BaCl_2$ 溶液反应，有什么现象？反应前后，溶液的 pH 值发生什么变化？试用 $Cr_2O_7^{2-}$ 与 CrO_4^{2-} 间的平衡关系说明这一实验结

果,并写出相应的反应方程式。

(5) 过氧化铬的生成。

取 5 滴 0.1 mol·dm^{-3} K$_2$Cr$_2$O$_7$ 溶液,用 2 mol·dm^{-3} H$_2$SO$_4$ 溶液酸化后,加入少量的乙醚和 3% H$_2$O$_2$ 溶液,摇荡,观察乙醚层呈何种颜色? 解释实验现象,并写出相应的反应方程式。

2. 锰的化合物

(1) Mn^{2+} 的氢氧化物的制备和性质。用 0.1 mol·dm^{-3} MnSO$_4$ 溶液制备 Mn(OH)$_2$,迅速观察沉淀的颜色。试验 Mn(OH)$_2$ 的酸碱性。

取少量 Mn(OH)$_2$ 置于另一试管中,在空气中摇荡,注意沉淀颜色的变化。解释现象,并写出有关反应式。

(2) Mn^{2+} 的硫化物的生成和性质。取 5 滴 0.1 mol·dm^{-3} MnSO$_4$ 溶液,加入数滴 0.1 mol·dm^{-3} Na$_2$S,观察生成沉淀的颜色。再于沉淀上加数滴 6 mol·dm^{-3} HAc,观察沉淀是否溶解,并写出反应式。

(3) Mn^{2+} 离子的还原性(Mn^{2+} 离子的鉴定反应)。取 1~2 滴 0.1 mol·dm^{-3} MnSO$_4$ 溶液,然后加 10 滴 2 mol·dm^{-3} HNO$_3$ 及 1 cm^3 去离子水,最后再加入少量 NaBiO$_3$ 固体,充分摇荡后静置数分钟,待未发生反应的 NaBiO$_3$ 土黄色固体沉降后,观察上层清液的颜色有何变化,写出反应式。

(4) Mn(Ⅵ) 的化合物的生成和性质。

①在 5 滴 0.01 mol·dm^{-3} KMnO$_4$ 溶液中加入 2~3 cm^3 6 mol·dm^{-3} NaOH,在强碱性介质下,加入少量 MnO$_2$ 固体,加热沸腾 1 min 后,静置片刻,观察上层清液呈现 MnO$_4^{2-}$ 离子的特征绿色,写出反应式。制得的 MnO$_4^{2-}$ 溶液供下面实验用。

②吸取已制得的 MnO$_4^{2-}$ 溶液 1 cm^3,加入 3 mol·dm^{-3} H$_2$SO$_4$ 酸化,观察溶液颜色的变化以及是否有沉淀析出,并写出反应式。

(5) Mn(Ⅶ) 化合物的氧化性(KMnO$_4$ 在不同介质中还原产物不同)。在 3 支试管中分别加入 0.5 cm^3 1 mol·dm^{-3} H$_2$SO$_4$、去离子水和 6 mol·dm^{-3} NaOH,然后在各试管中加入 0.5 cm^3 1 mol·dm^{-3} Na$_2$SO$_3$ 摇匀后,各加入 0.01 mol·dm^{-3} KMnO$_4$ 溶液数滴,观察 KMnO$_4$ 在酸性、中性和强碱性介质中与 Na$_2$SO$_3$ 溶液反应的现象,产物各是什么? 写出反应式。

五、预习要求

1. 学习 Cr、Mn 及其主要化合物性质的有关内容。
2. 拟定好设计试验的实验方案。

六、思考题

1. 怎样从实验确定 Cr(OH)$_3$ 是两性氢氧化物?
2. 在本实验中如何实现从 Cr(Ⅲ)→Cr(Ⅵ)→Cr(Ⅲ) 的转变?
3. CrO$_4^{2-}$ 与 Cr$_2$O$_7^{2-}$ 离子在水溶液中颜色有何不同? 介质的酸碱性对 CrO$_4^{2-}$ 和 Cr$_2$O$_7^{2-}$ 在溶液中存在形式有何影响?
4. Mn(OH)$_2$ 是否两性? 将 Mn(OH)$_2$ 放在空气中,将产生什么变化? 为什么 Mn^{2+} 在空气中比 Mn(OH)$_2$ 稳定?
5. KMnO$_4$ 还原产物和介质有何关系?
6. 如何分离 Cr^{3+} 和 Al^{3+},Mn^{2+} 和 Mg^{2+}。

实验九 常见阳离子的分离和检出

一、实验目的

1. 了解硫化氢系统分析法的离子分组、组试剂和分组分离条件。
2. 总结、比较常见阳离子的有关性质。
3. 将 Cu^{2+}、Sn^{4+}、Cr^{3+}、Ni^{2+}、Ca^{2+} 等离子进行分离检出，并掌握其分离检出条件。

二、实验原理

在水溶液中，离子的分离与检出是以各离子对试剂的不同反应为依据的。这种反应常伴有特殊的现象，例如，沉淀的产生、特征颜色和气体产生等，各种离子对试剂作用的相似性和差异性就构成了离子分离和检出方法的基础，即离子本身的性质是分离检出的基础。

任何分离、检出反应都是在一定条件下进行的，选择适当的条件（如溶液的酸度，反应物浓度、温度等）可以使反应向预计的方向进行，因此在设计水溶液中混合阳离子分离检出实验方案时，除了必须熟悉各种离子的性质外，还要会运用离子平衡（酸碱、沉淀、氧化还原和配合平衡）的规律控制反应条件。这样既利于熟悉离子性质，又有利于加深对各类离子平衡的理解。

对于组分较复杂试样的离子分离与检出，通常采用系统分析法，常用的经典系统分析法有两种，硫化氢系统分析法和两酸两碱系统分析法，由于硫化氢系统分析法应用较广泛，主要介绍硫化氢系统分析法。

在系统分析中，首先用几种组试剂将溶液中性质相似的离子分成若干组，然后在组内进行分离和检出。所谓"组试剂"是指能将几种离子同时沉淀出来而与其他离子分开的试剂。

硫化氢系统分析法是以硫化物溶解度的不同为基础，用 4 种组试剂把常见的阳离子分为 5 个组的系统分析法，常见阳离子的分组情况及所用组试剂列入表 9-13。

硫化氢系统分析的过程是：在含有阳离子的酸性溶液中加入 HCl，Ag^+、Pb^{2+}、Hg_2^{2+} 形成白色的氯化物沉淀，而与其他阳离子分离，这几种阳离子就构成了盐酸组。沉淀盐酸组时，HCl 的浓度不能太大，否则会因形成可溶性配合物而沉淀不完。在分离沉淀后的清液中调节至 HCl 的浓度为 $0.3\ mol\cdot dm^{-3}$，通入 H_2S（或加硫代乙酰胺并加热），Pb^{2+}、Bi^{3+}、Cu^{2+}、Cd^{2+}、Hg^{2+}、$As(III,V)$、$Sb(III,V)$、Sn^{4+} 等阳离子生成相应的硫化物沉淀，这些离子组成了硫化氢组，在分离沉淀后的清液中加入氨水至碱性（NH_4Cl 存在下），通入 H_2S（或加入硫代乙酰胺并加热），Fe^{3+}、Co^{2+}、Ni^{2+}、Mn^{2+}、Zn^{2+} 形成硫化物沉淀，而 Al^{3+}、Cr^{3+} 形成氢氧化物沉淀，这些离子统称为硫化铵组。在沉淀这一组离子时，溶液的酸度不能太高，否则本组离子不可能沉淀完全，溶液酸度也不能太低，否则另一组的 Mg^{2+} 可能部分生成 $Mg(OH)_2$ 沉淀，并且 $Al(OH)_3$ 呈两性也可能部分溶解，溶液中加入一定量的 NH_4Cl 以控制溶液的 pH 值，防止形成 $Mg(OH)_2$ 沉淀和 $Al(OH)_3$ 的部分溶解。在分离沉淀后的清液中加入 $(NH_4)_2CO_3$，Sr^{2+}、Ba^{2+} 和 Ca^{2+} 形成碳酸盐并析出沉淀，称为碳酸铵组，剩下的 Mg^{2+}、K^+、Na^+、NH_4^+ 不被上述任何组试剂所沉淀，留在溶液中，叫易溶组。分成 5 个组后再利用组内离子性质的差异性，利用各种试剂和方法——进行分离检出。

表 9-13　　阳离子的硫化氢系统分组

分组根据的特性	硫化物不溶于水				硫化物溶于水	
	在稀酸中生成硫化物沉淀			在稀酸中不生成硫化物沉淀	碳酸盐不溶于水	碳酸盐溶于水
	氯化物不溶于水	氯化物溶于水				
		硫化物不溶于硫化钠	硫化物溶于硫化钠			
包括离子	Ag^+ Hg_2^{2+} (Pb^{2+})①	Pb^{2+} Bi^{3+} Cu^{2+} Cd^{2+}	Hg^{2+} As(Ⅲ,Ⅴ) Sb(Ⅲ,Ⅴ) Sn^{4+}	Fe^{3+}　Fe^{2+} Al^{3+}　Mn^{2+} Cr^{3+}　Zn^{2+} Co^{2+} Ni^{2+}	Ba^{2+} Sr^{2+} Ca^{2+}	Mg^{2+} K^+ Na^+ (NH_4^+)②
组名名称	Ⅰ组 银组 盐酸组	Ⅱ_A 组	Ⅱ_B 组	Ⅲ组 铁组 硫化铵组	Ⅳ组 钙组 碳酸铵组	Ⅴ组 钠组 可溶组
		Ⅱ组 铜锡组 硫化氢组				
组试剂	HCl	~0.3 mol・dm⁻³ HCl H_2S 或硫代乙酰胺		NH_3+NH_4Cl $(NH_4)_2S$ 或硫代乙酰胺	NH_3+NH_4Cl $(NH_4)_2CO_3$	—

注：①Pb^{2+}浓度大时部分沉淀。

　　②系统分析中需要加入铵盐，故 NH_4^+ 需另行检出。

三、仪器和药品

1. 仪器

离心机；恒温水浴。

2. 药品

Cu^{2+}、Sn^{4+}、Cr^{3+}、Ni^{2+}、Ca^{2+} 的混合液；2 mol・dm⁻³、6 mol・dm⁻³ NaOH 溶液；10% NaOH 溶液；0.5 mol・dm⁻³、2 mol・dm⁻³、6 mol・dm⁻³ 氨水；浓氨水；0.1 mol・dm⁻³、1.0 mol・dm⁻³、6 mol・dm⁻³ HCl 溶液；5% 硫代乙酰胺溶液；6 mol・dm⁻³ HNO_3 溶液；0.2 mol・dm⁻³ $HgCl_2$ 溶液；1 mol・dm⁻³ NaAc 溶液；0.25 mol・dm⁻³ $K_4Fe(CN)_6$ 溶液；6% H_2O_2；1% 丁二酮肟溶液；1 mol・dm⁻³ $(NH_4)_2CO_3$ 溶液；2 mol・dm⁻³、6 mol・dm⁻³ HAc 溶液；10% Na_2CO_3 溶液；$CHCl_3$；3 mol・dm⁻³ NH_4Cl 溶液；1% NH_4NO_3 溶液；0.5 mol・dm⁻³ $Pb(NO_3)_2$ 溶液；0.1% 甲基紫指示剂；1% 乙二醛双缩(α-羟基苯胺)(简称 GBHA)的乙醇溶液；0.001% 镁试剂 I(对硝基苯偶氮间苯二酚)；百里酚蓝指示剂；Zn 粉。

四、实验内容

1. Cu^{2+}、Sn^{4+}、Cr^{3+}、Ni^{2+}、Ca^{2+} 混合液的定性分析

系统分析图如图 9-5 所示。

操作步骤如下：

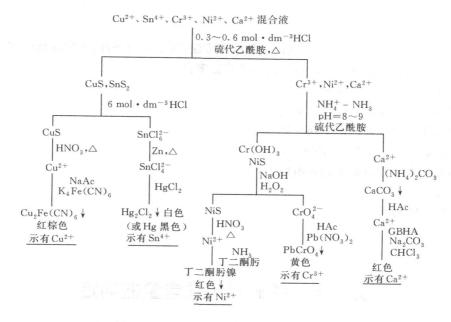

图 9-5 Cu^{2+}、Sn^{4+}、Cr^{2+}、Ni^{2+}、Ca^{2+} 混合液的系统分离、检出图

(1) Cu^{2+}、Sn^{4+} 与 Cr^{3+}、Ni^{2+}、Ca^{2+} 的分离以及 Cu^{2+}、Sn^{4+} 的检出。取 20 滴混合液于 1 支离心试管中,加入 1 滴 0.1% 甲基紫指示剂,用 NH_3 和 HCl 调至溶液为绿色,加入 15 滴 5% 硫代乙酰胺,加热,则析出 CuS 和 SnS_2 沉淀,离心分离(离心液按(2)处理),沉淀上加 4~5 滴 6 mol·dm^{-3} HCl,充分搅拌,加热,使 SnS_2 充分溶解,离心分离,离心液为 $SnCl_6^{2-}$,用少许 Zn 粉将其还原为 $SnCl_4^{2-}$,取 2~3 滴上层清液,加入 2~3 滴 0.2 mol·dm^{-3} $HgCl_2$,若生成白色沉淀,并逐渐变为黑色,证明有 Sn^{4+} 存在。在 CuS 沉淀上加 2 滴 6 mol·dm^{-3} HNO_3,加热溶解,并除去低价氮的氧化物,离心分离,弃去沉淀,溶液加 1 mol·dm^{-3} NaAc 和 0.25 mol·dm^{-3} $K_4Fe(CN)_6$ 溶液各数滴,生成红棕色沉淀,证明有 Cu^{2+} 存在。

(2) Cr^{3+}、Ni^{2+} 与 Ca^{2+} 的分离和 Cr^{3+}、Ni^{2+} 的鉴定,在(1)的离心液中,加入 5 滴 3 mol·dm^{-3} NH_4Cl 溶液及 1 滴百里酚蓝指示剂,再用 15 mol·dm^{-3} $NH_3·H_2O$ 及 0.5 mol·dm^{-3} NH_3 水调至溶液显黄棕色(先用浓氨水,后用稀氨水调节),加 10 滴 5% 硫代乙酰胺,在水浴中加热,离心分离,离心液按(3)处理。沉淀用 1% NH_4NO_3 溶液洗涤。弃去溶液,沉淀加 3 滴 6 mol·dm^{-3} NaOH 和 3 滴 6% H_2O_2,加热,使 $Cr(OH)_3$ 溶解,生成黄色的 CrO_4^{2-},离心分离,离心液加 HAc 酸化,加 1 滴 Pb^{2+} 溶液,若生成黄色沉淀,示有 Cr^{3+}。

NiS 沉淀用 1% NH_4NO_3 溶液洗涤,弃去溶液,沉淀加 2 滴 6 mol·dm^{-3} HNO_3,加热溶解,分离出生成的硫磺沉淀,清液中加入 6 mol·dm^{-3} NH_3 水,使之呈碱性,加 1 滴 1% 丁二酮肟,若生成红色沉淀,证明有 Ni^{2+} 存在。

(3) Ca^{2+} 的鉴定。在(2)的离心液中,加 3 滴 1 mol·dm^{-3} $(NH_4)_2CO_3$,生成白色沉淀,离心分离,弃去离心液,沉淀用水洗一次,加 2 滴 2 mol·dm^{-3} HAc 溶解,取此溶液 1 滴,加 4 滴 1% GBHA 的乙醇溶液,1 滴 10% NaOH 溶液,1 滴 10% Na_2CO_3 溶液和 3~4 滴 $CHCl_3$,再加数滴水,摇动试管,若 $CHCl_3$ 层显红色示有 Ca^{2+} 存在。

五、思考题

1. 根据本实验的内容,总结常见离子的检出方法,写出反应条件、现象及反应方程式。

2. 拟定下列两组阳离子的分离检出的实验方案:

(1) NH_4^+,Cu^{2+},Ag^+,Hg^{2+},Ba^{2+};

(2) Na^+,Ni^{2+},Pb^{2+},Cr^{2+},Ca^{2+}。

3. 请选用一种试剂区别下列 5 种溶液:

KCl,$Cd(NO_3)_2$,$AgNO_3$,$ZnSO_4$,$CrCl_3$

4. 各用一种试剂分离下列各组离子:

(1) Zn^{2+} 和 Al^{3+};

(2) Cu^{2+} 和 Hg^{2+};

(3) Zn^{2+} 和 Cd^{2+}。

实验十　铁矿石中铁含量的测定

一、实验目的

1. 了解测定铁矿石中铁含量的标准方法和基本原理。

2. 学习矿样的分解,样品的预处理等操作方法。

3. 初步了解测定矿物中某组分含量的基本过程以及相应的实验数据的处理方法。

二、实验原理

含铁的矿物种类很多。其中有工业价值可以作为炼铁原料的铁矿石主要有:磁铁矿(Fe_3O_4)、赤铁矿(Fe_2O_3)、褐铁矿($Fe_2O_3 \cdot nH_2O$)和菱铁矿($FeCO_3$)等。测定铁矿石中铁的含量最常用的方法是重铬酸钾法。经典的重铬酸钾法(即氯化亚锡-氯化汞-重铬酸钾法),方法准确、简便,但所用氯化汞是剧毒物质,会严重污染环境,为了减少环境污染,现在较多采用无汞分析法。

本实验采用改进的重铬酸钾法,即三氯化钛-重铬酸钾法。其基本原理如下。粉碎到一定粒度的铁矿石用热的盐酸分解:

$$Fe_2O_3 + 6H^+ = 2Fe^{3+} + 3 H_2O$$

试样分解完全后,趁热加入 $SnCl_2$ 将大部分 Fe^{3+} 还原为 Fe^{2+},使溶液由红棕色变为浅黄色,然后再以 Na_2WO_4 为指示剂,用 $TiCl_3$ 将剩余的 Fe^{3+} 全部还原成 Fe^{2+},当 Fe^{3+} 全部还原为 Fe^{2+} 之后,过量 $1\sim2$ 滴 $TiCl_3$ 溶液,即可使溶液中的 Na_2WO_4 还原为蓝色的五价钨化合物,俗称"钨蓝",再往溶液中滴入少量 $K_2Cr_2O_7$,使过量的 $TiCl_3$ 氧化,"钨蓝"刚好褪色即可。在无汞测定铁的方法中,常采用 $SnCl_2$-$TiCl_3$ 联合还原,其反应方程式为

$$2Fe^{3+} + Sn^{2+} = Sn^{4+} + 2Fe^{2+}$$

$$Fe^{3+} + Ti^{3+} + H_2O = Fe^{2+} + TiO^{2+} + 2H^+$$

此时样品溶液中的 Fe^{3+} 已被全部还原为 Fe^{2+},加入硫磷混酸和二苯胺磺酸钠指示剂,用标准重铬酸钾溶液滴定至溶液呈稳定的紫色即为终点,在酸性溶液中,$Cr_2O_7^{2-}$ 滴定 Fe^{2+} 的反应式

如下：

$$Cr_2O_7^{2-} + 6Fe^{2+} + 14H^+ = 6Fe^{3+}（黄色）+ 2Cr^{3+}（绿色）+ 7H_2O$$

在滴定过程中，不断产生的 Fe^{3+}（黄色）对终点的观察有干扰，通常用加入磷酸的方法，使 Fe^{3+} 与磷酸形成无色的 $Fe(HPO_4)_2^-$ 配合物，消除 Fe^{3+}（黄色）的颜色干扰，便于观察终点。同时由于生成了 $Fe(HPO_4)_2^-$，Fe^{3+} 的浓度大量下降，避免了二苯胺磺酸钠指示剂被 Fe^{3+} 氧化而过早的改变颜色，使滴定终点提前到达的现象，提高了滴定分析的准确性。

由滴定消耗的 $K_2Cr_2O_7$ 溶液的体积 (V)，可以计算得到试样中铁的含量，其计算式为

$$Fe 的含量（Fe\%）= w(Fe) = \frac{c(\frac{1}{6}K_2Cr_2O_7) \cdot V(K_2Cr_2O_7) \times 55.85}{m \times 1000} \times 100\%$$

式中，$c(\frac{1}{6}K_2Cr_2O_7)$ 为 $K_2Cr_2O_7$ 标准溶液的物质的量浓度，单位为 $mol \cdot dm^{-3}$；m 为试样的质量，单位为 g；55.85 为铁的摩尔质量，单位为 $g \cdot mol^{-1}$。

三、仪器与药品

1. 仪器

分析天平；酸式滴定管；锥形瓶（250 cm^3）；电热板或电炉。

2. 药品

$K_2Cr_2O_7$ 标准溶液 $\left(c(\frac{1}{6}K_2Cr_2O_7) = 0.1 \, mol \cdot dm^{-3}\right)$；HCl 溶液（1+1）；$SnCl_2$ 溶液（10%，称取 100 g $SnCl_2 \cdot 2H_2O$，溶于 500 cm^3 盐酸中，加热至澄清，然后加水稀释至 1 dm^3）；Na_2WO_4 溶液（10%，称取 100 g Na_2WO_4，溶于约 400 cm^3 蒸馏水中，若浑浊则进行过滤，然后加入 50 $cm^3 H_3PO_4$，用蒸馏水稀释至 1 dm^3）；$TiCl_3$ 溶液（1+9，将 100 $cm^3 TiCl_3$ 试剂（15%~20%）与 HCl 溶液（1+1）200 cm^3 及 700 cm^3 水相混合，转于棕色细口瓶中，加入 10 粒无砷锌，放置过夜）；硫磷混合液（在搅拌下将 200 $cm^3 H_2SO_4$ 缓缓加到 500 cm^3 中，冷却后再加 300 $cm^3 H_3PO_4$ 混匀）；$KMnO_4$ 溶液（1%）；二苯胺磺酸钠溶液（0.5%）。

四、实验内容

1. 试样的分解

用分析天平准确称取 0.2 g 铁矿石试样 3 份，分别置于 3 个 250 cm^3 锥形瓶中，用少量蒸馏水润湿，加入 20 cm^3 HCl 溶液，盖上表面皿，小火加热至近沸，待铁矿石大部分溶解后，缓缓煮沸 1~2 min，使铁矿石分解完全（即无黑色颗粒状物质存在）[①]，这时溶液呈红棕色。用少量蒸馏水吹洗瓶壁和表面皿，加热至沸。

试样分解完全后，样品可以放置。用 $SnCl_2$ 还原 Fe^{3+} 至 Fe^{2+} 时，应特别强调，要预处理一份就立即滴定，而不能同时预处理几份并放置，然后再一份一份的滴定。

2. Fe^{3+} 的还原

趁热滴加 10% $SnCl_2$ 溶液，边加边摇动，直到溶液由红棕色变为浅黄色，若 $SnCl_2$ 过量，溶液的黄色完全消失呈无色，则应加入少量 $KMnO_4$ 溶液使溶液呈浅黄色。加入 50 cm^3 蒸馏水

---

① 当试样分解结束时，仍有黑色残渣存在，可加入少量 $SnCl_2$ 溶液助溶，对于难溶或含硅量较高的试样，可加入少量 NaF，以促进试样的溶解。

及 10 滴 10% Na_2WO_4 溶液,在摇动下滴加 $TiCl_3$ 溶液至出现稳定的蓝色(即 30 秒内不褪色),再过量 1 滴。用自来水冷却至室温,小心滴加 $K_2Cr_2O_7$ 溶液至蓝色刚刚消失(呈浅绿色或接近无色)。

3. 滴定

将试液再加入 50 cm^3 蒸馏水、10 cm^3 硫磷混酸及 2 滴二苯胺磺酸钠指示剂,立即用 $K_2Cr_2O_7$ 标准溶液滴定至溶液呈稳定的紫色为终点,记下所消耗的 $K_2Cr_2O_7$ 标准溶液的体积。按照上述步骤测定另二份样品。

4. 计算结果

根据所耗 $K_2Cr_2O_7$ 标准溶液的体积,按公式计算铁矿石中铁的含量(%)。三次平行测定结果的极差应不大于 0.4%,以其平均值为最后结果。

五、预习要求

1. 误差及有效数据。
2. 分析天平的使用,酸式滴定管的使用,固体试样的分解。

六、思考题

1. 简述 $TiCl_3$-$K_2Cr_2O_7$ 法测定铁含量的原理,写出相应的反应方程式。
2. 滴定前为什么要加入硫磷混酸?
3. 还原 Fe^{3+} 时,为什么要使用两种还原剂,只使用其中的一种有何不妥?
4. 试样分解完,加入硫磷混酸和指示剂后为什么必须立即滴定?

附　　录

附录 A　一些基本物理常数

物　理　量	符　　号	数　　值
真空中的光速	c	2.99792458×10^8 m·s⁻¹
基本电荷	e	1.602189×10^{-19} C
质子静止质量	m_p	1.672649×10^{-27} kg
电子静止质量	m_e	9.10953×10^{-31} kg
摩尔气体常数	R	8.314510 J·mol⁻¹·K⁻¹
阿伏伽德罗（Avogadro）常数	N_A, L	6.022045×10^{23} mol⁻¹
里德伯（Rydberg）常数	R_∞	1.09737318×10^7 m⁻¹
普朗克（Planck）常数	h	6.626176×10^{-34} J·s
法拉第（Faraday）常数	F	9.648456×10^4 C·mol⁻¹
玻耳兹曼（Boltzmann）常数	k	1.380662×10^{-23} J·K⁻¹
真空介电常数	ε_0	8.854188×10^{-12} F·m⁻¹
玻尔磁子	μ_B	9.274015×10^{-24} A·m²

附录 B　某些物质的标准摩尔生成焓、标准摩尔生成吉布斯函数和标准摩尔熵(298.15 K)

(标准态压力 $p^{\ominus}=100$ kPa)

物　质	$\dfrac{\Delta_f H_m^{\ominus}}{kJ \cdot mol^{-1}}$	$\dfrac{\Delta_f G_m^{\ominus}}{kJ \cdot mol^{-1}}$	$\dfrac{S_m^{\ominus}}{J \cdot K^{-1} \cdot mol^{-1}}$
Ag(s)	0	0	42.6
AgCl(s)	−127.07	−109.78	96.3
AgBr(s)	−100.4	−96.9	107.1
AgI(s)	−61.8	−66.2	115.5
Ag_2O(s)	−31.1	−11.2	121.3
$AgNO_3$(s)	−124.4	−33.4	140.9
Al(s)	0	0	28.3
Al_2O_3(α,刚玉)	−1675.7	−1582.3	50.9
Au(s)	0	0	47.4
B(s)	0	0	5.9
Ba(s)	0	0	62.8
Br_2(l)	0	0	152.21
Br_2(g)	30.91	3.11	245.46
HBr(g)	−36.3	−53.45	198.70
C(石墨)	0	0	5.740
C(金刚石)	1.897	2.900	2.38
CO(g)	−110.53	−137.16	197.66
CO_2(g)	−393.51	−394.39	213.79
CS_2(l)	89.0	64.6	151.3
CS_2(g)	117.7	67.1	237.8
CCl_4(l)	−128.2	−62.6	216.2
CCl_4(g)	−95.7	−53.60	309.9
HCN(l)	108.9	125.0	112.8
HCN(g)	135.1	124.7	201.8
Ca (s)	0	0	41.6
CaC_2(s)	−59.8	−64.9	69.96
$CaCO_3$(方解石)	−1207.6	−1129.1	91.7
CaO(s)	−634.92	−603.3	38.1

物　　质	$\dfrac{\Delta_f H_m^{\ominus}}{kJ \cdot mol^{-1}}$	$\dfrac{\Delta_f G_m^{\ominus}}{kJ \cdot mol^{-1}}$	$\dfrac{S_m^{\ominus}}{J \cdot K^{-1} \cdot mol^{-1}}$
$Ca(OH)_2(s)$	-985.2	-897.5	83.4
$Cl_2(g)$	0	0	223.1
$HCl(g)$	-92.3	-95.3	186.9
$Cu(s)$	0	0	33.2
$CuO(s)$	-157.3	-129.7	42.6
$Cu_2O(s)$	-168.6	-146.0	93.1
$CuS(s)$	-53.1	-53.6	66.5
$CuSO_4(s)$	-771.4	-662.2	109.2
$F_2(g)$	0	0	202.8
$HF(g)$	-273.3	-275.4	173.8
$Fe(s)$	0	0	27.3
$FeCl_2(s)$	-341.8	-302.3	118.0
$FeCl_3(s)$	-399.5	-334.0	142.3
$FeO(s)$	-272.0	-251.4	60.75
Fe_2O_3（赤铁矿）	-824.2	-742.2	87.40
Fe_3O_4（磁铁矿）	-1118.4	-1015.4	146.4
$FeSO_4(s)$	-928.4	-820.8	107.5
$H_2(g)$	0	0	130.7
$H(g)$	217.97	203.3	114.71
$H_2O(l)$	-285.830	-237.14	69.95
$H_2O(g)$	-241.826	-228.61	188.835
$I_2(s)$	0	0	116.14
$I_2(g)$	62.43	19.37	260.69
$I(g)$	106.76	70.2	180.8
$HI(g)$	26.5	1.7	206.59
$Mg(s)$	0	0	32.67
$MgCl_2(s)$	-641.3	-591.8	89.63
$MgO(s)$	-601.6	-569.3	26.95
$Mg(OH)_2(s)$	-924.7	-833.7	63.24
$MgSO_4(s)$	-1284.9	-1170.6	91.6
$Na(s)$	0	0	51.3

续表

物　　质	$\dfrac{\Delta_f H_m^\ominus}{kJ \cdot mol^{-1}}$	$\dfrac{\Delta_f G_m^\ominus}{kJ \cdot mol^{-1}}$	$\dfrac{S_m^\ominus}{J \cdot K^{-1} \cdot mol^{-1}}$
$Na_2CO_3(s)$	-1130.7	-1044.4	135.0
$NaHCO_3(s)$	-950.81	-851.0	101.7
$NaCl(s)$	-411.2	-384.1	72.1
$NaNO_3(s)$	-467.85	-367.06	116.52
$Na_2O(s)$	-414.2	-375.5	75.04
$NaOH(s)$	-425.6	-379.4	64.4
$Na_2SO_4(s)$	-1387.1	-1270.2	145.9
$N_2(g)$	0	0	191.61
$NH_3(g)$	-45.9	-16.4	192.8
$N_2H_4(l)$	50.63	149.3	121.2
$NO(g)$	91.29	87.6	210.76
$NO_2(g)$	33.2	51.3	240.1
$N_2O(g)$	82.1	104.2	219.9
$N_2O_3(g)$	83.7	139.5	312.3
$N_2O_4(g)$	9.2	97.9	304.3
$N_2O_5(g)$	11.3	115.1	355.7
$HNO_3(g)$	-135.1	-74.7	266.4
$HNO_3(l)$	-174.1	-80.7	155.6
$NH_4HCO_3(s)$	-849.4	-665.9	120.9
$O_2(g)$	0	0	205.2
$O(g)$	249.2	231.7	161.1
$O_3(g)$	142.7	163.2	238.9
$P(a,白磷)$	0	0	41.1
$P(红磷,三斜)$	-17.6	-12.46	22.8
$P_4(g)$	58.9	24.4	280.0
$PCl_3(g)$	-287.0	-267.8	311.8
$PCl_5(g)$	374.9	-305.0	364.6
$H_3PO_4(s)$	-1284.4	-1124.3	110.5
$H_3PO_4(l)$	-1271.7	-1123.6	150.8
$Pb(s)$	0	0	64.8
$PbO_2(s)$	-277.4	-217.3	68.6

物　　质		$\dfrac{\Delta_f H_m^{\ominus}}{kJ \cdot mol^{-1}}$	$\dfrac{\Delta_f G_m^{\ominus}}{kJ \cdot mol^{-1}}$	$\dfrac{S_m^{\ominus}}{J \cdot K^{-1} \cdot mol^{-1}}$
PbS(s)		−100.4	−98.7	91.2
PbSO$_4$(s)		−920.0	−813.0	148.5
S(正交)		0	0	32.1
S(单斜)		0.36	−0.07	33.03
S(g)		277.2	236.7	167.8
S$_8$(g)		101.3	49.2	430.2
H$_2$S(g)		−20.6	−33.4	205.8
SO$_2$(g)		−296.8	−300.1	248.2
SO$_3$(g)		−395.7	−371.1	256.8
H$_2$SO$_4$(l)		−814.0	−690.0	156.9
Si(s)		0	0	18.8
SiCl$_4$(l)		−687.0	−619.8	239.7
SiCl$_4$(g)		−657.0	−617.0	330.7
SiH$_4$(g)		34.4	56.90	204.6
SiO$_2$(α-石英)		−910.7	−856.3	41.5
SiO$_2$(方石英)		−905.5	−853.6	50.1
Zn(s)		0	0	41.6
ZnCO$_3$(s)		−812.8	−731.52	82.4
ZnCl$_2$(s)		−415.1	−369.4	111.5
ZnO(s)		−350.5	−320.5	43.7
ZnS(s)(闪锌矿)		−206.0	−201.3	57.7
CH$_4$(g)	甲烷	−74.4	−50.3	186.3
C$_2$H$_6$(g)	乙烷	−83.8	−31.9	229.6
C$_3$H$_8$(g)	丙烷	−103.8	−23.4	270.2
C$_4$H$_{10}$(g)	正丁烷	−125.6	−17.2	310.1
C$_2$H$_4$(g)	乙烯	52.5	68.4	219.6
C$_3$H$_6$(g)	丙烯	20.0	62.8	266.6
C$_4$H$_8$(g)	1-丁烯	0.1	71.3	305.6
C$_2$H$_2$(g)	乙炔	228.2	210.7	200.9
C$_6$H$_6$(l)	苯	49.0	124.4	173.4
C$_6$H$_6$(g)	苯	82.6	129.7	269.2

物　　　质		$\dfrac{\Delta_f H_m^{\ominus}}{kJ \cdot mol^{-1}}$	$\dfrac{\Delta_f G_m^{\ominus}}{kJ \cdot mol^{-1}}$	$\dfrac{S_m^{\ominus}}{J \cdot K^{-1} \cdot mol^{-1}}$
$C_6H_5CH_3(l)$	甲苯	12.4	113.8	221.0
$C_6H_5CH_3(g)$	甲苯	50.4	122.0	320.7
$CH_3OH(l)$	甲醇	-239.1	-166.6	126.8
$CH_3OH(g)$	甲醇	-201.0	-162.3	239.9
$C_2H_5OH(l)$	乙醇	-277.6	-174.8	161.0
$C_2H_5OH(g)$	乙醇	-235.1	-168.5	282.7
$C_4H_9OH(l)$	正丁醇	-327.3	-163.0	225.8
$C_4H_9OH(g)$	正丁醇	-274.7	-151.0	363.7
$(CH_3)_2O(g)$	二甲醚	-184.1	-112.6	266.4
$HCHO(g)$	甲醛	-108.6	-102.5	218.8
$CH_3CHO(l)$	乙醛	-191.8	-127.6	160.2
$CH_3CHO(g)$	乙醛	-166.2	-132.8	263.7
$(CH_3)_2CO(l)$	丙酮	-248.4	-152.7	198.8
$(CH_3)_2CO(g)$	丙酮	-217.1	-152.7	295.3
$HCOOH(l)$	甲酸	-424.7	-361.4	129.0
$CH_3COOH(l)$	乙酸	-484.5	-389.9	159.8
$CH_3COOH(g)$	乙酸	-432.8	-374.5	282.5
$CH_3NH_2(l)$	甲胺	-47.3	35.7	150.2
$CH_3NH_2(g)$	甲胺	-22.5	32.7	242.9
$(NH_2)_2CO(s)$	尿素	-333.1	-196.8	104.6

附录 C　某些物质的标准摩尔燃烧焓(298.15 K)

物　　质		$-\dfrac{\Delta_c H_m^{\ominus}}{kJ \cdot mol^{-1}}$	物　　质		$-\dfrac{\Delta_c H_m^{\ominus}}{kJ \cdot mol^{-1}}$
$C(s)$	碳	393.5	$(CH_3)_2CO(l)$	丙酮	1790.4
$CO(g)$	一氧化碳	283.0	$HCOOH(l)$	甲酸	254.06
$CH_4(g)$	甲烷	890.8	$CH_3COOH(l)$	乙酸	874.2
$C_2H_6(g)$	乙烷	1560.7	$C_2H_5COOH(l)$	丙酸	1527.3
$C_3H_8(g)$	丙烷	2219.2	$CH_2CHCOOH(l)$	丙烯酸	1368.4
$C_4H_{10}(g)$	丁烷	2877.6	$C_3H_7COOH(l)$	正丁酸	2183.6
$C_5H_{12}(g)$	正戊烷	3535.6	$(CH_3CO)_2O(l)$	乙酸酐	1807.1
$C_3H_6(g)$	环丙烷	2091.3	$HCOOCH_3(l)$	甲酸甲酯	972.6
$C_4H_8(l)$	环丁烷	2721.1	$C_6H_6(l)$	苯	3267.6
$C_5H_{10}(l)$	环戊烷	3291.6	$C_{10}H_8(s)$	萘	5156.3
$C_6H_{12}(l)$	环己烷	3919.6	$C_6H_5OH(s)$	苯酚	3053.5
$C_6H_{14}(l)$	正己烷	4194.5	$C_6H_5NO_2(l)$	硝基苯	3088.1
$C_2H_4(g)$	乙烯	1411.2	$C_6H_5CHO(l)$	苯甲醛	3525.1
$C_2H_2(g)$	乙炔	1201.1	$C_6H_5COCH_3(l)$	苯乙酮	4148.9
$HCHO(g)$	甲醛	570.7	$C_6H_5COOH(s)$	苯甲酸	3226.9
$CH_3CHO(l)$	乙醛	1166.9	$C_6H_4(COOH)_2(s)$	邻苯二甲酸	3874.9
$C_2H_5CHO(l)$	丙醛	1822.7	$C_6H_5COOCH_3(l)$	苯甲酸甲酯	3947.9
$CH_3OH(l)$	甲醇	726.1	$C_{12}H_{22}O_{11}(s)$	蔗糖	5640.9
$C_2H_5OH(l)$	乙醇	1366.8	$CH_3NH_2(l)$	甲胺	1060.8
$C_3H_7OH(l)$	正丙醇	2021.3	$C_2H_5NH_2(l)$	乙胺	1713.5
$C_4H_9OH(l)$	正丁醇	2675.9	$(NH_2)_2CO(s)$	尿素	631.6
$(C_2H_5)_2O(l)$	乙醚	2723.9	$C_5H_5N(l)$	吡啶	2782.3

附录 D　一些弱电解质在水溶液中的解离常数(298.15 K)

酸		解离常数 $K_a^{\ominus}$		
		一级	二级	三级
硼酸	H_3BO_3	5.78×10^{-10}		
碳酸	H_2CO_3	4.36×10^{-7}	4.68×10^{-11}	
氢氰酸	HCN	6.17×10^{-10}		
氟化氢	HF	6.61×10^{-4}		
次溴酸	HBrO	2.82×10^{-9}		
次氯酸	HClO	2.90×10^{-8}		
次碘酸	HIO	3.16×10^{-11}		
亚硝酸	HNO_2	7.24×10^{-4}		
磷酸	H_3PO_4	6.92×10^{-3}	6.10×10^{-8}	4.79×10^{-13}
硅酸	H_4SiO_4	2.51×10^{-10}	1.55×10^{-12}	
亚硫酸	H_2SO_3	1.29×10^{-2}	6.16×10^{-8}	
硫化氢	H_2S	1.07×10^{-7}	1.26×10^{-13}	
甲酸	HCOOH	1.77×10^{-4}		
醋酸	CH_3COOH	1.75×10^{-5}		
草酸	$H_2C_2O_4$	5.37×10^{-2}	5.37×10^{-5}	
酒石酸	$C_4H_6O_6$	6.76×10^{-4}	1.23×10^{-5}	
柠檬酸	$C_6H_8O_7$	7.41×10^{-4}	1.74×10^{-5}	3.98×10^{-7}
乙二胺四乙酸	EDTA	1.02×10^{-2}	2.14×10^{-3}	$K_3^{\ominus} = 6.92 \times 10^{-7}$, $K_4^{\ominus} = 5.50 \times 10^{-11}$
邻苯二甲酸	$C_6H_4(COOH)_2$	1.29×10^{-3}	2.88×10^{-6}	
碱		解离常数 $K_b^{\ominus}$		
氨水	$NH_3 \cdot H_2O$	1.74×10^{-5}		
羟胺	NH_2OH	9.12×10^{-9}		
苯胺	$C_6H_5NH_2$	4.47×10^{-10}		
乙二胺	$H_2NCH_2CH_2NH_2$	$K_1^{\ominus} = 8.5 \times 10^{-5}$, $K_2^{\ominus} = 7.05 \times 10^{-8}$		
六次甲基四胺	$(CH_2)_6N$	1.35×10^{-9}		

附录 E　一些配离子的稳定常数(298.15 K)

配　离　子	$K_{稳}^{\ominus}$	$\lg K_{稳}^{\ominus}$	配　离　子	$K_{稳}^{\ominus}$	$\lg K_{稳}^{\ominus}$
$[AgBr_2]^-$	2.14×10^7	7.33	$[Fe(CN)_6]^{4-}$	1.0×10^{35}	35.0
$[Ag(CN)_2]^-$	1.3×10^{21}	21.1	$[Fe(CN)_6]^{3-}$	1.0×10^{42}	42.0
$[Ag(SCN)_2]^-$	3.7×10^7	7.57	FeF_3	1.13×10^{12}	12.05
$[AgCl_2]^-$	1.1×10^5	5.04	$[HgCl_4]^{2-}$	1.2×10^{15}	15.08
$[AgI_2]^-$	5.5×10^{11}	11.74	$[HgBr_4]^{2-}$	1×10^{21}	21.0
$[Ag(NH_3)_2]^+$	1.12×10^7	7.05	$[Hg(CN)_4]^{2-}$	2.51×10^{41}	41.4
$[Ag(S_2O_3)_2]^{3-}$	2.89×10^{13}	13.46	$[Hg(SCN)_4]^{2-}$	1.7×10^{21}	21.23
$[Cd(CN)_4]^{2-}$	6.0×10^{18}	18.78	$[HgI_4]^{2-}$	6.76×10^{29}	29.83
$[Cd(NH_3)_4]^{2+}$	1.3×10^7	7.11	$[Hg(NH_3)_4]^{2+}$	1.9×10^{19}	19.28
$[Co(CN)_6]^{2-}$	1.23×10^{19}	19.09	$[Ni(CN)_4]^{2-}$	2×10^{31}	31.3
$[Co(NH_3)_6]^{2+}$	1.3×10^5	5.11	$[Ni(NH_3)_4]^{2+}$	9.1×10^7	7.96
$[Co(NH_3)_6]^{3+}$	2.0×10^{35}	35.3	$[Ni(en)_3]^{2+}$	1.14×10^{18}	18.06
$[Cu(CN)_2]^-$	1.0×10^{24}	24.0	$[Zn(CN)_4]^{2-}$	5.0×10^{16}	16.7
$[Cu(NH_3)_2]^+$	7.24×10^{10}	10.86	$[Zn(C_2O_4)_2]^{2-}$	4.0×10^7	7.60
$[Cu(NH_3)_4]^{2+}$	2.09×10^{13}	13.32	$[Zn(OH)_4]^{2-}$	4.6×10^{17}	17.66
$[Cu(P_2O_7)_2]^{6-}$	1.0×10^9	9.0	$[Zn(NH_3)_4]^{2+}$	2.87×10^9	9.46
$[Cu(SCN)_2]^-$	1.52×10^5	5.18	$[Zn(en)_2]^{2+}$	6.76×10^{10}	10.83

附录 F　一些物质的溶度积(298.15 K)

难溶物质	化 学 式	溶 度 积	难溶物质	化 学 式	溶 度 积
溴化银	$AgBr$	5.35×10^{-13}	硫化亚铜	Cu_2S	2.5×10^{-48}
氯化银	$AgCl$	1.77×10^{-10}	氢氧化亚铁	$Fe(OH)_2$	4.87×10^{-17}
铬酸银	Ag_2CrO_4	1.12×10^{-12}	氢氧化铁	$Fe(OH)_3$	2.79×10^{-39}
重铬酸银	$Ag_2Cr_2O_7$	2×10^{-7}	硫化亚铁	FeS	6.3×10^{-18}
碘化银	AgI	8.52×10^{-17}	硫化汞(黑)	HgS	1.6×10^{-52}
硫化银	Ag_2S	6.3×10^{-50}	硫化汞(红)	HgS	4×10^{-53}
硫酸银	Ag_2SO_4	1.2×10^{-5}	碳酸镁	$MgCO_3$	6.8×10^{-6}
氟化钡	BaF_2	1.84×10^{-7}	氢氧化镁	$Mg(OH)_2$	5.61×10^{-12}
碳酸钡	$BaCO_3$	2.58×10^{-9}	氢氧化锰	$Mn(OH)_2$	1.9×10^{-13}
铬酸钡	$BaCrO_4$	1.17×10^{-10}	硫化亚锰	MnS	2.5×10^{-13}
硫酸钡	$BaSO_4$	1.08×10^{-10}	α-硫化镍	$α\text{-}NiS$	3.2×10^{-19}
碳酸钙	$CaCO_3$	3.36×10^{-9}	β-硫化镍	$β\text{-}NiS$	1.0×10^{-24}
氟化钙	CaF_2	5.3×10^{-9}	γ-硫化镍	$γ\text{-}NiS$	2.0×10^{-26}
氢氧化铜	$Cu(OH)_2$	2.2×10^{-20}	碳酸铅	$PbCO_3$	7.4×10^{-14}
氢氧化亚铜	$Cu(OH)$	1.0×10^{-14}	二氯化铅	$PbCl_2$	1.7×10^{-5}
磷酸钙	$Ca_3(PO_4)_2$	2.07×10^{-29}	碘化铅	PbI_2	9.8×10^{-9}
硫酸钙	$CaSO_4$	4.9×10^{-5}	硫化铅	PbS	8.0×10^{-28}
硫化镉	CdS	8.0×10^{-27}	铬酸铅	$PbCrO_4$	2.8×10^{-13}
氢氧化镉	$Cd(OH)_2$	7.2×10^{-15}	α-硫化锌	$α\text{-}ZnS$	1.6×10^{-24}
硫化铜	CuS	6.3×10^{-36}	β-硫化锌	$β\text{-}ZnS$	2.5×10^{-22}

附录 G　一些电极反应的标准电极电势（298.15 K）

电对 （氧化态/还原态）	电极反应 （氧化态 + ne^- ⇌ 还原态）	标准电极电势 $E^\ominus/V$
Li^+/Li	$Li^+(aq) + e^- \rightleftharpoons Li(s)$	-3.0401
K^+/K	$K^+(aq) + e^- \rightleftharpoons K(s)$	-2.931
Ca^{2+}/Ca	$Ca^{2+}(aq) + 2e^- \rightleftharpoons Ca(s)$	-2.868
Na^+/Na	$Na^+(aq) + e^- \rightleftharpoons Na(s)$	-2.71
$Mg(OH)_2/Mg$	$Mg(OH)_2(s) + 2e^- \rightleftharpoons Mg(s) + 2OH^-(aq)$	-2.690
Mg^{2+}/Mg	$Mg^{2+}(aq) + 2e^- \rightleftharpoons Mg(s)$	-2.372
$Al(OH)_3/Al$	$Al(OH)_3(s) + 3e^- \rightleftharpoons Al(s) + 3OH^-(aq)$	-2.328
Al^{3+}/Al	$Al^{3+}(aq) + 3e^- \rightleftharpoons Al(s)$	-1.662
$Mn(OH)_2/Mn$	$Mn(OH)_2(s) + 2e^- \rightleftharpoons Mn(s) + 2OH^-(aq)$	-1.56
$Zn(OH)_2/Zn$	$Zn(OH)_2(s) + 2e^- \rightleftharpoons Zn(s) + 2OH^-(aq)$	-1.249
ZnO_2^{2-}/Zn	$ZnO_2^{2-}(aq) + 2H_2O + 2e^- \rightleftharpoons Zn(s) + 4OH^-(aq)$	-1.215
CrO_2^-/Cr	$CrO_2^-(aq) + 2H_2O + 3e^- \rightleftharpoons Cr(s) + 4OH^-(aq)$	-1.2
Mn^{2+}/Mn	$Mn^{2+}(aq) + 2e^- \rightleftharpoons Mn(s)$	-1.185
Cr^{2+}/Cr	$Cr^{2+}(aq) + 2e^- \rightleftharpoons Cr(s)$	-0.913
H_2O/H_2	$2H_2O + 2e^- \rightleftharpoons H_2(g) + 2OH^-(aq)$	-0.8277
$Cd(OH)_2/Cd(Hg)$	$Cd(OH)_2(s) + 2e^- \rightleftharpoons Cd(Hg) + 2OH^-(aq)$	-0.809
$Zn^{2+}/Zn(Hg)$	$Zn^{2+}(aq) + 2e^- \rightleftharpoons Zn(Hg)$	-0.7628
Zn^{2+}/Zn	$Zn^{2+}(aq) + 2e^- \rightleftharpoons Zn(s)$	-0.7618
$Ni(OH)_2/Ni$	$Ni(OH)_2(s) + 2e^- \rightleftharpoons Ni(s) + 2OH^-(aq)$	-0.72
Fe^{2+}/Fe	$Fe^{2+}(aq) + 2e^- \rightleftharpoons Fe(s)$	-0.447
Cd^{2+}/Cd	$Cd^{2+}(aq) + 2e^- \rightleftharpoons Cd(s)$	-0.4030
Co^{2+}/Co	$Co^{2+}(aq) + 2e^- \rightleftharpoons Co(s)$	-0.28
$PbCl_2/Pb$	$PbCl_2(s) + 2e^- \rightleftharpoons Pb(s) + 2Cl^-$	-0.2675
Ni^{2+}/Ni	$Ni^{2+}(aq) + 2e^- \rightleftharpoons Ni(s)$	-0.257
$Cu(OH)_2/Cu$	$Cu(OH)_2(s) + 2e^- \rightleftharpoons Cu(s) + 2OH^-(aq)$	-0.222
O_2/H_2O_2	$O_2(g) + 2H_2O + 2e^- \rightleftharpoons H_2O_2(aq) + 2OH^-(aq)$	-0.146
Sn^{2+}/Sn	$Sn^{2+}(aq) + 2e^- \rightleftharpoons Sn(s)$	-0.1375
Pb^{2+}/Pb	$Pb^{2+}(aq) + 2e^- \rightleftharpoons Pb(s)$	-0.1262
H^+/H_2	$2H^+(aq) + 2e^- \rightleftharpoons H_2(g)$	0.0000

电对 （氧化态/还原态）	电极反应 （氧化态$+ne^-\rightleftharpoons$还原态）	标准电极电势 $E^{\ominus}/V$
$S_4O_6^{2-}/S_2O_3^{2-}$	$S_4O_6^{2-}(aq)+2e^-\rightleftharpoons2S_2O_3^{2-}(aq)$	0.08
S/H_2S	$S(s)+2H^+(aq)+2e^-\rightleftharpoons H_2S(aq)$	$+0.142$
Sn^{4+}/Sn^{2+}	$Sn^{4+}(aq)+2e^-\rightleftharpoons Sn^{2+}(aq)$	$+0.151$
SO_4^{2-}/H_2SO_3	$SO_4^{2-}(aq)+4H^++2e^-\rightleftharpoons H_2SO_3(aq)+H_2O$	$+0.172$
$AgCl/Ag$	$AgCl(s)+e^-\rightleftharpoons Ag(s)+Cl^-(aq)$	$+0.2223$
Hg_2Cl_2/Hg	$Hg_2Cl_2(s)+2e^-\rightleftharpoons2Hg(l)+2Cl^-(aq)$	$+0.2680$
Cu^{2+}/Cu	$Cu^{2+}(aq)+2e^-\rightleftharpoons Cu(s)$	$+0.3419$
O_2/OH^-	$O_2(g)+2H_2O+4e^-\rightleftharpoons4OH^-(aq)$	$+0.401$
Cu^+/Cu	$Cu^+(aq)+e^-\rightleftharpoons Cu(s)$	$+0.521$
I_2/I^-	$I_2(s)+2e^-\rightleftharpoons2I^-(aq)$	$+0.5355$
O_2/H_2O_2	$O_2(g)+2H^+(aq)+2e^-\rightleftharpoons H_2O_2(aq)$	$+0.695$
Fe^{3+}/Fe^{2+}	$Fe^{3+}(aq)+e^-\rightleftharpoons Fe^{2+}(aq)$	$+0.771$
Hg_2^{2+}/Hg	$Hg_2^{2+}(aq)+2e^-\rightleftharpoons2Hg(l)$	$+0.7973$
Ag^+/Ag	$Ag^+(aq)+e^-\rightleftharpoons Ag(s)$	$+0.7996$
Hg^{2+}/Hg	$Hg^{2+}(aq)+2e^-\rightleftharpoons Hg(l)$	$+0.851$
NO_3^-/NO	$NO_3^-(aq)+4H^+(aq)+3e^-\rightleftharpoons NO(g)+2H_2O$	$+0.957$
HNO_2/NO	$HNO_2(aq)+H^+(aq)+e^-\rightleftharpoons NO(g)+H_2O$	$+0.983$
Br_2/Br^-	$Br_2(l)+2e^-\rightleftharpoons2Br^-(aq)$	$+1.066$
MnO_2/Mn^{2+}	$MnO_2(s)+4H^+(aq)+2e^-\rightleftharpoons Mn^{2+}(aq)+2H_2O$	$+1.224$
O_2/H_2O	$O_2(g)+4H^+(aq)+4e^-\rightleftharpoons2H_2O$	$+1.229$
$Cr_2O_7^{2-}/Cr^{3+}$	$Cr_2O_7^{2-}(aq)+14H^+(aq)+6e^-\rightleftharpoons2Cr^{3+}(aq)+7H_2O$	$+1.232$
Cl_2/Cl^-	$Cl_2(g)+2e^-\rightleftharpoons2Cl^-(aq)$	$+1.35827$
MnO_4^-/Mn^{2+}	$MnO_4^-(aq)+8H^+(aq)+5e^-\rightleftharpoons Mn^{2+}(aq)+4H_2O$	$+1.507$
H_2O_2/H_2O	$H_2O_2(aq)+2H^+(aq)+2e^-\rightleftharpoons2H_2O$	$+1.776$
Co^{3+}/Co^{2+}	$Co^{3+}+e^-\rightleftharpoons Co^{2+}$	$+1.92$
$S_2O_8^{2-}/SO_4^{2-}$	$S_2O_8^{2-}(aq)+2e^-\rightleftharpoons2SO_4^{2-}(aq)$	$+2.010$
F_2/F^-	$F_2(g)+2e^-\rightleftharpoons2F^-(aq)$	$+2.866$

参 考 答 案

第 1 章

一、选择题

1. B 2. C 3. B 4. D 5. B 6. D

二、填空题

1. $[Ar]3d^54s^2$，能量最低原理、保里不相容原理和洪特规则，5，4、0、0、$\pm1/2$，-2、-1、0、1、2，$+1/2$或$-1/2$。

2. $3d^34s^2$，d，23，$[Ar]3d^2$，不饱和或 9~17。

3. 饱和性和方向性的，σ键，π键，呈圆柱型对称。

4. $+2$，八面体型，C 原子，6，$(t_{2g})^6(e_g)^0$，d^2sp^3，内轨型或低自旋，反磁性。

三、综合题

1. 因为 $c=3.0\times10^8$ m/s,所以

   $\nu_1=3.0\times10^8/(656.3\times10^{-9})$ s$^{-1}=4.6\times10^{14}$ s^{-1}

   $\nu_2=3.0\times10^8/(486.1\times10^{-9})$ s$^{-1}=6.2\times10^{14}$ s^{-1}

   $\nu_3=3.0\times10^8/(434.1\times10^{-9})$ s$^{-1}=6.9\times10^{14}$ s^{-1}

   $\nu_4=3.0\times10^8/(410.2\times10^{-9})$ s$^{-1}=7.3\times10^{14}$ s^{-1}

2. 由德布罗意假设有

$$\lambda=\frac{h}{mv}=\frac{6.625\times10^{-34}}{9.11\times10^{-31}\times7\times10^5}\ m=1.04\times10^{-9}\ m=1.04\ nm$$

3. (1) 基态氢原子的电离能=2.18×10^{-18} J。

   (2) 电离能 $E=2.18\times10^{-18}\times6.02\times10^{23}$ kJ·mol^{-1}=1312.8 kJ·mol^{-1}

4. (3)、(4)为合理的;符合量子数的取值规则。

   (1) 不合理,l 的取值应小于主量子数。

   (2) 不合理,l 的取值应小于主量子数。

   (5) 不合理,m 只能取 0 值。

   (6) 不合理,l 的取值应小于主量子数。

5. (1) 非许可状态,m_s 只能取$\pm1/2$。

   (2) 非许可状态,l 的取值应小于主量子数。

   (3) 许可状态,符合量子数的取值规则。

   (4) 非许可状态,m 只能取 0 值。

   (5) 非许可状态,l 不能取负值。

   (6) 非许可状态,m_s 只能取$\pm1/2$。m 只能取 0。

6. 各元素原子的电子排布式、未成对电子数、周期、族和区如下:

   $_{10}$Ne：　$[He]2s^22p^6$　　　第二周期　ⅧA　p区　　0

   $_{17}$Cl：　$[Ne]3s^23p^5$　　　第三周期　ⅦA　p区　　1

   $_{24}$Cr：　$[Ar]3d^54s^1$　　　第四周期　ⅥB　d区　　6

   $_{56}$Ba：　$[Xe]6s^2$　　　　第六周期　ⅡA　s区　　0

$_{80}$Hg： [Xe]$4f^{14}5d^{10}6s^2$ 第六周期 ⅡB ds 区 0

7. （1）Zn 元素，属于 ds 区，第四周期，ⅡB 族。

（2）位于ⅢA 族、p 区、价层电子构型为 ns^2np^1 的元素。

8. （1）激发态； （2）基态； （3）激发态； （4）不正确； （5）不正确； （6）基态。

9. （1）该元素的原子序数是 32。

（2）该元素属第四周期、第ⅣA 族，是主族元素（Ge）。

10.

原子序数	价层电子构型	周期	族	区	金属性
15	$3s^2 3p^3$	3	Ⅴ A	p	非金属
20	$4s^2$	4	Ⅱ A	s	金属
27	$3d^7 4s^2$	4	Ⅷ B	d	金属
48	$4d^{10} 5s^2$	5	Ⅱ B	ds	金属
58	$4f^1 5d^1 6s^2$	6	Ⅲ B	f	金属

11. 各离子的电子排布式和未成对电子数如下：

As^{3-} [Ar]$4s^2 3d^{10} 4p^6$ 0 个

Cr^{3+} [Ar]$3d^3$ 3 个

Bi^{3+} [Xe]$6s^2 4f^{14} 5d^{10}$ 0 个

Cu^{2+} [Ar]$3d^9$ 1 个

Fe^{2+} [Ar]$3d^6$ 4 个

12. （1）同一周期元素的原子，从左到右第一电离能依次增加；N 在周期表中的位置在 O 原子的左边，电离能应该小于 O 原子。但是 N 原子为半充满的稳定结构，失去一个电子需要较多的能量，而 O 原子失去一个电子变为半充满的稳定结构，较容易失去一个电子，所需的电离能相对较小，所以有 N 的第一电离能大于 O 的第一电离能。

（2）由于镧系收缩的影响，使得铪的原子半径与锆的原子半径相差很小，所以它们的化学性质非常相似。

13. Al^{3+}：$1s^2 2s^2 2p^6$，8 电子构型； Fe^{2+}：[Ar]$3d^6$，9～17 电子构型；
Bi^{3+}：[Xe]$4f^{14} 5d^{10} 6s^2$，18+2 电子构型； Cd^{2+}：[Kr]$4d^{10}$，18 电子构型；
Mn^{2+}：[Ar]$3d^5$，9～17 电子构型； Sn^{2+}：[Kr]$4d^{10} 5s^2$，18+2 电子构型。

14. （1）Ag$^+$ 较大；（2）Li$^+$ 较大；（3）Cu^{2+} 较大；（4）Ti^{4+} 较大。

15. 由于 Ag$^+$ 离子属 18 电子构型，极化力和变形性都大，随负离子 F$^-$→Cl$^-$→Br$^-$→I$^-$ 离子半径逐渐增大，变形性也依次增大，相互极化作用也增强，离子核间距进一步缩短。使离子键减弱，共价成分增加，所以有溶解度依次减小的事实。

16. PCl$_3$ 采用不等性 sp^3 杂化成键，而 SiCl$_4$ 采取等性 sp^3 杂化成键。

17.

物 质	杂化类型	分子形状	有否极性
PH$_3$	不等性 sp^3 杂化	三角锥形	有极性
CH$_4$	等性 sp^3 杂化	正四面体	无极性
NF$_3$	不等性 sp^3 杂化	三角锥形	有极性
BBr$_3$	等性 sp^2 杂化	平面三角形	无极性
SiH$_4$	等性 sp^3 杂化	正四面体	无极性

18. N 原子的价电子层的结构为 $2s^2 2p^3$，在外层无价层 d 轨道，只能采取不等性 sp^3 杂化，形成 NF$_3$ 分子。而 P 原子的价电子层的结构为 $3s^2 3p^3$，在外层还有可供成键的 3d 轨道，除了可以与 N 原子相似，以不等性 sp^3 杂化轨道成键，形成 PF$_3$ 分子外，一个 3s 电子还可以被激发到 3d 轨道上，以 sp^{3}d 杂化轨道成键，形成

PF_5 分子。

19. He_2^+：$(\sigma_{1s})^2(\sigma_{1s}^*)^1$　键级为 0.5

Cl_2：$\left[KKLL(\sigma_{3s})^2(\sigma_{3s}^*)^2(\sigma_{3p_x})^2(\pi_{3p_y})^2(\pi_{3p_z})^2(\pi_{3p_y}^*)^2(\pi_{3p_z}^*)^2\right]$　键级为 1

Be_2：$KK(\sigma_{2s})^2(\sigma_{2s}^*)^2$　键级为 0

B_2：$KK(\sigma_{2s})^2(\sigma_{2s}^*)^2(\pi_{2p_y})^1(\pi_{2p_z})^1$　键级为 1

N_2^+：$KK(\sigma_{2s})^2(\sigma_{2s}^*)^2(\pi_{2p_y})^2(\pi_{2p_z})^2(\sigma_{2p_x})^1$　键级为 2.5

20. O_2：$(\sigma_{1s})^2(\sigma_{1s}^*)^2(\sigma_{2s})^2(\sigma_{2s}^*)^2(\sigma_{2p_x})^2(\pi_{2p_y})^2(\pi_{2p_z})^2(\pi_{2p_y}^*)^1(\pi_{2p_z}^*)^1$　键级为 2；2 个未成对电子。

O_2^-：$(\sigma_{1s})^2(\sigma_{1s}^*)^2(\sigma_{2s})^2(\sigma_{2s}^*)^2(\sigma_{2p_x})^2(\pi_{2p_y})^2(\pi_{2p_z})^2(\pi_{2p_y}^*)^2(\pi_{2p_z}^*)^1$　键级为 1.5；1 个未成对电子。

O_2^{2-}：$(\sigma_{1s})^2(\sigma_{1s}^*)^2(\sigma_{2s})^2(\sigma_{2s}^*)^2(\sigma_{2p_x})^2(\pi_{2p_y})^2(\pi_{2p_z})^2(\pi_{2p_y}^*)^2(\pi_{2p_z}^*)^2$　键级为 1；无未成对电子。

O_2^+：$(\sigma_{1s})^2(\sigma_{1s}^*)^2(\sigma_{2s})^2(\sigma_{2s}^*)^2(\sigma_{2p_x})^2(\pi_{2p_y})^2(\pi_{2p_z})^2(\pi_{2p_y}^*)^1$　键级为 2.5；1 个未成对电子。

稳定性高低顺序：$O_2^{2-}<O_2^-<O_2<O_2^+$；

磁性高低顺序：$O_2^{2-}(\mu=0)<O_2^-\sim O_2^+(\mu=1.73)<O_2(\mu=2.83)$。

21. 非极性分子：Ne，Br_2，CS_2，CCl_4，BF_3；

极性分子：HF，NO，H_2S，$CHCl_3$，NF_3。

22. (1) H_2S 分子间：取向力、诱导力、色散力；

(2) CH_4 分子间：色散力；

(3) 氯仿分子间：取向力、诱导力、色散力；

(4) 氨分子与水分子间：取向力、诱导力、色散力、氢键；

(5) 溴与水分子间：色散力、诱导力。

23. $C_2H_5OC_2H_5$：不能形成氢键；　HF：分子间氢键；　H_2O：分子间氢键；　H_3BO_3：分子间氢键；　HBr：无氢键；　CH_3OH：分子间氢键；　邻-硝基苯酚：分子内氢键。

24. (1) $SiF_4<SiCl_4<SiBr_4<SiI_4$，均为分子晶体，其熔点由分子间力决定，依 SiF_4、$SiCl_4$、$SiBr_4$、SiI_4 的顺序，分子体积增加，分子间的色散力增大，所以熔点依次增大。

(2) $PF_3<PCl_3<PBr_3<PI_3$，均为分子晶体，其熔点由分子间力决定，依 PF_3、PCl_3、PBr_3、PI_3 的顺序，分子体积增加，分子间的色散力增大，所以熔点依次增大。

25. (1) BBr_3：分子晶体；

(2) B：原子晶体；

(3) KI：离子晶体；

(4) $SnCl_2$：离子晶体。

26. CaO 的离子半径比为 $\dfrac{r_+}{r_-}=\dfrac{100}{140}=0.714$，　是 NaCl 型晶体；

RbCl 的离子半径比为 $\dfrac{r_+}{r_-}=\dfrac{152}{181}=0.840$，　是 CsCl 型晶体；

NaBr 的离子半径比为 $\dfrac{r_+}{r_-}=\dfrac{102}{196}=0.520$，　是 NaCl 型晶体；

KCl 的离子半径比为 $\dfrac{r_+}{r_-}=\dfrac{138}{181}=0.762$，　是 CsCl 型晶体。

27. 填充如下：

物　　质	晶格质点的种类	质点间的连结力	晶格类型	熔点 高低
KCl	离子	离子键	离子晶体	高
N_2	分子	分子间力	分子晶体	低
SiC	原子	共价键	原子晶体	高
NH_3	分子	分子间力和氢键	分子晶体	低
Ag	金属原子或离子	金属键	金属晶体	一般较高

28. 熔点最高的是 Si；最低的是 O_2。

29. (1) 石墨是过渡型晶体，在层间是分子间力；而金刚石中 C 的作用力是共价键，所以石墨比金刚石软得多。

(2) SiO_2 是原子晶体，质点间的作用力是共价键，SO_2 是分子晶体，质点间的作用力是分子间力，所以 SiO_2 的熔、沸点较高。

30. 中心原子 Ni^{2+} 的价层电子构型为 d^8。CN^- 的配位原子是 C，它的电负性较小，容易给出孤对电子，对中心原子价层 d 电子排布影响较大，会强制 d 电子配对，空出 1 个价层 d 轨道采取 dsp^2 杂化，生成反磁性的正方形配离子 $[Ni(CN)_4]^{2-}$，为稳定性较大的内轨型配合物。

Cl^- 的电负性值较大，不易给出孤对电子，对中心原子价层 d 电子排布影响较小，只能用最外层的 s 和 p 轨道采取 sp^3 杂化，生成顺磁性的四面体形配离子 $[NiCl_4]^{2-}$，为稳定性较小的外轨型配合物。

31.

配 离 子	$\mu/(\text{B.M.})$	单电子数	中心离子的价电子构型	杂化类型	空间构型	内、外轨类型
$[Cr(C_2O_4)_3]^{3-}$	3.38	3	$3d^3$	d^2sp^3	正八面体	内
$[Co(NH_3)_6]^{2+}$	4.26	3	$3d^7$	sp^3d^2	正八面体	外
$[Mn(CN)_6]^{4-}$	2.00	1	$3d^5$	d^2sp^3	正八面体	内
$[Fe(EDTA)]^{2-}$	0.00	0	$3d^6$	d^2sp^3	正八面体	内

32.

配 离 子	$\mu/(\text{B.M.})$	单电子数	中心离子的价电子构型	电子排布	高、低自旋
$[CoF_6]^{3-}$	5.3	4	$3d^6$	$(t_{2g})^4 (e_g)^2$	高自旋
$[Co(CN)_6]^{3-}$	0.0	0	$3d^6$	$(t_{2g})^6 (e_g)^0$	低自旋

33. $[Co(NH_3)_6]^{2+}$，其中 $Co^{2+}(3d^7)$。由于 $P > \Delta_o$，在八面体构型配合物中的 d 电子分布为 $t_{2g}^5 e_g^2$，所以 CFSE $=[5 \times (-0.4\Delta_o) + 2 \times 0.6\Delta_o] = -0.8\Delta_o = -0.8 \times 116.0 \text{ kJ} \cdot \text{mol}^{-1} = -92.8 \text{ kJ} \cdot \text{mol}^{-1}$

$[Co(NH_3)_6]^{3+}$，其中 $Co^{3+}(3d^6)$。由于 $\Delta_o > P$，在八面体构型配合物中的 d 电子分布为 $t_{2g}^6 e_g^0$，所以 CFSE $=[6 \times (-0.4\Delta_o) + 0 \times 0.6\Delta_o] = (-2.4 \times 275.1 + 0) \text{ kJ} \cdot \text{mol}^{-1} = -660.24 \text{ kJ} \cdot \text{mol}^{-1}$

$[Fe(H_2O)_6]^{2+}$，其中 $Fe^{2+}(3d^6)$。由于 $P > \Delta_o$，在八面体构型配合物中的 d 电子分布为 $t_{2g}^4 e_g^2$，所以 CFSE $=[4 \times (-0.4\Delta_o) + 2 \times 0.6\Delta_o] = -0.4\Delta_o = -0.4 \times 124.4 \text{ kJ} \cdot \text{mol}^{-1} = -49.8 \text{ kJ} \cdot \text{mol}^{-1}$

34. NH_3 是较强的配体，从 $[Cr(H_2O)_6]^{3+}$ 到 $[Cr(NH_3)_6]^{3+}$ 氨配位体的数量增加，配合物的晶体场强增大，分裂能增加，发生 d-d 跃迁所需的能量增大，因而需要吸收更短波长的光，而反射波长较长的光，所以有题给配离子的颜色变化。

第 2 章

一、选择题

1. B 2. A 3. D 4. D 5. B 6. C 7. B 8. B

二、填空题

1. $-4816, -4826$；   2. $>, >, <, >$；   3. 不；   4. $0, 0$。

三、综合题

1. $\Delta U = Q + W = Q - p\Delta V = 750 \text{ J}$。

2. $0, 0, 0, 0$。

3. $W = 0, Q = 37.57 \text{ kJ}, \Delta U = 37.57 \text{ kJ}, \Delta H = 40.67 \text{ kJ}$。

4. -4958 J·mol^{-1},0;$Q_p-Q_v=\Delta n(g)RT$。

5. (1)0.0781 mol;(2)-5148.75 kJ·mol^{-1}。

6. 40.025 kJ·mol^{-1}。

7. (1)40.0 kJ·mol^{-1};(2)80.0 kJ·mol^{-1};(3)20.0 kJ·mol^{-1}。

8. (1)-562.03 kJ·mol^{-1};(2)-128.57 kJ·mol^{-1}。

9. -74.3 kJ·mol^{-1}。

10. -1196 kJ,-35 kJ·mol^{-1}。

11. 205.70 kJ·mol^{-1}。

12. 168.04 J·K^{-1}·mol^{-1}。

13. 237.127 kJ·mol^{-1},不能自发进行。

14. (1) $2CuO = Cu_2O + \frac{1}{2}O_2$,(2)$Cu_2O = 2Cu + \frac{1}{2}O_2$。

1321 K$<T_1<$2221 K,$T_2>$2221 K。

15. (1)会腐蚀;(2)5.90%。

17. (1)2.20×10^{-3};(2)455。

18. (1)向左;(2)向右。

19. (1)$c(CO)=0.04$ mol·dm^{-3},$c(CO_2)=0.02$ mol·dm^{-3};(2)20%;(3)无影响。

20. -166.41 kJ·mol^{-1}。

21. (1)7.03;(2)$c(Br_2)=0.0125$ mol·dm^{-3},$c(Cl_2)=0.0025$ mol·dm^{-3},$c(BrCl)=0.015$ mol·dm^{-3};
(3)增加反应物浓度,平衡向右移动。

22. (1)4.12×10^{48};(2)-251.42 kJ·mol^{-1},1.84×10^{26};(3)该反应为放热反应,温度升高,平衡常数值降低,对反应不利。

第 3 章

一、选择题

1. A　2. D　3. B　4. C　5. B　6. A　7. C　8. D　9. C　10. D

二、填空题

1. 2.5×10^{-6},1.0×10^{-4}。

2. (1) 属于质子酸的有:HCN,H_3AsO_4,HNO_2,HF,H_3PO_4,HIO_3,$[Zn(H_2O)_6]^{2+}$。

(2) 属于质子碱的有:$HCOO^-$,ClO^-,S^{2-},CO_3^{2-},$C_2O_4^{2-}$,$P_2O_7^{4-}$。

(3) 属于两性物质的有:$[Al(OH)(H_2O)_2]^{2+}$,HSO_3^-。

3. 各离子开始沉淀的顺序为:Pb^{2+}、Ba^{2+}、Ag^+。

三、综合题

1. $M_B=194.57$ g·mol^{-1}。　　　2. $m=0.01425$ g。　　　3. 100.033 ℃。

4. 乙醇中 $M_B=0.125$ kg·mol^{-1},苯中 $M_B=0.244$ kg·mol^{-1}。

5. 6.2×10^{-10}。　　　6. (1)2.51%;(2)1.3%。　　　7. 4.0×10^{-4}。

8. 1.9×10^{-3} mol·dm^{-3}。　　　9. 150 cm^3。　　　10. 0.62 mol·dm^{-3}。

11. 1.5×10^{-20} mol·dm^{-3}。　　　12. (1)6.25×10^{-12} mol·dm^{-3};(2)10^{-13} mol·dm^{-3}。

13. 49 g;200 cm^3。　　　14. $K_b^\ominus=2.3\times10^{-11}$;$K_a^\ominus=4.4\times10^{-4}$。　　　15. 1.2×10^{-7}。

16. 1.5×10^{-16}。　　　17. (1)有;(2)有。　　　18. 2.95×10^{-9} mol·dm^{-3}。

19. $c(Cl^-)=3.5\times10^{-9}$ mol·dm^{-3};$c(Ag^+)=0.05$ mol·dm^{-3};$c(NO_3^-)=0.1$ mol·dm^{-3};$c(H^+)=0.05$ mol·dm^{-3}。

20. pH=1.5。

21. 2.4×10^{-5} mol·dm^{-3}。

22. 沉淀完全。

23. 4.5×10^{-3} mol·$dm^{-3}\leqslant c(H^+)<9.0$ mol·dm^{-3},$c(Zn^{2+})=2.5\times10^{-8}$ mol·dm^{-3}。

24. 6.53×10^{-12} mol·dm$^{-3} \leqslant c(OH^-) < 7.49 \times 10^{-6}$ mol·dm^{-3}。

25. 需要加固体 NH_4Cl 0.67 mol。　　26. 有沉淀。

27. 1.86×10^{-7} mol·dm^{-3}。

28. (1)1.8×10^{-12};(2)无。

29. $c(Cu^{2+})_1 = 1.7 \times 10^{-20}$ mol·dm^{-3},$c(Cu^{2+})_2 = 6.25 \times 10^{-20}$ mol·dm^{-3},$[CuY]^{2+}$ 比 $[Cu(en)_2]^{2+}$ 稳定。

30. 1.24 mol·dm^{-3}。　　31. (1)有;(2)无。

第 4 章

一、选择题

1. A　2. C　3. B　4. C　5. D

二、填空题

1. $<0,=0$。　　2. 0.1584 V。　　3. (3)$>$(1)$>$(2)。　　4. H_2O_2,H_2O_2,H_2O_2,H_2O。

三、综合题

1. (a)酸性介质中

(1) $ClO_3^- + 6Fe^{2+} + 6H^+ == 6Fe^{3+} + Cl^- + 3H_2O$;

(2) $3H_2O_2 + Cr_2O_7^{2-} + 8H^+ == 2Cr^{3+} + 3O_2 + 7H_2O$;

(3) $3MnO_4^{2-} + 4H^+ == MnO_2 + 2MnO_4^- + 2H_2O$;

(b)碱性介质中

(1) $8Al + 3NO_3^- + 18H_2O == 8Al(OH)_3 + 3NH_3 + 3OH^-$;

(2) $ClO_3^- + 3MnO_2 + 6OH^- == Cl^- + 3MnO_4^{2-} + 3H_2O$;

(3) $2Fe(OH)_2 + H_2O_2 == 2Fe(OH)_3$。

5. (1) $(-)Pt|I_2(s)|I^-(aq) \| Fe^{3+}(aq),Fe^{2+}(aq)|Pt(+)$;

(2) $E^\ominus = E^\ominus(Fe^{3+}/Fe^{2+}) - E^\ominus(I_2/I^-) = 0.2355$ V;(3) $K^\ominus = 9.15 \times 10^7$;(4) $E = 0.0582$ V。

7. (1)$E = -0.386$ V<0,不能自动向右进行;(2)$E = -0.230$ V<0,不能自动向右进行。

9. $E^\ominus = -0.134$ V<0,故在标准状态下不能进行;$E = 0.0576$ V>0,能;$E^\ominus = 0.1487$ V>0,能。

10. $E_- = E^\ominus(AgCl/Ag) = 0.223$ V$>E_+ = E^\ominus(H^+/H_2)$,所以银不能置换 HCl 中的氢;

$E_- = E^\ominus(AgI/Ag) = -0.151$ V$<E_+ = E^\ominus(H^+/H_2)$,所以银可以置换 HI 中的氢。

11. (1)0.0887 V;(2)-0.588 V

12. (1) $E^\ominus = 1.0164$ V,$\Delta_r G_m^\ominus = -98.07$ kJ·mol^{-1},该反应正向进行;

(2) $E = -0.429$V,$\Delta_r G_m = 82.78$ kJ·mol^{-1},该反应正向不能进行。

13. $\lg K^\ominus = \dfrac{zE^\ominus}{0.05916 \text{ V}}$,$K_{sp}^\ominus = \dfrac{1}{K^\ominus} = 1.74 \times 10^{-10}$。

14. $E^\ominus\{[Cu(CN)_2]^-/Cu\} = E^\ominus - 0.0592$ V $\lg K_{稳}^\ominus\{[Cu(CN)_2]^-\}$,$K_{稳}^\ominus\{[Cu(CN)_2]^-\} = 8.63 \times 10^{23}$。

15. $E^\ominus\{[Ag(NH_3)_2]^+/Ag\} = 0.3826$ V,$E^\ominus\{[Ag(S_2O_3)_2]^{3-}/Ag\} = 0.0032$ V。

16. $E^\ominus(PbCl_2/Pb) = -0.267$ V。

17. $E^\ominus(IO^-/I_2) = 0.58$ V,I_2 不能歧化成 IO^- 和 I^-。

18. $\lg K^\ominus = \dfrac{zE^\ominus}{0.05912 \text{ V}} = 39.67$,$K^\ominus = 4.66 \times 10^{39}$。

19. pH$=3.75$。

第 5 章

一、选择题

1. B　2. C　3. D　4. A　5. A　6. A　7. B　8. C　9. C　10. C

二、综合题

3. (1) $r=kc_{NO}^2c_{Cl_2}$，三级反应；(2) $\frac{1}{8}r$；(3) $9r$。

4. $t=34.8$ min。   5. (1) $t=30$ min；(2) $k=5.4\times10^{-2}$ min^{-1}。

6. 9.97。   7. (1) 6.25%；(2) 14.3%；(3) 0.0%。

8. 二级反应，$k=0.065$ dm$^3\cdot$mol$^{-1}\cdot$s^{-1}。

9. $E_a=29.1$ kJ$\cdot$mol^{-1}。

10. $k=1.39$ min^{-1}，$T_{1/2}=0.498$ min。

11. 1.9×10^3 倍，5.6×10^8 倍。

12. 1.8 倍。

第 6 章

一、选择题

1. D 2. C 3. C 4. A 5. B 6. A 7. D 8. B 9. C 10. D

二、填空题

1. 分子分散系统；胶体分散系统；粗分散系统。

2. 布朗运动；扩散运动；沉降平衡。

3. 电泳；电渗；沉降电势；流动电势。

4. 紧密层；扩散层；紧密层；扩散层。

5. 相反电荷。

6. 亲水基；亲油基。

7. 阴离子表面活性剂；阳离子表面活性剂；非离子型表面活性剂；两性表面活性剂。

8. 油/水(或 O/W)；水/油(W/O)。

三、综合题

1. 由于溶胶的布朗运动以及扩散运动，又由于胶粒表面的双电层结构及离子溶剂化膜，造成溶胶的动力学稳定性，但溶胶是高度分散的非均相体系，溶胶具有很大的比表面和表面能，有自发聚沉以降低体系能量的趋势，所以是聚结不稳定体系。

2. 胶体系统胶核比表面积很大，有较高的比表面积能，所以容易产生吸附。胶核吸附正离子，胶粒带正电；胶核吸附负离子，胶粒带负电。与分散相固体表面有相同的化学元素的离子被优先吸附。

3. (1) 雾天行车使用黄灯原因是：雾是一种气溶胶，而黄光不易被气溶胶散射。黄光有较好的透射性，所以黄光传播距离较长而且人眼对它敏感。

(2) 江河入海处形成三角洲原因有两个：其一是入海口处河道变宽，流速下降，泥沙沉积，其二是河流本身携带的泥沙以胶体形式存在，而入海口处海水中含有大量的电解质，使得胶体溶液发生聚沉，泥沙沉淀，形成三角洲。

(3) 明矾可以净水原因是：明矾中有铝离子，在水中水解成带电荷的氢氧化铝溶胶，可以吸附水中带相反电荷的胶体污物，发生聚沉，而达到净水的目的。

(4) 混用不同型号的墨水，堵塞钢笔原因是：墨水一般是溶胶系统，不同的墨水可能是含不同的电荷溶胶，当不同电性的溶胶混合时，容易发生聚沉现象，所以容易把钢笔堵住。

(5) 晴朗天空的蓝色是大气对蓝光散射所造成的。而日出和日落的时候，太阳光要穿过较厚的大气层才能到达地面，当太阳光通过厚厚的大气层时，蓝光、紫光等波长较短的光大部分已被上层大气散射掉了，到达近地面大气时，就主要只有波长较长的红光等散射弱的光了，所以朝霞和晚霞是红色。

4. (1) Fe(OH)$_3$ 溶胶的胶团结构式是：$\{[Fe(OH)_3]_m\cdot nFeO^+\cdot(n-x)Cl^-\}^{x+}\cdot xCl^-$；

(2) As$_2$S$_3$ 溶胶的胶团结构式是：$[(As_2S_3)_m\cdot nHS^-\cdot(n-x)H^+]^{x-}\cdot xH^+$。

在电场作用下，第一种溶胶向负极运动；第二种溶胶向正极运动。当以上两种溶胶混合时，会发生聚沉现象。

5. 破坏溶胶的方法主要有：①外加电解质；②升高温度；③加入电性相反的溶胶。最有效的方法是外加电解质。原因是:影响胶粒的带电情况,使电位下降,促使胶粒聚结。

6. 表面活性剂可以改变水对矿物表面的润湿程度。在水中加入少量表面活性剂(如黄原酸盐、黑药、油酸等),则表面活性剂的极性基能在矿物表面发生选择性吸附,极性基团朝向矿物颗粒表面,非极性基团朝外形成疏水膜,于是矿物粒子的表面变成了憎水性表面,从而使矿物具有可浮性,当向水的底部通气泡时,则矿物粒子由于表面的憎水性而附着在气泡上,上升到液面而被收集。

7. 乳状液是由两种液体所构成的粗分散系统。它是一种液体以极小的液滴形式分散在另一种与其不相混溶的液体中构成的。乳状液的两种类型:一种是油分散在水中,形成水包油型乳状液,记作油/水(或 O/W),另一种是水分散在油中,形成油包水型乳状液,记作水/油(W/O)。为了形成稳定的乳状液必须加入乳化剂。

第 7 章

一、选择题

1. D　2. A　3. A　4. C　5. C

二、填空题

1. HI;H_2S。

2. 不等性 sp^2 杂化;σ 键;大 π 键。

3. $2Bi^{3+}+3Sn(OH)_4^{2-}+6OH^- \Longrightarrow 2Bi+3Sn(OH)_6^{2-}$。

4. 在酸性介质中,$NaBiO_3$ 可以将 Cl^- 氧化成 Cl_2。

5. $Sn(OH)_2$,$Pb(OH)_2$,$Sb(OH)_3$,$Cr(OH)_3$;$Bi(OH)_3$,$Mn(OH)_2$。

三、综合题

1. (1) Ti 是 d 区元素,价电子除了 4s 电子外,还有 3d 电子,3d 电子可以部分或全部参加成键,所以有多种氧化数;而 Mg 的价电子只有 3s 电子,所以只有一种氧化数。

(2) K^+ 和 Ca^{2+} 离子是主族金属离子,无 d 电子,不能发生 d-d 跃迁,所以其水合离子无色,而 Fe^{2+}、Mn^{2+}、Ti^{2+} 离子都是过渡金属离子,能够发生 d-d 跃迁,所以其水合离子有颜色。

(3) 两个原因:①Li 的升华焓较大,不易活化;②反应生成的氢氧化锂的溶解度较小,覆盖在金属锂的表面,降低了反应速率。

2. (1) $3Cu+8HNO_3(稀) \Longrightarrow 3Cu(NO_3)_2+2NO\uparrow+4H_2O$

(2) $Cl_2+H_2O \Longrightarrow HCl+HClO$

(3) $3I_2+6NaOH \Longrightarrow 5NaI+NaIO_3+3H_2O$

(4) $3S+6NaOH \Longrightarrow 2Na_2S+Na_2SO_3+3H_2O$

(5) $3NaOH+P_4+3H_2O \Longrightarrow 3NaH_2PO_2+PH_3$

(6) $C+2H_2SO_4(浓) \Longrightarrow CO_2\uparrow+2SO_2\uparrow+2H_2O$

3. $NaCl+H_2SO_4(浓) \Longrightarrow NaHSO_4+HCl$

$NaX+H_2SO_4(浓) \Longrightarrow HX+NaHSO_4(X=Br、I)$

$2HBr+H_2SO_4(浓) \Longrightarrow SO_2\uparrow+2H_2O+Br_2$

$8HI+H_2SO_4(浓) \Longrightarrow H_2S\uparrow+4H_2O+4I_2$

4. NH_4ClO_4 和 NH_4NO_2 与此分解过程相似。具有一定的还原性的阳离子和具有一定的氧化性的含氧酸根组成的含氧酸盐发生热分解反应时,往往发生的是阴离子将阳离子氧化的反应。

5. $MgCl_2+H_2O \Longrightarrow Mg(OH)Cl\downarrow+HCl$

$BCl_3+3H_2O \Longrightarrow H_3BO_3+3HCl$

$SiCl_4+3H_2O \Longrightarrow H_2SiO_3+4HCl$

$BiCl_3+H_2O \Longrightarrow BiOCl\downarrow+2HCl$

$SnCl_2+H_2O \Longrightarrow Sn(OH)Cl\downarrow+HCl$

6. $PCl_3+3H_2O \Longrightarrow H_3PO_3+3HCl$

$SiF_4+3H_2O \Longrightarrow H_2SiO_3+4HF$

7. 酸度强弱次序如下:

(1) $HBrO_4 > HBrO_3 > HBrO$

(2) $H_2AsO_4 < H_2SeO_4 < HBrO_4$

(3) $HClO_4 > H_3PO_4 > H_4SiO_4$。

8. $SiCl_4 + 4H_2O = H_4SiO_4 + 4HCl\uparrow$

$NH_3 + HCl = NH_4Cl$

9. (1) $H_2CO_3 < MgHCO_3 < MgCO_3$

(2) $NH_4HCO_3 < (NH_4)_2CO_3 < Ag_2CO_3 < CaCO_3 < K_2CO_3$

10. 碱性:$Mg(OH)_2$,$Fe(OH)_2$,$LiOH$,$Fe(OH)_3$。

两性:$Be(OH)_2$,$Sn(OH)_4$。

酸性:$B(OH)_3$。

11. (1) 前者为离子晶体,后者为分子晶体;

(2) 碱溶液与玻璃中二氧化硅生成偏硅酸钠而造成粘结,氧化性酸使橡胶老化;

(3) 氢氟酸与二氧化硅作用,生成可溶性氟硅酸;

(4) 硫化氢被空气中的氧氧化,生成单质硫而混浊变质。

12. (1) $TiO_2 + H_2SO_4 = TiOSO_4 + H_2O$

(2) $TiO^{2+} + Zn + 4H^+ = 2Ti^{3+} + Zn^{2+} + 2H_2O$

(3) $NH_4VO_3 \xrightarrow{\triangle} V_2O_5 + NH_3 + 2H_2O$

(4) $VO^{2+} + MnO_4^- + H^+ = 2VO_2^+ + Mn^{2+} + 2H^+$

(5) $V_2O_5 + 6HCl = 2VOCl_2 + Cl_2 + 3H_2O$

(6) $2Cr^{3+} + 3Br_2 + 16OH^- = 2CrO_4^{2-} + 6Br^- + 8H_2O$

(7) $K_2Cr_2O_7 + 3H_2S + 4H_2SO_4 = Cr_2(SO_4)_3 + 3S\downarrow + 7H_2O + K_2SO_4$

(8) $2Cr^{3+} + 3S^{2-} + 6H_2O = Cr(OH)_3(s) + 3H_2S(g)$

(9) $2Mn^{2+} + 5NaBiO_3 + 14H^+ = 2MnO_4^- + 5Bi^{3+} + 5Na^+ + 7H_2O$

(10) $2MnO_4^- + 5H_2O_2 + 6H^+ = 2Mn^{2+} + 5O_2 + 8H_2O$

(11) $2Fe^{3+} + H_2S = 2Fe^{2+} + S + 2H^+$

(12) $Co^{2+} + 4SCN^-(过量) \xrightarrow{丙酮} [Co(SCN)_4]^{2-}$

(13) $2Ni(OH)_2 + Cl_2 + 2NaOH = 2Ni(OH)_3\downarrow + 2NaCl$

13. (1) $ZnCl_2 + 2NaOH = Zn(OH)_2\downarrow + 2NaCl; Zn(OH)_2\downarrow + 2NaOH = Na_2[Zn(OH)_4]$

(2) $2CuSO_4 + 2NH_3 \cdot H_2O = Cu_2(OH)_2SO_4 + (NH_4)_2SO_4$

$Cu_2(OH)_2SO_4 + 8NH_3 \cdot H_2O = [Cu(NH_3)_4]SO_4 + [Cu(NH_3)_4](OH)_2$

(3) $2HgCl_2 + SnCl_2 = Hg_2Cl_2 + SnCl_4; Hg_2Cl_2 + SnCl_2 = 2Hg + SnCl_4$

(4) $HgCl_2 + 2KI = HgI_2 + 2KCl; HgI_2 + 2KI = K_2[HgI_4]$

14. 区别各对物质的方法分别为:

(1) 用稀氨水,前者白色沉淀,后者沉淀又溶解;

(2) 用稀氨水,前者白色沉淀,后者灰色沉淀;

(3) 用氨水,后者白色沉淀不溶解;

(4) 硫化钠溶液可使后者溶解;

(5) 前者难溶水,后者可溶;

(6) 前者可溶稀盐酸,从颜色也可区分,前白后黑;

(7) 加稀盐酸,前者生成白色沉淀后又溶解,后者无明显变化;

(8) 加硫化钠溶液,前者黑色沉淀,后者白色沉淀。

主要参考文献

[1] 周光召,朱光亚. 共同走向科学:百名院士科技系列报告集[M]. 北京:新华出版社,1997.

[2] 徐光宪,王祥云. 物质结构[M]. 2版. 北京:高等教育出版社,1987.

[3] 唐有祺,王夔. 化学与社会[M]. 北京:高等教育出版社,1997.

[4] 申泮文. 近代化学导论[M]. 北京:高等教育出版社,2005.

[5] 周公度,段连运. 结构化学基础[M]. 4版. 北京:北京大学出版社,2008.

[6] 傅献彩,沈文霞,姚天扬,侯文华. 物理化学[M]. 5版. 北京:高等教育出版社,2005.

[7] [美]L. 鲍林. 化学键的本质[M]. 卢嘉锡,等译. 上海:上海科学技术出版社,1981.

[8] 傅献彩. 大学化学[M]. 北京:高等教育出版社,1999.

[9] 朱裕贞,顾达,黑恩成. 现代基础化学[M]. 3版. 北京:化学工业出版社,2010.

[10] 华彤文,陈景祖,等. 普通化学原理[M]. 3版. 北京:北京大学出版社,2005.

[11] 宋天佑,程鹏,王杏乔. 无机化学[M]. 北京:高等教育出版社,2004.

[12] 胡忠鲠. 现代化学基础[M]. 2版. 北京:高等教育出版社,2005.

[13] 金继红. 大学化学[M]. 2版. 北京:化学工业出版社,2014.

[14] 大连理工大学. 无机化学[M]. 5版. 北京:高等教育出版社,2006.

[15] 浙江大学普通化学教研组. 普通化学[M]. 5版. 北京:高等教育出版社,2006.

[16] 周公度. 结构和物性[M]. 2版. 北京:高等教育出版社,2000.

[17] 宋天佑. 简明无机化学[M]. 北京:高等教育出版社,2007.

[18] 曹阳. 结构与材料[M]. 北京:高等教育出版社,2003.

[19] 《大学化学》编辑部. 今日化学(2006年版)[M]. 北京:高等教育出版社,2006.

[20] [美]R. 布里斯特. 化学的今天和明天[M]. 华彤文,等译. 北京:科学出版社,1998.

[21] 中华人民共和国国家标准. 量和单位(GB 3100－3102—1993)[M]. 北京:中国标准出版社,1994.

[22] 实用化学手册编写组. 实用化学手册[M]. 北京:科学出版社,2001.

[23] (美)J. A. 迪安. 兰氏化学手册(原书第15版)[M]. 魏俊发,等译. 北京:科学出版社,2003.

[24] David R. Lide, CRC Handbook of Chemistry and Physics[M]. 85th ed. CRC Press. 2004.

元素周期表

IUPAC 2004

图例说明：

95 — 原子序数
Am — 元素符号（红色的为放射性元素）
镅 — 元素名称（注▲的为人造元素）
5f⁷7s² — 价层电子构型
243.06⁺ — 以 ¹²C=12 为基准的相对原子质量（注⁺的是半衰期最长同位素的相对原子质量）

氧化态（单质的氧化态为0，未列入，常见的为红色）

s区元素　p区元素　ds区元素
ds区元素　稀有气体
f区元素

周期	IA 1	IIA 2	IIIB 3	IVB 4	VB 5	VIB 6	VIIB 7	VIIIB 8	VIIIB 9	VIIIB 10	IB 11	IIB 12	IIIA 13	IVA 14	VA 15	VIA 16	VIIA 17	VIIIA 18
1	1 H 氢 1s¹ 1.00794(7)																	2 He 氦 1s² 4.002602(2)
2	3 Li 锂 2s¹ 6.941(2)	4 Be 铍 2s² 9.012182(3)											5 B 硼 2s²2p¹ 10.811(7)	6 C 碳 2s²2p² 12.0107(8)	7 N 氮 2s²2p³ 14.0067(2)	8 O 氧 2s²2p⁴ 15.9994(3)	9 F 氟 2s²2p⁵ 18.9984032(5)	10 Ne 氖 2s²2p⁶ 20.1797(6)
3	11 Na 钠 3s¹ 22.989770(2)	12 Mg 镁 3s² 24.3050(6)											13 Al 铝 3s²3p¹ 26.981538(2)	14 Si 硅 3s²3p² 28.0855(3)	15 P 磷 3s²3p³ 30.973761(2)	16 S 硫 3s²3p⁴ 32.065(5)	17 Cl 氯 3s²3p⁵ 35.453(2)	18 Ar 氩 3s²3p⁶ 39.948(1)
4	19 K 钾 4s¹ 39.0983(1)	20 Ca 钙 4s² 40.078(4)	21 Sc 钪 3d¹4s² 44.955910(8)	22 Ti 钛 3d²4s² 47.867(1)	23 V 钒 3d³4s² 50.9415	24 Cr 铬 3d⁵4s¹ 51.9961(6)	25 Mn 锰 3d⁵4s² 54.938049(9)	26 Fe 铁 3d⁶4s² 55.845(2)	27 Co 钴 3d⁷4s² 58.933200(9)	28 Ni 镍 3d⁸4s² 58.6934(2)	29 Cu 铜 3d¹⁰4s¹ 63.546(3)	30 Zn 锌 3d¹⁰4s² 65.409(4)	31 Ga 镓 4s²4p¹ 69.723(1)	32 Ge 锗 4s²4p² 72.64(1)	33 As 砷 4s²4p³ 74.92160(2)	34 Se 硒 4s²4p⁴ 78.96(3)	35 Br 溴 4s²4p⁵ 79.904(1)	36 Kr 氪 4s²4p⁶ 83.798(2)
5	37 Rb 铷 5s¹ 85.4678(3)	38 Sr 锶 5s² 87.62(1)	39 Y 钇 4d¹5s² 88.90585(2)	40 Zr 锆 4d²5s² 91.224(2)	41 Nb 铌 4d⁴5s¹ 92.90638(2)	42 Mo 钼 4d⁵5s¹ 95.94(2)	43 Tc 锝 4d⁵5s² 97.907	44 Ru 钌 4d⁷5s¹ 101.07(2)	45 Rh 铑 4d⁸5s¹ 102.90550(2)	46 Pd 钯 4d¹⁰ 106.42(1)	47 Ag 银 4d¹⁰5s¹ 107.8682(2)	48 Cd 镉 4d¹⁰5s² 112.411(8)	49 In 铟 5s²5p¹ 114.818(3)	50 Sn 锡 5s²5p² 118.710(7)	51 Sb 锑 5s²5p³ 121.760(1)	52 Te 碲 5s²5p⁴ 127.60(3)	53 I 碘 5s²5p⁵ 126.90447(3)	54 Xe 氙 5s²5p⁶ 131.293(6)
6	55 Cs 铯 6s¹ 132.90545(2)	56 Ba 钡 6s² 137.327(7)	57~71 La~Lu 镧系	72 Hf 铪 5d²6s² 178.49(2)	73 Ta 钽 5d³6s² 180.9479(1)	74 W 钨 5d⁴6s² 183.84(1)	75 Re 铼 5d⁵6s² 186.207(1)	76 Os 锇 5d⁶6s² 190.23(3)	77 Ir 铱 5d⁷6s² 192.217(3)	78 Pt 铂 5d⁹6s¹ 195.078(2)	79 Au 金 5d¹⁰6s¹ 196.96655(2)	80 Hg 汞 5d¹⁰6s² 200.59(2)	81 Tl 铊 6s²6p¹ 204.3833(2)	82 Pb 铅 6s²6p² 207.2(1)	83 Bi 铋 6s²6p³ 208.98038(2)	84 Po 钋 6s²6p⁴ 208.98	85 At 砹 6s²6p⁵ 209.99	86 Rn 氡 6s²6p⁶ 222.02
7	87 Fr 钫 7s¹ 223.02	88 Ra 镭 7s² 226.03	89~103 Ac~Lr 锕系	104 Rf 钅卢▲ 6d²7s² 261.11	105 Db 钅杜▲ 6d³7s² 262.11	106 Sg 钅喜▲ 6d⁴7s² 263.12⁺	107 Bh 钅波▲ 6d⁵7s² 264.12⁺	108 Hs 钅黑▲ 6d⁶7s² 265.13⁺	109 Mt 钅麦▲ 6d⁷7s² 266.13	110 Ds 钅达▲ 269	111 Rg 钅仑▲（建议名）272⁺	112 Uub▲ 277	113	114 Uuq▲ 289⁺	115	116 Uuh▲ 289		

镧系 ★

57 La 镧 5d¹6s² 138.9055(2)	58 Ce 铈 4f¹5d¹6s² 140.116(1)	59 Pr 镨 4f³6s² 140.90765(2)	60 Nd 钕 4f⁴6s² 144.24(3)	61 Pm 钷▲ 4f⁵6s² 144.91	62 Sm 钐 4f⁶6s² 150.36(3)	63 Eu 铕 4f⁷6s² 151.964(1)	64 Gd 钆 4f⁷5d¹6s² 157.25(3)	65 Tb 铽 4f⁹6s² 158.92534(2)	66 Dy 镝 4f¹⁰6s² 162.500(1)	67 Ho 钬 4f¹¹6s² 164.93032(2)	68 Er 铒 4f¹²6s² 167.259(3)	69 Tm 铥 4f¹³6s² 168.93421(2)	70 Yb 镱 4f¹⁴6s² 173.04(3)	71 Lu 镥 4f¹⁴5d¹6s² 174.967(1)

锕系 ★

89 Ac 锕 6d¹7s² 227.03⁺	90 Th 钍 6d²7s² 232.0381(1)	91 Pa 镤 5f²6d¹7s² 231.03588(2)	92 U 铀 5f³6d¹7s² 238.02891(3)	93 Np 镎▲ 5f⁴6d¹7s² 237.05	94 Pu 钚▲ 5f⁶7s² 244.06	95 Am 镅▲ 5f⁷7s² 243.06⁺	96 Cm 锔▲ 5f⁷6d¹7s² 247.07	97 Bk 锫▲ 5f⁹7s² 247.07	98 Cf 锎▲ 5f¹⁰7s² 251.08	99 Es 锿▲ 5f¹¹7s² 252.08	100 Fm 镄▲ 5f¹²7s² 257.10	101 Md 钔▲ 5f¹³7s² 258.10	102 No 锘▲ 5f¹⁴7s² 259.10	103 Lr 铹▲ 5f¹⁴6d¹7s² 260.11

电子层：K L M N O P Q